本书受国家社科基金重点项目（项目编号：15AZD038）
河北大学宋史研究中心建设经费资助

中国传统科学技术思想史研究

明清之际卷

吕变庭◎著

科 学 出 版 社
北 京

内 容 简 介

本书通过对明清之际的科技发展进行全面考察，重点探讨这一时期中西科技与文化的交融和碰撞状况，试图较为清晰地勾勒出这一时期科技史的发展学术脉络，并对明清之际中国传统科学技术思想的结构和转向进行了新的学术审视和反思。此外，本书还在西学东渐的历史背景下，审视中西礼仪之争与文化冲突，着重考察西方科学技术发展的优势和中国科学技术逐渐落后的原因，以期为当代科技发展提供历史经验和教训。

本书可供明清史、科技史等专业的师生阅读和参考。

图书在版编目（CIP）数据

中国传统科学技术思想史研究. 明清之际卷 / 吕变庭著. —北京：科学出版社，2022.11

ISBN 978-7-03-073657-4

Ⅰ. ①中… Ⅱ. ①吕… Ⅲ. ①科学技术-思想史-研究-中国-明清时代 Ⅳ. ①N092

中国版本图书馆 CIP 数据核字（2022）第 203388 号

责任编辑：任晓刚 / 责任校对：张亚丹
责任印制：吴兆东 / 封面设计：楠竹文化

科学出版社出版
北京东黄城根北街 16 号
邮政编码：100717
http：// www.sciencep.com

北京中科印刷有限公司 印刷
科学出版社发行 各地新华书店经销
*
2022 年 11 月第 一 版 开本：787×1092 1/16
2024 年 3 月第二次印刷 印张：34
字数：750 000

定价：298.00 元

（如有印装质量问题，我社负责调换）

目　　录

绪　论

一、明清之际科学技术思想史的研究时段、范围及简要学术回顾

究竟如何界定“明清之际”的历史时段，学界目前尚没有一致看法。其广义的理解主要有以下四种：

第一种，从明末万历年间至清代乾隆年间，西方传教士带来的西学在中国流传的二百多年，这段历史时期即为明清之际。①

第二种，所谓明清之际是指明代万历至清代康熙年间，即16世纪末至17世纪末的一百年间。②

第三种，所谓明清之际，“并不仅指明清两个朝代交替的那段时期，而是指明中叶以后，直到第一次鸦片战争前的这一历史时期。这一时期虽不很长，但却是中国历史长河中颇为重要的一个时间段”③。

第四种，所谓明清之际，是指“从明嘉靖初（16世纪30年代）至清道光二十年（19世纪30年代，鸦片战争之前），时跨三百年”④。

本书所讲的“明清之际”是指从明末万历年间至第一次鸦片战争前的这一段历史时期。单就其历史格局言，日本学者沟口雄三认为：“十六、十七世纪的历史变动，具有世界的规模。中国在这个时期，即明末清初时期（狭义——引者注），似乎不单是王朝的更迭，而是显著地发生了种种新的变化。从思想史的领域看，这种变化遍及政治观、社会观、人生观和自然观等方面，呈现出一个划时代的变化。”⑤当然，在这“天崩地裂”的时代，除明清两朝的鼎革外，还有“天主教的入华，葡萄牙人和西班牙人分别从印度洋和太平洋两个方向进入中国海域”⑥。与此同时，西方科学知识陆续传入中国，遂引起了中国传统科学技术结构的变化，中国科学思想史由此进入一个全新的历史阶段。⑦

梁启超在《中国近三百年学术史》一书中肯定了王阳明心学对于扭转明代空谈学风之作用，即强调：

---

① 陈卫平：《第一页与胚胎——明清之际的中西文化比较》，桂林：广西师范大学出版社，2015年，第263页。

② 冯天瑜：《中华元典精神》，上海：上海人民出版社，2014年，第378页。

③ 张锡勤、柴文华主编：《中国伦理道德变迁史稿》下卷，北京：人民出版社，2008年，第82页。

④ 萧萐父、许苏民：《王夫之评传》上，南京：南京大学出版社，2011年，第3页。

⑤ [日]沟口雄三：《论明末清初时期在思想史上演变的意义》，辛冠洁等：《日本学者论中国哲学史》，北京：中华书局，1986年，第427—428页。

⑥ 陶飞亚、杨卫华：《汉语文献与中国基督教研究》上册，上海：上海大学出版社，2016年，第32页。

⑦ 席泽宗主编：《中国科学技术史·科学思想卷》，北京：科学出版社，2001年，第468页。

> 东林领袖顾泾阳（宪成）、高景逸（攀龙）提倡格物，以救空谈之弊，算是第一次修正。刘蕺山（宗周）晚出，提倡慎独，以救放纵之弊，算是第二次修正。明清嬗代之际，王门下唯蕺山一派独盛，学风已渐趋健实。清初讲学大师，中州有孙夏峰，关中有李二曲，东南则黄梨洲。三人皆聚集生徒，开堂讲道，其形式与中晚明学者无别。所讲之学，大端皆宗阳明，而各有所修正。[①]

王学带给明清之际学术界的巨大变化便是曲折地推动了当时实学的强势崛起。葛荣晋在《王阳明"实心实学"思想初探》一文中认为："王阳明'实心实学'思想，是明清之际'实学'社会思潮的理论源头之一。"[②]商传则进一步主张："阳明学虽称'心学'，其实是一门务实之学，是其以救世出发而倡导的思想改造运动。"[③]当然，对于王阳明的实学思想学界尚有不同的理解，如贾庆军和陈君静认为王阳明的实学"就是辨义利之学"[④]。尤其重要的是，因王学之昌明而使利玛窦的"西学"实践在中国开花结果，对此，朱维铮独具慧眼，深刻洞察了二者之间的内在联系。他说：

> 应该说利玛窦审时度势。当他以"西僧"身份蛰居广东一隅十二年而传教成绩甚微之后，改容易服自称"西儒"，出现在王阳明发迹地南昌，立即感受到王学不计地缘血缘等宗法秩序而把"有朋自远方来"看作最大乐趣的文化氛围，及时写出《交友论》，顿时畅销，特别是这部西哲格言集提出君臣应如朋友，而朋友应该"同志"、"共财"，更使王学信徒感到"吾道不孤"。于是利玛窦从此为达目的而不择手段，也即尽力迎合王学思潮，以术传学，以学传教，终于使三度入华的基督教，在中国站稳脚跟，并使他的继承者汤若望、南怀仁等，渡过明清易代的政治危机……耶稣会士仍在中国江南地区传播基督福音。[⑤]

利玛窦把西方科学技术传入中国，改变了中国广大士人的世界观和知识观，遂引起中国古代科学技术思想的一次大变动。[⑥]20世纪初期，英敛之重新整理出版了《天学初函》（1915）的理篇和器篇，因《四库全书》当时仅将其"器篇"部分的10种书籍收录于"天文历算"目下，国人难以视其全貌，所以英敛之在重刊《跋重印辩学遗牍》序文中说：

> 《天学初函》自明季李之藻汇刊以来，三百余年，书已希绝。鄙人数十年中，苦志搜罗，今幸寻得全帙。内中除器编十种，天文历法，学术较今稍旧，而理编则文笔雅洁，道理奥衍，非近人译著所及。鄙人欣快之余，不敢自秘，拟先将《辩学遗牍》一

---

① 梁启超：《中国近三百年学术史》，北京：研究出版社，2021年，第43页。

② 葛荣晋：《王阳明"实心实学"思想初探（上）》，《中共宁波市委党校学报》2012年第2期，第93页。

③ 商传：《王阳明的学术与时代》，《光明日报》2014年7月24日，第16版。

④ 贾庆军、陈君静：《无心插柳柳成荫——明清浙东学术与"近代早期"思想启蒙》，北京：光明日报出版社，2012年，第32页。

⑤ 朱维铮：《晚明王学与利玛窦入华》，《中国文化》2004年第21期，第46—47页。

⑥ 有关利玛窦的研究情况，参见张西平：《游走于中西之间——张西平学术自选集》，郑州：大象出版社，2019年，第140—153页。

种排印，以供大雅之研究。[①]

由于《天学初函》包括利玛窦的10部汉译著作，因此该书颇为学界所关注。张西平在《明清之际西学汉文著作的中国出版史回顾》[②]一文中比较详细地考察了近代以来国人在整理出版利玛窦等西方学者汉文著作的主要成绩。《天学初函》对明清之际的主要思想家产生了十分重要的影响，吕明涛《〈天学初函〉：明清间中西文化交流的标本》不仅讨论了利玛窦"以术传教"的特点，还重点考察了《天学初函》之"天学"概念的演变与影响。另外，"西学"是一个包含自然科学和天主教教义的知识体系。耶稣会士利类思曾说："大西之学凡六科，惟道科为最贵且要，盖诸科人学而道科天学也。"[③]以此为前提，吕明涛分析了明清之际知识界的具体史情，首先，他认为钱穆所言当时知识界"不信从天主教教义"之论不符合实际，恰恰相反，信教者芸芸。其次，"天学"的概念逐渐由"道科"而演变为"人科"，李之藻原本辑刻《天学初函》的指导思想是"补儒易佛"，在他看来，"'天学'是西学中层次最高的学科，因而它完全可以统领所有的西方门类"[④]，然而，"随着罗马教廷与康熙帝之间的礼仪之争和雍正年间的禁教令的颁布，天主教便难以在中国士人中立足"[⑤]，于是，降至近代，洋务派发起的采西学运动，"仅及西学中的器物造作部分。这时期'天学'的外延进一步缩小，成为'天文之学'的简称"[⑥]。在当时中西科学技术思想的交流过程来看，一方面耶稣会士把中国的传统文化典籍传入西方；另一方面把西方先进的自然科学知识传入中国，并对明清之际的知识精英产生了重大影响，比如，徐光启、李之藻、邢云路、薛凤祚、方以智等都受到《天学初函》的深刻影响。因此，罗光在《天学初函影印本序》中评论说："《天学初函》在我们中国的学术史上，是一册最有价值的书；开中国思想革新的先河，启中国学术前进的门户。"[⑦]

（一）学界对明清之际中西科学融合派代表人物的研究概况

1. 徐光启[⑧]

徐光启是中西文化交流先驱之一，1933年1月，南京天文学会举办了"徐光启逝世三百年纪念会，《磐石杂志》《我存杂志》《（天津）益世报》《宇宙》《科学世界》《国风》等多

---

① 方豪：《李之藻研究》，北京：海豚出版社，2016年，第205页。

② 复旦大学历史系、出版博物馆：《历史上的中国出版与东亚文化交流》，上海：百家出版社，2009年，第221—248页。

③ ［意］利类思：《超性学要》自序，徐宗泽：《明清间耶稣会士译著提要》，上海：上海书店出版社，2006年，第145页。

④ 吕明涛：《〈天学初函〉：明清间中西文化交流的标本》，《泰山学院学报》2010年第4期，第12页。

⑤ 吕明涛：《〈天学初函〉：明清间中西文化交流的标本》，《泰山学院学报》2010年第4期，第11页。

⑥ 吕明涛：《〈天学初函〉：明清间中西文化交流的标本》，《泰山学院学报》2010年第4期，第13页。

⑦ （明）李之藻、黄曙辉点校：《天学初函·器编》下册，上海：上海交通大学出版社，2013年，第1433—1434页。

⑧ 关于徐光启的研究论著参见王福康、徐小蛮：《徐光启研究著作、论文索引》，《中国科技史料》1984年第2期；林德宏主编：《科技巨著》第9卷第2册，北京：中国青年出版社，2000年，第263—269页；刘国鹏：《1900年以来中国大陆学者徐光启研究述要》，北京外国语大学中国海外汉学研究中心、中国近现代新闻出版博物馆：《西学东渐与东亚近代知识的形成和交流》，上海：上海人民出版社，2012年，第124—134页等。

家杂志报纸对这次学术会议做了报道，其中《科学世界》(1933 年第 12 期）发表了题为《天文学会昨举行徐光启逝世三百年纪念会：徐首致力于灌输欧洲自然科学入中国》的报道，肯定了徐光启在中西科学交流史上的开创性贡献。马相伯的《徐文定公与中国科学》称：“徐文定公督修历法，参用西洋新法，此科学在中国第一次之大贡献。”[①]竺可桢的《近代科学先驱徐光启》将徐光启与培根作比较之后，不禁感慨万千。他说：

> 英国实验科学经皇家学会之提倡，乃风起云涌，一日千里。牛顿（Isaac Newton)、波义耳（Robert Boyle）等人才辈出，而欧洲大陆法、德诸国，亦竞着先鞭。近世科学，乃见曙光，在我国则公逝世后十一年而鼎革，公之遗著，既十九散失，公之学术亦不得其传，清初黄梨洲作明儒学案，凡朱王学派之有一言足录者，无不采，即公之同教金声，亦在不遗，而独未及公。迨近代海禁大开，国人怵于科学为用之广且巨，乃稍稍有知公者。……何二者贤不肖之相去如此其远，而其学术之发扬光大乃适得其反也。是则公之不幸，抑亦中国之不幸耶！[②]

有清一代，因科学未能昌明，结果导致近代华夏遭受列强之诸般屈辱，教训之惨痛，国人当刻骨铭心。竺可桢之后，徐宗泽的《徐文定公之科学观》在考察徐光启的主要科学事迹之后，明确主张：“徐文定公者，为吾国科学之泰斗，而有功于吾国整个之学问者也。”[③]中华人民共和国成立后，特别是 1957 年中国自然科学史研究室的成立，为学界从不同学科专业对徐光启的科学思想进行比较深入和系统的分析研究创造了条件。1963 年 12 月，中国科学院中国自然科学史研究室编辑出版了《徐光启纪念论文集》一书，汇集了国内各个学科专业领域顶尖科学史家的研究成果，如薄树人的《徐光启的天文工作》[④]，此文在 1984 年被李珩誉为“是研究徐光启的必读文件，至今尚未有超出其水平者”[⑤]；梅荣照的《徐光启的数学工作》[⑥]，主要探讨了徐译《几何原本》前 6 卷的底本问题；万国鼎的《徐光启的学术路线和对农业的贡献》[⑦]、石声汉的《徐光启和〈农政全书〉》[⑧]及梁家勉的《〈农政全书〉撰述过程及若干有关问题的探讨》[⑨]等文，分别从不同视角讨论了徐光启的农学成就等。1981 年，王重民出版《徐光启》一书，比较系统地考述了徐光启的科学活动及其科学贡献。1983 年《中国农史》第 3 期为“纪念徐光启逝世 350 周年”专刊，集中刊发了包括游修龄、胡道静、缪启愉等多位农学界大咖的论著，在学界产生巨大影响。同年，何兆武在《哲学

---

① 马相伯：《徐文定公与中国科学》，华南农学院农业历史遗产研究室：《徐光启生平及其学术资料选编》，1983 年，第 65 页。

② 竺可桢：《竺可桢科普创作选集》，北京：科学普及出版社，1981 年，第 48 页。

③ 徐宗泽：《徐文定公之科学观》，华南农学院农业历史遗产研究室：《徐光启生平及其学术资料选编》，1983 年，第 72 页。

④ 中国科学院中国自然科学史研究室：《徐光启纪念论文集》，北京：中华书局，1963 年，第 110—142 页。

⑤ 席泽宗：《古新星新表与科学史探索——席泽宗院士自选集》，西安：陕西师范大学出版社，2002 年，第 668 页。

⑥ 中国科学院中国自然科学史研究室：《徐光启纪念论文集》，第 143 页。

⑦ 中国科学院中国自然科学史研究室：《徐光启纪念论文集》，第 11—47 页。

⑧ 中国科学院中国自然科学史研究室：《徐光启纪念论文集》，第 48—77 页。

⑨ 中国科学院中国自然科学史研究室：《徐光启纪念论文集》，第 79—109 页。

研究》第7期上发表了《略论徐光启在中国思想史上的地位》一文，批评了哲学史界在研究徐光启问题上所存在的偏向，强调一般哲学史书籍没有给徐光启以应有的地位，有失公允。1986年，席泽宗和吴德铎主编的《徐光启研究论文集》由学林出版社出版，书中收录论文30多篇，比较全面地探讨了徐光启一生的科学成就及其历史地位。进入21世纪，徐光启研究迈向了新的阶段，各种论著层出不穷，尤其是相关的硕士、博士论文数量增加迅速。纵观近20年来研究徐光启的论著，不仅视野更宽阔，而且新史料的应用亦使徐光启的研究更加细致深入。举其要者，如陈卫平与李春勇合著《徐光启评传》（南京大学出版社，2006年版）、宋浩杰主编《中西文化会通第一人——徐光启学术研讨会论文集》（上海古籍出版社，2006年版）、初晓波的《徐光启对外观念研究》（北京大学博士学位论文，2006年）、程先强的《徐光启思想研究综述》[《山东农业大学学报（社会科学版）》2010年第4期]、徐汇区文化局《徐光启与〈几何原本〉》（上海交通大学出版社，2011年版）等。

2. 宋应星

宋应星《天工开物》至迟在17世纪末就传入日本，如贝原笃信的《花谱》和《菜谱》两书的参考书目中均列有《天工开物》。1943年，日本研究《天工开物》的专家三枝博音出版了《天工开物之研究》，此书“开创了本世纪（20世纪——引者注）研究《天工开物的新局面》”①。1953年，薮内清将《天工开物》译为现代日语，同时还把日本学者的11篇论文收录书中。在欧洲，法国狄德罗编纂《百科全书》时，《天工开物》已被皇家文库收藏。法国汉学家儒莲与商毕昂在对《天工开物》各部分已做翻译的基础上，合作撰写了《中华帝国工业之今昔》，促进了《天工开物》在欧洲的传播。

在国内，尽管清代刘岳云被称为“中国人中能从近代科学眼光研究《天工开物》之第一人”②，但学界真正对宋应星进行科学研究却始于20世纪20年代，当时丁文江在《文字同盟》1928年第14期上发表《宋应星与〈天工开物〉卷之内容》一文，开启了我国学界研究宋应星科学思想之门。1934年，宋立权与宋育德合编《新吴雅溪宋氏宗谱》（敦睦堂藏板）卷5有“宋应星行略”。总体说来，整个民国时期宋应星的研究比较分散，论著寥寥。中华人民共和国成立后，宋应星的研究迎来了新气象和新局面，高水平论著不断涌现，如赖家度的《天工开物的著者——宋应星》（《历史教学》1951年第2卷第3期）、张资拱的《关于宋应星的“天工开物”——“元素发现史”增释之一》（《历史研究》1956年第11期）、刘仙洲的《介绍“天工开物”——300多年前我国第一部有关工业农业技术的巨著》（《读书月报》1956年第2期）等。据不完全统计，从1980年以来，仅研究宋应星的论文就发表了50余篇，其中杨维增的《宋应星的自然哲学初探》（《哲学研究》1980年第12期）、周济与孙飞行合作发表的《论宋应星的科学思想》[《厦门大学学报（哲学社会科学版）》1988年第3期]、邢兆良的《晚明社会思潮与宋应星的科学思想》（《孔子研究》1990年第2期）、周曙光与郑玉刚合作发表的《论宋应星的技术思想》（《宜春学院

① 林德宏主编：《科技巨著》第9卷第3册，北京：中国青年出版社，2000年，第97页。
② 林德宏主编：《科技巨著》第9卷第3册，第96页。

学报》2004 年第 3 期）及苟小泉的《宋应星对中国传统技术哲学的继承和发展》[《延安大学学报（社会科学版）》2022 年第 2 期]等，分别从社会背景、思维方法、科学创造、技术传承等多个方面总结了宋应星的主要思想成就及其特色。在研究专著方面，以杨维增《宋应星思想研究及诗文注译》（中山大学出版社，1987 年版）和潘吉星《宋应星评传》（南京大学出版社，1990 年版）两书为代表，在宋应星研究的深度和高度上两书都达到了一个新的历史水平。

3. 方以智和王夫之

方以智和王夫之的科学思想研究多以自然哲学为背景。1906 年，公侠（即薛蛰龙）在《理学杂志》第 2、3 期发表了长篇论文《二百六十年前理学大家方以智传》，文中的理学是指科学，它尝试采用近代西方科学的观点来分析《物理小识》的内容。1934 年，方竑在《文艺丛刊》第 2 期发表《方密之先生之科学精神及其“物理小识”》一文，肯定了方以智“质测之学”中所包含的怀疑精神。自 20 世纪 50 年代以降，方以智的研究有一个从科学逐步上升到哲学层面的发展过程，以侯外庐的《方以智——中国的百科全书派大哲学家（上篇）——论启蒙学者方以智的悲剧生平及其唯物主义思想》（《历史研究》1957 年第 6 期）一文为肇端，学界不断推出有关方以智哲学思想方面的研究成果，如蒋国保的《方以智哲学思想研究》（安徽人民出版社，1987 年版）、田智忠的《一在二中与即用是体——方以智对理学的回应》（《中国哲学史》2020 年第 2 期）、盛红的《方以智“气火共构”的自然哲学新探》[《南昌大学学报（人文社会科学版）》2020 年第 5 期]等。与之相应，学界对方以智科学思想的研究亦不断深入，如孙显斌与王孙涵之合作撰写的《方以智〈物理小识〉与近代“科学革命”》（《中国文化》2019 年第 2 期），文中一方面认为，方以智将万物之理三分为“至理、物理、宰理”，并阐发了一套“质测”与“通几”的方法论体系，可谓独树一帜；另一方面，对照同期的西方科学发展进程，则不得不承认方以智没有能够实现在精密实验方法论体系上的突破，它反映了中国传统的科学体系与西方科学传统之间尚存在着本质性差异，其分析高屋建瓴，发人深思。

学界对王夫之的研究进路与方以智不同，研究特点可以说多是从哲学的高度来展示王夫之的科学思想，而并非细枝末叶般地描述其科学成果。如宋世榕的《王夫之卓越的科学创见——关于物质不灭和运动守恒原理》[《郑州大学学报（自然科学版）》1976 年第 1 期]、朱亚宗的《王夫之科学价值观的局限及其哲学根源》（《自然信息》1988 年第 5 期）、徐仪明的《王夫之的自然世界》（海天出版社，2015 年版）、吴戬的《试论王夫之对熊十力思想的影响》（《衡阳师范学院学报》2018 年第 5 期）以及耿子扬和张莉合作撰写文章《系统科学视角下的王夫之〈周易外传·系辞传〉解读》（《船山学刊》2021 年第 2 期）等，这些论文和著作不单是简单地褒扬王夫之卓越的科学思想，更重要的是它们试图寻找中国传统科学与西方近现代科学之间的结合点，并在更加系统和综合的理论层面，展开对王夫之科学思想的深层研究和分析。

（二）学界对明清之际中国传统科学"解构"派代表人物的研究概况

"解构"①这个词不一定恰当，但它试图表达这样一层含义，即中国传统科学转向近代科学的过程本身绝对不是历史的"突变"，而是一个"渐变"过程，尽管这个过程复杂多变。

1. 黄宗羲

现在回过头来看，黄宗羲思想中已经露出中国传统科学"解构"与"转向"的端倪。所以学界称黄宗羲是一位继往开来的启蒙思想家。如刘岐梅在《论黄宗羲的科学启蒙思想》一文中指出："黄宗羲的早期启蒙思想不仅在于提出了振聋发聩的早期民主启蒙思想，而且还在于它的科学思想也已孕育着近代科学的因子，闪耀着科学启蒙的光芒。"②然而，究竟应当如何理解明清之际科学和社会发展的巨大变化？除使用"启蒙"一词来概括外，学界似乎还没有形成一个比较成熟的说法，因此，作为一种创造性探索，2003年，冯天瑜与谢贵安合著《结构专制——明末清初"新民本"思想研究》（湖北人民出版社，2003年版）。此书被誉为"明末清初民本思想研究的里程碑"③，诚如有论者所言：

> 自梁启超、侯外庐以来，学术界一般都认为明末清初的进步思想史"启蒙"思想，这显然是与法国十八世纪的启蒙思想作简单类比后得出的结论。本书作者则从中国传统内部寻找这一思想的渊源，但又不同意认为这一思想"未出传统民本思想范畴"的另一种极端之论，认为属于既来自传统又试图结构传统、迎合时代新潮的"新"民本思想。④

那么，亦如这种"新"民本思想，黄宗羲的科学思想中存在不存在"既来自传统又试图解构传统、迎合时代新潮"的"新"科学思想呢？答案是肯定的。杨小明在他的系列论文⑤里，讲述的比较具体。概而言之，黄宗羲的"西学中源"说，实际上讲的就是一种"解构"思想。他说：

> 勾股之学……皆周公、商高之遗术，六艺之一也。自后学者不讲，方伎家遂私之。……珠失深渊，罔象得之，于是西洋改容圆为矩度，测圆为八线，割圆为三角，吾中土人让之为独绝，辟之为违天，皆不知二五之为十者也。⑥

这种"中学西改"的"改"，不是一般的改，而是一种"解构"。所以说，黄宗羲和他

---

① 解构分析的基本方法和原则是着眼于一个文本中的二元对立，如中学与西学便是一个"二元对立"。从这种意义上讲，"解构"较"西学中源"论的外延更加宽泛，包含的内容也更多。

② 刘岐梅：《论黄宗羲的科学启蒙思想》，《山东师范大学学报（人文社会科学版）》2009年第6期，第35页。

③ 刘庆：《明末清初政治思想研究的里程碑——〈结构专制——明末清初"新民本"思想研究〉评介》，《湖北行政学院学报》2004年第5期，第96页。

④ 刘庆：《明末清初政治思想研究的里程碑——〈结构专制——明末清初"新民本"思想研究〉评介》，《湖北行政学院学报》2004年第5期，第96页。

⑤ 杨小明：《"通天地人者曰儒"——黄宗羲与科学关系之系统观考察》，《山西大学学报（哲学社会科学版）》2003年第3期；杨小明、黄勇：《从〈明史〉历志看西学对清初中国科学的影响——以黄宗羲、黄百家父子的比较为例的研究》，《华侨大学学报（哲学社会科学版）》2005年第2期；杨小明：《黄宗羲的天文历算成就及其影响》，《浙江社会科学》2010年第9期等。

⑥（明）黄宗羲：《叙陈言扬句股述》，《黄宗羲全集》第18册，杭州：浙江古籍出版社，2012年，第513—514页。

的老师刘宗周不同，刘宗周极力排斥西学，黄宗羲则“吸纳与排斥兼有”①，尤其是黄宗羲接受了徐光启的三个思想要点：

其一，西洋之法优于传统历法；其二，翻译引进西方历法融入中国传统历法《大统历》，以求“会通归一”；其三，吸收西洋历法的根本，即所谓掌握“作表之法”，这已触及到西学科学方法的深层次问题。②

2. 顾炎武

许苏民在分析顾炎武政治思想的特点时指出：

当然，更重要的还是《日知录》中所出现的那些与西学惊人相似或相同的观念，尽管这些观念往往是通过发掘传统思想之精华和对古代典籍作创造性诠释来阐发的，但正如徐光启等人努力发掘中国古代科学思想来与西学相印证一样，顾炎武发掘和阐发古代政治思想的精华，也明显带有回应东渐之西学的意味。③

学界甚至将顾炎武称为“开启清代朴学思潮第一人”④，而明亡之切肤之痛使顾炎武不知不觉为中华学术之复兴开出一条新路。诚如梁启超所论：

“清代思潮”果何物耶？简单言之：则对于宋明理学之一大反动，而以“复古”为其职志也。其动机及其内容，皆与欧洲之“文艺复兴”绝相类。⑤

他又说：

其时正值晚明王学极盛而敝之后……炎武等乃起而矫之，大倡“舍经学无理学”之说，教学者脱宋明儒羁勒，直接反求之于古经。⑥

可以说，目前学界对顾炎武的思想研究，大体不出梁启超的范围。

3. 王锡阐

王锡阐也是“西学中源”论的坚定支持者，学界对此已有丰富的研究成果⑦，然而，不管人们如何看待明清之际的中西历法之争，只要一说到明朝遗民王锡阐的“西学观”，就会不约而同地承认，阮元评价其能“考正古法之误，而存其是，择取西说之长，而去其短”⑧，

---

① 徐海松：《论黄宗羲与徐光启和刘宗周的西学观》，《杭州师范学院学报》1997 年第 4 期，第 6 页。

② 徐海松：《论黄宗羲与徐光启和刘宗周的西学观》，《杭州师范学院学报》1997 年第 4 期，第 4 页。

③ 许苏民：《晚明西学东渐与顾炎武政治哲学之突破》，《社会科学战线》2013 年第 6 期，第 1 页。

④ 张敏、李海生：《顾炎武：开启清代朴学思想第一人》，《上海师范大学学报（哲学社会科学版）》2002 年第 1 期，第 89 页。

⑤ 梁启超：《清代学术概论》，长沙：岳麓书社，2010 年，第 4 页。

⑥ 梁启超：《清代学术概论》，第 4 页。

⑦ 主要成果有徐海松：《从“会通中西”到“西学中源”——清初科学家的思想轨迹及其影响》，《明清之际中国和西方国家的文化交流——中国中外关系史学会第六次学术讨论会论文集》，内部资料，1997 年，第 16—30 页；王广超：《明清之际定气注历之转变》，《自然科学史研究》2012 年第 1 期；宁晓玉：《王锡阐与第谷体系》，《自然辩证法通讯》2013 年第 3 期；相婷婷：《明清知识分子阶层对西方科学的态度——以江南杨光先、王锡阐为例》，《江南论坛》2018 年第 8 期等。

⑧ （清）阮元等撰，彭卫国、王原华点校：《畴人传汇编》，扬州：广陵书社，2009 年，第 402 页。

可谓是不易之论。

4. 梅文鼎

在清初的科学家群体中，梅文鼎的学术研究不仅起步早，而且研究论著最为丰富，国内外许多科学史界的名流如伟烈亚力[英]、三上义夫[日]、李俨、钱宝琮、李约瑟[英]、桥本敬造[日]、沈康身、严敦杰、席泽宗、马若安[法]、梅荣照、李迪等，都有高水平的研究成果。例如，1925 年李俨在《清华学报》第 2 期发表《梅文鼎年谱》一文，对梅氏生平做了细致梳理；梁庚尧的《梅文鼎对西方历算学的态度》（《食货月刊》1977 年第 7 卷），肯定了梅文鼎在西学取法上的进步性与复杂性；法国学者马若安在《梅文鼎（1633—1721 年）数学著作研究》（巴黎法兰西学院《汉学研究所论丛》第 16 卷，1980 年）一书中比较全面地介绍了梅文鼎的数学成就。在学界，究竟如何评价梅文鼎“西学中源”说的历史地位，美国学者艾尔曼的观点值得重视。《中国历史上的科举、考据与科学——访美国普林斯顿大学艾尔曼教授》一文中说：

> “西学中源”是指，有很多东西是从汉唐传到西域去的，如火药、指南针和造纸术都是通过阿拉伯传到西方，但西方人却不知道这些东西是从中国来的。后来耶稣会士来到中国，中国人发现他们带来的很多东西是中国很早就有的，只是以前没有注意。于是一些中国人提出，可以把他们再次恢复起来。比如钱大昕、戴震他们看了传教士的数学，发现这与中国的天文书等有关系。他们这种“恢复以前的”提法是有一定道理的。
>
> 另一方面，当新生事物来到一个有着几千年历史的中国，必然面临一个问题：中国人会接受吗？那么通过“西学中源”，接受起来就相对容易了。中国人需要改革，但是通过直接否认自己来学习西方的这条路径是走不通的，因此通过承认西方是进步的，但源头来自中国，这种迂回的方式可以使改革的阻力变小。所以这个说法自明朝末年到乾隆时期一直很流行。到 19 世纪末，这种说法被日益放大，最后变成什么都是源于中国了。“democracy”（民主）是从《周礼》来的，“赛先生”和微积分也来自中国。到了中日甲午战争之后，人们开始觉得中国的“西学中源”是没有道理的，认为中国自己什么都没有，什么都是西方的，这时观点发生了巨大的转变。中日甲午战争是个转折点，之前很多人持有“西学中源”的观念，但之后的革命家、改良家就开始觉得自己什么都没有了，一概否定中国文化，认为中国从政治、经济到文化什么都不如西方。“西学中源”的出现及变化都有特定的历史和社会背景，反映了中国的自信心以及后来这种自信心在遭受列强挫败之后突然丧失的历史过程。①

当然，艾尔曼的观点未必尽善尽美，但他将清初的“西学中源”说与整个中国近代文化史联系起来，确实把中西科学文化交流的研究提高到一种崭新的境界和高度。

---

① 褚国飞：《中国历史上的科举、考据与科学——访美国普林斯顿大学艾尔曼教授》，《中国社会科学报》2009 年 12 月 29 日，第 4 版。

二、明清之际科学技术思想史研究的主要内容

（一）西学东渐与明清知识界的应对

对于明清之际的西学东渐，学界讨论最多的是“利玛窦模式”或称“利玛窦规矩”①。随着15世纪末期哥伦布大航海的成功，欧洲各国便开始了野蛮的殖民地掠夺，与此同时，向世界各地的传教活动也随之而来。面对一些弱势国家和地区，欧洲传教士可以用“征服者”的方式，强制推行其宗教“福音”，然而，中国博大精深的文化传统绝非他们采用“武力征服”方式就能迫使其就范的，唯其采取适应会通中国传统文化的方式才能开启在中国的传教之门，这是利玛窦通过长期考察中国国情而得出的认识和结论。我们知道，传教是利玛窦的初衷，也是他的职责。对此，利玛窦在《利先生复虞铨部书》中讲得很明白：“窦于象纬之学，特是少时偶所涉猎，献上方物，亦所携成器，以当羔雉。其以技巧见奖借者，果非知窦之深者也。若止尔尔，则此等事，于敝国庠序中，见为微末，器物复是诸工人所造，八万里之外，安知上国之无此？何用泛海三年，出万死而致之阙下哉！所以然者，为奉天主至道，欲相阐明，使人人为肖子，即于大父母得效涓埃之报，故弃家忘省不惜也。”②当然，采用何种方式传教？这是利玛窦需要慎重考虑的问题。在以儒家文化为核心的明清时代，“夷夏之大防”仍然主导着统治者的外交政策，面对这种状况，利玛窦采取“以耶补儒”的方式来传播欧洲的科学知识。故有学者评论说：“留在肇庆的利玛窦，在将近九年的时间内，努力学习华语，研读儒家经典，展示西方文化风物，确立和实践他的以儒释耶、以耶补儒的‘文化传教’方针，最终使他得以入两京，谒皇上，结交名儒，著书立说，宣扬天主教义，沟通中西文化，成就了不朽的功业。”③

面对利玛窦等西方传教士的“文化传教”攻势，明清知识界很快就做出了回应，主要形成以下三种观点；

一是完全排斥，以沈漼为代表，主张“禁止、驱逐天主教士”。他在万历四十四年（1616）五月上《参远夷疏》云：

> 职闻帝王之御世也，本儒术以定纪纲，持纪纲以明赏罚，使民日改恶劝善，而不为异物所迁焉。此所谓一道同风，正人心而维国脉之本计也。以太祖高皇帝长驾远驭，九流率职，四夷来王，而犹谆谆于夷夏之防，载诸祖训及会典等书。不谓近年以来，突有狡夷自远而至。在京师则有庞迪峨、熊三拔等，在南京则有王丰肃、阳玛诺等，其他省会各郡，在在有之。自称其国曰“大西洋”，自名其教曰“天主教”。夫普天之

① 主要成果有陈一鸣：《利玛窦规矩：一种早期的文化交流模式》，《南方周末》2004年3月11日；曾峥、孙宇峰：《数学文化传播的利玛窦模式及其影响》，肇庆学院：《第二届利玛窦与中西文化交流学术研讨会论文集》，2010年，第209—215页；杨奕望、吴鸿洲：《“利玛窦规矩”与中医药交流》，《中华中医药学会医古文分会成立三十周年暨第二十次学术交流会论文集》，内部资料，2011年；任婷婷：《天主教改革与“利玛窦规矩”的兴衰》，《世界历史》2017年第1期，第42—54页等。

② [意]利玛窦：《利玛窦中文著译集》，上海：复旦大学出版社，2001年，第659页。

③ 雷雨田等：《广东宗教简史》，上海：百家出版社，2007年，第314页。

下，薄海内外，惟皇上为覆载照临之王，是以国号曰“大明”，何彼夷亦曰“大西”。且既称归化，岂可为两大之辞以相抗乎？三代之隆也，临诸侯曰“天王”，君天下曰“天子”。本朝稽古定制，每诏诰之下，皆曰“奉天”。而彼夷诡称“天主”，若将驾轶其上者然。使愚民眩惑，何所适从?臣初至南京，闻其聚有徒众，营有室庐，即欲修明本部职掌，擒治驱逐。①

尽管沈潅的理由并非全无道理，但他全盘否定式地把西方传教士统统拒之门外的做法，实不可取。

二是全面接纳西学，以徐光启为代表。徐光启在“苟利于国，远近何论”②的思想原则指导下，从利玛窦那里不加选择地既全面学习了其天文、数学、农业、地理、水利等科学技术，同时又接受了其宗教思想。他甚至认为：“若崇信天主，必使数年之间，人尽为贤人君子。世道视唐虞三代，且远胜之，而国家更千万年永安无危，长治无乱。”③这种思想意识显然也是错误的，不过，与其宗教思想相比，徐光启的科学成就是主要的，可以与弗朗西斯·培根相媲美，并深得竺可桢先生的赞赏，同时又扼腕其命运。他说：

培根之理想研究院与公（指徐光启，引者注）之旁通众务之计划，可谓不谋而合。虽公倾向于利用原生，而培根倾向于哲理，但培根之书系一种梦想或预言，而公则笔之于奏稿，所处地位不同，立说亦自异也。所不同，则培根逝世后，四十三年间，《新大陆》一书不胫而驰，凡经十版。英国皇家学会（Royal Society）即依照理想研究院之模型而成立于1660年。民国初年，英国皇家学会所出版之《会史》，其开宗明义第一句，即云“皇家学会之成立，乃培根哲学所得最早实惠之一”，盖所以志不忘也。公之度数旁通十事除崇祯批“有关庶绩，一并分曹料理，该衙门知道”外，三百年来亦更无人过问矣。

英国实验科学经皇家学会之提倡，乃风起云涌，一日千里。……而欧洲大陆法、德诸国，亦竞着先鞭。近世科学，乃见曙光，在我国则公逝世后十一年而鼎革，公之遗著，既十九散失，公之学术亦不得其传，清初黄梨洲作明儒学案，凡朱王学派之有一言足录者，无不采，即公之同教金声，亦在不遗，而独未及公。迨近代海禁大开，国人怵于科学为用之广且巨，乃稍稍有知公者。……公与培根之提倡科学可谓异曲同工，若以公之人格与培根相与并论，则培根抱不世之才，乃为首数载，毫无建白，论操守则苞苴公行，卒至身下囹圄，为天下笑。而公则淡于利禄，痛绝馈遗。盖棺之日，囊无余赀，御史请优恤以愧贪墨者，且急公好义，办学一疏，侃侃不屈，尤足为后人师表。何二者贤不肖之相去如此其远，而其学术之发扬光大乃适得其反也。是则公之不幸，抑亦中国之不幸耶！④

---

① （明）沈潅：《参远夷疏》，郑安德：《明末清初耶稣会思想文献汇编》第5卷，内部资料，2003年，第31—34页。

② （明）徐光启著、徐宗泽增补：《增订徐文定公集》卷5《辨学章疏》，上海：徐家汇天主堂藏书楼，1933年，第3页。

③ （明）徐光启著、徐宗泽增补：《增订徐文定公集》卷1《答乡人书》，第13页。

④ 竺可桢：《竺可桢全集》第2卷《近代科学先驱徐光启》，上海：上海科技教育出版社，2004年，第162页。

三是扬弃西学，取其合用的部分，剔其不合用的部分，以方以智、梅文鼎等为代表，这派学者占多数。例如，方以智认为基督教的“上帝”并不神圣，仅仅是人们对它的一种尊称。他说：“物所以物，即天所以天。心也、性也、命也，圣人贵表其理，其曰上帝，就人所尊而称之。”[①]所以，“方以智（1611—1671）的全部著作，几乎都写于满族军队于1644年进入北京之前。他是最早作出这种区别的人之一。当他引证由传教士们口授或撰写的科学著作时，便系统地删去了一切与宗教观念有关的著作。他就这样丝毫不考虑在这些著作中经常出现的论据：天命系创造万物和世界上最细微事物的组织者天主存在的证据”[②]。可见，方以智否定了上帝的存在，也就剔去了西学中的神学成分。对于西方的科学技术，方以智也有清醒认识。如众所知，方以智把人类知识分为三种：即“质测”“宰理”“通几”。

方以智在《物理小识·自序》中云：

> 盈天地间皆物也。人受其中以生，生寓于身，身寓于世，所见所用，无非事也。事一物也。圣人制器利用以安其生，因表理以治其心。器固物也，心一物也。深而言性命，性命一物也，通观天地，天地一物也。推而至于不可知，转以可知者摄之，以费知隐，重玄一实，是物物神神之深几也，寂感之蕴，深究其所自来，是曰通几。物有其故，实考究之，大而元会，小而草木蠢蠕，类其性情，征其好恶，推其常变，是曰质测。质测即藏通几者也。有竟扫质测而冒举通几，以显其宥密之神者，其流遗物。谁是合内外、贯一多而神明者乎？万历年间，泰西学入，详于质测而拙于言通几。然智士推之，彼之质测犹未备也。[③]

文中的“质测”指的是实证科学，对于那些科学检验是正确的思想，方以智无条件地接受，如伽利略的天河新说、三角对数法、地圆说等。然而，对于那些当时尚不确定的西学内容，方以智则持质疑态度，而不盲从。如对于五星迟留伏逆问题，方以智明言“泰西亦未推明其故”[④]；又论西学测日径数的不足说：“西学不一家，各以术取捷算，于理当膜，讵可据乎！”[⑤]这种独立、自信的科研精神，值得肯定。

（二）对传统科学的整理与其价值的再认识

在前述对待西学的态度中，有一派观点认为，从源流上看，中国科学相对西方科学具有先发的特点，于是，“西学中源”论应运而生。故《明史·历志一》载：

> 西洋人之来中土者，皆自称瓯罗巴人。其历法与回回同，而加精密。尝考前代，远国之人言历法者多在西域，而东南北无闻。盖尧命羲、和仲叔分宅四方，羲仲、羲叔、和叔则以嵎夷、南交、朔方为限，独和仲但曰“宅西”，而不限以地，岂非当时声教之西被者远哉。至于周末，畴人子弟分散。西域、天方诸国，接壤西陲，非若东南

① （明）方以智：《通雅》卷11《天文·释天》，北京：中国书店，1990年，第148页。

② [法]谢和耐：《中国与基督教——中西文化的首次撞击》，耿昇译，北京：商务印书馆，2013年，第63页。

③ 戴念祖主编：《中国科学技术典籍通汇·物理卷》第1分册，郑州：河南教育出版社，1995年，第323页。

④ （明）方以智：《物理小识》卷1《天类·历类》，上海：商务印书馆，1937年，第28页。

⑤ （明）方以智：《物理小识》卷1《天类·历类》，第25页

有大海之阻，又无极北严寒之畏，则抱书器而西征，势固便也。瓯罗巴在回回西，其风俗相类，而好奇喜新竞胜之习过之。故其历法与回回同源，而世世增修，遂非回回所及，亦其好胜之俗为之也。羲、和既失其守，古籍之可见者，仅有《周髀》。而西人浑盖通宪之器、寒热五带之说、地圆之理、正方之法，皆不能出《周髀》范围，亦可知其源流之所自矣。夫旁搜博采以续千百年之坠绪，亦礼失求野之之意也，故备论之。①

“西学中源”对清代学术的重要影响之一就是考据学的兴起。戴震主张“西学中源”，他的考据学成就巨大，被梁启超称为“前清学者第一人，其考证学集一代大成”②。戴震高举顾炎武“经学即理学”的旗帜，主张：“夫所谓理义，苟可以舍经而空凭胸臆，将人人凿空得之，奚有于经学之云乎哉？惟空凭胸臆之卒无当于贤人圣人之理义，然后求之古经；求之古经而遗文垂绝，今古悬隔也，然后求之故训。故训明则古经明，古经明则贤人圣人之理义明，而我心之同然者，乃因之而明。贤人圣人之理义非它，存乎典章制度者是也。”③考戴震一生著述甚丰，主要有《筹算》《勾股割圆记》《尔雅文字考》《考工记图注》《诗经补注》《方言疏证》《孟子字义疏证》等。

中国传统科学技术的发展与经学关系密切，而西学东渐激发了明清之际士人的“尊经”热情，并重新认识和评价中国传统科学的价值。

王锡阐说：

旧法之屈于西法也，非法之不若也，甄明法意者之无其人也。今考西历所矜胜者不过数端，畴人子弟骇于创闻，学士大夫喜其瑰异，互相夸耀，以为古所未有。孰知此数端者，悉具旧法之中，而非彼所独得乎！一曰平气定气，以定中节也，旧法不有分至以授人时四正，以定日躔乎？一曰最高最卑以步朓朒也，旧法不有盈缩迟疾乎？一曰真会视会以步交食也，旧法不有朔望加减食甚定时乎？一曰小轮、岁轮以步五星也，旧法不有平合定合晨夕伏见疾迟留退乎？一曰南北地度，以步北极之高下，东西地度以步加时之先后也，旧法不有里差之术乎？大约古立一法必有一理，详于法而不著其理，理具法中。好学深思者，自能力索而得之也。西人窃取其意，岂能越其范围！④

学界将王锡阐视为“西学中源”说的始祖，主要依据就是这段文字。面对西学的咄咄逼人之势，王锡阐没有妄自菲薄，而是对中国传统科学充满自信。在当时“学士大夫喜其瑰异，互相夸耀”西学的背景下，王锡阐经过深入翔实的考证，得出西学“悉具旧法之中”的结论。这样，中国传统科学技术的价值被重新认识和肯定，其意义非比寻常。

之后，康熙更明确地肯定：“夫算法之理，皆出于《易经》，即西洋算法亦善，原系中国算法，彼称为阿尔朱拔尔。阿尔朱拔尔者，传自东方之谓也。”⑤他相信：“三代盛时，声

① 《明史》卷31《历志一》，北京：中华书局，1984年，第544—545页。

② 梁启超：《梁启超全集》第7册《戴东原图书馆缘起》，北京：北京出版社，1999年，第4217页。

③ （清）戴震研究会、徽州师范专科学校、戴震纪念馆：《戴震全集》第5册《题惠定宇先生授经图》，北京：清华大学出版社，1997年，第2614—2615页。

④ （清）阮元：《畴人传》卷35《国朝二·王锡阐下》，北京：中华书局，1991年，第438—439页。

⑤ （清）王先谦：《东华录·康熙八十七》，北京：中国言实出版社，1999年，第1195页。

教四讫，重译向风，则书籍流传于海外者，殆不一矣。周末，畴人子弟失官分散，嗣经秦火，中原之典章既多缺佚，而海外之支流反得真传。”[①]尽管此论未免绝对，但其思想主旨是张扬民族自豪感，仅此而言，康熙的“西学中源”说有其合理因素。当然，“西学中源”使人们开始比较理性地反思中国传统学术的内涵。故有学者评论戴震的“西学中源”思想说：

> （戴震）能够以传统天算为框架，置换西方天算学的内容，如此做法也可以理解。……戴震讳言西学，“所为步算诸书，类皆以经义润色”，实为以传统古学为外衣的“西学”，此类做法也如其《孟子字义疏证》一样，是“披着经学外衣的哲学”[②]。

此外，墨学的复兴应是明清之际科技考据的一件大事，也是其科技发展的显著特色之一。详细内容见后。

（三）明清之际中国传统科学技术历史地位的再评价

一般观点认为，明清之际是中西两种文化相互碰撞、融合的过程，其间中国传统科学技术虽然有选择地吸收了西方科学技术的先进成果，但是从总体上看，此时中国传统科学技术逐渐落后了。落后是事实，不过，其原因却值得反思。

事实上，明清之际中国科学技术的发展比较曲折、复杂。一方面，西学为中国传统科学技术的“生长”确实注入了新的活力；另一方面，清朝统治者却将“西学”当作一道防火墙，而并非将其视为社会进步的工具，他们生怕还有“西学”之外的科学知识在中国传播，故回回天文学退出了清代的官方知识体系，清代佛教式微，在这种文化氛围下，加之“文字狱”的发生，清代才出现了“崇古”与“复古”的思想潮流。

1. 清代佛教发展状况及戴震的“破图貌之误”

王朝闻认为：“清代佛教式微的表现是多种多样的，其重要的特征之一在于，作为神学的信仰在人们生活中的作用急剧下降，神学信仰作为行为动机的影响大为减煞。”[③]在明末清初像方以智、黄宗羲等学者都能吸取佛教的知识营养，用以构建他们自己的思想体系，可是戴震就不同了。“戴震不加区别地将老释并作批判鹄的，且严厉指责儒释融合”[④]，他说：“由血气之自然，而审察之以知其必然，是之谓理义；自然之与必然，非二事也。就其自然，明之尽而无几微之失焉，是其必然也。如是而后无憾，如是而后安，是乃自然之极则。若任其自然而流于失，转丧其自然，而非自然也；故归于必然，适完其自然。”[⑤]以此为原则，戴震批判佛老的“以自然为宗”思想说：“彼以自然者为性使之然，以义为非自然，转制其自然，使之强而相从。老聃、庄周、告子及释氏，皆不出乎以自然为宗，惑于其说者，以自然直与天地相似，更无容他求，遂谓为道之至高。宋之陆子静、明之王文成及才

① 金沛霖主编：《四库全书子部精要》中册，天津、北京：天津古籍出版社、中国世界语出版社，1998年，第49页。
② 徐道彬：《皖派学术与传承》，合肥：黄山书社，2012年，第182页。
③ 薛永年、蔡星仪主编：《中国美术史·清代卷》下，济南：齐鲁书社、明天出版社，2000年，第73页。
④ 陶武：《严儒释之辨，破图貌之误——论戴震的佛学观》，《学术界》2013年第8期，第152页。
⑤ （清）戴震：《戴震全书》第6册《孟子字义疏证》，合肥：黄山书社，2010年，第169页。

质过人者，多蔽于此。”[①]在戴震看来，自然与必然是统一的和不可分割的整体，佛教割裂了二者之间的内在联系，故“以自然为宗”而忽视“人为”，其“人为”当然包括科学技术在内。

如果总结宋元科技高峰的形成原因，那么，儒释道三教合一是一个非常重要的因素。对此，余英时认为：“士大夫好禅，这是宋代政治文化的一个基本特征。”[②]如倡导三教文化的陈抟与宋代数学的关系，以及他的《无极图》和内丹理论，都体现了宋代科学技术的发展离不开儒释道三教的相互渗透和相互作用。所以戴震批判程朱理学“借阶于释氏”云：“物者，指其实体实事之名；则者，称其纯粹中正之名。实体实事，罔非自然而归于必然，天地、人物、事为之理得矣。自然之极则是谓理，宋儒借解于释氏，是故失之也。”[③]戴震看到了程朱理学同佛教之间的内在联系，这是符合历史实际的。然而，他却用消极的态度把佛教对程朱理学的影响看作是“诱吾族以化为彼族”的过程，那就属于一种纯粹的过敏反应了。他说：佛教之于程朱理学，“譬犹子孙未睹其祖父之貌者，误图他人之貌为其貌而事之，所事固己之祖父也，貌则非矣；实得而貌不得，亦何伤！然他人则持其祖父之貌以冒吾宗，而实诱吾族以化为彼族，此仆所由不得已而有《疏证》之作也。破图貌之误，以正吾宗而保吾族，痛吾宗之久坠，吾族之久散为他族，敢少假借哉！”[④]中华民族本身就具有“多元一体”的特点，“多元”表明中华民族在长期的文明进程中，通过不断吸收其他民族的优秀文明成果来逐渐丰富和壮大自己，从而使中华民族立于不败之地。所以为了“正吾宗而保吾族”，盲目采取“破图貌之误”的方法，否定佛教对于中华民族（包括科学技术方面）的历史贡献，这种学术上的关门主义显然是不可取的。

2. 清代回回天文学退出官方使用的历史

关于回回天文学在清代的演变历史，有学者评述说：

> 至清代，回回天文学在特殊的时代背景下，逐渐暗淡下来。清军入关之初，还设钦天监，内分天文、时宪、漏刻、回回历等四科，可知“回回历”仍在发挥一定的作用。康熙八年（1669年），最后一任回族钦天监官员杨光先罢职，清朝废除回回科，专用西洋法。从此，回回历法自元朝起在中国官方使用的历史，便永久地被画上了句号。[⑤]

实际上，回回历法退出清朝官方使用的历史，与西方传教士的阻梗有直接关系。有学者述云：

> 清政府在开始时仍大致沿用明朝的体制，明钦天监的机构和人员也大体全部继承

---

① （清）戴震：《戴震全书》第6册《孟子字义疏证》，第59页。

② [美]余英时：《朱熹的历史世界：宋代士大夫政治文化的研究》上，北京：生活·读书·新知三联书店，2004年，第67页。

③ （清）戴震：《戴震全集》第1册《孟子私塾录》，第63页。

④ （清）戴震著、何文光整理：《孟子字义疏证》，北京：中华书局，1961年，第163页。

⑤ 敏贤麟主编：《回族文化概要》，兰州：甘肃人民出版社，2010年，第80页。

> 下来，不过耶稣会士汤若望因参与翻译西洋新法历书，便担任监正一职，颁行西洋新法，而民用历书则被称之为《时宪历》。同时，明钦天监中的回回历科，也被接受下来。在顺治元年八月，大学士冯铨奉旨以考校新法的方式裁汰监中官生，参与考试的有历科、天文科、漏刻科和回回科官生80余人，只有贾良琦等三人通过新法考试。对于不精通新法的官生，宽限三个月之后再考，以此达到迅速学习新法的目的。对于回回科，因其在新旧历法之外自成一科，所以保留求官正吴明炫等五名官员，同时还保留了马以才等三名回回天文生，令其学习新法，并淘汰了吴明耀等五名回回天文生。清朝用西洋新法历书，废除《大统历》。回回历法作为一个独立的系统继续保存下来，对西方传教士和西洋新法来说，自然就构成一定的威胁。顺治元年十月，汤若望用避免"以乱新法"为由，不许回回科再报交食；顺治三年五月，又废除月和五星凌犯的推算上报工作，并再次通知回回科停止上报夏季天象的工作。①

这样，"西学"便开始扮演"防火墙"的角色。尤其西洋新历在日月食及五星运行位置的预测方面，略优于回回历，这在一定程度上就为汤若望等人排挤回回历法提供了借口。先是"吴明炫案"，后接"杨光先案"，回回历法一再受挫。这里，杨光先等自身原因（主要是对历法不够精通）也是回回历法被康熙皇帝否定的重要因素之一。再回头去看，明清之际的西方耶稣会传教士经过与回回历法的多次博弈，终于站稳了脚跟。"从此以后，钦天监便完全掌握在外国传教士手中，前后共达二百年左右"②。不过，需要说明的是，"耶稣会士来华对明清之际的中国科学技术进步是有贡献的，表现为传播宗教的终极目的性相当强烈，而采取的手段是'科技传教'"③。

3. 明清之际墨学的复兴及传统科技典籍的整理和校释

如众所知，顾炎武提倡"读九经自考文始，考文自知音始。以至于诸子百家之书，亦莫不然"④，在此原则指导之下，为了发明"义理"，诸子学遂逐渐进入清代考据家的视野，尤其是墨学的复兴确实为清代传统科技思想的研究带来一股清风。于是，有学者感慨地说："诸子之中最先遭遇到的是儒家阵营之内的《荀子》，再探究下去则是儒家以外的'异端'，如《墨子》、《老子》、《管子》等。然而考证的根本目的是为了义理，所谓'训诂明而后义理明'，所以在对子书作过深入的整理之后，又必然导向对诸子思想的再发现与再评估。《墨子》就是在这一个学术脉络之中被挖掘出来，而赋予了新的意义。"⑤

汪中是重新发现《墨子》之科学价值的第一人。汪中治经以"极深研几，疏通知远"⑥为志向，在乾隆四十五年（1780）完成《墨子校释》，并撰有《墨子序》与《墨子后序》。

---

① 陈冬梅：《回族古籍文献研究》，银川：宁夏人民出版社，2015年，第171页。

② 杜石然：《数学·历史·社会》，沈阳：辽宁教育出版社，2003年，第195页。

③ 严加红：《中西文化理解视野中的教育近代化研究：以清末出洋游学游历为实证个案》，长春：吉林出版集团股份有限公司，2019年，第107页。

④（清）顾炎武撰、华东师范大学古籍研究所整理：《顾炎武全集》第2册《音学五书（1）》，上海：上海古籍出版社，2011年，第16页。

⑤ 黄克武：《近代中国的思潮人物》修订版，北京：九州出版社，2016年，第135页。

⑥ 卢桂平主编：《扬州历代名人传》，扬州：广陵书社，2015年，第118页。

汪中在《墨子序》中述其考证成果云：

> 《亲士》、《修身》二篇，其言淳实与曾子立事相表里，似七十子后学者所述。《经上》至《小取》六篇，当时谓之墨经。……是时《墨子》之没久矣！其徒诵之，并非墨子本书。《所染篇》亦见《吕氏春秋》。其言宋康染于唐鞅田不礼。宋康之灭在楚惠王卒后一百五十七年，墨子盖尝见染丝者而叹之，为墨子学者增成其说耳。故本篇称禽子，《吕氏春秋》并称墨子，《亲士篇》错入道家言二条，与前后不类，今出而附之篇末。①

可惜，由于汪中《墨子校释》一书后佚失，其具体内容不得而知。现存毕沅《墨子注》（1783），为目前最早的墨学整理本，故此，“怪才”栾调甫认为：“(《墨子》) 十五卷本，自宋李焘之校，已云多所脱误。明刊因循宋本，无所校雠。至毕校而后，书始可读。则今日墨学复闻于世者，不可不推毕氏为首功。”②

在对传统科技典籍的整理方面，像戴震勘校《算经十书》《水经注》《考工记》、焦循等对宋元数学著作的整理、惠栋对《易》学的整理、阮元的《畴人传》等，都是影响至今的不朽名著。

当然，在对整个传统科技典籍的校注过程中，无论是戴震还是惠栋，他们都把“东传科学”纳入自己的学术视野，从而使其考据学方法视野更加开阔、兼通中西。故张庆伟评论说：“惠栋因经史考据所涉而能将中西古今历算学纳入自己的学术视野，与其求真、求实的学术追求是分不开的。这种思想方法的革命，与‘西学的实验论、实证论也是密切相关的’。”③他又说：“明末清初复社同志掀起的经学复古运动，将西学、实学与经学的研究荟萃一炉。东传科学知识与方法，在方以智、顾炎武等遗民学者的经学研究中沉淀、转化。在对清初遗民学术继承的基础上，四世传经的惠栋将经学复古运动溯至汉学，进而为乾嘉考据学范型的确立奠定了基础。”④而“在戴学的形成过程中，从知识结构到认知方法再进至哲学建构，东传科学皆起到了不可替代的重要作用。东传科学作为知识、方法、思想在戴学中沉淀了下来，继而为其后的乾嘉考据学者所继承，为推动儒学在清代的转型并走向近代化奠定了基础。同时，戴震会通科学与儒学的尝试也为现代儒学与科学的协调发展提供了借鉴”。⑤

---

① （清）汪中撰、戴庆钰、涂小马校点：《述学·内篇三》，沈阳：辽宁教育出版社，2000 年，第 42—43 页。

② 栾调甫：《墨子要略》，《墨子研究论文集》，北京：人民出版社，1957 年，第 102 页。

③ 张庆伟：《东传科学与乾嘉考据学关系研究：以戴震为中心》，山东大学 2013 年博士学位论文，第 62 页。

④ 张庆伟：《东传科学与乾嘉考据学关系研究：以戴震为中心》，第 199 页。

⑤ 张庆伟：《东传科学与乾嘉考据学关系研究：以戴震为中心》，第 201 页。

第一章 明清之际的中西科学与文化交融

明清之际是中国社会的一个大变局时代，利玛窦的“适应性”传教给明朝的士大夫带来另外一种知识体系，从而引起中西两种文化体系的碰撞与融合。作为一种回应，徐光启首倡“会通以求超胜”说，这在当时主流文化仍以华夏中心为根本价值观的“夷夏之辨”氛围中，颇有拨云见日之效。在徐光启和李之藻等人的努力下，西方的天文测量和历算技术在崇祯年间开始被政府接受。

第一节 利玛窦与中西科学的交汇

利玛窦，字西泰，意大利传教士，他于1583年9月在广东肇庆建立了中国第一个耶稣会传教点。以此为契机，他在传教的同时，还把西方的先进科学技术介绍到中国。所以梁启超曾说：“中国知识线与外国知识线相接触，晋唐间的佛学为第一次，明末的历算学为第二次。”①至于这“第二次”，梁氏特别强调说：“明末有一场大公案，为中国学术史上应该大笔特书者，曰：欧洲历算学之输入。”②而促成“欧洲历算学之输入”的功臣首推利玛窦。一方面，明代的科学技术已经发展到大总结的时代；另一方面，随着西方近代资本主义的兴起，数学作为理性的化身，越来越受到科学家的青睐。所以康德概括当时近代科学的数学化发展趋势说：“在任何特定的理论中，只有其中包含数学的部分才是真正的科学。”③与之相反，明代数学发展的实用化色彩却愈益浓厚，跟西方数学的进路有所不同。最初，利玛窦仅仅是为了满足明朝士大夫对欧洲科学的好奇，把西方的数学、地理学以及天文学知识陆续介绍到中国来，不承想此举竟然“震惊了整个中国哲学界”④，并对近代中国学术的转向产生了深远的历史影响。⑤

由于学界研究利玛窦的论著较多⑥，为避免过多重复，本书仅据《中国札记》（中华书

---

① 梁启超：《中国近三百年学术史》，北京：东方出版社，1996年，第9页。

② 梁启超：《中国近三百年学术史》，第9页。

③ [美]M. 克莱因：《数学：确定性的丧失》，李宏魁译，长沙：湖南科学技术出版社，2007年，第60页。

④ [意]利玛窦、[比]金尼阁：《利玛窦中国札记》，何高济、王遵仲、李申译，北京：中华书局，2010年，第347页。

⑤ 详细内容参见汪前进：《西学东传第一师——利玛窦》，北京：科学出版社，2000年，第98—146页。

⑥ 代表作有黄时鉴、龚缨晏：《利玛窦世界地图研究》，上海：上海古籍出版社，2004年；宋黎明：《神父的新装——利玛窦在中国（1582—1610）》，南京：南京大学出版社，2011年；徐光台：《西学对科举的冲激与回响——以李之藻主持福建乡试为例》，《历史研究》2012年第6期等。

局本)的内容,同时结合学术界的已有研究成果,试就利玛窦的中西科学交流思想略作阐释。

一、站在“西学东渐”和“中学西传”立交桥上的利玛窦

(一)利玛窦与“西学东渐”

利玛窦并不一定研究过中国古典数学和天文学,但他确实给当时的明朝士大夫呈现了一个全新的知识世界。对此,《利玛窦中国札记》记载说:

> 直到利玛窦神父来到中国之前,中国人从未见过有关地球整个表面的地理说明,不管是做成地球仪的形式还是画在一张地图的面上;他们也从未见过按子午线、纬线和度数来划分的地球表面,也一点都不知道赤道、热带、两极,或者说地球分为五个地带。他们曾看到在他们的天文仪器上标明了许多天体轨道,但他们从未看到把这些转绘到地球表面上。他们一点都不知道一个星盘加上图版就能够适用于各种不同的地区,他们也看不出地球是一个圆球,或者是一个悬在空中的球体。他们没有对两极的知识,一个是固定的,一个是移动的,从这里面他们就可能知道很多有关行星运动的知识。①

尽管学界对中国古代是否有地球五带的朴素观念尚有争议,但大体上讲,利玛窦的说法是比较接近客观实际的。因为自《周髀算经》之后,人们就一直信奉着“天圆地方”的观念。中国人固然有自己独特的知识体系,不过,由于非常尊重知识,尤其对新知识充满渴求,而利玛窦敏锐地意识到了这个问题,所以他说:“任何可能认为伦理学、物理学和数学在教会工作中并不重要的人,都是不知道中国人的口味的,他们缓慢地服用有益的精神药物,除非它有知识的佐料增添味道。”②佛教传入中国如此,伊斯兰教传入中国亦复如此。中国素有“礼仪之邦”的美称,其中人与人之间的交际讲求“礼尚往来”,不管是何人,人们总是喜欢把一种新东西呈现给对方。这种人情世故,虽然需要破费,但它从某种意义上能折射出中国人对新事物的渴求与期盼。利玛窦深谙此道,因为当他想见某个重要人物时,总是以当时的西方新奇之物相送。例如,《利玛窦中国札记》载有以下三件事情:

第一,给皇帝赠送西方制造的自鸣钟。实际上,中国人早在723年就发明了机械钟,而欧洲则直到公元1602年以后才制成机械钟。③在此前后,利玛窦曾送给明神宗一座由欧洲工匠制作的自鸣钟。据《利玛窦中国札记》载:“这些钟是一些非常聪明的工匠创制的,不需要任何人的帮助就能日夜指明时间,它们有铃铛自动报时,有一个指针指出不同的时间。”④为了好好管理这些钟,明神宗还派四名太监专门向利玛窦学习基本的钟表知识。所以“安排的三天学习时间还没有过去,皇帝就要钟了。钟就被遵命搬到他那里去,他(指

---

① [意]利玛窦、[比]金尼阁:《利玛窦中国札记》,何高济、王遵仲、李申译,第348页。

② [意]利玛窦、[比]金尼阁:《利玛窦中国札记》,何高济、王遵仲、李申译,第347页。

③ 《当代中国的计量事业》编辑委员会:《当代中国的计量事业》,北京、香港:当代中国出版社、香港祖国出版社,2009年,第313页。

④ [意]利玛窦、[比]金尼阁:《利玛窦中国札记》,何高济、王遵仲、李申译,第403页。

明神宗）非常喜欢它，立刻给这些太监进级加俸。太监们很高兴把此事报告给神父们，特别是因为从那天起，他们之中有两个人被准许到皇帝面前给一个小钟上发条。皇帝一直把这个小钟放在自己面前，他喜欢看它并听它鸣时。这两个人成了皇宫里很重要的人物"[①]。至于那座较大的钟，由于没有地方安放。于是，明神宗命工部在皇宫的花园里，"按照神父们所画的图样为它修建一个合适的木阁楼，这座木阁楼真配得上作为帝王的陈设，其装饰品就超过了材料的价值。那上面刻满了人物和亭台，用鸡冠石和黄金装饰得闪闪发光；在这种艺术方面中国人毫不亚于欧洲人。工部花了一千三百金币建这座楼，它是一座不大的建筑，但考虑到这种制品价格低廉，欧洲人会说他是花费得太多了"[②]。然而，这对于明朝皇帝来说，是一件再正常不过的事情了。花费多少金银不要紧，最要紧的是皇帝高兴。果然，明神宗"对这些新奇的钟如此着迷，于是他不仅想看看其他的礼品，也想看看这些送来礼物的异国人"[③]。尽管由于明神宗有规矩在前，"那就是除了太监和妃子们以外，他决不在任何人之前露面。而且他不愿意偏爱外国人有甚于他的官员"[④]，因此利玛窦这次没有能够见到明神宗，但是，利玛窦利用给明神宗赠送钟表的契机，在朝野上下已经产生了巨大的政治影响。后来，据明末来华的葡萄牙传教士何大化介绍，为了进驻北京，利玛窦在钟表上动了手脚，即"被存心松了发条，于是命令神甫们进来修理"[⑤]。因此，有研究者称："无论如何，利玛窦因成功入京定居，被尊为中国传教事业奠基人。利玛窦留居北京意义重大：它是中国传教史上的里程碑，开启了一个中西文化互动——碰撞、吸纳、排斥的伟大时代。"[⑥]

第二，赠送沈一贯凹形日晷仪。沈一贯是明朝内阁大学士，位高权重，他还曾在抗倭援朝战争期间中止了对日贸易。在当时，利玛窦"一直期望拜访这位显贵，他赠送一些西洋小礼物作见面礼，其中一件是乌木精制的凹形日晷仪，主人特别喜爱。他受到款待和挽留，不仅要坐下来谈话而且还要出席宴会"[⑦]。

第三，赠送建安王一批精美的欧洲产品。建安王朱多㸅居住在南昌，而利玛窦在南昌建有耶稣会的会所。当时，利玛窦去拜见建安王，带去了一批欧洲生产的礼品。据《利玛窦中国札记》载：

> 客人（指利玛窦）先献礼，礼品中有中国人所珍视的欧洲物品。其中有一座卧钟，是按他们的计时法制作的，在黑色中国大理石上刻出的黄道带。这只钟还指示日出和日没的时刻、每月昼夜的长短。时辰还刻在每个月的开始和中间。我们提到开始和中间，因为中国人把黄道带计为二十四宫。这份礼物受到极大的赞美。以前在中国还从没见过这样的东西。他们所知的唯一测时数学器械，还是根据赤道命名的，而且这种

① [意]利玛窦，[比]金尼阁：《利玛窦中国札记》，何高济、王遵仲、李申译，第405页。
② [意]利玛窦、[比]金尼阁：《利玛窦中国札记》，何高济、王遵仲、李申译，第405—406页。
③ [意]利玛窦、[比]金尼阁：《利玛窦中国札记》，何高济、王遵仲、李申译，第406页。
④ [意]利玛窦、[比]金尼阁：《利玛窦中国札记》，何高济、王遵仲、李申译，第406页。
⑤ [葡]何大化：《远方亚洲》第2卷，里斯本：东方基金会，2001年，第157页。
⑥ 金国平、吴志良：《早期澳门史论》，广州：广东人民出版社，2007年，第554页。
⑦ [意]利玛窦、[比]金尼阁：《利玛窦中国札记》，何高济、王遵仲、李申译，第423页。

器械他们无法精确使用，除非是在纬线三十六度的高处。他也送给主人一个天球仪，标有天轨，另外还有地球仪、小塑像、玻璃器皿以及其他这类欧洲产品。……建安王接收的礼物中，最使他高兴的莫如两部按欧洲样式装订、用日本纸张印刷的书籍，纸很薄，但极坚韧，确实到了很难说哪部质量更好的地步。其中一部书附有几幅地图，九幅天体轨道图，四种元素的组合，数学演示以及对所有图画的中文解说。①

利玛窦通过赠送礼物的方式，证明朝一些重要人物开始用一种好奇的心理去认识西方世界。上至皇帝，下至士大夫，人们普遍对16世纪西方社会的发展状况表示关注。例如，“在（利玛窦）讲课的这三天中以及后来的一些日子里，皇帝派人向神父们询问他脑子里出现的有关欧洲的每一件事情：风俗、土地的肥沃、建筑、服装、宝石、婚丧，以及欧洲的帝王们。太监们也提出了各式各样有关神父们本身的问题”②。另据徐光台先生研究，利玛窦在世界地图中加入宇宙论、天文学、历法等自然知识，吸引李之藻求教并刊刻《坤舆万国全图》。后来，李之藻在万历三十一年（1603）主持福建乡试，他出了一道“天文”试题，激起郑怀魁兴趣。所以这段曲折的历史是西学与科举试题的首例，成为17世纪自然知识考据的一个案例，亦为中国士人间传播西学最早的案例之一。③

当然，对于中国当时的知识界来说，汉译《几何原本》的出版无疑具有划时代的意义。《利玛窦中国札记》记述当时汉译《几何原本》的情形说：

徐保禄（即徐光启）博士有这样一种想法，既然已经印刷了有关信仰和道德的书籍，现在他们就应该印行一些有关欧洲科学的书籍，引导人们做进一步研究，内容则要新奇且要有证明。工作正是这样完成的，但中国人最喜欢的莫过于关于欧几里德的《几何原本》一书。原因或许是没有人比中国人更重视数学了，虽则他们的教学方法与我们的不同；他们提出了各种各样的命题，却都没有证明。这样一种体系的结果是任何人都可以在数学上任意驰骋自己最狂诞的想象力而不必提供确切的证明。欧几里德则与之相反，其中承认某种不同的东西；亦即，命题是依序提出的，而且如此确切地加以证明，即使最固执的人也无法否认它们。④

站在思维科学的角度分析，中西思维确实各有特点。中国传统思维重视直观和经验，而西方思维则重视理性和实验，倘若不加分析地在两者之间论高低，那么，就未免会流于片面和主观。因为当近代数学和实验科学还没有结合，并成为科学研究的主要角色时，中国传统科学一直领先于欧洲，这是所有人都无法否认的事实。而明清之际整个欧洲的科学技术正在发生深刻的革命性变化，此时利玛窦把这种变化的“波段”传递给了中国，也就是说，我们跟欧洲的科学技术发展水平大体仍处在同一个频率范围里，差距并不大。而且，徐光启和利玛窦合作翻译《几何原本》这件事本身，已经充分表明中国的学者开始自觉地

① [意]利玛窦、[比]金尼阁：《利玛窦中国札记》，何高济、王遵仲、李申译，第300—301页。
② [意]利玛窦、[比]金尼阁：《利玛窦中国札记》，何高济、王遵仲、李申译，第404—405页。
③ 徐光台：《西学对科举的冲激与回响——以李之藻主持福建乡试为例》，《历史研究》2012年第6期，第66页。
④ [意]利玛窦、[比]金尼阁：《利玛窦中国札记》，何高济、王遵仲、李申译，第516—517页。

接受西方理性思维的熏陶了。至于当时为什么不先将培根的实验方法介绍给中国人，有学者解释说：

> 在中国，由于秦汉以后墨辩中衰，中华民族注重实践经验的精神就渐渐被禁锢在狭隘经验论的桎梏之中。尽管中国文明开化甚早，自然知识积累特别丰厚，明代中叶以前科学技术一直在世界上居于领先地位，但秦汉以来由狭隘经验论所导致的保守、迷信和偏见的潜滋暗长，使得到了明中叶以后，传统思维方式的弊病已成为科学技术继续前进的障碍。在此种国情下，如果像培根那样特别强调自然科学的实验方法，虽然不乏其积极意义，但却很可能被善于使新事物同化于自身的老大帝国的国民们将其纳入狭隘经验论的轨道；唯有以演绎法来补传统方法之不足，用理性精神来破除中世纪蒙昧，才是救治祖传老病的良药，徐光启的贡献也就在这里。①

我们知道，数学与实验是西方近现代科学发展的两翼，所以“以伽利略、牛顿为代表的近代实验科学方法是数学方法和实验方法的结合，理性和经验的结合”②。但实验方法没有同时被利玛窦介绍到中国，着实令人遗憾。

此外，诚如前述，利玛窦把世界地图传入中国，也是一件值得科学史学界格外关注的大事。③据《利玛窦中国札记》载，利玛窦在万历十一年（1583）九月入居广东肇庆后，他们被允许在肇庆西江北岸建造了一座教堂。而“在教堂接待室的墙上，挂着一幅用欧洲文字标注的世界全图。有学识的中国人啧啧称羡它；当他们得知它是整个世界的全图和说明时，他们很愿意看到一幅用中文标注的同样的图。”④这幅“用欧洲文字标注的世界全图”应是利玛窦在万历十二年（1584）带入中国的最早的世界地图，后来利玛窦以此图为祖本，并根据他自己的航海经验和测绘结果，在肇庆绘制了首幅《山海舆地全图》。对此，利玛窦在《入华记录》中有详细记载：

> 各神甫以一张西文世界地图置大厅内。中国人闻所未闻。其智者欲得汉译本以研究其内容。当时利神甫已稍知汉文，于是长官命利氏为之，使尽译原图上之注释；且拟刊印，以布全国而收众誉。幸而利氏昔在罗马时曾从克拉微乌神甫（Christoforo Clavio）学，粗通数理。遂与已相识之士人某共为之。已而世界地图制就，较原本为大，而汉文注释，对汉人立言，亦较原文为佳。欲使中国人重视圣教事宜，此世界地图盖此时绝好、绝有用之作也。前此中国人亦自刊刻舆地图志多种，然仅以中国之十五行省居图之中部，稍以海绕之，海中置岛若干，上列知闻所及诸国之名，合诸岛之地，广袤不及中国一小省也。彼等既以为世界惟中国独大，余皆小且蛮野，则欲使彼等师事外人，殆虚望而已。迨彼等既见世界之大，中国小而局处一隅，其愚者辄加此

---

① 许苏民：《中西哲学比较研究史》下卷，南京：南京大学出版社，2014年，第690页。

② 王守昌：《西方政治哲学》，北京：中国言实出版社，2014年，第120页。

③ 具体内容详见邹振环：《晚明汉文西学经典：编译、诠释、流传与影响》，上海：复旦大学出版社，2011年，第32—77页。

④ [意]利玛窦、[比]金尼阁：《利玛窦中国札记》，何高济、王遵仲、李申译，第179页。

图以讪笑。其智者反此，图中经纬度，南北二分，赤道，五带，整比齐列，地名繁多，国俗各异，既皆出于旧图，而旧图亦为刻本，虽欲不信，不能也。此后若干年，无论在北京，抑在各地方，诸神甫辄修订而改刻此图，印而又印，传行遍满中国。其如何使吾人受荣甚多，如何使中国人对善于测绘之欧洲学者深致钦仰，吾人将复叙及。且此图表现海洋广浩，而欧洲诸国去中国至远，彼等将不复虞欧人之东来侵略。此其坚拒信教要因之一，将不复存在矣。①

可以想象，当时此图的广泛流传已经对中国传统地理学观念产生了剧烈冲击。从此以后，中国学者在相信地球是圆形的基础上，开始学会依靠实地测量经纬度和利用日食测量经度的方法，所以“利玛窦把经纬度制图法引入中国，使中国地图学史上发生了一场革命，人们开始摈弃‘计里画方’的传统绘图法，改用先进的实测经纬度绘图法”②。

《西国记法》是利玛窦用于贿赂江西巡抚陆万垓的一本科普作品，该书专门论述如何增强脑记忆的方法，而其基础原理可追溯到古希腊的“精确的占位法训练记忆”，或称“定位法”，亦称“象记法”。不过，利玛窦在书中积极地吸收了16世纪西方研究脑神经科学名家如苏瑞芝、普林尼等人的成果，故有学者认为这部书是西洋神经学传入中国之嚆矢；亦为西洋传入第一部心理学书③。而对于翻译这本记忆心理学著作的缘由，利玛窦曾向摩德纳巴西奥乃伊神父解释说：

我被迫把“记法”一书翻译为中文，这本书还是献给您的，原稿我一直保存在我身边，译妥，先送给陆巡抚，给他的三位儿子阅读，他们就和父亲一起住在巡抚公馆里，巡抚对此书十分欣赏。后来，又来了许多人要此书阅读，但并非每人都能使用其中的方法，尤其让他们惊异的是，赠送给他们不需付钱，也不需要拜我为师。因为在中国，凡传授什么学问或技术，应跪地叩四个头，终身奉他为师，听讲时坐在侧面，不可面对面地同老师一起坐。我虽然一再拒绝，但许多人照做不误，我也无可奈何。因此，中国人一般对我们都十分钦佩，在他们的书中，对我们推崇备至，认为我有“过目不忘”之能。当我否认时，他们还不相信，认为那是谦词而已。尤其同他们辩论时，我常引他们的经书：有时为开玩笑，背诵一段文章，并能立刻倒背，因此，使中国读书人惊讶不止。④

该书共有六章。第一章“原本篇”，主要讲述人类大脑的结构特点，利玛窦认为：“记含有所，在脑囊，盖颅颐后，枕骨下，为记含之室。故人追忆所记之事，骤不可得，其手不觉搔脑后，若索物令之出者，虽儿童亦如是。”⑤他又说：“凡人晨旦记识最易者，其脑清

① [意]利玛窦：《利玛窦全集》第1卷，刘俊余、王玉川译，台北：光启出版社，1986年，第141—143页。

② 朱玲玲：《地图史话》，北京：中国大百科全书出版社，2003年，第166—167页。

③ 方豪：《中西交通史》下，上海：上海人民出版社，2008年，第557页；曹增友：《传教士与中国科学》，北京：宗教文化出版社，1999年，第347页。

④ 引自李庆安：《破解快速记忆之迷——记忆与智力研究新概念》上册，北京：当代世界出版社，2006年，第44页。

⑤ [意]利玛窦：《利玛窦中文著译集》，上海：复旦大学出版社，2001年，第143页。

也。若应接烦扰，或心神劳瘁，皆能致脑干。或邪寒酷热，冷热过宜，或醉饱过度，又食物中有坚韧油腻难消者，或果食未熟，蔬菜、腌肉及诸乳、诸豆、豆腐、核桃、河池鱼，凡浮胀之物，俱能混浊调脑之气，滞塞通脑之脉，故难记易忘。观此坏脑之故，则所以调摄之法，不可不得其宜矣。”①可见，利玛窦倡导“脑主记忆说”，此与中国传统的“心主记忆”观念不同，故有开新智之功。至于说“诸乳、诸豆、豆腐、核桃、河池鱼”诸物“俱能混浊调脑之气，滞塞通脑之脉”，现在医学证明并非如此，但他强调采用“得宜”的“调摄之法”来养脑和促进脑部的血液循环，符合现代医学科学原理。

第二章“明用篇”，主要讲述“象记法”的概念、内容、历史渊源以及特点，利玛窦说：“凡学记法，须以本物之象及本事之象，次第安顿于各处所，故谓之象记法也。”具体言之，“假如记‘武’、‘要’、‘利’、‘好’四字，乃默置一室，室有四隅，为安顿之所，却以东南隅为第一所，东北隅为第二所，西北隅为第三所，西南隅为第四所。即以‘武’字，取勇士戎服，执戈欲斗，而一人扼腕以止之之象，合为‘武’字，安顿于东南隅。以‘要’字，取西夏回回女子之象，合为‘要’字，安顿于东北隅。以‘利’字，取一农夫执镰刀，向田间割禾之象，合为‘利’字，安顿西北隅。以‘好’字，取一丫髻女子，抱一婴儿戏耍之象，合为‘好’字，安顿西南隅。四字既安顿四所，后欲记忆，则默念其室，及各隅而寻之，自得其象，因象而忆其字矣。”②显而易见，利玛窦的“象记法”是根据汉字的结构特点而创设的一种记忆法，既适合于西方人学习汉字，又适宜于中国人进一步理解汉字的内在构造及其文化内涵。

第三章“设位篇”，主要讲述“精确的占位法训练记忆”，利玛窦说：“凡记法，须预定处所，以安顿所记之象。处所分三等，有大，有中，有小。”③此外，“其处所又有实、有虚，有半实半虚，亦分三等。实则身目所亲习，虚则心念所假设，亦自数区至数十百区，着意想象，俾其规模境界，罗列目前，而留识胸中。半实半虚，则如比居相隔，须虚辟门径，以通往来；如楼屋背越，可虚置阶梯，以便登陟；如堂轩宽敞，必虚安龛柜座榻，以妙分区障蔽。是此居楼屋堂轩皆实，而辟门、置梯、安龛等项，皆心念中所虚设也。大都实有易，而虚设难。虚设非功夫熟练，不无差失，但其妙必虚设，始能快心适意，而半实半虚尤妙之妙耳。若以虚设为难，可随意图画，玩索印心，与实有者可无殊焉。处所既定，爰自入门为始，循右而行，如临书然，通前达后，鱼贯鳞次，罗列胸中，以待记顿诸象也”④。这些汉字记忆方法确实有其独到之处，其中“快心适意”的实践记忆法，寓记于乐，颇能兴奋大脑皮层，自然有助于“记顿诸象”。

第四章“立象篇”，主要讲述汉字的记忆规律。利玛窦熟知汉字六书，以“象形字”居多，他在研究象形字的记忆方法过程中，发现了记忆象形字的规律。他说：“凡字实有其形者，则象以实有之物。但字之实有其物者甚少，无实物者，可借象，可作象，亦以虚象记

---

① [意]利玛窦：《利玛窦中文著译集》，第144页。
② [意]利玛窦：《利玛窦中文著译集》，第146页。
③ [意]利玛窦：《利玛窦中文著译集》，第148页。
④ [意]利玛窦：《利玛窦中文著译集》，第148页。

实字，盖用象乃助记，使易而不忘。”①

第五章“定识篇”，主要讲述记忆相对复杂词语或句子的规律，利玛窦说：“凡记识，或逐字逐句，或融会意旨，皆因其难易多寡，量力用之。”②如“以一人运动浑仪，其日月五星晶光杂焕，是象乃记‘璇玑玉衡，以齐七政’二句。如以一人射猎，逐二狼，一前蹶自蹈其悬胡，一后蹶自蹈其尾，是象乃记‘狼跋其胡，载疐其尾’二句。此者取象以记章句之例也。”③

第六章“广资篇”，主要讲述如何记忆诸如天文、地理、干支、人事等方面常用词汇的方法，利玛窦共选择了120个实例，目的是举一反三，“以为程式。其用事用意，虚实死活，因可概见，学者取而推广焉，或可为心机之一助”④。

由于这部书是以学习汉字的西方人为受读对象，所以它对于明朝那些应试八股文的众多学子而言，所能起到的作用十分有限。从这个角度看，“《西国记法》被中国人冷淡而被外国人重视”⑤，就是一种十分自然的现象了，但这绝不等于否定该书的学术价值，实际上，利玛窦“在书中也描写了许多心理事实，比如感官接触外物有形象，联系了脑的作用，记忆的联想规律等等。从中可以看到西方古代和中世纪的心理学思想发展水平”⑥。

（二）利玛窦与“中学西传”

在利玛窦的时代，西方人对中国的了解并不够，比如，当时很多欧洲学者连“中国”与“契丹”的概念都分辨不清楚。在这种情况下，就有必要把中国的历史文化介绍给当时的欧洲知识界，以增进双方之间的相互了解。于是，利玛窦在澳门居住期间便出现了下面的文化现象：

> 在传教书库的许多书籍中有两大卷教会法，有学识的中国人很称赞它们印刷精美和封面制作优良。封面是烫金的。中国人既读不懂这些书，也不知道它们讲的是什么，然而他们判断这两部书的不惜装订工本，内容必定很重要。再者，他们断定，科学和文化在欧洲必定很受重视；在这方面欧洲人既有这些书，所以必定不仅超过别的国家，甚至也超过中国人自己。如果不是亲眼看到证据，他们是决不会这样承认的。他们还注意到，神父们并不满足于欧洲的知识，正在日以继夜地钻研中国的学术典籍。事实上，他们以高薪聘请了一位有声望的中国学者，住在他们家里当老师，而他们的书库有着丰富的中国书籍的收藏。⑦

让西方人认识和了解中国的最直接和最方便的途径，当然是绘制中国地图。事实上，

---

① ［意］利玛窦：《利玛窦中文著译集》，第151页。
② ［意］利玛窦：《利玛窦中文著译集》，第157页。
③ ［意］利玛窦：《利玛窦中文著译集》，第158页。
④ ［意］利玛窦：《利玛窦中文著译集》，第162页。
⑤ 李庆安：《破解快速记忆之迷——记忆与智力研究新概念》上册，北京：当代世界出版社，2006年，第49页。
⑥ 赵莉如：《中国现代心理学的起源和发展》，内部资料，1992年，第3页。
⑦ ［意］利玛窦、［比］金尼阁：《利玛窦中国札记》，何高济、王遵仲、李申译，第171页。

利玛窦早在罗马学院求学期间就学会了地理绘图。在进入澳门之后，他花费了不少精力来绘制中国地图。据利玛窦在万历十一年（1583）二月十三日写给 M.De Fornari 的信中说："中国人很聪明，他们将地图制版印刷，如同我们的托勒密。特别是他们聪明地将各地重要的东西写在一本书中，据此我匆忙地为范礼安神父做了一本小册子（compendio）。今后我将更好地读他们的书籍，我将做一本更详细的。"①在这里，利玛窦看到的中国地图集应当是罗洪先在元代《舆地图》基础上所增补的《广舆图》（初版 1555 年，再版 1579 年）。由于利玛窦当时所绘制的中国地图没有能够保留下来，因此，他究竟有没有亲手绘制过大幅中国地图，就成了一个疑问。考利玛窦日记，对此记述也是含糊其辞，不能肯定。例如，利玛窦在万历十二年（1584）九月十三日写给罗曼（G.Roman）的信中说："现在我不能将中国全图（toda la China）寄给您；该地图用我们的方式绘制在纸上（pintada en cartasplanas），每省一图，这样可以放在一起，但现在我还没有做好。天主在上，但愿我尽快寄给您，不管您在何处，这样您可以看到漂亮的每个省和城市。"②虽然利玛窦在这封信后，对他究竟是否制作过"中国全图"没有再做交代，但从利玛窦的口气看，他不会食言。因为有学者考证，利玛窦与罗明坚曾经在万历十六年（1588）合作绘制过第一张中国地图，这本习惯于称为利玛窦的中国地图于 1656 年在巴黎出版。③

当然，中国人传统实用思维的形成主要受儒家学说的影响。因此，欲了解中国社会及其科学文化，须先了解儒家学说。正是从这个层面，利玛窦受命于范礼安尝试将"四书"翻译成拉丁文。对此，利玛窦在 1593 年 12 月 10 日写给阿桂瓦的书信中说：

> 今年我们都在研究中文，是我念给目前已去世的石方西神父听，即四书，是一本良好的伦理集成，今天视察员神父要我把四书译为拉丁文，此外再编一本新的要理问答（按即后来著名的《天主实义》）。这应当用中文撰写。我们原有一本（指罗明坚所编译本），但成绩不如理想。此外翻译《四书》，必须加写短短的注释，以便所言更加清楚。托天主的帮忙，我已经译妥三本，第四本正在翻译中。这些翻译以我的看法，在中国与日本，对我们的传教士十分有用，尤其在中国最为然。④

接着，利玛窦在 1594 年 11 月 15 日写给德・法比神父的书信中又说："几年前我着手翻译著名的中国《四书》为拉丁文，它是一本值得一读的书，是伦理格言集，充满卓越智慧之书，待明年整理妥后，再寄给总会长神父，届时你就可以阅读欣赏了。"⑤由此可见，利玛窦确实翻译过《四书》，但遗憾的是他的书稿始终没有刊行。虽然如此，毕竟利玛窦还

① 《利玛窦信函》，第 47—48 页，引自孙江、刘建辉主编：《亚洲概念史研究》第 1 卷，北京：商务印书馆，2018 年，第 183 页。

② 《利玛窦信函》，第 62 页，引自孙江、刘建辉主编：《亚洲概念史研究》第 1 卷，第 184 页。

③ 林东阳：《利玛窦的世界地图及其对明末士人社会的影响》，纪念利玛窦来华四百周年中西文化交流国际会议秘书处：《纪念利玛窦来华四百周年中西文化交流国际学术会议论文集》，台北：辅仁大学出版社，1983 年，第 327 页；[意]马西尼：《关于〈卫匡国全集〉第三卷〈中国新地图集〉的几点说明》，任继愈主编：《国际汉学》第 12 辑，郑州：大象出版社，2005 年，第 71 页。

④ [意]利玛窦：《利玛窦书信集》，文铮译，北京：商务印书馆，2018 年，第 134—135 页。

⑤ [意]利玛窦：《利玛窦书信集》，文铮译，第 143 页。

是把《四书》介绍给了欧洲学界，而且它对欧洲学者客观地认识中国产生了深远影响。例如，艾儒略评价说：利玛窦“尝将中国四书，译为西文，寄回本国。国人读之，知中国古书，能识真原，不迷于主奴者，皆利子之力也。”①

对于中国的天文学和数学发展状况，利玛窦介绍说：

> 中国人不仅在道德哲学上而且也在天文学和很多数学分支方面取得了很大的进步。他们曾一度很精通算术和几何学，但在这几门学问的教学方面，他们的工作多少有些混乱。他们把天空分成几个星座，其方式与我们所采用的有所不同。他们的星数比我们天文学家的计算整整多四百个，因为他们把很多并非经常可以看到的弱星也包括在内。尽管如此，中国天文家却丝毫不费力气把天体现象归结为数学计算。他们花费很多时间来确定日月蚀的时刻以及行星和别的星的质量，但他们的推论由于无数的错讹而失误。最后他们把注意力全部集中于我们的科学家称之为占星学的那种天文学方面；他们相信我们地球上所发生的一切事情都取决于星象，这一事实就可以说明占星学的情况了。
>
> 由西方进入这个国家的撒拉逊人曾带给中国人某些数学科学的知识，但这些知识很少是以确切的数学证明为基础的。撒拉逊人留给他们的大部分是一些规则的表格，中国人用来校准日历并按表格归纳他们对行星以及一般天体运动的计算。目前管理天文研究的这个家族的始祖（指朱元璋，引者注），禁止除以世袭入选者之外的任何人从事这项科学研究。禁止的原因是害怕懂得了星象的人，便能够破坏帝国的秩序或者是寻求这样做的机会。②

中西天文学的体系和特质不同，各自独立发展，互有所长。有专家分析说，中西天文学的差异主要表现在以下四个方面：第一，“西欧天文学，周天分为三百六十度，中国天文学，周天分为三百六十五度又四分之一”；第二，“西欧天文学以星期计算周数，中国天文学以干支配演计算周数”；第三，“西欧天文学星座系统，与中国天文学星座系统，显然不同”；第四，“中国阴阳家五行生克之说，基于干支配演之术，其排比方法与生克之理论，颇为复杂而有趣，然西欧天文学则无有此说”③。学界普遍认为：“中国天文学从诞生的那天起，便有着鲜明的实用目的——为政权、农事等服务，形成了占星和造历两大使命。可以说，天文学始终是中国古代的‘皇家学科’，是一门地地道道的‘官学’。”④明初对天文学实行历禁政策，如明人沈德符在《万历野获编》中载：“国初学天文有历禁，习历者遣戍，造历者殊死。”⑤实行这种政策的直接后果是，它严重阻滞了传统天文学的发展，以至于百年之后，历法与天象愈益不合，故明孝宗为了修订历法的需要，“且命征山林隐逸能通历学

---

① ［意］艾儒略：《大西利先生行迹》，颜章炮主编：《新编中国古代史教学参考资料》第3册，厦门：厦门大学出版社，2003年，第388页。

② ［意］利玛窦、［比］金尼阁：《利玛窦中国札记》，何高济、王遵仲、李申译，第32—33页。

③ 《中华文化百科全书》第5册，台北：中华文化基金会，1985年，第7页。

④ 杨小明、张怡：《中国科技十二讲》，重庆：重庆出版社，2008年，第91—92页。

⑤ （明）沈德符：《万历野获编》卷20《历法·历学》，北京：中华书局，1959年，第524页。

者以备其选，而卒无应者”[①]，亦即一个堂堂的天文学大国竟然出现了严重的天文人才匮乏现象。

对于中医学的发展状况和特点，利玛窦这样评论说：

> 中国的医疗技术的方法与我们所习惯的大为不同。他们按脉的方法和我们的一样，治病也相当成功。一般说来，他们用的药物非常简单，例如草药或根茎等诸如此类的东西。事实上，中国的全部医术就都包含在我们自己使用草药所遵循的规则里面。这里没有教授医学的公立学校。每个想要学医的人都由一个精通此道的人来传授。在两京（南京和北京）都可通过考试取得医学学位，然而，这只是一种形式，并没有什么好处。有学位的人行医并不比没有学位的人更有权威或更受人尊敬，因为任何人都允许给病人治病，不管他是否精于医道。
>
> 在这里每个人都很清楚，凡有希望在哲学领域成名的，没有人会愿意费劲去钻研数学或医学。结果是几乎没有人献身于研究数学或医学，除非由于家务或才力平庸的阻挠而不能致力于那些被认为是更高级的研究。钻研数学或医学并不受人尊敬，因为它们不像哲学研究那样受到荣誉的鼓励，学生们因希望着随之而来的荣誉和报酬的被吸引。[②]

这是利玛窦对明朝医学和数学发展状况的总体认识。中医学的独特诊法令利玛窦十分惊异，他坚信中医的临床效果。[③]当然，对于初步接触中医的利玛窦来说，他还不可能全面认识和理解中医学辨证体系的思想精髓，所以他主观判断“中国的全部医术就都包含在我们自己使用草药所遵循的规则里面”，这种理解失之偏颇，因为中医学与西医学是“两种在完全不同的文化和哲学背景下产生的对人体的认知体系”[④]，两者虽然“在医学知识最初的起源，发展过程中的医巫合一与分流、指导医学理论的哲学基础、医学伦理原则及对服务对象的平等尊重等许多方面具有相同或相似之处”，但是由于它们起源于不同的文化土壤，因此，“两者在认知方法、理论体系、诊疗体系的基本属性和特征方面具有很大的差异”[⑤]。仅此而言，西医学无法将中医学的全部内容纳入它的体系之内。另外，由于利玛窦与明代医药学界缺乏更加深入和广泛的交往与接触，他还没有看到像李时珍这样献身于中医药事业的士人大量存在，而不是“几乎没有人献身于研究数学或医学”。当然，从当时医学与社会制度发展的外部关系看，利玛窦所看到的现象确实存在：医生的社会地位不高，加上管理体制方面的原因，国家对从医者的准入门槛较低，故各地医生的诊治水平参差不齐，“任何人都允许给病人治病，不管他是否精于医道”，于是，这种认识就损害了中医学的声誉。

在《利玛窦中国札记》一书中，利玛窦还向西方人介绍了安置在南京钦天监内的各种精密天文仪器。其中：

---

① （明）沈德符：《万历野获编》卷20《历法·历学》，第525页。

② ［意］利玛窦、［比］金尼阁：《利玛窦中国札记》，何高济、王遵仲、李申译，第34页。

③ 马伯英：《中国医学文化史》下卷，上海：上海人民出版社，2010年，第645页。

④ 刘剑锋、刘谦：《刘氏气色形态罐诊罐疗》，北京：中国医药科技出版社，2012年，第25页。

⑤ 陆付耳、刘沛霖主编：《基础中医学》，北京：科学出版社，2003年，第6—7页。

第一种仪器是一个巨大的球仪。三个人伸直双臂还很难抱拢它。它上面按照度数标明了子午线和纬线，安在一个轴上，放入一个巨大的青铜方柜中，其中有一个小门可以进去转动球体。这个球仪的表面上什么也没有刻，既没有星，也没有分区。因此它很象是一个未完成的作品，或者是本来就想让它这样，从而它可以既用作天体仪，又用作地球仪。

第二种仪器也是一个大球体，直径有伸直了双臂那样长，用数字说约为五英尺。它标明有两极和一条水平线，它没有天轨却有两条脊，两脊之间的空间代表我们球仪上的轨道，分为三百六十五度和若干分。它不是一个地理地球仪，但是用一根象枪筒那样的细管通过它的中央，它能向所有方向转动，可以置于任何高度或角度来观测任何星座，像我们使用天象瞄准器那样，它是一个非常巧妙的装置。

第三种仪器是一个日晷，直径是上述尺寸的两倍，装在一个长的大理石板上指向北方。这个石板或平盘周围刻有一条槽，这是一条盛水道，借以测定石板是否处于水平地位。指针或晷针是垂直的。制作这种仪器可能是用读出它所记录的影子的办法来表明夏、冬至和春、秋分的精确时刻。石板和指针都有度数标明。

第四种而且是最大的仪器，是由三个或四个巨大的星盘制成，排列成行，每个的直径约有伸直双臂那样长，安装着一个视准仪和一个折光仪。其中一个星盘在正午指南。另一个在正午指北，同第一个形成交叉。整个仪器看来是用以表明正午的精确时刻，但它能向任何方向转动。第三个星盘垂直立着，或许是表明地平经圈，尽管这个星盘也能转动表明任何垂直面。它们上面都以金属点标明度数，夜晚没有灯也能摸得出来。这个由许多星盘构成的整个仪器也放在一个大理石座上，四周也有一条流水槽。①

总之，利玛窦把中国当时的科学文化以书信或论著的形式传入西方，使那些刚刚走出中世纪的欧洲学者对中国的文明历史有了一个感性认识和了解，这在当时是很有必要的。事实上，当欧洲学者看到利玛窦等人传入欧洲的那些中国古老文献后，他们“对这个神秘的东方古国产生了极大兴趣，激发了欧洲汉学的兴起”②，甚至有学者称：“十八世纪欧洲在思想上受到的压力和传统信念的崩溃，使得天主教传教士带回来的某些中国思想在欧洲具有的影响，超过了天主教士在中国宣传的宗教。”③还有学者比较委婉地评价说：“谈论17世纪中国科学对欧洲的影响是一个较有冒险性的课题。因为这时的欧洲科学已开始近代化，而中国科学正是从这个时候开始显出其落后趋势的。但中国科学在这时对促进欧洲科学近代化确实产生过一定作用，而且也许正是利玛窦的著作产生了这种作用。”④

二、“利玛窦现象”：中国传统科学技术思想的机遇和挑战

利玛窦为什么要到中国来传教？这似乎是一个不言自明的问题，实际上，这个问题并

① [意]利玛窦、[比]金尼阁：《利玛窦中国札记》，何高济、王遵仲、李申译，第353—354页。

② 蒋栋元：《利玛窦与中西文化交流》，徐州：中国矿业大学出版社，2008年，第166—167页。

③ [英]G. F. 赫德逊：《欧洲与中国》，王遵仲、李申、张毅译，北京：中华书局，1995年，第267页。

④ 孙尚扬主编：《明末天主教与儒学的互动——一种思想史的视角》，北京：宗教文化出版社，2013年，第40页。

不简单。因为利玛窦生活的时代，世界正在发生着巨大的变化，特别是哥伦布航海和托勒密《地理学》被重新发现之后，各自封闭的世界历史已经成为过去，各种文化之间的相互交流已经成为世界历史发展的必然趋势。而利玛窦恰好生活在这样的文化环境之中，他的人生观不可能不被打上这个时代的深刻烙印。因此，有学者分析利玛窦远航到中国来传教的内在动机说："利玛窦不仅受到了西方古典文化和基督教文化的熏陶，同时，圣方济各·沙勿略在远东传教的故事也像哥伦布和麦哲伦的英雄业绩那样，深深地打动了这位年轻人。虽然沙勿略最终未能踏上中国本土，实现传教的愿望。但他那不屈不挠的精神，他所指出的耶稣会士中国化的方向，却为利玛窦后来的成功开启了道路，也激励着他百折不挠地去闯一条充满风险的路，以完成方济各·沙勿略未竟的事业。"①

（一）文化与政治的博弈：利玛窦的"传教"策略

如前所述，把西方先进的科学文化传入中国，仅仅是利玛窦传教的策略和手段之一。按照中国传统的交际习惯，利玛窦通过赠送礼物的方式去设法接近那些他认为可以利用的高官和达贵。但对于异域文化的传入，无论对明王朝的决策层，还是一般的士大夫来说，都不是一件小事情，所以政治因素对它的影响至关重要。比如，史学界比较关注下面的事情：

> 利玛窦是明清之际来华的传教士中比较重视文化的一个。传教士来中国的原始目的是传播天主教教义，也正是由于这一点，他们在中国传授欧洲的知识的成果不是很大。但这个时期，他们的传教很快就进入了译书的阶段，因为在这个时期书籍仍然是知识传播的一个载体。当时传教士带了很多书籍到中国来，其中最大批量的书是教皇保罗五世在1610年因感谢明朝皇帝对利玛窦的礼遇而赠送的。这批书共有七千多部，对于中国来说是称之为"进贡"，本来这些书是准备从广州运到北京，专设一个编译局来翻译。但很可惜，由于明代政府很快地变卦未能运到北京，以后就下落不明了。若是把这七千部书翻译过来，对中国文化的影响是会相当大的。……不过在此时中国知识界对于西方文化的抵触是相当强烈的，斗争的激烈甚至是流血的。②

为了避免政治性的流血事件，利玛窦很明智地选择了让步，即通过牺牲文化的客观性去部分地迎合或满足明朝统治者的政治需要。例如，《利玛窦中国札记》载有这样一件事情：当时利玛窦在教堂接待室的墙壁上挂着一幅世界全图，在地图上，中国不是位于地图的中央，而仅仅是"大东方的一部分"③，这与中国的传统地理观念相冲突。可以想象，当很多士人看到这种客观的地图面貌后，他们从心理就无法接受这种图绘现实。因此，利玛窦被请求仿照教堂墙壁上的世界地图，重新绘制一幅新的世界地图。对此，《利玛窦中国札记》介绍说：

> 按照上帝的安排，对不同民族在不同的时候应该采用不同的方法去帮助人民关心

① 邹振环：《晚明汉文西学经典：编译、诠释、流传与影响》，第34页。

② 王超逸主编：《软实力与文化力管理》，北京：中国经济出版社，2009年，第284—285页。

③ ［意］利玛窦、［比］金尼阁：《利玛窦中国札记》，何高济、王遵仲、李申译，第180页。

基督教。实际上正是这有趣的东西，使得很多中国人上了使徒彼得的钩。新图的比例比原图大，从而留有更多的地方去写比我们自己的文字更大的中国字。还加上了新的注释，那更符合中国人的天才，也更适合于作者的意图。当描叙各国不同的宗教仪式时，他趁机加进有关中国人迄今尚不知道的基督教的神迹的叙述。他希望在短时期内用这种方法把基督教的名声传遍整个中国。我们在这里必须提到另一个有助于赢得中国人好感的发现。他们认为天是圆的，但地是平而方的，他们深信他们的国家就在它的中央。他们不喜欢我们把中国推到东方一角上的地理概念。他们不能理解那种证实大地是球形、由陆地和海洋所构成的说法，而且球体的本性就是无头无尾的。这位地理学家因此不得不改变他的设计，他抹去了福岛的第一条子午线，在地图两边各留下一道边，使中国正好出现在中央。这更符合他们的想法，使得他们十分高兴而且满意。实在说，在当时那种特殊的环境中，再找不到别的法子更适宜于使这个民族信教的了。①

对这个事件，我们可以从多个角度去作阐释。若从学术层面讲，“利玛窦绘制的世界地图，被士大夫阶层视为珍奇，争相为之翻刻。利玛窦绘制的世界地图，不仅给中国增添了制图知识，而且增添了一些新的地理知识。如：大地球形说，地图投影学，地球五带说，海陆分布，世界名山大川、国名和地名等”②。若从社会政治的层面看，则“利玛窦现象”亦可视为一种文化改良。对此，有学者分析说：“客观说来，徐光启等人的‘学术救时’虽然是一次有益的政治尝试，不过它终是一个假命题。‘著译’终归是纸上文字。晚明时代的中国虽然逐步商业化，但是还没有积聚起支撑经济、政治大变革的足够的社会力量。因此，‘利玛窦现象’不可能左右晚明社会发展进程。实际上，徐光启等人这种救时行为同王泮在肇庆接纳西学行为同样缺少实质性的社会效应。”③当然，若站在现代地缘政治的角度看，那么，“东方与西方、北方与南方，都不是简单的地理学概念，而是文化与地缘政治利益的隐喻，‘元地理学神话’在源头上带有西方中心主义痕迹。当然，所有的地图形式都根源于制图者对自身认同的局部的关注和种族优越感的幻想。看惯了中国绘制的世界地图的人，第一次站在美国绘制的世界地图前，会有一种惊诧莫名的感觉，世界怎么跟他想象或知道的不一样了？同样，美国人看到中国人绘制的世界地图，也会有同样的感觉，他内心的世界知识秩序也被动摇了。当年利玛窦绘制的世界地图，就经历了类似的遭遇”④。

必须承认，利玛窦传入西方科学知识，都是为了传教这个中心目的。而中世纪基督教的宇宙观者是以托勒密的地心说为理论依据的，在此情况下，我们所看到的利玛窦绘制的“世界地图”，就不能只看到它所呈现于外的各种地形和地貌，而忽视其隐藏在地图内层的思想背景。也就是说，从地图内层的思想背景看，托勒密与中国古代的传统地理观念都承认地球是宇宙的中心，同时，地球静止不动，而太阳围绕着地球旋转。我们知道，“希腊天文学家、地理学家托勒密（约 90—168）的《地球学指南》充分论证了‘地圆说’，此说成

① [意]利玛窦、[比]金尼阁：《利玛窦中国札记》，何高济、王遵仲、李申译，第 180—181 页。
② 王毓铨主编：《中国通史》第 9 卷《中古时代明时期》下册，上海：上海人民出版社，2013 年，第 1779 页。
③ 黎玉琴主编：《言犹未尽利玛窦》，广州：世界图书出版广东有限公司，2014 年，第 102 页。
④ 周宁：《影子或镜子》，厦门：厦门大学出版社，2015 年，第 192 页。

为欧洲地理观念的主流。至15世纪，意大利地理学家托斯卡内利进一步论证地是圆形的，提出‘地球说’哥伦布是托氏‘地球说’。哥伦布是托氏‘地球说’的信奉者，曾多次致信托氏求教，托氏寄给哥伦布有经纬网的球形世界地图，鼓励哥伦布向西航行定可到达东方。……15世纪末16世纪初南欧航海家——哥伦布、达·迦马、麦哲伦以及耶稣会士们都是在亚里士多德—托勒密—托斯卡内利的‘大地球形说’诱导下进行远航的，利玛窦也是此说的信奉者和传播者”[①]。这样，我们把问题分成两面：一面从地球的形状看，地圆说比地方说正确，这一点没有疑问；另一面，从太阳系的范围看，地圆说和地方说都认为地球是太阳系的中心，而这一点又是错误的。

（二）馈赠与回报：利玛窦的合作者

利玛窦谙熟中国的“关系学”，如众所知，“中国自古便是礼仪之邦，也是个人情大国，‘送礼’不仅仅是一种习俗，甚至可以说形成了一种文化、一种传统”[②]。常言说“礼”是敲门砖，利玛窦正是巧妙地利用这一招成功地从澳门进入肇庆，又从肇庆进入南京，再从南京进入北京，从而把他的传教活动推向全国。

在进入广东肇庆之前，利玛窦等向肇庆的总督“献上表和几只三角形的玻璃镜，镜中的物品映出漂亮的五颜六色”，而赠送这些礼物的效果很好，因为“在中国人看来，这是新鲜玩意儿，长期以来他们认为玻璃是一种极为贵重的宝石。令人惊异的是看到礼物多么地讨总督大人的喜欢，他又多么殷勤地接待来宾。他分派给他们一座宽敞的住所”[③]。后来，肇庆知府王泮“听说澳门制造钟表，就要求给他定做一个，答应给以善价”[④]，可是，“修道院直迄当时还没有固定的岁入，钱少到买不起长官所要的钟。作为一种代替办法，他们就把制钟匠送到肇庆的长官那里去。这个人来自印度果阿省，是所谓加那利人（Canarii），肤色深褐，是中国人称赞为不常见的。当船只带着这名匠人返回并且作了解释时，长官表示很高兴他到来以及澳门修道院送给他的稀罕的欧洲贵重小礼品。他马上把城里两名最好的匠人找来，协助新来的钟表匠工作，就在教堂里制钟”[⑤]。尽管在此之前，中国已经出现了机械钟，但南方的钟表匠一般都把利玛窦崇奉为自己的祖师。例如，方豪先生说：“（方相伯）年幼时，上海钟表业都奉利玛窦为祖师，有利公塑像，每月朔望都受钟表修理业的膜拜。”[⑥]

接着，从肇庆转入韶州，利玛窦等人遭遇了当地官吏的盘剥勒索。据《利玛窦中国札记》载：“韶州城坐落在两条通航的河流之间，两河即在此处汇合。一条流经南雄城的东面，另一条来自湖广省，从它西面流过。筑有围墙的城镇，连同它的许多屋舍，建立在两河中间的平原上。地势如此，所以城镇本身无法扩展，于是他们向两方跨河扩大居民区。西岸

① 唐晓峰主编：《九州》第4辑，北京：商务印书馆，2007年，第181页。
② 郭竹梅：《受贿罪新型暨疑难问题研究》，北京：中国检察出版社，2009年，第49页。
③ ［意］利玛窦、［比］金尼阁：《利玛窦中国札记》，何高济、王遵仲、李申译，第151页。
④ ［意］利玛窦、［比］金尼阁：《利玛窦中国札记》，何高济、王遵仲、李申译，第173页。
⑤ ［意］利玛窦、［比］金尼阁：《利玛窦中国札记》，何高济、王遵仲、李申译，第174页。
⑥ 方豪：《中国天主教史人物传》，北京：宗教文化出版社，2007年，第53页。

人口更稠密，有舟桥把它和岛镇连接起来。镇上有大约有五千人家。它那肥沃的土地盛产稻米和果树，肉、鱼，新鲜蔬菜也很充足，但气候不良，天气总是很坏。每年，从八月中到十二月，有三分之一或四分之一的居民都染上三期热症，病势猛烈使很多人丧生。恢复过来的人也苍白憔悴，表明病情严重。这种气候对外国人比对当地人更危险，有些到这儿来作买卖的人几天之内就病死了。”①由于基督教与佛教之间的教义冲突，本来当地政府让利玛窦等传教士居住在南华寺里，但双方都不同意。而利玛窦看好了河西岸村外韶州光孝寺附近的一块空地，最终在当地官府的调解下，要求利玛窦等“教士们按当地管理土地的官吏所开的价钱把它买下来”，但据说“官吏已收了寺里方丈的行贿，要把收下的钱部分地在他们之间均分；因此贪财的官吏就这块地产索价八十多的金币，它实值八个或十个金币”②。不过，从韶州开始，利玛窦开始接受中国学生，他接受的第一个中国学生叫瞿太素。之前的瞿太素热衷于炼金术，“以求创造无穷的财富”，但他的财产却“在炼金炉中烧个精光”，以至于“沦于贫困”③。自从利玛窦收他当学生之后，瞿太素逐渐放弃了炼金术，“而把他的天才用于严肃的和高尚的科学研究，他从研究算学开始，欧洲人的算学要比中国的更简单和更有条理。中国人在木框上计数，那上面有圆珠沿着棍条滑动并挪动位置以表示数目。这个方法尽管严密，但易发生错误，肯定在科学应用方面是有局限的。他接着从事研习丁先生的地球仪和欧几里德的原理，即欧氏的第一书。然后他学习绘制各种日晷的图案，准确地表示时辰，并用几何法则测量物体的高度。……他日以继夜地从事工作，用图表来装点他的手稿，那些图表可以与最佳的欧洲工艺相媲美。他还为自己制作科学仪器，诸如天球仪、星盘、象限仪、罗盘、日晷及其他这类器械，制作精巧，装饰美观。他制造用的材料，正如他的手艺一样，各不相同。他不满足于用木和铜，而是用银来制作一些仪器。经验证明，神父们在这个人身上没有白费时间。大家都已知道，这个雄心勃勃的贵人是一位欧洲教士的学生。欧洲的信仰和科学始终是他所谈论的和崇拜的对象。在韶州和他浪迹的任何地方，他无休无止地赞扬和评论欧洲的事物”④。

利玛窦的下一个目标是南京，在他看来，一是“韶州气候不良”，二是开辟第二个驻地，“会增强教团的安全，整个事业的成功也会危险较小”⑤。然而进入南京并不像在肇庆和韶州那样顺利，利玛窦等稍费了些周折。⑥幸好有南京礼部尚书王忠铭的照应，利玛窦不仅在南京结识了许多明王朝的高官达贵，而且还被推荐到北京工作，为利玛窦久居北京创造了绝好的机会。尤其值得一提的是利玛窦在北京认识了李之藻，尔后他们俩成为共同推进中西文化交流的忠诚合作者。接着，利玛窦在南京又结识了徐光启，这位被称为中国开眼看世界的第一人，是中西文化交流史上划时代的人物，也是中国近代科学的启蒙大师。不过，

---

① [意]利玛窦、[比]金尼阁：《利玛窦中国札记》，何高济、王遵仲、李申译，第240页。
② [意]利玛窦、[比]金尼阁：《利玛窦中国札记》，何高济、王遵仲、李申译，第241页。
③ [意]利玛窦、[比]金尼阁：《利玛窦中国札记》，何高济、王遵仲、李申译，第245页。
④ [意]利玛窦、[比]金尼阁：《利玛窦中国札记》，何高济、王遵仲、李申译，第246—247页。
⑤ [意]利玛窦、[比]金尼阁：《利玛窦中国札记》，何高济、王遵仲、李申译，第276页。
⑥ [意]利玛窦、[比]金尼阁：《利玛窦中国札记》，何高济、王遵仲、李申译，第283、286、287页。

关于他和李之藻的科学思想将在后面讨论，这里不再赘述。

纵观利玛窦在中国的传教过程，确实非常曲折复杂，一言难尽。但不论怎样，毕竟“他在生时，除为全国士大夫所倾倒之外，更闻名日、韩二地”[①]。据《明史·沈漼传》载：“西洋人利玛窦入贡，因居南京，与其徒王丰肃等倡天主教，士大夫多宗之。”[②]陈侯光在《辨学刍言·自叙》中亦说：“近有大西国夷，航海而来，以事天之学倡，其标号甚尊，其立言甚辨，其持躬甚洁。辟二氏（佛、老之学）而宗孔子，世或喜而信之，且曰圣人生矣。”[③]所以就利玛窦的传教效应看，我们不禁会问：为什么当时有那么多的士大夫崇拜他？这确实是一个需要认真探讨的学术课题。

第二节　徐光启中西会通思想

徐光启，字子先，号玄扈，明朝南直隶松江府上海县人，杰出的科学家和翻译家。早年热心于科举考试，万历二十一年（1593）在韶州开始与传教士接触。万历二十八年（1600）在南京拜利玛窦为师，“从西洋人利玛窦学天文、历算、火器，尽其术”[④]。万历三十二年（1604）中进士，授翰林院庶吉士。而晚明的政治、军事和经济等已经危机四起，有鉴于此，徐光启上书“曰求精，曰责实”，论者云：“会万历末年，庙谟腐于体例，臣劳颓于优尊，此四字可呼沉寐。后数十年，长计无过此。”[⑤]可惜，当时东林党与非东林党之争激烈，徐光启每谓“植党为非”[⑥]，被阉党指为东林党一派，故他的主张被阉党阻碍，甚至“落职闲住”[⑦]。崇祯元年（1628）魏忠贤畏罪自缢，徐光启“召还”，“帝忧国用不足，敕廷臣献屯盐善策。光启言屯政在乎垦荒，盐政在严禁私贩。帝褒纳之，擢本部尚书”[⑧]。而“屯政在乎垦荒”遂成为徐光启撰写《农政全书》的基本指导思想，其中《农政全书·荒政》总计有18卷，接近全书的三分之一，可见徐光启对明朝“荒政”的重视。当时，历法渐疏，徐光启主张“历久必差，宜及时修正”[⑨]。崇祯皇帝“从其言，诏西洋人龙华氏、邓玉涵、罗雅谷等推算历法，光启为监督”[⑩]。史称这些西洋学者所制定的历法，“辩时差里差之法，最为详密”[⑪]。从这个角度看，徐光启确实为“明清之际思想世界的重建增添了一幅新的蓝

---

① 方豪：《中国天主教史人物传》，第53页。
② 《明史》卷218《沈漼传》，北京：中华书局，1984年，第5766页。
③ 周岩：《明末清初天主教史资料新编》下册，北京：国家图书馆出版社，2013年，第1831页。
④ 《明史》卷251《徐光启传》，第6493页。
⑤ （清）查继佐：《罪惟录·传》卷11《经济诸臣列传下·徐光启》，杭州：浙江古籍出版社，1986年，第1778页。
⑥ （明）徐光启撰、王重民辑校：《徐光启集》卷9《衰病实深恳赐罢斥疏》，上海：上海古籍出版社，1984年，第446页。
⑦ 《明史》卷251《徐光启传》，第6493页。
⑧ 《明史》卷251《徐光启传》，第6494页。
⑨ 《明史》卷251《徐光启传》，第6494页。
⑩ 《明史》卷251《徐光启传》，第6494页。
⑪ 《明史》卷251《徐光启传》，第6494页。

图”①，当然，这幅新蓝图“不是从时间先后上说的，而是从内容新颖上说的。这幅图案的新颖之处在于：以天主教‘补儒易佛’为核心的信仰价值系统和以汲取西学科学技术为基础的知识思维系统”②。

一、徐光启对西方科学思想的吸收与认同

徐光启接触西学，可追溯到万历二十一年（1593）他在韶州任教期间。当时，传教士郭居静恰好也住在那里，徐光启去拜访他，并由此开始接触西方自然科学。据《利玛窦中国札记》记载徐光启与郭居静初遇的情形说：

1507年，他在北京的硕士学位（指解元，引者注）考试获得第一名，这是带来极高威望的一种荣誉。他在考博士学位（指进士，引者注）时却不那么走运，他认为他的失败是上帝的殊恩，声称这是他得救的原因。他只有一个儿子，他最害怕的是这个儿子之后家庭断嗣，中国把这种事没有什么道理地看成是大祸。他信教后交上好运，生了两个孙子，他又考中博士学位。这次考试是在他取得硕士学位之后四年举行的，但在考试中他是一桩不幸事件的受害者。由于疏忽，他被算作第三百零一号与试，而法定人数只限三百名，所以他的考卷被摈斥了。因此他无颜回去见他的家人，便隐退到广东省。正是在韶州他和当时住在教团中的郭居静神父交谈，才初次和神父们结识，也正是在这里他第一次礼拜了十字架。③

从万历九年（1581）徐光启考中秀才，再到万历三十四年（1606）考中进士，中间耗去了他20多年的青春时光，此中可谓遍尝人间的酸甜苦辣，也历经世间的荣辱沉浮。因此，在他遭受科举失败之后，内心的痛苦与焦躁，使他从基督教的“苦难观”中得到慰藉，这也许是徐光启“礼拜十字架”的真实原因。万历二十八年（1600），徐光启赴京赶考，路过南京，顺便看望了利玛窦。据《利玛窦中国札记》云：

保禄于1600年在南京遇见利玛窦神父，跟他谈及过去所曾听说过一些的基督教。这仅是一次短暂的相会，因为保禄正匆匆赶回家去，当时他可能只获知基督教所信仰的上帝来是万物的根本原理。④

又说：

1603年他（指徐光启）因事返回南京，并拜会了罗如望神父。他进屋时在圣母像前礼拜，而且在首次听到一些基督教的原理后，马上就决定信仰天主教。那一整天直

① 陈卫平：《第一页与胚胎——明清之际的中西文化比较》，桂林：广西师范大学出版社，2015年，第279页。

② 陈卫平：《第一页与胚胎——明清之际的中西文化比较》，第279页。学界对此评论有异，如有学者认为：“徐光启不愧为向西方学习科学的先行者，但他企图依靠天主教来‘补益王化’和‘补儒易佛’的设想是脱离中国国情的。”参见《自然辩证法通讯》杂志社主编：《科学精英：求解斯芬克斯之谜的人们》，北京：世界图书出版公司北京公司，2015年，第522页。

③ ［意］利玛窦、［比］金尼阁：《利玛窦中国札记》，何高济、王遵仲、李申译，第467—468页。

④ ［意］利玛窦、［比］金尼阁：《利玛窦中国札记》，何高济、王遵仲、李申译，第468页。

到天晚，他一直安静地思索着基督教信仰的主要条文。[①]

自然现象纷繁复杂，而其中的偶然事件更是层出不穷，有时候还让人瞠目结舌。所以亚里士多德说："偶然发生的事件，如果似有用意，似乎也非常惊人。例如，阿耳戈斯城的弥堤斯雕像倒下来，砸死了那个正看节庆的、杀他的凶手，人们认为这样的事件并不是没有用意的。"[②]也就是说，偶然不是纯粹的偶然，偶然之中有必然，这是辩证法的一个重要原理。就徐光启对基督教的信仰而言，他"是如此虔诚，以致在领圣餐时竟忍不住流下泪来，就连站在圣坛栏杆旁的人们看了也一样流泪不止"[③]。那么，徐光启的这种宗教信仰与他所取得的科学成就之间存在内在联系吗？这个问题我们需要批判地看待，因为徐光启这个个案具有特殊性。尽管爱因斯坦也曾说过："宇宙宗教感情是科学研究的最强有力、最高尚的动机。"[④]它"给他们以力量、使他们不顾无尽的挫折而坚定不移地忠诚于他们的志向。"[⑤]但是同样的奇迹却没有发生在先于徐光启崇奉基督教的瞿太素身上。可见，"宇宙宗教感情"对不同个体所产生的作用大不相同。如前所述，晚明的党争很残酷，生活在这种政治环境中，徐光启"孑然孤踪"[⑥]不假，但他绝对不会也不可能孤军奋战，而传教士便是他所依靠的力量之一。在此，能够在一定程度上见证徐光启是否具有比较强烈"宇宙宗教感情"的事件便是对欧几里得《几何原本》的翻译。因为在利玛窦看来，"除非是有突出天分的学者，没有人能承担这项任务并坚持到底"[⑦]。令利玛窦想不到的是，徐光启一个人"便担负起这项工作"，尤其是"经过日复一日的勤奋学习和长时间听利玛窦神父讲述，徐保禄进步很大，他已用优美的中国文字写出来他所学到的一切东西；一年之内（1607），他们就用清晰而优美的中文体裁出版了一套很像样的《几何原本》前六卷。这里也可以指出，中文当并不缺乏成语和词汇来恰当地表述我们所有的科学术语。徐保禄还要继续欧氏的其余部分，但利玛窦神父认为就适合他们的目的而言有这六卷就已经足够了"[⑧]。

我们知道，《几何原本》是一部对西方科学产生深远影响的古希腊数学经典，流传版本很多。而徐光启所采用的版本是德国数学家克拉维乌斯编辑出版的拉丁文本，计有15卷，但据考，其第14卷和第15卷属于后人托伪。就前13卷的主要内容看，前6卷主要讲述平面几何，第7卷和第8卷主要讲述数论，第10卷主要讲述无理量，第11卷至第13卷主要讲述立体几何。显然，前6卷与中国传统数学的关系十分密切，因为无论是《九章算术》还是《周髀算经》，都没有涉及数论、无理量的概念，而立体几何的内容也不多。因此，从实用的层面讲，仅翻译《几何原本》前6卷就已经能基本满足当时人们的需要了。况且，利玛窦翻译《几何原本》一书的目的仅仅是为了配合传教需要，所以他没有必要把全部精

① [意]利玛窦、[比]金尼阁：《利玛窦中国札记》，何高济、王遵仲、李申译，第469页。
② （古希腊）亚里斯多德：《诗学》，罗念生译，上海：上海人民出版社，2006年，第40页。
③ [意]利玛窦、[比]金尼阁：《利玛窦中国札记》，何高济、王遵仲、李申译，第489页。
④ [美]爱因斯坦：《爱因斯坦文集》第1卷，许良英等编译，北京：商务印书馆，2009年，第406页。
⑤ [美]爱因斯坦：《爱因斯坦文集》第1卷，许良英等编译，第407页。
⑥ （明）徐光启撰、王重民辑校：《徐光启集》卷9《衰病实深恳赐罢斥疏》，第446页。
⑦ [意]利玛窦、[比]金尼阁：《利玛窦中国札记》，何高济、王遵仲、李申译，第517页
⑧ [意]利玛窦、[比]金尼阁：《利玛窦中国札记》，何高济、王遵仲、李申译，第517—518页。

力都用在翻译西方的科学著作上面。但即使如此，《几何原本》前6卷的翻译出版也足可称为“千古不朽之作”①。今天我们几何教材中所使用的一些基本术语，如三角形、角、平行线、点、线等，都是徐光启的这个译本定下来的。徐光启对《几何原本》这部书评价甚高，他说：“此书为益，能令学理者祛其浮气，练其精心；学事者资其定法，发其巧思，故举世无一人不当学。”②又说：“几何之学，深有益于致知。明此、知向所揣摩造作，而自诡为工巧者皆非也。一也。明此、知吾所已知不若吾所未知之多，而不可算计也。二也。明此、知向所想象之理，多虚浮而不可挼也。三也。”③故“学此者不止增才，亦德基也。”④可惜，在徐光启生活的时代，人们对《几何原本》的重视程度并不高。所以他只能寄希望于未来，而徐光启坚信“百年之后必人人习之”⑤。

天文学是中国古代的传统优势学科，由于君权神授观念的特殊需要，历朝皇帝都非常重视对日食和月食的准确预测。据《明史·天文志》记载：

> 崇祯二年五月己酉朔日食，礼部侍郎徐光启依西法预推，顺天府见食二分有奇，琼州食既，大宁以北不食。《大统》、《回回》所推，顺天食分时刻，与光启互异。已而光启法验，余皆疏。帝切责监官。时五官正戈丰年等言：“《大统》乃国初所定，实即郭守敬《授时历》也，二百六十年毫未增损。自至元十八年造历，越十八年为大德三年八月，已当食不食，六年六月又食而失推。是时守敬方知院事，亦付之无可奈何，况斤斤守法者哉？今若循旧，向后不能无差。”于是礼部奏开局修改。乃以光启督修历法。光启言：“近世言历诸家，大都宗郭守敬法，至若岁差环转，岁实参差。天有纬度，地有经度，列宿有本行，月五星有本轮，日月有真会、视会，皆古所未闻，惟西历有之。……宜取其历法，参互考订，使与《大统》法会同归一。”⑥

这段话反映了明朝崇祯之前历法发展的实际状况。众所周知，明朝存在两种历法系统，一种是中国传统历法，另一种则是回历。关于这两种历法的优劣，可参见《明史·历志一》中的相关记载，兹不引述。汉历与回历并存是元代天文学的重要特点之一，明初沿袭这一带有竞争性的历法体制是因为：第一，从社会层面讲，当时回回民族群体已经大量存在；第二，从历法本身的精确性来讲，诚如明人万民英所言：“我朝钦天监有回回科，每年推算七政度数，二曜交蚀，较汉历为尤准。”⑦《明史·历志一》又载礼科给事中侯先春的话说：“《回回历》科推算日月交食，五星凌犯，最为精密，何妨篡入《大统历》中，以备考验。”⑧但是，回历的这种优势很快就随着其“深自秘”问题的凸显而逐渐消失了。例如，清代学

① 梁启超：《中国近三百年学术史》，武汉：崇文书局，2015年，第7页。
② （明）徐光启撰、王重民辑校：《徐光启集》卷2《几何原本杂议》，第76页。
③ （明）徐光启撰、王重民辑校：《徐光启集》卷2《几何原本杂议》，第77—78页。
④ （明）徐光启撰、王重民辑校：《徐光启集》卷2《几何原本杂议》，第78页。
⑤ （明）徐光启撰、王重民辑校：《徐光启集》卷2《几何原本杂议》，第76页。
⑥ 《明史》卷31《历志一》，第529—530页。
⑦ （明）万民英：《图解星学大成》第2部《命局分析》，北京：华龄出版社，2009年，第270页。
⑧ 《明史》卷31《历志一》，第520页。

者梅文鼎曾评论回历的保守性现象说：《回回历法》“在洪武间未尝不密，其西域大师马哈麻、马沙亦黑颇能精于其术。但深自秘，惜又不著立表之根，后之学者失其本法之用，反借《大统》春分前定气之日，以为立算之基，何怪其久而不效耶。”①这样，明朝政府在《授时历》《回回历法》之外，又引入了欧洲新历法。从原理上讲，《回回历法》与欧洲新历法虽然都源于古希腊天文学，但是欧洲新历法吸收了文艺复兴运动时期的先进科学成果，如球面三角计算公式等，其计算数据较《回回历法》更加精确。于是，崇祯二年（1629）九月，徐光启上奏《历法修正十事》，主张用西洋历算家来修正明朝历法。徐光启言“十事”云：

> 其一，议岁差，每岁东行渐长渐短之数，以正古来百年、五十年、六十年多寡互异之说。其二，议岁实小余，昔多今少，渐次改易，及日景长短岁岁不同之因，以定冬至，以正气朔。其三，每日测验日行经度，以定盈缩加减真率，东西南北高下之差，以步日躔。其四，夜测月行经纬度数，以定交转迟疾真率，东西南北高下之差，以步月离。其五，密测列宿经纬行度，以定七政盈缩、迟疾、顺逆、违离、远近之数。其六，密测五星经纬行度，以定小轮行度迟疾、留逆、伏见之数，东西南北高下之差，以推步凌犯。其七，推变黄道、赤道广狭度数，密测二道距度，及月五星各道与黄道相距之度，以定交转。其八，议日月去交远近及真会、视会之因，以定距午时差之真率，以正交食。其九，测日行，考知二极出入地度数，以定周天纬度，以齐七政。因月食考知东西相距地轮经度，以定交食时刻。其十，依唐、元法，随地测验二极出入地度数，地轮经纬，以求昼夜晨昏永短，以正交食有无、先后、多寡之数。②

有学者对上述十事的科学性做了比较分析，其要点如下：

第一，对于岁实，徐光启提出“昔多今少”的见解非常正确。按：现代人们计算岁实古今长短的公式（L 指以公元计算的年份）为

$$L = 365.^{日}242\,198\,78 - 0.^{日}000\,000\,061\,4(t - 1900)$$

造成岁实“昔多今少”的原因是，平太阳的平黄经本应增加 360°，但因春分点西移，平太阳并没有运动一周，因此它无法重新回到原来的起点。徐光启在《崇祯历书》中尽管没有明确指出这一点，但他取回归年长为 365.242 187 日，在当时已经是非常精确的数值了。

第二，对于日行最速点的观察，自北齐张子信发现太阳周年视运动的不均匀性以来，人们对太阳运行的最速点主要形成以下三种认识：一是《大衍历》观察到的太阳运行最速点在冬至前九度；二是《授时历》观察到的太阳运行最速点在冬至日；三是《崇祯历书》观察到的太阳运行最速点在冬至后六度，与现代的太阳速点观测值相近。

第三，对于太阳运行最速点的进动，《崇祯历书》首次明确指出太阳运行的近地点迁移

---

① （清）梅文鼎：《历算全书・论回回历与西洋同异》，金沛霖主编：《四库全书子部精要》中册，天津、北京：天津古籍出版社、中国世界语出版社，1998 年，第 36 页。

② 《明史》卷 31《历志一》，第 530 页。

问题，即太阳运行最速点每年前移45″。

第四，对于传统的古度计算方法，《崇祯历书》引入西洋历法小数以下60进制，分圆周为360°，分一日为96刻，这种新的度量制一直沿用至今。①

徐光启注重用天文观测来检验历法的优劣。据《明史·历志一》记载：

> 时巡按四川御史马如蛟荐资县诸生冷守中精历学，以所呈历书送局。光启力驳其谬，并预推次年四月四川月食时刻，令其临时比测。四年正月，光启进《历书》二十四卷。夏四月戊午，夜望月食，光启预推分秒时刻方位。奏言日食随地不同，则用地纬度算其食分多少，用地经度算其加时早晏。月食分秒，海内并同，止用地经度推求先后时刻，臣从舆地图约略推步，开载各布政司月食初亏度分，盖食分多少既天下皆同，则余率可以类推，不若日食之经纬各殊，心须详备也。又月体一十五分，则尽入暗虚亦十五分止耳。今推二十六分六十秒者，盖暗虚体大于月，若食时去交稍远，即月体不能全入暗虚，止从月体论其分数。是夕之食，极近于交，故月入暗虚十五分方为食既，更进一十一分有奇，乃得生光，故为二十六分有奇。如《回回历》推十八分四十七秒，略同此法也。已而四川报冷守中所推月食差二时，而新法密合。②

用“地纬度算其食分多少，用地经度算其加时早晏”，这是西洋历法的显著特点。有学者评论说：徐光启等人引入了地理经、纬度概念，黄赤道坐标制等一整套与中国传统天文学完全不同的度量制度，从而“使中国的天文学走上了与当时世界天文学共同发展的道路，也大大提高了当时中国所关注的日、月食预报的精度”③。所以徐光启认为：“欲求超胜，必须会通；会通之前，先须翻译。盖《大统》书籍绝少，而西法至为详备，且又今数十年所定，其青于蓝、寒于水者，十倍前人。又皆随地异测，随时异用，故可为目前必验之法，又可为二三百年不易之法。……翻译既有端绪，然后令甄明《大统》、深知法意者，参详考定，镕彼方之材质，入《大统》之型模。”④不可否认，中国传统天文学虽然有过辉煌的发展历史，但是，当西洋先进的数学方法被引入天文历法之后，其测算精度大幅提高，这一点为中国传统历法所不及。因此，中国历法发展到明朝中后期，由于其自身体系僵化、方法保守而不可避免地出现了“历法益疏舛”⑤的现象。对此，徐光启认为，按照天文历法的客观发展趋势，“汉以前差以日计，唐以前差以时汁，宋元以来差以刻计，今则差以分计。必求分数不差，宜待后之作者”⑥。用发展的眼光看日食的观测质量必然是越来越高，手段

---

① 陈晓中：《徐光启的天文历法思想》，席泽宗、吴德铎主编：《徐光启研究论文集》，上海：学林出版社，1986年，第68—69页。

② 《明史》卷31《历志一》，第531页。

③ 宋军令等：《黄河文明与西风东渐：明清时期黄河文明对西方文化的吸收与融合研究》，北京：科学出版社，2008年，第45页。

④ （明）徐光启撰、王重民辑校：《徐光启集》卷8《历书总目表》，第374页。

⑤ 《明史》卷326《意大里亚传》，第2147页。

⑥ （明）徐光启撰、王重民辑校：《徐光启集》卷8《月食回奏疏》，第395页。

则越来越先进，其精度也越来越密，以至于“分数不差”。分析其原因，除社会的、经济的和政治的外在因素外，实验仪器的不断更新和新的数学方法的发明和应用则是两个内在因素。

在实验手段的更新方面，徐光启于崇祯二年（1629）上《条议历法修正岁差疏》，其中“急用仪象十事”云：“其一，造七政象限大仪六座，俱方八尺，木匡、铜边、木架。其二，造列宿纪限大仪三座，俱方八尺，木匡、铜边、木架。其三，造平浑悬仪三架，用铜圆径八寸，厚四分。其四，造交食仪一具，用铜木料方二尺以上。其五，造列宿经纬天球仪一架，用木料、油漆，大小不拘。其六，造万国经纬地球仪一架，用木料、油漆，大小不拘。其七，造节气时刻平面日晷三具，用石长五尺以上，广三尺以上。其八，造节气时刻转盘星晷三具，用铜径一尺，厚二分。其九，造候时钟三架，用铁大小不拘。其十，装修测候七政交食远镜三架，用铜铁、木料。”①其中“七政交食远镜”（望远镜）是仿制西方的先进窥测星象仪器，徐光启曾赞美这种“远镜”的观测功能说：“若用以窥众星，较多于平时不啻数十倍，而且光耀灿然、界限井然也。”②他引述伽利略《星际使者》一书的话说：“即如昴宿，传云七星，或云止见六星，而实则三十七星。”③可见，望远镜对徐光启观测日月食的活动来说无疑具有极大的诱惑力。于是，徐光启在“密室中斜开一隙，置窥筒（指单筒折射望远镜）、远镜以测亏圆（指日食），画日体分数图板以定食分，其时刻、高度悉合，惟食甚分数未及二分”④。对此，徐光启解释说：“今食甚之度分密合，则经度里差已无烦更定矣。独食分未合，原推者盖因太阳光大，能减月魄，必食及四五分以上，乃得与原推相合，然此测，用密室窥筒，故能得此分数，倘止凭目力，或水盆照映，则眩耀不定，恐少尚不止此也。”⑤显然，这次观测精度的提高与望远镜的功能有直接关系。又，徐光启在《奏为月食事》中说：“日食之难，苦于阳精晃耀，每先食而后见；月食之难，苦于游气纷侵．每先见而后食，且阁虚之实体与外周之游气，界限难分。臣等亦用窥筒眼镜，乃得边际分明。而臣自守自窥，凡初亏食既，皆临时令诸人共见，然后报守仪者测量星度，则亏既时刻，亦不宜甚远。而今差至半刻，若依元人旧法，谓同在一刻之内者为密合，差一刻者为亲，即半刻亦称密合。而臣等尚欲深求，故详定其法则，疑仪器未备，所得度分无凭对勘。今当再造小仪一二，以便质正，更求精密，须得重大仪器，工费颇繁，今未敢言也。”⑥因此之故，徐光启所用望远镜究竟是自制的还是汤若望带来的伽利略式

---

① （明）徐光启撰、王重民辑校：《徐光启集》卷7《条议历法修正岁差疏》，第336页。

② （明）徐光启等：《西洋新法历书·恒星历指》，薄树人主编：《中国科学技术典籍通汇·天文卷》第8分册，郑州：河南教育出版社，1995年，第1431页。

③ （明）徐光启等：《西洋新法历书·恒星历指》，薄树人主编：《中国科学技术典籍通汇·天文卷》第8分册，第1431页。

④ 《明史》卷31《历志一》，第532—533页。

⑤ 《明史》卷31《历志一》，第533页。

⑥ （明）徐光启著、徐宗泽增补：《增订徐文定公集》第4卷《奏为月食事》，第92—93页。

望远镜，学界尚有疑问。[①]不过，从当时徐光启的话语中，无论是何种性质的望远镜，徐光启似乎主要是将望远镜用于观测“食甚分数”，当时还没有用于“测量角度”[②]。

在数学方法的应用方面，徐光启认为：象数之学“大者为历法，为律吕，至其他有形有质之物、有度有数之事，无不赖以为用，用之无不尽巧极妙者。”[③]如果说这里讲的“象数之学”不专指数学的话，那么，徐光启在《刻几何原本序》中对几何数学的那段议论就很有代表性了。他说：“《几何原本》者度数之宗，所以穷方圆平直之情，尽规矩准绳之用也”[④]，又说：“顾惟先生之学，略有三种：大者修身事天，小者格物穷理，物理之一端，别为象数，一一皆精实典要，洞无可疑，其分解擘析，亦能使人无疑。”[⑤]此处所言“象数”即指数学[⑥]，在徐光启心目中，几何数学乃“众用所基”[⑦]，而“凡物有形有质，莫不资于度数故耳”[⑧]。因此，在《条议历法修正岁差疏》一文中，徐光启提出了“度数旁通十事”的构想。他说：

其一，历象既正，除天文一家言灾祥祸福、律例所禁外，若考求七政行度情性，下合地宜，则一切晴雨水旱，可以约略豫知，修救修备，于民生财计大有利益。其二，度数既明，可以测量水地，一切疏浚河渠、筑治堤岸、灌溉田亩，动无失策，有益民事。其三，度数与乐律相通，明于度数即能考正音律，制造器具，于修定雅乐可以相资。其四，兵家营阵器械及筑治城台池隍等，皆须度数为用，精于其法，有裨边计。其五，算学久废，官司计会多委任胥吏，钱谷之司关系尤大；度数既明，凡九章诸术，皆有简当捷要之法，习业甚易，理财之臣尤所亟须。其六，营建屋宇桥梁等，明于度数者力省功倍，且经度坚固，千万年不圮不坏。其七，精于度数者能造作机器，力小任重，及风水轮盘诸事以治水用水，与凡一切器具，皆有利便之法，以前民用，以利民生。其八，天下舆地，其南北东西纵横相距，纡直广袤，及山海原隰，高深广远，皆可用法测量，道里尺寸，悉无谬误。其九，医药之家，宜审运气，历数既明，可以察知日月五星躔次，与病体相视乖和顺逆，因而药石针砭，不致差误，大为生民利益。其十，造作钟漏以知时刻分秒，若日月星晷，不论公私处所、南北东西、欹斜坳突，

---

① 戴念祖认为是伽利略式望远镜（戴念祖、张旭敏：《光学史》，长沙：湖南教育出版社，2001 年，第 350 页）；但有学者认为：“1629 年底，邓玉函与徐光启一道试制出了一台天文望远镜。但第二年邓玉函即病逝，而徐光启也因处理军机事宜而使天文仪器的研制暂告中辍。1631 年，满洲主皇太极困桡北京之事稍安，徐光启于是在同年 10 月 25 日首次用天文望远镜观测日食。同年 11 月 8 日夜，徐光启又用天文望远镜观测了月食。”（童鹰：《世界近代科学技术发展史》上，上海：上海人民出版社，1990 年，第 162 页）；更有学者坚信：“徐光启乃是我国第一个制造望远镜并将它用于天文观测的人。”参见佟洵主编：《基督教与北京教堂文化》，北京：中央民族大学出版社，1999 年，第 205 页；邓可卉：《比较视野下的中国天文学史》，上海：上海人民出版社，2011 年，第 126 页等。

② 吴守贤、全和钧主编：《中国古代天体测量学及天文仪器》，北京：中国科学技术出版社，2013 年，第 511 页。

③ （明）徐光启撰、王重民辑校：《徐光启集》卷 2《泰西水法序》，第 66 页。

④ （明）徐光启撰、王重民辑校：《徐光启集》卷 2《刻几何原本序》，第 75 页。

⑤ （明）徐光启撰、王重民辑校：《徐光启集》卷 2《刻几何原本序》，第 75 页。

⑥ 周振甫等：《诸子百家名篇鉴赏辞典》，上海：上海辞书出版社，2013 年，第 972 页。

⑦ （明）徐光启撰、王重民辑校：《徐光启集》卷 2《刻几何原本序》，第 75 页。

⑧ （明）徐光启撰、王重民辑校：《徐光启集》卷 7《条议历法修正岁差疏》，第 338 页。

皆可安置施用，使人人能分更分漏，以率作兴事，屡省考成。[①]

数学及其应用是徐光启重点强调的“原理”思想，“原理”是沈括科学思想的显著特色，同时，也是程朱理学立论的一个重要前提。[②]明代实学兴起，程朱理学式微，这是明代学术发展的总体形势，但这绝不等于说程朱理学对明代科学的发展就毫无意义了。实际上，徐光启对程朱理学的“理”范畴情有独钟。例如，徐光启在翻译《几何原本》时，将“rational number”和“irrational number”译作“有理数”和“无理数”就是一个典型实例。除此之外，《几何原理》译本中还创造了“转理”“分理”“合理”“同理”“反理”“平理”“属理”等许多与“理”相关的概念。当然，“理”在徐光启的观念体系里，其内在含义具有多元性。譬如，在《几何原本》语境里，“理”含有“比率”的意思，故“同理”即指“相同比率”，“合理”即指“合成比率”，“反理”即指“相反比率”等。而在《简平仪说序》一文中，徐光启又说：“杨子云未谙历理，而依㸃法言理，理于何传？邵尧夫未娴历法，而撰私理立法，法于何生？不知吾儒学宗传有一字历，能尽天地之道，穷宇极宙。言历者莫能舍旃！孔子曰：‘泽火革’，孟子曰：‘苟求其故’，是已。……故者、二仪七政、参差往复、各有所以然之故。言理不言故，似理非理也。”[③]此“理”特指西方科学中的严密逻辑体系，所以徐光启在比较中西方科学体系的不同时说：“郭守敬推为精妙，然于革之义庶几焉；而能言其所为者，则断自西泰子之人中国始。”[④]不过，由于“西学”与“中学”之间各自具有不同的社会文化背景，所以为了尽量消除横亘在两者之间的那道文化隔层，徐光启发现“西学”在本质上与宋明理学也有相通之处。因此，徐光启说：“欲续成利氏之书，尽阐发其所为知天事事天、穷理尽性之学。”[⑤]显而易见，此处的“理”是指自然事物存在和发展的客观规律。在徐光启看来，利玛窦所代表的西方科学，尤以“意理”[⑥]为其立基的根本，而这个“意理”（指数学推理）恰恰是徐光启需要从西学中汲取和吸收的科学思想精华。于是，徐光启这样评价《几何原本》的科学价值，他说：“下学工夫，有理有事。此书为益，能令学理者，祛其浮气，练其精心；学事者资其定法，发其巧思，故举世无一人不当学。”[⑦]有学者认为，徐光启的《勾股义》即是吸取《几何原本》的逻辑结构与思想方法而创作的一部开新之作，它将“我国古代勾股算术加以严格论述，这也是在中西融合上迈出的一步”[⑧]。当然，徐光启在吸收《几何原本》的“原理”过程中，不可避免还受到中国传统习惯思维和书写方式的影响，从而为人们进一步吸收西方数学的理论精髓产生了一定的不利作用。诚如有学者所言，虽然徐光启设计的几何、点、直线、平行线、角、有理数、无理数等名词是高明的，“但表达方式，例如用‘甲、乙……’表示点等却没有拉丁字母‘A、B……’简捷，从而

① （明）徐光启撰、王重民辑校：《徐光启集》卷7《条议历法修正岁差疏》，第337—338页。
② 吕变庭：《北宋科技思想研究纲要》，北京：中国社会科学出版社，2007年，第241—263页。
③ （明）徐光启撰、王重民辑校：《徐光启集》卷2《简平仪说序》，第72—73页。
④ （明）徐光启撰、王重民辑校：《徐光启集》卷2《简平仪说序》，第73页。
⑤ （明）徐光启撰、王重民辑校：《徐光启集》卷2《简平仪说序》，第73页。
⑥ （明）徐光启撰、王重民辑校：《徐光启集》卷2《刻几何原本序》，第75页。
⑦ （明）徐光启撰、王重民辑校：《徐光启集》卷2《几何原本杂议》，第76页。
⑧ 郭启庶：《数学教学优因工程》，海口：海南出版社，2006年，第85页。

影响着逻辑表述的简捷性，这绝不是无足轻重的小事情。其实那时西方，连代数也已经由韦达等数学家设计使用拉丁字母表示数量”[①]。

二、《农政全书》与徐光启对中国古代农学思想的系统总结

（一）《农政全书》的主要内容及其特色

1.《农政全书》的主要内容

明代后期由于各种自然灾害频发，甚至出现了“殍馑载道”的悲惨景象[②]，农业生产遭到严重破坏。[③]有学者明言：“一部二十四史，几乎同时也是一部中国灾荒史。”[④]而在历代所遭受的各种灾害当中，尤以明清最为严重，据邓拓先生统计，终明一代，“共历276年，灾害之多，竟达1011次，这是前所未有的纪录。计当时灾害最多的是水灾，共196次；次为旱灾，共174次；又次为地震，共165次；再次为雹灾，共112次；更次为风灾，共97次；复次为蝗灾，共94次。此外歉饥有93次；疫灾有64次；霜雪之灾有16次”[⑤]。又有学者统计，明朝发生各种自然灾害总计5821次，其中水灾1454次，海潮271次，旱灾1268次，蝗灾343次，疫灾218次，地震1335次，崩陷101次，风灾79次，雷电81次，雹灾263次，霜冻71次，沙尘172次，火灾165次。[⑥]有专家分析明朝后期干旱的发生与分布特点时说：“明代的干旱，最严重的地区为黄河以北，其次为淮河流域。1637—1643年的干旱不仅是明代最严重的干旱，而且也是近500年来中国历史上最严重的干旱时段，涉及黄淮流域15个省（自治区）。这次干旱，持续时间长，涉及范围广，对当时社会经济政治都有极深刻的影响。”[⑦]从以上自然灾害的发生状况看，徐光启撰写《农政全书》的主要目的就是想要解决当时明朝社会所面临的最为急迫的饥荒问题。

如前所述，《农政全书》以“荒政”和“水利”的内容为编撰重心，两部分合计27卷，接近全书内容的一半。对于救荒，徐光启提出了“预弭为上，有备为中，赈济为下”[⑧]的思想。细言之，所谓“预弥者，浚河筑堤，宽民力，祛民害也。有备者，尚蓄积，禁奢侈，设常平，通商贾也。账济者，给米煮糜，计户而救之”[⑨]。也就是说，救荒之根本是“浚河筑堤，宽民力，祛民害”，当然，这三项内容也是徐光启农学思想的核心。

不过，因论题所限，这里仅从科技史的角度，简要说明一下“浚河筑堤”与农业生产

① 郭启庶：《数学教学优因工程》，海口：海南出版社，2006年，第85页。

② 《明史》卷30《五行志三》，第484页。

③ 具体内容参见葛全胜等编著：《中国自然灾害风险综合评估初步研究》，北京：科学出版社，2008年，第16—18页。

④ 国家教委高校社会科学发展研究中心组织：《中外历史问题八人谈》，北京：中共中央党校出版社，1998年，第158页。

⑤ 邓拓：《中国救荒史》，武汉：武汉大学出版社，2012年，第25页。

⑥ 王元林、孟昭锋：《自然灾害与历代中国政府应对研究》，广州：暨南大学出版社，2012年，第195—196页。

⑦ 高庆华等编著：《中国自然灾害综合研究的进展》，北京：气象出版社，2009年，第26页。

⑧ （明）徐光启撰、石声汉校注：《农政全书·凡例》，上海：上海古籍出版社，1979年，第4页。

⑨ （明）徐光启撰、石声汉校注：《农政全书·凡例》，第4页。

的关系。

徐光启引《荒政要览》的话说："按'地平天成'，'禹锡玄圭'，后毕世经营，只是浚渠筑岸，以养稼穑。夫子称之曰'卑宫室而尽力乎沟洫'，此论王夏之日也。或疑言疏瀹，不兼言封筑，则堤岸似属余事。不知井田之制，百步为亩，深尺广尺，为田间水道，而不立封限。百亩为遂，遂上有径。十夫有沟，沟上有畛。百夫有洫，洫上有涂。千夫有浍，浍上有道。万夫有川，川上有路。言致力沟洫，则畛涂在其中。《禹贡》称九泽必曰'既陂'，是彭蠡、震泽之底定，亦藉陂障围潴成泽。开浚封筑，信非两事也。于此想见唐虞三代之用民力，专用之于此而已。"[①]针对不同区域的自然地理状况，徐光启提出了与之相适应的水利思想。例如，对于西北水利[②]，徐光启同意徐贞明的下述观点：

> 西北之地，夙号沃壤，皆可耕而食也。惟水利不修，则旱潦无备。旱潦无备，则田里日荒。遂使千里沃壤，莽然弥望，徒枵腹以待江南，非策之全也。臣闻陕西、河南，故渠废堰，在在有之。山东诸泉，可引水成田者甚多。今且不暇远论。即如都城之外，与畿辅诸郡邑，或支河所经，或涧泉所出，可皆引之成田。北人未习水利，惟苦水害，而水害之未除者，正以水利之未修也。盖水聚之则为害，散之则为利。今顺天、真定、河间等处地方，桑麻之区，半为沮洳之场，揆厥所由，以上流十五河之水，而泄于猫儿一湾，欲其不泛滥而壅塞，势不能也。今诚于上流疏渠浚沟，引之灌刚，以杀水势，下流多开支河，以泄横流，其淀之最下者，留以潴水，稍高者，皆如南人圩岸之制，则水利兴，而水患亦除矣。[③]

这段话不断被现代多种史学著作征引，不仅是农史研究者，甚至连研究明代政治史的论著也经常视其为珍宝，可见这段话所包含的思想内容十分丰富。如众所知，徐贞明是明代著名的水利专家，为了充分开发和利用北方的水土资源，他主张把排洪与灌田、治水与发展生产结合起来，然而，从上述治水方案中不难看出，徐贞明的治水方案一旦付诸实施，必然会妨害那些大量占有闲田的豪强地主的现实利益，因而遭到他们的强烈反对，最后徐贞明被言官弹劾，只得乞假归故里，而他推广的水田法亦随之被迫中辍。此后，经过几十年的实践和发展，徐贞明的西北水利思想愈来愈得到广大有识之士如张瀚、王士性、冯应京、左光斗、徐光启、沈德符等人的赞同和认可。

例如，徐光启引徐贞明在《西北水利议》中的十大利益主张云：

> （1）夫雨旸在天，而时其蓄泄，以待旱潦者，人也。乃西北之地，旱则赤地千里，潦则洪流万顷，惟寄命于天，以幸其雨旸时若，庶可乐岁无饥耳。此可以常恃哉？惟水利兴而后旱涝有备。其利一也。[④]

---

① （明）徐光启撰、石声汉校注：《农政全书》卷13《水利总论》，第282—283页。

② 张芳：《中国古代灌溉工程技术史》，太原：山西教育出版社，2009年，第554页。

③ （明）徐光启撰、石声汉校注：《农政全书》卷12《西北水利》，第287页。

④ （明）徐光启撰、石声汉校注：《农政全书》卷12《徐贞明西北水利议》，第291页。

（2）神京北巩，财赋取给于东南。忠于谋国者，镜胜国之往事，怀杞人之隐忧，尚有出于河流外者。惟兴水利，近取常裕，视东南为外府可也。中人之治生，必有附居常稔之田，始可以安土而无饥。乃国家全盛之势，据上游以控六合，独待哺于东南，近废可耕之田，远资难继之饷，岂计之全哉？令运蚤而积久，储蓄信有赖矣。然运蚤而收之，不及其熟，有浥损之患，久积而散之，恒过其期，有红腐之忧。水利既兴，则田畴之间，要皆仓庾之积。其利二也。①

（3）东南转输，每以数石而致一石，民力竭矣。而国计所赖，欲暂纾之而未能也。惟西北有一石之入，则东南省数石之输，所入渐富，所省渐多。先则改折之法可行，久则蠲租之诏可下，东南民力，庶几获苏。其利三也。②

（4）今河自关中以入中原，合泾、渭、漆、沮、汾、泌、伊、洛、瀍、涧及丹、沁诸川数千里之水。当夏秋霖潦之时，诸川所经，无一沟一浍，可以停注。旷野洪流，尽入诸川，其势既盛，而诸川又会入于河流，则河流安得不盛？流盛则其性自悍急，性悍则迁徙自不常，固势所必至也。今诚自沿河诸郡邑，访求古人故渠废堰，师其意不泥其迹，疏为沟浍，引纳支流，使霖潦不致泛滥于诸川，则并河居民，得利水成田，而河流渐杀，河患可弥矣。其利四也。③

（5）今西北之地，平原千里，寇骑得以长驱。若使沟洫尽举，则田野之间，皆金汤之险。而田间植以榆柳枣栗，既资民用，又可以设伏而避敌。其利五也。④

（6）今西北之境，土旷而民游，识者常惴惴焉。诚使水利兴而旷土可垦，而游民有所归，消衅弥乱，深且远矣。其利六也。⑤

（7）东南之境，生齿日繁，地苦不胜其民，而民皆不安其土。乃西北蓬篙之野，常疾耕而不能遍。……今若招抚南人，修水利以耕西北之田，则民均而田亦均矣，其利七也。⑥

（8）东南多漏役之民，而西北罹重徭之苦，则以南之赋繁而减，北之赋省而徭重也。使田垦而民聚，民聚而赋增，则北徭可轻。其利八也。⑦

（9）沿边诸境，有转输不能至者，招商以代输，盖有数顷之田，困于一商，遂弃业以他徙。其有曲避转输之苦者，则私以折色兑军，商得苟安，军无宿储，即承平勿论，设有烽警，何以待之？惟近边田垦，转输不烦。其利九也。⑧

（10）今天下浮户，依富家以为佃客者何限？募而集之，可立致也。募农以修水利，以举屯政。其利十也。⑨

① （明）徐光启撰、石声汉校注：《农政全书》卷12《徐贞明西北水利议》，第291—292页。
② （明）徐光启撰、石声汉校注：《农政全书》卷12《徐贞明西北水利议》，第292页。
③ （明）徐光启撰、石声汉校注：《农政全书》卷12《徐贞明西北水利议》，第292页。
④ （明）徐光启撰、石声汉校注：《农政全书》卷12《徐贞明西北水利议》，第292页。
⑤ （明）徐光启撰、石声汉校注：《农政全书》卷12《徐贞明西北水利议》，第292—293页。
⑥ （明）徐光启撰、石声汉校注：《农政全书》卷12《徐贞明西北水利议》，第293页。
⑦ （明）徐光启撰、石声汉校注：《农政全书》卷12《徐贞明西北水利议》，第293页。
⑧ （明）徐光启撰、石声汉校注：《农政全书》卷12《徐贞明西北水利议》，第293页。
⑨ （明）徐光启撰、石声汉校注：《农政全书》卷12《徐贞明西北水利议》，第293页。

这十条建议后来成为徐光启试图推动明代经济全面革新的基本指导思想。例如，对于“沟洫治河说”，徐光启在《屯田疏稿》一文中说：“能用水，不独救旱，亦可弭旱。灌溉有法，滋润无方，此救旱也。均水田间，水土相得，兴云起雾，致雨甚易，此弭旱也。能用水，不独救潦，亦可弥潦。疏理节宣，可蓄可泄，此救潦也。地气发越不致郁积，既有时雨，必有时畅，此弥潦也。不独此也，三夏之月，大雨时行，正农田用水之候。若编地耕垦，沟洫纵横，播水于中，资其灌溉，必减大川之水。”[①]可惜，由于明朝腐败政治的顽疾没有根除，所以像徐光启这样的江南朝臣，力主兴修西北水利，同样遭到朝中北方权贵的阻梗，因而不能落到实处。有学者分析其原因说：“江南官员提倡发展西北水利，其实质是江南人对东南和西北两大区域经济不平衡发展与赋税负担不均问题的解决方案之一。他们认为京师粮食供应仰给东南（含山东、河南、江南），一方面使江南赋重民贫，另一方面又使西北产生很大的依赖性，并使西北生态环境、社会经济日益落后。所以他们提倡发展西北水利，提高北方农业水平，使京师就近解决粮食供应，从而缓解对东南的压力。”[②]尽管如此，徐光启在《农政全书》一书中所阐述的丰富水利思想仍然给我们留下了很多有益启示。

第一，“水利农之本也，无水则无田矣”[③]。关于水利与农业的关系，徐光启结合明朝旱涝频发的农业实际，认为水利事业不是社会生产过程中无足轻重的皮毛，而是“国家之基本，生命之命脉，不可一日而不经理也”[④]。从社会生产的可持续发展状况看，徐光启把水利问题提高到“国家之基本”的战略高度来认识，具有十分深远的现实意义。由于中国的水资源分布不均，南多北少，所以受自然条件局限，各地的农业生产发展也不平衡。在徐光启看来，“东南之难，全在赋税。而赋税之所出，与民生之所养，全在水利。盖潴泄有法，则旱涝无患，而年谷每登，国赋不亏也”[⑤]。与东南地区的自然条件不同，西北地区的干旱情况比较严重，发展水利事业更加迫切。故徐光启说：“水者，生谷之藉也。”[⑥]此处的“水”特指明朝的漕运问题，因为“法运东南之粟，自长、淮以北诸山诸泉，涓滴皆为漕运，是东南生之，西北漕之，费水二而得谷一也。凡水皆谷也，亡漕则西北之水亦谷也”[⑦]。当然，解决西北地区的干旱问题，是一个非常复杂的系统工程，不独漕运一个方面。但徐光启等人提出的问题确实存在，由于明朝统治者“不注意发展北方的农业生产，只集中榨取东南地区，不仅使北方经济益发凋敝，而且又使东南渐趋贫困”，因此，徐光启主张“改变灌溉服从漕运的水利方针”[⑧]，有其合理性。

第二，倡导在干旱地区科学用水与取水。如何科学利用水资源，解决干旱地区的农业

---

① （明）徐光启撰、王重民辑校：《徐光启集》卷5《屯田疏稿》，第237—238页。

② 王培华：《元明北京建都与粮食供应——略论元明人们的认识和实践》，北京：文津出版社，2005年，第181页。

③ （明）徐光启撰、石声汉校注：《农政全书·凡例》，第2页。

④ （明）徐光启撰、石声汉校注：《农政全书》卷14《东南水利中》，第341页。

⑤ （明）徐光启撰、石声汉校注：《农政全书》卷15《东南水利下》，第359页。

⑥ （明）徐光启撰、王重民辑校：《徐光启集》卷1《漕河议》，第19页。

⑦ （明）徐光启撰、王重民辑校：《徐光启集》卷1《漕河议》，第19—20页。

⑧ 汪家伦：《试论徐光启的水利思想》，席泽宗、吴德铎主编：《徐光启研究论文集》，上海：学林出版社，1986年，第135页。

生产问题，徐光启积极吸收西方的先进技术成就，因地制宜地提出了“用水五术”。

一是“用水之源”，具体可分以下六种情形：“其一，源来处高于田，则沟引之。沟引者，于上源开沟，引水平行，令自入于田”；“其二，溪涧傍田而卑于田，急则激之，缓则车升之”；“其三，源之来甚高于田，则为梯田以递受之”；“其四，溪涧远田而卑于田，缓则开河导水而车升之，急者或激水而导引之”；“其五，泉在于此，用在于彼，中有溪涧隔焉，则跨涧为槽而引之”；“其六，平地仰泉，盛则疏引而用之，微则为池塘于其侧，积而用之”①。

二是“用水之流”，具体可分以下七种情形：“其一，江河傍田，则车升之，远则疏导而车升之”；“其二，江河之流，自非盈涸无常者，为之闸与坝，酾而分之为渠，疏而引之以入于田”；“其三，塘浦泾浜之属，近则车升之，远则疏导而车升之”；“其四，江河塘浦之水，溢入于田，则堤岸以卫之。堤岸之田，而积水其中，则车升出之”；“其五，江河塘浦，源高而流卑，易涸也，则于下流之处，多为闸以节宣之。旱则尽闭以留之，潦则尽开以泄之，小旱潦则斟酌开合之。为水则以准之”；“其六，江河之中，洲渚可田者，堤以固之，渠以引之，闸坝以节宣之”；“其七，流水之入于海，而迎得潮汐者，得淡水，迎而用之；得咸水，闸坝遏之，以留上源之淡水”②。

三是“用水之潴”，具体可分以下六种情形：“其一，湖荡之傍田者，田高则车升之，田低则堤岸以固之，有水则车升以出之，欲得水，决堤引之。湖荡而远于田者，疏导而车升之”；“其二，湖荡有源而易盈易涸，可为害可为利者，疏导以泄之，闸坝以节宣之”；“其三，湖荡之洲渚可田者，堤以固之”；“其四，湖荡之洲诸可田者，堤以固之”；“其五，湖荡之潴太广而害于下流者，从其上源分之”；“其六，湖荡之易盈易涸者，当其涸时，际水而艺之麦”③。

四是“用水之委”，具体可分以下四种情形：“其一，海潮之淡可灌者，迎而车升之”；“其二，海潮入而泥沙淤垫，屡烦浚治者，则为闸为坝为窦，以遏浑潮而节宣之”；“其三，岛屿而可田，有泉者，疏引之，无泉者，为池塘井库之属以灌之”；“其四，海中之洲渚多可田，又多近于江河而迎得淡水也，则为渠以引之，为池塘以蓄之”④。

五是“作原作潴以用水”，具体可分以下五种情形：“其一，实高地，无水，掘深数尺而得水者，为池塘以畜雨雪之水而车升之”；“其二，池塘无水脉而易干者，筑底椎泥以实之”；“其三，掘土深丈以上而得水者，为井以汲之，此法北土甚多，特以灌畦种菜”；“其四，井深数丈以上，难汲而易竭者，为水库以蓄雨雪之水。他方之井，深不过一二丈”；“其五，实地之旷者，与其力不能多为井，为水库者，望幸于雨，则歉多而稔少。宜令其人多种木”⑤。

我们看到，徐光启的“用水之术”自成体系，比较符合“浙江水利”的客观实际，但从全国范围来看，未必适用于西北干旱地区。这是因为“西北地区小型蓄水设备，像水窖潦池等由来已久，但规模容量却都不大，一般只能供人、畜饮用，甚至用来洗涤大多不敷

① （明）徐光启撰、石声汉校注：《农行政书》卷16《浙江水利》，第400—401页。
② （明）徐光启撰、石声汉校注：《农行政书》卷16《浙江水利》，第401—403页。
③ （明）徐光启撰、石声汉校注：《农行政书》卷16《浙江水利》，第403—404页。
④ （明）徐光启撰、石声汉校注：《农行政书》卷16《浙江水利》，第404—405页。
⑤ （明）徐光启撰、石声汉校注：《农政全书》卷16《浙江水利》，第405页。

需用，是以无力用来灌溉农田。加以受渗漏、蒸发等不利条件影响，仅就缺少水源，蒸发较大地区，为防止渗漏所用的‘筑土椎泥’这一方法，所需工料都难以落实解决，因而其设想就难免有些‘脱离实际’。”①

与“用水五术”相适应，徐光启又提出了“取水四术”，即括、过、盘、吸四种方法，以作为解决旱地灌溉的长久之计。徐光启解释说：

> 括之道有二：一曰独括，急流水中加逼脱，可括上数丈也。二曰递括，不论急缓，但有流水，以三轮递括，可利出入也。过之道有二：一曰全过，今之过山龙，必上水高于下水，则可为之，至平则止。二曰二过，以人力节宣，随气呼吸。苟上流高于下流一二尺，便可激至百丈以上也。盘之法至多，此书所载，凡有输轴者皆是。其妙绝者，递互输泻，交轮叠盘，可至数里山顶。但括法必须流水。过法不论行止，必须上流高于下流。盘法在流水，用水力，在止水，必须风及人畜之力。独吸不论行止缓急，不拘泉池河井，不须风水人畜，只用机法，自然而上。但所取不能多，止可供饮，倘用溉田，必须多作，顾亦易办。②

由于徐光启遵从西方机械设计的逻辑性原则，因此，他在“取水四术”中，对每部机械的功能都做了优劣两个方面的分析，这样就尽量避免了传统农业机械设计和使用的随意性。在徐光启看来，“任何一种方法都有他的长处和短处，解决问题的方式也只有一种是最好的”，所以他主张机械设计者应当“以实地测量地形、地势的数据为基础，找到利用水能的最利便之法”③。我们知道，在《农政全书》成书之前，徐光启和驻京传教士熊三拔合作翻译了《泰西水法》（1612），计有六卷。其中卷1为“用江河之水”，主要介绍“龙尾车”的结构与功能，这是一种适用于江河的螺旋提水工具；卷2为“用井泉之水”，主要介绍“玉衡车”的结构及功能，这是一种用气压原理从井中取水的唧筒；卷3为“用雨雪之水”，主要介绍修筑“水库”，以及如何利用“水库”来汇集雨雪之水，以作备用；卷4为“水法附余”，主要介绍了“高地作井”的四种方法，以及“凿井五法”“以水疗病”等内容；卷5为“水法或问”，主要介绍了“海为水之本”“地居水下”“海水必咸”“咸既因火”“盐既下坠”“水遇于火，既得成咸”“咸既火生”“海水潮汐”“江河之水者能灭火，海水入大火如益膏油”“海水浮物强于江河之水”“卤水之燥因于烬灰”“人溺作咸，人汗亦咸”“人热而汗”“海为水所，水性就下”“山下出泉者”“掘井得泉”“近海斥卤，而掘地得泉”“井中之水，夏寒冬热”“雨者”“云生必为雨乎”“雨水胜于地上之水”“雪者”“雪花六出”“雨水与雪水孰胜”“冬云成雪，既由冷际极冷，春秋成雨，当由冷势稍减乎”“器中贮水，曾无漏渫，贮以冰雪，外成湿润”“灌溉草木，不论用河，用井，皆须早晚，而避午中”“向者水法，委属利便，力少功多”“田家有术，以知一时晴雨”“朝日出，光黯淡，色苍白者，雨征也”“日出时，云多破漏，日光散射者，雨征也”“密云四布”“朔日至于上弦，视月两角，近日

① 董恺忱、范楚玉主编：《中国科学技术史·农学卷》，北京：科学出版社，2000年，第734页。
② （明）徐光启撰、石声汉校注：《农政全书》卷17《灌溉图谱》，第425页。
③ 邱春林：《设计与文化》，重庆：重庆大学出版社，2009年，第61页。

一角，稍稍丰满，雨征也”等内容；卷6为“龙尾车”“玉衡车”“恒升车”“水库”“药露诸器”等图式。现对“玉衡车”之主要结构（图1-1），简要说明如下：

玉衡车主要由架、衡轴、盘、中筒、壶、双提、双筒等7部分组成。《农政全书》转录《泰西水法》对“玉衡车”的功能评价说：“玉衡者，以衡挈柱，其平如衡，一升一降，井水上出，如豹突焉。”①至于“玉衡车式”之第四图的部件特点，徐光启都一一做了注释。

（1）盘。“甲乙丙丁，盘也。丙丁为孔，以合于中筒之上端。上端者，上图之坎艮也。底旁之孔者，戊己。下迤者，己庚也。”②

（2）衡轴。“衡之长，壬辛是也。枘入于衡者，子丑是也。轴之长，卯午是也。卯尾，午首，辰颈也。衡轴凿枘之合，寅是也。凿，孔也。衡横轴纵，卯辰子丑之交加也。”③

（3）架。“卯亥也，辰乾也，柱也。当辰卯为山口者，以容轴之圆也。小衡者，申未也。三合者，未申酉为三角形也。酉戌，柄也。立之柄者，立柄于酉，戌酉未为直角也。坎艮，梁也。角亢氐房，陷也。心尾，陷中孔也。”④

（4）筒、提法等，略。

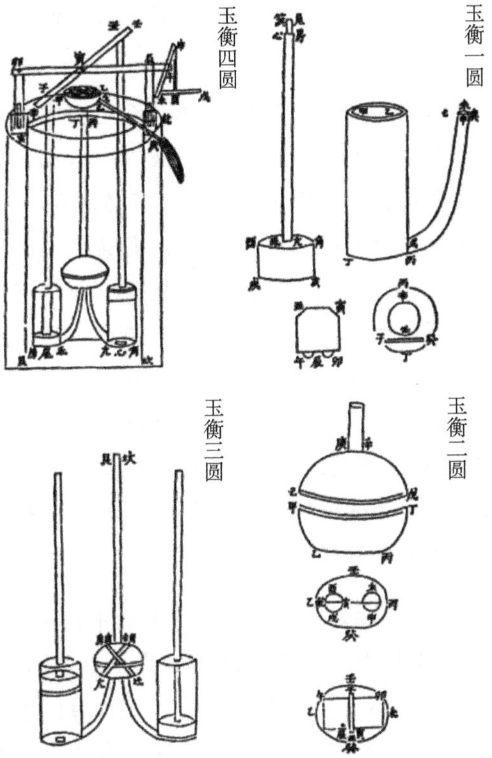

图1-1 玉衡车式图⑤

① （明）徐光启撰、石声汉校注：《农政全书》卷19《泰西水法上》，第486页。
② （明）徐光启撰、石声汉校注：《农政全书》卷19《泰西水法上》，第491页。
③ （明）徐光启撰、石声汉校注：《农政全书》卷19《泰西水法上》，第491页。
④ （明）徐光启撰、石声汉校注：《农政全书》卷19《泰西水法上》，第492页。
⑤ 周昕：《中国农具通史》，济南：山东科学技术出版社，2010年，第740页。

可见，徐光启的水利思想融合了大量西方的先进水利成就，他由此被称为“接受西学第一人”①。而《几何原本》《泰西水法》等西方科学名著的翻译，则“既是徐光启的西学基础，也标志着西方学术传入中国的基础之奠立”②。

2.《农政全书》的主要思想特色

第一，将西方数学知识应用于明朝的水利建设工程实践之中。筑堤修坝离不开几何数学，徐光启在译出《几何原本》前6卷之后，很快就将其中的主要原理加以发挥，并结合中国传统几何数学的特色撰写了《测量法义》《勾股义》等著作。徐光启在《题测量法义》一文中说：“西泰子之译测量诸法也，十年矣，法而系之义也，自岁丁未始也。曷待乎？于时《几何原本》之六卷始卒业矣，至是而后能传其义也。是法也，与《周髀》、《九章》之勾股测望、异乎？不异也。不异，何贵焉，亦贵其义也。刘徽、沈存中之流，皆尝言测望矣，能说一表，不能说重表也。言大小句股能相求者，以小股大句，小句大股，两容积等，不言何以必等能相求也。”③通过这种比较，我们不难明白，徐光启在文中所讲的“义”，实际上就是指将几何学建立在严密的逻辑推理的基础上。不仅如此，徐光启还申明他自己翻译《几何原本》的主要目的是：“广其术而以之治水治田之为利巨、为务急也。”④《勾股义》的翻译也有同样目的，据徐光启自己说：

> 后世治历之家，代不绝人，亦且增修递进，至元郭守敬若思十得其六七矣，亡不资算术为用者，独水学久废，即有专门名家，代不一二人，亦绝不闻以句股从事。仅见《元史》载守敬受学于刘秉忠，精算数水利，巧思绝人。世祖召见，面陈水利六事，又陈水利十有一事。又尝以海面较京师至汴梁，定其地形高下之差，又自孟门而东，循黄河故道，纵广数百里间，各为测量地平，或可以分杀河势，或可以灌溉田土，具有图志。如若思者，可谓博大精深，继神禹之绝学矣。胜国略信用之，若通惠、会通诸役，仅十之一二。后其书复不传，实可惜也。至乃溯其为法，不过句股测量，变而通之，故在人耳。又自古迄今，无有言二法之所以然者。自余从西泰子译得《测量法义》，不揣复作《句股诸义》，即此法，底里洞然，于以通变施用……方今历象之学，或岁月可缓，纷纶众务，或非世道所急；至如西北治河，东南治水利，皆目前救时至计，然而欲寻禹绩，恐此法终不可废也。⑤

为了便于指导水利工程实践，徐光启在《农政全书》中特引耿桔《开河法》九条，以之来增强人们的施工设计理念，其中有一条即“准水面算土方多寡，分工次难易”，里面即用到了大量几何数学方法。具体来讲，“须于勘河之时，先行分段编号算土之法。算土之法：若本河有水，即沿河点水。有深浅不同之处，差一尺者，即另为一段。假如通河水深一尺，而有深二尺者，即易段也，深三尺者，又易段也；深四尺者，极易段也；深与议开尺寸等者，

① 马伯英：《中国医学文化史》下卷，上海：上海人民出版社，2010年，第514页。
② 马伯英：《中国医学文化史》下卷，第514页。
③（明）徐光启撰、王重民辑校：《徐光启集》卷2《题测量法义》，第82页。
④（明）徐光启撰、王重民辑校：《徐光启集》卷2《题测量法义》，第82页。
⑤（明）徐光启撰、王重民辑校：《徐光启集》卷2《勾股义序》，第83—84页。

免挑段也。阙仿此。各立桩编号以记之，随令精算者逐段计算土方。其法：每土四傍上下各一丈为一方，每方计土一千尺。假如本河，议开面阔五丈，底阔三丈，水面下开深五尺，每长一丈，该土二方。……又如某段水深一尺，该挖土方四分，实开土一方六分，为难工。某段水深二尺，该挖土方八分，实开一方二分，为易工。三尺四尺五尺仿此。阔仿此。若本河无水，即督夫先于中心挑一水线，深广各三尺，或二尺。务要彻头彻尾，一脉通流。却于水面上丈量，露出余土，有厚薄不同之处，差一尺者，另为一段。假如通河皆余土一尺，而有余二尺者，即难段也；余三尺者，又难段也；余四尺者，大难段也；余五尺者，极难段也。立桩编号，算土如前法。但此乃计水上之土，而水下应挑之土可一律齐矣”①。徐光启认为，“测量审，规划精”②，本来是兴修水利工程的前提条件，可事实上，由于人们的错误观念使然，工程设计之前的必要测量工作，都因怕水准测量精度不精确而废置不用。因此，徐光启批评这种现象说：“今之名能治水者，曰水平远至数里，十无一准，遂置不用，不亦谬哉！”③他举例说：“裴彦秀制地图，图体有六，其法以准望为宗，以考高下方邪迂直之校，以定道里，以设分率。其说以为峻山巨海、绝域殊方，登降诡曲，皆可得而定者，斯则准望之为用大矣！”④后来，郭守敬在测量地平方面，表现“尤为精绝”⑤。于是，徐光启说：

> 今诚得守敬其人，令博求巧工算史、为之佐史，西自孟门，东尽云梯，南历长淮，北逾会通，无分水陆，在在测验。近用准平，远立重表，车船撬檋，随地制器，方田勾股，随用立法。藉如一河之中，从源至委，广狭深浅，为之总差；或以里计，或以丈计，又为之细差。凡河皆如之，其在已废、已湮之河亦如之，一切堤防障塞、支流通渠、陂塘潴泽皆如之。……务令东西南北数百里间，地形水势，尽识其纡直倨勾，又尽识其广狭浅深，高下夷险，灿然井然……而后仿裴氏之遗规，终若思之绪业，绘图立论，勒成一书，上之册府，颁之诸司，使人人如身历其间，览观可得也。⑥

从中不难看出，徐光启所倡导的“水学”须以“勾股测量”为基础，正是在此前提下，几何数学的重要性才逐渐凸显出来。当然，徐光启精究数学不仅是为了准确量算河工和测验地势，更重要的是为了农田水利的需要。一句话，他“对数学的研习是为了研究农业”⑦，所以把几何数学与明朝的农田水利实际结合起来，便成为徐光启撰写《农政全书》的一个重要思想特点。

第二，采用“玄扈先生曰”的方式，对前人的农学思想进行评注，批判性地吸收前贤的农学研究成果。据学者统计，《农政全书》引用文献225种，全书百分之九十的篇幅为对前人的

---

① （明）徐光启撰、王重民辑校：《徐光启集》卷15《开河法》，第361—362页。
② （明）徐光启撰、王重民辑校：《徐光启集》卷1《漕河议》，第27页。
③ （明）徐光启撰、王重民辑校：《徐光启集》卷1《漕河议》，第27页。
④ （明）徐光启撰、王重民辑校：《徐光启集》卷1《漕河议》，第27页。
⑤ （明）徐光启撰、王重民辑校：《徐光启集》卷1《漕河议》，第27页。
⑥ （明）徐光启撰、王重民辑校：《徐光启集》卷1《漕河议》，第28页。
⑦ 胡道静：《农书、农史论集》，北京：农业出版社，1985年，第176页。

引用、整理。[①]当然，对于前人的农学思想成果，徐光启不是不加区别地全盘吸收，而是根据明朝农业生产发展的现实需要，进行认真取舍，取其精华，去其糟粕，既能尊重和利用，同时又能辨析其谬误，因而最大限度地保持了全书的科学性和实用性。例如，《汜胜之书》《齐民要术》《陈旉农书》《农桑通诀》等都是中国古代的重要农书，就其所反映的时代特点而言，它们各自在中国古代农学发展史上都具有不可替代的作用。可惜，由于各种各样的原因，上述各书中或多或少都含有五行谶纬、迷信占卜等消极思想内容，而对于这一类有害农业科学发展与传播的糟粕，徐光启毫不客气地全部舍弃，不予采录。至于前人文献中所出现的不足或疏漏，徐光启则不遗余力地进行辨析，适时加以补充和修正。兹枚举数例，以窥一斑。

冯应京曰：昔黄帝画井分疆，依神农耒耨之教，导生民之利。稼穑为宝，所从来矣。尧谨授时，禹勤沟洫，稷播嘉种，弘配天之烈。而《豳风》陈诗于耜，举趾、筑场纳稼之间，王化基焉。《周官》体国经野，安扰邦国，辨以土宜，分为井牧。有径畛涂道，以正其疆界；有沟洫浍川，以宣其水泽。安甿以田里……秦开阡陌而井制废。

玄扈先生曰：商鞅相秦，专以农战强国，读《开塞》《耕战》书可见矣。而谓其废先王井田、疆理、沟洫、道涂之制，可乎？后世不晓，以为广地计也。不知废此古制，地则荒矣。世有若是之愚商君乎？夫鞅之开阡陌者，古者一夫受田百亩，皆有限制。鞅尚首功，得五甲首而隶五家。又制为武功爵，使有功者田连阡陌，废先王百亩限田之法耳。太史病之，以是为并兼之始也，岂谓其产平疆理，废先王之径畛沟洫，而变为平原广隰乎哉？[②]

这段评论指明，冯应京所谓“秦开阡陌而井制废”之论不确当。徐光启认为，商鞅不仅没有“废先王之径畛沟洫”，还加强了秦国的水利工程建设，其中以郑国渠和都江堰为著。所以商鞅“废井田”只是“废先王百亩限田之法”，而不是废沟洫、道涂之制。

叶绅《请治水以防灾荒疏》曰：弘治十六年。窃惟直隶之苏松常，浙江之杭嘉湖，约其土地，虽无一省之多，计其赋税，实当天下之半。况他郡所输，犹多杂赋，六郡所出，纯为粳稻。

玄扈先生曰：公知六郡之水利修，可以当天下之半；不知天下之水利修，皆可为六郡也。[③]

从叶绅的上述议论中，我们至少可以获得两条信息：一是“在明代，太湖流域的水稻产量大大超过其他地区”，二是太湖流域地区属于纯水稻地区，“水稻生产占农业产品的极大部分，以至其他粮食的生产变得无足轻重”[④]。在徐光启看来，自唐宋以降，中国的经济中心逐渐由北方转移至南方，尤其是在东南地区成为全国最重要的粮食产区之后，广大农民的经济负担不仅没有丝毫减轻，反而逐渐加重。那么，一方面，“国家财赋多出于东南，而东南

---

① 南炳文、何孝荣：《明代文化研究》，北京：人民出版社，2005年，第2页。
② （明）徐光启撰、石声汉校注：《农政全书》卷3《国朝重农考》，第63页。
③ （明）徐光启撰、石声汉校注：《农政全书》卷14《东南水利中》，第340—341页。
④ 姜彬：《姜彬文集》第3卷《论著》，上海：上海社会科学院出版社，2007年，第379页。

财赋皆资于水利”；[①]另一方面，西北地区粮食不足，须依赖东南漕运，结果给国家造成更大的浪费。在此严重不平衡的粮食生产区域格局中，究竟如何解决全国城乡居民的粮食问题，叶绅与徐光启观点存在分歧。诚如前述，叶绅的主要观点是继续加强东南地区的水利建设，并通过不断增加赋入来满足北方地区对粮食消费的需要。然而，在徐光启看来，既然粮食生产与水利关系密切，那么，西北地区土地资源十分丰富，只要兴修水利，积极发展生产，就完全可以提高单产水平，逐步实现该区域内粮食生产的自我调剂。总之，依靠自己的力量来解决粮食问题，是西北农业生产发展的正确出路。所以，从这个角度出发，徐光启认为，叶绅等人“仅看到江南六郡（苏、松、常、杭、嘉、湖）的水利可以承担天下一半的赋税，而‘不知天下之水利修、皆可为六郡’，以及六郡之所以能勉强承受如此沉重的赋税，和百姓维持生计，完全是依赖工商业，而不是农业。这就是说，如果因循守旧，眼睛只看到东南，国家的财政经济形势必日益恶化。因此，调整国家农政，至为必要，又是当务之急”[②]。

廉（连）筒：以竹通水也。凡所居相离水泉颇远，不便汲用，乃取大竹，内通其节，令本末相续，连延不断，阁之平地，或架越涧谷，引水而至。又能激而高起数尺，注之池沼及庖湢之间。如药畦蔬圃，亦可供用。

玄扈先生曰：岂有激而高起之理？若能高起，必是上流受处高于下流泄处故也。果高，则百丈亦可。不高，则分寸不能。但是上流高于下流一二尺，即能取水至百丈之上，此则制作之巧耳。[③]

这是一种竹制的倒虹吸管，“能激而高起数尺”仅仅是现象和结果，并非原理，所以徐光启才补充说明了倒虹吸管的作用原理，即上流入口处水位高于下流出水口的水位（图 1-2）。这样，徐光启就“揭示了倒虹吸进口高程必须高于出口高程的水力学原理，并对能量守恒律做了正确的客观描述”[④]。

图 1-2 连筒示意图[⑤]

---

① 吴岩：《饥馑频仍兴水利以充国府疏》，（明）徐光启撰、王重民辑校：《徐光启集》卷 14《东南水利中》，第 339 页。
② 路兆丰：《中国古代农书的经济思想》，北京：新华出版社，1991 年，第 121 页。
③ （明）徐光启撰、石声汉校注：《农政全书》卷 17《灌溉图谱》，第 431 页。
④ 王文轩编著：《中国历代水利名人传略》，贵阳：贵州科技出版社，1993 年，第 257 页。
⑤ （明）徐光启撰、石声汉校注：《农政全书》卷 17《灌溉图谱》，第 432 页。

> 水转翻车：其制与人踏翻车俱同，但于流水岸边，掘一狭堑，置车于内；车之踏轴外端，作一竖轮。竖轮之旁，架木立轴，置二卧轮。其上轮适与车头竖轮辐支相间，乃擗水旁激，下轮既转，则上轮随拨车头竖轮，而翻车随转，倒水上岸。此是卧轮之制。若作立轮，当别置水激立轮。其轮辐之末，复作小轮。辐头稍阔，以拨车头竖轮。此立轮之法也。然亦当视其水势，随宜用之。其日夜不止，绝胜踏车。
>
> 玄扈先生曰：此却未便。水势太猛，龙骨板一受龃龉，即决裂不堪，与今风水车同病。①

从机械设计的角度看，水转翻车确实存在其致命缺陷。因此，历史上未见其使用的记载。②

第三，突出“农政”在农业生产发展中的重要地位。前代农书以阐释农业技术为侧重，它们大都对“农政”未引起足够重视。而徐光启在《农政全书·凡例》中开篇即云：“古之圣人，畴不重农政哉？”③故《农政全书》前三卷为“农本”，核心内容有“经史典故”“诸家杂论”“国朝重农考”等。徐光启说：“圣人治天下，必本于农。……君以民为重，民以食为天，食以农为本，农以力为功。所因如此，而司农之官，教农之法，劝农之政，忧农之心，见诸诗书者惓惓焉。”④鉴于当时灾害频发、民不聊生的社会现实，徐光启提出了以“农本”为基础的“农政”思想。至于如何理解“农政”的含义，明代丘濬在阐释《尚书·洪范》“农有八政”时说：“所谓食，所谓货，谓之农可也。而祀以行礼，宾以待客，视以用兵，与夫三官所掌之事，皆为之农，何哉？盖天之立君，凡以为民而已。而民之中，农以业稼穑，乃人所以生生之本，尤为重焉。……后世朝廷之所施行，宫闱之事者有之，国都之事则有之，官府之事则有之，边鄙之事则有之，而颛颛及于农民之事者盖鲜矣，间虽有之，而不知其本意之出于为农，泛然而施之，漫然而处之，往往反因之以戕民生、废农业，是皆昧于《洪范》农用八政之本旨也。”⑤如前所述，在徐光启看来，中国这样的农业大国，完全依赖工商业来支持国家的发展，必然会出现很多问题。故徐光启说：“夫金银钱币，所以衡财也，而不可为财。方今之患，在于日求金钱，而不勤五谷，宜其贫也益胜。”⑥他甚至认为：“奸富者（指工商业），目前为我大蠹，而他日为我隐忧。”⑦因此，徐光启提出的解决方案是：“南人渐北，使末富奸富之民，皆为本富之民。”⑧尽管这个“均民”方案带有一定的“乌托邦”性质，但鼓励和支持“本富之民”却是中国农业发展的持久之路。

---

① （明）徐光启撰、石声汉校注：《农政全书》卷17《灌溉图谱》，第425页。
② 潘伟：《中国传统农器古今图谱》，桂林：广西师范大学出版社，2015年，第170页。
③ （明）徐光启撰、石声汉校注：《农政全书·凡例》，第1页。
④ （明）徐光启撰、王重民辑校：《徐光启集》卷2《诸家杂论下》，第44页。
⑤ （明）丘濬：《丘濬集》第1册《大学衍义补》，海口：海南出版社，2006年，第46—47页。
⑥ （明）徐光启撰、石声汉校注：《农政全书·凡例》，第1页。
⑦ （明）徐光启撰、石声汉校注：《农政全书》卷9《开垦下》，第211页。
⑧ （明）徐光启撰、石声汉校注：《农政全书》卷9《开垦下》，第211页。

（二）徐光启对中国古代农学思想的系统总结

胡道静先生把徐光启农业思想的形成分成三个阶段：第一个阶段是万历三十五年（1607）至万历三十八年（1610），徐光启在上海城区家宅里开辟了一个小规模的种植试验园，主要学习种植甘薯、木棉等高产作物和经济作物，并且撰写了《甘薯疏》《芜菁疏》《种棉花疏》《代园种竹图说》等“单种农疏”。第二个阶段是万历四十一年（1613）至万历四十六年（1618），徐光启在天津，一方面搞屯垦，试植水稻；另一方面则在家中营造小型植物试验园，亲自栽培花卉、药草等，并撰写了《北耕录》《宜垦令》《农遗杂疏》等论著，可惜均已佚失。第三个阶段是天启元年（1621）至崇祯六年（1633），徐光启在上海家宅中，一边栽莳花药（亲自作植物栽培的实验），一边沉酣典籍（总结古今文字上的农业技术经验），编撰他的“农业大百科”[①]。

1. 从文献学的角度看，徐光启在厚今薄古思想指导下，对中国古代的农学文献进行了系统整理。由于人们对农书的划分标准不同，因而学界所统计出来的古代农书（包括已经佚失的农书）数量亦各异，主要有 541 种、643 种、600 种、830 余种等说法。[②]如前所述，徐光启在《农政全书》里总计引录了 225 种古代文献，其中有农书 130 多种，从先秦的管仲，一直到明初的王磐，应当说基本囊括了明代之前我国古代存世的农学文献，可见，明人徐尔默称其“大而经纶康济之书，小而农桑琐屑之务，目不停览，手不停笔，孜孜矻矻，若老经生”[③]，是符合实际的。

2. 从学科的角度看，徐光启不拘一门，而是广学博采，汇纳百川，遂形成贯通中西的科学思想体系。例如，在化学方面，直到 20 世纪人们才在徐光启准备《农政全书》的手迹中发现了“造强水法”，这是中国历史上第一次介绍西方的无机酸碱知识的例证。徐光启说：“造强水：绿矾五斤（多少任意），硝五斤。将矾炒去约折五分之一，将二味同研细，听用。次用铁作锅，约盛药外，尚有空。锅口稍敛以承过筒，另用内外有油（釉）大坛一具，约盛四、五十斤者则不裂。以玻璃或瓷器为过筒，一端合于锅口，一端合于坛口。铁锅置炭炉上，坛中加水如所损绿矾之数，如矾折一斤，则加水一斤也。次以过筒接锅坛二口，各用盐泥固济。炉下起火，初四刻（约 1 小时）用文火，渐加武火，满二十四刻灭火。取起冷定，开坛则药化为水，而锅亦坏矣。用水入五金，皆成水，惟黄金不化水中，加盐则化。”[④]对于这段记载，潘吉星在《我国明清时期关于无机酸的记载》一文中分析甚详，并经模拟实验证明，徐光启所说的“强水”是指稀硝酸。[⑤]又据李亚东研究，徐光启在《农政全书》中第一次记载了先进的海水晒法制盐技术。如众所知，当时江浙地区的盐民仍保持颇消耗资源的传统“煎熬法”，因而从观念上排斥“日晒法”。为此，徐光启亲自试验，并将试验

---

① 胡道静：《农书、农史论集》，北京：农业出版社，1985 年，第 177—210 页。

② 中华文化通志编委会：《中华文化通志・科学技术》第 63 册《农学与生物学志》，上海：上海人民出版社，2010 年，第 206 页。

③ （明）徐尔默：《徐氏家谱》，《先文定公集引》，上海徐氏家族编藏抄本。

④ （明）徐光启：《造强水法》，转引自曹鸿涛：《大明风物志》，汕头：汕头大学出版社，2008 年，第 157—158 页。

⑤ 潘吉星：《我国明清时期关于无机酸的记载》，《大自然探索》1983 年第 3 期，第 135 页。

结果及时向广大盐民推广介绍。在此前提下，徐光启及时向朝廷建议采用“海水晒法制盐”。他说：“臣久为此议，商民俱不信也。然闽人试之矣，闽入之流寓臣乡者，于臣乡试之矣，臣又尝试之家矣，无有晒而不成者。但人情安于故习，难与虑始，即验之一方，而又以为他方不然也。臣请姑试之一方，其愿煎者听，久而已向其利，当必靡然从之。”①虽困难重重，但徐光启对推广海水晒法制盐却充满信心，这无疑是杰出科学家精神的生动体现。故有学者评论说：“沿海盐场由熬法改为晒盐法，这是我国盐业发展史上的一个重大的转变。尽管徐光启在世的时候晒盐法还没有得到普遍推行，但他的试验、宣传和建议，无疑对熬盐法转变为晒盐法起了很大的推动作用。”②

水质好坏对人体的健康影响比较大，那么，如何科学地鉴定水质的优劣呢？徐光启在《农政全书·泰西水法下》中记载有5种方法：第一种方法是“煮试”，其法：“取清水，置净器煮熟，倾入白磁器中，候澄清，下有沙土者，此水质恶也。水之良者无滓，又水之良者，以煮物则易熟。”③在缺乏现代检测技术的条件下，使用煮法来检验水质的优劣符合科学原理。第二种方法是“日试”，其法：“清水置白磁器中，向日下令目光正射水，视日光中若有尘埃，细缊有游气者，此水质恶也。水之良者，其清澈底。”④这是一种直观的物理鉴定法，利用日光和白瓷的背景，比较容易观察到那些不溶于水的悬浮性杂质。第三种方法是“味试”，其法：“水，元行也，元行无味，无味者真水。凡味者皆从外合之，故试水以淡为主，味佳者次之，味恶为下。”⑤凡是有味的水都不是优质水，因为在徐光启的视野里，水的物理性质是“无色无味”的，故不论何种原因，一旦味觉出现了水的刺激反应，都说明水质已经不纯净了。第四种方法是“秤试”，其法：“以一器更酌而秤之，轻者为上。”⑥水的比重大小与所含杂质的多少有一定关系，所以徐光启非常巧妙地利用了重量检测法来辨别水质的好坏。第五种方法是“纸帛试”，其法“用纸或绢帛之类，色莹白者，以水蘸而干之。无迹者为上也”⑦。这种物理检测水质的方法简便易行，易于推广。

在物理仪器方面，徐光启不仅用外国人带来的望远镜观测天体，还积极建议中国人自己研制望远镜。⑧据徐光启的继任者李天经在崇祯七年（1634）十月的奏书中云：“该部知道，钦此钦遵。因取石运重，冶铸刻镂，动经岁月，辅臣未臻厥成。臣奉旨接管以来，遂督局供事监生，鸠工依新法制造。今当告成。”⑨这段记载表明，徐光启生前实际上已经着手制造望远镜，只是没有完成而已。

在天文历法方面，徐光启督领历局修撰了“熔彼方之材质，入大统之型模”⑩的《崇祯

① （明）徐光启撰、王重民辑校：《徐光启集》卷5《晒盐》，第211页。
② 王重民：《徐光启》，上海：上海人民出版社，1981年，第170页。
③ （明）徐光启撰、石声汉校注：《农政全书》卷20《泰西水法下》，第517页。
④ （明）徐光启撰、石声汉校注：《农政全书》卷20《泰西水法下》，第517页。
⑤ （明）徐光启撰、石声汉校注：《农政全书》卷20《泰西水法下》，第518页。
⑥ （明）徐光启撰、石声汉校注：《农政全书》卷20《泰西水法下》，第518页。
⑦ （明）徐光启撰、石声汉校注：《农政全书》卷20《泰西水法下》，第518页。
⑧ 李迪：《关于徐光启制造望远镜问题》，《自然科学史研究》1987年第4期，第372—375页。
⑨ （明）徐光启编、潘鼐汇编：《崇祯历书》卷3《奏疏》，上海：上海古籍出版社，2009年，第1621页。
⑩ （明）徐光启撰、王重民辑校：《徐光启集》卷8《历书总目表》，第374页。

历书》，从而引发了对中国历法的第一次巨大变革。该历书引入地球、地理经纬度、球面三角法、蒙气差校正、黄极、黄经圈等西方的天文学概念，并在历书中采用丹麦天文学家第谷所建立的几何学运算系统和宇宙体系，还包括以黄道圈为基本大圆的黄道坐标系统等，尤其是书中对哥白尼的天体运行学说节选性地做了介绍，更是难能可贵。因此，尽管历书中存在对中国传统历法优秀成果吸收不足的缺陷，但总体看来，这部历书所取得的成就确实令国人大开眼界。诚如有专家所言："《崇祯历书》对西方天文学知识的引入，仍是处在为中国人所用的层面上，为中国的历法制定服务。而且在当时的中国，就是引入西法来用仍面对着很强大的保守势力的反对。清朝历法之狱的出现，也正是中西文化交流中，矛盾尖锐化的一种表现，从中可以看出，《崇祯历书》在西学东渐之初，能够在短短的五六年中于中国学者和西方传教士手中完成，其成就是应该得到充分肯定的。历史的本来面目虽然不无令人遗憾之处，但人类的历史却始终是在不足与欠缺中努力地走向圆满与完善。"①

在数学方面，徐光启与利玛窦合作翻译《几何原本》前 6 卷，当时的传统社会注重实用思维，这部著作却试图以逻辑推理思维来开启民智，将中国传统的"取象比类"思维逐步转向以"深言所以然之故"②为特点的科学理性思维，成为开数理科学一代新风的班头师首。徐光启认为对于真正的科学研究来说，"言理不言故，似理非理也"③。这里的"故"即是"所以然之故"，当然，同前述《崇祯历书》"熔彼方之材质，入大统之型模"的基本思路一样，徐光启翻译《几何原本》的最终目的还是"想把中国传统数学的内容纳入欧氏几何的理论体系之中"④。

在农学方面，徐光启在上海成功引种甘薯、芜菁等作物之后，用事实批驳了"风土说"之谬。在他看来，此说"大伤民事，有力本良农，轻信传闻。捐弃美利者多矣。计根本者，不可不力排其妄也"⑤。再说，"古来蔬果，如颇棱、安石榴、海棠、蒜之属，自外国来者多矣，今姜、荸荠之属移栽北方，其种特盛，亦向时所谓土地不宜者也"，可见，"若谓土地之宜，一定不易，此则必无之理"⑥。另外，在《农政全书·玄扈先生井田考》一节中，徐光启针对某些人所提出的"古之民常多，而后世之民愈少"之论，他从人口繁衍总在不断增殖的社会规律出发，提出了与之相反的新观点。他说："夫谓古民多，后世之民少，必不然也。生人之率大抵三十年而加一倍，自非有大兵革者，不得减。"⑦尽管徐光启的这个认识没有进一步作科学论证，但是相对于马尔萨斯的人口论，徐光启却是"中国历史上第一次明确地提出人口增殖率这一概念的思想家"⑧。

---

① 杜升云主编：《中国古代天文学的转轨与近代天文学》，北京：中国科学技术出版社，2013 年，第 168 页。

② （明）徐光启撰、王重民辑校：《徐光启集》卷 8《历书总目表》，第 377 页。

③ （明）徐光启撰、王重民辑校：《徐光启集》卷 2《简平仪说序》，第 73 页。

④ 梅荣照、王渝生：《徐光启的数学思想》，席泽宗、吴德铎主编：《徐光启研究论文集》，上海：学林出版社，1986 年，第 39 页。

⑤ （明）徐光启撰、石声汉校注：《农政全书》卷 28《树艺》，第 717 页。

⑥ （明）徐光启撰、石声汉校注：《农政全书》卷 2《农本》，第 42 页。

⑦ （明）徐光启撰、石声汉校注：《农政全书》卷 4《田制》，第 90 页。

⑧ 胡寄窗：《中国经济思想史简编》，上海：立信会计出版社，1997 年，第 410 页。

在水利建设方面，针对东南水利，徐光启提出了“排水”与“围田”互为表里的思想。他赞同北宋范仲淹和元代任仁发主张通过疏通太湖出海路径来减灾的治理方案，此乃实得东南治水之要领。至于湖泊淤湮究竟与围垦造田有多大关系，当时很多人都把湖泊的淤湮简单归罪于围垦，然而，原因并非如此简单。徐光启认为：围湖固然“久而渐多，亦或妨于潴水”，但是，即使没有围田行为，湖泊也照样会逐渐出现淤湮现象，因为“潴水之处日淤月浅，亦天地自然之势”①，所以“凡湖皆自然淤淀，但不宜多作田以尽之，使水无所容耳”②。从历史上的治水经验看，“解决围垦湖泊的问题，首先要着眼于水土保持，以减缓湖泊淤湮的过程，简单的反对围田，乃至禁围，都是不能根本解决问题的。徐氏‘湖泊自淤’的见解，为解决湖泊围垦问题，提供了有益的启示”③。

当然，徐光启的学科知识和思想远远不止上述几个方面，像徐光启的政治、军事、财政思想我们都没有谈及。例如，徐光启在制定“度数旁通十事”④的计划时，曾明确表示数学的应用领域十分广泛，其中涉及历法、水利、乐律、军事、理财、营造、农机、测地、医药、物理（钟漏）等多个学科。由此不难看出，徐光启是一位具有开拓精神的杰出科学家，治学范围宽广。他不仅具有深厚的科学素质，而且文化修养亦俱臻高化之境，其“章句、帖括、声律、书法，均臻佳妙”⑤。从中西文化的比较看，徐光启并不认为西学优于中学，比如，在他看来，“西方的历算之学实与中国古代《周髀算经》的勾股算法同源”⑥。从一定意义上说，徐光启更加看重的是西学的实用性。他学习西方科学，不是简单模仿，而是以“会通”求“超胜”，徐光启说得好：“臣等愚心，以为欲求超胜，必须会通。”⑦这种思想不正是我们今天为实现中华民族的伟大复兴而奋斗所需要的精神动力吗？“在会通中西科学、文化成就的基础上，全面超过西方”⑧，这就是徐光启当年的梦想，也是我们当代中国人追寻“傲立世界”之梦的巨大精神动力。

第三节　李之藻的中西会通思想

李之藻，字振之，号凉庵，又号存园寄叟等，仁和（今杭州）人，自幼聪慧拔俗，酷好算术。明神宗万历二十六年（1598）考中进士，官南京工部营缮司员外郎。万历二十九年（1601）在北京结识利玛窦，并翻译《经天该》一书。万历三十年（1602）襄助利玛窦刻印《坤舆万国全图》。万历三十三年（1605）与利玛窦合作编撰《浑盖通宪图说》，万历

① （明）徐光启撰、石声汉校注：《农政全书》卷13《东南水利上》，第90页。
② （明）徐光启撰、石声汉校注：《农政全书》卷16《浙江水利》，第387页。
③ 汪家伦：《试论徐光启的水利思想》，席泽宗、吴德铎主编：《徐光启研究论文集》，第138页。
④ （明）徐光启撰、王重民辑校：《徐光启集》卷7《条议历法修正岁差疏》，第337—338页。
⑤ （明）徐光启著、徐宗泽增补：《增订徐文定公集》卷首，第9页。
⑥ 陶东风主编：《文化研究》第21辑《2014年冬》，北京：社会科学文献出版社，2015年，第214页。
⑦ （明）徐光启撰、王重民辑校：《徐光启集》卷8《历书总目表》，第374页。
⑧ 孙尚扬：《利玛窦与徐光启》，北京：中国国际广播出版社，2009年，第168页。

三十六年（1608）著《圜容较义》，同年调任澶州（今河南濮阳县）知州，积极兴修水利。万历四十一年（1613）改任南京太卜寺卿，编译《同文算指》一书，并向明神宗上《请译西洋历法等书疏》。万历四十三年（1615）迁任河道工部郎中，主持修复淮南板闸五坝。万历四十五年（1617），与扬州通判冯乘云一起主持修筑从黄埔闸下南岸至射阳湖的50里长堤。天启三年（1623），告老还乡，始与傅泛际合作翻译《寰有诠》，直到天启五年（1625）才完成。不久，李之藻与傅泛际又合作翻译《名理探》，这是第一部中文逻辑著作。同徐光启一样，李之藻也是明末清初中西会通派的重要代表人物之一。关于他的西学思想，学界已有隋洁的《李之藻及其实证思想》、王力军的《简述李之藻的治学观及其西学图籍》、王建鲁的《〈名理探〉比较研究——中西逻辑思想的首次大碰撞》、潘澍原的《〈圜容较义〉研究》等诸多学术成果，下面我们综合学界的既有成果，试对李之藻的中西会通思想略作阐释。

一、李之藻的“西学补益王化”思想及其实践

（一）从《经天该》到《请译西洋历法等书疏》

明末以朱熹结合王阳明为轴心的儒学发展已经出现了令众多士大夫颇感困乏和厌倦的现象，当时，刘宗周的门人就公开批评王阳明的后学说：“自文成而后，学者盛谈玄虚，遍天下皆禅学。”①王夫之更是指斥其要害，云：“王氏之徒，废实学，崇空疏，蔑规模，恣狂荡，以无善无恶尽心意知之用，而趋入于无忌殚之域。”②于是，人们开始反思程朱理学和王阳明心学本身所存在的问题和思维局限，正是在这样的历史背景下，徐光启、李之藻、方以智等开明人士都不约而同地从西方的实证科学中找到了一条由虚返实的出路，用来拯救中国的传统文化。说到这里，传教士利玛窦所独有的学术号召力就非比寻常地发挥作用了，因为当时的士大夫已经把利玛窦视为传播西方实证思想的一面旗帜。据徐光启介绍：那时，“四方人士无不知有利先生者。诸博雅名流，亦无不延颈愿望见焉。稍闻其绪言余论，即又无不心悦志满，以为得所未有”③。所以，李之藻在北京结识利玛窦之后，马上就和他一起合作翻译了《经天该》一书，这说明在众多士大夫厌倦了朱王儒学思想之后，他们对渴求学习西方科学知识的迫切性。

关于《经天该》的作者，学界尚有争议。④综合各种意见，我们在这里取李之藻译述的说法。

按中华书局影印艺海珠尘本《经天该》所载，《经天该》是一部模仿古代《步天歌》，用七言歌词形式描述天空星座的书，全书分三垣二十八宿，共422句，包括可计数的恒星有1240颗⑤，其中马腹星座、马尾星座、火鸟星座和水委星座均来自西方星座，而不见于

---

① （明）刘宗周：《刘宗周全集》第9册《附录》上，杭州：浙江古籍出版社，2012年，第64页。
② （明）王夫之：《船山全书》单行本之四《礼记章句》卷42，长沙：岳麓书社，2011年，第1468页。
③ （明）徐光启撰、王重民辑校：《徐光启集》卷2《跋二十五言》，第87页。
④ 具体内容参见潘鼐：《中国恒星观测史》，上海：学林出版社，2009年，第542—544页。
⑤ 杜升云主编：《中国古代天文学的转轨与近代天文学》，第122页。

中国古代史书所载，原书有“天文图”，可惜今已失传。所以对于《经天该》这部天文书的性质，梅文鼎认为：“今所传《经天该》之图与其歌，皆因西象所列而变，从中数之星座星名，即见界图之分形，其书似在《算书》未成之前。图星以圆空，去中法犹近，然与《步天歌》仍有不同者，或以西星合古图，而有疑似，不敢辄定，遂并收之，而有增附之星。或以古星求西图而弗得其处，不能强合，遂芟去之，而成古有今无之星。要之，皆徐、李诸公译西星而酌为之，非西传之旧。”①因此，方豪便有了下面的推论，即利玛窦作《西洋星图》，而李之藻则“依《步天歌》添加中国星名于图上，成为西图合古星，并从而撰《经天该》以表其意”，但是“他的比照结果是《经天该》在相当程度上脱离了中国古代的传统”②。但问题是，李之藻为什么会以《经天该》来开启他步入西学之门？

中国的天和西方的天有一个最明显的不同，那就是中国的天属于皇家的禁地，老百姓是不能随便涉足其内的。如前所述，明初政府禁止民间学习天文，结果造成“至孝宗驰其禁，且命征山林隐逸能通历学者以备其选，而卒无应者”③的严重被动局面。这样，新生的天文学研究力量补充不进来，作为世袭的历官，唯有因循守旧。当时，邢云路经过比较后发现：“中国历法本不及外国之精密。以故前元钦天监外，又有回回钦天监。本朝亦设回回司天监。有正仪大夫、司朔大夫、司玄大夫等官，至洪武三十一年而废之，以其教归并之钦天。钦天但用彼国土板历同算。久之则法亦不验，与中土无异矣。”④也就是说，由于回回历较中国传统历法精密，所以才有元代的《回回钦天监》，然而到明朝洪武三十一年（1398）之后，回回历法也逐渐出现“法亦不验”的问题，此时明朝既有历法的日渐粗疏，在客观上要求能有一种更先进的历法出现，至少从方法上去影响和改造中国传统的历算术，所以利玛窦利用传教之机，把很多西方传统科学知识介绍到中国来，恰好符合明朝中后期我国传统科学技术发展的这种特殊需要。尤其是当时民间天文学几乎已经成为“绝学”，而《经天该》用七言一句的歌词形式写成，朗朗上口，通俗易懂，这对天文学重新“回归”民间无疑能起到一定的推动作用。

或许当时李之藻关注《经天该》这部通俗读本，仅仅是为了向民众传播西方的天文知识，还没有充分意识到在利玛窦所带来的西方科学知识背后还隐藏着更深的宗教意义，所以当时李之藻试图把他所学到的西方科学知识一点一点地植入中国传统科学略显臃肿的机体之中。万历三十三年（1605），李之藻又撰写了《浑盖通宪图说》一书。这部著作是李之藻的听课笔记，也是一部专门介绍测量天星位置的实用星盘（即平仪）构造、原理及使用方法的书籍。利玛窦向李之藻讲授西方天文学的目的，显然不是让他弄清楚西方天文学与中国传统天文学之间的差异，更不是让他把西方的星盘纳入中国传统的天文观测仪器体系之中。然而，李之藻却“采用与中国读者熟悉的盖天说或浑天说关联的策略来翻译《浑盖

① （清）阮元：《畴人传合编校注》，郑州：中州古籍出版社，2012年，第345—346页。

② 周晓陆：《步天歌研究》，北京：中国书店，2004年，第276页。

③ （明）沈德符：《万历野获编》卷20《历学》，北京：文化艺术出版社，1998年，第560页。

④ （明）沈德符：《万历野获编》卷20《历学》，第560页。

通宪图说》”[①]。在中国古代，浑天虽然含有“圆球”的观念，但却没有由此形成“地心说”，而西方的星盘则是以地心说为其天文观测的理论基础。不仅如此，西方的星盘“还不同于中国的传统量法，除圆周分360度外，还需要了解地平坐标以及地平线、子午线、黄道及南北回归线、赤道坐标与经纬度、黄道十二宫等概念”[②]。

利玛窦在完成传扬基督教教义的《天主实义》之后，李之藻并未给初刻版作序，但在万历三十五年（1607）再版时，李之藻却为它撰写了一篇《天主实义重刻序》。李之藻在“重刻序”中说：“不事天主，不可为人。”[③]又说：“而余为僭弁数语，非敢炫域外之书，以为闻所未闻，诚谓共戴皇皇，而钦崇要义，或亦有习闻而未之用力者，于是省焉，而存心养性之学，当不无裨益。”[④]确实，回过头来看，《天主实义》对于传统儒学的意义在于：第一，利玛窦利用天主教的教义作为儒家的补充；第二，在某些方面，利玛窦阐释天主教教义是为了超越和转化儒家；第三，利玛窦对天主教的教义做了一些修正并力图与儒家的教导保持一致。[⑤]然而，从“不事天主，不可为人”的极端观点看，李之藻的阐释显然不纯是一种研究性质的学术行为。那么，这篇序言是利玛窦授意，还是李之藻自觉为之，目前还不好说，但仅从上面序言所揭示的内容看，李之藻客观上已经变换为一个传教者的舞台角色了。

万历三十六年（1608），李之藻为利玛窦所撰《畸人十篇》作序与跋。在李之藻看来，像利玛窦那样的西方传教士，“睹其不婚不宦，寡言饬行，日惟是潜心修德，以昭事乎上主，以为是独行人也。复徐叩之，其持议崇正辟邪，居恒手不释卷，经目能逆顺诵，精及性命，博及象纬舆地，旁及勾股算术，有中国儒先累世发明未晰者，而悉倒囊究数一二，则以为博闻有道术之人”[⑥]。且利玛窦“所著书十篇，与天主实义相近”[⑦]，何止相近？二者有异曲同工之妙，《天主实义》讲的是天主教的教义，而《畸人十篇》讲的则是天主教的道德训诫，故后者更贴近普通民众的贪生怕死心理，因为“传统上中国人最忌谈论死后之事，而吸引中国人接受基督教的捷径正是要让他们首先接受基督教神学关于来世的悬设”[⑧]。当然，“要说服士大夫与民众，就一定要凭借理性来说服教育。因此，《畸人十篇》不仅使用对话式的诠释思路，而且尽可能利用西方的寓言、神话和格言来证道，这一设计所取得的结果是理想的”[⑨]。可是，李之藻当时并未意识到利玛窦倾力向中国人输入科学知识的最终目的是引入基督教的教义，从而吸引更多的明朝知识精英加入利玛窦自己所信仰的西方宗教。

《圜容较义》是利玛窦与李之藻根据克拉维乌斯的《圜内图形》编译而成，也是李之藻

① 徐光台：《李之藻与徐光启在西学翻译的不同取向——以对西方两个圆球式宇宙论的反应为例》，王宏志主编：《翻译史研究（2014）》，上海：复旦大学出版社，2015年，第1页。

② 黄见德：《明清之际西学东渐与中国社会》，福州：福建人民出版社，2014年，第120页。

③ （明）徐光启著、徐宗泽增补：《增订徐文定公集》卷6《李之藻文稿附》，第2页。

④ （明）徐光启著、徐宗泽增补：《增订徐文定公集》卷6《李之藻文稿附》，第3页。

⑤ [美]竹林：《信仰间对话——从宗教解释学到宗教经验》，王志成、王蓉、朱彩虹译，北京：宗教文化出版社，2009年，第83页。

⑥ [意]利玛窦：《利玛窦中文著译集》，第501页。

⑦ [意]利玛窦：《利玛窦中文著译集》，第501页。

⑧ 许海燕、包丽丽：《利玛窦在中国》，北京：中国戏剧出版社，2006年，第171页。

⑨ 邹振环：《晚明汉文西学经典：编译、诠释、流传与影响》，第122页。

受洗之前的一部天文数学著作。李之藻在序言中说:“因论圜容,拈出一义,次为五界十八题,借平面以推立圆,设角形以证浑体。探原循委,辩解九连之环;举一该三,光映万川之月,测圆者测此者也,割圆者割此者也,无当于历,历稽度数之容,无当于律,律穷累黍之容,存是论也,庸谓迂乎?”[①]此处的“拈出一义”指的是逻辑公理或逻辑原理,也就是从公理出发而进行逻辑推演,实际上是一种公理化方法。所以有学者解释说:公理化方法的基本特点就是,“确定几条公理,建立一个公理系统,使整个论域中真的公式(定理)都可以从少数几条公理推演出来”[②]。而“借平面以推立圆,设角形以证浑体”讲的则是由简单到复杂、由局部到全体的逻辑推理方法,这些方法恰恰是中国传统儒学所空缺的东西。因此,有学者评论说:“在某种意义上来说,李之藻的言论成为‘利玛窦策略’特别成功的案例。打着遏制佛教学说恶劣影响、重新诠释传统经典的旗号,‘补儒易佛’之说为自己打开了一扇前景广阔的大门。西方科学与宇宙观以其强有力的方式反衬出中国宇宙观的缺陷。利玛窦对‘中国科学’持有一种贬低的态度,他甚至认为西方科学可以‘完全彻底’地补充中国在科学方面几乎一无所有的巨大缺陷。而徐光启与李之藻却并非如此轻易地抛弃传统的遗产。”[③]然而,当李之藻在万历三十八年(1610)受洗之后,他便开始慢慢倚重于西方的科学知识了。以天文历法为例,据《明史·历志》载:

> (万历)三十八年,监推十一月壬寅朔日食分秒及亏圆之候,职方郎范守己疏驳其误。礼官因请博求知历学者,令与监官昼夜推测,庶几历法靡差。于是五官正周子愚言:“大西洋归化远臣庞迪峨、熊三拔等,携有彼国历法,多中国典籍所未备者。乞视洪武中译西域历法例,取知历儒臣率同监官,将诸书尽译,以补典籍之缺。”先是,大西洋人利玛窦进贡土物,而迪峨、三拔及龙华民、邓玉函、汤若望等先后至,俱精究天文历法。礼部因奏:“精通历法,如云路、守己为时所推,请改授京卿,共理历事。翰林院检讨徐光启、南京工部员外郎李之藻,亦皆精于历法,可与庞迪峨、熊三拔等人同译西洋历法,俾云路等参订修改。然历法疏密,莫显于交食,欲议修历,必重测验。乞敕所司修治仪器,以便从事。”疏入,留中。未几,云路、之藻皆召至京,参预历事。云路据其所学,之藻则以西法为宗。[④]

万历四十一年(1613),李之藻在《请译西洋历法等书疏》中对明朝本土的天算人才有如下评论,他说:“天道虽远,运度有常。从来日有盈缩,月有迟疾,五星有顺逆,岁差有多寡。前古不知,藉后人渐次推测,法乃綦备,惟是朝戠征求,士乏讲究,间有草泽遗逸、通经知算之士留心历理者,又皆独学寡助,独智师心,管窥有限,屡改爽终,未有能确然破千古之谬,而垂万祀之准者。”[⑤]这种悲观性的认识发生在李之藻受洗之后,难免让人产

---

① (明)徐光启、徐宗泽增补:《增订徐文定公集》卷6《李之藻文稿附》,第10页。

② 李锡胤编:《数理统计入门》,哈尔滨:黑龙江大学出版社,2013年,第50页。

③ [荷]安国风:《欧几里得在中国:汉译〈几何原本〉的源流与影响》,纪志刚、郑诚、郑方磊译,南京:江苏人民出版社,2008年,第360—361页。

④ 《明史》卷31《历志一》,第528页。

⑤ (明)徐光启、徐宗泽增补:《增订徐文定公集》第6卷《李之藻文稿附》,第24页。

生各种联想。明朝的天文历法固然有其落后的一面，但有邢云路“据其所学”而“参预历事”。与之相反，李之藻对西方天文历法的评价就完全不同了，“伏见大西洋国归化陪臣庞迪我、龙化民、熊三拔、阳玛诺等诸人，慕义远来，读书谈道，俱以颖异之资，洞知历算之学。携有彼国书籍极多，久渐声教，晓习华音。在京士绅与讲论，其言天文历数，有我中国昔贤所未及者，凡十四事”①。具体讲来，“十四事”分别是：(1)“天包地外，地在天中，其体皆圆”；(2)“地面南北，其北极出地高低度分不等，其赤道所离，天顶亦因而异”；(3)“各处地方所见黄道，各有高低斜直之异”；(4)“七政行度不同，各自一重天”；(5)“列宿在心，另有行度”；(6)“月五星之天，各有小轮”；(7)“岁差分秒多寡，古今不同”；(8)“七政诸天之中心，各与地心不同处所”；(9)“太阴小轮，不但算得迟疾，又且测得高下远近大小之异”；(10)“日交食”；(11)“日月交食”；(12)“日食与合朔不同”；(13)“日月食所在之宫，每次不同”；(14)“节气当求太阳真度”②。这“十四事”中，总的理论基础是地球中心说，所以这些内容“完全没有超出旧的经院体系之外，没有超出托勒密的体系之外”，仅此而言，他们“并没有介绍来任何属于近代科学的根本概念。因而他们并没有传来新科学，当然也没有传来新天文学”③。当然，李之藻在不加辨析的情况下，将“天包地外，地在天中，其体皆圆”也当作“我中国昔贤所未及”的思想，显然是在有意识贬低中国的传统科学文化，因为“我国早就有了天地俱圆的思想，但未成为有系统的学说”④。可见，这绝对不是李之藻的疏漏，也不是他对中国传统天文学的无知。因此，仅从这一点来看，李之藻的科学观正在逐渐发生变化，明言之，李之藻事实上已经承认中国传统天文学相对于西方天文学的落后了。

（二）从《同文算指》到《圣水纪言序》

李之藻编译的《同文算指》(1614)同徐光启编译的《几何原本》一样，在明末清初的中西科学交流史上占有十分重要的学术地位⑤，钱宝琮甚至认为《同文算指》“所收成效尤在《几何原本》之上”⑥。对此，有学者解释说：“钱宝琮的意思肯定不是指《几何原本》的影响不及《同文算指》，他说的真正含义应该是：在政府治事和民间日用的工具性知识层面，《同文算指》六卷所产生的效果超过了《几何原本》。”⑦而李之藻曾在自我评价《同文算指》的三部分内容及其编排结构时说：“(全书)荟辑所闻，厘为三种：《前编》举要，则思已过半；《通编》稍演其例，以通俚俗，间取《九章》补缀，而卒不出原书之范围；《别

① （明）徐光启、徐宗泽增补：《增订徐文定公集》卷6《李之藻文稿附》，第25页。

② （明）徐光启、徐宗泽增补：《增订徐文定公集》卷6《李之藻文稿附》，第25—26页。

③ 张岂之主编：《侯外庐著作与思想研究》第16卷，长春：长春出版社，2016年，第1219页。

④ 刘永平主编：《张衡研究》，北京：西苑出版社，1999年，第183页。

⑤ 目前学界研究《同文算指》的成果较多，主要有潘亦宁：《中西数学会通的尝试——以〈同文算指〉(1614年)的编纂为例》(《自然科学史研究》2006年第3期，第215—226页)，才静滢：《大航海时代的中西算学交流——〈同文算指〉研究》，上海交通大学2014年博士学位论文等。

⑥ 中国科学院自然科学史研究所：《钱宝琮科学史论文选集》，北京：科学出版社，1983年，第307页。

⑦ 邹振环：《晚明汉文西学经典：编译、诠释、流传与影响》，第218页。

编》则测圜诸术，存之以俟同志。”[①]

从实用的角度来考量，《同文算指》首次将西方笔算介绍到中国，在算式书写方面，实在是一次具有深远影响的革命，因为“笔算是跟‘筹算’和‘珠算’全然不同的算法。不论记数方法和计算方法，都有一些差别”[②]。由于《同文算指》比较注重文化传播和社会效果，所以其基本指导思想类于《九章算术》，尽量使用简便有效的算法，用以满足人们的日常生产和生活需要，而非传播纯粹的和抽象的数学推理逻辑。于是，专门讲解近代西方三角学和三角函数表的《别编》，并未与《前编》及《通编》一起出版。对此，虽然学界给出了多种解释，但是这部分内容稍微远离现实社会的实际需要，应是一个重要因素。故李之藻说：“自古学既邈，实用莫窥，安定苏湖，犹存告饩。其在于今，士占一经，耻握从衡（纵横）一算；才高七步，不娴律度之宗。无论河渠、历象，显忒其方；寻思吏治民生，阴受其敝。”[③]显然，李之藻编译《同文算指》的思想主旨是有用于“吏治民生”。具体到中西数学的内容，李之藻认为，中西数学各有所长，两者异质同源，因而具有互补性。他说：“往游金台，遇西儒利玛窦先生，精言天道，旁及算指，其术不假操觚，第资毛颖，喜其便于日用，退而译之，久而成帙。加减乘除，总亦不殊中土，至于奇零分合，特自玄畅，多昔贤未发之旨。盈缩勾股，开方测圆，旧法最难，新译弥捷。夫西方远人，安所窥龙马龟畴之秘，隶首商高之业？而十九符其用，书数共其宗，精之入委微，高之出意表，良亦心同理同，天地自然之数同与？”[④]

在当时，李之藻既不是一个纯粹的官僚，也不是一个纯粹的学者，而是二者兼而有之。这里就遇到了一个问题，即西方传教士与明朝的社会现实之间本来就存在着一定隔阂，尤其是民众信仰的转移，客观上对明朝的思想统治构成了一定危险。于是，明朝政府与传教士之间就难免会发生这样或那样的政治冲突。如众所知，历史上著名的南京教案就是在这样的时代背景下发生的。当时，南京礼部右侍郎沈潅于万历四十四年（1616）向朝廷上奏《参远夷疏》，其文中说道：

> 职闻帝王之御世也，本儒术以定纪纲，持纪纲以明赏罚，使民日改恶劝善，而不为异物所迁焉。此所谓一道同风，正人心而维国脉之本计也。以太祖皇帝长驾远驭，九流率职，四夷来王，而犹谆谆于夷夏之防，载诸祖训，及会典等书。凡朝贡各国有名，其贡物有数，其应贡之期，给有勘合。职在主客司。其不系该载，及无勘合者，则有越渡关津之律，有盘诘奸细之律。至于臣部职掌，尤严邪正之禁。一处左道乱正，佯修善事，煽惑人民者，分其首从，或绞或流。其军民人等，不问来历，窝藏接引，探听境内事情者，或发边充军，或发口外为民，律至严矣。夫岂不知远人慕义之名可取，而朝廷覆载之量，可以包荒而无外哉？正以山川自有封域，而彼疆我理，截然各止其所，正王道之所以荡平，愚民易与为

① [意]利玛窦：《利玛窦中文著译集》，第650页。
② 李俨、杜石然：《中国古代数学简史》，北京：中华书局，1963年，第261页。
③ [意]利玛窦：《利玛窦中文著译集》，第649页。
④ [意]利玛窦：《利玛窦中文著译集》，第649—650页。

非，而抑邪崇正，昭然定于一尊，乃风俗之所以淳厚。故释道二氏，流传既久，犹与儒教并驰，而师巫小术，耳目略新，即严绝之，不使为愚民煽惑，其为万世治安计，至深远也。[①]

这段话是明朝施行“禁教”政策的理论纲领，它已被研究中西关系史的各种学术专著反复征引。在沈㴶的世界观里，天主教是“左道乱正”，所以必须“抑邪崇正，昭然定于一尊”，用这样的仇视心理来看待那些被李之藻誉为“大西洋国归化陪臣”的人，他们自然就成为“煽惑人民”的“师巫小术”之人了。于是，南京府部台省联名附和，礼部官员亦积极呼应，更有众多南北科臣一起支持沈㴶奏请的排斥天主教运动。很快，以南京为中心，北京、广州等地联动驱逐天主教徒，从而掀起了晚明以来的首次大规模教案。据《明史·意大里亚传》记载：

自利玛窦入中国后，其徒来益众。有王丰肃者，居南京，专以天主教惑众，士大夫暨里巷小民，间为所诱。礼部郎中徐如珂恶之。其徒又自夸风土人物远胜中华，如珂乃召两人，授以笔札，令各书所记忆。悉舛谬不相合，乃倡议驱斥。四十四年，与侍郎沈㴶、给事中晏文辉等合疏斥其邪说惑众，且疑其为佛郎机假托，乞急行驱逐。礼科给中余懋孳亦言：“自利玛窦东来。而中国复有天主之教。乃留都王丰肃、阳玛诺等，煽惑群众不下万人，朔望朝拜动以千计。夫通番、左道并有禁。今公然夜聚晓散，一如白莲、无为诸教。且往来壕镜，与澳中诸番通谋，而所司不为遣斥，国家禁令安在。”帝纳其言。至十二月令丰肃及迪我等俱遣赴广东，听还本国。命下久之，迁延不行，所司亦不为督发。[②]

面对沈㴶等大臣对天主教的发难和朝廷驱逐在华传教士的行为，李之藻当然不能置身事外，他与徐光启等据理力争，为传教士辩护。如徐光启在《辨学章疏》一文中说：“诸陪臣所传事天之学，真可以补益王化，左右儒术，救正佛法者也。盖彼西洋邻近三十余国奉行此教，千数百年以至于今，大小相恤，上下相安，路不拾遗，夜不闭关，其久安长治如此。”[③]李之藻在《圣水纪言序》中亦表达了与徐光启一样的看法，他说：“彼将阐释图书，以佐同文盛治，或于圣神，广运之化，有所裨益。”[④]尽管利玛窦等传教士意图通过介绍西方科学文化知识来传播天主教的行为，从客观上推动了中国传统科学与西方近代科学的融合，但是在利玛窦死后，天主教的传教重心转向平民阶层，从而不断引起当地民众与传教徒的矛盾冲突，继而引发了一系列的社会问题，甚至威胁到国家安全，这也是客观事实。如有明人发现，许多澳门葡萄牙人“分遣间谍，峨冠博带，闯入各省直地方，互相交结”，他们对“我山川厄塞去处，靡不图之于室，居恒指画某地兵民强弱。帑藏多寡，洞如观火，

① 夏瑰琦：《圣朝破邪集》卷1《参远夷疏》，香港：建道神学院，1996年，第58页。
② 《明史》卷326《外国七》，第8460—8461页。
③ （明）徐光启撰、王重民辑校：《徐光启集》卷9《杂疏》，第432—433页。
④ （明）徐光启著、徐宗泽增补：《增订徐文定公集》卷6《李之藻文稿附》，第23页。

实有觊觎之心”[①]。又有明人说：“教中默置淫药，以妇女入教为取信，以点乳按秘为皈依，以互相换淫为姻缘。示之邪术以信其心，使死而不悔，要之发誓以缄其口，使密而不露。至于擦孩童之口药，皆能制其必从，令其见怪。”[②]还有明代闽人黄贞直言：“今日天主教书名目多端，艾氏说有七千余部入中国，现在漳州者百余种，纵横乱世，处处流通。”[③]在这种特殊的历史条件下，明朝政府采取简单粗暴的办法对待西方传教士，因噎废食，打击一片，固然需要反思和批判，但是不分是非地对整个传教士群体一味迁就和放任，也未必妥当。在这场驱逐传教士的运动中，李之藻坚定地站在西方传教士一边，虽然他们保护了一批传教士，但是经过这场反西方传教士的运动，尤其是徐光启、李之藻等先后被罢职，从而阻断了西方科学的传播途径，而“近代西方科学在我国刚刚荡起的几波涟漪也随即恢复了沉寂”[④]。

二、从《坤舆万国全图》看李之藻的世界观

（一）《坤舆万国全图》的基本内容

诚如前述，利玛窦带入中国的第一幅地图是《山海舆地全图》，由于这幅图展示了完全不同于中国传统观念中的世界面貌，故引起明朝士大夫阶层的广泛兴趣，从万历十二年（1584）到万历三十六年（1608），该图在肇庆、南昌、南京、苏州、北京等地先后翻刻了十二次。当然，《山海舆地全图》也带来了另外一个问题，那就是中国被放置在一个偏离中心的位置，而对于这种颠覆性的图像处理手法，当时有相当一部分士人不能接受。于是，利玛窦在万历三十年（1602）改绘了《山海舆地全图》，其中比较大的一处修改是移动了地图上第一条子午线的位置，从而将中国置于地图的中央，这便是《坤舆万国全图》。

《坤舆万国全图》分主图和附图两大部分，其中主图共有6幅组成，里面绘有欧罗巴（欧洲）、亚细亚（亚洲）、利未亚（非洲）、亚墨利加（美洲）、墨瓦腊泥加（南极洲）五大洲（当时还没有发现澳洲）。在当时，这种新的世界图像与明朝士大夫头脑中的传统“天下”观全然不同。所以《明史·外国传七》云：“利玛窦至京，为《万国全图》，言天下有五大洲。第一曰亚细亚洲，中凡百余国，而中国居其一。其二曰欧罗巴洲，中凡七十余国，而意大里亚居其一。第三曰利未亚洲，亦百余国。第四曰亚墨利加洲，地更大，以境土相连，分为南北二洲。最后得墨瓦腊泥加洲为第五。而域中大地尽矣。”[⑤]而对于美洲的地理特点，利玛窦描述说：“南北亚墨利加并墨瓦蜡泥加，自古无人知有此处，惟一百多年前，欧逻巴人乘船至其海边之地方知。然其地阔而人蛮猾，迄今未详审地内各国人俗。”[⑥]他又说：“墨

① （明）徐昌治：《圣朝破邪集》卷4《圣朝佐辟》，明崇祯抄本。

② （明）徐昌治：《圣朝破邪集》卷3苏及寓《邪毒实据》，明崇祯抄本。

③ （明）徐昌治：《圣朝破邪集》卷3黄贞《请颜壮其先生辟天主教书》，明崇祯抄本。

④ 蔡铁权、陈丽华：《渐摄与融构：中西文化交流中的中国近现代科学教育之滥觞与演进》，杭州：浙江大学出版社，2010年，第48页。

⑤ 《明史》卷326《外国七》，第8459页。

⑥ ［意］利玛窦：《利玛窦中文著译集》，第204页。

瓦蜡泥系佛郎几国人姓名，前六十年始过此峡，并至此地。故欧罗巴士以其姓名名峡、名海、名地。”[①]显然，此处的“墨瓦蜡”是指麦哲伦。尽管用今天的眼光看，利玛窦所绘制的世界地图还存在这样或那样的缺陷，但利玛窦毕竟“最早把欧洲当时通过地理大发现所形成的对世界新视阈的新知识，以五大洲与‘万国’的概念介绍给了中国人，传播了当时欧洲人的世界陆地知识和方位实况，使明末士人第一次看到了一个未知的全新的世界整体面貌”，特别是“这些新发现的叙述使对域外世界的了解处在完全模糊状态的中国士大夫，首次打破了传统的‘四方’和‘四海’的方域，以及佛教宣扬的四大部洲的地理图式，呈现出了一个被确切划分出来的世界面貌”[②]。

地球五带（二温带、二寒带、一热带）的概念，早就由希腊化时代的希帕库斯提出来。可惜，直到利玛窦绘制《坤舆万国全图》时，明朝士人才真正见识了“地球五带”这种新奇学说。利玛窦在《坤舆万国全图总论》中介绍说：“以天势分山海，自北而南为五带：一在昼长昼短二圈之间，其地甚热，带近日轮故也。二在北极圈之内，三在南极圈之内，此二处地居甚冷，带远日轮故也；四在北极昼长二圈之间，五在南极昼短二圈之间，此二地皆谓之正带，不甚冷热。日轮不远不近故也。”[③]以赤道为中线，将地球分为南北两个半球，然后再以南北回归线为界，分为热带和温带，以南北极圈为界，分为温带和寒带。这种以地球纬度来划分地带的做法，比较科学，所以一直沿用至今。

用经纬度定位必须借助地图投影法，这是以“计里画方”为特点的中国传统地图学所没有的知识。利玛窦在《坤舆万国全图总论》中介绍经纬度的概念和作用说：“其经纬线本宜每度画之，今且惟每十度为一方，以免杂乱。依是可分置各国于其所。东西纬线数天下之长，自昼夜平线为中而起，上数至北极，下数至南极。南北经线数天下之宽，自福岛起为一十度，至三百六十度复相接焉。试如察得南京离中线以上三十二度，离福岛以东一百廿八度，则安之于其所也。凡地在中线以上主北极，则实为北方；凡在中线以下则实为南方焉。”[④]又“用经线以定两处相离几何辰也。盖日轮一日行一周，则每辰行三十度；而每处相违三十度，并谓差一辰。故视女直离福岛一百四十度，而缅甸离一百一十度，则明女直于缅甸差一辰，而凡女直为卯时，缅方为寅时也，其余仿是焉。”[⑤]还有“夫地球既每度二百五十里，则知三百六十度为地一周，得九万里。”[⑥]当然，这里讲“日轮一日行一周”的理论基础是错误的地心说，且图上每度经线弧长为250里，亦不确。虽然如此，但利玛窦不仅让明朝士大夫认识到了“时差”的概念，而且还亲自测量了一些重要城市如北京、南京的经纬度，据专家考证，当时利玛窦对北京、南京等几个重要城市经纬度的测量，与后来的测量结果比较接近。[⑦]

---

① ［意］利玛窦：《利玛窦中文著译集》，第204页。
② 邹振环：《晚明汉文西学经典：编译、诠释、流传与影响》，第54页。
③ ［意］利玛窦：《利玛窦中文著译集》，第519页。
④ ［意］利玛窦：《利玛窦中文著译集》，第175页。
⑤ ［意］利玛窦：《利玛窦中文著译集》，第175—176页。
⑥ ［意］利玛窦：《利玛窦中文著译集》，第521页。
⑦ 黄见德：《明清之际西学东渐与中国社会》，福州：福建人民出版社，2014年，第111页。

附图主要是位于整幅地图四个角的九重天图，天地仪图，赤道北地半球之图和日食、月食图，赤道南地半球之图和中气图，以及在图中空阔处所添加的各种图像和解说文字等。其中九重天图位于整个地图的右上角。

利玛窦解释“九重天图”的内容说：“第九重天无星，带八重天转动一日作一周，自东向而西；第八重二十八宿天，四万九千年作一周，自西而东；第七重填星即土星天，二十九年一百五十五日二十五刻作一周，自西而东；第六重岁星即木星天，十一年三百一十三日七十刻作一周，自西而东；第五重荧惑即火星天，一年三百二十一日九十三刻作一周，自西而东；第四重日轮天，三百六十五日二十三刻作一周，自西而东；第三重太白即金星天，三百六十五日二十三刻作一周，自西而东；第二重辰星即水星天，三百六十五日二十三刻作一周，自西而东；第一重天月轮天，二十七日三十一刻作一周，自西而东。”①又《论地球比九重天之星远且大几何》中在讲了地球与九重天各自的距离之后，说：“此九层相包，如葱头皮焉，皆硬坚，而日月星辰定在其体内，如木节在板，而只因本天而动。第天体明而无色，则能通透光如琉璃水晶之类，无所碍也。”②尽管利玛窦的论述略显粗疏，其说采用的数据也不足取，但对明朝士大夫来说，这却无疑是一种全新的宇宙观。具体如图 1-3 所示：

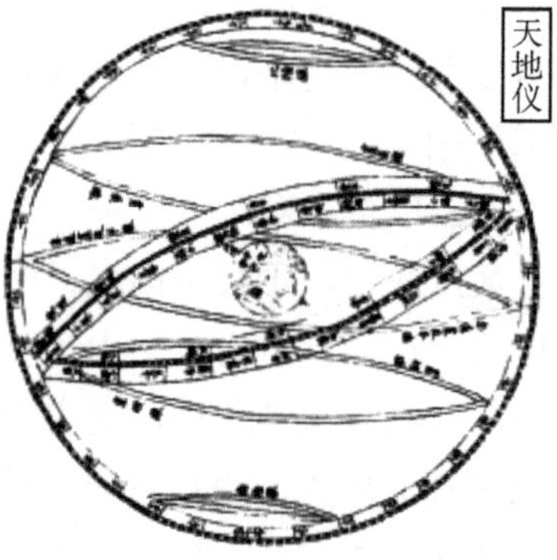

图 1-3 利玛窦所绘制的“天地仪图”

“天地仪图”说亦即“浑象图”说，是利玛窦用以形象说明“天包地外”宇宙模型的精辟解说。利玛窦云：“天地仪，以见日月运行，寒暑大意，精铜为之。外一环名子午环，取准南北二向。两头各用一枢，在南者借作南极，在北者借作北极。匀分三百六十度，随地而移，如北极出地一度，则南极入地一度也。中横环名曰赤道，日行至此则昼夜平矣。〔稍〕南北二十三度半各一环，为日行离赤道南北最远之极。此三环，当用一关捩，贯于南北二极之中，倖其运转者。最中一小球，乃地海全形。自赤道下北方诸国观之，日行北道则昼长夜短，至夏至而极，极则返而南。日行南道则夜长昼短，至冬至而极，极则返而北。其赤道以南诸国，则反是焉。”③据美国学者考证，利玛窦曾两次穿越赤道，这

① 黄时鉴等：《利玛窦世界地图研究》，上海：上海古籍出版社，2004 年，第 31 页。
② ［意］利玛窦：《利玛窦中文著译集》，第 521 页。
③ ［意］利玛窦：《利玛窦中文著译集》，第 217—218 页。

使他对下述地理现象有了深切的感悟："南北两极的距离于地平线均分的位置，没有任何纬度的差别。"①

左上角之"赤道北地半球之图"与左上角靠中所绘"日食图"和"月食图"，还有"赤道南地半球之图"及其图说，均略。

这里，简要介绍一下位于左下角靠中的"周天黄赤二道错行中气之界限图"，如图 1-4 所示：

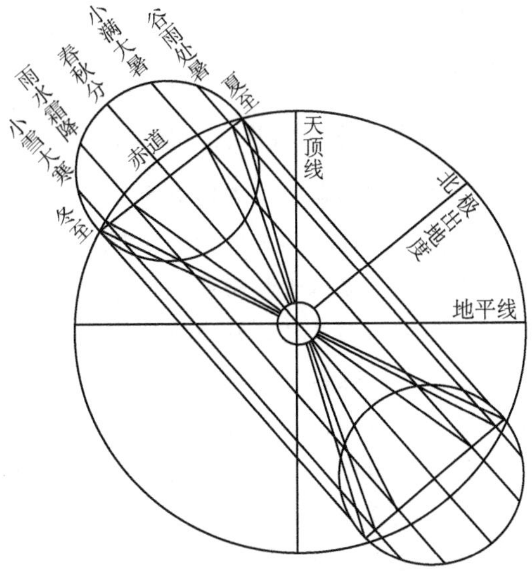

图 1-4　周天黄赤二道错行中气之界限图②

图 1-4 注云：

> 凡算太阳出入皆准此。其法以中横线为地平，直线为天顶，中小圈为地体，外大圈为周天。以周天分三百六十度。假如右（上）图在京师地方，北极出地平线上四十度，则赤道离天顶南亦四十度矣. 然后自赤道数起，南北各以二十三度半为界，最南为冬至，最北为夏至。凡太阳所行不出童此界之外。既定冬、夏至界，即可求十二宫之中气。先从冬、夏二至界相望画一线，次于线中十字处为心，〔尽〕〔边〕各作一小圈，名黄道圈。圈上匀分二十四分，两两相对作虚线，各识千周天圈上。在赤道上者即春秋分，次北曰谷雨、处暑，曰小满、大满，曰夏至；次南曰霜降、雨水，曰小雪、大寒，曰冬至。因图小，止载中气，其节气仿此就中再匀分一倍，即得之矣。而其日影之射于地者，则取周天所识，上下相对，透地心斜画之，太阳所离赤道纬度所以随节气分远近者，此可略见。凡作日晷带节气者，皆以此为提纲，欧罗巴人名为曷捺楞马云。③

从图 1-4 注来看，这是讲解如何在天球投影圆上画节气线的几何作图方法。其具体的

① ［美］史景迁：《利玛窦的记忆宫殿》，章可译，桂林：广西师范大学出版社，2015 年，第 97—98 页。
② 江志文：《当利玛窦遭遇中国》，北京：紫禁城出版社，2009 年，第 222 页。
③ ［意］利玛窦：《利玛窦中文著译集》，第 221—222 页。

画图步骤是：先过圆心画十字线，横线表示地平线，纵线表示天顶线。然后，按照当地的地理纬度画出赤道和北极。作黄道圈，与大圆相交于赤纬 23°30′。接着，分别将两个黄道圈 24 等分，对应点两两相连，便得到各节气线。曷捺楞马是托勒密创立的一种数理天文学方法，它孕育着球面投影作图的基本原理。因此，学界公认，利玛窦“在绘制地图的时候确实传入了球体平行正投影。不仅如此，在这个过程中他还说明了球面上平行于透射光线的圆（如地平圈）被透射成直线段，说明了和透射光线垂直的圆（如过南北极的经线圈）被透射成圆等性质”①。

（二）李之藻的世界观概述

《坤舆万国全图》中有李之藻所写的一篇序言，其文云：

> 不谓有上取天文以准地度如西泰子《万国全图》者。彼国欧逻巴原有镂版，法以南北极为经，赤道为纬，周天经纬捷作三百六十度而地应之，每地一度定为二百五十里，与《唐书》所称三百五十一里八十步而差一度者相仿佛，而取里则古今远近稍异云。其南北则征之极星，其东西则算之日月冲食种种，皆千古未发之秘。所言地是圆形，盖蔡邕释《周髀》已有天、地各中高外下之说；《浑天仪注》亦言地如鸡子中黄，孤居天内；其言各处昼夜长短不同，则元人测景二十七所亦已明载。惟谓海水附地共作圆形，而周圆俱有生齿，颇为创闻可骇。要之，六合之内论而不议，理苟可据，何妨求野。圜象之昭昭也，昼视日景，宵窥北极，所得离地高低度数，原非隐僻难穷，而人有不及察者，又何可轻议于方域之外。②

在这段序言里，李之藻描述了《坤舆万国全图》所呈现出来的几个世界面相：

第一，地球是圆形的，在此之前，尽管中国古代如《周髀算经》《浑天仪注》也有对大地形状的认识，但是“比较中欧历史上的地圆学说，我们可以发现，中国之地圆学说其实算不上一个学说，它既没有提出在那个时代较为可信的科学佐证，也没有形成能够自圆其说的理论体系。因此，晚明以前的中国地圆说只能看作是一种观念，或者是一种假设。而严格意义上的地圆说是利玛窦来华后才由欧洲传入中国的”③。

第二，画线分度甚细，以前揭“赤道北地半球之图”和“赤道南地半球之图”为例，像这种几何画法以及对地球南北东西距离的计算方法，对于当时的中国人来说，确实非常陌生。

第三，“谓海水附地共作圆形，而周圆俱有生齿”，这与中国传统的“天圆地方”观念相冲突。因此，葛兆光说：“表面上看来，天体理论和与此相关的历法知识似乎很受当时中国士人的欢迎，而‘天’、‘天主’、‘天堂’等的天主教思想才会与中国佛教、道教、儒教的思想有着直接的冲突。但是，这并不等于天体理论和历法知识不能影响观念世界，不能

① 杨泽忠：《明末清初西方画法几何在中国的传播》，济南：山东教育出版社，2015 年，第 70 页。

② ［意］利玛窦：《利玛窦中文著译集》，第 179 页。

③ 庞乃明：《明代中国人的欧洲观》，天津：天津人民出版社，2006 年，第 246 页。

忽视知识技术对于思想与信仰的支持或瓦解作用。”[①]而李之藻本人便是绝好的例证。我们只要仔细阅读李之藻《坤舆万国全图序》，就很容易看出，李之藻尽管十分赞赏西方的天文地理知识，但归根到底还是不承认中国与西方在这个方面的差距。于是，李之藻在讲述了西方天文地理方面的各种成就之后，笔锋一转，阐述他的个人观点：“西学与‘最善言天’的‘昔儒’意与暗契，‘东海西海，心同理同’”，“所以，学习西方科学不过是‘礼失而求之于野’”[②]。

以利玛窦的《坤舆万国全图》为基础，李之藻在万历三十三年（1605）编译了《乾坤体义》一书。全书内容分3卷11篇，具体目次为：上卷——1. 天地浑仪说；2. 地球比九重天之星，远且大几何；3. 浑象图说；4. 四元行论。中卷——1. 日球大于地球，地球大于月球；2. 论日球大于地球；3. 论地球大于月球；4. 附徐大史地图三论。下卷——容较图义。显然，上卷的内容直接采自利玛窦为《坤舆万国全图》所作的补白和注释等。《四元行论》的主旨是用亚里士多德的“四元素”来反对中国传统文化中的“五行说”。其文云：“所谓行者，乃万象之所出，则行为元行，乃至纯也，宜无相杂，无相有矣。故谓水、火、土为行，则可。如以金、木为元行，则不知何义矣。……又谁不知，金木者实有水、火、土之杂乎！杂则不得为元行矣。”[③]而“吾西庠儒，谓自不相生，不相有，而结万像质，乃为行也。天下凡有形者，俱从四行成其质，曰火、气、水、土是也，其数不可阙增也。”[④]此处的“行”即元素，是为宇宙万物最基本的构成细胞。可以想象，面对利玛窦这样的批判思维，李之藻绝对不会不被感染。比如，万历四十一年（1613）李之藻在《请译西洋历法等书疏》中，就比较坦然地承认中国传统天文学同西方天文学之间存在着一定差距，引文见前。到天启元年（1621），从李之藻在《刻职方外纪序》中的表述看，他基本上放弃了中国传统的世界观，而开始全面地虚心接受西方的世界观了。如李之藻说：“（《职方外纪》）种种咸出俶诡，可喜可愕，令人闻所未闻。然语必据所涉历，或彼国旧闻征信者。世传贯胸反踵、龙伯僬侥之属，以为荒诞弗收也。艾子语余，是役也，吾馊闻也与哉。地如此其大也，而其在天中一粟耳。吾州吾乡又一粟中之毫末，吾更藐焉中处，争名竞利于蛮触之角也欤哉？则性为形设，实错厥履，夫皆夸毗其耳目思想以自锢，而孰知耳目思想之外有如此殊方异俗、地灵物产，真实不虚者，此见人识有限而造物者之无尽藏也。”[⑤]可见，“‘天下’观在李之藻这里已全无踪影；取而代之的是人在这个世界上的客观把握，和对人所栖居的这个世界的理性体认”[⑥]。当然，此问题应两方面看，一方面，在利玛窦的西学思想影响下，“一部分中国人的眼界已经被打开了，他们率先打破‘中国中心论’的世界观，开始

① 葛兆光：《中国思想史》第2卷《七世纪至十九世纪中国的知识、思想与信仰》，上海：复旦大学出版社，2001年，第345页。

② 孙尚扬主编：《明末天主教与儒学的互动：一种思想史的视角》，北京：宗教文化出版社，2013年，第158页。

③ [意]利玛窦：《利玛窦中文著译集》，第525页。

④ [意]利玛窦：《利玛窦中文著译集》，第526页。

⑤ 徐宗泽：《明清间耶稣会士译著提要》，上海：上海书店出版社，2006年，第247页。

⑥ 陈义海：《明清之际：异质文化交流的一种范式》，南京：江苏教育出版社，2007年，第99页。

接受近代世界地理知识”[①]；另一方面，也应当清醒地认识到，“此时近代世界地理观远远没有进入一般有知识的中国人的脑子里，利玛窦、李之藻、徐光启等人过世后，世界地理知识很快被人遗忘、失传”[②]，也说明，西方天文地理知识的传播从知识精英到一般知识分子，不是一蹴而就的事情，它本身还需要经历一段艰难的历史过程。

第四节 邢云路的传统历法思想

邢云路（生卒年不详），字士登，号泽宇，安肃（今河北省保定市徐水区）人，明万历八年（1580）进士，是明末清初杰出的天文学家。初任临汾县令，万历十一年（1583）任汲县知县。万历二十三年（1595）官河南佥事，为按察司正五品属官。鉴于《大统历》和《回回历》之推算，屡有错误，邢云路于万历二十四年（1596）奏言修改历法，但钦天监监正张应候诋其僭妄惑世，故邢云路的建议被阻。万历三十五年（1607），邢云路在兰州建起一座木制 6 丈高表，用于晷影测量，测得回归年长为 365.242 190 日，比当时的正确值仅小 0.000 027 日。[③]万历三十六年（1608），邢云路官陕西按察司副使。同年，编撰了《戊申立春考证》1 卷。万历三十八年（1610），邢云路、徐光启等奉召至京，参与历事，著《古今律历考》72 卷，用心辨析历代历法得失。万历四十四年（1616），邢云路又献《七政真数》，讲解推算历法的方法，认为研究历法的核心应是推算日月的交食和五星的凌犯。此外，邢云路还有《泽宇集》一书传世。

一、《古今律历考》与邢云路的历法改革

（一）《古今律历考》的主要思想内容

严格说来，《古今律历考》是一部天文史学著作，全书计有 72 卷。其中从卷 1 至卷 8 讲述儒家经籍中的天文历法问题，从卷 20 至卷 27 主要讲述历代日食的测算问题，卷 28 专门讲述佛藏与道藏中的历法问题，从卷 29 至卷 35 主要讲述历代律吕问题，从卷 36 至卷 59 主要讲述历法问题，从卷 60 至卷 65 主要讲述“历议”问题，卷 66 主要讲述“历理”问题，从卷 67 至卷 72 主要讲述“历原”问题。如众所知，邢云路编撰这部天文学巨著的目的，主要是为了推动明朝的历法改革，所以他的研究策略是想通过引征大量史料来揭示古往今来历法演变的内在规律，从而向那些顽固的保守者证明历法变革是天文学发展的内在要求。然而，梅文鼎却批评这部著作说，“（吾）从亡友黄俞邰太史借读邢观察《古今律历考》，惊

---

① 王艳娟：《鸦片战争前后的中国近代世界秩序体认》，鸦片战争博物馆：《明清海防研究论丛》第 1 辑，广州：广东人民出版社，2007 年，第 149 页。

② 王艳娟：《鸦片战争前后的中国近代世界秩序体认》，鸦片战争博物馆：《明清海防研究论丛》第 1 辑，第 150 页。

③ 北京师范大学科学史研究中心编著：《中国科学史讲义》，北京：北京师范大学出版社，1989 年，第 45 页。

其卷帙之多，然细考之，则于古法殊略，所疏《授时》法意，亦多未得其旨”，又说“邢氏书，但知有《授时》，而姑援经史以张其说，古历之源流得失，未能明也，无论西术矣”[①]。阮元亦讥其“一无心得”，说：“盖文章繁富，本无当于实学，以之为欺世之具，而世人不必欺，一二知者又终不受欺。然则著作等身，而一无心得，亦何益哉！”[②]在此，梅文鼎批评邢云路“侈卷佚而泛引经史，藉机炫耀学识”[③]，显然是不合情理的，而阮元妄言邢云路的《古今律历考》“一无心得”，也不符合事实。

1. 在《古今律历考》里，邢云路提出了历法应不断改革的思想

《古今律历考·周易考》开宗明义云：“泽中有火革，君子以治历明时。”[④]对此，邢云路解释说：“水火相息为革，泽中有火，二性相息，势必变革。夫不有克，何以生？不有革，何以因？君子观革之象，知天地乃革之大者也，所以治历明时。盖天地革，斯四时成，而其数最难明也。自羲和以后，二宫失次，七元无纪，《春秋》有食晦之讥。汉世昧岁差之理，唐宋以来其法渐密，至元《授时》乃益亲焉。自元至今，又三百余年，消息之法顿亡，历理之原尽失，斯时也，正泽火当革之时也。昔汉历凡五变，唐历凡八改，宋历凡十六改，使历可仍旧。何乐改作？然而，天运难齐，人力未至，不容不改也。”[⑤]我们知道，托古改制是中国古代许多志士仁人推行各种变革的手段和方式，如宋代的王安石为了推行变法，从儒家经籍中吸取智慧，先后注《周礼》，作《字说》，以作为其托古改制的变法理论依据。明朝后期中西文化开始初步接触，而当时朝臣对利玛窦所传播的天文地理知识，议论纷纷，尽管有像徐光启、李之藻这样一批坚定的信奉者，但来自保守派的阻力同样很大。至于对天文历法的改革，更是阻力重重。据《明史·历志一》记载，成化十七年（1481），在明朝统治者对天文、历法厉禁执行 114 年后，真定教谕俞正已上《改历议》，首开改革历法的呼声，结果被下诏狱治罪；成化十九年（1483）“天文生张陞上言改历。钦天监谓祖制不可变，陞说遂寝”[⑥]；正德十三年（1518），漏刻博士朱裕主张“半推古法，半推新法”对历法进行变革，但礼部认为：“古法未可轻变，请仍旧法”[⑦]等。可见，“祖制不可变”的保守思想已经成为阻碍明朝历法变革的一道难以逾越的鸿沟。所以，邢云路在《古今律历考·周易考》中从“天运难齐，人力未至”和“君子观革之象，知天地乃革之大者也，所以治历明时”两个方面来论证改革历法的必要性。

2. 实测是历法变革的根本，因此，古今历法都应当依据实测数据的变化而变化

前已述及，邢云路在《戊申立春考证》中记载了他在兰州亲自实测晷影的数据以及根据这些实测数据所求出的岁实结果。邢云路载：

---

① （清）梅文鼎：《勿庵历算书目》，北京：中华书局，1985 年，第 2 页。

② （清）阮元：《畴人传》卷 31《邢云路传》，本社古籍影印室：《中国古代科技行实会纂》第 2 册，北京：北京图书馆出版社，2006 年，第 427 页。

③ 阮锡安、姚正根主编：《阮元研究论文选》下，扬州：广陵书社，2014 年，第 375 页。

④ （明）邢云路：《古今律历考》卷 1《周易考》，《景印文渊阁四库全书》第 787 册，第 4 页。

⑤ （明）邢云路：《古今律历考》卷 1《周易考》，《景印文渊阁四库全书》第 787 册，第 4 页。

⑥ 《明史》卷 31《历志一》，第 518 页。

⑦ 《明史》卷 31《历志一》，第 518 页。

（1）推今时所测天正冬至。比如：

余于兰州立六丈表，下识圭刻。约戊申岁前，丁未岁冬至前后相距各四十五日，测得午景。前四十五日，九月十八日戊申，景长七丈二尺九分；至后四十四日，十二月十九日丁丑，景长七丈二尺五寸四分五厘；后四十五日，十二月二十日戊寅，景长七丈一尺六寸六分，以前后相对所距之四十五日戊申、戊寅二景相校，余四寸三分为晷差，为实。仍以十二月十九日、二十日丁丑、戊寅相连二日之景相校，余八寸八分五厘为法，以法除实，得四十八刻五十八分七十五秒，前多后少，为减差，于前后相距各四十五日，计九十日，凡九千刻。内减前减差，余八千九百五十一刻四十一分二十五秒，折取其中为四千四百七十五刻七十分六十秒，加半日五十刻，共为四千五百二十五刻七十分六十秒，百约为日。命起戊申日，算外得四十五日为癸巳，余以发敛收之为时刻及分，除甲子以前至戊申之十六日，自甲子至癸巳得二十九二十五刻七十分六十秒，为冬至分，以法推之，得岁前十一月初四日癸巳卯正初刻冬至。[①]

设丁未岁十一月初四日癸巳卯正初刻冬至为T，依文中所述，则有

$$
\begin{aligned}
T &= 45\text{日} - \frac{\text{戊申日影长} - \text{戊寅日影长}}{\text{丁丑日影长} - \text{戊寅日影长}} \times 1/2 + \text{加半日} \\
&= 45 - \frac{72.09 - 71.66}{72.545 - 71.66} \times 1/2 + 0.5 = 45.257\,062\,15\text{日}
\end{aligned}
$$

（2）推今时所测岁实。比如：

置余所测万历三十六年戊申岁前冬至日精，推得癸巳日夜半后二十五刻七十分六十秒，上取元至元十八年（1281）辛巳岁前（1280）郭守敬所测日景，推得己未日夜半后六刻，即五十五万六百分之气应为准，以辛巳距今戊申三百二十七年，共积一十一万九千四百三十四日，加新测到癸巳日夜半后二十五刻七十分六十秒，内减去元辛巳岁测到己未日夜半后六刻，得一十一万九千四百三十四日一十九刻七十分六十秒，为实，以距积三百二十七年而一，得三百六十五日二十四刻二十一分九十秒，为今时所测岁实。[②]

设岁实为D，依文中所述，则有

$$
D = \frac{119\,434 + 0.257\,060 - 0.06}{327} = 365.242\,192\,8\text{日}\text{（邢云路取值为}365.242\,190\text{日）}
$$

按照现代天文学理论推算，邢云路时代的回归年长度应为365.242 217日，而邢云路的测定仅仅少了0.000 027日，达到了当时世界最先进的水平。[③]因此，邢云路在“推算大统历十二宫日躔”时，发现其“先天”现象比较严重，如“春正后九日，甲申巳正初刻入戌宫，先天九时”，“春正后四十二日丁巳，寅初一刻入寅宫，先天八时”，“春正后七十三日

① 薄树人主编：《中国科学技术典籍通汇·天文卷》第2分册，郑州：大象出版社，1993年，第554—555页。
② 薄树人主编：《中国科学技术典籍通汇·天文卷》第2分册，第555页。
③ 薄树人：《戊申立春考证提要》，薄树人主编：《中国科学技术典籍通汇·天文卷》第2分册，第549页。

戊子，寅初二刻入申宫，先天二时”[①]等。对此，邢云路总结说：“以《授时》法推日躔较《大统》法，《大统》先天有至八、九时，甚至十一时者，乃《大统》自谓余遵《授时》，是遵何术也！《大统》并《授时》且不知用，安望其随时测改耶。”[②]实际上，邢云路在这里批评了时人不能随着实测数据的变化来修订历法，以使之与日月的运动速度相一致。在他看来，“诸事皆命于岁实，岁实既改，则月策、转终、交终与五星周，俱宜随日而改，可也，守敬乃诸事俱应旧贯，一无所改，遂使后之畴人寻源不得，而愈远愈差，以至于今也”[③]。换言之，“守敬用《大定》庚子距积一百一年之数推为岁实”[④]，而不是根据实测的结果得来。对于这个说法，经陈美东考证，不确。“因为由金大定十九年（1179）十一月己巳日六十五刻冬至和元至元十七年（1280）十一月己未六刻冬至，推得的岁实为365.241782，不同于授时历所用的岁实值。”[⑤]虽然如此，但郭守敬推算岁实确实是采取了前人测算的数据。[⑥]

对于《大统历》不能“随时测改”问题，邢云路批评说：

> 元大都即今顺天府，《授时》大都测影，夏至昼六十二刻，夜三十八刻；冬至昼夜刻反是，我朝洪武初，南京测影，夏至昼五十九刻，夜四十一刻，冬至反是。今钦天监以《授时》大都之历法布洪武南京之刻漏，冬夏二至各差三刻，以故正统十四年历冬夏至六十一刻，想监官以漏记之，觉其差而改者，人骇以为异，而不知为顺天测影宜然之数也。夫冬、夏二至，盈缩之始，二至既差，则分至以次皆差。然则一期之中，盈缩损益有一日一时一刻之不参差者乎？以是而颁行天下，为民授时，空使人梦中度日，骨董蒙懵也。[⑦]

他又说：

> 《元史》载，至元十八年次，辛巳为元，上考往古，下验将来，皆距立元为算，周岁消长，百年各一，其诸应等数随时推测，不用为元，至明也。辛巳至今三百余年，而《大统》止遵旧法，一无测改，元统且并其消长削去之，以至中节，相差九刻有奇，兼以闰、转、交三应，虽经元甲午一改，而犹未亲密，所当再正。夫应一差则诸事俱差，而以之步历无一可者。[⑧]

以上对《授时历》和《大统历》的批评，应当说抓住了问题的要害。尤其是《大统历》一味沿袭旧说，而不知“随时测改”的现象，已经严重阻碍了明朝历法的发展历程。实际上，这不仅仅是邢云路一人之私见，因为当时很多有远见的士人都看到了这个问题，并且还提出了许多改革历法的建议，如朱载堉即是典型一例。

---

① （明）邢云路：《古今律历考》卷43《历法八》，《景印文渊阁四库全书》第787册，第498页。
② （明）邢云路：《古今律历考》卷43《历法八》，《景印文渊阁四库全书》第787册，第499页。
③ （明）邢云路：《古今律历考》卷65《历议六》，《景印文渊阁四库全书》第787册，第684页。
④ （明）邢云路：《古今律历考》卷65《历议六》，《景印文渊阁四库全书》第787册，第684页。
⑤ 陈美东：《古历新探》，沈阳：辽宁教育出版社，1995年，第230—231页。
⑥ 陈美东：《古历新探》，第230页。
⑦ （明）邢云路：《古今律历考》卷65《历议六》，《景印文渊阁四库全书》第787册，第689页。
⑧ （明）邢云路：《古今律历考》卷65《历议六》，《景印文渊阁四库全书》第787册，第689页。

3. 邢云路提出"原之原"的思想

太阳是月球和五星运动的原动力，邢云路在接受利玛窦带来的西方天文学知识的同时，逐步形成"日为月与五星之原"的思想。他说："月道交日道，出入于六度，而信不爽。五星去而复留，留而又退而伏，而期无失，何也？太阳为万象之宗，居君父之位，掌发敛之权；星月借其光，辰宿宣其气。故诸数一禀于太阳，而星月之往来，皆太阳一气之牵系也，故日至一正，而月之闰，交、转、五星之率，皆由是出焉，此日为月与五星之原也。"[①]学界普遍认为，这不仅是我国古代太阳引力概念的原始表述，还体现了一种向太阳中心说发展的趋势。[②]例如，有学者评论说："近年来何祚庥提出，我国古代的'元气'概念，除反映物质的不连续性质以外，还反映了物质的连续性质，以及两者的辩证统一和相互转化。所谓物质的连续性质，颇为接近于现代科学中的'场'。这是很有见地的观点。举个例来说，明代邢云路就指出：'星月之往来，皆太阳一气之牵系也。'这是牛顿以前的万有引力概念。这里的'气'，无疑，相当于引力场。"[③]陈美东也认为：在邢云路看来，"黄白交角恒定不变、月亮和五星做有规律性的周期运动，都是由于受到太阳牵引的结果，而这种牵引是太阳通过气而作用于月亮和五星的。这是将太阳作为主体的引力思想的明确表述"[④]。

对于日月的运动规律，人们可以通过观测晷影来计算和认知，然而，对于五星的运动规律，我们又该如何去观测和计算呢？对此，邢云路采用一问一答的方式做了如下解释。

> 或问：日月固有景可测矣，而五星无景，且测星之法无传，奈何？余曰：有二术焉。以简仪距其四正，而至午有度，去极有度，漏下有刻，以法步之。其术一，以圭表据午位，人目以小表望大表，以上射五星，下识圭刻，以漏记之，以法步之，其术二。或又曰：金水当天暗于离照，日沉西见，何以施测？余曰：是无离，可一言蔽之。以纬距经，正于午位之准，两望相牵，则凡星皆可代金水也。乃自金水所留之舍，以次日日步之。易知简能于测金水乎？何有。或又曰：测四余如之何？余曰：罗计禀于交食，测月交即测罗计，前术有之矣。若炁生于十，闰月生于月迟，古有此说。然二皆隐曜孛星间，见于史乘则宜取古，一孛见宿度，日时刻距今一孛星见宿度日时刻，用距积年月日时刻，以月孛周天之数而一，或可得也。至于紫炁则古来所见者少，亦须候其前后两见，依求月孛术步之亦得。然所见既少，俟见而测知何时，姑立法可也。大都炁孛二隐曜，星命家言之，于历数无关，所关历数者，七政也。七政之数，原本于测验，而七政之差则由于测验之法失其传，不见今司天氏之所为测验者乎？今司天亦测日晷，每节气阖监官向圭表测日景毕，各画一押。既而上疏，入告曰：测矣。试问其晷长若干？作何布算？皆曰：不知也。既不知，则不如不测，测日景且不知，又

① （明）邢云路：《古今律历考》卷72《历原六》，《景印文渊阁四库全书》第787册，第752—753页。

② 周桂钿：《中国传统哲学》，北京：北京师范大学出版社，2000年，第325页；陈晓中、张淑莉：《中国古代天文机构与天文教育》，北京：中国科学技术出版社，2013年，第172页；等等。

③ 郑文光：《中国古代的天体物理探索》，黄山天体物理学术会议文集编辑组：《黄山天体物理学术会议论文集》，北京：科学出版社，1981年，第191页。

④ 陈美东：《中国古代天文学思想》，北京：中国科学技术出版社，2007年，第402页。

安望其测月与五星！夫人病无法耳。今余法既立，且纤细备至，有法可循，即无难可致。若畴人于此而犹泄泄然诿之曰：我不能也，则吾不知之矣。①

这段话讲到了如何认识和掌握日月及五星的运动规律问题，邢云路的主张是测验和数理方法。其中测验必须借助先进的观测工具，所以观测工具的改进是提高测验质量的基础，否则，就像明朝司天监测日晷一样，只是徒有虚名而已。那么，究竟如何分析测验的数据呢？正确的布算方法非常重要。在《古今律历考·历原》篇中，邢云路专门讲述了“勾股测天”“太阳冬至前后盈初缩末平立差”“求黄赤道弧失勾股割圆差率度”“求黄赤道度及率总数”“木星盈缩平立差”“金星盈缩平立差”“日月食限”等，这些都属于“历原”的范畴，是需要司天监生牢固掌握的测算天体运动的方法。当然，以上所述都是客观性的要件，然而，由于历法具有“为民授时”的特殊性，故“务求与天相合”②便是编制历法的根本目的。可见，编制精确的历法光有客观性的要件还不够，因为缺少主观性的要件往往会严重影响历法的科学性和先进性。在此，所谓主观性的要件主要是指观念层面的思想认识，以及对待历法的态度，邢云路将其称为“原之原”。他说：

盖天，动物也，消息至微，安必其永久不变？如今之日躔，六十六年差一度，及百年消长各一之说，其间畸零多少，乃在冥濛间，畴其觉之，可执为定乎？以推之七政皆然，况天道间有失行，虽则旋复其常，而既有失行，是即天运之难定也。……然则如之何？无已则郭太史所谓随时推测而已。世病无推测之法，余法既立，即不妨随时观象，依法推测，合则从，变则改，亡论消长，暗移失行，旋复之故，壹是，皆以泽火之革旋正之，即用之亿万斯年，与天地无疆可也。此又原之原也。③

实际上，口头说出“随时推测”并不难，难就难在是否能把“随时推测”与历法编订结合起来，真正做到“随时观象，依法推测，合则从，变则改”。就《明史·历法志》所记载的史实而言，“变”的实例很多，可一遇到“改历”，便阻力重重。这是因为人们观念上仍保守着“祖制不可变”的信条。由此联想到欧洲的文艺复兴，有学者坦言：“在资本主义生产方式的萌芽已经产生的基础上，公元14—16世纪发生了欧洲的文艺复兴运动。这是一场伟大的思想解放运动，它是后来包括资产阶级革命、工业革命在内的一系列伟大的社会变革的序幕。”④如众所知，明朝万历年间贫富两极分化严重，大批破产农民流入城市，促使一些手工业比较发达的行业逐渐向工场手工业转化，甚至在某些领域出现了带有资本主义性质的生产关系，预示封建社会将进入更加文明的境界。可惜，这种尚处于萌芽状态的资本主义生产关系，却屡屡遭到明朝统治者的压制，其结果是它们“用种种办法来中断类似原始积累的过程”⑤，在思想上，则表现为“礼法制度不但没有宽松迹象，反倒比宋、元

---

① （明）邢云路：《古今律历考》卷72《历原六》，《景印文渊阁四库全书》第787册，第753—754页。

② （明）徐光启撰、王重民辑校：《徐光启集》卷7《因病再申前请已完大典疏》，第363页。

③ （明）邢云路：《古今律历考》卷72《历原六》，《景印文渊阁四库全书》第787册，第754页。

④ 张策：《机械工程史》，北京：清华大学出版社，2015年，第3页。

⑤ 金观涛：《在历史的表象背后：对中国封建社会超稳定结构的探索》，成都：四川人民出版社，1984年，第139页。

时期更为严谨和禁锢”[①]，在这样的历史条件下，明朝历法的改革之难就可想而知了。

4. 对谶纬、方术等封建迷信思想的批判

自从东汉乐律学家京房首创候气说之后，历代学者争议不断。邢云路认为：“候气之法，原出于不经，易纬乃后人所作伪书，其说皆非是。”[②]又说：“易纬并不知测晷为何事，而凿空妄言以欺人，且附之以吉凶征应，载在史册，流传至今，几何而不迷乱后人之耳目也。”[③]

在《周易考·律历配六十四卦》篇中，邢云路明言：

> 六十四卦配五声、十二律符合亡论，已至其以卦配候，起自中孚，每卦六日七分，及所配公、辟、侯、大夫、卿之数，其原出于孟氏《章句》，京房又以卦文配直，一期之日以附易纬之文，用占灾，眚吉凶，至于观阴阳之变，则错乱而不明，以后《乾象》《天保》各有因革，亦皆不经，其于历数之差率，则毫无关系。[④]

至于历法与易数的关系，邢云路将易数的“玄学”性质与历法的测验性质区分开来，认为两者不可混同。他说：“夫是易也，显道祐神，何物不有，历固在其中矣。然谓之曰象四时闰，曰当期之日，象者象其奇藕，当者当其成数也。至于气朔之分秒、陟降消长一而不一，则在人随时测验以更正之，正其数即神乎易也。汉史不知，遂以大衍大率之数，牵强凑合，以步气朔二谓历数诸率皆出于此，则非矣。”[⑤]这段话分两个层面看，第一个层面是《周易》的权威不可侵犯，因此，李申评论说：“邢云路的话反映了他那个时代的某些精神：理学已经严密地控制了人的思想，作为六经之首的《周易》更是不容亵渎。易‘显道祐神’，给人们指示大道，赞美和拥护神灵，所以历‘固在其中’，因为《周易》已经包含了一切，不仅历，而且医、律，可能还有许多别的什么，都‘固在其中’。”[⑥]第二个层面是《周易》对分数的认识还不完善，所以尚需借助测验来认识分数的意义。因为“《周易》中只有整数，每一月、每一节气、每一年，整数日之后的那个尾数，几分几秒，是必须要人‘随时测验’的”[⑦]。

刘向是汉代著名的方仙之术士，他虽然没有编过纬书，但“太乙藜杖”却被附会了许多神秘的色彩。古人为了解决晚上读书的照明问题，想出了很多办法，如刘向“太乙藜杖”即是一例，故明人编写的《读书灯》一书中就有刘向“太乙藜杖”的读书故事。然而，汉人却把这件事情给神秘化了。所以邢云路辨析道：

> 考秘史，汉宣帝甘露三年，帝命刘向校书天禄阁，夜有黄衣老人植青藜杖进，吹杖端，忽燃火。曰：“我太乙之精也。天帝闻下界有卯金之子，博学能文，令我下观。”老人见几上有《化胡书》，曰：“书内葱岭一字，是其山出苁蓉，故名。”以为葱误矣。岭北乃老子化胡成佛之所，可改作苁。复见几上有《列仙传》，曰：“老子即老聃，在

---

① 舒乡、艳玲编著：《历代帝王智谋故事》下，北京：中国环境科学出版社，2006年，第343页。

② （明）邢云路：《古今律历考》卷12《历代四》，《景印文渊阁四库全书》第787册，第142页。

③ （明）邢云路：《古今律历考》卷12《历代四》，《景印文渊阁四库全书》第787册，第142页。

④ （明）邢云路：《古今律历考》卷1《周易考》，《景印文渊阁四库全书》第787册，第10页。

⑤ （明）邢云路：《古今律历考》卷1《周易考》，《景印文渊阁四库全书》第787册，第14页。

⑥ 李申：《周易之河说解》，北京：知识出版社，1992年，第79—80页。

⑦ 李申：《周易之河说解》，第80页。

尧时为务成子，至今犹存。”太上老君乃太始之初人，今人以为即老聃，非也。籛铿尧时人，尧封为彭城君，得不死之药，至今见存。人谓彭年八百，非也。语毕，老人乃出玉牒天文书，授之刘向，自是文学异常。夫太乙之神，道之祖也。天文之书，历之源也。老人知太始之老君，记成佛之葱岭，老聃、彭、铿皆识其人，岂非至神，且以上帝之天文授向，则向也，历数之事宜精，而庶征之术宜验矣，何乃课日不效，以朔为晦，眺仄不经，事应无据。夫以《化胡书》一葱字，且令亟改，而况日月晦朔所关之大，有所不知乎？历悬于昊天，而天授无明，效太乙真宰之谓何？然则，老人者无乃非真太乙，而天文非真书耶。抑刘向欲已天文五行之书传于天下，而故假为天神以骇世耶！①

刘向的天文五行书带有方术性质，如有学者评论说：“五德，秦汉方士以金、木、水、火、土五行相生相克的道理来附会王朝的命运，称五德。有以相克为说的，汉初人据邹衍说认为秦以周为火德，汉以水德王；有以相生为说的，刘向《三统历》以秦为水德，称汉以火德王。但虚妄则一。”②可见，刘向把“太乙之神”和“天文之书”结合在一块儿，确实会将天文历法的研究引向歧途。例如，邢云路评价《三统历》说：“大都前汉历步气朔，步五纬，率以大衍、五行、三统之数零收碎砌，强合天数，比至随步随差，随差随撫，历自历，天自天，失天愈远，而总于大衍、五行、三统之数无豫也。及查大衍诸数，出《周易凿度》四分之说，乃后人伪为之，汉以来历《太初》为第一。余议云：从古以来历，最疏者《太初》为第一。”③

（二）邢云路的历法改革

关于邢云路的历法改革，《明史·历志一》载其说云：

治历之要，无逾观象、测景、候时、筹策四事。今丙申年日至，臣测得乙未日未正一刻，而《大统》推在申正二刻，相差九刻。且今年立春、夏至、立冬皆适直子半之交。臣推立春乙亥，而《大统》推丙子；夏至壬辰，而《大统》推癸巳；立冬己酉，而《大统》推庚戌。相隔皆一日。若或直元日于子半，则当退履端于月穷，而朝贺大礼在月正二日矣，岂细故耶？闰八月朔，日食，《大统》推初亏巳正二刻，食几既，而臣候初亏巳正一刻，食止七分余。《大统》实后天几二刻，则闰应及转应、交应，各宜增损之矣。④

邢云路所提出的问题，是客观有效的数据，这些数据都是他由实际的测验而得，故颇具说服力。可惜，当因循守旧在明朝钦天监已经成为一种习惯势力之后，邢云路改革历法的建议自然会遭到钦天监官的反对，故不被采纳。然而，邢云路并没有因为这个缘故而终

① （明）邢云路：《古今律历考》卷20《历代日食一》，《景印文渊阁四库全书》第787册，第226页。
② 叶猷高编著：《文史趣录》，广州：中山大学出版社，2014年，第92页。
③ （明）邢云路：《古今律历考》卷11《历代三》，《景印文渊阁四库全书》第787册，第141页。
④ 《明史》卷31《历志一》，第527—528页。

止他的研究，相反，经过深思熟虑，他在魏文魁的帮助下撰写了为历法改革进行理论准备的《古今律历考》。《古今律历考序》记录了这段心路历程：

> 因博访当世，求我党类于山中，得魏生焉，生名文魁，古之祖冲之、陈得一其人也。余乃相与校雠群籍，营于至当。于凡历之宏纲细目，溯古迄今，靡不根究。其蕴奥缕析，其端倪壹切，纰莹胥，弥订之亡爽焉。起而上之，上嘉悦，下庭议，佥曰可，会中涓而格不行。余退叹曰：使天不欲斯术之行，则无庸畀吾人以斯术，天既以斯术畀吾人，非余任之而谁也？夫道术，公器也。公器在我，而不以公诸人，将鬼神恶之矣。余故因金明诸君子之清，而汇集成编。①

《古今律历考》的核心内容是检讨《授时历》的得失，所以邢云路介绍《授时历》的情况说：

> 至元十三年，元世祖诏中书左丞许衡、太子赞善王恂、都水少监郭守敬，改治新历，衡等以为金虽改历，止以宋纪元历微加增益，实未尝测验于天，乃与南北日官参考累代历法，测候日月星辰、消息运行之变，参别同异，酌取中数，以为历本。十七年冬至，历成，诏赐名曰《授时历》。十八年，颁行天下。自古及今，其推验之术，独此为密近者。后元顺帝亡，并其历官、历术俱没入沙漠中，我朝存其余法而失其本源。洪武初，遭《元统》改易，混乱其术，遂使今畴人布算多所舛错。余乃因《元史》之旧，编稽前代之故实，绎其端绪，验诸象纬，以详著于篇，至其郭守敬之术所未备，并所差失者，余悉补葺订正，历乃完矣。②

在邢云路看来，《授时历》的主要差失有以下几个方面：

第一，对郭守敬求盈缩迟疾差两种方法的检讨。邢云路说："《授时》求盈缩迟疾差立二术，一术不拘整日半日、畸零时刻，以平立定三乘之为密；一术则用加分损益积度，乃以二日对减之，余乘时刻之零数，则分秒有不合为疏也。既有前三乘密术……何故重立后术，遂使今之司天者，不能算三乘方之难，而但从加分损益积度之易，以致步术不明，则后术犡之耳。"③文中"平立定三乘"用公式表示，即

$$\mathrm{f}(x)=ax-bx^2-cx^2$$

式中 $\mathrm{f}(x)$ 为日月五星盈缩差，a 为定差，b 为平差，c 为立差。至于"二日对减"法，亦即立成表。由于"立成表"是通过查表法来推演计算，简化了繁复的计算过程，这是其优点，但它的缺点也显而易见，那就是对于初学者来说，如果过于依赖"立成表"，则容易使他们忽视对历法原理的阐述，形成不求甚解的"惯性"。从这个角度看，邢云路的批评是有道理的。

第二，对郭守敬求月食既法推算方法的检讨。邢云路说："《元史》载《授时》求月食，既法以既内分（C'_A）与一十分相减相乘，平方开之，所得以五千七百四十乘之，如定限行

---

① （明）邢云路：《古今律历考原序》，《景印文渊阁四库全书》第 787 册，第 3 页。

② （明）邢云路：《古今律历考》卷 19《历代十一》，《景印文渊阁四库全书》第 787 册，第 209 页。

③ （明）邢云路：《古今律历考》卷 65《历议六》，《景印文渊阁四库全书》第 787 册，第 684 页。

度（A_1）而一，为既内分（P_1），非也。盖日大月之半，故日食定法二十分，月食定法三十分，半之为十五分，乃月食既分。如月食十分以上者，去其十分，余为既单分（D'_A）是月西边与日西边齐至日东边，所食之数，为既单分也。以既单分用减月食既分十五分，余复以单分乘之，平方开之，所得以四千九百二十乘之，如定限行度而一，为既内分。用减定用，为既外分为是。若如《授时》以既内分与一十分相减相乘，未有既数先，安得有既内分？一十分已过之数，又与既分无预，何以相减相乘为也？”[①]用数学式表示，则为

$$P_1=\frac{5740}{A_1}\sqrt{\left(10-C'_A\right)C'_A}$$

经邢云路修改后的公式为

$$P_1=\frac{4920}{A_1}\sqrt{\left(15-D'_A\right)D'_A}$$

显然，邢云路吸收了金代赵知微在《重修大明历》中的天文学成果。

第三，对《授时历》所采用五星数据的检讨。邢云路说：“《授时》五星之数，止录旧章，并未测验，多所舛错，木星应稍亲，而余四星俱差。于火星缩初盈末立差，以减作加，土星应则差颇远，然行迟尚未觉。至于水星合应止五十万余，而误用七十万余，以致水星差至二十余日，当伏而见，当见而伏。”[②]经陈美东先生考证，《授时历》中的“日躔表，盈缩大分取142′，与《纪元历》同，日躔表的总精度亦与《纪元历》大体相同。《授时历》的月离表，盈缩大分取321′，与《纪元历》相差无几，虽然它采用了一近点周为336限的新方法，但总的精度还是与《纪元历》不相上下。《授时历》的五星盈缩表，亦基本上沿用《纪元历》而略作修正，总的精度状况没有大的变化，但经其修正，木、土二星盈缩表的误差分别为21.2′和33.9′，是为历史上的最佳表之一。关于《授时历》的五星动态表，据研究，木星的数据与（重修）《大明历》相同，其来源是北宋的《纪元历》，其他各立成的数据算法也是从《纪元历》的方法得来的”[③]。由此可见，邢云路称《授时历》“止录旧章”有其合理之处，但言“并未测验”却未当。因为《授时历》在选取上述数据时，也“是以一定的实测工作为依据的”，只是“由于制历的时间毕竟还是较短的，郭守敬等人来不及对所有天文数据作全面的、长期的观测”[④]。当然，就《授时历》选择的天文数据而言，与《纪元历》相比，曲安京先生得出的结论是：“《授时历》五星会合周期表的平均精度，总体上要比《纪元历》稍逊一筹。”[⑤]他又说：“从汉代《上统历》到元代《授时历》，五星逆行长度的精度虽然有所进步，但是，谈不上有本质的差异，《授时历》甚至出现了退步的情况。”[⑥]

至于对《大统历》的检讨，《明会要》认为：邢云路所言，“《授时历》：‘至元辛巳，黄道躔度十二交宫界’，守敬所测也。至今三百余年，冬至日躔已退五度。则宜另步日躔宫界，

---

① （明）邢云路：《古今律历考》卷65《历议六》，《景印文渊阁四库全书》第787册，第686页。

② （明）邢云路：《古今律历考》卷65《历议六》，《景印文渊阁四库全书》第787册，第686页。

③ 陈美东：《郭守敬》，金秋鹏主编：《中国科学技术史·人物卷》，北京：科学出版社，1998年，第479页。

④ 陈美东：《郭守敬》，金秋鹏主编：《中国科学技术史·人物卷》，第479页。

⑤ 曲安京：《中国数理天文学》，北京：科学出版社，2008年，第560页。

⑥ 曲安京：《中国数理天文学》，第554页。

另以赤道变黄道，以合今时在天宫界。从古历家，未有以三百年后仍用三百年前黄道者”。以及邢云路又言：“月建非关斗杓所指。斗杓有岁差，而月建无改移”，“皆笃论也。”[①]而邢云路对《大统历》“以《授时》大都之历法，布洪武南京之刻漏”的批评，有学者指出：《大统历》的“‘冬夏二至后晨昏分立成’已明示：此通轨所载南京应天府晷刻也”[②]，因而邢云路“厚《授时》薄《大统》的做法有些不妥”[③]。尽管如此，在当时的历史条件下，邢云路提倡对《授时历》历法原理进行恢复的主张是值得肯定的。

二、中国传统历法从沉寂到复兴：失败与努力

（一）明末历法改革的复杂性和历史必然性

从《明史·历志》的记载看，针对《大统历》所出现的与天行不合的现象，邢云路闻朱载堉上奏改革历法，随后也于万历二十四年（1596）十二月辛巳（5日）上奏《议正历元奏疏》，要求改革历法，引文见前。而对邢云路奏书最先做出反应的是刑科给事中李应策，李应策在万历二十四年（1596）十二月二十三日《乞敕亟定岁差以答舆望事》一文中说：

> 该郑世子载堉曾献历，上寿蒙礼部覆准，发钦天监磨对，事闻乙未岁八九月中迄今无耗。昨该河南按察司佥事邢云路复请议正历元，详议本年冬至，云路测未正一刻，《大统》推申正二刻，实后天九刻，本年闰八月日食。云路候初亏巳正一刻食，止七分。《大统》推初亏巳正三刻食，将几尽，后天二刻。其测望诸应参差，较郑世子所奏，简切遍览，独应时加减法尚未遽悉尔。臣思国朝历元，圣祖尝谕：“二说难凭，但验七政交会行度无差者为是。”惟时以至元辛巳揆之，洪武甲子仅百四年所律，以差法似不甚远，至正德、嘉靖已退当三度余矣。……而探赜索隐不能不随时以待欤！云路持观象、测景、候时、筹策四事，议诸应宜俱改，想已洞烛款窍，使得中秘星历书一遍阅而校焉。[④]

因此，李应策向朝廷建议“谕令佥事邢云路即以原官暂署钦天监，俾相资订正，仍选委在京各衙门素明历法者二三员责之，赞襄大务，以共成一代之典，而决千古之疑”[⑤]。

然而，对于改历这件事情，在邢云路之前已有真定县学教谕俞正己因上书《改历议》而被下狱的前车之鉴，这表明提议改历是有政治风险的。果不其然，当邢云路的《议正历元奏疏》一出，钦天监监正张应候马上质疑。他在《申明历元乞宸断以杜妄议事》一文中说：

> 臣等于万历二十四年十二月内，偶接得河南佥事邢云路揭帖，开称《大统》历算

---

① （清）龙文彬：《明会要》卷27《运历上》，北京：中华书局，1956年，第443页。
② 李勇：《邢云路对〈授时历〉日躔过宫推步的改进》，《天文学报》2012年第1期，第69页。
③ 李勇：《邢云路对〈授时历〉日躔过宫推步的改进》，《天文学报》2012年第1期，第69页。
④ （明）朱载堉：《圣寿万年历》附录，《景印文渊阁四库全书》第786册，第549—550页。
⑤ （明）朱载堉：《圣寿万年历》附录，《景印文渊阁四库全书》第786册，第551页。

差讹，悉宜改正。臣等不胜骇异。……有郭守敬出焉，是以上考往古，下验将来，斟酌损益，以成一代之历，其岁差、岁实诸应气策立法之密，盖无出右者矣。及至我太祖高皇帝统率华夷，乃命监正元统等，分步推测，考往验来，皆依守敬之法，节气、交食，分秒时刻，毫无增损，始更名曰《大统历》，而又取之西夷，设监立官，推步《回回历》数，较对《大统》，务求吻合，以成一代之大典，是遵祖宗之定制也。今佥事邢云路陈言历数之差，前后相悬一日。又不知是遵何家之法，而轻信何人妄议者也。且国朝立法律例，备载有人私习天文历数者罪之，私传妄议者罪同。况元郭守敬、王恂等职司太史，尚且奉其敕方敢更正诸历，我国朝监正元统虽奉成命，自知才不及守敬，法不能易改，是以遵奉明旨，将《授时历》改为《大统历》，名虽易而法术同，虽经三百年来，乞今雍熙太平相洽已久，天道吻合，交食准验，年愈远而数愈真，其后有乐濩、华湘等勉强欲求斟酌改易，并未奉行。考之今时贤才无守敬学，业无元统，虽有毫末之聪，未敢擅议于一时也。……今邢云路之请，尚未奉行，而都邸中外官民谣诵曰：《大统历》数差错朔日相越一日，惑世诬民，变乱成法，是谁之过欤？且臣等本监造历一载，年前颁朔，天下共知，奈何邢云路复生异议，今使中外臣民汹汹不安，纷纷议起，邢云路是诚何心矣！伏望皇上大奋宸断，礼部酌议。①

张应候把邢云路的改历主张，上升为一个关乎能否“遵祖宗之定制”的严重政治事件，甚至搬出了明朝“立法律例”，“私习天文历数者罪之，私传妄议者罪同”等制度规章。由于之前已有因“妄议”改历而被下狱的先例，所以邢云路这次改历之主张，同样有被下狱的危险。还好，礼部尚书范谦从当时明朝的历法实际出发，比较支持邢云路的改历主张。于是，这场改历风波才算平静下来。范谦说：

治历明时，国家首务，序正五辰纲纪，万事所系，诚为巨重，毫忽岂容少差！顾其差与不差，惟验之日月星辰而已。先在万历二十三年郑世子载堉疏进历书内，称旧法少差，已经本部奉旨覆议，以其书下钦天监推算测验，尚无实证，未敢遽信为然。近据万历二十四年闰八月朔日食时刻分秒，与钦天监所奏，委觉参差。臣等方议题请博访精通历数之士，亟为测验修正之图。今适河南按察司佥事邢云路疏请改正历元诸法，良为有见。乃钦天监监正张应候又此奏辩，惟欲固守旧法。夫使旧法无差，诚宜世守而今，既觉少差矣。失今不修，将岁愈久而差愈远，其何以齐七政而厘百工哉！相应俯从邢云路所请，即行考求磨算，渐次修改为是。但历数本极玄微，修改非可易议。盖更历之初，上考往古数千年，布算虽有一定之法，而成历之后，下行将来数百年，不无分秒之差。前此不觉，非其术之疏也。以分秒布之百余年间，其微不可纪。盖亦无从测识之耳。必积至数百年，差至数分而始微见其端。今欲验之，亦必测候数年而始微得其概。即今该监人员不过因袭故常，推衍成法而已。若欲斟酌损益，缘旧为新，必得精谙历理者为之总统其事，选集星家多方测候，积算累岁，较析毫芒，然后可为准信，裁定规制。今据邢云路奏议，详悉研究，星历之家考正旧法之差，似得

① （明）朱载堉：《圣寿万年历》附录，《景印文渊阁四库全书》第786册，第551—552页。

肯綮。[①]

这段话至少包含以下四个层次的意思：第一，对明朝现行历法内容的可靠性判定，前揭钦天监监正张应候对明朝现行历法内容的判定是“雍熙太平相洽已久，天道吻合，交食准验，年愈远而数愈真”，与邢云路的主张恰好相反。在这样的关键时刻，礼部尚书范谦的判定就具有了决定邢云路命运的意义。我们发现，范谦的认识比较符合客观实际，他认为“失今不修，将岁愈久而差愈远”，与邢云路的主张相一致。第二，明确表示支持邢云路的改历主张，同时批评钦天监“人员不过因袭故常，推衍成法而已”，认为他们不能担当改革历法的重任。第三，岁久之后，历法出现差错属于正常现象，是不以任何人的意志为转移的客观规律，所以范谦认为“布算虽有一定之法，而成历之后，下行将来数百年，不无分秒之差”。第四，明朝历法改革是大势所趋，一方面，历法“积至数百年，差至数分而始微见其端”，而《大统历》延续元代《授时历》，已经了使用了332年之久，“年远数盈，渐差天度”[②]，推算日食已经不准确；另一方面，因“历数本极玄微，修改非可易议”，故必须采取“渐次修改”的方式，“斟酌损益，缘旧为新”。为此，范谦建议在钦天监之外，寻找“精谙历理者为之总统其事”。针对钦天监的难有作为现象，甚至“妒忌”人才的心理，范谦曾很严厉地指出：“历为国家大事，士夫所当讲求，非历士之所得私。律例所禁，乃妄言妖祥者耳。监官拘守成法，不能修改合天。幸有其人（即邢云路），所当和衷共事，不宜妒忌。”[③]总之，在当时的特殊历史背景下，根本不能指望钦天监来推动历法改革这件事情。而范谦的奏书在客观上反映了明末历法改革的历史必然性，特别是利玛窦把西方近代的天文历法知识传入中国之后，国人改革历法的要求更加迫切，而范谦的态度与回应无疑顺应了大多数士人的愿望，他积极建议明朝政府广招人才，从而为即将开始的历法改革创造必要的现实条件。

（二）邢云路历法改革的成效及其失败的原因

1. 邢云路历法改革的成效

万历三十九年（1611），职方郎范守己就钦天监推算日食屡屡出现差误一事，上奏朝廷应重视邢云路已经取得的历法研究成果。他在奏书中说：“原任按察使邢云路有《古今律历考》一书，综采详密，且家在安肃，密迩京师，可令（邢云路）与（范）守己并钦天监官互相参订，有词林儒臣旁通律历之学者，亦可时与这衷。”[④]面对已经出现的历法改革大趋势，钦天监五官正周子愚建议尽快把西方传教士所带来的西方天文书籍翻译过来，以弥补中国传统历法之缺漏。据《明史·意大里亚传》载：当时，“五官正周子愚言：‘大西洋归化人庞迪我、熊三拔等深明历法。其所携历书，有中国载籍所未及者。当令译上，以资采

① （明）朱载堉：《圣寿万年历》附录，《景印文渊阁四库全书》第786册，第553页。
② 《明史》卷31《历志一》，第517页。
③ 《明史》卷31《历志一》，第528页。
④ 何丙郁、赵令扬：《明实录中之天文资料》下册，香港：香港大学中文系，1981年，第113页。

择’”[①]。不久，礼部正式上奏修改历法，其文建议：

采访历学精通之人，如原任按察使邢云路、兵部郎中范守己，一时共推可用。先年修历，以户科给事中乐护，工部主事华湘，俱改光禄寺少卿，提督钦天监事例。二臣所当酌量注改京堂衔，共理历事，又访得翰林院简讨徐光启，及原任南京工部员外李之藻，皆精历理，若大西洋归化之臣庞迪我、熊三拔等，有推彼国历法诸书，测验推步讲求原委，足备采用。照洪武十五年命翰林院李翀、吴伯宗及本监云台郎海达儿等修西域历法事例，将大西洋历法及度数之书，同徐光启对译，与云路等参讨修改。然历法疏密，莫显于交食，真伪莫逃于测验，欲议修历，必测交食，观象台年久渗漏，地势失平，仪器欹斜，与天度不合，公馆直房，俱难栖止。台顶须添造板房一间，台下添造直房五间，及增制天倖星球各样日晷，以便测验。且钦天监官留心历法，不失其业，不过数人，至于天文阴阳人等，阘茸粗疏，罔习本业，若不及今大为振刷，亦恐将来讹舛日甚。留中。[②]

诚如前述，明末钦天监预测日食，经常出现“届时不应验”的情形，如万历四十年（1612）月食，钦天监又一次预报不准，这件事有失明朝的体面，因而对明神宗的刺激很大，迫使他下决心来整顿钦天监，有条件地改革历法。于是，明神宗下旨礼部：“历法要紧，尔部还酌议修改来说。”[③]这样，明末的历法改革便有了可能。而历法改革没有人才不行，所以礼部发布了“奉钦依访天下谙晓历法，不拘山林隐逸，官吏生儒人等，征聘来京”[④]的公文。此时，周子愚根据当时历法改革对各种历法人才的客观需要，不失时机地撰写了上面的奏文，而这篇奏文实际上也是一篇向朝廷推荐的历法人才荐。周子愚，浙江慈溪人，他是明末一位较为开明的钦天监监副，曾与利玛窦“谈律吕之学”，因“见其精实，可以补本典所无”[⑤]，因此提出了“欲得参用，务令会通归一”[⑥]的观点。从中西文化各自产生的社会条件来看，这种中西历法“会通”的思想，显然较“令中西二法分曹而治”[⑦]的主张更符合明朝历法改革的实际。在周子愚向朝廷推荐的上述人名中，既有西方基督教会士，同时又有明朝精通历法的英才。当时，邢云路不仅名列其中，而且周子愚还建议由邢云路和范守已“共理历事”，即共同领导这次钦天监的历法改革工作。可惜，不知何种原因，明神宗没有谕旨这次奏折。但不久，“云路、之藻皆召至京，参预历事。云路据其所学，之藻则以西法为宗”[⑧]。可见，邢云路最后在这次历法改革中的地位被打了折扣，只是在钦天监参与改革历法工作而

---

① 《明史》卷 326《意大里亚传》，第 8460 页。
② 郑鹤声、郑一钧：《郑和下西洋资料汇编（增编本）》下册，北京：海洋出版社，2005 年，第 1920 页。
③ （明）王应遴：《王应遴杂集》第 1 册《修历书》，日本国立公文图书馆藏本。
④ （明）王应遴：《王应遴杂集》第 1 册《修历书》，日本国立公文图书馆藏本。
⑤ （明）周子愚：《表度说序》，徐宗泽：《明清间耶稣会士译著提要》，上海：上海书店出版社，2006 年，第 282 页。
⑥ （明）徐光启撰、王重民辑校：《徐光启集》卷 7《治历疏稿一》，第 327—328 页。
⑦ 杜升云主编：《中国古代天文学的转轨与近代天文学》，第 98 页。
⑧ 《明史》卷 31《历志一》，第 528 页。

已。不过，从之后的工作成效来判断，邢云路确实是这次历法改革的重要代表人物。

万历四十四年（1616）七月，邢云路向朝廷进献了《七政真数》一书，这是他参与历法改革后的第一部著作，里面主要讲解了他自己推算日月食的方法。他说："步历之法，必以两交相对。两交正，而中间时刻分秒之度数，一一可按。日月之交食，五星之凌犯，皆日月五星之相交也。两交相对，互相发明，七政之能事毕矣。"①由于该书早已亡佚，幸好《明实录》载有邢云路推算万历四十四年七月十六日月食的食分与食相时刻的记录，从而使我们管中窥豹般地看到邢云路的一些历法研究成果。《明实录》载：

今岁七月十六日戊寅夜，望月食推得是月，望交泛分：一十三日八十四刻五十六分六十三秒；阴历交前度：一度二十二分零三秒九十五微；月食分：一十三分五十九秒六十九微；定用分：六刻六十八分九十五秒二十一微；既内分：二刻八十六分六十五秒；既分分：三刻八十一分七十九秒；初亏分：六刻四十三分二十六秒八十九微；食既分：一十刻二十五分零四十微；食甚分：一十三刻二十一分六十六秒一十微；生光分：一十五刻九十八分三十一秒八十微；复圆分：一十九刻八十分一十一秒三十一微；初亏：丑初二刻；食既：丑正一刻；食甚：寅初二刻；生光：寅初三刻；复明：寅正三刻。此月食之数，即日月交之数也。其推步五星盈初之数即五星交之数也，二数定而七政明矣。②

关于这次推算月食的精确度，有学者与理论值做了对比，其结果如表1-1所示：

表1-1 邢云路万历四十四年（1616）七月戊寅推测月食值与误差简表③

日期	食相	邢云路推测值	理论值	误差（近似值）
万历四十四年七月戊寅	食分	1.359 69	1.04	−0.32
	初亏	1.24	8.57	7.33
	食既	2.24	10.01	7.77
	食甚	3.48	10.25	6.77
	生光	3.72	10.49	6.77
	复圆	4.72	11.93	7.21

从表1-1中不难看出，邢云路的推测值比较粗疏，误差较大。《明实录》又载邢云路一篇奏文，其文云：

臣自万历三十九年奉有谕旨，命臣治历至去岁泰昌元年九月内治完，恭进奉旨下部，臣复思前疏所陈，止言治历之要，犹未悉其详也。入冬以来，更竭心力，正表凿度孔台浮箭步得日月交食详悉分数，谨此具述进陈。按新法推泰昌元年庚申岁十一月

① 《明史》卷31《历志一》，第529页。

② 《明实录·明神宗实录》卷547"万历四十四年七月戊寅"条，台北："中央研究院"历史语言研究所，1962年，第10359—10360页。

③ 王淼：《邢云路与明末传统历法改革》，《自然辩证法通讯》2004年第4期，第84页。

十六日己丑夜望月食，初亏：漏下二百七十三筹五十三分，计九十七刻二十四分；食既：漏下二百九十四筹六十分，计八十八分；生光：漏下三百三十二筹四十分，计七刻四十分；复圆：漏下三百五十三筹四十八分，计一十一刻。各以发敛求之，得初亏，夜子初一刻；食既，子正初刻；食甚，子正四刻；生光，丑初三刻；复圆，丑正二刻；月食，一十四分九十九秒；食甚，月离黄道毕宿一十四度三十分一十秒，而《授时》则推初亏子正一刻，食既丑初一刻，食甚丑正初刻，生光丑正三刻，复圆寅初三刻，月食一十三分三十一秒；月离黄道毕宿一十四度三十四分四十四秒，与天不合。如以《授时》为是，臣当是日以漏箭自子平计至初亏月在五车星下，天开星西，诸王东第一星为九十七刻二十四分，为夜子初一刻无疑，乃仰观在天管窥所共睹，隶首所共算者，《授时》误矣，是其见在之数与天合符者也。①

有学者将上述推测值与理论值做了对比，其结果如表1-2所示：

表1-2　邢云路泰昌元年（1620）十一月己丑推测月食值与误差简表②

日期	食相	邢云路推	郭守敬推	理论值	与邢值误差	与郭值误差
泰昌元年十一月己丑	食分	1.499	1.331	1.6	0.101	0.269
	初亏	23.24	0.24	23.28	0.04	−0.96
	食既	0	1.24	0.37	0.37	−0.87
	食甚	0.96	2	1.17	0.21	−0.83
	生光	1.72	2.72	1.96	0.24	−0.76
	复圆	2.48	3.72	3.05	0.57	−0.67

从表1-2可以看出，邢云路这次推测月食的准确性明显高于《授时历》。因此，有学者评论说："邢云路在推算1620年12月9日月食食相时刻预报方面，其'新法'推算值的平均误差为先天0.26小时（12.6分钟），而《授时历》的平均误差为后天0.73小时（43.8分钟），所以，邢云路的这一次月食预报精度是比较高的。"③

可是，在天启元年（1621）四月，邢云路推测月食的数值却出现了比较大的误差（表1-3）。当时，邢云路自己陈述说：

复以此法推天启元年辛酉岁四月壬申朔日食，初亏：申正一刻；食甚：酉初刻；复圆：酉正初刻；日食：一分八十六秒；复圆：日在天未入地，食不及三分不救，而《授时》则推是日食，初亏：申正三刻；食甚：酉正初刻；复圆：戌初刻；日食：三分九十一秒。日未入已复光三分一十一秒，日已入未复光八十秒，与天不合。④

---

① 《明实录·明熹宗实录》卷7"天启元年闰二月"条，台北："中央研究院"历史语言研究所，1962年，第351—352页。

② 王淼：《邢云路与明末传统历法改革》，《自然辩证法通讯》2004年第4期，第84页。

③ 王淼：《邢云路与明末传统历法改革》，《自然辩证法通讯》2004年第4期，第84页。

④ 《明实录·明熹宗实录》卷7"天启元年闰二月"条，第352页。

表 1-3 邢云路天启元年（1621）四月壬申推测月食值与误差简表[①]

日期	食相	邢云路推	郭守敬推	理论值	与邢值误差	与郭值误差
天启元年（1621）四月壬申	食分	0.188	0.391	0.711	0.523	0.32
	初亏	16.24	16.72	17.27	1.03	0.55
	食既	17	18	18.23	1.23	0.23
	复圆	18	19	19.19	1.19	0.19

用同样的方法推算，邢云路这次月食的推测结果远不如《授时历》精确，而这次推测也成了邢云路历法改革失败的标志。据《明史·历志一》记载："天启元年春，云路复详述古今日月交食数事，以明《授时》之疏，证新法之密。章下礼部。四月壬申朔日食，云路所推食分时刻，与钦天监所推互异。自言新法至密，至期考验，皆与天不合。"[②]不久，邢云路去世，所以更进一步的历法改革便只能落在徐光启等人的肩上了。

2. 邢云路历法改革失败的原因

从客观上说，邢云路历法改革遇到的各种阻力很大，历法改革举步艰难。本来，按照钦天监监副周子愚的设想，其历法改革由中外谙晓历法的人士合作完成，但不巧的是万历四十四年（1616）"南京教案"爆发。有学者评论"南京教案"的严重后果说：

> 持续数年之久的"南京教案"，最初是明万历四十四年五月，南京礼部右侍郎沈潅呈上《参远夷疏》，指控外国传教士潜居南北两京各地，鼓吹异说诱惑民众，变乱祖宗纲纪，请予追究查初，随即在朝廷官员支持下，通令全国禁教。居留北京和南京的耶稣会士庞迪我、熊三拔、王丰肃、谢务禄，被逮捕拷问递解出境，株连教徒二十余人，惨遭酷刑迫害，教堂亦被拆毁变卖。至万历四十五年十二月，教难暂告一段落。天启二年，以沈潅为后台的南京官员又起波澜，借口基督教徒乃叛乱的白莲教同党，逮讯教徒三十余人，恐怖气氛再次弥漫南京城。直到当年七月，时任内阁大学士的沈潅去职，南京教难方平息。经此摧折，"西士在中国者俱惴惴自危，而各地教务亦为之衰落不振"。[③]

诚如前述，在西方传教士中，有一批谙晓历法者，像庞迪我、熊三拔等就是他们中的佼佼者。其中熊三拔"先与中国学者徐光启和李之藻等合作翻译了数种有关行星运动学说的书籍，后又将欧洲、印度以及中国推算日食的结果分门别类进行了比较和研究"[④]，此外，他还亲手制做了简平仪，并撰写了《简平仪说》。至于庞迪我，亦曾与徐光启一起制造了多种新奇的测天定时仪器。[⑤]而这些先进天文仪器的出现，却引起朝廷中那些守旧派的极端不安，于是，沈潅"利用诸朝臣妒贤嫉能，不愿接受外来新事物的心态，发动了对修历活动的口诛笔伐"，认为"欲将平素究心历理之人，与同彼夷开局翻译"的做法，简直就是"举

① 王淼：《邢云路与明末传统历法改革》，《自然辩证法通讯》2004 年第 4 期，第 84 页。
② 《明史》卷 31《历志一》，第 529 页。
③ 沈定平：《"伟大相遇"与"对等较量"》，北京：商务印书馆，2015 年，第 306 页。
④ 杜升云主编：《中国古代天文学的转轨与近代天文学》，第 247 页。
⑤ 沈定平：《"伟大相遇"与"对等较量"》，第 657 页。

尧舜以来中国相传纲维统纪之最大者，而欲变乱之”①。

从主观上讲，由于传统历法发展到元代郭守敬《授时历》时期，已经步入顶峰，后人要想超越它，如果缺少西方历法知识的助力，显然是不可能的。尤其是当庞迪我、熊三拔等被逐出境之后，这个问题就变得更加严峻了。因为“云路据其所学，之藻者以西法为宗”②，在此，所谓“云路据其所学”主要就是指邢云路以传统历法的研究为基础进行历法改革③，然而，诚如利玛窦所言：“其时，郑世子载堉和邢云路二人已经讨论了明代历法出现的差误，但他们二人中任何一个人都没有足够的科学知识去修订它。”④

第五节　熊明遇的西学中源

熊明遇，字良孺，号坦石，谥文直，江西进贤人，在宦场几经沉浮，官至南京兵部尚书。万历二十九年（1601）进士，先任浙江长兴知县，万历四十一年（1613）入朝为官。此时明朝宦官专权，民怨沸腾。熊明遇在政治上接近东林党，敢于直陈时弊，提出“八忧”之谏，云：“今内库太实，外库太虚，可忧一。饷臣乏饷，边臣开边，可忧二。套部图王，插部觊赏，可忧三。黄河泛滥，运河胶淤，可忧四。齐苦荒天，楚苦索地，可忧五。鼎铉不备，栋梁常挠，可忧六。群哗盈衢，讹言载道，可忧七。吴民喜乱，冠履倒置，可忧八。”⑤在思想上，他与徐光启一起向传教士学习西方科学，但与徐光启等“用儒家概念诠释西学”⑥的进路不同，熊明遇“却严格地使用这些概念，执意在中国传统的世界观中‘融入’西方学说”⑦。明亡后，避地入闽。其传世著作主要有《格致草》不分卷、《绿雪楼集》14卷、《中枢集略》10卷、《驯雉堂集》4卷等。

下面仅就《格致草》中的科学思想不揣庸愚，略陈管见。

一、《格致草》的主要内容及其西学思想

（一）《格致草》的主要内容

据查继佐《罪惟录》载熊明遇的传世著作有“《敛（剑）草》《则草》《素草》《绿雪楼集》《中枢集略》”⑧5部书。然而，熊明遇之子熊人霖在其所撰《先府君宫保公神道碑铭》却称：熊明遇“所著有《绿雪》《青玉》《华日》《揖华》《中枢》《南枢》《延喜》《英石》八

---

① 沈定平：《“伟大相遇”与“对等较量”》，第657页。
② 《明史》卷31《历志一》，第528页。
③ 王淼：《邢云路与明末传统历法改革》，《自然辩证法通讯》2004年第4期，第83页。
④ 转引自戴念祖：《天潢真人朱载堉》，郑州：大象出版社，2008年，第259页。
⑤ 《明史》卷257《熊明遇传》，第6629页。
⑥ [荷]安国风：《欧几里得在中国：汉译〈几何原本〉的源流与影响》，纪志刚、郑诚、郑方磊译，第393页。
⑦ [荷]安国风：《欧几里得在中国：汉译〈几何原本〉的源流与影响》，纪志刚、郑诚、郑方磊译，第393页。
⑧ （清）查继佐：《罪惟录》第3册《熊明遇传》，杭州：浙江古籍出版社，1986年，第2087—2088页。

集，行于世。”[①]二者所载熊明遇的著作差异较大，尤其是熊人霖在他的《先府君宫保公神道碑铭》不言诸“草”，似乎诸“草”应当属于“八集”中的组成部分。汤开建认为：“《敛草》《则草》《素草》均为《绿雪楼集》中的一部分，并非单独专书。”[②]考《罪惟录》成书于康熙十一年（1672），而《鹤台先生熊山文选》刊刻于顺治十六年（1659），从史书的信度言，《先府君宫保公神道碑铭》更为可靠。当然，我们不排除后人从《绿雪楼集》辑出，编为《则草》单行的可能。因为熊志学在清顺治五年（1648）曾将《则草》与《地纬》合编为《函宇通》一书，在潭阳书院刊行。那么，《函宇通》所录《则草》究竟是从他书中辑出，还是本来为一单行本？恐怕目前尚难以定论。

《则草》在收入《函宇通》后，改名为《格致草》，体现了其书的宗旨仍在儒家的经典原则范围之内。至于《格致草》与《则草》的异同，可参见徐光台《函宇通校释〈格致草（附则草）〉》一书，兹不赘言。

《则草》不分卷，徐光台将《格致草》分为6卷，共计有127个天文学问题。

（1）第1卷，共9个问题，即“原理恒论”“原理演说”“大象恒论”“大象演说”“诸天位分恒论”“诸天位分演说”“地在大圆天之最中”“列象恒论”“列象演说”。在“原理恒论”题记中，熊明遇解释“原理”的内涵说：“今人言天官，俱以占星气为急，其所指次，率悖事例，故首以恒论，推明其不尽然也，题曰原理。”[③]“原理”，《则草》作“占理”，其基本内容是对中国传统占星学的批判。

“列象演说”题记云：“《恒论》以气配象，以事配数，皆据理推原，而语焉未详，其义恐晦，再作《演说》，无二旨也。”[④]传统占星学的要义是以天示人，天象的常变“决定”人事的吉凶。然而，熊明遇却颠覆了传统的天人关系，强调人事的吉凶对天象的常变产生决定性影响。他说：“地气一也，何为此方吉彼方凶，此时吉彼时凶？曰：是则数为之也，实胚胎于人事也。”[⑤]他又说：“若夫兴废，实关质文。凡开天草昧之朝，臣民甫脱于金革吮哑，父子离散之余，得食即饱，不复思膏粱；得衣即温，不复思文绣；得寝即甘，不复思帷幨，自然而无乎不质。承平一久，家室葆就，不知有金革吮哑之苦，聪明志巧，日习日增，情欲取极，何所不至？将有厌膏粱不足食、文绣不足美、帷幨不足御，而天地之气亦不能供其所求。上贪下盗，莫所底止，又必酿出金戈吮哑、父子离散之事，然后圣贤豪杰起而收之，方能返于粗衣、饱食、甘寝之故。于时臣民，亦不复知其质之如此也。由是而观，质文有定运，兴废有定数，皆自人事酿成。”[⑥]由于受到人事的影响，所以“当兴之时，天地如律回阳，其气绦达如镜重磨，其象宣朗。当废之时，天地如律重阴，其气郁闭如镜蒙尘垢，其象湮合。此定理也。占候祈禳，原为小数，而警予责已，仰思咎谢，俯答明谴，尧

① （明）熊人霖：《鹤台先生熊山文选》卷12《先府君宫保公神道碑铭》，清顺治十六年（1659）刊本。

② 汤开建：《明代澳门史论稿》下卷，哈尔滨：黑龙江教育出版社，2012年，第566页。

③ （明）熊明遇：《格致草》，薄树人主编：《中国科学技术典籍通汇·天文卷》第6分册，郑州：河南教育出版社，1993年，第61页。

④ （明）熊明遇：《格致草》，薄树人主编：《中国科学技术典籍通汇·天文卷》第6分册，第62页。

⑤ （明）熊明遇：《格致草》，薄树人主编：《中国科学技术典籍通汇·天文卷》第6分册，第62页。

⑥ （明）熊明遇：《格致草》，薄树人主编：《中国科学技术典籍通汇·天文卷》第6分册，第63页。

舜汤文以来自有钦若昭事，毋敢戏渝之，道法在焉，可忽乎哉！”[①]在此，公然为“占候祈禳”张目，固当批判。但是熊明遇提出的问题却具有重要的现实意义，目前人类正在遭受环境破坏之苦难，即可视为一个非常惨痛的教训。所以“天”（即自然界）也不是人类为所欲为的客观对象，“天”有其存在和消亡的内在规律。依此，从“大象恒论”以下，基本上都是讲述天体的运动原理。

（2）第2卷，共25个问题，即“赤道心”“黄道极”“黄赤道距度”“三动”“天体至纯”“天体难定轻重”“天体不坏”“天体难定色相”“天体不容空隙”“经纬定六曜”“测日与太白距度因知周天经纬星度”“日体”“月体”“日圈不同地心”“日月交食”“昼夜长短”“日行分至黄道距赤道节气差数”“日月距地远近之证”“朔后见新月迟早高下之异”“星经外有余星”“经星位置”“二十八宿定度”“日圈异宗动天图”“星恒不食月不恒食图”“节度定纪”。由于受到西学思想的影响，熊明遇所讲述的天体知识，基本上都取自亚里士多德和托勒密的天文学体系。据徐光台考证，其“赤道心”“黄道极”“日体”“月体”的内容出自邓玉函《测天约说》[②]，“黄赤道距度”引用了罗雅谷《日躔历指》中的内容[③]，“三动”“日圈不同地心”的内容出自罗雅谷《日躔历指》[④]，“天体至纯”“天体难定轻重”“天体不坏”“天体不容空隙”的内容出自傅汎际与李之藻合作翻译《寰有诠》[⑤]，“经纬定六曜”“测日与太白距度因知周天经纬星度”的内容出自汤若望《恒星历指》[⑥]，“日月交食”“昼夜长短”“日行分至黄道距赤道节气差数”“日月距地远近之证”“朔后见新月迟早高下之异”“星经外有余星”“日圈异宗动天图”“星恒不食月不恒食图”的内容主要出自阳玛诺《天问略》[⑦]，“经星位置”“二十八宿定度”的内容主要取自李之藻翻译的《浑盖通宪图说》[⑧]，“节度定纪”写成于顺治五年（1648），这节内容反映了熊明遇强烈的“明朝遗民”情结，即从采用西方天文学知识的立场，通过对《大统历》的重新发现而转回到中国传统的天文学知识上来，进一步说，即熊明遇“再次重申离开亚里士多德自然哲学的原理与托勒密数学天文学，回归中国易简之理，以传统治历方式回归唐尧敬授人时的盛事”[⑨]。

（3）第3卷，共27个问题，即“历理”“历诀”“指南针”“表圭”“岁实”“割圆八线表全图”“浑仪图说”“平仪图说”“视差”“清蒙气”“夜测星晷”“昼夜晷”“测高象限悬仪”“分野辨”“周髀辨”“浑注辨”“天中辨”“五星降人辨”“十辉辨”“望气辨”“妖星不由水木辨”“天星平动非转动辨”“星动由地气闪烁辨”“当食不食辨”“汉唐宋不知岁差之故辨”

① （明）熊明遇：《格致草》，薄树人主编：《中国科学技术典籍通汇·天文卷》第6分册，第63页。

② （明）熊明遇著、徐光台校释：《函宇通校释〈格致草（附则草）〉》，上海：上海交通大学出版社，2014年，第59、61、75、79页。

③ （明）熊明遇著、徐光台校释：《函宇通校释〈格致草（附则草）〉》，第63页。

④ （明）熊明遇著、徐光台校释：《函宇通校释〈格致草（附则草）〉》，第64、81页。

⑤ （明）熊明遇著、徐光台校释：《函宇通校释〈格致草（附则草）〉》，第65、67、68、71页。

⑥ （明）熊明遇著、徐光台校释：《函宇通校释〈格致草（附则草）〉》，第72、74页。

⑦ （明）熊明遇著、徐光台校释：《函宇通校释〈格致草（附则草）〉》，第83、87、93、95、111、112页。

⑧ （明）熊明遇著、徐光台校释：《函宇通校释〈格致草（附则草）〉》，第101、109页。

⑨ （明）熊明遇著、徐光台校释：《函宇通校释〈格致草（附则草）〉》，第115页。

“列宿天震动图说辨”“水星至小可见辨”。与卷2的内容不同，卷3所讨论的内容多是中国古历法中常见的问题。熊明遇在“历理”一节中说：“《授时历》本元，初郭守敬诸人所造，而《大统历》因之，比于汉、唐、宋诸家诚为密近，尚未能确与天合，钦天监官仅能依法布算而未能明其所以然之故。”[①]在熊明遇看来，西方历法讲的是“所以然之故”，因此可以用西法之长来补中法之短，本节内容采自徐光启《治历缘起》。[②]“历诀”讲述的是提高中国传统历法精度的8种方法，其内容采自徐光启《治历缘起》。[③]“割圆八线表全图”讲的是三角函数，详细内容见江晓原主编《〈大测〉校释 附〈割圆八线表〉》一书[④]。“清蒙气”是第谷提出来的概念，由利玛窦与李之藻合作翻译的《乾坤体义》最早传入，主要用于处理日月食的预测问题。所以熊明遇指出：“清蒙之差，测天者最宜详密，郭守敬以前诸人不知也。”[⑤]

（4）第4卷，共25个问题，即“化育论”“风云雨露霜雾”“霄霞”“雷电”“彗孛流星陨星日月晕”“雪”“雹”“天汉”“天河探谷价”“蟾影”“虹”“天开”“天鸣”“日月重见星不食月”“雨土雨粟”“地震”“山飞地陷”“北辰吸磁石”“釜鸣”“虹饮”“石言”“柳仆自起”“驱山”“金生于日”“气行变化演说”，讲述的多是异常天气和地质现象。其中“天河探谷价”探求七夕天河为什么会出现光澹现象，在古人的经验里，“每年逢七月七日，漠光必澹”，所以民间有“天河去，探谷假，如六日、七日复回，则以定谷价六石、七石”[⑥]的习俗。同一般学者不同，熊明遇并不是把这些民俗当作“不经之说”而一笑了之，而是深入这些民谚俚语的背后去探究造成这种现象的原因。他解释说：“孟秋之月，日在星、张间，昏心中，房、心、尾、箕、斗、牛俱在汉内。初一，日月合朔于星、张间，则月无光。月一日一夜行十三度强，行过六日，恰经历翼、轸、角、亢，八十度而躔氐、房，正在漠中。月将上弦，其光渐盛，且房、心昏中夜坐，恒于更初，人易共见月光。既盛，遂掩夺汉光，人遂以耦七夕河去也。……六、七日后，月又行过房、心、尾、箕、斗、牛，八十余度而躔女、虚，距汉远矣，故汉光复盛，此其理也。”[⑦]可见，“以七夕时天河光的变化与回复原先状态所需日数，来占验谷价走势”[⑧]，也是对自然规律的一种认识和反应，只不过是一种歪曲的认识和反应而已。

（5）第5卷，共30个问题，即“黄河清”“火灾”“海”“海潮汐”“海盐”“江河”“山泉”“井泉”“温泉”“野火”“塔放光”“阳焰”“雨征”“冻成花鸟草木之形”“制气”“南北风寒温之异”“南北方雨旸之异”“登高可以望远”“圆地总无罅碍”“圆地总无方隅”“荆棘

① （明）熊明遇著、徐光台校释：《函宇通校释〈格致草（附则草）〉》，第89页。
② （明）熊明遇著、徐光台校释：《函宇通校释〈格致草（附则草）〉》，第121页。
③ （明）熊明遇著、徐光台校释：《函宇通校释〈格致草（附则草）〉》，第123页。
④ ［德］邓玉函著，董杰、秦涛校释：《〈大测〉校释 附〈割圆八线表〉》，上海：上海交通大学出版社，2014年，第1—66页。
⑤ （明）熊明遇著、徐光台校释：《函宇通校释〈格致草（附则草）〉》，第94页。
⑥ （明）熊明遇著、徐光台校释：《函宇通校释〈格致草（附则草）〉》，第110页。
⑦ （明）熊明遇著、徐光台校释：《函宇通校释〈格致草（附则草）〉》，第110页。
⑧ （明）熊明遇著、徐光台校释：《函宇通校释〈格致草（附则草）〉》，第215页。

虎狼之生”“蚊虻蝇蚋之生”“化湿卵胎之生”“圣贤愚贱之生”“人身营魄变化”“神鬼妖怪”“仙佛”“召魔”“炼丹”“巫”，主要讲述自然地理方面和生物界的异常变化现象。其中“塔放光”试图从自然界物质或大气的放光原理来解释塔放光的现象，反对神力说，在当时这是一种比较进步的唯物论思想。本卷内容大都是用西学知识来解释中国传统文化中所出现的各种奇异现象，如“阳焰”是北方地区经常会看到的一种光学现象，熊明遇解释产生这种光学现象的原因说：“地出硝，山出硫，皆属火化硗瀉之原，冬寒生碱，其理亦同。”①在徐光台看来，“以硝、硫与碱在日晒下产生的薰蒸烟气上腾摇飏，来解说传统的阳焰。熊明遇似乎是首位以西学来解说此一自然现象的中国士人”②。在“荆棘虎狼之生”“蚊虻蝇蚋之生”等节里，熊明遇讲到了“造物主”的观念。例如，“荆棘虎狼之生”一节云：“地上初无荆棘，以首出之人，听魔逆命，荆棘遂生，人类诸苦遂降。虽然天地间一大世界，须物物各供其用，荆棘护垣，致狂夫之瞿瞿，虎狼率野，利猎者之赴赴。大造成寰宇，以各备为全。”③利玛窦《天主实义》讲“天主生物”的思想，熊明遇者把“天主生物”与宋儒的“化生”说结合起来，并“将他所吸纳的西方自然神学用到中国的事例上，说明造物主的周全设计，万物对他物皆各有其用，此种物物间相互为用的设计，系出自造物主的完整设计”④。然而，熊明遇在讲述这些问题时，却不是以“造物”为中心，而是将自然神学儒学化。例如，在“人身营魄变化”一节里，熊明遇一面讲“人身小天地，四大升降，生息无刻有停”⑤，一面又讲“玄牝之门，与天地同，天地原从虚廓生，物即于虚廓栽根”⑥，实际上，这是两种截然不同的文化观，前者是指亚里士多德自然哲学中的土、火、水、气四大元素，后者则是指庄子的思想。可见，“在这一小节内，熊明遇采用西学中四行在天地间的变化，结合老庄言天地变化，将大宇宙内的运作类比延伸到人身小宇宙之内，来解说人身的营魄变化”⑦。

（6）第6卷，共11个问题，即“大造恒论”“大造畸说”“洪荒辩信”“古天官”“古历谱”“五星庙”“今月令”“江西北极出地数”“天官图书”“附南极诸星图说”“南极诸星图”，主要讲述天地是如何形成的。在此，熊明遇根据利玛窦《天主实义》的思想主旨，强调天地形成必然存在一个客观的“主宰者”，但这个“主宰者”在熊明遇视域里还没有转变成为西方哲学中所讲的“实体”概念。熊明遇说：“惟大造之主宰无始无终，人之灵性同天地有始无终，其余则皆有始有终。盖大造之真与人之灵性皆不落形质，无对待，而灵性之所以

---

① （明）熊明遇：《格致草》，薄树人主编：《中国科学技术典籍通汇·天文卷》第6分册，第132页。

② （明）熊明遇著、徐光台校释：《函宇通校释〈格致草（附则草）〉》，第312页。

③ （明）熊明遇：《格致草》，薄树人主编：《中国科学技术典籍通汇·天文卷》第6分册，第135页。

④ 徐光台：《西方基督教对东林人士熊明遇的冲激及其反应》，李向玉、李长森主编：《明清时期的中国与西班牙国际学术研讨会论文集》，澳门：澳门理工学院中西文化研究所，2009年，第131页。

⑤ （明）熊明遇：《格致草》，薄树人主编：《中国科学技术典籍通汇·天文卷》第6分册，第136页。

⑥ （明）熊明遇：《格致草》，薄树人主编：《中国科学技术典籍通汇·天文卷》第6分册，第136页。

⑦ 徐光台：《西方基督教对东林人士熊明遇的冲激及其反应》，李向玉、李长森主编：《明清时期的中国与西班牙国际学术研讨会论文集》，第134页。

有始者，始于真宰之赋畀也。”[①]从整个思想发展历程看，熊明遇与徐光启等人不同，他对待西方宗教的态度并不坚决，而是充满了矛盾、徘徊，甚至质疑。例如，他把《圣经》创世说称之为“畸说”，尽管有人认为大造六天创造万物和人类，“这六天实际上是指地质学上的六个阶段”[②]，但是，熊明遇在潜意识里仍以“中学”为准绳来判别“西学”是否可信。所以他在“大造畸说”的题记中说：“盖从孔子、老子、庄子间特为拈出畸说者，偶于西域图经中见其持有，故言成理，不与吾道悖驰者，为之译其意。”[③]在《则草》的题记中最后还有“而役于笔札，未可谓稗师之涂说也”[④]的话。这段话隐含的问题是：第一，当时有人把西方输入的宗教思想，视为“稗师之涂说”。第二，熊明遇采取一种比较折中的态度，能够客观地看待西方宗教的宇宙创生说。当然，熊明遇判断西方宗教思想是否为“畸说”，其基本标准就是看它是否“不与吾道悖驰”。实际上，这是一种变相的“西学中源”思想。

（二）《格致草》中的西方自然科学思想

如果说熊明遇对待西方的宗教思想心中还有“存疑”的话，那么，他对待西方自然科学知识的态度，就多是采取拿来主义的态度了。

1. 熊明遇对西方自然科学知识的接受

在“诸天位分恒论”一节里，熊明遇接受了亚里士多德的“水晶球”宇宙结构说。“水晶球”宇宙结构以地心说为基础，认为日、月、五星都围绕地球旋转，而地球则静止不动。可是，静止不动的地球如何让天球旋转起来？亚里士多德引入了“第一推动者”，这个“第一推动者”在熊明遇那里就变成了“气”。熊明遇在“诸天位分恒论”题记中说：“天有元位，元气胚结，包裹精密，如葱本皮层叠，刚健中正，运旋不已，且晶明透彻，故清宅不毁，万象为章。”[⑤]由此可知，熊明遇显然是把元气看作天体旋转不已的动力因，天体有“有象”与“无象”之分，所谓“有象”是指表现于外，人们能够用肉眼观察到的天体，用现代天体物理学的概念讲，就是指“显物质”。所谓“无象”是指用人类的肉眼观察不到的客观存在，用现代天体物理学的概念讲，就是指“隐物质”。亚里士多德的“水晶球”（亦称“固体同心球”）宇宙结构，是由多重天体组成的同心圆。熊明遇将其与中国传统的“九重天”联系起来。于是，熊明遇解释说：“天之仓仓者，从人眼上视，似只一重。然吾儒言九重，西域人设十二重，皆就七曜列宿丽天行动之际测算出来，殊皆有据。愚谓元气层层，其人目所不见之星尚多，重数亦未可定。”[⑥]至于“九重天”结构模型，熊明遇图如图1-5所示：

---

① （明）熊明遇：《格致草》，薄树人主编：《中国科学技术典籍通汇·天文卷》第6分册，第142页。

② 中国社会科学院世界宗教研究所、全国政协民族和宗教委员会、国家宗教事务局宗教研究中心主编：《中国五大宗教知识读本》，北京：社会科学文献出版社，2007年，第435页。

③ （明）熊明遇：《格致草》，薄树人主编：《中国科学技术典籍通汇·天文卷》第6分册，第143页。

④ （明）熊明遇著、徐光台校释：《函宇通校释〈格致草（附则草）〉》，第473页。

⑤ （明）熊明遇：《格致草》，薄树人主编：《中国科学技术典籍通汇·天文卷》第6分册，第67页。

⑥ （明）熊明遇：《格致草》，薄树人主编：《中国科学技术典籍通汇·天文卷》第6分册，第67页。

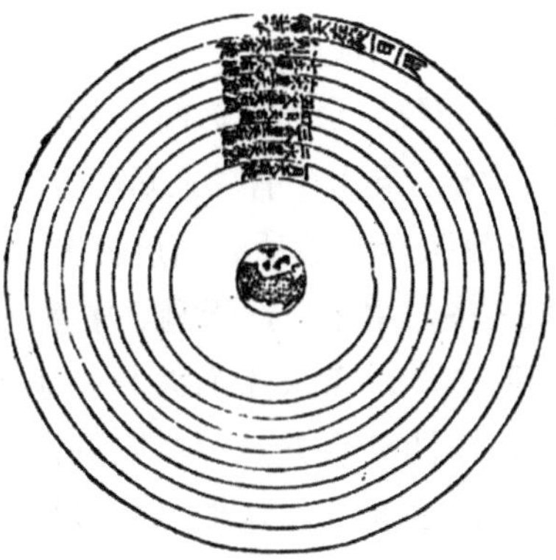

图 1-5　“九重天”结构模型图[①]

图 1-5 中“九重天”分别是：“其一，月天；二，辰星与金星；三，日轮居中位，照映世界，万象取光；四，火星；五，木星；六，土星；七，列宿；八，宗动；九，静天。”[②]另外，熊明遇在“天体不容空隙”一节对“九重天”的解释，则采用利玛窦《坤舆万国全图》的说法，认为：“大圆之下，重地居中，四行包裹，层层精密，如水包土、气包水、火包气。月天包火，以至金、水、日、火、木、土诸天，以及于宗动天、静天，皆是清虚，皆是凝结，至纯至健，不可思议。”[③]在此，“辰星与金星”一分为二，“列宿”不见了。这样，“九重天”就变成了月天、火星天、金星天、水星天、日天、木星天、土星天、宗动天、静天。利玛窦解释“九重天”的结构特点是：“如葱头皮焉，皆硬坚而日月星辰定在其体内，如木节在板而只因本天而动。”[④]可见，熊明遇前述“九重天”结构的主体内容无疑是继承了西方天文学的思想基因。不仅如此，熊明遇还用西方天文学知识批判了当世之儒在岁差问题上的错误认识。他说：“余尝在京师，与钦天监官周子愚论岁差之理。但拘世儒腐说，以答曰：‘天老日行迟，阳渐衰故也。’真可一笑。二至二分，乃黄道四分，平等定限，日不到那限上，自然不分不至。如何说得天老阳衰？实列宿天渐渐过东，如尧时虚宿在冬至限上者，今已东移六十度，冬至限恰直箕四。若从尧历行算至二万五千年，依旧在虚宿冬至矣。此实灿然可据，非如宋儒之猜忖也。”[⑤]在“汉唐宋不知岁差之故辨”一节中，熊明遇解释形成岁差的原因说：“汉唐宋以来，言岁差只于年分度数课疏密，竟未脱其所以差之故。由列宿天东行二万五千余年而一周也，东行之天以黄道极为轴，不独有东西差，更因有南北差矣。”[⑥]这种对岁差的认识或许受到了哥白尼学说的影响。[⑦]

---

① （明）熊明遇：《格致草》，薄树人主编：《中国科学技术典籍通汇·天文卷》第 6 分册，第 67 页。
② （明）熊明遇：《格致草》，薄树人主编：《中国科学技术典籍通汇·天文卷》第 6 分册，第 67 页。
③ （明）熊明遇：《格致草》，薄树人主编：《中国科学技术典籍通汇·天文卷》第 6 分册，第 76 页。
④ [意]利玛窦：《利玛窦中文著译集》，第 177 页。
⑤ （明）熊明遇：《格致草》，薄树人主编：《中国科学技术典籍通汇·天文卷》第 6 分册，第 68 页。
⑥ （明）熊明遇：《格致草》，薄树人主编：《中国科学技术典籍通汇·天文卷》第 6 分册，第 101 页。
⑦ 参见邓可卉：《希腊数理天文学溯源：托勒玫〈至大论〉比较研究》，第 279 页。

“割圆八线表全图”（图 1-6）是《崇祯历书》中的重要内容之一，其“八线”是指正弦、余弦、正切、余切、正割、余割、正矢、余矢，这都是中国传统几何学中所缺乏的平面三角学知识。由于邓玉函把托勒密《数学大全》中有关三角函数的内容译为《大测》[①]，所以《大测》中所讲的内容与“八线表”相似，但后者所载三角函数表较前者更加精密。故熊明遇说：“割圆八线表即大测表也，其数之多，用之广，于测量中百法皆为第一。用法与分图之形，不可胜记，悉从此变化，而神明之耳。盖天象为大圆，地不衬度，弧为九十度，四分周天之度，与测高象限悬仪同体，将四分合并，浑成圆规，即天象也。其正余弦矢截方为之，正余割切线则直射以切于方圆之间，加减乘除，即得所测真数矣。”[②]由于这段话是熊明遇的改写，所以有些算法难以完整呈现，这对初读者的理解造成一定困难。例如，“正余弦矢截方为之，正余割切线则直射以切于方圆之间”这段话，在《大测》一书中，其具体表述则为：

> 今西法，以周天一象限分为半弧，而各取其正半弦。其术从二径六弦始，以次求得六宗率，皆度数之正义，无可疑者。次用三要法，相分相准，以求各率，而得各弧之正半弦、又以其余弧之正弦为余弦，以余弦减半径为矢弧之外，与正弦平行而交于割线者，为切线。以他半径，截弧之一端而交于切线者，为割线。其与余弦平行者，则余切线也，即正割一线。交于余切线而止者，余割线也。以正弦减半径者，余矢也。[③]

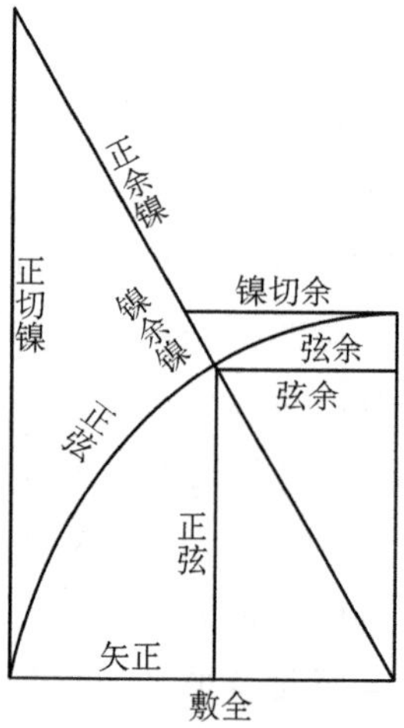

图 1-6　割圆八线表全图[④]

为方便起见，我们特变换成图 1-7 所示：

① 学界认为大测是“西方数学中‘三角法’的中文首译”，参见黄见德：《明清之际西学东渐与中国社会》，第 253 页。
② （明）熊明遇：《格致草》，薄树人主编：《中国科学技术典籍通汇·天文卷》第 6 分册，第 91 页。
③ （明）徐光启编、潘鼐汇编：《崇祯历书》下，第 1174 页。
④ （明）熊明遇：《格致草》，薄树人主编：《中国科学技术典籍通汇·天文卷》第 6 分册，第 91 页。

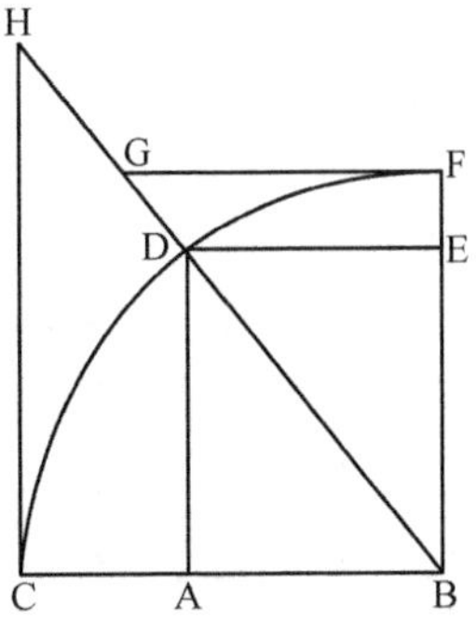

图 1-7　割圆八线表示意图[1]

用数学式表达，则有

(1)“割圆八线”分别是正弦（$\sin\alpha$）$=AD$，余弦（$\cos\alpha$）$=DE$，正切（$\mathrm{tg}\alpha$）$=CH$，余切（$\mathrm{ctg}\alpha$）$=GF$，正割（$\sec\alpha$）$=BH$，余割（$\csc\alpha$）$=BG$，正矢（$\mathrm{vers}\alpha$）$=AC$，余矢（$\mathrm{covers}\alpha$）$=EF$。其中正矢$=1-\sin\alpha$，余矢$=1-\cos\alpha$。

(2)“六宗率”是指利用正弦函数的几何意义求得 60°、45°、36°、30°、18°、12° 的正弦值。具体方法是：先以 $r=10^7$ 为半径，求圆内接正 6，4，3，10，5，15 边形的边长，借以求得 60°，90°，120°，36°，72°，24° 各弧所对应的弦长[2]；然后，各取其半即为“六宗率”。

(3)“三要法”即

$\sin^2A+\cos^2A=1$（正弦与余弦的关系式）

$\sin2A=2\sin A\cos A$　（倍角公式）

$\sin\dfrac{A}{2}=\dfrac{1}{2}\sqrt{\sin^2A+(1-\cos A)^2}$　（半角公式）

在“平仪图说”一节里，熊明遇介绍了意大利传教士熊三拔所制专门用以测量太阳赤经、赤纬、定时刻和纬度的简平仪或称简化星盘。根据熊三拔所撰《简平仪说》，熊明遇对简平仪的结构做了简要说明。他说：

> 此仪古所未有，台史亦不经见，有之自万历中西极人来始。随地随时可以量赤道出入，极星高下，得昼夜时刻。两盘旋转，地形略如轴心，因以见大天包小地之像，上盘从中心直锐者为天顶，即人在地上顶立之像。其法以上盘加下盘，中心钉一小轴，上盘一半空圈即天下，一半平实即地。地上朦胧影十八度，盖昧爽、黄昏也。[3]

可见，这种简平仪由上下两盘组合而成，下盘（即天盘）上有轴，与上盘（即地盘）相通。《四库全书提要》云：“天盘在下，所以取赤道经纬，故有两极线、赤道线、节气线、

① 李俨、杜石然：《中国古代数学简史》，北京：中华书局，1963 年，第 272 页。

② 白尚恕：《白尚恕文集·中国数学史研究》，北京：北京师范大学出版社，2008 年，第 318 页。

③ （明）熊明遇：《格致草》，薄树人主编：《中国科学技术典籍通汇·天文卷》第 6 分册，第 92 页。

时刻线。地盘在上，所以取地平经纬，故有天顶、有地平、有高度线、有地平分度线。”[①]细言之，即：

> 下盘安轴处为地心，其过心横线名为极线，极线之左界为北极，右界为南极，其过心直线与极线作十字交维者，名为赤道线。盘周之最内一圈名为周天圈。赤道线左右各六直线，渐次疏密者名为二十四节气线，即以赤道线为春分，为秋分，次一曰清明，……从赤道线上取心，以冬夏二至线为界，上下各作半圈者名为黄道圈，用半圈周平分十二者，是黄道半周天度，十五度为一分。……极线之上下并周天圈分各十二曲线，渐次疏密者名为十二时刻线，即以极线为卯正初刻酉正初刻。次上一为卯正二为酉初二，每线二刻依时列之。次上十二即周天圈分为午正初刻也，次下一为酉正二为卯初二，每线二刻依时列之，至次下十二，即周天圈，分为子正初刻也。……周天圈以赤道线、极线分为四圈分，每圈九十度，为周天象限，四象限共三百六十为周天度数。[②]

简平仪上盘的结构，“其尖锐为天顶，半庐者天覆之像，半实者地载之像，此自人眼看大地，故将天地平圈以分昼夜十八度”[③]。据研究者称，上盘的过心横线与垂线，分别代表地平线和天顶线。其盘上半部平行于地平的虚线叫“日晷线”，下半部刻有“直应度分”，上盘轴心处系一线，下拴重物，称作“垂权”，用来指示盘周刻度。[④]由于此简平仪除测日影之外，还可用作演示，所以熊明遇还在文中收录了一幅演示图（图略）。另外，关于具体的演示方法及其功用，可参见杜升云主编《中国古代天文学的转轨与近代天文学》第五章第六节的相关内容，此处不赘。

在“气行变化演说”一节里，熊明遇运用西方的水、火、土、气“四元行说”，解释了霜、雪、雷、电等气象的成因。他说：“若水、火、土皆挟气为质，有元质，有变质。水、土之元质与气二而一，火之元质与气一而一。气有两种：其一，热而带湿，蒸为雾、露、雨、雪、霜、霰、云、霞；其一，热而带燥，亦分两体：一者微细，易于点火为电，为流星、彗孛；一者疏散不容易点火，多变为风。”[⑤]在此，熊明遇有关热燥与彗星之间的论述皆来自西方传教士，特别是利玛窦的《乾坤体义・四元行论》。其论点如下：

> 凡彗将见，必多大风，或大旱。缘燥热横满空中，容易变风，未带湿气不能变云，所以知彗星之体，乃一段空中燥气。[⑥]
>
> 凡彗出多在北陆之北，南陆之南，而不在黄道。黄道太阳专烈，易散客气，燥不能成彗，纵或有之，不过二三日，见其彗点火之故。[⑦]
>
> 俗言彗体如镜，借日为光，故成芒耀。不知处位甚低，地影障隔便应夜夜烛矣。

---

① 熊三拔：《简平仪说》，北京：中华书局，1985 年，第 1 页。
② 熊三拔：《简平仪说》，第 9—10 页。
③ （明）熊明遇：《格致草》，薄树人主编：《中国科学技术典籍通汇・天文卷》第 6 分册，第 93 页。
④ 杜升云主编：《中国古代天文学的转轨与近代天文学》，第 131 页。
⑤ （明）熊明遇：《格致草》，薄树人主编：《中国科学技术典籍通汇・天文卷》第 6 分册，第 116 页。
⑥ （明）熊明遇：《格致草》，薄树人主编：《中国科学技术典籍通汇・天文卷》第 6 分册，第 119 页。
⑦ （明）熊明遇：《格致草》，薄树人主编：《中国科学技术典籍通汇・天文卷》第 6 分册，第 120 页。

诸星借日为光，厥度甚高，彗只可称火，不可称星。[①]

彗多风，彗为燥气所成。[②]

尽管上述认识未必符合彗星运动的实际，但在当时的历史条件下，熊明遇能够用具体物质的运动形式（即四行说）来解释彗星的成因，仅此而言，古人披在彗星身上的那层神秘外衣就被一种新的知识系统揭开了。对此，有学者评论说："熊明遇较早接受（亚里士多德）四行说理论，并以此西学方法作为穷理格物之资，撰写了《则草》《格致草》等著作，对方以智、方中德、方中通、揭暄、游艺等后学产生很大影响。他们之间师弟接受，形成了一个跨越明清两代的新知识圈。"[③]当然，熊明遇的解说"不仅为（中国传统的）'二气五行说'保留了基本框架，也为交通西方'三际四元行说'打开了方便之门"[④]。

"三际说"也是明朝西方传教士带来的一种认识空间气温变化的新观念，详见利玛窦编著的《乾坤体义》及高一志与韩云合撰的《空际格致》两书中。这种观念认为："空中有三际，地之热气向上所至之处为际，火际之下是上际，冷际之中为中际。天下高山绝顶，风、雨、霜、雪皆在其下，其顶上沙写灰划之字从古不动。空中之气，本性属热而不甚，因受客气所以不同，如上际既近火，一热地上之气冲入，变为电光飞星之类，若添薪然。二热火际近天，随天转动，动则生阳。三热下际，热气原彼本性，太阳所被热更有加气与热□，故常温暖。温暖之气，上至中际，渐次消归，当为极冷。以固下温上面火际，冷气难升，下面暖气共相围抱，冷而益冷，极冷之处，非上非下，当在冷中。夏月之雹，从此变化。"[⑤]这种对"夏月之雹"的解释具有一定合理性，表明熊明遇试图在某些方面超越传统观念的积极努力。

2. 熊明遇对中国传统文化的选择性批判

通过接受西方先进自然科学知识的途径，从而有条件地实现超越传统之目的，这是熊明遇"变通"中西文化的主要思想特点。在此过程中，熊明遇对待中国传统思想文化，当然不能没有个别的否定和批判。

1）对"召魔"思想的批判

人类对"魔鬼"的敬畏由来已久，它起源于万物有灵观念。[⑥]从心理学的角度看，"魔鬼"观念"是由人类对死亡的最初看法引起的"，而"伴随着万物有灵体系的形成，就有了一种指示如何去控制人类、野兽和物质以及他们灵魂的理论产生"，于是便出现了"巫术"和"魔法"。其中"魔法相信精神感应作用，魔法的本质即是将理想和真实事物之间做了一种错误的连接，就是企图利用控制心理作用的定律来操纵真实事物"。[⑦]在社会上常见的魔法之一就是"召魔"，而许多宗教组织正是利用人们惧怕魔鬼的愚昧心理，设法对其思想实行十分专横的操纵与控制。所以熊明遇分析说：

---

① （明）熊明遇：《格致草》，薄树人主编：《中国科学技术典籍通汇·天文卷》第6分册，第120页。

② （明）熊明遇：《格致草》，薄树人主编：《中国科学技术典籍通汇·天文卷》第6分册，第121页。

③ 金文兵：《高一志与明末西学东传研究》，厦门：厦门大学出版社，2015年，第128页。

④ 金文兵：《高一志与明末西学东传研究》，第133页。

⑤ （明）熊明遇：《格致草》，薄树人主编：《中国科学技术典籍通汇·天文卷》第6分册，第117页。

⑥ 王献忠：《中国民俗文化与现代文明》，北京：中国书店，1991年，第169页。

⑦ 王献忠：《中国民俗文化与现代文明》，第169页。

魔祟所附，随月盛衰。月浸盈则人苦，魔亦浸剧，星亦有为魔所藉者，故凡妖术测得某星相助相制，或用一草一石一禽兽以召魔，其魔即来。盖缘月主人脑，其光浸盈，则其性情之感，脑受其动，人蓄物像于脑，魔于时扰乱其人，动其蓄象，作诸恶想。是由魔能测月，乘机借气而非月有施于魔也。彼先测某时某星相助相制，又能知人肉躯情态，便于诱引，缘此设惑，使人误信某星有命己之权，转相禳谶，亦非星之有助于魔也。月主脑，不独是人，鱼、蛤、犀、兔之类皆然。①

尽管用西方占星术所言“月主脑”来揭示“召魔”的本质，似带有庸俗论的思想因素，但他试图将“魔鬼”的神秘成分从人们的头脑中清除出去，肯定“魔鬼”仅仅是人脑的一种虚幻化的“蓄象”，从而否定了“魔鬼”作为一种神秘力量而独立于人体之外的虚妄之论，却有着非常重要的进步意义。

2）对“炼丹”说的批判

炼丹之风始于秦始皇，经过汉武帝的推波助澜，至唐朝炼丹术大盛，危害亦至深，如唐朝的6个皇帝都因服食丹药而死。于是，越来越多的士人开始质疑服食丹药的实际功效，所以宋人多抱着“不可不戒”的态度，对服食丹药的兴趣大为减弱。到明代，虽然服食丹药已被大多数士人放弃，但仍有一些幻想长生不老术的人对炼丹术情有独钟，如明光宗的悲剧就是一个典型实例。正是在这样的历史背景下，李时珍、熊明遇、宋应星等都纷纷站出来批判炼丹术违反科学的做法。熊明遇指出：

丹家之说，为者费于渺茫，汉武帝不能成黄金，何况其它？庶几遇者亦由水火湿热之气，与丹砂、水银诸药齐（剂）偶然凑合，万中成一，或曰神仙皆能之，晋以来神仙几何人？凡夫以贪心堕奸诈设财者，术中真可笑也。②

这里提出了两个问题：第一，炼丹家认为丹砂与黄金可以相互转化，这是从过去经验中推导出来的一种虚假信息。我们承认，在自然界中丹砂与黄金确实存在共生现象，如《管子·地数》篇云：“上有丹砂者，下有黄金。”③由于丹砂和黄金的比重不同，故二者呈规律地上下分布。在炼丹实践中，如果说把一种红色之物（丹砂）经过一定的程序而转化为黄色有金属光泽的物质，亦称“药金”④，当然是可行的⑤，但如果把丹砂变成真金，那恐怕就是一种缺乏科学依据的主观臆想了。第二，从化学工序的角度讲，在古代并不严密的实验条件下，用“丹砂、水银诸药齐”制成可供服食的丹药，成功率较低，而想要制成可供人们长期服食的丹药，就更难了。历史上有不少皇帝都因服食丹药而殒命，就是因为炼丹家

① （明）熊明遇：《格致草》，薄树人主编：《中国科学技术典籍通汇·天文卷》第6分册，第140页。

② （明）熊明遇：《格致草》，薄树人主编：《中国科学技术典籍通汇·天文卷》第6分册，第140页。

③ （春秋）管仲：《管子》，哈尔滨：北方文艺出版社，2013年，第419页。

④ 《旧唐书·孟诜传》载：“诜少好方术，尝于凤阁侍郎刘祎之家，见其敕赐金，谓祎之曰：此药金也，若烧火，其上有五色气。试之果然，则天闻而不悦。”

⑤ 经考，1981年在陕西兴平出土的鎏金器，其工序是在灶上从丹砂中练出汞，制成汞齐金，涂在铜上，然后回到灶中烧去汞，就得到了“镀金”的器皿。不过，这种器物，今天称之为“鎏金”，因为它不是真正的镀金。参见钟东、钟易翚：《葛洪》，广州：广东人民出版社，2009年，第69页。

无法消除留存在丹药中的毒性物质。可是，那些别有用心的人便利用人们盲目追求长生的心理，极力吹捧丹药的功效，从而诱使越来越多的士人上当受骗，甚至还搭上性命，所以熊明遇把明代出现的各种各样的炼制丹药的活动都看作是一种诈骗钱财的行为而予以谴责。

3）对巫术的批判

巫术是与落后生产力相适应的一种原始文化现象，它曾在一定历史时期对人类文明的进步起过积极作用，但随着社会的发展和人类科学技术的进步，巫术便渐渐成为阻碍科学技术发展的惰性因素。所以熊明遇分析“后世巫蛊之祸”所造成的严重社会后果时说：

> 观于后世巫蛊之祸，岂真鬼神为祟妖，皆由人兴也。西门豹沉巫妪而河伯自此不娶妇，岂非明征哉？至于今司巫失官，渫恶民，谩以符咒惑村鄙儿女子，或有为使鬼之术者，其为人取屋犯、镇宅邪，率皆伪为。甚至祈雨用法师，达官亦不惮罗拜，彼且妄曰我能驱雷致龙。旱久岂不或雨，雷如可驱，龙而可致，汤无七年之旱矣。[①]

这段话揭示了巫术违背自然规律的反动本质，像人类生存环境的变化本来是由许多主客观因素造成的，与人的祸福没有必然联系，然而巫术却把人们所遭遇的各种痛苦都看作是“鬼神为祟妖”，于是就出现了“使鬼之术”。熊明遇明确指出“其为人取屋犯、镇宅邪，率皆伪为”，而“今之书符、念咒、作谩语、触亵天地神，遂震而与之雨，岂理亦哉”[②]，天降不降雨，本来是一种比较复杂的天气现象，它需要按照自然运行的规律来发生，绝非通过“书符、念咒、作谩语”就能有所改变，仅此而言，这段话体现了熊明遇的自然主义思想倾向。

4）在“渺论存疑”中对传统知识的质疑和反思

《格致草》创造了“渺论存疑”的体例，这种体例的特点是列举古代典籍中那些不合科学原理的内容。由于熊明遇列举的内容比较多，这里略述数例如下，以飨读者。

第一例，“周髀术即盖天说，天圆如张盖，地方如棋局。天旁转如推磨石而左行，日月右行而随天左转，故极在西北，是其效验。”熊明遇注：“极岂在西北，试北面仰望，何如？”[③]“极在西北”本是《易经》八卦的区位指向，对此，章太炎解释说：“八卦方位，就中国所见而定。乾在西北者，中国之西北也。坤在西南者，中国之西南也。古人以北极标天，以昆仑标地。就中国之地观之，北极在中国西北，故乾位西北。”[④]事实上，有学者考证，商朝时北天极向东北移动了7°[⑤]，它表明北天极的位置不是固定不移的，它自身有15 800年的周期摆动。[⑥]我们知道，北极星一圈圈地围绕北天极旋转，既然北天极的位置移动了，那么，北极星的位置也必然会随着北天极的移动而发生变动。换言之，担任北极星角色的恒星会不断发生变换，如图1-8所示：

---

① （明）熊明遇：《格致草》，薄树人主编：《中国科学技术典籍通汇·天文卷》第6分册，第140页。

② （明）熊明遇：《格致草》，薄树人主编：《中国科学技术典籍通汇·天文卷》第6分册，第141页。

③ （明）熊明遇：《格致草》，薄树人主编：《中国科学技术典籍通汇·天文卷》第6分册，第92页。

④ 章太炎：《章太炎国学讲义》，重庆：重庆出版社，2015年，第129页。

⑤ [美]班大为：《再谈北极简史与“帝”字的起源》，[美]伊沛霞、姚平主编：《当代西方汉学研究集萃》上古史卷，上海：上海古籍出版社，2012年，第223页。

⑥ 张大可、丁德科主编：《史记论著集成》第1卷，北京：商务印书馆，2015年，第79页。

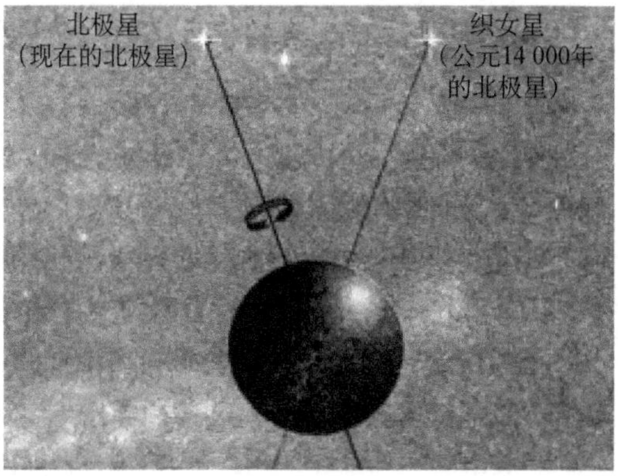

图 1-8　地球自转轴的运动①

第二例，"《淮南子》曰：'麟斗则日月食。'朱子《诗经·十月之交》注：'望而日月之对，同度同道则月亢日，而月为之食。'"熊明遇云："月在天上，日在地下，请问月如何亢日，而月为之食？恐紫阳夫子也解不去。凡解得去者，便做得像，试请做一亢日、暗虚之象，如何？"②实际上，熊明遇在"日月交食"一节中明确指出："儒者谓'月亢日而月为之食'，历家曰：暗虚。问其何以亢？何以暗？毕竟不能置对。殊不知，月星皆借日为光，日在地下，月在天上，经纬皆同，则地影适遮日光，月不受光而月为之食。"③

第三例，"《汉书》曰：'维星散，勾（钩）星信则地动。'"熊明遇注云："经星无散伸之理。"④向前追溯，《晏子春秋·外篇》亦有"维星绝，枢星散，地其动"的说法。闻一多释："斗杓后有三星，名曰维星。"又说："维所以系钩，钩所以挂维，二者交相为用，以为斗与极间之连锁。"⑤当然，也有学者认为"维星"就是指岁星。⑥徐光台则从恒星形状的变化来诠释熊明遇的思想内涵说："天域中经星（也就是恒星）间的位置关系是固定不变的，彼此间没有由直形散为弯勾形，或由弯勾形伸直的道理，遑论存在着经星散伸造成地动的因果关系。"⑦

第四例，"伊川曰：'世间人说，雹是蜥蜴做，初恐无是理，看来亦有之，只谓之全是蜥蜴则不可。自有是上面结作成的，也有是蜥蜴做的。某少见十九伯说，亲见如此。'"熊明遇批评说："说理不去。伊川遂亦骑墙，曰'曾见十九伯说是如此'，然则乡里父老说神说鬼，遂皆可信为经与？！伊川贤者，恐后世藉口，故经黜之为渺论，曾子岂欺我哉？"⑧这段话我们需要从两个角度去分析，一是巫术的传统，二是西方科学与中国自然哲学的传统。关于巫术的本质，前已述及。如众所知，巫术在历史上虽然时消时长，但它在民间一

---

① 廖元锡、毕和平主编：《自然科学概论》，武汉：华中师范大学出版社，2014 年，第 22 页。
② （明）熊明遇：《格致草》，薄树人主编：《中国科学技术典籍通汇·天文卷》第 6 分册，第 80 页。
③ （明）熊明遇：《格致草》，薄树人主编：《中国科学技术典籍通汇·天文卷》第 6 分册，第 79 页。
④ （明）熊明遇：《格致草》，薄树人主编：《中国科学技术典籍通汇·天文卷》第 6 分册，第 113 页。
⑤ 闻一多：《闻一多全集·楚辞编·乐府诗编 5》，武汉：湖北人民出版社，2004 年，第 531 页。
⑥ 刘乐贤：《马王堆天文书考释》，广州：中山大学出版社，2004 年，第 200 页。
⑦ （明）熊明遇著、徐光台校释：《函宇通校释〈格致草（附则草）〉》，第 235 页。
⑧ （明）熊明遇：《格致草》，薄树人主编：《中国科学技术典籍通汇·天文卷》第 6 分册，第 109 页。

直很风行。例如，李石在《续博物志》卷五中载："蜥蜴求雨法：以土实巨瓮，作木蜥蜴，小童操青竹，衣青衣以舞，歌曰：'蜥蜴蜥蜴，兴云吐雾。雨若滂沱，放汝归去。'"①李焘《续资治通鉴长编》亦载：熙宁十年（1077）四月，"以夏旱，内出蜥蜴祈雨法，试之果验，诏附宰鹅祈雨法颁行之"②。明代李时珍《本草纲目》更说："按《夷坚志》云：刘居中见山中大蜥蜴百枚，长三四尺，光腻如脂，吐雹如弹丸，俄顷风雷作而雨雹也。宗奭曰：有人见蜥蜴从石罅中出，饮水数十次，石下有冰雹一二升。行未数里，雨雹大作。今人用之祈雨，盖取此义。"③可见，"雹是蜥蜴做"是基于"乡里父老说神说鬼"的一种民俗传统，我们不否认它具有一定的文化价值，但要正确看待这一现象。对此，熊明遇特别强调，作为有影响力的文化名人就不易宣传、扩大这种民俗传统，否则就有可能给后人造成鱼龙混杂的乱象，从而影响科学思想的传播。从科学和自然哲学的层面讲，"雹是蜥蜴做"不存在内在的因果联系，因而不具有现实的可能性。所以有学者分析说："熊明遇认为'蜥蜴生雹'的'奇异'与传统中国阴阳哲学间是扞格不合的，这或许是首位中国士人做出如此的判断。"④

二、熊明遇眼中的欧洲与中国文化传统情结

（一）熊明遇眼中的欧洲及其科学

熊明遇相信西方传教士传播的科学，这是无可置疑的。比如，他创造了"格言考信"的体例，就是用西方科学为判准来衡量中国传统典籍的论断是否可信。在熊明遇看来，凡是与西方科学相合者，就名之为"格言考信"。例如，对冰雹的成因，曾子曰："阳之专气为雹。"熊明遇评注云："此语精甚，宜其为传道一人。"⑤又《五行传》曰："阴阳相协而为雹。"董仲舒曰："雹，阴气协阳也。"⑥从学理上讲，雹是阴阳二气相互作用的结果，这种从自然界本身的运动变化中去解释天气的现象，符合科学原理。故熊明遇引述西方自然科学对冰雹成因的解释说："气有三际，中际为冷，即此冷际，下近地温，上近火热，极冷之处，乃在冷际之中。自下而上，渐冷渐极。三时之雨，三冬之雪，盖至冷之初际，即已变化下零矣，不必至于极冷之际也。所以然者，冬月气升，其力甚缓，非大地兴云，不能相扶礴，以成其势。"⑦这是近代西方科学对冰雹的认识，而上述诸家分别从气的阴阳属性来解释冰雹之成因，与其在原理上并无本质的不同。

又譬如，对彗星、孛星、流星、陨星等的认识，熊明遇引《汉书·天文志》云：

> 天狗状如大流星，有声，其下止地，类狗。所坠及望之如火光，炎炎中天。
> 天鼓有音如雷，非雷，音在地而下及地。

---

① （宋）李石撰、李之亮点校：《续博物志》卷5《蜥蜴求雨法》，成都：巴蜀书社，1991年，第78—79页。
② （宋）李焘：《续资治通鉴长编》卷281"宋神宗熙宁十年"条，北京：中华书局，2004年，第6894页。
③ （明）李时珍：《本草纲目》卷43《鳞部·石龙子》，太原：山西科学技术出版社，2014年，第1070页。
④ 李弘祺：《理性、学术和道德的知识传统》，台北：喜玛拉雅研究发展基金会，2004年，第63页。
⑤ （明）熊明遇：《格致草》，薄树人主编：《中国科学技术典籍通汇·天文卷》第6分册，第109页。
⑥ （明）熊明遇：《格致草》，薄树人主编：《中国科学技术典籍通汇·天文卷》第6分册，第109页。
⑦ （明）熊明遇：《格致草》，薄树人主编：《中国科学技术典籍通汇·天文卷》第6分册，第108页。

格泽者，如炎炎火之状，黄白起地而上。

枉矢状类大流星，蛇行而苍黑，望如有毛目然。

长庚如一匹布着天，星坠至地则石也。[①]

目前，关于彗星和陨石的研究已经成为非常前沿的天文学研究课题之一。有资料显示，降落到地球上的陨石99%都来自小行星，至于是否存在来源于彗星的陨石，一直存在着争论。[②]但有学者根据《史记·天官书》及《晋书·天文志》的有关记载，认为："天狗星包括多种星辰，有陨星类、流星类、彗星类，还有固定于西北天空的三颗大星及位于北方天空的七颗星，但天狗星在本质上属陨星类。"[③]那么，西方近代科学又是如何认识彗星的呢？熊明遇根据亚里士多德的自然哲学，在《格致草》中这样转述熊三拔《泰西水法·水法或问》中解释彗星的成因，他说：

彗，属火，火气从下挟土上升，不遇阴云不成雷电，凌空直突。此二等物，至于火际，火自归火，挟上之土轻微，热干略似炱煤，乘势直冲，遇火便烧，状如药引，今夏月奔星是也。其土势大盛者，有声有迹，下复于地，或成落星之石。[④]

从本质上看，《汉书·天文志》所言与之确实比较吻合。熊明遇相信彗星的形成纯粹是一种自然现象，与人事无关。所以他在引述《汉书·天文志》的内容时，舍弃了占星术的那部分内容，体现了熊明遇比较鲜明的无神论立场。

欧洲传教士输入那么多西方先进的科学文化知识，可是明朝士人对欧洲的社会认识仍然没有跳出传统"夏夷之辨"的窠臼。面对此种情形，熊明遇在《素草·岛夷传》中描述了葡萄牙、西班牙和荷兰三个欧洲较先进国家的经济发展状况，以期时人能用客观的眼光来正确看待正在崛起的欧洲。

1. 熊明遇眼中的葡萄牙人

《素草·岛夷传》载：

今香山澳夷皆海外长子孙，西南夷航海，大舶率倚为居停处，而擅于山海之货，岁入金百数十万，广用以饶。所需胬丝为上，瓷次之，麝次之，墨次之。而欧罗巴人观光中国者，绝海九万里，亦附其舶以至。其人深目而多须髯，画革旁行，以为书记，精于天官，能华语。[⑤]

2. 熊明遇眼中的荷兰人

熊明遇说：

---

① （明）熊明遇：《格致草》，薄树人主编：《中国科学技术典籍通汇·天文卷》第6分册，第107页。

② 王绶琯、方成主编：《十万个为什么·天文》，上海：少年儿童出版社，2014年，第77页。

③ 王黎明：《犬图腾族的源流与变迁》下卷，哈尔滨：黑龙江人民出版社，2012年，第63页。

④ （明）熊明遇：《格致草》，薄树人主编：《中国科学技术典籍通汇·天文卷》第6分册，第106页。

⑤ （明）熊明遇：《绿雪楼集·素草》下《岛夷传》，四库禁毁书丛刊编纂委员会：《四库禁毁书丛刊·集部》第185册，北京：北京出版社，1997年，第22页。

大西洋之番，其种有红毛者，志载不经见。或云罗斛别部，赤眉之种；或云唐贞观中所为赤发绿睛之种；或又云即倭夷岛外所谓毛人国也，俱无定考，译者以为和兰国者。近是负西海而居，地方数千里，与佛郎机、干丝蜡（即西班牙）并大，而各自王长，不相臣属。俗尚、嗜好、食饮相类，去中国水道最远。……其国人富，少耕种，善贾。和兰居佛郎机国外，取道其国，经年始至吕宋。……舟长二十丈，高三丈一，甲底木厚二尺又咫。外鋈金固之。四桅，桅三接以布为帆。桅上建大斗，斗可容四五十人。系绳若阶，上下其间，或瞭远，或逢敌掷标石。舟前用大木作照水，后有舵。水工有黑鬼者，最善没，没可行数里。……左右两樯，兵铳甚设。铳大十数围，皆铜铸。中具铁弹丸，重数斤，船遇之立碎。他器械精利称是。①

3. 熊明遇眼中的西班牙人

熊明遇说：

吕宋者，海中之小岛也，一曰佛郎机之属夷。其去倭奴远，至中国稍近，而以小，故不通贡献，历代无可考。自增设海澄县，于是海舶由月港出洋，始有至其岛者矣。……区区小岛，不啻郛莒之贼，大都海中夷，仰给机利之场，非乱我者也。②

从以上记述中，我们不难看出，熊明遇对欧洲诸国的经济关注较多，与此同时，对其“船坚炮利”的事实也有所认识，但警惕性不高，甚至认为他们“仰给机利之场，非乱我者也”，说明熊明遇还不懂得战争根源依赖于经济关系这个原理。14—15世纪的欧洲，已经产生了资本主义萌芽。随着文艺复兴运动和新大陆的发现，为了攫取更大商业利润，葡萄牙人、荷兰人先后侵入盛产丁香、肉桂、胡椒等香料的东南亚诸岛，通过不等价交换和直接掠夺的方式，将大量香料运往欧洲市场，赚取高额利润。当时，中国的丝绸、瓷器也是他们掠夺的目标之一。在一定程度上讲，正是由于明清士人对当时欧洲资本主义国家的兴起没有给予足够重视，更没有用“经济侵略”的眼光来认识欧洲人努力开拓大洋航道的潜在危险性，所以才酿成中国近代社会的一系列悲剧，其教训惨痛。

（二）熊明遇对中国传统科学文化的情结

熊明遇虽然崇信西方的科学技术，但他还是试图通过补救中国传统文化中所存在的某些不足来继续巩固其相对于西方文化的优势。所以熊明遇在《格致草·自序》中说：

窃不自量以区区固陋，平日所涉记，而衡以显易之则，大而天地之定位，星辰之彪列，气化之蕃变，以及细而草物虫豸，一一因当然之象而求其所以然之故，以明其不得不然之理。虽未敢曰于大人格物致知之义，赞万分之一，但令昭代学士不俯首服膺于汉唐宋诸子无稽之谈，俾两间“物生而有象，象而有滋，滋而有数”圆者，各归

① （明）熊明遇：《绿雪楼集·素草》下《岛夷传》，四库禁毁书丛刊编纂委员会：《四库禁毁书丛刊·集部》第185册。

② （明）熊明遇：《绿雪楼集·素草》下《岛夷传》，四库禁毁书丛刊编纂委员会：《四库禁毁书丛刊·集部》第185册。

于《中庸》“不贰”之道，庶几不虚负覆载，可列于冠圆履句之儒乎。[①]

而“《中庸》‘不贰’之道”的核心是什么呢？熊明遇总结说：“儒者志《大学》，则言必首格物致知矣，是诚正治平之关籥也。然属乎象者皆物，物莫大于天地，有物必有则。《中庸》曰：‘天地之道可一言而尽也，其为物不贰，则其生物不测。’”[②]此处所言“物则”就是指万物运动变化的内在规律，所以《格致草》就是研究客观事物运动和发展变化的内在规律。更进一步，熊明遇在《格致草·原理恒论》一节中，开首便说：

> 天地之道可一言而尽也，其为物不贰，不贰之宰，至隐不可推见，而费于气则有象，费于事则有数。彼为理外象数之言者，非象数也。……黄帝以来，天地物类之官，神圣所以范围而曲成者，若方圆之有规矩，罔或外焉？世运递降，聪明日繁，论著日广。春秋战国以来，徂丘稷下，谭天雕龙，郑圃漆园，慕玄标异，转相邮效，邪说飚兴，举两间之真象数，悉掩于恢奇要渺，宁复见真天地哉？夫象不真则气戾，数不真则事悖，气戾事谆则理反。于是乎弑逆公行，九法沦坏。天地恶而伐之，以好还之道诛无君无父之人，而又假手于秦火，痛断诬天罔圣之学。悬象暗而恒文乖，彝伦斁而旧章缺，于是神圣统理之官，观象法类之意，渐以湮没。而人传天数，家占物怪，以合时应，其文图籍，禨祥不法，虽皆祖裨灶、甘公、唐昧、尹皋、石申之遗言，然课占验凌杂米盐，而急候星气。浸假令两仪不贰之理，同于鸡占兔卦，先王敬授人时之历，亦舛午不合矣，无论其他。[③]

这段话从表象上看，是对明代以前象数之学的批判，但只要我们细心分析，就不难发现其实里面包含着熊明遇对中国传统象数之学的热爱。这是因为：第一，天地之道“至隐不可推见”，而需通过“象数”才能显现于外，并为我们认识和把握。第二，象数之学的本质就是反映天地之道的运动规律，“明乎天地之为物，与物身者不悖”[④]，这正是“格物”的本义。第三，由于社会混乱，象数之学被歪曲地用来“家占物怪，以合时应”，结果造成“象数不真”和“九法沦坏”的严重后果。面对这种乱象和危险后果，熊明遇的救弊之举就是想通过传播西方科学来恢复和还原黄帝以来“象数之学”的“真”。

那么，用西方科学来救“象数不真”之弊，有学理依据吗？当然有的。

（1）熊明遇在《格致草·自序》中明确指出：“上古之时，六府不失其官，重黎氏世叙天地而别其分主。其后，三苗复九黎之乱德，重黎子孙窜于西域，故今天官之学，裔土有颛门。尧复育重黎之后，不忘旧者，使复典之，舜在璇玑玉衡，以齐七政，于是为盛，三代迭建，夏正称善，今之所从也。”[⑤]韩琦解释说：“此段文字大致据《史记》历书，而略有变动，‘重黎子孙窜于西域’一句则为熊明遇所推广，《史记》不载，熊明遇的这个序，说明西方天

① （明）熊明遇：《格致草》，薄树人主编：《中国科学技术典籍通汇·天文卷》第6分册，第58页。
② （明）熊明遇：《格致草》，薄树人主编：《中国科学技术典籍通汇·天文卷》第6分册，第56页。
③ （明）熊明遇：《格致草》，薄树人主编：《中国科学技术典籍通汇·天文卷》第6分册，第61页。
④ （明）熊明遇：《格致草》，薄树人主编：《中国科学技术典籍通汇·天文卷》第6分册，第61页。
⑤ （明）熊明遇：《格致草》，薄树人主编：《中国科学技术典籍通汇·天文卷》第6分册，第57页。

文学的传入和中国所存的天文学，均有其根源，这种说法大致不离‘心同理同’的观点。”[①]换言之，在熊明遇看来，无论是西方科学，还是明代的传统象数之学，都有一个共同的来源，那就是“重黎氏世叙天地”。因此，李之藻在《天主实义・序》中说：“尝读其书，往往不类近儒，而与上古《素问》《周髀》《考工记》《漆园》诸篇默相勘印，顾粹然不诡于正。正其检身事心，严翼匪懈，则世所谓皋比而儒者，未之或先。信哉！东海西海，心同理同。”[②]

（2）熊明遇又说：“西域欧罗巴国人四泛大海，周遭地轮，上窥玄象，下采风谣，汇合成书，确然理解。仲尼问官于郯子，曰：‘天子失官，学在四裔。’其语犹信。古未有欧罗巴通中夏，通中夏，自今上御历始。”[③]不要看“欧罗巴通中夏”相对较晚，但就他们的格物穷理之学而言，是“古神圣蚤有言之者”，如“岐伯曰‘地在天中，大气举之’，伯为黄帝天师，参佐有羲和五官，历法肇明，上哉夐矣”[④]。由此可见，西方科学与中国格致之学在本质上并无二致，这是熊明遇立论“西学中源”的重要前提。所以“孔子论仁于视听言动之四目，而以礼克。孟子论性于口鼻耳目四肢之五官，而以命克。邹鲁相传，所以著道之微，安人之危，千古如日月经天。不意西方之士，亦我素王功臣也。”[⑤]西方科学有助于中国传统象数学的复兴，这是问题的一个方面。另一方面，我们还应看到西方近代科学所产生的社会基础有其特殊性，熊明遇不加分析地将其束缚在封建社会的意识形态牢笼内，反而会削弱西方近代科学的历史价值和作用。综上所述，熊明遇的会通中西思想虽然在当时开拓了国人学习西方科学的新局面，但他仍不可避免地带有那个时代的历史保守性。

本章小结

相较于宋元时期，明清之际的科学技术在总体上发展缓慢，甚至在某些领域还出现了停滞现象，然而，同时期欧洲的科学技术飞速发展，加快了其近代化的历史进程。正是在这种背景下，利玛窦把欧洲先进的天文学、地理学、机械学以及数学等科学成就介绍到中国，不仅开阔了明朝士大夫的视野，而且引发了一系列观念变革，促进了中西科学文化的交流，故当时明人王家植称：“利氏之奇在于他是连通相去万里的‘西国’与‘中州’的第一人。”[⑥]

当然，西学知识在中国的广泛传播，绝非利玛窦一人之功，还有一个紧紧跟随利玛窦的学者群体，是他们的前赴后继和共同努力才有了西学东渐的历史局面。在这个群体中，

---

① 韩琦：《从〈明史〉历志的纂修看西学在中国的传播》，刘钝等：《科史薪传——庆祝杜石然先生从事科学史研究四十周年学术论文集》，沈阳：辽宁教育出版社，1997年，第67页。

② （明）李之藻：《天主实义重刻序》，《利玛窦中文著译集》，上海：复旦大学出版社，2001年，第99—100页。

③ （明）熊明遇：《表度说序》，（明）李之藻编、黄曙辉点校：《天学初函・器编》中册，上海：上海交通大学出版社，2013年，第646页。

④ （明）熊明遇：《表度说序》，（明）李之藻编、黄曙辉点校：《天学初函・器编》中册，第465页。

⑤ （明）熊明遇：《七克引》，（明）李之藻编、黄曙辉点校：《天学初函・器编》中册，第302页。

⑥ ［意］利玛窦：《利玛窦中文译集》，上海：复旦大学出版社，2001年，第505页。

既有欧洲传教士，又有明代的开明士大夫，其中尤以徐光启、李之藻、邢云路和熊明遇的贡献最有代表性。徐光启翻译了大量的西方科学著作，“是明朝晚期中国‘引进西学的第一人’”①；李之藻“不仅翻译了西方历算之学，也引入了西方历算学之根基——逻辑推理之学”②，旨在弥补中国传统科学技术方法之缺陷，他主张“宇宙公理非一身一家之私物”③，讲求把握时代思潮的核心；邢云路的《古今律历考》，尽管曾受到梅文鼎等学者的贬抑，但它的思想价值反而随着历史的前行，历久弥新，这是因为邢云路的思想“萌芽于古代传统的天文学，却已经接近现代天文学的光辉大门了”④；熊明遇的《格致草》“相信西方传教士传播的科学，而对他们的宗教理论则采取存疑的态度”⑤，表明明末思想界学者对待西学的态度更加理性，也颇见个人思想的深度，从而迎来了中国历史上第一次西学东渐的高潮。

① 朱新轩、陈敬全：《上海科学技术发展简史》，上海：上海社会科学院出版社，1999 年，第 2 页。

② 贾庆军：《冲突抑或融合》，北京：海洋出版社，2009 年，第 158 页。

③ 林起：《代疑编·序》，《中华大典》工作委员会、《中华大典》编纂委员会编纂：《中华大典·哲学典·佛道诸教分典》，昆明：云南教育出版社，2007 年，第 593 页。

④ 钟虎编著：《从观象到射电望远镜》，上海：上海科学普及出版社，2014 年，第 132 页。

⑤ 李放主编：《江西历代杰出科技人物传》，南昌：江西科学技术出版社，2000 年，第 152 页。

第二章　明清之际中国传统科学技术思想的解构与转向（上）

明朝晚期政治腐败，党争迭起，边防松弛，各种自然灾害连连发生，人民生活苦不堪言。正是在这种历史条件下，明清之际的士大夫才更加关注人类生存的意义和价值。像张介宾的《类经》、吴有性的《瘟疫论》、徐霞客的《徐霞客游记》、宋应星的《天工开物》、茅元仪的《武备志》，以及薛凤祚的《天学会通》等都是中国科技史上的坐标，这一时期甚至出现了像王夫之这样经天纬地的思想巨人。纵观这个历史阶段的科技典籍，其突出特点就是它们有选择性地吸收了许多西方的先进科技成果，从而在中外科技文化交流史上占有比较重要的位置。

第一节　张介宾的基础医学理论思想

张介宾，字会卿，又名景岳，生于官僚之家，浙江山阴人，祖籍四川绵竹。张介宾年十四，即跟从其父"游于京师"，继而又从金梦石习医，尽得其传。据黄宗羲《张景岳传》载："是以为人治病，沉思病原，单方重剂，莫不应手霍然，一时谒病者，辐辏其门。沿边大帅，皆遣金币致之。"[①]张介宾积40年之功力，完成了被时人称为"海内奇书"的《类经》，晚年所著《景岳全书》64卷，分传忠录、脉神章、伤寒典、杂证谟、妇人规、小儿则、麻疹论、痘疹诠、外科钤、本草正、新方、古力、外科方等子目，博采诸名医家之论，囊括中医理论、辨证论治、本草药性、处方用药、分科治验等内容，可谓理法方药兼备之巨著。考其医学理论，张景岳认为："凡人阴阳，但以血气、脏腑、寒热为言，此特后天之有形者，非先天之无形者也。病者多以后天戕先天，治病者，但知有形邪气，不顾无形元气。"[②]故他倡导在临床上从肾论治，擅长用温补药物而力挽时弊，主张慎用寒凉与攻伐方药，"时人比之仲景、东垣"[③]，对后世医学影响颇大，故清代名医章楠有"医门之柱石"[④]的赞誉。

① （清）黄宗羲：《张景岳传》，殷梦霞、李强选编：《近代学报汇刊》103册，北京：国家图书馆出版社，2012年，第24页。

② （清）黄宗羲：《张景岳传》，殷梦霞、李强选编：《近代学报汇刊》103册，第24页。

③ 林曰蔚：《景岳全书·全书纪略》，张景岳：《景岳全书》，太原：山西科学技术出版社，2016年，第3页。

④ 章楠：《医门棒喝》，北京：中国医药科技出版社，2011年，第84页。

一、张介宾的“阴阳一体”思想及其辨证施治特点

（一）张介宾的“阴阳一体”思想

1.《类经》中的阴阳思想

在《类经》卷2《阴阳类》中，张介宾对《内经·阴阳应象》的内容作了十分详细的注释，这些注释集中体现了他的阴阳医学思想，当然也是张介宾用于指导其临床实践的重要理论纲领。

首先，从宇宙万物运动变化的层面看，张介宾认为：“道者，阴阳之理也。阴阳者，一分为二也。太极动而生阳，静而生阴，天生于动，地生于静，故阴阳为天地之道。”[①]自宋朝周敦颐以降，“太极动而生阳，静而生阴”已经成为程朱理学的基本命题，如前所述，明代理学占据着当时意识形态的主导地位，很多医学家都想跟理学扯上关系，于是就有了袁枚在《与薛寿鱼书》中所说的“甘舍神奇以就腐朽”之无奈感慨。不过，张介宾认为，阴阳的变化构成了宇宙万物的生成和演变，所以阴阳为“万物之纲纪”[②]。具体的事物不是永恒不变的，而是有生有灭，张介宾通过一年四季的交替运转，尤其是在四季运转过程中一切景物都无法长留，此“生杀之道，阴阳而已”[③]。他说：“凡日从冬至以后，自南而北谓之来，来则春为阳始，夏为阳盛，阳始则温，温则生物，阳盛则热，热则长物；日从夏至以后，自北而南谓之去，去则秋为阴始，冬为阴盛，阴始则凉，凉则收物，阴盛则寒，寒则藏物，此阴阳生杀之道也。”[④]在这里，所谓“阴阳”应当是一个多因素相互联系和相互作用的动态开放系统，而相对于自然界的生杀之道，我们不能孤立地看待“阳长阴收”现象，在一定条件下，“生于阳者，阴能杀之，生于阴者，阳能杀之，万物死生，皆由乎此。”[⑤]所以作为自然界的有机组成部分之一，人类仅仅是宇宙长期演化过程中的一个中间环节，其自身包含着自然界从无机物到有机物、从无生命物质到有生命物质、从单细胞生物演化到千姿百态的高级动物演化过程中所出现的基本元素和信息，比如病毒和细菌便是构成动物生命的基本物质形态之一，有学者这样评价细菌与人类生命的关系。他说：“人类曾经误认为细菌是人类的敌人，是生病的主要原因；现在才知道它们不仅不是人类的敌人，还是人类的祖先和人类维持生命的基础，细菌不是最小的生命，病毒是目前所认知的微观世界里最小的生命，也可以认为它们是细菌的祖先；生命的进化并不开始于细胞（为细菌），更有可能开始于微小的病毒，实际上，病毒是初级细胞。”[⑥]中国古代没有病毒和细菌这些现代医学概念，但却有“始”、“元”或“原”这些抽象性的逻辑思维元素，按照中国古人的思维逻辑，“病毒”和“细菌”之“原”又是什么呢？张介宾这样解释说：“清阳为天，浊

---

① （明）张景岳：《类经》卷2《阴阳类》，吴润秋主编：《中华医书集成》第1册《医经类》，北京：中医古籍出版社，1999年，第7页。

② （明）张景岳：《类经》卷2《阴阳类》，吴润秋主编：《中华医书集成》第1册《医经类》，第7页。

③ （明）张景岳：《类经》卷2《阴阳类》，吴润秋主编：《中华医书集成》第1册《医经类》，第7页。

④ （明）张景岳：《类经》卷2《阴阳类》，吴润秋主编：《中华医书集成》第1册《医经类》，第7页。

⑤ （明）张景岳：《类经》卷2《阴阳类》，吴润秋主编：《中华医书集成》第1册《医经类》，第7页。

⑥ 潘德孚：《人体生命医学》，北京：华夏出版社，2014年，第3—4页。

阴为地；动静有机，阴阳有变；由此而五行分焉，气候行焉。”[①]在这里，“气候”本身构成一个生命与环境交互作用的复杂系统，而在这个复杂系统里，张介宾提出了“河洛布生成之定数，卦气存奇偶之化几”[②]的命题，实际上，张介宾是想用定量方法来研究生命问题，现在这已经成为一门特殊医学即数学医学了，而在张介宾的时代却还不具备产生这门学科的条件。因此，张介宾从性质上认为：“有死有生，造化之流行不息，有升有降，气运之消长无端。体象有常者可知，变化无穷者莫测。因而大以成大，小以成小；大之而立天地，小之而悉秋毫，浑然太极之理，无乎不在。所以万物之气皆天地，合之而为一天地：天地之气即万物，散之而为万天地。故不知一，不足以知万；不知万，不足以言医。理气阴阳之学，实医道开卷第一义，学者首当究心焉。”[③]阴阳既然无所不包，那么，从微小的病毒，到万物之灵的人，都不出阴阳之范畴。所以张介宾说：

> 人之疾病，或在表，或在里，或为寒，或为热，或感于五运六气，或伤于藏府经络，皆不外阴阳二气，必有所本。故或本于阴，或本于阳，病变虽多，其本则一。知病所从生，知乱所由起，而直取之，是为得一之道。[④]

文中的“得一之道”亦可理解为天人合一，对此，张介宾有下面的论述：

> 天地者，阴阳之形体也。云雨者，天地之精气也。阴在下者为精，精者水也，精升则化为气，云因雨而出也；阳在上者为气，气者云也，气降则化为精，雨由云而生也。自下而上者，地交于天也，故地气上为云。又曰云出天气；自上而下者，天交于地也，故天气下为雨，又曰雨出地气。……天气下降，气流于地；地气上升，气腾于天。可见天地之升降者，谓之云雨；人身之升降者，谓之精气。天人一理，此其为最也。[⑤]

前面讲过，“河洛布生成之定数”是张介宾医学思想的基本思维原则之一，而按照《河图》《洛书》的思维布局，由“天一生水”和“地二生火”知，“天地”“阴阳”“水火”这三组概念在内容上具有同一性。所以，张介宾依此为前提，对人体气血与五行之间的关系作了重新建构。他说：

> 水火者，即阴阳之征兆；阴阳者，即水火之性情。凡天地万物之气，无往而非水火之运用，故天以日月为水火，易以坎离为水火，医以心肾为水火，丹以精气为水火。夫肾者水也，水中生气，即真火也；心者火也，火中生液，即真水也。水火互藏，乃至道之所在，医家首宜省察。[⑥]

---

① （明）张介宾（景岳）：《类经图翼》卷1《运气上》，北京：人民卫生出版社，1965年，第2页。
② （明）张介宾（景岳）：《类经图翼》卷1《运气上》，第2页。
③ （明）张介宾（景岳）：《类经图翼》卷1《运气上》，第2页。
④ （明）张景岳：《类经》卷2《阴阳类》，吴润秋主编：《中华医书集成》第1册《医经类》，第7页。
⑤ （明）张景岳：《类经》卷2《阴阳类》，吴润秋主编：《中华医书集成》第1册《医经类》，第8页。
⑥ （明）张景岳：《类经》卷2《阴阳类》，吴润秋主编：《中华医书集成》第1册《医经类》，第8页。

他又说：

气者，真气也，所受于天，与谷气并而充身者也。人身精血，由气而化，故气归于精。精者，坎水也，天一生水，为五行之最先。故物之出生，其形皆水，由精以化气。由气以化神，是水为万化之原，故精归于化。①

精化为气，谓元气由精而化也。《珠玉集》曰：水是三才之祖，精为元气之根。其义即此。然上文既云气归精，是气生精也；而此又曰精化气，是精生气也。二者似乎相反，而不知此正精气互根之妙，以应上文天地云雨之义也。夫阳化气，即云之类；阴成形，即雨之类。雨乃不生于地而降于天之云，气归精也。云乃不出于而升于地之气，精化为气也。人身精气，全是如此。故气聚则精盈，精盈则气盛，精气充而形自强矣。②

火，天地之阳气也。天非此火，不能生物；人非此火，不能有生。故万物之生，皆由阳气。但阳和之火则生物，亢烈之火反害物，故火太过则气反衰，火和平则气乃壮。壮火散气，故云食气，犹言火食此气也。少火生气，故云食火，犹言气食此火也。此虽承气味而言，然造化之道，少则壮，壮则衰，自是如此，不特专言气味者。③

以上是第一层面的建构，共有三个基本概念，即气、精（水）、火，它们三者之间的内在关系，如图 2-1 所示：

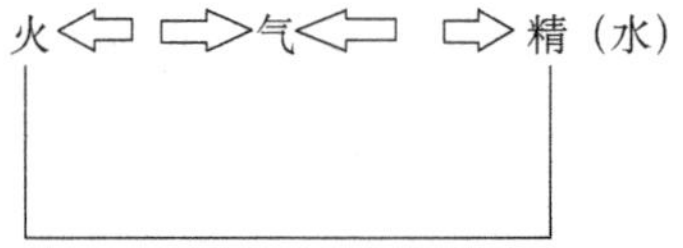

图 2-1　气、水、火关系示意图

然而，水火仅仅是五行中的二行，尽管是二个最为根本的因素，但毕竟不是五行的全部。诚如前述，气有天地之气，亦即阴阳之气，或云水火之气。而天地之气生成五行之气，这个结论可由天地生成五行模式自然而然地推演得出。在此前提下，张介宾又回过头去讲五行与四季、五行与五气以及五气与五志之间的相互关系。

首先，论四季与五行的关系。张介宾说：“四时者，春夏秋冬。五行者，木火土金水。合而言之，则春属木而主生，其化以风；夏属火而主长，其化以暑；长夏属土而主化，其化以湿；秋属金而主收，其化以燥；冬属水而主藏，其化以寒。五行各一，惟火有君相之分。”④四时五行是人类生存的物质环境，张介宾非常重视这个环境的变化及其对人体生理活动的影响。

其次，论五行与五气的关系。张介宾说：“寒暑燥湿风者，即五行之气也。五运行等论言寒暑燥湿风火者，是为六气也。”⑤当然，如何六气平和，就不会对人体构成伤害。但是，

① （明）张景岳：《类经》卷 2《阴阳类》，吴润秋主编：《中华医书集成》第 1 册《医经类》，第 8 页。
② （明）张景岳：《类经》卷 2《阴阳类》，吴润秋主编：《中华医书集成》第 1 册《医经类》，第 9 页。
③ （明）张景岳：《类经》卷 2《阴阳类》，吴润秋主编：《中华医书集成》第 1 册《医经类》，第 9 页。
④ （明）张景岳：《类经》卷 2《阴阳类》，吴润秋主编：《中华医书集成》第 1 册《医经类》，第 9 页。
⑤ （明）张景岳：《类经》卷 2《阴阳类》，吴润秋主编：《中华医书集成》第 1 册《医经类》，第 9—10 页。

如果六气失去平和状态，那么，它们就会表现出太过或不及的异常状态，从而对人体健康造成影响，是谓六淫。用张介宾的话说，“风胜者，为振掉摇动之病，即医和云风淫末疾之类。热胜者，为丹毒痈肿之病，即医和云阳淫热疾之类。燥胜者，为津液枯涸、内外干涩之病。寒胜者阳气不行，为胀满浮虚之病，即医和云阴淫寒疾之类。湿胜者必侵脾胃，为水谷不分濡写之痛，即医和云雨淫腹疾之类”①。

再次，由于五行与五脏相对应，于是就出现了五气与五志之间的相互关系。张介宾说：“五藏者，心肺肝脾肾也。五气者，五藏之气也。由五气以生五志。如《(内经）本论》及《五运行大论》，俱言心在志为喜，肝在志为怒，脾在志为思，肺在志为忧，肾在志为恐。”②至于五志与疾病的关系，张介宾认为：“喜怒伤内故伤气，寒暑伤外故伤形。举喜怒言，则悲忧恐同矣。举寒暑言.则燥湿风同矣。”他又说：“盖阴阳之道，同气相求，故阳伤于阳，阴伤于阴，然而重阳必变为阴症，重阴必变为阳症。如以热水沐浴身反凉，凉水沐浴身反热，因小可以喻大。”③

最后，由阴阳变化而知养生之道。无论六淫还是情志致病，从根本上看，都违背了阴阳变化之道，因此，张介宾主张“法阴阳”而“守无为之道”。他引《南华经》的话说：“知道者，必达于理；达于理者，必明于权；明于权者，不以物害己。故至德者，火弗能热，水弗能溺，寒暑弗能害，禽兽弗能贼，非谓其薄之也，言察乎安危，宁于祸福，谨于去就，莫之能害也。”④

我们可以用图式来表达上述思想，如图 2-2 所示：

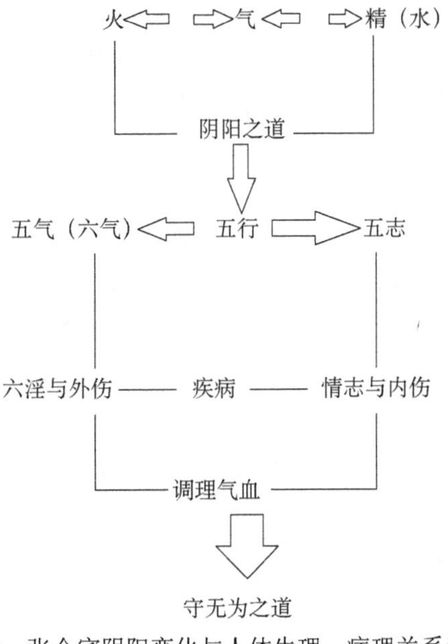

图 2-2　张介宾阴阳变化与人体生理、病理关系示意图

---

①（明）张景岳：《类经》卷 2《阴阳类》，吴润秋主编：《中华医书集成》第 1 册《医经类》，第 9 页。

②（明）张景岳：《类经》卷 2《阴阳类》，吴润秋主编：《中华医书集成》第 1 册《医经类》，第 10 页。

③（明）张景岳：《类经》卷 2《阴阳类》，吴润秋主编：《中华医书集成》第 1 册《医经类》，第 10 页。

④（明）张景岳：《类经》卷 2《阴阳类》，吴润秋主编：《中华医书集成》第 1 册《医经类》，第 12 页。

2.《景岳全书》中的阴阳思想

《传忠录》卷1《阴阳篇》云："凡诊病施治，必须先审阴阳，乃为医道之纲领。"①关于阴阳的基本内涵，前已述及，兹不赘论。然而，张介宾在《阴阳篇》中却重点阐释了以下几个问题。

（1）强调命门的重要性。张介宾说："道生阴阳，原同一气，火为水之主，水即火之源，水火原不相离也。……其在人身，是即元阴元阳，所谓先天之元气也。欲得先天，当思根柢。命门为受生之窍，为水火之家，此即先天之北阙也。舍此他求，如涉海问津矣，学者宜识之。"②"命门"是《黄帝内经灵枢经·根结》篇所提出来的一个概念，与肾脏联系密切，但它究竟是指肾脏的哪个部位？学界分歧较大，有右肾、两肾、两肾之间、肾间动气等多种说法。张介宾说：

> 且夫命门者，子宫之门户也；子宫者，肾藏藏精之府也；肾藏者，主先天真一之气，北门锁钥之司也。而其所以为锁钥者，正赖命门之闭固，蓄坎中之真阳，以为一身生化之原也。此命门与肾，本同一气。③

又进一步说：

> 肾两者，坎外之偶也；命门一者，坎中之奇也。一以统两，两以包一。是命门总主乎两肾，而两肾皆属于命门。故命门者，为水大之府，为阴阳之宅，为精气之海，为死生之宝。若命门亏损，则五藏六府皆失所恃，而阴阳病变无所不至。④

张介宾对"命门"的认识，确实与众不同。由于他把命门与女子的子宫（即女子胞及其开口），以及男子的前列腺内射精管之尿道开口联系起来，而这两个生理部位恰好是男女交合精气出入之处。因此，张介宾便将"命门"称为"性命之本"。这样看来，"命门"本身应当由"水"（精）和"火"（气）两部分构成，不过，男女排出的精气实为肾中真阴真阳所化，从这个层面看，肾为"真阴之藏"。于是，张介宾论述说："所谓真阴之用者，凡水火之功，缺一不可。命门之火，谓之元气；命门之水，谓之元精。五液充，则形体赖而强壮；五气治，则营卫赖以和调。此命门之水火，即十二脏之化源。"⑤具体言之，"命门"之说包括下面三项内容。

第一，"命门为精血之海"。从中医生理薛的角度讲，命门和脾胃都是人体五脏六腑之本，但有先天与后天之分别。对此，张介宾论述说："脾胃为灌注之本，得后天之气也；命门为化生之源，得先天之气也，此其中固有本末之先后。"⑥如前所述，广义的命门藏真阴而寓元阳，实为脏腑阴阳之根。

① （明）张介宾：《景岳全书》卷1《传忠录·阴阳篇》，第2页。
② （明）张介宾：《景岳全书》卷1《传忠录·阴阳篇》，第2页。
③ （明）张介宾（景岳）：《类经图翼》卷3《求正录》，第438页。
④ （明）张介宾（景岳）：《类经图翼》卷3《求正录》，第439页。
⑤ （明）张介宾（景岳）：《类经图翼》卷3《求正录》，第446页。
⑥ （明）张介宾：《景岳全书》卷3《传忠录·命门余义》，第29页。

第二，命门即元阳。张介宾解释说：“命门有火候，即元阳之谓也，即生物之火也。然禀赋有强弱，则元阳有盛衰；阴阳有胜负，则病治有微甚，此火候之所以宜辨也。”①在此，肾阳寓于命门之中，是人体阳气的根本，它具有温煦和激发脏腑、经络如心阳、脾阳等组织器官的生理功能。一旦元阳不足亦即命门火衰，那么，临床上会出现下元虚冷的证候，如妊娠下血、阳痿遗尿等。

第三，命门有生气。生气即神气，在张介宾看来，“夫生气者，少阳之气也；少阳之气，有进无退之气也。此气何来？无非来自根本；此气何用？此中尤有玄真。盖人生所贵，惟斯气耳”②。关于这段文字，有论者认为：此“气”的实质如何，“张氏亦未明白指出”③。其实，此处的“少阳之气”是指刚刚生发的阳气，或云少阳为君火之相，张介宾说：“阳之在下则温暖，故曰相火以位；阳之在上则昭明。”④若用莫仲超先生的话说，则“太阳之气生于水中，故主正月寅而始盛。少阳为君火之相，故为心之所表。夫少阳主初生之气者，少阳先天之所生也。少阳为心之表者，少阳之上相火主之也”⑤。

第四，命门有门户，即前面所说女子的子宫和男子的尿道开口。张介宾解释说：“盖命门为北辰之枢，司阴阳柄，阴阳和则出入有常，阴阳病则启闭无序。”⑥

第五，命门有阴虚。至于造成命门阴虚的原因，张介宾认为是由于“邪火之偏盛”，进一步则是“缘真水之不足也”⑦。可见，这里的“邪火之偏盛”亦即因肾阴不足所引起的相火亢盛。在临床上，其病则或为烦渴，或为骨蒸，或为吐血，或为淋浊、遗泄等。⑧

（2）元阳与元阴。张介宾把阴阳分为分后天之阴阳与先天之阴阳两部分，而这里所说的元阳和元阴便是指先天之阴阳而言，他说：“至若先天无形之阴阳，则阳曰元阳，阴曰元阴。元阳者，即无形之火，以生以化，神机是也，性命系之，故亦曰元气；元阴者，即无形之水，以长以立，天癸是也，强弱系之，故亦曰元精。元精元气者，即化生精气之元神也。生气通天，惟赖乎此。”⑨那么，这里所讲的“元阴”“元阳”有没有医学根据呢？有学者从现代医学的视角，发现“元阴和元阳的前身物，似应为DA（多巴胺——引者注），或是指络氨酪酸羟化酶（TH）活性，相对而言，元阴应指儿茶酚氧位甲基转移酶（COMT）等具有阴性效应的蛋白质类物质。元阳所化生的阳气，即为命门之火，命门为阳气之总司，是供应人体能量的源泉，这主要是指肾上腺髓质分泌CA（儿茶酚胺类——引者注）的功能”⑩。这样的解释尽管有臆测的成分，但“元阴”和“元阳”确实不是古人凭空捏造出来的玄学概念，应当是有实物与之相对应。从这个角度看，张介宾说“元阴”和“元阳”是

① （明）张介宾：《景岳全书》卷3《传忠录·命门余义》，第29页。
② （明）张介宾：《景岳全书》卷3《传忠录·命门余义》，第30页。
③ 刘树农编著：《刘树农医论选》，上海：上海科学技术出版社，1987年，第217页。
④ （明）张介宾：《景岳全书》卷3《传忠录·命门余义》，第29页。
⑤ 张志聪集注：《黄帝内经素问·刺腰痛篇第四十一》，哈尔滨：北方文艺出版社，2007年，第211页。
⑥ （明）张介宾：《景岳全书》卷3《传忠录·命门余义》，第30页。
⑦ （明）张介宾：《景岳全书》卷3《传忠录·命门余义》，第30页。
⑧ 张发荣主编：《中医学基础》，成都：四川科学技术出版社；成都：四川出版集团，2007年，第164页。
⑨ （明）张介宾：《景岳全书》卷1《传忠录·阴阳篇》，第2页。
⑩ 谢新才、孙悦：《中医基础理论解析》，北京：中国中医药出版社，2015年，第93页。

“无形元气”，恐怕就有神秘主义的嫌疑了。

（3）阴阳之道与生成造化之理及其临床治则。张介宾认为：“天地阴阳之道，本贵和平，则气令调而万物生，此造化生成之理也。然阳为生之本，阴实死之基。……故凡欲保生重命者，尤当爱惜阳气，此即以生以化之元神，不可忽也。”①依此为原则，张介宾分析了阴阳虚实、寒热的主要临床表现与治疗原则。例如，对于虚实夹杂的特殊病证，张介宾总结其临床治验道：“凡病有不可不治者，当从阳以引阴，从阴以引阳，各求其属而衰之。如求汗于血，生气于精，从阳引阴也；又如引火归源，纳气归肾，从阴引阳也。此即水中取火，火中取水之义。”②也就是说，医者在临证时，面对复杂的阴阳变化局面，不能片面地强调治阳或治阴，而是以扶正达邪为宗旨，须在治阳时照顾到阴液，在治阴时照顾到阳气。有研究者认为：张介宾“对某些不宜辛温散表或但用辛凉解表的病例，他补充了求汗于血、生气于精的从阴分托邪外出之措施。区别寒热，温养或清养阴血津液充实以作汗之源泉，致使云蒸雨化而达邪。既对仲景所列不可汗之证新辟了治疗途径，又对绍派伤寒和温病学家照顾津液颇有启发作用。”③

在临床上，张介宾还对阴阳病与昼夜轻重变化的特点有了新的认识，他总结说：

考之《中藏经》曰：阳病则旦静，阴病则夜宁；阳虚则暮乱，阴虚则朝争。盖阳虚喜阳助，所以朝轻而暮重；阴虚喜阴助，所以朝重而暮轻，此言阴阳之虚也。若实邪之候，则与此相反。凡阳邪盛者，必朝重暮轻；阴邪盛者，必朝轻暮重。此阳逢阳王，阴得阴强也。其有或昼或夜，时作时止，不时而动者，以正气不能主持，则阴阳盛负，交相错乱，当以培养正气为主，则阴阳将自和矣。但或水或火，宜因虚实以求之。④

此外，对于虚证之中的虚实变化，张介宾亦有新的感悟。他说：

虚者宜补，实者宜泻，此易知也。而不知实中复有虚，虚中复有实，故每以至虚之病，反见盛势，大实之病，反有羸状，此不可不辨也。如病起七情或饥饱劳倦，或酒色所伤，或先天不足，及其既往病变，则每多身热，便闭，戴阳，胀满，虚狂，假斑等证，似为有余之病，而其因实由不足，医不察因，从而泻之，必枉死矣。又如外感之邪未除而留伏于经络，食饮之滞不消，而积聚于脏腑，或郁结逆气有不可散，或顽痰瘀血有所留藏，病久致羸，似乎不足，不知病本未除，还当治本，若误用补，必益其病。此所谓无实实，无虚虚，损不足而益有余，如此死者，医杀之耳。⑤

张介宾在文中所说的“真虚假实”和“真实假虚”征象，确实需要医者在临证过程中审慎而细心地加以辨析，以免出现“医杀”之严重后果。一般而言，“真虚假实”病证多因气血不足而致，在此类病证中“虚”是疾病的本质；相反，“真实假虚”病证则多因热结肠

① （明）张介宾：《景岳全书》卷1《传忠录·阴阳篇》，第3页。
② （明）张介宾：《景岳全书》卷1《传忠录·阴阳篇》，第3页。
③ 陈天祥等：《景岳学说研究》第1集，绍兴：中华全国中医学会浙江省绍兴市分会，1983年，第44页。
④ （明）张介宾：《景岳全书》卷1《传忠录·阴阳篇》，第3页。
⑤ （明）张介宾：《景岳全书》卷1《传忠录·虚实篇》，第7页。

胃而致，所以在此类病证中“实”是疾病的本质。

（二）张介宾的辨证施治特点

1. 知病以“治形”为要

形神论是中国哲学的基本问题之一，自两汉以降，我国先哲总的思想倾向是重神轻形。在医学领域，《黄帝内经》的形神观也同其他思想领域的基本情形一样，特别突出“神”的地位和作用，例如，《黄帝内经素问·上古天真论》云：“恬淡虚无，真气从之，精神内守，病安从来。”[①]通常人们认为，至少从宋朝开始，传统的中医理论便由“重神轻形”逐渐向“形神并重”，甚至“形重于神”的方面转变。[②]如张介宾说：“生气即神气，神自形生”[③]，他又说：“形者神之体，神者形之用；无神则形不可活，无形则神无以生。故形之肥瘦，营卫血气之盛衰，皆人神之所赖也。”[④]形体是精神运动的物质基础，先有形然后才有神，神不能孤立于形体之外而存在，所以张介宾主张“治形”。

基于上述认识，张介宾强调说：“人事之交，以形交也；功业之建，以形建也。此形之为义，从可知也。奈人昧养形之道，不以情志伤其府舍之形，则以劳役伤其筋骨之形，内形伤则神气为之消靡，外形伤则肢体为之偏废，甚至肌肉尽削，其形可知；其形既败，其命可知。然则善养生者，可不先养此形以为神明之宅？善治病者，可不先治此形以为兴复之基乎？”[⑤]那么，如何“治形”呢？首先，在张介宾的头脑里，“形”除了前面所说的“府舍之形”和“筋骨之形”外，还特别指命门中的“精血”。所以张介宾说：“虽治形之法，非止一端，而形以阴言，实惟精血二字足以尽之。”[⑥]他又说：“精血即形也，形即精血也，天一生水，水即形之祖也。故凡欲治病者，必以形体为主；欲治形者，必以精血为先。此实医家之大门路也。”[⑦]其次，用药“不过数味之间”。张介宾说：“用此之法，无逾药饵，而药饵之最切于此者，不过数味之间，其他如性有偏用者，惟堪佐使而已。”[⑧]然而，“不过数味之间”究竟都有哪些药物？张介宾没有明言，但他表示：“余故不能显言之，姑发明此义，以俟有心者之自悟。”[⑨]于是，有研究者通过分析张介宾的补精血之名方，如“大补元煎”“左归丸”“归肾丸”“三阴煎”“地黄醴”“大营煎”等，认为张介宾“所选药物确实集中在熟地黄、山茱萸、山药、枸杞、菟丝子、杜仲、人参、当归等‘数味’之中”[⑩]。

---

① 《黄帝内经素问》卷1《上古天真论篇第一》，陈振祥、宋贵美：《中医十大经典全录》，北京：学苑出版社，1995年，第7页。

② 李振良：《身心之间 医学人道主义思想研究》，北京：人民出版社，2015年，第168页。

③ （明）张介宾：《景岳全书》卷3《传忠录·命门余义》，第30页。

④ （明）张介宾：《类经》卷19《针刺类》，吴润秋主编：《中华医书集成》第1册《医经类》，第342页。

⑤ （明）张介宾：《景岳全书》卷2《传忠录·治形论》，第19—20页。

⑥ （明）张介宾：《景岳全书》卷2《传忠录·治形论》，第20页。

⑦ （明）张介宾：《景岳全书》卷2《传忠录·治形论》，第20页。

⑧ （明）张介宾：《景岳全书》卷2《传忠录·治形论》，第20页。

⑨ （明）张介宾：《景岳全书》卷2《传忠录·治形论》，第20页。

⑩ 周安方主编：《周安方医论选集》，北京：中国中医药出版社，2012年，第515页。

2. 凡治虚证，以补阴为重

张介宾在《传忠录・六变辩》中说："六变者，表里寒热虚实也。是即医中之关键，明此六者，万病皆指诸掌矣。"[①]当然，在"二纲六变"之中，张介宾尤其注重病"虚"的辨证。第一，何谓虚？张介宾说："虚者，正气不足也，内出之病多不足。"[②]文中所说"内出之病"多指七情伤气，劳欲伤精之类，如"劳倦伤脾者，脾主四肢也，须补其中气。"又"色欲伤肾而阳虚无火者，兼培其气血；阴虚有火者，纯补其真阴"[③]。第二，补虚的重要性。张介宾说："夫疾病之实，固为可虑，而元气之虚，虑尤甚焉。故凡诊病者，必当先察元气为主，而后求疾病。若实而误补，随可解救；虚而误攻，不可生矣。"[④]第三，在临床上，"以思顾元气"为辨别虚证的首要法则。例如，在《伤寒典・论虚邪治法》一篇中，张介宾认为：

> 夫邪之所凑，其气必虚，故伤寒为患，多系乘虚而入者。时医不察虚实，但见伤寒，则动曰伤寒无补法，任意攻邪，殊不知可攻而愈者，原非虚证，正既不虚，邪自不能害之，及其经尽气复，自然病退，故治之亦愈，不治亦愈，此实邪之无足虑也。惟是挟虚伤寒，则最为可畏，使不知固本御侮之策，而肆意攻邪，但施孤注，则凡攻散之剂，未有不先人于胃而后达于经，邪气未相及而胃气先被伤矣，即不尽脱，能无更虚？元气更虚，邪将更人，虚而再攻，不死何待？是以凡患伤寒而死者，必由元气之先败，此则举世之通弊也。故凡临证者，但见脉弱无神，耳聋手颤、神倦气怯、畏寒喜暗、言语轻微、颜色青白、诸形证不足等候，便当思顾元气。若形气本虚、而过散其表，必至亡阳；脏气本虚而误攻其内，必至亡阴，犯者必死。即如元气半，虚而邪方盛者，亦当权其轻重而兼补以散，庶得其宜。若元气大虚，则邪气虽盛，亦不可攻，必当详察阴阳，峻补中气。[⑤]

这一段话，把虚邪治法的要点都讲解得非常清楚了。事实上，不仅伤寒有"补"，临床上常见的其他疾病如脑卒中等亦多有"补"。例如，张介宾说："眩运一证，虚者居其八九；而兼火痰者不过十中一二耳。"[⑥]因此，针对朱丹溪所说"无痰不能作眩，当以治痰为主"的治疗思想，张介宾则在彻悟《内经》有关经义的基础上，根据他自己的临床治疗经验，提出了"无虚不能作眩，当以治虚为主"的新认识，从而进一步补充和完善了朱丹溪的眩晕医学辩证思想。

3. 善用温补

张介宾擅长治疗虚、寒二证，因为"凡精血之生皆为阳，气得阳则生，失阳则死"，而

---

① （明）张介宾：《景岳全书》卷1《传忠录・六变辩》，第3页。
② （明）张介宾：《景岳全书》卷1《传忠录・六变辩》，第3页。
③ （明）张介宾：《景岳全书》卷1《传忠录・六变辩》，第6页。
④ （明）张介宾：《景岳全书》卷1《传忠录・六变辩》，第6页。
⑤ （明）张介宾：《景岳全书》卷7《伤寒典・论虚邪治法》，第3页。
⑥ （明）张介宾：《景岳全书》卷17《杂证谟・眩运》，第207页。

对人体而言，“难得而易失者，惟此阳气；既失难复者，亦惟此阳气”①。以此为前提，张介宾遂提出了“阳常不足，阴常有余”②的重要学说。

（1）从形气的阴阳属性来看，“夫形气者，阳化气，阴成形，是形体属阴，而凡通体之温者，阳气也。一生之活者，阳气也。五官五脏之神明不测者，阳气也”③。而为了维持体内阳气的正常状态，就需要不断补充热量。因此，张介宾十分重视温补。例如，痞病有实痞与虚痞之分别，治法亦各异。所以张介宾说：“凡有邪有滞而痞者，实痞也；无邪无滞而痞者，虚痞也。有胀而痛而瞒者，实满也；无胀无痛而满者，虚满也。实痞实满者，可散可消，虚痞虚满者，非大加温补不可。”④

（2）从水火的关系看，“水诚阴也，火诚阳也；若以化生言，则万物之生，其初皆水，先天后天，皆本于是，而水即阳之化也”⑤。他又说：“水为阴，火为阳也。造化之权，全在水火。”⑥结合肾藏的生理特点来分析，肾脏又称“真阴之脏”，据《黄帝内经素问·上古天真论篇》载：“肾者主水，受五脏六腑之精而藏之。”⑦因此，五脏五液都归之于精，而五精又统乎肾。这样，肾在临床上就需要水火阴阳之辨证，一方面，精（即阴中之水）藏于此，另一方面，则气（即阴中之火）化于此。所以张介宾说：“善补阳者，必于阴中求阳，则阳得阴助，而生化无穷。善补阴者，必于阳中求阴，则阴得阳升，而泉源不竭。”⑧其代表方为左归丸和右归丸，如左归丸“治真阴肾水不足”，证见“或虚热往来，自汗，盗汗，或神不守舍，血不归原，或虚损伤阴，或遗淋不禁，或气虚昏运，或眼花耳聋，或口燥舌干，或腰酸腿软”等，“俱速宜壮水之主，以培左肾之元阴，而精血自充矣”⑨。右归丸“治元阳不足”，症见“或先天禀衰，或劳伤过度，以致命门火衰，不能生土，而为脾胃虚寒，饮食少进，或呕恶膨胀，或翻胃噎膈，或怯寒畏冷，或脐腹多痛，或大便不实，泻痢频作，或小水自遗，虚淋寒疝，或寒侵溪谷而肢节痹痛，或寒在下焦而水邪浮肿”等，“俱速宜益火之源，以培右肾之元阳，而神气自强矣”⑩。

（3）对阳虚体质的温补。前面说过，张介宾擅长治疗虚、寒二症，有学者研究认为，张介宾把“阳虚”视为人体常见的病理体质，而先天禀弱或后天失养，以及戕伐太过等因素会加重这种体质倾向。⑪所以张介宾分析造成人体阳虚的原因说：“盖阳虚之候，多得之愁忧思虑以伤神，或劳役不节以伤力，或色欲过度而气随精去，或素禀元阳不足而寒凉致

① （明）张介宾：《景岳全书》卷2《传忠录·阳不足再辨》，第27页。

② （明）张介宾：《景岳全书》卷2《传忠录·阳不足再辨》，第26页。

③ （明）张介宾（景岳）：《类经图翼》，第684页。

④ （明）张介宾：《景岳全书》卷23《杂证谟·痞满》，第270页。

⑤ （明）张介宾：《景岳全书》卷2《传忠录·阳不足再辨》，第27页。

⑥ （明）张介宾（景岳）：《类经图翼》，第684页。

⑦ 《黄帝内经素问》卷1《上古天真论篇》，陈振相、宋贵美：《中医十大经典全录》，北京：学苑出版社，1995年，第8页。

⑧ （明）张介宾：《景岳全书》卷50《新方八阵·新方八略引》，第653页。

⑨ （明）张介宾：《景岳全书》卷51《新方八阵·补阵》，第657页。

⑩ （明）张介宾：《景岳全书》卷51《新方八阵·补阵》，第658页。

⑪ 杨金萍：《张介宾温补学说中的阳虚体质思想》，《山东中医学院学报》1994年第2期，第133页。

伤等，病皆阳气受损之所由也。”[①]具体述之，又可分为下面几种情况。

第一，先天禀弱，胎儿往往会出现阳气亏虚之象。张介宾认为：明朝的胎妇，由于环境、饮食、精神心理等多方面因素，生活中多见阳虚之体质，用张介宾的话说就是“气实者少，气虚者多，气虚则阳虚，而再用黄芩，有即受其损而病者，有用时虽或未觉而阴损胎元，暗残母气，以致产妇羸困，或儿多脾病者，多由乎此”[②]。

第二，饮食寒凉，导致脏腑多寒。如众所知，明嘉靖之后，北方水泽地多产稻米，然而稻米性寒，“久食身软，使人四肢不收”[③]。据历史学家考证，明朝的冷食比较丰富，如元朝的冰激凌以及冷冻食品，像“冷冻鸡”“冷冻鱼”“冷冻肉”之类食物非常盛行。[④]而“生冷内伤，以致脏腑多寒，或为疼痛，或为呕吐，或为泄泻等证”，又“或素禀阳脏，每多恃强，好食生冷茶水，而变阳为阴者”[⑤]。因此，张介宾认为：“大都饮食之伤，必因寒物者居多。”[⑥]

第三，嗜酒纵饮耗损阳气。张介宾说：

> 夫酒本狂药，大损真阴，惟少饮之未必无益，多饮之难免无伤，而耽饮之则受其害者十之八九矣。且凡人之禀赋，脏有阴阳，而酒之性质，亦有阴阳。盖酒成于酿，其性则热，汁化于水，其质则寒；若以阴虚者纵饮之，则质不足以滋阴，而性偏动火，故热者愈热，而病为吐血、衄血、便血、溺血、喘嗽、躁烦、狂悖等证，此酒性伤阴而然也；若阳虚者纵饮之，则性不足以扶阳，而质留为水，故寒者愈寒，而病为臌胀、泄泻、腹痛、吞酸、少食、亡阳、暴脱等证，此酒质伤阳而然也。故纵酒者，既能伤阳，尤能伤阳。[⑦]

第四，劳役过度则伤力气耗。张介宾解释说：“疲劳过度，则阳气动于阴分，故上奔于肺而为喘，外达于表而为汗。阳动则散，故内外皆越而气耗矣。”[⑧]或云：“不知自量而务从勉强，则一应妄作妄为，皆能致损。”[⑨]又明人绮石在《理虚元鉴》一书中亦说：“劳役辛勤太过，渐耗真气。”[⑩]可见，劳役不节往往伤骨损髓，会损伤正气。诚如张介宾所言：“奈人昧养形之道，不以情志伤其府舍之形，则以劳役伤其筋骨之形，内形伤则神气为之消靡，外形伤则肢体为之偏废，甚至肌肉尽削，其形可知；其形既败，其命可知。”[⑪]经研究证实，“所谓劳则气耗，其理化机制是伴随着体力的过度消耗，体内能量和物质的严重不足，同时

---

① （明）张介宾：《景岳全书》卷16《杂证谟·论虚损病源》，第185页。
② （明）张介宾：《景岳全书》卷38《妇人归·安胎》，第439页。
③ 李红英、齐凤凌编著：《常见病症食疗手册》，北京：中国文联出版社，2000年，第309页。
④ 任百尊主编：《中国食经》，上海：上海文化出版社，1999年，第387页。
⑤ （明）张介宾：《景岳全书》卷15《杂证谟·论诸寒证治》，第168页。
⑥ （明）张介宾：《景岳全书》卷17《杂证谟·饮食门》，第196页。
⑦ （明）张介宾：《景岳全书》卷16《杂证谟·论虚损病源》，第182页。
⑧ （明）张景岳：《类经》卷15《情志九气》，吴润秋主编：《中华医书集成》第1册《医经类》，第240页。
⑨ （明）张介宾：《景岳全书》卷16《杂证谟·论虚损病源》，第183页。
⑩ （明）绮石：《理虚元鉴》卷2《阳虚三夺统于脾》，南京：江苏科学技术出版社，1981年，第6页。
⑪ （明）张介宾：《景岳全书》卷2《传忠录·治形论》，第19—20页。

可能出现某些功能，如免疫功能的低下。在此基础上，常引发一系列病症。此外，劳役太过也往往伴有气机不利等情况”[①]。

第五，情志所伤，导致阳气消沉。张介宾经过长期观察后发现：“是情志之伤，虽五藏各有所属，然求其所由，则无不从心而发”[②]，如“喜生于阳，而心肺皆为阳藏，故喜出于心而移于肺，所谓多阳者多喜也”“有曰血并于上，气并于下，心烦惋善怒者，以阳为阴胜，故病及于心也”“有曰心小则易伤以忧者，盖忧则神伤，故伤心也”“有曰悲哀太甚则胞络绝，胞络绝则阳气内动，发则心下崩，数溲血者，皆悲伤于心也”“故忧动于心则肺应，思动于心则脾应，怒动于心则肝应，恐动于心则肾应，此所以五志惟心所使也”[③]。在《景岳全书·杂证谟·论虚损病源》里，张介宾又一再强调说：

> 盖心藏神，肺藏气，二阳藏也。故暴喜过甚则伤阳，而神气因以耗散。或纵喜无节，则淫荡流亡，以致精神疲竭，不可救药……盖人之忧思，本多兼用，而心、脾、肺所以并伤，故致损上焦阳气……盖心耽欲念，肾必应之，凡君火动于上，则相火应于下。夫相火者，水中之火也，静而守位则为阳气，炽而无制则为龙雷，而涸泽燎原，无所不至。故其在肾则为遗淋带浊，而水液渐以干枯。炎上人肝，则逼血妄行，而为吐为衄，或为营虚筋骨疼痛。又上入脾，则脾阴受伤，或为发热，而饮食悉化痰涎。再上至肺，则皮毛无以扃固，而亡阳喘嗽，甚至喑哑声嘶。是皆无根虚火，阳不守舍，而光焰诣天，自下而上，由肾而肺，本源渐槁，上实下虚，是诚剥极之象也。凡师尼室女、失偶之辈，虽非房室之劳，而私情系恋，思想无穷，或对面千里，所愿不得，则欲火摇心，真阴日削，遂致虚损不救。[④]

现代行为医学的研究证实：“性压抑会影响到人的各种心理功能的正常发挥，从而产生各种心理的病变。如引起烦躁、不安、悲观、自信心低等，引起抑郁症、狂躁症等一系列心理疾病。”[⑤]而“观察表明：独身者和鳏寡者的健康问题明显增多。夫妇中性行为锐减常是妻子多食肥胖的真正原因。”[⑥]

第六，色欲过度，多成劳损。张介宾分析说：“盖人自有生以后，惟赖后天精气以为立命之本，故精强神亦强，神强必多寿；精虚气亦虚，气虚必多夭。”[⑦]而在导致“精虚”的诸多因素中，以色欲过多为最。故张介宾说：“设禀赋本薄，而且恣情纵欲，再伐后天，则必成虚损。”[⑧]所谓“虚损”用现代西医学的术语来解释，就是白细胞减少症。[⑨]《黄帝内经素问·金匮真言论》云：“夫精者，身之本也。”可见，肾气旺盛是人体健康长寿的决定

① 江泳主编：《中医行为医学》，北京：中国中医药出版社，2008年，第63页。
② （明）张介宾：《类经》卷15《疾病类》，吴润秋主编：《中华医书集成》第1册《医经类》，第241页。
③ （明）张介宾：《类经》卷15《疾病类》，吴润秋主编：《中华医书集成》第1册《医经类》，第241页。
④ （明）张介宾：《景岳全书》卷16《杂证谟·论虚损病源》，第181—182页。
⑤ 孙波：《迷失的心路》，北京：北京科学技术出版社，2004年，第62页。
⑥ 张晔、何裕民：《中医行为论》，重庆：重庆出版社，1992年，第85页。
⑦ （明）张介宾：《景岳全书》卷16《杂证谟·论虚损病源》，第182页。
⑧ （明）张介宾：《景岳全书》卷16《杂证谟·论虚损病源》，第182页。
⑨ 李如辉编著：《血液病学》，太原：山西科学技术出版社，1997年，第173页。

因素。而“色欲过度则劳肾”[①]，亦即纵欲妄为必然会耗散真元，引发肾气溃败而致虚劳。

以上病症在临床上多表现为“阳偏衰”的虚、寒之象，故张介宾主张温补。如张介宾认为：“凡阳虚多寒者，宜补以甘温，而清润之品非所宜。”[②]但由于疾病传变的复杂性，张介宾在强调温补的同时，对其他治法如和法、攻法、散法等也高度重视。他总结说：“盖人之虚实寒热，各有不齐，表里阴阳，治当分类。”[③]由此可见，张介宾在具体的临床实践中，不仅注意辨析各种疾病复杂体系中的矛盾不平衡性，而且更注重审病求因和辨症施治，从而在其整个遣方用药过程中，始终贯穿着“合宜而用，圆通活法”[④]的医学思想。

二、如何看待张介宾的“辨古”思想及其他

（一）张介宾的“辨古”思想

张介宾温补学术思想的形成，一般认为与下述两个条件关系较为密切：一是临床实践，张介宾通过长期的观察发现，由于受到河间学派的影响，许多医者在临床上滥用寒凉药，危害至深。对此，张介宾深有感触地说：“予因溯源稽古，即自金元以来为当世之所宗范者，无如河间、丹溪矣，而且各执偏见，左说盛行，遂致医道失中者，迄今四百余年矣。每一经目，殊深扼腕，使不速为救正，其流弊将无穷也。兹姑撮其数条，以见倍理之谈，其有不可信者类如此，庶乎使人警悟，易辙无难，倘得少补于将来，则避讳之罪，亦甘为后人而受之矣。”[⑤]二是张介宾所诊疗的患者多为富贵权宦，诚如黄宗羲所记述的那样：“（张介宾）为人治病，沉思病原，单方重剂，莫不应手霍然，一时谒病者，辐辏其门，沿边大帅，皆遣金币致之。”[⑥]而这些“皆遣金币致之”的富贵权宦本身所患疾病多虚少实，因为造成体质虚弱的原因，“无非酒色、劳倦、七情、饮食所致”[⑦]。当年，大理寺左评事雒于仁在写给万历皇帝的《酒色财气四箴疏》里，分析万历皇帝身体状况不佳的原因是“酒色财气”，因为“夫纵酒则溃胃，好色则耗精，贪财则乱神，尚气则损肝”[⑧]。实际上，“病在酒色财气”不止万历皇帝，明朝那些富贵权宦又何尝不是如此。据沈德符《万历野获编》记载，整个明朝官宦人家，“至于习尚成俗，如京中小唱，闽中契弟之外，则得志士人，致娈童为厮役，钟情年少，狎丽竖若友昆，盛于江南而渐染于中原”[⑨]。可以肯定，这种社会风

① （清）程曦、江诚、雷大震：《医家四要》卷2《病机约论·五劳七伤同六极审辨当精》，上海：上海卫生出版社，1957年，第54页。

② （明）张介宾：《景岳全书》卷51《新方八略引·补略》，第653页。

③ （明）张介宾：《景岳全书》卷51《新方八略引·因略》，第656页。

④ 罗宝清：《论景岳执持与圆活的治疗辨证观》，田振明主编：《全国实用中西医研究》，北京：中国科学技术出版社，1996年，第27页。

⑤ （明）张介宾：《景岳全书》卷3《传忠录·误谬论》，第31页。

⑥ （明）黄宗羲：《南雷文定前集》卷10《张景岳传》，《四部备要·集部》，上海：中华书局，1936年，第71—72页。

⑦ （明）张介宾：《景岳全书》卷16《杂证谟·论虚损病源》，第183页。

⑧ 胡丹辑考：《明代宦官史料长编》下册，南京：凤凰出版社，2014年，第1798页。

⑨ （明）沈德符：《万历野获编》卷24《风俗》，北京：中华书局，1959年，第622页。

气对那些达官贵人的身体伤害确实多呈下元亏损之证，而针对由下元亏损和肾精不足所致的各种虚寒病证，投用温补之药自然是非常的适宜和恰当。所以在这样的社会背景下，张介宾开始积极反思金元以来各家医学思想对指导临床用药的利和弊。

1. 对刘完素寒凉派医学观点的辨析

在明朝，刘完素的寒凉派已经被人们僵化地去理解和滥用，甚至一成不变地照搬照抄，因此，张介宾针对寒凉派对明朝医者临床处方用药所带来的这些负面作用，严厉地批评了刘完素《原病式》（即《素问玄机原病式》）一书中的“片面”医学思想。张介宾说：

> 夫实火为病故为可畏，而虚火之病犹为可畏。实火固宜寒凉，去之本不难也；虚火最忌寒凉，若妄用之，无不致死。矧今人之虚火者多，实火者少，岂皆属有余之病，顾可概言为火乎？历观唐宋以前，原未尝偏僻若此，继自《原病式》出，而丹溪得之定城，遂目为至宝，因续著《局方发挥》及阳常有余等论，即如东垣之明，亦因之而曰火与元气不两立，此后如王节斋、戴原礼辈，则祖述相传，遍及海内。凡今之医流，则无非刘朱之徒，动辄言火，莫可解救，多致伐人生气，败人元阳，杀人于冥冥之中而莫之觉也，诚可悲矣！[①]

在对具体病种的认识方面，张介宾另具只眼，提出了诸多与刘完素不同的观点。

（1）对吐酸的认识。刘完素认为：“酸者，肝木之味也。由火盛制金，不能平木，则肝木自甚，故为酸也。而俗医主于温和脾胃，岂知《经》言人之伤于寒也，则为热病。”然而，在张介宾看来，“吐酸、吞酸等证，总由停积不化而然，而停积不化，又总由脾胃不健而然。脾土既不能化，非温脾健胃不可也，而尚可认为火盛邪？”[②]相较而言，张介宾的观点与现代医学更加接近。[③]但吞酸证的病因比较复杂，而“当代中医认为本病病因主要是由于饮食失调、寒邪犯胃、情志内伤、脾胃虚弱等，病位在胃，涉及肝脾肺，与肝的关系较为密切，病机的关键为胃气上逆”[④]。可见，张介宾通过以上辨析，进一步丰富和发展了中医吞酸证的病因病机学说，使之渐趋完善。

（2）对泻痢的认识。刘完素认为：“泻白为寒，青、红、黄、赤、黑皆为热也。”[⑤]对此，张介宾提出了不同看法。他说：“夫泻白为寒，人皆知也，而青挟肝邪，脾虚者有之，岂热证乎？红因损脏，阴络伤者有之，岂尽热乎？正黄色浅，食半化者有之，岂热证乎？黑为水色，元阳衰者有之，岂热证乎？若此者皆谓之热，大不通矣。”[⑥]从中医本身的历史发展看，一种医学观点的提出总是与当时特定的气候及生态环境有关。众所周知，金代的北方

---

① （明）张介宾：《景岳全书》卷3《传忠录·辨河间》，第31—32页。

② （明）张介宾：《景岳全书》卷3《传忠录·辨河间》，第32页。

③ 花海兵等：《柴胡加龙骨牡蛎汤对改善非糜烂性胃食管反流病患者生活质量的影响》，龚伟：《春申医萃》第3辑，上海：第二军医大学出版社，2011年，第94页。

④ 花海兵等：《柴胡加龙骨牡蛎汤对改善非糜烂性胃食管反流病患者生活质量的影响》，龚伟：《春申医萃》第3辑，第95页。

⑤ （明）张介宾：《景岳全书》卷3《传忠录·辨河间》，第32页。

⑥ （明）张介宾：《景岳全书》卷3《传忠录·辨河间》，第32页。

瘟疫流行，如贞祐元年（1213）九月，蒙元军围汴，天兴元年（1232）五月，“汴京大疫，凡五十日，诸门出死者九十余万人，贫不能葬者不在是数”①。事实上，从1127年至1275年的150年间，我国各地的疫病发生频率比较高，短则大约每隔三五年就爆发一次疫情，详细情况如表2-1所示：

表2-1 从1127年至1275年我国各地疫情年表②

时间	疫情特点	暴发区域	程度
1127年	疫	河南	首府死者几半
1131年	疫	浙江、湖南	不详
1133年	疫	湖南、浙江	不详
1136年	疫	四川	不详
1144年	疫	浙江	不详
1146年	疫	江苏	不详
1199年	疫	浙江	不详
1203年	疫	江苏	不详
1208年	疫	安徽、河南	不详
1209年	疫	浙江	不详
1210年	疫	浙江	不详
1222年	疫	江西	不详
1227年	疫	华北蒙古驻军	不详
1232年	疫	河南	50天内9万人病殁
1275年	疫	地点不明	死者不计其数

仅从当时的疫情流行严重后果看，刘完素认为痢疾一病，“不管脓、血、赤、白，皆属湿热之邪所致，当是很正确的”③。但这是不是说张介宾的批评就没有道理了呢？当然不是。张介宾生活在明朝晚期，尽管此时疫情仍在全国各地流行，但是浙江地区的疫情却相对少见，具体情况如表2-2所示：

表2-2 从1563年至1644年明朝各地疫情年表④

时间	疫情特点	暴发区域	程度
1563年	疫	江西	不详
1565年	疫	浙江、河北	不详
1571年	疫	山西	不详
1573年	疫	湖北	不详

① 《金史》卷17《哀宗本纪》，北京：中华书局，1975年，第387页。

② ［美］威廉H. 麦克尼尔：《瘟疫与人》附录“中国的疫情年表”，余新忠，毕会诚译，北京：中国环境科学出版社，2010年，第178—179页。

③ 孙中堂编著：《中医内科史略》，北京：中医古籍出版社，1994年，第129页。

④ ［美］威廉H. 麦克尼尔：《瘟疫与人》附录“中国的疫情年表”，余新忠，毕会诚译，第180—181页。

续表

时间	疫情特点	暴发区域	程度
1579 年	疫	山西	不详
1580 年	疫	山西	不详
1581 年	疫	山西	不详
1582 年	疫	河北、四川、山东、山西	不详
1584 年	疫	湖北	不详
1585 年	疫	山西	不详
1587 年	疫	江西、山西	不详
1588 年	疫	山东、陕西、山西、浙江、河南	不详
1590 年	疫	湖北、湖南、广东	不详
1594 年	疫	云南	不详
1598 年	疫	四川	不详
1601 年	疫	山西、贵州	不详
1603 年	疫	浙江	不详
1606 年	疫	浙江	不详
1608 年	疫	云南	不详
1609 年	疫	福建	不详
1610 年	疫	山西、陕西	不详
1611 年	疫	山西	不详
1612 年	疫	浙江、陕西	不详
1613 年	疫	福建	不详
1617 年	疫	福建	不详
1618 年	疫	山西、湖南、贵州、云南	在山西，尸横遍野
1621 年	疫	湖北	不详
1622 年	疫	云南	不详
1623 年	疫	云南、广西	不详
1624 年	疫	云南	不详
1627 年	疫	湖北	不详
1633 年	疫	山西	不详
1635 年	疫	山西	不详
1640 年	疫	浙江、河北	不详
1641 年	疫	湖南、湖北、山东、山西	处处死亡枕藉
1643 年	疫	陕西	不详
1644 年	疫	江苏、山西、内蒙古	不详

因此，诚如有学者所说：“关于泻痢的寒热之辨证，不可以尽归于热，亦不可尽归于寒。在刘氏之时，热病流行，故其辨证多偏于热；张氏精于八纲辨证，且未逢热病流行，故其

于寒热之辨较刘氏为精细。”①

（3）对肿胀的认识。刘完素认为：“肿胀者，热胜则胕肿。”②而在张介宾看来，这仅仅是“胕肿”的病因之一，“夫肿胀之病，因热者固有之，而因寒者尤不少。盖因热者，以湿热之壅，而阴道有不利也；因寒者，以寒湿之滞，而阳气有不化也”③。故清朝著名藏医学家第司·桑杰嘉措在其所著《蓝琉璃》一书中说：“肿胀分热肿胀和寒肿胀两类。热肿胀，发热使糊药变干，热气大、疼痛红肿，宜在伤口附近的脉道多放血，以消热肿……寒肿胀，肤色灰白，而且虚松，不发热，按压时留有痕迹，山生棱子芹（野胡萝卜）、羌活、藏茴香、生姜等制剂热敷；或者圆柏叶、菜籽油、芫荽、干姜、花椒等配伍热敷；或者藏麻黄、大籽蒿、酒精热敷吮吸。”④

（4）对虚妄的认识。刘完素认为：“虚妄者，以心火热甚，则肾水衰而志不精一，故神志失常，如见鬼神。或以鬼神为阴，而见之则为阴极脱阳而无阳气者，此妄意之言也。”⑤像临床上经常遇到一些高热患者出现神志不清、嗜睡、呼吸急促、眼神离散等虚妄症状。但造成神志不清、嗜睡、呼吸急促、眼神离散等虚妄症状的原因，不独高热，如川楝子中毒侵犯到神经系统，则会出现神志不清、谵语、烦躁不安、嗜睡、神志恍惚等虚妄症状。有些肝病患者如果过量吃小麦，也很容易造成神志不清、嗜睡等严重后果。所以，张介宾说：“凡以神魂失守而妄见妄言者，俱是火证，亦不然也。夫邪火盛而阳狂见鬼者固然有之，又岂无阳气太虚而阴邪为鬼者乎？”⑥

2. 对朱丹溪滋阴派医学观点的辨析

朱丹溪主张“阳常有余，阴常不足”论，谓“人生之气常有余，血常不足”⑦。应当承认，在当时的历史条件下，朱丹溪这一理论有其特殊的针对性。因为他“重点在于阐释人生整个过程阴精难成易亏的本质……除气血外，朱丹溪的‘阴阳’在此有更深层的解释，‘阴’代表了人体生殖功能的物质基础，而‘阳’则特指人无涯的情欲而言。在人的生长发育过程中，男子十六女子十四方才精通经行，具有生育能力，而作为生殖功能物质基础的‘阴气’则‘年至四十’而‘自半’，男子六十四女子四十九便精绝经断，阴而‘阴气之成，止供得三十年之视听言动，已先亏矣’。而人的情欲妄动可触发君相火动，‘精血易耗’，因而存在着阴阳之间的不平衡关系”⑧。但是，人们在应用朱丹溪的“阳常有余，阴常不足”理论时，往往不辨虚实寒热，甚至“一遇虚热之证，动辄滋阴降火、滥用苦寒，造成诸多流弊”⑨。有鉴于此，张介宾批评朱丹溪的理论说：“盖人得天地之气以有生，而有生之气，

① 萧汉明：《易苑漫步》，上海：上海古籍出版社，2010年，第401页。
② （明）张介宾：《景岳全书》卷3《传忠录·辨河间》，第33—34页。
③ （明）张介宾：《景岳全书》卷3《传忠录·辨河间》，第34页。
④ 毛继祖、卡洛、毛韶玲译校：《蓝琉璃》，上海：上海科学技术出版社，2012年，第514页。
⑤ （明）张介宾：《景岳全书》卷3《传忠录·辨河间》，第34页。
⑥ （明）张介宾：《景岳全书》卷3《传忠录·辨河间》，第34页。
⑦ （明）张介宾：《景岳全书》卷3《传忠录·辨丹溪》，第34页。
⑧ 张宇鹏：《藏象新论——中医藏象学的核心观念与理论范式研究》，北京：中国中医药出版社，2014年，第142页。
⑨ 陈雪功编著：《新安医学学术思想精华》，北京：中国中医药出版社，2009年，第16页。

即阳气也，无阳则无生矣。故凡自生而长，自长而壮，无非阳气为之主，而精血皆其化生也。是以阳盛则精血盛，生气盛也；阳衰则精血衰，生气衰也。故经曰：中焦受气取汁，变化而赤，是谓血。是岂非血生于气乎？丹溪但知精血皆属阴，故曰阴常不足，而不知所以生精血者先由此阳气。倘精血之不足，又安能阳气之有余？”[①]于是，张介宾便针锋相对地提出了“阳非有余，阴亦不足”的著名观点。

（1）纠朱丹溪“气有余便是火”之偏。朱丹溪认为：“五脏各有火，五志激之，其火随起。若诸寒为病，必须身犯寒气，口得寒物，乃为病寒。非若诸火，病自内作，所以气之病寒者，十无一二。”[②]对于朱丹溪提出的这个观点，张介宾并不认同，因为在临床上虚寒症比较多见。有学者曾分析现代虚寒症不断增多的情形时说：“一些中医动不动就清热解毒、滋阴降火、活血化瘀。这种思维固化，不求医理的倾向，使病人雪上加霜，身体越来越虚，越来越寒。可以这样说，临床上虚寒证越来越多，与用药不当有很大关系。”[③]现在如此，张介宾所生活的时代又何尝不是如此！所以张介宾解释说：

> 夫气本属阳，阳实者固能热，阳虚者独不能寒乎？故《经》曰：气实者热也，气虚者寒也。又《经》曰：血气者，喜温而恶寒，寒则泣不能流，温则消而去之，则其义有可知矣。且今人之气实与气虚者，孰为多寡？则寒热又可知矣。……气虚则阳虚，阳虚则五内不暖而无寒生寒，所以多阳衰羸败之病。若必待寒气寒食而始为寒证，则将置此辈于何地？[④]

平心而论，朱丹溪所言“气有余便是火”不是没有道理，只是未分气之虚实。[⑤]从这个层面讲，张介宾提出“气不足便是寒”恰好补充和完善了中医“真阳元气阴阳”理论。其中，若元阳不足，体现于外的征象则为阳用不足，亦即阳虚，是为“气不足就是寒”；相反，若元阴不足，体现于外的征象则为阴用不足，亦即阴虚，是为“气有余便是火”。因此，“从根本上说，无论阴虚、阳虚，都是源于先天阴阳的失和，而后天阴阳的盈缩则恰恰反映了先天元阴元阳的根本状态”[⑥]。

（2）纠朱丹溪“湿热为病十之八九”之偏。在整个中医疾病系统中，湿热病最为缠绵难愈。于是，医学界有“湿热为百病之源”[⑦]的说法，甚至叶天士更有“湿邪害人最广”[⑧]之论。从这个角度看，朱丹溪认为：“六气之中，湿热为病，十居八九。”[⑨]自有其合理之处，但言“湿热为病，十居八九”，显然是夸大了湿热病的危害。因此，张介宾说：“夫阴阳之

---

① （明）张介宾：《景岳全书》卷3《传忠录·辨丹溪》，第34页。
② （明）张介宾：《景岳全书》卷3《传忠录·辨丹溪》，第36页。
③ 王长松：《〈伤寒杂病论〉养生智慧》，重庆：重庆出版社，2009年，第17页。
④ （明）张介宾：《景岳全书》卷3《传忠录·辨丹溪》，第36页。
⑤ 吴限主编：《李延学术经验集》，北京：中国中医药出版社，2014年，第335页。
⑥ 傅文录：《火神派鼻祖郑钦安——医书解难问答录》，沈阳：辽宁科学技术出版社，2014年，第68页。
⑦ 孔繁祥：《大病预防先除湿热毒》，长春：吉林科学技术出版社，2013年，第12页。
⑧ 姜建国主编：《中医经典选读》，北京：人民卫生出版社，2005年，第318页。
⑨ （明）张介宾：《景岳全书》卷3《传忠录·辨丹溪》，第36页。

道，本若权衡，寒往暑来，无胜不复，若偏热如此，则气候乱而天道乖矣。”[①]在正常情况下，“矧春夏之温热，秋冬之寒凉，此四时之主气也；而风寒暑湿火燥，此六周之客气也。故春夏有阴寒之令，秋冬有温热之时，所谓主气不足，客气胜也。所谓必先岁气，无伐天和，亦此谓也”[②]。

（3）纠朱丹溪“相火论”之偏。朱丹溪认为，“相火”动是人体生命活动之因，所以一旦相火的运动失常，则疾病就会接踵而来。他说：“五行各一其性，惟火有二：曰君火，人火也；曰相火，天火也。火内阴而外阳，主乎动者也，故凡动皆属火。天主生物，故恒于动，人有此生，亦恒于动，其所以恒于动者，皆相火之所为也。故人自有知之后，五志之火为物所感，不能不动，谓之动者，即《内经》五火也。相火易起，五性厥阳之火相扇而妄动矣。火起于妄，变化莫测，无时不有，煎熬真阴，阴虚则病，阴厥则死。”[③]对此，张介宾提出了不同观点，他说：第一，“丹溪此论，则无非阐扬火病而崇其补阴之说也。”[④]第二，朱丹溪主张“五脏各有火，五志激之，其火随起，以致真阴受伤”，而在张介宾看来，“夫所谓五志者，喜、怒、思、忧、恐也。……喜则气散，怒则气逆，忧则气闭，思则气结，恐则气下。此五者之性为物所感，不能不动，动则耗伤元气，元气既耗如此，则火又何由而起？”[⑤]总体而言，无论是朱丹溪，还是张介宾，二人对“相火”虚实的认识，都有其正确的成分。因为“景岳论火，重虚善补；丹溪治火，以泻求补。内生实火和虚火都是客观存在，学术观点的对立造成这场学术论争，双方各自代表了真理的一个方面”[⑥]。

3. 对先贤医学成果的借鉴和吸收

张介宾“辨古”并不是一味反对金元以来医学诸家的各种观点，事实上，在具体的临床实践过程中，张介宾十分善于借鉴和吸收先贤的医学经验，使之不断充实和丰富他的温补学说。

（1）咳嗽。张介宾认为：“外感有嗽，内伤亦有嗽，此一实一虚，治当有辨也。盖外感之嗽，必因偶受风寒，故或为寒热，或为气急，或为鼻塞声重，头痛吐痰。邪轻者，脉亦和缓，邪甚者，脉或弦、洪、微、数。但其素无积劳虚损等证而陡病咳嗽者，即外感证也。若内伤之嗽，则其病来有渐，或因酒色，或因劳伤，必先有微嗽而日渐以甚。其证则或为夜热潮热，或为形容瘦减，或两颧常赤，或气短喉干，其脉轻者亦必微数，重者必细数弦紧。盖外感之嗽其来暴，内伤之嗽其来徐；外感之嗽因于寒邪，内伤之嗽因于阴虚；外感之嗽可温可散，其治易。内伤之嗽宜补宜和，其治难。此固其辨也。”[⑦]于是，为了进一步完善治咳之法，张介宾采诸家之长，积极吸收杨仁斋、王纶、薛己等著名医家的临床经验，相贯而一之，终于形成他自己诊治咳嗽的临床特色。例如，杨仁斋总结自己的治咳经验说：

① （明）张介宾：《景岳全书》卷3《传忠录·辨丹溪》，第36页。
② （明）张介宾：《景岳全书》卷3《传忠录·辨丹溪》，第36页。
③ （明）张介宾：《景岳全书》卷3《传忠录·辨丹溪》，第35页。
④ （明）张介宾：《景岳全书》卷3《传忠录·辨丹溪》，第35页。
⑤ （明）张介宾：《景岳全书》卷3《传忠录·辨丹溪》，第35页。
⑥ 刘时觉：《丹溪学研究》，北京：中医古籍出版社，2004年，第135页。
⑦ （明）张介宾：《景岳全书》卷19《杂证谟·咳嗽》，第219页。

“肺出气也，肾纳气出。肺为气之主，肾为气之本。凡咳嗽引动百骸，自觉气从脐下奔逆而上者，此肾虚不能收气归原，当以地黄丸、安肾丸主之，毋徒从事于肺，此虚则补子之义也。”[①]肾为肺子，而肺咳必穷及于肾，故用补肾纳气法治嗽与张介宾“凡内伤之嗽，必皆本于阴分”的医学思想相一致。张介宾说：“何为阴分？五脏之精气是也。然五脏皆有精气，而又惟肾为元精之本，肺为元气之主，故五脏之气分受伤，则病必自上而下，由肺由脾以及于肾；五脏之精分受伤，则病必自下而上，由肾由脾以及于肺，肺肾俱病，则他脏不免矣。”[②]又如，王纶的治咳经验是：“因嗽而有痰者，咳为重，主治在肺；因痰而致咳者，痰为重，主治在脾。但是食积成痰，痰气上升，以致咳嗽，只治其痰、消其积而咳自止，亦不必用肺药以治咳也。”[③]这是从脾治嗽法，同前面的“虚则补子”原理一样，因为脾为肺之母，故王纶的方法也可称作“虚则补母”，它是治疗久咳肺虚的重要法则之一。

（2）噎膈。在临床上，噎膈主要是指饮食吞咽困难，或食入即吐一类的病证，张介宾认为：从病因病机来说，“噎膈一证，必以忧愁思虑，积劳积郁，或酒色过度，损伤而成。盖忧思过度则气结，气结则施化不行，酒色过度则伤阴，阴伤则精血枯涸，气不行则噎膈病于上，精血枯涸则燥结病于下”[④]。可见，人们一旦为情志中的“忧愁”与“思虑”所伤，往往就会造成脾胃气机阻滞，而生成噎膈病。对此，宋朝医家张锐云：“噎膈是神思间病，惟内观自养者可治。”[⑤]严用和又说：“五膈五噎，由喜怒太过，七情伤于脾胃，郁而生痰，痰与气搏，升而不降，饮食不下。盖气留于咽嗌者，则成五噎，结于胸膈者，为五膈。其病宜调阴阳，化痰下气，阴阳平匀，气顺痰下，则病无由作矣。”[⑥]先贤的上述思想都被张介宾吸收到他的噎膈辨证论治之中了，故张介宾总结说：“凡治噎膈，大法当以脾肾为主。盖脾主运化，而脾之大络布于胸膈，肾主津液，而肾之气化主乎二阴。故上焦之噎膈，其责在脾；下焦之闭结，其责在肾。治脾者，宜从温养，治肾者，宜从滋润，舍此二法，他无捷径矣。”[⑦]经过中医临床的多年观察，人们发现恶性肿瘤患者大多都有脾虚气亏或肾虚等症，所以“用中药健脾补肾，或重点以健脾益气或重点以补肾固精，均能提高患者机体的细胞免疫功能和调整内分泌失调状态，使‘卫气’得以恢复，抗癌能力增强，有利于病体的恢复”[⑧]。

（3）泄泻。在临床上，泄泻是指因运化失常和湿邪内盛所致的一种以排便次数增多，粪便稀薄，或泻出如水样物为主证的胃肠道疾病。对于泄泻的病因病机，张介宾分析说：“泄泻之本，无不由于脾胃。”故“脾弱者，因虚所以易泻，因泻所以愈虚，盖关门不固则气随泻去，气去则阳衰，阳衰则寒从中生，固不必外受风寒而始谓之寒也。且阴寒性降，

---

① （明）张介宾：《景岳全书》卷19《杂证谟・咳嗽》，第222页。
② （明）张介宾：《景岳全书》卷19《杂证谟・咳嗽》，第222页。
③ （明）张介宾：《景岳全书》卷19《杂证谟・咳嗽》，第222页。
④ （明）张介宾：《景岳全书》卷21《杂证谟・噎膈》，第251页。
⑤ （明）张介宾：《景岳全书》卷21《杂证谟・噎膈》，第254页。
⑥ （明）张介宾：《景岳全书》卷21《杂证谟・噎膈》，第254页。
⑦ （明）张介宾：《景岳全书》卷21《杂证谟・噎膈》，第253页。
⑧ 华积德主编：《肿瘤外科学》，北京：人民军医出版社，1995年，第282页。

下必及肾，故泻多必亡阴，谓亡其阴中之阳耳。所以泄泻不愈，必自太阴传于少阴而为肠澼”[①]。那么，如何治疗泄泻病呢？张介宾比较认同朱丹溪的治法，因此，张介宾引述朱丹溪的话说：“世俗例用涩药治泻，若泻而虚者，或可用之；若初得之者，必变他证，为祸不小。殊不知泻多因湿，惟分利小水，最为上策。”[②]在此基础上，张介宾进一步强调说：“泄泻之病，多见小水不利，水谷分则泻自止，故曰：治泻不利小水，非其治也。”[③]

（4）痰饮。在临床上，痰饮是指体内水液输布、运化失常，停积于某些部位的一类病证。[④]对于痰饮的病因病机，张介宾分析说：“凡呕吐清水，及胸腹膨满，吞酸嗳腐，渥渥有声等证，此皆水谷之余，停积不行，是即所谓饮也。若痰有不同于饮者，饮清澈而痰稠浊，饮惟停积肠胃，而痰则无处不到。水谷不化而停为饮者，其病全由脾胃；无处不到而化为痰者，凡五脏之伤，皆能致之。”[⑤]在张介宾之前，刘完素认为：“积饮留饮，积蓄而不散也。水得燥则消散，得湿则不消，以为积饮，土湿主病故也。大略要分湿热、寒湿之因。”[⑥]而薛己则强调痰郁的病因病机较为复杂：“凡痰火证，有因脾气不足者，有因脾气郁滞者，有因脾肺之气亏损者，有因肾阴虚不能摄水，泛而为痰者，有因脾气虚不能摄涎，上溢而似痰者，有因热而生痰者，有因痰而生热者，有因风、寒、暑、湿而得者，有因惊而得者，有因气而得者，有因酒而得者，有因食积而得者，有脾虚不能运化而生者，有胸中痰郁而似鬼附者，各审其源而治之。”[⑦]可见，张介宾认为痰为全身疾病，即是在系统总结先贤有关痰饮认识成果的基础上所形成的一种医学观念。至于其具体的治疗方法，张介宾十分推崇庞安时、吴茭山、许学士、朱丹溪、王纶、薛己、徐东皋等先贤的临床治验。例如，朱丹溪说：“脾虚者，宜清中气以运痰降下，二陈汤加白术之类，兼用升麻提起。二陈汤，一身之痰都治管。如要下行，加引下药，在上加引上药。”[⑧]后来，张介宾在充分吸收朱丹溪从脾治痰思想的前提下，进一步解释说：“脾胃之痰，有虚有实，凡脾土湿胜，或饮食过度，别无虚证而生痰者，此乃脾家本病。但去其湿滞而痰自清，宜二陈汤为主治，或六安煎、橘皮半夏汤、平胃散、润下丸、滚痰丸之类，皆可择而用之。”[⑨]此外，王纶从张仲景肾气丸治疗气虚有痰的经验中得到启发，他认为：“痰之本，水也，原于肾；痰之动，湿也，主于脾。”[⑩]这种把生痰之源归于脾肾的创见，对张介宾影响很大。所以张介宾论述说：“五脏之病，虽俱能生痰，然无不由乎脾肾。盖脾主湿，湿动则为痰；肾主水，水泛亦有痰。故痰之化无不在脾，而痰之本无不在肾，所以凡是痰证，非此则彼，必与二脏有涉。”[⑪]

---

① （明）张介宾：《景岳全书》卷24《杂证谟·泄泻》，第274页。
② （明）张介宾：《景岳全书》卷24《杂证谟·泄泻》，第277页。
③ （明）张介宾：《景岳全书》卷24《杂证谟·泄泻》，第274也。
④ 陈会君主编：《中医内科学教学医案选编》，北京：中国中医药出版社，2015年，第291页。
⑤ （明）张介宾：《景岳全书》卷31《杂证谟·痰饮》，第354页。
⑥ （明）张介宾：《景岳全书》卷31《杂证谟·痰饮》，第358页。
⑦ （明）张介宾：《景岳全书》卷31《杂证谟·痰饮》，第358页。
⑧ （明）张介宾：《景岳全书》卷31《杂证谟·痰饮》，第359页。
⑨ （明）张介宾：《景岳全书》卷31《杂证谟·痰饮》，第355页。
⑩ （明）王纶：《明医杂著》卷1《化痰丸论》，北京：中国中医药出版社，2009年，第39页。
⑪ （明）张介宾：《景岳全书》卷31《杂证谟·痰饮》，第355页。

（5）疠风。《黄帝内经素问·风论》已见“疠风”一病，它是由风邪循诸脉之腧穴而散于分肉，致使皮肤腐溃而成疮疡，重者还会出现须眉堕落的证候。张介宾述该病的病理特点说：“此病虽名为风，而实非外感之风也。实以天地间阴厉浊恶之邪，或受风木之化而风热化虫，或受湿毒于皮毛而后及营卫，或犯不洁，或因传染，皆得生虫。盖虫者，厥阴主之，厥阴为风木，主生五虫也。虫之生也，初不为意，而渐久渐多，遂致不可解救，诚最恶、最危、最丑证也。”①用现代医学知识解释，疠风是一种慢性传染性皮肤病，因其痛苦难祛，故近代医界对其有“风之传变，至恶者也”②的说法。当然，人们在与疠风的长期斗争过程中，经过医患之间的共同努力，在治疗疠风方面，已经积累了不少可资借鉴的临床经验。张介宾认为，薛己的《疠疡机要》集古代治疗疠风经验之大成，可以称之为是一部“以为证治之纲领”的专著。薛己认为：“疬疡所患，非止一脏，然其气血无有弗伤。兼证无有弗见，况积岁而发见于外。须分经络之上下，病势之虚实，不可概施攻毒之药，当先助胃壮气，使根本坚固，而后治其疮可也。”③在此原则基础上，薛己把疬疡更分为本证、兼证、变证等，并进一步确立了注重本证，兼顾他证的疬疡治法。他说：“凡疬疡，当知有变有类之不同，而治法有汗有下，有砭刺攻补之不一。盖兼证当审轻重，变证当察先后，类证当详真伪，而汗、下、砭刺、攻补之法，又当量其人之虚实，究其病之原委而施治之。”④

（二）张介宾医学思想的地位和影响

1. 张介宾医学思想的地位

学界对张介宾医学思想的学术地位已经从多方位进行了探讨，并都给予积极肯定。例如，有学者评价张介宾的医学心理学思想说：

> 张景岳在《类经》中将情志病的经典文献内容会通成篇，为情志医学研究理论体系的确立奠定了基础。张景岳还对“不寐”……“诈病”、“阳痿”、“遗精”等与情志致病相关的疾患作了较为完备的论述，并有独到的见解。在情志类疾病的认识和辨证论治上有开创性的理论和方法，为后世情志医学的发展提供了思路，也为后世对此类疾病的诊治提供了一定的理论依据。尤其值得注意的是，张景岳的心理疗法独树一帜，遗惠后学，在中医心理治疗上起到了承先启后、开拓创新的重要作用。⑤

对于张介宾的医易思想，薛松认为：“张景岳在继承前代和同时代医家研究医易成果的基础上，撰写了《医易义》《太极图论》《阴阳体象》《五行生成数解》《五行统论》《气数统论》《大宝论》《真阴论》等一系列医易专著，对传统医学与易学的结合做出了重要的贡献。”一方面，“就医学史说，张景岳首次在理论上有力地论证并强调了易学对医学的指导作用”；另一方面，“就易学史说，张景岳对《周易》的理解表明易学哲学同自然科学进一步结合起

① （明）张介宾：《景岳全书》卷34《杂证谟·疠风》，第397页。
② 陆拯主编：《近代中医珍本集·内科分册》，杭州：浙江科学技术出版社，1991年，第809页。
③ （明）张介宾：《景岳全书》卷34《杂证谟·疠风》，第398页。
④ （明）张介宾：《景岳全书》卷34《杂证谟·疠风》，第398页。
⑤ 郑蓉：《张景岳医学心理学思想研究》，天津中医学院2001年硕士毕业论文，第1页。

来，象数之学成为我国古代自然科学的理论基础之一。”①

对于张介宾的“重阳”思想，有学者评论说，张介宾的“重阳”思想多受《黄帝内经》原文的启发，如《黄帝内经素问·生气通天论篇》云：“阳气者，若天与日，失其所，则折寿而不彰。故天运当以日光明。”而张介宾在《类经附翼·大宝论》中直接借用了这段原文，并且说：“天之大宝，只此一丸红日，人之大宝，只此一息真阳。”②《黄帝内经素问·生气通天论篇》又云：“凡阴阳之要，阳密乃固。”张介宾据此提出“阴之所恃者，惟阳为主也”③的观点。在张介宾看来，阳在人体为命门真火。因此，在疾病的病机方面，张介宾认为：“如阴胜于下者，原非阴盛，以命门之火衰也；阳胜于标者，原非阳盛，以命门之水亏也。水亏其源，则阴虚之病叠出；火衰其本，则阳虚之证迭生。”④而“在疾病的治疗上，张氏临床立法组方中，其在重视人体阳气的同时，不偏于阳气而忽略阴精，创立了左、右归丸和左、右归饮，在补阳的同时兼顾滋阴，在补阴的同时兼顾温阳，体现了《内经》阴阳互根的思想，又可见张氏顾护命门之火的用意。”⑤

在人的一生中，中年养生最可注意，因为“四十以上，即顿觉气力一时衰退；衰退既至，众病蜂起，久而不治，遂至不救”⑥。基于人体生理由盛转衰的这种变化规律，张介宾认为：“人于中年左右，当大为修理一番，则再振根基，尚余强半。”⑦于是，“中兴防衰，再振根基”就成为张介宾关于我国中老年医学的一个独具特色的学术思想。⑧

对于郁症的辨症论治思想，吴丹在《张介宾论治郁证思想研究》一文中做了详细考论，其主要论点如下：

> 《黄帝内经素问·六元正纪大论》中有对运气五郁的详细阐述，此为郁证之理论基础，后来经过宋金元的突破和发展，日趋完善。明代张介宾，以《内经》中对郁的论述为理论根源，结合自己的临床经验和丰富的知识储备，融会贯通理学思想和兵学思维等，对典籍中的论述进行了整理、注释和分析，阐明其个人观点，并总结前人对郁的认识，批判性地继承，开拓性地发展，尤其对朱丹溪的郁证理论阐述颇多。张介宾提出了其独特的论治郁证思想，开辟郁证研究的新道路，呈前人之精华，启后世之新篇。张介宾认为百病皆可兼郁，相对于前人多将郁作为病机来说，张氏从生理、病理、治法等方面对郁证有了比较全面的认识。分别“五气之郁”和“情志之郁”将情志之郁从前人一直混淆论述的郁证中剥离出来，强调了对情志不遂所致郁证的重视，使郁证的范围有所扩展，郁证的概念较为明确；在《类经》中指出，情分八种，“五志之外，尚余者三”，分为喜、怒、忧、思、悲、恐、惊、畏，并对每种情志致病详论病机、症

① 薛松：《张景岳医易思想研究》，北京中医药大学2008年博士学位论文，第2页。
② （明）张介宾（景岳）：《类经图翼》卷3《大宝论》，第443页。
③ （明）张介宾（景岳）：《类经图翼》卷3《大宝论》，第443页。
④ （明）张介宾（景岳）：《类经图翼》卷3《真阴论》，第446页。
⑤ 汤巧玲等：《张介宾“重阳”思想对〈内经〉阴阳理论的继承与发展》，《现代中医临床》2014年第4期，第51页。
⑥ （唐）孙思邈：《备急千金要方》卷27《房中补益》，太原：山西科学技术出版社，2010年，第803页。
⑦ （明）张介宾：《景岳全书》卷2《传中录·中兴论》，第23页。
⑧ 盛庆寿主编：《张景岳传世名方》，北京：中国医药科技出版社，2013年，第13页。

状，给出治疗方法。另外，首次从生理层面认识情志，批驳了刘完素、朱震亨“五志之动皆为火”的观点，特别指出情志活动是正常的生理活动，与生命同生共存。张介宾将郁分为因病而郁和因郁而病两类，因郁而病即为情志致郁，又按照病因将情志之郁分为怒郁、思郁、忧郁三类，详论了三郁的辨证施治，以虚实为纲对怒郁、思郁、忧郁的病位、病机、症状及转归预后、遣方用药进行分析。对于郁证的诊断，张氏尤重视脉诊，认为凡脉象不平和者皆可做郁论。张氏治疗郁证最突出的就是从虚论治郁证和重视心理治疗，“阳非有余，阴常不足”的观点是其强调从虚论治郁证的理论基础，体现了其整个医学思想的核心，擅用人参、熟地黄、附子、甘草扶阳养阴，而“以情胜情”作为重要的辅助治疗手段在论述中多次被张介宾中提及，体现了其重视身心合一的思想。①

对于中医运气学说，尽管医学界尚有不同看法，但张介宾不仅相信王冰补入《黄帝内经素问》“运气七篇”内容的真实性，而且在其所著《类经图翼》一书中，采用图文互注和简明晓畅的书写方式，非常精辟地阐释了运气学说中的基本命题，“为后人学习和研究提供了方便，为运气学说的流传和普及做了大量艰苦努力”②。具体而言，张介宾比较详细地补充了《黄帝内经素问·六节藏象论》中“五日谓之候”各候的物候表现，即《类经图翼·运气类》详述了一年七十二候和自然界物候表现。③此外，张介宾根据《河图》《洛书》的分区理论，进一步将全国的物候作了细化。他说：“以中国之地分为九宫，而九宫之中复分其东南西北之向，则阴阳寒热各有其辨，不可不察也。详汉蜀江，即长江也。自江至南海，离宫也。自江至平遥县，中宫也。自平遥至蕃界北海坎宫也。此以南北三分为言也。自汧源西至陟洲，兑宫也。自开封西至汧源，中宫也。自开封东至沧海，震宫也。此以东西三分为言也。五正之宫得其详，则四隅之气可察矣。”④大体上说，“九宫地域的分法，反映了明代传统地理与历学认识的结合”⑤，而“实质是反映出因地理之异而致气象之变则是一律的”⑥。

对于张介宾的妇女病论治思想，《景岳全书·妇人规》有比较全面和系统的阐述。不过，若择其要点，则可简单归纳如下：第一，张介宾说：“治妇人之病，当以经血为先。”⑦也就是说，调经系治疗妇人病的重点。第二，由于封建礼教的束缚，临床上诊治妇人的疾病并不容易，所以仔细辨别经色对于月经病的临床诊治具有重要意义。张介宾说：

> 凡血色有辨，固可以察虚实，亦可以察寒热。若血浓而多者，血之盛也；色淡而少者，血之衰也，此固大概之易知者也。至于紫黑之辨，其证有如冰炭，而人多不解，

① 吴丹：《张介宾论治郁证思想研究》，北京中医药大学 2012 年硕士学位论文，第 1 页。
② 苏颖：《张介宾研究中医运气学说的特点》，《吉林中医药》2003 年第 10 期，第 2 页。
③ 苏颖：《张介宾研究中医运气学说的特点》，《吉林中医药》2003 年第 10 期，第 2 页。
④ （明）张介宾：《类经》卷 25《运气类》，吴润秋主编：《中华医书集成》第 1 册《医经类》，第 463 页。
⑤ 郑洪主编：《岭南医学与文化》，广州：广东科技出版社，2009 年，第 38 页。
⑥ 冯玉明、程根群：《中医气象与地理病理学》，上海：上海科学普及出版社，1997 年，第 9 页。
⑦ （明）张介宾：《景岳全书》卷 38《妇人规·经脉类》，第 430 页。

> 误亦甚矣。盖紫与黑相近，今人但见紫色之血，不分虚实，便谓内热之甚，小知紫赤鲜红，浓而成片成条者，是皆新血妄行，多由内热；紫而兼黑，或散，或薄，沉黑色败者，多以真气内损，必属虚寒。由此而甚，则或如屋漏水，或如腐败之宿血，是皆紫黑之变象也。此肝脾大损，阳气大陷之证，当速用甘温，如理阴煎、理中汤、归脾汤、四味回阳饮、补中益气汤之类，单救脾土，则陷者举、脱者固，元气渐复，病无不愈。若尽以紫色作热证，则无不随药而毙矣。①

这都是张介宾长期临床实践的经验总结，当然，张介宾十分强调对于妇人的疾患应随证、随人辨证论治，不可拘泥成规，无所变通。第三，孕妇将产应遵从人体的生理规律，并按照“产要”的原则尽一切可能来保证孕妇顺利正产，且“不可詹卜问神”②。因为“巫觋之徒哄吓谋利，妄言凶险，祷神祇保，产妇闻之，致生疑惧。夫忧虑则气结滞而不顺，多至难产。”③这是一种难能可贵的科学认识，它从一个侧面说明“科学之医”与“神学之巫”之间斗争的长期性和艰巨性。如众所知，从扁鹊的“信巫不信医，不可治”主张，到张介宾“妊娠将产，不可詹卜问神”，前后虽然相隔2000多年，但是“鬼神”观念却一直没有销声匿迹，甚至在现代医学条件下，仍有一些患者相信“鬼神附体”之类的谬说。据研究者称：“‘伏体’病又称‘鬼神附体’病，或称为‘信息病’，俗称‘踩邪’，是世界各地普遍存在的一种民俗文化精神病。据统计，在全世界大约90%以上的传统社会中均可见到此病。本病的特征是相信被神灵、鬼魂、精灵、亡故之人的灵体附在病人的身上而使患者出现一系列相应的戏剧性身心变态，患者在言语、声调、行为上都不是自己在常态下的情况，所说的多为亡灵的话语，神态如痴如醉，或全身抽动、发颤，或哭闹不安等。当患者清醒过来恢复了常态时，对自己发病时的情况多一无所知，患者常有头痛、头晕、乏困等感觉。”④由此可见，医学与神学之间的斗争将是一个长期的过程。

2. 张介宾医学思想的影响

从历史和哲学的层面看，张介宾的医学思想无疑属于中国传统文化的重要组成部分。因为他的医学观念深受儒、释、道三家思想的影响，例如，张介宾在阐释“命门乃子宫之门户”观点时，大量引证炼丹家如《黄庭经》及梁丘子、元阳子等人的论述。有学者通过分析张介宾医学理论发展的理学背景，认为张介宾将理学哲学范畴体系引入医学研究，以理学的宇宙本体“太极”为逻辑起点，建立了中医理论的哲学本体，将“生机”意义提高到世界本体高度，以《太极图说》为理论模型。“心学”为法，建构中医理论，形成阴阳一体、五脏互藏、肾命学说等理论成果。⑤在《景岳全书·医非小道记》中，张介宾对医学的深刻感悟是：“修身心于至诚，实儒家之自治；洗业彰于持戒，诚释道之良医。”⑥反过来，张介宾的医学观念又进一步对发扬光大儒、释、道三教的养生思想产生积极影响。如张介

① （明）张介宾：《景岳全书》卷38《妇人规·辨血色》，第435—436页。
② （明）张介宾：《景岳全书》卷39《妇人规·产要》，第446页。
③ （明）张介宾：《景岳全书》卷39《妇人规·产要》，第446页。
④ 郑怀林、甘利仁主编：《生命的圣火——宗教与医学纵横谭》，北京：中医古籍出版社，2008年，第379页。
⑤ 尚力等：《理学“形而上”特征对张介宾学术理论的影响》，《上海中医药大学学报》2011年第5期，第22页。
⑥ （明）张介宾：《景岳全书》卷3《传忠录·医非小道记》，第40页。

宾说："吾所以有大乐者，为吾有形；使吾无形，吾有何乐？"[①]这种重视"养形"的观念，直到今天都有积极的现实意义。

"治形"重在补养精血，这也是张介宾温补学说的内在理念，对后世影响巨大。如绍兴伤寒学派在外感热病的诊疗中独树一帜，他们崇尚张介宾辨证识病思想，"对外感热病论治主张寒温一统，清化透彻，临床处方精切，遣药轻灵，疗效确切"，因此，"绍兴伤寒学派完善了温病学体系"[②]。此外，在张介宾肾命门学说的基础上，沈自尹院士提出了"肾为先天之本"与基因有内在联系的观点，他认为中医的肾命门与西医的神经—内分泌—免疫网络存在着本质联系，所以温补肾阳能有效调节免疫网络的功能与形态异常。[③]罗元恺受张介宾《妇人规》的影响，结合他自己对命门学说和肾中水火之间关系的研究成果，提出了"肾—天癸—冲任—子宫轴"的概念。张介宾所称"无形之水"的天癸，罗元恺认为其物质基础是在人体内客观存在的微量元素，具体地讲，天癸应是与生殖有关的内分泌激素一类的物质。[④]

张介宾之后，受其影响，清朝的黄元御治病偏主温补，而火神派鼻祖郑钦安虽脱胎于寒凉派，但他更重心肾阳气，特别强调肾中阳气的作用；清朝医家汪文琦"论中风，独尊张介宾非风之论，认为中风多见精血内亏，元气内败者，以补治之"[⑤]；现代国医大师朱良春对张介宾的《类经》十分推崇，他继承张介宾的补肾治法理论，认为治痹之法，益肾壮督以治其本，镯痹通络以治其标，故其所创制的益肾姆痹丸，重用熟地黄、当归大补肾中真阴，又用全蝎、僵蚕等搜风通络，可谓标本兼顾[⑥]；此外，现代名医王为兰在治疗强直性脊柱炎的过程中，积极发挥张介宾阴阳互济的思想，融左归丸与右归丸于一体，尤其善用动物类药，填补肾精，实乃深得张介宾心得[⑦]等。

在处方用药方面，张介宾创制了诸如大补元煎、温胃饮、左归丸、右归丸、六味回阳饮等众多良方，一直沿用至今。当然，后人在应用张介宾所创制的处方时，多经化裁，使之治疗范围不断扩大。例如，张介宾的"大补元煎"原本用于"治男妇气血大坏、精神失守危剧等证"[⑧]，而清朝名医刘鸿恩经过临证化裁，则用于治疗喘促、呃逆、怔忡、腰痛、牙痛、憎寒壮热等病证。[⑨]又如，有医者采用大补元煎加减治疗肾虚型萎缩性阴道炎[⑩]、加味大补元煎治疗排尿性晕厥[⑪]等取得了不少新进展，而随着我国中西医结合治疗水平的不断提高，人们开始采用联合缬沙坦大补元煎加味治疗老年阵发性心房颤动[⑫]，以及用川芎嗪注

---

① （明）张介宾：《景岳全书》卷2《传忠录·治形论》，第19页。

② 罗桢敏：《张景岳对温病学的贡献》，《中国乡村医药》2011年第11期，第39页。

③ 邓铁涛主编：《中华名老中医学验传承宝库》，北京：中国科学技术出版社，2008年，第170页。

④ 邓铁涛主编：《中华名老中医学验传承宝库》，第170页。

⑤ 李济仁主编：《新安名医考》，合肥：安徽科学技术出版社，1990年，第133页。

⑥ 钟丽丹：《张景岳补肾法对久痹论治的影响》，《上海中医药杂志》2005年第1期，第40页。

⑦ 钟丽丹：《张景岳补肾法对久痹论治的影响》，《上海中医药杂志》2005年第1期，第41页。

⑧ （明）张介宾：《景岳全书》卷51《新方八阵·补阵》，第657页。

⑨ 毛德西：《刘鸿恩及其〈医门八法〉》，《河南中医》1986年第4期，第41页。

⑩ 李超：《大补元煎加减治疗肾虚型萎缩性阴道炎临床效果观察》，《世界临床医学》2017年第2期，第157页。

⑪ 邓理有：《加味大补元煎治疗排尿性晕厥》，《中国医药报》2001年6月23日。

⑫ 刘忠良、曾志安、郭德友：《大补元煎加味联合缬沙坦治疗老年阵发性心房颤动临床观察》，《中华心血管病杂志》2008年增刊，第346页。

射液配合大补元煎对冠心病心绞痛[①]等，临床效果比较显著。

综合来看，张介宾的学术思想尽管还不尽完美，比如他把非风症说成纯粹由正虚所致，没有邪实，不符合临床实际[②]，但这并不影响他成为一代医学大家。诚如有方家所评论的那样："张氏为了力挽时弊，在立论时未免偏激，从而引起了后人的非议，其中以姚球《景岳全书发挥》、陈修园《景岳新方砭》、章虚谷《论景岳书》等最为激烈。然而无论或褒或贬，张介宾的学术成就无疑是巨大的。"[③]

第二节　吴有性的瘟病思想

吴有性，字又可，江南吴县（今江苏省苏州市）人，是明清之际著名温病学家。据不完全统计，明代发生大的疠疫 64 次，清代有 74 次[④]，成为危害广大人民群众生命健康的主要杀手之一。特别是崇祯十四年（1641），南北直隶、山东、浙江大疫，阖门传染，而时医却治不得法，"每见时医误以正伤寒法治之，未有不殆者。或病家误听七日当自愈，不尔十四日必瘳，因而失治，尽有不及期而死者。亦有治之太晚，服药不及而死者，或妄投药剂，攻补失序而死者。或遇医家见解不到，心疑胆怯，以急病用缓药，虽不即受其害，究迁延而致死，比比皆是"[⑤]。面对此情此景，吴有性深有感触地说："守古法不合今病，以今病简古书，原无明论，是以投剂不效，医者彷徨无措，病者日近危笃，病愈急，投药愈乱，不死于病，乃死于医，不死于医，乃死于圣经之遗亡也。"[⑥]于是，吴有性"静心穷理，格其所感之气，所入之门，所受之处，及其传变之体，平日所用历验方法"[⑦]，提出"欲求南风，须开北牖"[⑧]的治疫方法，并撰写了影响深远的《瘟疫论》，遂开温病学说之先河。

一、《瘟疫论》与温病学派的创立

（一）《瘟疫论》的主要内容

《瘟疫论》分上下两卷，共讲了 86 个问题，其中卷上 50 个问题，卷下 36 个问题。

---

① 何红兵：《川芎嗪注射液联合大补元煎治疗冠心病心绞痛 57 例》，《全国危重病急救医学学术会议论文汇编》，内部资料，2007 年，第 263 页。

② 上海中医药大学中医文献研究所：《内科名家刘树农学术经验集》，上海：上海中医药大学出版社，2002 年，第 115 页。

③ 严世芸主编：《中医各家学说》，北京：中国中医药出版社，2007 年，第 211 页。

④ 胡红一主编：《中外医学发展史》，西安：第四军医大学出版社，2006 年，第 111 页。

⑤ （明）吴有性原著、张成博、李晓梅、唐迎雪点校：《瘟疫论·自叙》，天津：天津科学技术出版社，2003 年，第 5 页。

⑥ （明）吴有性原著、张成博、李晓梅、唐迎雪点校：《瘟疫论·自叙》，第 6 页。

⑦ （明）吴有性原著、张成博、李晓梅、唐迎雪点校：《瘟疫论·自叙》，第 6 页。

⑧ （明）吴有性原著、张成博、李晓梅、唐迎雪点校：《瘟疫论》卷上《下格》，第 10 页。

1. 对瘟疫的认识

瘟疫是一种传染性很强的疾病，吴有性明确指出：“伤寒与中暑，感天地之常气。疫者感天地之疠气，在岁有多寡；在方隅有厚薄；在四时有盛衰。此气之来，无论老少强弱，触之者即病。”[①]现代医学证实，这种“感天地之疠气”实际上就是一种像细菌、病毒一类的病原体，所以中国古人就用“疫”来概括这一类疾病，如《黄帝内经·素问》《诸病源候论》等都有相关论述，只可惜它们还没有形成比较系统和完整的疫病治疗理论。吴有信说：“夫温者热之始，热者温之终，温热首尾一体，故又为热病即温病也。又名疫者，以其延门阖户，如徭役之役，众人均等之谓也。……又为时疫时气者，因其感时行戾气所发也，因其恶厉，又为之疫疠，终有得汗而解，故燕冀名为汗病。此外，又有风温、湿温，即温病挟外感之兼证，各各不同，究其病则一。”[②]用现代的疾病分类学分析，疫病应包括瘟疫、瘴气、痢疾、肺炎、流行性乙型脑炎、流行性感冒、麻风病等，概念较为宽泛。但吴有性在提及疫病的传染方式时，明确指出是“自口鼻而入”[③]。可见，吴氏所讲的疫病属于通过空气传染的病种，主要有流行性感冒、肺炎、麻疹、结核、白喉、百日咳、猩红热等。具体地说，就是“病人和带菌者在咳嗽、喷嚏和高声谈笑时都能有许多飞沫到达空气中。飞沫中带有的病原微生物，可以传染给人。病人的排泄物和分泌物如痰、脓等干燥成为尘埃，又飞扬在空气中，吸入带原微生物的尘埃同样可以传染”[④]。当然，由于个体差异，同样是“飞沫传染”，有的人一旦感染很快就发病，有的人虽然被感染但发病较慢或者不发病。对此，吴有性分析说：

> 凡人口鼻之气，通乎天气，本气充满，邪不易人；本气适逢亏欠，呼吸之间，外邪因而乘之。……若其年气来盛厉，不论强弱，正气稍衰者，触之即病，则又不拘于此矣。其感之深者，中而即发；感之浅者，邪不胜正，未能顿发，或遇饥饱劳碌，优思气怒，正气被伤，邪气始得张溢，营卫运行之机，乃为之阻，吾身之阳气，因而屈曲，故为病热。[⑤]

至于瘟疫对人体的感染和发病路径，吴有性介绍道：“邪（指病原体）自口鼻而入，则其所客，内不在脏腑，外不在经络，舍于伏脊之内，去表不远，附近于胃，乃表里之分界，是为半表半里。”[⑥]在传播过程中，瘟疫根据“其所客”的部位或经络不同，所表现出来的症状亦不同。对此，吴有性分两种情况叙述：第一种情况属于正常的临床表现，“其始也，格阳于内，不及于表，故先凛凛恶寒，甚则四肢厥逆。阳气渐积，郁极而通，则厥回而中外皆热，至是但热而不恶寒者，因其阳气之通也。此际应有汗，或反无汗者，存乎邪结之

---

① （明）吴有性原著、张成博、李晓梅、唐迎雪点校：《瘟疫论》卷上《原病》，第1页。
② （明）吴有性原著、张成博、李晓梅、唐迎雪点校：《瘟疫论》卷下《正名》，第68页。
③ （明）吴有性原著、张成博、李晓梅、唐迎雪点校：《瘟疫论》卷上《原病》，第1页。
④ 湖南省黔阳地区卫生学校：《微生物学》，1972年，第24页。
⑤ （明）吴有性原著、张成博、李晓梅、唐迎雪点校：《瘟疫论》卷上《原病》，第2页。
⑥ （明）吴有性原著、张成博、李晓梅、唐迎雪点校：《瘟疫论》卷上《原病》，第1页。

轻重也。即便有汗，乃肌表之汗，若外感在经之邪，一汗而解”[①]。第二种情况属于变证，临床表现很复杂，瘟疫之险就险在变证。吴有性总结说：“至于伏邪动作，方有变证，其变或从外解，或从内陷。从外解者顺，从内陷者逆。更有表里先后不同：有先表而后里者，有先里而后表者，有但表而不里者，有但里而不表者，有表里偏胜者，有表里分传者，有表而再表者，有里而再里者，有表里分传而又分传者。”[②]

2. 对瘟疫的治疗

根据前述“外解”和“内陷”的临床病变特点，吴有性制定了相应的治疗方法。其总的治法是：“从外解者，或发斑，或战汗、狂汗、自汗、盗汗；从内陷者，胸膈痞闷，心下胀满，或腹中痛，或燥结便秘，或热结旁流，或协热下利，或呕吐、恶心、谵语、舌黄、舌黑、苔刺等证。因证而知变，因变而知治。”[③]由于发热是瘟疫的最典型临床症状，所以如何控制和治愈发热也就成为治疗瘟疫的关键。例如，对于瘟疫初起，症见“先憎寒而后发热，日后但热而无憎寒也。初得之二三日，其脉不浮不沉而数，昼夜发热，日晡益甚，头疼身痛。其时邪在伏脊之前，肠胃之后”[④]，治宜达原饮，方用槟榔二钱，厚朴一钱，草果仁五分，知母一钱，芍药一钱，黄芩一钱，甘草五分。服法：用水二盅，煎八分，午后温服。吴有性分析说：“证有迟速轻重不等，药有多寡缓急之分，务在临时斟酌，所定分两，大略而已，不可执滞。”[⑤]那么，这个“临时斟酌”思想如何同温病治疗结合起来呢？吴有性运用辨证方法做了下面的临床分证治疗，他说：“间有感之轻者，舌上白苔亦薄，热亦不甚，而无数脉，其不传里者，一二剂自解；稍重者，必从汗解。如不能汗，乃邪气盘踞于膜原，内外隔绝，表气不能通于内，里气不能达于外，不可强汗。或者见加发散之药，便欲求汗，误用衣被壅遏，或将汤火熨蒸，甚非法也。然表里隔绝，此时无游溢之邪在经，三阳加法不必用，宜照本方可也。感之重者，舌上苔如积粉，满布无隙，服汤后不从汗解，而从内陷者，舌根先黄，渐至中央，邪渐入胃，此三消饮证。”[⑥]临床实践证明，达原饮确实具有“开达膜原”和疏利内外的功能。有研究者发现，达原饮对于“有亚临床症状之 HIV 感染者及演变成为 ARC 患者，对阻断艾滋病活动期有重要临床实用意义”[⑦]。

对于表里分传证，吴有性注重分型治疗，如“瘟疫舌上白苔者，邪在膜原也。舌根渐黄至中央，乃邪渐入胃。设有三阳现证，用达原饮三阳加法。因有里证，复加大黄，名三消饮。三消者，消内消外消不内不外也。此治疫之全剂，以毒邪表里分传，膜原尚有余结者宜之”[⑧]。三消饮组方：槟榔，草果，厚朴，白芍，甘草，知母，黄芩，大黄，葛根，羌活，柴胡，姜，枣煎服。剂量不定，由医者根据病情需要立方遣药，“临时斟酌”。至于“邪

① （明）吴有性原著、张成博、李晓梅、唐迎雪点校：《瘟疫论》卷上《原病》，第 2 页。
② （明）吴有性原著、张成博、李晓梅、唐迎雪点校：《瘟疫论》卷上《原病》，第 2—3 页。
③ （明）吴有性原著、张成博、李晓梅、唐迎雪点校：《瘟疫论》卷上《原病》，第 3 页。
④ （明）吴有性原著、张成博、李晓梅、唐迎雪点校：《瘟疫论》卷上《瘟疫初起》，第 3 页。
⑤ （明）吴有性原著、张成博、李晓梅、唐迎雪点校：《瘟疫论》卷上《瘟疫初起》，第 4 页。
⑥ （明）吴有性原著、张成博、李晓梅、唐迎雪点校：《瘟疫论》卷上《瘟疫初起》，第 4 页。
⑦ 徐济群：《艾滋病乙型肝炎中西医治疗研究》，上海：上海中医药大学出版社，1994 年，第 115 页。
⑧ （明）吴有性原著、张成博等点校：《瘟疫论》卷上《表里分传》，第 5—6 页。

在膜原”的具体含义和病理定位，有研究者认为：膜原的定位相似于单核巨噬细胞与免疫活性的T淋巴细胞和B淋巴细胞所广泛分布的胸膜、腹膜淋巴结，以及胃肠黏膜的淋巴小结，是共同发挥免疫调节的主要场所。[①]这个场所就是吴有性所说的“伏邪动作，方有变证”之处，是瘟疫、伤寒和艾滋病三者共同的病理定位。因此，“瘟疫病、伤寒、艾滋病是各具不同的病因病种，但有着共同的生理病理的内在变化层次，以营卫不和共为临床表现”[②]。

（1）下法。吴有性说：“瘟疫可下者，约三十余证，不必悉具，但见舌黄、心腹痞满，便于达原饮加大黄下之。设邪在膜原者，已有行动之机，欲离未离之际，得大黄促而下，实为开门袪贼之法，即使未愈，邪亦不能久羁。二三日后，余邪入胃，仍用小承气彻其余毒。大凡客邪贵乎早治，乘人气血未乱，肌肉未消，津液未耗，病人不至危殆，投剂不至掣肘，愈后亦易平复。欲为万全之策者，不过知邪之所在，早拔去病根为要耳。但要谅人之虚实，度邪之轻重，察病之缓急，揣邪气离膜原之多寡，然后药不空投，投药无太过不及之弊。”[③]这段话的中心思想是讲瘟疫贵在早发现早治疗，通过下法快速驱逐温邪淫毒，以收“早拔去病根”之效。当然，用药的剂量多少，还要根据临床表现因人而异，切忌用药“太过”或“不及”，因为二者都无法实现药到病除的目的。

（2）吐法。吴有性说：“瘟疫胸膈满闷，心烦喜呕，欲吐不吐，虽吐而不得大吐，腹不满，欲饮不能饮，欲食不能食。此疫邪留于胸膈，宜瓜蒂散吐之。”[④]张仲景《伤寒论》中的瓜蒂散由瓜蒂、赤小豆、香豉三味药物构成，吴有性则用“生山栀仁”易“香豉”，至于“改用生山栀的道理，不仅取其有涌吐的功效，更有清泄邪热的作用”[⑤]。

（3）汗法。吴有性说：“疫邪表里分传，里气壅闭，非汗下不可。汗下之未尽，日后复热，当复下复汗。瘟疫下后，烦渴减，腹满去，或思食而知味，里气和也。身热未除，脉近浮，此邪气拂郁于经，表未解也，当得汗解。如未得汗，以柴胡清燥汤和之，复不得汗者，从渐解也，不可苛求其汗。应下失下，气消血耗，既下欲作战汗，但战而不汗者危。”[⑥]文中所言“战汗”是瘟疫发生或转归过程中所出现的一种先振战而后汗出的临床表现，它表明人体内在正邪斗争剧烈活动过程中，正气尚居于主导的地位，一般预后效果较好。吴有性之所以非常重视瘟疫转归中的战汗，是因为人体内正气的力量还具有压倒邪气的自我调节能力。当然，在遇到“身热未除，脉近浮”的临床表现时，吴有性主张辅以柴胡清燥汤，使之汗出，疾病转向痊愈。如果人体内的正气不能压倒邪气时，疾病就有转入内陷的危险。所以很多医者在治疗瘟疫的过程中都非常重视战汗的作用，如针对“战而不得汗”的临床症状，王士雄在《温热经纬》一书中提出用“饮米汤或白汤”以“助其作汗

① 徐济群：《艾滋病乙型肝炎中西医治疗研究》，上海：上海中医药大学出版社，1994年，第113页。
② 徐济群：《艾滋病乙型肝炎中西医治疗研究》，第113页。
③（明）吴有性原著、张成博、李晓梅、唐迎雪点校：《瘟疫论》卷上《注意逐邪勿拘结粪》，第11页。
④（明）吴有性原著、张成博、李晓梅、唐迎雪点校：《瘟疫论》卷上《邪在胸膈》，第15页。
⑤（明）吴有性原著、浙江省中医研究所评注：《〈温疫论〉评注》，北京：人民卫生出版社，1977年，第85页。
⑥（明）吴有性原著、张成博、李晓梅、唐迎雪点校：《瘟疫论》卷上《战汗》，第17—18页。

之资"[①]的疗法，又孔毓礼主张用"人参生姜汤助正以取汗"[②]等，都具有一定的临床参考价值。

（4）补法，有峻补与缓补之分。吴有性说："时疫坐卧不定，手足不定，卧未稳则起坐，才著坐即乱走，才抽身又欲卧，无有宁刻。……此平时斫丧，根源亏损，因不胜其邪，元气不能主持，故烦躁不安，固非狂证，其危有甚于狂也，法当大补。然有急下者，或下后厥回，尺脉至，烦躁少定，此因邪气少退，正气暂复，微阳少伸也。不尔时，邪气复聚，前证复起，勿以前下得效，今再下之，下之速死，急宜峻补，补不及者死。"[③]峻补适用于治疗"时疫坐卧不定"且下后病情有反复的临床实际，与峻补不同，当临床上遇到"夺气不语""下后反痞"等病证时，宜用清燥养荣汤、参附养荣汤等来缓补，以期扶正祛邪，恢复体力。如"疫邪留于心胸，令人痞满，下之痞应去，今反痞者，虚也。以其人或因他病先亏，或因新产后气血两虚，或禀赋娇怯，因下益虚，失其健运，邪气留止，故令痞满。今愈下而痞愈甚，若更用行气破气之剂，转成坏证，宜参附养荣汤。"[④]综合考虑病症和病因的特点，有人建议采用张仲景《伤寒论》中的"甘草泻心汤"或"半夏泻心汤"，理由是针对这种虚中挟实之证，"参附养荣汤以辛温大热的姜、附与阴寒滋腻的地、芍相配，补虚固属有余，而祛邪未能顾及，且滋腻之品多有固邪之弊"[⑤]。究竟孰是孰非，还需要医者从临床实际出发，抓住虚实矛盾的主要方面，对症下药。

当然，吴有性治疗瘟疫的核心是下法，其他治法都是下法的延续或补充。

（二）《瘟疫论》的主要医学思想

1. 温病理论思想

（1）"杂气无穷"的思想。何谓杂气？吴有性解释说："是气也，其来无时，其着无方，众人有触之者，各随其气而为诸病焉。其为病也：或时众人发颐；或时众人头面浮肿，俗名为大头温是也；或时众人咽痛，或时音哑，俗名为虾膜温是也；或时众人疟痢；或为痹气，或为痘疮，或为斑疹，或为疮疥疔肿，或时众人目赤肿痛；或时众人呕血暴下，俗名为瓜瓤温、探头温是也；或时众人瘿痎，俗名为疙瘩温是也。为病种种，难以枚举。大约病偏于一方，延门阖户，众人相同者，皆时行之气，即杂气为病也。为病种种是知气之不一也。"[⑥]这段话的要点就是讲"杂气"有不同类型，因此"杂气"所造成的疫病也有不同类型。用现代医学的观点看，"杂气"就是各种病原菌，分急性和慢性两种类型，其中急性传染病约有10余种，传播迅猛，严重险恶。所以吴有性说："疫气者亦杂气中之一，但有甚于他气，故为病颇重，因名之疠气。虽有多寡不同，然无岁不有。至于瓜瓤温、疙瘩温，

① （清）王士雄：《温热经纬》卷3《叶香岩外感温热篇》，北京：中国医药科技出版社，2011年，第49页。
② （明）吴有性原著、浙江省中医研究所评注：《〈温疫论〉评注》，第97页。
③ （明）吴有性原著、张成博、李晓梅、唐迎雪点校：《瘟疫论》卷上《虚烦似狂》，第26页。
④ （明）吴有性原著、张成博、李晓梅、唐迎雪点校：《瘟疫论》卷上《下后反痞》，第23页。
⑤ （明）吴有性原著、浙江省中医研究所评注：《〈温疫论〉评注》，第123页。
⑥ （明）吴有性原著、张成博、李晓梅、唐迎雪点校：《瘟疫论》卷下《杂气论》，第38—39页。

缓者朝发夕死，急者顷刻而亡，此在诸疫之最重者。”[①]在吴有性看来，“杂气”致病与“六气”致病的性质不同。在临床上，医者很容易把二者相混淆，遂造成惨痛后果。故此，鉴别诊断很重要。例如，“大麻风、鹤膝风、痛风、历节风、老人中风、肠风、疠风、痼风之类，概用风药，未尝一效，实非风也，皆杂气为病耳”[②]。至于医者为什么在临床实践过程中，常常会出现难以辨别“杂气”与“六气”致病的误诊现象，吴有性分析说：“盖因诸气来而不知，感而不觉，惟向风寒暑湿所见之气求之，是舍无声无臭、不睹不闻之气推察。既错认病原，未免误投他药。”[③]由于病原菌极其微小，人的肉眼很难分辨，这就造成医者“惟向风寒暑湿所见之气求之”的误诊误判现象。实际上，诚如吴有性所言：“刘河间作《原病式》，盖祖五运六气，百病皆原于风、寒、暑、湿、燥、火，是无出此六气为病。实不知杂气为病更多于六气为病者百倍，不知六气有限，现在可测，杂气无穷，茫然不可测也。”[④]现在临床实践证明，“杂气”在一定范围内确实具有“茫然不可测”的特点。有研究者证实，导致百日咳的百日咳杆菌进化速度极快[⑤]，被称为“现代瘟疫”的埃博拉病毒变异[⑥]，“没有人知道埃博拉病毒在每次大暴发后潜伏在何处，也没有人知道每一次埃博拉疫情大规模爆发时，第一个受害者是从哪里感染到这种病毒的”[⑦]。

截至目前，虽然人类已经一次又一次地征服了那些可怕的瘟疫，如天花、结核病、流感等，但是新的传染病却接连发生，诚如有学者所言：“从 20 世纪 50 年代到世纪末，很多之前不为所知的致命疾病开始出现，例如多种出血热开始在世界各地浮现。直到这些疾病开始对欧美国家产生影响，西方世界才开始关注它们的重要意义。马尔堡热（于 1967 年首次在德国发现）、拉沙热（1969 年在尼日利亚拉沙市首次出现，夺去了一名美国护士的性命）、莱姆病（1975 年在美国康涅狄格州旧莱姆市发现）、退伍军人综合征（1976 年，导致 29 名在美国费城集会的老兵死亡）、1976 年暴发的埃博拉病毒、20 世纪 80 年代的 HIV/AIDS，所有这些疾病都打破了一个家庭应有的氛围。”[⑧]可见，防治瘟疫是一个漫长的历史过程，绝非一朝一夕，一蹴而就。

（2）提出“九传”学说。瘟疫善传多变，往往给临床治疗带来许多突如其来的传变。因此，吴有性经过长期的临床观察和治疗，从理论上总结了瘟疫善传多变的特点，提出“九传”学说，为临床实践提供了辩证指南。在“统论疫有九传治法”一节中，吴有性叙述道：

> 夫疫之传有九，然亦不出乎表里之间而已矣。所谓九传者，病人各得其一，非谓一病而有九传也。盖瘟疫之来，邪自口鼻而入，感于膜原，伏而未发者不知不觉。已

① （明）吴有性原著、张成博、李晓梅、唐迎雪点校：《瘟疫论》卷下《杂气论》，第 39 页。
② （明）吴有性原著、张成博、李晓梅、唐迎雪点校：《瘟疫论》卷下《杂气论》，第 39 页。
③ （明）吴有性原著、张成博、李晓梅、唐迎雪点校：《瘟疫论》卷下《杂气论》，第 39—40 页。
④ （明）吴有性原著、张成博、李晓梅、唐迎雪点校：《瘟疫论》卷下《杂气论》，第 40 页。
⑤ 刘石磊：《百日咳杆菌进化速度极快》，《中华生物医学工程杂志》2015 年第 2 期，第 194 页。
⑥ 上海社会科学院青年学术交流中心：《理论热点大碰撞（2015）》，上海：上海人民出版社，2015 年，第 42 页。
⑦ 王丽云主编：《临床急诊急救学》，青岛：中国海洋大学出版社，2015 年，第 147 页。
⑧ [英]玛丽·道布森：《疾病图文史·影响世界历史的 7000 年》，苏静静译，北京：金城出版社，2016 年，第 307 页。

发之后，渐加发热，脉洪而数，此众人相同，宜达原饮疏之。继而邪气一离膜原，察其传变，众人不同者，以其表里各异耳。有但表而不里者，有但里而不表者，有表而再表者，有里而再里者，有表里分传者，有表里分传而再分传者，有表胜于里者，有里胜于表者，有先表而后里者，有先里而后表者，凡此九传，其去病一也。①

怎样理解膜原？《黄帝内经素问·疟论》云："其间日发者，由邪气内薄于五脏，横连募原也，其道远，其气深，其行迟，不能与卫气俱行，不得皆出，故间日乃作也。"②由"内薄于五脏，横连募原"推知，所谓"膜（募）原"应当是指"筋膜所在之处"③，这是"伏邪"的藏匿之地，故医家都非常重视对"膜原"的认识和研究。例如，有医家认为："募原者，内为五脏通卫气之冲，而外为背部督脉行阳之驿。"④任继学更解释说："膜原在人体肌表之里，肌肉之外，以腠为用，以小络、毛脉、孙络、结络、缠络相通，以脂膜相连，贯连其中，行气血，营阴阳，布营卫为防御之屏障。有此屏障，人之机体，方能固正守内，营固脉，卫护外，邪不能犯，为无病之躯。"⑤吴有性形象地把"膜原"比喻成"巢穴"，他说："先行而后伏者，所谓瘟疫之邪，伏于膜原，如鸟栖巢，如兽藏穴，营卫所不关，药石所不及。至其发也，邪毒渐张，内侵于腑，外淫于经，营卫受伤，诸证渐显，然后可得而治之。"⑥

因此，吴有性提出"但使邪毒速离膜原"⑦的治疗思想，对后世温病学的诊疗影响很大。

（3）区分瘟疫有散发与流行两大类型。瘟疫传播有何特点？吴有性注意到：第一，瘟疫并非必然以大面积传播为特点，因为有时候感染疫气的患者较为稀少，"其时村落偶有一二人，所患者虽不与众人等，然考其证，甚合某年某处众人所患之病纤悉相同，治法无异。此即当年之杂气，但目今所钟不厚，所患者稀少耳"⑧，也就是疫病呈散发状态；第二，注意"微疫"的防治，吴有性说："至于微疫，反觉无有，盖毒气所钟厚薄也。其年疫气衰少，闾里所患者不过几人，且不能传染，时师皆以伤寒为名，不知者固不言疫，知者亦不便言疫。然则何以知其为疫？盖脉证与盛行之年所患之证纤悉相同，至于用药取效，毫无差别。是以知瘟疫四时皆有，常年不断，但有多寡轻重耳。"⑨在现实生活中，人们不能因为疫病不严重而忽视对"微疫"的防治，吴有性强调说："疫气不行之年，微疫转有，众人皆以感冒为名，实不知为疫也。设用发散之剂，虽不合病，然亦无大害，疫自愈，实非药也，即不药亦自愈。至有稍重者，误投发散，其害尚浅，若误用补剂及凉剂，反成痼疾，不可不

---

① （明）吴有性原著、张成博、李晓梅、唐迎雪点校：《瘟疫论》卷下《统论疫有九传治法》，第 65 页。

② （清）张志聪（隐庵）著，王宏利、吕凌校注：《黄帝内经素问集注》卷 5《疟论篇》，北京：中国医药科技出版社，2014 年，第 123 页。

③ （明）张景岳：《类经》卷 17《疾病类》，太原：山西科学技术出版社，2013 年，第 564 页。

④ （汉）张仲景撰，（清）高学山注，黄仰模、田黎点校：《高注金匮要略》，北京：中医古籍出版社，2013 年，第 53 页。

⑤ 任继学：《任继学经验集》，北京：人民卫生出版社，2000 年，第 43—44 页。

⑥ （明）吴有性原著、张成博、李晓梅、唐迎雪点校：《瘟疫论》卷下《行邪伏邪之别》，第 46 页。

⑦ （明）吴有性原著、张成博、李晓梅、唐迎雪点校：《瘟疫论》卷下《行邪伏邪之别》，第 46 页。

⑧ （明）吴有性原著、张成博、李晓梅、唐迎雪点校：《瘟疫论》卷下《杂气论》，第 39 页。

⑨ （明）吴有性原著、张成博、李晓梅、唐迎雪点校：《瘟疫论》卷下《论气盛衰》，第 40 页。

辨。”[①]与现代西医学的相关疾病作比较，则吴有性提出的“微疫”概念，“已经接触到了微生物学的边缘，这是比法国‘微生物学之父’巴斯德早200年的洞见，而部分认识甚至接近了病原细菌学奠基人德国科学家科赫的水平。但是，由于没有技术手段的支持，‘杂气论’无法得到应有的发展”[②]。

2. 瘟疫治疗思想

（1）把温病与伤寒在治法上区分开来。伤寒与瘟疫是两种不同性质的疾病，长期以来，医者对这两种疾病的性质认识尚模糊不清，所以吴有性用较大篇幅辨析了两者的差异。他说：

> 夫伤寒必有感冒之因，或衣单风露，或强力入水，或临风脱衣，或当檐出浴，当觉肌肉粟起，既而四肢拘急，恶风恶寒，然后头痛身痛，发热恶寒，脉浮而数。脉紧无汗力伤寒。脉缓有汗为伤风。时疫初起，原无感冒之因，忽觉凛凛，以后但热而不恶寒。然亦有触因而发者，或饥饱劳碌，或焦思气郁，皆能触动其邪，是促其发也，不因所触无故自发者居多，促而发者，十中之一二耳。且伤寒投剂，一汗而解，时疫发散，虽汗不解。伤寒不传染于人，时疫能传染于人。伤寒之邪，自毫窍而入；时疫之邪，自口鼻而入。伤寒感而即发，时疫感久而后发。伤寒汗解在前，时疫汗解在后。伤寒投剂可使立汗，时疫汗解，俟其内溃，汗出自然，不可以期。伤寒解以发汗，时疫解以战汗。伤寒发斑则病笃，时疫发斑为病衰。伤寒邪感在经，以经传经；时疫感邪在内，内溢于经，经不自传。伤寒感发甚暴，时疫多有淹缠二三日，或渐加重，或淹缠五六日，忽然加重。伤寒初起，以发表为先；时疫初起，以疏利为主。[③]

单从发病途径和方式看，无论伤寒还是时疫，都属于外感病，因此，二者除上述差异外，还有其相同之处。吴有性总结说：“其所同者，伤寒时疫皆能传胃，至是同归于一，故用承气汤辈，导邪而出。要之，伤寒时疫，始异而终同也。”[④]故“风寒疫邪与吾身之真气，势不两立，一有所着，气壅火积，气也、火也、邪也三者混一，与之俱化，失其本然之面目，至是均为之邪矣。但以驱逐为功，何论邪之同异也。假如初得伤寒为阴邪，主闭藏而无汗，伤风为阳邪，主开发而多汗，始有桂枝、麻黄之分，原其感而未化也。传至少阳并用柴胡，传至胃家并用承气，至是亦无复有风寒之分矣。推而广之，是知疫邪传胃治法”[⑤]。当然，临床上尚需辨症施治，不能一概论之。以大黄为例，吴有性认为：“设邪在膜原者，已有行动之机，欲离未离之际，得大黄促之而下，实为开门祛贼之法。”[⑥]瘟疫的主证是发热，而发热与血液中的毒素有关，所以用大黄祛除血液中的毒素颇有针

---

① （明）吴有性原著、张成博、李晓梅、唐迎雪点校：《瘟疫论》卷下《论气盛衰》，第40页。
② 邓铁涛主编：《中国防疫史》，南宁：广西科学技术出版社，2006年，第155页。
③ （明）吴有性原著、张成博、李晓梅、唐迎雪点校：《瘟疫论》卷上《辨明伤寒时疫》，第16页。
④ （明）吴有性原著、张成博、李晓梅、唐迎雪点校：《瘟疫论》卷上《辨明伤寒时疫》，第16页。
⑤ （明）吴有性原著、张成博、李晓梅、唐迎雪点校：《瘟疫论》卷上《辨明伤寒时疫》，第17页。
⑥ （明）吴有性原著、张成博、李晓梅、唐迎雪点校：《瘟疫论》卷上《注意逐邪勿拘结粪》，第11页。

对性。“应下之证，见下无结粪，以为下之早，或以为不应下之证误投下药。殊不知承气本为逐邪而设，非专为结粪而设也”[①]。也就是说，用大黄逐邪，并不是因为肠中有积滞，而是用于清除血液中的毒素，或云清血解毒。故“必俟其粪结，血液为热所抟，变证迭起，是犹养虎遗患，医之咎也。况多有溏粪失下，但蒸作极臭如败酱，或如藕泥，临死不结者，但得秽恶一去，邪毒从此而消，脉证从此而退，岂徒孜孜粪结而后行哉！”[②]清朝名医戴天章曾说：“伤寒在下其燥结，时疫在下其郁热。”[③]由于患者的个体差异，温病初起，有的患者“平素大便不实，虽胃家热甚，但蒸作极臭，状如黏胶，至死不结”，因此，医者不能在临床上见到这种情形就回避投用大黄，在吴有性看来，“应下之证，设引经论‘初硬后必溏不可攻’之句，诚为千古之弊”[④]。在此体现了吴有性对下法在治疗瘟疫中的重要作用，已经形成了比较系统而成熟的认识，所以吴有性把对下法的论述贯穿于整个《瘟疫论》之中。

（2）下中有补的处方辩证思想。在贻误治疗瘟疫病的最佳时机之后，下法就需要慎用了。吴有性分析说：“证本应下，耽搁失治，或为缓药羁迟，火邪壅闭，耗气搏血，精神殆尽，邪火独存，以致循衣摸床，撮空理线，筋惕肉瞤，肢体振战，目中不了了，皆缘应下失下之咎。邪热一毫未除，元神将脱，补之则邪毒愈甚，攻之则几微之气不胜其攻，攻不可，补不可，补泻不及，两无生理。不得已勉用陶氏黄龙汤。此证下亦死，不下亦死，与其坐以待毙，莫如含药而亡，或有回生于万一。”[⑤]而对黄龙汤的这种大胆应用，吴有性解释道：“前证实为庸医耽搁，及今投剂，补泻不及。然大虚不补，虚何由以回；大实不泻，邪何由以去？勉用参、地以回虚，承气以逐实，此补泻兼施之法也。”[⑥]这虽然是一个比较极端的案例，但它却体现了吴有性治疗瘟疫的临床辩证思维特色。面对“精神殆尽，邪火独存”的危证，吴有性不是畏缩不前，而是积极处方用药，努力为患者争取哪怕是最可宝贵的一线生机，从临床实践来看，“对这种大实又大虚的危重病证，吴氏大胆采取攻下为主，兼扶正气的方法，这是很恰当的”[⑦]。

对于患者出现“药烦”或“停药”情形，吴有性认为应当迅速投姜汤以和胃止逆。他说：“应下失下，真气亏微，及投承气，下咽少顷，额上汗出，发根燥痒，邪火上炎，手足厥冷，甚则振战心烦，坐卧不安，如狂之状。此中气素亏，不能胜药，名为药烦。凡遇此证，急投姜汤即已，药中多加生姜煎服，则无此状矣。”[⑧]又“服承气腹中不行，或次日方行，或半日仍吐原药，此因病久失下，中气大亏，不能运药，名为停药。乃天元几绝，大

---

① （明）吴有性原著、张成博、李晓梅、唐迎雪点校：《瘟疫论》卷上《注意逐邪勿拘结粪》，第 11 页。
② （明）吴有性原著、张成博、李晓梅、唐迎雪点校：《瘟疫论》卷上《注意逐邪勿拘结粪》，第 11 页。
③ （清）戴天章：《广瘟疫论》卷 4《下法》，北京：中国中医药出版社，2009 年，第 63 页。
④ （明）吴有性原著、张成博、李晓梅、唐迎雪点校：《瘟疫论》卷上《注意逐邪勿拘结粪》，第 12 页。
⑤ （明）吴有性原著、张成博、李晓梅、唐迎雪点校：《瘟疫论》卷上《补泻兼施》，第 24—25 页。
⑥ （明）吴有性原著、张成博、李晓梅、唐迎雪点校：《瘟疫论》卷上《补泻兼施》，第 25 页。
⑦ （明）吴有性原著、浙江省中医研究所评注：《〈温疫论〉评注》，第 134 页。
⑧ （明）吴有性原著、张成博、李晓梅、唐迎雪点校：《瘟疫论》卷上《药烦》，第 25—26 页。

凶之兆也。宜生姜以和药性，或加人参以助胃气。”[①]在临床上，“应下失下”之后所造成的病症都多少会出现虚寒症状，用生姜或姜汤补暖，可以合胃降逆，有益于帮助患者补益真气。所以“吴氏对‘药烦’和‘停药’的预防和处理，均推重生姜这味药，认为有调和药性等作用。查本书不少处方，尤其对作用较峻猛的方剂，如三承气汤、白虎汤等，都跳出了古人的原法，灵活地加入生姜同煎，以防损伤胃气，这也是吴氏的经验之处。”然而，“‘药烦’既为‘中气素亏，不能胜药’所致，我们认为即使于承气汤中加了生姜，仍恐力所不及，宜补泻兼施。尤其是‘停药’，既是‘天元几绝，大凶之兆’，此时峻补犹恐不及，更非承气汤所宜了。”[②]尽管如此，吴有性用生姜护胃仍不失为因采用瘟疫下法而过度伤害脾胃的一种积极补救措施，是一种有效的温病治疗方案。

吴有性指出：“夫疫者胃家事也，盖疫邪传胃下常八九，既传入胃，必从下解，疫邪不能自出，必藉大肠之气传送而下，而疫方愈。”[③]可见，护胃对于瘟疫治疗的重要性是不言而喻的。于是，吴有性根据人体老衰和少壮的差异，提出“老年慎泻，少年慎补”[④]的原则。诚然，治疗瘟疫以下法为主，但针对有些变证、日久失下等病情，则需要及时兼用补法。吴有性说：“乃言其变，则又有应补者，或日久失下，形神几脱，或久病先亏，或先受大劳，或老人枯竭，皆当补泻兼施。”[⑤]

对于在何时采用补法比较适宜，吴有性的临床经验是：“病有先虚后实者，宜先补而后泻，先实而后虚者，宜先泻而后补。假令先虚后实者，或因他病先亏，或因年高血弱，或因先有劳倦之极，或因新产下血过多，或旧有吐血及崩漏之证，时疫将发，即触旧疾，或吐血，或崩漏，以致亡血过多，然后疫气渐渐加重，以上并宜先补而后泻。……假令先实而后虚者，疫邪应下失下，血液为热抟尽，原邪尚在，宜急下之，邪退六七，急宜补之，虚回五六，慎勿再补。多服则前邪复起。”[⑥]补法的适用必须把握恰当时机，太过与不及，不仅于治疗瘟疫无补，甚至会适得其反，导致严重后果。因此，吴有性提出了“乘除”疗法，“设遇既虚且实者，补泻间用，当详孰先孰后，从少从多，可缓可急，随其证而调之”[⑦]。

（3）治疗瘟疫需要注意存阴。瘟疫对患者体内的津液消耗很大，故容易出现“舌黑苔”“舌芒刺”“舌裂”“白砂苔”等症状。如“邪毒在胃，熏腾于上，而生黑苔”[⑧]；“热伤津液，此疫毒之最重者，急当下”[⑨]；“日久失下，血液枯极，多有此证。又热傍流，日久不治，在

---

① （明）吴有性原著、张成博、李晓梅、唐迎雪点校：《瘟疫论》卷上《停药》，第 26 页。
② （明）吴有性原著、浙江省中医研究所评注：《〈温疫论〉评注》，第 138 页。
③ （明）吴有性原著、张成博、李晓梅、唐迎雪点校：《瘟疫论》卷下《疫痢兼证》，第 60 页。
④ （明）吴有性原著、张成博、李晓梅、唐迎雪点校：《瘟疫论》卷上《老少异治论》，第 27 页。
⑤ （明）吴有性原著、张成博、李晓梅、唐迎雪点校：《瘟疫论》卷下《应补诸证》，第 49 页。
⑥ （明）吴有性原著、张成博、李晓梅、唐迎雪点校：《瘟疫论》卷上《前后虚实》，第 33 页。
⑦ （明）吴有性原著、张成博、李晓梅、唐迎雪点校：《瘟疫论》卷上《乘除》，第 36 页。
⑧ （明）吴有性原著、张成博、李晓梅、唐迎雪点校：《瘟疫论》卷下《应补诸证》，第 47 页。
⑨ （明）吴有性原著、张成博、李晓梅、唐迎雪点校：《瘟疫论》卷下《应补诸证》，第 47 页。

下则津液消亡，在上则邪火毒炽，亦有此证，急下之，裂自满”[①]；“舌上白苔，干硬如砂皮，一名水晶苔，乃自白苔之时，津液干燥，邪虽入胃，不能变黄，宜急下之”[②]，等等。所以吴有性正确地指出：“夫瘟疫，热病也。”[③]在临床上，瘟疫患者经常会出现邪热与胃肠燥屎相结而成的实热证，其主要表现为“热结旁流者，以胃家实，内热壅闭，先大便闭结，续得下利纯臭水，全然无粪，日三四度，或十数度。宜大承气汤，得结粪而利立止”[④]。所以“胃实有邪，非下不去；邪热灼阴，非清不宁”[⑤]，即法当用大承气汤荡除实热燥结。下法容易伤阴，这是一个临床用药无法回避的问题。对此，吴有性提倡采用阻断法以保存津液的治疗思想，不能优柔寡断，贻误治疗的最佳时机。瘟疫是热本身对患者体内的津液消耗很大，为了尽快祛除伤阴之根源，投以承气汤是必要的。吴有性甚至认为：“即使阴液已伤，只要下证俱在，则亦照下不误，邪去再护其阴。”[⑥]

第一，当下证之毒邪未尽时，经过反复用药后，患者若出现了“唇口燥裂”等症状时，宜投承气养荣汤。治疗瘟疫，吴有性提出两大原则：一是“客邪贵乎早治”，吴有性说：“大凡客邪贵乎早治，乘人气血未乱，肌肉未消，津液未耗，病人不至危殆，投剂不至掣肘，愈后亦易平复。欲为万全之策者，不过知邪之所在，早拔去病根为要耳。但要谅人之虚实，度邪之轻重，察病之缓急，揣邪气离膜原之多寡，然后药不空投，投药无太过不及之弊。是以仲景自大柴胡以下，立三承气，多与少与自有轻重之殊。勿拘于下不厌迟之说，应下之证，见下无结粪，以为下之早，或以为不应下之证误投下药。殊不知承气本为逐邪而设，非专为结粪而设也。必俟其粪结，血液为热所传，变证迭起，是犹养虎遗患，医之咎也。”[⑦]瘟疫发病迅速，为了早绝后患，吴有性根据瘟疫病的性质、传变规律和临床特点，提出了与伤寒“下不厌迟”截然相反的治病原则，创造性地发展了我国外感病学的理论与实践，对我国传染病的发展历史做出了重要贡献。二是切忌“三妄”，即切忌“妄投破气药论”“妄投补剂论”“妄投寒凉药论”。例如，吴有性认为：“瘟疫心下胀满，邪在里也，若纯用青皮、枳实、槟榔诸香燥破气之品，冀其宽胀，此大谬也。……今疫毒之气，传于胸胃，以致升降之气不利，因而胀满，实为客邪累及本气。……治法非用小承气弗愈。既而肠胃燥结，下既不通，中气郁滞，上焦之气不能下降，因而充积，即膜原或有未尽之邪，亦无前进之路，于是表里、上中下三焦皆阻，故为痞满燥实之证。得大承气一行，所谓一窍通，诸窍皆通，大关通而百关皆通也。”[⑧]至于“有邪不除，淹缠日久，必至尫羸，庸医望之，辄用补剂”，结果却是“今投补剂，邪气益固，正气日郁，转郁转热，转热转瘦，转瘦转补，转

---

① （明）吴有性原著、张成博、李晓梅、唐迎雪点校：《瘟疫论》卷下《应补诸证》，第47页。
② （明）吴有性原著、张成博、李晓梅、唐迎雪点校：《瘟疫论》卷下《应补诸证》，第47页。
③ （明）吴有性原著、张成博、李晓梅、唐迎雪点校：《瘟疫论》卷下《论阴证世间罕有》，第50页。
④ （明）吴有性原著、张成博、李晓梅、唐迎雪点校：《瘟疫论》卷上《大便》，第31页。
⑤ 卢祥之主编：《历代名医临证经验精华》，北京：科学技术文献出版社，1990年，第9页。
⑥ 卢祥之主编：《历代名医临证经验精华》，第9页。
⑦ （明）吴有性原著、张成博、李晓梅、唐迎雪点校：《瘟疫论》卷上《注意逐邪勿拘结粪》，第11页。
⑧ （明）吴有性原著、张成博、李晓梅、唐迎雪点校：《瘟疫论》卷上《妄投破气药论》，第28页。

补转郁，循环不已，乃至骨立而毙”①。在临床上，由于“瘟疫热长，十二时中首尾相接”，所以“每遇热甚，反指大黄能泻而损元气，黄连清热且不伤元气，更无下泄之患，且得病家无有疑虑，守此以为良法。由是凡遇热证，大剂与之，二三钱不已，增至四五钱，热又不已，昼夜连进，其病转剧”②。这些原则确实是吴有性的临床经验总结，至今都有一定的参考价值。尤其是承气养荣汤，由知母、当归、芍药、生地、大黄、枳实、厚朴七味药组成，是从小承气汤（大黄、枳实、厚朴）与四物汤（川芎、当归、芍药、生地）合和变化（去川芎易知母）而来，适用于因流行性脑脊髓膜炎、副伤寒、流行性乙型脑炎等引起的身热不解，咽干渴饮、大便不通等证。经现代药理学研究证实，方中四物汤有促进红细胞增生作用，故能补血和改善血液循环；知母具有解热和抗菌作用；小承气汤则具有明显的增强肠蠕动作用，能泻下实热，并且还能抑菌抗感染。所以，“中医以本方作为养血攻下剂，是确有药理依据的”③。这种认识不仅对现代临床中医急症治疗具有重要的指导意义，而且还为后世攻补兼施法的创立提供了难得的临床范例。④

第二，吴有性逐邪法的关键就是“急证急攻”，因为“瘟疫二三日即毙者”，不在少数，况且“此一日之间，而有三变，数日之法，一日行之，因其毒甚，传变亦速，用药不得不紧”⑤。在这种情形下，患者的身体消耗异常巨大，如果“时疫愈后，调理之剂，投之不当”，那么，“莫如静养节饮食为第一”⑥。

当然，在临床实践中，由于毒邪非数下不能逐尽，此时讲求治之得法就显得非常重要，所以如何既不过多伤阴，同时又能防止毒邪复发，吴有性为瘟疫病患者贡献了又一治疗方案。吴有性说：“下后或数下，膜原尚有余邪未尽传胃，邪热与卫气相并，故热不能顿除。当宽缓两日，俟余邪聚胃再下之，宜柴胡清燥汤缓剂调理。”⑦这样可以避免“数下亡阴”现象的发生，最大限度地为瘟疫病患者存阴与养阴。吴有性发现：“下证以邪未尽，不得已而数下之，间有两目加涩、舌反枯干、津不到咽、唇口燥裂，缘其人所禀阳脏，素多火而阴亏。”⑧柴胡清燥汤由柴胡、黄芩、陈皮、甘草、花粉、知母六味药组成，具有透达膜原、清热滋阴的功用。有论者说：“瘟疫病变化多端，膜原之邪往往不止一次地传入胃府，即使几经攻下，若膜原余邪未尽，邪热仍能复瘀到胃。据此，吴氏提出‘凡下不以数计’。但是屡下易伤胃气，耗其津液，因此他认为数下之间，应有宽缓之期，即在使用下剂之间歇期，要用缓剂和解余邪，兼以扶正，为下一步再用下法创造条件。这种根据正气之盛衰、邪气之消长以及病情之进退，决定用药之轻重缓急的治则，是很合理的。”⑨

---

① （明）吴有性原著、张成博、李晓梅、唐迎雪点校：《瘟疫论》卷上《妄投补剂论》，第28—29页。
② （明）吴有性原著、张成博、李晓梅、唐迎雪点校：《瘟疫论》卷上《妄投寒凉药论》，第29页。
③ 宗全和主编：《中医方剂通释》卷1，石家庄：河北科学技术出版社，1995年，第341页。
④ 侯树平：《中医治法学》，北京：中国中医药出版社，2015年，第56页。
⑤ （明）吴有性原著、张成博、李晓梅、唐迎雪点校：《瘟疫论》卷上《急证急攻》，第5页。
⑥ （明）吴有性原著、张成博、李晓梅、唐迎雪点校：《瘟疫论》卷上《解后宜养阴忌投参术》，第21页。
⑦ （明）吴有性原著、张成博、李晓梅、唐迎雪点校：《瘟疫论》卷上《下后间服缓剂》，第22页。
⑧ （明）吴有性原著、张成博、李晓梅、唐迎雪点校：《瘟疫论》卷上《数下亡阴》，第20页。
⑨ （明）吴有性原著、浙江省中医研究所评注：《〈温疫论〉评注》，第120页。

二、吴有性温病思想的传承与演变

（一）吴有性温病思想的传承

尽管吴有性在《瘟疫论·自叙》中开首就说“夫温病之为病，非风、非寒、非暑、非湿，乃天地间别有一种异气所感，其传有九，此治疫紧要关节。奈何自古迄今，从未有发明者”①，好像在吴有性之前瘟病就纯属一片空白，但其实并非如此。诚如有学者所言：不管中医学的诸家在治疗手段上有多少不同，“中医之理则是一个核心”，从这个角度讲，吴有性的瘟病学同张仲景的伤寒论、张元素的热病论等一样，都“属于《内经》之章节”②，由此决定了吴有性的温病学理论本身具有内在的传承和发展。

吴有性在《瘟疫论·伤寒例正误》一节中说：“《阴阳大论》云：春气温和，夏气暑热，秋气清凉，冬气冷冽，此则四时正气之序也。”“其伤于四时之气，皆能为病，以伤寒为毒者，以其最成杀厉之气也。中而即病者，名曰伤寒，不即病者，寒毒藏于肌肤，至春变为温病，至夏变为暑病。”③虽然《内经》所言“温病”与吴有性所言瘟疫病，二者在性质上尚有一定差别，但却是中国古代温病学研究的肇始。《伤寒杂病论》进一步发挥说：“太阳病，发热而渴，不恶寒者为温病。若发汗已，身灼热者，名风温。风温为病，脉阴阳俱浮，自汗出，身重，多睡眠，鼻息必鼾，语言难出。”④此处明确了瘟病的特征性表现是“发热而渴”，在此基础上，张仲景更提出治疗瘟病的理法方药，如大承气汤、小承气汤、调胃承气汤等，颇为吴有性推崇。可见，“《伤寒杂病论》一书虽对温病没有列出具体方药，但书中所载的清热、攻下、养阴等治法和方剂亦可用于温病的治疗，这就为后世瘟病治则治法的发展打下了坚实的基础”⑤。

晋代王叔和在《伤寒序例》中述张仲景的伤寒思想说：冬令伤寒，“不即病者寒毒藏于肌肤，至春变为温病”，“更遇于风，变为风温。阳脉洪数，阴脉实大者，更遇温热，变为温毒，温毒为病最重也。阳脉濡弱，阴脉弦紧者，更遇温气，变为温疫。以此冬伤于寒，发为温病。脉之变证，方治如说”⑥。文中“温毒为病最重”的认识，似乎对温毒的传染特点有了一定的模糊认识。正因如此，所以“尽管温病学的辩证方法另辟蹊径，但其辩证的思想、原则，深受《伤寒论》的影响，与之有千丝万缕的联系”⑦。

在《周礼·月令》里已经出现了“疫病”的概念，其文云：“果实早成，民殃于疫。”⑧

---

① （明）吴有性原著、张成博、李晓梅、唐迎雪点校：《瘟疫论·自叙》，第3页。
② 张超中主编：《中医哲学的时代使命》，北京：中国中医药出版社，2009年，第200页。
③ （明）吴有性原著、张成博、李晓梅、唐迎雪点校：《瘟疫论》卷下《伤寒例正误》，第68—69页。
④ （汉）张仲景：《伤寒论·辨太阳病脉证并治》，北京：中国医药科技出版社，2013年，第4页。
⑤ 岳冬辉编著：《温病论治探微》，合肥：安徽科学技术出版社，2014年，第7页。
⑥ （汉）张仲景著、王振国注：《伤寒论》，北京：中国盲文出版社，2013年，第25页。
⑦ 王欣、窦迎春主编：《伤寒论易考易错题精析与避错》，北京：中国医药科技出版社，2015年，第5—6页。
⑧ （汉）戴圣：《礼记·月令》，哈尔滨：北方文艺出版社，2013年，第104页。

对于此“疫”字，如果与甲骨文中的“疾年”[①]，《尚书》《左传》中的“疠”病联系起来，那么“疫”也应是指流行性传染病，故许慎在《说文解字》中释：“疫，民皆疾也。”有学者认为，这是不仅是对“疫”字含义的最早文字学解释，而且旨在强调此类疾患能相互传染而引起大流行。[②]从历史上看，传染病引起人们的高度关注很有可能与它在囚犯中相互传染，而造成大量人员死亡有关。有学者考证，“温”本作“昷”，是囚徒的代称，故又有“牢温”之说。此外，发生于士卒之中的传染病称“役病”，如《左传·昭公十三年》有“役人病”的记载，战国以后改为“疫病”[③]。由于当时人们还认识不到疫病是病原微生物所致，因此，人们通常就把造成这种传染病的病原微生物都归结为乖候之气，或称“温毒”。东汉王充在《论衡·命义篇》中说：“饥馑之岁，饿者满道，温气疫疠，千户灭门。”[④]有论者认为，王充所说的“温气疫疠”，从病因学的角度指出了疫病发生与温毒之间的内在联系，可视为后世之“瘟疫”[⑤]。

至隋代，巢元方撰《诸病源候论》一书，这是我国最早论述以内科为主各科病因和证候的医学专著。在书中，巢元方指出：“人感乖戾之气而生病，则病气转相染易，乃至灭门，延及外人。”[⑥]他又说：“恶毒之气，人体虚者受之，毒气入于经络，遂流转心腹。”[⑦]后来，吴有性亦有同样的论述。受孙思邈《备急千金要方》论述五种温病治疗思想的影响，宋代庞安时在《伤寒总病论》中，初步认识到了温病与伤寒的不同，他说：“四种温病，败坏之候，自王叔和后，鲜有明然详辨者，故医家一例作伤寒行汗下。伤寒有金、木、水、火四种，有可汗、可下之理。感异气复变四种温病，温病若作伤寒，行汗下必死，伤寒汗下尚或错谬，又况昧于温病乎？天下枉死者过半，信不虚矣。”[⑧]这里实际上提出了温病用“下法”的主张，只是还没有形成独立的治疗体系。金代名医刘完素在《素问玄机原病式·热论》中也明确提出“热病只能作热治，不能从寒医”[⑨]的主张。在此前提下，元代王履正式将伤寒与温病区分开来，他在《医经溯洄集》一书中说：“伤寒即发于天令寒冷之时，而寒邪在表，闭其腠理，故非辛甘温之剂不足以散之”，而“温病、热病后发于天令暄热之时，怫热自内而达于外，郁其腠理，无寒在表，故非辛凉或苦寒或酸苦之剂不足以解之”[⑩]。

---

① 有学者认为甲骨文中“疾年”的记载，指的是多疾之年。雨疾降疾表示一次有许多人传染疾病，就像降雨一样。这可能是关于传染病、流行病的最早记载。参见张大萍、甄橙主编：《中外医学史纲要》，北京：中国协和医科大学出版社，2013年，第142页。

② 岳冬辉编著：《温病论治探微》，合肥：安徽科学技术出版社，2014年，第3页；周仲瑛、周学平主编：《中医病机辩证学》，北京：中国中医药出版社，2015年，第228页等。

③ 孟庆云：《中医百话》，北京：人民卫生出版社，2008年，第98页。

④ （汉）王充著、陈蒲清点校：《论衡·命义篇》，长沙：岳麓书社，2006年，第14页。

⑤ 岳冬辉编著：《温病论治探微》，合肥：安徽科学技术出版社，2014年，第3页。

⑥ （隋）巢元方撰集：《诸病源候论》卷10《温诸病》，北京：北京科学技术出版社，2016年，第118页。

⑦ （隋）巢元方撰集：《诸病源候论》卷24《注诸病》，第244页。

⑧ 田思胜主编：《伤寒总病论》卷6《上苏子瞻端明辨伤寒论书》，（宋）朱肱、（宋）庞安时：《朱肱、庞安时医学全书》，北京：中国中医药出版社，2015年，第201—202页。

⑨ 万友生：《热病学》，重庆：重庆出版社，1990年，第1页。

⑩ （明）王履：《医经溯洄集·伤寒温病热病说》，（宋）魏了翁等：《学医随笔·活法机要·医经溯洄集·云岐子保命集论类要合集》，太原：山西科学技术出版社，2013年，第16页。

可见，吴有性的温病学说是在前人研究成果的基础上，结合明代疫病流行的具体情况，大胆创新，开辟了一条不同伤寒论的辩证治疗体系，不仅进一步丰富了祖国医学理论，而且极大地推动了中医各科的发展，遂成为我国温病学说的先驱。

（二）吴有性温病思想的演变

吴有性之后，温病学不断得到补充和发展。据《清史稿》记载："古无瘟疫专书，自有性书出，始有发明。其后有戴天章、余霖、刘奎，皆以治瘟疫名。"[①]其中，戴天章著《广瘟疫论》，"其论瘟疫，一宗有性之说"[②]，重视汗、下、清、和、补五种治疗方法的运用，从而使瘟病的病因病机、辨症诊断及立法处方形成较为完整的体系。[③]清朝乾隆年间，常州余霖根据当时疫情的变化，在《疫疹一得》中提出了"非石膏不足以治热疫"[④]的观点，补充和发展了吴有性的温病学说。故《清史稿》载："乾隆中，桐城疫，霖谓病由热淫，投以石膏，辄愈。后数年，至京师，大暑疫作，医以张介宾法者多死，以有性法亦不尽验。鸿胪卿冯应榴姬人呼吸将绝，霖与大剂石膏，应手而痊。踵其法者，活人无算。霖所著《疫疹一得》，其论与有性有异同，取其辨证，而以用《达原饮》及《三消》诸方，犹有附会表里之意云。"[⑤]可见，余霖反对用伤寒之汗下法治疗疫疹，他认定热疫为无形之毒，故只宜清解，于是他创立了清温败毒饮这首治疫名方，"从一个侧面补充了吴有性治瘟疫的不足，为温病学的发展做出了贡献"[⑥]。刘奎字文甫，号松峰，著有《瘟疫论类编》和《松峰说疫》二书，分疫病为瘟疫、寒疫、杂疫三种类型，首倡瘟疫统治八法，独创瘟疫六经治法，他虽宗吴有性之学说，但又有创新，如"有性论瘟疫，已有大头瘟、疙瘩瘟疫、绞肠瘟、软脚瘟之称，奎复举北方俗谚所谓诸疫证名状，一一辨析之"[⑦]。在《松峰说疫》一书中，刘奎列举杂疫总计 68 证，认为瘟疫有寒有温，因此他治四时寒疫用苏羌汤，"实开治疫用温药之先河"[⑧]。

到清朝中叶以后，温病学逐渐进入成熟阶段，涌现出了像叶桂、薛雪、吴瑭等一批温病学大家。如叶桂对瘟病学独具慧眼，提出"温邪上受，首先犯肺，逆转心包"及"卫之后方言气，营之后方言血"[⑨]的新见解，他不仅将温病传变分为卫、气、营、血四个阶段，还创造性地发展了察舌、验齿的方法，为我国温病学说理论体系的成熟奠定了坚实基础。薛雪著有《温热病篇》，认为中气虚实是判别湿热病在阳明还是病在太阴的关键，在治法上创立温化、清泻和清热祛湿等大法。吴瑭著《温病条辨》，开创三焦辨症方法，作为指导温病辨证论治的总纲。他说："温病自口鼻而入，鼻气通于肺，口气通于胃，肺病逆转，则为

① 《清史稿》卷 502《艺术一》，《二十五史》卷 15，北京：中国文史出版社，2003 年，第 2483 页。
② 《清史稿》卷 502《艺术一》，《二十五史》卷 15，第 2483 页。
③ 秦玉龙主编：《中医各家学说创新教材》，北京：中国中医药出版社，2009 年，第 228 页。
④ 余霖：《疫疹一得·自叙》，王致谱主编：《温病大成》第 1 部，福州：福建科学技术出版社，2007 年，第 647 页。
⑤ 《清史稿》卷 502《艺术一》，《二十五史》卷 15，第 2483—2484 页。
⑥ 任应秋主编：《中医各家学说》，上海：上海科学技术出版社，1986 年，第 157 页。
⑦ 《清史稿》卷 502《艺术一》，《二十五史》卷 15，第 2484 页。
⑧ 中华全国中医学会山东分会、《山东中医药志》筹编办公室：《山东中医药志选编》，内部资料，1983 年，第 220 页。
⑨ （清）叶桂：《温证论治》，唐大烈辑：《吴医汇讲》卷 1，清乾隆五十七年（1792）唐氏问心堂刻本。

心包。上焦病不治，则传中焦，胃与脾也。中焦病不治，即传下焦，肝与肾也。始上焦，终下焦。”[①]这样，吴瑭就将叶桂的“辨卫气营血，虽与伤寒同，若论治法则与伤寒大异”思想具体贯彻应用到三焦辨治的临床过程之中，即“病在上焦包括了卫分病变，病在中焦包括了气分病变，病在下焦包括了血分病变，而营分的病变三焦都可能波及”[②]。所以有研究者评价说：“这个理想模型的重要价值在于将脏腑辨证引进温病辨证领域，将卫气营血辨证定位在脏腑辨证基础上。”[③]如图 2-3 所示：

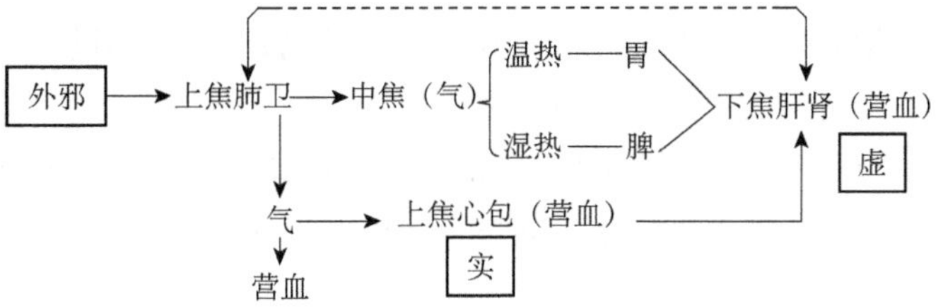

图 2-3　三焦与卫气营血传变示意图[④]

由图 2-3 可知，吴瑭“宗叶氏之大意，从河间三焦立法，引经正名”[⑤]，指出了温病的始发部位、病程渐次发展阶段和传变的一般规律，认为伤寒与温病有水火之别，而温病为火之气，故他大力倡导养阴保液之法，并总结出清络、清营、育阴等临床治疗原则，在温病学发展与演变史上独树一帜。

王孟英著《温热经纬》五卷，把温病分为“伏气”和“新感”两大类，提出“温病忌辛温发汗”“伤寒阳明之治即温病之治”“以内陷营分为逆传”“强调治温用清轻平淡之法”“辟暑之动静说”“疟疾中有类疟”等主张，使温病学说形成系统，影响深远。

综上所述，吴有性开创的温病学派，经过几代人的发展和推进，至清朝中后期逐步成熟，“使得温病在理、法、方、药上自成体系，形成了比较系统而完整的温病学说，从而使温病独立于伤寒之外，成为一门学科”[⑥]。不过，现在回头看，吴有性虽然开创了瘟疫治疗的新途径，但是他在论治瘟疫病方面亦有失之偏颇之处。例如，吴有性否定《黄帝内经》中的运气学说，过分追求针对性药物，误将老人中风、鹤膝风等非传染性疾病归入疫病[⑦]等，就存在一定的偏差。

---

① （清）吴瑭著、宋咏梅校注：《温病条辨》卷 2《中焦篇》，北京：中国盲文出版社，2013 年，第 98 页。

② 畅洪升主编：《吴鞠通传世名方》，北京：中国医药科技出版社，2013 年，第 7 页。

③ 严冰编：《吴鞠通研究集成》，北京：中医古籍出版社，2012 年，第 599 页。

④ 刘兰燕主编：《中医辨证治要》，北京：金盾出版社，2008 年，第 211 页。

⑤ 刘怀玉：《吴瑭年谱简便》，淮安市历史文化研究会、楚州区人民政府、楚州区历史文化研究会：《淮安历史文化研究》第 4 辑《吴鞠通研究文集——纪念吴鞠通逝世 170 周年》，哈尔滨：黑龙江人民出版社，2007 年，第 193 页。

⑥ 张大萍、甄橙主编：《中外医学史纲要》，北京：中国协和医科大学出版社，2013 年，第 184—185 页。

⑦ 程昭寰主编：《医学心鉴——程昭寰教授从医五十周年医学论文集（1959—2009）》，北京：中医古籍出版社，2010 年，第 33 页。

第三节　徐霞客的地理学思想

徐霞客，字振之，名弘祖，明朝杰出的地理学家、旅行家和探险家，江阴梧塍里（今江苏江阴市祝塘镇大宅里）人。他出身于一个累世资材丰厚的诗礼之家[①]，自幼“特好奇书，侈博览古今史籍及舆地志、山海图经以及一切冲举高蹈之迹”[②]。不过，徐霞客在科场失意之后，在“南州高士”之风的影响下，以孔子“仁者乐山，智者乐水”为志，诚如他所言：“弘祖将与决策西游，从牂牁（指今乌江）夜郎以极硐门铁桥外。其地皆豺嗥鼯啸，魑魅纵横之区，往返难以时计，死生不能自保。尚恨上无以穷天文之杳渺，下无以研性命之深微，中无以砥世俗之纷沓，惟此高深之间，可以目摭而足析。”[③]这段话表明了徐霞客的地理探险志向，他用一种敢于牺牲的精神“目摭而足析”于祖国各地的山川“高深之间”。对此，潘耒在《徐霞客游记》序中评论说：

> 霞客之游，在中州者，无大过人；其奇绝音，闽、粤、楚，蜀、滇、黔百蛮荒徼之区，皆往返再四。其行不从官道，但有名胜，辄迂回屈曲以寻之；先审视山脉如何去来，水脉如何分合，既得大势，然后一丘一壑，支搜节讨。登不必有径，荒榛密菁，无不穿也；涉不必有津，冲湍恶泷，无不绝也。峰极危者，必跃而踞其巅；洞极邃者，必猿挂蛇行，穷其旁出之窦。途穷不忧，行误不悔。瞑则寝树石之间，饥则啖草木之食。不避风雨，不惮虎狼，不计程期，不求伴侣。以性灵游，以躯命游。亘古以来，一人而已！[④]

徐霞客的科学探险精神，不仅感动了潘耒，还有梁启超、丁文江、胡适、竺可桢、侯仁之等学者大师，甚至连英国学者李约瑟、美国学者施瓦茨、李祁有、谢觉民等，都对徐霞客“那种不畏艰险、敢于探索、尊重实践、尊重科学的精神”[⑤]给予了高度评价。尤其是他的日记体游记——《徐霞客游记》，以其“剖析详明”的独特学术个性，被《四库全书总目提要》称为“山经之别乘，舆记之外篇”[⑥]，在世界地理及旅游发展历史上此书都产生了重要影响，因为它不仅开辟了地理学上系统观察自然、描述自然的新方向，更是一部“惟指示之功”的导游指南。故此，我国把《徐霞客游记》的开篇之日即 5 月 19 日法定为“中

---

① 吕锡生：《三史斋论史》，香港：香港文学报社出版公司，2001 年，第 207 页。

② 陈函辉：《霞客徐先生墓志铭》，（明）徐弘祖著，褚绍唐、吴应寿整理：《徐霞客游记》，上海：上海古籍出版社，2010 年，第 1191 页。

③ （明）徐霞客：《致陈继儒书》，（明）徐弘祖：《徐霞客游记》卷 10 下《附编》，上海：上海古籍出版社，1980 年，第 1147 页。

④ （清）潘耒：《徐霞客游记序》，上海：上海古籍出版社，1980 年，第 1268 页。

⑤ 许尚枢：《简论徐霞客精神发展的五个阶段》，姚秉忠主编：《徐霞客研究》第 27 辑，北京：地质出版社，2013 年，第 101 页。

⑥ （清）永瑢等：《四库全书总目提要》卷 71《史部·地理类四》，北京：中华书局，2003 年，第 630 页。

国旅游日”。

一、《徐霞客游记》的地理学成就及其意义

作为“明朝百科全书”的《徐霞客游记》，其学术成就表现在地形地貌、山川源流、生物形态、矿藏物产、城市聚落、历史地理等多个方面。学界对此研究成果已经比较丰富，所以我们不作展开讨论，仅择要述之。

1. 地貌学成就

地貌是指地质作用在地壳表面所形成的各种起伏形态，从历史上看，由于受到内力和外力地质作用的影响，人们一般将地貌分为内力地貌与外力地貌两种形态。其中《徐霞客游记》记载的岩溶地貌和水成地貌，内容甚详，成就最为突出。

岩溶地貌是指可溶性岩石，分碳酸盐类岩石、硫酸盐类岩石和卤化物盐类岩石三大类。在我国，岩溶地貌主要以碳酸盐岩分布为特点，且由于南北气候条件不同，南方尤其是云南、贵州和广西的岩溶地貌发育不仅比北方更加典型，而且类型亦比较齐全。比如，岩溶地貌的地表形态主要有石沟、石牙、峰丛、溶斗、干谷、盲谷等，而地下形态则有石笋、石乳、石柱等。就《徐霞客游记》的内容而言，书中对西南岩溶地区的考察所记资料约占全部游记的十分之八。[①]有学者考证说，我国岩溶地貌的分布面积约占全国总面积的七分之一，而从湖南南部至云南东部就接近全国岩溶面积的二分之一。[②]崇祯九年（1636），51岁的徐霞客开始了他考察西南岩溶地貌的远游之行，特别是从湖南道州开始，徐霞客记述岩溶地貌的资料非常详细，从而形成了他丰富的景观风水思想。例如，关于对湖南岩溶地貌的考察，徐霞客记述道州一带的岩溶地貌云：

> （崇祯十年正月）二十日，从寮中东南小径，一里，出江华大道，遂南遵大道行，已为火烧铺矣。铺在道州南三十里而遥，江华北四十里而近。又行五里为营上，则江华、道州之中，而设营兵以守者也。其后有小尖峰倚之。东数里外，有高峰突兀，为杨柳塘。由此遂屏亘而南，九嶷当在其东矣。西南数里外，有高峰圆耸，为斜溜。其南又起一峰，为大佛岭，则石浪以后云山也。自营上而南，两旁多小峰巑岏。又五里，为高桥铺。又三里，有溪自西而东，石骨嶙峋，横卧涧中，济流漱之，宛然包园石壑也。溪上有石梁跨之，当即所谓高桥矣。[③]

这些孤峰残丘，显然系由圆筒状峰林退化而来。[④]在茶陵云阳山西麓的东岭，有不少经流水的长期溶蚀所形成的漏斗和落水洞分布。如东岭头“多旋窝成潭，如釜之仰，釜底俱有穴直下为井，深或不见底，是为九十九井。是山下俱石骨崆峒，上透一窍，辄水捣成井。

---

① 解恩泽等：《在科学的征途上——中外科技史例选》，北京：科学出版社，1979年，第134页。

② 任美锷：《中国自然地理纲要》，北京：商务印书馆，1985年，第407页。

③ （明）徐弘祖著，褚绍唐、吴应寿整理：《徐霞客游记》卷2下《楚游日记》，第223页。

④ 卞鸿翔：《徐霞客对湘南岩溶地貌的考察研究》，徐霞客逝世350周年国际纪念活动筹备委员会：《千古奇人徐霞客——徐霞客逝世三百五十周年国际纪念活动文集》，北京：科学出版社，1991年，第41页。

窍之直者，故下坠无底；窍之曲者，故深浅随之。井虽枯而无水，然一山而随处皆是，亦一奇也。又西一里，望见西南谷中，四山环绕，漩成一大窝，亦如仰釜。釜之底有涧，涧之东西皆秦人洞也。”[①]有学者将这些洞穴称为“天坑”[②]，如众所知，探讨洞穴成因是洞穴学研究的基本内容。由上引材料可知，徐霞客不仅记述了落水洞的形态特征，还解释了它的生成原因。在徐霞客看来，形如仰釜的洼地为岩溶漏斗，“四山之水下注，漏斗底部则‘水捣成井’，即形成落水洞。落水洞或径直或曲折地与地下‘伏流潜通’。在流水的机械侵蚀和化学溶蚀作用下，最终形成岩溶洞穴。这个解释，从多因素的相关分析上导出洞穴成因，完全符合科学道理”[③]。至于“秦人洞”则属于溶蚀洼地，是一种四周封闭、底部较平坦的凹洼负态地貌景观。一般来说，溶蚀洼地的内部构成要素主要有孤峰、落水洞、溶蚀漏斗、残丘等，甚至还有地表岩溶形态与地下岩溶形态的组合地貌，如落水洞、竖井—地下通道组合等。以“秦人洞”为例，徐霞客在向导老人的提示下，对洞内的伏流进行了细致的观察和描述。徐霞客说：

> （秦人洞伏流）由灌莽中直下二里，至其处。其涧由西洞出，由东洞入，洞横界窝之中，东西长半里，中流先捣入一穴，旋透穴中东出，即自石峡中行。其峡南北皆石崖壁立，夹成横槽，水由槽中抵东洞，南向捣入洞口。洞有两门，北向，水先分入小门，透峡下倾，人不能从。稍东而南入大门者，从众石中漫流，其势较平；第洞内水汇成潭，深浸洞之两崖，旁无余隙可入。循崖则路断，涉水则底深，惜无浮槎可觅支机片石，惟小门之水，入峡后亦旁通大洞，其流可揭厉而入。其窍宛转而披透，其窍中如轩楞别启，返瞩捣入之势，亦甚奇也。西洞洞门东穹，较东洞之高峻少杀；水由洞后东向出，水亦较浅可揭。入洞五六丈，上嵌围顶，四围飞石驾空，两重如度凹悬阁，得二丈梯而度其上。其下再入，水亦成潭，深与东洞并，不能入矣。[④]

这段记载详细描述了湖南茶陵云阳山秦人洞内的岩溶嶂谷，以及伏流的流向、长度，下游的盲谷和进水洞，还有上游的出水洞等地貌特点。而在叙事摹物时，徐霞客采用了像“循崖则路断，涉水则底深，惜无浮槎可觅支机片石”这样的骈词俪句，“不仅未影响它的思想内容，反而增添了文词的情致风韵”[⑤]。

徐霞客对九凝山紫霞洞地下形态的描写，其构思也很绝妙。他说：

> 东向而入，洞忽平广，既而石田鳞次，水满其中，遂塍上行，下遂坠成深壑。石田之右，上有石池，由池涉水，乃杨梅洞道也。舍之，仍东下洞底。既而涉一溪，其水自西而东，向洞内流。截流之后，循洞右行，路复平旷，洞愈宏阔。有大柱端立中

---

① （明）徐弘祖著，褚绍唐、吴应寿整理：《徐霞客游记》卷2下《楚游日记》，第182页。

② 王玉德：《试论徐霞客的风水思想》，姚秉忠主编：《徐霞客研究》第20辑，北京：地质出版社，2010年，第200页。

③ 王玉德：《试论徐霞客的风水思想》，姚秉忠主编：《徐霞客研究》第20辑，第44页。

④ （明）徐弘祖著，褚绍唐、吴应寿整理：《徐霞客游记》卷2下《楚游日记》，第182页。

⑤ 龙震球：《徐霞客〈楚游日记〉精湛纯熟的写作技巧》，徐霞客逝世350周年国际纪念活动筹备委员会：《千古奇人徐霞客——徐霞客逝世三百五十周年国际纪念活动文集》，第150页。

央，直近洞顶，若人端拱者，名曰“石先生”。其东复有一小石竖立其侧，名曰“石学生”，是为教学堂。又东为吊空石，一柱自顶下垂，半空而止。其端反卷而大。又东有石莲花、擎天柱，皆不甚雄壮。于是过烂泥河，即前所涉之下流也。其处河底泥泞，深陷及膝，少缓，足陷不能拔。于是循洞左行，左壁崖片楞楞下垂，有上飞而为盖者，有下度而为台者，有中凹而为床为龛者，种种各有名称，然俚不足纪也。南眺中央，有一方柱，自洞底屏立而上，若巨笏然。其东有一柱，亦自洞底上穹，与之并起，更高而巨。其端有一石旁坐石莲上，是为观音座。由此西下，可北绕观音座后。前烂泥河水亦绕观音座下西来，至此南折而去。洞亦转而南，愈宏崇，游者至此辄止，以水深难渡也。余强明宗渡水，水深逾膝，然无烂泥河泞甚。既渡，南向行，水流于东，路循其西，四顾石柱参差。高下白如羊脂。是为雪洞，以其色名也。又前为风洞，以其洞转风多也。既而又当南下渡河，明宗以从来导游，每岁不下百次，曾无至此者。故前遇观音座，辄抽炬竹插路为志，以便归途。……还过教学堂，渡一重河，上石田，遂北入杨梅洞。先由石田涉石池，池两崖石峡如门，池水满浸其中，涉者水亦逾膝，然其下皆石底平整，四旁俱无寸土。入峡门，有大石横其隘。透隘入，复得平洞，宽平广博。其北有飞石平铺，若楼阁然，有隙下窥，则石薄如板，其下复穹然成洞，水从下层奔注而入，即前烂泥诸河之上流也。洞中产石，圆如弹丸，而凹面有猬纹，“杨梅”之名以此。然其色本黄白，说者谓自洞中水底视，皆殷紫，此附会也。①

这段引文虽然比较长，但里面包含的科学内容却非常丰富。例如，关于洞穴小气象的问题，徐霞客区分了“雪洞”与“风洞”，其中“雪洞”是指洞内的钟乳石类堆积物，而“风洞”则是指洞内出风多者，具体言之，就是“洞内石门转透处，风从前洞扇入，至此愈觉凉飕逼人，土人称为风洞”。②从徐霞客的描述看，九凝山紫霞洞呈阶梯式结构，洞内的水下形态以石珠、石果为多见，如杨梅洞内的“弹丸”（亦称“穴珠”）之石，这些丸石的形成，是由于“碳酸钙析出时，粘附在泥粒、沙粒或腐殖质上的灰华球沉积，像滚雪球似的越滚越大，成为同心圆灰华球沉积物”。③用徐霞客自己的话说就是“皆石髓所凝，雕镂不逮”④，同样的石丸在广西的龙巷东北坞上洞也有发现，其洞内“有丸石如珠，洁白圆整，散布满坡坂间。坡坂之上，其纹皆粼粼如绉簇，如鳞次，纤细匀密，边绕中洼，圆珠多堆嵌纹中，不可计量”⑤此外，像“石先生”“石学生”“教学堂”“石莲花”“观音座”等这些拟人状物的微地貌景观，既可以从赏石的角度来呈现其形式化的自然美学价值，同时又可以从特定文化场景的重现来勾起人们对传统文化的美好向往与憧憬。

---

① （明）徐弘祖著，褚绍唐、吴应寿整理：《徐霞客游记》卷2下《楚游日记》，第229—230页。

② （明）徐弘祖著，褚绍唐、吴应寿整理：《徐霞客游记》卷3上《粤西游日记》，上海：上海古籍出版社，2010年，第291页。

③ 段江丽：《奇人奇书——〈徐霞客游记〉》，昆明：云南人民出版社，2002年，第120页。

④ （明）徐弘祖著，褚绍唐、吴应寿整理：《徐霞客游记》卷4上《粤西游日记》，上海：上海古籍出版社，2010年，第473页。

⑤ （明）徐弘祖著，褚绍唐、吴应寿整理：《徐霞客游记》卷4上《粤西游日记》，第506页。

关于贵州境内的岩溶地貌，徐霞客在49天[①]的行程中也有很多发现。比如，双明洞位于贵州省镇宁布依族苗族自治县境内，崇祯十一年（1638）三月二十二日，徐霞客考察了这里。他热情洋溢地描述说：

此处山皆回环成洼，水皆下透穴地。将抵洞，忽坞中下裂成坑，阔三尺，长三丈，深丈余，水从其东底溢出，即从其下北去。溢穴之处，其上皆环塍为田，水盈而不渗，亦一奇也。从此西转，则北山遂南削为崖，西山亦削崖北属之，崖环西北二面，如城半规。先抵北崖下，崖根忽下嵌成洞，其中贮水一塘，渊碧深泓，即外自裂坑中潜透而汇之者。从崖外稍西，即有一石自崖顶南跨而下。其顶与崖并起而下辟为门，高阔约俱丈五，是为东门。透门而西，其内北崖愈穹，西崖之环驾而属者，亦愈合。西山之南，复分土山一支，掉臂而前，与东门外崖夹坑而峙。昔有结高垣，垒石址，架阁于上，北与东门崖对，以补东向之隙，而今废矣。由东门又数十步，抵西崖下。其崖自南山北属于北崖，上皆削壁危合，下则中辟而西通，高阔俱三倍于东门，是为西门。此洞外之"双明"也。一门而中透已奇，两门而交映尤异，其西门之外山，复四环成洼，高若列城。水自东门外崖北渊泓间，又透石根溢出西门之东，其声淙淙，从西门北崖又透穴西出。门之东西，皆有小石梁跨之，以入北洞。水由桥下西行环洼中，又透西山之下而去。西门之下，东映重门，北环坠壑，南倚南山，石壁氤氲，结为龛牖，置观音大士像焉。由其后透穴南入，石窍玲珑，小而不扩，深可十余丈而止。此门下南壁之奇也。北接北崖，石屏中峙，与南壁夹而为门；屏后则北山中空盘壑，极其宏峻。屏之左右，皆有小石梁以分达之；屏下水瑗石壑，盘旋如带。此门下北壁之奇也。北壁一屏，南界为门，北界为洞，洞门南临。此屏中若树塞，遂东西亦分两门，南向；水自东门下，溢穴而出，漱屏根而人，则循屏东而架为东桥，而东门临之；又溢穴出西门下，循屏西而架为西桥，而西门临之。此又洞内之"双明"也。先从西门度桥入，洞顶高十余丈，四旁平覆如幄，而当门独旋顶一规，圆盘而起，俨若宝盖中穹，其下有石台，中高而承之；上有两圆洼，大如铜鼓，以石击之，分清浊声，土人诧为一钟一鼓云。洞两北盘亘，亦多垂柱裂隙，俱回环不深。东南裂隙下，高迥亦如西门，而掩映弥深，水流其前，潆洄作态，崆峒清泠，各极其趣。[②]

首先，对这一段记载的意义，我们从大处讲，诚如有学者所言："徐霞客的贵州之旅，是真正意义上的发现之旅。在此之前，没有一位历史名人青睐过贵州的山川状况，也没有任何一部历史名著宣扬过贵州的河山"[③]，而徐霞客在《游记》中却留下了约6万字的《黔游日记》，"至此，贵州这位'幽居在深谷'、'零落依草木'的'佳人'由于徐霞客的光顾，终于能在四百年前以独有的风采显现于世"[④]。其次，从细处说，这段话记录了北盘江北面

① 田柳：《走近徐霞客》，贵阳：贵州人民出版社，2005年，第43页。

② （明）徐弘祖著，褚绍唐、吴应寿整理：《徐霞客游记》卷4下《黔游日记》，第649—650页。

③ 丁武光：《一地风吟：安顺明清人文之旅》，成都：巴蜀书社，2008年，第124页。

④ 丁武光：《一地风吟：安顺明清人文之旅》，第124页。

各支流相继潜入地下而变为洞穴伏流的情况，而“正是由于这一地带水多悬流穿穴，人们不深究这些伏流、暗河，因此不容易搞清楚北盘江的源流”[①]。众所周知，“在地势近期抬升的岩溶地块中，大河往往深切，地下水位下降，支流则潜入地下成为洞穴伏流；地表则多见四周封闭的圆形洼地、干谷、盲谷等。贵州高原正是处于这种地质地貌环境”，所以“徐霞客从广西进入贵州后见到这些规律性的地貌现象”[②]。

此外，洞穴剖面形状是洞穴学研究的主要内容，徐霞客在观察贵州高原的地貌特点时，还注意到了洞穴廊道的各种横剖面现象。如圆形横剖面，《黔游日记》载：徐霞客在过普安东境时，“见崖间一洞，悬踞甚深，其门南向而无路，乃攀陟而登。则洞门圆仅数尺，平透直北十余丈而渐黑”[③]。三角形横剖面，如“有洞在顶崖之下，其门东向，上如合掌，稍洼而下，底宽四五丈，中有佛龛僧榻……其后直透而西，门乃渐狭而低，亦尖如合掌。其门西径山腹而出，约七丈余，前后通望，而下不见者，以其高也”[④]。可见，此洞“是一个接近峰顶的不长的穿洞，其横剖面大致为三角形，角顶向上。其成因可能是早期沿垂直节理发育的渗流洞，以后经洞穴河流在洞底侧向侵蚀而成”[⑤]。双循环洞穴横剖面，即上部为圆形，下部为狭而深的峡谷状，如徐霞客在贵州普安以东，“闻水声淙淙甚急，忽见一洞悬北崖之下，其门南向而甚高，溪水自南来，北向入洞，平铺洞间，深仅数寸，而阔约二丈。洞顶高穹者将十丈，直北平入者十余丈，始西辟而有层坡，东坠而有重峡，内亘而有悬柱，然渐昏黑”[⑥]。有研究者认为，此洞为一水洞，“溪水宽缓流入洞内数十米后，因溪水流向盘江，所以在洞中出现溯源侵蚀的裂点，表现为‘东坠而有重峡’，在这里成为一种双循环洞的横剖面形状，即‘洞顶高穹’而洞底切成峡谷”[⑦]。另外，有一洞“高穹崖半，其门南向，横拓而顶甚平；又有一斜裂于西者，其门亦南向，而门之中有悬柱焉”[⑧]。从直观来看，这两个洞穴的横断面形状有所不同，前面的洞穴，其洞口附近的横剖面应为矩形，后面的洞穴则受到一条倾斜裂隙的控制。

黄果树瀑布的发现，是徐霞客艰辛黔游的最大收获之一。崇祯十一年（1638）四月二十三日，当徐霞客离开镇宁来到白水铺时，他被下面壮美的瀑布景观深深打动：

> 遥闻水声轰轰，从陇隙北望，忽有水自东北山腋泻崖而下，捣入重渊，但见其上横白阔数丈，翻空涌雪，而不见其下截，盖为对崖所隔也，复逾阜下，半里，遂临其下流，随之汤汤西去；还望东北悬流，恨不能一抵其下。担夫曰：“是为白水河。前有

---

① 林德宏主编：《科技巨著》第9卷，北京：中国青年出版社，2000年，第24页。

② 南京师范大学地理系主编：《徐霞客研究文集——纪念诞辰四百周年》，南京：江苏教育出版社，1986年，第59页。

③ （明）徐弘祖著，褚绍唐、吴应寿整理：《徐霞客游记》卷4下《黔游日记》，第664页。

④ （明）徐弘祖著，褚绍唐、吴应寿整理：《徐霞客游记》卷4下《黔游日记》，第660页。

⑤ 南京师范大学地理系主编：《徐霞客研究文集——纪念诞辰四百周年》，南京：江苏教育出版社，1986年，第65页。

⑥ （明）徐弘祖著，褚绍唐、吴应寿整理：《徐霞客游记》卷4下《黔游日记》，第664—665页。

⑦ 南京师范大学地理系主编：《徐霞客研究文集——纪念诞辰四百周年》，第65—66页。

⑧ （明）徐弘祖著，褚绍唐、吴应寿整理：《徐霞客游记》卷4下《黔游日记》，第664页。

悬坠处，比此更深。”余恨不一当其境，心犹慊慊。随流半里，有巨石桥架水上，是为白虹桥。其桥南北横跨，下辟三门，而水流甚阔，每数丈，辄从溪底翻崖喷雪，满溪皆如白鹭群飞，白水之名不诬矣。渡桥北，又随溪西行半里，忽陇箐亏蔽，复闻声如雷，余意又奇境至矣。透陇隙南顾，则路左一溪悬捣，万练飞空，溪上石如莲叶下覆，中剜三门，水由叶上漫顶而下，如鲛绡万幅，横罩门外，直下者不可以丈数记，捣珠崩玉，飞沫反涌，如烟雾腾空，势甚雄厉；所谓“珠帘钩不卷，匹练挂遥峰”，俱不足以拟其壮也。盖余所见瀑布，高峻数倍者有之，而从无此阔而大者；但从其上下瞰，不免神悚。①

据考察，黄果树瀑布（徐霞客名白水河瀑布）共有18个瀑布组成，连环密布，雄奇壮阔。而被徐霞客称之为令人“神悚”的黄果树瀑布群“奇境”，水石相激，云垂烟接，人们不仅能够从前、后、左、右、上、下六个方位进行观赏，而且还能从其拦腰横穿瀑布而过的崖廊洞穴内外听、观、摸，眼见其飞流直泻潭中，犹如万马奔腾，轰然巨响，慑人心魄，确实给人一种“雷走河声壮，悬崖跌断流”②的神奇之感。

徐霞客在广西考察了近一年时间，其中三分之二的行程都在岩溶地区，所以《粤西游记》十分详细和准确地记录了广西岩溶地貌的类型、特征、成因和发育。例如，徐霞客描述漓山（即象鼻山）的地貌特征云：“山东南隅亦有洞，南向，即在庵旁而置栅锁，因土人藏蒌其中也。洞不甚宽广，昔直透东北隅，今其后窍已叠石掩塞。循石崖东北，遂抵漓江。乃盘山溯行，从石崖危嵌中又得一洞，北向，名南极洞。其中不甚深。出其中前，直盘至西北隅，是为象鼻岩，而水月洞现焉。盖一山而皆以形象异名也。飞崖自山顶飞跨，北插中流，东西俱高剜成门，阳江从城南来，流贯而合于漓。上既空明如月，下复内外潆波，‘水月’之称以此。而插江之涯，下跨于水，上属于山，中垂外掀，有卷鼻之势，‘象鼻’之称又以此。”③在此，徐霞客一方面解释了水月洞和象鼻山的由来，另一方面，他通过对水月洞的仔细考察，发现水月洞是南北贯穿的，因而亦称穿山。从徐霞客的描述看，穿山应是古代地下河道的残留部分，而象鼻山则有两个穿山，一个是水洞，一个是悬空的穿山。④所谓穿山是指具有“透明如圆镜”形态特点的洞穴，如徐霞客描述说：“登一岩，高而倚山半，其门南向，〔疑〕即穿岩矣。而其内乳柱中悬，琼楞层叠，殊有曲折之致。由其左深入，则渐洼而黑，水汇于中。知非穿岩，乃出。由其右复攀跻而上，则崇岩旷然，平透山腹，径山十余丈，高阔俱五六丈，上若卷桥，下如甬道，中无悬列之石，故一望通明。洞北崖右有镌为‘空明’者。”⑤就其形态而言，穿洞的地貌特点是通透山体、整个洞穴高阔基本一致，洞顶呈拱状，洞底平缓，洞内没有明显的石柱、石笋、石幔、钟乳石等岩溶景观。穿洞之外，尚有多层洞穴、脚洞、天窗洞等多种洞穴类型。如徐霞客描述七星岩的多层洞

---

① （明）徐弘祖著，褚绍唐、吴应寿整理：《徐霞客游记》卷4下《黔游日记》，第651页。
② 黄润蓬等：《贵州旅游诗词选》，贵阳：贵州人民出版社，2006年，第82页。
③ （明）徐弘祖著，褚绍唐、吴应寿整理：《徐霞客游记》卷3上《粤西游日记》，第309页。
④ 刘冰：《徐霞客对广西地理研究的贡献》，广西师范大学2010年硕士毕业论文，第32页。
⑤ （明）徐弘祖著，褚绍唐、吴应寿整理：《徐霞客游记》卷3上《粤西游日记》，第310页。

穴结构云：

> 当岩之口，入其内不知其为岩也。询寺僧岩所何在，僧推后扉导余入，历级而上约三丈，洞口为庐掩，黑暗，忽转而西北，豁然中开，上穹下平，中多列笋悬柱，〔爽朗通漏，〕此上洞也，是为七星岩。从其右历级下，又入下洞，是为栖霞洞。其洞宏朗雄拓，门亦西北向，仰眺崇赫。洞顶横裂一隙，有石鲤鱼从隙悬跃下向，首尾鳞腮，使琢石为之，不能酷肖乃尔。其旁盘结蟠盖，五色灿烂。西北层台高叠，缘级而上，是为老君台。由台北向，洞若两界，西行高台之上，东循深壑之中。由台上行，入一门，直北至黑暗处，上穹无际，下陷成潭，澒洞峭裂，忽变夷为险。时余先觅导者，燃松明于洞底以入洞，不由台上，故不及从，而不知其处之亦不可明也。乃下台，仍至洞底。导者携灯前趋，循台东壑中行，始见台壁攒裂绣错，备诸灵幻，更记身之自上来也。直北入一天门，石楹垂立，仅度单人。既入，则复穹然高远，其左有石栏横列，下陷深黑，杳不见底，是为獭子潭。导者言其渊深通海，未必然也。盖即老君台北向下坠处，至此则高深易位，丛辟交关，又成一境矣。其内又连进两天门，路渐转而东北，内有“花瓶插竹”、“撒网”、“弈棋”、“八仙”、“馒头”主石……然余所欲观者不在此也。又逾崖而上，其右有潭，渊黑一如獭子潭，而宏广更过之，是名龙江，其盖与獭子相通焉。①

可见，七星岩由多种地貌形态所构成。从地质学上看，“多层洞穴由多层穿洞构成，表示地壳抬升次数。三层洞穴表示地壳抬升了三次，这和桂江沿岸阶地的状况正好相当”②。因此，三层洞穴原本是一个三层的地下河道，后来由于地质变迁，上层崩塌，仅存老君台等洞迹；中层则随着地壳变动而上升为“列笋悬柱，爽朗通漏”的干洞，洞内钟乳凝结，瑰丽多彩；下层为地下河，从“其右有潭，渊黑一如獭子潭，而宏广更过之，是名龙江，其盖与獭子相通焉”的描述看，徐霞客对七星岩的考察绝不仅仅是观赏，更重要的是探究地貌的原委，所以徐霞客的岩溶地貌之旅是一种真正意义上的科学探险。

徐霞客对云南岩溶地貌的考察，先后用了约2年时间，因此，云南省成为他在家乡之外生活时间最长的省。徐霞客曾三次入滇，历经艰辛，踏勘了曲靖、昆明、永平、楚雄、大理、保山、德宏等46个县区的岩溶地貌，创造了当时他在一个省内徒步旅行最长的纪录。在《徐霞客游记》中《滇游日记》的篇幅最大，计有25万字，其记载的内容约占全书的五分之二。故有学者评论说：“徐霞客对云南的考察使他攀上了当时世界地理科学的顶峰。”③

首先，就云南的整个岩溶地貌形态而言，滇东南以峰丛、峰林地貌组合为主的溶蚀山原颇具特色。④如《滇游日记》描写我国西南地区大面积的峰林石山分布说：“遥望东界遥峰下，峭峰离立，分行竞颖，复见粤西面目；盖此丛立之峰，西南始于此，东北尽于道州，

---

① （明）徐弘祖著，褚绍唐、吴应寿整理：《徐霞客游记》卷3上《粤西游日记》，第294页。

② 吕锡生主编：《千古奇人徐霞客》，北京：地质出版社，2009年，第85页。

③ 朱惠荣：《徐霞客与〈徐霞客游记〉》，北京：中华书局，2003年，第220页。

④ 陶犁：《徐霞客与云南喀斯特旅游资源》，王文成、李安民主编：《云南徐学研究文集》，昆明：云南人民出版社，2013年，第121页。

磅礴数千里，为西南奇胜，而此又其西南之极矣。”①这段记载的意义有三：第一，明确了我国西南峰林地貌的分布规律，与现在岩溶学界的认识大体相符，它西起云南罗平，东止湖南道州（当然，用今天的观点看，向东可进一步延伸到广东境内），南延入广西之境；第二，描述了我国峰林地形发展到壮年阶段的主要特征，多为难以风化但却易为水所侵蚀化解的厚层岩溶地域，故呈突兀的峰林形态；第三，峰林是最典型的热带岩溶地貌，区域差异比较明显，故有“奇胜”之说。例如，徐霞客总结说：“粤西之山，有纯石者，有间石者，各自分行独挺，不相混杂。滇南之山，皆土峰缭绕，间有缀石，亦十不一二。”②学界公认徐霞客的这个岩溶地貌区划结论是正确的，因为岩溶的特征与地貌条件有密切关系，“从总体上看，广西出露的碳酸盐岩质纯层厚，表现为典型的热带岩溶峰林地貌。云贵高原岩溶区，非碳酸盐岩多与碳酸盐呈互层，故在地貌上往往表现为岩溶地貌与非岩溶地貌相间排列。云南中部则是碎屑岩增多，加上新构造运动的影响，贵州高原河流深切，贵州在地势上合岩溶发育上都处于过渡状态。这里，徐霞客对于岩性上的差异及非碳酸盐岩夹层的存在，对岩溶地貌特征的控制作用及区域地貌差异已有非常明确的认识”③。

其次，徐霞客完成了对6大江河即金沙江、珠江、红河、澜沧江、怒江、伊洛瓦底江的考察。据考，徐霞客在云南东南部的游程安排，主要是为了追踪南、北盘江与金沙江。尽管他的《金沙江游记》散佚了，但从《溯江纪原》的记载看，徐霞客认为，源于犁牛石的金沙江而非岷江才是长江的正源，从而纠正了自《禹贡》以来人们对江源的认识误区，并为后来人们对江源的进一步探索和考察创造了条件。盘江即今珠江的支流之一，至于《盘江考》是否与珠江源头存在关系问题，学界的认识尚不一致，其中有学者主张“南盘自交水海子发源，才是徐霞客的本意，与今之珠江源无涉”④。不过，结合当时的具体情况看，多数学者认为徐霞客对珠江源头的考察，尽管有舛错，但他把南盘江的发源地上溯至云南宣威的炎方，成为他对江河源头考察的一大成就。⑤而对于怒江、澜沧江及礼社江（即黑惠江）的考察，徐霞客除得出它们各自流入大海的正确结论外，还发现枯柯河不是澜沧江支流，而是流入怒江。⑥其中对澜沧江本身的流向，徐霞客记述说：

> 度脊再上共三里，有四五家踞冈头，是为三沟水哨。盖冈之左右下坠之水，分为三沟，而皆北注澜沧矣。……始望见澜沧江流下嵌峡底，自西而东；其隔峡三台山犹为夙雾所笼，咫尺难辨。于是曲折北下者三里，有一二家濒江而居，是为渡口。澜沧

① （明）徐弘祖著，褚绍唐、吴应寿整理：《徐霞客游记》卷5上《滇游日记》，上海：上海古籍出版社，2010年，第697页。

② （明）徐弘祖著，褚绍唐、吴应寿整理：《徐霞客游记》卷5上《滇游日记》，第711页。

③ 朱德浩、朱学稳：《徐霞客对岩溶学和洞穴学的贡献及其在世界岩溶科学史中的地位》，南京师范大学地理系主编：《徐霞客研究文集——纪念诞辰四百周年》，南京：江苏教育出版社，1986年，第46页。

④ 杨长坤：《徐霞客对盘江认识之我见》，姚秉忠主编：《徐霞客研究》第17辑，北京：地质出版社，2008年，第206页。

⑤ 朱惠荣：《徐霞客与〈徐霞客游记〉》，北京：中华书局，2003年，第171页；（明）徐霞客：《徐霞客游记》，沈阳：万卷出版公司，2009年，第356页。

⑥ 朱惠荣：《徐霞客与云南》，王文成、李安民主编：《云南徐学研究文集》，昆明：云南人民出版社，2013年，第6页。

至此，又自西东注，其形之阔，止半于潞江，而水势正浊而急。甫闻击汰声，舟适南来，遂受之北渡，时驼骑在后，不能待也。登北岸，即曲折上二里余，跻坡头，转而东行坡脊，南瞰江流在足底，北眺三台山屏回岭北，以为由此即层累而升也。①

他又说：

由其北西北下二里，有小江自西而东，即漾濞之下流也。自合江铺入蒙化境，曲折南下，又合胜备江、九渡、双桥之水，至此而东抵猛补者，乃南折而环泮山，入澜沧焉。江水不及澜沧三之一，而浑浊同之，以雨后故也。②

因新地质构造抬升强烈，河流下切幅度较大，故云南省临沧区域处处高山陡峻，流域内天然落差达4580多米，而这种地形条件使澜沧江本身蕴藏着巨大的水电能源。因此，我们国家所兴建的小湾、漫湾和大朝山三大水电站，都在澜沧江的临沧区域段，其中漫湾与大朝山水电站都位于徐霞客考察的云州地（今云县境内），而当年徐霞客舟渡澜沧江后登上三台山麓俯瞰到的南下江流之处，亦即在今云南省大理白族自治州南涧彝族自治县与临沧市凤庆县的交界处，现在已经建成小湾水电站。

再次，对云南坝子的考察，构成徐霞客岩溶地貌实践的又一显著特征。据今人统计，云南省面积大于1平方千米的坝子数量有1868个，约占云南省总面积的6.52%。③云南坝子在《滇游日记》中亦称“坞”“甸”“川”等，它们大多是岩溶洼地，或云宽谷，主要有岩溶槽谷和岩溶盆地两种类型，属于岩溶负地形之一。例如，徐霞客描述凤庆坝子的地貌特点说：“顺宁郡城所托之峡，逼不开洋，乃两山中一坞耳。本坞不若右甸之圆拓，旁坞亦不若孟祐村之交错。其坞西北自甸头村，东南至函宗百里，东西阔处不及四里。”④又述昌宁坝子（亦称右甸城）云：

右甸之城（即今昌宁县城），中悬南坡之下，甸中平畴一围，聚落颇盛。四面山环不甚高，……甸中自成一洞天，其地犹高，而甸乃圆平，非狭嵌，故无热蕴之瘴；居者无江桥毒瘴之畏，而城庐相讬焉。⑤

这是一个典型的岩溶盆地型坝子，四面由岩溶山地环绕，其主要形态特征是，“类环为坞，中平如砥，而四面崖回嶂截，深丛密翳”⑥。此外，还有些坝子则处在岩溶槽谷中，其形态比较复杂，甚至有“坞中有坑，中坠如井”之情形。如徐霞客这样记述云南地区的岩溶槽谷：

从街（黄草坝）东南出，半里，绕东峰之南而北，入其坞，伫而回睇，始见其前

① （明）徐弘祖著，褚绍唐、吴应寿整理：《徐霞客游记》卷10上《滇游日记》，上海：上海古籍出版社，2013年，第1090页。

② （明）徐弘祖著，褚绍唐、吴应寿整理：《徐霞客游记》卷10上《滇游日记》，第1092页。

③ 童绍玉、陈永森：《云南坝子研究》，昆明：云南大学出版社，2007年，第22页。

④ （明）徐弘祖著，褚绍唐、吴应寿整理：《徐霞客游记》卷10上《滇游日记》，第1088页。

⑤ （明）徐弘祖著，褚绍唐、吴应寿整理：《徐霞客游记》卷10上《滇游日记》，第1072页。

⑥ （明）徐弘祖著，褚绍唐、吴应寿整理：《徐霞客游记》卷4上《粤西游日记》，第458页。

> 大坞开于南。群山丛突，小石峰或朝或拱，参立前坞中。而遥望坞外，南山横亘最雄，犹半与云气相氤氲，此即巴吉之东，障盘江而南趋者也。坞中复四面开坞，西则沙涧所从来之道，东则马鼻河所从出之峡，而南则东西诸水所下巴吉之区，北则今所入丰塘之路也。……入北坞又半里，其西峰盘崖削石，岩岩独异，其中有小水南来。溯之北，又二里，循东峰北上，逾脊稍降，陟坞复上，始见东坞焉。共二里，再上北坳，转而西，坳中有水自西来，出坳下坠东坞，坳上丰禾被陇。透之而西，沿北岭上西向行。二里稍降，陟北坞一里，复西北上。二里，逾北坳，从岭脊西北行。途中忽雨忽霁，大抵雨多于日也。稍降，复盘陟其西北坡冈，左右时有大洼旋峡。共五里，逾西坳而下。又三里，抵坞中，闻水声淙淙，然四山回合，方疑水从何出。又西北一里，忽见坞中有坑，中坠如井，盖此水之所入者矣。①

文中既有地貌学上的平底槽谷，同时又有不平底槽谷。其中平底坞多被开垦为农田。如云南剑川县沙溪坞，“东西阔五六里，南北不下五十里，所出米谷甚盛，剑川州皆来取足焉”②。有农田就有聚落，于是这又引出了下一个话题。

2. 人文地理成就

西南地区的岩溶地貌形态多样，其中有不少坞适合人类居住，从而形成许多自然村落。如湖南茶陵县的东岭坞，“内居人段姓”，其“坞内水田平衍连绵铺开，村落稠密，东为云阳，西为大岭，北即龙头岭过脊，南为东岭回环”③。又云南曲靖府罗平州、师崇州一带的自然村落，“一里余，有坞自西北来，环而南，其中田禾芃彧，村落高下。东二里有数十家夹路，曰山马彝，亦重山中一聚落也。又东南一里，有塘在山坞，五六家傍坞而栖，曰挨泽村。又东北二里，为三板桥。数家踞山之冈，其桥尚在冈下。”而“直东一里，登冈上，其北有坞在北大山下，即寨聚所讬，中有禾芃芃焉”④。另外，还有“逾脊之东，其上有歧南去，不知往何彝寨。脊东环洼成坞，有小水北下，注东南坞中，稻禾盈塍。有数家倚北峰下，日没奈德”⑤，以及“有数家在路北坡间，是曰界头寨，以罗平村落东止于此也”⑥等，这些村落完全依岩溶区地形而定，其中那些岩溶洼地还是良好的耕作地带。有学者统计，《徐霞客游记》仅从广西府到昆明之间就记录了95个村落或曰聚落，其中有71个分布于山间盆地或面坞背山而居，占74.8%；约有10个分布于坡冈、丘陵之上，占10.5%；有6个分布于峡谷边，占6.3%；有8个分布于岭头、山腰，而这里面有彝寨3个，哨所1个。⑦

---

① （明）徐弘祖著，褚绍唐、吴应寿整理：《徐霞客游记》卷5上《滇游日记》，第711—712页。

② （明）徐弘祖著，褚绍唐、吴应寿整理：《徐霞客游记》卷7下《滇游日记》，上海：上海古籍出版社，2010年，第903页。

③ （明）徐弘祖著，褚绍唐、吴应寿整理：《徐霞客游记》卷2下《楚游日记》，第181—182页。

④ （明）徐弘祖著，褚绍唐、吴应寿整理：《徐霞客游记》卷5上《滇游日记》，第701页。

⑤ （明）徐弘祖著，褚绍唐、吴应寿整理：《徐霞客游记》卷5上《滇游日记》，第701页。

⑥ （明）徐弘祖著，褚绍唐、吴应寿整理：《徐霞客游记》卷5上《滇游日记》，第703页。

⑦ 熊尚发：《〈徐霞客游记〉的景观生态研究》，徐霞客逝世350周年国际纪念活动筹备委员会：《千古奇人徐霞客——徐霞客逝世三百五十周年国际纪念活动文集》，第72页。

位于岩溶地带的城镇人文地理景观也很有特色，例如，徐霞客描述湖南衡州城内外“山、水、城”浑然一体的人文地理景观云：内则“城东面濒湘，通四门，余北、西、南三面鼎峙，而北为蒸水所夹。其城甚狭，盖南舒而北削云。北城外，则青草桥跨蒸水上。而石鼓山界其间焉。盖城之南，回雁当其上，泻城之北，石鼓砥其下流，而潇、湘循其东面，自城南抵城北，于是一合蒸，始东转西南来，再合耒焉。”①他又说：

登崖上回雁峰，峰不甚高，东临湘水，北瞰衡城，俱在足下，雁峰寺笼罩峰上无余隙焉，然多就圮者。又饭于僧之千手观音殿。乃北下街衢，滓泥没胫，一里，入南门，经四牌坊，城中阛阓与城东河市并盛。又一里，经桂府王城东，又一里，至郡衙西，又一里，出北门，遂北登石鼓山。山在临蒸驿之后，武侯庙之东，湘江在其南，蒸江在其北，山由其间度脉东突成峰，前为禹碑亭，大禹《七十二字碑》在焉。其刻较前所摹望日亭碑差古，而漶漫殊甚，字形与译文颇有异者。其后为崇业堂，再上，宣圣（指孔子）殿中峙焉。殿后高阁甚畅，下名回澜堂，上名大观楼。西瞰度脊，乎临衡城，与回雁南北相对，蒸、湘夹其左右……近而万家烟市，三水帆樯，远而岳云岭树，披映层叠，虽书院之宏伟，不及〔吉安〕白鹭大观，地则名贤乐育之区，而兼滕王、黄鹤之胜，非白鹭之所得伴矣。楼后为七贤祠，祠后为生生阁。阁东向，下瞰二江合流于前，耒水北入于二里外，与大观楼东西易向。盖大观踞山顶，收南、北、西三面之奇，而此则东尽二水同流之胜者也。②

这段记载蕴含的文化信息十分丰富，如石鼓山书院、禹碑亭、大观楼、雁峰寺等名胜，在徐霞客笔下，这些名胜承载着衡州城文明发展的历史与辉煌。另外，从衡州城的形状与结构看，整个城市呈“南舒而北削”状，其城门有七：东面三门（即阅江门、柴埠门、潇湘门），南面一门（即回雁门），西面二门（即大西门、小西门），北面一门（即瞻岳门），这里“万家烟市，三水帆樯”，呈现一派市井繁荣景象。

在千姿万态的岩溶文化世界里，园林审美已经构成徐霞客人文地理景观的重要组成部分。例如，徐霞客记述衡阳桂花园的艺术特色云：

桂府新构〔庆桂堂地〕，为赏桂之所，〔前列丹桂三株，皆耸干参天，接荫蔽日，其北宝珠茶五株，虽不及桂之高大，亦郁森殊匹。〕又东为桃花源，〔西自华严、天母二庵来，南北俱高岗夹峙，中层叠为池；池两旁依冈分坞，皆梵宫绀宇，诸藩庵亭榭，错出其间。〕桃花园之上，即桃花冲，乃岭坳也。其南之最高处新结两亭，一曰停云，又曰望江；一曰望湖，在无忧庵后修竹间。时登眺已久，乃还饭绿竹庵。复与完初再上停云，从其北逾桃花冲坳，其东冈夹成池，越池而上，即来雁塔矣。塔前为双练堂，西对石鼓，返眺蒸、湘交会，亦甚胜也。塔之南，下临湘江，有巨楼可凭眺，惜已倾圮。楼之东即为耒江北入之口。时日光已晶朗，岳云江树，尽献

① （明）徐弘祖著；褚绍唐、吴应寿整理：《徐霞客游记》卷2下《楚游日记》，第195—196页。
② （明）徐弘祖著，褚绍唐、吴应寿整理：《徐霞客游记》卷2下《楚游日记》，第194—195页。

真形。乃趣完初觅守塔僧，开扃而登塔，历五层，四眺诸峰，北惟衡岳最高，其次则西之雨母山，又次则西北之大海岭，其余皆冈陇高下，无甚峥嵘；而东南二方，固豁然无际矣。①

据载，桂王府邸于天启二年（1622）开工建设，至天启七年（1627）完工，虽然“费帑无算”②，花了不少白银，但不久即发生了“地基不坚，殿宇倾塌”③的严重后果。后来，几经修缮，至崇祯九年（1636）才最后完工，又费银10万余两，甚至“其厢以数千计……每厢摧银一两，为桂藩供用焉”④。当时，徐霞客记述桂王府的规模和气魄云：“圆亘城半，朱垣碧瓦，新丽殊甚。前坊标曰‘夹辅亲潢’，正门曰‘端礼’。前峙二狮，其色纯白，云来自耒河内百里。”⑤桂王朱常瀛又“惑于因果，广修寺观，黄冠缁衲，蓄养以千计”⑥。如此奢华的生活场景，与那贫苦农民“勤勤一年，依然冻馁”⑦，以及“茅茨陋甚，而卧处与猪畜同秽”⑧的生活面相形成鲜明比照，它恰好折射出了一个日暮王朝的黯淡余晖。

近代启蒙思想家林则徐曾说：“夫水之行于地也，焕然而成文，水利之兴废，农田系焉，人文亦系焉。”⑨而徐霞客在考察西南地区的水利工程时，也把它们作为人文景观的一部分。例如，徐霞客描述普安州南板桥的筑坝截流工程云：“越南板桥南一里，溯南来溪入南峡，转而西行峡中，又二里，则有坝南北横截溪上，其流涌坝下注，阔七、八丈，深丈余，绝似白水河上流之瀑，但彼出天然，而此则人堰者也。坝北崖有石飞架路旁，若鹢首掉虚，而其石分窍连枝，玲珑上透，嵌空凑合，亦突崖之一奇也。”⑩

在丰宁上司南门外，“由街北转而西，有巨塘汇其内，西筑堤为堰，甃为驰道甚整。又北半里，直抵囤山东麓，北向入一门。有石罅一缕，在东麓下，当其尽处，凿孔如盂，深尺许，可贮水一斗。囤上下人，俱以盎候而酌之，谓其水甘冽，迥异他水。余酌而尝之，果不虚也。由此循囤麓转入北峡，峡中居人甚多，皆头目之为心膂寄者；又编竹架囤于峡中，分行贮粟焉”⑪。有学者详细考察了乌江流域的城镇发展与演变史，认为徐霞客所记载的这种以环绕池塘而修建的城镇，且又驰道甚整，“这在乌江流域以前的建设历史上是少有的”⑫。

---

① （明）徐弘祖著，褚绍唐、吴应寿整理：《徐霞客游记》卷2下《楚游日记》，第197—198页。

② 康熙《衡州府志》卷3《营建志·藩府》，北京图书馆古籍出版编辑组：《北京图书馆古籍珍本丛刊》第36册，北京：书目文献出版社，1988年。

③ （明）刘若愚：《酌中志》卷16《内府衙门职掌》，北京：北京古籍出版社，1994年，第102页。

④ （明）徐弘祖著，褚绍唐、吴应寿整理：《徐霞客游记》卷2下《楚游日记》，第261页。

⑤ （明）徐弘祖著，褚绍唐、吴应寿整理：《徐霞客游记》卷2下《楚游日记》，第199页。

⑥ 乾隆《清泉县志》卷36《杂志》，清乾隆二十八年（1763）刻本。

⑦ （明）吕坤撰，王国轩、王秀梅整理：《吕坤全集》中册，北京：中华书局，2008年，第948页。

⑧ （明）徐弘祖著，褚绍唐、吴应寿整理：《徐霞客游记》卷4下《黔游日记》，第643页。

⑨ （清）林则徐：《林则徐全集》第5册《文录卷》，福州：海峡文艺出版社，2002年，第405页。

⑩ （明）徐弘祖著，褚绍唐、吴应寿整理：《徐霞客游记》卷4下《黔游日记》，第670页。

⑪ （明）徐弘祖著，褚绍唐、吴应寿整理：《徐霞客游记》卷4下《黔游日记》，第624页。

⑫ 赵炜：《乌江流域人居环境建设研究》，南京：东南大学出版社，2008年，第48页。

在云南保山，有一人工水库名易罗池。徐霞客记载其内外景观云："当其东尽处，周回几百亩，东筑堤汇之；水从其西南隅泛池上溢，有亭跨其上，东流入大池。大池北亦有亭。池之中，则邓参将子龙所建亭也。以小舟渡游焉。池之南，分水循山腰南去，东泄为水窦，以下润川田；凡四十余窦，五里，近胡坟而止焉。由池西上山，北冈有塔，南冈则寺倚之。寺后有阁甚巨，阁前南隙地，有花一树甚红。"①尤其是隆庆二年（1568）所修建的"号塘"，其"置孔四十一以通水，编号以次而及"②，耗费800余金，是当时永昌地区最典型的筑石水槽引水上山工程。因此，徐霞客记述说："更循山而北，一里，上一东盘之嘴，于是循冈盘垅，甃石引槽，分九隆池之水，南环坡畔，以润东坞之畦。路随槽堤而北，遇有峡东出处，则瓮中架空渡水，人与水俱行桥上，而桥下之峡反涸也，自是竹树扶疏，果坞联络，又三里抵龙泉门，乃城之西南隅也。城外山环寺出，有澄塘汇其下，是为九隆池。由东堤行，见山城围绕间，一泓清涵，空人心目。"③

写道原始的轮休耕作制，徐霞客在丽江地区考察时，看到这里的田亩，"三年种禾一番，本年种禾，次年种豆菜之类，第三年则停而不种。又次年，乃复种禾"④。从前面的引述看，明朝西南地区的农业发展并不平衡，以云南为例，徐霞客看到的农业景象就比较复杂。在云南东界的许多冈头村落，"其上皆耕厓锄陇，只湛种粟，想稻畦在深坑中"⑤；在邓川西湖，出现了大面积种植鸦片的现象，这里"罂粟花连畴接陇于黛柳镜波之间，景趣殊胜"⑥；在永昌彝族地区，"俗皆勤苦垦山，五鼓辄起，昏黑乃归，所垦皆跷瘠之地，仅种燕麦、荞麦而已，无稻田也"⑦。而像丽江一带因地多肥少，为了保证土地的肥力，则仍然实行原始的轮休耕作制。如果仅从技术的角度看，这种轮休耕作制度与中原地区的精耕细作相比，其农业技术开发程度确实显得有些落后；但是如果从民族学的角度看，情况就不同了：因为纳西族先民在长期的生活实践中，创造了与丽江气候和自然地理条件相适应的土地轮作制度，而"这种边疆独特的轮歇休耕制充分尊重当地的气候条件和地力，是一种与内地精耕细作相区别的并不落后的初级农业形式，今天仍能在云南边疆地区看到这种独特的适应当地环境的刀耕火种农业，可见其生计方式的长久生命力"⑧。

至于徐霞客所记述的诸如聚落地理、文化地理、历史地理、美学地理、旅游地理，以及政治地理和经济地理方面的其他大量内容，限于篇幅，这里恕不一一阐释和复述了。

---

① （明）徐弘祖著，褚绍唐、吴应寿整理：《徐霞客游记》卷9上《滇游日记》，上海：上海古籍出版社，2010年，第1019—1020页。

② （明）徐弘祖著，褚绍唐、吴应寿整理：《徐霞客游记》卷9上《滇游日记》，第1018页。

③ （明）徐弘祖著，褚绍唐、吴应寿整理：《徐霞客游记》卷9上《滇游日记》，第1018页。

④ （明）徐弘祖著，褚绍唐、吴应寿整理：《徐霞客游记》卷7上《滇游日记》，第880页。

⑤ （明）徐弘祖著，褚绍唐、吴应寿整理：《徐霞客游记》卷5下《滇游日记》，第720页。

⑥ （明）徐弘祖著，褚绍唐、吴应寿整理：《徐霞客游记》卷8上《滇游日记》，第918页。

⑦ （明）徐弘祖著，褚绍唐、吴应寿整理：《徐霞客游记》卷9下《滇游日记》，第1039—1040页。

⑧ 吴曙华：《〈徐霞客游记〉的民族学价值》，王文成、李安民主编：《云南徐学研究文集》，昆明：云南人民出版社，2013年，第245页。

二、徐霞客探险精神的形成背景与力量源泉

（一）徐霞客探险精神的形成背景

明朝中晚期政治日渐昏暗，而随着宦官专权和皇权失去对朝政的控制力，社会文化遂开始由“一统”转向多元。这里有两个关注点：一是“西学东渐”，出现了中学与西学的矛盾冲突；二是出现了明朝“大一统”文化与土司文化之间的矛盾冲突。

如众所知，明万历年间，意大利的耶稣会传教士利玛窦等8人来到中国传教，在此期间，“他们将西方的科学技术传入中国，开阔了中国知识分子和士大夫的眼界，形成了晚明士大夫学习西学的风气”①。根据史料记载，像李时珍、徐光启、宋应星等明末科学家，都程度不同地受到了西学的影响，可是，对于徐霞客而言，目前却还没有直接证据证明徐霞客曾受到西方科学技术的影响。于是，在这个问题上，学界形成了两派：

一派以方豪为代表，他认为：“霞客一生似不能不受到西洋科学之影响，而与当时之西洋教士不能无间接关系。交友不多，而有九人与教士有直接关系，一也；霞客入闽，值天主教大行，二也；闽中传教士艾儒略曾著《职方外纪》与《西方答问》，足以满足霞客爱好地理学与喜闻域外奇事之心，三也；墓志称霞客不喜谶纬术数家言，故易与教士接近，四也；霞客友朋颇多海外纪述著称者，则对当时来自海外之教士，必更乐于过从，五也。举此五端，则吾人今日初步研究所得，霞客与西洋教士虽只有间接之关系，然曾受西洋科学之影响，当可信也。”②

另一派以李约瑟博士为代表，一方面他对徐霞客的科学考察成就表示钦佩；另一方面他认为徐霞客的地理考察活动是一种不受域外科学影响的自主行为。他说：“有人认为徐霞客曾受了耶稣会士的影响，但所有的证据都否定这种看法。倒是徐霞客的一些发现，被卫匡国（Martini）收入他收编的地图集中。”③

对于这两派观点，多数学者支持后者，我们亦持相同的看法。确实，从徐霞客科学考察活动本身而言，西方科学并未对他产生任何直接的影响，这一点毫无疑义。对此，我们皆有据可查，自不待言。不过，竺可桢在《徐霞客之时代》一文中却这样评价说：“（徐霞客）不但具有中国古代之旧道德，而亦有西洋近世科学之新精神。”④那么，如何理解徐霞客所具有的“西洋近世科学之新精神”？竺可桢有一大段精彩议论，道出了个中缘由。竺可桢分析说：

> 霞客先生当明之季世，何以能独具中西文化之所长。欲探求其理，则不得不审察霞客之时代，明自嘉靖万历以来，国势日蹙，不特倭寇屡扰海滨，强胡虎视漠北，即庙堂之上，宵小如魏珰辈窃据高位，幸赖东林诸贤，本程朱之学，操履笃实，无论在

① 王杰、祝士明编著：《学府典章：中国近代高等教育初创之研究》，天津：天津大学出版社，2010年，第13页。

② 方豪：《中西交通史》，上海：上海人民出版社，2008年，第592页。

③ ［英］李约瑟：《中国科学技术史》第5卷《地学》第1分册，《中国科学技术史》翻译小组译，北京：科学出版社，1976年，第62页。

④ 竺可桢：《竺可桢科普创作选集》，北京：科学普及出版社，1981年，第38页。

野在朝，均能导正不阿。霞客故乡逼近东林之大本营而东林巨子如高攀龙、孙慎行等对于霞客亦以青眼相待。故霞客受东林之熏陶也必深，而其忠孝仁恕如出天性，非偶然也。同时万历初年，意大利人耶稣会教士利玛窦来华，其人兼通舆地、天文、医药之学，一时士人如徐光启、李之藻辈亦乐与之游。无形中其影响且由教徒而传播至非教徒。明末著作如方以智之《通雅》、《物理小识》，宋应星之《天工开物》，皆渲染有西洋科学之色彩者也。霞客足迹遍中国，交游甚广，殆已受科学之洗礼，即其所谓“自纪载来俱囿于中国一方，未测浩衍”一语观之，已足以知霞客必已博览当时西洋人所翻译舆地诸书矣，故知霞客之有求知精神非偶然也。①

在这里，徐霞客从西方的理性科学知识体系中汲取了一股浓厚的“求知”精神营养，但这种精神营养是内在的、无形的，而非学科知识的借鉴或嫁接，所以我们从“求知精神”的层面，就无法用纯粹知识学的尺度来衡量徐霞客对西方科学的渗透性接受。我们知道，徐霞客对西方近代地理学的影响就带有鲜明的学科性质。例如，康熙玄烨曾读过徐霞客的《溯江纪源》，而由传教士参加编撰的《皇舆全览图》（1719）便吸收了徐霞客的科研成果，据考，《皇舆全览图》的分省份地区图，就有“云南全图”“贵州全图”“广东全图”“黄河发源图”“岷江源打冲河源图”②等。又如，意大利耶稣会传教士卫匡国在荷兰出版的《中国新图》，也使用了徐霞客的科学考察成果。③然而，西方科学对于徐霞客而言，更多是“求知精神”的洗礼。因为利玛窦所编《万国图志》和艾儒略所撰《职方外记》，给当时中国知识阶层的震动很大，而徐霞客亦曾有“欲为昆仑海外之游”的雄心和志向，这不能说与当时传教士在中国开展域外地理知识的传播活动没有关系。事实上，从农作物的引种来讲，徐霞客在西南地区的考察过程中，他对引种的烟草、罂粟等作物多有记述。例如，前引云南邓川西湖所种植的罂粟，还有贵州许多地方亦大量种植花朵“殷红千叶，簇朵甚巨而密，丰艳不减丹药”的罂粟④，以及西南地区土著居民对烟土的特别嗜好，给徐霞客留下了极为深刻的印象，以至于他为了投宿而不得不诱之以烟土。据《徐霞客游记·粤西游日记》载，徐霞客想在途中投宿一山民家，但“其家闭户避不出。久之，排户入，与之烟少许，辄以村醪、山笋为供”⑤。我们知道，人们一旦吸食烟草，就很容易上瘾，所以明人张岱将其称为“草妖”⑥。当然，无论是罂粟还是一般烟土，也不论是用于治病还是为防瘴毒而吸食烟土，在客观上，它们都有精神麻醉和兴奋神经的作用，而这或许就是徐霞客当时不去排斥罂粟和烟土的主要原因之一。

土司制度是明朝沿用元朝对边疆少数民族地区进行统治的一种招抚措施，但在规模上较元朝“大为恢拓”。据《明史·土司列传》序云：“踵元故事，大为恢拓，分别司、郡、

① 竺可桢：《竺可桢科普创作选集》，第38—39页。

② 韩昭庆：《康熙〈皇舆全览图〉空间范围考》，中国地理学会历史地理专业委员会《历史地理》编辑委员会：《历史地理》第32辑，上海：上海人民出版社，2015年，第291页。

③ 袁运开、周瀚光主编：《中国科学思想史》下册，合肥：安徽科学技术出版社，2001年，第377页。

④ （明）徐弘祖著，褚绍唐、吴应寿整理：《徐霞客游记》卷4下《黔游日记》，第636—637页。

⑤ （明）徐弘祖著，褚绍唐、吴应寿整理：《徐霞客游记》卷4上《粤西游日记》，第571—572页。

⑥ （明）张岱著、弥松颐校注：《陶庵梦忆》卷8《苏州白兔》，杭州：西湖书社，1982年，第112页。

州、县，额以赋役，听我驱调，而法始备矣。然其道在于羁縻。彼大姓相擅，世积威约，而必假我爵禄，宠之名号，乃易为统摄，故奔走惟命。然调遣日繁，急而生变，恃功怙过，侵扰益深，故历朝征发，利害各半。其要在于抚绥得人，恩威兼济，则得其死力而不足为患。”①与西南地区的社会发展状况相适应，明朝在这里广布土司，如“云贵省，处处皆设土司”②。据各种地方志统计③，明初云南有土司 320 家、贵州 132 家、广西 167 家、四川 100 多家。从土司与明王朝的统治关系讲，土司必须服从明王朝的征调，但土司在政治上具有相对独立性，尤其是在其辖区内具有无上权威。土司统治等级森严，土司与土民的矛盾冲突比较激烈。而徐霞客把土司与土民以及土司与明王朝统治之间的矛盾关系作为他远游考察的一项主要工作，这种爱国恤民的情怀，特别是那种儒家强烈的现实关怀，无疑成为徐霞客不畏旅途艰险的重要精神动力之一。

在反映土司与土民之间的社会关系方面，徐霞客记云：云南丽江纳西族村寨崖脚院，“其处居庐连络，中多板屋茅房。有瓦室者，皆头目之居，屋角俱标小旗二面，风吹翩翩，摇漾于夭桃素李之间”④。可见，土司内部等级甚严。又天生寨“木氏居此二千载，宫室之丽，拟于王者。”⑤此外，在贵州独山上司，“由下仰眺，圌上居舍累累，惟司官所居三四层，皆以瓦覆”⑥。与之相对照，广大土民住的却是“茅茨陋甚，而卧处与猪畜同秽”⑦。在饮食方面，土司的生活十分糜烂，如徐霞客接受丽江木府宴请，其“大肴八十品，罗列甚遥，不能辨其孰为异味也”⑧，而一般土民却是“一岁所食，圆根半之。贫家食盐之外，不知别味”⑨。在维护土司统治方面，明朝云南武定府：“土官专制，设曲觉三人，分管地方；遮古三人，管理庄田，更资三人，管理喇误（即差役），一应调迁，各领步兵从征；扯墨一人，管六班快手；管家十二人，管庄田租谷，皆头目也，藉土衙之势索取，夷民畏之如虎，故土官亦藉头目之为爪牙攫噬，其势益张。”⑩所以，徐霞客异常愤慨地说：“土司糜烂人民，乃其本性，而紊及朝廷之封疆，不可长也。诸彝种之苦于土司糜烂，真是痛心疾首，第势为所压，生命惟命耳，非真有恋主思旧之心，牢不可破也。”⑪又广西“郡城外，皆普氏所慑服。即城北诸村，小民稍温饱，辄坐派其赀以供，如违，即全家掳掠而去。故小民宁流离四方，不敢不敢一鸣之有司，以有司不能保其命，而普之生

① 《明史》卷 310《土司列传》，第 7981 页。

② （明）朱燮元：《水西夷汉各目投诚措置事宜疏》，贵州省民族研究所：《民族研究参考资料》第 2 集，贵阳：贵州省民族研究所，1980 年，第 123 页。

③ 李克郁、李美玲：《河湟蒙古尔人》，西宁：青海人民出版社，2005 年，第 173 页。

④ （明）徐弘祖著，褚绍唐、吴应寿整理：《徐霞客游记》卷 7 下《滇游日记》，第 877 页。

⑤ （明）徐弘祖著，褚绍唐、吴应寿整理：《徐霞客游记》卷 7 上《滇游日记》，第 871 页。

⑥ （明）徐弘祖著，褚绍唐、吴应寿整理：《徐霞客游记》卷 4 下《黔游日记》，第 624 页。

⑦ （明）徐弘祖著，褚绍唐、吴应寿整理：《徐霞客游记》卷 4 下《滇游日记》，第 643 页。

⑧ （明）徐弘祖著，褚绍唐、吴应寿整理：《徐霞客游记》卷 7 下《滇游日记》，第 875 页。

⑨ （明）陈文修，李春龙、刘景毛校注：《景泰云南图经志书校注》卷 5《丽江军民府》，昆明：云南民族出版社，2002 年，第 313 页。

⑩ 何耀华：《武定凤氏本末笺证》，昆明：云南民族出版社，1986 年，第 191 页。

⑪ （明）徐弘祖著，褚绍唐、吴应寿整理：《徐霞客游记》卷 5 上《滇游日记》，第 710 页。

杀立见也”[1]。从另一层意义看，上述记载反映了徐霞客对明朝推行“改土归流”政策的期待和认同。

土司与土司之间的矛盾冲突也时有发生，而这时往往会因某土司的一己之仇而导致涂炭生灵，给当地社会治安带来严重后果。如徐霞客云：“独山土官，昔为蒙诏，四年前观灯，为其子所弑；其母趋救之，亦弑之。乃托言杀一头目，误伤其父，竟无问者，今现为土官，可恨也。”[2]更有甚者，如广西归顺土司与田州土司为了争夺权位而相互厮杀，故徐霞客在崇祯十年（1637）十一月初十日的日记中说：“镇安岑继祥乃归顺岑大伦之叔，前构交彝破归顺，又取归杀之。未几，身死无嗣。应归顺第二子继常立，本州头目皆向之。而田州，泗城交从旁争夺，遂构借外彝，两州百姓肝脑涂地。”[3]由于土官的暴戾和内讷，致使人民流离失所，故徐霞客途中但见“空廨垣址”[4]，或“老妪幼孩，室如悬罄，而上瓦下板，俱多破孔裂痕”[5]。

至于土司与明王朝的矛盾冲突，一直斗争不断，有时甚至发展到了白热化程度。例如，徐霞客在考察广西新宁州的社会状况时说：

> 新宁之地，昔为沙水，吴从等三峒，国初为土县，后以思明土府有功，分吴从等村界之，遂渐次蚕食。后忠州从而效尤，与思明互相争夺，其地遂朝秦暮楚，人民涂炭无已，当道始收其地，以武弁守之。土酋黄贤相又构乱倡逆，隆庆末，罪人既得，乃尽收思明、忠州未吐地并三峒为四，创立州治。其东南五里，即宣化如何（乡名）一、二、四三围并割以附之；其西北为思同、陀陵界；西南为江、忠二州界。江水自西南那勒来，绕城西北，转而东南去。万历己丑，州守江右张思中有记在州门，乃建州之初任者。[6]

这一段话表明徐霞客渴望“改土归流”的政治态度，正是在这种爱国情怀下，他严厉谴责了外彝入侵、妄图分裂国家的罪恶行径。徐霞客说：“其土官岑姓，乃寨主也。以切近交彝，亦惟知有彝，不知有中国。彝人过，辄厚款之，视中国漠如也。交彝亦厚庇此寨，不与为难云。”[7]他又说：“田州与归顺争镇安，既借交彝为重；而云南之归朝与富州争，复来纠助之。是诸土司只知有莫彝，而不知为有中国矣。”[8]言语之中，无不流露出徐霞客对变革土司制度的强烈愿望。所以徐霞客记述罗平州的“改土归流”状况说：“罗平在曲靖府东南二百余里。旧名罗雄，亦土州也。万历十三年，土酋者继荣作乱，都御史刘世曾奉命征讨，临元道文作率万人由师宗进，夹攻平之，改为罗平。明年，继荣目把董仲文等复叛，

---

① （明）徐弘祖著，褚绍唐、吴应寿整理：《徐霞客游记》卷5上《滇游日记》，第692页。
② （明）徐弘祖著，褚绍唐、吴应寿整理：《徐霞客游记》卷4下《粤西游游日记》，第626页。
③ （明）徐弘祖著，褚绍唐、吴应寿整理：《徐霞客游记》卷4上《粤西游日记》，第497页。
④ （明）徐弘祖著，褚绍唐、吴应寿整理：《徐霞客游记》卷4上《粤西游日记》，第478页。
⑤ （明）徐弘祖著，褚绍唐、吴应寿整理：《徐霞客游记》卷4上《粤西游日记》，第606页。
⑥ （明）徐弘祖著，褚绍唐、吴应寿整理：《徐霞客游记》卷4上《粤西游日记》，第455页。
⑦ （明）徐弘祖著，褚绍唐、吴应寿整理：《徐霞客游记》卷4上《粤西游日记》，第489页。
⑧ （明）徐弘祖著，褚绍唐、吴应寿整理：《徐霞客游记》卷4上《粤西游日记》，第488页。

羁知州何倓。文作以计出之，复率兵由师宗进，讨平之。今遂为迤东要地。”①从深层的政治心理分析，徐霞客不畏旅途艰险，千里跋涉，游走于西南“三江”腹地，实际上是在用他的足迹来印证下面的真理，只有统一的多民族国家，祖国的大好河山才会变得更加奇观壮丽、风采多姿。

（二）徐霞客地理探险的主要力量源泉

对地理知识的爱好，是徐霞客成就其探险事业的基本力量源泉。徐霞客自幼爱好地理学，在他看来，“昔人志星官舆地，多承袭附会，即《江》、《河》两经，山川两戒，自纪载来，多囿于中国一隅。欲为昆仑海外之游，穷流沙而后返。”②尽管由于种种原因，徐霞客一生并未离开中国，但他对传统地理学的缺陷看得很清楚，他甚至试图用世界性的眼界来反思中国传统地理学的不足，这应当是他进行实地地理考察的基本力量源泉。也正因如此，徐霞客才具有了比较强烈的批判和纠谬意识。例如，徐霞客否定了《禹贡》“岷山导江”的说法，并正确指出金沙江是长江上源。又如对南盘江江源的考察，徐霞客云：“至《（大明）一统志》最误处，又谓南北二盘分流千里，会于合江镇。盖惟南宁府西左、右江合流处为合江镇，是直以太平府左江为南盘，田州右江反为北盘矣。”③虽然徐霞客在《盘江考》中亦有不少失误，但是从本质上看，他的批判精神是主流，是其科学精神的主要体现。

有学者认为，徐霞客的探险实践与他的爱国主义情感没有关系。其认为：

正是在如何对待国难民困上，徐霞客与他的朋友们发生着矛盾。故交新友对他的浪迹山水，往往宛转相劝，希望他正视现实，中止出游。黄道周是他的莫逆之交，于崇祯三年赠他的一首七言中说：“所探幽奇既如此，岂有人狱当君怜？”“男儿不仙必良将，驱龙凌波破荡漾，挽河洗甲清天下，安能对镜坐相向。”盼望徐霞客移探幽奇之行于怜人狱之情殷殷，他不可能不感到其中的拳拳之意。然而，他继续钟情于山山水水，计划着更为宏伟的远游，去考察湘桂黔滇等处。他“走万里而竭之穷山”在云南得到朋友热忱相助，也受到忠恳的批评。唐泰的《勖先生》一诗即为此而作。诗的第五首说：“中外干戈满，穷荒何所探？我非情更怯，劝尔望江南！”诗中要他返回江南，关切时事的深情，没能中止他的游踪。徐霞客对天下事的这种态度，恰恰是政治冷淡主义的表现，说不上具有爱国主义精神。

造成他在政治上超脱、落荒的原因，在于他经不住政治斗争的打击，缺乏一种宁为玉碎的精神。徐霞客的父亲因亢直自负，而被群豪迫害致死。父死之后，他自己也屡受打击，在“外侮迭来”面前，他一方面“视之如白衣苍狗”，另（一）方面也“愈复厌弃尘俗”。对社会生活抱无所调和厌弃的态度，使他既不愿趋炎附势，同流合污，

① （明）徐弘祖著，褚绍唐、吴应寿整理：《徐霞客游记》卷5上《滇游日记》，第698页。

② （清）张潮辑、王根林校点：《虞初新志》卷1《徐霞客传》，上海：上海古籍出版社，2012年，第8页。

③ （明）徐弘祖著，褚绍唐、吴应寿整理：《徐霞客游记》卷10上《盘江考》，第1125页。

也不敢横议朝政，抨击当道。这显然不符合明末历史条件所规定的爱国主义的具体内容。①

爱国主义的表现形式和内容都非常丰富，不一定非要抨击朝政才是爱国主义。诚如有专家所言："作为一种社会情感，爱国主义表现为对祖国故土的眷恋感；对祖国悠久历史、灿烂文化、传统美德的钦佩感；对中华民族的辉煌业绩为世界所作伟大贡献的自豪感；对中国人民在各种困难的环境下都具有强大的生存力发展力的自信心；对维护国家国格、民族成员人格的自尊心；对各族人民和骨肉同胞的亲和感、尊重感、归宿感；对建设伟大祖国，维护国家独立、主权和领土完整的责任感、义务感和献身感。"②具体地讲，"热爱祖国的山河，热爱民族的历史，关心祖国的命运，在危难之时英勇战斗，为祖国捐躯，都是爱国主义的表现"③。就明末的特定历史背景而言，面对日渐衰落的明王朝，以顾宪成为中坚，一些正直敢言的士大夫，纷纷聚集在东林书院授徒讲学，他们在讲学之余，不惧阉党，臧否人物，固然是一种爱国主义的表现，但徐霞客只身深入西南少数民族地区，在考察其山川地理和风物人情之外，尤其关心各民族人民的大团结，并积极拥护明朝政府所推行的符合历史进步潮流的"改土归流"政策，难道不是爱国主义的一种具体体现吗？所以段玉明先生说得好："徐霞客是一位伟大的爱国主义者。与岳飞、文天祥等人的爱国主义不同，他的爱国主义主要表现在对祖国山水的眷恋之中。而徐霞客的爱国主义思想的形成，则有一个由热爱山水到爱国情结再到爱国主义的发展过程。徐霞客一生尊重实践、探求真知。徐霞客探求真知的精神主要表现为不避艰险、不畏劳苦、不计安危的献身精神与不信邪、不偏执的否定精神；而其从读万卷书到行万里路、求真知的认知过程，则在中国认识史上相当具有典型意义。"④从这个视角看，爱国主义情怀应系成就《徐霞客游记》这部地理巨著的主要力量源泉之一。

在徐霞客生活的时代，因受明朝实证学风的影响，士大夫阶层形成了一股比较强大的地理考察热潮，据初步统计，至少有 39 位明人撰写了地理方面的著作。⑤有论者指出：

明朝中、后期，在实学思潮的影响和推动下，许多知识分子厌恶从书本到书本，毫无创新的八股取士制度。他们抛弃朱程理学和王阳明的心学，从空谈性理转入经世务实，崇尚实学。他们主张"不必矫情，不必逆性，不必昧心，不必抑志，直心而动"，寄情于山水之间，将旅游当成与读书一样重要的事情来对待。有的人甚至说："读未曾见之书，历未曾到之山水，如获至宝，尝异味。一段奇快，难以语人也。"这样一批知

① 贺胜迪：《徐霞客地学成就原因试析》，《上海大学学报（社会科学版）》1990 年第 2 期，第 39 页。
② 郭广银主编：《社会主义核心价值观研究丛书 • 爱国篇》，南京：江苏人民出版社，2015 年，第 39—40 页。
③ 赵国敏：《社会主义荣辱观研究》，长春：吉林人民出版社，2009 年，第 10 页。
④ 王文成、李安民主编：《云南徐学研究文集》，昆明：云南人民出版社，2013 年，第 583—584 页。
⑤ 杨文衡：《中国地学史 • 古代卷》，南宁：广西教育出版社，2014 年，第 563—567 页。

识分子从书斋跑到山水之中，成为明朝后期旅行家群体。①

徐霞客也是这个“从书斋跑到山水之中”的旅行家群体中的一员，在当时的历史背景下，徐霞客的出游，意义非同寻常。正如潘耒在《徐霞客游记序》中所说：“吾于霞客之游，不服其阔远，而服其精详；于霞客之书，不多其博辨，而多其真实。牧斋称为古今纪游第一，诚然哉！”②

第四节　宋应星的实践技术思想

宋应星，字长庚，江西南昌府奉新县北乡雅溪牌坊村人，是明末著名的科学技术家，惜《明史》无传。据宋士元《长庚公传》载，宋应星“肆力十三经传，于关、闽、濂、洛书，无不抉其精液脉络之所存。古文自周、秦、汉、唐及龙门、《左（传）》《国（语）》，下至诸子百家，靡不淹灌，又能排宕幽邃以出之，盖公材大而学博也”③。万历四十三年（1615）中举人，此时，明朝社会变化剧烈，经济上的短暂繁荣与政治上的党争、党祸交织在一起，一方面，中西文明开始碰撞与交融，另一方面，各种社会危机亦逐渐由潜伏状态开始表面化，用黄仁宇的观点说，就是“给中国留了一个翻天覆地、彻底创造历史的机缘”④。而崇尚经世致用、务实求真的士大夫，开始从程朱理学的束缚中解放出来，他们不断从书斋走向社会，到实际生活中去触摸现实，认识社会，所以宋应星强调“乃枣梨之花未赏，而臆度‘楚萍’；釜鬵之范鲜经，而侈谈‘莒鼎’；画工好图鬼魅而恶犬马，即郑侨、晋华，岂足为烈哉？”⑤，面对空疏顽固之学风，宋应星顺应时代之潮流，留心观察农业和各种手工业制作技术，潜心实学。崇祯七年（1634）担任江西袁州府分宜教谕，此间撰写了十七世纪的工艺百科全书——《天工开物》。崇祯十一年（1638），升任福建汀州府推宫。崇祯十六年（1643），转任南直隶亳州知州。崇祯十七年（1644）明亡，宋应星辞官归乡，一直到死都过着隐居生活，“抒生平学力，掞擒文藻”⑥，专心著述，“凡所言皆以目验为归也”⑦，因此，潘吉星先生把宋应星置于当时整个世界科学技术发展的历史大背景下来比较分析，认为：“与其说宋应星是一个不朽的工艺学家，毋宁说他是一位可以与西方早期启蒙思想家相匹敌的历史伟人”⑧，甚至李约瑟直接将宋应星称之为“中国的狄德罗”⑨，这个定位一

① 杨文衡：《中国地学史・古代卷》，南宁：广西教育出版社，2014年，第562—563页。
② （明）徐弘祖著，褚绍唐、吴应寿整理：《徐霞客游记》卷10下《附编・潘序》，第1269页。
③ 宋士元：《长庚公传》，宋立权、宋育德：《八修新吴雅溪宋氏宗谱》卷22，1934年，第71页。
④ [美]黄仁宇：《万历十五年》，北京：九州出版社，2015年，第274页。
⑤ （明）宋应星：《天工开物译注》，上海：上海古籍出版社，2013年，第1页。
⑥ 宋士元：《长庚公传》，宋立权、宋育德：《八修新吴雅溪宋氏宗谱》卷22，第71页。
⑦ 梁启超：《中国近三百年学术史》，武汉：崇文书局，2015年，第298页。
⑧ 潘吉星：《宋应星评传》，南京：南京大学出版社，1990年，第1页。
⑨ 张剑编著：《世界科学中心的转移与同时代的中国》，上海：上海科学技术出版社，2014年，第37页。

点儿都不过分。

一、《天工开物》的科学成就及其思想

（一）《天工开物》的主要科学成就

关于宋应星《天工开物》的研究论著已经相当丰富，我们编一部几十万字的《天工开物论著目录》是没有问题的。当然，不管怎样，要想深入认识和了解宋应星，就必须先回到《天工开物》这部原典的初始状态之中。《天工开物》初刊于明崇祯十年（1637），分上中下三卷十八章，插图122幅，史称“涂伯聚初刻本”。中华书局于1959年影印了初刻本，涂刻本之外，尚有清初的杨素卿刻本（即《天工开物》的第2个版本），以及刻于日本昭和八年（1771）的大坂书林菅生堂刻本（即《天工开物》的第3个版本），刻于民国十六年（1927）的陶湘刻本（即《天工开物》的第4个版本）等。依初刻本，《天工开物》的内容结构如下：

（1）“乃粒”取自《尚书・益稷》“烝民乃粒”句，义为“众民乃复粒食”[①]，亦代指谷物类粮食。按《天工开物・乃粒》“总名”解释，由于自五代经济重心南移之后，宋元明清的粮食结构便发生了很大变化，故宋应星说：“凡谷无定名。百谷指成数言，五谷则麻、菽、麦、稷，独遗稻者，以著书圣贤，起自西北也。今天下育民人者，稻居什七，而来、牟、黍、稷居什三。”[②]如众所知，明朝湖广、江西的稻米生产已经大量输出江南，故万历时人陈继儒云：“向吴中不熟，全恃湖广、江西。”[③]吴应箕又说：“徽州、池之间，人多田少，大半取给于江西、湖广之稻以足食者也。”[④]生长在江西的宋应星对稻米的这种重要性自然有切身体会，所以他对水稻的种植、生产、管理、收获等诸多环节进行了系统总结。

在水稻的种植方面，宋应星指出：“凡播种先以稻、麦稿包浸数日。俟其生芽，撒于田中，生出寸许，其名曰秧。秧生三十日即拔起分栽。……凡秧田一亩所生秧，供移栽二十五亩。凡秧既分栽后，早者七十日即收获，最迟者历夏及冬二百日方收获。”[⑤]这些记述都是长期种植水稻经验的总结，具有一定的科学道理，如首次对秧田与本田的数量关系（即1∶25）记载，一直沿袭到1949年。

在施肥方面，宋应星说：“凡稻土脉焦枯，则穗实萧索。”[⑥]由于水稻对地力的损耗较大，在通常年景下，如果地力得不到恢复，那么，水稻的收成就会收到严重影响。所以“勤农粪田，多方以助之。人畜秽遗，榨油枯饼（枯者以去膏而得名也。胡麻、

---

① （清）王引之：《经义述闻》卷3《烝民乃粒》，上海：商务印书馆，1936年，第117页。

② （明）宋应星：《天工开物》卷上《乃粒・总名》，上海：商务印书馆，1933年，第1页。

③ （明）陈继儒：《晚香堂小品》卷23，上海：贝叶山房，1936年。

④ （明）吴应箕：《楼山堂集》卷12《江南平物价议》，北京：中华书局，1985年。

⑤ （明）宋应星：《天工开物》卷上《乃粒・稻宜》，第1—2页。

⑥ （明）宋应星：《天工开物》卷上《乃粒・稻宜》，第2页。

莱菔子为上，芸苔次之，大眼桐又次之，樟、柏、棉花又次之），草皮、木叶，以佐生机，普天之所同也（南方磨绿豆粉者，取溲浆灌田，肥甚。豆贱之时，撒黄豆于田，一粒烂土方三寸，得谷之息倍焉）。”[①]既然是“普天之所同”，亦就谈不上新创造了。但是，下面的施肥方法却是宋应星首次记载的。他说：“土性带冷浆者，宜骨灰蘸秧根（凡禽兽骨），石灰淹苗足。”[②]一般而言，凡“冷浆”田，多为酸性土壤。据现代科学研究，“由于地下水位高，长期或间歇渍水使土温、水温降低，土粒高度分散，无结构，物理性能差，有机质含量虽高，但土温低，通气不良，养分难以分解和释放。土壤呈酸性，并有锈水喝还原性物质排出，对水稻生长有毒害作用，造成水稻低产”[③]。对此，解决的主要途径就是“巧施肥料，冷浸性低产田适宜施磷肥和热性肥料”[④]。而“宜骨灰蘸秧根”即是施磷肥，“石灰淹苗足”即是施用热性肥料，可见，用“宜骨灰蘸秧根”来满足酸性土壤的需要，并利用石灰中和土壤以改良酸性土壤，确实是古代劳动人民的杰出创造。

在耘田方面，宋应星说：“凡稻分秧之后数日，旧叶萎黄而更生新叶。青叶既长，则耔可施焉（俗名挞禾）。”[⑤]此处所说的“耔可施”，也就是一种足耘法，《王祯农书》曾载其法云：“为木杖如拐子，两手倚以用力，以趾塌拔泥上草秽，壅之根苗之下，则泥沃而苗兴。”[⑥]用宋应星的话说，就是“植杖于手，以足扶泥壅根，并屈宿田水草，使不生也”[⑦]。如图 2-4所示。“屈宿田水草”实际上是指用脚向水稻根部培土，同时把小草踩入泥土里，其劳动强度较轻。但是，这种耘法有其局限性，一般情况下，“凡宿田茵草之类，遇耔而屈折”，然而，有些杂草是耔法不能“屈折”的，如“稊、稗与荼、蓼非足力所可除者，则耘以继之。耘者苦在腰、手，辨在两眸，非类既去，而嘉谷茂焉”[⑧]。也就是说，先用耔法，后用耘法，这样可以尽量减小劳动强度，节省体力，从而提高劳动效率。至于这种生产工具的式样，《天工开物》图示不是太清晰，清朝农书《浦泖农咨》中则记载较详：“形如木屐，下用长钉三层，勾转；上用长竿转侧于田肋中，使泥性松而稻根易于滋长。耘则以一膝跪于污泥，两手稻棵左右扒去泥之高下不匀者，兼去杂草而下壅壮。”[⑨]又说：“农人之苦未有过于耘耥者，当是时，赤天炎日，万里无云，田中之泥水如沸。不得不膝行于其中，自朝至暮，复历多日，因而足趾腐烂，苦楚异常，是即泥犁地狱。”[⑩]这就是宋应星为什么主张在湖广、

① （明）宋应星：《天工开物》卷上《乃粒·稻宜》，第 2 页。
② （明）宋应星：《天工开物》卷上《乃粒·稻宜》，第 2 页。
③ 峡江县地方志编纂委员会：《峡江县志》，北京：中共中央党校出版社，1995 年，第 232 页。
④ 峡江县地方志编纂委员会：《峡江县志》，第 232 页。
⑤ （明）宋应星：《天工开物》卷上《乃粒·稻工》，第 3 页。
⑥ 华南农学院农业历史遗产研究室：《三种稀见古农书合刊》，1978 年，第 2 页。
⑦ （明）宋应星：《天工开物》卷上《乃粒·稻工》，第 3 页。
⑧ （明）宋应星：《天工开物》卷上《乃粒·稻工》，第 3 页。
⑨ 欧粤：《松江风俗志》，上海：上海文艺出版社，2007 年，第 402 页。
⑩ 欧粤：《松江风俗志》，第 402 页。

江西等水稻产区推广“耔”法的主要原因。故《广南县志》载：“薅不以手而以足，手扶竹杖，以足踏蔓草而没之，或伤及禾苗，遂以足扶之使正，其薅甚速，不甚费力，较之手薅者，力少而工亦减。”①

图 2-4 耔法示意图②

在水稻灌溉方面，宋应星说：“凡苗函活以至颖栗，早者食水三斗，晚者食水五斗，失水即枯。将刈之时少水一升，谷粒虽存，米粒缩小。入碾臼中，亦多断碎。”③所以“凡稻防旱藉水，独甚五谷。厥土沙泥、硗腻，随方不一。有三日即干者，有半月后干者。天泽不降，则人力挽水以济。凡河滨有制筒车者，堰陂障流，绕于车下，激轮使转，挽水入筒，一一倾于枧内，流入亩中。昼夜不息，百亩无忧。”④筒车（图 2-5）这种提水灌溉工具，由车轴、车壳竹（轮弧）、大线（轮辐）、小线（横向辐条）、车笆子（刮水器）、盛水筒、车柱、天槽枧筒等部件组成。筒车直径一般为 8—10 米，堰（图 2-6）用石料垒砌而成，主要目的是束窄水路，造成 0.8—1 米水头，利用水利使水轮自动运转提水。其主要工作原理是，当盛水筒入河内灌满水，并运转到一定高度后，筒里的水就会徐徐倾出，注入天槽枧筒，流向稻田。⑤

① 王达、吴崇仪、李成斌：《中国农学遗产选集》甲类第一种《稻》下编，北京：农业出版社，1993 年，第 913 页。

② （明）宋应星：《天工开物》卷上《乃粒》插图，第 13 页。

③ （明）宋应星：《天工开物》卷上《乃粒·稻灾》插图，第 4 页。

④ （明）宋应星：《天工开物》卷上《乃粒·水利》插图，第 4 页。

⑤ 重庆市地方志编纂委员会：《重庆市志》第 6 卷《提水工程》，重庆：重庆出版社，1999 年，第 459 页。

图 2-5 筒车示意图[1]

图 2-6 河堰示意图[2]

在水稻品种的种植方面，开始出现了“再生稻”现象。宋应星说：“南方平原多一岁两载两获者。其再栽秧，俗名晚糯，非粳类也。六月刈初禾，耕治老稿田，插再生秧。其秧清明时已偕早秧撒布。早秧一日无水即死，此秧历四五两月，任从烈日暵干无忧。此一异也。凡再植稻，遇秋多晴，则汲灌与稻相终始。”[3]这表明双季稻在湖广、江西等地已有种植，从水稻种植的实践过程来看，“再植稻”遇到的主要问题就是如何提高禾苗的成熟率，因为水稻本身有一定的生长周期，为此，稻农创造了旱育控水的育秧技术，以培育长秧龄的晚稻秧苗。而这种旱育控水的育秧方法和技术，“通过控制水分供应以抑制秧苗的生长，既能满足延长秧龄的要求（两个月），又不至于在秧田就拔节，从而很好地解决了双季稻的衔接问题”[4]。据游修龄先生考证，“这种技术恰恰发生在江西宋应星的故乡，决非偶然。有关连作晚稻培育再生秧的记载，明清农书及方志中皆无所见，仅《天工开物》一家独载，弥足可贵”[5]。

（2）“粹精”讲的是谷物加工，取《周易·文言》“刚健中正，纯粹精也”之义，喻谷物的内在之美。从《天工开物》的记载来看，稻谷加工的动力主要有人力和自然力两种方式。以稻谷的加工为例，等收割脱粒之后，去壳和去膜是对稻谷进行深加工的一个重要环节。宋应星说：

凡稻去壳用砻，去膜用舂、用碾。然水碓主舂，则兼并砻功。燥干之谷入碾，亦省砻也。凡砻有二种：一用木为之，截木尺许，斫合成大磨形，两扇皆凿纵斜齿，下合植笋穿，贯上合，空中受谷。木砻攻米二千余石其身乃尽。……一土砻，析竹匡围成圈，实洁净黄土于内，上下两面各嵌竹齿。上合篘空受谷，其量倍于木砻。谷稍滋湿者，入

① （明）宋应星：《天工开物》卷上《乃粒》插图，第 17 页。
② （明）宋应星：《天工开物》卷上《乃粒》插图，第 15 页。
③ （明）宋应星：《天工开物》卷上《乃粒·稻》，第 2 页。
④ 俞为洁：《中国食料史》，上海：上海古籍出版社，2011 年，第 390 页。
⑤ 游修龄编著：《中国稻作史》，北京：中国农业出版社，1995 年，第 226 页。

其中即碎断。土砻攻米二百石其身乃朽。凡木砻必用健夫，土砻即孱妇弱子可胜其任。[①]

砻至少在汉代就出现了，如泗洪重岗汉画像石墓发现有一幅“粮食加工图”，其中就绘有土砻。[②]明代的砻因质地不同，脱壳的数量也不相同。从明代木砻磨（图 2-7）的结构看，主体部分由上下两扇磨盘组成，上扇的边缘有一个卧式柄，柄上凿有孔眼，在孔眼中插入带拐的丁字形推拉杆。这样，连杆的一端插入上扇磨的孔眼内，一端则连接另一拐木，连杆与横木也呈丁字形。木砻的下扇，安装有四条支脚，起支撑下扇的作用。当需要加工谷物时，由一人或两人手扶推拉杆，杆前端的搭钩钩住上扇磨盘之木柄的孔眼，人推动横木，就可以将丁字形杆的直线往复运动转变成砻磨的旋转运动。[③]至于王祯在其《农书》所设计的畜力砻磨与水力砻磨，都没有成为现实。尽管如此，正如有学者所言：人力砻磨毕竟包含“偏心、连杆及活塞杆基本结合之原始型式”，它“为以后所有蒸汽机、内燃机之重要结构，乃旋转运动与直线运动之变换技术，中国此一发明对世界科技文明产生重大影响”。[④]

图 2-7 木砻示意图[⑤]

与砻磨不同，明朝的水碓（图 2-8）是以自然界的水流为动力，生产效率较高，故有学者借用马克思的话将其称作是一种“已经发展的机器”[⑥]。据宋应星记载：

凡水碓，山国之人居河滨者之所为也，攻稻之法省人力十倍，人乐为之。引水成功，即筒车灌田同一制度也。……江南信郡水碓之法巧绝。盖水碓所愁者，埋臼之地卑则洪潦为患，高则承流不及。信郡造法即以一舟为地，橛桩维之。筑土舟中，陷臼于其上。中流微堰石梁，而碓已造成，不烦椓木壅坡之力也。又有一举而三用者，激水转轮头，一节转磨成面，二节运碓成米，三节引水灌稻田。此心计无遗者之所

① （明）宋应星：《天工开物》卷上《粹精·攻稻》，第 75 页。
② 虞友谦、汤其领主编：《江苏通史·秦汉卷》，南京：凤凰出版社，2012 年，第 205 页。
③ 张春辉编著：《中国古代农业机械发明史·补编》，北京：清华大学出版社，1998 年，第 107 页。
④ 万迪棣：《中国机械科技之发展》，台北：“中央文物供应社”，1983 年，第 8 页。
⑤ （明）宋应星：《天工开物》卷上《粹精·攻稻》插图，第 90 页。
⑥ 清华大学机械厂工人理论组注释：《〈天工开物〉注释》，北京：科学出版社，1976 年，第 113 页。

为也。①

图 2-8 水碓示意图②

船碓是中国独有的技术创造，是中国水利机械发展到成熟阶段的重要标志之一。③至于“水轮三事”则是一种水力联合加工工具，实现了碓、磨、灌溉“三位一体”或称“一机三用”的功能整合，与《王祯农书》所记载的同类机械相比，在同一动力下，已经不需要只有通过不断调换工具，才能实现磨、碓和碾“三结合”的那种工作方式。所以学界认为：“这种船碓极其一机三用之功效达到了当时的世界先进水平，而作为世界工业革命最早、科学技术最发达的英国在17世纪才开始试用水轮机带动两盘磨。”④

（3）“作咸”取自《尚书·洪范》篇中的“润下作咸”句，讲的是盐的种类和制作方法。我国盐资源丰富，制盐历史悠久，从《世本·作篇》“宿沙作煮盐”⑤到明代海盐生产占据整个盐业体系（主要有海、池、井、土、崖、砂等六种盐产）的主导地位，它表明海盐生产技术已经相当成熟和完善。所以，宋应星《天工开物·作咸》卷里对海盐生产的技术和方法记载尤其详细和全面。宋应星说：

> 凡海水自具咸质。海滨地高者名潮墩，下者名草荡，地皆产盐。同一海卤传神，而取法则异。一法：高堰地，潮波不没者，地可种盐。种户各有区画经界，不相侵越。度诘朝无雨，则今日广布稻麦稿灰及芦茅灰寸许于地上，压使平匀。明晨露气冲腾，则其下盐茅。勃发，日中晴霁，灰、盐一并扫起淋煎。一法：潮波浅被地，不用灰压，候潮一过，明日天晴，半日晒出盐霜，疾趋扫起煎炼。一法：逼海潮深地，先掘深坑，横架竹木，上铺席苇，又铺（盐）沙于席苇之上。俟潮灭顶冲过，卤气由沙渗入坑中。

① （明）宋应星：《天工开物》卷上《粹精·攻稻》插图，第90页。
② （明）宋应星：《天工开物》卷上《粹精·攻稻》插图，第92页。
③ 徐晓望：《明清东南山区社会经济转型——以闽浙赣边为中心》，北京：中国文史出版社，2014年，第273页。
④ 李国强、李放主编：《江西科学技术史》，北京：海洋出版社，2007年，第265页。
⑤ 《太平御览》卷八六五小注：“宋志日：宿沙卫，齐灵公臣。齐滨海，故（宿沙）卫为鱼盐之利。” 可见，宿沙氏主要活动在今山东境内，这是我国关于食盐制作的最早文献记载。

撤去沙、苇，以灯烛之，卤气冲灯即灭，取卤水煎炼。①

以上记载按照海滨地势高低将制卤法分为三种。第一种是"淋晒炼卤"法，此法适用于远海之上场②，它"利用了吸附作用的原理，用草做燃料燃烧以后成多孔性的物质，吸附力强，能将海水浸过的土中盐分吸出。这种方法在现代的有些盐场中还在使用"③。具体方法前已述及，不再赘语。但可以肯定宋应星此处所记载的"灰压法"，当系两淮地区所行之法④，故其区域特色鲜明。第二种是"不用灰压"的"潮浸法"，亦称"刮鹻淋卤"，它始于宋代⑤，盛于明代。此法的主要用意是"利用泥土吸附海水中的盐分，再经淋漓，取得煮盐的卤水"⑥，故这种方法较多适用于中场。有学者认为："这种方法显然已近乎晒盐了。但显然它只适用于滩沙极为细腻、吸附海盐能力较强的情况。"⑦第三种是适用于"下场"的"掘坑法"，但这段话的争议较大，详细内容可参见刘淼著《明代盐业经济研究》一书。⑧

关于淋卤法，宋应星记载说：

凡淋煎法，掘坑二个，一浅一深。浅者尺·许，以竹木架芦席于上，将扫来盐料，不论有灰无灰淋法皆同。铺于席上，四围隆起，作一堤垱形，中以海水灌淋，渗下浅坑中。深者深七、八尺，受浅坑所淋之汁，然后入锅煎炼。⑨

如众所知，制盐的关键是浓缩卤水，而上述方法"使灰中之盐分溶于淋下之盐水中，使海水中食盐浓度增大"⑩，以节省工时和柴草。再从制盐技术的角度看，用晒盐代替煎盐则是一项重要的技术创新。

（4）"甘嗜"取自《尚书·五子之歌》中的"甘酒嗜音"句，主要讲述甘蔗种植、制糖和制作蜂蜜的技术方法。

关于种蔗生产，一般需要经过选土、作畦、种植、中耕、培土、去蘖、施肥、灌溉、防止病虫害、收获及留种等多道程序。其中对土壤选择，宋应星记载说："凡栽蔗必用夹沙土，河滨洲土为第一。试验土色：掘坑尺五许，将沙土入口尝味，味苦者不可栽蔗。凡洲

---

① 宋应星：《天工开物》卷上《作咸·海水盐》，第105页。

② 根据盐场与海水相距的远近，分为上、中、下三场，据明代《海盐县图经》载："凡煮盐，俗曰趁海，一则谓趁海潮可漉，一则谓趁天晴可晒也。趁海先佃海场，场一丁，其横九弓，长倍之，开潭贮潮，凿沟筑塍为界，分场为上、中、下三节。近海为下场，以潮水时浸，不易乘日晒也；其中为中场，以潮至即退，夏秋皆恒受日，易成盐也；远于海，为上场，潮小至所不及，必担水洒灌，方可晒也。凡潮汛，上半月以十三日为起水，至十八日止；下半月以二十七日为起水，初二日止。潮各以此六日大满，故当潮大，三场皆没，自初二、十八日以后，潮势日减，先晒上场，次晒中场，最后下场。"参见胡震亨：《海盐县图经》卷内《风土》，杭州：浙江古籍出版社，2009年，第121页。

③ 张子高：《中国化学史稿·古代之部》，北京：科学出版社，1964年，第149页。

④ 刘淼：《明代盐业经济研究》，汕头：汕头大学出版社，1996年，第24页。

⑤ 岳帅：《宋代两浙的制盐技术》，张伟主编：《浙江海洋文化与经济》第6辑，北京：海洋出版社，2013年，第62—63页。

⑥ 柴继光：《中国盐文化》，北京：新华出版社，1991年，第92页。

⑦ 赵匡华、周嘉华：《中国科学技术史·化学卷》，北京：科学出版社，1998年，第480页。

⑧ 刘淼：《明代盐业经济研究》，第29—35页。

⑨ （明）宋应星：《天工开物》卷上《作咸·海水盐》，第105—106页

⑩ 张子高：《中国化学史稿·古代之部》，北京：科学出版社，1964年，第149页。

土近山上流河滨者，即土味甘，亦不可种。盖山气凝寒，则他日糖味亦焦苦。去山四、五十里，平阳洲土择佳而为之（黄泥脚地毫不可为）。”①用口试验土色这种方法，不仅简单有效，还具有一定的科学性。例如，“味苦者不可栽蔗”，就与现代农业科学所得“甘蔗生长需要中性偏碱土壤的结论”②比较一致，它表明土壤的性质对甘蔗生长具有非常重要的影响。

如何榨取蔗糖？宋应星记载了一种依靠畜力拉动的“造糖车”（图 2-9）。这种畜力机械的结构是：

> 制用横板二片，长五尺、厚五寸、阔二尺，两头凿眼安柱，上笋出少许，下笋出板二、三尺，埋筑土内，使安稳不摇。上板中凿二眼，并列巨轴两根（木用至坚重者），轴木大七尺围方妙。两轴一长三尺，一长四尺五寸，其长者出笋安犁担。担用屈木，长一丈五尺，以便架车团转走。轴上凿齿分配雌雄，其合缝处须直而圆，圆而缝合。夹蔗于中，一轧而过，与棉花赶车同义。蔗过浆流，再拾其滓，向轴上鸭嘴□入（有缺字），再轧，又三轧之，其汁尽矣。其滓为薪。其下板承轴凿眼，只深一寸五分，使轴脚不穿透，以便板上受汁也。③

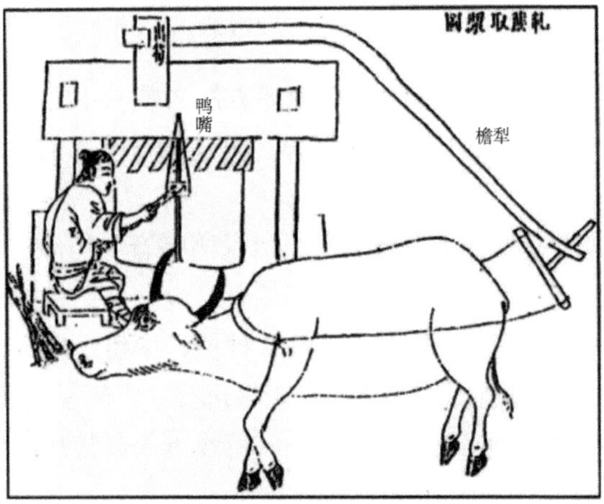

图 2-9　造糖车示意图④

可以肯定，带齿轮“造糖车”⑤的出现是我国制糖业技术的一大进步，有学者甚至断言：由于“造糖车”的出现，我国制造蔗糖便由入碓捣烂甘蔗制糖发展到磨蔗煮糖。那么，带齿轮“造糖车”是在何时出现的？学界的看法不一致。据刘仙洲先生考证，这种“轧蔗取浆的造糖车的发明时期可能在宋代以后，但至晚也在宋应星著《天工开物》之前”⑥。后来，

① （明）宋应星：《天工开物》卷上《甘嗜·蔗种》，第 127 页。

② 清华大学机械厂工人理论组注释：《〈天工开物〉注释》，第 155 页。

③ （明）宋应星：《天工开物》卷上《甘嗜·造糖》，第 128 页。

④ （明）宋应星：《天工开物》卷上《甘嗜·造糖》插图，第 132—133 页。

⑤ 宋应星图中有两处所绘有误，详细内容可参见何堂坤：《中国古代手工业工程技术史》下，太原：山西教育出版社，2012 年，第 890—891 页。

⑥ 刘仙洲编著：《中国机械工程发明史》第 1 编，第 56 页。

有学者比较明确地表示："具有齿轮副的轧糖车当是明末之前，宋代之后才发明出来的。"[①]而且，"轧糖车的使用，是明代齿轮应用技术的一大进步，也是榨糖技术的一大进步"[②]。"糖车不但采用齿轮机构传递动力，而且还应用了斜齿轮传动，因而改善了传动的平稳性"，在此，"斜齿轮机构在明代的出现，应当说是中国机械工程史上的一项重要突破，值得进一步研究"[③]。

（5）"膏液"取《礼记·内则》郑注"释者曰膏"[④]（指不凝固的液体）之义，主要讲述植物油的提炼技术，主要有两法，即压榨法和水代法。宋应星说："草木之实，其中蕴藏膏液，而不能自流。假媒水火，凭借木石，而后倾注而出焉。"[⑤]当时，压榨机有两种类型，一种是"卧槽式"榨油机，已见于元代《王祯农书》里；另一种为"竖槽式"榨油机（图 2-10），宋应星《天工开物》所记载的压榨机就属于这种类型的机械。宋应星描述说：

> 凡榨，木巨者围必合地，而中空之，其木樟为上，檀与杞次之。此三木者脉理循环结长，非有纵直文，故竭力挥推（椎），实尖其中，而两头无璺拆之患，他木有纵文者不可为也。中土江北少合抱木者，则取四根合并为之，铁箍裹定，横栓串合，而空其中，以受诸质，则散木有完木之用也。凡开榨，空中其量随木大小，大者受一石有余，小者受五斗不足。凡开榨，辟中，凿划平槽一条，以宛凿入中，削圆上下，下沿凿一小孔，剛一小槽，使油出之时流入承藉器中。其平槽约长三、四尺，阔三、四寸，视其身而为之，无定式也。实槽尖与枋，唯檀木、柞子木两者宜为之，他木无望焉。其尖过斤斧而不过刨，盖欲其涩，不欲其滑，惧报转也。撞木与受撞之尖，皆以铁圈裹首，惧披散也。[⑥]

图 2-10　南方榨示意图[⑦]

"竖槽式"榨油机的关键是尖劈技术。宋应星给我们展示的榨油机体积庞大，其中"槽

① 何堂坤：《中国古代手工业工程技术史》下，第 890 页。
② 何堂坤：《中国古代手工业工程技术史》下，第 890 页。
③ 陆敬严、华觉明主编：《中国科学技术史·机械卷》，北京：科学出版社，2000 年，第 93 页。
④ 杨天宇：《礼记译注》上，上海：上海古籍出版社，1997 年，第 468 页。
⑤ （明）宋应星：《天工开物》卷上《膏液·宋子曰》，第 209 页。
⑥ （明）宋应星：《天工开物》卷上《膏液·法具》，第 210 页。
⑦ （明）宋应星：《天工开物》卷上《膏液·法具》插图，第 212—213 页。

尖与枋”都是尖劈，所以选择作尖劈的木材就需要能抗挤压的檀木或柞子木，文中宋应星特别注意到制作尖劈只需“过斤斧而不过刨”“目的是利用木材的涩度获得一定的摩擦力，不至于在使用过程中滑脱”[①]。一般论者从技术的角度认为宋应星时代的榨油机仍属于简单机械，需要强壮的体力。如“卧式着力于人力，用四五十斤重大榔头，每榨锤2300次左右才能出油，劳动强度非常大；立式凭借一个主杆的杠子，加上绳系石块，施以压力取油。此法虽可减轻劳动强度，但出油量不多。”[②]人们在调查中发现，广西那坡县龙平下孟村壮族村屯现存有一件宋应星所述的那种榨槽，其槽长300厘米，直径40厘米，中段剜空长130厘米，槽内一次可放入18—20斤的油料，一天可榨300—400斤，出油率为25%—33%。[③]与现代的机械化生产相比，这种依靠人力的原始榨油机，出油率确实不高，但这些原始机械应该不应该被“遗落”？却是需要我们重新思考的问题，尤其是在回归自然、绿色环保的现代生活理念之下，那些曾经被“遗落的中国古代器具文明”[④]一定会重新焕发活力。当然，就明代的榨油技术本身而言，诚如有学者所评价的那样：“明代是我国古代科学技术发展的最后一个高峰，但榨油技术在文献中并没有像我们想象的那样出现大的进步。从现有的文献记载来看，明代榨油的技术工艺仍沿袭前代，但在规模和运用水平上却突飞猛进，食用油、工业用油大大增加。”[⑤]

（6）“乃服”取自南朝齐、梁时成书的《千字文》“乃服衣裳”一句，主要讲述丝、棉、麻、皮等衣服的原料、加工和织造过程及其方法。我国的丝绸织造，不仅历史悠久，还成为中外文化交流的一种纽带。在《天工开物・乃服》中，宋应星对蚕丝的记述尤为详细。例如，宋应星说：

> 凡蚕有早晚二种。晚种每年先早种五、六日出，川中者不同。结茧亦在先。其茧较轻三分之一。若早蚕结茧时，彼已出蛾生卵，以便再养矣。晚蛹戒不宜食。凡三样浴种皆谨视原记，如一错误，或将天露者投盐浴，则尽空不出矣。凡茧色唯黄、白二种。川、陕、晋、豫有黄无白，嘉、湖有白无黄。若将白雄配黄雌，则其嗣变成褐茧。黄丝以猪胰漂洗，亦成白色，但终不可染漂白、桃红二色。凡茧形亦有数种，晚茧结成亚腰葫芦样，天露茧尖长如榧子形，又或圆扁如核桃形。又一种不忌泥涂叶者，名为“贱蚕”，得丝偏多。凡蚕形亦有纯白、虎斑、纯黑、花纹数种，吐丝则同。今寒家有将早雄配晚雌者，幻出嘉种，一异！[⑥]

这段记载在生物学历史上占有十分重要的地位，因为明朝的蚕农从长期的实践经验中总结出了家蚕人工育种的规律。例如，“早雄配晚雌”就是指将一化性雄蛾（早种）与二化

---

① 邱春林：《会通中西——王征的设计思想》，北京：北京时代华文书局，2015年，第164页。

② 江苏省粮食局：《江苏省粮食志》，南京：江苏人民出版社，1993年，第332页。

③ 凌树东：《壮族“榨具”》，李迪主编：《中国少数民族科技史研究》第5辑，呼和浩特：内蒙古人民出版社，1990年，第202页。

④ 都贻杰编著：《遗落的中国古代器具文明》，北京：中国社会出版社，2007年，第205页。

⑤ 霍娟娟：《从古代文献看中国古代榨油技术》，《四川烹饪高等专科学校学报》2011年第5期，第18页。

⑥ （明）宋应星：《天工开物》卷上《乃服・种类》，第30页。

性雌蛾（晚种）杂交而培育出新的优良品种，它是我国蚕业发展史上的重大成就之一。据专家介绍：现代养蚕家对家蚕化性遗传研究证明，不同化性的家蚕杂交，有个重要的遗传现象，即一化性蚕与二化性蚕杂交，其子代的化性与亲代雌性的化性相一致。通常二化性的晚种所表现出来的性状是体质强健，耐高温，适于夏季高温环境中饲育等优良性状，然而它的缺点是茧丝量较少；与晚种相比，早种的茧量和丝质较晚种为优，但蚕的虫质较弱，抗高温能力低，不易饲养。所以经过二者的杂交，杂种便遗传了双亲各自的优点，从而会产生出幼蚕体质强健、耐高温、丝质好、蚕丝量高等优良性状。[①]此外，通过不同性状的家蚕杂交能够培育出养蚕者比较理想的家蚕品种，如“若将白雄配黄雌，则其嗣变成褐茧”，就是一个典型的实例，所以有学者对这组杂交结果评价说：“不同茧色交配，杂交第一代出现褐色茧，体现各自的母种是纯系，这种不同品种间的杂交，后代所表现出的杂种强势一般说是比较显著的。早在三四百年前，我国蚕业生产中频频开展这样有意义的科学实践，这岂不是古代传统选留经验的质变和一次飞跃吗？明代劳动人民从实践中早已提出‘物种变异’的观念，并用这种牢固的信念去培育蚕的品种（也包括稻麦良种），这在世界科技史上的记录比法国人比尔兹比斯早200年。”[②]

（7）“彰施”取自《尚书·益稷》中的“以五采彰施于五色”句，主要讲述了25种颜色的染色方法以及染料的提取技术等。在自然界中，五颜六色的各种植物和矿物质，吸引着古人的爱美之心，并促使人们通过各种技术手段把自然界中的各种颜色印染到不同的衣料上面。古人发现将自然界中的各种颜色转变为人们衣料上所需要的颜色，往往不能直接转变，中间需要有一种媒染剂。例如，宋应星在《天工开物·彰施》中介绍说：“木红色：用苏木煎水，入明矾、棓子”“紫色：苏木为地，青矾尚之”“茶褐色：莲子壳煎水染，复用青矾水盖”“油绿色：槐花薄染，青矾盖”“藕褐色：苏木水薄染，入莲子壳、青矾水薄盖”等。[③]显然，文中所说的“明矾”（即硫酸铝钾）、“青矾”（即硫酸亚铁），就充当了苏木、槐花、莲子壳等质料中水解产物的媒染剂，因为矾中的铁和铝这两种金属离子易于上述质料中的水产物或云媒染基团[④]发生络合作用，从而将纤维上的色淀染在织物上，这就是染色的过程。

染色与褪色是一个相反的过程，当需要对织物进行褪色处理时，古人发明了用碱水退色的方法。例如，宋应星说：

> 大红色：其质红花饼一味，用乌梅水煎出，又用碱水澄数次。或稻稿灰代碱，功用亦同。澄得多次，色则鲜甚。染房讨便宜者，先染芦木打脚。凡红花最忌沉、麝，袍服与衣香共收，旬月之间其色即毁。凡红花染帛之后，若欲退转，但浸湿所染帛，

---

① 汪子春、罗桂环、程宝绰：《中国古代生物学史略》，石家庄：河北科学技术出版社，1992年，第182—183页。

② 周匡明主编：《中国蚕业史话》，上海：上海科学技术出版社，2009年，第327页。

③ （明）宋应星：《天工开物》卷上《彰施·诸色质料》，第71—72页。

④ 因为媒染染料的分子结构与直接染料不同，媒染染料分子上含有一种能和金属离子反应生成络合物的特殊结构，必须经媒染剂处理后，才能在织物上沉淀出不溶性的有色沉淀。媒染染料较之其他染料的上色率、耐光性、耐酸碱性以及上色牢度要好得多。参见赵翰生：《轻纨叠绮烂生光——文化丝绸》，深圳：海天出版社，2012年，第49页。

以碱水、稻灰水滴上数十点，其红一毫收转，仍还原质。所收之水藏于绿豆粉内，放出染红，半滴不耗。①

这里有两点需要注意：第一，隐秘地点到了复染技术，即“染房讨便宜者，先染芦木打脚”。“芦木”即“黄栌”，它的根部可提取黄色染料，其枝干的心材则能提取红色染料。“打脚”就是作底色。将丝织物先用黄栌色素作底色，然后再染红色，这种拼色由浅入深，能节约红色染料。故宋应星说：“鹅黄色：黄檗煎水染，靛水盖上。”②这样，用黄色与青色就能得到由浅入深的色彩。第二，褪色与染色的反复使用，从技术的角度讲，人们利用红花红色素易溶于碱性溶液的特点，将其从染织物上重新浸出来，并利用绿豆粉作为红花素的吸附剂，再把已附着在绿豆粉中的红花素提取出来，反复使用。③

至于制作红花饼的技术，宋应星载：“带露摘红花，捣熟，以水淘，布袋绞去黄汁。又捣，以酸粟或米泔清又淘，又绞袋去汁，以青蒿覆一宿，捏成薄饼，阴干收贮。”④可见，红花染色一般需要先制成呈半成品的红花饼，而在制饼过程中加入青蒿主要是防止红花饼霉烂变质。从染色实践看，阴干较晒干更加有利于保持红花素本身的品质，从而降低染色效果。

（8）“五金”比较系统地论述了金、银、铜、铁、锌等各种金属矿的开采、冶炼等技术，其中对黄金的认识主要有以下几点：第一，强调金的性质具有稳定性，宋应星说：“凡黄金为五金之长，熔化成形之后，住世永无变更。”⑤第二，对黄金的性状与分类，宋应星说：“凡中国产金之区，大约百余处，难以枚举。山石中所出，大者名马蹄金，中者名橄榄金、带胯金，小者为瓜子金。水沙中所出，大者名狗头金，小者名麸麦金、糠金。平地掘井得者，名面沙金，大者名豆粒金，皆待先淘洗后冶炼而成颗块。”⑥在此，宋应星将自然金分成山石金、水沙金及平地金三种类型，并依其产状在每种类型之下又进一步划分为若干等级。从宋应星的记述中，我们不难看出当时人们不仅开采沙金，而且还从“山石中”开采岩金。第三，从量化形态来描述黄金的性质，如宋应星说：“凡金质至重。每铜方寸重一两者，银照依其则寸增重三钱；银方寸重一两者，金照依其寸增重二钱。凡金性又柔，可屈折如枝柳。其高下色，分七青、八黄、九紫、十赤。”⑦对此，有学者分析说：宋应星认识黄金的性质很重，“并以若干数字来说明铜、银、金等金属密度的差别。如以铜的相对密度为8.8—8.9计，则按‘每铜方寸重一两者，银照依其则寸增重三钱’计算，银的相对密度为11.44—11.57。按自然银相对密度的现代测定数据为10.1—11.1，纯银为10.5，可见差距不大。如以纯银的相对密度10.5为标准，按‘银方寸重一两者，金照依其寸增重二钱’来计算，金的相对密度为13.728—13.884，仅相当于银金矿的相对密度（12.5—15.5），和纯

① （明）宋应星：《天工开物》卷上《彰施·诸色质料》，第71页。
② （明）宋应星：《天工开物》卷上《彰施·诸色质料》，第71页。
③ 赵翰生：《大众纺织技术史》，济南：山东科学技术出版社，2015年，第87页。
④ （明）宋应星：《天工开物》卷上《彰施·诸色质料》，第73页。
⑤ （明）宋应星：《天工开物》卷下《五金·黄金》，第227页。
⑥ （明）宋应星：《天工开物》卷下《五金·黄金》，第227页。
⑦ （明）宋应星：《天工开物》卷下《五金·黄金》，第228页。

金的相对密度（19.32）相比，差距很大。”[①]尽管如此，与传统科学习惯于用质来刻画物质的存在相较，宋应星毕竟是在努力从量的方面来刻画和描述物质的存在状态，这对中国人的传统思维而言，显然已经是一个较大的进步了。第四，讲到了提取纯金的方法，宋应星说：“欲去银存金，则将其金打成薄片剪碎，每块以土泥裹涂，入坩埚中硼砂熔化，其银即吸入土内，让金流出，以成足色。然后入铅少许，另入坩埚内，勾出土内银，亦毫厘具在也。”[②]这是利用硼砂（熔点较低）与银的作用生成硼酸银，然后因金与银的熔点不同，熔化后银渗入土中，而金则被流出，这正是近代冶金学中的熔融提取技术，在当时属于先进的提纯黄金方法。

关于炼铁的生产程序，宋应星的记载相当细致。他说：

> 凡铁炉用盐做造，和泥砌成。其炉多傍山穴为之，或用巨木匡围，塑造盐泥，穷月之力不容造次。盐泥有罅，尽弃前功。凡铁一炉载土二千余斤，或用硬木柴，或用煤炭，或用木炭，南北各从利便。扇炉风箱必用四人、六人带拽。土化成铁之后，从炉腰孔中流出。炉孔先用泥塞。每旦昼六时，一时出铁一陀。既出，即叉泥塞，鼓风再熔。凡造生铁为冶铸用者，就此流成长条、圆块范内取用。若造熟铁，则生铁流出时，相连数尺内，低下数寸，筑一方塘，短墙抵之。其铁流入塘内，数人执持柳木棍排立墙上，先以污潮泥晒干，舂筛细罗如面，一人疾手撒□，众人柳棍疾搅，即时炒成熟铁。其柳棍每炒一次烧折二、三寸，再用则又更之。炒过稍冷之时，或有就塘内斩划成方块者，或有提出挥椎打圆后货者。[③]

这段记述体现了我国当时的冶铁技术具有世界先进水平，有研究者认为：第一，炼铁炉的运转效率非常高，每两小时就能生产一炉铁，具体言之，就是这种高炉通常在 2 小时内能炼出 600 斤铁[④]，这与用“煤炭”作燃料有关，如宋应星载：“凡炉中炽铁用炭，煤炭居十七，木炭居十三。”[⑤]第二，当时已经采用炼铁炉和炒铁塘串联使用，直接将生铁炒成熟铁，而此法的关键是在于“疾手撒□”与“柳棍疾搅”。如众所知，“以污潮泥晒干，舂筛细罗如面”，然后“疾手撒□”，这道工序的主要目的就是充分利用泥土中所含的硅酸铁与氧化铁，迅速促使碳氧化成为二氧化铁逸散，从而减少铁的含碳量。同时，硅还能与氧化铁合成易熔氧化渣，并促使熟铁凝成大块，这就是现代冶金界所说的“混土精炼法”。还有学者称：“明朝钢铁史上最伟大的发明莫过于高炉与炒炉串联，这是现代炼钢法铁水热装和正在研究开发的连续炼钢的先声。”[⑥]而从炼钢实践的技术过程看，“高炉与炒炉串联，和现代的铁水热装平炉、转炉、电炉是一样的，既节省热量，又提高了炼钢炉的效率。对于炒钢炉，铁水温度 1350℃以上，较加热铁块可能达到温度高 150℃以上，脱碳速度当然较

① 王根元、刘昭民、王昶：《中国古代矿物知识》，北京：化学工业出版社，2011 年，第 294 页。
② （明）宋应星：《天工开物》卷下《五金 • 黄金》，第 228 页。
③ （明）宋应星：《天工开物》卷下《五金 • 铁》，第 232—233 页。
④ 杨宽：《中国古代冶铁技术发展史》，上海：上海人民出版社，2014 年，第 187 页。
⑤ （明）宋应星：《天工开物》卷中《锤炼 • 治铁》，第 187 页。
⑥ 刘云彩：《中国古代冶金史话》，天津：天津教育出版社，1991 年，第 73 页。

快，从而提高了炒钢炉的效率”[1]。第三，采用柳木棍搅拌能使铁液中所含硅、磷、碳等杂质被氧化去一部分，进而转化成熟铁，这一过程实际上已经具备了连续炼钢的雏形。[2]在欧洲，直到十八世纪才出现这种冶铁方式。

此外，《天工开物》还第一次记载了“倭铅”即金属锌的升炼工艺。宋应星说：

> 凡“倭铅”古书本无之，乃近世所立名色。其质用炉甘石熬炼而成，繁产山西太行山一带，而荆、衡次之。每炉甘石十斤，装载入一泥罐内，封裹泥固，以渐砑干，勿使见火拆裂。然后逐层用煤炭饼垫盛，其底铺薪，发火煅红。罐中炉甘石熔化成团。冷定毁罐取出，每十耗其二，即倭铅也。此物物铜收伏，入火即成烟飞去。以其似铅而性猛，故名之曰“倭”云。[3]

用现代化学知识解析，则“倭铅”即金属锌，“炉甘石”即菱锌矿（含锌 52.1%），菱锌矿在“泥罐内”受热发生分解反应，生成氧化锌，遇到碳即煤炭后则被还原为金属锌。

首先，肯定“我国至迟在明代中期成功地冶炼出了金属锌，并有了一定的规模，也使锌铜合金的冶炼进入了一个新的历史阶段”[4]。如果把它放在世界冶金史上看，那么，宋应星所记载的冶炼金属锌工艺早于欧洲 400 年[5]，或可说欧洲的炼锌方法是由我国传去的。[6]其次，由于宋应星并未亲自考察过升炼金属锌的具体生产过程，因而他对炼锌所需要的原料还缺乏完整的记载，如泥罐中除炉甘石之外，还必须加入木炭或煤粉。当然，升炼金属锌一定要在密闭的泥罐中进行，因为只有这样，才能解决金属锌还原后在气态下重新氧化的问题。[7]我们知道，金属锌的熔点为 420℃，沸点约为 907℃，而从炉甘石中还原锌，则需要用木炭加热至 1000℃，此时，金属锌就转变成了蒸气及锌的气化物。所以，炉甘石熔化成锌的氧化物，需要在密闭的泥罐里加热至 1000—1300℃，使之还原为锌的气化物，在泥罐的另一端则保持温度高于金属锌的熔点。于是，泥罐内的蒸气很快就会凝结成金属。

对于金属锌配制黄金的工艺，宋应星记载说：“凡红铜升黄色为锤炼用者，用自风煤炭百斤，灼于炉内，以泥瓦罐载铜十斤，继入炉甘石六斤，坐于炉内，自然熔化。后人因炉甘石烟洪飞损，改用倭铅。每红铜六斤，入倭铅四斤，先后入罐熔化。冷定取出，即成黄铜，唯人打造。”[8]这段话明确表示冶炼黄铜已从加入炉甘石而代之以金属锌，因此，用升炼出的金属锌来冶炼黄铜，在我国以《天工开物》的记载为最早。

（9）“冶铸”主要讲述鼎、钟、釜、像、炮、镜、钱等金属器物的制造技术，以钟为例，《天工开物》铸钟分为两类，一类是“造万斤”及“若千斤以内”的铜钟，用蜡模法

---

① 刘云彩：《中国古代冶金史话》，第 74 页。
② 凌业勤：《中国古代传统铸造技术》，北京：科学技术文献出版社，1987 年，第 401—402 页。
③ （明）宋应星：《天工开物》卷下《五金·倭铅》，第 232 页。
④ 周嘉华、赵匡华：《中国化学史·古代卷》，南宁：广西教育出版社，2003 年，第 658 页。
⑤ 如德国人马格拉夫大约在 1746 年才发现锌元素。
⑥ 吕凌峰、李亮：《明朝科技》，南京：南京出版社，2015 年，第 269 页。
⑦ 唐际根编著：《矿冶史话》，北京：社会科学文献出版社，2011 年，第 156 页。
⑧ （明）宋应星：《天工开物》卷下《五金·铜》，第 231 页。

铸造；一类是铸铁钟，用泥范法铸造。对于“造万斤钟”的蜡模法铸造技术，宋应星记载说：

掘坑深丈几尺，燥筑其中如房舍，埏泥作模骨。其模骨用石灰三和土筑，不使有丝毫隙拆。干燥之后，以牛油、黄蜡附其上数寸。油蜡分两，油居什八，蜡居什二。其上高蔽抵晴雨，夏月不可为，油不冻结。油蜡墁定，然后雕镂书文、物象，丝发成就。然后舂筛绝细土与炭末为泥，涂墁以渐而加厚至数寸。使其内外透体干坚，外施火力炙化其中油蜡，从口上孔隙熔流净尽，则其中空处即钟、鼎托体之区也。凡油蜡一斤虚位，填铜十斤。塑油时尽油十斤，则备铜百斤以俟之。中既空净，则议熔铜。凡火铜至万钧，非手足所能驱使。四面筑炉，四面泥作槽道，其道上口承接炉中，下口斜低以就钟鼎入铜孔，槽傍一齐红炭炽围。洪炉熔化时，决开槽梗，先泥土为梗塞住，一齐如水横流，从槽道中枧注而下，钟鼎成矣。①

在当时为了实现整体浇铸的设计目标，一口巨型大钟的铸造往往被划分成多个熔炉，共同来完成整个铸钟过程。此间，就需要多个熔炉之间的相互配合与密切合作，学界一般用“群炉汇流法”来概括这种铸造工艺的特点。

至于铸造千斤以内的小型铜钟，则采用“连续浇铸法”，宋应星介绍说：

若千斤以内者……但多捏十数锅炉，炉形如箕，铁条作骨，附泥做就。其下先以铁片圈筒直透作两孔，以受杠穿。其炉垫于土墩之上，各炉一齐鼓鞴熔化，化后以两杠穿炉下，轻者两人，重者数人抬起，倾注模底孔中。甲炉既倾，乙炉疾继之，丙炉又疾继之，其中自然粘合。若相承迂缓，则先入之质欲冻，后者不粘，衅所由生也。②

可见，各炉之间的协调与调度非常关键。组织管理也至关重要，因为“相承迂缓”，就会造成“先人之质欲冻，后者不粘”的严重后果。所以，有学者评价说：“这种浇注现场必须快而不乱，生产组织工作是十分严谨的。”③

以上是用失蜡法铸造大型铜钟的工艺过程以及技术措施。至于泥范法铸造铁钟技术，宋应星这样记载说：

凡铁钟模不重费油蜡者，先埏土作外模，剖破两边形或为两截，以子口串合，翻刻书文于其上。内模缩小分寸，空其中体，精算而就。外模刻文后，以牛油滑之，使他日器无粘烂。然后盖上，混合其缝而受铸焉。④

关于泥范法铸造铁钟技术主要有制模、制范、内范、合范等步骤，对此，谭德睿和孙

---

① （明）宋应星：《天工开物》卷中《冶铸·钟》，第156页。

② （明）宋应星：《天工开物》卷中《冶铸·钟》，第156页。

③ 凌业勤、陈通、夏明明：《从北京永乐大铜钟的铸造技术和音响效果看明代早期的科技水平》，杜石然主编：《第三届国际中国科学史讨论会论文集》，北京：科学出版社，1990年，第294页。

④ （明）宋应星：《天工开物》卷中《冶铸·钟》，第156页。

淑云在《金属工艺》一书中有详细考述[①]，我们这里就不再作重复性介绍了。

（10）“锤锻”主要讲解采用锤锻法来制造铁器和铜器的工艺过程，其中所记载的“水火健法”及“生铁淋口”技术，在当时具有世界领先水平。如宋应星记载“水火健法”云：

> 凡铁性逐节黏合，涂上黄泥于接口之上，入火挥槌，泥滓成枵而去，取其神气为媒合。胶结之后，非灼红斧斩，永不可断也，凡熟铁、钢铁已经炉锤，水火未济，其质未坚。乘其出火时，入清水淬之，名日健钢、健铁。言乎未健之时为钢为铁，弱性犹存也。[②]

有学者认为：采用淬火法来提高钢铁的硬度，以及采用黄泥接口的接口技术来保证接铁尖端的温度，两种方法交替进行，“这是《天工开物》中利用事物与环境的关系以达到目标最优的整体方法的又一体现”[③]。

宋应星又说：“凡治地生物，用锄、□（缺字）之属，熟铁锻成，熔化生铁淋口，入水淬健，即成刚劲。每锹、锄重一斤者，淋生铁三钱为率，少则不坚，多则过刚而折。”[④]在明代，苏州地区出现了一种较先进的炼钢技术，史称“苏钢冶炼法”，这种技法的特点是：“以生铁与熟铁并铸，待其极熟，生铁欲流，则以生铁于熟铁上，擦而入之。”[⑤]学界前辈周志宏先生评价说：这种灌钢法，“整个过程适合现代的冶金原理，不用坩埚而创造出一种淋铁氧化的方法二使渣铁分开，成为比较纯的工具钢。这是中国古代先进炼钢工人的智慧结晶”[⑥]。可见，“生铁淋口”技术是在“苏钢冶炼法”的基础上进一步发展演变而来。所以，宋应星所记述的“生铁淋口”或称“擦生”技术，“巧妙地运用了苏钢冶炼法原理，利用熔化的生铁作熟铁的渗碳剂，使熟铁农具的刃口表面蒙上一定厚度的生铁熔复层和渗碳层。这渗碳层具有高碳钢性质，再加淬火处理，故能刚劲”[⑦]。而“这种炼制工具刚刃的方法，既不需要夹进炼好的钢条，又不需要把工具加以熔化”，它主要是“利用了炼钢原理，很巧妙地用‘生铁淋口’的方法使工具具有钢刃，不但方法简捷，而且节省很多时间，这又是我们祖先在制造生产工具上的一个创造性成就”[⑧]。

（11）“陶埏”取自《荀子・性恶》“辟亦陶埏而生之”句，主要讲解瓦、砖、罂瓮，以及白瓷、青瓷及窑变、回青等烧制技术，对景德镇白瓷的生产工艺记述尤详，它是一篇研究明代瓷器发展历史的重要文献。宋应星说：

---

① 谭德睿、孙淑云主编：《金属工艺》，郑州：大象出版社，2007年，第129—133页。
② （明）宋应星：《天工开物》卷中《锤锻・冶铁》，第187页。
③ 吴廷玉主编：《中国元素与工业设计》，杭州：浙江大学出版社，2012年，第67页。
④ （明）宋应星：《天工开物》卷中《锤锻・锄、□》，第188页。
⑤ （明）唐顺之：《武编前集》卷5《铁》，《四库兵家类丛书》二第727之第411页。
⑥ 周志宏：《中国早期钢铁冶炼技术上创造性的成就》，1954年金属研究工作报告会会刊编辑委员会：《1954年金属研究工作报告会会刊》第1册《钢铁》，北京：科学出版社，1955年，第49页。
⑦ 梁永勉主编：《中国农业科学技术史稿》，北京：农业出版社，1989年，第465页。
⑧ 杨宽：《中国古代冶铁技术发展史》，上海：上海人民出版社，2014年，第276页。

若夫中华四裔驰名猎取者，皆饶郡浮梁景德镇之产也。此镇自古及今为烧器地，然不出白土。土出婺源、祁门两山：一名高梁山，出粳米土，其性坚硬；一名开化山，出糯米土，其性粢软。两土和合，瓷器方成。其土作成方块，小舟运至镇。造器者将两土等分人臼舂一日，然后入缸水澄。其上浮者为细料，倾跌过一缸，其下沉底者为粗料。细料缸中再取上浮者，倾过为最细料，沉底者为中料。既澄之后，以砖砌长方塘，逼靠火窑，以藉火力。倾所澄之泥于中吸干，然后重用清水调和造坯。凡造瓷坯有两种，一曰印器，如方圆不等瓶瓮炉盒之类，御器则有瓷屏风、烛台之类。先以黄泥塑成模印，或两破，或两截，亦或囫囵，然后埏白泥印成，以釉水涂合其缝，烧出时自圆成无隙。一曰圆器，凡大小亿万杯、盘之类，乃生人日用必需。造者居十九，而印器则十一。造此器坯先制陶车。车竖直木一根，埋三尺入土内使之安稳。上高二尺许，上下列圆盘，盘沿以短竹棍拨运旋转，盘顶正中用檀木刻成盔头，冒其上。……凡饶镇白瓷釉用小港嘴泥浆和桃竹叶灰调成，似清泔汁，泉郡瓷仙用松毛水调泥浆，处郡青瓷釉未详所出。盛于缸内。凡诸器过釉，先荡其内，外边用指一蘸涂弦，自然流遍。①

这段记载内容非常丰富，信息量较大。第一，景德镇白瓷采用二元配方制胎，亦即需要两种不同性质的瓷土相互配合使用，换言之，就是将高梁山（应为高岭山）所出粳米土即高岭土与开化山所出糯米土即瓷石相互掺和，“或不（音 dun）子七分、高岭三分，或四、六分，各种搭配不同”②。第二，原料再加工，创造了黏土分离方法，即“入缸水澄”工艺。主要经过滤水、陈腐、踩泥、揉泥等多道工序，然后方可制坯成形。第三，制坯有两种方式：印器与圆器。其中印器成型“先以黄泥塑成模印”，亦即模具成型，这是景德镇独有的制瓷工艺。据专家称，这种工艺过程“是把已经加工揉匀的泥料，经搓、摁、拍、打，制成厚薄均匀、平坦光滑的泥坯板，再在泥坯板的边沿涂上稀泥釉，象箍木桶一样，一块挨一块，并列镶接组合成型。最后经过干燥、烧制成瓷器”③。圆器是在陶车上进行，俗称“拉坯法”。从技术上看，圆器为一次性拉坯成型。据景德镇瓷器专家介绍：“拉坯是成型的第一道工序，拉坯最重要的是注意瓷土的收缩率。在具体的操作过程中，要根据造型的不同进行拉坯手法的调整。”④第四，独特的制釉技术即碱-灰釉。清代唐英在《陶冶图说·炼灰配釉》一书中载：“一切釉水无灰不成釉，灰出乐平县，以青白石与凤尾草迭练，用水淘洗即成釉灰，配以‘白不’细泥（釉果不），与釉灰调和成浆，稀稠相等，各按瓷之种类以成方加减。盛于缸内，用曲木棍横贯铁锅之耳，以为舀注之具，其名曰‘盆’。如泥十盆，灰一盆为上品瓷器之釉；泥七八而灰二三为中品之釉；若泥灰平对、灰多于泥则为粗釉。”⑤这段话实际上是唐英对宋应星所述“白瓷釉”技术要点的详细注解。第五，“施釉”技术，主要有蘸釉、荡釉等方法。而从“外边用指一蘸涂弦，自然流遍”一语不难推知，“早期单色釉器以指捏坯

① （明）宋应星：《天工开物》卷中《陶埏·白瓷》，第138—139页。
② （清）佚名：《南窑笔记》，熊寥、熊微编注：《中国陶瓷古籍集成》，上海：上海文化出版社，2006年，第660页。
③ 丁文源等编著：《江西特产风味指南》，南昌：江西科学技术出版社，1986年，第16页。
④ 伯仲编著：《景德问瓷》，合肥：黄山书社，2013年，第72页。
⑤ （清）唐英：《陶冶图说·炼灰配釉》，雍正《江西通志》卷135，清雍正十年（1732）刻本。

体之足圈，入釉缸蘸釉后，任釉汗流淌之情”[①]。当然，从原料的发掘到烧制成功，一件完美瓷品的出现，需要花费很多人的辛勤劳动，凝结许多瓷工的智慧。故宋应星说：“共计一坯工力，过手七十二，方克成器，其中细微节目尚不能尽也。”[②]可见，制瓷工艺是很繁杂的。

（12）“燔石”主要讲述一些非金属矿物如石灰、煤炭、硫黄、白矾、砒石等的烧制技术，其中对煤炭的开采颇为学界关注。宋应星记载说：

> 凡取煤经历久者，从土面能辨有无之色，然后掘挖。深至五丈许，方始得煤。初见煤端时，毒气灼人。有将巨竹凿去中节，尖锐其末，插入炭中，其毒烟从竹中透上。人从其下施攫拾取者，或一井而下，炭纵横广有，则随其左右阔取。其上支板，以防压崩耳。[③]

由于煤炭深藏在地下，深浅不一，作为亿万年前的植物“遗体”，在地表上往往有其特殊的植被现象，如“南方秃山无草木者，下即有煤”[④]，这与江西地区的煤炭实际相符合。对于煤炭的采掘（图 2-11），一般是先挖个深 5 丈的竖井，然后依地下自然煤层的变化，纵横开掘巷道达于煤层[⑤]，为防止“毒气（即瓦斯，化学名为甲烷、一氧化碳）灼人”，人们“将巨竹凿去中节”，并插入煤层中，把里面的“毒气”排出。此处的“灼人”可作两种解释：一是瓦斯中毒，二是瓦斯燃烧。因为“瓦斯的主要成分是沼气（甲烷），所以当它在空气中达到百分之五和百分之十六的浓度时，即会触发强烈的爆炸”[⑥]。毫无疑问，利用比重差（即甲烷和一氧化碳较空气轻）来排出煤层中的有害气体，这在当时是一种行之有效的安全操作方法，比同时期的西方国家利用放火燃烧瓦斯的处理方法要先进和高明。又“其上支板，以防压崩耳”，意思是说当井下煤层不断向纵深采掘时，上面一定要用木板支撑，以防冒顶，这可以看作是“矿业安全工程”的雏形。[⑦]因为“这种方式颇似现代矿井的巷道支护，其中亦包括采煤工作面的支护，否则即有压塌的危险，容易造成伤亡事故”[⑧]。宋应星还说：“凡煤炭取空而后，以土填实其井，经二三十年后，其下煤复生长，取之不尽。”[⑨]这段话有两种截然不同的解释：一种观点认为：从煤炭的形成过程看，宋氏的认识是不正确的，因为煤一旦被采空后，很难再生[⑩]；另一种观点则认为：像宋应星所说的“固井支板、煤炭再生原理等技术工艺，在当时都是比较科学和先进的”[⑪]，因为“地下岩石在未被扰乱之前，各种张力是平衡的。采煤后，采空区上部岩层失却支撑，暴露出来的岩层就要发生弯曲变形，向岩层深处发展，渐使岩层开裂、破坏，当岩块之间挤压力不能维持岩石平衡

① 陆建初：《古陶瓷识鉴讲义》，上海：学林出版社，2014 年，第 503 页。
② （明）宋应星：《天工开物》卷中《陶埏·白瓷》，第 140 页。
③ （明）宋应星：《天工开物》卷中《燔石·煤炭》，第 198 页。
④ （明）宋应星：《天工开物》卷中《冶铸·钟》，第 156 页。
⑤ 雷喻义主编：《巴蜀文化与四川旅游资源开发》，成都：四川人民出版社，2000 年，第 320 页。
⑥ 余明侠：《徐州煤矿史》，南京：江苏古籍出版社，1991 年，第 23 页。
⑦ 伍爱友、李润求主编：《安全工程学》，徐州：中国矿业大学出版社，2012 年，第 6 页。
⑧ 余明侠：《徐州煤矿史》，南京：江苏古籍出版社，1991 年，第 23 页。
⑨ （明）宋应星：《天工开物》卷中《燔石·煤炭》，第 198 页。
⑩ 藩吉星：《天工开物校注及研究》，成都：巴蜀书社，1989 年，第 442 页。
⑪ 雷喻义主编：《巴蜀文化与四川旅游资源开发》，成都：四川人民出版社，2000 年，第 320 页。

时，发生塌落。露天煤矿由于边坡岩体侧向岩石被剥离，打破岩石原平衡，如果重力、地下水等造成的下滑力，大于边坡岩体抗滑力，自然发生滑坡。所以经过二三十年空处又有了煤。当时人们虽不明白它的原因，但已能从实践中加以利用”[①]。综合两个方面的认识，我们认为宋应星的解释可分为两段：对于厚煤层的开采，“凡煤炭取空而后，以土填实其井，经二三十年后，其下煤复生长”，是很有可能的，在采煤实践中，“厚煤层因为层厚，若一次采空，空间太大，支撑比较困难，而且有时根本无法支撑。明代由于技术条件的限制，必须分层开采，而不能一次即采全高。所以在采出其中的一部分后，立即以土充填。以便使这个空洞由于地压的作用，能够很快地消失，再行开采。虽然比较麻烦，间隔的时间长，却是非常符合自然规律的。这样做，不仅能够保证安全，而且可以少丢煤炭。并不是无中生有的捏造”[②]，因此，宋氏的这句话符合有条件的“煤炭再生原理”，当然，“再生”仅仅是一种“假象”[③]；而言煤炭“取之不尽”则不符合事实，应是一种被“假象”迷惑的误判。

图 2-11　南方采煤示意图[④]

（13）“杀青”比较全面地记述了我国传统的造纸工艺，尤其是对造竹皮纸的工艺过程及其设备记述极其详备。宋应星说：

> 凡造竹纸，事出南方，而闽省独专其盛。当笋生之后，看视山窝深浅，其竹以将生枝叶者为上料。节届芒种，则登山砍伐。截断五七尺长，就于本山开塘一口，注水其中漂浸。恐塘水有涸时，则用竹枧通引，不断瀑流注入。浸至百日之外，加功槌洗，洗去粗壳与青皮（是名杀青）。其中竹穰形同贮麻样，用上好石灰化汁涂浆，入楻桶下煮，火以八日八夜为率。凡煮竹，下锅用径四尺者，锅上泥与石灰捏弦，高阔如广中煮盐牢盆样，中可载水十余石。上盖楻桶，其围丈五尺，其径四尺余。盖定受煮，八

① 陈道章：《中国古代化学史》，福州：福建科学技术出版社，2000 年，第 498 页。

② 赵承泽：《中国明代后半期和清初的找煤和采煤技术》，自然科学史研究所主编：《科技史文集》第 14 辑《综合辑 2》，上海：上海科学技术出版社，1985 年，第 69 页。

③ 何堂坤：《中国古代手工业工程技术史》下，第 824 页。

④ （明）宋应星：《天工开物》卷中《燔石·煤炭》，第 202 页。

日已足。歇火一日，揭楻取出竹麻，人清水漂塘之内洗净。其塘底面、四维皆用木板合缝砌完，以防泥污，造粗纸者不须为此。洗净，用柴灰浆过，再入釜中，其上按平，平铺稻草灰寸许。桶内水滚沸，即取出别桶之中，仍以灰汁淋下。倘水冷，烧滚再淋。如是十余日，自然臭烂。取出，入臼受舂，舂至形同泥面，倾入槽内。凡抄纸槽，上合方斗，尺寸阔狭，槽视帘，帘视纸。竹麻已成，槽内清水浸浮其面三寸许。入纸药水汁于其中，则水干自成洁白。凡抄纸帘，用刮磨绝细竹丝编成。展卷张开时，下有纵横架框。两手持帘入水，荡起竹麻，入于帘内。厚薄由人手法，轻荡则薄，重荡则厚。竹料浮帘之顷，水从四际淋下槽内，然后覆帘，落纸于板上，叠积千万张。数满则上以板压，俏绳入棍，如榨酒法，使水气净尽流干。然后以轻细铜镊逐张揭起焙干。①

造竹纸一般需要经过如下程序：一是破竹，二是漂浸，三是煮料，四是漂洗，五是捣料，六是抄纸，七是焙纸。对于整个造纸过程的技术关键，潘吉星先生分析说：第一，在蒸煮纸料时，利用石灰与草木灰来提高碱处理效能，从而使非纤维素杂质能比较彻底地排除出去；第二，通过在塘水中对生料进行自然发酵，不仅能够排除部分溶于水的成分，并使纤维膨胀，而且还能够在微生物的作用下，脱离竹料中的果胶，以此来节省蒸煮时的用碱量；第三，在捞纸前，需向纸槽中加入一定量的纤维漂浮剂，从而减少下沉与缠结现象，利于纤维素在浆液里均匀漂浮。②可见，明朝的造纸技术更加完备了，而随着明朝造纸技术的不断改进，造纸工序越来越复杂，像江西信州制造楮皮就需要经过 72 道工序。③因此，纸的品种也更加丰富，例如，明王宗沐在《江西省大志》一书中就枚举了中夹纸、铅山奏本纸、大绵纸、小户油纸等 28 个品种。④由此不难看出，“在公元前 1 世纪到公元 18 世纪初的 2000 年间，我国造纸术一直居于世界先进水平”，而“我国古代在造纸的技术、设备、加工等方面为世界各国提供了一套完整的工艺体系”⑤。

（14）“丹青”取自《周礼·秋官》“职金掌凡金玉，锡石，丹青之戒令”句，主要讲述各种绘画颜料和墨的生产工艺，文中对朱红的生产过程记载较详。宋应星说：

凡朱砂、水银、银朱原同一物，所以异名者，由精粗老嫩而分也。……凡朱砂上品者，穴土十余丈乃得之。始见其苗，磊然白石，谓之朱砂床。近床之砂，有如鸡子大者，其次砂不入药，只为研供画用与升炼水银者。……凡次砂取来，其通坑色带白者，则不以研朱，尽以升汞。若砂质即嫩而烁视欲丹者，则取来时入巨铁辗槽中，轧碎如微尘，然后入缸，注清水澄浸。过三日夜，跌取其上浮者，倾入别缸，名曰二朱。其下沉结者，晒干即名头朱也。凡升水银或用嫩白次砂，或用缸中跌出浮面二朱，水和槎成大盘条，每三十斤入一釜内升汞，其下炭质亦用三十斤。凡升汞，上盖一釜，

① （明）宋应星：《天工开物》卷中《杀青·造竹纸》，林文照主编：《中国科学技术典籍通汇·综合》第 5 分册，郑州：河南教育出版社，1994 年，第 826—827 页。

② 潘吉星：《中国造纸技术史稿》，北京：文物出版社，1997 年，第 116 页。

③ 何堂坤：《中国古代手工业工程技术史》下，第 897 页。

④ （明）王宗沐：《江西省大志》卷 8《楮书》，明万历二十五年（1597）刊本。

⑤ 中国科学院自然科学史研究所主编：《中国古代科技成就》，北京：中国青年出版社，1978 年，第 216 页。

釜当中留一小孔，釜傍盐泥紧固。釜上用铁打成一曲弓溜管，其管用麻绳密缠通梢，仍用盐泥涂固。煅火之时，曲溜一头插入釜中通气，插处一丝固密。一头以中罐注水两瓶，插曲溜尾于内，釜中之气达于罐中之水而止。共煅五个时辰，其中砂末尽化成汞，布于满釜。冷定一日，取出扫下。此最妙玄，化全部天机也。①

这段话分两层意思：第一层意思是从次砂中提取“二朱”，所用的分选方法即现代的“表层浮选法”②。第二层意思是讲述用蒸馏法升炼水银的过程，有学者解释：“朱砂被升炼成水银后，还可将水银复炼成朱砂，并在此过程中提取头朱和次朱。这种升炼水银和银复生朱的变化，隐约透露出物质不灭的定律的观念。”③从专业的角度讲，“宋应星所叙述的是一种隔绝空气加热，使硫化汞分解为汞的方法”，此外，“宋应星还定量地记载了从汞和硫化合成硫化汞（朱砂）的反应”④。

（15）“舟车”主要讲述了明代各种车辆及船舶的制造及其结构和使用状况，其中对“漕船”的记载尤为详细，它不仅能使我们比较全面和系统地了解明代造船技术的整体面貌，还能使我们更加深入地认识我国古代造船技术的发展历史及其巨大成就。宋应星说：

凡船制，底为地，枋为宫墙，阴阳竹为覆瓦，伏狮前为阀阅，后为寝堂，桅为弓弩弦，蓬为翼，橹为车马，箮纤为履鞋，绛索为鹰雕筋骨，招为先锋，舵为指挥主帅，锚为札军营寨。粮舡初制，底长五丈二尺，其板厚二寸，采巨木，楠为上，栗次之。头长九尺五寸，梢长九尺五寸，底阔九尺五寸，底头阔六尺，底梢阔五尺，头伏狮阔八尺，梢伏狮阔七尺。梁头一十四座，龙口梁阔一丈，深四尺，使风梁阔一丈四尺，深三尺八寸。后断水梁阔九尺，深四尺五寸，两廒共阔七尺六寸。此其初制，载米可近二千石，交兑每只止足五百石。后运军造者私增身长二丈，首尾阔二尺余，其量可受三千石。而运河闸口原阔一丈二尺，差可渡过。……凡造舡先从底起，底面傍靠樯，上承栈，下亲地面。隔位列置者曰梁，两傍峻立者曰樯。盖樯巨木曰正枋，枋上曰弦，梁前竖桅位曰锚坛，坛底横木夹桅本者曰地龙。前后维曰伏狮，其下曰拏狮，伏狮下封头木曰连三枋。舡头面中缺一方曰水井，其下藏缆索等物。头面眉际，树两木以系缆者曰将军柱。舡尾下斜上者曰草鞋底，后封头下曰短枋，枋下曰挽脚梁，舡稍掌舵所居，其上曰野鸡蓬。使风时，一人坐蓬巅，收守蓬索。凡舟身将十丈者，立桅必两。树中桅之位，折中过前二位，头桅又前丈余。粮舡中桅，长者以八丈为率，短者缩十之二一，其本入窗内亦丈余，悬篷之位，约五六丈。头桅尺寸则不及中桅之半，篷纵横亦不敌三分之一。⑤

---

① （明）宋应星：《天工开物》卷下《丹青·朱》，林文照主编：《中国科学技术典籍通汇·综合》第5分册，第849页。

② 黄波主编：《界面分选技术》，北京：煤炭工业出版社，2008年，第4页。

③ 秦祥洲：《仰观垂象》，北京：中华书局，2011年，第147页。

④ 江琳才：《中国古代化学史话》，广州：广东人民出版社，1978年，第92页。

⑤ （明）宋应星：《天工开物》卷中《舟车·漕舫》，林文照主编：《中国科学技术典籍通汇·综合》第5分册，第805—806页。

对于明代漕船的结构和功用，国外科技史学者李约瑟、薮内清等有专文讨论[①]，有兴趣的读者可以参考。从造船技术的角度讲，上面的内容可分为以下几个组成部分：漕船的总体布局、主要结构尺寸、船体制造工艺、推进方式及其装置、操纵机构、系舶设备以及造船所用的主要原材料与加工方法。[②]宋应星所言“此其初制，载米可近二千石，后运军造者私增身长二丈”一段话揭示了明朝造船技术的一个突出特点，那就是船体的不断增大，以至于出现了“大者长四十四丈四尺，阔三十六丈”[③]的巨型宝船，震惊世界。因为“这种巨型海船，别说中国历史上亘古未有，即使在当时世界上也是首屈一指、无与伦比的”，所以“它是中世纪中国造船业在全世界遥遥领先的明证”[④]。

（16）“佳兵”取自《老子》第三十一章“夫佳兵者，不祥之器”句，讲述了明代主要武器如弧矢、弩、火药料、火器等的制造方法。其中宋应星对火药理论的探讨，反映了明代火药制造技术又进入了一个新的历史高度。《天工开物》记载说：

> 凡火药，以消石、硫黄为主，草木灰为辅，消性至阴，硫性至阳，阴阳两神物相遇于无隙可容之中。其出也，人物膺之，魂散惊而魄齑粉。凡消性主直，直击者消九而硫一。硫性主横，爆击者消七而硫三。其佐使之灰，则青杨、枯杉、桦根、箬叶、蜀葵、毛竹根、茄秸之类，烧使存性，而其中箬叶为最爆也。凡火攻，有毒火、神火、法火、烂火、喷火。毒火以白砒、硇砂为君，金汁、银锈、人粪和制。神火以朱砂、雄黄、雌黄为君。烂火以硼砂、磁末、牙皂、秦椒配合。飞火以朱砂、石黄、轻粉、草乌、巴豆配合。劫营火则用桐油、松香。此其大略。[⑤]

火药的主要化学组成元素是硝和硫，宋应星对二者的化学性质做了形象阐述，由硝与硫的对立和化合过程，并经过一定的配伍比例，则生成“直击”（即发射）和“爆击”（即爆炸）这两种可用于不同战争需要的反应性结果。所以有学者分析说：“一般说来，火药燃烧速度不仅受成分的影响，而且也受工艺条件和粒子大小的影响；推动力和爆炸力在本质上是一致的。但是这种‘直击’和‘爆击’的分类注意到不同用途对配方提出的不同要求，也是一定条件下经验的总结。”[⑥]

（17）“曲糵”主要讲述酵母剂的制造技术，尤其对丹曲（即红曲，亦即微生物群体）的生长条件、作用及形态变化全过程予以高度重视，做了极为详细的描述。宋应星说：

> 凡丹曲一种，法出近代。其义臭腐神奇，其法气精变化。世间鱼肉最朽腐物，而此

---

① ［英］李约瑟原著，柯林 A. 罗南（Colin A. Ronan）改编，上海交通大学科学史系译：《中华科学文明史》第 3 册，上海：上海人民出版社，2002 年，第 90—94 页；［日］薮内清等：《天工开物研究论文集》，章熊、吴杰译，北京：商务印书馆，1959 年，第 190—195 页等。

② 江西造船厂儒法斗争史研究小组：《我国古代造船技术的科学总结——读〈天工开物〉“舟车第九卷”造船部分》，《中山大学学报》（社会科学版）1975 年第 2 期，第 43 页。

③ 《明史》卷 304《郑和传》，第 7767 页。

④ 陆静波：《郑和七下西洋》，苏州：古吴轩出版社，2005 年，第 49 页。

⑤ （明）宋应星：《天工开物》卷下《佳兵·火药料》，林文照主编：《中国科学技术典籍通汇·综合》第 5 分册，第 844—845 页。

⑥ 《江西冶金》编辑部：《技术史讲座》，内部资料，1983 年，第 119 页。

物薄施涂抹，能固其质于炎暑之中，经历旬日，蛆蝇不敢近，色味不离初，盖奇药也。凡造法，用籼稻米，不拘早晚，舂杵极其精细，水浸一七日，其气臭恶不可闻，则取入长流河水漂净，必用山河流水，大江者不可用。漂后恶臭犹不可解，入甑蒸饭，则转成香气，其香芬甚。凡蒸此米成饭，初一蒸半生即止，不及其熟，出离釜中，以冷水一沃，气冷再蒸，则令极熟矣。熟后，数石共积一堆拌信。凡曲，信必用绝佳红酒糟为料，每糟一斗，入马蓼自然汁三升，明矾水和化。每曲饭一石入信二斤，乘饭热时，数人捷手拌匀，初热拌至冷，侯视曲信入饭，久复微温，则信至矣。凡饭拌信后，倾入箩内，过矾水一次，然后分散入篾盘，登架乘风。后此风力为政，水火无攻。凡曲饭入盘，每盘约载五升。其屋室宜高大，防瓦上暑气侵迫。室面宜向南，防西晒。一个时中翻拌约三次。候视者七日之中，即坐卧盘架之下，眠不敢安，中宵数起。其初时雪白色，经一二日成至黑色。黑转褐，褐转赭，赭转红，红极复转微黄。目击风中变幻，名曰生黄曲。则其价与入物之力，皆倍于凡曲也。凡黑色转褐，褐转红，皆过水一度。红则不复入水。凡造此物，曲工盥手与洗尽盘簟，皆令极清。一毫滓秽，则败乃事也。①

制造丹曲的工艺流程如图 2-12 所示：

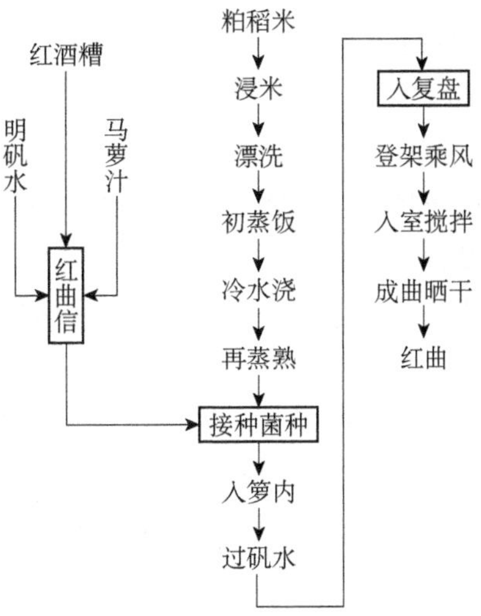

图 2-12　制造丹曲的工艺流程②

丹曲（即亦即红曲）是中国特有的酿酒技术，后来传至日本，引发了日本学界对红曲的研究热。从整个工艺流程看，其关键步骤是：第一，选用最好的菌种作曲母，即以精白的“籼稻米”为菌种原料来作培养基。其基本方法是利用红酒糟中的黑曲霉和红曲霉加以培养而制成，经过长期的制曲实践，人们发现红曲酒生产过程中的主要糖化菌是红曲酒糟中大量存在的黑曲霉。③至于为什么选择籼稻米作原料，相关研究学者普遍认为，相较于其

① （明）宋应星：《天工开物》卷下《曲蘖·丹曲》，林文照主编：《中国科学技术典籍通汇·综合》第 5 分册，第 854—855 页。

② 洪光住编著：《中国酿酒科技发展史》，北京：中国轻工业出版社，2001 年，第 164 页。

③ 路甬祥总主编：《中国传统工艺全集·酿造》，郑州：大象出版社，2007 年，第 106 页。

他稻米，籼稻米的脂肪含量少，而含淀粉质较多，适合于红曲霉繁殖的客观需要。第二，由于红曲的繁殖速度比较缓慢，为此，造曲工人发明了加入明矾水和马蓼自然汁来加速红曲霉生长的新方法。可以肯定，“用明矾水来维持红曲生长环境所需的酸度，并抑制了杂菌的生长。这是一项惊人的创造”①。这是因为：“从生物学上讲，红曲霉在繁殖的初期很难与其他曲霉竞争，但是当pH值增大到大约3.5时，它却能以压倒其他霉菌的优势旺盛地繁殖，所以中国古代采用加入明矾的方法是很正确的，它既能使介质呈酸性，又能控制不耐酸曲霉的繁殖，甚至把它们杀死。”②第三，对温度的严格控制，在当时没有测试仪器的条件下，人们就用自身的体温为标准来测定曲温，经研究发现，红曲霉繁殖的最佳温度为37—38℃，恰与人体温度一致。可见，用人体温度作比较标准来测定红曲霉的繁殖所需温度是比较科学的，也是非常实用的。当然，为了维持黑曲霉的繁殖环境，曲工分别采取“分散入箧盘，登架乘风”及“防瓦上暑气侵迫”和“防西晒”等措施，使曲温保持在30℃左右（黑曲霉的适宜繁殖温度）。可见，“一幅‘凉风吹变’图，正蕴有制曲中黑曲霉侵入生长的奥妙变化！为此，则有‘经一、二日成至黑色……的‘风中变幻’了。若仅仅是酵母菌与红曲霉生长，就不会有上述的外观表征。正因为有数种霉菌和酵母菌（开放式制曲，细菌亦不可避免）共居的关系，培养时外观的变化自然更为复杂”③。第四，红曲霉的繁殖环境除需要适宜的温度外，还需要一定的湿度条件，因为红曲霉的吃水量较大。所以我国古代曲工采取分段加水法，以适应红曲霉的生长繁殖所需。不过，湿度太大或太小都是不妥的。如果湿度过大，红曲霉就会进一步分解产物中的氨基酸、有机酸、糖分和其他营养成分，迫使曲信转变为醇类而被蒸发掉，造成不必要的损失；反之，如果湿度过小，红曲霉就会由于缺水而无法将大米粒中的各种成分分解，从而影响红曲的质量。从这个层面看，“采取分段加水的方法，以适应红曲霉的生长需要，这的确是一种科学性的创造”④。第五，污染控制也是保证红曲质量的重要环节，所以宋应星强调“凡造此物，曲工盥手与洗尽盘簟，皆令极清”，这里讲的“极清”就是现在的“无菌操作”。在宋应星看来，“污染源只要有极少的量（‘一毫滓秽’），即可引起重大事故”⑤。可见，“‘无菌’这个概念是实践中积累起来的经验”⑥。

（18）“珠玉”主要讲述了珠、宝、玉及玛瑙、水晶、琉璃的产地、品种、特性以及生产加工过程。尽管从指导思想方面，宋应星明言“贵五谷而贱金玉”⑦，但在具体的内容编排和细节考量方面，本篇的分量还是比较重的。可惜，限于篇幅，此处不再仔细讨论。

---

① 周嘉华、赵匡华：《中国化学史・古代卷》，南宁：广西教育出版社，2003年，第575页。

② 徐海荣主编：《中国饮食史》第5卷，杭州：杭州出版社，2014年，第52页。

③ 周立平：《中国的米曲——乌衣红曲与红曲》，赵光鳌主编：《第七届国际酒文化学术研讨会论文集》，北京：中国纺织出版社，2010年，第308页。

④ 徐海荣主编：《中国饮食史》第5卷，杭州：杭州出版社，2014年，第51页。

⑤ 焦瑞身等：《今日的微生物学》第2集，上海：复旦大学出版社，1990年，第5页。

⑥ 中国科学院微生物研究所编著：《菌种保藏手册》，北京：科学出版社，1980年，第177页。

⑦ （明）宋应星：《天工开物卷序》，林文照主编：《中国科学技术典籍通汇・综合》第5分册，第750页。

（二）《天工开物》的科学思想概述

宋应星《天工开物》讲述的中心议题是从实践上正确认识和处理人与自然之间的相互关系问题。再加上宋应星四种佚著（即《野议》《论气》《谈天》《思怜诗》）的发现，其科学思想自然而然已形成一个体系。诚如邱汉生等学者所言：“《论气》《谈天》两序，是在《天工开物》序之后，挨次写成的。《天工开物》必须在长期搜集研究农业、手工业生产实践经验的基础上才能写成，属稿时间当远在崇祯丁丑孟夏之前好多年。写成了《天工开物》，宋应星的唯物主义自然学说就顺理成章地形成了。这以后，他就可能进而做出哲学上的概括。试观《天工开物》里《陶埏》《冶铸》《锤锻》《燔石》《五金》诸篇，有关五行生成变化的论述、日用器物制造的说明，正与《论气》里若干哲学概括紧密联系。可以看出，前者是后者的基础，后者是在前者基础上提炼出来的。”①

1.“无益生人与有益者，各载其半”②的思想

自然界的万事万物纷繁复杂，相对于人类而言，有些事物是人类生存所必需的，因而成为人类生存的基本物质条件，比如五谷、五金、舟车等。然而，哪些东西属于宋应星所说的“无益生人”之范畴呢？宋应星在《怜愚诗》中痛斥了“无益生人”的诸多事项。例如，宋应星说：

（1）“废阁生涯妄想荧，敲鱼击磬诵残经。随求随得欺人甚，失望荒凉梦不醒。”③这是对那些痴迷于虚妄邪说而不知悔改之种种愚昧行为的批判，所以在现实世界里，宋应星认为那些念经求佛的行为，属于“无益生人”的社会现象之一。

（2）“升量学问斗量才，欲作神仙结圣胎。蛐蚓若能腾雾雨，蛟龙遍地役风雷。”④这是对那些梦想成仙以求长生不老者的一种嘲讽，世界上本来就没有长生不老的人，人们也不可能假借神仙之力来实现自己不切实际的幻想，所以宋应星将那些“欲作神仙结圣胎”的荒诞之举，视为“无益生人”的社会现象之二。

（3）“通书谫陋撰何人，选择先生道煞神。时日若能催富贵，伊家乔梓岂长贫？”⑤句中的“选择先生”即算命先生，把自己的命运交给一个只会虚张声势“道煞神”的算命先生手里，任其摆布，枉费钱财。所以利用人们求仙问卦的心理而玩弄诡辩术来欺骗世人的所谓“神算”之类，属于“无益生人”的社会现象之三。

（4）“气散魂游骨已枯，荒坟速朽返虚无。活人不去寻生计，只望堪舆指穴图。”⑥出于对阴间鬼神世界的惧怕，中国古人非常讲究墓穴的选址，希冀通过献媚神灵来保佑其家族的兴旺发达，这种观念流毒很深，所以宋应星把这种崇拜“堪舆指穴”的行为，视为“无益生人”的社会现象之四。

---

① 邱汉生、邱锋：《宋应星的唯物主义自然学说和对明末的社会批判——读新发现的宋应星佚著四种》，《文物》1975年第12期，第15页。

② （明）宋应星：《天工开物卷序》，林文照主编：《中国科学技术典籍通汇·综合》第5分册，第749页。

③ 杨维增编著：《宋应星思想研究及诗文注译》，广州：中山大学出版社，1987年，第252页。

④ 杨维增编著：《宋应星思想研究及诗文注译》，第253页。

⑤ 杨维增编著：《宋应星思想研究及诗文注译》，第253页。

⑥ 杨维增编著：《宋应星思想研究及诗文注译》，第243页。

凡此种种，这类“无益生人”的社会现象无时无刻不在影响着人们的人生态度和生活观念。因此，一方面，宋应星对那些“无益生人”的社会现象给予无情批判；另一方面，他又明白那些“无益生人”的社会现象毕竟有其特殊的滋生环境和繁衍土壤，它们还会在一定的历史时期里长期存在。正是基于此种认识，宋应星提出了“无益生人与有益者，各载其半”的思想命题。它从一个侧面说明，我们与各种封建迷信作斗争是一个长期、艰巨而复杂的历史过程。

当然，相对于“无益生人”的各种消极的社会现象而言，“有益生人”则是人类社会存在和发展的根本基石。甚至可以说，宋应星撰写《天工开物》本身就是他坚持“有益生人”这个立人原则的本质体现。在这个原则思想的指导下，宋应星力倡实学而反对宋明理学家的空谈。他说：“世有聪明博物者，稠人推焉；乃枣梨之花未赏，而臆度楚萍；釜鬵之范鲜经，而侈谈莒鼎。画工好图鬼魅而恶犬马，即郑侨、晋华，岂足为烈哉？”[①]可见，对于那些没有实际经验的所谓“聪明博物者”，宋应星不主张将他们推荐到政府部门中去任职，否则就会助长社会上“无益生人”的现象滋生，从而有害于科技的发展和社会的进步。因此，丁文江认为：“先生之学，其精神与近世科学方法相暗合。”[②]

2. 物质的相互转化思想

宋应星继承了汉代以来的“气一元论”思想传统，认为：“天地间非形即气，非气即形。杂于形与气之间者，水火是也。由气而化形，形复返于气，百姓日而不知也。”[③]很显然，物质性的“气”是世界万物之根本，用宋应星的话说，就是“盈天地者皆气也”[④]，而“形”则是物质性“气”的外在表现。然而，“气”之“形”有两种表现：第一种是由自然所形成的，如“气聚而不复化形者，日月是也。形成而不复化气者，土石是也。气从数万里而坠，经历埃壒奇候，融结而为形者，星陨为石是也。气从数百仞而坠，化为形而不能固者，雨雹是也”[⑤]。第二种是由人力而为所形成的，如宋应星说：

> 气从地下催腾一粒，种性小者为蓬，大者为蔽牛干霄之木。此一粒原本几何，其余则皆所化也。当其蓊然于深山，蔚然于田野，人得而见之。即至斧斤伐之，制为宫室器用，与充饮食炊爨，人得而见之。及其得火而燃，积为灰烬，衡以向者之轻重，七十无一焉；量以多寡，五十无一焉。即枯枝、榴茎、落叶、雕（凋）芒，殒坠渍腐而为涂泥者，失其生茂之形，不啻什之九，人犹见，以为草木之形至灰烬与涂泥而止矣，不复化矣。而不知灰烬枯败之归土与随流而入壑也，会母气于黄泉，朝元精于冱穴，经年之后，潜化为气，而未尝为土与泥。此人所不见也。[⑥]

在这段引文中，我们除接受“至斧斤伐之，制为宫室器用，与充饮食炊爨”的人类创

① （明）宋应星：《天工开物卷序》，林文照主编：《中国科学技术典籍通汇·综合》第5分册，第749页。

② 丁文江：《丁文江自述》，合肥：安徽文艺出版社，2014年，第36页。

③ 杨维增编著：《宋应星思想研究及诗文注译》，第162—163页。

④ 杨维增编著：《宋应星思想研究及诗文注译》，第179页。

⑤ 杨维增编著：《宋应星思想研究及诗文注译》，第162—163页。

⑥ 杨维增编著：《宋应星思想研究及诗文注译》，第163页。

造成果之外，还能认识到生态系统的无限循环运动规律。当然，更深入一步，其字里行间隐约透出了宋应星的“物质不灭”思想。对此，葛荣晋先生有比较详细的考论。[①]其要点如下：

第一，宋应星说：“沙与石由土而生，有生亦有化，化乃归土，以俟劫尽。深山之中，无石而有石，小石而大石。土为母，石为子，子身分量由亏母而生。当其供人居室、城池、道路之用，石工斫削，万斛委馀，尽弃于地，经百年而复返于土。”[②]句中用土与石之喻很直白地表述了物质不灭的思想，尽管宋应星的比喻显得有些粗疏，但他认为“子身的分量增加多少，母身的分量相应地减少多少，作为土石的总和既没有增多，也没有减少，这个观点是很有价值的”[③]。此句从土石的生化之理着眼，阐释了其具体物质之间相互转化和不灭的原理和思想。

第二，宋应星说：“凡铁之化土也，初人生熟炉时，铁华、铁落，已丧三分之一。自是锤锻有损焉，冶铸有损焉，磨砺有损焉，攻木与石有损焉，闲住不用而衣锈更损焉，所损者皆化为土，以俟劫尽。故终岁铁冶所出亿万，而人间之铁，未尝增也。铜、锡经火而损，其义亦犹是已。”[④]这种“物质总量守恒”的观点实际上是其物质不灭思想的自然延伸，在宋应星看来，同前面的土石关系一样，“土为母，金为子，子身分量是由亏母而生”[⑤]。也就是说：“从土中炼出多少金属，则土中金属则相应地减少多少，冶炼出来的金属经使用与耗损，又复归于土，土中原来减少的金属又得到相应补偿，在整个生化过程中总量是守恒的。”[⑥]在《天工开物》里，宋应星又举例说：“每升水银一斤得朱十四两，次朱三两五钱，出数藉硫质而生。”[⑦]这个实例不仅表明各种物质形态的化学反应具有能量守恒的特点，而且“出数藉硫质而生”的思想颇近于近代化学原理。

第三，宋应星说：“其质有灰者，非地气蒸混，必无由化。草木有灰也，人兽骨肉借草木而生，即虎狼生而不食草木者，所食禽兽又皆食草木而生长者，其精液相传，故骨肉与草木同气类也。即水虫鱼虾所食滓沫，究其源流，亦草木所为也。若夫见火还虚，而了无灰质存者，则百朱砂、雄雌石、硫黄、煤炭、魁、朴硝之类。此数物者，精意欲成金而形骸尚类石，天地真火融结而成，而人间凡火迎合而化，不待顷刻而立见虚无本色也。彼水银流自嫩砂，明珠胎于老蚌，此其无质与灰又不待言也。是故火生于木，其化物之功，有一星而敌地气之万钧，一刻而敌百年者。造化之妙，不可思议也。”[⑧]在这里，宋应星探讨了物质之间相互转化的内部原因。依据物质的内部结构，宋应星将自然界的有形物质分为两类：一类是有灰质的有形之物，如草木、禽兽和人类；另一类是无灰质的有形之物，如煤炭、朱砂、硫黄等。两者转化所需要的条件不同，其中有灰质的有形之物以地气作为它

① 葛荣晋：《葛荣晋文集》第12卷，北京：社会科学文献出版社，2014年，第93—95页。
② 杨维增编著：《宋应星思想研究及诗文注译》，第173页。
③ 王生平：《王生平论文选：活着爱才有所附丽》，北京：华艺出版社，1999年，第458页。
④ 杨维增编著：《宋应星思想研究及诗文注译》，第174页。
⑤ 杨维增编著：《宋应星思想研究及诗文注译》，第174页。
⑥ 葛荣晋：《葛荣晋文集》第12卷，第94页。
⑦ （明）宋应星：《天工开物》卷下《丹青·朱》，林文照主编：《中国科学技术典籍通汇·综合》第5分册，第850页。
⑧ 杨维增编著：《宋应星思想研究及诗文注译》，第171—172页。

的转化条件，而无灰质的有形之物则以火作为它的转化条件。所以有学者称："宋应星把物质分为有灰质、无灰质，实质上初步把有机物和无机物分开了，这在科学史上也占有一定地位。"①

第四，五行相互运动和相互作用的思想。五行的关系是中国古代哲学的思想基础，宋应星结合明代具体的生产实践，对传统五行关系做了进一步地发挥和阐释。依前面所讲气本论为前提，宋应星论述五行之间的相互关系说："天生五气，以有五行，五行皆有音声。而水火之音，则寄托金土之内。"②就"气"与五行的关系而言，气为本原性的存在，是五行赖以运动变化的根据。而五行则是五气的外在表现，是构成宇宙万物的骨架和基本元素。当然，五行之中每个元素的作用是不一样的，其中水火是起主要力量的两个方面。宋应星说："虚空中气、水、火，元神均平参和，其气受逼轧而向往一方也，火疾而水徐，水凝而火散，疾者、散者先往，凝者、徐者后从。"③这里讲的是，由于气的运动本身具有不均衡性，所以水火的作用就呈现出先后快慢之别，但这种先后快慢之别并不影响水火二气，在生成金、木、土的过程中，它们的力量一定是均衡的。所以宋应星阐释说：

> 太清之上，二气均而后万物生；重泉之下，二气均而后百汇出。凡世间有形之物，土与金木而已。今夫以土倚土不得水，而以金倚土则水生，是金中有水也。以石磨石不得火，而以金击石则火出，是金中有火也。至于木生于地下，长于空中，当其斧斤未伐，霜雪未残之时，所谓木之本来面目也。二气附丽其中，铢两分毫，无偏重也。取青叶而绞之，水重如许，取枯叶而燃之，火重亦如许也。及其斩根诛梗之后，悬于火上而不得燃者，其身火情水性正相衔抱而未离，不暇从朋于外至也。炽于日之中，火之侧，风之冲，渐引水神还虚而去，而木方克燃。或火力未甚多，日光尚少射，风声不频号，水性去九而尚存其一，犹且郁结而为烟。焚木之有烟也，水火争出之气也。若风日功深，水气还虚至于净尽，则斯木独藏火质，而烈光之内，微烟悉化矣。夫二气五行之说，至此而义类见矣。④

在传统的五行体系里，水火具有不相容性，二者是一种相克关系，然而宋应星改变了这一传统认识。他说："水与火，不能相见也。借乎人力然后见。当其不见也，二者相忆，实如妃之思夫，母之望子；一见而真乐融焉，至爱抱焉、饮焉、敷焉，顷刻之间，复还于气，气还于虚，以俟再传而已矣。是故杯水与束薪之火，轻重相若，车薪之火，与巨瓮之水，铢两相同。倾水以灭火，束薪之火亡，则杯水已为乌有，车薪之火息，则巨瓮岂复有余波哉？水上而火下，金土间之，鼎釜是也，釜上之水枯渴十升，则釜下之火减费一豆。火上而水下，熨斗是也，斗上之火费折一两，则其下衣襦之水干燥十钱。水左而火右，罂缶是也，罂内之水消十分，则炉中之火减一寸，炉中之火不尽丧，则罂内之水不全消。此

---

① 王生平：《王生平论文选：活着爱才有所附丽》，第459页。
② 杨维增编著：《宋应星思想研究及诗文注译》，第184页。
③ 杨维增编著：《宋应星思想研究及诗文注译》，第199页。
④ 杨维增编著：《宋应星思想研究及诗文注译》，第197—198页。

三者，两神相会，两形不相亲，然而均平分寸，合还虚无，与倾水以灭火者同，则形神一致也。”因此，“水与火非相胜也，德友而已矣”[①]。在这段论述中，宋应星除阐释他的中国式能量守恒思想外，还清楚表达了“水与火非相胜”的观念，这一理念和认识在中国古代科学思想发展史上独树一帜。而宋应星把这个思想应用于《天工开物》的诸多篇章之中，于是就有了以下精彩论述：

> 五行之内，土为万物之母。子之贵者，岂惟五金哉！金与火相守而流，功用谓莫尚焉矣。[②]
>
> 夫金之生也，以土为母。及其成形而效用于世也，母模子肖，亦犹是焉。精粗巨细之间，但见钝者司舂，利者司垦，薄其身以媒合水火而百姓繁，虚其腹以振荡空灵而八音起；愿者肖仙梵之身，而尘凡有至象；巧者夺上清之魄，而海寓遍流泉。[③]
>
> 水火既济而土合，万室之国，日勤千人而不足，民用亦繁矣哉。[④]

水、火、土的相互作用确实构成了《天工开物》所述之五彩缤纷的造物世界，其中自然界为这个世界提供丰富的物质材料，而人们把自己的智慧和聪明才智凝结成一件件具有审美意义的物质产品，所以宋应星评论说：“天覆地载，物数号万，而事亦因之，曲成而不遗，岂人力也哉！”[⑤]自然界有其运动变化的规律，人类不能改变自然规律，但这并不等于说人类在自然界面前就无所作为了，因为人类通过自己的主观能动性，不仅可以认识自然，还能利用自然规律来为人类自身的社会生产和生活服务。用宋应星的话说，就是“夫财者，天生地宜，而人功运旋而出者也”[⑥]。文中的“人功运旋”无疑是对那些劳动者的赞美，劳动创造生活，更能创造美。例如，“霄汉之间，云霞异色，阎浮之内花叶殊形。天垂象而圣人则之，以五彩彰施于五色。有虞氏岂无所用其心哉？”[⑦]这里所出现的“人功运旋”便是色彩的仿生借鉴，虽然有虞氏所用心的是“要用衣服的颜色和图案来区分尊卑贵贱”[⑧]，但就其能动地利用自然万物的外在形式来适应人类等级社会的发展这一点而言，有虞氏还是掌握了一定的用色规律。又如：“金木受攻，而物象曲成。世无利器，即（鲁）般、倕安所施其巧哉？五兵之内、六乐之中，微钳锤之奏功也，生杀之机泯然矣。”[⑨]也就是说，“物源蕴藏于自然界中，但它不会自动地直接转化为财富，必须依靠科技作用于物源，才能使之转化为有用之物或财富”，仅此而言，“宋应星作为一个百科全书式的科学家，懂得科学技术对人类历史的重要性，这一有价值的观点在17世纪的中国思想家中是罕见的，具有时代的进步意义”[⑩]。

---

① 杨维增编著：《宋应星思想研究及诗文注译》，第193—194页。
② （明）宋应星：《天工开物》卷中《燔石·序论》，林文照主编：《中国科学技术典籍通汇·综合》第5分册，第817页。
③ （明）宋应星：《天工开物》卷中《冶铸·序论》，林文照主编：《中国科学技术典籍通汇·综合》第5分册，第799页。
④ （明）宋应星：《天工开物》卷中《陶埏·序论》，林文照主编：《中国科学技术典籍通汇·综合》第5分册，第791页。
⑤ （明）宋应星：《天工开物·卷序》，林文照主编：《中国科学技术典籍通汇·综合》第5分册，第749页。
⑥ 杨维增编著：《宋应星思想研究及诗文注译》，第103页。
⑦ （明）宋应星：《天工开物》卷上《彰施·序论》，林文照主编：《中国科学技术典籍通汇·综合》第5分册，第775页。
⑧ 清华大学机械厂工人理论组注释：《〈天工开物〉注释》，北京：科学出版社，1976年，第105页。
⑨ （明）宋应星：《天工开物》卷中《锤锻·序论》，林文照主编：《中国科学技术典籍通汇·综合》第5分册，第813页。
⑩ 陈万求：《中国传统科技伦理思想研究》，长沙：湖南大学出版社，2008年，第240页。

当然，宋应星的科学思想是丰富而多彩的，其他像自然万物由低级到高级的进化思想、“人巧法妙”论以及物种发展变异的观念等，都非常具有时代特色，是宋应星科学思想体系的重要组成部分，限于篇幅，我们在这里就不一一介绍了。

二、从宋应星的经验思维看明朝科学的瓶颈

（一）缺乏用数量关系来说明物质运动变化规律的思维传统

刻画物质世界的运动变化过程，通常有质和量两个方面的不同。注重用质的规定性来描述物质世界运动变化过程的思维方式，一般称作定性分析方法。与之不同，注重用量的规定性来描述物质世界运动变化过程的思维方式，一般可称作数量分析方法。从哲学上讲，定性分析方法与数量分析方法是相互联系的，然而，从历史的发展过程看，两者又往往呈现出一种相互不统一的分离状态。以宋应星为例，他是明代比较重视实证科学的科学家之一，强调科学研究应当从客观实际出发，在尊重自然规律的前提下，充分运用人们在实践中总结出来的法与巧，架起“自然物”与“人成物”之间的桥梁。[①]统观宋应星的《天工开物》，其每篇每章都是以文字描写、叙述、文本或图片的形式来呈现所研究对象的信息和数据，这恰好就是定性研究的特点。而用数字化的信息形式来呈现所研究对象的信息和数据，就显得非常特殊和珍贵。有学者分析“近现代科学缘何兴盛于西方”的原因时，认为在西方，科学家对“数形理念的坚定追求和数学方法的灵活运用”是一个不可忽视的因素。与之相对应，“中国古代和近代缺乏基础的数学理念和数学工具，虽然有《九章算术》等成就，但没有形成有体系的数理方法；中国的文化传统中多是定性元素，缺乏确定性概念与数理理念，更少有对数形之美的追求”[②]。平心而论，上述观点是有一定历史依据的。当然，这并不能否定中国古代也有定量分析的思维火花。

以宋应星的能量守恒思想为例，宋应星有下面的文字表述：

> 水上而火下，金土间之，鼎斧是也。斧上之水枯竭十升，则斧下之火减费一豆（古代六豆为一铢）。火上而水下，熨斗是也，斗上之火费折一两，则其下衣襦之水干燥十钱。水左而火右，罂缶是也。罂内之水消十分，则炉中之火减一寸；炉中之火不尽丧，则罂内之水不全消。此三者，两神（火水二质）相会，两形不相亲，然而均平分寸，合还虚无。与倾水以灭火者同，则形神一致也。[③]

学界公认，这是能量守恒思想的中国式的表述[④]，因为它符合“用文字描写、叙述的形式来呈现所研究对象的信息和数据”这一判断标准。如众所知，1874年，德国物理学家亥姆霍兹发表了《论力的守恒》一文。为了证明能量守恒是自然界的普遍规律，亥姆霍兹在

---

① 蒋广学：《中国学术思想史纲要》，南京：南京大学出版社，2014年，第264页。

② 杨金深：《近现代科学缘何兴盛于西方》，《科技日报》2015年1月23日，第10版。

③ 杨维增编著：《宋应星思想研究及诗文注译》，第193页。

④ 葛荣晋：《中国哲学范畴通论》，北京：首都师范大学出版社，2001年，第87页。

文中列举了大量量化分析的实证案例。而焦耳建立了具有数形之美的能量守恒（亦即热力学第一定律）数学表达式

$$Q = \Delta U + A$$

式中 Q 称作系统 M 所吸收的热量；U 表示内能，而 ΔU 则代表在系统内 $U_{\mathrm{II}} - U_{\mathrm{I}}$ 的增加量，亦即系统经历一绝热过程由态 I 到态 II 时，其内能的增加量；A 为大系统对外界所作的功。因此，整个数学式的物理意义为：任何一个过程中，系统所吸收的热量在数值上等于该过程中系统内能的增量及对外界做功的总和。①如果用定性方法来给能量守恒定律下个定义，则有："自然界一切物质都具有能量，能量有各种不同的形式，能够从一种形式转换为另一种形式，从一个物体传递给另一个物体，在转换和传递的过程中，各种形式能量的总量保持不变。"②毋庸置疑，"能量守恒思想的中国式的表述"与之相比，确实还存在不小的差距。

又如，对风力与水力之间关系的认识。宋应星说："凡船性随水，若草从风，故制舵障水，使不定向流，舵板一转，一泓从之。凡舵尺寸，与船腹切齐。若长一寸，则遇浅之时船腹已过，其梢尾舵使胶住，设风狂力劲，则寸木为难不可言。舵短一寸，则转运力怯，回头不捷。凡舵力所障水，相应及船头而止。其腹底之下，俨若一派急顺流，故船头不约而正，其机妙不可言。"③这段话描述的是中国古代的轴转舵技术，其中对舵的尺寸要求十分严格，这是因为舵是整个船的指挥主帅，古人有"千百人之命，直寄于一舵"④之说，所以不能有半点差错。至于为什么必须"凡舵尺寸，与船腹切齐"，宋应星似乎已经触摸到了舵力学问题，但却没有深入。根据近代力学知识，我们知道，当航船在行驶的过程中，水流就会在舵板上形成舵压（亦即水压）。于是，舵压和船体的浮力之间会形成一个力矩，从而改变船体的行驶方向。⑤如图 2-13 所示：

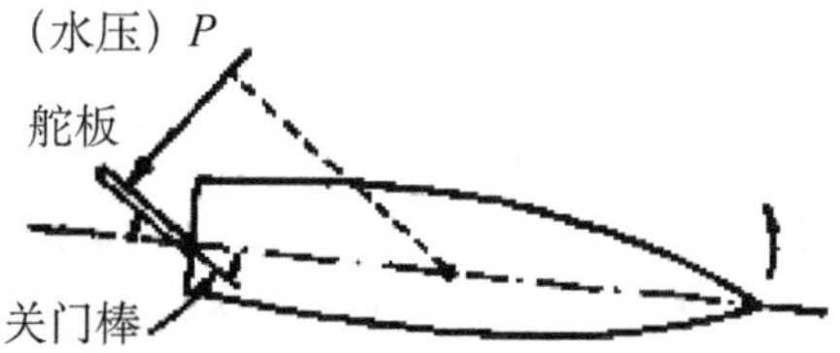

图 2-13　舵面受力与船向改变示意图⑥

一方面，从技术科学的角度讲，中国古人发明的舵确实领先于同时代的欧洲；另一方面，欧洲的理论力学从伽利略开始即进入了快速发展时期。如众所知，伽利略通过观察马车的水平运动而发现了惯性定律：假设马拉车正在平坦马路上行驶，然后虽然停止马拉，

① 何国兴编著：《文科物理》，上海：东华大学出版社，2015 年，第 127 页。

② 何国兴编著：《文科物理》，第 126 页。

③ （明）宋应星：《天工开物》卷中《舟车·漕舫》，林文照主编：《中国科学技术典籍通汇·综合》第 5 分册，第 807 页。

④ （宋）周去非：《岭外代答》卷 6《器用门·舵》，上海：上海远东出版社，1996 年，第 124 页。

⑤ 金秋鹏：《中国古代的造船和航海》，北京：中国青年出版社，1985 年，第 51—52 页。关于舵的力学原理，日本学者吉福康郎在《趣味数学物理：怎样解答"为什么？"》一书中有详细解释，有兴趣的读者可以参考[日]吉福康郎：《趣味数学物理：怎样解答"为什么？"》，田明华译，北京：科学普及出版社，1986 年，第 11—14 页。

⑥ 戴念祖：《中国力学史》，石家庄：河北教育出版社，1988 年，第 461 页。

小车不会立即静止，还会继续前进一段路程。要想使车前进的路程增长，需要马路平坦、坚硬、并向马车轴间涂油以减少阻力。假设路面绝对平坦、坚硬、轴和轮间毫无摩擦，则小车将会保持原速永远运动下去。因此，伽利略认为，任何物体，只要没有外力作用改变其运动状态，它就会永远保持静止或匀速直线运动状态。[①]接着，与宋应星同时代的笛卡尔在其《哲学原理》一书中对惯性定律做了第一次完整表述。他说："只要物体开始运动，就将继续以同一速度并沿着同一直线方向运动，直到遇到某种外来原因造成的阻碍或偏离为止。"[②]在此基础上，牛顿在《自然定律》一文中明确给出了惯性的定义，并将其提高到公理的地位。[③]回过头来再看，宋应星对舟车的观察和记述可以说都非常精细，甚至有学者称："宋应星本人必定曾时常站立于鄱阳湖或大运河上舵工旁边（加以观察）；彼试行对流线层流加以叙述系具有特别之兴趣。"[④]可是，我们从宋应星的记述中，只能这样推测："由宋氏之解释，可了解轴转舵之功用乃使桨或桨叶保持某一稳定之角度，其原理为当水流经桨叶时，水之流线流被偏转，并对船身产生一项流体转矩。"[⑤]从技术的应用到理论总结，中间还有一段艰难的路程，宋应星已经尽了最大努力，但他毕竟没有运用理论思维来总结明代手工业发展所取得的重大技术成就。所以宋应星在文中虽然"对舵势水力的转向流动的机巧已入化境，甚至也有了探求理论的兴趣，但对有关力矩作用和重心转动，以及面积的大小和压力的关系等问题，毕竟欠缺理论层面的解说"[⑥]。

同西方的近代生产实践和经验不断提出需要运用量化分析手段才能科学解决的问题一样，明代的生产实践和经验亦提出了需要量化分析来解决的各种技术问题。例如，烧制瓷器时对窑内温度的控制以及火药的配方等。宋应星在讲述矾的制备工艺过程时说：

> 凡皂、红、黄、矾皆出一种而成，变化其质。取煤炭外矿石，俗名铜炭子（按即煤层中伴生的黄铁），每五百斤入炉，炉内用煤炭饼千余斤，周围包裹此石。炉外砌筑土墙圈围，炉颠空一圆孔，如茶碗口大，透炎直上，孔旁以矾滓厚罨，然后从底发火，此火度经十日方熄。其孔眼时有金色光直上（取硫，详后款）。煅经十日后，冷定取出。半酥杂碎者另拣出，名曰时矾，为煎矾红用。其中精粹如矿灰形者，取入缸中，浸三个时，漉入釜中煎炼。每水十石，煎至一石，火候方足。煎干之后，上结者皆佳好皂矾，下者为矾滓（后炉用此盖），此皂矾染家必需用，中国煎者亦唯五六所。原石五百斤成皂矾二百斤，其大端也。其拣出时矾（俗又名鸡屎矾），每斤入黄土四两，入罐熬

① 陈云龙、聂维清、严果生主编：《新改新论——高等教育教学研究论文选集·数、理、化、英语卷》第1集，太原：山西高校联合出版社，1994年，第223页。

② 中国大百科全书总编辑委员会：《中国大百科全书·物理学》第1册，北京：中国大百科全书出版社，1998年，第196页。

③ 王正清主编：《普通物理·力学》，北京：高等教育出版社，1990年，第57页。

④ [英]李约瑟：《中国之科学与文明》第12册，陈立夫主译，台北：商务印书馆，1980年，第142页。

⑤ 万迪棣：《中国机械科技之发展》，台北："中央文物供应社"，1984年，第239页。

⑥ 洪万生主编：《中国人的科学精神》，合肥：黄山书社，2012年，第351页。

炼，则成矾红，圬墁及油漆家用之。其黄矾所出又奇甚。[①]

文中运用一定的数量关系来揭示青矾、红矾、黄矾、胆矾之间的物质变化过程，尤其是有关配料的比例和产率的高低，往往用数字来表达，这是宋应星从具体的生产经验中总结而来，具有定量分析的萌芽，但还不是完整意义上的定量研究。像以上的实例，在《天工开物》里还有很多，这说明我国古人在各种工艺生产实践中早已提出了与量化有关的配料比例和产率高低问题。然而，从生产实践提出的问题到作为独立的科学实验，中间还有比较艰难的分离、转化与凝练的环节。例如，宋应星对冶铸钟、鼎、釜、炮、像、镜、钱等金属器物的论述十分周详，但他还仅仅停留在经验描述的阶段，也没有自觉地对鼓风、温度、风速等需要量化的问题进行深层思考，当然更不可能对这些问题做统一性的理论阐释。与此不同，德国化学家施塔尔面对同样问题却提出了"燃素学说"，为定量化学的出现创造了条件。我们知道，"燃素学说"盛行了约125年（1650—1775），尽管这个学说本身还存在很多问题和矛盾，但在当时它确实能够解释人们在实验过程中所遇到的一系列疑难问题。譬如，英国化学家波义耳试图用化学元素这个概念来解释物质世界的一切变化过程。他认为燃烧的本质就是具有重量的"火微粒"所构成的物质元素，并应用这个观点来解释金属经燃烧后为什么重量会增加这个客观的实验事实。在波义耳看来，"金属在加热后，它的重量之所以增加，那是由于它在加热时，受到热的作用，有一种特殊的、极其微小的、肉眼看不见的'火素'，穿过了玻璃瓶的瓶壁，跑到金属里去，跟金属化合变成了灰烬。'火素'是有重量的，这样，加热后金属的重量就增加了"[②]。虽然波义耳的解释还不全面，但是他的这种解释是以实验为基础的[③]，在当时已经是很先进的理论。因为波义耳把金属燃烧的过程从生产过程中分离出来，使之在独立的实验室里重复进行。可是，由于比较复杂的历史原因，宋应星却没能够迈出这种对近代化学具有关键作用的一步。

（二）对生产工艺过程中耗损问题的忽视

从中国传统工艺的现实运动过程看，人们更看重整个工艺过程的结果，而对整个工艺过程中所需原材料的耗损问题似乎不够重视。例如，宋应星描述烧砖的生产过程说：

凡埏泥造砖，亦掘地验辨土色，或蓝或白，或红或黄（闽、广多红泥，蓝者名善泥，江浙居多），皆以黏而不散、粉而不沙者为上，汲水滋土，人逐数牛错趾，踏成稠泥，然后填满木框之中，铁线弓戛平其面，而成坯形。凡郡邑城雉、民居垣墙所用者，有眠砖、侧砖两色。眠砖方长条砌，城郭与民人饶富家不惜工费，直叠而

① （明）宋应星：《天工开物》卷中《燔石·青矾、红矾、黄矾、胆矾》，林文照主编：《中国科学技术典籍通汇·综合》第5分册，第820页。

② 宁正新编著：《精彩化学》，北京：北京联合出版公司，2012年，第54页。

③ 波义耳的实验是：他把铜片放进玻璃瓶中，称了下重量，然后，将其放在火炉上猛烈地加热和煅烧，此时，铜片上逐渐蒙上一层暗灰色的物质，直至变成黑色的渣滓。烧完后，他再去称，铜片竟然变重了。其他如铅、锡、铁、银等金属物质的煅烧结果亦都一样。

上。民居算计者，则一眠之上施侧砖。……凡砖成坯之后，装入窑中，所装百钧则火力一昼夜，二百钧则倍时而足。凡烧砖有柴薪窑，有煤炭窑；用薪者出火成青黑色，用煤者出火成白色。凡柴薪窑巅上偏侧凿三孔以出烟。火足止薪之候，泥固塞其孔，然后使水转锈。凡火候少一两，则锈色不光；少三两，则名嫩火砖，本色杂现，他日经霜冒雪则立成解散，仍还土质。火候多一两则砖面有裂纹；多三两则砖形缩小拆裂，屈曲不伸，击之如碎铁然，不适于用；巧用者以之埋藏土内为墙脚，则亦有砖之用也。①

毫无疑问，这些生产工艺对土、木、水等资源的耗费是相当严重的。故有学者分析说："明代华北平原及其周边地区是响应气候变化的敏感区域，明末气候变冷导致灾害频发、资源锐减和环境恶化，直接造成粮食减产、米价飙升和饥荒蔓延，间接引发战争动乱和财政崩溃；这对于生产力不发达的农业社会，可选路径便是通过改造人类社会的结构以适应外界环境的变化。"②从根源上讲，明朝气候变冷的成因与太阳的活动本身直接相关，但在同样条件下为什么在明朝的反应是如此强烈，这恐怕跟明朝手工业发展对当时各种自然资源的大量消耗不无关系了，而这些关乎人类生存的基础性问题则进一步加剧了明朝社会的政治和经济危机。

如果把明朝灭亡的原因直接归结为全球气候变冷，显然是站不住脚的。下面的分析颇有道理，我们不妨转引于兹，以飨读者。

在明初，朝廷还比较重视保护自然环境，曾多次下诏令封山禁林，规定"冬春之交，罝罘不施川泽，春夏之交，毒药不施原野。"但到了明朝中期，流民问题日益严重，朝廷不得不驰禁，下令"山场、园林、湖泊、坑冶、果树、蜂蜜官设守禁进行，悉予民。"(《明史·食货志》) 为了鼓励垦田，安置流民，朝廷还对新开垦之田，在一定期限内不征粮税。这样一来，流民开垦荒地的积极性空前提高，而待到征税之到来，流民为躲粮税，又弃荒另辟新田，这样不断地垦荒、弃耕，使农耕区急剧扩大，也使森林草原不断减少。由于急功近利，农民在新耕土地上也不注重施肥保持地力，耕作技术粗放落后，广种薄收，数百年来沿习成风，致使黄土高原、河西走廊、内蒙古及东北草原广大农牧交界区域被大量垦植，植被遭到破坏。地力的递减更陷入"越穷越垦、越垦越穷"的恶行循环。③

在《天工开物》一书里，宋应星对"耕地"有以下记载：

凡稻田刈获不再种者，土宜本秋耕垦，使宿稿化烂，敌粪力一倍。或秋旱无水及怠农春耕，则收获损薄也。凡粪田若撒枯浇泽，恐淋雨至，过水来，肥质随漂而去。

① （明）宋应星：《天工开物》卷中《陶埏·砖》，林文照主编：《中国科学技术典籍通汇·综合》第5分册，第792页。

② 李钢等：《气候变化、自然灾害、战争动乱与明朝灭亡：以华北平原为考察中心》，《中国地理学会2013年（华北地区）学术年会论文集》，第202页。

③ 罗桂环等主编：《中国环境保护史稿》，北京：中国环境科学出版社，1995年，第39页。

谨视天时，在老农心计也。凡一耕之后，勤者再耕、三耕，然后施耙，则土质匀碎，而其中膏脉释化也。凡牛力穷者，两人以扛悬耜，项背相望而起土，两人竞口仅敌一牛之力。若耕后牛穷，制成磨耙，两人肩手磨轧，则一日敌三牛之力也。凡牛，中国唯水、黄两种。水牛力倍于黄。但畜水牛者，冬与土室御寒，夏与池塘浴水，畜养心计亦倍于黄牛也。凡牛春前力耕汗出，切忌雨点，将雨则疾驱入室；候过谷雨，则任从风雨不惧也。吴郡力田者，以锄代耜，不借牛力。愚见贫农之家，会计牛值与水草之资、窃盗死病之变，不若人力亦便。假如有牛者，供办十亩，无牛用锄，而勤者半之。既已无牛，则秋获之后田中无复刍牧之患，而菽、麦、麻、蔬诸种纷纷可种。以再获偿半荒之亩，似亦相当也。①

同样是种地，用牛耕与"以锄代耜"，它们的最终结果"相当"。因此，在当时的生产条件下，劳动生产率这个概念根本无法体现。从经济学的角度看，牛耕的成本较高，是事实。另外，用耜耕地是否能提高粮食亩产量，也不能确定，因为影响农业收成的因素比较复杂。即使用耜，根据宋应星的图示（图 2-14）分析，亦未必节省人力。尤其是对于那些小块田和旱田，牛耕可能更加浪费资源。所以明代农家出现了"代耕具的绳索牵引"现象，如明人谈迁介绍说："成化二十一年户部左侍郎隆李衍，总督陕西边备，兼理荒政，发廪赈饥，作木牛，取耕牛之耒耜，易制为五：曰坐犁、曰推犁、曰抬犁、曰抗犁、曰肩犁。可山耕、可水耕、可陆耕，或用二人，多则三人。多者自举，少者自合，一日可耕三四亩。作木牛图布之。"②从发展的趋势看，"代耕具"相对于牛耕应是一个比较先进的生产方式，问题是它能否在广大的区域内达到"省力而功倍"③之效，尚待研究。所以有研究者指出："总体看，代耕机的应用情况不佳，其原因涉及多方面。单从设计角度看，代耕机与牛耕铁犁相比，前者在灵活性、可操作性、实际功效等方面都还无法与后者抗衡。所以在传统的生产方式中，牛耕铁犁始终占据着首选的位置。"④不过，从历史的发展趋势看，"代耕机"实际上"已具有机耕的雏形，实为耕具之革新"⑤。

当然，同时期的欧洲耕犁在结构上出现了"轮子"（中国古代的犁则缺少这个结构），用以控制犁地的深度，比较节省人力。而明代工匠却没能在元代耕犁的基础上，不断改进耕犁的结构，使之更加有效地适用于不同的牲畜（如牛、骡子、马）来牵引。下面是由古代犁制向近现代犁制的改革进程：

---

① （明）宋应星：《天工开物》卷上《乃粒·耕》，林文照主编：《中国科学技术典籍通汇·综合》第 5 分册，第 752—753 页。

② （清）谈迁著，罗仲辉、胡明校点校：《枣林杂俎》，北京：中华书局，2006 年，第 423 页。

③ 陈文华、张忠宽：《中国古代农业科学技术成就展览资料汇编》引同治《郧阳府志》，内部资料，1980 年，第 119 页。

④ 邱春林：《会通中西·王征的设计思想》，北京：北京时代华文书局，2015 年，第 158—159 页。

⑤ 余也非：《中国古代经济史》，重庆：重庆出版社，1991 年，第 698 页。

图 2-14　耜耕示意图[①]

要使犁头入土后，耕田工作顺利进行，有人想出在犁镵上面装一块特殊形式的滑板，滑板具有扭曲，可使耕起的土向一旁翻去，以后几经改进，这就成为现在所谓的犁壁；但有了这块犁壁，工作时在犁的侧面就产生了压力，影响犁体的稳定，为了平衡这一压力，结果在犁的工作机构上又补充了一种新的零件，这就是地侧板；更为了便于操纵犁具，有人想出把单犁柄改成双犁柄。

同时有人注意假使从下面及侧面一起来切开土壤的话，将大大减轻犁的拉力，并使犁的操作比较容易，结果把连结犁辕和犁床的犁柱改成楔形装在前面，由于这一新的概念的启发，终于在犁的工作机构上又设计成一件新的零件，这就是现在我们所称的犁刀。犁刀通常都是固定在犁辕上的。

犁的主要工作部分逐渐地创造成功和犁镵、犁壁形式不断获得改善的结果，增加了犁的坚固度，也减轻了耕田的劳动。为了使犁在工作时进一步保持稳定便于操纵，此后又创制了滑脚与导轮，并从导轮进而成为具有双轮的前轮架。[②]

虽然说近现代耕犁的主要结构与中国古代的耕犁没有实质性的变化，但就是在这个别结构和零件的变化上，却体现了两者的巨大差异。我们知道，近现代耕犁结构的变化都是在一定科学理论（如土垡运动力学、犁体曲面理论等）的指导下完成的，而中国古代的耕犁结构则主要是依靠生产经验。关于这个问题，学界多有论述，我们在此无需赘言。不过，从宋应星《天工开物》的整个编撰体例看，所有与手工业生产有关的耗损问题，当时还没有进入作者的研究视野。有资料显示，在印度有些半干旱地区由于地下水耗损比较严重，以至于出现了其“水稻生产不可持续”的问题。[③]我国明代的水稻生产需要耗损大量的水资源，而如何最大限度地节约灌溉用水，宋应星在《天工开物·乃粒》篇中没有涉及。其他

① （明）宋应星著、钟广言注释：《天工开物》卷上《乃粒》，广州：广东人民出版社，1976 年，第 19 页。
② 华东区中等农业学校教材参政资料编审委员会：《农业机械化和电气化》，1954 年，第 122—123 页。
③ 世界资源研究所、联合国环境规划署、联合国开发计划署：《世界资源报告（1994—1995）》，北京：中国环境科学出版社，1995 年，第 123 页。

如冶炼、陶埏、舟车、杀青、丹青等手工业生产，同样都牵涉能源耗损问题，宋应星也都没有考虑到这一点。由于缺少这种“耗损”意识，所以导致我国的传统手工业成为现代耗损资源的主要生产领域之一。

第五节　茅元仪的国防战略思想

茅元仪，字止生，号石民，归安（今浙江吴兴）人，出生官宦之门，家富藏书，故茅元仪“自幼阔迂，喜读兵农之道”①。面对明朝当时“兵变于内，敌窥于外”②的危险处境，茅元仪立志为明朝“使当战死”③，并数次向皇帝献策，主要有“条画垂万言书”④、“拟上皇帝书”⑤、“藿谋”⑥、“靖草”⑦等。尤其是在天启元年（1621）刊印了由茅元仪辑录的中国古代军事百科全书《武备志》240卷，茅元仪名声大振。当时，面对明朝内忧外患的危险形势，茅元仪首先想到的是激励士气，因为“国家自受命以来，承平者二百五十载，士大夫无所寄其精神，杂出于理学、声歌、工文、博物之场，而布衣在下不得显于时，亦就士大夫之所喜而为之，不如此，则不得附青云而声施也。至介弁之流，亦舍其所当业，而学士大夫之步。何也？人不能以己不知者知人，而喜以同己所知者为贤，故朝野之间，莫或知兵”，以至于出现了“东胡一日起，士大夫相顾惊骇”⑧的严重后果。天启七年（1627），崇祯即皇帝位。于是，茅元仪怀着满腔热血向其进呈《武备志》，“上言东西夷情，闽粤疆事及兵食富强大计”，意欲救亡图存，故“帝命待诏翰林”，惜“寻又以人言罢”⑨。可见，晚明已经病入膏肓，积重难返了。后来，茅元仪虽然也曾因战功而升任副总兵署大将军印，但不久即被罢职出家于河北福堂寺。崇祯三年（1630），又受辽东兵哗之累，被发配到福建漳浦从军。此时，腐败的明王朝早就众叛亲离，大势已去，茅元仪空有热血，却无力回阙。最后，终因悲愤交侵，郁郁而死。

一、《武备志》的核心军事思想与茅元仪的海洋观

（一）《武备志》的核心军事思想

《武备志》总目共有五部分内容：

---

① （明）茅元仪：《石民四十集》卷69《与徐玄扈赞善书》，国家图书馆善本部藏崇祯刻本。
② （明）茅元仪：《石民四十集》卷5《再汰官兵书》，国家图书馆善本部藏崇祯刻本。
③ （明）茅元仪：《石民四十集》卷25《费元朗传》，国家图书馆善本部藏崇祯刻本。
④ （明）茅元仪：《石民四十集》卷14《冒言序》，国家图书馆善本部藏崇祯刻本。
⑤ （明）茅元仪：《石民四十集》卷6《拟上皇帝书》，国家图书馆善本部藏崇祯刻本。
⑥ （明）茅元仪：《石民四十集》卷14《藿谋序》，国家图书馆善本部藏崇祯刻本。
⑦ （明）茅元仪：《石民四十集》卷14《靖草序》，国家图书馆善本部藏崇祯刻本。
⑧ （明）茅元仪：《武备志·自序》，《续修四库全书》编纂委员会：《续修四库全书》第963册《子部·兵家类》，上海：上海古籍出版社，2002年，第19页。
⑨ （清）陈梦雷编纂：《古今图书集成》第64册《理学汇编·文学典》，北京、成都：中华书局、巴蜀书社，1985年，第77008页。

其一，“兵诀评”18卷，据《中国兵书知见录》统计，明代存世兵书总计777部，9768卷，内130部无卷数；存目兵书计有246部，948卷，内108部无卷数。[①]由此可见，整个明朝民众对兵书的需求量是很大的。问题是如何在汗牛充栋的兵书宝库中找出其中的精品与精华，这恐怕是那些有志之士所关心的问题。一方面，社会上有大量兵书流行；另一方面，“朝野之间，莫或知兵”。那么，问题的症结在哪里呢？茅元仪认为是兵书太杂，多数人不懂得选择，所以不得兵书要领。他说：

> 自古谈兵者，必首孙武子。故曹孟德手注之，又为《兵家接要》二十万言，大约集诸家而阐明《孙子》者也。世有《武侯新书》者，亦所以明孙子，然赝书也，无所短长。孟德书不传，然孙子在，有心者可以意迎之，他书可弗传也。先秦之言兵者六家，前《孙子》者，《孙子》不遗；后《孙子》者，不能遗孙子，谓五家为孙子注疏可也。故首《孙武子》，次《吴子》，以其言核于诸家也；次《司马法》，次《韬》，次《略》，以备制也；次《尉缭子》，以其得用兵之意，可以辅诸家而行也；终之以《李卫公问答》、李筌《太白阴经》、许洞《虎钤经》，以其言皆所以申明六家，犹《易》之有京、焦，《春秋》之有三传也。……合九家而为《兵诀评》，要之学兵诀者，学孙子焉可矣。[②]

在这里，茅元仪把中国古代兵书看作是以《孙武子》为核心的理论体系，用他的话说就是“以其言核于诸家”，而其他8部兵书则或“备制”，或“辅诸家而行”，或“申明六家”。站在茅元仪所处的时代和他所要解决的实际问题这个立场上看，茅元仪所论似无可厚非。然而，若从中国古代兵书的历史发展规律看，则《孙武子》固然是中国古代兵书的灵魂与核心，但其他兵书并非都只能成为它的注脚，而是在《孙武子》的基础上各有侧重和发展，它们共同构成中国古代兵学体系的重要组成部分。

其二，“战略考”33卷，依朝代更迭，选取了从春秋一直到元朝，每个历史时期的著名战争奇略和权谋形势，总计613节，共有600多个战争战例。茅元仪在讲到“战略考”的择取标准时说：“略，则非略非录也；略，弗奇弗录也；每举一事而足益人意志。虽言之竟日而弗倦，试之万变而不穷，是可以观矣，是可以观矣。”[③]可见，“战略”的“略”含有战争的指挥能力之义，它主要是针对领兵打仗的将军来说的。例如，《孙武子》提出“走为上计”以“避其锐气，击其惰归”[④]的战略思想。对此，茅元仪在《武备志·战略考·南宋》中结合战例解释说：

> 敌势全胜，我不能战，则：必降；必和；必走。降则全败，和则半败，走则未败；未败者，胜之转机也。如宋毕遇与金人对垒，度金兵至者日众，难与争锋。一夕拔营去，留旗帜于营，豫缚生羊悬之，置其前二足于鼓上，羊不堪悬，则足击鼓

① 张伟：《浅谈古代目录书中所载兵家类图书》，《大众文艺》2016年第2期，第35页。

② （明）茅元仪：《武备志》卷1《兵诀评》，《续修四库全书》编纂委员会：《续修四库全书》第963册《子部·兵家类》，第47页。

③ （明）茅元仪：《武备志》卷19《战略考》，《续修四库全书》编纂委员会：《续修四库全书》第963册《子部·兵家类》，第201页。

④ （春秋）孙武：《孙子兵法》，北京：中国纺织出版社，2015年，第153页。

有声。金人不觉为空营，相持数日，乃觉，欲追之，则已远矣（《战略考·南宋》）。可谓善走者矣！①

其三，“阵练制”41卷，分“阵”与“练”两部分内容，主要辑录从西周至明代的各种阵法，并附有319幅阵图以及选练之法，如选士、编伍、悬令、教旗、教艺等。在茅元仪看来，“阵取其制，制则宁详；练取其实，实则宁俚”②。“制”就是具体的阵势和阵法，要求解说尽量详尽和完备，为此，茅元仪在论“阵”的起源、地位和作用时说：

吾尝究之于井田，而圣人作阵之故较然也。……夫聚耕奴于陇亩，至十百人，不分田而授之，则互为诿；不限力而责之，则各为诿；不量其布获之烦、暑雨之迫，而教其合力焉，则一人势不给，虽不诿而自诿。故前后、左右者，其所分田也；坐作、进退者，其所限力也。此击则彼救，阳突则阴伏者，量其烦迫而教其合力也。然使数者举，而主人之相产，必平坂广原而后可，则天下之弃地多矣。故量地制阵，而方、圆、曲、直、锐之形别焉。……推而精之，在乎神明，变而通之，在乎决机。③

阵法起源于井田制，它表明阵法是兵农合一的产物。所谓“量地制阵”是指任何阵法都要以一定的地形条件为前提，充分利用地形，排兵布阵，出奇制胜。当然，茅元仪认为，只有“变而通之”，才能“决机”出奇，攻其不备。实际上，茅元仪已经抓住了“阵法”的灵魂，有阵法，但不能唯阵法。

至于“练取其实”，则是讲对于军事训练的解说不要太烦琐，而是应简明扼要，易学好记，以实用为目的。

其四，“军资乘”55卷，主要讲述行军设营、兵器装备、审时料敌、攻城守地、战地救护、后勤保障等内容，共分“营”“战”“攻”“守”“水”“火”“饷”“马”等8类，每类之下又分若干目，如“营”之下又细分为“营制”“营算”“营地”“营规”“夜营”“暗营”6目。对于“军资”的重要性，茅元仪说：“三军既聚，必先安其身，身安而后气可养，身安而后患可防。故首以营。营具而可以战矣，故次之战。地有异形，时有异势，不可徒恃其野战，故次之以攻。可以攻人，人亦可攻我，故次之以守。五兵之用有时穷，则必济之水火，水火之资生者大，故其为杀也亦暴，智伯曰，吾知水之可以亡人国也，故次之水。水待于地，火时于天，地有定而天常移，是以火之效居多，故次之火。明乎六者而思过半矣。然民以食为天，故次之饷。士以马为命，故次之马。”④从《武备志》的编纂主旨看，茅元仪试图通过构建完整的兵学体系来提高明代将领的军事理论素质和作战能力，因此，本篇的逻辑性最强，

① 佚名著，陈书凯编著：《三十六计》，北京：蓝天出版社，2006年，第271页。

② （明）茅元仪：《武备志》卷52《阵练制》，《续修四库全书》编纂委员会：《续修四库全书》第963册《子部·兵家类》，第490页。

③ （明）茅元仪：《武备志》卷52《阵练制》，《续修四库全书》编纂委员会：《续修四库全书》第963册《子部·兵家类》，第491页。

④ （明）茅元仪：《武备志》卷93《军资乘》，《续修四库全书》编纂委员会：《续修四库全书》第964册《子部·兵家类》，第188页。

难怪有学者评价说："其子目按照内在联系进行排序，为后世学者提供了全新的研究角度。"①

其五，"占度载"93卷，分"占"和"度"两部分内容，主要讲述军事天文、地理，尤其海防与边疆方面的地理知识，其中所载郑和航海图及四夷边防总图尤为珍贵。茅元仪解释说："语有之，为将军者，上知天，下知地，中知人。今曰兵诀，曰战略，曰阵练，曰军资，皆人也，故作占度载，以尽天地之事。夫天地者，亦人而已矣。"②由此可见，如何发挥人的主观能动性是"占度载"的基本主旨。

综上所述，我们不难发现，从富国强兵的角度看，《武备志》的核心内容应是"阵练制""军资乘"和"占度载"。在这三部分内容里，茅元仪比较系统地阐释了他那"时之所需在彼，则工者必多特患不豫耳"③的军事思想。

一是"言武备者，练为最要矣"④，即军事理论素养和实战技能教练是国防战略研究的重要内容之一。所以茅元仪说：

> 练不可易言也，士不练，则不可以阵，不可以攻，不可以守，不可营，不可战，不可以专水火之利；有马而不可驰，有饷而徒以饱；天时地利，不能以先人；为略为法，不可以强施。然则言武备者，练为最要矣。夫士不选，则不可练也。⑤

首先，"练"什么，以解决"阵练"的性质和方向问题。毋庸置疑，就训练的本质而言，茅元仪的认识较前贤的认识更加深刻。他说："尝考良将之多，远莫如春秋、战国，近莫如三国、六季，而汉、唐、宋之末，其将亦胜于盛时，何也？此寄精神之说也。"⑥也就是说，军事训练不单单是锻炼体魄和强化实战的技能，还是锤炼士兵精神意志的过程。因此，罗家伦先生曾说："军事训练不仅是体魄的训练，乃是精神的训练，是习惯的训练"，"更是一种民族求生存的训练。"⑦这也是"汉、唐、宋之末，其将亦胜于盛时"的真正原因所在，而明末的基本国情同"汉、唐、宋之末"相近，内忧外患叠加，这进一步促使茅元仪产生同那些志士仁人一样的思想认识，并对军事训练本身有了更深刻的领悟。

其次，怎样"练"，以解决"阵练"的路径和方法问题。茅元仪说："定则而等其食，则常廪之中，赏罚寓焉。从而损益之，选即所以练也，然后行束伍之法，颁禁令之条，使其心与胆，日就我之练而不觉，然后教以进退之节，使目练于旌旗，耳练于金鼓，我临敌

① 窦学欣编著：《国学文化经典导读》，北京：中国华侨出版社，2016年，第187页。

② （明）茅元仪：《武备志》卷148《占度载》，《续修四库全书》编纂委员会：《续修四库全书》第965册《子部·兵家类》，第21页。

③ （明）茅元仪：《武备志·自序》，《续修四库全书》编纂委员会：《续修四库全书》第963册《子部·兵家类》，第23页。

④ （明）茅元仪：《武备志》卷68《阵练制》，《续修四库全书》编纂委员会：《续修四库全书》第963册《子部·兵家类》，第674页。

⑤ （明）茅元仪：《武备志》卷68《阵练制》，《续修四库全书》编纂委员会：《续修四库全书》第963册《子部·兵家类》，第674页。

⑥ （明）茅元仪：《武备志·自序》，《续修四库全书》编纂委员会：《续修四库全书》第963册《子部·兵家类》，第22—23页。

⑦ 罗家伦：《军事训练的意义和使命》，顾良飞、李珍主编：《君子·清华名师谈育人》，北京：清华大学出版社，2015年，第142页。

制奇，百变百出，而其耳目之所习者如一，此可以称节制之师矣。”①从先秦以降，军事家将最能征善战的军队分为两种类型，那就是“节制之师”和“仁义之师”。如《荀子》云：“齐之技击，不可以遇魏氏之武卒；魏氏之武卒，不可以遇秦之锐士；秦之锐士，不可以当桓文之节制；桓文之节制，不可以敌汤武之仁义。”②虽然这种划分与儒家的政治主张一致，但它确实把军事训练的意义揭示出来了，因为军事训练的最终目的是“得民心”，而“得民心者得天下”③，恰好体现了“仁义之师”的本质要求。至于“节制之师”肯定不纯粹是强壮体力的组合，而是严格训练的结果。具体来说，“练”需要一定的环节，步骤和程序，然后才能真正落到实处。

第一，“选士”需要讲究“去取”与“分别”。茅元仪说：“选士而无去取，是驱市人而战也；有去取而无分别，则车辕舟浆，违用而不可致远，参、苓、乌、附误投而可以陨生。故首去取，次分别。”④在“去取”方面，茅元仪非常赞同戚继光在《纪效新书》中的主张：“选人以精神为主”，且应优先选择那些“乡野愚钝之人”⑤。

“分别”则根据每个人的身体素质和技能，扬长避短，使其在战场上发挥最大的价值，这就是兵家所说“选士之法，因能守职，各取其长”⑥的意思。结合用兵实际，茅元仪做了以下分类解释：

（1）或贫穷忿怒、不顾生死、将决其志、遇贼争先、务进取者为一等，可使冲围破垒、伦营斫寨、夺取旗鼓。

（2）有少壮疾走能行者为一等，可使探报、应接、期敌。

（3）有勇力出众者为一等，可使攻城、夺门、负重、填濠、破金鼓、绝旌旗也。

（4）有口辩巧辞利舌机捷之人，为一等。可使军中游说间谍、激励将士、谲诈妖言、毁敌胜负、惑动贼情。

（5）有弓弩射远的中者为一等，可使偏攻、开路，射其主将、头目之人。

（6）有武艺出众、力气壮者为一等，可使为奇兵大将、应急驱使。

（7）有过犯凶恶、顽迹不顾死生少壮者为一等，可使昼则游奕，夜则伏路，守隘、破坚、入险，出为先锋，入为后殿。

（8）有攻医药、戎具、木匠、铁匠、杂手艺者为一等，可使军前缓急、杂用。

（9）有小心、软弱、怕斗者为一等，可使守门、防奸、知更号。

---

① （明）茅元仪：《武备志》卷68《阵练制》，《续修四库全书》编纂委员会：《续修四库全书》第963册《子部·兵家类》，第674—675页。

② （战国）荀况：《荀子全译》，贵阳：贵州人民出版社，1995年，第297页。

③ 于建福：《四书解读》，南京：江苏教育出版社，2011年，第250页。

④ （明）茅元仪：《武备志》卷68《阵练制》，《续修四库全书》编纂委员会：《续修四库全书》第963册《子部·兵家类》，第675页。

⑤ （明）茅元仪：《武备志》卷68《阵练制》，《续修四库全书》编纂委员会：《续修四库全书》第963册《子部·兵家类》，第676页。

⑥ （明）茅元仪：《武备志》卷68《阵练制》，《续修四库全书》编纂委员会：《续修四库全书》第963册《子部·兵家类》，第677页。

（10）有年老残疾者为一等，不用随军、令其防守仓库。

（11）有知风俗、向导山川远近迂直本国土人者为一等，可使通引山川、道路、知军马屯、止去处，又知贼马出没道路。

（12）有能知天文地理，探谋远虑、通变财货、粮草，旗鼓、节号，览视四方、采探军情者为一等，可为腹心。

（13）善识水势，可渡江河，能为狗盗鸡鸣者为一等，可潜偷夜号、切探贼情，备急使用。

（14）有贼军避罪而投来者，另为一等，可以采问敌情虚实。

（15）将若不能诠度士众，各任所长，而雷同使之，不尽其材，则三军不尽其力。[①]

按照每位士兵的专长，分类管理，使他们在各自擅长的方面尽其所能，这既是考验军事将领是否具有高超指挥能力的一项重要内容，同时又是有效提高军队战斗力，取得战役胜利的重要保证。在一定程度上说，敌我双方的角力就是各种专业人才的斗智斗勇。因此，对于具有实战经验的军事指挥家而言，如何“诠度士众，各任所长”无疑是真正体现其“智过万人”[②]之军事素质和其指挥才能的客观尺度。在茅元仪看来，只要将领做到了“诠度士众，各任所长”，那么就一定会出现“各尽其智能，兵必自练”[③]的良好军事效果。

第二，“编伍”需要讲求“简切可用”，主要分为“编步兵”“编骑兵”“编车兵”“编水兵”4 种类型。内容从略。

第三，“悬令”讲的是军队的纪律建设，茅元仪把军纪分为“禁令”与“悬赏”两大部分，强调：“所以著古今赏罚之格者，欲将士晓然于利害之途，而以固其守禁令之心也。军师将出，必三令而五申之，然不先悬于教训之时，而欲骤发其恪遵之志，必不能也。故不归于战，而归于练。”[④]这段话讲得很清楚，军纪如若转变为每位士兵的自觉行为，就必须贯穿于整个训练的全过程，一时都不能松懈。只有这样，才能造成令行禁止的军事素质和严明风气，才能在战场上彰显出威武不屈的军人气概。

第四，“教旗”主要讲述戚继光之法，即“欲教旗法，先练耳目”[⑤]；“耳目既练，可以应节，教之场操”[⑥]；进而依据南北地理条件和水陆差异，茅元仪又详细讲解了“南兵操练”和“水操”的具体步骤与方法。

---

① （明）茅元仪：《武备志》卷 68《阵练制》，《续修四库全书》编纂委员会：《续修四库全书》第 963 册《子部·兵家类》，第 677—678 页。

② （明）茅元仪：《武备志》卷 68《阵练制》，《续修四库全书》编纂委员会：《续修四库全书》第 963 册《子部·兵家类》，第 678 页。

③ （明）茅元仪：《武备志》卷 68《阵练制》，《续修四库全书》编纂委员会：《续修四库全书》第 963 册《子部·兵家类》，第 678 页。

④ （明）茅元仪：《武备志》卷 71《阵练制》，《续修四库全书》编纂委员会：《续修四库全书》第 963 册《子部·兵家类》，第 707 页。

⑤ （明）茅元仪：《武备志》卷 79《阵练制》，《续修四库全书》编纂委员会：《续修四库全书》第 964 册《子部·兵家类》，第 20 页。

⑥ （明）茅元仪：《武备志》卷 80《阵练制》，《续修四库全书》编纂委员会：《续修四库全书》第 964 册《子部·兵家类》，第 24 页。

第五，“教艺”主要讲述冷兵器时代各种兵器如弓、弩、剑、刀、枪、棍等的使用方法与实战技巧。

二是“惟富国者为能强兵”[①]的思想。如众所知，战争是需要消耗大量钱财的，先从后勤保障方面讲，军饷是维持常规战争的重要物质基础。所以茅元仪说：“民以食为命，故足饷尤先务焉。”[②]那么，如何保证军队的“足饷”问题？茅元仪主张：第一，“久战莫利于屯田”[③]，而屯田“贵以人事佐地利”[④]；第二，“轻军远出，势必取于馈运；大军突聚，亦势必取于馈运。运不出水、陆二道”[⑤]；第三，“医药，所以辅饷也；无饷则生者死，有医药则死者生。为将者而不知医药，何以为三军司命哉！”[⑥]另外，从武器装备方面讲，至少需要大量的守城武器、攻城武器、水战武器以及火器。

（1）攻城器具主要有地道、距堙、不排搭绪棚、绪棚盖笆、绪棚垂笆、排搭绪棚、不挂搭绪、搭绪棚、屏风车、炮楼、头车、木马子、上头车梯、编皮笆、行炮车、壕桥、云梯、折叠桥、火车、飞梯等。

（2）守城器具主要有钓桥、机桥、悬户、垂钟板、皮竹笆、插版、暗门、陷马坑、鹿角木、铁蒺藜、塞门刀车、木女头、护城遮箭架、槎碑、木幔、木檑、狼牙拍、车脚檑、飞钩、绞车、撞车、吊车、铁撞木、风扇车、木立牌、金火罐、单稍炮等。

（3）水战器具主要有游艇、蒙冲、楼船、走舸、闽舰、海鹘、广东船、大福船、草撇船、开浪船、高把稍船、苍山船、八桨船、纲梭船、两头船、蜈蚣船、鸳鸯桨船、车轮舸、赤龙舟、联环舟、破船筏等。

（4）火器主要有宋火炮、佛郎机、威远炮、百子连珠炮、迅雷炮、飞云霹雳炮、万火飞砂神炮、毒雾神烟炮、西瓜炮、飞摧炸炮、造化循环炮、群烽炮、八面旋风吐雾轰雷炮、六合炮、无敌竹将军炮、飞礮炮、荔枝炮、风尘炮、击贼神机柘榴炮、一母十四子炮、铅弹一窠蜂炮、飞空击贼震天雷炮、车轮炮、攻戎炮、叶公神铳车炮、鸟嘴铳、噜密鸟铳、拐子铳、直横铳、七星铳、夜敌竹铳、冲锋追敌竹发熕、翼虎铳、万胜佛郎机、神仙台发排车铳、独眼神铳、大追锋枪、夹欄铳、五雷神机、八斗铳等。

从上述器具的材料构成看，木质器具居多，因此，对木材的消耗量巨大。例如，“广船，视福船尤大，其坚致亦远过之。盖广船乃铁力（梨——引者注）木所造，福船不过松杉之

---

① （明）茅元仪：《武备志》卷 135《军资乘》，《续修四库全书》编纂委员会：《续修四库全书》第 964 册《子部·兵家类》，第 670 页。

② （明）茅元仪：《武备志》卷 135《军资乘》，《续修四库全书》编纂委员会：《续修四库全书》第 964 册《子部·兵家类》，第 670 页。

③ （明）茅元仪：《武备志》卷 135《军资乘》，《续修四库全书》编纂委员会：《续修四库全书》第 964 册《子部·兵家类》，第 670 页。

④ （明）茅元仪：《武备志》卷 135《军资乘》，《续修四库全书》编纂委员会：《续修四库全书》第 964 册《子部·兵家类》，第 670 页。

⑤ （明）茅元仪：《武备志》卷 135《军资乘》，《续修四库全书》编纂委员会：《续修四库全书》第 964 册《子部·兵家类》，第 670 页。

⑥ （明）茅元仪：《武备志》卷 135《军资乘》，《续修四库全书》编纂委员会：《续修四库全书》第 964 册《子部·兵家类》，第 670 页。

类而已。二船在海，若相冲击，福船即碎，不能挡铁力之坚也。倭夷造船亦用松杉之类，不敢与广船相冲。广船若坏须用铁力木修理，难乎其继。……广船用铁力木，造船之费加倍”①。至于明代造船的费用，明朝中后期的差别比较大，如明人沈江村在其《南船纪》一书中有详细记述，大体上每船诸料需白银百十两，工食银十两。②而明人俞大猷在隆庆二年（1568）《书与李培竹公》的信中则说：“福建造，每只用银三四百两”，而广船“要银七八百两乃造得”。③据有李约瑟博士统计，永乐时期，明朝“拥有 3800 艘船舰，其中包括 1350 艘巡船，1350 艘属于卫、所或寨的战船”④。这里，仅依福建造船的最低费用粗计，明朝造船用料费用约为 1 140 000 两白银，工食银约为 38 000 两，总计约为 1 178 000 两白银。如众所知，明朝中后期的水军形成了船—哨—营—部的组织编制，每船设船长 1 人，航海保证人员若干名，战斗人员若干甲（每甲 10 人），每甲设甲长 1 人；由 5 艘战船组成一哨，由 2 哨组成 1 营，2 营组成 1 部。可以想象，明朝的水军规模比较庞大。此外，再加上陆军的规模。明朝的军费开支一定是个不小的数字，如果没有强大的国家财政支持，那么，要想使这支庞大的队伍发挥其应有的战斗力，恐怕就十分困难了。有学者分析说：

> 弘治正德年间（1488—1521 年），明军费开支为 43 万两；嘉庆三十一年（1552 年）为 800 万两；万历年间（1573—1619 年）为 285 万两；万历四十六年至泰昌元年（1618—1620 年）为 672 万两；崇祯初中期（1628—1637 年）为 500 万两。明代军费的最高峰为崇祯十一年（1638 年）达到 1960 万两，大大超过了国家财政货币量，致使国家陷入空前的国防危机和财政危机之中。⑤

可见，“强兵”必须与国家的整个财政状况相适应，也就是说在国家财政的支持下，大力加强军队的国防建设，而不是相反。仍以明朝为例，有学者直言不讳：“整个明朝，军费开支一直是国家关注的首要问题。政府将大部分财力和物力投放于军事活动中，仍难以保证军费开支，只好采用其他筹集手段。由于加重赋敛，导致农民无力应付，生活陷入艰难境地，进而引生社会危机。明末农民大起义的发生与‘三饷’（即辽饷、剿饷、练饷，引者注）的加派有直接关系。”⑥

三是主张“疆场之大要有三”，“曰边、曰海、曰江”并重。明朝中后期社会变局比较复杂，一方面，农业和手工业有了较大发展，城市经济比较繁荣，尤其是实物税向货币税转化，刺激了资本主义生产关系的萌芽；另一方面，由于宦官专权，政治腐败，内忧外患，各种社会矛盾逐渐白热化，可以说是危机四伏。正是在这种历史背景下，茅元仪从明朝的

---

① （明）茅元仪：《武备志》卷 116《军资乘》，《续修四库全书》编纂委员会：《续修四库全书》第 964 册《子部·兵家类》，第 485 页。

② （明）沈江村：《南船纪》，《续修四库全书》编纂委员会：《续修四库全书》第 878 册《史部·政书类》，第 50、52、55、59、61 页。

③ （明）俞大猷著，廖渊泉、张吉昌点校：《正气堂全集·洗海近事》卷上《书与李培竹公（隆庆二年正月二十七日）》，福州：福建人民出版社，2007 年，第 798 页。

④ [英]李约瑟：《中国之科学与文明》第 11 册，陈立夫主译，第 241 页。

⑤ 龚泽琪、王孝贵主编：《中国军事财政史》，北京：海朝出版社，2002 年，第 310 页。

⑥ 徐庆儒主编：《中国历代后勤史简编本》，北京：金盾出版社，1996 年，第 162 页。

国防实际出发，提出了“江之要，与边、海均”的思想。他说：“疆场之大要有三：曰边、曰海、曰江，边与海皆与寇为邻，江则似稍缓焉，然迫海而亘中区，外溃则为门户，内讧则为腹心，故江之要与边海均。”①

首先，从中国古代边疆地理的历史状况看，茅元仪指出：“天下之大患，在于西北，故皇祖有训：胡戎与西北边境互相密迩，累世战争，必选将练兵，时谨备之。大哉王言，凡主中华者，所不可忘也。”②此论总结了历史的经验和教训，言之切切。由朱元璋的“祖训”知，明朝对“西北”严加防守，既有现实的考量，又有历史的思考。因为“蒙元贵族虽然离开大都，但还有相当的军队，有相当的势力，他们会因失去政权而疯狂反扑；而且，游牧民族为了生存、发展，常常南下侵扰，这是2000年来的历史积习。”③

其次，明朝非常重视海防，甚至在某种意义上说，明朝把海防提升到国家战略的地位，与倭寇④的入侵直接相关。如前所述，朱元璋有“不征”日本的“祖训”，但由于倭寇不断侵扰东南沿海地区，遂迫使明朝政府不得不高度重视东南沿海地区的海防建设，而当时海防的重点就是“抗倭”。于是，茅元仪指出：“防海岂易言哉，海之有防，自本朝始也。海之严于防，自肃庙（即明世宗）时始也。……嘉靖之际，经措失方，以天下钱谷之本，供其渔猎，国几不支，苟非纠纠虎臣，批根荡窟，则中原九塞，乘间而发，岂能有百岁之安哉，而其要在拒之于海。”⑤那么，如何“拒之于海”呢？主要措施有：第一，设立沿海卫所、沿海巡检司、沿海关寨台烽堠，驻兵戍守。据《武备志·占度载·海防》篇记载，广东沿海建有广州、雷州、神电、广海、肇庆、南海、碣石、潮州、海南等9卫，29个千户所⑥；另有74个沿海巡检司，即廉州府9个、雷州府6个、高州府3个、肇庆府3个、广州府28个、惠州府4个、潮州府9个、琼州府12个；有沿海烽堠131座，即雷州府21座、高州府8座、广州府55座、惠州府28座、潮州府19座。⑦福建沿海建有镇海、福州、永宁、平海、镇东、福宁等6卫，10个千户所；⑧另有50个沿海巡检司，即漳州府14个、泉州府15个、兴化府6个、福州府9个、福宁府6个；此外，还有水寨6个，瞭望台3个，

---

① （明）茅元仪：《武备志》卷219《占度载》，《续修四库全书》编纂委员会：《续修四库全书》第966册《子部·兵家类》，第111页。

② （明）茅元仪：《武备志》卷204《占度载》，《续修四库全书》编纂委员会：《续修四库全书》第965册《子部·兵家类》，第689页。

③ 周亨祥、周淑萍：《中国古代军事思想发展史》，深圳：海天出版社，2013年，第336页。

④ 学界认为：“倭寇”一般是指13—16世纪间活跃于朝鲜半岛及中国大陆沿岸的日本海盗，开始主要由日本诸岛的武士、浪人和奸商等组成。明嘉靖中期以后，福建、浙江、广东沿海一带的中国不法商人和那些因海禁而断绝生意的渔民也加入其中，他们采取倭寇抢掠的形式，或与倭寇相互勾结，为害东南，因此，也被归于“倭寇”之列。参见张伟、苏勇军：《浙江海洋文化资源综合研究》，北京：海洋出版社，2014年，第179页。

⑤ （明）茅元仪：《武备志》卷209《占度载》，《续修四库全书》编纂委员会：《续修四库全书》第965册《子部·兵家类》，第744页。

⑥ （明）茅元仪：《武备志》卷213《占度载》，《续修四库全书》编纂委员会：《续修四库全书》第966册《子部·兵家类》，第32—33页。

⑦ （明）茅元仪：《武备志》卷213《占度载》，《续修四库全书》编纂委员会：《续修四库全书》第966册《子部·兵家类》，第32—35页。

⑧ （明）茅元仪：《武备志》卷213《占度载》，《续修四库全书》编纂委员会：《续修四库全书》第966册《子部·兵家类》，第32—33页。

烽堠180座。[1]浙江沿海建有金乡、温州、磐石、松门、海门、昌国、定海、观海、临山、绍兴、直隶都司、海宁等11卫1司，31个千户所[2]；另有48个沿海巡检司，即温州府11个、台州府13个、宁波府11个、绍兴府7个、杭州府2个、嘉兴府4个；此外，还有水寨33个，关4个，瞭望台44座，烽堠238座。[3]第二，广造战船。关于沿海卫所战船的拥有量，茅元仪在《武备志·占度载·海防》篇中云：

> 旧制，每岁春末夏初，风汛之期，通行府卫所县捕巡，备倭等官军出海防御倭寇番舶，动支布政司军饷银，雇募南头等处骁勇兵夫，与驾船后生，每船分拨五十名，每艚船四艘，一官统之，三路兵船，编立船甲长副字号，使船水手教以接潮迎风之法，长短弓兵弩，时常演习，使之出入往来如神。如无字号者，长副鸣锣追逐，俱待秋后无事而掣。[4]

具体战船数量分别是：广东中路东莞县南头屯门等澳，大战船8艘、乌艚船12艘；广海卫望峒澳有战船4艘；东路潮州府柘林澳有战船2艘、乌船15艘、哨船1艘；碣石靖海甲子门等澳有战船10艘、哨船6艘；西路高州府石城吴川湾、澳，各有哨船2艘；廉州府海面有战船2艘；琼州和雷州二府海港，东莞乌艚各6艘、新会横江船4艘；雷州海港有大战船6艘。[5]至于沿海各卫所的战船数量，《明会典》载："沿海卫所，每千户所设备倭船十只。每一百户备倭船一只。每一卫五所共船五十只。每船旗军一百名。"[6]第三，水师出巡剿捕倭寇，对震慑海盗和维护沿海地区的航海安全起到了重要作用。如茅元仪记载说：浙江"昌国卫，坐冲大海，极为险要，石浦关切近，坛头、韭山乃倭寇出没进贡等船咽喉，必由之路。悬海南、北礵等山，可设舟师往来巡哨，以为东路声援。其西象山县、石浦巡司，则恃之以为右翼者也。悬海金齿、八排、朱门等处，设舟师往来巡哨，以为南路声援。其北牛栏基、旦门、青门、茅海、竿门，则恃之以为门户者也。"[7]又如，"黄崎港，东至舟山……有兵船往来巡哨"[8]。另据《明史》载：永乐六年（1408），"命丰城侯李彬等缘海捕

---

① （明）茅元仪：《武备志》卷213《占度载》，《续修四库全书》编纂委员会：《续修四库全书》第966册《子部·兵家类》，第43—45页。

② （明）茅元仪：《武备志》卷213《占度载》，《续修四库全书》编纂委员会：《续修四库全书》第966册《子部·兵家类》，第57—58页。

③ （明）茅元仪：《武备志》卷213《占度载》，《续修四库全书》编纂委员会：《续修四库全书》第966册《子部·兵家类》，第59—62页。

④ （明）茅元仪：《武备志》卷213《占度载》，《续修四库全书》编纂委员会：《续修四库全书》第966册《子部·兵家类》，第35页。

⑤ （明）茅元仪：《武备志》卷213《占度载》，《续修四库全书》编纂委员会：《续修四库全书》第966册《子部·兵家类》，第35页。

⑥ （明）徐溥等修：《明会典》卷160《工部十四·备倭船》，《四库全书·史部》第618册，上海：上海古籍出版社，1987年，第573页。

⑦ （明）茅元仪：《武备志》卷215《占度载》，《续修四库全书》编纂委员会：《续修四库全书》第966册《子部·兵家类》，第67页。

⑧ （明）茅元仪：《武备志》卷215《占度载》，《续修四库全书》编纂委员会：《续修四库全书》第966册《子部·兵家类》，第68页。

倭，复招岛人、蜑户、贾竖、渔丁为兵，防备益严”。永乐十七年（1419），“倭寇辽东，总兵官刘江歼之于望海埚。自是倭人惧，百余年间，海上无大侵犯。朝廷阅数岁一令大臣巡警而已”①。第四，主张将那些居住在海岛险要处的渔民迁移至城内，以保护其生命安全。如浙江“舟山螺峰巡司，虽有官署之设，而巡检弓兵俱散处民居，螺头岙，与螺峰烽堠，离城十五里，贼易登犯，须迁居民入城则可。”②鹿头烽堠“近海，民少势孤，常被贼登犯，须迁入而后可”③。碇齿隘“与外港相对，居民势孤，累被登劫，其原守军余，又已取回，必迁居民入内地则可”④。袁家嶴“即沙岙地方，原有马岙千户所，军民并逃，民约计二千，若迁入城内，以合其势，庶可杜接济也”⑤。

最后，江湖、边塞之防，重在提高将士的地图意识。关于地图与国防的关系，《地图设计与编绘》一书有较详细的阐释⑥，兹不赘述。茅元仪曾说：“言天下之险者，未有及湖也。然《禹贡》曰：震泽底定，其来旧矣。昔之不定以洪水，今之不定以盗贼，故吴人郑若曾，图之论之，鳃鳃乎意深哉。采而载之，防江海者不可不知也。”⑦又说：“按四夷者，图与考并急焉，人知考以镜往事，不知图以烛将来。古曰：图史，岂欺我哉！自图之不讲，而经纬之大政，散见之礼威，皆委诸莽焉。故我首以图，而次及考。”⑧文中所提到的郑若曾，曾于嘉靖四十一年（1562）主笔编辑了13卷的《筹海图编》，那是一部有关明朝海防和边疆史地研究的集大成之作，尤其是书中的海图绘制意义重大。当时被史学界称为“平倭第一功”的明朝重臣胡宗宪阅后赞誉说：“余展卷三复，而叹郑子之用心良苦矣。图以志形胜，编以纪经略。东南半壁，按籍瞭然，讵不足以备国家掌故，而为经世之硕画也。”⑨有了“江防”图，人们就可以对明朝整个江、湖主要是太湖地区的地理形势一目了然，这样便于组织有生力量抵御任何外敌的侵扰。如在太湖中，“渔船莫大于帆罟，其桅或六道（可装二千石），或五道（可装一千四五百石），或四道（可装千石），无间寒暑、昼夜，在湖每二只合为一舍，素为贼之所畏，虽蓄赀巨万，贼不敢近也”⑩。据考，这种“帆罟”为我国内陆湖

① 《明史》卷91《兵志》，北京：中华书局，1974年。

② （明）茅元仪：《武备志》卷215《占度载》，《续修四库全书》编纂委员会：《续修四库全书》第966册《子部·兵家类》，第69页。

③ （明）茅元仪：《武备志》卷215《占度载》，《续修四库全书》编纂委员会：《续修四库全书》第966册《子部·兵家类》，第69页。

④ （明）茅元仪：《武备志》卷215《占度载》，《续修四库全书》编纂委员会：《续修四库全书》第966册《子部·兵家类》，第69页。

⑤ （明）茅元仪：《武备志》卷215《占度载》，《续修四库全书》编纂委员会：《续修四库全书》第966册《子部·兵家类》，第69页。

⑥ 祝国端等编著：《地图设计与编绘》，武汉：武汉大学出版社，2010年，第10—11页。

⑦ （明）茅元仪：《武备志》卷222《占度载》，《续修四库全书》编纂委员会：《续修四库全书》第966册《子部·兵家类》，第147页。

⑧ （明）茅元仪：《武备志》卷224《占度载》，《续修四库全书》编纂委员会：《续修四库全书》第966册《子部·兵家类》，第166页。

⑨ （明）郑若曾撰、李致忠点校：《筹海图编》卷末《胡宗宪序》，北京：中华书局，2007年，第991页。

⑩ （明）茅元仪：《武备志》卷223《占度载》，《续修四库全书》编纂委员会：《续修四库全书》第966册《子部·兵家类》，第156页。

泊中形制最大的渔船[1]，它既可以御寇，又可以从事海洋渔业，“其遇贼也，以桨超淖泥泼贼舟，舟滑难立，大为贼之所惮”[2]。

（二）茅元仪的海洋观

《武备志》有两部分内容与明朝的海洋观密切相连，一部分内容是卷209至卷218的《海防》篇，另一部分内容是卷240的《航海》篇。

1.《武备志·海防》篇的主要海防观

（1）对日本海上进犯我国路线的图识。日本倭寇进犯我国沿海地区的主要海路有三条：其一，从日本本土西南端和朝鲜海峡中央的“对马岛”进入朝鲜和我国辽东的总路。其二，从目前的“西海五岛”进入我国浙直和山东沿海地区的总路，具体又分为八条线路：进入温州的线路，进入台州的线路，进入宁波的线路，进入钱塘江的线路，进入松江的线路，进入扬子江的线路，进入淮安的线路，进入登、莱的线路。其三，从“大琉球”进入我国闽、广沿海地区的总路。具体又分：进入福、兴的线路，进入泉、漳的线路，进入潮、惠的线路，进入广州的线路，进入雷州的线路，进入琼州的线路。此图对倭寇在每条具体线路的登陆点标志都非常清楚明白，极为便利于沿海地区军民积极组织武装力量对这些要害地点进行有效防守。这是因为：一方面，倭寇对我国东南沿海地区的侵扰和破坏情况非常严重，已经引起明朝政府的高度重视；另一方面，抵御倭寇的重点区域已经明确，这在一定意义上可以说明，茅元仪已经认识到为了取得抗击倭寇的最后胜利，应当把相对分散的武装力量，集中起来进行重点防守，知彼知己，从而在军事上构筑起我们的海上长城。

（2）对我国沿海山沙海洋地理的科学认识。《武备志·沿海山沙图》共分为“广东沿海山沙图”“福建沿海山沙图”“浙江沿海山沙图”“南直隶沿海山沙图”“山东沿海山沙图”“辽东沿海山沙图”6部分内容，采用图绘形式，“几乎是全景式地描绘了整个中国海防，为明代战备、谋划边防、海防提供了重要依据”[3]。其中“广东沿海山沙图”分为22图，主要记载了明朝政府在这里设立的卫所、堡寨、烽堠、巡检司等，以及沿海岛礁、沙地、港湾等概略地形。特别是沿岸391个烽堠、浦、营、城、林、澳、港、司等，旌旗猎猎，严阵以待，其军事意图十分明确。[4]“浙江沿海山沙图”分为42图，其中用旌旗标识的海防设备主要有烽堠、瞭望台、礁、隘、冈、寨和巡检司，其他未用旌旗标出的海防地貌尚有山、湖、岙、驿、港、屿、沙、口等。众所周知，我国的海域十分广袤，其地貌环境异常复杂。在这样的海洋地理条件下，无论是对于国防还是对于海上贸易来说，都有必要搞清楚我国所属海域的基本地貌特征。从这个层面讲，茅元仪在他的潜意识里已经萌芽了“海洋权力”的观念。因为明朝在沿海地区设立了许多军事设备，并驻守着一定数量的弓兵，

① 年继业主编：《国家航海》第2辑，上海：上海古籍出版社，2012年，第168页。

② （明）茅元仪：《武备志》卷223《占度载》，《续修四库全书》编纂委员会：《续修四库全书》第966册《子部·兵家类》，第156页。

③ 梁二平：《中国古代海洋地图举要》，北京：海洋出版社，2011年，第119页。

④ 梁二平：《中国古代海洋地图举要》，第119页。

这些驻兵既是抵御外来侵略的重要保障，又是维护明朝海洋主权的国家武装力量。在“福建沿海山沙图”中，非常真实、客观和科学地标出着“钓鱼山”（即今钓鱼岛）属于明朝海防的一个重要组成部分，是由明朝政府管辖的一个岛屿。

（3）详细记述了我国沿海各地军事地理的重要性。茅元仪不仅把我国沿海各地的重要“山沙”标在地图上，以便于人们比较直观地认识和掌握，而且对那些能有效抵御倭寇侵扰的海洋军事“要塞”都有详细的文字记述。

第一，对广东三路的战略地位，茅元仪引《筹海图编》的话说：“广东三路，虽并称险厄，今日倭奴冲突莫甚于东路，亦莫便于东路。而中路次之。西路高、雷、廉又次之，西路防守之责可缓也，是对日本倭岛则然耳。三郡逼近占城、暹罗、满剌诸番，岛屿森列，游心注盼，防守少懈，则变生肘腋，滋蔓难图矣。”①

第二，对福建沿海的海防重点是“五寨”，即浯屿水寨、南日水寨、铜山水寨、烽火门水寨和小埕水寨。其中，“浯屿水寨，原设于海边，旧浯屿山外，有以控大小岨屿之险，内可绝海门、月港之奸，诚要区也”②。南日水寨“原设于海中南日山下，北可以遏南茭、湖井之冲，南可以阻湄洲、岱坠之厄，亦要区也”③。小埕水寨“北连界于烽火，南接壤于南日，连江为福郡之门户，而小埕为连江之藩翰也。海坛连盘，雄踞耸峙，若南屏然，为贼船之所必泊。其所辖闽安镇、北茭、焦山诸巡司，为南北中三哨，无事往来探视，有警协力出战，则此寨之设为不虚矣”④。

第三，浙江沿海的海防具体又划分为六大战区：即金盘总、松海总、昌国总、定海总、临观总和海宁总。其中，金盘总的海防体系主要由三部分构成：一是“海港守备”，包括黄华水寨、江口水寨、飞云水寨、镇下门水寨和白岩塘水寨；二是“海岸设备”，包括舥艚寨、炎亭寨、大小渔野二寨、小濩寨、程溪寨、菖蒲洋寨、眉石北寨、眉石南寨、仙口宋埠二寨、黄华山寨、沙角寨、章嶴寨、白沙寨、屿山寨、平上寨、后塘寨、高嵩寨、下堡寨、龙湾寨、沙沟寨、沙村寨、长沙寨、丁田前后冈三寨、东山上坞二寨、陌城陆路二寨、汶路口寨和分水隘岭；三是“海外设备”，包括大岩头山、海岛玉环山、霓岙、南龙山和南麂凤凰山。

松海总的海防体系主要由两部分构成：一是“海港设备”，包括中州港、灵门港、松门港、新河港、海门港、桃渚港和健跳港；二是“陆路设备”，包括楚门所、隘顽所、松门卫、新河所、海门卫、前所、桃渚所和健跳所。

昌国总的海防体系主要由两部分构成：一是“沿海设备”，包括昌国卫、金井头、前后二所、钱仓所和爵溪所；二是“海中设备”，包括韮山、三岳山、旦门、三门、金齿门、大

---

①（明）茅元仪：《武备志》卷213《占度载》，《续修四库全书》编纂委员会：《续修四库全书》第966册《子部·兵家类》，第36—37页。

②（明）茅元仪：《武备志》卷214《占度载》，《续修四库全书》编纂委员会：《续修四库全书》第966册《子部·兵家类》，第45—46页。

③（明）茅元仪：《武备志》卷214《占度载》，《续修四库全书》编纂委员会：《续修四库全书》第966册《子部·兵家类》，第46页。

④（明）茅元仪：《武备志》卷214《占度载》，《续修四库全书》编纂委员会：《续修四库全书》第966册《子部·兵家类》，第46—47页。

佛头山、朱门山、八排门、林门、牛栏基、坛头山、鸡笼屿、茅湾、竿门和青门。

定海总的海防体系主要由三部分构成：一是“沿海设备”，包括定海卫、小浃港、后千户所、黄崎港、大谢山、霏衢所、梅山港、大嵩所和大嵩港；二是“海外设备”，包括舟山螺峰巡司、鹿头烽堠、岑江巡司、天同岙、碇齿隘、奇岙烽堠、郎家碶、袁家碶、山江烽堠、岱山巡司、吊屿和沈家门寨。

临观总的海防体系主要由两部分构成：一是“海岸设备”，包括三江所、沥海所、临山卫、三山所、观海所、龙山所和金家岙；二是“海港设备”，包括三江港、蛏浦港、临山港、泗门港、胜山港、古窑港、金墩港和烈港。

海宁总的海防体系主要由两部分构成：一是“海岸设备”，包括海宁演武场、澉浦镇巡司、海口巡司、南海口、金家湾、梁庄寨、赭山寨、石墩山寨、凤凰山寨和黄湾寨；二是“海港设备”，包括东关外龙王塘、黄道庙港和西海口。

上述所有“设备”都处于出入浙江沿海地区的要害部位，具有重要的军事地理意义。因此，茅元仪对每一处“设备”的位置、地形特点、驻防形式等都做了详细介绍，为我们保存了明朝浙江海防相对完整的历史资料。如茅元仪载昌国总所辖之“三门”的军事地理特点说：“三门，乃石浦巡司土湾番头一带沿海居民喉舌，如贼从闽、广遁归，由台、温来，必经于此，最为险要。今拨南哨兵船往来巡哨。”①当然，通过以上记述不难看出，福建和浙江沿海是抗击倭寇侵扰的重点区域，不仅海防“设备”严密、复杂，而且作战能力也很强。②有学者分析说：就浙江沿海的巡哨体系而言，“整个海上巡哨区分为三个层次：北部陈钱、马迹、洋山、普陀、大衢等洋面为第一重哨区，渔山、两头洞、岱山、秀山、长涂、三姑、韭山等洋面诸沙山为第二重哨区，临山洋、观海洋、七里屿、金塘、大谢、崎头洋等洋面为第三重哨区；南部金盘总所辖温州洋面亦分东洛、南麂哨区、黄华、飞云、江口、镇下门哨区、左右前后标蒲珠诸营哨区三重。这种由镇守总兵官负总责，居中调度，参将、把总分区把守，辖下水陆诸军名责信地（或汛地），平时扎守操练，汛时巡哨外洋，战时密切配合的防御，大大增强了浙海防务的整体性与内部战区、哨区哨守的协调性，适应了海上防御的特点，为浙江最终殄灭倭寇提供了充分的体制保障”③。尽管因朝政腐败等原因，明朝在浙江沿海的布防在不同时期有起伏变化，甚至有些时候还存在被削弱的情形，但是从整体状况看，浙江沿海在广大军民的协力联防之下，尤其是在俞大猷、胡宗宪、戚继光等抗倭将领的统率下，有力地抗击了倭寇一次又一次的疯狂侵扰，到嘉靖四十三年（1564），终于取得了东南沿海抗倭战争的最后胜利。

2.《武备志·航海》篇的主要海防观

茅元仪在《武备志·航海》篇的叙论中说：“不穷兵，不疲民，而礼乐文明，赫昭异域，

---

① （明）茅元仪：《武备志》卷215《占度载》，《续修四库全书》编纂委员会：《续修四库全书》第966册《子部·兵家类》，第68页。

② 这个问题比较复杂，仅从“设备”方面看，浙江、福建等沿海地区的武装力量确实较为强大，但由于各种腐败问题导致船舰年久失修，兵士战斗力减弱，那则是另外一个层面要讨论的了。

③ 牛传彪：《明代浙江海区军事驻防与巡哨区划》，谌小灵主编：《明清海防研究》第5辑，广州：广东人民出版社，2011年，第234页。

使光天之下，无不沾德化焉，非先王之天地同量哉！唐起于西，故玉关之外将万里，明起于东，故文皇帝航海之使不知其几十万里，天实启之，不可强也。当是时，臣为内竖郑和，亦不辱命焉。其图列道里国土，详而不诬，载以昭来世，志武功也。”[①]由于郑和下西洋的“第一档案”多被销毁，而茅元仪究竟是通过什么样的途径保存了“郑和航海图”，目前仍是一个谜。好在茅元仪说得很清楚，郑和航海的主要目的在于“德化天下”，这也是茅元仪的儒家远海观，可惜由于明朝财力所限，“郑和远航的御用政治性注定了其不可延续”[②]，结果是“中国在15世纪初叶创造了领先世界的远航伟业，又自废前程，以致自外于15世纪末、16世纪初揭幕的‘海洋时代’的大竞争”[③]。当然，茅元仪用“文化地理”的眼光来审视郑和的航海创举，确实具有“天实启之，不可强也”的特点。正像有学者分析的那样：“郑和下西洋时期中国对海外国家的方针政策的制定，有其一定的历史背景，取决于当时明朝政府所面临的国内外政治、经济形势；与永乐大帝朱棣的雄才大略和政治抱负，又有极大的关系。”[④]换言之，“只有在明代极盛的永乐时期，为大力发展海外关系，郑和才被启用”[⑤]。而“在永乐、宣德朝之后，明帝国再也没有出现朱棣执政时的那种盛世了，也就不再具备为产生郑和航海事业所必需的基本条件”[⑥]。

郑和为我们留下的航海图，实为一字形长卷，但茅元仪在收入《武备志》时，不得不改为书本形式，化一为四十，即以40幅分图的形式来呈现《郑和航海图》（原名《自宝船厂开船从龙江关出水直抵外国诸番图》）的全貌。对于郑和航海图的意义，往实处说，学界公认：“海图中记载了530多个地名，其中外域地名有300个，最远的东非海岸有16个。标出了城市、岛屿、航海标志、滩、礁、山脉和航路等。其中明确标明南沙群岛（万生石塘屿）、西沙群岛（石塘）、中沙群岛（石星石塘）。”[⑦]用现代科学的尺度来客观地分析，尽管“《郑和航海图》的数学精度很低，出处不明，但它仍折射出了古代中国航海科技的伟大光辉。它不仅是世界上现存最早的航海图集，而且与同时期西方最有代表性的《波特兰海图》[⑧]相比，其制图的范围之广、内容之丰富，也都是天下第一的。”[⑨]然而，在一定程度

① 茅元仪：《武备志》卷240《占度载》，《续修四库全书》编纂委员会：《续修四库全书》第966册《子部·兵家类》，第319页。

② 冯天瑜：《中国文化生成史》上，武汉：武汉大学出版社，2013年，第285页。

③ 冯天瑜：《中国文化生成史》上，第285页。

④ 郑一钧：《论郑和下西洋》，北京：海洋出版社，2005年，第413页。

⑤ 郑一钧：《论郑和下西洋》，第413页。

⑥ 郑一钧：《论郑和下西洋》，第414页。

⑦ 刘思佳编著：《七下西洋传播友谊的郑和》，长春：吉林人民出版社，2011年，第118—120页。

⑧ 波特兰海图（portolan chart）是指写实地描绘港口和海岸线的航海图，最早的一幅波特兰海图大概是1276年出现的《比萨港海图》（Carta Pisana），这种海图是一种新型的海洋地图，它具备精确导航和定位的功能。研究者将这种地图与今天的地图对比，发现偏差竟然特别小，特别是地中海、黑海、红海区域的海岸线、港口数量和形状与今天航拍的相差无几，十分准确（海生：《神秘的波特兰海图》，《大科技（百科新说）》2016年第12期）。与《波特兰海图》的对位图不同，《郑和航海图》是一种对景图，它“是以行船者的主观视觉来绘制的，遇山画山，遇岛画岛，突出了海岸线、离岸岛屿、港口、江河口、浅滩、礁石以及陆地上的桥梁、寺庙、宝塔、旗杆等沿岸航行的标志。航海者观海看图，只要依‘景’而行，就可以到达目的地。”参见梁二平：《谁在世界的中央——古代中国的天下观》，广州：花城出版社，2010年，第210页。

⑨ 梁二平：《谁在世界的中央——古代中国的天下观》，第210页。

上讲，这里面也应有茅元仪的一份功劳。

至于郑和航海图的具体内容，已见前述，这里不再重复。

二、“军事学百科全书”之誉和茅元仪对传统军事思想的超越

（一）《武备志》的“军事学百科全书”之誉

《武备志》虽然多以辑录先贤的军事研究成果为主，但从全书的编纂体例和书写特点（包括分序、点评、批注等）看，茅元仪确实对中国古代军事学各个学科都有不同程度的研究。

1. 军事思想与军事历史

茅元仪在《武备志·自序》中批评明代士大夫“不习武备”的五大表现，其中有一种表现就是“狭而自用”①，不懂也不学习中国古代的军事历史。茅元仪指出：“古者，今之师也。故《周官》有万世可行者，而汉、唐、宋之美法，至今有司举之而辄效，独名将制胜之方，以为已陈之迹置而不问，尝见临事者，竭昼夜之膀画而仅得古人之什一，始信不如资古者之便而利也。”②所谓“古者，今之师也”，就是说后人应当从前人的经验教训中学习克敌制胜的基本方法。如前所论，像《孙子》《司马法》《六韬》《三略》《尉缭子》《李卫公问对》《太白阴经》《虎钤经》等都是历代军事家对于战争规律的认识和总结，具有普遍的指导意义，所以通过研读上述军事名著，可以极大地丰富我们的军事智慧，增长我们的军事见识。而正是在认真研读这些军事名著的过程中，茅元仪阐释了他的军事思想。

（1）学习《孙子》的军事辩证法思想。在《孙子·军形》篇注中，茅元仪对孙子的“军形”思想有十分精辟的阐释，他说：“先为敌人不可胜我之形，以待敌人可胜之形而乘之。自己制胜之形，可以知而为之；若敌人无可乘之形，则不可必为也。”③文中所说的“制胜之形”，既可指微观的作战方式，又可指宏观的战略策略。可以说，以我之强（即制胜之形）击敌之弱（即待敌人可胜之形），是古今一切高明军事家正确规划军事战争的基本理论依据。在《孙子·九地》篇中，茅元仪又说：“诛其事，责成所事也。若敌人盍辟有隙，则必速入之，先夺其所爱之便地粮食，而不与相期焉。践守常法而不妄动，又随敌变化而无常形，以是决战事而可以胜敌矣。”④这里强调军形的可变性，说明军事战争的玄妙之处就在于“随敌变化而无常形”，而战胜敌人的法宝也在于此。

（2）学习《吴子》的军事辩证法思想。在《吴子·图国》篇注中，茅元仪谈到了下面的用兵体会，他说：“交兵接刃而胜乎人者，比守较之为易；坚壁固垒而胜乎人者，比战较

---

① （明）茅元仪：《武备志·自序》，《续修四库全书》编纂委员会：《续修四库全书》第963册《子部·兵家类》，第20页。

② （明）茅元仪：《武备志·自序》，《续修四库全书》编纂委员会：《续修四库全书》第963册《子部·兵家类》，第20页。

③ （明）茅元仪：《武备志》卷1《兵诀评》，《续修四库全书》编纂委员会：《续修四库全书》第963册《子部·兵家类》，第50页。

④ （明）茅元仪：《武备志》卷1《兵诀评》，《续修四库全书》编纂委员会：《续修四库全书》第963册《子部·兵家类》，第57页。

之为难。”[1]这里讲到“攻”胜与“守”胜的辩证关系，在此，“难”和“易”应结合实际的战情，具体问题具体分析。在《吴子·治兵》篇中，茅元仪又说：“兵战之场，乃止死之地，言必死也。坐于漏船之中，伏于烧屋之下，示以必死，使敌之智者失其谋，勇者失其怒，吾能奋勇以受敌而无败也。”[2]实际上，这是一种面对死亡和风险的态度，究竟是坐以待毙还是置之死地而后生？在战场上，所谓两军交锋勇者胜，讲的就是这个道理。因为既然把命都豁出去了，那还有何顾忌和畏惧，而在这种情势下，人们自然就能表现出勇于冲锋，不怕强敌的英雄气概和一往无前的顽强斗志。

（3）学习《司马法》的军事辩证法思想。军事政治讲求顺天应人，即从历史的发展趋势看，凡是与社会进步相适应的战争，才能赢得民心，取得最终胜利。所以茅元仪在《司马法·严位》篇中注释：“凡战，若胜，若否，若天，若人”一句话时说：“若，顺也；时，势也。可胜与否当顺以待之，又当顺天时、顺人心。”[3]这里实际上已经涉及战争的正义性问题，因为正义战争必然会战胜违背民心的非正义战争。茅元仪又说：“凡兵之用众用寡，或胜或不胜。兵欲利而不言利，甲欲坚而不言坚，车欲固而不言固，马欲良而不言良，众欲多而不自多，此皆未得战道者也。”[4]决定战争胜负的因素比较复杂，《孙子·始计》篇归纳为七个方面的综合作用，即“主孰有道，将孰有能，天地孰得，法令孰行，兵众孰强，士卒孰练，赏罚孰明”[5]。其中第一项就是“主孰有道”，也就是说，相对而言，战争双方中一方代表了社会的进步力量，而另一方则代表了阻碍社会进步的力量，凡是代表社会进步力量的战争一方，终将赢得战争的胜利，因为这是不以任何人的意志为转移的客观战争规律。

（4）学习《六韬》的军事辩证法思想。《六韬》属于道家派的军事著作，里面有关军事问题的内容非常丰富，尤以战略论和战术论最为精彩。在《六韬·守土》篇注中，茅元仪首先阐释了其“国柄”与“权势”的关系问题。他说：“人已有势而又借国柄以益之。是壑已深而又掘之，丘已高而又附之也。国本在权柄，若借人国柄，是舍其本而徒治其末也。”[6]文中的核心思想是“国本在权柄”，即国家的根本在于权力，不能轻易转让，像外戚和宦官专权，都是“借人国柄”的表现。在《六韬·兵道》篇注中，茅元仪又讨论“兵胜之术”的问题说：“兵之所以胜之术，在乎我者宜密无使其知而通，而吾又不可不知彼之机而速乘

---

① （明）茅元仪：《武备志》卷2《兵诀评》，《续修四库全书》编纂委员会：《续修四库全书》第963册《子部·兵家类》，第60页。

② （明）茅元仪：《武备志》卷2《兵诀评》，《续修四库全书》编纂委员会：《续修四库全书》第963册《子部·兵家类》，第63页。

③ （明）茅元仪：《武备志》卷3《兵诀评》，《续修四库全书》编纂委员会：《续修四库全书》第963册《子部·兵家类》，第74页。

④ （明）茅元仪：《武备志》卷3《兵诀评》，《续修四库全书》编纂委员会：《续修四库全书》第963册《子部·兵家类》，第74页。

⑤ （明）茅元仪：《武备志》卷1《兵诀评》，《续修四库全书》编纂委员会：《续修四库全书》第963册《子部·兵家类》，第48页。

⑥ （明）茅元仪：《武备志》卷4《兵诀评》，《续修四库全书》编纂委员会：《续修四库全书》第963册《子部·兵家类》，第81页。

之也。"[①]一个内部治理结构严密，且十分注重发挥内部治理机制作用的军队，只要正确掌握了对方的作战意图和行动规律，就一定能抓住有利战机，消灭敌人。在《六韬·发启》篇注中，茅元仪这样解释国家存亡与民心向背的关系问题。他说："以智谋勇利而利天下者，天下之人，自以智谋勇利启之；若以智谋勇利害天下者，天下之人，必闭之而不敌矣。何也？'天下者，非一人之天下，乃天下之天下也'。"[②]只有顺乎民意的政权，才能具有生命力，否则，就会走向灭亡。

（5）学习《尉缭子》的军事辩证法思想。成书于战国时期的《尉缭子》，有着非常朴素和辩证的军事思想，是至今唯一存世的一部"兵形势家"著作，也是茅元仪特别推崇的先秦兵书之一。其中对于战争心理学在"兵形势"中的应用，茅元仪在《尉缭子·攻权》篇注中说："敌人分险而守，其心不欲战；敌人与我挑战，其气必不全；敌人忿怒与我格斗者，其兵必不胜。应酬敌人也周密，总率三军也极至，则虽去备而实有备，虽去威而实有威，故能胜人。"[③]如果抓住敌人的作战心理，巧妙地加以利用，就能掌握战争的主动权，陷敌于被动挨打之中。茅元仪又强调说：在战争期间，"能臣利器，尽收于郭中，又收民窖廪，毁民庐屋，而入城保守，使敌气十百而主气不半，敌人来攻，必见伤残之甚矣。此言不足守国者，其所为有如此"[④]。这实际上是一种坚壁清野的战术思想。

（6）学习《李卫公问对》的军事辩证法思想。《李卫公问对》亦称《唐太宗李卫公问对》，重点讨论军事上的"奇正"问题，分析比较透彻、深刻。与此相应，茅元仪在《李卫公问对》篇注中，对"奇正"问题也谈了他自己的体会和辩证认识。他说："示敌以形者，在奇不在正；击敌取胜者，在正不在奇；形敌用奇，击敌用正。此为奇正相为变化者也。"[⑤]在此，对于"形敌"与"击敌"战术变化，以及两者与"奇正"之间的关系，言简意赅，指导性很强。文中"示敌以形"，实际上就是用假象迷惑敌人，使其对战争局势变化做出错误判断。

为了结合具体战例来加深对上述兵法理论的学习和认识，茅元仪从中国古代（主要是从春秋到元）每个历史时期选择了大量著名的战争案例，如马陵之战、赤壁之战、淝水之战、虎牢之战等，编纂了《战略考》33卷。在茅元仪看来，"良工不能离规矩，哲士不能离往法。古今之事，异形而同情，情同则法可通；古今之人，异情而同事，事同则意可祖"[⑥]。

---

① （明）茅元仪：《武备志》卷4《兵诀评》，《续修四库全书》编纂委员会：《续修四库全书》第963册《子部·兵家类》，第83页。

② （明）茅元仪：《武备志》卷4《兵诀评》，《续修四库全书》编纂委员会：《续修四库全书》第963册《子部·兵家类》，第84页。

③ （明）茅元仪：《武备志》卷8《兵诀评》，《续修四库全书》编纂委员会：《续修四库全书》第963册《子部·兵家类》，第118—119页。

④ （明）茅元仪：《武备志》卷4《兵诀评》，《续修四库全书》编纂委员会：《续修四库全书》第963册《子部·兵家类》，第119页。

⑤ （明）茅元仪：《武备志》卷11《兵诀评》，《续修四库全书》编纂委员会：《续修四库全书》第963册《子部·兵家类》，第142页。

⑥ （明）茅元仪：《武备志》卷19《战略考》，《续修四库全书》编纂委员会：《续修四库全书》第963册《子部·兵家类》，第201页。

在此，茅元仪一语道破了学习军事历史的意义。

2. 战略学方面的知识

战略学以战争为研究对象，通过对不同战例进行解剖和分析，从而揭示战争的本质及其发生、发展的基本规律。《中国大百科全书》认为：所谓战略就是“指导战争全局的方略”，具体言之，就是“指导者为达成战争的政治目的，依据战争规律所制定和采取的准备和实施战争的方针、策略和方法”①。据《太平御览》记载，“战略”早在西晋史学家司马彪的著述中就出现了②，后来，隋朝赵煚亦撰有《战略》26卷③。可惜，前两书今已不存。而目前以茅元仪所撰《武备志·战略考》为最早用“战略”命名的军事典籍。在《武备志·战略考》中，茅元仪列举了610多条有关元代之前的军事战略史事，述之甚详。例如，《武备志·战略考》载唐代李泌所献平定安史之乱的方略云：

> 上（指唐肃宗）问李泌：“今敌强如此，何时事定？”对曰：“臣观贼所获子女金帛，皆输之范阳，此岂有雄据四海之志耶？今独掳将或为之用，中国之人，唯高尚等数人，自余皆胁从耳。以臣料之，不过二年，天下无寇矣。”上曰：“何故？”对曰：“贼之骁将，不过史思明、安守忠、田千真、张忠志、阿史那承庆等数人而已。今若令李光弼自太原出井陉，郭子仪自冯翊入河东，则思明、忠志不敢离范阳、常山，守忠、乾真不敢离长安。是以两军絷其四将也。从禄山者，独承庆耳。愿敕子仪勿取华阴，使两京之道常通，陛下军于扶风，与子仪、光弼互出击之，彼救首则击其尾，救尾则击其首，使贼往来数千里，疲于奔命，我常以逸待劳，贼至则避其锋，去则乘其弊，不攻城，不遏路。待至来春天暖，复命建宁为范阳节度大使，并塞北出，与光弼南北犄角以取范阳，覆其巢穴。贼退则无所归，留则不获安，然后大军四合而攻之，必成擒矣。”④

面对唐代叛军突变的危机形势，李泌胸怀全局，准确预测和把握未来军事发展的大趋势，为唐肃宗出谋划策，运筹于帷幄之中，终于取得平定安史之乱的胜利，使唐王朝的封建统治得以稳固和延续。故茅元仪注评说：“与淮阴（指韩信登坛对）、武乡（指诸葛亮隆中对）数语，共耀千古。”⑤

淮阴侯韩信在刘邦与项羽的楚汉之争中，扮演了重要角色。而正是韩信向刘邦积极献策，纵论天下，才在一定程度上成全了刘邦由被动转为主动的千秋功业。

> 汉五年，韩信为将，礼毕。汉王曰：“丞相数言将军，将军何以教寡人计策？”信

---

① 中国大百科全书军事卷编审室：《中国大百科全书·军事·战争、战略、战役分册》，北京：军事科学出版社，1987年，第28页。

② （宋）李昉：《太平御览·总类·经史图书纲目》，台北：商务印书馆，1997年，第14页。

③ 《隋书》卷32《经籍志》，北京：中华书局，1973年，第1015页。

④ （明）茅元仪：《武备志》卷39《战略考》，《续修四库全书》编纂委员会：《续修四库全书》第963册《子部·兵家类》，第380—381页。

⑤ （明）茅元仪：《武备志》卷39《战略考》，《续修四库全书》编纂委员会：《续修四库全书》第963册《子部·兵家类》，第380页。

辞谢，因问王曰："今东乡争权天下，岂非项王耶？"汉王曰："然。"曰："大王自料勇悍仁强，孰与项王？"汉王默然良久，曰："不如也。"信再拜贺曰："惟信亦为大王不如也。然臣尝事之，请言项王之为人也。项王喑噁叱咤，千人皆废，然不能任属贤将，此特匹夫之勇耳。项王见人，恭敬慈爱，言语呕呕，人有疾病，涕泣分食饮；至使人有功，当封爵者，印刓敝，忍不能予，此所谓妇人之仁也。项王虽霸天下而臣诸侯，不居关中而都彭城；背义帝之约，而以亲爱王诸侯，不平，逐其故主，而王其将相，又迁义帝，置江南，所过无不残灭，百姓不亲附，特劫于威强耳。名虽为霸，实失天下心，故其强易弱。今大王诚能反其道，任天下武勇，何所不诛，以天下城邑封功臣，何所不散！以义兵从思东归之士，何所不散？且三秦王为秦将，将秦子弟数岁矣。所杀亡不可胜计，又欺其众降诸侯，至新安，项王诈坑秦降卒二十余万，唯独邯、欣、翳得脱。秦父兄怨此三人，痛入骨髓。今楚强以威王此三人，秦民莫爱也。大王之入武关，秋毫无所害；除秦苛法，与秦民约法三章；秦民无不欲得大王王秦者。于诸侯之约，大王当王关中，关中民咸知之。大王失职入汉中，秦民无不恨者。今大王举而东，三秦可传檄而定也。"①

韩信却是一位悲剧性的战略家，关于这个问题，我们在此不拟讨论。实事求是地讲，在对汉初政治和军事的全局把握上，韩信确实高人一筹。但在当时的特定历史条件下，刘邦和韩信各自的心态都十分复杂。难怪茅元仪意味深长地说道："汉高大度，故韩信先责其自量而后加，譬晓魏武心谲，故或嘉竟称其必胜，以决其狐疑。"②当然，这仅仅是问题的一个方面，其实对于韩信的"登坛对"，茅元仪还是站在军事战略的层面，给予了高度的认同和评价。他说："韩信登坛、孔明出庐数语，乃掺图霸之本也。"③在《武备志·战略考·三国二》中，茅元仪引述诸葛亮的"隆中对"云：

今曹操已拥百万之众，挟天子而令诸侯，诚不可与争锋。孙权据有江东，已历三世，国险而民附，贤能与之用，此可与为援而不可图也。荆州北据汉、沔，利尽南海，东连吴会，西通巴、蜀，此用武之国，而其主不能守；是殆天所以资将军也。益州险塞，沃野千里，天府之土。刘璋暗弱，张鲁在北，民殷国富，而不知存恤，智能之士，思得明君，将军既帝室之胄，信义著于四海，若跨有荆、益，保其岩阻，西和诸戎，南抚夷越，外结孙权，内修政理；天下有变，则命一上将，将荆州之军，以向宛、洛，将军身率益州之众，以出秦川，百姓孰敢不箪食壶浆以迎将军者乎？诚如是，则大业可成，汉室可兴矣。④

---

① （明）茅元仪：《武备志》卷21《战略考》，《续修四库全书》编纂委员会：《续修四库全书》第963册《子部·兵家类》，第217—218页。

② （明）茅元仪：《武备志》卷21《战略考》，《续修四库全书》编纂委员会：《续修四库全书》第963册《子部·兵家类》，第217页。

③ （明）茅元仪：《武备志》卷25《战略考》，《续修四库全书》编纂委员会：《续修四库全书》第963册《子部·兵家类》，第253页。

④ （明）茅元仪：《武备志》卷26《战略考》，《续修四库全书》编纂委员会：《续修四库全书》第963册《子部·兵家类》，第267页。

由此，茅元仪总结说："识大体便是大略。"[①]所谓"识大体"就是能够总揽全局，对整体情况有全面、客观和正确的认识与分析，韩信如此，诸葛亮亦如此，李泌更是如此。茅元仪在为汉初李左车点拨韩信的精辟论断作批语时说："人不可不知时。"[②]这虽然是针对汉初诸侯纷争的特殊形势而言，但它具有普遍的指导意义。人的主观世界不能一成不变，因为"时势"在变，因此，人的主观认识也必须随着客观局势的变化而变化，只有这样，才能做到按客观规律办事，才能具备战略家的视野和格局。

3. 军事情报方面的知识

自《孙子》开始，历代兵书都十分强调军事情报的重要性，"知彼知己"的过程实际上就是收集情报和分析情报的过程。例如，《孙子·用间》篇曾讲到了"五间"的作用，其中对"生间"的定位是"反报也"，茅元仪注云："使归而以敌情报我。"[③]历史有名的"生间"案例，见于《左传》哀公元年（前494）。其文云："昔有过浇杀斟灌以伐斟鄩，灭夏后相。后缗方娠，逃出自窦，归于有仍，生少康焉，为仍牧正。惎浇，能戒之。浇使椒求之，逃奔有虞，为之庖正，以除其害。虞思于是妻之以二姚，而邑诸纶。有田一成，有众一旅，能布其德，而兆其谋，以收夏众，抚其官职。使女艾谍浇，使季杼诱豷，遂灭过、戈，复禹之绩。"[④]这就是历史上著名的"少康中兴"，而女艾的情报工作在其间起到了不可忽视的作用。

《六韬·兵道》又讲"兵胜之术"的要义是："密察敌人之机而速乘其利，复疾击其不意。"茅元仪注云："言兵之所以胜之术，在乎我者宜审，无使其知而通，而吾又不可不知彼之机而速乘之也。"[⑤]情报对于战争双方而言，都是至关重要的，所以茅元仪强调，在设法获取对方的情报信息的同时，须严加防范自己内部的情报被泄露出去。所以茅元仪在《尉缭子·踵军》篇中注云："兴军踵军（类今前卫部队，引者注）既行，则境内之民，皆不许行，以防泄漏军情。但惟持节者得行，然亦必待戟合表起而行。盖凡欲战者，当先安静境内，使勿泄漏。"[⑥]

4. 战术学方面的知识

无论是进攻还是防御，都是战争的重要方式。当然，针对不同的作战特点和客观形势，其战术运用是不一样的。例如，茅元仪在《孙子·九地》篇注"用兵之法"云：

（1）有散地，即"诸侯自战于境内之地者，士卒必怀内顾而易散也"[⑦]。其用兵之法，

---

① （明）茅元仪：《武备志》卷39《战略考》，《续修四库全书》编纂委员会：《续修四库全书》第963册《子部·兵家类》，第382页。

② （明）茅元仪：《武备志》卷21《战略考》，《续修四库全书》编纂委员会：《续修四库全书》第963册《子部·兵家类》，第219页。

③ （明）茅元仪：《武备志》卷2《兵诀评》，《续修四库全书》编纂委员会：《续修四库全书》第963册《子部·兵家类》，第58页。

④ （战国）左丘明撰、（西晋）杜预集解：《左传》下册，上海：上海古籍出版社，2015年，第983页。

⑤ （明）茅元仪：《武备志》卷4《兵诀评》，《续修四库全书》编纂委员会：《续修四库全书》第963册《子部·兵家类》，第83页。

⑥ （明）茅元仪：《武备志》卷9《兵诀评》，《续修四库全书》编纂委员会：《续修四库全书》第963册《子部·兵家类》，第127页。

⑦ （明）茅元仪：《武备志》卷1《兵诀评》，《续修四库全书》编纂委员会：《续修四库全书》第963册《子部·兵家类》，第55页。

“勿与轻敌”①。

（2）有轻地，即“入人之地不深，则士卒必重进而轻于退矣”②。其用兵之法，“不可留止”③。

（3）有争地。其用兵之法，“当先至而据之，不可攻城延缓”④。

（4）有交地，即“可往可来，则为交错之地”⑤。其用兵之法，“不可阻绝”⑥。

（5）有衢地，即“诸侯之地，三面连属，邻国若先至其衢，而得天下之众，是四面通达如衢路矣”⑦。其用兵之法，“遣使通和”⑧，或云“四通之衢地宜盟会”⑨。

（6）有重地，即“入人之地已深，背人之城邑已多，则士卒重于退还矣”⑩。用兵之法，“掠收粮食”⑪。

（7）有圮地。其用兵之法，“水毁之圮地，不可止”⑫，或“宜速行去”⑬。

（8）有围地，其用兵之法，“塞关示弱，伺隙突击”⑭。

（9）有死地，其用兵之法，“并力决战”⑮。

战争形势错综复杂，千变万化。因此，茅元仪总结战术学的要旨说：“赏不拘常法，令

---

① （明）茅元仪：《武备志》卷1《兵诀评》，《续修四库全书》编纂委员会：《续修四库全书》第963册《子部·兵家类》，第56页。

② （明）茅元仪：《武备志》卷1《兵诀评》，《续修四库全书》编纂委员会：《续修四库全书》第963册《子部·兵家类》，第55页。

③ （明）茅元仪：《武备志》卷1《兵诀评》，《续修四库全书》编纂委员会：《续修四库全书》第963册《子部·兵家类》，第56页。

④ （明）茅元仪：《武备志》卷1《兵诀评》，《续修四库全书》编纂委员会：《续修四库全书》第963册《子部·兵家类》，第56页。

⑤ （明）茅元仪：《武备志》卷1《兵诀评》，《续修四库全书》编纂委员会：《续修四库全书》第963册《子部·兵家类》，第55页。

⑥ （明）茅元仪：《武备志》卷1《兵诀评》，《续修四库全书》编纂委员会：《续修四库全书》第963册《子部·兵家类》，第56页。

⑦ （明）茅元仪：《武备志》卷1《兵诀评》，《续修四库全书》编纂委员会：《续修四库全书》第963册《子部·兵家类》，第55页。

⑧ （明）茅元仪：《武备志》卷1《兵诀评》，《续修四库全书》编纂委员会：《续修四库全书》第963册《子部·兵家类》，第56页。

⑨ （明）茅元仪：《武备志》卷1《兵诀评》，《续修四库全书》编纂委员会：《续修四库全书》第963册《子部·兵家类》，第53页。

⑩ （明）茅元仪：《武备志》卷1《兵诀评》，《续修四库全书》编纂委员会：《续修四库全书》第963册《子部·兵家类》，第55页。

⑪ （明）茅元仪：《武备志》卷1《兵诀评》，《续修四库全书》编纂委员会：《续修四库全书》第963册《子部·兵家类》，第56页。

⑫ （明）茅元仪：《武备志》卷1《兵诀评》，《续修四库全书》编纂委员会：《续修四库全书》第963册《子部·兵家类》，第53页。

⑬ （明）茅元仪：《武备志》卷1《兵诀评》，《续修四库全书》编纂委员会：《续修四库全书》第963册《子部·兵家类》，第56页。

⑭ （明）茅元仪：《武备志》卷1《兵诀评》，《续修四库全书》编纂委员会：《续修四库全书》第963册《子部·兵家类》，第56页。

⑮ （明）茅元仪：《武备志》卷1《兵诀评》，《续修四库全书》编纂委员会：《续修四库全书》第963册《子部·兵家类》，第56页。

不执常政，明其赏罚如此，则犯三军之众，如使一人矣。且用之以图事，则勿告以害，投之亡地，然后奋战而获存；陷之死地，然后勇斗而得生，此盖因兵情之众，必陷于害，然后能为胜而不败故耳。"[①]又说："为客者入深，则众心专一；入浅则众心漫散，是故去国越境而师，本危绝之地也。然有衢地、重地、轻地、围地、死地之别焉。吾于散地则使之一心，轻地则使之连属，争地则疾趋其后，交地则谨守以待，衢地则厚币结交，重地则掠野继食，圮地则进途弗留，围地则塞阙激士，死地则示之不活，使奋击求生。若兵情在围地，则思御敌，不得已则思奋争，过陷于危则从吾之计，故当随九地以为权变也。"[②]以上是关于"九地战术"的问题，文中虽然讲了"九地"，但实际地形更为复杂。在此，"九地"不仅讲到了由防御战转为进攻战的自然条件，同时还讲到了其社会条件。有学者分析说，"九地战术"可以分成三个操作技术层面：第一个层面是战局发展的阶段，即"战争由防御转为进攻的九个阶段"[③]，具体地讲就是散地、轻地、争地、交地、衢地、重地、圮地、围地、死地，在不同阶段，其战争格局及其所运用的战术方法是不同的；第二个层面是战局发展的操作梯度，其中"战局第一梯次以保持实力消耗敌人的有生力量为目的"，"战局第二梯次，以构成优势逼近敌人要害为目的"，"战局第三梯次，以千里奇袭侧翼进攻直捣敌人心脏地区为目的"[④]；第三个层面是军事心理格式，即"九地"在某种意义上亦可称作"九种心理格式"，而"这九种心态和九种战局环境保持一致，其控制目的是把战员的精神凝聚动员起来全面投入战斗"[⑤]。尤其是在陷入"重地""围地""死地"的战局环境时，一旦没有了退路反而相互凝固，激发起死斗的决心与意志。因此，"作为战术必须把军队拉进危险的处境，才能呼唤起超常的神奇的战斗力。这是作为发掘人的潜能的重要手段，我们把其称为'战地激励'。这就是'进攻心理学'"[⑥]。

5. 军队指挥学方面的知识

军队指挥是一个非常复杂的系统工程，它由许多要素构成，如指挥员、指挥机关、指挥对象、指挥环境、作战活动等。其中对指挥员的重要作用，茅元仪在《司马法·严位》篇注中提出了十分充分的认识。他说："凡胜敌之三军者，不在众兵，在主将一人。"[⑦]站在整个军事指挥的角度讲，此言不虚。然而，茅元仪在肯定"主将一人"关键作用的同时，并不否认"众兵"在战争中所发挥的巨大力量。

而怎样发掘"众兵"的作战潜力应是每一位临战指挥员最为关心的事情，当然，也是历代军事著作讨论最多的问题。如《孙子》兵法应是每位军事指挥员的必修科目，故茅元

① （明）茅元仪：《武备志》卷1《兵诀评》，《续修四库全书》编纂委员会：《续修四库全书》第963册《子部·兵家类》，第57页。

② （明）茅元仪：《武备志》卷1《兵诀评》，《续修四库全书》编纂委员会：《续修四库全书》第963册《子部·兵家类》，第57页。

③ 阎勤民：《孙子兵法制胜原理》，郑州：中州古籍出版社，1992年，第166页。

④ 阎勤民：《孙子兵法制胜原理》，第168页。

⑤ 阎勤民：《孙子兵法制胜原理》，第169页。

⑥ 阎勤民：《孙子兵法制胜原理》，第173页。

⑦ （明）茅元仪：《武备志》卷3《兵诀评》，《续修四库全书》编纂委员会：《续修四库全书》第963册《子部·兵家类》，第74页。

仪在《孙子·军形》篇中注云：作为前线指挥员，须“先为敌人不可胜我之形，以待敌人可胜之形而乘之”[①]。又说：“因其所处之地而忖度其远近、险易、广狭之形，既度其地即量其强弱、多寡之人力焉，既量其力，即用其机械变诈之术数焉，惟有数斯可称敌而不弱矣，惟相称斯可求胜而不负矣。”[②]从敌人所处地理位置和投入兵力的临战实际出发，制定灵活机动的战略战术，是每位优秀指挥员都应具备的军事素质。

在《司马法·定爵》篇注中，茅元仪对战场指挥提出了以下几个特别注意事项：第一，“军中惊乱，宜闲暇以镇之”[③]；第二，“以时中之道服行之，则军事次第可治”[④]，所谓“时中之道”就是善于把握“难得而易失”的作战时机，在“变动不居”的战争形势中深入而动态地认识和分析战争对象；第三，“庇历不祥之事，当灭息之，恐生疑惑”[⑤]，所谓“不祥之事”主要是指有人在军吏中相互传播妖祥之言，从而扰乱军心；第四，“荣宠、货利、羞耻、死戮，四者皆以励将士，使之谨守而不敢犯者也”[⑥]。

就指挥员自身的素质来讲，如何做到上下齐心，使“众兵”力战，茅元仪在《司马法·严位》篇中的注释里，提出了许多颇有价值的见解。归纳起来，其要者如下：一是“正身率下则人服。”[⑦]二是“众心畏甚，则勿戮杀，当宽示以颜色，开告以生路，循省其制守，使其疑心稍释焉。”[⑧]三是“上人阿比不公，则不获下之心。”[⑨]“上人”本是僧侣的代称，这里指在上之人，即指挥员。四是“上人专擅则多杀戮。”[⑩]五是“有惠爱及人，则人效死。”[⑪]

当然，如何激发全体将士的勇气和斗志，还有许多其他的具体方法和手段，这里就不再一一列举了。

6. 军事后勤学方面的知识

如前所述，决定战争胜负的因素是人不是物，但这并不否认在一定条件下，“物”对战

---

① （明）茅元仪：《武备志》卷1《兵诀评》，《续修四库全书》编纂委员会：《续修四库全书》第963册《子部·兵家类》，第50页。

② （明）茅元仪：《武备志》卷1《兵诀评》，《续修四库全书》编纂委员会：《续修四库全书》第963册《子部·兵家类》，第50页。

③ （明）茅元仪：《武备志》卷3《兵诀评》，《续修四库全书》编纂委员会：《续修四库全书》第963册《子部·兵家类》，第71页。

④ （明）茅元仪：《武备志》卷3《兵诀评》，《续修四库全书》编纂委员会：《续修四库全书》第963册《子部·兵家类》，第72页。

⑤ （明）茅元仪：《武备志》卷3《兵诀评》，《续修四库全书》编纂委员会：《续修四库全书》第963册《子部·兵家类》，第72页。

⑥ （明）茅元仪：《武备志》卷3《兵诀评》，《续修四库全书》编纂委员会：《续修四库全书》第963册《子部·兵家类》，第72页。

⑦ （明）茅元仪：《武备志》卷3《兵诀评》，《续修四库全书》编纂委员会：《续修四库全书》第963册《子部·兵家类》，第73页。

⑧ （明）茅元仪：《武备志》卷3《兵诀评》，《续修四库全书》编纂委员会：《续修四库全书》第963册《子部·兵家类》，第73页。

⑨ （明）茅元仪：《武备志》卷3《兵诀评》，《续修四库全书》编纂委员会：《续修四库全书》第963册《子部·兵家类》，第74页。

⑩ （明）茅元仪：《武备志》卷3《兵诀评》，《续修四库全书》编纂委员会：《续修四库全书》第963册《子部·兵家类》，第74页。

⑪ （明）茅元仪：《武备志》卷3《兵诀评》，《续修四库全书》编纂委员会：《续修四库全书》第963册《子部·兵家类》，第74页。

争的进程能起到更为关键的作用。所以茅元仪在《司马法·严位》篇注中有“以兵器取胜”[①]之说。在《司马法·定爵》篇注中又说：“人习战陈之利，而极其器物皆豫。”[②]以上所说，都与军事后勤和军事装备有关，而对这方面的详细讨论则详见《武备志·军资乘》。

从人的基本生理需要出发，茅元仪认为：“人能饱佚，乃可持久。”[③]可见，没有足够的粮食，进行持久战争是非常困难的。所以茅元仪说：“师行粮从，自古志之，然千里馈粮，士有饥色，故久战莫利于屯田。”[④]明朝中后期的内外形势严峻，因此，屯田对于明朝进行大规模军事行动的重要性不言而喻。为了与明朝的“卫所制”相适应，洪武二十九年（1396）镇守云南的沐英在北胜州置澜沧卫，定额授田，正式实施屯卫制，敌至则战，退则耕。据有学者统计，至明成祖朱棣时，因其励精图治，勤政强国，共建内外卫 493 个，千户所 359 个，故有军队（包括屯田军）270 余万人。[⑤]

关于明朝初期的屯田制，茅元仪引《大明会典》的话说：“国初兵荒之后，民无定居，耕稼尽废，粮饷匮乏。初命诸将分屯于龙江等处，后乃设各卫所，创制屯田，以都司统摄。每军种田五十亩为一分，又或百亩，或七十亩，或三十亩、二十亩不等。军士三分守城，七分屯粮。”[⑥]就明朝的屯田规模来讲，可谓史无前例，“于时屯田遍天下，而边境为多。九边皆设屯田，而西北为最”[⑦]。可惜，从宣德以降，屯政日益荒废。特别是明朝中后期逐渐放松了对屯田者的控制，仅要求屯田者上交国家规定的粮食数额。这样，屯田多为内监、豪右及军官所侵夺，屯田制名存实亡。而面对这种蠹害国家利益的严重情形，茅元仪无不忧心忡忡。他说：

养军而不困民，法莫善于屯田。国家原额屯田八十九万三千一百七十二顷余，今所存六十五万五千五百一十二顷余。然屯法之坏，不特失其额也。一坏于余粮之免半。洪熙行宽大之政，命免余粮六石，是捐其半也。是时，大臣违道干誉，不能为经远之计。夫举天下之军，藉食于屯，一旦失其半，何以足军国之需？再坏于正粮之免盘。宣德十年始下此令，正统二年率土行之。不知正粮纳官，以时给之，可以免贫军之花费。可以平四时之市价，可以操予夺之大柄。今免其交盘，则正粮为应得之物，屯产亦遂为固有之私，典卖迭出，顽钝业生，不可收拾，端在于此。今屯粮日亏，征发日甚。不取之此，必取之彼。易欺者民，则倍征而不以为苛；难制者军，遂弃置而不敢

① （明）茅元仪：《武备志》卷 3《兵诀评》，《续修四库全书》编纂委员会：《续修四库全书》第 963 册《子部·兵家类》，第 73 页。

② （明）茅元仪：《武备志》卷 3《兵诀评》，《续修四库全书》编纂委员会：《续修四库全书》第 963 册《子部·兵家类》，第 71 页。

③ （明）茅元仪：《武备志》卷 3《兵诀评》，《续修四库全书》编纂委员会：《续修四库全书》第 963 册《子部·兵家类》，第 73 页。

④ （明）茅元仪：《武备志》卷 135《军资乘》，《续修四库全书》编纂委员会：《续修四库全书》第 964 册《子部·兵家类》，第 670 页。

⑤ 新疆生产建设兵团毛泽东屯垦思想研究会：《中国历代屯垦资料选注》，乌鲁木齐：新疆人民出版社，2003 年，第 296 页。

⑥ （明）茅元仪：《武备志》卷 135《军资乘》，《续修四库全书》编纂委员会：《续修四库全书》第 964 册《子部·兵家类》，第 671 页。

⑦ （清）李元春选、石泉润辑录：《关中两朝文抄》卷 7《张鍊·屯田议》，清道光十二年（1832）刻本。

> 问；非法之平也，况取者已竭，亦将为不可谁何之人，兼军受其贫，而豪右独专其利乎？历朝以来，皆知修屯法之善，卒未有能举之者，徒以疆界难清，豪强难抑，征催难整耳。愚以清疆界，莫若严丈量。丈量，则寸壤不可隐。故相以丈量，犯江南巨室之怒，然国受其利，此左验也。抑豪强，莫如恤贫弱。夺不应得者与应得之人，则众心得而祸不可煽矣。整催征，莫如调屯官。今各督其卫，恃为固有，必一以军政之法，分调贤能，等其繁间。一有不称，置之重典，则人人凛凛，不敢刁恣矣。然后复正余粮二十四石之额，复上仓交盘之制，即以今田等之：可得米三千一百四十六万四千五百七十六石。除正粮已食其十之三，尚可得余粮一千五百七十三万二千二百八十八石。今，京军不过十二万，南京军额不满四万，尽补天下失伍之额，不过一百四十六万。除屯军外，不过九十八万余，用其米三之二足以养矣。截长补短，尽取给于此；更不烦转输之劳，而岁有两岁之支。①

屯田制是解决大量军士粮食需求的重要保障，实践证明是“养军”的最佳方式。然而，历代屯田制度之所以都不能善始善终，在茅元仪看来，主要是由于以下三个因素在作祟，即“疆界难清，豪强难抑，征催难整”。明朝之前的封建专制王朝如此，明朝专制王朝亦复如此。对此，茅元仪从维护封建王朝的统治地位出发，向明朝政府贡献了自己的解决方案。总的来说，像“严丈量”“恤贫弱”“调屯官”这些建议，对于已经腐烂的封建专制统治肌体而言，无疑是在做一种很有难度的大手术，在理论上它虽说具有一定的可操作性，但在实践上未必行得通。例如，茅元仪所提出的“夺不应得者与应得之人”的美好社会理想，不要说在整个封建社会不可能实现，就是中国近代的资产阶级革命也不可能实现。因为这个方案与封建统治者的根本利益相矛盾，它会触动那些封建大官僚和大地主的切身利益，无异于是在革他们的命。因此，茅元仪的方案没有被采纳，是完全可以理解的。

漕运是解决军资的主要途径之一，历来为封建统治者所重视。故茅元仪在《武备志·军资乘》中说：“运于水，运于陆，费不可同日语也。军所聚，运必至焉，岂特京师哉？然远而险，莫京师若也。”②汉代和唐代的长安、北宋的开封及其以都城为中心的漕运自不待言，元代大都的漕运为明朝移都北京奠定了基础。而元代的漕运“自江达淮，自淮入河，由徐州，经山东，浚泉闸水，仅而能达，而其功不克就，故终元之世，取足于海运焉。”③自从明成祖朱棣将明都城由南京迁至北京后，便在元代漕运的基础上，对南北大运河进行分段修整，使南北运河畅通无阻。对此，茅元仪述：

> 由浙江至张家湾，凡三千七百余里。自浙至苏，则资苕、霅诸溪之水；常州则资宜溧诸山之水；至丹阳而山水绝，则资京口所入江潮之水，水之盈涸视潮之大小，故

① （明）茅元仪：《武备志》卷135《军资乘》，《续修四库全书》编纂委员会：《续修四库全书》第964册《子部·兵家类》，第676页。

② （明）茅元仪：《武备志》卷135《军资乘》，《续修四库全书》编纂委员会：《续修四库全书》第964册《子部·兵家类》，第707页。

③ （明）茅元仪：《武备志》卷135《军资乘》，《续修四库全书》编纂委员会：《续修四库全书》第964册《子部·兵家类》，第707页。

裹河每患浅涩云；自瓜、仪至淮安，则南资天长诸山所潴高宝诸湖之水，西资清口所入淮、黄二河之水，俱由瓜、仪出江，故裹河之深浅，亦视雨河之盈缩焉；由清口至镇江闸，则资黄河与山东汶、泗之水；由镇口闸以至临清，则资汶、泗之水，即泰安莱芜、徂徕诸泉也；然汶河由南旺，南北分流并济，故天旱泉微，每苦不足；由临清至天津，则资汶河与漳、卫之水，由直沽入海；而自天津至张家湾，则资潞河、白河、桑干诸水矣。此运河之大略也。①

在此，“汶河由南旺，南北分流并济”，即“南北分水工程”②是明代对南北运河漕运所创造的一项突出成就。

漕运之外，尚有海运、车运、骑运、人运等形式。其中“车运”又分人车、牛车、骡车及辎重车等类型。茅元仪说：“人车，两人牵推，每车运不过四石”；“牛车，前驾二牛，以二人御之，运不过十二石”；“骡车，以十骡驾一车，运可至三十石，然其费亦不赀矣”；“辎重车，则戚少保继光所制以为逐虏之用者，每营八十车，每车骡八头，车用偏厢牌，远望如城”③。至于“骑运”，茅元仪云：“骑三等，曰马，曰骡，力可至石五斗；曰驴，力可至一石，费多运寡，非善法也，不得已而用之。西北边骆驼，能胜数马之任，然不可多得也。”④以上运输方式，虽有成效，但费用较高，相比之下，“人运”就便宜多了。所以茅元仪说：“挬霄之法，每里置三十六人，人分十步，日行五百回，则是轻行一十四里，重行一十四里也。匹夫之力，其最下者，亦可倍之。挬霄之法，袋为米四斗，则是计其重不过五十斤也。匹夫之力，其最下者，亦可倍之，则每里置一百八十人，而日可运四千石矣。人给米二升，使其半自膳，半膳家，则每里日费三石六斗耳。”⑤古往今来，军队的后勤保障本身的客观需要与经费保障不足之间的矛盾，始终是制约军队后勤工作的主要矛盾。因此，如何做到既投量节约，又运作高效的后勤保障目标，便是茅元仪分析和考察明代各种军需物资运输方式的基本标准。

最后，关于后勤保障的重要性，茅元仪以“守城”为例，对其“料粮食”与“备修筑”等问题做了如下说明。他说：

守城全赖居民，居民全赖兵食。须先料民料、兵料食。凡城中居民，及城外避兵之民，每人每日计米半升，煤炭五斤，或柴五斤，计口、计食须有三月之备。不自备，

① （明）茅元仪：《武备志》卷140《军资乘》，《续修四库全书》编纂委员会：《续修四库全书》第964册《子部·兵家类》，第730页。

② 明永乐九年（1411），工部尚书宋礼采纳白英，筑坝于戴村引汶水至南旺，从而向运河南北分水，形成运河上最重要的水利枢纽工程——南旺分水。即：使汶水流入南旺湖，再充分利用南旺湖这一南北水脊的有利地势，把汶水分成两道，十分之六向北流入临清，十分之四向南流入泗水。使南北运河畅通无阻，运输能力大幅度提高。参见向洪、李广岑主编：《古今中国解疑丛书·经济卷》，成都：四川人民出版社，1997年，第67页。

③ （明）茅元仪：《武备志》卷141《军资乘》，《续修四库全书》编纂委员会：《续修四库全书》第964册《子部·兵家类》，第736页。

④ （明）茅元仪：《武备志》卷141《军资乘》，《续修四库全书》编纂委员会：《续修四库全书》第964册《子部·兵家类》，第737—738页。

⑤ （明）茅元仪：《武备志》卷141《军资乘》，《续修四库全书》编纂委员会：《续修四库全书》第964册《子部·兵家类》，第738页。

其谁顾之。……我既赖其守城，必须代之备食。不然，彼先饥饿，岂能敌贼。故一府无一万草，三万粮，二十万煤炭，百五十服井；大州县无五千草，一万五千粮，十万煤炭，七十服井；小州县无二千草，一万粮，五万煤炭，五十眼井，皆苟且之政，待命于天，幸免于敌者也。凡守城之食，有米者自攒，无米者官攒，以攒一石为率。十人一火头，共食一处。若各家送饭，乱不可言，且转达难到，饥饱不时，自败之道也。①

又说：

城上每面备砖一万，黄土数十车，石灰千斤，水一百瓮，每十垛用铁掀二张，鐗刀二口，门六扇，丈五长杆四根，以备攻破城垣当时修补。②

再者，“备杂物”：

硝黄铅铁，火器之用，关系匪轻，不可弃以资敌。客贩冶坊，多在城外，须先查铺行及冶坊等姓名，遇有警報，着本地方甲保押催，硝黄铅铁及诸铁器，搬运入城，仍专差官逐一亲往查访，违者治以与贼交通之罪。③

其他还有“备灯火”“立草场”“设浮棚”“悬户帘”“医药”等，涉及后勤保障的方方面面。也许正是因为“守城”的物资保障比较充分，所以古代战争才往往以攻城为要。

7. 军事装备学方面的知识

明代军队的武器装备在当时非常先进，除拥有传统的冷兵器和各种类型的船舰之外，尤以火器装备前所未有。

1）威远炮

这种火炮是从“旧制大将炮”改制而来，擅长攻坚克难，射程较远，威力巨大。具体言之，“每位重百二十斤，如一营三千人用十位，每位用人三名，骡一头，人带铳棍一条。旧制大将炮，周围斧箍，徒增斤两，无益实用，点放亦不准。今改为光素名威远炮，惟于装药发火着力处加厚，前后加照星、照门，千步外皆可对照。每用药八两，大铅子一枚，重三斤六两，小铅子一百，每重六钱，对准星门，垫高一寸平放，大铅子远可五六里，小铅子远二三里；垫高三寸，大铅子远十余里，小铅子四五里，阔四十余步。若攻山险，如川广各关，炮重二百斤，垫高五六寸，用车载行，大铅子重六斤，远可二十里，视世之千里雷尤轻便”④。在当时的技术条件下，威远炮能否“远可二十里”，有学者提出了质疑。⑤不过，从“前后加照星、照门”的瞄准技术措施看，“这时已经注意到射角与射程之间的关

① （明）茅元仪：《武备志》卷111《军资乘》，《续修四库全书》编纂委员会：《续修四库全书》第964册《子部·兵家类》，第424页。

② （明）茅元仪：《武备志》卷111《军资乘》，《续修四库全书》编纂委员会：《续修四库全书》第964册《子部·兵家类》，第424页。

③ （明）茅元仪：《武备志》卷111《军资乘》，《续修四库全书》编纂委员会：《续修四库全书》第964册《子部·兵家类》，第428页。

④ （明）茅元仪：《武备志》卷122《军资乘》，《续修四库全书》编纂委员会：《续修四库全书》第964册《子部·兵家类》，第545页。

⑤ 徐新照：《中国兵器科学思想探索》，北京：军事谊文出版社，2003年，第261页。

系，开始研究如何提高命中率的射击理论了”[①]。

2）造化循环炮

这种火炮的射程约为2里，它的优点是可以循环填装发射，且命中率较高。据《武备志》载：这种火炮“每位重二十斤，炮身长二尺，后有铁尾柄，长二尺九寸。用木解为两片，中间刻槽，将炮后铁尾入槽内，用斤鳔缠之。前后有铁束，有照星、照门。用火药袋装药二两，大铅子一枚，子重四两，小铅子三十枚，每重六钱。放时用闷棍一条，下有铁钻，便利入地，上有木拐，中用铁叶裹之，用大铁环一个，放时将闷棍斜插于地，左膊夹定木拐，右手执火绳。每对敌，将炮头穿在环内，炮者专看苗头高低，必照星对定敌人。拿炮者用右手点火，大铅子五六百步，小铅子三四百步，命中，铅子出炮口，可宽二三十步。一人放毕，又换一人”[②]。

3）佛郎机炮

这是由欧洲传入的一种重型火器，明正德年间我国即开始仿造[③]，嘉靖年间用于抗击倭寇的侵扰，发挥了巨大威力。故《武备志》载：“其制出于西洋番国，嘉靖年始得而传之。[④]中国之人更运巧思而变化之，扩而大之以为发矿。发矿者，乃大佛机也。”[⑤]由于《武备志》的内容均取材于《筹海图编》和《纪效新书》，这里就不再重述了。当然，对于佛郎机炮的作用，我们确实看到，当时“明朝北方各边关要隘，都修筑了城堡、墩台，配置了佛郎（狼）机，改善了防御措施”[⑥]，但这仅仅是问题的一个方面，因为西方的火炮技术已经在佛郎机的基础上又向前发展了，出现了性能更优良的大型火炮。因此，有研究者指出：“由于佛郎机铳的口径较小，威力有限，所以明代万历后期开始引进西方一种性能更优良的大型火炮，即红夷炮。”“红夷炮设计科学，不仅口径较大，而且它的炮管长度是其口径的20倍或者20倍以上，故射程远、准确、破坏力大。又由于炮管的管壁加厚，药室火孔处的壁厚约等于口径，炮口处的壁厚约等于口径的一半，故可以承受较大的膛压。炮身的中部铸有炮耳，炮身上装有准星、照门，可以调整射击角度。火炮架设在跑车上，增加了火炮的机动性。为了确定射击角度，还使用了铳规等测量仪器。这种火炮能容纳火药数升，并可以碎铁碎铅，堵以与口径吻合的圆形主弹，除主弹对准所要目标，起攻坚作用外，其散弹则加强对周围目标的杀伤力，是当时威力最大的火炮。”[⑦]

综上所述，如果仅仅从硬件看，明代军队的装备无疑非常先进。“卫军的武器装备，不

---

① 许会林编著：《中国火药火器史话》，北京：科学普及出版社，1986年，第116页。

② （明）茅元仪：《武备志》卷123《军资乘》，《续修四库全书》编纂委员会：《续修四库全书》第964册《子部·兵家类》，第555页。

③ 杨毅、杨泓：《兵器史话》，北京：社会科学文献出版社，2011年，第168页；指文烽火工作室：《中国古代实战兵器图鉴》，北京：中国长安出版社，2015年，第281页；等等。

④ 这是佛郎机传入我国的一种说法，但有专家考证：佛郎机铳是一种后装火炮，它由一母铳和若干子铳组成。母铳后部有腹，腹上开有长孔，供安放子铳。而（嘉靖年始得而传之）的（大佛机），则是一种前装炮，与佛郎机不是一类。参见钟少异：《古兵雕虫：钟少异自选集》，上海：中西书局，2015年，第326页。

⑤ （明）茅元仪：《武备志》卷122《军资乘》，《续修四库全书》编纂委员会：《续修四库全书》第964册《子部·兵家类》，第543页。

⑥ 王兆春：《中国军事科技通史》，北京：解放军出版社，2010年，第182页。

⑦ 杨毅、杨泓：《兵器史话》，北京：社会科学文献出版社，2011年，第170页。

仅刀牌、弓箭、枪弩等冷兵器制作精良，火器已占很大比例，在京军和北部边省军队装备了鸟铳和大炮，出现了步炮混合编组和专用火炮的军队”①。如神机营就是步炮混合编组和专用火炮的军队，这种独立枪炮部队建制在当时中国乃至世界各国都首屈一指。然而，当我们着眼于明朝军队的软件建设时，情况就不容乐观了。一方面是火器本身还存在许多缺陷，诚如明人刘焘所说：“且火器之为制也，迅如雷霆疾知闪电，利莫利焉者也。必须有火线、火绳、火袋、锤屑、炮子诸器俱备，而后所长得逞。或者天时之阴雨，风气之拂逆，徒有负载之劳，俱置于无用之地，则钝莫钝焉者也。三五百步之外，固可以伤人，使敌人百步之内，则点火不及，当人马纵横之时，则开放不便。”②另一方面，宦官专权，明代推行重文轻武的政策，卫所制度腐败，都严重削弱了军队的战斗力，尤其是“将领素质低下阻碍了火器威力的发挥”，因为“自从火器大量应用于战斗，其杀伤力十倍于往昔，而日益增多的不同火器，其性能和用途又各有不同。如何组织运用这些火器去争取胜利，就成为指挥员的重要职责。因此，指挥员的职责已经不是亲自杀敌，而是要冷静地判断情况，不断地适应情况变化，正确定下决心，及时组织力量，投入有利方向去夺取胜利。也就是说，谁能有效组织火器的运用，谁就能取得胜利。但明朝将领除戚继光、俞大猷、孙承宗、袁崇焕等个别将领外，大多数人还不能认识到这一点”③。

（二）茅元仪对传统军事思想的超越

在明代之前，火器的应用尚不普遍，而从明代中后期开始，火器的发展已达到中国最鼎盛阶段。此时，“从品种、质量和使用战术上，都远超宋元，更胜过清朝，管型火器和爆炸火器都取得了巨大的技术性飞跃，管形火器品种颇多，形式复杂。当时的喷射火器（古代火箭）制造已经相当精良，样式繁多”，与之相应，“明代军队普遍装备了火器，战争的主要武器转向了使用火器”④。随着武器性质的改变，战争方式也必然会发生这样或那样的变化。毫无疑问，茅元仪深刻洞察到了明代战争的这种发展趋势。所以他强调说：

> 《武经（总要）》载火炮法，有黄硝之用，然其法不盛行，其它所言炮者，固皆炮也。本朝之得天下也，藉于火为多。至平交趾，得神机之法，遂设专营，秘习教，弓矢长兵坚甲之利，敌皆失焉。历三百年而其制愈广，其法愈精，然得此失彼，患在不全。余搜辑百家，先言制具，以戒其金也；次言用法，以顺夫天也，然后分类而图以式之，说以辩之，曰炮，曰车炮，曰铳，曰箭，曰器械，曰喷筒，曰牌，曰滚球，曰砖弹鷂炬葫芦，曰杂器，曰禽兽，曰车，曰水具，曰伏地，曰藏具，而冠以合药之方，以告览者焉。虽然，习者众矣，夫技均则贵精，两用则贵避。今之言兵者，莫不曰火，绎斯二语，其忧方深。呜呼，尽五行之用而不足以卫吾民，则不仁更大矣。⑤

---

① 刘昭祥、王晓卫：《中华文明史话·军制史话》，北京：中国大百科全书出版社，2003年，第163页。
② （明）陈子龙等：《明经世文编》卷304《刘带川边防议》，北京：中华书局，1962年，第3215页。
③ 刘向东、袁德金编著：《中国古代作战思想》，沈阳：白山出版社，2012年，第163页。
④ 何敏锐：《大国兵道——中西方帝国的尖峰对决》，北京：新世界出版社，2012年，第250页。
⑤ （明）茅元仪：《武备志》卷119《军资乘》，《续修四库全书》编纂委员会：《续修四库全书》第964册《子部·兵家类》，第517页。

在这里，茅元仪克服了传统兵书“得此失彼，患在不全”的缺点，相对完整和系统地讲述了明代火器的发展状况，尤其对各种火器的性能、特点和使用方法，都做了比较详尽的说明，所有这些固然都超越了前贤，但这还远远不够，因为只要我们仔细琢磨一下，就不难看出，茅元仪重视火器技术不假，但他从来不唯火器技术。在他看来，“尽五行之用而不足以卫吾民”，说明在火器技术之外，还有更重要的东西应当引起人们的重视。

当然，就火器技术本身而言，茅元仪不是说一般地学习和掌握火器技术就够了，而是主张“技均则贵精”。从这个层面看，追求火器技术的高、精、尖无疑是茅元仪编撰《武备志·军资乘·火》的主要目的。

1. 火药配方与制法的超越

北宋成书的《武经总要》载有“火炮火药法”“蒺藜火球火药法”“毒药烟球火药法”，学界公认这是迄今有文献记载的最早火药配方。其中“蒺藜火球火药法”云：

> 用硫磺一斤四两（火炮火药法用晋州硫磺十四两，引者注），焰硝二斤半，粗碳末五两、沥青二两半、干漆二两半，捣为末；竹茹一两一分、麻茹一两一分，剪碎。用桐油、小油各二两半，蜡二两半熔汁和之，敷用。纸十二两半，麻一十两，黄丹一两一分，炭末半斤，以沥青二两半，黄蜡二两半熔汁和合周涂之。[①]

与《武经总要》相比较，《武备志》的火药制法确实十分详备和精细。仅从目录看，就有“制具”“试验”“火药赋”“提硝法”“提磺法”“制火药方”“制火线药”“制扁线”“火攻神药法品”“火攻从药”“神火药”“毒火药”“无敌毒龙火药”“烈火药”“飞火药”“法火药”“烂火药”“逆风火药”“三火合一药”“火种”“火信”“铳用常药”“爆火药”“起火药”“日起火药”“喷火药”“铅铳火药”“一炷香”“万般毒”“三十六天罡”“水火药”“碎药”“慢药”等，远远超过了《武经总要》的三种火药配方和制法。例如，在“制火药方”中，茅元仪说：

> 制火药：每料用硝五斤，黄一斤，茄杆灰一斤，以上硝、黄、灰共七斤，分作三槽，定碾五千八百遭，出槽。每药三斤，用好烧酒一斤，成泥，仍下槽内再碾百遭，出槽，拌成粒如黄米大，或绿豆大，须入手心燃之不觉热，方可。寻常药用一斤，此药止用半斤，因药力大迅，不可多用，如无茄灰，柳条亦可，去皮去节，南方如无柳、茄，杉槁俱可。[②]

从火药原料所占的比例看，硝和硫的变化比较显著。如在《武经总要》的火药配方中硝（即硝酸钾）所占比例约为61%，硫所占比例约为31%，木炭所藏比例约为8%，而在《武备志》的火药配方中，硝所占比例约为76%，硫所占比例约为11%，木炭所藏比例约为13%，其中对硝在火药配方中的主体地位，茅元仪在“火药赋”里有一段精妙论述。他说：“硝则为君，而硫则臣，本相须以有为，硝性竖而硫性横，亦并行而不悖。惟灰为之佐使，实附尾于同类，善能革物，尤长陷阵。性炎上而不下，故畏软而欺硬。臣轻君重，药品斯匀；烈火之

① （宋）曾公亮：《武经总要》卷12《守城》，海口：海南国际新闻出版中心，1995年，第376页。

② （明）茅元仪：《武备志》卷119《军资乘》，《续修四库全书》编纂委员会：《续修四库全书》第964册《子部·兵家类》，第521页。

剂，一君二臣，灰硫同在臣位，灰则武而硫则文。”[①]对于火药配方中这种硝主硫次的比例变化，有学者评价说：“硫的地位下降，与炭同属臣，突出了硝（为君），这是认识上的重要进步。在当时缺乏近代化学知识的情况下，有这样的认识是不容易的，当系实践经验的总结。”[②]

依此推算，硝、硫、炭的理论值分别以74.84%的硝、11.84%的硫和13.32%的炭进行组合配比所产生出来的效果为最好。也就是说，“在等量火药的情况下，用这种组配比率配制的火药，生成的二氧化碳和氮的气体最多，放出的热量最大，上升的温度最高，杀伤的威力最大”。“由此可见，茅元仪对硝、硫、炭在火药中作用的分析，在理论原则上已与近代火药化学理论相接近了。”[③]

此外，明代对火药配方中三种主要原料的选择和提纯，非常重视，并且形成了一套比较完备的提纯工艺。例如，茅元仪介绍“提硝法”说：

> 提硝：用泉水，或河水、池水，如无以上三水，或用甜井水。用大锅添七分水，下硝百斤；烧三煎，然后下小灰水一斤，再量锅之大小，或下硝五十斤，止用小灰水半斤，其硝内有盐碱，亦得小灰水一点，自然分开，盐碱化为赤水不坐；再烧一煎，出在磁瓮内，泥沫沉底，净硝在[水]中，放一二日，澄去盐咸水，刮去底泥，用天日晒干，宜在二三八九月，余月炎寒不宜。或欲急用，夏天入井，冬天放于暖处，可也。[④]

与《武经总要》火药配方中加入一些不必要的辅料相比，《武备志》的提纯方法非常先进。至于加入“小灰水”的目的，主要就是将硝水中的各种镁盐、钙盐及铁盐等沉淀析出。文中“净硝在[水]中，放一二日”，就会出现“针芒状焰硝析出结在上”的现象，这实际上是焰硝与盐分相分离的过程。因为“当大量土硝用沸热水溶解时，焰硝可全部溶解，土硝中的盐分或全部溶解，或部分溶解（视含量而定），而当放置隔宿冷却下来时，溶液中的焰硝几乎会绝大部分结晶析出，而盐分几乎不会析出，这样便可以得到相当纯净的焰硝结晶，当然，当时的硝工未必理解这个道理。总之，这一系列举措结合起来，便几乎与近代无机化学中的硝酸钾提纯法相差无几了”[⑤]。

2. 对各种类型的火箭记载前所未有

北宋没有出现真正意义上的火箭，这是目前学界比较一致的看法。[⑥]经考，《武备志·军资乘》中所载“弓射火柘榴箭”应当属于北宋时期所使用的火箭，这种火箭“是将小火药包绑在箭杆上，再用弓弩射出”[⑦]，而不是使用“反作用装置”[⑧]。而明代的火箭技术较北宋的火箭

---

① （明）茅元仪：《武备志》卷119《军资乘》，《续修四库全书》编纂委员会：《续修四库全书》第964册《子部·兵家类》，第519页。

② 祝慈寿：《中国工业技术史》，重庆：重庆出版社，1995年，第955—956页。

③ 金秋鹏主编：《中国科学技术史·人物卷》，北京：科学出版社，1998年，第602页。

④ （明）茅元仪：《武备志》卷119《军资乘》，《续修四库全书》编纂委员会：《续修四库全书》第964册《子部·兵家类》，第520—521页。

⑤ 周嘉华、赵匡华：《中国化学史·古代卷》，南宁：广西教育出版社，2003年，第717页。

⑥ 潘吉星：《中国火箭技术史稿——古代火箭技术的起源和发展》，北京：科学出版社，1987年，第19—43页。

⑦ 潘吉星：《中国火箭技术史稿——古代火箭技术的起源和发展》，第43页。

⑧ 潘吉星：《中国火箭技术史稿——古代火箭技术的起源和发展》，第41页。

技术已经发生了质的飞跃，仅就《武备志》的记载所见，当时已有单级火箭（包括单发火箭和多发火箭）与多级火箭（包括运载火箭加战斗火箭和返回式火箭）的制作技术，水平相当高。

（1）单发火箭。顾名思义，单发火箭就是指一次只能发射一支箭，主要类型有飞刀箭、飞枪箭、飞剑箭、燕尾箭、单飞神火箭、二虎追羊箭等。其中单飞神火箭威力可惧，它“用精铜镕铸，筒长三尺，容矢一枝，用法药三钱，药发箭飞，势若火蛇，攻打二三百步，人马遇之，穿心透腹，可贯数人”①。又如二虎追羊箭，“箭杆长五尺，一股三簇，行火药二筒，向翎，劣火药一筒，向簇，共三筒。径七分，长四寸五分，缚于一竿，可发五百步。行火药二筒，火从出毕，会至劣火药。筒火出能焚烧棚寨，及烧敌船，及毁敌之房舍。一人用之，则百人惊惧，大有玄妙。”②

（2）多发火箭。这类火箭一次发射少则几支，多则上百支，对集团军的杀伤力较大，主要类型有小竹筒箭、火弩流星箭、火笼箭、双飞火笼箭、三支虎钺、五虎出穴箭、七筒箭、九龙箭、九矢钻心神毒火雷炮、四十九矢飞廉箭、百矢弧箭、百虎齐奔箭、群豹横奔箭、长蛇破敌箭、群鹿逐兔箭、一窝蜂箭等。其中群豹横奔箭的发射机理为：“匣藏神机箭，筒长五寸，以肥短荆棍长二尺三寸为杆，共四十矢，翎后加以铁硾，去筒口六指，秤量相平为准，力可到四百余步，一发四十矢，匣口稀疏，稍分左右，尾后紧密架之，一发横布数十丈，凡原野间遇敌，只以十余匣列阵前，横阔数百丈皆箭矣。能左右击敌，故名。”③又如一窝蜂箭，其“木桶内贮神机箭三十二枝，名曰一窝蜂，须制造如法（图 2-15），力能贯革，可射三百余步。先有以十数短小猛箭，贮一篾篓，但猛箭药力稍减，终不若神机发之劲。篾篓难蔽雨湿，终不若木桶贮之宜，每桶三十二枝，用之南北水陆，靡所不宜。”④

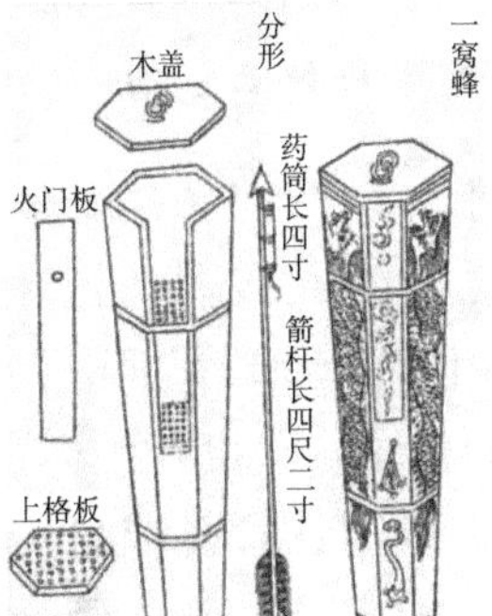

图 2-15　一窝蜂箭示意图⑤

① （明）茅元仪：《武备志》卷 126《军资乘》，《续修四库全书》编纂委员会：《续修四库全书》第 964 册《子部·兵家类》，第 593 页。

② （明）茅元仪：《武备志》卷 127《军资乘》，《续修四库全书》编纂委员会：《续修四库全书》第 964 册《子部·兵家类》，第 595 页。

③ （明）茅元仪：《武备志》卷 127《军资乘》，《续修四库全书》编纂委员会：《续修四库全书》第 964 册《子部·兵家类》，第 600 页。

④ （明）茅元仪：《武备志》卷 127《军资乘》，《续修四库全书》编纂委员会：《续修四库全书》第 964 册《子部·兵家类》，第 601 页。

⑤ （明）茅元仪：《武备志》卷 127《军资乘》，《续修四库全书》第 964 册《子部·兵家类》，第 601 页。

（3）运载火箭加战斗火箭。这是明代多级火箭的重要类型之一，它的作用原理是依靠火药本身燃烧所产生的连续反冲作用，从而进行长远距离的目标打击。如茅元仪在《武备志》中载有一种火箭叫“火龙出水”，其文云：

用猫竹五尺，去节，铁刀刮薄。前用木雕成龙头，后雕成龙尾。口宜向上，其龙腹内装神机火箭数枝，龙头上留眼一个，将火箭上药线聚总一处。龙头下两边，用斤半重火箭筒二个，其筒大门宜下垂、底宜上向，将麻、皮、鱼胶缚定，龙腹内火箭药线由龙头引出，分开两处，用油纸固好装钉，通连于火箭筒底上，龙尾下两边亦用火箭筒两个，一样装缚。其四筒药线总会一处、捻绳。水战可离水三四尺燃火，即飞水面二三里去远，如火龙出于江面。筒药将完，腹内火箭飞出，人船俱焚。①

（4）返回式火箭。茅元仪在《武备志》中载有一种名叫“飞空砂筒”的多级火箭，其文云：

飞空砂筒，制度不一。用河内流出细砂，如无，将石捣为末，以细绢箩箩去面灰，次用粗箩落砂。每升用药一升，炒过听用。铳用薄竹片为身，外起火二筒，交口颠倒缚之，连身共长七尺，径一寸五分，鳔、麻缠绑一处。前筒口向后，后筒口向前，为来去之法。前用爆竹一个，长七寸，径七分，置前筒头上，药透于起火筒内。外用夹纸三五层作圈，连起火粘为一处。爆竹外圈装前制过砂，封糊严密。顶上用薄倒须枪，如在陆地不用。放时先点向前起火，用大茅竹作溜子，照敌放去。刺彼篷上，彼必齐救，信至爆烈，砂落伤目无救。向后起火发动，退回本营，敌人莫识。②

这种类型的火箭是用一个火箭筒将铳射到敌方的船篷上，当爆竹爆炸之后，引燃另外一个与之“交口颠倒”的火箭筒，通过这个倒装的火箭再把射出去的箭送回来。在这里，“虽然回收的想法及其真正轨道不一定相合，但这个原理在理论上当是可回收的二级火箭”③。

茅元仪强调，制作各型火箭的技术，关键在于“用铁杆打成自然线眼”。他说：“大端造法有二，或造成用钻钻线眼，或用铁杆打成自然线眼。但钻者不如打成者妙，钻易而打成费手，故匠人多不肯用打成之法。其肯綮全系于线眼，眼正则出之直，不正则出必斜，眼太深则后门泄火，眼太浅则出而无力，定要落地。每个以五寸长言之，眼须四寸深。”④文中对火箭筒与喷气孔之间的距离提出了5∶4的数量关系，在当时这是一项了不起的成就。有研究者分析说：明代火箭的药线，“总是在箭筒的末端。一方

① （明）茅元仪：《武备志》卷133《军资乘》，《续修四库全书》编纂委员会：《续修四库全书》第964册《子部·兵家类》，第651—652页。

② （明）茅元仪：《武备志》卷129《军资乘》，《续修四库全书》编纂委员会：《续修四库全书》第964册《子部·兵家类》，第613—614页。

③ 戴念祖、老亮：《力学史》，长沙：湖南教育出版社，2001年，第220页。

④ （明）茅元仪：《武备志》卷126《军资乘》，《续修四库全书》编纂委员会：《续修四库全书》第964册《子部·兵家类》，第586页。

面它用于装药线，以便点燃爆炸；另一方面，在药线引燃后，该孔立即成为火箭筒的喷射气流孔。火药爆炸过程中所产生的二氧化碳和氮气之类从孔快速喷出，以推动箭往前飞行”[①]。

以前我们在分析明代火器落后于西方火器技术的原因时，常常举出一个理由就是，当时西方军事学已经跟数学密切结合起来了。这个理由不能说错，但实际情形可能还要更加复杂。因为在茅元仪的观念中，数学意识已经潜在地发挥作用了，上面的例子即是明证。现在的问题是：在茅元仪等的著作中已经出现的那种将军事学和数学发展相结合的科研倾向，为什么后来被放弃了？利玛窦曾说：“借几何之术者，惟兵法一家，国之大事，安危之本，所须此道尤最亟焉！故智勇之将，必先几何之学。”[②]只可惜，明朝的八股取士逐渐将传统数学丢弃了，以至于宋元时期的天元术竟然无人相传。加之明朝又推行重文轻武的国策，所以数学在火器上的应用也就无从谈起了。

第六节　薛凤祚中西会通思想

薛凤祚，字仪甫，山东益都金岭镇人。幼习经学，曾游学保定，拜鹿善继和孙奇逢为师，专事理学。后逐渐厌弃心性之论而转入致用之学，先从魏文魁学习中国传统天文历算，后在意大利传教士罗雅阁的影响下，初识第谷学说。“顺治中，与法人（应为波兰人）穆尼阁谈算，始改从西学，尽传其术，因著《算学会通》正集十二卷，考验二十八卷，致用十六卷……盖其时新法初行，中、西文字转转相通，故词旨未能尽畅。然贯通其中、西，要不愧为一代畴人之功首云”[③]。《算学会通》亦称《历学会通》（1664）是以《天步真原》为基础改编而成，它在明清之际东西科学相互交融的历史进程中占有十分重要的地位。关于薛凤祚的主要学术研究成果，可参见马来平主编《中西文化会通的先驱——“全国首届薛凤祚学术思想研讨会”论文集》[④]，以及张士友等主编的《薛凤祚研究》[⑤]。下面我们仅择要述之，不足之处诚望方家批评指正。

一、薛凤祚的中西科学会通模式：特点与价值

（一）《历学会通·正集》中的中西科学会通模式

明清之际西学东渐，无疑给当时的中国思想文化界带来了新的气象，而在这个革故鼎

① 戴念祖、老亮：《力学史》，第216页。

② ［意］利玛窦：《译几何原本引》，《几何原本》，上海：上海古籍出版社，2011年，第8页。

③ 《清史稿》卷506《薛凤祚传》，北京：中华书局，1977年，第13934页。

④ 马来平主编：《中西文化会通的先驱——“全国首届薛凤祚学术思想研讨会”论文集》，济南：齐鲁书社，2011年，第1—635页。

⑤ 张士友等主编：《薛凤祚研究》，北京：中国戏剧出版社，2010年，第1—206页。

新的历史变革过程中[①]，当中西两种不同风格的科学文化传统在相遇后，必然会产生一系列新的矛盾冲突，由此引发了中国士人对这些问题和现象的种种思考，甚至忧虑，继之便是不同观点的对峙与争锋。学界通常把当时的各种观点分为三类：有深闭固拒者；有节取其技能，禁传其学术者；有兼收并蓄者。[②]

以1582年利玛窦进入广东香山澳（即澳门）传教为标志，西方科学技术通过各种不同形式逐渐传入中国。其要者除利玛窦之外，尚有意大利人艾儒略（1613年来华）、德国人汤若望（1622年来华）、波兰人穆尼阁（1646年来华）及比利时人南怀仁（1659年来华）等。穆尼阁虽然来华时间较晚，但他对西方天文学的传入用力颇深。故梅文鼎在《勿庵历算书记·古今历法通考》题记中称：

> 本朝（指清初，引者注）《时宪历》用之，则西术之一变，故曰西洋新法也。虽同曰西洋新法，而汤氏所译多本地谷（即第谷）与利氏之说，亦多不同。又有西士穆尼阁著《天步真原》与《历书规模》，又复大异。青州薛仪甫（凤祚）本之为《天学会通》，又新法中之新法矣。[③]

所"新法中之新法"当指哥白尼的天文学思想，因为穆尼阁对第谷的天文学成就评价并不高[④]，他曾对薛凤祚说："今西法（指汤若望所传《崇祯历书》）传自第谷，本庸师，且入中土未有全本。"[⑤]据专家考证，穆尼阁《天步真原》的底本系兰斯玻治的《永恒天体运行表》，而此表则是依据哥白尼天文体系编制的。[⑥]从这个意义上说，穆尼阁是在中国传播哥白尼《天体运行论》的第一人。又有学者说："穆尼阁来华之后，和薛凤祚一起致力于编制新法，试图与《崇祯历书》一较高低。"[⑦]毫无疑问，穆尼阁的这种自信就源自哥白尼的天文学体系。胡铁珠在研读《历学会通》中有关"土木火上星经行法原"的内容时，发现用于计算行星位置的图形（图2-16）十分奇特，于是，对这个问题进行了研究。

---

① 有学者站在世界历史的角度这样评价明清之际西学东渐的历史时期：15世纪，欧洲人从伊比利亚半岛扬帆起航，驶向浩瀚的大海，由此宣示西方开始重新界定前现代世界秩序，也标志着人类历史上一个崭新时代的揭幕。欧洲主要国家很快陆续卷入"地理大发现"之旅，并争先恐后地进入太平洋与印度洋之间的亚洲地区，脚跟尚未完全站稳，就向亚洲中心的古老帝国发起冲击。……在这个大时代里，欧洲向欧洲之外世界发起了前所未有的探索，从而为欧洲开启了不可思议的视野，也为欧洲带来了难以想象的精神与物质财富。在与欧洲之外世界的接触中，欧洲汲取了源源不断的知识与物质动力，推动自身进入一个飞速发展的时期，并最终彻底改变了东西方的文明轴心格局——传统的东方文明开始走向沉寂，新兴的西方文明则甚嚣尘上。参见张先清：《小历史——明清之际的中西文化相遇》，北京：商务印书馆，2015年，第2页。

② 吴光等主编：《黄梨洲三百年祭——祭文·笔谈·论述·佚著》，北京：当代中国出版社，1997年，第174页。

③（清）梅文鼎：《勿庵历算书记·古今历法通考》，《景印文渊阁四库全书》第795册，台北：商务印书馆，1986年，第964页。

④ 邓可卉：《希腊数理天文学溯源：托勒玫〈至大论〉比较研究》，济南：山东教育出版社，2009年，第293页。

⑤（清）薛凤祚：《〈新西法选要〉叙》，载《历学会通·考验部·新西法选要》，清康熙刻本。

⑥ 石云里：《〈天步真原〉与哥白尼天文学在中国的早期传播》，《中国科技史料》2000年第1期，第84—89页。

⑦ 陈美东：《中国科学技术史·天文学卷》，北京：科学出版社，2003年，第655页。

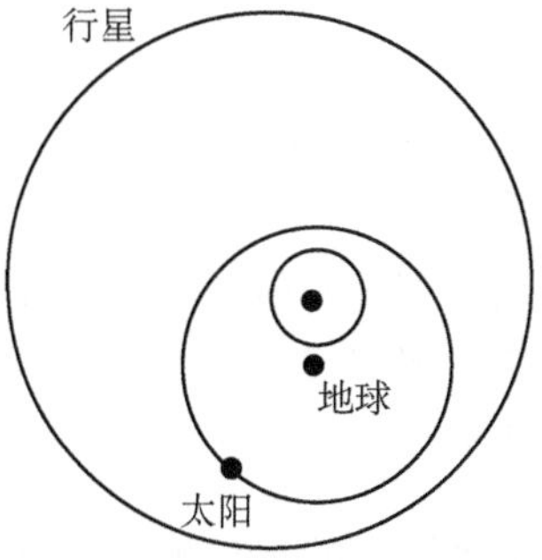

图 2-16　穆尼阁传入的行星运动图[①]

关于薛凤祚土星计算（图 2-17）的具体内容与研究，详见胡铁珠《〈历学会通〉中的宇宙模式》一文，这里我们仅将胡先生订正后的土星计算示意图（图 2-18）附录于此。

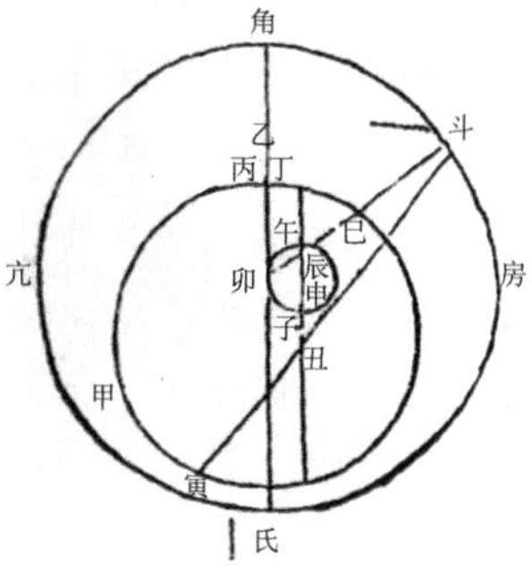

图 2-17　土星计算实测图[②]

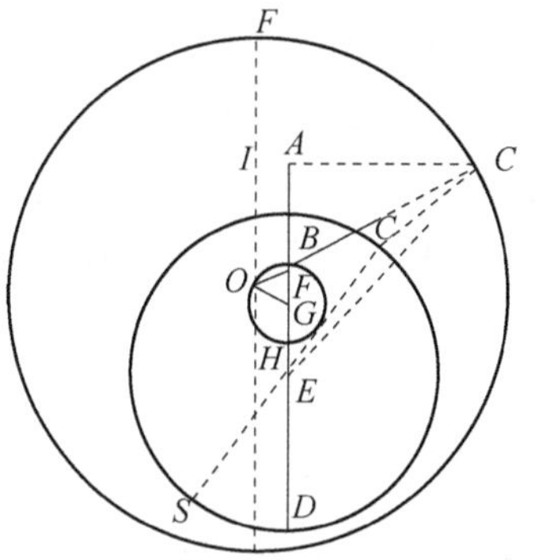

图 2-18　订正后土星计算示意图[③]

其结论如下（注：“订正后土星计算示意图”中的 C 点，即是“土星计算实测图”中的巳点；“订正后土星计算示意图”中的 E 点，即是“土星计算实测图”中的丑点；“订正后土星计算示意图”中的 S 点，即是“土星计算实测图”中的寅点）：

在穆尼阁所处的时代，由于人类只能从地球上观测天体，所以在计算行星位置时，都要将最后结果归算到地球上，以便与实际观测值对比。不过《历学会通》中的计算却很奇特；它最后将行星位置归算到了 C 点，按照文中对图形的说明，这一点既不是地球，甚至也不是太阳，而是日地圆上与太阳相对的一点。不仅如此，在《历学会通》中，相对 C 点的行星经度还被称为“视经度”，而依照惯例，视经度专指目视所见的角度，它应该是相对地球而言的。显然，从常理上讲，《历学会通》无法自圆其说。考虑到计算所用的公式已被证明得自正确的推导，那么问题只能出在对图形的说明上。……既然在《历学会通》中，相对 C 点的经度被称为视经度，这里不妨设 C 点为地球，而 E 点为太阳，于是按照上述计算步骤，行星位置首先被归算到太阳，然后被

① 胡铁珠：《〈历学会通〉中的宇宙模式》，《自然科学史研究》1992 年第 3 期，第 226 页。

② （清）薛凤祚：《历学会通 • 土木火三星经行法原》，薄树人主编：《中国科学技术典籍通汇 • 天文卷》第 6 分册，第 694 页。

③ 胡铁珠：《〈历学会通〉中的宇宙模式》，《自然科学史研究》1992 年第 3 期，第 227 页。

归算到地球上。可以看出，这样的假设能够使图形与计算结果的讨论符合得很好。由此我们可以推论：（订正后土星计算示意图）原本是日心说的图形，因为引用此图的人既想用日心体系的图形和计算方法，又想将图形按地心体系表述，所以变动了其中的日地位置，将地球从C点移到了E，太阳从E移到了S。虽然这一变动可以保证太阳与地球的相对角度不变，因而不影响实际应用时的计算值，但却使对该书中计算意义的讨论出现了与常理相悖的结果。①

那么，我们究竟应该如何评价薛凤祚的宇宙模式及其与第谷体系的关系呢？

任何思想意识的产生，都不能脱离当时人们所生活的历史背景，穆尼阁也不例外。而穆尼阁之所以用如此隐晦的方式来传播哥白尼的天文学体系，确实冒了一定的政治风险。诚如有学者所言：

耶稣会在成立之初，就为入会者制定了严格的纪律，一切言行都要听命于教皇和总会长，不能越雷池半步。（而）哥白尼日心说在经历了最初几十年的风平浪静之后开始陷入麻烦，到穆尼阁来华时已全面遭禁。在此情况下，身为耶稣会士的穆尼阁，即便是对哥白尼学说抱有同情和赞赏，也很难做到敢冒天下之大不韪而公开宣传它。但又由于受兰斯玻治影响甚深，穆尼阁对哥白尼体系可以说情有独钟，这使他有意在尽可能不违背耶稣会纪律的情况下，把日心地动说透露给他的中国学生，于是一种隐含日心说内容的奇特的地心体系就出现在了他与薛凤祚的著作中。②

当然，在穆尼阁生活的时代，哥白尼天文学体系相对第谷的天文学体系来说，其思想的先进性和科学性无可置疑。但是，在具体的计算数值方面，后者却占有明显优势，这或许是当时编制《崇祯历书》的人们为什么宁愿相信那个颠倒了日地关系的第谷宇宙模式的原因之一。所以有学者认为："先于穆尼阁来华的许多传教士，如龙华民、邓玉涵、汤若望、罗雅谷等人，对哥白尼的日心说理论是很熟悉的，这从他们参与编撰的《崇祯历书》对哥白尼《天体运行论》的大量翻译和引用中就可以看出。他们在《崇祯历书》中使用了第谷体系而放弃了哥白尼体系，固然有后者正遭受教会指责这一方面的原因，但更重要的原因是：第谷体系在推算方面的准确性、对天象的解释力等方面都显示出了巨大的优越性。耶稣会士和中方的徐光启、李天经等，将托勒密体系、哥白尼体系、第谷体系进行比较后得出结论：只有第谷是正确的。于是，第谷体系成为《崇祯历书》中几乎所有天文表的编算基础。"③

不过，薛凤祚称哥白尼体系为"新西法"，并不是说哥白尼体系在时间上晚于第谷体系，而是说在认识日地关系问题上，哥白尼体系是崭新的宇宙模式。正是从这层意义上，薛凤

---

① 胡铁珠：《〈历学会通〉中的宇宙模式》，《自然科学史研究》1992年第3期，第228页，石云里在《〈天步真原〉与哥白尼天文学在中国的早期传播》（《中国科技史料》2000年第1期）也有详考，说服力更强。

② 肖德武：《薛凤祚：在中西天文学的交汇点上》，《山东科技大学学报（社会科学版）》2010年第1期，第11—12页。

③ 肖德武：《薛凤祚：在中西天文学的交汇点上》，《山东科技大学学报（社会科学版）》2010年第1期，第12页。

祚无不充满自信地说："今《天步真原》复来，大西真法会通于中法，此道（指第谷体系）亦功成身退矣。"[①]可见，薛凤祚奉行的"中西科学会通模式"应当是选择这种"太西真法会通于中法"的路径。在这里，"太西真法"亦可理解为"追求科学真理之法"，而哥白尼天文体系之所以超越了托勒密和第谷的天文体系，最关键的一点就是哥白尼用真理思维来认识和理解日地关系。于是，我们又回到前面的话题，诚如有学者所言，哥白尼的计算数值确实不如第谷的计算数值精确，然而，在当时的特殊历史背景下，"只要天文学家的最高理想是哥白尼式的，即把行星的位置限制在10弧分的精度之内，那么理论与观测之间的许多偏差便可掩盖起来，但是，若第谷把测量精度减少到两弧分，有时甚至减小到1弧度或30弧秒时，他必须把理论体系框架与观测数据之间的符合程度保持在同一精度，因此运动表示就变得愈发困难；他很快就意识到，必须设想行星轨道的偏心率是可变的，并让它们的轨道尺寸振荡着发生变化，但即便如此，这一体系也没有能够符合事实"[②]。

（二）《历学会通·致用》中的中西科学会通模式

在《历学会通·正集叙》中，薛凤祚提出了一种中西科学会通模式。他说：

> 中土文明礼乐之乡，何讵遂逊外洋？然非可强词饰说也。要必先自立于无过之地，而后吾道始尊，此会通之不可缓也。斯集殚精三十年始克成帙。旧说可因可革，原不泥一成之见；新说可因可革，亦不避蹈袭之嫌。其立义取于《授时》及《天步真原》十之八九，而西域、西洋二者亦间有附焉，皆熔各方之材质，入吾学之型范。[③]

在当时，这是很开放的学术心态。但是仔细分析，薛凤祚会通思想的核心还是以中国本土科学为主体，外来科学仅仅扮演着配角的角色。尽管如此，与先前国人对外来科学的那种强烈排异反应相比，他能够客观地接受外来科学，这已经是一个非常大的进步了。当然，"对于一个像我国古代数学这样封闭的系统来说，要接受一种异质文化的传入并面临着重新改造，其过程本就是相当复杂和极其艰难的。由于中西两种数学传统差异甚大，将中西数学传统熔为一炉必然面临着许多困难"[④]，那绝不是一两人甚至一两代人所能成就的事业。

由于中国传统科学已经形成了独特的结构体系，想要用西方科学的"型范"彻底取代中国传统的"型范"，显然是不可能的。薛凤祚认为，想要中国传统科学不断焕发生机，并持续保持和强化其自我更新能力，贵在方法的借鉴，其中"对数"引入即是最好的例子。薛凤祚说，算法有四变：

一变为"开方之法"又称"开方秘法"。即"置从来上下廉、隅、从益诸方不用，而别为双单、奇偶等数。此因《羲和》相传之旧而特取其捷径者"[⑤]。这种"别为双单、奇偶等

① （清）薛凤祚：《〈新西法选要〉叙》，《历学会通·考验部·新西法选要》，清康熙刻本。

② [荷]爱德华·扬·戴克斯特豪斯：《世界图景的机械化》，张卜天译，北京：商务印书馆，2015年，第179页。

③ （清）薛凤祚：《历学会通·正集叙》，薄树人主编：《中国科学技术典籍通汇·天文卷》第6分册，郑州：河南教育出版社，1993年，第619—620页。

④ 马来平主编：《中西文化会通的先驱——"全国首届薛凤祚学术思想研讨会"论文集》，第170页。

⑤ （清）薛凤祚：《历学会通·中法四线》，薄树人主编：《中国科学技术典籍通汇·天文卷》第6分册，第638页。

数”的开方法，传自明代满城数学家，同时也是中法派代表人物的魏文魁。据郭世荣先生考证，薛凤祚所说的“开方之法”或云“秘法”与中国传统的开方术有一定的区别，反倒与现代笔算开方法很是相似，不需要商实法廉就可以直接开方。①

二变为“八线”法或云三角函数法，即《时宪历》中的“正弦、余弦、切线、余切线、割线、余割线、矢线”②。薛凤祚在经过一段实践后发现，尽管“以其方法易为圆法（指球面三角形，引者注），亦加精加倍矣。然而苦其乘除之不易”③。如众所知，《时宪历》的底本是《崇祯历书》，而徐光启在主持修撰《崇祯历书》的过程中，虽然将西方的三角函数吸收到历法中，但是由于反对派阻挠和明末战乱的影响，《崇祯历书》一直到终明之世都未能正式颁行。薛凤祚认为，“八线”法较之中国传统“开方法”确实计算要简便许多，但因其乘除过程繁难而计算效率仍然不能满足算者的要求。

三变为“对数”，用薛凤祚的话说，即“对数者，苦乘除之烦，变为加减。用之作历，省易无讹者也”④。这里以对数入算的目标很明确，那就是“苦乘除之烦，变为加减”，亦即用加减法代替乘除法的方法，利用对数表来提高计算速度，所以薛凤祚在《三角算法》以及《比例对数表》等书中“没有说明比例算与同余算之间的关系，因而变乘方、开方为乘或除的道理就不大清楚”⑤。

四变为“采用百分制”或云“度数转换”，对此，薛凤祚有一个说明：“今有较正会通之役，复患中法太脱略，而旧法又以六成十，不能相入”⑥，也就是说，对于周天度数，中西采用两种不同的分制，西法分周天为360度，每度60分；中法分周天为365度，每度100分。经过比较，薛凤祚认为：“中法用十数，西法用六数，其归一耳。但用十为法，省易而有畸零不尽之算，用六则度分就整无余，而持筹烦难不易。然畸零多系末位不用之数，虽有余分，不关有无，不若仍用十数为便。”⑦将六十分制换算成百分制，其实运算过程并不轻松。由此不难想象，薛凤祚把穆尼阁编撰的采用六十分制的《比例四线表》改编为采用百分制的《比例四线新表》，确实付出了艰巨的劳动。

在《西法会通参订十一则》里，薛凤祚除讲到“八线改为对数”之外，还讲到了“春分加减”“太阴二三均度”“火星二三均度及冲日度”“火金水三星纬度之差”“金水二星交行高行之差”“冬行用十数”“昼夜百刻及九十六刻”“参觜先后”“罗计相反”“紫炁”等西法与新西法（指穆尼阁法）以及新中法（指魏文魁法）与西法的相互参订问题。其中对“太阴二三均度”的参订，薛凤祚的看法是：“月朔望有初次均度，离朔望有三均度。今西法烦

---

① 董杰、郭世荣：《〈历学会通·正集〉中三角函数造表法研究》，万辅彬主编：《究天人之际 通古今之变——第11届中国科学技术史国际学术研讨会论文集》，南宁：广西民族出版社，2009年，第101页。

② （清）薛凤祚：《历学会通·中法四线》，薄树人主编：《中国科学技术典籍通汇·天文卷》第6分册，第638页。

③ （清）薛凤祚：《历学会通·中法四线》，薄树人主编：《中国科学技术典籍通汇·天文卷》第6分册，第638页。

④ （清）薛凤祚：《历学会通·中法四线》，薄树人主编：《中国科学技术典籍通汇·天文卷》第6分册，第638页。

⑤ 钱宝琮编：《中国数学史》，北京：科学出版社，1964年，第248页。

⑥ （清）薛凤祚：《历学会通·中法四线》，薄树人主编：《中国科学技术典籍通汇·天文卷》第6分册，第638页。

⑦ （清）薛凤祚：《历学会通·冬行用十数》，薄树人主编：《中国科学技术典籍通汇·天文卷》第6分册，第626页。

碎，未能归一。新西法用法简整，易于取用。”①对“昼夜百刻及九十六刻”的参订，薛凤祚认为：“中法万分为日，以十二乘之为时，以十二归之为刻，曰发敛。西法止用九十六为刻，八刻为时，实亦一耳。为便算仍用发敛。”②可见，薛凤祚的“中西科学会通模式”，就是将西法归于中法的“型范”之下。当然，正如赵晖先生所言：“综观薛凤祚对于西学的研究会通历程。可以看到他对吸收西学成果十分积极，而且在调和中西历算差异上也抱持温和态度。其将西学纳入我学型范时并不是简单地将西学削足适履。而是在尽量保持西学所长的前提下融于中学传统之中，甚至将整个西学体系加以融合接受。这种会通模式对于中西历算的交流和互动颇为有利。”③

不过，科学与命理学是有本质区别的。例如，对于“紫炁”问题，应当承认，西学较中法更接近科学。以意大利传教士罗雅谷为例，在《月离历指》一书中，罗雅谷曾严厉批评说：“至于紫气一曜，即又天行所无有，而作者妄增之，后来者妄信之，更千余岁未悟也。今欲测候既无象可明，欲推算复无数可定，欲论述又无理可据。”④然而，薛凤祚却固守中国传统的命理学术，为封建迷信留下了地盘。他说：“紫气，西法所无，中法亦为闲星。其去留关系亦轻，但中法命理以为辛年元禄，不可少也。即木土相会二十年一周天，依占法步算不宜径删。”⑤命理学在中国传统文化中具有特殊的地位，历代封建王朝实行“历禁”，其内在原因当与星占命理有关，而这个实例也是薛凤祚“历法以授时、占验为大用”⑥思想的具体体现。

二、薛凤祚科学思想的基础：天道观和科学观

（一）薛凤祚的天道观

“天道”在中国古代是一个非常复杂的观念，既有科学意义上的“天道”，又有非科学意义上的“天道”；既有有意志的“天道”，又有非意志的“天道”；既有神秘的不可知“天道”，又有能测验的可知“天道”；等等。显然，薛凤祚认为“天道”是科学的、非意志的和可知的。他说：“天道有定数而无恒数，可以步算而知者，不可以一途而执。”⑦王刚认为，薛凤祚的“天道有定数”至少有两层意思：第一层意思是说：“天道是天体的一定规律，具有普遍性和可知性，而天体运行的数值并非恒定，认识天道的途径是多元化和变化发展着的”⑧；第二层意思是说：“天道的定数是高于人生事务的力量，掌管着人的吉凶，天道里

① （清）薛凤祚：《历学会通·太阴二三均度》，薄树人主编：《中国科学技术典籍通汇·天文卷》第6分册，第626页。

② （清）薛凤祚：《历学会通·昼夜百刻及九十六刻》，薄树人主编：《中国科学技术典籍通汇·天文卷》第6分册，第626页。

③ 赵晖：《西学东渐与清代前期数学》，杭州：浙江大学出版社，2010年，第111页。

④ [意]罗雅谷：《月离历指》卷58，（清）蒋廷锡：《钦定古今图书集成·历法典》，台北：鼎文书局，1976年，第3517页。

⑤ （清）薛凤祚：《历学会通·紫气》，薄树人主编：《中国科学技术典籍通汇·天文卷》第6分册，第626页。

⑥ （清）薛凤祚：《历学会通·正集叙》，薄树人主编：《中国科学技术典籍通汇·天文卷》第6分册，第627页。

⑦ （清）薛凤祚：《历学会通·正集叙》，薄树人主编：《中国科学技术典籍通汇·天文卷》第6分册，第619页。

⑧ 王刚：《薛凤祚的天道观》，马来平主编：《中西文化会通的先驱——“全国首届薛凤祚学术思想研讨会”论文集》，第82页。

尽管有超验的因素，但通过对天道的认识，可以经验地感悟天象变化所蕴含的征兆，做出相应的反应。”[①]当然，薛凤祚的“天道有定数”思想还可作进一步的分析。

1. 天道通过一定的时空形式来展现其客观存在

在薛凤祚的视域内，天道不是一个空虚的概念，而是实实在在的物质实体。因此，他说：“世之上下，图象暗移，地之远近，经纬互异。区区蠡测管窥，欲穷其变，亦綦难已。”[②]这里暗含五星运动的时空变化问题，作为描述五星空间运动的数学形式——三角函数及对数，自从地心说模型出现之后，人类就循着不同的思维路径不断接近五星运行的终极真理。

在西方，按照地心说模型，除恒星外，其他星体都围绕地球做匀速圆周运动，可是，经过长期的观测发现，有些星体如火星却出现了反向逆行的现象。为了解释这种天体运行现象，托勒密提出了地心说的本轮—均轮模型（图 2-19），用以解释行星的逆行现象。由于每出现一个逆行的星体，就需要增加一个本轮，这样必然使本轮越来越多，给计算带来极大的困难。于是，哥白尼提出日心说模型，一下子使本轮由百个减少到五个。本来第谷是有能力用新的数学形式来正确描述太阳系的运动规律的，可惜他摒弃了哥白尼的日心说，而迷信托勒密的地心说，结果导致他的大量观测数据无法与太阳系的实际运动规律相对应。后来，第谷的学生开普勒接受了哥白尼的日心说，并采用对数尺找到了第谷所有观测数据之间的内在联系。对此，薛凤祚总结说：“地谷（即第谷）立法历年已远，后起之秀又更多青出于蓝。”[③]那么，这里所说的“后起之秀”能否与第谷的学生开普勒对应起来呢？当然不能简单地去对应。学界承认，薛凤祚所说的“后起之秀”是指穆尼阁体系。如前所述，穆尼阁体系与哥白尼的日心体系关系密切。因此，有学者认为：“穆尼阁体系实际上是哥白尼日心体系的人为变形，可以将其称为‘准哥白尼日心体系’。”[④]

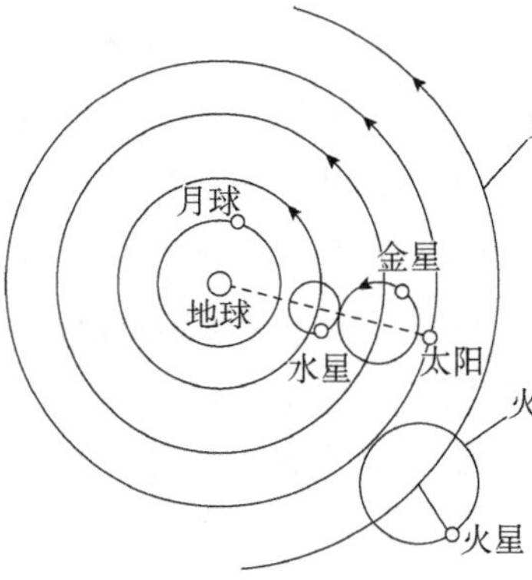

图 2-19　托勒密体系中部分行星运动示意图[⑤]

① 王刚：《薛凤祚的天道观》，马来平主编：《中西文化会通的先驱——“全国首届薛凤祚学术思想研讨会”论文集》，第 83 页。

② （清）薛凤祚：《历学会通·正集叙》，薄树人主编：《中国科学技术典籍通汇·天文卷》第 6 分册，第 619 页。

③ （清）薛凤祚：《历学会通·正集叙》，薄树人主编：《中国科学技术典籍通汇·天文卷》第 6 分册，第 619 页。

④ 尚德武：《薛凤祚会通中西的努力及其失败原因分析》，马来平主编：《中西文化会通的先驱——“全国首届薛凤祚学术思想研讨会”论文集》，第 188 页。

⑤ 向义和编著：《大学物理导论——物理学的理论与方法、历史与前沿》上，北京：清华大学出版社，1999 年，第 50 页。

徐光启的《崇祯历书》引入了托勒密本轮—均轮模型和第谷的行星绕日、日绕地运动模型，而穆尼阁在《天步真原》一书里，却隐蔽性地采用了哥白尼日心体系，这就是薛凤祚所说的“新西法”。有论者指出：穆尼阁体系“采用了日心说的计算过程，但又在保持原日心说图形中日地相互间角度不变的同时，做出了地球在中心、太阳绕地球转动的说明。这一变动导致最后求得的行星视经度不是相对于地球，而是相对日地轨道上与太阳相距180°的一点，如此结果显然是有悖常理的”①。所以薛凤祚说：“今西法远西汤、罗畅其玄风，其为理甚奥，为数甚微，而亦有可议者，其法创自西儒地谷，惟经星一门，西土称为名家。他交食等事，西历原不重之，且去今五六十年，法制尚有未备，嗣有尼阁法，向余所译为《天步真原》者，已议其未尽者种种。”②无论如何，从中国古代对天道这个概念的认识过程看，薛凤祚确实推动了天道观的进步，这一点是无可置疑的。事实上，象三角函数、对数等知识在《历学会通》中大量出现，也是薛凤祚为解决中国传统历数问题而找到的一种先进数学方法。因为用三角函数来描述太阳的运行轨迹，能获得更加精确的数值，而没有三角函数，就很难表达角度与边长的关系，这是中国传统天文学所固有的缺点之一。

2.“历数之原本于算数”③

对“数”的偏爱中西方都有很独特的情结，亚里士多德转述古希腊毕达哥拉斯的观点说：“元素和万物由‘体积’构成，某种数是正义，另一种是灵魂和理性，再有一种是机会，几乎所有一切别的东西无一不可以用数表述；还有，他们看到音律的特性和比例也是可以用数来表现的；一切其他事物就其整个本性来说都是以数为范型的，数在整个自然中看来是居于第一位的东西。”④由于毕达哥拉斯没有著作流传下来，因此亚里士多德的陈述就成为我们理解毕达哥拉斯思想的主要依据。有人透过时空隧洞，发现开普勒也被打上毕达哥拉斯学派的烙印。⑤为了更深刻地把握毕达哥拉斯的数学思想，我们需要下面的背景知识：

> 据说，先是毕达哥拉斯，继之他的学派以及继承人所遵循的接纳与培训学生的程序和方法如下所述：首先，给投于门下学习的年轻人“相面”。这个词指通过对人的容貌表情的特征，以及全身的体形姿态的推演，来探求其品格和秉性。其次，经过此番检查且合格者，他立即下令接受入学并需静默一段时间，时间长短并不统一，而是根据评估得出的聪明程度因人而异。静默者倾听别人的谈论，依规矩不可发问，即使无法全部理解，也不可讨论所听到的内容。没有人静默期短于两年。他们在整个静默倾听期间一直被称为“倾听者”。不过，一旦他们学会了万般事物中最为困难的一桩：静默倾听，开始熟稔于缄默，此所谓“沉默寡言”。接着就有机会发言，题问，记下所听所闻，表达自己的观点。在这个阶段，他们被称为“科学生”，其名显然来自于他们目前开始学习和练习的学科：因为古代希腊人称几何学，日晷测时术，音乐学以及其他

① 沈雨梧：《清代科学家》，北京：光明日报出版社，2010年，第177页。

② （清）薛凤祚：《历学会通·正集叙》，薄树人主编：《中国科学技术典籍通汇·天文卷》第6分册，第625页。

③ （清）薛凤祚：《历学会通·中法四线引》，薄树人主编：《中国科学技术典籍通汇·天文卷》第6分册，第638页。

④ 李季林主编：《哲语解悟·古希腊卷》，合肥：安徽人民出版社，2012年，第11页。

⑤ 张法坤编著：《神奇的宇宙——寻找开启天文世界的敲门砖》，北京：现代出版社，2013年，第42页。

高深学科为科学；而普通人，则把当以其族名称呼之的迦勒底人称为科学家。最后，经过这些高雅学问的学习，他们着手仔细观察宇宙的运作和自然的本性，并于此时开始被称为自然学家。[①]

在中国，《周易》开辟了象数学的研究路径，它与《九章算术》所开辟的实用数学进路不同，象数学注重范式的建立与推演，仅此而言，颇类于毕达哥拉斯学派的数学思想。所以有学者主张："在对中国传统文化的继承、重整与发扬工作中，第一件要事就是如何建立周易宇宙代数学。"[②]可惜，《周易》象数学经过京房、邵雍等人的发展，逐渐变成为命理学服务的工具。故薛凤祚在《历学会通·致用部》"命理叙"中说：

人生于天地得其气以成形，以原禀者言之，天道左旋，一日一周天。人自受气之辰至明日此时，周天之气即全赋之矣。嗣后悔吝吉凶一岁一度，莫可逭也。以流年言之，日用呼吸皆出其之食息之气，纳天地清淑之气，燥湿温寒，与时盈虚，以辅禀赋之质，同运共行。此造化之所由生也，则天地命运即人之命运无二道已。[③]

关于薛凤祚的命理思想，马来平主编的《中西文化会通的先驱——"全国首届薛凤祚学术思想研讨会"论文集》收录有多篇专论，在此不赘。我们想说的问题是：当时，西方科学已经渐入人心，薛凤祚为什么还要大张旗鼓地为命理学鸣锣开道？命理学在中西方有着不同的传统，对此，德国国家科学院院士朗宓榭教授有过比较深刻的分析。[④]从预测学的角度讲，朗宓榭认为，东西方对待命运和自由的态度不同，发展的路径及侧重也有所区别：

第一，中国预测以筹算为基础，《周易》是延续至今的中国预测术的核心，通过复杂的分离蓍草来预言；西方的预测是从先知口中探知，古希腊将阿波罗神（德尔斐预言的主人）视为皮媞亚预言的灵感来源，从公元前八世纪以来长期兴盛。第二，从预测技术的层面看，中国比西方更发达。除了星相学外，没有禁地——星相学被朝廷垄断，主要限于"天垂象，见凶吉"，有政治敏感性，个人无法进行。其他预测技术则五花八门，大部分都是从周易生发出来的。西方则星占学比较发达。第三，中西方的星占都是天地间的大学问，都是基于天人感应，基于对天和人的理解，从各自的文化语境出发的。西方的星相学催生出"星象医学"、"星象气象学"，中国用阴阳五行建构星象世界。西方的生辰星占学可比之于中国的八字算命，13世纪的波拿第在《天文书》中认为星占能够解答何时破土动工才能吉祥顺利这样的问题，和中国的"择吉之术"有可比之处。[⑤]

---

① ［古罗马］格利乌斯：《阿提卡之夜》第1卷，周维明等译，北京：中国法制出版社，2014年，第44—45页。

② 焦蔚芳：《周易宇宙代数学：河洛易数学体系》，上海：上海科学技术文献出版社，1995年，第100页。

③ （清）薛凤祚：《历学会通·命理叙》，《四库未收书辑刊》编纂委员会：《四库未收书辑刊》第8辑第11册，北京：北京出版社，2000年，第510页。

④ 刘耿：《东方和西方的预测术——专访德国国家科学院院士朗宓榭》，《瞭望东方周刊》2014年第43期。

⑤ 刘耿：《东方和西方的预测术——专访德国国家科学院院士朗宓榭》，《瞭望东方周刊》2014年第43期。

在古希腊，毕达哥拉斯认为“数为万物本原”①；在先秦，《周易》也承认万物之根均为数②。因此，自然万物内在地包含着决定其运动变化的数学关系，基于这个原理，德国自然科学家和神学家大阿尔伯特把科学分成两类：一类建立在调查起因的基础上；一类是对预兆的推测，如星象学就被视为“推测”或概率的学问。③现代科学在本质上与星占术、相面术等命理学格格不入，对此，我们必须坚定科学立场。不过，在薛凤祚生活的时代，命理学空前兴盛，命理巨著《三命通会》“几于家有其书”④。在《三命会通》的作用下，像先秦珞琭子⑤的神煞学说、鬼谷子的纳音理论、唐代李虚中的“四柱学”（即用年、月、日、时推算人的命运）、宋代京图的调和论命等命理思想风靡明代社会各个阶层。在此背景之下，薛凤祚连篇累牍地介绍各种传统命理学说便在情理之中了。当然，薛凤祚并不是不加区别地全部拿来，而是有所选择。经过中西命理学比较之后，他认为：“世传琴堂诸书，惟十二宫吉凶及富贵等八格、妇命格皆为近理。至于元禄，则禄暗福耗荫，贵刑印囚权等十干化曜是也，徒存其名，绝无诠解。”⑥在薛凤祚看来，他之所以认为命理学有其存在的必要，是因为命理学也毕竟是天道的有机组成部分。薛凤祚说：“从来七政变异，皆归之于失行。今算术既密，乃知绝无失行之事。其顺逆、迟留、掩食、凌犯，一一皆数之当然。”⑦本来这是很客观的态度，属于科学的范畴。然而，薛凤祚的目的却不在于对“七政变异”本身的科学考察，而是由此引申出“七政变异”对人生的影响。他说：“日家者言似出幻妄，然七政在天，善恶喜忌各有攸属，人生本命与之相应，其休咎悔吝必有相叶应者，难尽诬也。”⑧于是，薛凤祚阐释了他以天人感应为核心的消极命理思想。

第一，天最终决定人类的吉凶祸福。薛凤祚说：“天下极大极重之务莫如天，极繁赜奥渺之理莫如数，人事无一事不本于天，则亦无一事不本于数。”⑨这是一种典型的命定论，认为人不能掌握自己的命运，而只能听天由命，自由意志彻底丧失。可见，薛凤祚命理思想的实质是一种数学神秘主义，诚如有学者所言：“西方数学的神秘主义功能最终给予宗教以启示，用来解释上帝是如何用数学设计这个世界的，数学成为解释世界构成模式的有力

---

① 张祥龙：《西方哲学笔记》，北京：北京大学出版社，2005年，第42页。

② 杨晓军：《东西方数字“九”的文化对比分析与翻译》，罗选民主编：《英汉文化对比与跨文化交际》，沈阳：辽宁人民出版社，2000年，第122页。

③ 刘耿：《东方和西方的预测术——专访德国国家科学院院士朗宓榭》，《瞭望东方周刊》2014年第43期。

④（清）永瑢等：《四库全书总目》卷109《术数类·〈三命会通〉》，北京：中华书局，1965年，第928页。

⑤ 学界对其生活年代有争议，大体分战国说、南北朝说和五代宋初说三种主张。

⑥（清）薛凤祚：《历学会通·命理叙》，《四库未收书辑刊》编纂委员会：《四库未收书辑刊》第8辑第11册，第511页。

⑦（清）薛凤祚：《历学会通·中法占验叙》，《四库未收书辑刊》编纂委员会：《四库未收书辑刊》第8辑第11册，第426页。

⑧（清）薛凤祚：《历学会通·选择叙》，《四库未收书辑刊》编纂委员会：《四库未收书辑刊》第8辑第11册，第501页。

⑨（清）薛凤祚：《历学会通·致用叙》，《四库未收书辑刊》编纂委员会：《四库未收书辑刊》第8辑第11册，第344页。

工具，成为文艺复兴后科学技术革命中有用的方法，进而导致了近代科学中理性主义的诞生。而中国传统数学中的数字神秘功能最终却上升为《周易》所主导的文化理性，没能对中国的科学和文化发展起类似于西方数学的理性作用，中国数学也没能像西方数学那样进入‘形而上’的精神层面，始终在‘形而下’的技术层面发展。”[①]明代数学正好处于宋元数学向近代数学转型的历史时期，如何充分发挥数学在培养人的科学推理和创新思维方面的功能，尤其是如何加强数学与物理、化学之间的学科关联性，使一切物理、化学定义和定理都能形成数学公式，就显得十分重要了。而恰恰在这个关键点上，薛凤祚却将数学引入命理学之中，这本身就是一种退步。

第二，敬天尊君。前面讲了薛凤祚命理思想中的数学神秘主义因素，这仅仅是问题的一个方面。因为在薛凤祚看来，天道与君主的行为之间存在着一种相互调节和相互适应的内在机制。他说：“惟天为大，惟君为最尊。政教兆于人理，祥变现于天文。行有玷缺，则日象显示；天有妖孽，则德宜日新。”[②]显然，这些思想源于《授神契》《诗纬》《白虎通》《开元占经》《祥异绘图集注》等“天垂象以见征”[③]的谶纬迷信。在此，“行有玷缺”显然系指君主的行为有过失，“日象显示”则是指太阳运行过程中所出现的反常现象，如日食、日晕、日冕、日珥等。至于“天有妖孽”是说一旦有灾异出现，那就预兆帝王施政不仁，故“德宜日新”系指君主应当推行亲民政策，惩恶扬善，扶危济困。这里，对于君主的昏庸无道，薛凤祚不主张民众采取极端的暴力手段来推翻旧政权，而是由上天通过“兴妖作孽”的方式警示君主，使其自我检讨和自我反省，以免重蹈更朝换代之覆辙。不过，在传统中国的政治体制中，“无论以何种理由要管理、限制君主，其最终的途径也仅仅是道德说教，少有刚性的制度设计以构成对君主的实际影响。当然，这在君主专制体制下的国家中是无法避免的问题。民众只能期待明君、圣君，当出现昏君甚至暴君时，除了爆发起义改朝换代，大多数情况下只能选择忍受。然而，君主专制王朝的治乱循环和兴衰教训也为君主提出了警示。君主的自我管理在这个意义上也见其特殊的价值”[④]。

（二）薛凤祚的科学观

1.“形下而切世用”思想

明代中后期的手工业空前发达，手工业技术突飞猛进，商品经济活跃，创新动力激励着无数工匠技师用自己的勤劳与智慧创造了许多领先世界的技术成就。究其原因，主要是：第一，明朝统治者对工匠实行“以银代役”即“匠班银”制度，在一定程度上解放了千百万工匠的人身自由，从而激发了他们的劳动热情。如《明会典》记载说：嘉靖

---

① 刘鹏飞、徐乃楠：《数学与文化》，北京：清华大学出版社，2015 年，第 54 页。

② （清）薛凤祚：《历学会通·世界叙》，《山东文献集成》第 2 辑第 22 册，济南：山东大学出版社，2007 年，第 807 页。

③ 《诗纬集证》卷 1《推度灾》，《纬书集成》，上海：上海古籍出版社，1994 年，第 1145 页。

④ 张创新主编：《现代管理学概论》，北京：清华大学出版社，2010 年，第 32 页。

四十一年（1562）以后，“行各司府，自本年春季为始，将该年班匠通行征价类解，不许私自赴部投当，仍备将各司府人匠总数查出，某州县额设若干名，以旧规四年一班，每班征银一两八钱，分为四年，每名每年征银四钱五分”[①]。没有了人身依附，工匠就可以充分发挥自己的一技之长，获取更多的劳动报酬。所以，“明代的匠户本来是属于小生产者的，自从被划入匠籍之后，他们的独立性才受到侵害。以银代役后，他们逐渐恢复了独立性，依旧变成了小生产者，这就提高了他们劳动生产的主动性和积极性”[②]。第二，明朝中后期实学兴起，并且逐渐成为思想主流。自丘浚《大学衍义补》之后，明朝实学分为两派：一派以顾炎武为代表，强调“通经致用”和“体用合一”，主张恢复儒学“内圣外王”的传统精神；一派以张居正和徐光启为代表，主张复兴先秦诸子学说，以“富国强兵”为主旨，较多关注国计民生。薛凤祚显然属于后一派，他在《历学会通·致用》篇中主张：“先圣有言，备物致用，立成器以为天下利，莫大乎圣人。器虽形下而切世用，兹事体不细已。”[③]这个思想与徐光启的主张如出一辙，可见，薛凤祚受徐光启“富强之术”的影响很大。如《历学会通·水法》的内容基本上都是取自徐光启的《泰西水法》一书，而《历学会通·中外师学部》的内容则主要取自戚继光的《纪效新书》。其“城之制”叙述的特色内容有：

城外据山为险，或城或台，皆可城，远不便通道，则分守之，两敌台相去，城墙须中绳墨为合式。[④]

> 城内据山作坚城高台，设大炮守之，贼师入城，可保小城或登台远击。[⑤]
> 如恐城大难守，附城另作中外师师城小城，大城纵破，小城无恙也。[⑥]
> 此寻常方城，但四面敌台俱作三角，前后敌台俱圆，四面可以相顾。[⑦]
> 依城内两山为险，可保万全。[⑧]
> 鸳鸯城制，各省间有之，而三角敌台，彼此相顾，则奇式也。[⑨]

---

① （明）申时行等：《明会典》卷 189《工匠二》，北京：中华书局，1989 年，第 952 页。

② 江西省轻工业厅陶瓷研究所：《景德镇陶瓷史稿》，北京：生活·读书·新知三联书店，1959 年，第 106 页；童书业编著：《中国手工业商业发展史》，济南：齐鲁书社，1981 年，第 217 页。

③ （清）薛凤祚：《历学会通·水法叉叙》，《四库未收书辑刊》编纂委员会：《四库未收书辑刊》第 8 辑第 11 册，第 521 页。

④ （清）薛凤祚：《历学会通·中外师学部》，《四库未收书辑刊》编纂委员会：《四库未收书辑刊》第 8 辑第 11 册，第 584 页。

⑤ （清）薛凤祚：《历学会通·中外师学部》，《四库未收书辑刊》编纂委员会：《四库未收书辑刊》第 8 辑第 11 册，第 584 页。

⑥ （清）薛凤祚：《历学会通·中外师学部》，《四库未收书辑刊》编纂委员会：《四库未收书辑刊》第 8 辑第 11 册，第 585 页。

⑦ （清）薛凤祚：《历学会通·中外师学部》，《四库未收书辑刊》编纂委员会：《四库未收书辑刊》第 8 辑第 11 册，第 585 页。

⑧ （清）薛凤祚：《历学会通·中外师学部》，《四库未收书辑刊》编纂委员会：《四库未收书辑刊》第 8 辑第 11 册，第 586 页。

⑨ （清）薛凤祚：《历学会通·中外师学部》，《四库未收书辑刊》编纂委员会：《四库未收书辑刊》第 8 辑第 11 册，第 586 页。

在“城之制”外，薛凤祚还介绍了西方修筑敌台的方法，如“双眉双眼敌台”“匾敌台”“独敌台”“双鼻敌台”等，都很实用。薛凤祚同意下面的看法：“城之有敌台也，如人之有元首，四体如兽之有角距爪牙，登陴而成营阵之形，守御而兼攻战之利，今郡邑城制亦略存其意，然合法者鲜矣。求其尽善，莫妙于西洋。盖西洋之城全恃此耳。其制有吭、有顺、有鼻、有眉、有眼、有珠，珠能左右眄数里之外，发必命中，精于度数之学，乃能造之。”①为了防守的需要，薛凤祚主张“炮台筑于孔道要津之处，如地方广阔难守，尤当建筑几座，胜于屯驻强兵”②。又“湖海岛屿恐寇猝临，可于扼要水口创一重台以守，将台址下钉筑巨桩，垒以大石上，围砖垣”③。从军事防御的角度看，薛凤祚的上述主张都具有重要的实用价值。然而，薛凤作认为，工匠制器不应仅仅停留在知其然的感性认识阶段，而应该上升到知其所以然的理性认识阶段，这是薛凤祚的一个重要科学思想。他说：“圣人制器以利天下，凡兹百工之技皆有巧寓焉。以重学言之，今支矶、轮盘、等子、辘轳、滑车诸物，其资益世用久矣。但人日用由之，而不知其所以然，不明其理则不能变通诸法，即美利在前亦以无所传述而不悟，度数重学，其轻捷省便处新奇玄奥，令人心花顿开。虽其中有费时之虑，然得其意而善用之，自有迟速成宜之妙。人情莫不欲逸，世人劳剧繁苦，竭蹶而不能致者，费工不及十之一二，而措办无难；人情莫不欲富，世人毕智竭能，冀绳头微息而不得者，用力不过十之一二，而封殖即厚。”④“重学”实际上就是现在所说的力学，薛凤祚认为学习力学不只掌握了各种机械的制作技巧就够了，更要学习其运动的机理，懂其“所以然”之理，亦即“度数重学”。

2. 重视科学实践，反对神鬼邪说

“水法”是《历学会通》的重要构成部分之一，薛凤祚说：“盖开辟以来，修水用者数易矣。标枝之世掬而饮，继之蠡、盂、尊、井焉，使掬者视之不亦巧乎，继之阡陌开而陂池兴，渠插僃而桔槔出，愈巧矣。”⑤至于地球上的水是如何形成的，薛凤祚云：“天地中一气充塞，遍满无间，以水言之，有为气之所生者焉，有为气之所升者焉。太阳下照，积成温热，蒸为雨雪，斯其大者亦或山泽洞穴温气上腾，上遇清气露零如雨，积泉涓涓。二者皆气之所生也，至于泉出滂湃，顿成巨浸，则皆下有伏流，乘气上升，故山上有泉成潭，数里流为江河。”⑥明代有两条大河引起薛凤祚的关注：一条是大运河，另一条是黄河。他还撰写了《两河清汇》8卷，其中第8卷为薛凤祚个人所著，共有“刍论”“修守事宜”“河

---

① （清）薛凤祚：《历学会通·中外师城》，《四库未收书辑刊》编纂委员会：《四库未收书辑刊》第8辑第11册，第591页。

② （清）薛凤祚：《历学会通·中外师城》，《四库未收书辑刊》编纂委员会：《四库未收书辑刊》第8辑第11册，第592页。

③ （清）薛凤祚：《历学会通·中外师城》，《四库未收书辑刊》编纂委员会：《四库未收书辑刊》第8辑第11册，第592页。

④ （清）薛凤祚：《历学会通·重学》，《四库未收书辑刊》编纂委员会：《四库未收书辑刊》第8辑第11册，第548页。

⑤ （清）薛凤祚：《历学会通·水法叙》，《四库未收书辑刊》编纂委员会：《四库未收书辑刊》第8辑第11册，第519页。

⑥ （清）薛凤祚：《历学会通·水法又叙》，《四库未收书辑刊》编纂委员会：《四库未收书辑刊》第8辑第11册，第520页。

防绪言”“河防永赖”4篇内容。有学者称：“为了治水，薛凤祚跑遍了黄河、大运河的主要河段。在《两河清汇》中，薛凤祚以大量的笔墨描述了两河的自然地理状况，掌握了丰富的关于两河变化规律及相关水系特征的第一手材料，可谓下知地理。”[①]

（1）绘制黄河图。《两河清汇》开篇即为薛凤祚所绘制的两河图，其中对黄河图的绘制最为用心。依图治河是大禹治水的重要法宝，因此，绘制黄河图也就成为历代治河者的核心工作之一。薛凤祚晚年应河道总督王光裕之聘，参与治河事务。按照中国古代的治河传统，薛凤祚从黄河的源头到入海口，不远万里，亲自勘察测验，绘制了一幅完整的“黄河图”，所以《薛氏世谱》称他“躬历数千里，考黄淮漕运厉害曲折，施有成效”[②]。

如众所知，黄河是中华文明的发祥地，在一定程度上中华民族的历史就是与江河泛滥作斗争的历史。因此，自有史以来，黄河的安危事关国家政治稳定和社会经济发展的大局，据不完全统计，清朝约一年多黄河就发生一次决口[③]，所以有学者称“清代水利建设，以整治黄淮为第一位”[④]。康熙十五年（1676），黄河流域险情不断，“黄河自扬至淮两岸溃堤甚多”[⑤]。值此之际，薛凤祚不顾78岁高龄，毅然“躬历数千里”，对黄河两岸的地形、地势以及两岸居民的状况等都做了非常详细的调研，这就为清代黄河的进一步治理奠定了坚实基础。

（2）注重科学治水。薛凤祚强调治河须“穷究其必然之理”，他说：“常细求黄河之性，并古来治河之成法皆云，无一劳永逸之功，惟有补偏救弊之法。又云，世世守之，世世此河，于此穷究其必然之理，与其必可能之事，则此补偏救弊之内，即有久安长治之策。”[⑥]

第一，“河决之由”。薛凤祚认为，黄河屡屡决口泛滥，必然有其“必然之理”。在他看来，“凡河患先从决口，而决口夺河非遽夺也，决而不治，河之流日缓，垫沙日高，河始改从决口耳。有遥堤以适其性而范其狂，有减水坝以泄其势而杀其怒，当不至如往日之常决”[⑦]。既然遥堤在防范黄河决口方面起着如此重要的作用，那么，在日常治理黄河的过程中，就必须注意修护遥堤。针对清朝民众忽视遥堤维护和新建遥堤质量低劣现象，薛凤祚提出了严厉批评。他说：“近河士民皆云，河决多系新堤，旧堤少有决者，此今人用心不如古人之验也。堤之足以防河也审矣。人不知遥堤一线，实司国计民生之大命，遢遢置之若弃车马之所践躏，风雨之所剥蚀，毕薄有不及往日之半者，今当细细查验增高增厚，仍以铁锥筒验试，不许有一寸松懈，而堤之决者鲜矣。”[⑧]

第二，“守堤责成”。护河关乎千百万人的生命财产，责任重大，不可有一丝松懈。薛凤祚说：“土堤不可无守，而柳堤更不可不守。往岁栽植护堤之柳，今安在乎？皆以守看无

① 马来平主编：《中西文化会通的先驱——“全国首届薛凤祚学术思想研讨会”论文集》，第456页。
② 《薛氏世谱》第1册，1995年，第5页。
③ 田玉川：《饭碗定律：诠释历史上中国人的生存之道》，北京：金城出版社，2006年，第219—220页。
④ 李治亭：《清康乾盛世》，郑州：河南人民出版社，1998年，第522页。
⑤ 林铁钧、史松：《清史编年》第2卷，北京：中国人民大学出版社，1988年，第167页。
⑥ （清）薛凤祚：《两河清汇》卷8《河防永赖》，《景印文渊阁四库全书》第579册，第481页。
⑦ （清）薛凤祚：《两河清汇》卷8《河防永赖》，《景印文渊阁四库全书》第579册，第482页。
⑧ （清）薛凤祚：《两河清汇》卷8《河防永赖》，《景印文渊阁四库全书》第579册，第482页。

人稽查，废法而斧斤牛羊凌没至尽耳。”因此，他建议：“宜一里所用人十名，中立一甲长，工食倍之，其九人通融管一里，更于附近置田十数亩，为其永业。令其即家于此，若嫌孤零二三甲同住亦可。”①

第三，“重学”，也即采用先进的新式机械用来修筑和防护河堤。薛凤祚说：“河工惟筑堤筑决为上策，勤劳民力，至不容已矣。而堤塞之工，尚有可从省易者。今有重学一法，畚土之器以机发之，遄遄一人可当三四人，至易而简，遇有兴工如用丁夫十万，止用四五万，而足民力国计，并有裨益。”②

第四，“神即水性”。对于黄河水性的认识，民间多有“河神”的迷信，甚至还有“河神娶妇”的传说。在薛凤祚看来，黄河之所以难以被人们驯服，不在于黄河“有神”，而是因为人们对黄河的水性还没有深入认识。因此，“神非他，即水之性也。性无分于东西而有分于上下，西上而东下，则神不欲决而西；北上而南下，则神不欲决而北，间有决者，必其流缓而沙垫。”③可见，顺其水势的变动规律，因势利导，应是治理黄河的上策。在此基础上，薛凤祚引潘季驯的话说：“治乱之机，天实司之，而天人未尝不相须也。尧之时，泛滥于中国，天未厌乱，故人力未至而水逆行也。使禹治之，然后人得平土而居之，人力至而天心顺之也。如必以决委之天数，即治则曰玄符效灵，一切任天之便，而人力无所施焉，是尧可以无忧，禹可以不治也。归天归神，误事最大。”④在此，“人力”是指人们的生产实践能力，或者说是指认识自然和改造自然的能力；“天心”则是指河流运动的客观规律。由此可见，薛凤祚治水理念中闪烁着耀眼的唯物主义思想光辉。

3. 在会通中创新

关于薛凤祚的会通思想已见前述，这里重点阐释一下他的几项创新成果。

（1）推步之法中的创新。有研究者发现：在《历学会通》中，“薛凤祚定岁实秒数为 57，与奈端（即牛顿）合，与穆尼阁以为 45 秒者不同，回归年长度为 365 日 3 分 57 秒 5 微，也与《天步真原》的 365 日 23 刻 3 分 45 秒 5 微有异（古时一昼夜为 100 刻）。所以薛凤祚的学术观点并非墨守穆尼阁的学术观点，而是有独立自主和创新”⑤。

（2）中国近代化的第一个“规划”。《历学会通致用》16 卷，内容涵盖理、工、农、医、兵法、音乐、人文等诸多学科，构成了一个比较完整的体系。而薛凤祚之所以要创立这样的学科体系，主要是因为他追求学以致用。因此，有学者评价说：“《致用部》16 卷的内容与天文历法相去较远，似乎与本书的主题有点背离，但却反映薛凤祚的另一个追求，即在历法会通的基础上，把各门实用科学也会通成一个整体。这是明末徐光启在崇祯改历中首倡而未亲自付诸实施的‘度数旁通十事’（即把入历成果推广到切于民用的十个方面），首次尝试。薛凤祚却继承徐光启的未竟之业，试图按近代科学的方法，相互联

---

① （清）薛凤祚：《两河清汇》卷 8《河防永赖》，《景印文渊阁四库全书》第 579 册，第 483 页。
② （清）薛凤祚：《两河清汇》卷 8《河防永赖》，《景印文渊阁四库全书》第 579 册，第 483 页。
③ （清）薛凤祚：《两河清汇》卷 7《河议辨惑》，《景印文渊阁四库全书》第 579 册，第 447 页。
④ （清）薛凤祚：《两河清汇》卷 7《河议辨惑》，《景印文渊阁四库全书》第 579 册，第 448 页。
⑤ 沈雨梧：《清代科学家》，北京：光明日报出版社，2010 年，第 177 页。

系地发展有利于民生的各个自然科学的学科，这实际上是中国科学近代化的第一个‘规划’。”①

（3）极具程序化特征的造表法。对此，董杰在《薛凤祚三角函数造表法与清初会通思想转变》一文中有详论。该文的主要观点是：当《大测》将三角函数造表法传入中国之时，由于一些公式缺乏论证而造表法介绍得又过于笼统，初识函数表的中国人很难真正掌握。在此背景下，为了使三角函数造表法被更多的士人掌握，薛凤祚遂以勾股定理为核心，根据正、余弦线以及半径构成的勾股图形关系，构造出一套极具程序化特征的造表法。相比而言，薛凤祚三角函数表的精度更高，方法也更为简单、直观、有效，它是对《大测》法的再创造。因此，薛凤行的造表法是明末清初学者间汲取西方技术性成果补充中国传统科学知识体系这一会通思想的典型代表，既不同于梅文鼎，更与徐光启大相径庭。这种思想是以徐、梅为代表的会通模式的中间过渡。

有鉴于此，薛凤祚在清朝学界赢得了“贯通其中西，实不愧为一代畴人之功首”②的赞誉，甚至连美国科学史家席文都认为薛凤祚等的中西会通思想“等于是天文学中的一场概念的革命”③。在当时，把对数、八线等三角函数的精华介绍到中国，确实具有一定的“概念革命”性。不过，薛凤祚毕竟是想用中国传统文化来吸纳西方近代科学的内容，他仅仅看到两者相容的一面，而看不到两者不能兼容的那一面。所以这就在一定程度上局限了薛凤祚会通思想进一步向近代科学跃迁的历史空间。

本章小结

明清之际是一个“天崩地裂”的时期，家国倾覆，“西学”的命运也开始发生变故，然而，“中学”所遇到的挑战，并没有因为明朝的覆亡而有所减轻，相反，越来越多的士大夫开始反省本国传统科学的固有缺陷和不足，并试图通过吸收西方科学的先进成果来不断完善自己。被誉为“海内奇书”④的《类经》，敢于破前人成见，“以《灵枢》启《素问》之微，《素问》发《灵枢》之秘”⑤，一展卷而重开门洞，所以有“医学至介宾而无余蕴”⑥之说。吴有性的《瘟疫论》之所以重要，是因为它突破了传统中医的“六气致病”说束缚，创造性地提出了类似于西医“病毒”概念的“疠气”理论，这在当时世界的传染病理研究方面

① 沈雨梧：《清代科学家》，第181页。

② 《清史稿》卷506《薛凤祚传》，第13934页。

③ [美]席文：《为什么科学革命没有在中国发生——是否没有发生》，李国豪、张孟闻、曹天钦主编：《中国科技史探索》，香港：中华书局，1986年，第109页。

④ 孟凡红、杨建宇、李莎莎主编：《恽铁樵医学史讲义》，北京：中国医药科技出版社，2017年，第87页。

⑤ （明）张介宾：《〈类经〉序》，叶怡庭编著：《历代医学名著序集评释》，上海：上海科学技术出版社，1987年，第28页。

⑥ 孟凡红、杨建宇、李莎莎主编：《恽铁樵医学史讲义》，北京：中国医药科技出版社，2017年，第87页。

处于领先水平，所以从这个角度有学者认为吴有性“是有着强烈西医思维倾向的创新者”①，他甚至归纳出传染病的流行规律，“直逼病因微生物学和细胞病理学兴盛之后的现代流行病学”②。可惜，吴有性因清政府的“剃发令”而惨遭杀害，因而他的学说在相当一段时期内未能发扬光大。朱熹曾断言：舍弃“穷天理”而“兀然存心于一草木、一器用之间”③的学问，无异于“饮沙而欲其饭”④，徐霞客偏偏不问“天理”，将学问置于“一草木、一器用之间”，追求自然之美，山水之乐，此等治学精神和勇气“反映了资本主义萌芽时期，先进的知识分子迫切需要了解自然，研究社会的强烈愿望”⑤。宋应星的《天工开物》是在他体验了多次科举失利的人生痛苦经历之后而创做出来的一部旷世巨著，被誉为“中国 17 世纪的工艺百科全书”⑥，这部书的影响已经“越出了中国的范围，而扩及日本、朝鲜和欧美各国”⑦。茅元仪忧愤国事而著《武备志》，这部“军事百科全书”以倡导军事改革为目的，不仅大量介绍了中国古代各种先进的军事技术，还有针对性地借鉴西方的军事技术为我所用，茅元仪尤其注重分析西方器具的弱点及攻破之策⑧，这对于维护国家安全意义重大。薛凤祚留心西方天学，也曾提出了可行的治理黄河和运河的方略，他的《天学会通》“是一部融合中西天文学的中文书”⑨。

---

① 张大明、杨建宇：《吴又可在医史上的地位及中医的学术独立性》，《中国中医药现代远程教育》2009 年第 9 期，第 98 页。

② 李致重：《中西医比较》，太原：山西科学技术出版社，2019 年，第 323 页。

③ （宋）朱熹：《朱子全书》第 22 册，上海、合肥：上海古籍出版社、安徽教育出版社，2010 年，第 1756 页。

④ （宋）朱熹：《朱子全书》第 22 册，上海、合肥：上海古籍出版社、安徽教育出版社，2010 年，第 1756 页。

⑤ 吕慧鹃、刘波、卢达：《中国历代著名文学家评传》第 4 卷《徐霞客》，济南：山东教育出版社，2009 年，第 442 页。

⑥ 刘德润：《中国文化十六讲》，上海：上海世界图书出版公司，2019 年，第 286 页。

⑦ 潘吉星：《天工开物校注及研究》，成都：巴蜀书社，1989 年，第 134 页。

⑧ 李加林主编：《浙江海洋文化与经济》第 7 辑，北京：海洋出版社，2015 年，第 81 页。

⑨ [英]李约瑟：《中国科学技术史》第 4 卷，《中国科学技术史》翻译小组译，第 690 页，

第三章　明清之际中国传统科学技术思想的解构和转向（下）

面对西学对中国传统科技文化的冲击，国人的反应不一，有坚决排斥者，也有兼收并蓄者，还有一种就是“西学中源”论者。从利玛窦和徐光启的“会通中西”观到清初“西学中源”论的兴起，反映了那个时代科学思想史的曲折发展进程，“西学中源”看似保守传统，实则是另一种形式的开放与革新。

如前所述，学界对“西学中源”说的评价可谓毁誉参半，问题是在当时的历史条件下，西学不仅获得了“合法”地位，还最大限度地开始了中国化的历史进程。其后像明安图、赵学敏和王清任等之所以能够取得相当的科学成就，除他们广泛吸取前贤科学理论之精华外，实在是得益于他们本身所具有的西学知识素养。

第一节　顾炎武“经世致用”的实学思想

顾炎武，字宁人，苏州府昆山（今江苏昆山市）人，是明清之际杰出的爱国主义思想家和学识渊博的历史学家、地理学家。他主张：“自一身以至于天下国家，皆学之事也；自子臣弟友以出入、往来、辞受、取与之间，皆有耻之事也。士而不先言耻，则为无本之人；非好古多闻，则为空虚之学。以无本之人，而讲空虚之学，吾见其日从事于圣人，而去之弥远也。”[①]以此为境界，顾炎武不耻下问，“自少至老，无一刻离书。所至之地，以二骡二马载书，过边塞亭障，呼老兵卒询曲折，有与平日所闻不合，即发书对勘；或平原大野，则于鞍上默诵诸经注疏”[②]。所以，“炎武之学，大抵主于敛华就实。凡国家典制、郡邑掌故、天文仪象、河漕兵农之属，莫不穷原究委，考正得失，撰《天下郡国利病书》百二十卷；别有《肇域志》一编，则考索之余，合图经而成者”[③]。其“《日知录》三十卷，尤为精诣之书，盖积三十余年而后成。其论治综核名实，于礼教尤兢兢。谓风俗衰，廉耻之防溃，由无礼以权之，常欲以古制率天下。”[④]他“既不专主‘性情’之真，也不专主人伦之真，而是兼顾儒家人伦真理和个体的内心真诚”[⑤]，因而被称为“清

① 《清史稿》卷481《顾炎武传》，北京：中华书局，1977年，第13167页。

② 《清史稿》卷481《顾炎武传》，第13166—13167页。

③ 《清史稿》卷481《顾炎武传》，第13167—13168页。

④ 《清史稿》卷481《顾炎武传》，第13168页。

⑤ 姜飞：《经验与真理——中国文学真实观念的历史和结构》，成都：巴蜀书社，2010年，第254页。

学开山之祖”①。

作为一部政治地理学名著，有学者将《天下郡国利病书》选为“中国古代百项科技成就”之一②，当之无愧。

一、《天下郡国利病书》及《日知录》的科学成就及其思想意义

（一）《天下郡国利病书》的地理学成就及其思想意义

1.《天下郡国利病书》的地理学成就

《天下郡国利病书》始撰于崇祯十二年（1639），至康熙元年（1662）基本完稿，前后历20余年。顾炎武曾这样谈到他的撰写目的：“宁人年十四为诸生，屡试不遇，繇贡士两荐授枢曹，不就。自叹士人穷年株守一经，不复知国典朝章、官方民隐，以至试之行事，而败绩失据。于是取天下府、州、县志书及一代奏疏文集遍阅之，凡一万二千余卷。复取二十一史并实录，一一考证，择其宜于今者，手录数十帙，名曰《天下郡国利病书》，遂游览天下山川风土，以质诸当世之大人先生。”③学识与学历不成正比关系，像陈寅恪、闻一多、鲁迅、钱穆、刘半农、梁漱溟、齐白石、沈从文、华罗庚、金克木、启功等众多近现代名家学历低而学识高，他们都不是大学毕业生，却不影响其成为一代大师。顾炎武就属于这种类型的学者，他天赋甚高，“生平精力绝人”④，且“又广交贤豪长者，虚怀商榷，不自满假”⑤。于是，顾炎武“感四国之多虞，耻经生之寡术”⑥，并为寻求挽救天下危亡的有益学问，而撰《天下郡国利病书》34册（其中第14册已佚）。顾炎武认为，评价任何一个行政区域，若从地理形势、物产与兴办农业的条件而言，都各有利弊。⑦

由于《天下郡国利病书》的内容非常丰富，涉及农田、水利、盐务、矿产、交通、粮额、设官、关隘以及兵防等各个方面，下面仅择要述之。

（1）书中保存了大量的各种地形图，如地图、地形图、海防图、边防图等。以“北直隶（下）”为例，共有三种类型的地图，即“边境总图”“协路关营图”“夷中地图”“边外地图”“内拔图”“海防总图”。其中“海防总图”绘出渤海沿岸的要冲、设防堡垒及村镇，图中还有5处大段评述文字，边叙边议，对北直隶海防地理要素的利弊得失进行了中肯评述。

顾祖禹说：“（北直隶）自山海关以南与辽东接界，天津卫以南与山东接界，皆大海也。”⑧自从有了战船，海上防御就成为历代封建统治维护国家安全的重要军事战略布局之一。然而，明朝政府所面临的海上压力，远比元代以前的任何政府都要巨大而沉重，所以为了防

---

① 韦政通：《中国思想史》下，上海：上海书店出版社，2003年，第930页。

② 张敏杰：《一百项中国古代科技成就》，南昌：江西教育出版社，2013年，第159页。

③ 周可贞：《顾炎武年谱》，苏州：苏州大学出版社，1998年，第164页。

④《清史稿》卷481《顾炎武传》，第13166页。

⑤《清史稿》卷481《顾炎武传》，第13168页。

⑥（清）顾炎武：《天下郡国利病书·自序》，上海：上海科学技术文献出版社，2002年，第5页。

⑦ 王纪卿：《清末有个左宗棠》上，北京：团结出版社，2009年，第47页。

⑧（清）顾祖禹撰，贺次君、施和金点校：《读史方舆纪要》卷10《北直一》，北京：中华书局，2005年，第411页。

御来自海上的军事威胁，明朝政府对海上防御非常重视。而对北直隶的海防特点，顾炎武引明观察使杨镐《海防图说》中的话说："蓟、保二镇为京畿重地，山东称右辅，辽东称左臂。大海实盘旋其间。盖海自淮南北折跨登、莱，西放入津，促而东，迤逦至永平之乐亭。又渐北至辽东三岔河，又转而南至大洋海。盖后金之间回视，海反在其西南，倭据朝鲜，似居海上流；而拒倭于朝鲜，所谓扼其上流，而蓟、保、山、辽可无虞也。"①在明代的海防地图上，一般都需要根据各沿海冲要的地形特点，区分"极冲、缓冲、次冲"三个等级，以此来确定守兵的人数。据明清《乐亭县志》记载："冲要海口，西自滦州界刘家河起，东至昌黎县界青坨河止，共十处"，即"高靡河，缓冲；清河口，极冲；韭菜口沟，次冲；囤子河，缓冲；滦河口，极冲；夹河滩，缓冲；宽水口，次冲；小滦河，缓冲；胡林河，次冲；野猪口，次冲"②。其中对清河口极冲，《海防总图》有一段记述：

> 高靡河至清河八里，清河之东二十里为韭菜沟河。又东十里为囤子河，一名曰旋风局。统之，无如清河口极冲者，阔二十五丈，深七尺，长十五里，可泊舡数百只。永乐年间，设新桥于此，有坐营官一员，军士一百名，马六匹，谓为要地。嗣后，驻南兵游击新募之兵于闫各庄，又派遵化辎重营官军一千七百三十一员名，上下于四口之间防守。其孤坨高出水面，有孤特之势，白坨如白，月坨如月，则象其形云。③

在当时，明人的海防思路是以"倭寇"为警，故以"备倭"为海防之要。顾炎武编撰《天下郡国利病书》中的"海防"篇目时，仍然坚守着这一海防思路，处处留意"倭寇"的行迹。如顾炎武引述野猪口次冲的海防意义说："野猪河，俗称野猪嘴，虽无东流，长港上下四十里，水势漂漫，时时灾出，有似猪之嘴然，舟无往而不可舣岸。又乐亭县、昌黎县分界处，不可谓极冲，亦不可谓缓冲，永乐间被倭害，天启间派河南东营官军三千员名，并左、右胡林、沙崖二河防之。"④既然海防的重点在于防御倭患，那么，在顾炎武看来，明朝政府就应该积极出击，巩固沿海诸岛屿的海防设施，以绝倭寇的藏身之处。可是，恰恰对于一些沿海的重要岛屿，明朝政府采取"墟其地"的策略，从而为倭寇的猖獗提供了必要的生存保障和后方基地。所以顾炎武引胡宗宪批评明朝中后期海防政策的失误说：

> 若定海之舟山，又非若普陀诸山之比，其地则故县治也，其中为里者四，为岙者八十三，五谷之饶，鱼盐之利，可以食数万众，不待取给于外。乃倭寇贡道之所必由，寇至浙洋，未有不念此为可巢者。往年被其登据，卒难驱除，可以鉴矣。我太祖神明先见，置昌国卫于其上，屯兵戍守，诚至计也。信国以其民孤悬，徙之内地，改隶象山，止设二所，兵力单弱，虽有沈家门水寨，然舟山地大，四面环海，贼舟无处不可登泊，设乘昏雾之间，假风潮之顺，袭至舟山，海大而哨船不多，岂能必御之乎？愚

---

① （清）顾炎武：《天下郡国利病书》第3册《北直隶（下）》，第207页。
② 阚方正主编：《明清乐亭县志》卷8《兵防志》，石家庄：河北人民出版社，2008年，第79页。
③ （清）顾炎武：《天下郡国利病书》第1册《北直隶（下）》，第207页。
④ （清）顾炎武：《天下郡国利病书》第1册《北直隶（下）》，第208页。

以定海乃宁、绍之门户，舟山又定海之外藩也，必修复其旧制而后可。[①]

这种“识其小而未见其大”[②]的海防策略，给明朝沿海居民的生命财产造成了非常严重的后果。

（2）对具有特殊地理优势的区域山川形势进行重点描述，旨在强化各地民众的国家安全意识。如顾炎武引《大名府志》述其境内的山川形势云：

大名诸州县境内曼衍相属，无他山，独浚阻淇、卫之间。予尝登大伾最高处望之，盖襟太行之左麓也，故其下多山。……县之最西北八十里而峙者曰黑山，周五十里，汉献帝时，黑山贼十余万众掠魏郡，即其始迹地也。山多削壁怪石，迴蹊曲涧，盘郁其中。黑山西南日陈家山。左揖而南五十里日童山，隋宇文化及尝及李密战其下，山无草木，故曰童。[③]

按古传记，唯黄河为最大，济次之，淇次之，洹水、荡水、清水及羑防宜师沟诸水又次之，而漳、卫不与焉。[④]

大名境内别有洼水。洼水者，非出泉谷，有经流，志所不载，颇弥漫田间沮洳为患者也。其为最巨者，一曰卫南陂，由滑县南界受胙城孟华潭、王德口诸水北注，汇城而东，又迤北径桃园，而东南汇为卫南陂，所浸没者凡四十里许。或曰，卫南陂，即古卫南县废治也。二曰澶州陂，或曰古澶水也。旧志在顿丘废县西南二十里，伏流至古繁水，谓之繁泉。今按澶水由开州南界东北径清河头，十之七分注于霸家河；又东径濮州，入于张秋，十之三分注于清丰县东南界孙古城北，汇为朱龙河；又西受硝河之自傅家河而东注者，流次邵家湾，次英满城，而北潴于南乐赵庄，或即古繁泉是也；间溢，则又东引清流桥以达東馆镇是也。三曰硝河，由滑县北界，其一径开州马驾河，东北注戚城，半东汇为赵村陂，所浸没者地七八百顷，而西引王家潭口，复会入于白仓之北……漳、卫之决啮，其患固大，或数十年一适，或十余年一适，民犹稍得缮堤庐以避之。而诸水所弥漫田陆之间，十岁九适，不得他徙，春冬稍耗，秋夏则盎然浴为江湖凫雁之泽。而硝河者，又泄卤下垫，凡所经流，率数岁不复刍牧。[⑤]

从上面的记述看，顾炎武对大名府境内山川的考察，十分注重其军事价值，这已经成为他审度“古今用兵成败之事”[⑥]的关键指标。与以往地理志重名川大河的书写方式不同，顾炎武尤其重视对“洼水”的记载，因为这些“志所不载”的“洼水”，“颇弥漫田间沮洳为患者也”。因为无论在和平年代还是战乱时期，这些“洼水”游移不定，“十岁九适”，旱

① （清）顾炎武：《天下郡国利病书》第22册《胡宗宪〈舟山论〉》，第1835页。
② 王雄编辑点校：《明代蒙古汉籍史料汇编》第3辑《方孔照·全边略记》，呼和浩特：内蒙古大学出版社，2006年，第322页。
③ （清）顾炎武：《天下郡国利病书》第1册《北直隶（中）》，第121页。
④ （清）顾炎武：《天下郡国利病书》第1册《北直隶（中）》，第123页。
⑤ （清）顾炎武：《天下郡国利病书》第1册《北直隶（中）》，第125页。
⑥ （清）顾炎武：《天下郡国利病书》第1册《北直隶（中）》，第4页。

涝沙碱多发，不堪耕种。不独大名府如此，河北中部其他地区的水土环境亦不容乐观。如明嘉靖时人夏言曾评论说："北方地上平夷广衍，中间大半泻卤瘠薄之地、葭苇沮洳之场，且地形率多洼下，一遇数日之雨即成淹没，不必霖潦之久，辄有害稼之苦。"①

（3）对兵要地理记载尤详。事实上，兵要地理不仅构成了顾炎武撰写《天下郡国利病书》的显著特点，而且更体现了顾炎武欲寓"天下兴亡、匹夫有责"之志于兵要地理之中的良苦用心。以山西《吴甡抚晋疏》为例，整个体例的编写内容如下：

绪论："雁门广武为代州第一扼要之冲"；"大同置镇，与宣府同。夫西北形势重宣大。宣府之藩离不固，则隆永急矣；大同之门户不严，则太原急矣。"

土堡："相度地宜，依山据险而为之。"

堑窖："多凿于近垣，以阻侵轶。"

烽墩："多设于边境，以时侦望。"

虏情。

虏候。

防秋："国家御虏，四时不彻备，而独曰防秋者，备虏之道，谨烽明燧，坚壁清野而已。"

诘边："曩岁边卒偷玩，关塞不严，盘诘鲜实，禁罔多漏。"

招降。

用间。

入贡。

屯田。②

以上内容都是兵要地理的核心要素，包括物质层面和心理层面的防卫措施，具有很强的实用价值。明末清初战乱不断，各地民众为了自卫而修建了许多土堡，如明清时期福建的土堡③、山西右玉县的土堡④等，最具代表性。顾炎武引《吴甡抚晋疏》有关"土堡"的记载说："大同三关诸营堡，图说固已系而载之矣。然边方乡落，民堡尤多，有一乡数堡、一堡数家者，又素无弓弩火器，虏入，守空陴坐视，恒有陷失，杀戮甚众。前督府翁万达令并民堡，孤悬寡弱者废之，编其民于附近大堡，协力拒守。每堡择才力者为堡长，次者为队长；堡长得以制队长，队长得以制伍众。"⑤又《大同府志》载有834座规模大小不一的堡（寨）⑥，应当说对大同府境内的"土堡"记载尤为详备。其中"聚落堡"在大同府"城东六十里，天顺三年（1459）建筑，周围三里一百三十步，高三丈一尺，门二：东曰镇安，

① （明）陈子龙等：《明经世文编》卷202《夏言·勘报皇庄疏》，北京：中华书局，1962年，第2108页。
② （清）顾炎武：《天下郡国利病书》第4册《山西》，第1312—1328页。
③ 曹春平：《明清时期福建的土堡》，《福建建筑》2000年第1期，第16—19页。
④ 右玉县志编纂委员会：《右玉县志》，北京：中华书局，1999年，第548—549页。
⑤ （清）顾炎武：《天下郡国利病书》第4册《山西》，第1317页。
⑥ （清）顾炎武：《天下郡国利病书》第4册《山西》，第1387—1393页。

西曰怀远，设站马戍兵。弘治十三年（1500），因增展北面添设仓场，以备屯兵之用”[①]。由此不难看出，“土堡”具有较强的军事防御能力。

（4）辑录了大量有关农田水利及漕运方面的史料，成为人们研究区域科技史的重要参考文献。明代黄河中下游地区由于黄、淮、运上条河道相互交织，特别是黄河河道游移不定，泛滥频繁，给当地民众造成了非常严重的灾难性后果。因此，如何治理黄河及其支流，就成为明代统治者最重要的政治议题之一。明人王永寿在《治河议》中批评当时那些不顾实际的治水思想说：“噫！考本源而后可与言治水，明地势而后可以决利害。今议者不信目而重耳，虽禹复起，将奈何哉？”[②]

下面以北直隶的水利问题为例，简要述之。

第一，对于漳河入卫河的问题。自明初以后，漳河改道大致可为三种类型：一是漳河北决与滏阳河合流，史称“北道”，其故道大体自临漳经广平至邱县经威县西北至新河县一线以西；二是漳河南行与卫河合流，史称“南道”，其道始自临漳、魏县，然后经大名至馆陶一线以南并在馆陶以上入卫河；三是“中道”，介于“北道”与“南道”之间，其走向是从走肥乡、广平东北流到冀州附近与滹沱河合流后，再北流经河间等地直达天津。[③]在明代，漳河为害较多。故《广平县志》云：“宋、元漳河南决，从大名出临漳，绕魏县，过府城之南，由艾家口入于卫河，其流久，其河深，此其故道也。近则向南之河忽涌成淤，比决自临漳，过魏县，从元城以达于馆陶，此新河之一派也。又自花佛堂南决一口，泛滥而为四流，魏与元城均在四流之中。而广平西南若柳林屯、庞儿庄、南温、油房等村，泛则为洪流，淤则为沙砾。庐舍坟墓，其遭水害者不可悉数。”[④]对于用“堤法”和“塞法”治理漳河，明代有人提出异议，认为：“治漳与治河异：黄河可资漕运，引注徐、吕二洪，水性湍急，宜防不宜泄；漳河可资灌溉，泛滥三省五县，水势平缓，宜防而不宜泄。”因此，治策应是“深沟洫，时蓄泄”，即“水一泛滥，则散于五县沟渠，而不为城郭宫室之害；水一干涸，取于万井蓄积，西可收千仓万箱之利；则沙砾变为沃土，洪流登于衽席”[⑤]。又，漳河入卫之地屡徙，如“正德初，漳徙府南阎家渡入卫。又十余年，自双井入卫。嘉靖初自回隆镇入卫，后复自内黄田石村入卫。万历戊子，徙魏县，旋由故道徙肥乡、成安、曲周诸县，会达天津”[⑥]。于是，有议者提出让漳河“徙肥乡、成安、曲周诸县”而“改之艾家口”，此举显然不切实际，甚至危害更大。所以顾炎武引《大名县志》的观点说：“艾家口距郡城邑城之中，去郡一里，去邑止半里；漳北溢则啮郡城，南溢则啮邑城，此必然之势也。然郡城地稍高亢，若本县地最洼下，漳河之湄加于县城之巅，水势利于建瓴；且县南二里余又有卫河，卫亦每年大发，水势汹涌，彼此加攻，

① （清）顾炎武：《天下郡国利病书》第4册《山西》，第1387页。
② （清）顾炎武：《天下郡国利病书》第1册《北直隶（中）》，第142页。
③ 靳花娜：《漳河河道变迁及其原因探析》，郑州大学2012年硕士学位论文，第1页。
④ （清）顾炎武：《天下郡国利病书》第1册《北直隶（中）》，第114页。
⑤ （清）顾炎武：《天下郡国利病书》第1册《北直隶（中）》，第115页。
⑥ （清）顾炎武：《天下郡国利病书》第1册《北直隶（中）》，第137页。

势必无大名矣。”①

第二，对于“卫南之水”与运河的关系问题。滑县“卫南坡”是公元前658年卫文公迁都于楚丘之故地，旧有“千里金堤”之称。可惜这里地势洼下，“每岁暑雨暴行，凡上流倒坡诸水，悉注于此，乃由柳青河达开之澶渊，今其河形足征矣”②。其“倒坡诸水”主要是“南有老安渠水来，西南有苑村渠水来，正西有小寨渠水来，西北有白道口桥口水来，正北有金堤口水来”③。据史载，曹操于东汉建安九年（204）在宿胥故渎的基础上修建了白沟。后来，隋炀帝在隋大业四年（608）又开通永济渠（即今卫河），引沁水南达于河，以通梁达燕。于是，永济渠便成为沟通黄河与海河流域的重要航运水道。诚如前述，景祐元年（1034）八月，黄河在濮阳横陇决口。庆历八年（1048），黄河在横陇决口点上游商胡县再次发生决口，以致造成黄河的“北流”。熙宁十年（1077）至元丰四年（1081），“北流”的黄河分别在澶州（今河南濮阳市）的南、北两侧决口。其中“北向决口侵入永济渠，不但造成大面积的淹没，还对运输军需粮饷的主要交通干线造成严重淤塞，河道的摇摆不定之势不断加剧”④。有鉴于此，金皇统四年（1144）遂将澶州改称开州。至明代，有人担心“卫南坡之水”会对永济渠构成潜在威胁，故而建议“导复开州”，即采用泄法排除水患。当时，滑县知县张佳胤等“沿历河身，达之运道”，“见运河东岸有五空桥，其地渐卑，直抵于海，此正泄运道之溢，立法之莫良者也”⑤。这样，就解决了“卫南坡之水”与“泄运道之溢”的矛盾。在张佳胤等人看来，“卫南不过倒坡之所漫者，其来也无源，其逝也有限；流及澶渊，自尔分漫随竭”⑥，所以它不会对运河构成潜在威胁。

反之，如果能将“卫南坡之水”通过“沟洫之制”来进行整治，那么，“卫南坡之水”就能发挥其“拯民于旱涝”⑦的作用。王永寿举例说：“魏县地平土疏，去漳水发源不远，濒河之田，赖堤以稼。而西南上游，接安阳、内黄与山西潞安诸屯管；东北势下，则与元城、大名共处委汇，故夏秋之交，水患孔棘，论者忧之而未有以救也。盖古之遂沟洫浍，皆以通水于川也。遂从沟横，洫从浍横。遂入沟，沟入洫，洫入浍，浍注川。”“苟相其地势，其洿近河，循之而下，某陂达某陂，某湾达某湾，皆因其势而利导之，以属于河。则所谓堤湾陂堰者，于天时无雨，则由沟以蓄水，而田可施灌溉之功；所谓陂洿池湾者，于天时多雨，则由沟以泄水，而地可无淹没之患。”⑧

2.《天下郡国利病书》的思想意义

（1）强调“地理图志”是“古今用兵成败”的关键要素。顾炎武非常重视地图的作用，

---

① （清）顾炎武：《天下郡国利病书》第1册《北直隶（中）》，第137页。
② （清）顾炎武：《天下郡国利病书》第1册《北直隶（中）》，第141页。
③ 河南省滑县地方史志编纂委员会标注：《重修滑县志》，内部资料，1986年，第205页。
④ 杨明：《极简黄河史》，桂林：漓江出版社，2016年，第58页。
⑤ （清）顾炎武：《天下郡国利病书》第1册《北直隶（中）》，第141页。
⑥ （清）顾炎武：《天下郡国利病书》第1册《北直隶（中）》，第141页。
⑦ （清）顾炎武：《天下郡国利病书》第1册《北直隶（中）》，第140页。
⑧ （清）顾炎武：《天下郡国利病书》第1册《北直隶（中）》，第140页。

《天下郡国利病书》开篇即为《晋书·裴秀传》。在古代，可用于军事战争的地图，通常都“藏于秘府”[①]。自《禹贡》以降，地图有四变：一变是裴秀创“制图六体”[②]；二变是贾耽撰《海内华夷图》与《古今郡国县道四夷述》[③]；三变是朱思本绘制《舆地图》；四变是利玛窦绘制的《坤舆万国全图》。然而，唐代的图志是重文字表述性的“志”，却轻视了形象性的“图”。至宋代的《元丰九域志》，便只有“志”而无“图”了，遂成为“地图演变为地志的一个最具体的例证”[④]。

绘制地图在一定程度上比撰写地志更需要地理专业知识的支持，因而难度更大。明人郭造卿曾说：“图边疆者，难乎哉！余十年居塞上，阅旧图多矣。以总理之综核，独此未成而去沿边，五六易稿，边外未之见也。既余伯子遇卿奉军檄图蓟及昌，今吴武学京所刻是也，原任王总兵又图之矣，大致厄塞未曲尽，矛盾犹不免焉。其人率不尽躬阅，而取成于边史，且致期有稽，未尝优以岁月；故贤者亦不免塞责，岂尽奉檄之罪也与哉！余蓟略乎图特异，不敢示以骇人；兹第于故图稍补正以备观耳。”[⑤]顾炎武在《天下郡国利病书》“北直隶下”中转引了郭氏《卢龙塞略》的“边境总图”“协路关营图”“夷中地图”“边外地图”，后附“内拨图”，寓意深刻。这些图展开来是一关一寨，一镇一卫，一川一谷，一山一岭，掩卷则不免忧愁长吁。因为蓟镇历来都是兵家必争之地，又是唐宋中原王朝相继沦亡的“哀伤”之地。故郭造卿在《卢龙塞图引》中说：“蓟镇苞渔阳跨卢龙塞古燕域，汉扰于乌桓，晋乱于鲜卑，安史叛乃有藩镇，藩镇争乃入契丹，契丹强而女直胜，女直横而蒙古兴，不耀光明者四百五十有七年。……然自开平徙大宁，捐兀良哈，我之耳目虏向导焉。治则今之贡关，乱斯古之战垒矣。”[⑥]蓟镇属“九边区域”，它的管辖范围“东起山海，西迄居庸，延袤曲折，几二千里”[⑦]，战略位置极其重要，所以顾炎武引《蓟州论》的话说：“在今日边情，惟蓟镇为急。”[⑧]

对于明朝的覆亡当然不能归结于蓟镇防御失败一因，但蓟镇防御失败确实在诸多因素之中属于最为关键的因素之一。有学者认为大宁都司内迁后，明朝政府不派重兵屯戍大宁故地，因而给后来的兀良哈三卫南下扰边提供了机会，并“成为明代中叶以后，辽东边患日趋严重的原因之一”[⑨]。

（2）主张开明君主应“为世开万世之利”。如何评价封建社会的明君与昏君？这是一个

---

① （清）顾炎武：《天下郡国利病书》第1册《北直隶（中）》，第3页。据王晖先生研究：“商末西周初年已有用于战争的军事地图，周初已有‘东国’疆域图，也有用于土田划定的方国疆域地图。”参见王晖：《从西周金文看西周宗庙“图室”与早期军事地图及方国疆域图》，《陕西师范大学学报（哲学社会科学版）》2012年第1期，第31页。

② 王晖：《从西周金文看西周宗庙“图室”与早期军事地图及方国疆域图》，《陕西师范大学学报（哲学社会科学版）》2012年第1期，第31页。

③ 王晖：《从西周金文看西周宗庙“图室”与早期军事地图及方国疆域图》，《陕西师范大学学报（哲学社会科学版）》2012年第1期，第4页。

④ 赵中亚选编：《王庸文存》，南京：江苏人民出版社，2014年，第313页。

⑤ （清）顾炎武：《天下郡国利病书》第1册《北直隶（中）》，第206页。

⑥ 董耀会主编：《秦皇岛历代志书校注》第4册《卢龙塞略》，北京：中国审计出版社，2001年，第1页。

⑦ （清）顾祖禹：《读史方舆纪要》卷11《北直二》，北京：中华书局，2005年，第492页。

⑧ （清）顾炎武：《天下郡国利病书》第6册《九边四夷》，上第2750页。

⑨ 李健才：《明代东北》，沈阳：辽宁人民出版社，1986年，第51页。

比较复杂的问题，失国固然是判断昏君的重要依据之一，但我们对历史人物应作阶段分析和方面分析，如对隋炀帝的评价就是这样。顾炎武曾引《谷山笔麈》评价隋炀帝的话说：

> 炀帝开通济渠，自东都西苑引谷、洛水达于河，又自板渚引河水达于汴水，又自大梁东引汴水入泗，达于淮，又自山阳至扬子达于江。于是江、淮、河、汴之水相属而为一矣。炀帝又开永济渠，因沁水南连于河，北通涿郡。又穿江南河，自京口至杭州八百里。盖今所用者，皆其旧迹也。夫会通河自济、汶以下，江、河、淮、泗通流为一，则通济之遗也。滹沱、御、漳，则永济之遗也。自京口精通於浙西，则江南之遗也。炀帝此举，为其国促数年之祚，而为后世开万世之利，可谓不仁而有功。①

隋炀帝"为其国促数年之祚，而为后世开万世之利"，这是一个"方面"悖论，两个方面：一个"过"，一个"功"。《谷山笔麈》的作者于慎行，就其学问见解的深刻性而言，美国学者富路特等人的观点是："在当时翰林院所有成员当中，他和冯琦被认为最优秀的两位学者。"②顾炎武十分推崇于慎行，除于慎行光明磊落的人品之外，就是他关爱百姓的情怀。有人这样评价于慎行，"御史刘台因为劾奏张居正被捕入狱，僚友唯恐避之不及，于慎行独前往看望。后来张居正因'夺情'被劾，他参与其中。张居正知悉后指责他忘记'所厚'之情，他的回答是：正因为你对我厚爱，我才正视你的错误"③。在君与民的利益关系问题上，于慎行有一个基本的价值立场。他说："夫所谓怀利者，非必利于己而不利于君，利于家而不利于国也，剥民以奉上，损下以益上，利于君而不利于国，利于国而不利于民，皆谓之怀利。"④显然，民众的利益高于君主和国家的利益，这是于慎行判断封建政权是否合理的重要标准。所以他说："制国有常，而裕民为本。"⑤就隋炀帝而言，他"为其国促数年之祚"，确与征伐高丽有关，于慎行的看法是：隋炀帝"之征高丽，志气骄溢，统御无方，士心离沮，内变将作"⑥，可谓咎由自取。然而，隋炀帝开凿大运河尽管主观目的是为征伐高丽创造条件，但其客观效果却让万民获益，恰恰在这一点上，于慎行给隋炀帝打了高分。顾炎武亦复如此，他不仅赞同于慎行对隋炀帝的"两面"评价，还转引了于慎行为《安平镇志》所撰写的长篇序文。在这篇序文里，于慎行对运河漕运表达了如下观点，他说：

> 夫上之域民，犹制水也。水之为道，固必浚为沟浍，遏以堤防，而后翕犹顺轨以趋于下。然其旁出羡溢，亦必得巨薮大泽而潴之，使期游波宽缓，有所休息，而后不至于溃。夫民亦然，居之郛郭，画之经界，此大纲大纪，万世不能易也。至于五方之游轶，百贾之转鬻，亦必就闲旷四通之地，使有所猗靡曼衍，而不束于有司之三尺。

---

① （清）顾炎武：《天下郡国利病书》第3册《山东上》，第1077页。

② ［美］富路特：《明代名人传》6，北京：北京时代华文书局，2015年，第2219—2220页。

③ 孟祥才：《齐鲁传统文化中的廉政思想》，济南：山东人民出版社，2016年，第337—338页。

④ （明）于慎行：《谷山笔麈》卷7《经子》，北京：中华书局，1984年，第76—77页。

⑤ （明）于慎行：《谷城山馆文集》卷42《乙酉应天程策第五问》，明万历年间刻本。

⑥ （明）于慎行、黄恩彤参订，李念孔等点校：《读史漫录》卷6《六朝南北》，济南：齐鲁书社，1996年，第197页。

然后其志安焉而利可久。①

这是一种鼓励工商业自由发展的宽民之策，其主旨是将“居住地”与人口的“合理流动”相结合，扶持和保护工商业的发展。由于南北区域经济发展的不平衡，南粮北运已经成为困扰元明清三朝执政者的最大政治问题之一。在当时的历史条件下，大运河的运输成本相对较低，漕运风险也不高。于是，“至洪武二十四年（1391），河决原武黑洋山，由旧曹州郓城西河口漫安山湖，而会通河塞。永乐九年（1411），复命尚书宋礼等浚其故道，自沙湾南暨袁家口则稍北徙二十里，而又改坝戴村，遏汶水分流南旺，而运道复通，八百斛之舟迅流无滞，岁漕东南数百万石以给京师”②。所以，顾炎武高度关注运河问题，就是因为它直接关系着国家之兴亡。如靖难之役，燕王朱棣就是依靠对大运河的控制权而赢得了帝业。同理，清兵入关也是先下手攻占扬州，卡死了明朝赖以生存的经济命脉，从而使得明朝官僚试图据守江南以期复国的幻想破灭。有研究者曾算了这样一笔账：“京边军卒所需粮饷，几乎全赖运河转漕。洪武边陲卫卒粮饷，虽由屯田自给，参以‘开中’输粟实边相佐。然于永乐时已渐坏，到正统时，政府须按年补助边费。加之边患时发，更是耗费国库之财，其来源，又赖转输东南之财赋。永乐、宣德二朝六次伐蒙古、三次征安南、七次下西洋，其所耗资尤甚平常，主要由京师国库所资，而后者又由运河转输。况且运河沿岸钞关的收入，也是国库进账的一大来源，这笔收入数目无疑是极其可观的。”③

（3）主张开放“海禁”。明朝海运不畅，给大运河造成了空前的转输压力。在这种背景下，明朝不少有识之士开始关注海运问题。如王宗沐在《海运志序》中说：

余往嘉靖辛亥视学广右，时吏事寡，暇辄取全史读之。睹古人攻战处，以按覆舆图，其地里、险夷、远近，如在几席间。后移官江西，罗文恭公（罗洪先）出《广舆图》相质正。余为刻于省中，因益知海道自淮循岸屿，薄燕蓟，便甚。宋宣和间，议攻辽，而诸臣不知出此，仅遣高药师以一舟使金，往返若陆。其后元人通海运，于都燕为得策。且悉考当时载籍，无言海中坏运舟者，意即有之，不多，故不道也。藏其语二十余年，隆庆辛未，余起家复守藩山东。会河漕告病，朝廷遣科臣按视，欲开胶莱河以避大海通运事，不就。余曰，即大海可航，何烦胶莱河也。叙其说上抚台，以来试之，验，语闻。会科臣疏上，遂下通运之命，而余亦叨转督漕。身践初议，募舟集粮。时中外尚疑骇，谓不知何若。乃行仅逾月，十二万石悉安行抵岸，而天下臣民，始信海道之可通。④

仅仅言海道可通还不够，顾炎武又引王宗沐《海运详考》论海运十二利，以阐述海运较漕运的种种优势。王宗沐说：

自古运漕，以建都为向往，汉、唐都秦则通渭，宋都梁则通汴，我朝定鼎幽燕，

① （清）顾炎武：《天下郡国利病书》第3册《山东（上）》，第1079页。
② （清）顾炎武：《天下郡国利病书》第3册《山东（上）》，第1080页。
③ 钱克金：《明代京杭大运河研究》，湖南师范大学2004年硕士学位论文，第31页。
④ （清）顾炎武：《天下郡国利病书》第3册《山东（下）》，第1272页。

地势极北，所恃者在邳河一线之路。近又淤塞，有识寒心。今所费不多，而别通海运。两漕并输，国计益足。彼不来而此来。先臣丘浚固已言之。此国家至深至远之计，一利也。漕河身狭，闸座珠联，漕船势必立帮，以防争越。挨守候日久，则百弊生而军食费。今海运开洋，不必挨帮，二利也。

今海运既通，则虽有漂流而无挂欠，而漂流亦不待于勘报稽违，以误总计，三利也。

今海运既通，则过江米与夫盘驳之费省者不下数十万，四利也。

今海运无船，将不能归，则沉船可省，五利也。

今诚通海运，舟大而人多，许其稍带南货，免其抽税，而渐减行粮诸色，每岁之省亦不可计，六利也。

今通海运，则须尽给而后开帮，凡一应料价、轻赍、月粮等项，有司皆不容缓，料理自齐，七利也。

今海运乘风，势甚汛急，则耗米亦可稍议裁节，其赢亦多，八利也。

今海运既通，百货合凑，则物价稍轻，行户亦宽，自成富盛。往唐陆贽当德宗之乱，以京师米贱，奏请出粜，关中为之价平。今国家承平，万无此理，然以货推米，则深计者所不废，九利也。

海运既通，则辽东缓急可饷，如洪武三十年故事，十利也。

今海运既通，则每行五鼓开船，而巳时即泊。每岁止春初入兑，而夏尽即休，疲困亦苏，十一利也。

兑运之时，军弊百出，盗卖侵克，甚或官军俱逃，其有军市而官不知，则拖欠之官在刑部狱者，往往相比也。今海运自开洋之后，欲盗而谁与为市？已盗而逃将焉往？十二利也。[①]

实际上，自宋元以来，我国沿海的各种贸易就很频繁。然而，明朝立国之后，由于张士诚等反明势力被击败而溃散，其“豪强者悉航海，纠岛倭人贼”[②]，因此它所面临的海防问题十分严重。[③]于是，朱元璋在洪武四年（1371）十二月以“海道可通外邦”为由，上谕诸大臣“禁其往来”，并云：“近闻福建兴化卫指挥李兴、李春私遣人出海行贾，则滨海军卫岂无知彼所为者乎？苟不禁戒，则人皆惑利而蹈于刑宪矣。尔其遣人谕之，有犯者论如律。”[④]此后，明朝实行“海禁”的条律不断增多，且管控措施亦日趋严厉。如洪武十四年（1381）诏：“禁濒海民私通海外诸国。”[⑤]洪武十七年（1384）令“禁民入海捕鱼，以防倭故也”[⑥]。

---

① （清）顾炎武：《天下郡国利病书》第3册《山东（下）》，第1274—1275页。

② （明）张瀚：《松窗梦语》卷3《东倭记》，上海：上海古籍出版社，1986年，第57页。

③ 陈尚胜：《明代海防与海外贸易——明朝闭关与开放问题的初步研究》，中外关系史学会：《中外关系史论丛》第三辑，北京：世界知识出版社，1991年，第110—114页。

④ （明）解缙等：《明太祖实录》卷70“洪武四年十二月乙未”条，上海：上海古籍出版社，1983年，第1307—1308页。

⑤ 《明实录·明太祖实录》卷139“洪武十四年九月己巳”，第2197页。

⑥ 《明实录·明太祖实录》卷159“洪武十七年正月壬戌”，第2460页。

又《皇明世法录》载："凡沿海去处，下海船只，除有号票文引，许令出洋外：若奸豪势要及军民人等，擅造三桅以上违式大船，将带违禁货物下海，前往番国买卖，潜通海贼，同谋结聚，及为向导劫掠良民者，正犯比照谋反已行律处斩，乃枭首示众，全家发配边卫充军。其打造前项海船，实与夷人图利者，比照私将应禁军器下海者，因而走泄事情律，为首者处斩，为从者发边卫充军。若止将大船雇与下海之人，分取番货，及虽不曾造有大船，但纠通下海之人，接买番货，与探听下海之人，番货物来，私买贩卖苏木，胡椒至一千斤以上者，俱发边卫充军，番货并没入官。"①这种极端的"海禁"政策，当然，引起沿海地区广大居民的不安。因为"东南沿海人多地少，务农难以生存，宋代以来当地人便从事海外贸易，经数百年积累，集聚了浓厚的财富和人脉"②。故明人唐枢分析说："中国与夷各擅生产，故贸易难绝。利之所在，人必趋之。"所以"商道不通，商人失其生理，于是转而为寇"，结果往往是"海禁愈严，贼伙愈盛"③。

有鉴于此，顾炎武引傅元初"请开洋禁疏"中的话说："海滨民众，生理无路，兼以饥馑荐臻，穷民往往入海从盗，啸聚亡命；海禁一严，无所得食，则转掠海滨。"④在顾炎武看来，从国家经济发展的长期效应讲，"驰禁"相较于"海禁"更加有益于稳定沿海局势，虽然说"开禁而不是海禁解决了明朝'倭寇'之患"未免失之偏颇，但"开禁"确实顺乎民意，它不仅符合沿海广大民众的意愿和利益诉求，还是一种积极的国防政策。所以"在不少朝廷大臣及地方官以及民众的强烈反对之下，隆庆元年（1567），明政府开始取消延续了近200年的海禁"⑤。

（二）《日知录》的主要科技成就及其思想意义

1.《日知录》的内容及主要科技成就

《日知录》是顾炎武晚年的一部札记性学术巨著，据他自己说："愚自少读书，有所得辄记之，其有不合，时复改定；或古人先我而有者，则遂削之。积三十余年，乃成一编，取子夏之言，名曰《日知录》。"⑥所谓"子夏之言"，即《论语·子张》篇中所载"日知其所亡，月无忘其所能，可谓好学也已矣"⑦一句话，含有温故知新之义。现传32卷本《日知录》为顾炎武的遗作，也是一部未竟之作。《四库全书〈日知录〉提要》将《日知录》的主要内容分成以下几项：前七卷皆论经义，八卷至十二卷皆论政事，十三卷论世风，十四卷、十五卷论礼制，十六卷、十七卷皆论科举，十八卷至二十一卷皆论艺文，二十二卷至二十四卷杂论名义，二十五卷论古书真妄，二十六卷论史法，二十七卷论注书，二十八卷论杂事，二十九卷论兵及外国事，三十卷论天象术数，三十一卷论地理，三十二卷

① （明）徐溥、刘健等纂修：《大明会典》卷167《刑部》，台北：文海出版社，1988年，第2337页。
② [澳]雪珥：《开禁而不是海禁解决了明朝"倭寇"之患》，《共鸣》2012年第2期，第38页。
③ （明）唐枢：《复胡海林论处王直》，《明经世文编》卷270，北京：中华书局，1962年，第2850页。
④ （清）顾炎武：《天下郡国利病书》第26册《福建》，上海：商务印书馆，1934年，第33页。
⑤ 曾国富：《广东地方史·古代部分》，广州：广东高等教育出版社，2013年，第147页。
⑥ （清）顾炎武著、陈垣校注：《日知录》题记，合肥：安徽大学出版社，2007年，第1页。
⑦ 《论语·子张》，《诸子集成》第1册，石家庄：河北人民出版社，1986年，第402页。

为杂考证。[①]

从上述内容看，《日知录》涉及科技的篇目不多，主要为三十卷和三十一卷，计有条目约85条。

（1）对三代天文知识的积极评价。“三代”即夏商周的天文历法究竟处在一种什么样的水平？若从纵向比，其整体水平固然尚处在朴素和原始的阶段。但从横向比，诚如有学者所言：“夏商周的天文历法在诸多方面都代表了当时世界的最好水平。”[②]具体成就详见刘次沅所撰《夏商周断代工程及其天文学问题》一文。[③]不过，“有趣的是，商朝崇拜的至高无上的神是上帝，周朝则提出一个新的主宰——天。天命思想对中国的天文学产生了直接的影响，致使天文学成为宫廷之学。商周时代的观天制历工作往往由巫、祝、史、卜等来管理。奴隶主贵族为了维护自己的统治，更是竭力鼓吹‘天命观’。因此，当时的天文学是与占星术一起发展起来的，带有着浓厚的神秘色彩”[④]。

那么，夏商周的天文历法为什么能取得如此高的成就？顾炎武回答说：“三代以上，人人皆知天文。‘七月流火’，农夫之辞也。‘三星在天’，妇人之语也。‘月离于毕’，戍卒之作也。‘龙尾伏晨’，儿童之谣也。后世文人学士，有问之而茫然不知者矣。若历法，则古人不及近代之密。”[⑤]这段话对我们正确认识“三代”的天文学成就，具有重要的指导价值。

首先，夏商周“三代”的天文知识普及程度比较高，这与以农立国的经济背景有关。有学者介绍说：“在夏代国家形成之前，在专业的天文气象人员出现之前，观天候气的工作本是具有广泛群众性的。社会分工更细密以后，民间观天的人可能会少些。但由于气象变化关系到人们的生产、生活，所以民间测天的传统会始终保持下来。颛顼以前，民间、官方的气象工作还不能严格区分，以后则各自发展了。可以想见，在夏代除了专职人员在世室里从事有关气象的工作而外，各个地方、各个氏族都会有人在观天。”[⑥]又说：“《续汉书·律历志上》‘民间也有黄帝诸历，不如史官记之明也’，这种说法是对的。直到周代，各地历法也未必统一。各民族固守自己的传统历法，是难以改变的。夏代天下有‘万国’，观天方法不知有多少种。”[⑦]

其次，形成“仰观天象、敬授民时”的传统。古埃及人曾用天狼星来观察季节，而我国远古先民则用“大火”（即心宿二）来确定冬夏时节。如《左传·昭公三年》载：“火中，寒暑乃退。”[⑧]文中的“火中”就是指大火星，杜预注：“心以季夏昏中而暑退，季冬旦中而

① （清）顾炎武著、陈垣校注：《四库全书〈日知录〉提要》，第1页。
② 高奇等编著：《走进中国科技殿堂》，济南：山东大学出版社，2008年，第36页。
③ 刘次沅：《夏商周断代工程及其天文学问题》，《天文学进展》2001年第2期，第94—99页。
④ 高奇等编著：《走进中国科技殿堂》，第36页。
⑤ （清）顾炎武著、陈垣校注：《日知录》卷30《天文》，第1695页。
⑥ 谢世俊：《中国古代气象史稿》，武汉：武汉大学出版社，2016年，第150页。
⑦ 谢世俊：《中国古代气象史稿》，第152页。
⑧ 黄侃：《黄侃手批白文十三经》，上海：上海古籍出版社，1986年，第319页。

寒退。"[①]《左传·昭公十七年》又载："火出，于夏为三月，于商为四月，于周为五月。"[②]由于"大火"对于先民的生活至关重要，所以就出现了专门观测"大火"的天文官员，如《史记·楚世家》云："重黎为帝喾高辛居火正，甚有功，能光融天下。"[③]此处的"重"和"黎"虽然都是"火正"，但分工略有不同，故有学者考证说："在春分以后，初昏苍天从东方升起，到夏至而中天，秋分则潜渊，而春夏阳盛，阳为天，故重是观测初昏时大火星在天空的方位并注重白天观测太阳以定时节的官，其观测的季节主要在春夏（秋冬黄昏时大火星不见），春夏为南，故重为南正；秋分以后，黎明时苍龙从东方升起，到冬至而中天，至春分时落入西方地平线，而秋冬为阴盛，阴为地，故黎是观测黎明时大火星在天空的方位并注重以夜间星象定时节的官，其观测季节主要在秋冬（春夏黎明时大火星不见），秋冬为北，故黎为北正。因此，南正重司天，即重是管理春夏时节的历官；北正黎司地，即黎是管理秋冬时节的历官。"[④]

最后，"大火历"[⑤]是原始的恒星历。如前所述，观测"大火星"以授时，大概经历了一个很长的历史时期，故《史记·历书》云："神农以前尚矣。盖黄帝考定星历，建立五行，起消息，正闰余，于是有天地神祇物类之官，是谓五官。各司其序，不相乱也。民是以能有信，神是以能明德。……少暤氏之衰也，九黎乱德，民神相扰，不可放物，祸灾荐至，莫尽其气。颛顼受之，乃命南正重司天以属神，命火正黎司地以属民，使复旧常，无相侵渎。其后三苗服九黎之德，故二官咸废所职，而闰余乖次，孟陬殄灭，摄提无纪，历数失序。尧复遂重、黎之后，不忘旧者，使复典之，而立羲和之官。"[⑥]从这段记载来看，"大火历"相沿历史比较长，自黄帝一直到唐尧，中间除"九黎乱德"出现了短暂的中断以外，"大火历"始终在不断地创新与传承。因此，《左传·襄公九年（前564）》载："陶唐氏之火正阏伯，居商丘，祀大火而火纪时焉。相土因之，故商主大火。"[⑦]说明"大火历"在商殷时期还在沿用。

（2）"五星聚"与"三代"年代学研究。五星会聚是古代非常少见的一种天象，故而备受天文学家关注。就现代几何知识来看，由于太阳系内各个行星之间的运行不在一个平面上，所以"五星会聚"的视觉现象确实难得一见。有研究者称："古人不知有太阳系，只知从大地看上去五颗星会聚在一起的视觉现象，所以称之为'五星了聚于某宿'。由于二十八宿的每一宿多数都小于23度，所以'五星聚于某宿'的机会比上面所说的每千年平均发生26次还要少，因此被古人视为非同寻常的大事，星占学意义非常大。"[⑧]星占学固然有不可

① （战国）左丘明撰、（西晋）杜预集解：《左传》下，上海：上海古籍出版社，2015年，第713页。

② 黄侃：《黄侃手批白文十三经》，第376页。

③ 《史记》卷40《楚世家》，北京：中华书局，1959年，第1689页。

④ 陈久金：《中国少数民族天文学史》，北京：中国科学技术出版社，2013年，第172页。

⑤ ［日］成家徹郎：《大火历——从新石器时代晚期到西周时代所使用的历法》，李榷生译，《平顶山师专学报》1995年第2期，第1—24页。

⑥ 《史记》卷26《历书》，第1256—1257页。

⑦ 黄侃：《黄侃手批白文十三经》，第219页。

⑧ 李芝萍：《图说天象》，北京：航空工业出版社，2012年，第15页。

信的神秘成分，但是只要抛开其迷信的一面，把它作为一种测度特定历史时期年代学的客观事件，却具有十分重要的科学价值。仅此而言，顾炎武在《日知录》中把“五星聚”作为一个重要的天文现象进行专题考述，也可以说是独具慧眼。顾炎武云：

> 史言：“周将伐殷，五星聚房；齐桓将伯，五星聚箕。”沈约《宋书·天文志》云：《竹书纪年》“帝辛三十二年，五星聚于房”。汉元年十月，五星聚东井。唐天宝九载八月，五星聚尾箕。大历三年七月，五星聚东井。宋乾德五年三月，五星聚奎。景德四年六月，司天监言：五星聚而伏于鹑火。淳熙十三年闰七月，五星聚轸。……五星聚，见于西南。明嘉靖三年正月丙子，五星聚营室。天启四年七月丙寅，五星聚张。丙寅月之十四日，日在张九度，木十六度，火七度，土三度，金三度，水一度，凡聚者四日。占曰：“五星若合，是谓易行。有德受庆，改立王者，奄有四方，子孙蕃昌。无德受殃，离其国家，灭其宗庙，百姓离去，被满四方。”考之前史所载，惟天宝不吉，盖玄宗之政荒矣。或曰：汉从岁，宋从填，唐从荧惑云。①

以上这些“五星聚”的天文信息，究竟对于夏商周年代学有何科学意义呢？席泽宗院士领导的《夏商周断代工程》“天文专题”组通过搜集整理历代五星会聚的天象记录，研究结果发现：夏代始于BC1953，殷商始于BC1513年，西周始于BC1177或BC998，克商年为BC1019 BC或BC1059。②尽管对以上年代数值学界尚存异议，但依靠五星会聚的天象记录来测定历史年代，却是一种比较客观的科学研究方法。如张培瑜的《伐纣天象与岁鼎五星聚》即是这方面研究的一个范例。③当然，“根据五星会聚记载来确定年代还需要史学方面提供更多的线索”④，以资互证。

（3）讨论了生物动力与战争技术之间的关系。顾炎武在《日知录》中介绍了骡子的产地及其生物特性，他说：

> 自秦以上，传记无言驴者。意其虽有，而非人家所常畜也。《尔雅》无驴，而有鼳鼠，身长须而贼，秦人谓之小驴。《逸周书》：“伊尹为献令，正北空同、大夏、莎车、匈奴、楼烦、月氏诸国。以橐驼、野马、騊駼、駃騠为献”驴父马母曰骡，马父驴母曰駃騠。《古今注》以牡马牝驴所生谓之駏。《吕氏春秋》：“赵简子有两白骡，甚爱之。”李斯《上秦王书》言：“骏良駃騠。”邹阳《上梁王书》亦云：“燕王按剑而怒，食以駃騠。”是以为贵重难得之物也。……尝考驴之为物，至汉而名，至孝武而得充上林，至孝灵而贵幸。《续汉书·五行志》：“灵帝于宫中西园驾四白驴，躬自操辔，驱驰周旋，以为大乐。于是公卿贵戚转相放效，至乘辎耕以为骑从，互相侵夺，贾与马齐。”然其种大抵出于塞外。自赵武灵王骑射之后，渐资中国之用。⑤

---

① （清）顾炎武著、陈垣校注：《日知录》卷30《五星聚》，第1700页。
② 徐振韬、蒋窈窕：《五星聚合与夏商周年代研究》，北京：世界图书出版公司北京公司，2006年，第77页。
③ 张培瑜：《伐纣天象与岁鼎五星聚》，《清华大学学报（哲学社会科学版）》2001年第6期，第42—56页。
④ 刘次沅：《夏商周断代工程及其天文学问题》，《天文学进展》2001年第2期，第95页。
⑤ （清）顾炎武著、陈垣校注：《日知录》卷29《驴赢》，第1657页。

这段话经常被学者引用，不难想见它在我国古代生物学和交通史上的重要性。据考证，山西阳高许家窑遗址出土了1000多枚野马和野驴的牙齿化石，山西塑县峙峪旧石器时代晚期遗址也出土5000枚野马和野驴牙齿化石[①]，甘肃永靖秦魏齐家文化遗址发现了我国最早的家驴遗骨[②]，内蒙古阴山岩画及乌兰察布岩画都有野驴的形象[③]。至于野驴是何时才被驯化为家驴的？有学者认为："进入青铜时代，制造出马衔和马镳之后。人们才可能将野马、野驴驯化为家驴、家马。见于内蒙古动物岩画的家马和家驴是放牧场面，家马是骑乘和驾车的辕马的场面。"[④]在长期的饲养过程中，人们发现家马与家驴交配能生产出挽力大，且较马耐粗饲和耐劳役的品种——骡子，故《五杂组》载："骡之为畜，不见于三代，至汉时始有之，然亦非中国所产也。匈奴北地，马驴游牝，自相交合而生。"[⑤]当骡子和驴在汉代大量传入中原之后，逐渐从"贵重难得之物"而变为一般的役畜，经常被用来运送军需物质。如《史记・大宛列传》云：武帝太初二年（前103），汉武帝决心攻伐大宛，"乃案言伐宛尤不便者邓光等，赦囚徒材官，益发恶少年及边骑，岁余而出敦煌者六万人，负私从者不与。牛十万，马三万余匹，驴、骡、橐它以万数"[⑥]。在唐代，出现了将骡子用于战争的实例。如《新唐书・吴少诚传》载："地少马，乘骡以战，号'骡子军'，尤悍锐。"[⑦]又《旧唐书・刘沔传》云："少事李光颜，为帐中亲将。元和末，光颜讨吴元济，常用沔为前锋。蔡将有董重质者，守洄曲，其部下乘骡即战，号骡子军，最为劲悍，官军常警备之。沔骁锐善骑射，每与骡军接战，必冒刃陷坚，俘馘而还。"[⑧]

对于骡子的繁殖现象，有学者提出了一种比较悲观的认识："'五胡十六国乱华'时期，北方的汉族与胡人都乱了基因库。杂了血统，杂染直达唐开国宗室。朱熹说：'唐源流出于夷狄，故闺门失礼之事不以为异。'就在'五胡乱华'的同时，这些外来的驴骡之类杂种也随着胡人的铁蹄蹂躏中原而在北方繁衍起来。唐人混合南北胡汉，从唐中后期起，骡子、骡车逐渐多了起来，甚至有了'骡子军'。……这种杂种的发迹史正反衬着汉族的耻辱史。从此中国再也没有《诗经》时代'四牡奕奕''四骊济济''四牡骙骙''四牡彭彭'那样纯种纯色'车攻马同'的车文化景象了。"[⑨]实际上，骡子或骡车的出现不是"物质结构的退化"[⑩]，而是一种进化。对此，顾炎武的认识是正确的。他说："外国（主要指西域）之多

① 盖山林、盖志毅：《从内蒙古动物岩画探索草原原始畜牧业的起源》，《内蒙古农牧学院学报》1989年第1期，第62—63页。

② 谢端琚：《甘肃永靖秦魏家齐家文化墓地》，《考古学报》1975年第2期，第57—97页。

③ 盖山林、盖志毅：《从内蒙古动物岩画探索草原原始畜牧业的起源》，《内蒙古农牧学院学报》1989年第1期，第57—59页。

④ 盖山林、盖志毅：《从内蒙古动物岩画探索草原原始畜牧业的起源》，《内蒙古农牧学院学报》1989年第1期，第62页。

⑤ （明）谢肇淛：《五杂组》卷9《物部一》，上海：上海书店出版社，2001年，第171页。

⑥ 《史记》卷123《大宛列传》，第3176页。

⑦ 《新唐书》卷214《吴少诚传》，北京：中华书局，1975年，第6003页。

⑧ 《旧唐书》卷161《刘沔传》，北京：中华书局，1975年，第4233页。

⑨ 余良明：《中国古代车文化》，福州：福建教育出版社，2015年，第231页。

⑩ 余良明：《中国古代车文化》，第225页。

产此种，而汉人则以为奇畜耳。人亦有父母异种为名者。”[①]这里含有生物学上“杂交优势”的思想萌芽，对于马与驴的杂交现象，北魏《亲民要术》述：“駃，驴覆马生駃，则准常。以马覆驴，所生骡者，形容壮大，弥复胜马。然必选七八岁草驴，骨目正大者，母长则受驹，父大则子壮，草骡不产，产无不死。”[②]至于人类的“杂交”现象，有学者指出：“从某种意义上讲，大脚野人应当是人类杂交体。源自女性人类与未知人族物种的交配生育。”[③]学界公认“混血儿比较聪明”，因为“混血儿的基因具有更大的差异性，能更好地将父母双方的优秀基因给予保留并融合，无论从才智还是体质方面来说，都要好于纯种。”[④]

（4）在地理沿革既医史方面发凡起例。顾炎武在《日知录》中辩证“大原”的古地理说：

“薄伐玁狁，至于大原。”毛、郑皆不详其地。其以为今太原阳曲县者，始于朱子，《吕氏读诗记》、严氏《诗缉》并云。而愚未敢信也。古之言大原者多矣，若此诗则必先求泾阳所在，而后大原可得而明也。《汉书·地理志》：安定郡有泾阳县，“开头山在西，《禹贡》泾水所出。”《后汉书·灵帝纪》：“段颎破先零羌于泾阳。”注：“泾阳县属安定，在原州。”《郡县志》：“原州平凉县，本汉泾阳县地，今县西四十里泾故城是也。”然则大原当即今之平凉。而后魏立为原州，亦是取古大原之名尔。《唐书》：原州平凉，郡治平高。“广德元年，没吐蕃，节度使马璘表置行原州于灵台之百里城。贞元十九年，徙治平凉。元和三年，又徙治临泾。大中三年，收复关陇，归治平高”。计周人之御玁狁，必在泾原之间。若晋阳之太原，在大河之东，距周京千五百里，岂有寇从西来，兵乃东出者乎？故曰：“天子命我，城彼朔方”，而《国语》宣王“料民于大原”，亦以其地近边，而为御戎之备，必不料之于晋国也。又按《汉书》贾捐之言：“秦地南不过闽越，北不过太原，而天下溃畔。”亦是平凉而非晋阳也。[⑤]

这段考论的中心思想是指明周代的大原有两处：一处在太原阳曲，另一处则在甘肃平凉。顾炎武考证十分严密，被赵俪生视为“辩证古地理的榜样”[⑥]。当然，对于顾炎武的结论，学界尚有争议。[⑦]但是，这丝毫不影响“大原”“韩城”“《大明一统志》”诸篇在清代考史辨妄方面的开创性贡献。在“医师”篇中，顾炎武又说：

古之时，庸医杀人。今之时，庸医不杀人，亦不活人，使其人在不死不活之间，其病日深，而卒至于死。夫药有君臣，人有强弱。有君臣，则用有多少；有强弱，则剂有半倍。多则专，专则效速；倍则厚，厚则其力深。今之用药者，大抵杂泛而均停；

---

① （清）顾炎武著、陈垣校注：《日知录》卷29《驴赢》，第1658页。
② 缪启愉：《国学经典导读〈齐民要术〉》，北京：中国国际广播出版社，2011年，第270页。
③ 谷瑞斌、薄法平：《当代哲学的新思考》，北京：线装书局，2014年，第223页。
④ 陈春华：《药店生态位》，北京：九州出版社，2009年，第204页。
⑤ （清）顾炎武著、陈垣校注：《日知录》卷3《大原》，第135—136页。
⑥ 赵俪生：《日知录导读》，北京：中国国际广播出版社，2008年，第218页。
⑦ 王玉哲：《中华民族早期源流》，天津：天津古籍出版社，2010年，第190—197页。

> 既见之不明，而又治之不勇，病所以不能愈也。而世但以不杀人为贤，岂知古之上医，不能无失，《周礼·医师》：“岁终，稽其医事，以制其食。十全为上，十失一次之，十失二次之，十失三次之，十失四为下”。是十失三四，古人犹用之。而淳于意之对孝文，尚谓“时时失之，臣意不能全也。”《易》曰：“裕父之蛊，往见吝。”奈何独取夫裕蛊者，以为其人虽死，而不出于我之为。呜呼，此张禹之所以亡汉，李林甫之所以亡唐也。
>
> 《唐书》，许胤宗言：“古之上医，惟是别脉。脉既精别，然后识病。夫病之与药，有正相当者，惟须单用一味，直攻彼病，药力既纯，病即立愈。今人不能别脉，莫识病源，以情臆度，多安药味。譬之于猎，未知兔所，多发人马，空地遮围，冀有一人获之，术亦疏矣。假令一药偶然当病，他味相制，气势不行，所以难差（瘥），谅由于此。”《后汉书》：“华佗精于方药，处齐不过数种”。夫《师》之六五，任九二则吉，参以三四则凶。是故官多则乱，将多则败，天下之事亦犹此矣。①

这段话具有极强的现实批判性，充分体现了顾炎武经世致用的学术宗旨。

对于明清中医药的总体发展状况，诚如有学者所言：“作为我国传统科技体系的一个重要组成部分的中医，却在这一时期得到了显著的发展，不仅形成了它自己的一个比较完善和系统的理论体系，而且就其临床效果而言，与同时代的西方医学相比也并不逊色。”②这是问题的一个方面，另外一个方面，我们还要看到，由于行医者鱼龙混杂，当时很多从医者的医学素养较差，所以在临床医疗实践过程中出现了为迎合“以不杀人为贤”的世俗偏见“杂泛而均停”的处方现象，结果是枉费医疗资源而“病不能愈”。解决这个问题固然是个系统工程，需要社会方方面面的综合治理，但是从医者在其中却扮演者十分重要的角色。首先，医生须“别脉”和“识病”。在明清时期，“四诊合参”虽然已经成为一种临床规范，但“诊脉”的重要地位并没有因此有所降低，要求反而愈来愈高。其次，医生应当提倡“药专则效速”的治病方法，不能为了怕承担责任而“多安药味”，因为即使“其人虽死，而不出于我之为”，病家无奈，故也不会怪罪于医者。两相情愿，医患双方则相安无事。顾炎武将此称之为“庸医”现象，在顾炎武的笔下，“庸医”非常可恶，但比“庸医”更加可恶的却是“庸官多”。于是，顾炎武由“庸医”现象推而广之到社会政治领域，遂提出了“官多则乱，将多则败”的著名观点，发人深思。

鉴于学界对顾炎武的历史地理成就，已经研究得非常深入了，无需赘论。因此，我们在这里仅借用赵俪生的一段话，试对顾炎武的主要历史地理成就总结如下：

> 顾炎武并未系统地建立起一套完整的中国地理沿革史的体系来，他所做的是做了几个“发凡起例”的试验，譬如说他在卷3谈诗经时写了《太原》和《韩城》两条，树立了辩证古地理的榜样；再如他在卷31中写了《晋国》至《代》等十条，这就既辨明了古地理，又大大有助于理解春秋、战国时晋国的发展史，对后代山西省的地域

① （清）顾炎武著、陈垣校注：《日知录》卷5《医师》，第258—259页。

② 郭荣、秦华：《明清——中医发展史上的高峰时期》，《云南中医学院学报》1987年第1期，第13页。

发达史也会颇有启发的；再如他对明正统时所纂官家地理书《大明一统志》的错谬百出，也进行了指摘。这样，带有近古期新面貌的沿革地理学学科，就具备了雏形了。①

2.《日知录》的主要思想意义

第一，坚持“气”本体的唯物主义自然观。明代理学和心学的社会影响很大，而由此所造成的“空疏”学术流弊给明清士人所带来的思想危害亦非常严重。所以，以王夫之、黄宗羲、顾炎武为代表的明清实学思潮就是在这样的历史背景下兴盛起来的。同王夫之一样，顾炎武认为“盈天地之间者，气也”，他说：

> 盈天地之间者，气也。气之盛者为神，神者，天地之气而人之心也。故曰：“视之而弗见，听之而弗闻，体物而不可遗，使天下之人，齐明盛服以承祭祀，洋洋乎如在其上，如在其左右。”圣人所以知鬼神之情状者如此。②

在这里，顾炎武需要解决两个基本问题：一是“有”与“无”的问题；二是“鬼神”与佛道的生死观问题。

关于物质世界的“有无”问题，顾炎武说：“‘精气为物’，自无而之有也；‘游魂为变’，自有而之无也。夫子之答宰我曰：‘骨肉毙于下，阴为野土，其气发扬于上，为昭昭明焄蒿凄怆。’朱子曰：‘昭明，露光景也。’郑氏曰：‘焄，谓香臭也。蒿，气蒸出貌。’许氏曰：‘凄怆，使人惨栗感伤之意。’鲁庵徐氏曰：‘阳气为魂，附于体貌，而人生焉。骨肉毙于下，其气无所附丽，则发散飞扬于上，或为朗然昭明之气，或为温然焄蒿之气，或为肃然凄怆之气。盖阳气轻清，故升而上浮，以从阳也。’所谓‘游魂为变’者，情状具于是矣。延陵季子之葬其子也，曰：‘骨肉归复于土，命也。若魂气，则无不之也，无不之也。’张子《正蒙》有云：‘太虚不能无气，气不能不聚而为万物，万物不能不散而为太虚。循是出入，是皆不得已而然也。然则圣人尽道其间，兼体而不累者，存神其至矣。’其精矣乎。”③气的聚散是形成物质世界有无的前提和基础，其中“精气为物”是气本身相聚的过程，与之相反，“游魂为变”则是气本身相离散的过程。前者为有，后者为无，所以物质世界的有无即是气本身的聚散过程。顾炎武不仅用气的聚散来解释物质世界的有无，而且还用“魂气”来解释人生的有无。人生也是气的聚散过程，这是王充“精气”说的核心内容之一。顾炎武继承了这一思想传统，对人的生死问题做了唯物的解释。

对于世间的“鬼神”观念，顾炎武解释说：“‘鬼者，归也。’张子曰：‘气之为物，散入无形，适得吾体。’此之谓归。”④从本源上，气充满了整个“太虚”空间，一切有形之物都源自太虚，人生亦复如此。只不过生成人体的气系“魂气”，而“魂气”具有“发散飞扬”

---

① 赵俪生：《日知录导读》，第 218 页。
② （清）顾炎武著、陈垣校注：《日知录》卷 1《游魂为变》，第 40 页。
③ （清）顾炎武著、陈垣校注：《日知录》卷 1《游魂为变》，第 37—38 页。
④ （清）顾炎武著、陈垣校注：《日知录》卷 1《游魂为变》，第 38 页。

的本性。在顾炎武看来，既然“魂气”与人体结合，才有人生的运动形式，那么，一旦“魂气”离开人体，回归到太虚之中，人生的运动形式也就随之终结。

由于“太虚”之中的气，从形式上看，仅仅是一个从“无”到“有”和从“有”到“无”的循环运动过程，因此，有人便主张人生不过是生死轮回而已。然而，气的存在形式复杂多变，所以一物的存亡具有不可逆性。顾炎武介绍说：

> 陈无己（师道）以“游魂为变”为轮回之说。吕仲木（柟）辨之曰：“长生而不化，则人多，世何以容；长死而不化，则鬼亦多矣。夫灯熄而燃，非前灯也；云霓而雨，非前雨也；死复有生，岂前生邪？”①

据此，顾炎武赞同邵宝对佛道两教之思想本质的揭露与批判。顾炎武述：

> 邵氏（宝）《简端录》曰：“聚而有体谓之物，散而无形谓之变。唯物也，故散必于其所聚；唯变也，故聚不必于其所散。是故聚以气聚，散以气散。味于散者，其说也佛；荒于聚者，其说也仙。”②

就气的聚散而言，佛道两教都有片面性，只承认气聚而否定气散者，是道家神仙思想产生的认识论根源；与之相反，只承认气散而否定气聚者，是佛家轮回思想产生的认识论根源。

第二，继承南宋功利学派的道不离器思想精粹，提出“非器则道无所寓”的观点。在道与器的关系问题上，南宋永嘉事功学派旗帜鲜明地主张器是道存在的物质前提，不承认离开器而独立存在的道。明代王夫之、顾炎武等实学家延续了南宋永嘉事功学派思想传统，只不过顾炎武所理解的“器”不仅仅是物质形态的“器”，也包括精神形态的“器”即象数。用我们今天的话说，就是科学技术。顾炎武说：

> “形而上者谓之道，形而下者谓之器”。非器则道无所寓，说在乎孔子之学琴于师襄也。“已习其数，然后可以得其志；已习其志，然后可以得其为人”。是虽孔子之天纵，未尝不求之象数也。故其自言曰：“下学而上达。”③

关于“象数”之学，当然不能脱离《周易》而言象数。顾炎武讲得很明白：

> 圣人设卦观象而系之辞，若文王、周公是已。夫子作传，传中更无别象。其所言卦之本象，若天地、雷风、水火、山泽之外，惟“颐中有物”，本之卦名，“有飞鸟之象”，本之卦辞，而夫子未尝增设一象也。荀爽、虞翻之徒，穿凿附会，象外生象，以同声相应为《震》《巽》，同气相求为《艮》《兑》，水流湿、火就燥为《坎》《离》，云从龙则曰《乾》为龙，风从虎则曰《坤》为虎。《十翼》之中，无语不求其象，而《易》之大指荒矣。岂知圣人立言取譬，固与后之文人同其体例，何尝屑屑于象哉？王弼之

① （清）顾炎武著、陈垣校注：《日知录》卷1《游魂为变》，第39页。
② （清）顾炎武著、陈垣校注：《日知录》卷1《游魂为变》，第39页。
③ （清）顾炎武著、陈垣校注：《日知录》卷1《形而下者谓之器》，第42页。

注，虽涉于玄虚，然已一扫《易》学之榛芜，而开之大路矣。[①]

文中所言“本象”是指天地、雷风、水火、山泽等物质形态，而“象数”的本质就是用数学方法来描述“本象”之间的运动和变化规律。所以有学者认为：“象数之学是中国古代把物象符号化、数量化，用以推测事物关系与变化的一种学说。”[②]还有学者仔细描绘了中国古代象数思维的形成过程：

从现实世界观物取象，得出“拟象”，然后找出其间的数量关系，用数字予以描写或表达，称为象数模拟。例如，平地上直立一竿，日光下见到竿影。对这一“实象”，可模拟出如下的“拟象”：竿与影构成“矩”，如考虑进日光，则构成一“直角三角形”。用数字表示“拟象”，三边间关系为：竿（股）四，影（勾）三，光（弦）五；且有：三乘三，加四乘四，等于五乘五。后人将此称为“商高定理”。它是形数结合，象数模拟的开端。在古人看来，“历法”就是对日出之象，或竿影之象周期性变化的数字摹写。正是在这种思维的指引下，古代精英取得了前所未有的成绩。[③]

在《周易》象数学的历史发展和演变过程中，王弼的作用至为关键。有学者评价说：

汉代经学家解易，主要是循着象数的方向，专门研究《周易》的卦象和数学，把《周易》与谶纬迷信结合在一起，烦琐芜杂，越研究越混乱。由于过分执着于象数，使得《周易》的深层意义得不到彰显。

王弼认为汉代易学家的最大问题在于“存象忘意”。存象忘意实际上就是本末倒置。王弼抛弃汉代易学家一味求象而不得其意的解易方法，开辟出“得意忘象，得象忘言”的新的解易模式，为易学义理派的产生和发展，做出了巨大的贡献。

汉代象数易学与谶纬等相结合，严格地说，不能算真正意义上的哲学，只能归属于术数之类。王弼遥承易传的哲学传统，开创了易学义理学，很快成为易学研究的主流，后被韩康伯、孔颖达、程颐等人继承和发扬，使得《周易》（包括易传）突破占筮之书的局限，成为中国哲学思想的源头活水。从这个意义来讲，王弼在易学史，乃至中国哲学史中的地位，是不可替代的。[④]

当然，义理学派与象数学派并非绝对不相容的两极对立，而是相互依存和相互促进的关系。有学者这样表述二者的关系说：“义理是象数的本质，象数是义理的外形。研究易学可以从象数部分由表及里地作研究。”[⑤]从而使《周易》的象征哲理得以阐扬，如果我们把象数与义理的关系理解为器与道的关系，那么，在气本体的前提下，象数实际上就是“通

① （清）顾炎武著、陈垣校注：《日知录》卷1《卦爻外无别象》，第8页。

② 孙宗文：《中国建筑与哲学》，南京：江苏科学技术出版社，2000年，第149页。

③ 冯昭仁：《周易的历程——从数字卦到易卦并从决疑到医理》，北京：华龄出版社，2013年，第1—2页。

④ 赵国森、徐永利主编：《学科发展与专业建设研究》，北京：北京教育出版社，2008年，第525—526页。

⑤ 余易、老木：《企业文化新绿》，沈阳：东北财经大学出版社，1996年，第189页。

过一系列特殊的符号、图像、数字语言来表示气的性质及运动变化规律”，所以“象数学形成了有别于自然科学和社会科学的表达体系”①。

顾炎武并不是一味地反对象数学，他甚至在“易逆数也”篇中还肯定了预测学的科学价值。他说：

> “数往者顺”，造化人事之迹，有常而可验，顺以考之于前也。“知来者逆”，变化云为之动，日新而无穷，逆以推之于后也。圣人神以知来，知以藏往，作为《易》书，以前民用，所设者未然之占，所期者未至之事，是以谓之“逆数”。②

又引明人刘汝佳的话说：

> 天地间一理也。圣人因其理而画为卦以象之，因其象而著为变以占之。象者体也，象其已然者也。占者用也，占其未然者也。已然者为往，往则有顺之之义焉。未然者为来，来则有逆之之义焉。如象天而画为《乾》，象地而画为《坤》，象雷风而画为《震》《巽》，象水火而画为《坎》《离》，象山泽而画为《艮》《兑》。此皆观变于阴阳而立卦，发挥于刚柔而生爻者也，不谓之“数往者顺”乎？如筮得《乾》，而知“乾，元亨利贞”；筮得《坤》，而知“坤，”元亨利牝马之贞”；筮得《震》，而知“震亨，震来虩虩，笑言哑哑”，筮得《巽》，而知“巽小亨，利有攸往，利见大人”……此皆通神明之德，类万物之情者也，不谓之“知来者逆”乎？夫其顺数已往，正所以逆推将来也。孔子曰：“殷因于夏礼，所损益可知也。周因于殷礼，所损益可知也。”“数往者顺”也。“其或继周者，虽百世可知也”，“知来者逆”也。故曰：“《易》逆数也”。③

由此可见，顾炎武牢牢把握住《周易》“数往”与“知来”的辩证统一原理④，从过去的历史事件中合规律地推知未来可能会发生的“必然事件”。所以“从思维方法上讲，由已知规律推知未来事物的所谓‘逆推’无疑属于演绎法。而顾炎武的演绎法是以归纳法为基础的，所谓‘数往’，就是归纳法，因为它不是简单地列数（罗列）事实，而是从‘变’中去求‘常’，从现象（个别）中去把握规律（一般）的”⑤。在此，把“象数”归于“器”的范畴，使“象数”的性质更加明确，因为在顾炎武的语境内，象数不是玄学的工具，而是一种认识客观规律的具体思维方式，这种具体的思维方式能够透过现象看到事物存在的本质，能够“顺数已往”而“逆推将来”，正是从这个角度，顾炎武赋予了传统象数学以实学的意义，从而使传统象数学逐渐从狭隘的“占卜术”中独立出来而成为真正意义上的科学预测学。

---

① 陈杰思：《中华义理》，昆明：云南人民出版社，2001年，第32页。
② （清）顾炎武著、陈垣校注：《日知录》卷1《易逆数也》，第45页。
③ （清）顾炎武著、陈垣校注：《日知录》卷1《易逆数也》，第46页。
④ 周可真：《顾炎武哲学思想研究》，北京：当代中国出版社，1999年，第92页。
⑤ 周可真：《顾炎武哲学思想研究》，第93—94页。

二、“兴复古学”与顾炎武的地理志思想

（一）顾炎武“兴复古学”之志及其学术实践

1.“复社”与顾炎武的“兴复古学”思想

“复社”是明末反对阉党和八股文取士的产物。八股文在明代非常盛行，据专家介绍：

> 每篇八股文的结构由破题、承题、起讲、入手、起股、中股、出题、后股、束股、落下10个部分组成。破题是一篇八股文成功的关键，因为阅卷的同考官工作量很大，他们首先最关注的是破题是不是有新意。承题，是承接破题，进一步阐明破题的意旨，起到补充阐发主题的作用。起讲，又称小讲、原起，需要开始摹仿圣人的口气进行议论，进一步发挥题意。……入手，又称入题、领上等，是用一两句或者两三句过渡性的句子将文章引入正题。入手之后，起股、中股、后股和束股四个部分是构成全篇的主要部分，需要尽量发挥题目的意蕴。这四个部分中每一部分都必须有两股排比、对偶文字，共八股，八股文的名称就是由此而来的。起股，又称起比、提比等，用四五句或七八句排比文字开始发表议论，要起到提纲挈领的作用。起股以后用一二句或三四句将全题点出，称为出题，出题之后是中股。中股，又称中比、中二比，没有规定字数，可以比起股略长，也可以比起股短，它是全篇文字的重心，要充分展开议论，将题目的主旨阐述明白。①

想来八股文的完成绝不是一件容易的事情，于是，在江浙一带地区便出现了专门研讨撰写八股文的众多社团。然而，随着魏忠贤擅权，明朝政治渐渐走向腐败黑暗，众多寄希望于八股取士的士子，面对“世教衰，士子不通经术，但剽耳绘目，几幸弋获于有司，登明堂不能致君，长郡邑不知泽民，人才日下，吏治日偷”②的社会现实，眼看通向科举之路越走越狭窄，太仓人张溥等便心生“兴复古学”之志，试图另辟蹊径，畅行实学。他们痛感“今日制举之弊”和“臭腐而不可读”之“空疏不学”③，起而联络四方士子，积极倡导“兴复古学，将使异日者务为有用，因名曰复社”④。关于顾炎武加入复社的时间，学界有两说：一是张穆《顾亭林先生年谱》的“十四岁”说，二是赵俪生《顾亭林与王山史》的“十七岁”说。⑤从史料的充分性来看，顾炎武十七岁加入复社说更为可信。有研究者认为，“复社”对顾炎武“崇实致用”之实学思想的形成影响颇大。在此，“所谓崇实，就是摒弃‘明心见性之空言’，代之以‘修己治人之实学’。‘鄙俗学而求六经，舍春华而食秋实’，以‘务本原之学’。所谓致用，就是不但学以修身，而且更要以之经世济民，探索‘国家治乱之源，生民根本之计’，‘以跻斯世于治古之隆’。顾炎武以一生的学术实践告诉世人，崇实

① 陈薛俊怡编著：《中国古代科举》，北京：中国商业出版社，2015年，第94—95页。

② 中国历史研究社：《东林始末》第3版，上海：神州国光社，1947年，第181页。

③ （明）陆世仪：《复社纪略》，（明）吴应箕、（清）吴伟业等：《东林本末》，北京：北京古籍出版社，2002年，第207页。

④ 中国历史研究社编：《东林始末》第3版，上海：神州国光社，1947年，第181页。

⑤ 参见周可真：《顾炎武与复社》，《苏州大学学报（哲学社会科学版）》1992年第3期，第110页。

不以致用为依归，难免流于迂阔；致用而不以崇实为根据，更会堕入空疏。崇实致用二者相辅相成，浑然一体，构成了顾炎武为学的实学思想”①。

顾炎武对八股文的批判是尖锐、犀利的，他说：

> 今日科场之病，莫甚乎拟题。且以经文言之，初场试所习本经义四道，而本经之中，场屋可出之题不过数十。富家巨族，延请名士，馆于家塾，将此数十题各撰一篇，计篇酬价，令其子弟及僮奴之俊慧者，记诵熟习。入场命题，十符八九，即以所记之文抄誊上卷，较之风檐结构，难易迥殊。《四书》亦然。发榜之后，此曹便为贵人，年少貌美者多得馆选。天下之士靡然从风，而本经亦可以不读矣。予闻昔年五经之中，惟《春秋》止记题目，然亦须兼读四传。又闻嘉靖以前，学臣命《礼记》题，有出《丧服》以试士子之能记否者。百年以来，《丧服》等篇皆删去不读，今则并《檀弓》不读矣。《书》则删去《五子之歌》《汤誓》《盘庚》《西伯戡黎》《微子》《金縢》《顾命》《康王之诰》《文侯之命》等篇不读。《诗》则删去淫风，变雅不读。《易》则删去《讼》《否》《剥》《遁》《明夷》《睽》《蹇》《困》《旅》等卦不读。止记其可以出题之篇，及此数十题之文而已。“读《论》惟取一篇，披《庄》不过盈尺”。因陋就寡，赴速邀时。昔人所须十年而成者，以一年毕之。昔人所待一年而习者，以一月毕之。成于剿袭，得于假倩。卒而问其所未读之经，有茫然不知为何书者。故愚以为八股之害，等于焚书，而败坏人才，有甚于咸阳之郊所坑者但四百六十余人也。②

面对明朝士子为了应试而舍弃读原典，而孜孜于“不过数十”题的记诵现实，顾炎武当然感到无比痛心，他说：“生员冒滥之弊，至今日而极。求其省记《四书》本经全文，百中无一；更求通晓六书，字合正体者，千中无一也。”③所以顾炎武提出以周官教育为理想的科举选拔模式，“夫周官教国子以六艺，射御之后，继以六书”④。可见，顾炎武“兴复古学”的主旨在于贯通“六艺”之学，亦即主张对士子进行传统意义上的博物学教育。《清史稿》本传载：

> （顾炎武）尝与友人论学云：“百余年来之为学者，往往言心言性，而茫然不得其解也。命与仁，夫子所罕言；性与天道，子贡所未得闻。性命之理，著之《易传》，未尝数以语人。其答问士，则曰‘行己有耻’。其为学，则曰‘好古敏求’。其告哀公明善之功，先之以博学。颜子几于圣人，犹日‘博我以文’。自曾子而下，笃实无如子夏，言仁，则曰‘博学而笃志，切问而近思’。今之君子则不然，聚宾客门人之学者数十百人，与之言性；舍多学而识以求一贯之方，置四海之困穷不言，而讲危微精一；是必其道高于夫子，而其弟子之贤于子贡也。《孟子》一书，言心言性亦谆谆矣，乃至万章、

① 陈祖武：《顾炎武与清代学风》，中国社会科学院历史研究所清史研究室：《清史论丛》第4辑，北京：中华书局，1983年，第258页。

② （清）顾炎武著、陈垣校注：《日知录》卷16《拟题》，第912—913页。

③ （清）顾炎武著、陈垣校注：《日知录》卷16《经文字体》，第924页。

④ （清）顾炎武著、陈垣校注：《日知录》卷16《经文字体》，第924页。

公孙丑、陈代、陈臻、周霄、彭更之所问，与孟子之所答，常在乎出处去就，辞受取与之间。是故性也、命也、天也，夫子之所罕言，而今之君子之所恒言也；出处去就、辞受取与之辨，孔子、孟子之所恒言，而今之君子之所罕言也。愚所谓圣人之道者如之何？曰‘博学于文，行己有耻’。自一身以至于天下国家，皆学之事也。”①

在这里，顾炎武主张“自一身以至于天下国家，皆学之事”的博物学教育，正与明朝倡导“心即道”的禅学思想针锋相对。《尚书》云：“人心惟危，道心惟微，惟精惟一，允执厥中。”②这句话确实讲“心”在人类认识过程中的作用，承认“心”对于万物的积极作用，绝不等于说可以无条件地将“心”的作用无限夸大，以至于凌驾于万物之上，成为世界万物的主宰力量。恰恰在这个关节点上，心学走向了“形而上”的“绝对”一面，他们断章取义，把“人心”“道心”看作是一种客观的和孤立的存在。所以顾炎武指出：“近世喜言心学，舍全章本旨，而独论人心道心，甚者单摭‘道心’二字，而直谓即心是道。盖陷于禅学而不自知，其去尧、舜、禹授受天下之本旨远矣。”③如果不是抽象地理解“人心道心”的哲学内涵，那么，我们就不得不承认人心是世界上最为复杂的信息系统。这个系统受环境的影响极大，所以从这个层面说，“心不待传也”④。顾炎武将“人心道心”与“理”分为两个系统，前者具有主观性，后者则具有客观性。客观性的“理”在“人心道心”之外独立存在，它不受“人心道心”的制约，当然，“人心道心”能够认识“理”。因此，顾炎武说：“流行天地间，贯彻古今，而无不同者，理也。理具于吾心，而验于事物。心者，所以统宗此理，而别白其是非。人之贤否，事之得失，天下之治乱，皆于此乎判。此圣人所以致察于危微精一之间，而相传以执中之道，使无一事之不合于理，而无有过不及之偏者也。禅学以理为障，曰不立文字，单传心印。圣贤之学，自一心而达之天下国家之用，无非至理之流行，明白洞达，人人所同，历千载而无间者。”⑤“心”虽然能认识“理”，但“心”是否能正确地认识“理”，却需要“验于事物”。不仅如此，顾炎武更强调说：“执事之意，必谓仁与礼与事即心也，用力于仁，用力于心也，复礼，复心也，行事，行心也。”⑥在当时，顾炎武并未提出“社会实践”的概念，不过，“执事”一词却多多少少隐含有“社会实践”的思想印记。甚至“仁与礼与事即心也”的命题，从广义的角度看，似乎接近于认识来源自实践（执事）的唯物主义哲学原理了。

2. 顾炎武“兴复古学”的学术实践

“兴复古学”首先要读懂古文字的音义，因此，顾炎武在《答李子德书》中说：

三代《六经》之音，失其传也久已。其文之存于世者，多后人所不能通。以其不能通，而辄以今世之音改之，于是乎有改经之病。始于唐明皇改《尚书》，而后人往往

---

① 《清史稿》卷481《顾炎武传》，第13167页。
② （清）顾炎武著、陈垣校注：《日知录》卷18《心学》，第1013页。
③ （清）顾炎武著、陈垣校注：《日知录》卷18《心学》，第1013—1014页。
④ （清）顾炎武著、陈垣校注：《日知录》卷18《心学》，第1014页。
⑤ （清）顾炎武著、陈垣校注：《日知录》卷18《心学》，第1014页。
⑥ （清）顾炎武著、陈垣校注：《日知录》卷18《心学》，第1016页。

效之，然犹曰“旧为某，今改为某”，则其本文犹在也。至于近日锓本盛行，而凡先秦以下之书率臆径改，不复言其旧为某，则古人之音亡而文亦亡，此尤可叹者也。……嗟夫！学者读圣人之经与古人之作，而不能通其音，不知今人之音不同乎古也，而改古人之文以就之，可不谓之大惑乎？……无怪乎旧本之日微，而新说之愈凿也。故愚以为读九经自考文始，考文自知音始。以至诸子百家之书，亦莫不然。①

下面以《黄帝内经》为例，简略叙述一下顾炎武“兴复古学”的学术实践。

《黄帝内经》包括《素问》和《灵枢》两部分内容，计有162篇，它是我国现存医学文献中最早的一部典籍，因此，被学界称为“医家之宗”。《内经》的成书过程比较复杂，非一时一地医家之所成。故日本医史家丹波元简考证说：

此书实医经之最古者，迨圣之遗言存焉。而晋皇甫谧以下，历代医家断为黄岐所自作，此殊不然也。盖医之言阴阳尚矣。庄子谓：“疾为阴阳之患。”《左传》医和论六气曰：“阴淫寒疾，阳淫热疾。”《吕览·重己篇》云：“室大则多阴，台高则多阳，多阴则蹷，多阳则痿，此阴阳不适之患也。”班固云：“医经者，原人血脉、经络、骨髓、阴阳、表里，以起百病之本，生死之分。”可以见也。而汉之时，凡说阴阳者必系之黄帝。《淮南子》云：“黄帝生阴阳。”又云：“世俗人多尊古而贱今，故为道者必托之于神农、黄帝而后能入说。”……《汉志》阴阳医卜之书冠黄帝二字者，凡十有余家，此其证也。此经设为黄帝、岐伯之问答者，亦汉人所撰述无疑矣。②

顾炎武经过对《黄帝内经》音韵的系统研究和考证，亦得出《黄帝内经》成书于汉代的认识。例如，《内经素问·示从容论篇》云：“子别试通五脏之过，六腑之所不知，针石之败，毒药所宜。”对于文中“宜”的古音，顾炎武按：“《说文》‘宜，所安也。从宀之下，一之上，多省升。’元周伯琦《六书正伪》曰：‘宜，上从宀，深屋也。下从一，地也。上屋下地为宜，会意。中从多声。’案《诗》中宜字皆此音，则从多为谐声明矣。今读为疑羁切，后人之音也。传记中多字亦有作章疑切者，二字本皆哥韵，后世叶入支韵，迷其初矣。世俗篆字省作宜，注云多省声，已非古。而俗字又作宜，从且，大缪矣。惟秦《泰山石刻》可考，李斯所书也，今以为正。”③即“宜”字：鱼羁切；古音鱼何反。又如《内经素问·阴阳应象大论》云：“能冬不能夏，能夏不能冬。”及《内经素问·五常政大论》云：“能毒者以厚药。”对文中的“能”字，顾炎武考证说：“古者以耐字为今之能字，能字为三台之字，后世以来废古耐字，以三台之能替耐字之变而为能也。又更作三台之字是古今变也，是能与台音相近，故《春秋·元命苞》谓三能，能之为言耐也，晋时此音未改，江左以降，始以方音读为奴登反，而又不可尽没，古人奴来、奴代之音，故兼收之。咍代登三韵后之注

① （清）顾炎武撰、华东师范大学古籍研究所整理：《顾炎武全集》第2册《音学五书》，上海：上海古籍出版社，2011年，第11—16页。

② ［日］丹波元简等：《素问识》，北京：人民卫生出版社，1984年，第9页。

③ （清）顾炎武撰、刘永翔校点：《顾炎武全集·音学五书》第1册《唐韵正上平声》卷2，第355—356页。

释者于咍韵止云三足鳖，而能字始移之登部矣。今当削去，并入咍代二韵。”[①]还有《内经素问・四气调神大论》云：“秋三月，此谓容平，天气以急，地气以明，早卧早起，与鸡俱兴，使志安宁，以缓秋刑，收敛神气，使秋气平，无外其志，使肺气清。”对文中的“明”字，顾炎武考证说：“按‘明’字，自《素问・四气调神大论》……始杂入平、清等字为韵，然古文中亦有一二不拘者，此篇明兴二字亦可不入韵。《六韬・奇兵篇》‘将不智，则三军大疑；将不明，则三军大倾。’乃音之始变也。汉世之文，自王褒《四子讲德论》‘天符既章，人瑞又明’与‘精灵’为韵。班婕妤《自悼赋》‘蒙圣皇之渥惠兮，当日月之盛明’与‘灵’‘庭’‘成’为韵。《汉书序传》‘龚行天罚，赫赫明明’与‘京’‘平’为韵。……蔡琰《胡笳十八拍》‘鼙鼓喧兮，从衣达明’，与‘城生惊情营成平’为韵。自此以后，庚耕清青四韵中字，杂然同用矣。”[②]对“明”字音韵的古今变化，顾炎武考证十分翔实，颇可征信。“明”字的音韵，先秦读为谟郎反，至汉初始由阳部转为庚部，读为“武兵切”。有学者指出：“在西汉的作品中，‘明’尚读为‘mǘng’；在两汉之际，特别是到了东汉，‘明’字读为‘ming’，已经是个普遍的现象了。顾氏的研究成果，对我们研究《黄帝内经》写成的时代，以至考察某篇的撰写时代，都有借鉴价值。”[③]

还有，对于“随”字音韵的变化，顾炎武也得出《黄帝内经》不可能成书于先秦的结论。据专家研究：

> “随”字，今音旬为切（sui），顾炎武认为古音读徒禾反（duò，‘反’即‘切’）。他举《素问》《灵枢》为例：“《素问・五常政大论》，阳和布化，阴气乃随。《灵枢・九针十二原》：迎之随之，以意和之。《终始篇》：知迎知随，气可令和。《胀论篇》：阴阳相随，乃得天和，五脏更始，四时循序，五谷乃化。”上面这几例，用来证明“随”字在秦汉时代的读音应该是“徒禾反”。然后，他根据“随”字又与“期”押韵上，提出一个重要论点：“按随字自《素问・天元纪大论》，知迎知随，气可与期，始入之韵。”按古韵之部字与歌部字，在先秦时代是不能相押的，就是在汉代，虽然语言发生了较大变化，歌部字通常也只是与鱼部字相押，而不大与之部字相押。段玉裁在《六书音均表》中说：“古韵第十七部（按即歌部），古独用无异辞。汉以后多以鱼虞之字韵入于歌戈。郑氏以鱼虞歌麻合为一部，乃汉魏晋之韵，非三百篇之韵也。”现在再来观察“知迎知随，气可与期”这个押韵句。这两句无疑是押韵的，而且也没有错字和讹字，我们只能承认这两句话的客观真实性。……“知迎知随，气可与期”既然押韵，尽管与先秦押韵规律不符，与汉代歌部字一般不与之部字相押的普遍规律不符，那么，我们从中只能得出这样的看法：“随”与“期”相押的现象断然不存在于先秦时期，在汉代也不普遍，而是一个较为特殊的押韵现象。尽管歌部与之部押韵的字不多，但是这个例子足以使我们窥见，《天元纪大论》断然非先秦时代

---

① （清）顾炎武：《音学五书・唐韵正》卷6，北京：中华书局，1982年，第302页。

② （清）顾炎武：《音学五书・唐韵正》卷5，第285—286页。

③ 钱超尘主编：《古汉语基础知识》，内部资料，1985年，第244页。

的作品，它应属于汉人之作。[①]

如上所述，顾炎武的《音学五书》不仅为中国科技史的研究开辟了一条新路，更重要的是顾炎武通过考证古今音韵的流变，推动了“兴复古学”的实践进程，并对清代朴学产生了巨大影响。顾炎武撰著《音学五书》的目的很明确，就是期望“圣人复起，举今日之音而还之淳古者”[②]，从而实现“跻斯世于治古之隆”[③]的政治理想。

梁启超评价顾炎武的学问说：“亭林的著述，若论专精完整，自然比不上后人；若论方面指多，气象规模之大，则乾嘉诸老，恐无人能出其右。要而论之，清代许多学术，都由亭林发其端，而后人衍其绪。”[④]不过，对于顾炎武的“复古”主张，亦不乏诟病者。如清人江永就曾指出：语音复古正像日用器具一样，“若废今人所日用者，而强易以古人之器，天下其谁从之？”[⑤]所以“顾氏《音学五书》与愚之《古韵标准》皆考古存古之书，非能使之复古也”[⑥]。因为“古人之音虽或存方音之中，然今音通行既久，岂能以一隅者概之天下”[⑦]，言外之意是说社会进步了，今人不应遵守古音的标准。故此，张舜徽亦很中肯地指出：“大抵顾氏论治，大张‘法古用夏’之帜，与黄宗羲必欲复封建井田，同为食古不化之过也。学者读其书，自当知其所短。”[⑧]诚如《四库全书总目提要》所称：顾炎武“生于明末，喜谈经世之务，激于时事，慨然以复古为志，其说或迂而难行，或愎而过锐。”[⑨]用《中国通史》的观点来讲，它一方面表明顾炎武的思想还没有摆脱“法古用夏”的历史局限，另一方面也表明他所主张的“经世之务”是同清朝的统治政权思想是不一致的，在其“法古用夏”的形式下包含着积极进步的内容。[⑩]

（二）顾炎武的地理志思想

诚如前述，顾炎武终生致力于“兴复古学”，成就斐然。除上面的《音学五书》外，在金石学方面，尚有《金石文字记》《求古录》《九经误字》《石经考》等专著。学界公认：“炎武博极群书，足迹几遍天下，故最明于地理之学。”[⑪]据考，顾炎武的地理志著作比较丰富，其代表作除《天下郡国利病书》外，主要还有《历代宅京记》《肇域志》《山东考古录》等。

1.《历代宅京记》的都城地理思想

《历代宅京记》寓建都思想于叙事中，全书20卷，分总序2卷，卷3至卷20分述上起

---

① 钱超尘：《内经语言研究》，北京：人民卫生出版社，1990年，第235—236页。
② （清）顾炎武著、黄汝成集释：《日知录集释》下，石家庄：华山文艺出版社，1990年，第918页。
③ （清）顾炎武著、陈垣校注：《日知录校注·与人书二十五》，第24页。
④ 梁启超：《中国近三百年学术史》，芜湖：安徽师范大学出版社，2016年，第81页。
⑤ （清）江永：《古韵标准·例言》，上海：商务印书馆，1936年，第18页。
⑥ （清）江永：《古韵标准·例言》，第18页。
⑦ （清）江永：《古韵标准·例言》，第18页。
⑧ 张舜徽：《清人笔记条辨》1，沈阳：辽宁教育出版社，2001年，第4页。
⑨ （清）顾炎武著、陈垣校注：《日知录校注·四库全书日知录提要》，第2页。
⑩ 周远廉、孙文良主编：《中国通史》第10卷《中古时代·清时期》下册，上海：上海人民出版社，2007年，第414页。
⑪ 《钦定四库全书总目》卷72《昌平山水记》，北京：中华书局，1997年，第1027页。

伏羲，下讫于元，历代40余个都城，如关中、洛阳、成都、邺城、健康、云中、晋阳、太原、大名、开封、宋州、临安、临潢、幽州、辽阳、大定、会宁、开平等的城池、宫室、郊庙，以及建置、沿革、迁徙与分布等情况，该书是我国第一部辑录都城历史资料的专著。顾炎武的外甥徐元文“序”《历代宅京记》云：

> 夙尝请之，而未肯出诸笥也。岁之壬戌，先生捐馆，简阅遗书，则是编存焉。余曩者大廷对策，谬荷先帝国士之知。先生勖语：必有体国经野之心，而后可以登山临水，必有济世安民之识，而后可以考古论今。①

张舜徽读后，不禁拍案叫绝，发出由衷的礼赞：“此是何等胸襟，何等抱负！亭林以南土而远旅于北，往来秦、晋、冀、豫、齐、鲁之间，不遑宁处，所至必遍揽其形胜，其志固不在游历也。研精经史，博稽方志，从事纂辑，老而益勤，其志固不在著述也。皆别具苦心，思大有为于天下。世俗昏昏，何足以知之。”②在《历代宅京记》中，顾炎武用4卷篇幅来讨论关中的都城建设，发人深思。那么，究竟应该如何确定都城之所在？以关中为例，顾炎武强调建都应重“大势”，故他引《通典》的一段论辩说：

> 议者曰：“洛阳四战之地，既将不可，蒲坂，虞舜旧国，表里山河，江陵亦尝设都，控压吴、蜀。远道避翟，宁不堪居？”答曰：“蒲坂土瘠人贫，困竭甚于洛邑；江陵本非要害，梁主数岁国亡。夫临制万国，尤惜大势。秦川是天下之上腴，关中为海内之雄地，巨唐受命，本在于兹，若居之则势大而威远，舍之则势小而威近，恐人心因斯而摇矣，非止于危乱者哉！诚系兴衰，何可轻议！”③

这段虽然不是顾炎武的原创，却是他真实思想的表达，是巧借他人之口，而抒发自己之论见。因此，他在总结历代都城兴衰史的基础上，得出了“天下之势，自西而东，自北而南，建瓴之喻，据古如兹，于今为烈矣”④的规律性认识。

2.《肇域志》的主要地理学思想

据考，《肇域志》始辑于崇祯十二年（1639），终稿于康熙元年（1662），是一部未经剪裁加工的明代全国地理总志。⑤阮元在《历代宅京记》卷首中曾说：顾炎武撰《肇域志》未成，“其稿本散出四方者，双行夹注，颇难雠校。至《郡国利病书》，流传虽多，然强半为抄手割落，而《四库》书中又仅列之存目，民间无从是正。惟此本《宅京记》为先生族裔孙顾竹楼所藏，王树畦同年携以示余，厘订修整，具有条理，不似《肇域志》之繁矣”⑥。对此，有学者解释《肇域志》的成书过程道：

> 作者先构思了一个收纳内容的框架，所以正文一般列目较整齐，内容详略也较平

---

① （清）顾炎武：《历代宅京记・徐元文序》，北京：中华书局，1984年，第2页。
② 张舜徽：《清人笔记条辨》1，第5—6页。
③ （清）顾炎武：《历代宅京记》卷2《总序下》，第26页。
④ （清）顾炎武：《历代宅京记・徐元文序》，第1页。
⑤ 王文楚：《史地丛稿》，上海：上海人民出版社，2014年，第281页。
⑥ （清）顾炎武：《历代宅京记・阮元序》，清嘉庆十三年（1808）刻本。

衡。以后发觉不同书上说法不一，又互有增损，就在相关位置增补批注，形成大量的眉批、旁注。搜集的资料越来越多，批注已无法容纳，只得另立新目，继续抄录，每补充一次，另立一目，因而出现一地数目的情况。还有一些重要著作，不便于打散，又舍不得删节，则全文抄录。《肇域志》的补充资料分量庞大，如以滇本计，山西共四册，补充资料占三册，河南四册，补充资料占两册半，湖广、云南、贵州都占三分之一左右。《肇域志》的资料就是这样不断扩大，顾炎武的研究就是这样不断深入。[①]

为了撰写《肇域志》，顾炎武可谓历经千山万水，不仅拥有顽强的毅力，“先取《一统志》，后取各省府州县志，后取二十一史，参互书之，几阅志书一千余部”[②]，而且志在四方，力行实践。他博学审问，不拘于幽暗场屋之视野，“足迹半天下”[③]，一步一步，一点一滴，付出了辛勤的汗水。所以顾炎武在《书杨彝万寿祺等为顾宁人征天下书籍启后》中回忆自己的艰难跋涉历程说：从顺治十四年（1657）开始，为了更加全面、系统地搜集第一手资料，他曾“绝江逾淮，东蹑劳山、不其，上岱岳，瞻孔林，停车淄右。入京师，自渔阳、辽西出山海关，还至昌平，谒天寿十三陵，出居庸。至土木，凡五阅岁而南归于吴。浮钱塘，登会稽，又出而北，度沂绝济，入京师，游盘山，历白檀至古北口。折而南，谒恒岳，逾井陉，抵太原。往来曲折二三万里，所览书又得万余卷。爰成《肇域记》，而著述亦稍稍成帙”[④]。同《天下郡国利病书》一样，顾炎武撰写《肇域志》的主要是为了满足军事斗争的需要，并积极践行其“保天下者，匹夫之贱与有责焉”[⑤]之价值观。对此，张耀孙在撰写《肇域志》之跋文时曾这样总结说：“（此书）考建置沿革之规，山川形势兵事成败之要，意各有所主也。”[⑥]因此，就其军事地理性质而言，《肇域志》的思想特色非常鲜明。有分析者认为：第一，“《肇域志》叙述战争史事的笔墨不多，但却没有放过各次战事涉及的地物，择要录入的山、水、古迹等多点明与政治、军事的关系，且进行古今对比，注出现状”[⑦]。第二，“官师设置的地理分布，直接反映各地统治力量的强弱。《肇域志》在诸地理总志中记载官师设置的地理分布最详。它全面记述了省、府、州、县各级各城驻节的官吏，重在反映地方官员的地理分布状况，统治中心的轻重及行政网络的疏密。各省首先反映巡抚、巡按、镇守总兵官、三司及各分守道、分巡道、参将、守备等驻守或管辖的范围，各府、州、县遇有土官者，皆注明土、流相维的状况”，尤其是“《肇域志》将所有卫所按其驻地分系于各府州县，一地有几个卫或所，也一一列出，全面准确地反映了明代的兵力配置情况”[⑧]。第三，“道路的远近、难易、通塞，向为兵家所重视”，《肇域志》“全面开列

① 朱惠荣：《评〈肇域志〉》，《史学史研究》2001年第1期，第48—49页。

② （清）顾炎武：《肇域志自序》，《续修四库全书》编纂委员会：《续修四库全书》第586册《史部·地理类》，上海：上海古籍出版社，2002年，第531页。

③ （清）顾炎武著、陈垣校注：《日知录校注·潘耒序》，第19页。

④ （清）顾炎武：《顾亭林诗文集》，北京：中华书局，1959年，第221页。

⑤ （清）顾炎武著、陈垣校注：《日知录校注》卷13《正始》，第721页。

⑥ （清）张耀孙：《肇域志》跋，（清）顾炎武：《肇域志》，上海：上海古籍出版社，2012年。

⑦ 朱惠荣：《评〈肇域志〉》，《史学史研究》2001年第1期，第45页。

⑧ 朱惠荣：《评〈肇域志〉》，《史学史研究》2001年第1期，第47页。

各府州县的驿、递、堡、关、巡检司、税课司等，记其方位、里距，是否土官，管理情况，置废时间”等，其中“交通设施的关键在于利用和控扼，《肇域志》的记录重在通塞和存革，用心良苦”①。事实上，顾炎武的“反清”斗志除反映在他的《肇域志》《天下郡国利病书》等地理志著述之中外，在隐居陕西华阴时他就有些军事考量。他说：“华阴绾毂关河之口，虽足不出户，而能见天下之人，闻天下之事。一旦有警，入山守险，不过十里之遥；若有志四方，则一出关门，亦有建瓴之便。”②难怪有学者认为，顾炎武“是把这里作为交通豪杰查考世事以备他日之变的一个据点”③。从这个角度讲，四库馆臣称顾炎武“博览群书，足迹几遍天下，最明于地理之学”④，乃是肺腑之言，得理之论。

3.《山东考古录》中的科技史思想

如前所述，顾炎武在北游期间，对山东的历史地理感悟颇多，因为这里在当时“是明末清初农民起义较频繁的地区，亦是北方反清活动较为活跃的地区”⑤，于是，一种政治责任使顾炎武颇为留心山东的地名，并于顺治十八年（1661）撰成《山东考古录》1卷。

（1）顾炎武根据史料记载和实地考证，纠正了《齐乘》《晋书·天文志》等典籍中的不少讹误。例如，元人于钦所撰《齐乘》是一部专述古齐地的地方志，学界认为：“是书所述山东等地事略，在元代地方志中极有古法，所得究多。”⑥当然，由于所藉史料有限，书中对某些地名的记载有误。如顾炎武在《辨靡笄》篇中说：

> 《齐乘》：“华不注，亦名靡笄山。”非也。《左传》云：“从齐师于莘。”云：“六月，壬申，师至于靡笄之下，”云：“癸酉，师陈于鞍。”曰：“逐之，三周华不注。”曰：“丑父使公下，如华泉取饮。”其文自有次第，鞍在华不注之西，而靡笄又在其西，可知。《金史》：“长清有劘笄山。”⑦

又如《辨鲁地为古徐州》篇云：

> 《晋书·天文志》所载分野，全不足信。其云：“角、亢、氐：郑、兖州。”又云：“泰山，入角十二度。济北，入亢五度。”按：泰山在春秋时为鲁境。济北郡治卢，在春秋时为齐境。《史记》：“泰山之阳则鲁；其阴则齐。”《唐书·天文志》：“岱岳众山之阴，为女、虚、危；岱岳众山之阳，为奎、娄。”其说甚当。《禹贡》：徐州之北，青州之西南，皆距岱。泰山郡乃古徐州之地，古之兖州，在济河之间。《晋书》不辨，而以今之兖州为古之兖州，遂以应角、亢之分，以合于《史记·天官书》之记。洪氏讥其不知地理，信矣。⑧

---

① 朱惠荣：《评〈肇域志〉》，《史学史研究》2001年第1期，第47页。

② 《清史稿》卷481《顾炎武传》，第13166页。

③ 李靖岩编著：《隐没的贵族——当年隐士也疯狂》，北京：西苑出版社，2012年，第219页。

④ （清）永瑢、纪昀主编，周仁等整理：《四库全书总目提要》，海口：海南出版社，1999年，第410页。

⑤ 王延栋：《顾炎武山东经历考述》，东北师范大学2011年硕士学位论文，第10页。

⑥ 吕济民主编：《中国传世文物收藏鉴赏全书——古籍善本》下，北京：线装书局，2006年，第169页。

⑦ （清）顾炎武：《山东考古录》，北京：中华书局，1985年，第1页。

⑧ （清）顾炎武：《山东考古录》，第4页。

（2）对于战国时期齐长城的考证。顾炎武在《考楚境及齐长城》篇中说：

《史记·楚世家》："惠王四十四年，灭杞。"杞国在淳于，然则今之安丘属楚矣。"简王元年，北伐，灭莒。"然则今之莒州属楚矣。威王伐越，杀王无强，取其地。而越之国都别在琅邪。然则今之诸侯属楚矣。惠王时，越灭吴。楚东侵，广地泗上。顷襄王十五年，取齐淮北，而故宋之地，尽入于楚。然则今之滕属楚矣。考烈王八年，取鲁。鲁君封于莒。十四年，灭鲁。顷公迁下邑为家人。然则今之曲阜、泗水属楚矣。大约齐之边境，青州以南，则守在大岘；济南以南，则守在泰山。是以宣王筑长城，缘河往泰山，千余里至琅邪台入海。而楚人之对顷襄王，亦曰："朝射东莒，夕发浿丘，夜加即墨，顾据午道，则长城之东收，而泰山之北举矣。"亦可以见当时形势之大略也。①

《考杞梁妻》篇又云：

《列女传》则曰："杞梁之妻无子，内外皆无五属之亲。既无所归，乃枕其夫之尸于城下而哭，道路过者，莫不为之挥涕。十日，而城为之崩。"言崩城者，始自二书。夫左氏、《檀弓》，俱言有先人之敝庐，何至枕尸死城下？且庄公既能遣吊，岂至暴骨沟中？子政之言，没其知礼而怜其尽哀，此殆于细人之见也。然其崩者城耳，未云长城，长城筑于宣王之时，去庄公百有余年。而齐之长城，又非秦所筑之长城也。后人相传，乃谓秦筑长城，有范郎之妻孟姜，送寒衣至城下，闻夫死，一哭而长城为之崩。则与杞梁之事全不相蒙矣。②

对于齐长城，张维华先生有专论，兹不赘述。③这里仅强调一点，据张先生考证："按宣王筑长城以备楚，其说当不为虚，惟乃为后世之增筑，非为创始，观上文所列诸证，可以知之。后世或有据此以言齐城起于宣王之际者盖未深察也。"④经专家考证，齐长城始建于春秋齐桓公时期，分西、东两段，最后完成于战国齐宣王时期，先后经历了260多年的建筑时间。⑤具体而言，即"齐长城于春秋齐桓公时期开始修筑西段，至迟在鲁襄公十八年（前555）业已完成，前后共修建了一百余年（约前685—前555）。此段长城亦由西向东渐修，长清以西的板筑长城墙当为最早所建，后接山岭渐修至博山，至春秋中叶完成西段长城修筑。战国初期齐威王时又接博山段长城，始向东续修，齐宣王时方将长城修至海滨，最后完成数条长城修筑。东段长城共修筑了七十余年（前356—前284）"⑥。

（3）对神鬼迷信的批判。在我国民俗文化中，不可忽视"仙"与"鬼"这两种底色的作用，其中"鬼文化"起源于万物有灵论，而"宋玉《招魂》之篇"被顾炎武视为"地狱变相"之类鬼文化的始祖。与之相应，"幽冥世界"的中心亦经过了从昆仑山到泰山的转移。

① （清）顾炎武：《山东考古录》，第17页。
② （清）顾炎武：《山东考古录》，第24页。
③ 张维华：《中国长城建置考》，北京：中华书局，1979年，第1—30页。
④ 张维华：《中国长城建置考》，第20页。
⑤ 张光明主编：《考古卷》，济南：齐鲁书社，1997年，第402页。
⑥ 张光明主编：《考古卷》，第403—404页。

据考，“泰山治鬼”信仰形成于汉代，如顾炎武在《原鬼》篇中说：

> 予尝考泰山之故，仙论起于周末，鬼论起于汉末。《左氏》《国语》未有封禅之文，是知三代以上，无仙论也。《史记》《汉书》未有考鬼之说，是知元、成以上，无鬼论也。《遁甲开山图》曰：“泰山在左，亢父在右。亢父知生，梁父主死。”《博物志》曰：“泰山，一曰天孙，言为天帝之孙，主召人魂魄，知生命之长短。”此二者，皆其说之所本。其初见于史者，则《汉书·方术传》：“许峻自云，尝笃病，三年不愈，乃谒泰山请命。”《乌桓传》：“死者，神灵归赤山，赤山在辽东西北数千里。如中国人死者，魂神归泰山也。”《三国志·管辂传》：“谓其弟辰曰，但恐至泰山治鬼，不得汉生人，如何？”而刘桢《赠五官中郎将》诗，有曰：“当恐游岱宗，不复见故人。”然则鬼论之兴，其在东汉之世乎。或曰：地狱之说，本于宋玉《招魂》之篇。“长人土伯”，则夜叉罗刹之论也；“烂土雷渊”，则刀山剑树之地也。虽文人之寓言，而意已近之矣。于是汉魏以下之人，遂演其说，而附之释氏之书。昔宋儒胡寅谓：“阎立本写地狱变相，而周兴、来俊臣得之，以济其酷。”又孰知宋玉之文，实为之祖。孔子谓，为俑者不仁，有以也夫。①

“泰山治鬼”信仰发展到南北朝时期，便衍生出了许多医治鬼怪的药方。如庾肩吾《岁尽应制诗》中有“金薄图神燕，朱泥却鬼丸”②句，又“梁武帝正月赐群臣却鬼丸”③等。到唐朝，“却鬼丸”逐渐与“泰山治鬼”民俗联系在一起，于是便出现了“郝公景取药和为‘杀鬼丸’”的民间传说，如《朝野佥载·杀鬼丸》云：“郝公景于泰山采药，经市过。有见鬼者，怪群鬼见公景皆走避之。遂取药和为‘杀鬼丸’，有病患者服之差。”④据学者考证，从“唐代开始，随着对泰山神不断地加封，开启了泰山神的国家化和帝王化的倾向，泰山神灵的地位在国家和民众中最终得以确立”⑤。正是由于唐朝武则天、唐玄宗，宋朝宋真宗，元朝元世祖东封泰山，再加上佛、道二教的附会与渲染等诸因素的交互作用，尤其清代统治者将泰山信仰用以“神道设教”，因而泰山神信仰逐渐被赋予了越来越浓重的政治色彩。因此，顾炎武对泰山鬼神信仰（主要是指东岳大帝信仰）的否定在一定程度上也是对封建神权统治的批判与否定。

第二节　梅文鼎的传统历算学思想

梅文鼎，字定九，号勿庵，安徽宣城人，他是十七世纪世界上最有成就的数学家之一，

---

① （清）顾炎武：《山东考古录》，北京：中华书局，1985年，第6页。
② 逯钦立辑校：《先秦汉魏晋南北朝诗》，北京：中华书局，1983年，第1998页。
③ （明）董斯张：《广博物志》，扬州：江苏广陵古籍刻印社，1990年，第82页。
④ （唐）张鷟撰、恒鹤校点：《朝野佥载》，上海：上海古籍出版社，2000年，第8页。
⑤ 叶涛：《论泰山崇拜与东岳泰山神的形成》，《西北民族研究》2004年第3期，第140页。

亦有学者称其为“（清初）历算第一名家”①。据《清史稿》本传载：梅氏“年二十七，师事竹冠道士倪观湖，受麻孟旋所藏台官‘交食法’，与弟文鼏、文鼐共习之。稍稍发明其立法之故，补其遗缺，著《历学骈枝》二卷，后增为四卷，倪为首肯。”②他治学有“四不怕”（即不怕难、不怕烦、不怕苦和不怕丢面子），如“值书之难读者，必欲求得其说，往往废寝忘食。残编散帖，手自抄集，一字异同，不敢忽过”③。在如何对待明清之际传入中国的西方科学问题上，与盲目否定派和盲目崇拜派，以及“西学中源”派的观点不同，梅文鼎主张“法有可采何论东西，理所当明何分新旧”④，在他看来，唯其如此，方能“去中西之见，以平心观理”⑤。在这种“去中西之见”的思想指导下，梅文鼎刻苦钻研中西天文历算，撰写了篇幅大小不同的各种著述计有100多种⑥。据《清史稿》本传述：

读《元史·授时历经》，叹其法之善，作《元史·历经补注》二卷。又以《授时》集古法大成，因参校古术七十余家，著《古今历法通考》七十余卷。《授时》以六术考古今冬至，取鲁献公冬至证《统天术》之疏，然依其本法步算，与《授时》所得正同，作《春秋以来冬至考》一卷。《元史西征庚午元术》，西征者，谓太祖庚辰；庚午元者。上元起算之端也。《历志》讹太祖庚辰为太宗，不知太宗无庚辰也。又讹上元为庚子，则于积年不合。考而正之，作《庚午元历考》一卷。《授时》非诸古术所能方，郭守敬所著《历草》，乃《历经》立法之根，拈其义之精微者，为《郭太史历草补注》二卷。《立成》传写鲁鱼，不得其说，不敢妄用，作《大统立成志》二卷。《授时术》于日躔盈缩、月离迟疾，并以垛积招差立算，而《九章》诸书无此术，从未有能言其故者，作《平立定三差详说》一卷，此发明古法者也。唐《九执术》为西法之权舆，其后有婆罗门《十一曜经》及《都聿利斯经》，皆《九执》之属。在元则有札马鲁丁《西域万年术》，在明则马沙亦黑、马哈麻之《回回术》《西域天文书》，天顺时具琳所刻《天文实用》，即本此书，作《回回历补注》三卷，《西域天文书补注》二卷，《三十杂星考》一卷。表景生于日轨之高下，日轨又因于地差而变移，《四省表景立成》一卷。《周髀》所言里差之法，即西人之说所自出，作《周髀算经补注》一卷。浑盖之器，最便行测，作《浑盖通测宪图说订补》一卷。西国以太阳行黄道三十度为一月，作《西国日月考》一卷。西术中有细草，犹《授时》之有通轨也，以历指大意櫽括而注之，作《七政细草补渤》三卷。新法有《交食蒙求》《七政蒙引》二书，并逸，作《交食蒙求订补》二卷、《附说》二卷。监正杨光先《不得已日食图》，以金环食与食甚分为二图，而各有时刻，其误非小，作《交食作图法订误》一卷。新法以黄道求赤道交食，细草用《仪象志表》，不如弧三角之亲切，作《求赤道宿度法》一卷。谓中、西两家之法，求交食

① （清）江永：《数学》卷首“翼梅序”，上海：商务印书馆，1936年，第1页。

② 《清史稿》卷506《梅文鼎传》，第13944—13945页。

③ 《清史稿》卷506《梅文鼎传》，第13945页。

④ （清）梅文鼎：《堑堵测量·郭太师本法》，郭书春主编：《中国科学技术典籍通汇·数学卷》第4分册，郑州：河南教育出版社，1993年，第681页。

⑤ （清）梅文鼎：《堑堵测量·郭太师本法》，郭书春主编：《中国科学技术典籍通汇·数学卷》第4分册，第681页。

⑥ 李迪、郭世荣：《清代著名天文数学家梅文鼎》，上海：上海科学技术文献出版社，1988年，第52—58页。

起复方位，皆以东西南北为言。然东西南北，惟日月行至午规而又近天顶，则四方各正其位矣。非然，则黄道有斜正之殊，而自亏至复，经历时刻，辗转迁移，弧度之势，顷刻易向。且北极有高下，而随处所见必皆不同，势难施诸测验。今别立新法，不用东西南北之号，惟就人所见日月圆体，分为八向，以正对天顶处为上，对地平处为下，上下联为直线，作十字横线，命之曰左、曰右，此四正向也；曰上左、上右，曰下左、下右，则四隅向也。乃以定其受蚀之所在，则举目可见。作《交食管见》一卷。太阳之有日差，犹月离交食之有加减时，因表说含糊有误，作《日差原理》一卷。火星最为难算，至地谷而始密，解其立法之根，作《火纬图法》一卷。订火纬表记，因及七政，作《七政前均简法》一卷。《天问略》取纬不真，而列表从之误，作《黄赤距纬图辨》一卷。新法帝星、勾陈经纬刊本互异，作《帝星句陈经纬考异》一卷。测帝星、句陈二星为定夜时之简法，作《略晷真度》一卷。以上皆发明新法算书，或正其误，或补其阙也。①

在《清史稿·畴人传》中以记载梅文鼎著述的篇幅为最长，足见他对中国传统历算研究的影响力。在学界，研究梅文鼎历算成就的学术成果比较丰富，主要有李迪的《梅文鼎评传》、严敦杰的《梅文鼎的数学和天文学工作》、刘钝的《清初历算大师梅文鼎》、杨小明《梅文鼎的日月五星左旋说及其弊端》、王广超与孙小淳的《试论梅文鼎的围日圆象说》、田淼与张柏春的《梅文鼎〈远西奇器图说录最〉注》、董杰的《试论梅文鼎球面余弦定理及符号判定法》以及日本学者桥本敬造《梅文鼎的历算学》和《梅文鼎的数学研究》等。下面我们就依据《梅氏丛书辑要》《(梅文鼎）历算全书》《勿庵历算书目》等主要文献，并在参考前辈学术研究成果的基础上，重点围绕学界比较关注的几个历算问题拟对梅文鼎的传统科技思想略作评述。

一、中西会通背景下的中国传统天文学思想

梅文鼎生活的时代，中国传统历算学已经日趋衰落，与之相反，由利玛窦等传教士输入的西方天文学和数学知识，则使国人大开眼界，信奉者不断增多。尤其是在康熙平反“历狱”之后，坚持旧法（即传统历算学）的杨光先在被遣返原籍途中客死他乡，中国传统历法的发展由此倍遭冷落。正是在这样的历史背景下，梅文鼎在学习、吸收西方近代数学和天文学成果的基础上，主张中西会通，并撰写了《历学骈枝》《历学疑问》《古今历法通考》等阐释中国传统天文学思想的历法著作，在复兴中国传统历算学方面做出了巨大贡献。

（一）《历学骈枝》中的传统历法思想

《历学骈枝》是梅文鼎最早的天文学著作，撰写于康熙元年（1662），共5卷，其核心工作是试图通过《大统历》来详细解读《授时历》。如众所知，《授时历》主要由以下几部

① 《清史稿》卷506《梅文鼎传》，第13945—13947页。

分内容所构成："《授时历经》三卷，《立成》二卷，《转神注式》一十三卷、《历议》三卷。"① 自明代以后，由于郭守敬的天文学著作多已失传，人们解读《授时历》也就相应地变得越来越难。②于是，梅文鼎从考察明初颁行的《大统历》入手，比较《大统历》和《授时历》的异同，认为《大统历》名虽异，但内容却与《授时历》基本相同，尤其在法原、立成、推步等诸多方面皆一脉相承。据梅文鼎自述云："顺治辛丑（1661），鼎始与同里倪竹冠先生受《交食通轨》。归与文鼐、文鼏两弟习之。稍稍发明其所以立法之故，并为订其讹误，补其遗缺，得书二卷，以质倪师，颇为之首肯。"③在《历学骈枝》一书中，梅文鼎的创新思想主要表现如下。

1. 采用新绘几何图示来解释日月食现象

梅文鼎明确指出："交食之验非图莫显，图必分作其象始真，故不惮反覆详明以著其理。"④平心而论，在中国传统天文学的范畴内，想要准确阐明日月食的发生过程，并不是一件容易的事情。考《明史·历志》对《大统历》中有关日食"推步"的记载都比较简略，而梅文鼎则积极利用西方的几何学知识，不仅对日食发生的时刻做了详细记载，而且还用图示法加以直观地呈现出来。如众所知，梅文鼎所绘"日食图"图 3-1 见于《历学骈枝》《大统历志》等多部著作中，其中"推日食定用分法"的计算过程是传统的，但对"日食图"的解释却是西方的几何学知识。故梅文鼎云："日食只十分，今用二十分者，何也？日月各径十分，其半径五分，凡两圆相切，则两半径联为一直线，正得十分，为两心之距，以此两心之距为半径，从太阳心为心，运轨作大圆，其外周各距日之边五分为日月相切时，到太阴心所到之界，其大圆全径正得二十分也。"⑤"月食三限、五限图"（图 3-2 、图 3-3）亦复如此，如梅文鼎在"推月食定用分法"按语中说：

> 定用分者，月食自初亏复满，距食甚之时刻也，然日食只十分而月食则有十五分者，暗虚大也。暗虚之大，几何？曰：大一倍。何以知之？以算月食用三十分，知之也。依日食条论，两圆相切法，暗虚半径十分，半径五分，两边相切则两半径联为一直线，共十五分为两心之距，以此距线用暗虚心为心，运作大圆，正乙为暗虚心。初亏时，月心在甲，以其边切暗虚于庚，两心之距为乙甲，与壬乙等，大圆半径十五分也，为大弦。食甚时，月心行至丁，丁甲度分为自亏至甚之行，与甚至复丁戊之行等，为大股。丁乙三分，食甚时，两心之距为勾。壬丁十二分，食甚时月心侵入大圆内之数也，为勾弦较。食既时，月心在丙，两心之距乙丙，与生光时己乙之距等，小圆半径五分也，为小弦。丙丁为月心，自既至甚之行，与甚至生光己丁之行等，为小股。丁乙仍为勾。午丁二分为食甚时，月心侵入小圆之数为勾弦较。⑥

---

① 杨桓：《进授时历经历议表》，李修生主编：《全元文》第 9 册，南京：江苏古籍出版社，1999 年，第 114 页。
② 李亮：《古历兴衰——授时历与大统历》，郑州：中州古籍出版社，2016 年，第 11—123 页。
③ （清）梅文鼎：《勿庵历算书记·历学骈枝》，《景印文渊阁四库全书》第 795 册，第 963 页。
④ （清）梅文鼎：《历算全书》卷 25《交会管见》，《景印文渊阁四库全书》第 795 册，第 647 页。
⑤ （清）梅文鼎：《历算全书》卷 23《历学骈枝》，《景印文渊阁四库全书》第 794 册，第 586 页。
⑥ （清）梅文鼎：《历算全书》卷 23《历学骈枝》，《景印文渊阁四库全书》第 794 册，第 603 页。

图 3-1　梅文鼎所绘“日食图”①

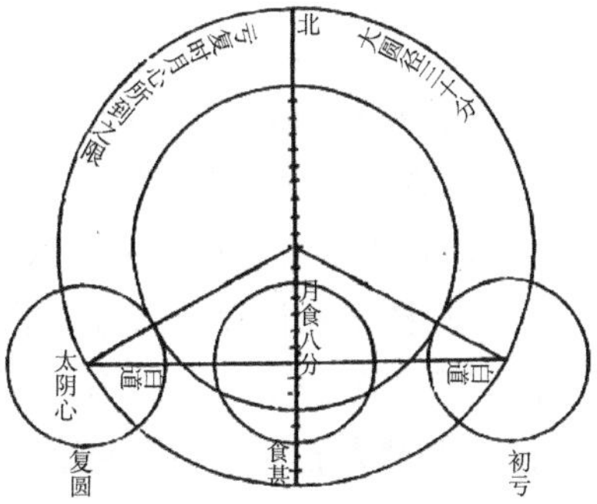

图 3-2　梅文鼎所绘“月食三限图”②

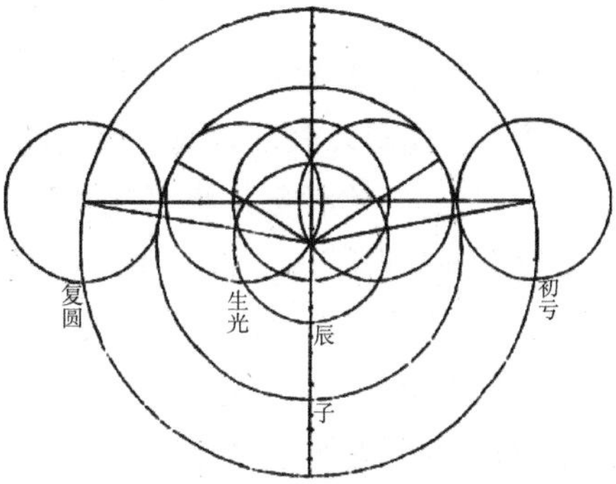

图 3-3　梅文鼎所绘“月食五限图”③

对上述梅文鼎用几何方法来解释日月食的现象，已经引起史学界的高度关注。例如，有学者评论说：“在传统天文学方面，梅文鼎对中国已有的《授时历》《大统历》《崇祯历书》等进行了系统的解释和研究。在元郭守敬《授时历》的研究中，他最早提出用几何方法解释求日食三限（初亏、食甚、复圆）时刻和月食五限（初亏、食既、食甚、生光、复圆）时刻的道理。”④又如江晓原等学者尤其强调说：“特别值得一提的是梅文鼎对‘推日月定用分法’的阐释。原文非常简单，亦无图解，所以不易理解。而梅氏首次据原文画出了清晰的日、月食限图，以几何形式阐述了日、月食从初亏至复圆的全过程。他的阐释达到了相当高的水平，与现代学者的研究结果完全一样。”⑤如图 3-4 所示：

① （清）梅文鼎：《大统历志》卷 7《日食通轨》，《景印文渊阁四库全书》第 795 册，第 929 页。
② （清）梅文鼎：《历算全书》卷 23《历学骈枝》，《景印文渊阁四库全书》第 794 册，第 600 页。
③ （清）梅文鼎：《历算全书》卷 23《历学骈枝》，《景印文渊阁四库全书》第 794 册，第 602 页。
④ 李默主编：《中国历史上著名的科学家》，广州：广东旅游出版社，2013 年，第 130 页。
⑤ 卢仙文、江晓原：《梅文鼎的早期历学著作：〈历学骈枝〉》，《中国科学院上海天文台年刊》1997 年第 18 期，第 251 页。

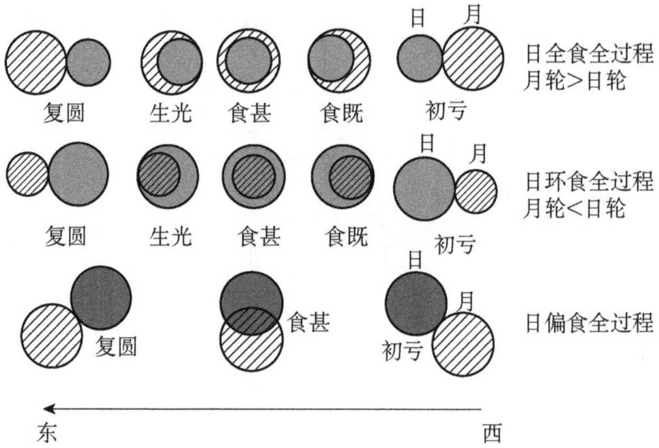

图 3-4　日食发生的全过程示意图[①]

2. 对《大统历》食限数据的订正

"交食"自先秦以来，即被历代星占家涂上了一层浓厚的神秘色彩，而在天人感应的思想支配下，封建统治者更是将"交食"现象视为一种非常重要的政治意识，屡兴大狱。因此，"交食"预测得精确与否，往往关乎生死，所以每一位涉足"交食"问题的历家，无不战战兢兢，生怕稍有不慎而发生不测的祸事。不过，限于观测技术和计算方法方面的原因，"交食"预测本身是一个渐进的和不断提高精确性的历史过程，但在梅文鼎看来，当时《大统历》所面临的问题则是"遭元统改易，混乱其术，遂使至今畴人布算，多所舛错"[②]，故此纠错正讹应是梅文鼎撰写《大统历交食通轨》的主要目的。梅文鼎总结说：

> 自定朔之法行而日食必在朔，历家以是验其疏密者千有余年矣。历至《授时》法益密，数益简，虽然月有交也。逐逐步算，虽简亦繁，许学士之讥世医谓猎不知兔，广络原历，术已疏矣。今《通轨》所载食限，颠倒缪乱，殆不可以数求其误，后学将何已乎！今为订定如左。[③]

按《明史·历志六》"大统历法"载："阳食限：视定朔入交。〇日六〇已下、一十三日一〇已上，在一十四日，不问小余，皆入食限。一十五日二〇已下、二十五日六〇已上，在二十六日、二十七日，不问小余，皆入食限。"[④]

用现代数学式表达，阳食限则为：

定朔入交：<0.60 日，>13.10 日；或者<15.20 日，>25.60 日。

又"阴食限：视定朔入交。一日二〇已下、一十二日四〇已上，在〇日一十三日，不问小余，皆入食限。一十四日八〇已下、二十六日〇五已上，在二十七日，不问小余，皆入食限。"[⑤]

---

① 黄建伟主编：《SSAA 天文探索》，广州：暨南大学出版社，2015 年，第 39 页。
② （明）邢云路：《古今律历考》卷 19《元史》，北京：中华书局，1985 年，第 254 页。
③ （清）梅文鼎：《历算全书》卷 23《历学骈枝》，《景印文渊阁四库全书》第 794 册，第 569 页。
④ 《明史》卷 36《历志六》，第 473—474 页。
⑤ 《明史》卷 36《历志六》，第 474 页。

用现代数学式表达，阴食限则为

定朔入交：<1.20 日，>12.40 日；<14.80 日，>26.05 日。

对上述入食限日，梅文鼎做了订正。结果如下：

朔泛交入阳历亦即日食，“在〇日五〇一六已下为入食限，已上者日不食。在一十三日一〇四五已上为入食限，已下者日不食”[①]。

朔泛交入阴历亦即日食：

> 在一十四日不问小余，皆入食限。其小余在一五一六已下，一三〇七已上者的食。在一十五日一七七九已下为入食限，已上者日不食。在二十五日六四〇四已上为入食限，已下者日不食。在二十六日不问小余，皆入食限。其小余在六六六七已上，六八七六已下者的食。又在交终二十七日二一二二二四已下为入食限。又在交中一十三日六〇六一一二已上为入食限。[②]

用现代数学式表达，上述日食食限的条件为：

朔泛交入阳历：<0.5016 日，>13.1045 日。

朔泛交入阴历：=14 日，小余<0.1516 日，>0.1307 日。

<15.1779 日，>25.6404 日；或>25.6404 日。

=26 日，小余<0.6876 日，>0.6667 日。

>13.606112 日（交中），<27.212224 日（交终）。

望泛交不问阴阳历（月食）：

> 在〇日不问小余，皆入食限，其小余在七九六六已下者月的食。在一日一五五六已下为入食限，已上者不食。在一十二日四五〇五已上为入食限，已下者不食，其小余在八〇九五已上者月的食。在一十四日七六一七已下为入食限，已上者不食，其小余在四〇二七已下者的食。在二十六日〇五六六已上为入食限，已下者不食，其小余在四一五六已上者月的食。又在交终二十七日二一二二二四已下月的食，又在交中一十三日不问小余皆的食。[③]

用现代数学式表达，上述月食食限的条件为：

望泛交不问阴阳历：=0 日，小余<0.7966 日；<1.1556 日。

>12.4505 日，小余<0.8095 日。

<14.7617 日，小余<0.4027 日。

>26.0566 日，小余>0.4156 日。

<27.212224 日（交终），=13 日（交中）。

对于如何得出这些数据的计算方法，梅文鼎也做了解释。他说：

---

① （清）梅文鼎：《历算全书》卷 23《历学骈枝》，《景印文渊阁四库全书》第 794 册，第 569 页。

② （清）梅文鼎：《历算全书》卷 23《历学骈枝》，《景印文渊阁四库全书》第 794 册，第 569 页。

③ （清）梅文鼎：《历算全书》卷 23《历学骈枝》，《景印文渊阁四库全书》第 794 册，第 569 页。

今所定阳历食限，以诸差得之，皆或限也。诸差者何？一曰盈缩差，加减之极至二度四十分；一曰南北东西差，加减之极至四度四十六分。并二数六度八十六分，内除未交阳历前原空，有一十五分，余六度七十一分，是为阳历食限也。

食阳历距交前后六度七十一分而止，以月平行除之，得〇日五〇一六即各食限也。[①]

用现代数学式表达，则为

$$阳历食限=\frac{(盈缩差\ +南北东西差)-未交阳历前原空}{月每日平行度}$$

$$=\frac{(2.4+4.46)-0.15}{13.3687}=0.5016日$$

当然，梅文鼎订正的结果是否正确，由于《明史·历志》没有载明其推算方法，所以造成两者之间这种数值差异的原因尚不清楚，难以准确判断，但它并不影响我们对梅文鼎的上述订正工作作如下评价。

在参加编撰《明史·历志》的过程中，梅文鼎做了大量“步算”工作，其中包括《历学骈枝》中的日、月食计算内容。问题是，在梅文鼎之前已经有吴任臣、刘献廷、黄宗羲等人对《明史·历志》进行了多次增订，故《明史·历志》所出现的问题究竟发生在哪个环节，非常难辨。考《明史》从清朝顺治二年（1645）开馆，到清乾隆四年（1739）最后定稿刊刻，前后经历了90多年，而梅文鼎接手纂修《明史·历志》则是在康熙三十年（1691），这说明《明史·历志》在终稿时没有采纳梅文鼎的研究成果。究其原因，我们估计是在当时《明史》的监修者看来，反正“最后判断是否有食时，并不以此为据，故稍微大一些亦无妨”，所以没有将其他人的算法补上去，但不管怎么说“梅文鼎的阐释不失为一种有效的方法，从理论上看也是可以接受的”[②]。

3. 对《大统历》诸“交食”原理的阐释

（1）对“月食何以不问阴阳历”的解释，梅文鼎说：“月之掩日以形，形则有所不周，日之掩月以气，气则无所不及，故日必以阴历。食月不问阴阳历，皆食阳全阴半之理也。”[③]这里，梅文鼎在解释日月食的成因时，仅仅考虑到了日月的关系，而没有将地球纳入其考察的视线，是一个失误，但总体来说“月之掩日以形”即日食的发生是正确的，因为日食确实是因为月球运行到太阳与地球的中间，月球遮挡了太阳射向地球的光线。而月食的发生则是地球遮挡了太阳的光线，月球有时会进入地影区间，于是月食就发生了。所以此处的“气”不是“日之影”，而是地影。

（2）对“南北差”的解释，梅文鼎说：“南北差者，古人所谓气差也。易之曰：南北所以著其差之理也。盖日行盈初缩末限则在赤道南，其远于赤道也，至二十三度九十分日行缩初盈末限则在赤道北，其远于赤道也亦二十三度九十分，日之行天在月之上而高。故月道与黄

---

① （清）梅文鼎：《历算全书》卷23《历学骈枝》，《景印文渊阁四库全书》第794册，第570页。

② 卢仙文、江晓原：《梅文鼎的早期历学著作：〈历学骈枝〉》，《中国科学院上海天文台年刊》1997年第18期，第254页。

③ （清）梅文鼎：《历算全书》卷23《历学骈枝》，《景印文渊阁四库全书》第794册，第571页。

道相交之度有此差数，以南北殊也。”[①]“气差”在《授时历》中称“南北差”，它是指太阳偏离赤道南北所形成的差变之数，该差变之数由月亮的视差引起。而在我国历法史上，《宣明历》首先提出定朔时刻需要加上三项改正值（即气差、时差与刻差）之后，才使定朔时刻与食甚时刻相等。其中气差主要是因为不同节气时月球赤纬不同，从而引起月球位置的高低有别，遂造成视差不同。用梅文鼎的话说，就是“盖于天则冬至、夏至之黄道为南北，于地则加时在正子午为南北。今泛差之数，近二至则多，近二分则少，是以天之南北而差也。定差之数近午正则多，近日出没时刻则少，是以加时之南北而差也，故曰南北差”[②]。其计算公式为

$$\text{气差} = (A - Bx^2)\left(1 - \frac{t}{\text{半昼分}}\right)$$ [③]

式中 A、B 系常数，t 表示同一时刻至正午的时间或称距午定分，x 表示定朔或食甚时刻距冬至的距离，半昼分等于 $\frac{1}{2}(\text{日入分} - \text{日出分})$。

（3）对“东西差”的解释，梅文鼎说：“东西差即古所谓刻差也，易其名曰东西差者，其差只在东西也。于天则近二分之黄道为东西，于地则近卯酉之时刻为东西。盖日行在二至前后，其势平直，日行在二分前后，则其黄道与赤道纵横相交，其势斜径当其斜径加时，又在卯酉则有差也。”[④]“刻差”在《授时历》中称东西差，“其意义是偏离午正时刻所产生的日食食分的差数”，而“东西差的大小与偏离午正的时刻成正比”[⑤]。其计算公式为

$$\text{东西泛差} = \frac{x(\text{半岁周} - x)}{(\text{周天象限})^2} \times 4.46$$

式中 x 表示日食食甚入盈缩历定度，半岁周为 182.621 25，周天象数为 91.310 625。4.46 是周天象数自乘之后，用 1870 除得的约数（即 $\approx 4.458\,625\,795\,663\,436$）。

$$\text{东西定差} = \frac{\text{东西泛差} - \text{距午定分}}{2500\text{度}}$$

式中“2500 度”是指自卯酉距午正的差。

所以从视差的角度看：

> 所谓正交、中交限各损阴历六度余为阳历者，乃是据中国地势所差，于南戴赤道之下者，言人在北道之北，故所见黄道交处，皆差而近北六度余，此常数也。若黄道在冬至横于南上，去人益远，故其交处差而北者。又四度余而极，是共差十度余矣。若黄道在夏至，去人反近，正在中国人顶，故其交处原差而北者，乃复而南亦四度余而极，是只差一度余矣，此南北差之理。据午上言也。若移而至日出入时，则其横于南上者已斜纵于卯酉，其正当人顶者，已横斜于卯酉所见差度，以渐而平如常数，故南北差近午多，近日出没则少也。若黄道在春分而加时卯，黄道在秋分而加时酉，其

① （清）梅文鼎：《历算全书》卷 23《历学骈枝》，《景印文渊阁四库全书》第 794 册，第 579 页。
② （清）梅文鼎：《历算全书》卷 23《历学骈枝》，《景印文渊阁四库全书》第 794 册，第 580 页。
③ 徐振韬主编：《中国古代天文学词典》，北京：中国科学技术出版社，2013 年，第 171 页。
④ （清）梅文鼎：《历算全书》卷 23《历学骈枝》，《景印文渊阁四库全书》第 794 册，第 581 页。
⑤ 陈久金：《中国古代天文学家》，北京：中国科学技术出版社，2013 年，第 279 页。

势皆横偃于东西而与地相依，故其交处益差而北又四度余而极是，亦共差十度余矣。若黄道在春分而加时，酉黄道在秋分而加时，卯其势皆纵立于东西，而与人相当，故其交处原差而北者，亦皆复而南四度余而极是，亦只差一度余矣，此东西泛差之理。①

关于“正交、中交限各损阴历六度余”是《授时历》的一项创新成就，据《历学骈枝》卷2载，正交度等于交终度减去6.15度，因为“及其时将入阳历尚差六度，时月之行天虽在日内，而人之见月已出日外，正交度所以有减也。此皆由测验而得也，其所以然者亦中国地势为之”②。结合上面的分析，有学者认为：“南北差、东西差改正在天文意义上可以对应于月亮的视差改正。但考虑到中国古代并无视差概念，南北差、东西差改正应该是从数值上对6.15度进行的一种改正。”③这个结论是比较客观的，也是符合历史实际的。

（4）对“时差分”的解释，梅文鼎说：“时差分者，食甚之时刻有进退于定朔者也。盖经朔本有一定之期，既以月迟疾、日盈缩加减之为定朔矣。而犹有差者，则以合朔加时有中前、中后之不同也，其所以不同者，何也？大约日在外、月在内，故能掩之，人又在月内，故见其掩而有食。……夫日月并附，天行而月在日下，当其合时去日尚不知有几许，人自地上左右窥之，与天心所见不同，故日月平合在卯酉，皆不能见。所见食甚，日稍在下，月稍在上，斜弦所差近一度，在月平行为六百余分，惟午则自下仰视所见正当绳直，与在左右旁视者异，故无差也。”④其计算公式为

$$时差=\frac{(半日周-中前、中后分)}{96分}\times 中前、中后分$$

从梅文鼎的上述分析看，他“实际上已经用视差（即左右视之与中心视之不同）来解释时差分的形成，并且把他的解释与历法中计算时差的公式巧妙地结合起来”，所以“梅氏的解释可能比较符合造历者的本意”⑤。此外，时差分的充要条件是当且仅当交食偏离正午时，才有可能发生合朔时刻不等于食甚时刻的差异。

（二）《历学疑问》及《历学疑问补》中的西方历法思想

《历学疑问》出刊于清康熙三十八年（1699），它是一部以“西学中源”为主导思想编撰的天文学著述。《历学疑问补》则是梅文鼎晚年的代表作，与《历学疑问》前后呼应，“使‘西学中源’之说得到了充分的论证并完善起来了”⑥。

1. 地圆说与西域仪像之“地球仪”

《历学疑问》有两篇讨论地圆说的论文，一篇是“论地圆可信”，另一篇则是“地圆之

---

① （清）梅文鼎：《历算全书》卷23《历学骈枝》，《景印文渊阁四库全书》第794册，第583页。

② （清）梅文鼎：《历算全书》卷23《历学骈枝》，《景印文渊阁四库全书》第794册，第566—567页。

③ 景冰：《〈授时历〉的研究》，邢台市郭守敬纪念馆：《郭守敬及其师友研究论文集》，内部资料，1996年，第88页。

④ （清）梅文鼎：《历算全书》卷23《历学骈枝》，《景印文渊阁四库全书》第794册，第576—577页。

⑤ 卢仙文、江晓原：《梅文鼎的早期历学著作：〈历学骈枝〉》，《中国科学院上海天文台年刊》1997年第18期，第255页。

⑥ 黄时鉴：《黄时鉴文集》第3册《东海西海：东西文化交流史（大航海时代以来）》，上海：中西书局，2011年，第217页。

说固不自欧罗西域始也”。

在“论地圆可信”一文中，有人问：“西人言水地合一圆球，而四面居人，其地度经纬正对者两处之人以足版相抵而立，其说可信欤？”梅氏解释说：“以浑天之理征之，则地之正圆无疑也。是故南行二百五十里则南星多见一度，而北极低一度；北行二百五十里，则北极高一度，而南星少见一度。若地非正圆，何以能然？至于水之为物，其性就下，四面皆天则地居中央为最下，水以海为壑，而海以地为根，水之附地又何疑然。所疑者，地既浑圆，则人居地上不能平立也，然吾以近事征之，江南北极高三十二度，浙江高三十度，相去二度，则其所戴之天顶即差二度。”[①]承认地球是圆的，不管梅文鼎的论证是否确当，都不影响这个思想在当时的进步意义。详细内容见李迪著《梅文鼎评传》一书中的相关议论，此不赘述。

我们承认梅文鼎积极学习和吸收西方近代的天文学知识，并有力地促进了明末清初西学在中国学界的发展和传播，但这并不等于说他把西方的天文学与中国传统天文学看作是两个相对独立发展的文化体系，相反，他总是自觉站在中国传统天文学的立场坚持认为中国传统天文学是先发的，而西方天文学则是后发的，后者以前者为祖源。因此，梅文鼎在《地圆之说固不自欧罗西域始也》一文中说：

> 元西域札玛鲁丹造“西域仪像”，有所谓库哩叶阿喇斯，汉言地里志也。其制以木为圆球，七分为水，其色绿；三分为土地，其色白；画江河湖海贯串于其中，画作小方井，以计幅员之广袤，道里之远近，此即西说之祖。[②]

这里讲的是地球仪，反映了元人对地球形状的一种比较科学的认识，其意义是十分深远的。有学者称：“这运用了西方的制图理念。历来的研究者一致认为，这是中国第一架地球仪，是第一次将统一的、比较科学的经纬度概念和明确的地球概念展示在中国人的面前。”[③]又有学者评价说：“它的出现，不论是在地球形状的认识上，或是在全球水陆面积分布的比例上，都对中国地理学和地图学有重大的历史意义。明代万历三十一年（1603年），李之藻也曾制作过地球仪，可惜未流传下来。18世纪末，李兆洛制做了两个地球仪，一个用铜，一个用木。”[④]元代地球仪的出现，确实在明末西方传教士输入地圆说这个观念之前，然而，元代扎马鲁丁的“地球仪”却源自古希腊的地圆说。如此看来，梅文鼎的证据并不能证明中国的“地圆说”先于西方，退一步讲，即使找来《大戴礼记》中曾子的“天圆而地方”之论，也未必能证明中国的“地圆说”比古希腊更古老。因为《大戴礼记》约成书于西汉，它所辑录的内容是战国以来孔门弟子及后学说礼的文章。[⑤]而在古希腊，毕达哥拉斯早就提出了大地是球形的思想，与之相比，曾子的生活时代较毕达哥拉斯为晚。不仅如此，古希腊人埃拉托色尼还在公元前3世纪定量地测出了地球圆周的长度。当然，诚如陈

① （清）梅文鼎：《历学疑问》卷1《论地圆可信》，《景印文渊阁四库全书》第794册，第14页。

② （清）梅文鼎：《历学疑问》卷1《地圆之说固不自欧罗西域始也》，《景印文渊阁四库全书》第794册，第15页。

③ 王根明：《中国回族文化与阿拉伯文化比较研究》，银川：宁夏人民出版社，2015年，第229—230页。

④ 中华文化通志编委会：《中华文化通》第62册《第七典科学技术·地学志》，上海：上海人民出版社，2010年，第407页。

⑤ 李默主编：《中华文明大博览》，广州：广东旅游出版社，1997年，第346页。

久金先生所言："现代人看古希腊人的地球说，认为他们是说对了。但也仅仅是'对了'，并不意味着他们的思维特别高超。在哥伦布企图以环球航行证明大地为球形以前，地球说不过是各种假说之一而已。在那以前，哪一家说法为对，于人类生活实际并无直接影响。"①

2. 对"西历中源"说的进一步论证

（1）"论西历源流本出中土即周髀之学"，梅文鼎云："历以稽天，有昼夜永短、表景中星可考，有日月薄镯、五星留逆、伏见凌犯可验，乃实测有凭之事。既有合于天，即当采用，又何择乎中西？且吾尝征诸古籍矣，《周髀算经》，汉赵君卿所注也，其时未有言西法者，唐开元始有《九执历》，直至元明始有《回回历》。今考西洋历所言，寒热五带之说与周髀七衡吻合。岂非旧有其法欤！且夫北极之下，以半年为昼，半年为夜，赤道之下，五谷一岁再熟，必非凭臆凿空而能为此言夫，有所受之矣。然而，习者既希，所传又略，读《周髀》者，亦只与《山海经》《穆天子传》《十洲记》诸书，同类并观。聊备奇闻，存而不论已而。"②

（2）"论简平仪亦盖天法而八线割圆亦古所有"，梅文鼎云："凡测天之器，圆者必为浑，平者即为盖……简平仪以平圆测浑圆是亦盖天中之一器也。今考其法，亦可知一岁中，日道发南敛北之行，可以知寒暑进退之节，可以知昼夜永短之故。……由是言之，浑盖与简平异制而并得为盖天遗制，审矣。而一则用切线，一则用正弦，非是则不能成器矣。因是而知三角八线之法，并皆古人所有，而西人能用之，非其所创也。"③

（3）"论浑盖之器与《周髀》同异"，梅文鼎云："或写天之笠竟展而平，而以北极为心，赤道为边，用割圆切线之法以考其经纬度数，则周天之星象可一一写其形容，其赤道南之星亦展而平，而以赤道为边，查星距赤道起数，亦用切线度定其经纬，则近赤道者距疏，离赤道向南者渐密，而一一惟宵其不见之星，亦遂可空之，是虽不言南极而南极已在其中。今西洋所作星图，自赤道中分为两，即此制也。所异者，西洋人浮海来宾，行赤道以南之海道，得见南极左右之星，而补成南极星图，与古人但图可见之星者不同，然其理则一，是故西洋分昼星图，亦即古盖天之遗法也。"④

（4）"论中土历法得传入西国之由"，梅文鼎云："太史公言，幽厉之时，畴人子弟分散，或在诸夏，或在四裔。盖避乱逃咎，不惮远涉殊方，固有挟其书器而长征者矣。……然远国之能言历术者，多在西域，则亦有故。《尧典》言，乃命羲和，钦若昊天。历象日月星辰，敬授人时，此天子日官在都城者，盖其伯也。……当是时，唐虞之声教四讫，和仲既奉帝命测验，可以西则更西，远人慕德景从，或有得其一言之指授、一事之留传，亦即有以开其知觉之路。而彼中颖出之人从而拟议之，以成其变化，固宜有之。考史志，唐开元有《九

① 陈久金：《中国古代天文学家》，第 344 页。

② （清）梅文鼎：《历学疑问补》卷上《论西历源流本出中土即周髀之学》，《景印文渊阁四库全书》第 794 册，第 55—56 页。

③ （清）梅文鼎：《历学疑问补》卷上《论简平仪亦盖天法而八线割圆亦古所有》，《景印文渊阁四库全书》第 794 册，第 61—62 页。

④ （清）梅文鼎：《历学疑问补》卷上《论浑盖之器与〈周髀〉同异》，《景印文渊阁四库全书》第 794 册，第 60—61 页。

执历》，元世祖时有札玛鲁丹测器，有西域《万年历》；明洪武初有玛沙伊克玛哈斋译《回回历》，皆西国人也。而东南北诸国无闻焉。可以想见其涯略矣。”[①]

（5）“论盖天之学流传西土不止欧罗巴”，梅文鼎云：“回回国人能从事历法渐以知其说之不足凭，故遂自立门庭，别立清真之教，西洋人初亦同回回事佛……回回既与佛教分而西洋人精于算，复从回历加精，故又别立耶稣之教，以别于回回。……要皆盖天周髀之学流传西土而得之，有全有缺，治之者有精有粗，然其根则一也。”[②]

关于梅文鼎上述论证的科学性问题，席泽宗先生在《中国科学技术史·科学思想卷》中做了非常透彻的分析。他说：第一，“中国古代的浑天说与盖天说，当然完全不是如他所说的‘塑像’与‘绘像’的关系。李之藻向耶稣会士学习了星盘原理后作的《浑盖通宪图说》，只是借用了中国古代浑、盖的名词，实际内容是完全不同的”[③]。第二，从《史记·历书》和《尚书·尧典》寻找中法的西传路径，设想“东南有大海之阻，极北有严寒之畏，唯有和仲向西方没有阻碍，‘可以西则更西’，于是就把所谓‘周髀盖天之学’传到了西方”[④]。第三，“梅氏能在当时看出西方天文学与伊斯兰天文学之间的亲缘关系，比我们今天做到这一点要困难得多，因为那时中国学者对外部世界的了解还非常少，不过梅文鼎把两者的先后关系弄颠倒了。当时的西法比回历‘加精’倒是事实，但是追根寻源，回历还是源于西法的”[⑤]。当然，在科学性之外，我们还应当看到梅文鼎“西学中源”思想的现实性和合理性。

首先，“‘西学中源’适应了当时的文化氛围，有利于西学的传入和人们借鉴西方文化。因为‘西学中源’蕴含着西学就是中学的思想，所以它为对抗传统的‘夷夏之防’的文化观念提供了理论依据，从而在西方文化的引进中破除了民族界限，一定程度上促进了西方文化在中国的传播，并且在相当程度上减轻了传统文化对西方文化排斥的压力”[⑥]。

其次，“对西学中源说的第一次清晰论述，几乎使卷入中西关系讨论的每一方都受益”，其中对康熙而言，“他早年作为西方数学的虔诚的学生，经常对中国数学的实践做出决定性的裁判；后来他虽然转而维护中国传统的尊严，同时却允许继续西式的实践。这种转变会减弱许多中国士人依然存在的、对非汉族的‘蛮夷’王朝的鄙视”；此外，“中国学术也经历了一场复兴，因为在此种信念的基础上，也可以理所当然地重新关注遭到忽视的中国传统。这并不是一段失败的经历，相反却带来了收获，因为对中国传统的关注也增加了”[⑦]。

可见，经过梅文鼎系统化了的“西学中源”说带给中国学界的影响是多方面的，而

---

① （清）梅文鼎：《历学疑问补》卷上《论中土历法得传入西国之由》，《景印文渊阁四库全书》第794册，第56—57页。

② （清）梅文鼎：《历学疑问补》卷上《论盖天之学流传西土不止欧罗巴》，《景印文渊阁四库全书》第794册，第63—64页。

③ 席泽宗主编：《中国科学技术史·科学思想卷》，北京：科学出版社，2001年，第491页。

④ 席泽宗主编：《中国科学技术史·科学思想卷》，第492页。

⑤ 席泽宗主编：《中国科学技术史·科学思想卷》，第492页。

⑥ 吴怀祺、王记录：《升华：宋元明清时期的中华民族精神》，广州：广东人民出版社，2015年，第160页。

⑦ [德]朗宓榭：《朗宓榭汉学文集》，上海：复旦大学出版社，2013年，第22—23页。

由“西学中源”说引发众多士人开始对中国传统文化进行深度反思，应是最主要的方面之一。面对明清之际西方近代科学知识的冲击，中国的传统道德学问实在已无力与其相抗衡了，尤其是在明清实学兴起之后，西方近代科学已经成为助力实学的一种新的革新力量，并受到越来越多开明之士的热情支持。正是在这样的历史背景下，人们通过天文学、数学、仪器制造等科学技术来为中国传统文化的振兴积聚强大内力。“因为它既能符合当时中国知识界维护中华文化正统性的主观愿望，又在暗中接受了西法胜于中法这一不得不承认的事实”[①]，所以我们不能仅从文化的保守性方面去片面理解梅文鼎的“西学中源”说。

二、中西会通背景下的中国传统数学思想

梅文鼎的数学成就巨大，是清代安徽数学学派的开山祖，学界公认康熙末年所编撰的《数理精蕴》巨著主要以梅文鼎的数学研究成就为基础[②]，近代以来我国数学史学界的前辈如李俨、钱宝琮、严敦杰、梅荣照、李迪等都对梅文鼎的数学成就有深入研究，国外学者如日本学者桥本敬造、法国学者马若安等也有相关专著问世。由于梅文鼎的数学著作比较丰富，限于篇幅，本文不能一一详解。故此，我们下面仅以《方程论》和《几何补编》为例，结合目前学界前辈已有的研究成果，拟对梅文鼎的数学思想略作阐释。

（一）《方程论》中的传统数学思想

在梅文鼎看来，“方程于数九之一也”[③]。“数九”即指《九章算术》，《九章算术》卷8为“方程章”，系关于线性方程组与矩阵线性方程组解法的重要成就。所以有学者评论这项数学成就说：

> 中国线性方程组的研究与解法比欧洲至少早1500年，记载于东汉初年《九章算术》方程一章中，解释了如何用消去变元的方法求解带有三个未知量的三方程系统，其中所述方法实质上相当于现代的对方程组的增广矩阵施行初等行变换从而消去未知量的方法，即高斯消元法。在西方，线性方程组的研究是在17世纪后期由莱布尼茨开创的，他曾研究含两个未知量的三个线性方程组成的方程组，麦克劳林在18世纪上半叶研究了具有二、三、四个未知量的线性方程组，得到了现在称为克莱姆法则的结果。[④]

可惜，梅文鼎没有读到《九章算术》原本，他通过阅读明代程大位等人的著作而对我国传统多元一次方程的应用和解法进行了系统而深入的研究。

---

① 刘钝：《清初历算大师梅文鼎》，《自然辩证法通讯》1986年第1期，第62页。

② 陈支平、陈春声主编：《中国通史教程》第3卷《元明清时期》，上海：复旦大学出版社，2006年，第353页。

③ （清）梅文鼎：《方程论自叙》，《景印文渊阁四库全书》第795册，第64页。

④ 宋眉眉主编：《线性代数与空间解析几何》，天津：天津大学出版社，2016年，第116—117页。

1. 对《九章算术》的新认识

梅文鼎在《方程论·余论》中说："数学有九，要之则二支：一者算术，一者量法。量法者，长短远近以求其距，西法谓之测线；方圆、弧矢、幂积、周径以相求，西法谓之测面；立方、浑圆、堆垜之形以求容积，西法之测体，在古九章则为方田、为少广、为商功、为勾股。算术者，消息、盈虚、乘除、进退以差多寡，验往以测来，西法谓之比例，通分子母，整齐画一，不尽者以法命之，西法谓之畸零。"①这种对《九章算术》特征的"二支"分析，是先人所没有论及过的。以此为观察视角，梅文鼎看到了学界正在发生或者已经发生的一种研究偏向。他说：

> 方程犹勾股也，数学之极致，故二为殿乎九。今之为数学，往往覃思勾股而略方程，不宁惟略，抑多沿误，危于阙矣，数九而阙其一可以无论乎？议者谓勾股测量用以知道里之修，城邑之广，山之高，水之深，天地日月之行度。若方程算术，多取近用，米盐凌杂，非其精且大。是不然，精粗小大，人则分之，而自一至九之数无分也。②

从这段论述中，不难看出，梅文鼎对于明末清初数学的不平衡发展状况感悟颇多。尤其是对于西方几何学的一枝独秀现象，梅文鼎也有比较清醒的认识。他说：

> 言数学者亦有二家，一古法，一泰西。泰西之说，详明晓畅；古人之法，径捷简易，可互明也。然古书仅存算术而略于测量，泰西详于测量而或遗在算术。吾观泰西家言，矩度、三角、八线、割圆，《几何原本》备矣。谓其善用勾股，能有新意出于古率之外，未为过也。若所译《同文算指》者，大约用三率以变古法，至于盈朒、方程，则其术不复可行。于是，取古人之法以传之，非利氏之所传也。算术之妙，莫盈朒、方程，若而泰西，皆无之，是《九章》阙其二也。③

把西方数学中的短板揭示出来，是梅文鼎编撰《方程论》的主要意旨之一。事实上，梅文鼎此举正是为了重新发现《九章算术》的价值和意义，并将它用来作为对抗西方传教士排斥和压抑中国传统科学文化的一把利器。正如梅文鼎自己在《复柬方位伯》诗中所说："测量变西儒，已知无昔人。便欲废筹策，'三率'归《同文》。"④这首诗是他感触"西儒排古算数"⑤之后所作，这才激发了其维护和发扬中华民族优秀科学遗产的使命感和责任感，并借传统"方程"来弘扬中华古算。梅文鼎非常清醒地意识到："近者西学骤兴，其言勾股尤备，故《九章》所载虽简而不至大谬；至若方程，别无专书可证，所存诸例，又为俗本所乱，妄增歌诀，立为胶固之法，印定后贤耳目而方程不复可用，竟如赘疣。周官九数，几缺其一。"⑥因此，在上述思想的指导下，梅文鼎特别用心于《方程论》的阐释与研究，不单"废寝忘食

---

① （清）梅文鼎：《方程论余论》，《景印文渊阁四库全书》第 795 册，第 65 页。

② （清）梅文鼎：《方程论自叙》，《景印文渊阁四库全书》第 795 册，第 64 页。

③ （清）梅文鼎：《方程论余论》，《景印文渊阁四库全书》第 795 册，第 66 页。

④ （清）梅文鼎撰、张静河点校：《绩学堂诗文钞》，合肥：黄山书社，2014 年，第 210 页。

⑤ （清）梅文鼎撰、张静河点校：《绩学堂诗文钞》，第 210 页。

⑥ （清）梅文鼎：《方程论发凡》，《景印文渊阁四库全书》第 795 册，第 67—68 页。

以求之”，而且“必一一求其所以然”①。

2.《方程论》的主要内容及成就

《方程论》共分6卷，其中第1卷为“正名”，梅文鼎把方程分为4类：一是“和数方程”，此类方程系数“无正负”，即方程式每项系数均为正数，其符号不变；二是“较数方程”，此类方程系数“有正负”，即方程式每项系数既有正数，也有负数，其符号不固定；三是“和较杂方程”，此类方程系数“半有正负，半无正负”，即有的方程式每项系数均为正数，其符号不变，而有的方程式每项系数既有正数，也有负数，其符号不固定；四是“和较交变方程”，此类方程系数“变者或先无正负而变为有正负，或先有正负变而无正负”②，即三元或三元以上的方程组在消去一元后，方程组便会改变原来的分类类型，或由“较数方程”变为“和数方程”，或由“和数方程”变为“较数方程”。

第2卷为“极数”，梅文鼎说：“吾论方程，至和较、之杂、之变，尽矣。虽然，不知带分、叠脚、重审之法，无以穷其致，故极数次之。”③文中的“带分、叠脚、重审”是梅文鼎对多元一次方程组的性质分类，其中“带分方程”是指系数有分数的方程组，梅文鼎给出了多种具体解法，而方法之一是“凡带分之法，或化整为零，或变零为整，取其划一也”④。例如，“今有甲字库贮金，丁字库贮银，各不知总，但云取甲四之三，加丁五之二，则一百一十万，若以甲加丁之倍数，则四百四十万，问：各若干？答曰：甲库金四十万，丁库银二百万”⑤。设甲字库贮金为x，丁字库贮银为y，则依题意有

$$\begin{cases}\dfrac{3}{4}x+\dfrac{2}{5}y=1100\,000\\ x+2y=4\,400\,000\end{cases}$$

令$x=4n$，$y=5m$，代入上式得

$$\begin{cases}3n+2m=1100\,000\\ 4n+10m=4\,400\,000\end{cases}$$

解此二元一次方程组，得

$$n=100\,000,\ x=400\,000,\ y=2\,000\,000$$

这种“代换法”是《九章算术》“方程术”之后所出现的一种解方程组新方法，体现了梅文鼎积极追求公理化的数学意识。因为它的解题方法是“以方程组中同一未知数系数的公分母为这未知数全份的数，先求出这未知数的一份，然后用一份的数乘全份的数，即可求得这一未知数”⑥。同前述的“正名”一样，梅文鼎这种公理化的数学意识很可能受到了《几何原本》的影响。

① （清）梅文鼎：《方程论发凡》，《景印文渊阁四库全书》第795册，第69页。

② （清）梅文鼎：《方程论》卷1《正名》，《景印文渊阁四库全书》第795册，第71页。

③ （清）梅文鼎：《方程论》卷2《极数》，《景印文渊阁四库全书》795册，第92页。

④ （清）梅文鼎：《方程论》卷2《极数》，《景印文渊阁四库全书》第795册，第93页。

⑤ （清）梅文鼎：《方程论》卷2《极数》，《景印文渊阁四库全书》第795册，第93页。

⑥ 梅荣照：《略论梅文鼎的〈方程论〉》，自然科学史研究所数学史组：《科技史文集》第8辑《数学史专辑》，上海：上海科学技术出版社，1982年，第153页。

第3卷为“致用”，重点讨论如何化简多元一次方程组的解题步骤。梅文鼎主张：“算之用惟捷”，故“凡方程之法，去繁就简，同者去之，异者存之，归于一法一实而已。”①在梅文鼎看来，不管是三元方程组，还是四元甚至五元方程组，最终化简的目的就是得到 $kx=c$ 的方程简式。例如，在如何利用缺项（即空位）来减少运算环节，提高运算效率方面，梅文鼎指出：“凡四色（即四元）五色以至多色，有几行空位者，如上省算径求，最为简捷，若中行无空，则必如法乘减，以五色变四色，四色变三色，三色又变二色，渐次求之，不可径求而省算也。”②在讨论“列位”和“省算”的具体内容时，梅文鼎谈到“常”与“变”的关系问题，他说：“常与变相待而成，告方程省算而特详其不省之算者，欲穷其变，先得其常也。”③这里讲的就是数学的辩证法问题，“变”是解题的门径和方法，而“常”则是“理一”④，就是各种方法所遵循的规律或通法。⑤

第4卷为“刊误”，重点是对明代几部算书在讨论方程时所出现的错误之处进行改正。故梅文鼎说：“古之为学也精，故其立法也简，而语焉不详阙所疑而敬存其旧，无臆参焉，斯善学也已不得其理而强为之解，以乱其真古人之意，乃不可见矣。意不可见而讹谬相仍，如金在沙，淘之汰之，沙尽而金以出。”⑥具体而言，梅文鼎主要是从以下5个方面对《算法统宗》《同文算指》《九章比类算法大全》等书中有关方程的错误做了改正。

一是“立负之误”，梅文鼎认为出现此类错误的根源是：“夫不知正负之出于自然，而强立之，负则同异之，旨淆而加减之用失，种种谬误缘之以生，故谨为之辨。”⑦

二是“加减之误”，包括“同加异减一误”和“奇减偶加二误”两种情形。梅文鼎辨之云：“同名相减则异名相加矣，诸书所载，忽而同减者忽而异减、忽而异加者忽而同加，岂不谬哉！……苟知其变则首位必同名，首位既同名，则凡减皆同名，凡加皆异名，较若划一，何必纷纷强为之说乎！”⑧

三是“法实之误”，梅文鼎指出：“算家法实，皆生于问者之所求，如有总物若干，总价若干，而问每物若干价，则是以物为法，价为实也。或问每银一两得若干物则是以价为法，以物为实也。诸算尽然则方程可知矣。《算海说详》曰：中余为法，除下实，盖本《统宗》，然其说非也。《同文算指》曰：以少除多，其说非也。何以明之？曰：方程法实，犹诸算之法实也，故必于问者之所求，详之中下多少，非可执也。”⑨

四是“并分母之误”，梅文鼎说：“自方程算失传，有可以方程立算，亦可以差分诸法立算者，则皆收入诸法而不知用方程，如愚末卷所载方程御杂法是也。有实非方程法而列于方程，如《同文算指》所收菽麦畦工诸互乘之法是也。有可以方程算而不用方程，漫以

① （清）梅文鼎：《方程论》卷3《致用》，《景印文渊阁四库全书》第795册，第116页。
② （清）梅文鼎：《方程论》卷3《致用》，《景印文渊阁四库全书》第795册，第117页。
③ （清）梅文鼎：《方程论》卷3《致用》，《景印文渊阁四库全书》第795册，第119页。
④ （清）梅文鼎：《方程论》卷3《致用》，《景印文渊阁四库全书》第795册，第119页。
⑤ （清）梅文鼎：《方程论》卷3《致用》，《景印文渊阁四库全书》第795册，第120页。
⑥ （清）梅文鼎：《方程论》卷4《刊误》，《景印文渊阁四库全书》第795册，第132页。
⑦ （清）梅文鼎：《方程论》卷4《刊误》，《景印文渊阁四库全书》第795册，第133页。
⑧ （清）梅文鼎：《方程论》卷4《刊误》，《景印文渊阁四库全书》第795册，第138页。
⑨ （清）梅文鼎：《方程论》卷4《刊误》，《景印文渊阁四库全书》第795册，第145页。

他法强合而漫谓之方程，如并分母之法是也。诸互乘法非方程易知，不必辨，故专辨分母。”①

五是“设问之误辨”，这里所辨是不定方程组的问题。梅文鼎云：“算家设问以为规式，意虽引而不发，数则实而可稽，苟其稽之而无有真实可言之数，则其意不能自明，而何以为式乎？至其立法之多，违于古皆以不深知算理而臆见横生，又相因而必至也，故以设问为之目。”②

经考察，梅文鼎《方程论》的研究成果比较丰富，但鉴于篇幅所限，这里不再一一阐释，仅择要简述如下：

第一，对矩阵变换的改进。《方程论·致用》有一道“问齐军千乘”题（解题过程略），对这道方程题的数学价值，有学者认为梅文鼎“改变秦九韶将系数方阵一直化为单位方阵的规范做法，而只化为三角方阵为止。系数方阵化为对角阵对于方程组已完全可行，且简化了计算步骤，加快了运算速度，如秦九韶把一个四方阵化成单位方阵，需进行 14 次变换，而梅文鼎将一个六阵方阵化为三角方阵，仅作 7 次变换。”另外，梅文鼎“进行矩阵变换后，每次只需对留下的部分子矩阵再作变换，既明确又省力”③。

第二，对未知数系数是分数的多元一次方程组给出 3 种新的解法，即“化整为零”“变零为整”（图 3-5）和“除零附整”法。其中“化整为零”已见前述，还是同样的例题，若用“变零为整”求解，则“法以丁分母五互甲之三得十五；以甲分母四互丁之二得八，列右。又以两分母（五、四）相乘得二十，为甲丁共母，以乘一甲得二十，乘倍丁得四十，列左。乃以甲丁共母，乘一百一十万二千二百万，列右。乘四百四十万得八千八百万，列左”④。

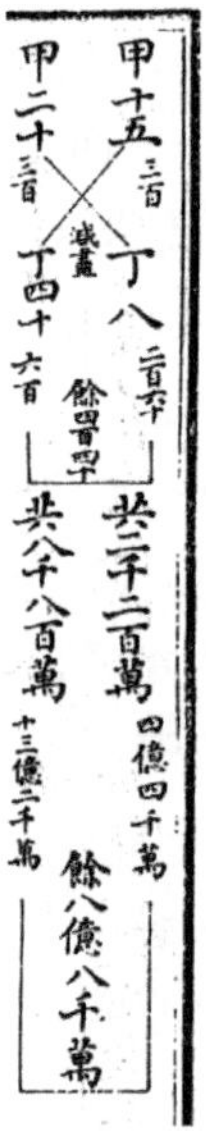

图 3-5 “变零为整”图式⑤

① （清）梅文鼎：《方程论》卷 4《刊误》，《景印文渊阁四库全书》第 795 册，第 148 页。
② （清）梅文鼎：《方程论》卷 4《刊误》，《景印文渊阁四库全书》第 795 册，第 151 页。
③ 骆祖英编著：《数学史教学导论》，杭州：浙江教育出版社，1996 年，第 130 页。
④ （清）梅文鼎：《方程论》卷 2《极数》，《景印文渊阁四库全书》第 795 册，第 94 页。
⑤ （清）梅文鼎：《方程论》卷 2《极数》，《景印文渊阁四库全书》第 795 册，第 94 页。

“依法乘减，余丁四百四十为法，八亿八千万为实，以法除实得二百万为丁数，以丁四十计八千万减八千八百万，以甲二十除之得四十万为甲数。此变零为整法也。”①

若用“除零附整法”（图3-6），则“法以甲分母四除之三，得七分五秒。以丁分母五除之二，得四分，列之，则其余数皆不变”。②

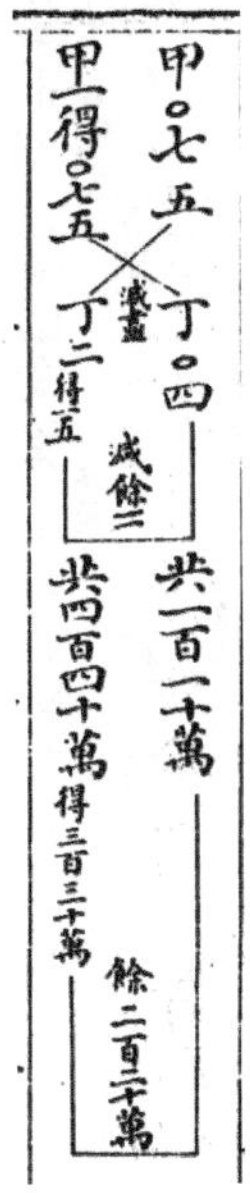

图3-6　“除零附整”图式③

“左甲一乘右行皆如原数，右甲〇七分五秒乘左行，各得四分之三，甲各〇七分五秒尽减。丁余一一，（上一整数，下一一分，乃十分之一）为法，共数减，余二百二十万为实。法除实得二百万为丁数。以丁数倍之，减共数，余四十万即为甲数。此除零附整法也。”④

第三，多元一次方程组的多种解法，主要有“带分”“叠脚”“重审”。其中“带分”已见前述。而对于“叠脚”或称“璎珞”，梅文鼎解释说：“璎珞者，言其联缀而垂象璎珞也，谓之叠脚。”⑤“垂象璎珞”是个形象比喻，它的意思是指在多元一次方程组中每个方程式至少含有一组率，对于这种类型的多元一次方程组，梅文鼎的解法是：“凡算方程皆以多色递减至一法一实，以先知一色之数，然此所先求之一色，却原带有不同之数，则法一而实非一，故以一总法而除多实，非叠脚之法不可也。”⑥例如，“今有大江南北两处粮，载米不同，因水程远近给耗米亦不等。但云南船三只，北船两只，共运米一千九百七十石，外给耗米共六百六十八石；又南船一只，北船四只，共运米一千九百九十石，外给耗米五百五

① （清）梅文鼎：《方程论》卷2《极数》，《景印文渊阁四库全书》第795册，第94页。
② （清）梅文鼎：《方程论》卷2《极数》，《景印文渊阁四库全书》第795册，第94页。
③ （清）梅文鼎：《方程论》卷2《极数》，《景印文渊阁四库全书》第795册，第94页。
④ （清）梅文鼎：《方程论》卷2《极数》，《景印文渊阁四库全书》第795册，第94页。
⑤ （清）梅文鼎：《方程论》卷2《极数》，《景印文渊阁四库全书》第795册，第108页。
⑥ （清）梅文鼎：《方程论》卷2《极数》，《景印文渊阁四库全书》第795册，第108页。

十六石。问各船正、耗米数，以便稽查”①。具体如图 3-7 所示：

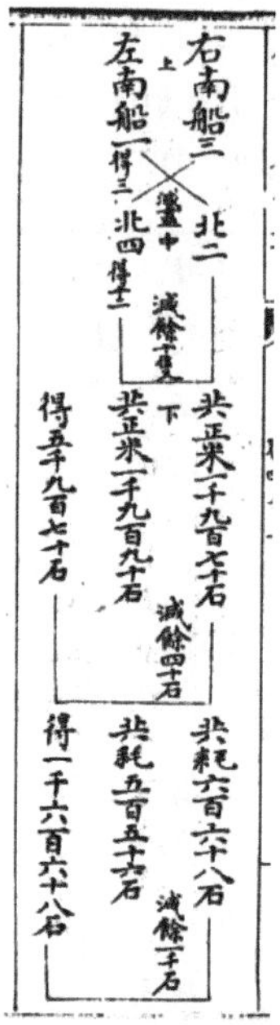

图 3-7 “瓔珞方程例”图式②

第一步，“以左行南船一，遍乘右行，各得原数。”

第二步，“以右行南船三遍乘左行，得数：南船三与右减尽，北船十二减去右二，余十为总法。正运米五千九百七十石减去右一千九百七十石，余四千石为运米实。耗米一千六百六十八石减去六百六十八石，余一千石为耗米实。”

第三步，“以总法除正运米，实得四百石为北船每只运数。以总法除耗米，实得一百石为北船每只耗米数。”

第四步，“任于左行总运米一千九百九十石，内减北船四只，该运米一千六百石，余三百九十石为南船一只运数。于左行总耗米五百五十六石，内减北船四只，该耗四百石，余一百五十六石为南船一只运数。计正耗得南船每只米五百四十六石。”

第五步，“以北船四百石，除其耗米一百石，得每石给耗米二斗五升，以南船三百九十石，除其耗米一百五十六石，得每石给耗四斗”③。

“重审”是指欲得到一个问题的答案，至少需要解两个多元一次方程组。对此，梅文鼎释：“凡算方程皆以有总数无各数，故递减以求之，然有并其总数亦隐者，此当用两次求之，故曰重审。”④例题：“假如品官禄米不知数，但云甲支三品俸四个月，又带支四品俸五个月。乙支三品俸六个月，又带支四品俸五个月。亦不知甲乙各得数，但云以甲十三分之一益乙，

① （清）梅文鼎：《方程论》卷 2《极数》，《景印文渊阁四库全书》第 795 册，第 108 页。
② （清）梅文鼎：《方程论》卷 2《极数》，《景印文渊阁四库全书》第 795 册，第 108 页。
③ （清）梅文鼎：《方程论》卷 2《极数》，《景印文渊阁四库全书》第 795 册，第 109 页。
④ （清）梅文鼎：《方程论》卷 2《极数》，《景印文渊阁四库全书》第 795 册，第 112 页。

则三百五十石，若以乙十一分之三益甲，亦三百五十石。问两品禄米各几何？”①

用现代方程式表达，设 x 为则为甲所支俸数，y 为乙所支俸数，则依题意有

$$\begin{cases}\dfrac{x}{13}+y=350\\ x+\dfrac{3}{11}y=350\end{cases}$$

解得 $x=260$石，$y=330$石。

令 m 为三品官每月支俸数，n 为四品官每月支俸数，则有

$$\begin{cases}4m+5n=260\\ 6m+5n=330\end{cases}$$

解得 $m=35$石，$n=24$石。

此外，《筹算》中给出的一般二次方程数值解法与韦达《幂的数值解法》（*De Numerosa Postetatum*）一书中所给方法相同。②而《少广拾遗》则依据二项式定理系数表来说明求解高次幂正根的算法，并从平方到十三次幂各举一例，皆用笔算演开方细草③，促进了笔算的普及。可惜，梅文鼎由于对“负数”本身还存在一定的模糊认识，所以他没有能够创造性地将秦九韶的正负开方术推向新的历史高度，然而，这丝毫不影响《方程论》的学术价值。

（二）《几何补编》中的西方几何学思想

如前所述，梅文鼎把数学分为“算术”和“测量”两大组成部分，其中“测量”讲的就是几何学。特别是利玛窦将《几何原本》前 6 卷翻译介绍到中国之后，给中国科学界吹来一股清新之风，大量西方数学著作被翻译成中文。那么，如何看待中国传统勾股学与西方几何学的关系？梅文鼎经过认真比较，很快就发现我国传统的勾股算术与欧氏几何在本质上具有统一性，因而他说：“几何不言勾股，然其理并勾股也。”④例如，在《几何摘要》一书中，梅文鼎认为：“《几何原本》为西算之根本，其法以点、线、面、体，疏三角测量之理，以比例、大小、分合，疏算法异乘同除之理。由浅入深，善于晓譬。但取径萦纡，行文古奥而峭险。学者畏之，多不能终卷。方位伯《几何约》，又苦太略。今遵新译之意，稍微顺其文句，芟繁补遗而为是书。”⑤显然，梅文鼎并不满足于《几何原本》前 6 卷的内容，而是继续向前 6 卷之外的三维空间领域（主要是《几何原本》中所没有的立体几何问题）进行拓展与探索，遂撰成《几何补编》一书。梅文鼎在《几何补编·自序》中说：

---

① （清）梅文鼎：《方程论》卷 2《极数》，《景印文渊阁四库全书》第 795 册，第 112—113 页。

② 潘亦宁：《中西数学的会通：以明清时期（1582—1722）的方程解法为例》，中国科学院自然科学史研究所 2006 年博士学位论文，第 1 页。

③ 李俨、钱宝琮：《李俨钱宝琮科学史全集》第 5 卷《中国数学史》，沈阳：辽宁教育出版社，1998 年，第 283 页。

④ （清）梅文鼎：《勿庵历算书记》，《景印文渊阁四库全书》第 795 册，第 990 页。

⑤ （清）梅文鼎：《勿庵历算书记》，《景印文渊阁四库全书》第 795 册，第 986 页。

天学初函有《几何原本》六卷，止于测面，七卷之后未经译出。盖利氏殇，徐、李云亡，遂无有任此者耳，然历书中往往有杂引之处，读者或未之详也。壬申春月，偶见馆童，屈篾为灯，诧其为有法之形，（其制以六圈成一灯，每圈匀为六折，并周天六十度之通弦，故知其为有法之形而可以求其比例，然测量诸书皆未言及）。乃覆取《测量全义》量体诸率，实考其做法根源，（法皆自楞剖至心，即皆成锥体，以求其分积则总积可知）。以补原书之未备，而原书二十等面体之算，向固疑其有误者，今乃证其实数，（《测量全义》设二十等面体之边一百，则其容积五十二万三八〇九，今以法求之，得容积二百一十八万一八二八，相差四倍）。又《几何原本》理分中末线（即黄金分割法，引者注）亦得其用法。（《几何原本》理分中末线，但有求作之法，而莫知所用。今依法求得十二等面及二十等面之体积，因得其各体中棱及辏心对角诸线之比例。又两体互相容及两体与立方立圆诸体兼容，各比例并以理分中末线为法，乃知此线原非徒设）。则西人之术固了，不异人意也。爰命之曰：《几何补编》。[①]

这段话的核心思想就是“偶见馆童，屈篾为灯，诧其为有法之形”，此与梅文鼎一贯倡导的“数学者，征之于实”[②]思想是一脉相承的。“屈篾为灯”有“方灯”与“圆灯”之分，两者都是半正多面体，亦称阿基米德体。[③]对此，沈康身的《梅文鼎在立体几何上的几点创见》[④]及刘钝的《梅文鼎在几何学领域中的若干贡献》[⑤]等文均有详述，不赘。

1. 梅文鼎对“方灯”构造方法及几何性质的讨论

1）“方灯”的构造方法

由正六面体和正八面体所得到的半正多面体即为方灯。

如何构造方灯，梅文鼎总结了民间艺人制作方灯的方法，他说：“（方）灯体者，立方去其八角也。平分立方面之边为点，而联为斜线，则各正方面内斜线，正方依此斜线斜剖而去其角，则成灯体矣。”[⑥]如图 3-8 所示：

图 3-8　方灯示意图[⑦]

梅文鼎又说：“何以知之立方所去之八角，合之即成八等面，八等面既为立方六之一，

---

① （清）梅文鼎：《几何补编·自序》，《景印文渊阁四库全书》第 795 册，第 579 页。

② （清）梅文鼎：《绩学堂诗文抄》卷 2《中西算学通自序》，合肥：黄山书社，2014 年，第 52 页。

③ 多面体的各个面如由不同种类的正多边形组成而各个多面角都是全等的多面角，这种多面体称为半多面体（见沈康身《梅文鼎在立体几何上的几点创见》一文）。

④ 沈康身：《梅文鼎在立体几何上的几点创见》，《杭州大学学报（理学版）》1962 年第 1 期，第 1—7 页。

⑤ 梅荣照主编：《明清数学史论文集》，南京：江苏教育出版社，1990 年，第 182—218 页。

⑥ （清）梅文鼎：《几何补编》卷 4《方灯》，《景印文渊阁四库全书》第 795 册，第 668 页。

⑦ （清）梅文鼎：《几何补编》卷 4《方灯》，《景印文渊阁四库全书》第 795 册，第 668 页。

则所存灯体不得不为立方六之五矣。”[①]所以，“凡立方内容灯体皆以灯之边线为立方之半，斜立方内之灯体又容八等面，则以内八等面之边线为立方之半。”[②]还有“凡八等容灯体皆以灯体之边线得八等面之半”[③]。

如果再具体化一点，那么，梅文鼎用下面的图例（图 3-9）解释说：

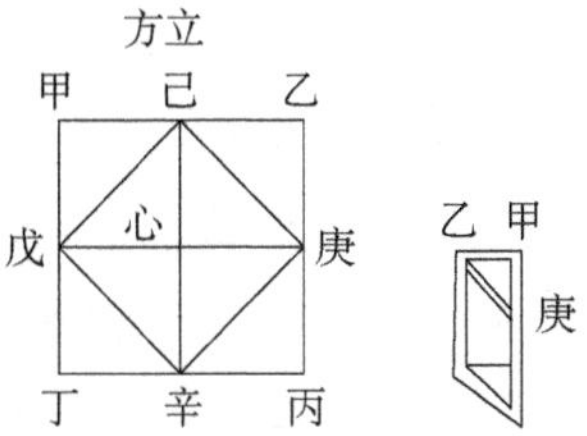

图 3-9　八面体作图法[④]

凡立方体各自其边之中，半斜剖之，得三角锥八，此八者合之即同八等面体。依前算，八等面体其边如方，其中高如方之斜，若以斜径为立方，则中含八等面体，而其体积之比例为六与一。何以言之？如己心辛为八等面体之中高，庚心戊为八等面体之腰广，己庚、己戊、戊辛、辛庚则八等面体之边也。若以庚辛戊腰广自乘，为甲乙丙丁平面，又以己辛心中高乘之，为甲乙丙丁立方，则八等面之角俱正切于立方各面之正中，而为立方内容八等面体矣，夫己心、辛庚、心戊皆八等面方之斜也，故日以其斜径为立方，则中含八等面体也。[⑤]

这样，梅文鼎就给出了正八面体的作图法，方灯体的截面为正六边形，如图 3-10 所示：

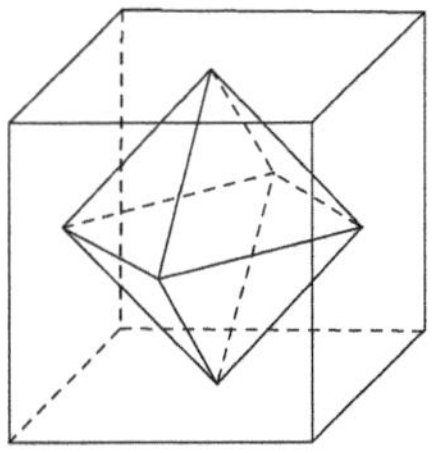

图 3-10　正八面体[⑥]

2）“圆灯”的构造方法

由正十二面体和正二十面体所得到的半正多面体即为圆灯。下面以正十二面体为例，简单谈谈它的作图法。

梅文鼎在《几何补编》中借助于立方体的轴测图来做出正十二面体。他说：

凡立方内容十二等面，皆以十二等面之边正切于立方各面之正中凡六。皆遥对如

① （清）梅文鼎：《几何补编》卷 4《方灯》，《景印文渊阁四库全书》第 795 册，第 673 页。
② （清）梅文鼎：《几何补编》卷 4《方灯》，《景印文渊阁四库全书》第 795 册，第 673 页。
③ （清）梅文鼎：《几何补编》卷 4《方灯》，《景印文渊阁四库全书》第 795 册，第 674 页。
④ （清）梅文鼎：《几何补编》卷 4《方灯》，《景印文渊阁四库全书》第 795 册，第 670 页。
⑤ （清）梅文鼎：《几何补编》卷 4《方灯》，《景印文渊阁四库全书》第 795 册，第 670 页。
⑥ 杨泽忠：《明末清初西方画法几何在中国的传播》，济南：山东教育出版社，2015 年，第 148 页。

十字。假如上下两面所切十二等面之边横，则前后两面所切之边必纵，而左右两面所切之边又横。若引其边为周线，则六处相交皆成十字。立方内容二十等面、边亦同。①

有学者对梅文鼎的作图法总结如下："作一个立方体，黄金分割其边长，取其较短（长）的那段为正十二面体的棱长。在立方体六个面的中心画六条正十二面体的棱，保证其相对平面上的棱平行，不同平面上的上对棱两两垂直。然后不同的棱之间以正五边形（正三角形）补齐，即可得正十二面体。"②如图 3-11 所示：

沈康身认为："使正方体心与顶点连线段作黄金分割，使短的一段靠近顶点，如上图中的 ABCD ……此八个分割点也是八个顶点，它们与 QPNK ……等十二个顶点，即成为内容于正六面体的正十二面体。"③如果对图 3-11 还有点儿似懂非懂的话，那么再结合图 3-12 来理解，就显得明晰多了。

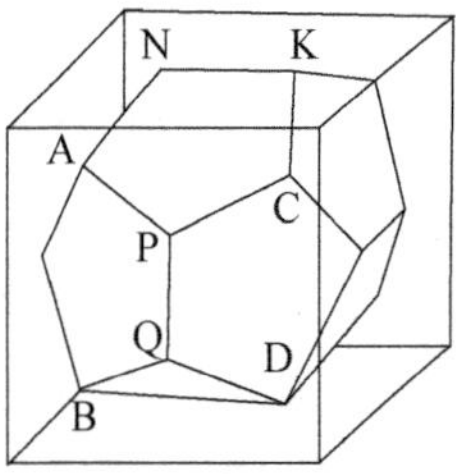

图 3-11　正十二面体的作图法④

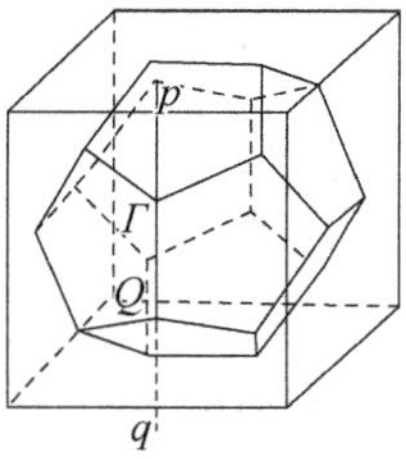

图 3-12　正十二面体的仿射画法⑤

图 3-12 的画法原理是："黄金分割立方体棱长，取其较短部分作为正十二面体棱长。正十二面体如与立方体相接，30 条棱中与立方体相接的有 6 条。相接的 6 条棱都在立方体各面的中心线上，都两两平行。假如上下两棱是横着放，那么前后两面的棱竖着放，而左右两面所接棱又是横着放。"⑥

沈康身已经证明，梅文鼎的上述作图法是正确的。⑦因此，有学者评论说："梅文鼎这两种正多面体的作图法立论正确、步骤简便、直观性强，是一项创造性的工作。"⑧

3）方灯与圆灯的几何性质

梅文鼎认为，半多面体棱与顶点之间，具体一定的倍数关系。他说："凡灯体之尖，皆以两线交加而成，故棱之数皆倍于尖。（方灯十二尖二十四棱；圆灯三十尖六十棱）。"⑨

① （清）梅文鼎：《几何补编》卷 3《十二等面体分图》，《景印文渊阁四库全书》第 795 册，第 666—667 页。
② 杨泽忠：《明末清初西方画法几何在中国的传播》，第 148 页。
③ 沈康身：《梅文鼎在立体几何上的几点创见》，《杭州大学学报（理学版）》1962 年第 1 期，第 2—3 页。
④ 沈康身：《梅文鼎在立体几何上的几点创见》，《杭州大学学报（理学版）》1962 年第 1 期，第 2 页。
⑤ 李迪主编：《中国数学史大系》第 7 卷《明末到清中期》，北京：北京师范大学出版社，2000 年，第 386 页。
⑥ 李迪主编：《中国数学史大系》第 7 卷《明末到清中期》，第 387 页。
⑦ 沈康身：《正十二面体、正十二面体研究的历史演进》，徐汇区文化局：《徐光启与〈几何原本〉》，上海：上海交通大学出版社，2011 年，第 184—187 页。
⑧ 李兆华主编：《中国数学史基础》，天津：天津教育出版社，2010 年，第 45 页。
⑨ （清）梅文鼎：《几何补编》卷 4《方灯》，《景印文渊阁四库全书》第 795 册，第 676 页。

接着，梅文鼎又考察了方灯与圆灯的又一个独特性质。梅文鼎指出：

凡灯体之棱（即边）皆可以联为等边平面圈，如方灯二十四棱联之则成四圈，每圈皆六等边，如六十度分圆线。圆灯六十棱联之则成六圈，每圈皆十等边，如三十六度分圆线。①

刘钝认为，梅文鼎在这里强调半正多面体均可依棱横剖，他实际上"提示了这两种半正多面体的又一种构造方法，也就是说可以用四个全等的正六边形和六个全等的正十边形来分别构成'方灯'和'圆灯'"②。

梅文鼎又指出：

此外惟八等边联之成三圈，每圈四棱成四等面，而十二棱成尖，有三棱八觚之正法。其余四等面十二等面，二十等面皆不能以边正相联为圈。③

这个性质的特点是，在正多面体中唯有正八面体可以联成三个正四边形。

最后，还有一种性质即两种灯皆可补成正多面体。梅文鼎阐释道：

凡灯体可补为诸体，皆依其同类之面、之边引之而会于不同类之面之中央，成不同类之锥体，乃虚锥也。虚者，盈之即成原体，所以化异类为同体也。如方灯依四等边引之补其八隅，成八尖即成立方。若依三等边引之，补其六隅成六尖，即成八等面。如圆灯依五等边引之，补其二十隅成二十尖，即成十二等面。若依三等边引之，补其十二隅成十二尖，即成二十等面。增异类之面成锥，则改为同类之面，而异类之面隐此化异为同之道也。④

当然，梅文鼎对半正多面体性质的认识，仍停留在经验层面，还没有作进一步的科学抽象和理性总结。所以有学者分析说：

在拓扑学中，一个多面体的顶点和棱线可以看作是一个"脉络"，梅氏指出在灯体所组成的脉络中，所有的顶点都由偶数条棱线与之联接，即每个顶点都是偶点。我们知道，在一个脉络中，当奇点数不多于二时，可用一笔画出，因此，灯体可以一笔画出。当然，梅氏对此没有说明，不过，他注意到灯体中棱线数与顶点数的关系，这是十分重要的。对于一个简单多面体来说，棱数、顶点数、面数之间有欧拉公式：

$$\text{顶点数}+\text{面数}=\text{棱数}+2$$

梅氏曾多次数出了五种多面体和半正多面体的这三个参数，但没有认识到这一关

① （清）梅文鼎：《几何补编》卷4《方灯》，《景印文渊阁四库全书》第795册，第676页。

② 刘钝：《梅文鼎在几何学领域中的若干贡献》，梅荣照主编：《明清数学史论文集》，南京：江苏教育出版社，1990年，第197页。

③ （清）梅文鼎：《几何补编》卷4《方灯》，《景印文渊阁四库全书》第795册，第676页。

④ （清）梅文鼎：《几何补编》卷4《方灯》，《景印文渊阁四库全书》第795册，第676页。

系式。①

2. 推导出所有正多面体的体积

梅文鼎在《几何补编》中推导出了正四面体、正八面体、正十二面体及正二十面体的体积公式，其总的方法是："沿着从中心与棱的连线，将原立体分解成锥体，这些锥体以立体的表面为底面。然后，借助于直角三角形（勾股）的帮助，计算锥体底面面积和高。"②如图 3-13 刘钝进一步从正多面体的体积与其棱长的关系角度概括为以下五步：

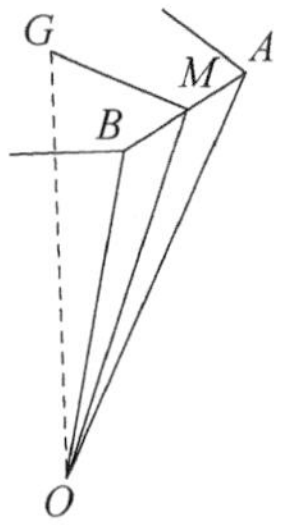

图 3-13　正多面体的锥体剖面示意图③

第一步：先求出各锥体的斜高 OM。

第二步，次求各面正多边形的边心距 GM。

第三步，次求锥体的高 $OG=\sqrt{OM^2-GM^2}$ 。

第四步，次求锥体体积 $V=S\cdot OG/3$ ，式中 S 为各面正多边形面积。

第五步，最后求出总体积 $V_n=n\cdot V$ ，式中 n 为正多面体的面数。④

按照上面步骤，梅文鼎求出的各正多面体的体积，较《测量全仪》为精确。如表 3-1 所示：

表 3-1　棱长为 100 的正多面体体积比较表⑤

	七位有效数字的数据		
	《测量全仪》	《几何补编》	精确值
正四面体	117 372.5	117 851	117 851.1
正八面体	471 425 有奇	471 404	471 404.5
正十二面体	7 686 389	7 682 215	7 663 119
正二十面体	523 809	2 181 693	2 181 695

梅文鼎将诸体相容问题具体分为三类："一曰立圆内容诸体之比例，所容体又容立圆。一曰立方内容诸体之比例，所容体又容立方。一曰诸体自相容之比例（即同径同高之比例），

① 李迪、郭世荣编著：《清代著名天文数学家梅文鼎》，上海：上海科学技术文献出版社，1988 年，第 158 页。

② ［荷］安国风：《欧几里得在中国——汉译〈几何原本〉的源流与影响》，纪志刚、郑诚、郑方磊译，第 458 页。

③ 刘钝：《梅文鼎在几何学领域中的若干贡献》，梅荣照主编：《明清数学史论文集》，第 193 页。

④ 刘钝：《梅文鼎在几何学领域中的若干贡献》，梅荣照主编：《明清数学史论文集》，第 193 页。

⑤ 刘钝：《梅文鼎在几何学领域中的若干贡献》，梅荣照主编：《明清数学史论文集》，第 194 页。

或两体互相容，或数体递相容。”①

对于等积之比例、等边之比例及等径之比例，梅文鼎计算的结果如表 3-2 所示：

表 3-2　等积之比例、等边之比例及等径之比例表②

	$a=100$	$V=1\,000\,000$	$d=100$	$d=100$
	体积 V 之比例	边长 a 之比例	体积 V 之比例	边长 a 之比例
立方体	1 000 000	100	1 000 000	100
正四面体	117 851	204	333 333	$141.421\,3\times\sqrt{2}$
正八面体	471 404	128	166 666	$70.710\,6\times\frac{\sqrt{2}}{2}$
正十二面体	7 682 215	50	425 950	$38.196\,6\left(\frac{3-\sqrt{5}}{2}\right)$
正二十面体	2 181 822	77	515 226	$61.803\,4\left(\frac{\sqrt{5}-1}{2}\right)$
方灯	2 357 021		833 333	$70.710\,6\times\frac{\sqrt{2}}{2}$
圆灯	985 916		290 929	$30.901\,7\left(\frac{\sqrt{5}-1}{4}\right)$

对于“诸体相容”的复杂关系，梅文鼎主要讨论了“所容”、“能容”、两个正多面体相容的内外形式、相切之处的数量以及相切于“能容体”的位置等问题，进一步深化了对正多面体的研究。

此外，梅文鼎在《堑堵测量》一书中讨论了“立三角法”的问题，他“不仅仔细研究了立三角形，而且把它作为建立立体几何理论的基础”③。在《弧三角举要》和《环中黍尺》两书中，梅文鼎采用投影方法将球面几何转变为平面几何，从而创造了球面三角形的图解法。在《几何通解》一书里，梅文鼎“以勾股解《几何原本》之根”来作副标题，他用勾股定理证明了《几何原本》卷二、卷三、卷四、卷六中的许多命题，数学实践表明中国传统的勾股算术与西方的几何学虽然形式不同，二者的理论体系也有别，但是毕竟道理可互通。正是从这层意义上说，西方的几何学即中国传统的勾股学，此亦可称为“几何即勾股论”④。

总之，在明清之际中西文明的碰撞和融合过程中，梅文鼎始终站在弘扬中华优秀传统文化的立场，主张中国传统历算学系西方天文和几何学之源，这个观点尽管在个别细节上尚有瑕疵，但是从整体上看，梅文鼎的科学实践是颇有价值和意义的，正如梁启超所说：“我国科学最昌明者，惟天文算法。至清而尤盛，凡治经者多兼通之，其开山之祖，则宣城

① （清）梅文鼎：《几何补编》卷 3《用理分中末线》，《景印文渊阁四库全书》第 795 册，第 657 页。

② （清）梅文鼎：《几何补编》卷 3《用理分中末线》，《景印文渊阁四库全书》第 795 册，第 658 页。

③ 李迪、郭世荣编著：《清代著名天文数学家梅文鼎》，上海：上海科学技术文献出版社，1988 年，第 165 页。

④ 刘钝：《清初历算大师梅文鼎》，《自然辩证法通讯》1986 年第 1 期，第 61 页。

梅文鼎也。”①

第三节 《数理精蕴》与中西融合视野下的数学百科全书

诚如前述，在发生汤若望“历案”时，康熙尚年幼。但这次“历案”对他触动很大，康熙后来曾对诸皇子说：“朕幼时，钦天监汉官与西洋人不睦，互相参劾，几至大辟。杨光先、汤若望于午门外九卿前，当面睹测日影，奈九卿中无一知其法者。朕思己不能知，焉能断人之是非，因自愤而学焉。”②康熙不仅自己在西洋传教士的教导下发奋学习西方的科学技术知识，他还仿照西方皇家科学院在畅春园成立了“蒙养斋”“如意馆”等机构，“凡有一技之能者，往往召直蒙养斋……又有如意馆，制仿前代画院，兼及百工之事。故其时供御器物，雕、组、陶埴，靡不精美，传播寰瀛，称为极盛”③。有学者统计，康熙时期编译的西方科技书籍共有42种④，其中《律吕渊源》规模最大，包括《历象考成》《律吕正义》和《数理精蕴》三部分内容。不可否认，在中国古代文化交流史上，这部巨著当是康熙成立蒙养斋后所完成的一项最伟大的翻译工程，彪炳史册，影响深远。限于篇幅，我们下面仅介绍《数理精蕴》的成就。

一、《数理精蕴》的体例结构与中西数学思想的融合

（一）《数理精蕴》的体例结构和主要内容

《数理精蕴》53卷，分上、下和表三编，包括上编“立纲明体”5卷，下编“分条致用”40卷，“表”8卷，为《律吕渊源》三部书中卷数最多者。从编撰体例看，《数理精蕴》始终贯穿着“西学中源”的指导思想。如《数理精蕴·数理本原》云：

> 粤稽上古，河出图，洛出书，八卦是生，九畴是叙，数学于是乎肇焉。盖图书应天地之瑞，因圣人而始出，数学穷万物之理。自圣人而得明也。昔黄帝命隶首作算，《九章》之义已启。尧命羲和治历，敬授人时而岁功以成。《周官》以六艺教士，数居其一。《周髀》商高之说可考也。秦汉而后，代不乏人，如洛下闳、张衡、刘焯、祖冲之之徒，各有著述。唐宋设明经算学科，其书颁在学宫。今博士弟子肄习，是知算数之学，实格物致知之要务也。故论其数，设为几何之分，而立相求之法。加、减、乘、除，凡多寡、轻重、贵贱、盈朒，无遗数也。论其理，设为几何之形，而明所以立算之，故比例、分合，凡方圆、大小、远近、高深，无遗理也。溯其本原，加减实出于

① 梁启超：《清代学术概论》，第24页。
② （清）康熙：《庭训格言》，北京：中国友谊出版公司，2014年，第166页。
③ 《清史稿》卷289《艺术传》，第13865页。
④ 周昌寿：《译刊科学书籍考略》，罗新璋、陈应年：《翻译论集》，北京：商务印书馆，2009年，第179—186页。

《河图》，乘除，殆出于《洛书》。一奇、一偶对待相资，递加、递减而繁衍不穷焉。奇偶各分，纵横相配，互乘互除，而变通不滞焉。徽其实用，测天地之高深，审日月之交会，察四时之节候，较昼夜之短长，以至协律度，同量衡，通食货，便营作，皆赖之以为统纪焉。①

《数理精蕴·周髀经解》又说：

数学之失传久矣。汉晋以来所存几如一线，其后祖冲之、郭守敬辈，殚心象数，立密率消长之法，以为习算入门之规。然其法以有尽度，无尽止。言天行，未及地体。是以测之有变更，度之多盈缩，盖有未尽之余蕴也。万历间，西洋人始入中土，其中一二习算数者，如利玛窦、穆尼阁等，著为《几何原本》《同文算指》诸书，大体虽具，实未阐明理数之精微。及我朝定鼎以来，远人慕化，至者渐多，有汤若望、南怀仁、安多、闵明我，相继治理历法，间明算学，而度数之理渐加详备，然询其所自，皆云本中土所流传。②

这是本书的基本指导思想，唯其如此，西方传教士输入的近代数学才能被中国传统文化接受。因此，《数理精蕴》把西方数学的两部经典之作《几何原本》和《算法原本》放在《周髀经解》之后。

《几何原本》原有十三卷内容，利玛窦和徐光启只翻译了属于平面几何的前六卷，但经陈寅恪比较分析后发现，《数理精蕴》中的《几何原本》与利玛窦和徐光启所翻译的《几何原本》“迥异”。③也就是说《数理精蕴》中的《几何原本》另有所本，那么，《数理精蕴》中《几何原本》的真正底本究竟来源哪里？经刘钝考证，《数理精蕴》中《几何原本》的真正底本是17世纪法国传教士巴蒂的同名著作《几何原本》，“他的著作《几何原本》被洪若翰等人带到中国，至今仍保存完好；白晋、张诚以这一著作为教科书向康熙讲授几何学，最早的满文讲义基本上由巴蒂此书摘译而成，以后被译成汉文并几经修订，最终被采纳到《数理精蕴》之中”④。《数理精蕴》中《几何原本》用三卷十二章的篇幅来介绍欧几里得的几何学成就，其中第1章定义了22个（包括点、线、面、体等）概念，并证明了10个命题；第2章定义了8个（包括平面图形、三角形等）概念，并证明了11个命题；第3章定义了6个（包括四边形和多边形）概念，并证明了13个命题；第4章定义了13个（包括弦、弧、割线等）概念，并证明了15个命题；第5章定义了19个（包括平面垂线、平面平行、两平面垂直等）概念，并证明了19个命题；第6章定义有关量的比例方面的15个概念，并证明了9个命题；第7章在第6章的基础上，又证明了6个命题；第8章定义了2个（即相似三角形和相似多边形）概念，并证明了10命题；第9章利用前面的比例概念，

① 《数理精蕴》卷1《数理本原》，郭书春主编：《中国科学技术典籍通汇·数学卷》第3分册，郑州：河南教育出版社，1993年，第12页。

② 《数理精蕴》卷1《周髀经解》，郭书春主编：《中国科学技术典籍通汇·数学卷》第3分册，第16页。

③ 陈寅恪：《〈几何原本〉满文译本跋》，《金明馆丛稿二编》，上海：上海古籍出版社，1980年，第97页。

④ 刘钝：《〈数理精蕴〉中〈几何原本〉的底本问题》，《中国科技史料》1991年第3期，第95页。

又证明了 10 个命题（包括勾股定理的证明）；第 10 章定义了 1 个即相似多面体（亦即立体几何）的概念，并证明了 12 个命题，不过，由于这部分不见于巴蒂原著，故为《数理精蕴》的编译者所加；第 11 章重点讲解平面几何的作图方法，并证明了 32 个命题；第 12 章继续讨论平面几何的作图（亦即画法几何学）问题，并提出了 22 个命题。由此可见，《几何原本》的编撰特点是每卷均以定义开头，然后演绎出诸多命题，从而形成严密的逻辑推理体系。

《算法原本》本来是满文本《几何原本》的附录，收入《数理精蕴》时则独立构成 1 卷 2 章，它实际上包含了《几何原本》第 7 卷的部分内容，主要介绍除素数、完全数等整数性质以外的数论问题，主要包括自然数、公约数、公倍数、等比级数的性质等内容，基本上都属于小学算术的理论基础。

下编“分条致用”共 40 卷，目的是将上编的定义、定理具体应用到日常的社会生活实践之中，体现了中国传统数学的特色。其中卷 1 和卷 2 为“首部”，重点讲解度量权衡、命位、加法、减法、因乘、归除、命分、约分、通分等应用问题；从卷 3 至卷 10 为“线部”，重点介绍正比例、转比例、合率比例、正比例带分、转比例带分、按分递析比例、按数加减比例、和数比例、较数比例、盈朒、借衰互征、迭借互征、方程、平方、带纵平方、勾股、三角形、割圆、三角形边线角度相求、测量、各面形总论、直线形、曲线形、圆内容各等边形、圆外切各等边形、各等边形及更面形等应用问题；从卷 23 至卷 30 为“体部”，重点介绍立方、带纵较数立方、带纵和数立方、各体形总论、直线体、曲线体、各等面体、球内容各等面体、球外切各等面体、各等面体互容、更体形、各体权度比例、堆垛等应用问题；从卷 31 至卷 40 为“末部”，重点介绍借根方比例、难题、对数比例、比例规解等应用问题。

综上所述，《数理精蕴》确实是一部名副其实的初等数学百科全书，是西学东渐过程中取得的一项具有重大学术价值的科学成果。①在当时，它代表了我国数学发展的最高水平，尤其对于治理永定河，改治河道，测量干线，都起到了巨大作用②，影响深远。

（二）《数理精蕴》与中西数学思想的融合

从明朝中后期开始，西方传教士陆续进入中国，他们在尝试传教失败之后，不得不借助西方科学之砖来叩中国传统文化体系之门，并初见成效。如众所知，中国传统文化历数千年而不衰，且连绵而不中断，实在得益于其自身具有极强的自我更新和自我发展能力，所以任何外来文化都无法从根本上颠覆之，更不用说取而代之了。相反，任何外来文化要想被中国传统的士大夫阶层接受，非得依附在中国传统文化之根脉上不可。利玛窦如此，汤若望亦如此。诚如前述，利玛窦等西方传教士刚刚把西方的天文学和数学知识介绍到中国来的时候，就遇到了明朝保守势力如冷守中、魏文魁等人的阻挡，可谓困难重重。当然，中华民族毕竟是一个善于学习和借鉴的民族，这个优良传统在徐光启、薛凤祚、王锡阐等先贤身上得到了很好的体现。政治上，崇祯皇帝虽然雄心勃勃，但阉党专权，明朝政权早

① 黄见德：《明清之际西学东渐与中国社会》，第 352 页。

② 李治亭主编：《爱新觉罗家族全书》第 7 册，长春：吉林人民出版社，1997 年，第 102 页。

已日薄西山，他最终也无法挽回明朝衰亡的历史结局。不过，在学习和借鉴西方先进的科学技术这一点上，崇祯皇帝却开了一个好头。特别是当时留在明朝的那些西方传教士，更朝换代之后，他们转而成为康熙皇帝学习西方科学知识的启蒙老师。

关于康熙皇帝向西方学习科学知识的原因和动机，已见前述，不赘。

《几何原本》是康熙学习西方数学知识的入门书目，耶稣会士奥地利籍传教士南怀仁是他的第一任老师。南怀仁在日记中曾说：

> 当皇上（即康熙）听我说欧几里得的书构成整个数学科学的基本要素之后，立刻表示希望向他讲解欧几里得《几何原本》。该书的前六卷曾被利玛窦神父翻译成中文。皇上带着那种倔强的同执，或者（如果可以这样讲的话）冥顽的精神，仔细地询问每一个命题的含义。尽管他熟知中文并写得有一手相当漂亮的字，却希望能把中文的欧几里得翻译成满语，以便从中获得进一步的收获。①

据《北京政闻报》载，康熙二十四年（1685）八月七日，比利时人安多来到北京，因为南怀仁的提携，因此入宫为康熙传授实用算术、几何及仪器用法。②对此，有学者评论说："1671 年在康熙帝的支持下以南怀仁为首的西方传教士们重新掌控钦天监，并将其作为传播西方数学、天文学的基地，针对皇帝的兴趣，南怀仁还用满文编译《几何原本》作为康熙的教科书。"③此处的"南怀仁还用满文编译《几何原本》作为康熙的教科书"有误，实际上，南怀仁并未看到译成满文的《几何原本》。据《熙朝定案》（在南怀仁死后，由别的传教士"续辑以志"）之"康熙二十七年戊辰"条载："南怀仁死后，继南怀仁的，有张诚。张诚曾襄尼布楚条约之成。约成回京，与教士白晋逐日入宫，将《几何原本》《应用几何》，并《西方哲学》，译成满文，用以授帝。"④又据白晋的报告说："由利玛窦翻译的欧几里得《几何原本》前六卷，数年前也被译成了满文，译者是一个由皇上当年钦点被认为有能力的人；况且，尽管这一满文译本既不精确也不好阅读，如果能把此人招来帮助我们为皇上准备欧几里得几何学的讲解以使讲稿更加明晰，那将是再好不过的事情。皇上对这一建议深感满意，立即敕命为我们找来那个满文译本并将译者召来帮助我们。"⑤这条史料很重要，尽管我们已经无法知道那位中国满文译者的姓名，但是它至少证明张诚等传教士所使用的满文《几何原本》是在中国学者的帮助下完成的。康熙学习西方数学知识的热情很高，据《正教奉褒》"康熙二十八年"条载：

> 康熙二十八年十二月二十五日，上召徐日升（Thomas Pereira）、张诚、白进（即白晋）、安多等至内廷。谕以自后每日轮班至养心殿，以清语授量法等西学。上万几之

① 转引自刘钝：《从理学到实学——康熙改用几何教本经过及其影响》，马来平主编：《儒学促进科学发展的可能性与现实性——以"儒学的人文资源与科学"为中心》，济南：山东人民出版社，2016 年，第 22 页。

② 李俨、钱宗琮：《李俨钱宝琮科学史全集》第 7 卷《中算史论丛》，沈阳：辽宁教育出版社，1998 年，第 65 页。

③ 赵力、余丁：《中国油画五百年》第 1 册，长沙：湖南美术出版社，2014 年，第 196—197 页。

④ 参见李俨、钱宗琮：《李俨钱宝琮科学史全集》第 7 卷《中算史论丛》，沈阳：辽宁教育出版社，1998 年，第 66 页。

⑤ 转引自刘钝：《从理学到实学——康熙改用几何教本经过及其影响》，马来平主编：《儒学促进科学发展的可能性与现实性——以"儒学的人文资源与科学"为中心》，第 23 页。

> 暇，专心学问，好量法、好量法、测算、天文、形性、格致诸学，自是即或临幸畅春园，及巡行省方，必谕张诚等随行。或每日，或间日授讲西学，并谕日进内廷，将授讲之学，翻译清文成帙，上派精通清文二员襄至缮稿，并派善书二员誊写。①

康熙的西方数学知识修养比较高，这已为学界所公认。那么，这是不是说康熙对中国传统勾股术就不重视了呢？恰恰相反，康熙接受西方数学知识是建立在他谙熟中国传统勾股术的基础之上。李培业藏《陈厚耀算书》抄本共6册1函，内容包括《勾股图解》2册、《算法原本》1册、《直线体》1册、《堆垛》1册、《借根方比例》1册。其中《勾股图解》卷首有一篇“钦授积求勾股法”，为康熙的数学著作。②

《积求勾股法》完成于《数理精蕴》之前，所以有学者评价说：

> 《积求勾股法》更重要的价值，在于它的历史研究价值，因为这论文见证了中国数学历史的一次重要转折，即从中算转向中西算术合璧。据考证，西方算术是于明末清初传入中国的，康熙时期正处在这个阶段中。在《陈厚耀算书》之后，清朝数学界曾流传着一本数学百科全书《数理精蕴》，虽然两书面世时间相隔不长，但在数学思想、方法上却已经有了一些差别。《陈厚耀算书》解决问题多用中算方法，比如康熙的“积求勾股法”就是纯粹的中算解法；而《数理精蕴》多用西算方法，在这本书中，求解勾股的方法就已经变成国外《几何原本》中的几何解法了。这表明，在两书相隔的阶段内，当时的数学研究已经开始接受西算的风格与体系，将中算与西算融合在一起了。③

《陈厚耀算书》中的大部分内容均被吸收到了《数理精蕴》书中，如“《数理精蕴》在‘勾股积与勾股弦和较相求法’一节中，解决了8个问题，恰为《勾股图解》内所解之问题。而《数理精蕴》下编卷二十四有‘附勾股法四条’恰是《勾股图解》内有题无解的4个问题。因其解法用到开带从立方，《数理精蕴》把它移至后面”④。而梅文鼎的数学著作也成为《数理精蕴》的重要文献来源，如《方程论》《勾股举隅》《平三角举要》等⑤，所有这些都在为复兴宋元数学而不遗余力。

又《数理精蕴》卷24“开带纵立方”法明言，其源盖出于《九章算术》。⑥可见，《数理精蕴》有复兴宋元数学的努力，关于此问题将在后面再论。这里，先把《数理精蕴》中除介绍欧几里得几何学以外的主要西方数学成就简述如下：

（1）证明了三倍角的正弦公式及三角学公式。《数理精蕴》卷16《面部六》“割圆”目下有“六宗三要”的内容。其中“新增按分作相连比例四率法”，是为求解内容为十八边形

---

① 韩琦、吴旻校注：《熙朝崇正集・熙朝定案》，北京：中华书局，2006年，第352—353页。

② 李培业：《论康熙数学著作〈积求勾股法〉》，《数学史研究文集（四）》，呼和浩特：内蒙古大学出版社和九章出版社，1993年，第47—49页。

③ 若水编著：《清宫秘史》，长春：北方妇女儿童出版社，2015年，第75页。

④ 李迪主编：《中国数学史大系》第7卷《明末到清中期》，北京：北京师范大学出版社，2000年，第353页。

⑤ 李迪主编：《中国数学史大系》第7卷《明末到清中期》，第331—336页。

⑥ 李兆华：《关于〈数理精蕴〉的若干问题》，《内蒙古师大学报（自然科学版）》1983年第2期，第70页。

的一边而设计的一种计算方法，或称韦达旧法。文云：

设如以十万为一率，作相连比例四率，使一率与四率相加，与二率三倍等，问二率、三率、四率各几何？[1]

此为益实归除之法。盖因此法止有一率之数，作相连比例四率，使一率与四率之共数，与二率三倍等，而连比例四率之理。一率自乘，用四率再乘，与二率自乘再乘之数等。今立法以一率，自乘再乘为原实，较之三倍二率与一率自乘之面积相乘之数，却少一二率自乘再乘之数，故以累除所得之数，屡次自乘再乘益入原实，然后按法除之，始足二率三倍之数也。[2]

设一率、二率、三率、四率分别为x_1、x_2、x_3、x_4，已知

$$x_1 : x_2 = x_2 : x_3 = x_3 : x_4,\quad x_1 + x_4 = 3x_2,$$

故$x_4 = \dfrac{x_2 x_3}{x_1}$，$x_3 = \dfrac{x_2^2}{x_1}$，代入上式，得一元三次方程

$$x_1^3 - 3x_1^2 x_2 + x_2^3 = 0$$

因$x_1 = 100\,000$，解方程得$x_2 = 34\,729$，$x_3 = 12\,061$，$x_4 = 4187$。

又“新增有本弧之正弦求其三分之一弧之正弦”法（图3-14），其文云：

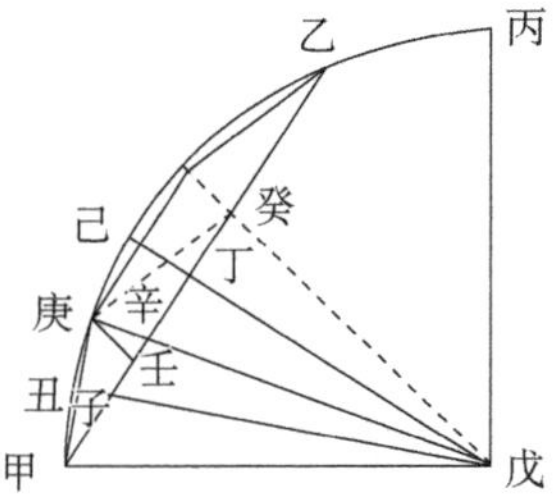

图3-14　求三分之一弧之正弦示意图

如甲乙丙九十度之一象限，其甲乙弧三十六度，甲丁为其正弦。倍之得甲己，即甲乙己七十二度弧之通弦。试以七十二度取其三分之一，二十四度为甲庚弧，其通弦甲庚与甲戊庚戊两半径，成一戊甲庚三角形。又庚戊半径，截甲己通弦于辛，成一庚甲辛三角形。又依庚辛度，向辛甲边作庚壬线，成一庚辛壬三角形。此两三角形俱与戊甲庚三角形为同式形。其相当各边，俱成相连比例，故戊甲为一率，甲庚为二率，庚辛为三率，辛壬为四率也。今甲己七十二度之通弦，内有甲庚二率之三倍，而少一辛壬四率。若以甲己通弦为高，与一率半径自乘之方面相乘所成之长方体，则比三倍二率为高，与一率……即甲丑弧十二度之正弦也。[3]

用现代数学符号表示（图3-15），则有：

① 《数理精蕴》卷16《割圆》，郭书春主编：《中国科学技术典籍通汇·数学卷》第3分册，第556页。
② 《数理精蕴》卷16《割圆》，郭书春主编：《中国科学技术典籍通汇·数学卷》第3分册，第558页。
③ 《数理精蕴》卷16《割圆》，郭书春主编：《中国科学技术典籍通汇·数学卷》第3分册，第570页。

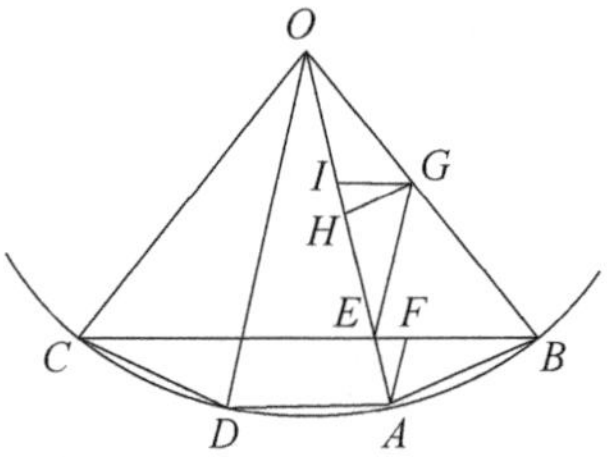

图 3-15　证明三倍角的正弦公式示意图①

证明过程略。设 r 为圆的半径，角 α 的通弦 BC 为 C，$\frac{\alpha}{3}$ 的通弦为 $C_{\frac{1}{3}}$，即

$AB=AD=DC$ 为角 $\frac{2\alpha}{3}$ 的通弦，由相似三角形比例线段知，$EF=\frac{C_{\frac{1}{3}}^3}{r^2}=C_{\frac{1}{3}}^3$，

又知 $BC=3AB-EF$，则"本弧之正弦求其三分之一弧之正弦"为

$$C=3C_{\frac{1}{3}}-C_{\frac{1}{3}}^3。$$

因 $\sin\frac{\alpha}{2}=\frac{1}{2}C$，　$\sin\frac{\alpha}{6}=\frac{1}{2}C_{\frac{1}{3}}$，故 $\sin\frac{\alpha}{2}=3\sin\frac{\alpha}{6}-4\sin^3\frac{\alpha}{6}$，此即三角学中的三倍角正弦公式。②

另外，还有"新增有本弧之余弦，求倍弧之余弦及半弧之余弦"法（图 3-16），其文云：

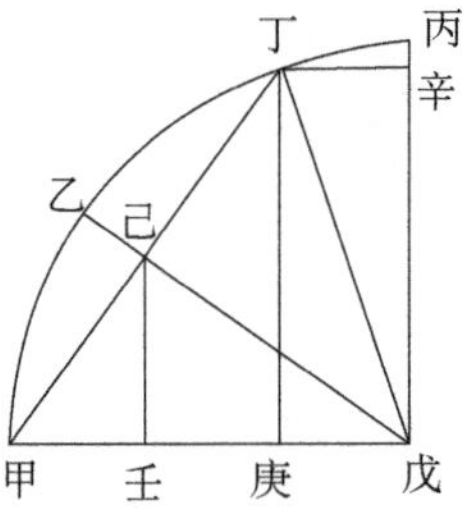

图 3-16　求倍弧之余弦示意图（1）③

如甲乙丙九十度之一象限，其甲乙弧三十六度，倍之为甲丁弧七十二度之余弦，丁已为三十六度之正弦，戊已为三十六度之余弦，丁庚为七十二度之正弦，辛丁为七十二度之余弦，与戊庚等。试自已至壬作已壬垂线，遂成甲已戊已壬戊，同式两勾股形。其甲已戊勾股形之戊甲弦，与戊已股之比，同于已壬戊勾股形之戊已弦，与戊壬股之比，为连比例三率。故中率戊已自乘，以首率戊甲除之，得末率戊壬，既得戊壬，与戊甲半径相减余壬甲，倍之得庚甲，仍与戊甲半径相减余戊庚，与辛丁等，即甲丁弧七十二度之余弦也。④

① 李兆华：《古算今论》，天津：天津科技翻译出版公司，2011 年，第 12 页。
② 李兆华：《古算今论》，第 13 页；中外数学编写组：《中国数学简史》，济南：山东教育出版社，1986 年，第 392 页。
③ 《数理精蕴》卷 16《割圆》，郭书春主编：《中国科学技术典籍通汇·数学卷》第 3 分册，第 568 页。
④ 《数理精蕴》卷 16《割圆》，郭书春主编：《中国科学技术典籍通汇·数学卷》第 3 分册，第 568 页。

用现代数学符号表示（图 3-17），则有

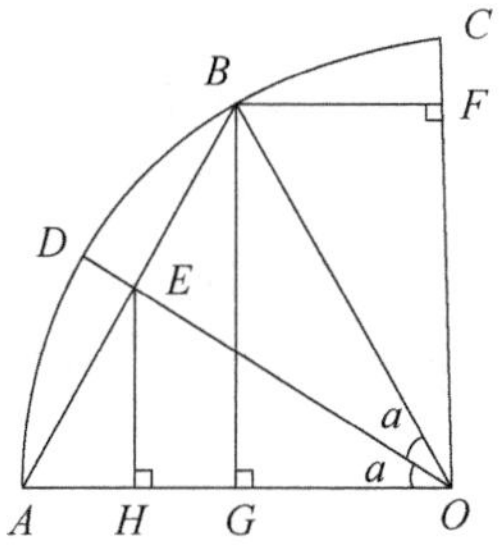

图 3-17　求倍弧之余弦示意图（2）①

证明过程略，设圆半径 $r=1$，则 $OE=\cos\alpha$， $BF=\cos 2\alpha$，故有

$$\cos 2\alpha = 2\cos^2\alpha - 1。$$

“半弧之余弦”与此相类，不赘。

（2）借根方比例，即对西方代数学问题的研究，实际上是讲解一元方程的布列与解法。《数理精蕴·借根方比例》云：“借根方者，假借根数方数以求实数之法也。凡法必借根借方，加减乘除，令与未知之敬比例齐等，而本数以出，大意与借衰叠借略同。然借衰叠借之法，止可以御本部，而此法则线面体诸部，皆可御之。”②例如，“设如有一立方，少三平方多二根，与一万二千一百四十四尺相等，问每一根之数几何？”③其计算式记如下：

一立方 — 三平方 ⊥ 二根 ═ 一二一四四

用现代方程式表达，则为：

$$x^3 - 3x^2 + 2x = 12\,144$$

其根为 $x=24$。

这里，方程式中出现的加号、减号及等号，都是中国传统数学体系中不曾有的式记。

又如：“设如有一立方，多一平方少二十根，与三万三千一百五十二尺相等，问每一根之数几何？”其计算式记如下：

一立方 ⊥ 一平方 — 二十根 ═ 三三一五二

用现代方程式表达，则为

$$x^3 + x^2 - 20x = 33\,152$$

其根为 $x=32$。

其具体计算过程为：

第一步，“法列原积上万三千一百五十二尺，按立方法作记。于二尺上定单位，三千尺

① 李迪主编：《中国数学史大系》第 7 卷《明末到清中期》，北京：北京师范大学出版社，2000 年，第 300 页。
② 《数理精蕴》卷 31《末部一》，郭书春主编：《中国科学技术典籍通汇·数学卷》第 3 分册，第 940 页。
③ 《数理精蕴》卷 31《末部一》，郭书春主编：《中国科学技术典籍通汇·数学卷》第 3 分册，第 1004 页。

上定十位。其三万三千尺为初商积，与三十自乘再乘之数相准，即定初商为三十尺。书于原积三千尺之上”①。

先估得初商 30，则有“次商积”：$33152-(30^3+30^2-20\times30)=5852$。

第二步，“以初商之三十尺自乘，三因之，得二千七百尺为一立方廉。又以初商之三十尺倍之，得六十尺，为一平方廉，与立方廉相加，得二千七百六十尺。又减去根数二十，余二千七百四十尺为次商廉法，以除次商积，足二倍，即定次商为二尺。书于原积二尺之上”②。

“次商廉法”：$3\times30^2+30\times2-20=2740$。

用“次商廉法”除“次商积”得次商 2，于是求得该方程的一个正根为 32。

至于《数理精蕴》卷 32 和卷 33 的内容，有学者评论说：

> 《数理精蕴》下编“借根方比例”中的“开诸乘方法”（卷 32）、“带纵立方、三乘方、四乘方、五乘方”（卷 33）是用西方的代数方法求高次方程的解，实际上已把牛顿-拉普生迭代法介绍到中国。牛顿-拉普生法的特例是，若令 $f(x)=x^n-A$，则有
>
> $$X_{i+1}=X_i+X_1^n-\frac{A}{nX_1^{n-1}}=\frac{1}{n}\left[\left(n-1\right)X_i+\frac{A}{X_2^{n-1}}\right]$$
>
> 这是 1675 年牛顿发明的方法，与“借根方比例”中的“开诸乘方法”完全一致。③

（3）有关对数比例的介绍。④《数理精蕴》下编卷 38 开首即云：“对数比例，乃西士若往，讷白尔所作，以借数与真数对列成表，故名对数表。又有恩利格·巴理知斯者，复加增修，行之数十年，始至中国。其法以加代乘；以减代除；以加倍代自乘，故折半即开平方。以三因代再乘，故三归即开立方，推之至于诸乘方，莫不皆以假数相求，而得真数，盖为乘除之数甚繁，而以假数代之甚易也。其立数之原，起于连比例，盖比例四率，二率与三率相乘，一率除之，得四率。以递加递减之四数：第二数第三数相加，减第一数，则得第四数。作者有见于此，故设假数以加减代乘除之用，用此表之所以立也。”⑤文中明确了“真数”与“假数”的关系，按照文中的表述，若设 α、β、γ、δ 为真数连比例四率，α'、β'、γ'、δ' 为与其相对应的递加的假数，则有以下原理。

第一，“凡真数连比例四率，任对设递加递减之较相等之四假数。其第二率相对之假数，与第三率相封对之假数相加，内减第一率相对之假数，即得第四率相对之假数。若减第四率相对之假数，即得第一率相对之假数。”⑥

---

① 《数理精蕴》卷 31《末部一》，郭书春主编：《中国科学技术典籍通汇·数学卷》第 3 分册，第 1003 页。
② 《数理精蕴》卷 31《末部一》，郭书春主编：《中国科学技术典籍通汇·数学卷》第 3 分册，第 1004 页。
③ 黄光璧主编：《中国近现代科学技术史》，长沙：湖南教育出版社，1997 年，第 96—97 页。
④ 详细内容参见韩琦：《〈数理精蕴〉对数造表法和戴煦的二项展开式研究》，《自然科学史研究》1992 年第 2 期。
⑤ 《数理精蕴》卷 38《末部八》，郭书春主编：《中国科学技术典籍通汇·数学卷》第 3 分册，第 1144 页。
⑥ 《数理精蕴》卷 38《末部八》，郭书春主编：《中国科学技术典籍通汇·数学卷》第 3 分册，第 1145 页。

用符号表达，如果$\delta=\frac{\beta\gamma}{\alpha}$，那么，$\beta'+\gamma'-\alpha'=\delta'$。

第二，“凡真数连比例三率，任对设递加递减之较相等之三假数。其中率相对之假数倍之，内减首率相对之假数，即得末率相对之假数。若减末率相对之假数，即得首率相对之假数”①。

用符号表达，如果$\gamma=\frac{\beta^2}{\alpha}$，那么，$2\beta'-\alpha'=\gamma'$。

第三，“凡真数连比例几率，任对设递加递减之较相等之假数。其中隔位取比例四率，其第二率相对之假数，与第三率相对之假数相加，内减第一率相对之假数，亦得第四率相对之假数。若减第四率相对之假数，亦得第一率相对之假数”②。

用符号表达，如果$\frac{\gamma}{\delta}=\frac{\zeta}{\eta}$，那么，$\delta'+\zeta'-\gamma'=\eta'$。

例如，“明对数之目用中比例求假数法”云：“凡连比例率，以首率、末率两真数相乘开方，即得中率之真数，以首率、末率两假数相加折半，即得中率之假数。”③设首率为10，中率为K，末率为100，则

真数：$10:\mathrm{K}=\mathrm{K}:100$，即$\mathrm{K}=\sqrt{10\times100}=\sqrt{1000}=31.622\,776\,6$

又10的假数（即以10为底的对数）为1，100的假数为2，

故$1-\mathrm{L}=\mathrm{L}-2$，即$\mathrm{L}=\frac{1+2}{2}=1.5$，也就是说$\log 31.622\,776\,6=1.5$。

又如“明对数之目用递次自乘求假数法”云：“凡连比例率之自小而大者，以第一率之真数递次自乘，即得加倍各率之真数，以第一率之假数递次加倍，即得加倍各率之假数，而以各率之假数按率除之，即得第一率之假数。”④《数理精蕴》举例说：“如以二为连比例第一率，其假数为〇三〇一〇二九九九五七，以第一率之真数二自乘，得四，为第二率之真数。以第一率之假数〇三〇一〇二九九九五七加倍，得〇六〇二〇五九九九一三，为第二率之假数，而以第二率之假数，用二除之，即得第一率之假数。又以第二率之真数四自乘，得十六，为第四率之真数，以第二率之假数〇六〇二〇五九九九一三加倍，得一二〇四一一九九八二六，为第四率之假数，而以第四率之假数用四除之，即得第一率之假数也。”⑤

以上是文字表述，换作符号，则有

$$\log 2^1=\log 2=0.301\,029\,995\,7$$
$$\log 2^2=\log 4=2\times0.301\,029\,995\,7=0.602\,059\,991\,3$$
$$\log 2^4=\log 16=4\times0.301\,029\,995\,7=1.204\,119\,982\,6$$

① 《数理精蕴》卷38《末部八》，郭书春主编：《中国科学技术典籍通汇·数学卷》第3分册，第1145页。
② 《数理精蕴》卷38《末部八》，郭书春主编：《中国科学技术典籍通汇·数学卷》第3分册，第1146页。
③ 《数理精蕴》卷38《末部八》，郭书春主编：《中国科学技术典籍通汇·数学卷》第3分册，第1148页。
④ 《数理精蕴》卷38《末部八》，郭书春主编：《中国科学技术典籍通汇·数学卷》第3分册，第1151页。
⑤ 《数理精蕴》卷38《末部八》，郭书春主编：《中国科学技术典籍通汇·数学卷》第3分册，第1151页。

故通式为$\log 2^n = n \times 0.301\,029\,995\,7 = N$，式中2是真数，$n$是率，$N$是假数。[①]以上讲的是布里格对数造表法。

《数理精蕴》中有关西方数学知识的介绍还包括卡瓦列利公理与旋转椭圆体求积、比例规、假数尺等内容，本文就不一一介绍了。

在《数理精蕴》一书中，为了使西洋数学成果易于被中国学者理解与接受，该书"采用图解的方法来说明数学问题的立论根据，这不是受哪一部著作的影响，而是对我国传统数学优点的继承和发展。例如，上编《几何原本》，译自法国数学家巴蒂的书，收入时就增加了不少图，卷五第二十二'卡瓦列里原理'中的图就是新增加的"[②]，由此可见，《数理精蕴》的确是一部堪称中西数学结合的典范之作。

此外，《数理精蕴》所列举的诸多杠杆力学算题，亦生动体现了18世纪西方杠杆力学理论知识与中国传统知识之间的交流、互动、会通及其影响。[③]

二、从《数理精蕴》看宋元数学的复兴及其影响

（一）从《数理精蕴》看宋元数学的复兴

宋元数学的主要成就有高次方程的数值解法、天元术、勾股形解法的新发展，以及球面直角三角形的解法等。只是在明代中期以后，上述成果已经多不为时人所理解，如明代数学家程大位在其《算法统宗》一书中连秦九韶、李冶、朱世杰等人的著作都没有提及。尤其是顾应祥在编撰《测圆海镜分类释术》时，因对"天元术"的无知而不得不将《测圆海镜》中有关天元术的内容全部舍弃掉。所以尽管程大位对杨辉《详解九章算法》一书里的"开方作法本源图"也做了一些独立研究[④]，但总的说来，此时宋元数学后继乏人，几乎到了停滞不前的严重程度。

《数理精蕴》是一部以介绍西方数学为主的专著，不过，在康熙"西学中源"的思想指导下，参与编撰《数理精蕴》的梅瑴成等更提出了"天元一即借根方解"的论断。他说：

> 尝读《授时历草》求弦失之法，先立天元一为天，而元学士李冶所著《测圜海镜》亦用天元一立算，传写鲁鱼，算式讹舛，殊不易读。前明唐荆川、顾箬溪两公，互相推重，自谓得此中三昧。荆川之说曰："艺士著书，往往以秘其机为奇，所谓立天元一云尔，如积求之云尔。"漫不省其为何语。而箬溪则言细考《测圆海镜》，如求城径即以二百四十为天元，半径即以一百二十为天元，既知其数，何用算为，似不必立可也。二公之言如此，余于顾说颇不谓然，而无以解也。后供奉内廷，蒙圣祖仁皇帝授以借根方法，且谕曰："西洋人名此书为《阿尔热八达》，译言东来法也。"敬受而读之，其法神妙，诚算法之指南。而窃疑天元一之术颇与相似，复取《授时历草》观之，乃涣

① 李俨、钱宝琮：《李俨钱宝琮科学史全集》第7卷，沈阳：辽宁教育出版社，1998年，第82—191页。
② 李迪主编：《中国数学史大系》第7卷《明末到清中期》，第339页。
③ 肖运鸿：《〈数理精蕴〉中的杠杆力学知识》，《广西民族大学学报（自然科学版）》2012年第3期，第11—15页。
④ 张秉伦、胡化凯：《徽州科技》，合肥：安徽人民出版社，2005年，第54页。

如冰释，殆名异而实同，非徒曰似之已也。夫元时学士著书，台官治历，莫非此物。不知何故，遂失其传。犹幸远人慕化，复得故物。东来之名，彼尚不能忘所自。而明人独视为赘疣而欲弃之。噫！好学深思如唐、顾二公，犹不能知其意，而浅见寡闻者，又何足道哉！何足道哉！[①]

当然，对于这一段话，质疑和批评者有之，如有学者指斥其为荒谬，说："文中所云'天元一'法，为元代李冶所创。他将 algebra 音译为'东来法'，这一方面显见其牵强附会之荒谬；另一方面也体现出当时清朝政府和文人士大夫，有着一种尊崇自我文化的自大心理。"[②]不过，多数学者趋同于下面这种认识：尽管梅氏"借根方法到源于中国的天元术"尚缺乏证据，但它对于激发清朝学人的宋元数学研究热潮却具有积极意义。如有学者评论说："（梅氏）认为借根方法导源于天元术虽然有误，但发现借根方在我国古代早已有之，这是有贡献的。他的这一看法又得到阮元等人的发挥，在宋元数学著作发现后，一些数学家通过借根方与天元术的同异，发现了天元术的优点，增强了清代数学家的民族自豪感，促进了宋元数学的振兴。"[③]就《阿尔热八达》（手抄本）这部著作而言，确实与东方的阿拉伯有关。虽曰"西洋借根法"，但"此学（却）传自阿拉伯"。因为"阿拉伯王亚鲁吗蒙（813—833）朝时，有一算学家亚鲁科瓦利米（约卒于 835—845 年间），著书论代数学，书名 Aljabr Wal-Muqàbalah，其后流传欧洲，为代数学之祖，故有东来法之称。至'阿尔热巴拉'似为 Al-jabr 之译音。"[④]康熙五十年（1711），康熙曾谕直隶巡抚赵宏燮说："夫算法之理皆出自《易经》，即西洋算法亦善，原系中国算法，彼称为阿尔朱巴尔。阿尔朱巴尔者，传自东方之谓也。"[⑤]而对于康熙的这种认识，我们不能简单地将其视为"尊崇自我文化的自大心理"，如前所述，西方传教士始终想从中国传统典籍中找出中西文化相结合的突破口，能帮助他们尽快进行真正的传教活动。所以他们早期在对西方科学著作的翻译过程中，直接或间接地接触了一些中国传统文化典籍，至于他们是否间接地对宋元数学成就略知一二，尚待考证，不过，西方传教士在口头上应是承认"西学中源"说的。所以《数理精蕴》才有"询其（指西洋传教士）所自，皆云本中土所流传"（引文见前）的记载。例如，钱宝琮曾说：虽然笼统地"谓借根方为'东来法'似无根据"，但是"借根方法之一部，迭借互征之术，旧称'契丹术'，当时西洋人在圣祖朝，讳言契丹，故言原名有东来之义。"[⑥]因此，西洋借根方法是否受到中国传统代数方法的启发，确实是一个需要进一步深入研究的课题。

法国传教士傅圣泽在《数理精蕴》编撰之前，曾向康熙进呈了《阿尔热巴拉新法》（亦称新法，抄本），那是讲解符号代数的专著，较之《借根方算法》（称旧法），傅氏认为二者

---

① （清）梅瑴成：《赤水遗珍·天元一即借根方解》，《梅氏丛书辑要》卷 61《附条一》，清乾隆三十六年（1771）刊本。

② 王洪伟：《知识分子与民族情怀——吴冠中的艺术理想及境遇抉择》，北京：清华大学出版社，2016 年，第 54 页。

③ 曲安京主编：《中国古代科学技术史纲·数学卷》，沈阳：辽宁教育出版社，2000 年，第 418 页。

④ 李俨：《中国算学小史》，上海：商务印书馆，1930 年，第 106 页。

⑤ 《清实录·圣祖实录》卷 245"康熙五十年二月戊辰"条，北京：中华书局，1985 年，第 431 页。

⑥ 李俨、钱宝琮：《李俨钱宝琮科学史全集》第 9 卷，第 46 页。

的差别除“旧法所用之记号乃数目字样，新法所用之记号乃可以通融之记号（即代数符号）”[①]外，新法还有“若用通融记号，算之甚简便”[②]等优点。由于傅圣泽的解说尚存在一定问题，“他既没有考虑康熙学习西学的中算背景，也没有看到符号位置与位值制之间的关系”[③]，致使康熙对他的工作采取排斥态度[④]。从另一方面看，这也促使西洋传教士在传播西方科学的同时，不得不更多地学习和借鉴中国传统科学中固有的文化因素。

当然，在多数学者看来，“借根法即古人天元一之术，唐宋诸算家咸用之，至明而失传。今则具明其加减乘除之例，而后根与平方以下诸乘方之多少者，咸得其开法，与古所云带纵立方、三乘方诸变，同归一揆，且线面体一以贯之，而本法所不能求者，皆可以借根而得，至为精妙”[⑤]。于是，宋元数学重新进入人们的视野。诚如有学者所言：“明、清中算家对开带纵问题所使用的方法，是《九章算术》开平方根、开立方术所指示的方法，如程大位和梅文鼎的方法”[⑥]，而“《数理精蕴》卷二十四继承了梅文鼎的开带纵较立方法，增加了开带纵和数立方法”[⑦]，经过比较，人们发现“中算传统的开方法，与借根方法不同的是得次商后，不与初商并，而以次商代入减根变换的方程与余积相减”[⑧]，也就是说，从本质上看，“借根方法同天元术一样，都能解决数字方程问题。金、元时中国数学家创造了一种普遍的列方程方法，即‘天元术’，李冶所著的《测圆海镜》和《益古演段》二书对天元术进行了系统的研究”[⑨]，不过，二者的演绎体系各有特色，确有异曲同工之处。正是基于这样的特点，所以梅瑴成才“借助借根方法正确解读了《授时历》原文”[⑩]。李锐更认识到：“唐宋相传有《算学十书》，今《缀术》亡矣，存有九种。《周髀》为盖天遗说，《九章》于算表之事纲举目张，《海岛》用矩表测高深广远，《缉古》（带）从开立方，为后来立天元一、借根方之所自出”[⑪]，而宋元时期的“《数书九章》《测圆海镜》《益古演段》三书皆发明立天元一者”[⑫]。据焦循说，不仅李锐为《测圆海镜》《益古演段》两书“疏通证明，复推其术于弧矢”，他自己也“得秦氏所为《数学大略》，亦撰为《天元一释》，《开方通释》以述两家之学”[⑬]。此后，学界掀起了研究宋元数学著作的热潮，涌现出了像明安图、汪莱、谈泰、戴煦、罗士琳等一大批数学名家。

---

① [法]傅圣泽：《阿尔热巴拉新法・详阿尔热巴拉新法与旧法之所以异》，中国科学院自然科学史研究所藏复制本。

② [法]傅圣泽：《阿尔热巴拉新法・详阿尔热巴拉新法与旧法之所以异》，中国科学院自然科学史研究所藏复制本。

③ 黄光璧主编：《中国近现代科学技术史》，长沙：湖南教育出版社，1997年，第123—124页。

④ 中国第一历史档案馆：《清中前期西洋天主教在华活动档案史料》第1册，北京：中华书局，2003年，第52页。

⑤ 陈佳华：《〈数理精蕴〉简论》，刘凤翥、华祖根、卢勋主编：《中国民族史研究》第4册，北京：改革出版社，1992年，第232页。

⑥ 李迪主编：《数学史研究文集》第5辑，呼和浩特：内蒙古大学出版社，1993年，第119页。

⑦ 李迪主编：《数学史研究文集》第5辑，第120页。

⑧ 李迪主编：《数学史研究文集》第5辑，第120页。

⑨ 李迪主编：《数学史研究文集》第5辑，第121页。

⑩ 李迪主编：《中国数学史大系》第7卷《明末到清中期》，第361页。

⑪ 李锐：《观妙居日记》，北京图书馆藏稿本。

⑫ 李锐：《观妙居日记》，北京图书馆藏稿本。

⑬ 吴洪泽、尹波、舒大刚主编：《儒藏・史部・儒林年谱・焦理堂先生年谱》第42册，成都：四川大学出版社，2007年，第787页。

（二）《数理精蕴》的主要影响

《数理精蕴》影响了有清一代的数学研究[①]，这是学界比较公认的看法。

在数学史研究方面，如焦循《天元一释》重点讨论了“立天元”的几何意义及秦九韶“大衍求一术”中“立天元”的特点等问题。对此，谈泰在《天元一释·序》中说：“《天元一释》二卷，使人知古法之简妙，其于正负相消，盈朒和较之理，始能抉其所以然，然复辨别秦氏之立天元一，与李氏迥殊。且细考生卒畤代，知镜（敬）斋不后于道古，分纲例目，剖析微麈，可与同门李尚之所校《测圆海镜》《益古演段》二书相辅而行。此真古学之绝而复续，幽而复明者。泰于天元算例，亦从西人人手，近始知其立法之不善，远逊古人。读焦君此编，益焕然冰释矣。夫西人存心叵测，恨不尽灭古籍，俾得独行其教；以自炫所长，吾侪托生中土不能表章中土之书，使之淹没而不著，而数百年来，但知西人之借根方，不知古法之天元一，此岂善尊先民者哉？”[②]

汪莱从《数理精蕴》入手，创造性地解决了根据常数项与各项系数正负来判别正根是否唯一的问题，即对于型为

$$x^n - px^m + q = 0$$

代数方程有无正根的判别问题（式中 p，q，m，n 均为正数，且 $n>m$）。其中对于二次方程 $x^2 - px + q = 0$ 的正根判别，须满足 $q \leqslant \left(\dfrac{p}{2}\right)^2$ 这个条件；对于三次方程 $x^3 - px^2 + q = 0$ 的正根判别，须满足 $q \leqslant \left(\dfrac{2p}{3}\right)^2 \dfrac{1}{3}$；等等，汪莱从二次方程一直讨论到十二次方程，得出判别方程 $x^n - px^m + q = 0$ 的正根条件为

$$q \leqslant \left(\frac{pm}{n}\right)^{\frac{m}{n-m}} \frac{(n-m)p}{n}$$

焦循称赞其方程论的研究成果云：“（汪莱）天质敏绝，性能攻坚，极繁赜幽秘。他人翻覆再三，未能理其绪，而孝婴（汪莱的字）目一二过，默识静会，已洞悉其本原而贯达其条目，是非间隙，豪发莫遁。人所言不复言，所言皆人所未言，与人所不能言，故其著述无多卷，而简奥似周秦古书……所尤独得者为纠正梅文穆公勾股知积之术及指识天元一正负开方之可知不可知。”[③]

李锐看到汪莱所撰《衡斋算学》第 5 册后，不避前嫌，称其为“真算氏之最也”[④]。不仅如此，李锐还在汪莱研究成果的基础上，进一步将正根的研究拓展到任意高次方程。

在史学研究方面，钱大昕受《数理精蕴》的影响非常深，如王昶在述及钱氏的史学成

---

① 上海图书馆历史文献研究所：《历史文献》第 2 辑，上海：上海科学技术文献出版社，1999 年，第 269 页。

② 《续修四库全书》编纂委员会：《续修四库全书》第 1045 册《子部·天文算法类》，第 343 页。

③ （清）焦循：《雕菰集》卷 21《石埭县儒学训导汪君孝婴别传》，清道光四年（1824 年）刻本。

④ （清）汪莱：《衡斋算学》第 6 册“李跋”，道光鄱阳县署刊本。

就时说：钱氏于乾隆十七年（1752）入京，“与同年褚搢升、吴荀叔讲《九章算术》。时礼部尚书大兴何公翰如，久领钦天监事，精于推步，时来内阁，君与论宣城梅氏及明季利玛窦、汤若望诸家之学，洞若观火。何公辄逊谢以为不及。又以御制《数理精蕴》，兼综中西法之妙，悉心探核，曲鬯旁通。由是用以观史，则自《太初》《三统》《四分》，中至《大衍》，下迄《授时》，尽能得其测算之法。故于各史朔闰，薄蚀凌犯、进退强弱之殊，指掌立辨，悉为抉摘而考定之”①。

《数理精蕴》刊行后，在日本出现了延冈藩藏《数理精蕴解》写本、大阪和算学校写本、长崎海军传习所写本等，对日本近代数学教育发展具有启蒙意义。②清乾隆六年（1741），《数理精蕴》传入朝鲜。③之后，朝鲜官方曾重新刊印了《数理精蕴》，如黄胤锡在1778年2月23日的日记中写道：“使觅洪使君所借《数理精蕴》全帙，则朴生所送以本国活字印本《精蕴》，而不以洪使君所借唐本《精蕴》。”④可见，《数理精蕴》在当时韩国数学家之间流传甚广，所以像黄胤锡、洪大容、南秉吉、赵义纯等韩国著名的数学家都曾学习和研究过《数理精蕴》。从18世纪中后期开始，《数理精蕴》就一直是李氏朝鲜“书云观”（即国家天文历法研究机构）内各种考试的教材。因此，有学者评论说：“进入19世纪初期以后，研究《数理精蕴》的数学家越来越多，例如，19世纪初期的柳僖及其父亲和祖父等都熟悉《数理精蕴》，柳僖开始学习数学时，所用教材就是该书，他在《九数略》书眉上的注记中大量引用该书的内容，在《观象志》一书中也引用过《数理精蕴》中的三角学知识。”⑤

综上所述，通过康熙《御制数理精蕴》的传播，确实让时人对西方历算学的认识普遍有所提高，尤其是“给18世纪正在复苏中的中国数学增添了活力，掀起了乾嘉时期数学研究的高潮”⑥。不过，我们对于康熙学习和吸收西方科技知识的历史功绩，不可估计过高。因为他毕竟还停留在学习科学知识和技能的器物阶段，还只是做“坐而论道、禁中清谈”的表面文章，不与社会实践相结合，没有把西方的先进科学知识应用到经济社会发展中，尤其是他的“御用科学”无法把西方的“科学精神”转变为广大民众积极参与创造发明的内动力，所以康熙的努力并没有缩小我们与西方科学技术之间的差距，反而使中国传统科学技术的发展逐渐退出了近代科技革命的历史舞台。

---

① 陈文和主编：《嘉定钱大昕全集》第10册《传记资料》，南京：江苏古籍出版社，1997年，第1页。

② 李文明：《汉译西洋数学书对日本影响的文献学研究——以康熙〈御制数理精蕴〉为中心》，北京：知识产权出版社，2016年，第1页。

③ [朝鲜]弘文馆：《增补文献备考》卷1，汉城：东国文化社，1956年，第21页。

④ 《颐斋乱稿》卷24，韩国国学振兴研究事业推进委员会：《韩国学资料丛书三》第4册，汉城：韩国精神文化研究院，1995年，第534页。

⑤ 郭世荣：《中国数学典籍在朝鲜半岛的流传与影响》，济南：山东教育出版社，2009年，第298页。

⑥ 王志艳主编：《数学世界》，呼和浩特：内蒙古人民出版社，2007年，第80页。

第四节　明安图的天文数学思想

明安图，字静庵，清代蒙古族历算家，《畴人传正续编》载："蒙古正白旗生员，官钦天监监正。受数学于圣祖仁皇帝，故其所学精奥异人。曾预修《御定考成后编》《御定仪象考成》。因西士杜德美用连比例演周径密率及求正弦正矢之法，知其深藏而不可不求甚解，积思三十余年，著《割圆密率捷法》四卷。"①此外，乾隆题《大清一统舆图诗》注云："乾隆乙亥平定准噶尔各部，既命何国宗等分道测量，载入舆图；己卯诸回部悉隶版籍，复派明安图等前往，按地以次厘定，上占辰朔，下列职方，备绘前图，永垂征信。"②明安图等人所领导的这次全国范围内的天文大地测量壮举，仅西北地区实测的经纬度值地点就达100处以上③，因而是中国地理学上的一个大成就。④

一、《割圆密率捷法》与"明安图学派"的形成

（一）《割圆密率捷法》的主要思想成就

《割圆密率捷法》4卷，分"步法""用法""法解"三部分内容，其"步法"是全书的精华。该书在明安图死后，由其子明新与其门人陈际新、张肱"共续成之"⑤，乾隆三十九年（1774）完稿，但直到道光十九年（1839）才正式刊行。

如众所知，由格列高利和牛顿所创立的三个无穷幂级数（即牛顿发现的圆周率π的无穷级数与格列高利发现的关于正弦及正矢思维幂级数展开式）早在康熙年间就由杜德美传入我国，梅瑴成不但将其翻译成汉文，还收录在《赤水遗珍》一书中，只是梅氏没有对其作进一步研究，既没有给出证明，也没有介绍上述三个公式的推导方法。而《割圆密率捷法》的突出贡献就是除证明上述三个公式外，还结合几何学手段独立地导出了其他6个展开式及其证明，开创了以解析方法研究三角函数和圆周率的新途径。⑥对此，《清史稿》本传载："因西士杜德美用连比例演周径密率及求正弦、正矢之法，知其理深奥，索解未易，因积思三十余年，著《割圆密率捷法》四卷。一曰步法，于杜氏三法外，补创孤背求通弦、求矢法，仍杜氏原法，但通加一四除耳。又弦、矢求孤背，并通弦、矢求弧背，凡六法，合杜氏共成九法。"⑦下面分别述之。

---

① 阮元：《畴人传合编校注》，郑州：中州古籍出版社，2012年，第429页。

② 《乾隆内府舆图》，转引自翁文灏：《翁文灏选集》，北京：冶金工业出版社，1989年，第298页。

③ 冯立升：《中国古代测量学史》，呼和浩特：内蒙古大学出版社，1995年，第322页。

④ 郑天挺主编：《清史》上编，天津：天津人民出版社，1989年，第604页。

⑤ 《清史稿》卷506《明安图传》，第13964页。

⑥ 盛广智、许华应、刘孝严主编：《中国古今工具书大辞典》，长春：吉林人民出版社，1990年，第646页。

⑦ 《清史稿》卷506《明安图传》，第13961页。

1. 圆径求周

法曰：置通径三因之，为第一条。次置第一条，四除之，又二除之，又三除之（或三数连乘得二十四为法，除之亦可，后仿此），得数为第二条。次置第二条，九因之，四除之，又四除之，又五除之，得数为第三条。次置第三条，二十五乘之，四除之，又六除之，又七除之，得数为第四条。次置第四条，四十九乘之，四除之，又八除之，又九除之，得数为第五条。……①

用数学符号表示，则为

$$\pi = 3 + \frac{3 \cdot 1^2}{4 \cdot 3!} + \frac{3 \cdot 1^2 \cdot 3^2}{4^2 \cdot 5!} + \frac{3 \cdot 1^2 \cdot 3^2 \cdot 5^2}{4^3 \cdot 7^2} + \cdots = 3\sum_{1}^{\infty} \frac{1^2 \cdot 1^2 \cdot 3^2 \cdot 5^2 \cdots (2n-5)^2 (2n-3)^2}{4^{n-1} \cdot (2n-1)!}$$

（1）几何证明，如图 3-18 所示：

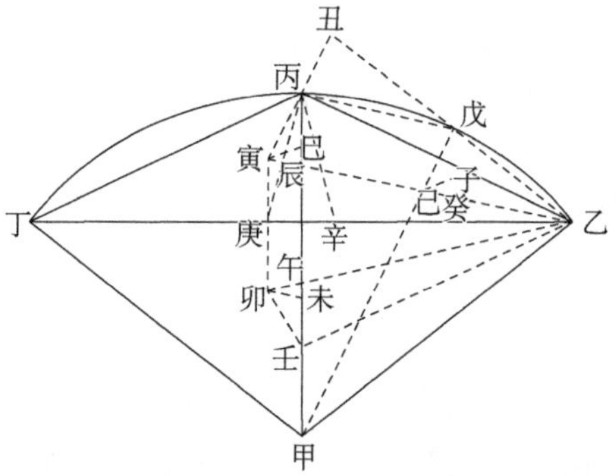

图 3-18　圆径求周的几何证明示意图②

设有圆周一弧，二分之，命圆半径为连比例第一率，一分弧通弦为连比例第二率。求全弧通弦率数几何？如图甲为圆心，甲乙类为半径，乙丙丁为圆周之一弧，乙丙弧、丙丁弧俱为二分弧之一为一分弧，乙丁为全弧通弦，乙丙、丙丁俱为一分弧通弦，今命甲乙类为连比例第一率，乙丙类为连比例第二率，求乙丁当连比例之率数。是三线，本非一连比例，欲设法以取之也。试任平分一分弧乙丙于戊，作甲戊半径，乙戊、丙午半分弧通弦，又与乙戊相等作乙己线，成甲乙戊、乙戊己连比例三角形（见《数理精蕴》）。次自乙、丁二点，取乙丙、丙丁之分截乙丁线于庚、于辛，作丙庚、丙辛二线，成乙丙庚、丙庚辛（丁丙、辛丙、辛庚亦同）连比例三角形，与甲乙戊、乙戊己连比例三角形为同式形。（凡心角、边角对弧等，则心角比边角大一倍；对乙丙、丙丁一分弧之甲心角，倍大于乙丁二边角，则对乙戊半分弧之甲心角，必与对乙丙、丙丁一分弧之乙丁二边角等。两等边三角形一角等，于二角必等，故为同式形。）③

① （清）明安图：《割圆密率捷法》卷 1《步法》，郭书春主编：《中国科学技术典籍通汇·数学卷》第 4 分册，第 869 页。

② （清）明安图：《割圆密率捷法》卷 1《步法》，郭书春主编：《中国科学技术典籍通汇·数学卷》第 4 分册，第 885 页。

③ （清）明安图：《割圆密率捷法》卷 1《步法》，郭书春主编：《中国科学技术典籍通汇·数学卷》第 4 分册，第 885 页。

为了方便起见，我们采用符号特将上式转换如图 3-19 所示①

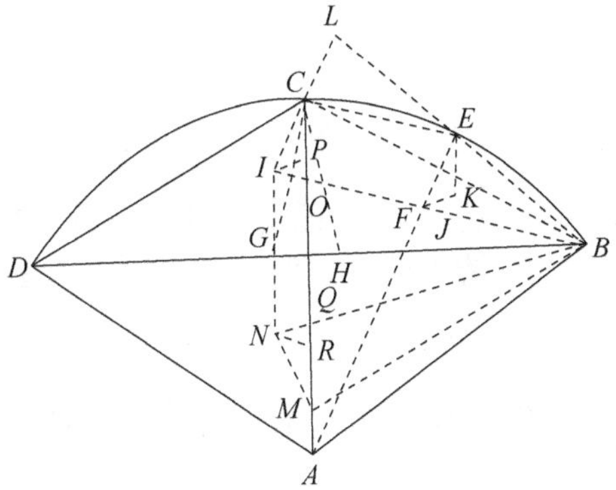

图 3-19 圆径求周的几何证明分解示意图

即 A 为圆心，AB 为半径，平分 BD 弧于 C，BC 弧于 E，联 DA，DB，DC，BC，CE，BE，AC，AE 各线，作 $BF=BE$，则 $\triangle ABE \backsim \triangle BEF$，即 $AB:BE=BE:EF$，或 $AB:BE:EF$。

令 $AB=r=1$，$BE=t=2\sin\alpha$，$BE=p=2\sin\dfrac{\alpha}{2}$，$BL=q=2p=4\sin\dfrac{\alpha}{2}$，

又作 $BG=DH=BC$，则 $\triangle BCG \sim \triangle CGH$，由于 $\angle BAE=\angle CBD$，所以

$$\triangle ABE \backsim \triangle BEF \backsim \triangle BCG \backsim \triangle CGH$$

即 $AB:EF=BC:GH$

则 $BD=2BC-GH=2BC-\dfrac{BC \cdot EF}{AB}$，再作 $BM=BC$，有 $\triangle ABC \backsim \triangle BCM$

即 $AB:CB=BC:CM$，取 $CM=t^2$ 为第 3 率，则 $AB:BC:CM=1:t:t^2$。

又作 $EJ=EF$，$FK=FJ$，有 $\triangle ABE \backsim \triangle BEF \backsim \triangle EFJ \backsim \triangle FJK$

取 $BE=p$，则有 $AB:BE:EF:FJ:JK=1:p:p^2:p^3:p^4$。

延长 BE 至 L，BF 至 I，令 $EL=BE$，$FI=BF$，$\triangle BLI \backsim \triangle BEF$。

以 BI 为轴，将 $\triangle BGN$ 展为 $\triangle BNM$，故 BG 与 BM 相合。再作 $IP=IO$，则

$$\triangle CIO \backsim \triangle IOP = \triangle EFJ \backsim \triangle FJK。$$

因筝形 $ABEC$ 相似于 $BLIN$，又有 $BL=2BE=BE+EC$，且

$$EF=LC=CI=MG=GN=NI$$

以及

$$LI+IN=CI+MN+NI=4EF=CI+PO=CI+JK$$

因此，$AB:2BE=2BF:(LI+IN)=2BE:(CM+PO)$

又 $AB:BL=BL:(CI+JK)$

令 $BL=q$，则

① 参见李俨：《中算史论丛》，上海：上海书店，1990 年，第 188 页；郭金彬、刘秋华、刘明建：《八闽数学思想史稿》，福州：福建人民出版社，2006 年，第 249—250 页；（清）明安图原著，罗见今译注：《〈割圆密率捷法〉译注》，呼和浩特：内蒙古教育出版社，1998 年，第 95—96 页等。

$$AB:BL:(CI+JK)=1:q:q^2$$

故 $t^2=q^2-\dfrac{q^4}{16}$

即 $\cos^2\dfrac{\alpha}{2}=1-\sin^2\dfrac{\alpha}{2}$。

（2）级数回求法（即求反函数展开式）证明。对此，明安图用很长的文字来阐述其证明过程①，本文不作赘录。根据学界的研究，明安图级数回求法（解出 q^2）的主要方法和思路具体如下：

首先，应用 $t^2=q^2-\dfrac{q^4}{16}$ 把 t^{2n} 表达成 q^2 的有限幂级数。具体步骤为

第一步，已知 $t^2=q^2-\dfrac{q^4}{16}$，将其乘方，再除以16，得

$$\frac{t^4}{16}=\frac{q^4}{16}-\frac{2q^6}{16^2}+\frac{q^8}{16^3}\text{（即“五率相等数”）}$$

第二步，将 $\dfrac{t^4}{16}=\dfrac{q^4}{16}-\dfrac{2q^6}{16^2}+\dfrac{q^8}{16^3}$ 与 $t^2=q^2-\dfrac{q^4}{16}$ 相乘，再除以16，得

$$\frac{t^6}{16^2}=\frac{q^6}{16^2}-\frac{3q^8}{16^3}+\frac{3q^{10}}{16^4}-\frac{q^{12}}{16^5}$$

第三步，依此递推，得

$$\frac{t^{2n}}{4^{2n-2}}=\sum_{k=0}^{n}(-1)^k\binom{n}{k}\frac{q^{2n+2k}}{4^{2n+2k-2}}\text{。}$$

其次，把 q^2 表达成 t^2 的无穷幂级数。

图表中自上而下各列对应的数学式可表达为

第一列：$t^2=q^2-\dfrac{q^4}{16}$

第二列：$\dfrac{t^4}{16}=\dfrac{q^4}{16}-\dfrac{2q^6}{16^2}+\dfrac{q^8}{16^3}$

第三列：$\dfrac{2t^6}{16^2}=\dfrac{2q^6}{16^2}-\dfrac{6q^8}{16^3}+\dfrac{6q^{10}}{16^4}-\dfrac{2q^{12}}{16^5}$

第四列：$\dfrac{5t^8}{16^3}=\dfrac{5q^8}{16^3}-\dfrac{20q^{10}}{16^4}+\dfrac{30q^{12}}{16^5}-\dfrac{20q^{14}}{16^6}$

第五列：$\dfrac{14t^{10}}{16^4}=\dfrac{14q^{10}}{16^4}-\dfrac{70q^{12}}{16^5}+\dfrac{140q^{14}}{16^6}$

第六列：$\dfrac{42t^{12}}{16^5}=\dfrac{42q^{12}}{16^5}-\dfrac{252q^{14}}{16^6}$

第七列：$\dfrac{132q^{14}}{16^6}=\dfrac{132q^{14}}{16^6}$

① （清）明安图：《割圆密率捷法》卷1《步法》，郭书春主编：《中国科学技术典籍通汇·数学卷》第4分册，第886—890页。

故 $q^2=t^2+\frac{t^4}{16}+\frac{2t^6}{16^2}+\frac{5t^8}{16^3}+\frac{14t^{10}}{16^4}+\frac{42t^{12}}{16^5}+\frac{132q^{14}}{16^6}$

若用 C_n（$n=1,2,3\cdots$）表示此级数，则有

$$q^2=\sum_{n=1}^{\infty}C_n\frac{t^{2n}}{16^{n-1}}$$

这就是著名的明安图—卡塔兰数。①

（3）获得求 C_n（$n=1,2,3\cdots$）的递推方法②如下：

$$C_2=C_1=1，C_3=2C_2=2，C_4=\binom{3}{1}C_3-\binom{2}{2}C_2=5$$

$$C_5=\binom{4}{1}C_4-\binom{3}{2}C_3=14$$

$$C_6=\binom{5}{1}C_5-\binom{4}{2}C_4+\binom{3}{3}C_3=42$$

$$C_7=\binom{6}{1}C_6-\binom{5}{2}C_5+\binom{4}{3}C_4=132，\cdots$$

即通式为

$$C_{n+1}=\sum_{k\geqslant 0}(-1)^k\binom{n-k}{k+1}c_{n-k}。$$

2. 弧背求正弦（以下只给出公式，证明过程略）③

$$r\sin\frac{a}{r}=a-\frac{a^2}{r^2 3!}+\frac{a^5}{r^4 5!}-\frac{a^7}{r^6 7!}+\cdots=\sum_{1}^{\infty}(-1)^{n+1}\frac{a^{2n-1}}{r^{2(n-1)}(2n-1)!}$$

式中 r 为圆半径，a 为弧长，其中第 1、3、5、7、9⋯单数项相加，减去第 2、4、6、8⋯双数项的和。

3. 弧背求正矢④

$$rvers\frac{a}{r}=\frac{a^2}{r2!}-\frac{a^4}{r^3 4!}+\frac{a^6}{r^5 6!}-\cdots=\sum_{1}^{\infty}(-1)^{n+1}\frac{a^{2n}}{r^{2n-1}(2n)!}$$

以上三项为杜德美所传入，明安图非常巧妙地给出了数学证明。

---

① 李迪主编：《中国数学史大系》第 7 卷《明末到清中期》，北京：北京师范大学出版社，2000 年，第 476 页。

② 林东岱、李文林、虞言林主编：《数学与数学机械化》，济南：山东教育出版社，2001 年，第 464 页。

③ （清）明安图：《割圆密率捷法》卷 1《步法》，郭书春主编：《中国科学技术典籍通汇・数学卷》第 4 分册，第 869 页。

④ （清）明安图：《割圆密率捷法》卷 1《步法》，郭书春主编：《中国科学技术典籍通汇・数学卷》第 4 分册，第 870 页。

4. 弧背求通弦（以下 6 项成果为明安图所独创，或称“明安图六式”）①

如图 3-20 所示

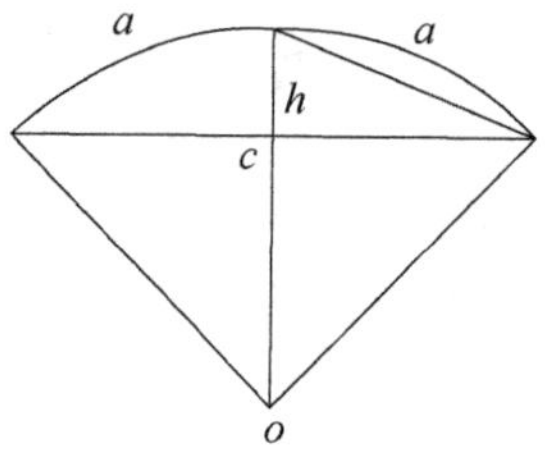

图 3-20　弧背求通弦示意图

圆内三线示意图（a为弧背，c为通弦，h为矢）②

$$C=2a-\frac{(2a)^3}{r^2 4\cdot 3!}+\frac{(2a)^5}{r^4 4^2\cdot 5!}-\frac{(2a)^7}{r^5 4^3\cdot 7!}+\cdots=\sum_1^{\infty}(-1)^{n+1}\frac{(2a)^{2n-1}}{4^{n-1}r^{2(n-1)}(2n-1)!}$$

5. 弧背求矢③

$$h=\frac{(2a)^2}{r4\cdot 2!}-\frac{(2a)^4}{r^3 4^2\cdot 4!}+\frac{(2a)^6}{r^5 4^3\cdot 6!}-\cdots=\sum_1^{\infty}(-1)^{n+1}\frac{(2a)^{2n}}{r^{2n-1}4^n(2n)!}$$

6. 通弦求弧背④

$$2a=c+\frac{1^2\cdot c^3}{r^2 4\cdot 3!}+\frac{1^2\cdot 3^2 c^5}{r^4 4^2\cdot 5!}+\frac{1^2\cdot 3^2\cdot 5^2\cdot c^7}{r^6 4^3\cdot 7!}=\sum_1^{\infty}\frac{1^2 1^2 3^2\cdots(2n-5)^2(2n-3)^2}{r^{2(n-1)}4^{n-1}(2n-1)!}$$

7. 正弦求弧背⑤

$$a=\sin a+\frac{1^2\cdot\sin^3 a}{r^2 3!}+\frac{1^2\cdot 3^2\cdot\sin^5 a}{r^4 5!}=\sum_1^{\infty}\frac{1^2 1^2 3^2\cdots(2n-5)^2(2n-3)^2}{r^{2(n-1)}(2n-1)!}\sin^{2n-1}a$$

8. 正矢求弧背⑥

$$a^2=r\frac{2rversa}{2!}+\frac{1^2\cdot(2rversa)^2}{4!}+\frac{1^2\cdot 2^2\cdot(2rversa)^3}{r6!}+\cdots=2r\sum_1^{\infty}\frac{1^2 1^2 2^2\cdots(n-2)^2(n-1)^2}{r^{n-1}(2n)!}(2versa)^n$$

---

① （清）明安图：《割圆密率捷法》卷 1《步法》，郭书春主编：《中国科学技术典籍通汇・数学卷》第 4 分册，第 870 页。

② 孔国平：《中国学术思想史——中国数学思想史》，南京：南京大学出版社，2015 年，第 354 页。

③ （清）明安图：《割圆密率捷法》卷 1《步法》，郭书春主编：《中国科学技术典籍通汇・数学卷》第 4 分册，第 870—871 页。

④ （清）明安图：《割圆密率捷法》卷 1《步法》，郭书春主编：《中国科学技术典籍通汇・数学卷》第 4 分册，第 871 页。

⑤ （清）明安图：《割圆密率捷法》卷 1《步法》，郭书春主编：《中国科学技术典籍通汇・数学卷》第 4 分册，第 871—872 页。

⑥ （清）明安图：《割圆密率捷法》卷 1《步法》，郭书春主编：《中国科学技术典籍通汇・数学卷》第 4 分册，第 872 页。

9. 矢求弧背①

$$(2a)^2 = r\cdot 8b + \frac{1^2(8b)^2}{4\cdot 4!} + \frac{1^2\cdot(8b)^2}{r4^2\cdot 6!} + \cdots = 2r\sum_{1}^{\infty}\frac{1^2 1^2 2^2\cdots(n-2)^2(n-1)^2}{r^{n-1}4^{n-1}(2n)!}(8versa)^n$$

上述成就被学界称为“明氏新法”，领先于同时代的世界数学水平，对我国近代数学的发展产生了深远影响。

（二）“明安图学派”的形成

研究无穷幂级数的开篇之作——《割圆密率捷法》初稿完成之后，即刻引起清代数学家的高度关注。如孔广森、李潢、安清翘、汪莱、戴煦、董祐诚、项明达、徐有壬、戴旭、夏鸾祥等人都通过不同渠道获得此书的抄本，其中有不少数学家在明安图成就的基础上，进一步拓展了无穷级数的研究方法和应用领域，形成了研究无穷级数的活跃局面，并主导了清朝中后期数学发展的历史潮流，故史学界将其称为“明安图学派”。

1. 董祐诚的《割圆连比例图解》

董祐诚字方立，阳湖（今江苏常州）人，著有《董方立遗书五种》传世。其中以《割圆连比例图解》一书的影响最大。据《续畴人传》载其自序云：

> 元郭守敬《授时历》用天元术求弧矢径，径一圜三，犹仍旧率。西人以六宗三要二简术求八线，理密数繁。凡遇布算，皆资于表。梅文穆公《赤水遗珍》载西士杜德美圜径求周诸率，语焉不详，罕通其故。尝欲更创通法，使弦矢与弧可以径求，覃精累年，迄无所得。己卯春，秀水朱先生鸿以杜氏九术全本相示，盖海宁张先生豸冠所写者。九术以外，别无图说，闻陈氏际新尝为之注，为某氏所秘，书已不传。乃反复寻绎，究其立法之原，盖即圜容十八弧之术，引伸类长，求其垒积实，实兼差分之列衰、商功之堆垛，而会通以尽勾股之变。《周髀（算）经》曰：圆出于方，方出于矩，矩出于九九八十一。圆，弧也。方，弦矢也。九九八十一，递加递减递乘递除之差也。方圆者，天地之大体，奇耦相生出于自然，今得此术，而方圆之率通矣。爰分图著解，冠以九术原文，并立弧矢互求四术，都为三卷，辞取易明，有伤芜冗，其所未寤，俟有道正焉。②

文中所言“立弧矢互求四术”，是董祐诚在“明氏新法”的基础上另辟蹊径的创造。他成功地把割圆连比例法和宋元时期的“垛积术”结合起来，通过逐次均分弧的方法，从而创造了割圆弧矢互求四式，并作为“立法之原”而能全部推出上述《割圆密率捷法》的9个结果（即杜氏3术加明氏6术），用董祐诚自己的说法就是“方圆之率通矣”。

令通弦为C，正矢为b，再令$\frac{1}{n}$弧上的小弦为c_n，$\frac{1}{n}$弧上的小矢为b_n，则有③

---

① （清）明安图：《割圆密率捷法》卷1《步法》，郭书春主编：《中国科学技术典籍通汇·数学卷》第4分册，第872—873页。

② （清）罗士琳续补：《续畴人传·董祐诚传》，北京：中华书局，1991年，第81—82页。

③ 李俨、杜石然：《中国古代数学简史》，北京：中华书局，1963年，第312页。

$$C=nC_n-\frac{n(n^2-1)}{4\cdot 3!}\frac{C_n^3}{r^3}+\frac{n(n^2-1^2)(n^2-3^2)}{4^2\cdot 5!}\frac{C_n^5}{r^4}-\cdots\text{（式中的}n\text{为奇数）}$$

$$b=n^2b_n-\frac{n^2(n^2-1)(2b_n)^2}{r4!}+\frac{n^2(n^2-1)(n^2-4)(2b_n)^3}{r^2 6!}-\cdots$$

$$C_n=\frac{c}{n}+\frac{c^3(n^2-1)}{r^2n^3 4\cdot 3!}+\frac{c^5(n^2-1)(9n^2-1)}{r^4n^5 4^2\cdot 5!}+\cdots\text{（式中的}n\text{为奇数）}$$

$$b_n=\frac{b}{n^2}+\frac{(2b)^2(n^2-1)}{rn^4 4!}+\frac{(2b)^3(n^2-1)(4n^2-1)}{r^2n^6 6!}+\cdots$$

可见，董祐诚的方法较明安图的方法更加精巧和严格，尤其是当$n\to\infty$时，董祐诚发现弧与弦是能够相互转化的，这实际上就是微积分的以直代曲思想，足见董氏认识之深刻。

2. 项名达的幂级数展开式及“完全椭圆积分公式”

项名达字梅侣，仁和（今浙江杭州市）人。道光六年（1826）进士，官知县不就而专攻算学。据《清史稿》本传载：

> （项氏）尝为泰西杜德美之《割圜九术》，理精法妙，其原本于三角堆，董方立定四术以明其之，洵为卓见。惟求倍分弧，有奇无偶，徐有壬补之，庶几详备。名达尝玩三角堆，叹其数只一递加，而理法象数，包蕴无穷。夫方圆之率不相通，通方圆者必以尖，勾股，尖象也；三角堆，尖数也。古法用半径屡求勾股得圜周，不胜其繁。杜氏则以三角堆御连比例诸率，而弧弦可以互通，割圜术蔑以加矣。然以此制八线全表，每求一数，必乘除两次，所用弧线，位多而乘不便，董、徐二氏大、小弧相求法亦然。向思别立简易法，因从三角堆整数中推出零数，但用半径，即可任求几度分秒之正余弦，不烦取资于弧线及他弧弦矢。且每一乘除，便得一数，似可为制表之一助。①

项名达的上述成果载入由项氏原著、戴煦增补的《象数一原》一书中。对于董祐诚“四式”，项氏认为还有几个问题没有解决，即“堆积既与率数合，何以有倍分无析分？倍分中弦率又何以有奇分偶分？且弦矢线联于圆中，于三角堆何与？”②于是，项名达蓄疑有年，终于创立了“知本度通弦求他度矢”和“知本度矢求他度矢”两式，从而使董祐诚的“立法之原”更加精确化。

（1）设m为所知度，n为所求度，本度通弦为C_m，他度通弦为C_n，则有

$$C_n=n\frac{C_m}{m}+\frac{n\left(m^2-n^2\right)}{4r^2 3!}\left(\frac{C_m}{m}\right)^3+\frac{n\left(m^2-n^2\right)\left(3^2m^2-n^2\right)}{4^2r^4 5!}\left(\frac{C_m}{m}\right)^5+\cdots$$

（2）设m为所知度，n为所求度，本度矢为b_m，他度矢为b_n，则有

$$b_n=\frac{n^2}{2!}\left(\frac{2b_m}{m^2}\right)+\frac{n^2\left(m^2-n^2\right)}{r4!}\left(\frac{2b_m}{m^2}\right)^2+\frac{n^2\left(m^2-n^2\right)\left(2^2m^2-n^2\right)}{r^2 6!}\left(\frac{2b_m}{m^2}\right)^3+\cdots$$

---

① 《清史稿》卷507《项名达传》，第13989页。

② （清）项名达：《象数一原·序》，郭书春主编：《中国科学技术典籍通汇·数学卷》第5分册，第473页。

令 $m=1$，$n=1$，分别代入上式，即可推出董祐诚四式，其中令 $m=1$，可推得董氏前二式；令 $n=1$，可推得董氏后二式。

此外，项名达还求出了计算椭圆周长的公式。令 L 为椭圆周长，a 为椭圆的长半轴，b 为椭圆的短半轴，k 为椭圆离心率，即 $k=\dfrac{\sqrt{a^2-b^2}}{a}$，则有

$$L=2\pi a\left(1-\frac{1}{2^2}k^2-\frac{1^2\bullet 3}{2^2\bullet 4^2}k^4-\frac{1^2\bullet 3^2\bullet 5}{2^2\bullet 4^2\bullet 6^2}k^6-\cdots\right)$$

显然，此式与下面的“完全椭圆积分公式”等价。

$$E=\int_0^{\frac{\pi}{2}}\sqrt{1-k^2\sin^2\theta}d\theta=\frac{\pi}{2}\left[1-\left(\frac{1}{2}\right)^2k^2-\left(\frac{1\cdot 3}{2\cdot 4}\right)^2\frac{1}{3}k^4-\left(\frac{1\cdot 3\cdot 5}{2\cdot 4\cdot 6}\right)^2\frac{1}{5}k^6-\cdots\right]$$

所以学界公认，项名达的上述研究是我国在二次曲线领域所取得的最早成果。①

3. 戴煦的对数研究成就

戴煦字鄂士，号鹤墅，钱塘（今浙江杭州市）人，精通算学，有《求表捷术》（即《对数简法》《续对数简法》《外切密率》《假数测圆》4 种著作合集）刊刻传世。

在《对数简法》（1845）中，为了减轻用递次开方法来求对数法所带来的“步算极繁”②问题，戴煦另辟捷径，创造了相对简捷的“连比例平方法”，亦即二项式平方根级数展开式。戴煦在《求表捷术·自序》中说：

> 表者何？对数表、八线表、八线对数表是也，三表为新法推步所必须，惟用之甚便而求之甚难，非集数十人之力，积数十年之功，未易蒇（chǎn）事。往岁得连比例开平方法用以求开方表，且即开方表求诸对数，立术较简而未出旧法范围，复变通天元一术，先求假设对数，因以求定准对数，而求对数者遂可不复开方。后又悟连比例平方法，即开诸乘方通法，因用连比例求诸对数，而得数益捷。此求对数表捷术也。③

1）求幂指数为任意实数的二项式展开式

清顺治年间，穆尼阁将对数表传入中国，只是没有系统介绍对数造表法。后来，《数理精蕴》虽然讲解了“递次开方求假数法”，但是开方过程却非常繁难。有鉴于此，戴煦在《对数简法》一书中给出了二项式开平方之幂级数展开式的“开方第一术”和“开方第七术”。④戴煦发现，当 $|x|<1$，c 为任意实数时，下面的展开式成立

$$(1+x)^c=1+cx+\frac{c(c-1)}{1\cdot 2}c^2+\frac{c(c-1)(c-2)}{1\cdot 2\cdot 3}c^3+\frac{c(c-1)(c-2)(c-3)}{1\cdot 2\cdot 3\cdot 4}c^4+\cdots$$

此式与牛顿在 1676 年所得到的二项式展开式十分吻合。

---

① 曲安京主编：《中国古代科学技术史纲·数学卷》，沈阳：辽宁教育出版社，2000 年，第 121 页。

② 龚书铎主编：《中国通史》第 11 卷《近代前编 1840—1919》下册，上海：上海人民出版社，2013 年，第 1455 页。

③ 《续修四库全书》编纂委员会：《续修四库全书》第 1047 册《子部·天文算法类》，第 201 页。

④ 金秋鹏主编：《中国科学技术史·人物卷》，北京：科学出版社，1998 年，第 732—734 页。

此外，戴煦还创立了二项式平方根展开式：

$$A^{\frac{1}{2}}=(a^2-r)^{\frac{1}{2}}=a-\left(\frac{r}{2a}+\frac{r^2}{2\cdot 4a^3}+\frac{3r^3}{2\cdot 4\cdot 6a^5}+\cdots\right)$$

2）求正割对数展开式

令$r=1$，戴煦在《外切密率》一书中给出了“本弧求割线”的计算式：

$$\sec\alpha=1+\frac{\alpha^2}{2!}+\frac{4\alpha^4}{4!}+\frac{61\alpha^6}{6!}+\frac{1385\alpha^8}{8!}+\cdots\left(0<\alpha<\frac{\pi}{4}\right)$$

其他如徐有壬、夏鸾祥等人的级数研究成就，这里就不再一一叙述了。

二、明安图科学思想的来源及其创新方法探究

（一）明安图科学思想的来源

杜德美带来三个欧洲人发明的幂级数展开式，对明安图的级数研究影响极大。杜德美，系法国传教士，康熙四十年（1701）来华，著有《周经密率》《求正弦正矢捷法》等数学专著，以主持实地勘测绘制清朝全国地图和给中国学者介绍三个无穷级数公式著称于世。对此，学界比较公认的看法是：

明安图认识杜德美较早，可以说，在一定意义上，他们是师生关系。当明安图从杜德美那里得知传入的所谓“杜氏三术”后，据陈际新的回忆，一方面明安图感到这些幂级数的公式“实古今所未有”，然而另一方面又认为，“仅有其法，而未详其义”。就是说，杜德美在传入三个幂级数展开式时，没有阐明它们得以成立的道理，不免使人产生“金针不度之疑”。因此，引起了明安图对这个课题的思考。①

可见，杜德美的著作是明安图级数思想的一个重要来源。

又岑建功在《割圆密率捷法・序》中说：

割圆古法也，圆不割则无由知圆之周，自魏刘徽注《九章算术》，以勾股术用圆内六边形算起，从其六觚之环，即为径一周三之古率。由是而弦矢之术生焉。元赵友钦《革象新书》，用圆内四边起算，由是而西人之六宗三要二简法生焉。元郭邢台《授时草》立无元一求弦矢……②

如前所述，明安图采用割圆连比例方法，实质上就是我国传统的二等分一段弧方法，故陈际新在《割圆密率捷法》卷3中解释说：“先生初闻杜泰西，圆径求周、弧背求弦、求矢之法，知其义深藏而不可不求甚解，欲自立一法以观其同异，因思古法有二分弧法，西法又有三分弧法，则递分之亦必有法也。”③当然，明安图的科学思想还有一个重要来源，

① 黄见德：《明清之际西学东渐与中国社会》，第354页。

② 岑建功：《割圆密率捷法・序》，郭书春主编：《中国科学技术典籍通汇・数学卷》第4分册，第865页。

③ （清）明安图：《割圆密率捷法》卷3《图解上》，郭书春主编：《中国科学技术典籍通汇・数学卷》第4分册，第884页。

那就是对《历象考成》的研究。据《清史稿》本传载：明安图曾“受数学于圣祖（即康熙），预修《御定历象考成后编》《御定仪象考成》”①。《历象考成》为《律历渊源》中的重要组成部分，由于原来的计算方法比较落后，所以时任钦天监监正的明安图奏请校修《历象考成》。“后由在钦天监供职的传教士戴进贤和徐懋德根据法国天文学家卡西尼的计算方法，重修日躔、月离两表附于书后。但是，这次新编的日躔表和月离表，没有给出关于天文理论和使用方法的说明，难以掌握，以至钦天监内的中国人只有蒙古族天文学家明安图会用，这当然是不能令人满意的”②。不过，我们从这里可以看出，《数理精蕴》无疑是明安图科学思想的又一个重要来源。如有学者认为：“连比例思想，最初见于《数理精蕴》，明安图受到启发，进行研究，并进一步与割圆联系起来，得到了发展。”③

（二）明安图的创新方法简述

关于明安图创造无穷幂级数的思维过程，前揭陈际新在《割圆密率捷法》卷 3 中有比较具体的解释。他说：

> 递分之亦必有法也。由是思之，遂得五分弧及七分弧。次列三分弧、五分弧，七分弧三数观之，见其数可依次加减而得，遂加减至九十九分弧，然其分数皆奇数也。又思之，遂得二分弧，由前法递进至四分弧、六分弧，加减至百分弧，则偶数亦备矣，然犹分而不能合也。又思之，奇偶可合矣。然逐层求之，数多则繁，若累至千、万分犹未易也。又思之，其数可超位而得，则以二分弧、五分弧求得十分弧，以十分弧求得百分弧，以十分弧、百分弧求得千分弧，以十分弧、千分弧求得万分弧。既得百分弧、千分弧、万分弧三数，然后比例相较而弧、弦相求之密率捷法于是乎成。④

有学者将文中的三个“思之”“又思之”，称为明安图科学创新的三次思维飞跃。⑤其核心思想是将连比例应用于割圆术，而创新的关键者是“弧背求通弦率数”。故明安图指出：

> 弧，圆线也；弦，直线也，二者不同类也。不同类，虽析之至于无穷，不可以一之也。然则终不可相求乎？非也。弧与弦虽不可以一之，苟析之至于无穷，则所以不可一之故见矣。得其不可一之故，即可因理以立法，是又未尝不可以一之也。何为而不可相求乎？今取百分、千分、万分弧通弦率数比例相较而得弧背求通弦之率数，其法即确然无疑，而其数视求各分弧通弦率数，转为简易。此见数理自然之变化，诚非人之智力所能测也。⑥

---

① 《清史稿》卷 506《明安图传》，第 13961 页。

② 周远廉、孙文良主编：《中国通史》第 10 卷《中古时代·清时期》下册，上海：上海人民出版社，2015 年，第 1526 页。

③ 李迪编著：《中国数学史简编》，沈阳：辽宁人民出版社，1984 年，第 292 页。

④ 《清史稿》卷 506《明安图传》，第 13961 页。

⑤ 郭金彬、刘秋华、刘明建：《八闽数学思想史稿》，福州：福建人民出版社，2006 年，第 241 页。

⑥ （清）明安图：《割圆密率捷法》卷 3《图解上》，郭书春主编：《中国科学技术典籍通汇·数学卷》第 4 分册，第 908 页。

若取 $n=10^k$（k=1，2，3），由 $C_{10n}=f(C_n)$ 可求得百分、千分及万分弧通弦率数，即

$$C_n=\sum_{k\geqslant 0}(-1)^k a_k c_1^{2k+1}$$

式中 C 为全弧通弦，a 为分弧通弦。为了明晰全弧通弦与弧背的关系，明安图发现：

令 $a_0=n,\dfrac{a_{k-1}n^2}{a_k}\approx 4(2k)(2k+1)$，则随着 n 的增大，数 $4(2k)(2k+1)$ 不改变，而奇零之差越推越微，亦即

当 $n\to\infty$ 时，$\dfrac{a_{k-1}n^2}{a_k}\to 4(2k)(2k+1)$

若用全弧通弦 C 所对应的弧背 b 取代分弧通弦的和 nc_1，则

$$a_k c_1^{2k+1}=\frac{b^{2k+1}}{4^k(2k+1)!}$$

于是，

$$c=\sum_{k\geqslant 0}(-1)^k\frac{b^{2k+1}}{4^k(2k+1)!}$$

此式是极限思想的出色结论①，它源于明安图长期的科学实践和那种敢为天下先的顽强首创精神。很显然，这种以直线求圆线、以圆线求直线的思想，是和西方微积分有同等意义的。明安图所发现的无穷极数和收敛极数的数学思想，在世界数学史上是一项较早的纪录。他的这项数学成就，几乎和瑞士数学家欧拉同时出现。其可贵之处在于，明安图所得的结果，完全是由他自己独立发现的。他的这种收敛极数思想，在欧洲也才刚刚开始出现，就当时来说，是一种很先进的数学思想。②

第五节　赵学敏的中西药汇合思想

赵学敏，字恕轩，号依吉，浙江钱塘（今浙江杭州市）人，据载，他“髫龄”时，“即好博览，凡星历、医卜、方技诸学，亦喜涉猎之。意有所得，即欣欣忘倦，钞撮成帙，积久几近千卷”③。经初步统计，赵学敏的著述主要有《医林集腋》16 卷，《祝由录验》4 卷，《囊露集》4 卷，《串雅》8 卷，《升降秘药》3 卷，《本草纲目拾遗》10 卷等。④但是，“诸书今多不传，惟《拾遗》《串雅》二书行焉”⑤。其中《本草纲目拾遗》是继《本草纲目》之后的一本重要的本草著作⑥，被后人列为中国本草学发展史上六大代表作之一，与

① 李迪主编：《中国数学史大系》第 7 卷《明末到清中期》，第 491 页。
② 韦丹芳、秦红增主编：《中国西部民族文化通志（科技卷）》，昆明：云南人民出版社，2014 年，第 340—341 页。
③ 范行准：《明季西洋传入之医学》，上海：上海人民出版社，2012 年，第 22 页。
④ 黄玉燕：《赵学敏生平及年表》，《中国中医基础医学杂志》2013 年第 3 期，第 994—995 页。
⑤ 范行准：《明季西洋传入之医学》，第 22—23 页。
⑥ 孟君、张大庆：《大众医学史》，济南：山东科学技术出版社，2015 年，第 126 页。

《神农本草经》《神农本草经集注》《唐新修本草》《经史证类备急本草》《本草纲目》齐肩，为中国药物史谱写了新篇章。①

一、《本草纲目拾遗》的成就及其药物学特色

（一）《本草纲目拾遗》的主要内容及其成就

1.《本草纲目拾遗》的主要内容

学界习惯称《本草纲目拾遗》为《本草纲目》的珠联之作②，说明前者是对后者的进一步发展和完善。从体例看，《本草纲目》分为“一十六部”，“首以水火，次之以土”，“次之以金石”，“次之以草、谷、菜、果、木”，“次之以服、器”，“次之以虫、鳞、介、禽、兽”③。《本草纲目拾遗》则在《本草纲目》的分类基础上，在植物部分增加了“藤”“花”两部。诚如赵学敏在“自序”中说：

> 夫濒湖之书诚博矣！然物生既久，则种类愈繁。俗尚好奇，则珍尤毕集。故丁藤陈药，不见本经。吉利寄奴，惟传后代。禽虫大备于思邈，汤液复补于海藏。非有继者，谁能宏其用也？如石斛一也，今产霍山者则形小而味甘；白术一也，今出于潜者则根斑而力大。此皆近所变产，此而不书。过时罔识，将何别于百粤记中之产元黄基治肿毒，孙公谈圃之用水梅花治痢疾，后且莫知为何物，安辨其色味哉。矧夫烟草述于景岳，燕窝订于石顽。阅缪氏经疏一编；知简误实为李氏之功臣，则予拾遗之作，又何有续胫重跖之虞乎？④

从药材学的角度看，《本草纲目》已经达到了一个高峰，然而，赵学敏清醒地认识到“物生既久，则种类愈繁”，也就是说生物在不断演化的过程中，由于异化的作用，经过一定的时间和阶段，新的物种总是更加繁荣和丰富，因而不断修正和补充前人对本草认识的不足，就是生物科学发展的历史必然。正是在这样的思想指导下，赵学敏《本草纲目拾遗》的第一部分内容便是《利济十二种总序、序例、正误》，其中“正误”主要针对《本草纲目》所出现的错讹之处进行辨正。如：

> 山慈菇，处州人以白花者良，形状绝似石蒜。濒湖于山慈菇“集解”下注云：冬月生叶，二月枯，即抽茎开花有红白黄三色；于石蒜“集解”下注：初春生叶，七月苗枯，抽茎开花红色。又一种，四五月抽茎开花黄白色。予昔馆平湖仙塘寺，沈道人从遂安带有慈菇花一盆来，亲见之，其花白色，俨如石蒜花。据云：彼土人言无红黄花者，其花开于三月。而张石顽《本经逢原》慈菇下注云：开花于九月，则是以石蒜为慈菇矣。濒湖于慈菇条下“附方”引孙天仁《集效方》，用红灯笼草，此乃红菇娘草，

---

① 王东梅：《赵学敏与〈本草纲目拾遗〉》，《文汇报》2017 年 12 月 4 日，第 W03 版。

② 金芷君：《〈本草纲目〉的珠联之作——〈本草纲目拾遗〉》，《医古文知识》2003 年第 3 期，第 29 页。

③（明）李时珍：《本草纲目 • 凡例》，北京：商务印书馆，1954 年，第 30 页。

④（清）赵学敏：《本草纲目拾遗 • 自序》，北京：中国中医药出版社，2007 年，第 1 页。

> 专治咽喉口齿，濒湖所收酸浆草是也。乃不列彼而列此，岂以慈菇又名鬼灯檠而误之耶？夫慈菇虽解毒，不入咽喉口齿，何得混入？又引《奇效方》吐风痰，用金灯花根，不知石蒜亦名金灯花。山慈姑根食之不吐，石蒜食之令人吐，则奇效方所用乃石蒜，非慈姑也，濒湖且两误矣。①

有研究者称："本草自李氏《纲目》集其大成，世皆宗之，后有刘氏之《本草述》，倪氏之《本草汇言》，卢氏之《半偈》，隐庵之《崇原》，石顽之《逢原》，香岩之《解要》，皆各抒心得，多所发明，学者所当互参也。而赵恕轩先生《纲目拾遗》，搜罗繁富，辨正多条，尤为李氏功臣。"②又有研究者说："今人以慈菇入咽喉方中，皆承李氏引《集效方》之误也。然恕轩先生目击其花，故知其误而辨之。其未见者，恶从而辨之？辨药之难，于此可见。苟非人所共识共知之药，可擅用哉！"③

卷1"水部"，共载药24种，与《本草纲目》所载的43种药物相比，《本草纲目拾遗》所载均为新增药物。如用"白云"治病，实质上是一种氧气疗法。赵学敏云：

> 云本山泽之气，蒸而为云，水属也。故入水部。云有五色，惟白云可治病。唐守时言：凡高山大川，悉有云气，五岳名山，多出云。山僧取之饷客。其取云法：用金漆盒，盖上凿一孔，以木塞之，俟天气晴朗，黎明往山岩石畔觅之，见地上有白云如线者，如笋者，茁土而出，即云苗也。急以盒盖孔对其气，使尽入其中，以木塞口。收必须白云如雪色，有香气如梅兰，方合用。其他杂色云，多带草土气，黑云尤腥，多带怪物，不宜盒取。放云之法：择净室，须四面有窗者，通上下用纸裱糊，勿令泄气，然后将云盒置中，去塞，则云自出。悠扬涣散，芬芳四绕，可以醒脾胃舒肝郁而和经络，令人有倏然出尘之想。治哑瘴：余澹庵云：滇广山瘴，有一种人受之终身不能语，名曰哑瘴。唯闻白云之气，久久自引毒外出，可以痊愈。血臌水肿，闻云气渐消。④

对云气治病的机理，尚志钧认为是水中矿物质在起作用。⑤如众所知，"凡高山大川，悉有云气"，而云气中含有氧和氮，故今人有"山林鲜氧"（即负氧离子）的养生疗法。医学界公认："负氧离子具有降沉、杀菌、净化空气的作用，对人体健康有益，它是举世公认的空气维生素和生长素。长期在负氧离子含量高的森林里呼吸运动，对多种疾病有神奇的辅助疗效。"⑥根据史料记载，早在北宋宣和年间宋人就已经发明了"囊云"技术。如《齐东野语》云："宣和中，艮岳初成，令近山多造油绢囊，以水湿之，晓张于绝巘危峦之间。既而云尽入，遂括囊以献，名曰'贡云'。每车驾所临，则尽纵之，须臾，滃然充塞，如在千岩万壑间。然则不特可以持赠，又可以贡矣。并资一笑。"⑦站在今人的视角看，"贡云"技术并不可笑，它

---

① （清）赵学敏：《本草纲目拾遗》首卷《正误》，第1—2页。
② 盛增秀主编：《王孟英医学全书》，北京：中国中医药出版社，1999年，第658页。
③ 王学权著、卢祥之注：《重庆堂随笔》，北京：人民军医出版社，2012年，第95页。
④ （清）赵学敏：《本草纲目拾遗》卷1《白云》，第3页。
⑤ 尚志钧集纂：《中国矿物药集纂》，上海：上海中医药大学出版社，2010年，第473页。
⑥ 沉洲：《武夷山——自然与人的天合之作》，福州：海峡文艺出版社，2013年，第45页。
⑦ （宋）周密著，高心露、高虎子校点：《齐东野语》卷7《赠云贡云》，济南：齐鲁书社，2007年，第75—76页。

不仅“是我国最早的人造云雾，同时也是世界上最早的人造云雾”①，而“人造云雾”不独能强化其天仙意境，更重要的是它能在较短时间内迅速增加艮岳的负氧离子含量。

卷 2 分火、土、金、石四部。其中“火部”，共载药 43 种，较《本草纲目》的 29 种药物在总量上增加了 14 种。如表 3-3 所示，赵学敏新增的“烟草”类药物，需要结合历史过程来谈论其利与弊。吸烟的危害，今天已成共识，但在一定条件下吸烟能否变害为利，用来治疗一些疾病，这个问题可以商讨，详细内容可参见周超凡的相关研究。②赵学敏引张景岳的话说：“此物自古未闻，近自我明万历时，出于闽广之间，自后吴楚地土皆种植之，总不若闽中者，色微黄，质细，名为金丝烟者，力强气胜为优。求其习服之始，则向以征滇之役，师旅深入瘴地，无不染病，独一营安然无恙，问其故，则众人皆服烟。由是遍传，今到西南一方，无分老幼，朝夕不能间矣。……然烟气易散，而人气随复，阳性留中，旋亦生气，此其耗中有补，故人多喜服而未见其损者。”③文中所叙史实，对考察烟草传入我国的历史，非常重要，但言“人多喜服而未见其损”不足为训，因为当时人们受历史条件的限制还没有认识到吸烟的危害。

表 3-3　《本草纲目拾遗》（简称《拾遗》）与《本草纲目》“火部”药物比较表

《拾遗》	实有数目	《本草纲目》	实有数目	二者同异
阳火阴火	阳火阴火、太阳火、星精飞火、钻木火、击石火、戛金火、人身君火、龙火、雷火、石油火、水中火、相火、三昧火，计 13 种。	阳火	太阳真火、星精飞火、钻木之火、击石之火、戛金之火、君火，计 6 种。	二者相同
		阴火	龙火、雷火、石油之火、水中之火、相火、三昧之火，计 6 种。	二者相同
黄金火	黄金火，计 1 种。	燧火	燧火，计 1 种。	二者异
煤火	香煤、臭煤、杂煤，计 3 种。	桑柴火	桑柴火，计 1 种。	二者异
藤火 匏火	藤火、匏火，计 2 种。	炭火	栎炭火、烰炭火、白炭火，计 3 种。	二者异
荷梗火	荷梗火，计 1 种。	芦火	芦火，计 1 种。	二者异
稻麦穗火	稻穗火、麦穗火，计 2 种。	竹火	竹火，计 1 种。	二者异
松柴火	栎柴火、茅柴火，计 2 种。	艾火	艾火，计 1 种。	二者异
烧酒火	烧酒火，计 1 种。	神针火	神针火，计 1 种。	二者异
鱼膏火	鱼膏火，计 1 种。	火针	火针，计 1 种。	二者异
神灯火	神灯火，计 1 种。	灯火	麻油灯火、苏子油灯火、灯柱火、烧铜匙柄火，计 4 种。	二者异
猬油火	猬油火，计 1 种。	灯花	灯花，计 1 种。	二者异
丹药火	丹药火、蓬莱火、阳燧锭，计 3 种。	烛烬	蜜蜡烛烬、柏油烛烬，计 2 种。	二者异
火罐火	火罐火，计 1 种。			
烟草火	烟草火、烟梗、烟叶，计 3 种。			
烟杆	烟杆、烟筒中水，计 2 种。			
鼻烟	鼻烟，计 1 种。			

① 李学文、彭富臣主编：《开封之最》，郑州：中州古籍出版社，1994 年，第 230 页。
② 于智敏主编：《周超凡学术思想与临床经验》，北京：中医古籍出版社，2001 年，第 62—65 页。
③ （清）赵学敏：《本草纲目拾遗》卷 2《烟草火》，第 23—24 页。

续表

《拾遗》	实有数目	《本草纲目》	实有数目	二者同异
水烟	水烟，计 1 种。			
鸦片烟	鸦片烟、烟筒头中煤，计 2 种。			
藏香	紫藏香、黄藏香，计 2 种。			

“土部”共载药 18 种，与《本草纲目》的 61 种药物相比，虽然总量少了，但却都是《本草纲目》所不载的药物。如赵学敏述“蛆钻泥”的药用价值说：蛆钻泥“乃粪坑中蛆钻之泥，其质松，凡蛆在泥中过冬，必钻此土作窠。蛆过冬则短缩，头生二角，白如蛹，清明后化黑虫而去。蛆必退壳，每退每大，其退时，辄扒越墙石从高坠下，退一节，再扒、再坠，如是屡次，则全退矣。此泥有蛹，故人退管药用。须冬时取。治痔漏多年起管，用蛆钻泥一斗，晒干，以五升炒热，袋盛，令患者去裤坐其上，则稠水脓血淋下。久之泥冷，再用五升炒热接盛坐之。如此一袋坐，一袋复炒泥，炒热又易，换数次，则稠脓自尽，三度后管自退出。又不伤人，屡用屡效之方也。”①这些民间土验方成为《本草纲目拾遗》一书的重要来源，随着农村卫生条件的改变，像“蛆钻泥”这样的药物必然会越来越少。

“金部”共载药 16 种，与《本草纲目》的 50 种药物相比，除乌银和锡矿外，其他 14 种均为“金部”新增药物。如马口铁：“一名马衔铁，乃马口中嚼环是也。其性愈久愈软，市人以之打簪镯戒指，伪充银器，俨如真者，或以作包金地子皆好。年久者质软，更得马之精液，入药良。味辛，煎汤治小儿惊风。”②

“石部”共载药 29 种，与《本草纲目》相比较，均为新增药。如瘤卵石“《池北偶谈》：高阳民家子方十余岁，忽臂上生宿瘤，痛痒不可忍，医皆不辨何症。一日忽溃，中有圆卵坠出，寻化为石。刘工部霦以一金售之，用治膈症如神。治痞结膈症。”③

从卷 3 至卷 5 为“草部”，共载药 228 种，与《本草纲目》的同类药物相比，基本上都是新增或补订的药物。如浙乌头即是补订的药物之一，赵学敏云：浙乌头“乃乌头之产于浙地，钱塘笕桥人种之，市为风痪药，近日人家园圃亦有之，名鹦鸦菊。又曰僧鞋菊。追风活血，取根入药酒良。”④而新增的夏草冬虫则含有 20 多种氨基酸，至今都是享誉中外的名贵补品，它与天然人参、鹿茸并称扶正固本的三大滋补品。赵学敏在《本草纲目拾遗》一书中介绍说：

> （夏草冬虫）出四川江油县化林坪，夏为草，冬为虫，长三寸许，下趺六足，脰以上绝类蚕，羌俗采为上药。功与人参同。《（本草）从新》云：产云贵，冬在土中，身活如老蚕，有毛能动，至夏则毛出土上，连身俱化为草。若不取，至冬复化为虫。⑤

① （清）赵学敏：《本草纲目拾遗》卷 2《蛆钻泥》，第 23—24 页。
② （清）赵学敏：《本草纲目拾遗》卷 2《马口铁》，第 39 页。
③ （清）赵学敏：《本草纲目拾遗》卷 2《瘤卵石》，第 50 页。
④ （清）赵学敏：《本草纲目拾遗》卷 3《浙乌头》，第 71 页。
⑤ （清）赵学敏：《本草纲目拾遗》卷 3《夏草冬虫》，第 129 页。

把“夏草冬虫”归入“草部”未必确当，因为“虫草既是虫、又是草”，它本身是“一种真菌类的植物，寄生在一种昆虫上而得名的”。①换言之，“夏草冬虫”属于“虫”与真菌的结合体，其功效为干温平补，滋养肺肾。②可见，在赵学敏生活的时代，由于人们对虫草的生态习性了解得还不充分，所以各种本草著作对它的描写都存在一定偏差，但经过现代临床医学的检验证明，《本草纲目拾遗》对虫草功效的认识是可信的。③

卷 6 为“木部”，共载药 103 种，与《本草纲目》的同类药物相比，绝大多数为新增药物，其中对 25 种新增药茶的记载，均为《本草纲目》所不载。如赵学敏在“茶树根”条下云：“《纲目》茶子、茶油俱载，惟茶根及烂叶经霜老茶叶未收，故补之。口烂：《救生苦海》‘茶树根煎汤代茶，不时饮，味最苦，食之立效’。”④现代临床研究表明，茶树根具有抗肿瘤、抗动脉硬化、降血脂、解毒敛疮等作用。

卷 7 包括“藤部”“花部”“果部上”三部分内容，“花部”与“藤部”是赵学敏新增的两类本草药物，其中“藤部”共载药 26 种，均为《本草纲目》所不载或所载不详。如“白毛藤”条云：白毛藤“亦名天灯笼，又名和尚头草。白毛藤生人家墙壁上，茎、叶皆有白毛，八、九月开花藕合色，结子生青熟红，鸟雀喜食之。《百草镜》：白毛藤多生人家园圃中墙壁上，春生冬槁，结子小如豆而软，红如珊瑚，霜后叶枯，惟赤子累累，缀悬墙壁上，俗呼毛藤果。采其藤干之浸酒，云可除骨节风湿痛。”⑤仅从外观形态看，《本草纲目拾遗》的“白毛藤”与《本草纲目》所载“白英”很容易混淆，但二者不是一种植物。经植物形态学鉴定，人们发现《本草纲目拾遗》所载白毛藤与千年不烂心的性状大体符合，由此不难看出，白毛藤是千年不烂心的早出名。⑥

“花部”共载药 33 种，基本上都是《本草纲目》未收载的花卉。如赵学敏在“茶菊”条下云：

> 茶菊较家菊朵少多心，有黄、白二色。杭州钱塘所属良渚桧葬地方，乡人多种菊为业，秋十月采取花，挑入城市以售。黄色者有高脚黄等名色，紫蒂者名紫蒂盘桓，白色千叶名千叶玉玲珑，徽人茶铺多买焙干作点茶用。常中丞安《宦游笔记》：凤凰山产菊花，不甚大，蒂紫味甘，取以点茶绝佳。又浙省城头一带产菊，名城头菊，皆生城上石缝中，至秋开花，花小于茶菊，香气沁腹，点茶更佳，此则茶菊之野生者，味性不同。临安山中所产一种野菊，名金铃菊，花小如豆，与城头菊仿佛，山人多采入药铺作野菊花用，实与野菊又不同，野菊食之泻人，而铃菊又不作泻；野菊瓣疏，此则旁瓣密为别也。濒湖《纲目》菊分家、野，而此数种独未言及。今杭俗以茶菊作饷

① 柳斌杰主编：《灿烂中华文明・资源卷》，贵阳：贵州人民出版社，2006 年，第 207 页。
② 余仁欢主编：《名医解惑・蛋白尿》，北京：中国科学技术出版社，2016 年，第 37 页。
③ 郭成金：《实用蕈菌生物学》，天津：天津科学技术出版社，2014 年，第 294—296 页。
④ （清）赵学敏：《本草纲目拾遗》卷 6《茶树根》，第 201 页。
⑤ （清）赵学敏：《本草纲目拾遗》卷 7《白毛藤》，第 224 页。
⑥ 林鑫建：《中药白英及其混淆种分析》，《健康导报（医学版）》2014 年第 8 期，第 149 页。

遗客，为用最广，予故不惜觑（luo）缕言之，兼补濒湖所未备焉。[①]

“果部上”载药37种，多取材于明清时期的各种杂著，且又为《本草纲目》所不载，这表明赵学敏特别注重对果树价值的全面开发。例如，在《本草纲目》一书中，椰子除果实入药之外，药用部分还有“椰子瓤”“椰子浆”“椰子皮”“壳”，而《本草纲目拾遗》中又新增了“椰油”这种药物。赵学敏引《台湾使槎录》云：“可佐膏火。或云用火炙椰，其油自出。”[②]韩国“素食医生”金邗烈在《椰油的发现》一文中介绍说：“椰油里含有48%的月桂酸（12个链的饱和脂肪酸）、7%的羊蜡酸（10个链的饱和脂肪酸）、8%的亚羊脂酸（8个链的饱和脂肪酸）和0.5%的己酸（6个链的饱和脂肪酸），这些中链脂肪酸对预防和治疗肝炎有很显著的效果。例如中链脂肪酸可以破坏引发流感、疱疹、丙型肝炎、艾滋病毒，也可以消除引发胃溃疡、肺炎、类风湿性热、蛀牙、食物中毒、尿路感染、脑膜炎等细菌，对引起白癣、坎迪特、口腔坎迪特症的细菌也有很好的作用，对水源性滴虫病这样的易造成肠道感染的寄生虫也有效果。”[③]

卷8包括“果部下”“诸谷部”“诸蔬部”三部分内容，其中“果部下”载药48种，“诸谷部”载药34种，“诸蔬部”载药58种。相对于《本草纲目》，赵学敏确实补入了大量新的食疗药物品种。如《本草纲目拾遗》“腐”条下载：濒湖《纲目》于豆腐集解注“腐皮堪入馔，而浆乳皆遗之。又胡麻亦可作腐，《纲目》胡麻条亦遗之。今悉为补，概名曰腐。”[④]本条共补入腐浆、腐渣、腐皮、腐乳、腐巴、腐泔、腐沫、麻腐等8种药物，多为做豆腐或煮豆浆的“副产品”，这样就使它们的医疗价值得到较充分的利用和开发。

卷9包括“器用部”“禽部”“兽部”三部分内容，其中“器用部”载药54种，“禽部”载药23种，“兽部”载药45种。有学者统计，《本草纲目拾遗》在《本草纲目》的基础上增载动物药160种[⑤]，特别是对动物药在临床上的新应用记载尤详。如“禽部”之“鹅”药条下就增补了“鹅毛”“鹅屎”“鹅涎”“鹅蛋壳”“鹅腿骨”“鹅喉管”等7种药物的新疗效。以“鹅毛”为例，赵学敏说：“《纲目》鹅下载其毛治射工毒、通气、辟痫、开噎，其屎治小儿鹅口，苍鹅者可敷虫蛇咬，而不知毛可治痈，屎更治犬咬，悉补之。”[⑥]

卷10包括“鳞部”“介部”“虫部”三部分内容，其中“鳞部”载药28种，“介部”载药20种，“虫部”载药44种。其中与《本草纲目》相比较，《本草纲目拾遗》新增海洋药物近10种。[⑦]如“乌鱼蛋”条载：“产登莱，乃乌贼腹中卵也。《药性考》：以为即雄鱼白。

---

① （清）赵学敏：《本草纲目拾遗》卷7《茶菊》，第245页。

② （清）赵学敏：《本草纲目拾遗》卷7《椰油》，第252页。

③ [韩]金邗烈：《素食的诱惑》，朴娟娥译，北京：中国画报出版社，2014年，第135—136页。

④ （清）赵学敏：《本草纲目拾遗》卷8《腐》，第300页。

⑤ 王光亮主编：《药用动物养殖技术》，北京：中国中医药出版社，2006年，第1页。

⑥ （清）赵学敏：《本草纲目拾遗》卷9《鹅毛》，第356页。

⑦ 苏永生、李文渭、宇文胜主编：《神奇的海洋世界》，青岛：青岛海洋大学出版社，1996年，第186页。

味咸，开胃利水。”[①]即所谓“乌鱼蛋”（亦名“墨鱼蛋”）其实是雌性乌鱼的缠卵腺，系一种珍贵的海洋产品。

综上所述，《本草纲目拾遗》确实是对明清时期药物资源的一次大普查、大总结，增补了许多为《本草纲目》所不载的药材，包括民间传统药材和新出现的药物品种，有学者统计，《本草纲目拾遗》新增药物中约99.4%源于民间药物。[②]这个实例说明，民间药物是进一步丰富和发展祖国传统医药学的重要源泉。

2.《本草纲目拾遗》的主要成就

（1）补充了《本草纲目》之不足，纠正了《本草纲目》的个别失误之处。诚如前述，《本草纲目》对我国16世纪前的本草学发展进行了全面总结，可称得上是一部具有世界性影响的博物学著作。[③]当然，这并不等于说《本草纲目》就完美无缺了，由于人们研究视野的不断扩大，李时珍对许多药物的认识确实还有不够全面甚至错误的地方，对此，赵学敏根据明清时期本草学的发展实际，就《本草纲目》所出现的疏漏以及对某些药物的形状或功能辨析不清的现象和问题做了认真的审察和考释。例如，对《本草纲目》的疏漏现象，赵学敏尽其所能做了补充。不妨略举数例如下：

（旧头绳）《百草镜》：俗名扎根，乃妇人以之扎发。入药取油透弃去者良。《纲目》有巾及缴脚布，而无此。[④]

> （旧纸伞）《纲目》有桐油伞纸，只言治蛀干阴疮及疔疮疔汗而已，无他治法，今补之。治缠腰丹：《急救方》用旧伞纸烧存性为末，香油调敷。对口疮：《祝氏效方》淡底白色者佳一两，陈伞纸烧灰五钱，将乌梅肉一两先打烂入末，再加生桐油捣匀，敷患处渐愈；发背立效方：周氏《家宝》千年石灰三钱，大川芎研细末二钱，和匀，入真麻油五六点，用井水或河水调服，遍身大汗出即散矣。若遇恶疮，可加黑伞纸灰三分照前服；臁疮：蔡毓晋方用人家盖墙头旧伞，须多年经霜雪者，取伞衣依疮大小剪成一块，上用木针刺洞，贴上三日，另换一张，每日翻贴，贴上三张即愈。[⑤]
>
> （油木梳）《纲目》梳、篦合一不分，所载治法亦多，惟油梳尚遗其功用，因补之。治肺痿：《救生苦海》油木梳须二三十年者一个，烧存性，滚水和服，甜酒亦可；治五淋：《同寿录》以多年木梳烧存性，空心冷水调下，男用男梳，女用女梳，神效；拗颈：《海上名方》此病俗呼落枕，乃颈项夜间误落枕下，或偶被闪挫，血滞而强作酸疼，以旧油梳火上烘热梳背，于疼处极力刮之，自愈；误食蚂蟥：俞潜山云曾误食此，腹中作泻，不时疼痛、泻血，以黄土浆水他药试之，多不效；有教以取多年旧油梳烧灰，

---

① （清）赵学敏：《本草纲目拾遗》卷10《乌鱼蛋》，第395页。

② 宋立人：《〈本草纲目拾遗〉的民间药物和民俗文化》，夏冰、陈重明、郭忠仁主编：《民族植物学和药用植物》，南京：东南大学出版社，2006年，第208页。

③ 文捷：《北大24堂国学课》，北京：台海出版社，2016年，第75页。

④ （清）赵学敏：《本草纲目拾遗》卷9《旧头绳》，第340页。

⑤ （清）赵学敏：《本草纲目拾遗》卷9《旧纸伞》，第342页。

酒调服，一夕蝗皆化水而下，真神方也。①

以上所补皆为民间的奇方和验方，这些偏方虽然难登大雅之堂，但却都有意想不到的疗效，这就是中医药学之所以长盛不衰的重要根源，同时以上诸例亦从中医临床药效学的层面体现了中医药具有简、便、廉、效、实用、安全、持久等的突出优势。如迄今民间仍有用旧纸伞“不拘量，撕细烧灰冲黄酒服”来治疗妇女血崩的验方，或者用旧纸伞、葵扁叶各30克，烧存性，研末，开水冲服，每日1剂，治疗崩漏。②

至于对某些药物的形态或功能辨析不清的问题，赵学敏在《本草纲目拾遗·正误》里纠正了《本草纲目》的34条失误。如赵学敏辨正“三白草”云：

> 三白草，俗呼水木通，《纲目》“释名”无一条别名，或未博访耶。又濒湖以为此草八月生苗，四月其巅三叶，面白，三青变，三白变，余则仍青而不变也。故叶初白，食小麦；再白，食梅杏。三白，食黍子。此则未亲见三白形色者也。按卢之颐《乘雅》云：家植此草于庭前二十余载，每见三月生苗，叶如薯叶而对生。小暑后，茎端发叶，纯白如粉，背面一如，初小渐大。大则叶根先青，延至叶尖则尽青矣。如是发叶者三，不再叶而三莠，花穗亦白，根须亦白，为三白也。设草未秀而削除之，或六七月，或八九月，重生苗叶，亦必待时而叶始白，《月令》小暑后逢三庚则三伏，所以避火形，以全容平之金德，三白草不三伏而三显白，转以火金相袭之际，化炎歊为清肃，此即点火成金，不烦另觅种子者是也。故主夏伤于暑，而出机未尽；秋伤于湿，而降令过急者，两相安耳。据此言，则此草应时而生，白叶三瓣，非到时而青叶转白，与李说迥异。又《常中丞笔记》，镜湖产三叶白草，苗欲秀，其叶渐白，农人候之以莳田，三叶尽白，则苗毕秀矣。余姚亦多此草，生水滨，每春夏水足，叶齐白，否则只白一叶或二叶，占之甚验。今访草长二三尺，叶似白杨，下圆上尖，一本而数节，每节皆生叶，数不止三，亦非尽能变白，惟最上数叶，初时近蒂先白，次则叶中再白，末则至叶尖通白，盖一叶而三白，非白叶有三也。予渡曹娥江，亲摘以视之，因得其详，土人呼三白草，大抵志载之不实类如此。此其说与卢说异，因并存之。濒湖草部十六卷隰草内载三白草，二十七卷菜又列翻白草，以为二种，不知即是一物。按陈绶《眼科要览》云：三白草根名地藕，翻白草根名天藕，断是一物无疑。此皆不应强分者，无怪乎翻白草下有“释名”，而三白草下无“释名”矣。且其根能治小儿痘后眼闭不能开并起星最效。用酒浆同捣，铺绵帛上，托于眉心，候一昼夜即开，重者二服，无不验者。而濒湖三白、翻白下两处附方，皆不载，犹欠细核耳。③

此文考辨需要分析，三白草（图3-21）确如赵学敏所言，李时珍的说法欠妥。然而，对于三白草与翻白草（图3-22）的鉴别，李时珍不误。

---

① （清）赵学敏：《本草纲目拾遗》卷9《油木梳》，第347页。
② 罗日泽、罗东波主编：《中国少数民族民间验方精选》，南宁：广西民族出版社，2004年，第248页。
③ （清）赵学敏：《本草纲目拾遗·正误》，第5—6页。

图 3-21　三白草形状图示[①]

图 3-22　翻白草形状图示[②]

（2）介绍了大量外来药物，极大地丰富了我国传统医药学的内容。如前所述，《本草纲目拾遗》较《本草纲目》新增药物达 716 种之多。其中有 47 种外来药物[③]，包括像“西洋人所造”的强水，也包括像“拂林国”产的阿勃参，以及荷兰产的番薏茹等。《本草纲目拾遗》载：“西洋人所造，性最猛烈，能蚀五金。王怡堂先生云：其水至强，五金八石皆能穿漏，惟玻璃可盛。西人造强水之法，药止七味，入罐中熬炼。如今之取露法，旁合以玻璃瓶而封其隙，下以文武火叠次交炼，见有黑气人玻璃瓶中，水亦随气滴入，黑气尽，药乃成矣。此水性猛烈，不可服食。西人凡画洋画，必须镂板于铜上者，先以笔画铜，或山水人物，以此水渍其间，一昼夜，其渍处铜自烂，胜于雕刻。高低隐显，无不各有肖其妙。……入药取其气用。”[④]这里介绍了硝酸（强水）的性质及其制备方法。据张子高考证：“强水镂铜法，1783—1786 年间，在北京初次试做而获得成功；王怡堂这时正居官北京，得闻其事，后来谢官归里，告诉了赵学敏。”[⑤]药露作为一种药物剂型，意大利传教士熊三拔在《泰西水法》“西洋炼制药露法”一节中对其制备过程介绍得比较细致，与之相较，赵学敏则对药露的种类记述尤详。他说：“凡物之有质者，皆可取露。露乃物质之精华，其法始于大西洋。传入中国，大则用甑，小则用壶，皆可蒸取。其露即所蒸物之气水。物虽有五色不齐，其所取之露无不白，只以气别，不能以色别也。时医多有用药露者，取其清冽之气，可以疏瀹灵府，不似汤剂之腻滞肠膈也。”[⑥]所以赵学敏在书中介绍了金银露、薄荷露、玫瑰露、佛手露、香橼露、桂花露、茉莉露、蔷薇露、兰花露、鸡露、米露、姜露、椒露、丁香露、梅露、骨皮露、藿香露、白荷花露、桑叶露、夏枯草露、枇杷叶露、甘菊花露等 22 种药露，都是含有芳香性植物花卉之水与油的蒸馏液。文中的“时医”主要是指苏派之医，因苏派医学的开山祖师叶天士多用药露治病，所以“自明季西洋药露制法传入后，不仅在中国药

① 叶华谷主编：《中国中草药三维图典》第 1 册，广州：广东科技出版社，2015 年，第 5 页。

② 中国科学院会同森林生态实验站、中国科学院 CERN 生物分中心编著：《湖南会同森林植物图鉴》，北京：中国环境科学出版社，2015 年，第 365 页。

③ 金素安、郭忻：《外来药物传入史略——宋金元至明清时期》，《医史博览》2011 年第 2 期，第 27 页。

④ （清）赵学敏：《本草纲目拾遗》卷 1《强水》，第 5—6 页。

⑤ 张子高：《赵学敏〈本草纲目拾遗〉著述年代兼论我国首次用强水刻铜版事》，《科学史集刊》1962 年第 4 期，第 108 页。

⑥ （清）赵学敏：《本草纲目拾遗》卷 1《各种药露》，第 8 页。

学史上添一新叶，即在固有医学上，亦被注入新血液，时医好用药露治病，即其证也”①。特别是赵学敏首次将西洋参、金鸡勒等西方药物介绍到国内，造福苍生，功莫大焉。仅此而言，我们说《本草纲目拾遗》“体现出中西药兼收的倾向，开创了中西药汇合的先例”②。

（3）努力用新技术和新观念来导引中医药学的发展。学界评价赵学敏为“沟通中西医学之第一人”③，并非虚言。例如，《本草纲目拾遗》记叙无机药物335种，其中赵学敏所记载的提取乌头碱技术在当时具有领先世界的意义。在《本草纲目拾遗》“正误”中，载有“造射罔法”：

> 按：《白猿经》造射罔膏法，用新鲜草乌一二斗，洗去土，用箩盛，将脚踹去黑皮，以肉白为度，捣碎，用布滤去，榨出汁，以干为度。去渣，将磁盆盛汁，盆下有粉，去粉不用，总要澄出清汁，如有十碗，用四碗入锅内，煎—滚起沫，用篾片刮去沫，倾入瓷磁碗，再将余六碗生汁入前熟汁内，一顺搅匀，露一宿，明早取澄清汁散分于碗内，澄去滓，量汁多寡，以碗大小盛之，放日中晒至午时，又割去渣脚，再晒至晚，取澄清汁，用薄绵纸铺罩内，滤去渣。第二日第三日如前晒法，每日晒时，用竹片从碗底顺搅，晒用此法，不致上熟下生。至第四日晚，滤稠药存留弗去，另用碗盛，露一宿，取澄清汁，底下存硬稠者不用。第五日，入前汁一总晒，晒至六七日，各碗渐少，以汁多寡减去余碗，再分各碗。晒时观看碗口上起黑沙点子，面如结冰，有五色云象，其色红黑如香油佯，总归瓷盆内，放净处阴四五日。再用砖砌一炉，高二尺，周围大可容药盆，内放炉中心，离地上-尺五寸，用木物架炉于上，炉上空五寸，用布物盖于药盆之上，小致烟透走炉旁，取一火门如鹅卵，火从地起，高三寸，外用炭火十数块，并枧械柴，俗呼栋漆。，又用皂角花椒同烧烟，令烟入火门内熏药盆熟，药面上结成冰，是火候到矣。约熏一时之候，其结冰要厚再看冰厚，则除火取药出令冷，收入磁瓶内封固听用。如冬天寒冷，用絮物包放暖处，勿令冻损，如夏天热时，放于清凉之处，以免潮坏。如冬冻损，夏潮坏出沫，用瓷盆盛如前法，炉熏之，药热即止。如将药上于箭上，用皂角花椒烟熏之如旧。前药晒时，如遇日色太紧，晒一二日，又要露一宿。如日淡缓，不必露也。初做药之日，观天色睛明，即用乌头如前制之。如晒一二日有雨，将照前熏药炉上，只用炭火烘热盆为度，搅匀，又放得一二日，俟晴再晒，乌头取来不可堆厚，恐烂坏，必要湿地下摊开，不可见风吹干无汁，即取捣为妙。湿地下摊开，不可见风吹干无汁，即取捣为妙，其药制完，瓶内封固。日久下澄清有稠者，砂糖样，挑起取用，上箭最快，到身走数步即死，名为晒药，比熏药更妙。其药忌见香油，如入一点即无效。其性有三飞：见血飞，见油飞，见水飞。造藏甚忌此三者。④

① 范行准：《明季西洋传入之医学》，第220页。
② 沈雨梧：《清代科学家》，北京：光明日报出版社，2010年，第300页。
③ 王东梅：《赵学敏与〈本草纲目拾遗〉》，《文汇报》2017年12月4日，第W03版。
④ （清）赵学敏：《本草纲目拾遗·正误》，第2—3页。

这是关于乌头生物碱（射罔）结晶的制备过程，考《白猿经》为16世纪初（即1522年前）的作品，也就是说，赵学敏所引述的“造射罔膏法”较被公认为由德国人Sertürner在1817年最早发现的乌头碱，至少提前300年。[①]因此，《白猿经》的上述记载“可以说是世界上最早提到生物碱并应用于实际的叙述”[②]。

在赵学敏之前，有关中药的书籍极少论及解剖生理的内容，而《本草纲目拾遗》在“椴树皮”条下说：

> （椴树皮）治折伤胎疝，一切损伤，肉破骨断，取皮捣碎，煎酒服，又以渣敷患处，完好如初。幼儿患疝，由于胎中得者，此因皮开裂，肠入肾囊，疼痛难忍，亦能戕命，此叶久贴皮膜裂处，自然复合，永无患矣，但非幼童之年，则不可治。方用锻树皮，或捣烂，或削片，以油润湿粘布上，贴患处，外以布牢系腰间或半年三个月，方愈。[③]

这段记载是以前中药学著作未曾出现过的新内容，它对于促进中医解剖学的发展具有重要意义。“心之官则思”[④]是明代以前古人的传统观念，《本草纲目》始提出“脑为元神之府”的主张，《本草纲目拾遗》更进一步指出：“不特除头外之病，并裨头之内司，盖人之记舍在脑故也。”[⑤]这里，明确肯定了脑髓的生理功能，为王清任形成“灵机记性不在心，在脑”[⑥]的正确认识创造了条件。此外，在《本草纲目拾遗》一书中，赵学敏还论述了植物的变异现象，如“霍石斛”条下引《百草镜》的话说：“石斛近时有一种形短只寸许，细如灯心，色青黄，咀之味甘，微有滑涎，系出六安州及颍州府霍山县，名霍山石斛。”[⑦]又如“于术”条下云：“万历《杭州府志》：白术以产于潜者佳，称于术。《清异录》：潜山产善术，以其盘结丑怪，有兽之形，因号为狮子术。西吴里语：孝丰天目山有仙丈峰，产吴术，名鸡腿术，入药最佳。《百草镜》云：白术一茎直上高不过尺，其叶长尖，旁有针刺纹，花如小蓟，冬采者名冬术。……台术以及各处种术，皆于术所种而变者，功虽不如于术，服亦有验。今于术绝少，市中皆以仙台所产野术充于术，功亦相等。”[⑧]以这种先进的生物学思想为指导，赵学敏注意收集为了适合医疗目的而采取人工方法来干预改变其植物品种特性的生产实例。如“穿肠瓜”条下云：“穿肠瓜乃大便解出甜瓜子，生苗结实，土人名粪甜瓜，不拘大小，皆可入药。采来晒干，新瓦焙焦为末，乳钵研极细，摊地上，出火毒，收贮听用。但此瓜不易有，须以人力制造，其法：将烂熟甜瓜与七八岁小儿空心带子食之，令其勿嚼碎子，次日解出大便，子裹粪内，带粪曝干，时早即于本年下出；倘时晚不及生瓜，

---

① 自然科学史研究所主编：《科技史文集》第3辑《综合辑》，上海：上海科学技术出版社，1980年，第122—123页。

② 南京药学院药材学教研组编著：《药材学讲义》，北京：人民卫生出版社，1961年，第212页。

③（清）赵学敏：《本草纲目拾遗》卷6《椴树皮》，第174页。

④《孟子·告子上》。陈戍国点校：《四书五经》上，长沙：岳麓书社，2014年，第12页。

⑤（清）赵学敏：《本草纲目拾遗》卷5《香草》，第164页。

⑥（清）王清任：《医林改错》卷上《脑髓说》，上海：上海科学技术出版社，1966年，第12页。

⑦（清）赵学敏：《本草纲目拾遗》卷3《霍石斛》，第71页。

⑧（清）赵学敏：《本草纲目拾遗》卷3《于术》，第67—68页。

花亦可用，否则藏于次年下种更好。大人便出者，子亦可种。”[①]又如“三生萝卜”条下记载：“此乃人工制造者，唐正声传此法，云得自秘授。取水萝卜一枚，周围钻七孔，入巴豆七粒，入土种之，待其结子，取子又种，待萝卜成，仍钻七孔，入巴豆七粒再种，如此三次，至第四次，将开花时，连根拔起，阴干，收贮罐内。遇膨胀者，取一枚捶碎煎汤服之，极重者二枚立愈。”[②]

（4）明确指出了吸烟的危害。在医疗技术和科学知识都相对落后的历史时期，人们发现吸烟具有防疫和预防某些疾病的作用，所以烟草输入中国以后，很快便盛行起来。[③]据考，烟草在明嘉靖年间既已传入我国[④]，如明人姚旅的《露书》、张景岳的《景岳全书》、杨士聪的《玉堂荟记》等史书都有烟草的记载，但当时还没有人认识到吸烟的危害。在《本草纲目拾遗》卷2引《百草镜》的论述说：

> 烟，一名相思草，叶如菘菜，厚狭而尖，秋月起茎，高者六尺，花如小瓶，淡红色、产福建者良。用叶以伏月采者佳，生顶上者，嫩而有力，色嫩黄，名盖露烟，名盖露烟。烟品之多，至今极盛。在内地则福建漳州有石马烟，色黑，又名黑老虎。系油炒而成，性最猛烈，多食则令人吐黄水。浙常山有面烟，性疏利，消痰如神。凡老人五更咳嗽吐痰者，食之嗽渐止，痰亦消。江西有射洪烟，性清肃导气。湖广有衡烟，性平和，活血杀虫，可已虚劳。山东有济宁烟，气如兰馨，性亦克利。甘肃兰州有水烟，可以醒酒。近日粤东有潮烟，出潮州，每服不过米粒大，性最烈，消食下气如神，然体弱者忌。[⑤]

这段引文介绍各种烟草的疗效功能较多，其中仅“石马烟”有“多食则令人吐黄水”的副作用。而赵学敏则通过观察身边的典型案例，已经认识到长期吸食烟草的危害。他说：“友人张寿庄己酉与予同馆临安，每晨起，见其咳吐浓痰遍地，年余迄未愈，以为痰火老疾，非药石所能疗。一日忽不食烟，如是一月，晨亦不咳，终日亦无痰唾，精神顿健，且饮食倍增，啖饭如汤沃雪，食泡后少倾即易饥。予乃悟向之痰咳，悉烟之害也。耗肺损血，世多阴受其祸而不觉，因笔于此，以告知医者。”[⑥]文中肯定吸烟与慢性支气管炎之间存在因果关系，因此，这是一则非常有价值的医史资料。有了如此深切的体悟，赵学敏认识到吸烟对人体健康的危害。于是，他征引了大量实例来佐证烟草的毒性。如赵学敏转引张路玉《本经逢原》论烟草的毒害云：“烟草之火，方书不录，惟《朝鲜志》见之，始自闽人吸以祛瘴，向后北方借以辟寒，今则遍行寰宇，岂知毒草之气，熏灼脏腑，游行经络，能无壮火散气之虑乎？近门目科内障丸中，间有用之获效者，取其辛温散冷积之翳也。不可与冰

① （清）赵学敏：《本草纲目拾遗》卷8《穿肠瓜》，第322页。
② （清）赵学敏：《本草纲目拾遗》卷8《穿肠瓜》，第313—314页。
③ 袁庭栋：《中国吸烟史话》，济南：山东画报出版社，2007年，第7—9页。
④ 佟道儒主编：《烟草育种学》，北京：中国农业出版社，1997年，第2—3页。
⑤ （清）赵学敏：《本草纲目拾遗》卷2《烟草火》，第22页。
⑥ （清）赵学敏：《本草纲目拾遗》卷2《烟草火》，第24页。

片同吸，以火济火，多发烟毒。”[①]又引徐沁埜《烟诫》一书的话说：“杜湘民说凡人食烟则腹中生虫，状类蝇，两翅鼓动，即思烟以沐之，故终日食不暇给，久之虫日盛，而脏腑败，疾疢大作，不可救药。常有临革吃烟而始瞑者，哀哉！”[②]

（二）《本草纲目拾遗》的药物学特色

（1）对明清时期的民间药物进行系统总结，体现了赵学敏“不耻下问”的求学精神。如前所述，大量的民间药物仅靠书本记载是找不到的，而赵学敏为了把那些疗效可靠的各种民间药物收集起来，造福更多的民众，他深入乡村山野，遍访“世医先达”，甚或仆役妇妪。如“石羊胆”条云：“曹闰亭先生曾宦黔中云：边邑皆产石羊，形小如兔，矫捷难获，有得之者，须即破其腹取胆，少迟则裂于腹内矣。其胆干之，可疗肝厥暴绝，酒服一二厘即苏。其心血能治真心痛，颇有效。骨皮熬胶，去风活血如神。”[③]又如“翠羽草”条下云：“嘉庆癸亥，予寓西溪吴氏家，次子年十五，忽腹背患起红瘰，蔓延及腰如带，或云蛇缠疮，或云丹毒，乃风火所结，血凝滞而成。予疑其入山樵采染虫毒，乃以蟾酥犀黄锭涂之，不效。二三日瘰愈，大作脓，复与以如意金黄散敷之，亦不效，次日，疮旁复起红晕，更为阔大。有老妪教以用开屏风毛，即翠云草也，捣汁涂上，一夕立消。此草解火毒如此，又不特治血神效也。”[④]诸如此类的验案均采自民间，从另一种意义上证明，医学不仅是医者的事业，同时也是广大人民群众的实践。

（2）把文献记载与实验相结合，从而使其所收录的民间验方建立在可靠的实证基础之上。赵学敏在《本草纲目拾遗·凡例》中提出了两个选录药物的原则。

第一，“拙集虽主博收，而选录尤慎。其中有得之书史方志者、有得之世医先达者，必审其确验方载入，并附其名以传信。若稍涉疑义，即弃勿登。如银汗、钉霜、鸡丹、蜂溺、云根石、雄黄油之类不乏传方，俱难责效。有似此者，概从删削，宁蹈缺略之讥，不为轻信所误”[⑤]。

第二，“草药为类最广，诸家所传，亦不一其说。予终未敢深信。《百草镜》中收之最详，兹集间登一二者，以曾种园圃中试验，故载之。否则宁从其略，不敢欺世也”[⑥]。

有人统计，《本草纲目拾遗》近 340 000 字，引用书籍类文献达 491 种，而这些引书，多为明清时期各地医家所作的本草、医书兼及各地方志、笔记类。[⑦]而各种书籍中所载录的药物或方剂，其信息是否可靠确实需要用实践来验证。为此，赵学敏与其弟赵学楷一起在自家的“养素园”中种植药草，观察每种药物的形态特点，与此同时，他们还根据实际情况确证其临床疗效，待取得第一手材料后，才敢载入《本草纲目拾遗》中，这种实事求是

① （清）赵学敏：《本草纲目拾遗》卷 2《烟草火》，第 22—23 页。
② （清）赵学敏：《本草纲目拾遗》卷 2《烟草火》，第 23 页。
③ （清）赵学敏：《本草纲目拾遗》卷 9《石羊胆》，第 372 页。
④ （清）赵学敏：《本草纲目拾遗》卷 4《翠羽草》，第 96—97 页。
⑤ （清）赵学敏：《本草纲目拾遗·凡例》，第 1 页。
⑥ （清）赵学敏：《本草纲目拾遗·凡例》，第 1 页。
⑦ 李超霞：《〈本草纲目拾遗〉引用书目探讨》，中国中医科学院 2015 年硕士学位论文，第 2 页。

的科学精神，实在令人敬佩。如“落得打”条下云：

> 落得打，予养素园中曾种之，苗长二三尺，叶细碎如蒿艾，秋开小白花，结子白色，成穗累累，如水红花，但白色耳，故又名珍珠倒卷帘。治跃打损伤，神效。曾记辛巳年小婢失足，从楼梯坠下，瘀血积滞，因采此捣汁冲酒服，以渣罨伤处，一饭顷，疼块即散，内瘀亦泻出，叶有清香者是。此药以家种隔二三年者，入药用良。野产者，入药有草气，胃弱者，服之多吐。①

又如“狗卵草”条下载：

> 狗卵草，一名双珠草，生人家颓垣古砌间，叶类小将军草而小，谷雨后开细碎花，丫间结细子似肾。又类椒形，青色微毛，立夏时采。百草镜云：蔓延而生，喜生土墙头，二三四月采，五月无。二月发苗，乃小草也。三四月间节丫中结子，形如外肾，内有两细核，性温，治疝气，行下部，发大汗为妙。治腰痛。疝气：澹寮方用狗卵子草鲜者二两，捣取汁，白酒和服，饥时服药尽醉，蒙被暖睡，待发大汗自愈。此草性温，能达下部，如无鲜者，须三四月予采晒干存贮。倘用干者，止宜一两，煎白酒。加紫背天葵五钱，同煎更妙。庚戌，予馆临安，署后荒圃多生此草，惊蛰后发苗，似小将军而叶较小，色亦淡绿，春分后即开花，细碎，藕合色，节丫辄有花，结子如狗卵，颇壮满可观。其草蔓地，千百穗并一根，立夏后多槁。予同舍许氏子髫年患疝，发辄作厥，以此草煎酒服，后永不再发。②

（3）大量引入西方的无机药物，从而使《本草纲目拾遗》所载录的化学药物品种更加丰富。我国具有炼制无机药物的传统，如丹剂就是水银、硝石、硫黄等矿物药经过特殊技术处理而制成的无机化合物，不仅某些帝王和士大夫经常服食它以求长生，而且更有不少医家用它来治疗伤寒、霍乱、癫痫、疝气、诸风不遂等疾病，因而创制了归神丹、夺命丹、火龙丹、正阳丹、碧霞丹等众多方剂。③有研究者认为：在文艺复兴以前，传统的西方药学与中药学相仿，都是采用的植物药和矿物药，自盖伦在医学中引入实验研究，奠定了方法论的基础之后，传统西方医药学的理论体系便逐渐与中医药分道扬镳，开始沿着实验研究这条道路发展下去尤其文艺复兴以后至近代，随着化学、物理学及其他科学技术的飞速发展，西方药学研究引入了更多的研究手段：而且伴随着生物学、解剖学和生理学的兴起，生物碱和植物的有效成分被提取，并通过药理实验验证其疗效，临床大量地使用了化学药物。④

在《本草纲目拾遗》之前，西方近代化学药物对中医药的影响比较小。不过，由于赵学敏用一种比较开放的心态积极吸收西方近代化学的研究成果，并将大量西方近代的化学药物引入中药学，这就在一定程度上改变了人们对西方化学药物的认识，从而为西方化学

---

① （清）赵学敏：《本草纲目拾遗》卷5《落得打》，第136页。

② （清）赵学敏：《本草纲目拾遗》卷5《狗卵草》，第146—147页。

③ （明）李时珍：《本草纲目类编·临证学》，沈阳：辽宁科学技术出版社，2015年，第738—746页。

④ 吴立坤：《近代西方药学的传入及对中药学的影响》，北京中医药大学2006年硕士学位论文，第4页。

药物在近代大量传入我国创造了条件。如赵学敏在“日精油”条下说：“其药料多非中土所有，旅人九万里携至中邦，决非寻常浅效，勿轻视焉可也。治一切刀枪木石及马踢犬咬等伤，止痛敛口，大有奇效。用法：先视伤口大小若何，其长阔而皮绽，先以酒洗拭净，随用线缝，大约一寸三，缝合不可太密，伤口小者，无用缝矣。既缝，以酒又洗拭净，将洁净瓷器盛油烘热，以男子所穿旧棉布取经纬，长短以伤口为度，逐缕蘸油，贴满疮口，又以男人所穿旧布包裹，忌用女人所穿者。至三五日后，解开润油少许，如前包固，数日即愈。”①此段材料采自石铎琭（Petrus Pinuela）所述《本草补》一书，石铎琭系墨西哥人，为方济各会士，他所述《本草补》被称为西方传入药物学之嚆矢。②据考，“日精油”应系以洋橄榄油为基质所配成的外用油剂。③此外，在《本草纲目拾遗》卷 1“水部”所介绍的几种西方传入的无机化学药物里，除前面已经介绍过的“强水”和“各种药露”外，“刀创水”是高铁盐或明矾的水溶液，“鼻冲水”是氨水等。所以该书“比较系统地介绍了当时西洋的医药学知识”，因此之故，赵学敏也就成为“最早接受西医学的人之一”④。

二、赵学敏中西药汇合思想的形成及学术影响

（一）赵学敏中西药汇合思想的形成

从《本草纲目》到《本草纲目拾遗》，中间隔了至少 170 年。而在这段历史时期里，各种医药学著作层出不穷。据研究者考证，《本草纲目拾遗》引用文献达 600 余种，其所征引的书面文献近 500 种，多为《本草纲目》之后出现的本草、医书及各地方志。⑤在所征引的各类文献中，属于外国人撰述的主要医药学著作有：墨西哥传教士石铎琭的《本草补》，载药 13 种；朝鲜许浚奉召编撰的《东医宝鉴》，其中 95%的内容均辑录自中医著作；比利时传教士南怀仁编撰的《坤舆图记》，分上、下二卷，是清初记述西方自然人文地理知识的代表作。这些著作不仅打开了赵学敏的眼界，更成为他汇合中西医药的重要途径。

《串雅》是赵学敏在乾隆二十四年（1759）完成的医学著作，专门总结走方医的临床治病经验和方法。在赵学敏之前，医学界对走方医的研究很少，诚如赵学敏在《串雅序》中所说：

> 予幼嗜岐黄家言，读书自《灵》《素》《难经》而下，旁及《道藏》《石室》；考穴自《铜人内景图》而下，更及《太素》《奇经》；伤寒则仲景之外，遍及《金鞞》《木索》，本草则《纲目》而外，远及《海录》《丹房》。有得，辄钞撮忘倦，不自知结习至此，老而靡倦。然闻走方医中有顶、串诸术，操技最神，而奏效甚捷。其徒侣多动色相戒，秘不轻授。诘其所习，大率知其所以，而不知其所以然，鲜有通贯者。以故欲宏览而

① （清）赵学敏：《本草纲目拾遗》卷 1《日精油》，北京：中国中医药出版社，2007 年，第 12 页。
② 范行准：《明季西洋传入之医学》，第 122 页。
③ 谢海洲著，王世民、洪文旭等整理：《谢海洲医学文集》，北京：中医古籍出版社，2004 年，第 83 页。
④ 谢海洲著，王世民、洪文旭等整理：《谢海洲医学文集》，第 82 页。
⑤ 李超霞：《〈本草纲目拾遗〉引用书目探讨》，中国中医科学院 2015 年硕士学位论文，第 15 页。

无由，尝引以为憾。

有宗子柏云者，挟是术遍游南北，远近震其名，今且老矣。戊寅航海归，过予谭艺。质其道颇有奥理，不悖于古，而利于今，与寻常摇铃求售者迥异。顾其方，旁涉元禁，琐及游戏，不免夸新斗异，为国医所不道。因录其所授，重加芟订，存其可济于世者，部居别白，都成一编，名之日《串雅》。①

从这段序文中，我们能深深感知赵学敏那种执着而真诚的中医人生价值观，正如有学者所言，“从某种角度讲，中医也是一种人生观、世界观”②，更是一种精神境界。赵学敏用开放的心态来学习中医和传承中医，这是很了不起的学术贡献。如众所知，“由于特定历史条件的限制，中医行业内部相互妒嫉、相互保密是不可避免的”③，但“秘不轻授”的保守性阻碍了中医学的发展。对此，赵学敏感悟颇深。他在《本草纲目拾遗》一书中说：

珠参本非参类，前未闻有此，近年始行，然南中用之绝少。或云来自粤西，是三七子，又云草根。大约以参名，其性必补，医每患其苦寒。友人朱秋亭客山左，闻货珠参者有制法，服之可代辽参，每五钱索价五十金。秋亭罄千金市其方，秘不轻授，子恳其弟退谷始得其术，因录之以济贫：珠参切片，每五钱以附子三分，研末拌匀，将鸡蛋一个去黄白，每壳纳参片五钱，封口，用鸡哺，待小鸡出时取出，将笔画一圈于蛋上作记，如此七次，共成七圈，其药即成矣。每遇垂危大症，并产蓐无力吃参者，煎服五钱，力胜人参。④

可见，“因录之以济贫”是赵学敏广纳众术（包括中医药方术和西洋医疗方法）的根本动力。赵学敏医药学知识的来源，除书籍之外，还有相当一部分得自他人的口头转述。例如，对于“金鸡勒”这味西洋药物，就得自他的族人。据《本草纲目拾遗》“金鸡勒”条下云：“查慎行《人海记》：西洋有一种树皮，名金鸡勒，以治疟，一服即愈。嘉庆五年，予宗人晋斋自粤东归，带得此物，出以相示，细枝中空，俨如去骨远志，味微辛，云能走达营卫，大约性热，专捷行气血也。”⑤我们现在知道，金鸡勒治疗疟疾的主要药物成分是奎宁。又如，《本草纲目拾遗》“昭参”条下云：“《金沙江志》：即人参三七，产昭通府，肉厚而明润，颇胜粤产，形如人参中油熟一种。王子元官于滇，曾以此遗外舅稼村先生，予亲见之，状较参红润，大小亦不等，味微苦甜，皮上间有带竹节纹者。刘仲旭少府云：昭通出一种名苏家三七，俨如人参，明润红熟，壮少者服之作胀，惟六十以外人服，则不腹胀。其功大补血，亦不行血，彼土人患虚弱者，以之蒸鸡服……取大母鸡，用苏三七煎汤，将鸡煮少时，又将三七渣捣烂入鸡腹，用线缝好，隔汤蒸至鸡烂，去三七食鸡，可以医劳弱

① （清）赵学敏纂辑、何源校注：《串雅全书》，北京：中国中医药出版社，2018 年，第 5—6 页。
② 李灿东编著：《身在中医：走进中医的世界》，北京：中国中医药出版社，2010 年，第 166 页。
③ 薛公忱主编：《中医文化溯源》，南京：南京出版社，2013 年，
④ （清）赵学敏：《本草纲目拾遗》卷 3《珠参》，第 58 页。
⑤ （清）赵学敏：《本草纲目拾遗》卷 6《金鸡勒》，第 109 页。

诸虚百损之病。”①像王子元、刘仲旭等应当都是赵学敏的同僚，他们的见闻比较可靠，所以赵学敏综合各种资料，得出结论说：“人参三七……尖圆不等，色青黄……昭参无皮，形如手指，绝无圆小者，间有短扁形者，亦颇类白及样。《金沙江志》所载：以为即人参三七，恐未确，故附存刘说以备考。”②

当然，明末清初中西文化交流，打开了国人的眼界。在这种历史背景之下，许多西方医药学知识传到了国内，如在赵学敏所引述的42种明清时期的本草著作中，吴仪洛的《本草从新》（1757）新增燕窝、冬虫夏草、党参、西洋参等常用药，其中原产于加拿大和美国的西洋参为首次出现在中国人所著的本草学著述里。而石铎琭的《本草补》共载有13种药物，仅外来药就有8种，这些外来药全部为《本草纲目拾遗》所引录。据刘凝在康熙三十六年（1697）所撰写的序云：《本草补》所录药物“有中邦所无，今携来种艺；有来自外国，非中邦本土所产；有药料乏缺，制自外国；有中邦习用未审其疗治。各疏而列其功效，真有补于本草矣。”③这些新的外来药物不仅构成《本草纲目拾遗》的重要学术特色，而且为当时中西医药文化的相互交流与相互沟通树立了典范。

（二）《本草纲目拾遗》的学术影响

《本草纲目拾遗》的编撰原则就是“取其便”，因此，赵学敏所收录的许多简便验方和药物至今仍发挥着重要的临床价值。如“鸦胆子”“太子参”“鹧鸪菜”等都是第一次出现在《本草纲目拾遗》一书里，而这些药物今天已经成为中医临床的常用药物。以鸦胆子为例，中国科学院院士承淡安发现，鸦胆子仁是治疗阿米巴痢疾的特效药，用法：“将鸦胆子的一层灰黑色的外壳去掉，里面有一粒像米粒样的仁，取仁两三粒外面包一层薄薄的桂圆肉吞下去。根据病人的年纪和病的轻重情况，每日可服二十至四十粒，分两次服，几次即愈，其效无比。”④

在《本草纲目拾遗》编撰体例中，始终贯穿着求实求真思想。比如，针对《本草纲目》专列“人部”的做法，赵学敏就严厉批评说：

> 人部《纲目》收载不少，如爪甲代刀，天灵杀鬼，言之详矣。兹求其遗，必于隐怪残贼中搜罗之。非云济世，实以启奸。夫杀物救人，尚干天怒。况用人以疗人乎！故有谓童脑可以生势，交骨可以迷魂，直罗刹修罗道耳！噫，孙思邈且自误矣，老神仙，吾何取哉？今特删之，而附其所删之意于此。⑤

针对“人部”中出现的“隐怪残贼”现象和“非云济世，实以启奸”问题，删去“人部”则体现了赵学敏治学的严肃性和科学性。

医药学是一门实践性极强的科学，随着生产实践和科学实验的发展，中医药学的内容

---

① （清）赵学敏：《本草纲目拾遗》卷3《昭通》，第61页。

② （清）赵学敏：《本草纲目拾遗》卷3《昭通》，第62页。

③ 严世芸主编：《中国中医药学术年鉴（2003）》，上海：上海中医药大学出版社，2003年，第284页。

④ 承淡安：《承淡安简易灸治 丹方治疗集》，上海：上海科学技术出版社，2016年，第56页。

⑤ （清）赵学敏：《本草纲目拾遗·凡例》，第2页。

不断得到充实和提高，所以尊重中医药学的发展规律是赵学敏科学精神的重要体现。如众所知，《本草纲目》被称为中国本草学的巅峰之作，它对中医药的发展贡献极大。当然，《本草纲目》无论其编写体例还是对药物的认识都不能说已臻尽善尽美。如“《纲目》无藤部，以藤归蔓类。不知木本为藤，草本为蔓，不容牵混。兹则另分藤、蔓部。《纲目》无花部，以花附于各种本条，然其中有录其根叶反弃其花者；或仅入其花名，又无主治者。因为另立花部。”[①]又如，“《纲目》有误分者，有误合者。如草部既列鸭跖草专条，何于杂草内又列耳环草？岂以其有碧蝉儿花之名误分也？不知碧蝉花即鸭跖草。又于长生草下附红茂草，引《庚辛玉册》之通泉草为注，乃因通泉草亦有长生草之名而误合也，殊不知通泉草乃蒲公英之别名”[②]。凡此种种，赵学敏从中国医药学发展的历史实际出发，实事求是，勇于“匡李氏所不逮”[③]，为后人树立了榜样。因此，学界一致认为：《本草纲目拾遗》“对研究《本草纲目》和明代以来药物学的发展，是一部十分重要的参考书。它是清代最重要的本草著作，一直受到海内外学者的重视。”[④]

不过，由于《本草纲目拾遗》“所收多为草药，又无理论论说，对社会上的一般医生来说，用处似乎不大，故其书在清末的流传和影响并不是很广泛”[⑤]。

第六节　王清任的医学革新思想

王清任，字勋臣，清代著名医学家，直隶玉田（今河北省玉田县鸦鸿桥河东村）人，史载其“性磊落，精岐黄术，名噪京师”[⑥]，其代表作有《医林改错》，这是一部在我国中医解剖学历史上具有重大革新意义的著作[⑦]，书中对人体生理结构颇多新见。因此，学界有人评价王清任的医学成就说：

> 《清史稿》：清代医学多重考古，当道光中，始译泰西医书。王清任著《医林改错》，以中国无解剖之学，宋、元后相传脏腑诸图，疑不尽合，于刑人时，考验有得，参证兽畜，未见西书，而其说与合。光绪中，唐宗海推广其义，证以《内经》异同，经脉奇经各穴，及荣卫经气，为西医所未及。著《中西汇通医经精义》，欲通其邮，而补其阙，两人之开悟，皆足以启后者。[⑧]

---

① （清）赵学敏：《本草纲目拾遗·凡例》，第1页。
② （清）赵学敏：《本草纲目拾遗·凡例》，第1—2页。
③ 余慎初：《中国药学史纲》，昆明：云南科学技术出版社，1987年，第127页。
④ 李其忠：《中医与中药》，上海：复旦大学出版社，2012年，第66页。
⑤ 廖育群、傅芳、郑金生：《中国科学技术史·医学卷》，北京：科学出版社，1998年，第407页。
⑥ 夏子鎏修、李昌时等纂：《玉田县志》卷27《列传八》，清光绪十年（1884）刻本。
⑦ 李会影编著：《中国古代科技发明创造大全》，北京：北京工业大学出版社，2015年，第163页。
⑧ （宋）周守忠原撰、邵冠勇等续编注释：《历代名医蒙求》，济南：齐鲁书社，2013年，第81页。

下面分两个问题简要述之。①

一、《医林改错》及王清任“极大胆之革命”的中医解剖思想

（一）《医林改错》的主要内容概述

《医林改错》分上下两卷，上卷主要阐述脏腑的形态特点，同时还辨析了50种血瘀之症及其治法；下卷主要讨论半身不遂、瘫痿、抽风等症，在处方上均取一方治之，而舍弃其他杂方。王清任在《医林改错·自序》中说：“余著《医林改错》一书，非治病全书，乃记脏腑之书也。其中当尚有不实不尽之处，后人倘遇机会，亲见脏腑，精查增补，抑又幸矣！记脏腑后，兼记数症，不过示人以规矩，令人知外感内伤，伤人何物；有余不足，是何形状。至篇中文义多粗浅者，因业医者学问有浅深也。前后语句多复重者，恐心粗者前后不互证也。如半身不遂内有四十种气亏之症，小儿抽风门有二十种气亏之症，如遇杂症，必于六十种内互考参观，庶免谬误。”②这段话把《医林改错》一书的核心内容及其学术特色都讲得一清二楚了。

1.“夫业医诊病，当先明脏腑”

这里的“明脏腑”不是藏象学说意义上的“明脏腑”，而是以解剖实践为基础的“明脏腑”。王清任说：

> 夫业医诊病，当先明脏腑。尝阅古人脏腑论及所绘之图，立言处处自相矛盾。如古人论脾，谓脾属土，土主静而不宜动，脾动则不安；既云脾动不安，何得下文又言脾闻声则动，动则磨胃化食，脾不动则食不化？论脾之动静，其错误如是。其论肺，虚如蜂窠，下无透窍，吸之则满，呼之则虚。既云下无透窍，何得又云肺中有二十四孔，行列分布，以行诸脏之气，论肺之孔窍，其错误又如是。③

他又说：

> 余于脏腑一事，访验四十二年，方得其确，绘成全图。意欲刊行于世，惟恐后人未见脏腑，议余故叛经文，欲不刊行，复虑后人业医受祸，相沿又不知几千百年。细思黄帝虑生民疾苦，平素以灵枢之言，下问岐伯、鬼臾区，故名《素问》。二公如知之的确，可对君言，知之不确，须待参考，何得不知妄对，遗祸后世？继而秦越人著《难经》，张世贤割裂《河图洛书》为之图注，谓心肝肺以分两计之，每件重几许，大小肠以尺丈计之，每件长若干，胃大几许，容谷几斗几升。其言仿佛似真，其实脏腑未见，

① 学术成果主要有王敬兰等编著：《〈医林改错〉评注与临床应用》，石家庄：河北科学技术出版社，2001年；钱超尘、温长路主编：《王清任研究集成》，北京：中医古籍出版社，2002年；宋爱伦：《王清任〈医林改错〉研究》，南京师范大学2013年硕士学位论文；何庆勇主编：《医林改错方药心悟》，北京：人民军医出版社，2014年等。

② （清）王清任著、陕西省中医研究院注释：《医林改错注释》，北京：人民卫生出版社，1976年，第1页。

③ （清）王清任著、陕西省中医研究院注释：《医林改错注释》，第3—4页。

以无凭之谈，作欺人之事，利己不过虚名，损人却属实祸。[①]

在讳言人体解剖的中国古代，王清任通过人体解剖的手段来辨明脏腑的形态特点，确实需要冒很大的风险。于上述字里行间，王清任已经表明了他的态度和立场，其勇于突破前人窠臼的探险精神十分令人感动。在崇尚经学的历史时代，人体解剖基本上是一片禁区，王清任为了绘制脏腑全图而“访验四十二年”，其中之艰辛与风险未亲身经历者很难想象。

2.“治病之要诀，在明白气血”

“气血合脉”是《医林改错》上卷的主要内容之一，亦是王清任学术理论的核心所在。脉之所指从解剖学的角度看实际上就是血管，但王清任为了“气”与“血”具有不同的生理结构和机能，他错误地将脉管视为“气管”，把“心”视为“血管”，不免为后人所诟病。不过，王清任在临床上总结出“六十种气虚之症”（包括半身不遂门四十种气虚之症与小儿抽风二十种气虚之症）和“五十种血瘀症”[②]却具有重要的指导意义。王清任强调：

> 治病之要诀，在明白气血，无论外感、内伤，要知初病伤人何物，不能伤脏腑，不能伤筋骨，不能伤皮肉，所伤者无非气血。气有虚实，实者邪气实，虚者正气虚。
>
> ……血有亏瘀，血亏，必有亏血之因，或因吐血、衄血，或溺血、便血，或破伤流血过多，或崩漏、产后伤血过多。若血瘀，有血瘀之症可查。[③]

在王清任看来，气和血既是人体生命的源泉和动力，同时又是人体病理的源头和致病因素。明代医家皇甫中发挥朱丹溪的“六郁”学说云：“血气冲和，万病不生，一有拂郁，诸病生焉。故人之诸病，多生于六郁。”[④]从本质上看，王清任的“瘀血说”也是对朱丹溪“六郁”学说的发展，而归根到底“瘀血”的病机则是枢机不利，大气不转，故王清任创“逐瘀活血”15个处方，讲求行气活血以化瘀，体现了传统中医气血辨证的思想精髓。

3.“病有千状万态，不可以余为全书”

王清任在《医林改错》上卷“方叙”中反复申明：“病有千状万态，不可以余为全书。”[⑤]这是非常实事求是的自我评价，王清任从“气血合脉”的医学理念出发，分人体生命为“气府”和“血府”两大组成部分，整个人体就是这两府相互协调、相互作用的结果，所以王清任为中医内外科临床创立了诸多行气活血的处方。那么，如何看待这些处方呢？王清任认为自己“不过因著《医林改错·脏腑图记》后，将平素所治气虚、血瘀之症，记数条示人以规矩，并非全书”[⑥]。此言虽属谦虚之语，却也符合实际。因为没有哪一部医书能够穷尽人类疾病，更没有哪一部医书能够提供治疗所有人类疾病的方法。在这种情形下，最佳

① （清）王清任著、陕西省中医研究院注释：《医林改错注释》，第8—9页。

② （清）王清任著、陕西省中医研究院注释：《医林改错注释》上卷《气血合脉论》，第47—48页。

③ （清）王清任著、陕西省中医研究院注释：《医林改错注释》上卷《气血合脉论》，第48页。

④ （明）皇甫中：《明医指掌》卷3《郁证四》，北京：中国中医药出版社，2006年，第65页。

⑤ （清）王清任著、陕西省中医研究院注释：《医林改错注释》上卷《方叙》，第58页。

⑥ （清）王清任著、陕西省中医研究院注释：《医林改错注释》上卷《方叙》，第58页。

途径就是综合诸书所载，临症审因，辨证施治。于是，他说："查证有王肯堂《证治准绳》，查方有周定王朱橚《普济方》，查药有李时珍《本草纲目》，三书可谓医学之渊源。可读可记，有国朝之《医宗金鉴》，理足方效，有吴又可《瘟疫论》，其余名家，虽未见脏腑，而攻发补泻之方，效者不少。"①尽管如此提醒世人，可谓循循善诱，但王清任还是告诫人们，"不善读者，以余之书为全书，非余误人，是误余也"②。也就是说，只有不把王清任的医书看作全书，才是真正地尊重他。

4."儿在母腹，全赖母血而成"

在王清任之前，众多医家对母体中胎儿的生长过程并不清楚，而是仅凭主观想象来推论，缺乏解剖依据。如《诸病源候论·妇人妊娠病诸候》云："一月肝经养，二月胆经养，三月心经养，四月三焦养，五月脾经养，六月胃经养，七月肺经养，八月大肠养，九月肾经养。若依其论，胎至两月，自当肝经交代，胆经接班，此论实在无情无理。"③从解剖学的角度看，上述"假说"确实缺乏实验依据。因此，王清任在长期观察实践和求教的基础上，正确地提出了"儿在母腹，全赖母血而成"④的医学主张。在王清任看来，胎儿在母体的发育过程应当是："结胎一月之内，并无胎衣。一月后，两月内，始生胎衣。胎衣既成，儿体已定。胎衣分两段，一段厚，是双层，其内盛血；一段薄，是单层，其内存胎。厚薄之间，夹缝中长一管，名曰脐带，下连儿脐。母血入胎衣内盛血处，转入脐带，长脏腑肢体，周身齐长，并非先长某脏。后长某腑。一月小产者，并无胎衣。两月小产者，有胎衣，形如秤锤，上小下大，不过是三指长短。三月小产者，耳目口鼻俱备，惟手足有拳不分指。至月足临生时，儿蹬破胎衣，头转向下而生，胎衣随胎而下，胎衣上之血，随胎衣而下，此其长也。"⑤依有关专家的考证，王清任对于"胎衣"的认识，与现代医学妊娠6—7周开始形成胎盘的认识相一致。另，文中"胎衣分两段"，显然是指"胎盘"和"羊膜"，因此，"这是在祖国医学著作中首次详细地、科学地把胎衣分为羊膜和胎盘两个部分，并认识到母体和胎儿之间是借脐带、胎盘相连"⑥。

5."辨方效经错之源，论血化为汗之误"

这是《医林改错》最后一节内容，王清任特别说明："侄作砺来京，因闲谈问余；彼时是书业已刻成，故书于卷末，以记之。"⑦然而，整段讨论都失之偏颇。由于王清任没有辨析动脉与静脉的区别，所以其论说难以成立。他说：

> 汗即血化，此丹溪朱震亨之论，张景岳虽议驳其非，究竟不能指实出汗之本源。

---

① （清）王清任著、陕西省中医研究院注释：《医林改错注释》上卷《方叙》，第58页。

② （清）王清任著、陕西省中医研究院注释：《医林改错注释》上卷《方叙》，第58—59页。

③ （清）王清任著、陕西省中医研究院注释：《医林改错注释》下卷《怀胎说》，北京：人民卫生出版社，1976年，第164页。《诸病源候论》卷41《妇人妊娠病诸候》云："怀娠一月，名曰始形……足厥阴养之。足厥阴者，肝之脉也。妊娠二月，名曰始膏。……足少阳养之。足少阳者，胆之脉也。……"

④ （清）王清任著、陕西省中医研究院注释：《医林改错注释》下卷《怀胎说》，第164页。

⑤ （清）王清任著、陕西省中医研究院注释：《医林改错注释》下卷《怀胎说》，第164—165页。

⑥ 孙济平主编：《中国医学人体解剖学发展考》，贵阳：贵州科技出版社，2015年，第84页。

⑦ （清）王清任著、陕西省中医研究院注释：《医林改错注释》下卷《辨方效经错之源，论血化为汗之误》，第187页。

古人立论之错，错在不知人气血是两管，气管通皮肤有孔窍，故发汗；血管通皮肤无孔窍，故不发汗。①

关于王清任在文中所出现的错误，业内专家已有明辨②，不赘。

（二）王清任“极大胆之革命”的中医解剖思想

梁启超在《中国近三百年学术史》一书中称：

> 清医最负盛名者如徐洄溪大椿、叶天士桂，著述皆甚多，不具举。惟有一人不可不特笔重记者，曰王勋臣清任，盖道光间直隶玉田人，所著书曰《医林改错》，其自序曰：“……尝阅古人脏腑论及所绘之图，立言处处自相矛盾……本源一错，万虑皆失……著书不明脏腑，岂非痴人说梦？治病不明脏腑，何异盲子夜行？……”勋臣有惕于此，务欲实验以正其失。然当时无解剖学，无从着手。彼当三十岁时，游滦州某镇，值小儿瘟疹，死者甚多，率皆浅殡。彼乃不避污秽，就露脏之尸细视之，经三十余具，略得大概，其遇有副刑之犯，辄往迫视。前后访验四十二年，乃据所实睹者绘图成脏腑全图而为之记。附以“脑髓说”，谓灵机记性不在心而在脑；“气血合脉图”，斥《三焦脉诀》等之无稽，诚中国医界之极大胆之革命论。其人之求学，亦饶有科学的精神，惜乎举世言医者莫之宗也。③

如前所述，《医林改错》是一部争议较大的著作，但它在中国人体解剖史上的地位毋庸置疑。其主要贡献有：

1.“亲见改正脏腑图”

与“古人脏腑图”相比，王清任“亲见改正脏腑图”由于经过了认真的观察与比较，他对肺、胃、肝、胆、胰、胰管、胆管、大网膜等脏器形态的描述多与现代人体解剖学一致，因而成绩是主要的，但这并不否认王清任对某些脏腑形态和功能的认识仍存在错误之处。

（1）肺的形态及其特点，如图3-23所示：

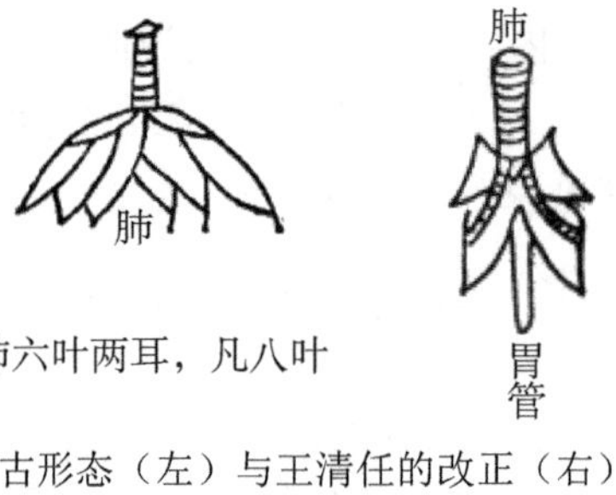

图3-23　肺的古形态（左）与王清任的改正（右）解剖形态④

---

①（清）王清任著、陕西省中医研究院注释：《医林改错注释》下卷《辨方效经错之源，论血化为汗之误》，第187页。

② 王旭、王超凡、王继先主编：《王合三》，北京：中国中医药出版社，2001年，第307页；钱超尘、温长路主编：《王清任研究集成》，北京：中医古籍出版社，2002年，第227页；等等。

③ 梁启超：《中国近三百年学术史》，芜湖：安徽师范大学出版社，2016年，第430页。

④（清）王清任著、陕西省中医研究院注释：《医林改错注释》上卷《亲见改正脏腑图》，第22页。

王清任述："肺管至肺分两杈，人肺两叶，直贯到底，皆有节。肺内所存，皆轻浮白沫，如豆腐沫，有形无体。两大叶大面向背，小面向胸，上有四尖向胸，下一小片亦向胸。"①又说："肺管下分为两杈，入肺两叶，每杈分九中杈，每中杈分九小杈，每小杈长数小枝，枝之尽头处，并无孔窍，其形仿佛麒麟菜，肺外皮实无透窍……亦无行气之二十四孔。"②显然，与现代医学对肺的解剖形态相比较③，王清任的描述比较符合实际，尤其是对肺的分叶概念比较正确，同时，他还纠正了古人所言"肺有六叶两耳"及"有二十四孔"的主观玄说。当然，限于明清时期人体解剖学发展的不完全性，王清任在批判古人对肺形态的错误认识时，也不可避免存在着曲解古人的地方。例如，在《医林改错·脏腑记叙》一节中，王清任批评李梴《医学入学》的观点说："既云下无透窍，何得又云肺中有二十四孔，行列分布，以行诸脏之气，论肺之孔窍，其错误又如是。"④实际上，李梴的"下无透窍"是指"除上面有气管与外界相通以外，再无孔窍与外界相连，这是符合客观实际情况的"⑤。可见，王清任在批判李梴"肺中有二十四孔"的错误观点时，并未加以客观分析，或者对李梴的观点未作全面的理解。

（2）胃的形态及其特点，如图 3-24 所示：

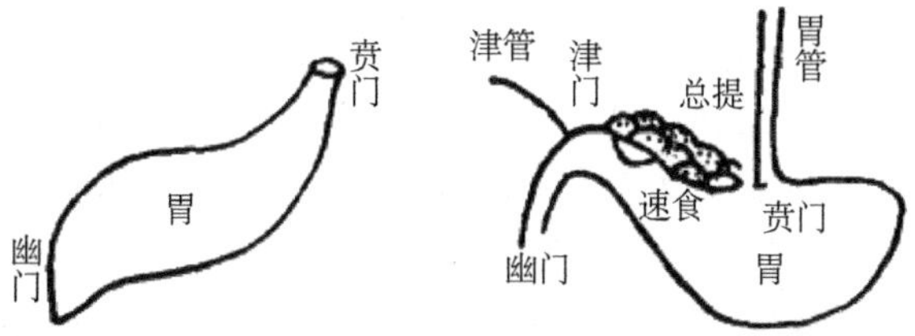

图 3-24　胃的古形态（左）与王清任的改正（右）解剖形态⑥

王清任述："胃府之体质，上口贲门，在胃上正中，下口幽门，亦在胃上偏右，幽门之左寸许，名津门。胃内津门之左，有疙瘩如枣，名遮食。胃外津门左，名总提，肝连于其上。胃在腹，是平铺卧长，上口向脊，下口向右，底向腹，连出水道。"⑦与胃的古形态相比，王清任改正的胃形态与现代解剖学的认识基本一致。所以王清任批评古人对胃的形态观念说："古人画胃图，上口在胃上，名曰贲门。下口在胃下，名曰幽门。言胃上下两门，不知胃是三门。画胃竖长，不知胃是横长，不但横长，在腹是平铺卧长。上口贲门向脊，下底向腹。下口幽门亦在胃上，偏右胁向脊。"⑧文中言胃府的结构中"有疙瘩如枣，名遮

① 王清任著、陕西省中医研究院注释：《医林改错注释》上卷《亲见改正脏腑图》，第 20、22 页。

② （清）王清任著、陕西省中医研究院注释：《医林改错注释》上卷《脏腑记叙》，第 26 页。

③ 现代医学解剖学认为："肺是进行气体交换的器官，位于胸腔向纵隔的两侧，左右各一。肺上端钝圆叫肺尖，向上经胸廓上口突入颈根部，底位于膈上面，对向肋和肋间隙的面叫肋面，朝向纵隔的面叫内侧面，该面中央的支气管、血管、淋巴管和神经出入处叫肺门，这些出入肺门的结构，被结缔组织包裹在一起叫肺根。左肺由斜裂分为上、下二个肺叶；右肺除斜裂外，还有一水平裂将其分为上、中、下三个肺叶。"参见李洁主编：《医学基础》，北京：中国医药科技出版社，2008 年，第 139 页。

④ （清）王清任著、陕西省中医研究院注释：《医林改错注释》上卷《脏腑记叙》，第 4 页。

⑤ （清）王清任著、陕西省中医研究院注释：《医林改错注释》上卷《脏腑记叙》，第 20 页。

⑥ （清）王清任著、陕西省中医研究院注释：《医林改错注释》上卷《亲见改正脏腑图》，第 20、23 页。

⑦ （清）王清任著、陕西省中医研究院注释：《医林改错注释》上卷《亲见改正脏腑图》，第 23 页。

⑧ （清）王清任著、陕西省中医研究院注释：《医林改错注释》上卷《亲见改正脏腑图》，第 33—34 页。

食”，即指今之幽门括约肌。在上述描述中，王清任将胃府的上口、下口、津门等胃十二指肠和有关的腺体开口也都非常清晰地记叙出来了，不仅较古人所绘胃府图更加细致，而且对胃府与其他相邻脏腑之间的位置关系，其记述也更为准确。

（3）脾或胰腺的形态及其特点，如图 3-25 所示：

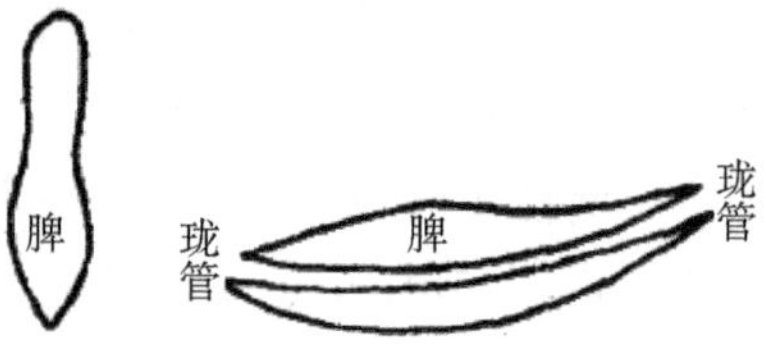

图 3-25 “脾”或胰腺的古形态（左）与王清任的改正（右）解剖形态①

王清任述：“脾中有一管，体象玲珑，易于出水，故名珑管。脾之长短与胃相等，脾中间一管，即是珑管。另画珑管者，谓有出水道，令人易辨也。”②学界对王清任所描写的究竟是胰脏还是脾脏，学界认识尚有分歧。例如，有学者认为：“王氏在此的描述，用胰腺的解剖部位解之更切。依以上史料，不能不使我们想到传统中医理论之‘脾’其解剖部位，恰在今之胰位。即今之胰古人名之曰脾。”③又有学者云：“就其解剖位置和形态而言，中医的脾脏包括了现代医学所指的脾和胰。”④不过，多数学者认为王清任在此描述的实为胰腺⑤，其中“珑管”是指主胰管。接着，王清任进一步描述说：“幽门之左寸许，另有一门，名曰津门。津门上有一管，名曰津管，是由胃出精汁水液之道路。津管一物，最难查看，因上有总提遮盖。总提俗名胰子，其体长于贲门之右，幽门之左，正盖津门。总提下，前连气府提小肠，后接提大肠；在胃上，后连肝，肝连脊，此是膈膜以下，总提连贯胃肝大小肠之体质。”⑥正是据于王清任的记叙，有学者提出了如下主张：“有些学者认为王氏所绘的改正图可能是把胰和脾混淆了。这仅是推测而已。笔者认为，从解剖学上证明，主运化之脾，应当落实在胰脏上。”⑦当然，这仅仅是一家之言，可以参考。

（4）肝脏的形态及其特点，如图 3-26 所示：

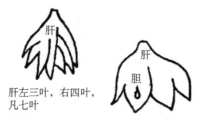

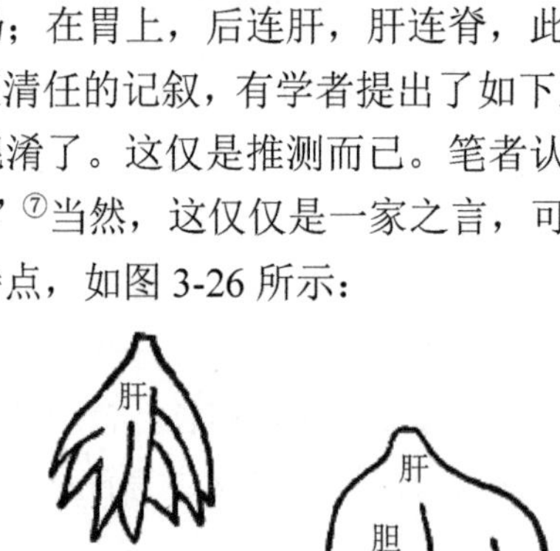

图 3-26 肝脏的古形态（左）与王清任的改正（右）解剖形态⑧

① （清）王清任著、陕西省中医研究院注释：《医林改错注释》上卷《亲见改正脏腑图》，第 21、23 页。
② （清）王清任著、陕西省中医研究院注释：《医林改错注释》上卷《亲见改正脏腑图》，第 23 页。
③ 严健民：《原始中医学理论体系十七讲》，北京：中国古籍出版社，2015 年，第 199 页。
④ 胡慧编著：《杨甲三——百年百名针推专家》，北京：中国中医药出版社，2014 年，第 111 页。
⑤ 陈进春、姜杰主编：《中西医结合胆胰疾病诊疗学》，厦门：厦门大学出版社，2011 年，第 16 页。
⑥ （清）王清任著、陕西省中医研究院注释：《医林改错注释》上卷《亲见改正脏腑图》，第 33—34 页。
⑦ 凌国枢：《创立中国新医学》，北京：中医古籍出版社，2009 年，第 316 页。
⑧ （清）王清任著、陕西省中医研究院注释：《医林改错注释》上卷《亲见改正脏腑图》，第 21、22 页。

王清任述："肝四叶，胆附于肝右边第二叶。总提长于胃上，肝又长于总提之上，大面向上，后连于脊，肝体坚实，非肠、胃、膀胱可比，绝不能藏血。"①此与现代医学对肝脏形态的认识基本一致，如肝脏分左叶、右叶、尾状叶、方形叶计有 4 叶，肝脏的上界与膈穹窿相吻合，后缘紧贴后腹壁等，而胆则位于肝脏右边第二叶，即在肝脏右纵沟胆囊窝内，与现代医学对胆的解剖位置相符合。于是，有人评价说："此乃王清任发扬祖国医学之又一贡献。"②

（5）肾脏的形态及其特点，如图 3-27 所示：

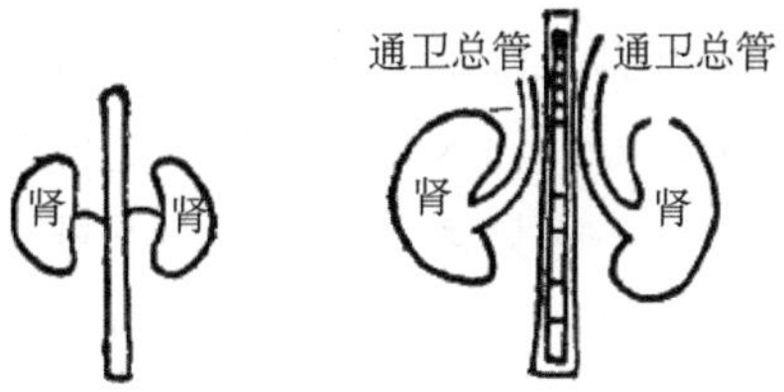

图 3-27　肾脏的古形态（左）与王清任的改正（右）解剖形态③

王清任述："两肾凹处，有气管两根，通卫总管。两傍肾体坚实，内无孔窍，绝不能藏精。"④在此，王清任不仅描述了两侧肾动脉通腹主动脉的相互关系，还从解剖生理学的角度辨明了肾脏的泌尿功能和生殖腺的"生精""藏精"功能。⑤自从王清任从解剖学的立场否定了"肾藏精"的生理功能之后，"近人陈垣的抨击，等于是承续了王的说法，在解剖学更进步的时代，对肾藏精之说提出更深刻的反驳"⑥。若就对肾脏形态及其特点的认识而言，王清任的上述记叙"虽然不能与现代医学中肾脏的解剖学相提并论，也没有现代医学那么清楚明白，但开始接近并符合肾脏的形态了"⑦。

（6）膀胱的形态及其特点，如图 3-28 所示：

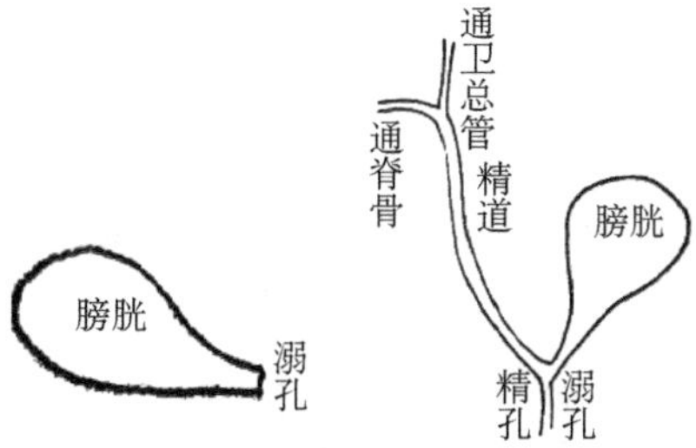

图 3-28　膀胱的古形态（左）与王清任的改正（右）解剖形态⑧

王清任述："膀胱有下口，无上口，下口归玉茎。精道下孔，亦归玉茎。精道在妇女，

① （清）王清任著、陕西省中医研究院注释：《医林改错注释》上卷《亲见改正脏腑图》，第 22 页。

② 钱超尘、温长路主编：《王清任研究集成》，北京：中国古籍出版社，2002 年，第 769 页。

③ （清）王清任著、陕西省中医研究院注释：《医林改错注释》上卷《亲见改正脏腑图》，第 21、24 页。

④ （清）王清任著、陕西省中医研究院注释：《医林改错注释》上卷《亲见改正脏腑图》，第 24 页。

⑤ 张冬梅主编：《王清任传世名方》，北京：中国医药科技出版社，2013 年，第 5 页。

⑥ 皮国立：《近代中医的身体观与思想转型：唐宗海与中西医汇通时代》，北京：生活・读书・新知三联书店，2008 年，第 390 页。

⑦ 王晨霞：《王晨霞说掌纹与五脏六腑》，海口：南海出版公司，2007 年，第 122 页。

⑧ （清）王清任著、陕西省中医研究院注释：《医林改错注释》上卷《亲见改正脏腑图》，第 21、24 页。

名子宫。”[①]这段话在学界争议比较大，谓膀胱“无上口”显然不符合解剖实际，故王清任误认为尿液的生成过程是：“水液由珑管分流两边，入出水道。出水道形如鱼网，俗名网油。水液由出水道渗出，沁入膀胱，化而为尿。出水道出水一段，体查最难。自嘉庆二年看脏腑时，出水道有满水铃铛者，有无水铃铛者，于理不甚透彻。”[②]那么，王清任为什么会得出膀胱“无上口”结论呢？唐宗海先生解释说：“王清任《医林改错》亦谓水从网油而传入膀胱，观剖牲畜，网油内有水铃铛，即是水从此过之故也。余按此说甚为确切，惟是诋毁古人，谓其不晓水道，而不知唐以后医，识多误解，而汉以前医，则断无差谬。盖唐以后医，见剖六畜，膀胱之上，全无孔窍，遂谓膀胱无上口。抑思膀胱可舒可敛，其上口在膜与油之中，极其细密，渗泌溺液，浸润而入，原非极大之洞隙，死后则油与膜粘连收缩而不见，安得谓无上口哉。譬之螺靥，则见其口，蚌钳则不见其缝，均不得谓无门口。”[③]客观言之，诚如有学者所说：“作者在当时的条件下能观察出男性的尿道和精道合一，指出精道在女性的同源器官名子宫，确实是不简单的。”[④]

（7）脑髓说。王清任述：“灵机记性不在心在脑一段，本不当说，纵然能说，必不能行。欲不说，有许多病，人不知源，思至此，又不得不说。不但医书论病，言灵机发于心，即儒家谈道德，言性理，亦未有不言灵机在心者。因始创之人，不知心在胸中，所办何事。不知咽喉两傍，有气管两根，行至肺管前，归并一根，入心，由心左转出，过肺人脊，名曰卫总管，前通气府、精道，后通脊，上通两肩，中通两肾，下通两腿，此管乃存元气与津液之所。气之出入，由心所过，心乃出入气之道路，何能生灵性、贮记性？灵机记性在脑者，因饮食生气血，长肌肉，精汁之清者，化而为髓，由脊骨上行入脑，名曰脑髓。”[⑤]

“脑髓”具有记性的功能，这绝不是主观臆断，王清任用下述解剖事实证明之。

“两耳通脑，所听之声归于脑。脑气虚，脑缩小，脑气与耳窍之气不接，故耳虚聋；耳窍通脑之道路中，若有阴滞，故耳实聋。两目即脑汁所生，两目系如线，长于脑，所见之物归于脑，瞳人白色，是脑汁下注，名曰脑汁入目。鼻通于脑，所闻香臭归于脑，脑受风热，脑汁从鼻流出，涕浊气臭，名曰脑漏。”[⑥]又“舌中原有两管，内通脑气，即气管也。以容气之往来，使舌动而能言。”[⑦]

这样，王清任把视、听、嗅、言等感觉与脑髓联系了起来，主张“灵机记性在脑”，而视、听、嗅、言等感觉与脑髓联系的通道即西医所谓“脑神经”，其中王清任“关于目系的描述，证明他发现了视神经”[⑧]，至于“舌中原有两管”显然是指两侧舌下神经。[⑨]

---

① （清）王清任著、陕西省中医研究院注释：《医林改错注释》上卷《亲见改正脏腑图》，第 24 页。
② （清）王清任著、陕西省中医研究院注释：《医林改错注释》上卷《亲见改正脏腑图》，第 34 页。
③ （清）唐宗海：《六经方证中西通解》，成都：唐宗海学术研究会，1983 年，第 1 页。
④ 钱超尘、温长路主编：《王清任研究集成》，北京：中国古籍出版社，2002 年，第 248 页。
⑤ （清）王清任著、陕西省中医研究院注释：《医林改错注释》上卷《脑髓说》，第 34 页。
⑥ （清）王清任著、陕西省中医研究院注释：《医林改错注释》上卷《脑髓说》，第 39 页。
⑦ （清）王清任著、陕西省中医研究院注释：《医林改错注释》下卷《辨语言蹇涩非痰火》，第 117 页。
⑧ 钱超尘、温长路主编：《王清任研究集成》，北京：中国古籍出版社，2002 年，第 463 页。
⑨ 钱超尘、温长路主编：《王清任研究集成》，第 463 页。

王清任在“口眼歪斜辨”一节中说：

凡病左半身不遂者，歪斜多半在右；病右半身不遂者，歪斜多半在左。此理令人不解，又无书籍可考。何者？人左半身经络上头面从右行，右半身经络上头面从左行，有左右交互之义，余亦不敢为定论，以待高明细心审查再补。①

有学者认为王清任在此提出了大脑左右两半球具有对称交叉功能的假设，而“王清任的这一观察结果可与法国解剖学家弗卢龙（M.J.P.Flourens）用局部割除法切除野鸽大脑和小脑的实验结果相比，而且现代生理学已证实王清任的这一假设是正确的，因为现代生理心理学研究已表明，支配躯体四肢运动的神经系统——锥体束，在延脑下端处有交叉”②。

不可否认，限于明清时期我国的医学解剖条件尚不具备，王清任能够克服重重困难，敢于突破前人的固有模式，在西医学知识的影响下③，提出上述许多医学革新思想，其解剖学的主流应当肯定，但这绝不等于否认王清任在《医林改错》一书中的个别错误认识。例如，他认为“心无血”④“脉是气管”⑤等，都与解剖事实不符，故为后人所诟病。但仅据这些瑕疵而否定王清任的学术贡献，甚至认为王清任《医林改错》一书是“越改越错”⑥，都是不可取的。无论如何，王清任相比他的前辈毕竟为我国医学史提供了许多新的东西，一句话，“王清任的解剖实践是我国解剖史上第一次大胆的创新”⑦。

二、中医学活血化瘀理论的创立及其他

（一）中医学活血化瘀理论的创立

《医林改错》的突出贡献之一是创立了中医学活血化瘀理论，王清任在《医林改错·方叙》中根据人体部位首立三方以指导临床，即“立通窍活血汤，治头面四肢周身血管血瘀之症；立血府逐瘀汤，治胸中血府血瘀之症；立膈下逐瘀汤，治肚腹血瘀之症”⑧。具体应用如下：

1. 通窍活血汤

（1）组方。赤芍一钱，川芎一钱，桃仁三钱（研泥）。红花三钱，老葱三根（切碎）。鲜姜三钱（切碎），大枣七枚（去核）。麝香五厘（绢包）。用黄酒半斤，将前七味煎一钟，

① （清）王清任著、陕西省中医研究院注释：《医林改错注释》下卷《口眼歪斜辨》，第 114 页。
② 汪凤炎：《中国心理学思想史》，上海：上海教育出版社，2008 年，第 107—108 页。
③ 廖育群、傅芳、郑金生：《中国科学技术史·医学卷》，第 479 页。
④ （清）王清任著、陕西省中医研究院注释：《医林改错注释》上卷《心无血说》，第 29 页。
⑤ （清）王清任著、陕西省中医研究院注释：《医林改错注释》上卷《气血合脉说》，第 47—48 页。
⑥ 李经纬、程之范册主编：《中国医学百科全书》第 76 册《医学史》，上海：上海科学技术出版社，1987 年，第 147 页。
⑦ 尹淑媛、陈麟书编著：《生物科学发展史》，成都：成都科技大学出版社，1989 年，第 58 页。
⑧ （清）王清任著、陕西省中医研究院注释：《医林改错注释》上卷《方叙》，第 58 页。

去渣，将麝香入酒内，再煎二沸，临卧服。[①]

（2）主治。头发脱落、眼疼白珠红、糟鼻子、耳聋年久、白癜风、紫癜风、紫印脸、青记脸如墨、牙疳、出气臭、妇女干劳、男子劳病、交节病作、小儿疳症等。[②]

（3）典型病证。出气臭，“血府血瘀，血管血必瘀，气管与血管相连，出气安得不臭？即风从花里过来香之义。晚服此方，早服血府逐瘀汤，三、五日必效。无论何病，闻出臭气，照此法治”[③]。交节病作，“无论何病，交节病作，乃是瘀血。何以知其是瘀血？每见因血结吐血者，交节亦发，故知之。服三付不发”[④]。文中的“交节病作”是指在两个节气交替时，疾病发作或加剧。

2. 血府逐瘀汤

（1）组方。当归三钱，生地三钱，桃仁四钱，红花三钱，枳壳二钱，赤芍二钱，柴胡一钱，甘草二钱，桔梗一钱半，川芎一钱半，牛膝三钱。水煎服。[⑤]

（2）主治。头疼、胸痛、胸不任物、胸任重物、天亮出汗、食自胸后下、心里热、瞀闷、急躁、夜睡梦多、呃逆、饮水即呛、不眠、小儿夜啼、心跳心忙、夜不安、俗言肝气病、干呕、晚发一阵热等。[⑥]

（3）典型病证。呃逆，“因血府血瘀，将通左气门、右气门归并心上一根气管，从外挤严，吸气不能下行，随上出，故呃气。若血瘀甚，气管闭塞，出入之气不通，闷绝而死。古人不知病源，以橘皮竹茹汤、承气汤、都气汤、丁香柿蒂汤、附子理中汤、生姜泻心汤、代赭旋覆汤、大小陷胸等汤治之，无一效者。相传咯忒伤寒，咯忒瘟病，必死。医家因古无良法，见此症则弃而不治。无论伤寒、瘟疫、杂症，一见呃逆，速用此方，无论轻重，一服即效。此余之心法也”[⑦]。心里热，“身外凉，心里热，故名灯笼病，内有血瘀。认为虚热，愈补愈瘀；认为实火，愈凉愈凝。三两付，血活热退”[⑧]。

此方在临床上应用非常广泛，诸如治疗冠心病被陈可冀院士推为首选方。[⑨]

3. 膈下逐瘀汤

（1）组方。灵脂二钱（炒），当归三钱，川芎三钱，桃仁三钱（研泥），丹皮二钱，赤芍二钱，乌药二钱，元胡一钱，甘草三钱，香附钱半，红花三钱，枳壳钱半。水煎服。[⑩]

（2）主治。积块、小儿痞块、痛不移处、卧则腹坠、肾泻、久泻等。[⑪]

---

① （清）王清任著、陕西省中医研究院注释：《医林改错注释》上卷《通窍活血汤》，第 66 页。

② （清）王清任著、陕西省中医研究院注释：《医林改错注释》上卷《通窍活血汤》，第 61—65 页。

③ （清）王清任著、陕西省中医研究院注释：《医林改错注释》上卷《通窍活血汤》，第 63 页。

④ （清）王清任著、陕西省中医研究院注释：《医林改错注释》上卷《通窍活血汤》，第 64 页。

⑤ （清）王清任著、陕西省中医研究院注释：《医林改错注释》上卷《血府逐瘀汤方》，第 80 页。

⑥ （清）王清任著、陕西省中医研究院注释：《医林改错注释》上卷《血府逐瘀汤方》，第 77—80 页。

⑦ （清）王清任著、陕西省中医研究院注释：《医林改错注释》上卷《血府逐瘀汤方》，第 42—43 页。

⑧ （清）王清任著、陕西省中医研究院注释：《医林改错注释》上卷《血府逐瘀汤方》，第 42 页。

⑨ 张京春、蒋跃绒编著：《中国中医科学院著名中医药专家学术经验传承实录·陈可冀》，北京：中国医药科技出版社，2014 年，第 89 页。

⑩ （清）王清任著、陕西省中医研究院注释：《医林改错注释》上卷《膈下逐瘀汤方》，第 88—89 页。

⑪ （清）王清任著、陕西省中医研究院注释：《医林改错注释》上卷《膈下逐瘀汤方》，第 86—88 页。

（3）典型病证。肾泻，“五更天泄三两次，古人名曰肾泄，言是肾虚，用二神丸、四神丸等药，治之不效，常有三五年不愈者。病不知源，是难事也。不知总提上有瘀血，卧则将津门挡严，水不能由一津门出，由幽门入小肠，与粪合成一处，粪稀溏，故清晨泻三五次。用此方逐总提上之瘀血，血活津门无挡，水出泻止，三五付可痊愈”①。

据现代临床治疗慢性结肠炎的经验，应用此方需具备三个条件，即病程较久，痛有定处而拘按，大便黏液。故只要辨证精当，就能起到三五帖可愈的效果。②

综上所述，不难发现，王清任在继承《内经》以来我国历代医家血瘀症论治的基础上，根据他的“胸中血府”论，创立了以血府逐瘀汤为代表方的治法，收效甚著。诚如前述，“胸中血府”论并不正确，却能收到临床显效。于是，对于这一现象，医家各有解释。下面的解释相对比较公允：

> 王清任的血府说有三个要素：第一是血府的解剖认识；第二是血府血瘀、胸中血瘀的病理认识；第三是活血化瘀的治疗方法。王氏血府说的错误只在于对血府的解剖认识上。他虽未明确反对“夫脉者，血之府也”，却臆造了一个“胸中血府”。然而正是这一错误，使王氏将注意力集中于胸部，提出了“胸中血府血瘀”。既然我们已知王氏的认识有误，不妨去伪存真，将“胸中血府血瘀”当作“胸中血瘀”。事实证明，胸中血瘀是极易出现的一种病理现象，这一病理认识合乎中医脏腑学说，并与《内经》合拍，故用活血化瘀为法也就理所当然了。因此王清任的血府说之三要素中，其二血府血瘀、胸中血瘀的病理认识是正确的，其三活血化瘀的治疗方法也是正确的。所以王氏以脏腑机能、气血化生为依据创制的血府逐瘀汤可获佳效。③

（二）王清任的经络思想及其他医学成就

1. 经络（即动脉循环）思想

王清任的解剖实践进一步丰富和发展了我国古代的经络学说，他在《医林改错·半身不遂本源》一节中说：“夫元气藏于气管之内，分布周身，左右各得其半。人行坐动转，全仗元气。若元气足，则有力；元气衰。则无力；元气绝，则死矣”，因而“元气一亏，经络自然空虚，有空虚之隙，难免其气向一边归并”④。这里，对于“气管”的理解，学界基本认定是指现代西医学所说的动脉。⑤考王清任《医林改错》“亲见改正脏腑图”附有“气府”及“经络”图，图示如下。关于“气府”的特点，王清任云：“气府俗名鸡冠油（今指小肠系膜），下棱抱小肠，气府内，小肠外乃存元气之所，元气化食，人身生命之源全在于此。”⑥

---

① （清）王清任著、陕西省中医研究院注释：《医林改错注释》上卷《膈下逐瘀汤方》，第88页。

② 颜德馨编著：《活血化瘀疗法临床实践》，昆明：云南人民出版社，1980年，第93页。

③ 钱超尘、温长路主编：《王清任研究集成》，第455页。

④ （清）王清任著、陕西省中医研究院注释：《医林改错注释》下卷《半身不遂本源》，第106页。

⑤ 李素云：《王清任——一位经络实证研究的先行者》，《2009中国针灸文献专业委员会年会——李鼎教授学术思想研讨会》，第47页。

⑥ （清）王清任著、陕西省中医研究院注释：《医林改错注释》上卷《亲见改正脏腑图》，第23页。

从王清任的解剖实践和对动物尸体的观察看，“气府”（图 3-29）与“卫总管”（图 3-30）（在胸名胸主动脉，在腹名腹主动脉）相连，然后由“卫总管”与全身气管相贯通，从而维持整个生命的运动。

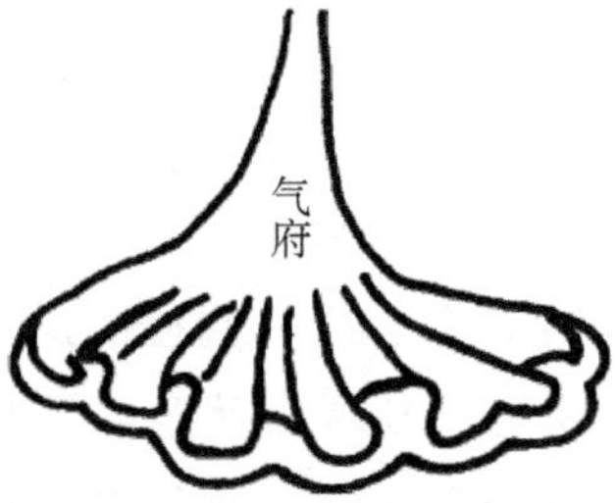

图 3-29　气府示意图①

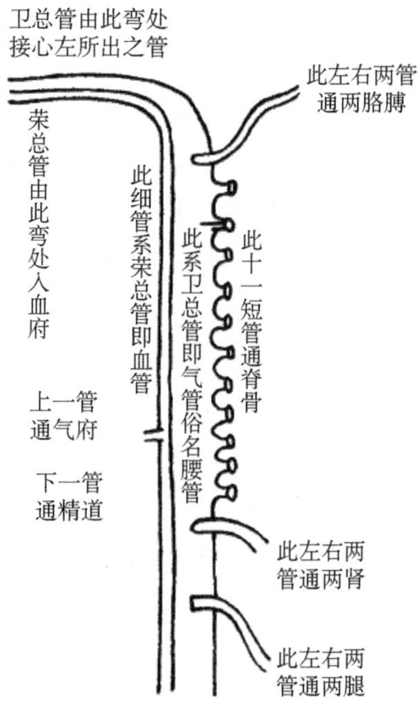

图 3-30　经络（即卫总管）示意图（局部）②

王清任述“卫总管”的运行特点云：“左气门、右气门两管，由肺管两傍，下行至肺管前面半截处，并归一根，如树两杈归一本，形粗如箸，下行入心，由心左转出，粗如笔管，从心左后行，由肺管左边过肺入脊前，下行至尾骨，名曰卫总管，俗名腰管。自腰以下，向腹长两管，粗如箸，上一管通气府，俗名鸡冠油，如倒提鸡冠花之状。气府乃抱小肠之物，小肠在气府是横长。小肠外，气府内，乃存元气之所。元气即火，火即元气，此火乃人生命之源。”③又述：“卫总管，对背心两边有两管，粗如箸，向两肩长（指左右锁骨下动脉）；对腰有两管，通连两肾（指左右肾动脉）；腰下有两管，通两胯（指左右髂总动脉）；腰上对脊正中，有十一短管连脊（是指肋间动脉），此管皆行气、行津液。”④而“卫总管，行气之府，其中无血”⑤。可见，王清任所述之“人体气管（即动脉管）之总干、分枝及其上下走行，与现代医学血液循环之体循环中，有关各动脉血管的连接、分枝、走行大体吻合，但这些解剖知识的获得全凭肉眼对野地里‘破腹露脏之儿’进行观察，条件很恶劣，

① （清）王清任著、陕西省中医研究院注释：《医林改错注释》上卷《亲见改正脏腑图》，第 23 页。
② （清）王清任著、陕西省中医研究院注释：《医林改错注释》上卷《亲见改正脏腑图》，第 25 页。
③ （清）王清任著、陕西省中医研究院注释：《医林改错注释》上卷《亲见改正脏腑图》，第 28—29 页。
④ （清）王清任著、陕西省中医研究院注释：《医林改错注释》上卷《亲见改正脏腑图》，第 28 页。
⑤ （清）王清任著、陕西省中医研究院注释：《医林改错注释》上卷《亲见改正脏腑图》，第 29 页。

无法与西方精确的解剖医学相比”①。

至于经络的循行规律，王清任记述云：外邪“始入毛孔，由毛孔入皮肤，由皮肤入孙络，由孙络入阳络，由阳络入经，由经入卫总管，由卫总管横行入心，由心上行入左右气管，由左右气管上攻左右气门”②。此为外邪侵入人体脏腑之途径，与此相应，药物则由脏腑循经络传到于毛孔，遂将外邪逐出体内，其具体循行途径为：“其药汁由津门流出，入津管，过肝，入脾中之珑管，从出水道渗出，沁入膀胱为尿；其药之气，即药之性，由津管达卫总管，由卫总管达经，由经达络，由络达孙络，由孙络达皮肤，由皮肤达毛孔，将（外）邪逐之自毛孔而出。”③

2. 对病理体质之记录

病理体质是指介于健康与疾病之间的过渡状态④，是指人体没有明确疾病的明显征兆表达、明显异常表现或感觉变化，它是疾病发生的初始、萌芽阶段的基础。⑤对此，王清任在《医林改错·半身不遂记叙》一节中描述“未病以前之形状”云：

> 每治此症（指半身不遂，引者注），愈后问及未病以前之形状，有云偶而一阵头晕者，有头无故一阵发沉者，有耳内无故一阵风响者，有耳内无故一阵蝉鸣者，有眼皮长跳动者，有一支眼渐渐小者，有无故一阵眼睛发直者，有眼前长见旋风者，有长向鼻中攒冷气者，有上嘴唇一阵跳动者，有上下嘴唇相凑发紧者，有睡卧口流涎沫者，有平素聪明忽然无记性者，有忽然说话少头无尾语无伦次者，有无故一阵气喘者，有一手长战者，有两手长战者，有手无名指每日有一时屈而不伸者，有手大指无故自动者，有胳膊无故发麻者，有腿无故发麻者，有肌肉无故跳动者，有手指甲缝一阵阵出冷气者，有脚趾甲缝一阵阵冷气者，有两腿膝缝出冷气者，有脚孤拐骨一阵发软向外棱倒者，有腿无故抽筋者，有脚趾无故抽筋者，有行走两腿如拌蒜者，有心口一阵气堵者，有心口一阵发空气不接者，有心口一阵发忙者，有头项无故一阵发直者，有睡卧自觉身子沉者，皆是元气渐亏之症。因不痛不痒，无寒无热，无碍饮食起居，人最易于疏忽。⑥

文中所述诸多中风先兆的症状，西医亦称“小中风”，实际上就是“病理体质”的临床表现，而在日常生活中由于这些先兆“不痛不痒，无寒无热，无碍饮食起居”，故很容易被人们忽视，结果往往会导致比较严重的后果。因此，如何预防中风确实是一件大事。正是从这层意义上，王清任才对中风发病前至少 34 种形状及其临床表现，描述的如此细致入微而形象生动，比较符合临床实际。在方法上，他主张当气虚初见端倪时就要重用益气之药

---

① 李素云：《王清任——一位经络实证研究的先行者》，《2009 中国针灸文献专业委员会年会——李鼎教授学术思想研讨会》，第 48 页。

② （清）王清任著、陕西省中医研究院注释：《医林改错注释》下卷《辨方效经错之源》，第 184—185 页。

③ （清）王清任著、陕西省中医研究院注释：《医林改错注释》下卷《辨方效经错之源》，第 185 页。

④ 匡调元：《匡调元医论——人体新系猜想》，北京：上海世界图书出版公司，2011 年，第 175 页。

⑤ 刘强编著：《中医预测疾病 100 法》，北京：金盾出版社，2010 年，第 339 页。

⑥ （清）王清任著、陕西省中医研究院注释：《医林改错注释》下卷《记未病前之形状》，第 118—119 页。

来补益元气，代表方为补阳还五汤。

3. 对中医生理心理的相关论述

脑是思维器官，在王清任之前，尚无人对此做过相对全面和系统研究。王清任在《医林改错·脑髓说》一节中讨论了脑髓与思维的关系问题，比较正确地揭示了人类大脑的本质。他举例说："小儿初生时，脑未全，囟门软，目不灵动，耳不知听，鼻不知闻，舌不言。至周岁，脑渐生，囟门渐长，耳稍知听，目稍有灵动，鼻微知香臭，舌能言一二字。至三四岁，脑髓渐满，囟门长全，耳能听，目有灵动，鼻知香臭，言语成句。所以小儿无记性者，脑髓未满。高年无记性者，脑髓渐空。"①这里所说的"记性"实际上就是指大脑的思维功能，而人的智力发展也确实与脑髓的生长有内在关系，当然，王清任没有看到社会实践在人类认识过程中的基础作用，是其时代所限，我们不能苛求于王清任。所以，王氏"把听觉、视觉、嗅觉等感官功能，以及思维、记忆、语言等功能皆归于脑，比前人更提高了一大步"②。

既然大脑与思维的关系如此密切，那么，大脑的机能一旦遇到了障碍，就必然会导致思维混乱的临床表现。如《医林改错·癫狂梦醒汤》载："癫狂一症，哭笑不休，詈骂歌唱，不避亲疏，许多恶态，乃气血凝滞脑气，与脏腑气不接，如同做梦一样。"③而对于做梦这种复杂的生理现象，王清任认为与大脑的思维活动有关，他说："夜睡梦多，是血瘀。"④而"血瘀"的结果可导致"脑气虚，脑缩小"⑤，卫气不入阴，元气不达血管。

4. 对时间节律的临床运用

时间节律与疾病的关系是时间医学（或称生物钟医学）研究的重要内容之一。在我国，《内经》既已形成了时间医学的雏形，而"子午流注针法"则是时间医学的临床应用。国内外医学界的最新研究结果证明，人体生物钟的高级中枢寄于脑。⑥于是，血瘀与脑部的中枢传导障碍就必然会表现出一定的时间节律特色。

王清任在《医林改错·气血合脉说》一节中提出了如下见解："惟血府之血，瘀而不活，最难分别。后半日发烧，前半夜更甚。后半夜轻，前半日不烧，此是血府血瘀。"⑦在此，王清任已经自觉运用时间医学的理论来分析血府血瘀证的临床特点，颇得血瘀证的临床辨证要领。因此，有学者认为：王清任实为"瘀血时间辨证学的创建者"⑧。

综上所述，我们不难看到，王清任对中国医学史的贡献是多方面的，对后世产生了深远影响。正如有学者所评价的那样："《医林改错》本身就是新旧学说斗争中代表新学说的

---

① （清）王清任著、陕西省中医研究院注释：《医林改错注释》上卷《脑髓说》，第 39 页。
② 邓大学：《中医学》上，合肥：安徽科学技术出版社，1989 年，第 155 页。
③ （清）王清任著、陕西省中医研究院注释：《医林改错注释》下卷《癫狂梦醒汤》，第 173 页。
④ （清）王清任著、陕西省中医研究院注释：《医林改错注释》上卷《夜睡梦多》，第 78 页。
⑤ （清）王清任著、陕西省中医研究院注释：《医林改错注释》上卷《脑髓说》，第 39 页。
⑥ 张铭吉等主编：《医学纵横谈》，北京：专利文献出版社，1998 年，第 54 页。
⑦ （清）王清任著、陕西省中医研究院注释：《医林改错注释》上卷《气血合脉说》，第 48 页。
⑧ 孙秀丽：《〈医林改错〉对时间节律的运用》，张俊庭主编：《中国中医药最新研创大全》，北京：中医古籍出版社，1996 年，第 1796 页。

作品，它继承了祖国医学的精华，反驳了旧的谬说，提出了新的学说，这本身就是一种进步。他提出新论点，遭到各种批评或非议，正是他勇于向旧学说挑战、勇于开创医学一些新领域的必然”，因此，“在我们充分认识王清任在医学思想与临床经验建树的同时应该看到，王清任为促进中医药发展的坚持不懈、躬身实践、敢于向现实挑战的治学精神，在医学史上是最有代表性的”①。

本章小结

作为明朝遗民，顾炎武政治上主张反清复明，在学术上追求经世致用，治学规模宏伟博大，故梁启超评价其成就云：“亭林的著述，若论专精完整，自然比不上后人；若论方面之多、气象规模之大，则乾嘉诸老恐无人能出其左右。要而论之，清代许多学术，都由亭林发其端，而后人衍其绪。”②他的地理之学尽管也有不足，但诚如鲁迅所说“盖科学发见，常受超科学之力，易语以释之，亦可曰非科学的理想之感动。”③所以顾炎武把他的科学研究作为政治斗争的一种手段，从这个角度看，侯仁之称顾炎武是一位“把地理研究作为政治斗争工具的启蒙运动思想家”④，真正抓住了顾炎武科学思想的本质，实乃确当之论。王锡阐主张对待西学应当立足中国自身的科学实际，不必媚外，他在一种难以言喻的报国之思和亡国之痛中投身科学研究，秉持中国历算学的独立精神，意志坚定，“学究天人，确乎不拔”⑤。

梅文鼎以“西学中源”说来构建他的科学知识体系，同时提出了许多真知灼见，在当时的历史条件下，梅文鼎的主张“确能折中聚讼百年之久的中西之争，泯除当时社会大众对西学的戒心，使西学在中国有一定的合法地位，既符合当时中国知识界维护中华文化正统性的愿望，又事实上接受了‘西法胜于中法’这一现实，因而在当时的条件下也起过一些积极作用”⑥。然而，从整个中国近代化的历史演进过程中，我们也应当看到，“西学中源”说经戴震、阮元、李锐等人继承和发挥，成了复古主义者们的一个重要思想武器，这一狭隘民族主义精神的产物助长了国人故步自封的情绪，对于近代科学在中国的传播产生了一定的消极影响。⑦

《数理精蕴》是中西众多科学家集体智慧的结晶，也是康熙皇帝接受西方科学技术的历

① 刘玉玮：《从历代对王清任功过之争看其医学史意义》，钱超尘、温长路主编：《王清任研究集成》，第1022页。

② 梁启超：《中国近三百年学术史》，北京：中国书籍出版社，2020年，第69页。

③ 《鲁迅文集全编》编委会：《鲁迅文集全编》第1册，北京：国际文化出版公司，1995年，第291页。

④ 侯仁之：《晚晴集——侯仁之九十年代自选集・自序》，北京：新世界出版社，2001年，第2页。

⑤ （清）顾炎武：《广师》，赖咏主编：《中国古代禁书文库》第8卷《明代禁书》，北京：大众文艺出版社，2010年，第3587页。

⑥ 檀江林、何恩情：《梅文鼎历算思想中的主体精神及中外影响研究》，刘飞跃、李敬明主编：《文化引领与皖江发展——“第五届皖江地区历史文化研讨会”论文选编》，合肥：合肥工业大学出版社，2013年，第329页。

⑦ 《自然辩证法通讯》杂志社主编：《科学精英——求解斯芬克斯之谜的人们》，第520页。

史见证。其中对《数理精蕴》的价值和影响，《清史稿・畴人传》开首有一段评论说："泰西新法，晚明始入中国，至清而中、西荟萃，遂集大成。圣祖聪明天亶，研究历算，妙契精微。一时承学之士，蒸蒸向化，肩背相望。二百年来，推步之学，日臻邃密，匪特辟古学之榛芜，抑且补西人之罅漏。"①明安图更是积极吸收西方先进的科技成果，为我所用，如他在《历象考成后编》中首次采用开普勒的行星运动第二定律来进行中国历法推算；在《律历渊源》一书中，他独立证明了牛顿关于π的无穷级数公式和格雷高利关于正弦及正矢的幂级数展开式，在此基础上，明安图又创造性地提出了6个数学新公式，因而被称为"弧矢不祧之宗"②。赵学敏的《本草纲目拾遗》较《本草纲目》新增716种药物，其中不少为外来药品，如硝酸（即"强水"）、氨水（即"鼻冲水"）、金鸡纳等。王清任的《医林改错》则是一部几百年来令医学界争论不休的书③，更是一部具有划时代意义的解剖学著作，可惜他的"这一创新和批判精神，后来在中医中未能进一步发扬光大"④。

① 《清史稿》卷502《畴人列传》，第13933页。
② 赵慧芝主编：《科学家传》下册，海口：海南出版社，1996年，第1169页。
③ 苗明三主编：《中医乾坤》，郑州：河南科学技术出版社，2013年，第3页。
④ 解恩泽等主编：《文科学生的自然科学素养》，济南：山东教育出版社，1991年，第386页。

第四章　明清之际中国自然科学的近代启蒙与反思

杨光先与汤若望的“智礼之争”，是中国古代科学史上最重要的历史事件之一，自此，传教士作为传播西方科学技术的纽带被折断，与清朝政府“率祖制、复旧章”①的国策相适应，保守派随后就占据了清朝文化阵地的制高点。在接受西学的过程中，尽管康熙态度比较开明，但他处理西学问题的原则却是“西学中源”。于是，一方面，以方以智、王锡阐为代表，人们开始对“西法”进行深度的分析与反思；另一方面，以黄宗羲、王夫之和戴震为标志，“明道救世”的启蒙思潮开始涌动，依稀可见一线近代科学的曙光。

第一节　汤若望的西学传播思想与实践

汤若望，字道夫，德国天主教耶稣会传教士，精通哲学、宗教、天文和数学及兵器炮术，是明末清初最有影响的来华传教士之一。据《清史稿》本传载：明天启二年（1622）抵华，次年遣赴北京肄习语言。崇祯三年（1630），明朝“设局修改历法，（徐）光启为监督，汤若望被征入局掌推算”，继而“迭与台官测日食，候节气，并考定置闰先后，汤若望术辄验”②。入清后，汤若望将《崇祯历书》改编为《西洋新法历书》，并以《时宪历》的名义颁行。顺治二年（1645）八月，“丙辰朔，日有食之。王令大学士冯铨与汤若望率钦天监官赴观象台测验，推新法吻合，《大统》《回回》二法时刻俱不协”③。经过这次考验，汤若望欲得顺治的青睐，官居一品。故今人范行准先生述：

> 顺治待若望恩宠日加，至有赐若望为通玄教师之号。惟恩素厚者怨长，顺治十八年（一六六一）二月间，帝以幼年所嬖嬖妇子夭殇，因得风疾而崩，若望顿失所护。康熙三年（一六六四），有汉、满、佛、回、儒士合谋排天主教诸人，戴回回历官吴明煊为祭酒，发难以攻若望；又有徽人杨光先者，亦历官，胥以同官见疾，环攻若望。光先有《不得已》一书，即攻天主教而作者。明年教案兴，遂褫若望诸职，并将南怀仁、利类思、安文思诸人投之狱，时若望已届七十四岁之修龄矣。被祸者不仅传教师，

① 《清史稿》卷249《索尼传》，北京：中华书局，1977年，第9675页。

② 《清史稿》卷272《汤若望传》，长春：吉林人民出版社，1995年，第7903页。

③ 《清史稿》卷272《汤若望传》，第7903页。

且有中国信教官吏五人被斩，妻子流放，其余传教师多放逐广东，并处若望凌迟之罪，赖太后援救，得免。又明年（一六六六）八月十五日卒。遗著得三十五种，多为历法之书。[①]

其主要译著有《交食历指》《交食历表》《交食诸表用法》《交食蒙求》《古今交食考》《恒星出没表》《火攻挈要》《坤舆格致》等，主要著作有《新法表异》《历法西传》《新法历引》《远镜说》《主制群征》《新历晓惑》《星图》《民历补注解惑》等。汤若望是一位颇受学界关注的清代历史人物，相关研究成果众多，要者有德国学者魏特的《汤若望传》[②]及斯托莫的《“通玄教师”汤若望》[③]，此外还有陈亚兰的《沟通中西天文学的汤若望》[④]和王渝生的《汤若望“通玄教师”》[⑤]等。

一、汤若望对传播西方科学技术的贡献

（一）对传播西方近代天文学的主要贡献

诚如前述，汤若望在顺治二年（1645）所进呈的《西洋新法历书》及其与《崇祯历书》之间的关系，迄今为止，学界尚有争议。一种观点认为，故宫博物院图书馆收藏《西洋新法历书》共5部，最多者为103部，汤若望“将《崇祯历书》改名《西洋新法历书》，并窃徐光启之功为己功而已”[⑥]；还有一种观点认为：“《崇祯历书》与《西洋新法历书》实际上是同一部书。《崇祯历书》修订于崇祯二年（1629）至崇祯七年（1634），但在此后明朝最后的10年中，《崇祯历书》并未得到认真的研习和推广。1644年，明清更朝，汤若望抓住这一机会，补修《崇祯历书》，并于顺治元年进呈皇帝，这就是《西洋新法算书》，又题为《西洋新法历书》。所谓‘补修’，只是将《崇祯历书》中的‘崇祯’字样更换为‘西洋新法’字样。”[⑦]经过专家仔细比较，《西洋新法历书》在《崇祯历书》的基础上增加了不少新的天文学知识，“除将原44种137卷删、并、修改为不足20种约70卷外，尚增补了十多种约30卷”[⑧]。再说，“汤若望本来就是《崇祯历书》最主要的两个编撰者之一，而且他后来的改编又使此书成为新王朝钦定的官方文本，功不可没”[⑨]。

考《西洋新法历书》的具体内容，笔者分别统计如下：

---

① 范行准：《明季西洋传入之医学》，上海：上海人民出版社，2012年，第14页。

② ［德］魏特：《汤若望传》，杨丙辰译，北京：知识产权出版社，2015年。

③ ［德］恩斯特·斯托莫：《“通玄教师”汤若望》，［德］达素彬、张晓虎译，北京：中国人民大学出版社，1989年。

④ 陈亚兰：《沟通中西天文学的汤若望》，北京：科学出版社，2000年。

⑤ 王渝生：《汤若望“通玄教师”》，《自然辩证法通讯》1993年第2期，第62—80页。

⑥ 林煌天主编：《中国翻译词典》，武汉：湖北教育出版社，1997年，第94页。

⑦ 尚智丛：《传教士与西学东渐》，太原：山西教育出版社，2012年，第94页。

⑧ 王渝生：《汤若望：“通玄教师”》，《自然辩证法通讯》杂志社主编：《科学精英：求解斯芬克斯之谜的人们》，第486页。

⑨ 江晓原：《脉望夜谭》，上海：复旦大学出版社，2012年，第63页。

"奏疏"初版2卷，末版4卷。（注：原呈无，刊刻时新补入）
"治历缘起"8卷。
"新历晓或"1卷，[德]汤若望撰。（注：原未列为历书，后由汤氏补入）
"大测"2卷，[瑞]邓玉函撰。
"测天约说"2卷，[瑞]邓玉函撰。
"测食"2卷，[德]汤若望撰。（注：原未列为历书，后由汤氏补入）
"学历小辩"1卷，徐光启撰。（注：原未列为历书，后由汤氏补入）
"浑天仪说"5卷，[德]汤若望撰。（注：原未列为历书，后由汤氏补入）
"比例规解"1卷，[意]罗雅谷撰。
"远镜说"1卷，[德]汤若望撰。（注：原未列为历书，后由汤氏补入）
"日躔历指"1卷，[意]罗雅谷撰。
"日躔历指"4卷，[意]罗雅谷撰。
"恒星经纬图说"1卷，[德]汤若望撰。
"恒星历指"3卷，[德]汤若望撰。
"恒星经纬表"2卷，[德]汤若望撰。
"交食历指"7卷，[德]汤若望撰。
"日躔表"2卷，[意]罗雅谷撰。
"日躔表"4卷，[意]罗雅谷撰。
"割圆八线表"1卷，[意]罗雅谷撰。
"五纬历指"9卷，[意]罗雅谷撰。
"测量全义"10卷，[意]罗雅谷撰。
"交食诸表"9卷，[德]汤若望撰。
"筹算"1卷，[意]罗雅谷撰。（注：原呈无，刊刻时新补入）
"几何要法"4卷，[意]艾儒略撰。（注：原未列为历书，后由汤氏补入）
"恒星出没表"2卷，[德]汤若望撰。
"古今交食考"1卷，[德]汤若望撰。
"黄赤距度表"1卷，[瑞]邓玉函撰。
"正球升度表"1卷，[瑞]邓玉函撰。
"新法历引"1卷，[德]汤若望撰。（注：原未列为历书，后由汤氏补入）
"历法西传"1卷，[德]汤若望撰。（注：原未列为历书，后由汤氏补入）
"新法表异"2卷，[德]汤若望撰。（注：原未列为历书，后由汤氏补入）

先不说《西洋新法历书》的内容与《崇祯历书》相比，究竟有哪些新的变化，仅就《西洋新法历书》的修撰本身而言，就意义非凡。如汤若望在《奏疏》中称："臣于前朝修历以来，著有历法书表百十余卷，虽经刻有小版，聊备教授后学，并推算之用，况遭流寇残毁，缺略颇多，合无请旨敕下臣局再加详订，将阐发新法奥义历指，并推布七政躔度立成诸表，约成数十卷，用官样大字格式刊刻，进呈，藏之内府。”[①]如众所知，早在宋代就出现了地方组织刻书进呈内府的制度，而“汤若望进呈《西洋新法历书》，就是对这种方法的继承和发展——改由地方官府刻书呈交中央政府为个人出资镌刻呈交，从而扩充了内府典藏的来源。康熙时，臣僚出资镌刻进呈为内府刻书的重要补充，汤若望进呈《西洋新法历书》首开其先河，意义是巨大的”[②]。况且编撰《西洋新法历书》并不是一件易事，对此，汤若望自己有一段记述，讲得比较客观。他说：“臣阅历寒暑昼夜审视，著为新历一百余卷，恭遇圣朝龙兴，特用臣法开局演习，咸知布算成历，测验合天。……臣谨捐资剞劂，修补全书，恭进御览。”[③]这段话往往成为汤若望“掠人之美”的证据之一，当然，汤若望在“修补”过程中由于各种主客观原因，隐去了不少曾经参加编写《崇祯历书》者的姓名，确有不当。但我们却不能依此而抹杀汤若望对编撰《西洋新法历书》的功绩。比如，汤若望在新补的《历法西传》1卷中介绍了哥白尼《天体运行论》的主体内容。他说：“其后四百年，有哥白尼验多禄某（即托勒密，引者注）法虽未全备，微欠晓明，乃别用新图，著书六卷，今为席次如左：第一卷，天动以圆解；第二卷，天并七曜图解众星及其次舍解；第三卷，论岁差而证其行，较古有异论，论岁实，求太阳最远点，及随年日时太阳躔度；第四卷，取古今月食各三度，求月小轮之径，求大轮小轮之比例，并月经纬度，推日月交食；第五卷，求五星平行，用古今各三测经度，求大小两轮之比例等，终求其正经宫度分；第六卷，求五星纬度。已上哥白尼所著，后人多祖述焉。”[④]尽管这仅仅是一份书的目录，还不是书的全部内容，然而，在当时的历史背景下，哥白尼著作的出现已经属于石破天惊之举了。因为“他们不能用欧洲的历法简单地排除中国原有历法”，“这也是一个使他们未曾放弃了托勒密所发明，以地为中心的体系的主要原因，但是他们希望可以渐渐向中国君主与平民证明哥白尼所发明，以太阳为中心的历法的优长”[⑤]。

此外，《历法西传》还讲述了伽利略的天文观测成就。汤若望说：

> 第谷没后，望远镜出，天象微妙，尽著于是。有加利勒阿（即伽利略——引者注），于三十年前（即1610年），创有新图，发千古星学之所未发，著书一部。自后明贤继起，著作转多，乃知木星旁有小星四，其行甚疾，土星旁亦有小星二，金星有上下弦等象，皆前所未闻。且西旅每行至北极出地八十度，即冬季为一夜。又尝周行大地，至南极出地四十余度，即南极星尽见，所以星图记载独全。[⑥]

接着，汤若望在《新法表异》一书中又介绍伽利略的“天汉破疑说”云：

> 天汉斜络，天体与天异说，昔称云汉，疑为白气者。新法测以远镜，始知是无算

① （明）徐光启编纂、潘鼐汇编：《崇祯历书》下，上海：上海古籍出版社，2009年，第2069页。

② 翁连溪：《清代内府刻书研究》上册，北京：故宫出版社，2013年，第32页。

③ [德]汤若望：《西洋新法历书·奏疏》，薄树人主编：《中国科学技术典籍通汇·天文卷》第8分册，第857—858页。

④ （明）徐光启编纂、潘鼐汇编：《崇祯历书》下，上海：上海古籍出版社，2009年，第1994—1995页。

⑤ [德]魏特：《汤若望传》第1册，杨丙辰译，第106页。

⑥ （明）徐光启编纂、潘鼐汇编：《崇祯历书》下，第1996页。

小星攒聚成形，即积尸气亦然，是破从前谬解。①

诚然，汤若望并非传播伽利略“天汉说”第一人，但是由于《西洋新法历书》被清政府奉为官方历法，其影响之广大，在当时之世可想而知。

（二）对传播西方医学的主要贡献

西方传教士在进入中国之后，很快就把西方的解剖学和药学知识传入中国，如利玛窦的《西国记法》、邓玉函的《人身图说》、艾儒略的《性学粗述》及汤若望的《主制群征》等，都有介绍西方解剖学的内容。

《主制群征》从本质上说是一部阐述天主教理的著作，但是，汤若望撰写此书的目的却在于运用自然界的事物（即证据取自天象、地理、动植物及人类等）试图从哲理上来论证“天主”的实有与存在，所以这种相对客观的态度就使汤若望在“以人身向征”一节中不得不讲些人的骨骼、肉、心脏、脑、神经等医学内容。

1. 从解剖学角度对骨骼的描述

汤若望说：“人身骨甚多，大小不等，各以其形。其大、其坚，互相凑合，以全一体之用，是可贵也。首骨自额连于脑，其数八。上颔之骨，十有二。下则浑骨一焉。齿三十有二。膂三十有四。胸之上，有刀骨焉，分为三。肋之骨二十有四，起于膂，上十四环，至胸直接刀骨；所以护存心肺也；下十较短，不合其前，所以宽脾胃之居也。指之骨：大指二，余各三。手与足各二十有奇。谓骨或纵入如钉；或斜迎如锯；或合笋如榱，或环扼如攒，种种不一，总期体之固，动之顺而已。”②此与现代医学对人体骨骼解剖学的认识基本一致。

2. 描述脑神经的生理特点

汤若望说：“脑散动觉之气，厥用在筋，第脑距身边远，不及引筋以绕百肢。复得颈节膂隧，连脑焉一。因遍及也。脑之皮分内外层（指硬脑膜与蛛网膜），内柔而外坚，既以保存生身，又以肇始诸筋。筋自脑出者六偶，独一偶逾颈至胸下，垂胃口之前（指最复杂的第10对之迷走神经），余悉存顶内，导气于五官，或令之动，或令之觉。又从膂髓出筋三十偶，各有细脉旁分，无肤不及。其与肤接处，稍变似肤。始缘以引气，入肤充满周身，无不达矣。”③这些记载与现代神经解剖学的描述十分吻合，当然，汤若望的脑神经说仍停留在盖伦时代的水平，甚至被打上了古希腊埃拉西斯特拉托斯医学的深刻烙印。对于人体神经的生理结构特点，汤若望介绍说：“筋之体，瓤其里，皮其表，类于脑，以为脑与周身连结之要约。即心与肝所发之脉络亦肖其体，因以传本体之情于周身。”④

① 故宫博物院：《西洋新法历书》第1册，海口：海南出版社，2000年，第319页。

② [德]汤若望：《主制群征》卷上《以人身向征》，郑安德：《明末清初耶稣会思想文献汇编》第2卷第16册，内部资料，2003年，第147—148页。

③ [德]汤若望：《主制群征》卷上《以人身向征》，郑安德：《明末清初耶稣会思想文献汇编》第2卷第16册，第149页。

④ [德]汤若望：《主制群征》卷上《以人身向征》，郑安德：《明末清初耶稣会思想文献汇编》第2卷第16册，第148页。

3. 对人体血液循环的描述

汤若望在描述人体血液的形成和消化系统的工作流程时说："今论血所由成，必赖食化。食先历齿刀，次历胃釜，而粗细悉归大络矣。第细者可以升至肝脏成血，粗者为滓。于此之际，存细分粗者脾，包收诸物害身之苦者胆，吸藏未化者肾，脾也，胆也，肾也，虽皆成血之器，然不如肝，独变结之更生体性之气，故肝贵也。"[①]至于对血液循环现象的描述，汤若望接着说："而血之精分，更变为血露，所谓体性之气也。此气最细，能通百脉，启百窍，引血周行遍体。又本血一分，由大络入心，先入右窍，次移左窍，渐致细微，半变为露，所谓生养之气也。是气能引细血周身，以存原热。又此露一二分，从大络升入脑中，又变愈细愈精，以为动觉之气，乃令五官四体，动觉各得其分矣。"[②]

在此，由于受古希腊埃拉西斯特拉托斯及盖伦医学体系的认识局限，汤氏在论述血液循环的过程中，还没有把人体微细血管与人体神经这两种人体生理结构区分开来，因为"动觉之气"属于神经的范畴，而"生养之气"则属于微细血管的范畴，所以从生理结构上讲，"生养之气"不可能变为"动觉之气"，但就整体而言，"当时传入的西方解剖生理学知识对于中国人依然是新奇的，与中国医书中的有关记载相比，又是详尽的。尽管'中国的解剖是从认识人体开始的，而且一开始就是人体解剖'，但即使是《主制群征》等早期译著中译载的解剖学知识也比当时任何一本中医书对人体的描述要细致一些"[③]。

汤若望的《主制群征》发表后，曾引起我国医学界的极大关注。如方以智在《物理小识》一书中即积极吸收其解剖学思想，并应用西医学说来诠释医学、印证中医。对此，范行准先生考证说："其《物理小识》多引西学，或直录其说，以证中土旧有之物理，所谓历律医占，皆可引触者是也。是以智实为应用西说以释物理之第一人，时亦以西说诠释医学，惟《小识》卷三，人身类引证西说，似仅据汤若望之《主制群征》一书，他皆未见。"[④]而方以智在《主制群征》一书的影响下，"把中国传统医学与西方解剖学结合起来，第一次提出人脑是思维器官的命题，并且做了较系统的论证"[⑤]。此外，汪昂从《主制群征》等西学著述中吸收了脑主记忆的主张[⑥]；王宏翰的中西医沟通医学思想亦受到了汤若望《主制群征》一书的影响[⑦]，等等。

（三）对传播西方火器技术的主要贡献

《火攻挈要》又名《则克录》是一部系统论述西方先进火器制造和使用技术的专著，然

---

① [德]汤若望：《主制群征》卷上《以人身向征》，郑安德：《明末清初耶稣会思想文献汇编》第2卷第16册，第148页。

② [德]汤若望：《主制群征》卷上《以人身向征》，郑安德：《明末清初耶稣会思想文献汇编》第2卷第16册，第148页。

③ 王志均、陈孟勤主编：《中国生理学史》，北京：北京医科大学、中国协和医科大学联合出版社，1993年，第37页。

④ 范行准：《明季西洋传入之医学》，第206页。

⑤ 葛荣晋：《葛荣晋文集》第4卷，北京：社会科学文献出版社，2014年，第324页。

⑥ 任应秋主编：《中医各家学说》，上海：上海科学技术出版社，1980年，第155页。

⑦ 陈小野、黄毅：《证候实质研究：汇通/结合的分野》，北京：中医古籍出版社，2014年，第198页。

而，由于明朝及清初对军事技术类书籍实行严格的“保密”管制，致使它的科学价值在一个较长时间内不能得到充分发挥。汤若望在《自序》中论述西洋“火器”的重要性说：“近来购来西洋大铳，其精工坚利，命中致远，猛烈无敌，更胜诸器百千万倍。”①

1. 造铳方法

造铳大体需要经过10道工序，其中第一道工序为“造作铳模诸法”，即西方用模（分内、外模）铸法浇铸火炮技术。其造外模法云：

> 用干久楠木或杉木。照本铳体式，鏇成铳模，两头长出尺许，做成轴头，轴头上加铁转棍，安置鏇架之上，以便鏇转上泥，木模既成。将铳耳、铳、箍、花头字样等模安上。用罗细煤灰，匀刷一层，候干，用上好胶黄泥，和筛过细砂，二八相参，或用本色砂泥亦可，用羊毛抖开，参入泥内，和匀作经，不可太干，亦不可大泞，如涂墙之泥为准。泥或涂在模上，每次约可寸许，涂匀将转棍转动，用员口木板，荡蘸水荡平候干，照前再上。其泥之厚薄，照铳口空径一径六分。如铳口径五寸，则模泥用八寸厚是也。俟上泥厚至三分之二，则以粗条铁线，从头密缠至尾，缠毕照前上泥，俟上至十分之九，则以指大铁条，照依模长，大号模用十六根，次号十二根，小号八根，匀摆模上作骨，随用一寸宽五分厚铁箍，大号用八道，次号六道，小号四道，照泥模头尾，自度大小，匀箍铁条之外，又照前上泥，上完荡匀，候干透，然后可用。其干之日期，大号铳模，约待四个月，次号三个月，小号两个月，可必干矣。俟干毕，将木心敲出。用炭火入模内，一则炼干泥模，二则烧化铳耳、铳箍及花头字样等件，成灰候冷，用鸡毛笤帚扫出灰渣，将木铳模底安定，再安尾珠。悉照前法上泥，上完候干，取出木底，用炭火烧化尾珠，俟冷净，听候下窑铸造。②

其内模造法云：

> 模心用铁，照本铳空径长短，打成铁心。其径之大小，即照本铳空径之半，如空五寸，则铁心当用二寸五分，周围之泥，共得二寸五分。心尾打方孔，深三寸许。另安铁转棍在内，以便旋转。其铁心之首，长出二尺，折转五寸，为扒头，以便栓绳提放之用。铁心二三寸之下，留一方孔，安铁转棍。铁心之下尺许，留十字方孔，以穿寸大铁条，以便下模阁置外模之上，铁心既成，安于鏇架之上，照前法上泥，渐次上完，用罗细煤灰上匀，候干听用。③

第二道工序为“下模安心”，即安放铳模与模心。其法云：

> 下模先于模体半干之时，将火门之上开一方孔，宽半径，长一径，外口略宽，以便安置铁掏，将原泥仍照孔做成泥塞，炼干以备塞孔之用。俟模已干，用运重绳拴住

① ［德］汤若望：《火攻挈要》自序，《中国兵书集成》编委会：《中国兵书集成》第40册，北京：解放军出版社；辽沈书社，1994年，第456页。

② ［德］汤若望：《火攻挈要》上卷《造作铳模诸法》，房立中主编：《兵书观止》第3卷，北京：北京广播学院出版社，1994年，第920—921页。

③ ［德］汤若望：《火攻挈要》上卷《造作铳模诸法》，房立中主编：《兵书观止》第3卷，第921页。

模首，用起重引重绳，各拴住模尾，拴系既定，将运重起重一齐升挽，离起原所，以运重压柄，向前转送。以引重前拽，引至窑井受模之处，将模渐落，安对模窝，次以模首引扶端正，于火门之上所开方孔，用折叠圆圈十字铁掏折转，送入模内，展开安置稳当。其掏径之铁条，或五六分大，或一寸大，于模口二尺之外，亦用折叠铁掏折转放进模内，展开，从下挤上安妥，用壮绳四根，各拴铁钩，钩住铁挡，将绳头各拴系模外，听侯安心。

安心先将模心照前升挽，引至模口，极力升起端正，正对掏内，从容放落，插入下插之内安妥，将铁心之上十字铁拴架平，系缚两傍夹柱之上，将下口塞紧，上钩取出，四围用干土筑实，底下用法以通湿气。①

第三道工序为“配料、炼料”，即对造铳的铜、铁料进行科学炼制。其法云：

凡铸大铳，必先慎用铳之质体。……铁质粗疏，兼杂土性，若以生铸，必难保全，必着实烧煮，化去土性，追尽铁屎，炼成熟铁，打造庶得坚固。铜质精坚，具有银气，但出矿之际，人必取去其银，而反参益以铅，则铜质亦转粗疏，恐铳铸成多有炸裂之病，今铸成铜铳，必先将铜炼过，预先看验质体纯、杂、坚、脆若何，如法参兑上好碗锡少许，用寻常炉座，照常法将铜熔成清汁，以锡参入，化匀，倾成薄片，或三斤五斤一块，听候烧入大炉铸造。②

第四道工序为“化铜熔铸”，即将符合标准的铜质，放入造好的大炉内，进行熔炼和浇注。其法云：

俟炉造完略干，用柴炼至通红，尽消湿气。毋令底潮而凝铜也。化铜之际，将铜钳入池内，轻放池上，慎毋乱摔以伤池。俟倾入铜，约匀三分之一，即用大火摧化成汁，逐渐添铜，俟化尽又添，否则恐多添冷铜，并前化者亦凝结矣。俟铜汁化清，如油如水，上起金花绿焰之际，将炉口、横口、溜槽等物扫净，将炉口铁塞敲进，引出铜汁来，由渐放入模内，候满本模数寸之余，即将溜槽开窍，引铜别注平坦之地，结为薄片，以便后来闲时，可以任意敲击而取用也。倘留在炉内，则体质凝厚，而难击碎矣。③

第五道工序为“起心”，亦即脱范，进而揭露炮身。其法云：

俟铳铸成三日之内、将模心摇撼松泛，至五日内，用起重将模心起出。至八日内，将土挖开，用起重引重，将铳放倒拉至平地，两头垫起二尺余高，将模泥打去，内外扫净。④

---

① ［德］汤若望：《火攻挈要》上卷《下模安心起重运重引重机器图说》，房立中主编：《兵书观止》第3卷，第923—924页。

② ［德］汤若望：《火攻挈要》上卷《论料、配料、炼料说略》，房立中主编：《兵书观止》第3卷，第924页。

③ ［德］汤若望：《火攻挈要》上卷《造炉化铜熔铸图说》，房立中主编：《兵书观止》第3卷，第925—926页。

④ ［德］汤若望：《火攻挈要》上卷《起心看塘齐口镟塘钻火门诸法》，房立中主编：《兵书观止》第3卷，第926页。

第六道工序为“看塘”，即在揭露炮身之后，须要严格检验其炮身的整体质量，其法云：

倘铳之外体虽好，尚未知塘内如何，当用看验之法，验其内塘，若有深窝漏眼，则为弃物，必将毁坏而再铸矣。如果完全光润，则为宝器，宜珍惜之。盖谓西洋本处铸，十得二三者，便称国手，从未有铸百而得百也。

看塘之法。……以铁打成螺丝转杖，名为铳探，从下探上，但微有洼突，探到便知，此法可用，但未目睹，终属臆度，毕竟不敢放心，总不若新法，以铁打成棒椎之形，外安长木柄，名为铳照，将此入炉，烧至极红，插入铳塘，亮若灯光，从下照上，无微不见矣。①

第七道工序为“齐口”，即对炮口进行精细加工，其法云：

小铳用铜钩钩齐，大铳用铜凿凿齐，末用大磋磋光便是。②

第八道工序为“镟塘”，即对炮膛内部进行精细加工，其法云：

用铁心去泥，下头方形，上安铁套，套外八面安纯铜偏刃，镟刀上头安车轮，以十字铁条绊紧。轮外安铁转棍，将铳垫起均齐，两头平高，将刀旋抬上，旋床平对铳口，插入口内，由渐旋进，旋下铜末扫去再旋，或三五次，以光为度。③

第九道工序为“钻火门”，即在铳底的适当位置钻通引火口，这样可避免火炮后坐现象，尤其是当火药的爆炸气流推动炮弹飞向炮口的同时，它还推动炮底向后移动④，所以汤若望描述的“火门”位置十分符合现代火药爆炸理论。其法云：

比照内塘尺量，紧挨铳底，以纯钢粗钻蘸油钻下，与底相平，方为合式。凡系铳之倒坐与不倒坐，全在于此。若略高一尺二分，则放铳之时，必倒退数十步，战阵之际，贻祸不浅，慎之慎之。⑤

第十道工序为“制造铳车”，即制造安装铳车，其法云：

大铳之必用车……其尺量等法，亦以铳口空径为则。以大木为墙。墙厚一径。长如铳身，加十分之二。墙头四径半，墙尾宽三径，自头距尾，十分得六之处，微湾下重。墙头至身，照墙宽径一方之处安车轴，于轴位之上，住前半截，开半规，镶以一分厚铁片，以架铳耳。上下均安铁箍三道。头一道阔二寸五分，打钉十八个；中一道阔二寸，用钉十六个；尾箍阔一寸五分，用钉十四个，箍厚各二分，钉长二寸，墙头包裹铁片，宽八分径，长二十径，厚三分，各用钉十六个，长各三寸，两墙相合，用木横拴，三根见方一径，上二根长四径半……其一距墙头一方径，居轴之上，墙之中

---

① [德]汤若望：《火攻挈要》上卷《起心看塘齐口镟塘钻火门诸法》，房立中主编：《兵书观止》第3卷，第926页。
② [德]汤若望：《火攻挈要》上卷《起心看塘齐口镟塘钻火门诸法》，房立中主编：《兵书观止》第3卷，第926页。
③ [德]汤若望：《火攻挈要》上卷《起心看塘齐口镟塘钻火门诸法》，房立中主编：《兵书观止》第3卷，第927页。
④ 尹晓冬：《16—17世纪明末清初西方火器技术向中国的转移》，济南：山东教育出版社，2014年，第158页。
⑤ 尹晓冬：《16—17世纪明末清初西方火器技术向中国的转移》，第158页。

> 心。其一距墙头九分之三，墙之下面。与轴相平。其一距墙尾二径，居墙之中心，长七尺半，透出墙外一径。用铁箭箭之，上覆垫板，长十径，阔三径弱，厚分一径之三……方半径，长七径，其一居墙头木拴之后，其一距墙头九分之四，墙之中心二者，两头俱用铁箭箭之，其一居墙尾木拴之前，两头贯以铁环，以便拴绳拉拽，进退高下，车轴长十七径，大二径……透出墙外，距墙半径凿圆，径半之大，穿入轮毂，挨毂之处，用铁箭箭之，每箭长二径余，一寸宽，四分厚，两端用铁箍，箍阔一寸，厚二分，挨箍嵌铁键二转，每八条务与轴平，以挡毂内铁圈，每键长二寸，厚四分，阔一寸。车轮共十二径，大毂长四径，大亦如之，外用铁箍四道，每道阔一寸，厚二分，毂内空塘一径七分，两头嵌以生铁穿。其穿铁之径，各一寸，车辐每轮十四根，各长五径，三分宽，一径厚，八分径车辋各七块，厚一径二分，阔二径，长五径一分。钉八个，务透辋木，长一径五分，见方七分。铁眼钱八个，以便转钉脚，包辋缝铁条各七块，每块长五径一分，阔一径，厚三分，用碾头钉六个，各长一径，头大半径。①

以上是西方制造大铳的完整过程，每道工序都按照一定标准来操作，故造铳的技术水准比较高。据学者考证："崇祯朝廷按新法仿制西洋火炮，最初是由徐光启组织实施的"，但从"崇祯五年起，后金军对明廷的军事威胁日益严重，而此时的徐光启已年老多病，天年将尽，他的学生和得力助手都已病故或损折，故明廷仿制西洋火炮之事，只能聘请精通炮术的德意志传教士汤若望等人协助进行。在松锦之战期间，崇祯帝命汤若望在城中择地铸炮，并命一批太监跟班学习铸炮技术，不久即铸成20门西洋大炮，经试射，性能良好，接着又造100—1200斤的各型西洋火炮500门"②。因此，汤若望在明末清初的火炮技术发展方面做出了积极贡献，而《火攻挈要》一书"实际上是他指导制炮的操作技术总结"③。

2. 造火药方法

《火攻挈要》中卷主要讲述各种西洋火炮的火药配方、制造、贮藏、试放等方法，尽管李约瑟博士认为"汤若望的火药公式，当然基本上与西元一〇四四年《武经总要》（任何文化中最古的），并无不同"，但他同时又承认"汤若望的火药公式"中"确含较高的硝酸盐比例"④，因而成为明代火药理论的重要成就之一。

1）提纯硝石与硫黄的方法

在明代，大铳火药配方（即发射火药）的比例为"硝四斤，磺十二两，炭一斤"⑤，其中硝与磺的比例为10：3，所以为了提纯火硝，人们除了采用传统的萝卜提纯火硝之外，《火

① ［德］汤若望：《火攻挈要》上卷《制造铳车尺量比例诸法》，房立中主编：《兵书观止》第3卷，第927页。

② 王兆春：《中国科学技术史·军事技术卷》，北京：科学出版社，1998年，第119—220页。据《正教奉褒》载："十三年，兵部传旨，著汤若望指样监造战炮。若望先铸钢炮而是位。帝派大成验放，验得精坚利用，奏闻。诏再铸五百位。"

③ 刘梦溪：《将无同——现代学术与文化展望》，北京：北京时代华文书局，2015年，第475页。

④ ［英］李约瑟：《中国之科学与文明》第15册，陈立夫主译，台北：商务印书馆，1985年，第260页。

⑤ （明）焦勖述、汤若望授：《火攻挈要》卷中《提硝提磺用炭诸法》，北京：中华书局，1985年，第25页。

攻挈要》还记述了利用鸡蛋清提纯火硝的方法。其法：

> 硝十斤，用蛋五个或十个。视硝质之清垢如何，以为加减。不必拘数。预备有耳大新铁广锅二口，先用一口，量可容硝若干，大约以平铺半锅为度。将蛋清入内，用手极力揉搓拌，用手极力搓揉拌匀，渐加以水，倾入彼锅，以水浮硝面一拳为度。然后发火煎熬，以大木匙常川搅匀。俟大滚数沸，垢沫漂浮，用细密竹笊篱捞去，再搅再煎，不可太老，亦不可太嫩，以草棍蘸硝水，滴于指甲之上，即成突起圆珠，便是火候。用有釉新磁缸一口，以夏布二层，将缸口鞔定，以锅内硝水倾入，滤过，俟三五日后，硝已成牙，将浮水，另挥瓷缸之内，取硝晒干，研细，以细绢罗筛过筛，听候配合。其水中未尽之硝，用前法再熬一次，将硝取尽，则余水不必存矣。①

在此，用蛋清受热吸附并漂浮硝质中的渣滓和盐碱等成分的原理，将锅内“硝质之清垢”除去，既简便又实用。从流体力学的角度看，当时“人们已用纯净液体的球形液滴这一表面现象作为提制硝水纯度的标准”②。

提纯硫黄有“牛油、麻油并用法”及“水、油并用法”等，如“牛油、麻油并用法”云：

> 提磺用生者佳，先捣碎，拣去砂土。每磺十斤，用牛油二斤，麻油一斤。用有耳大新铁广锅，将油入内烫过，使不沾磺。然后以捣细之磺徐徐投入，用大木匙旋搅锅底，勿使少停。俟磺熔开，用细夏布笊篱，随时捞去滓垢。其锅口宜大于灶数寸为妙，以防火焰，其火宜用炭，不宜用柴，恐柴火焰燃入锅内。即炭火亦不宜太旺，恐锅热而磺即燃。当备瓦数片在傍，以防锅热，盖压其火。待磺已化尽，将锅掇起离火。又毋令冷滞，速以细麻布滤入瓷缸。候冷，则油浮于上，磺沉于下，去油用磺，研细听用。倘油气未尽，则薄棉纸一层，包裹磺外，入干炉灰内，埋一二日，起油自净矣。③

在提纯硫黄的工艺中，掌握硫黄、牛油和麻油三者之间的比例关系尤为关键，汤若望提示西方火药对硫黄的提纯，要求硫黄：牛油：麻油=10：2：1，据潘吉星考证，这里用的是中国方法，其纯度可达到98%—99%化学纯程度。④

2）制造火药的具体方法

汤若望在《火攻挈要·配合火药分两比例及制造晒晾法》中比较详细地记述了碾细造药法：

> 将硝、磺、炭三种，先各用大铜碾碾末，罗细，照前方分两配合一处，用净甜水拌成，半干半湿，决不可用井又（水），恐有碱气。又不可用木石及生铁杵臼捣之，亦不可干捣，恐干捣与木石生铁之器，俱能生火。必将兑成火药，放在铜镶木舂，铜包木杵脚碓之内，用人着实踩捣。其人须择小心谨慎者，勿使毫厘砂土尘蒙药内，恐捣

---

① （明）焦勖述、汤若望授：《火攻挈要》卷中《提硝提磺用炭诸法》，第23页。

② 戴念祖主编：《中国科学技术史·物理学卷》，第93页。

③ （明）焦勖述、汤若望授：《火攻挈要》卷中《提硝提磺用炭诸法》，第24页。

④ 潘吉星：《中国火药史》下册，上海：上海远东出版社，2016年，第416页。.

击之际，砂石相磕，偶而生火，贻害不浅。倘捣久药干，再用水拌湿，捣万余杵。取出，放在手心，燃之不热，或用木板试放，略无形迹，方为得法，可用。倘烟起黑色，木板燃焦，手心烧热，即用前法再捣，如法方止。俟药已捣成，即用粗细竹筛，其大铳药用粗筛筛成黍米珠，狼机药用中筛筛成苏米珠，鸟枪药用细筛筛成粟米珠，惟火门药不必成珠，但多捣数时，候干罗细，另装小罐待用。[①]

舂火药的劳动强度巨大，器具使用铜包木杵或铜镶木舂，都由人力（清末改为畜力）完成。至于为什么要把火药做成“颗粒状”？魏源《海国图志》解释说：“晒干甚坚，收贮干燥处，永无日久碎散成灰之弊。”[②]此外，“粒状火药和粉状火药相比，表面积大为减小，这样，能够靠自重形成足够的堆积度和均匀的气隙，因而在装填时，不需要捣杵得太紧，也能够产生足够的爆炸威力”[③]。所以从上文的记载看，汤若望对“碾细”这道工序的技术要求很高。

由上述论述不难看出，汤若望对明代火炮的发展是有贡献的。

二、汤若望的遭遇：传播新学的阻力与中国传统科学的张力

（一）汤若望“新法”与《回回历》《大统历》之间的矛盾

汤若望在《时宪历》颁行之后，确实有一点儿沾沾自喜。于是，他说：“敬授人时，全以节气交宫，与太阳出入、昼夜时刻为重。今节气、日时、刻分与太阳出入、昼夜时刻，俱照道里远近推算，增加历首，以协民时，利民用。”[④]诚如前述，经过汤若望改变的《西洋新法历书》确实在观测精度方面较《大统历》和《回回历》有了提高。所以，“八月丙辰朔，日有食之。王（指多尔衮）令大学士冯铨与汤若望率钦天监官赴观象台测验，推新法吻合，《大统》《回回》二法时刻俱不协”[⑤]。在传统的封建政权体系内，日月食的预报往往与一定历史阶段的王朝政治相联系，清朝尤甚。有学者分析说：

尽管清代历法中对交食的解释已非常科学清楚，但日月交食自古被赋予的皇权统治上的象征意义一点没有动摇，而且清朝廷对此更加迷信。即使康熙精通天文历法，了解交食发生的自然原因，但作为一国君主，他对几千年遗传下来的星占学内容，也更多是“宁信其有”，何况康熙本人对自己钦定的历法有高度的自信，这就更需要从星占内容上获得支持。[⑥]

我们再回到汤若望的新法上。汤若望因新法而赢得殊荣，不仅“掌钦天监事”，“加太

---

① （明）焦勖述、汤若望授：《火攻挈要》卷中《提硝提磺用炭诸法》，第25页。

② 魏源：《海国图志》卷91《请仿西洋制造火药疏》，长沙：岳麓书社，2011年，第2121页。

③ 刘旭：《中国古代火药火器史》，郑州：大象出版社，2004年，第220页。

④ 《清史稿》卷272《汤若望传》，第10020页。

⑤ 《清史稿》卷272《汤若望传》，第10020页。

⑥ 吕凌峰：《清代皇家天文机构日月食测报舞弊现象之透析》，《全国中青年学者科技史学术研讨会论文集》，内部资料，2003年，第4—5页。

常寺卿”，还被“赐号通玄教师”，“进秩正一品”[①]。清世祖顺治皇帝称新法“考据精详，理明数著，著该监官生用心肄业，永远遵守。”[②]自此，汤若望新法在清朝历法中获得了独尊地位。与此相反，回回历科却被废置。据《清史稿》本传载：“钦天监旧设回回科，汤若望用新法，久之，罢回回科不置。”[③]这样，自然便发生了“康熙初，习《大统》《回回》法者咸抵排之”[④]的现象。不止“抵排”，而且还有公然向汤若望新法“发难”者。如顺治十四年（1657）四月，革职回回科秋官正吴明炫疏言：“臣祖默沙亦黑等一十八姓，本西域人。自隋开皇已末，抱其历学，重译来朝，授职历官，历一千五十九载，专管星宿行度。顺治三年，掌印汤若望谕臣科，凡日月交食及太阴五星陵犯、天象占验，俱不必奏进。臣察汤若望推水星二八月皆伏不见，今于二月二十九日仍见东方，又八月二十四日夕见，皆关象占，不敢不据推上闻。乞上复存臣科，庶绝学获传。”[⑤]看来，“罢回回科不置”可能会造成《回回历》“绝学不传”的后果，这对整个伊斯兰民族的文化发展是不利的。于是，才有回回科秋官正吴明炫“乞上复存臣科，庶绝学获传”的呼吁和请求。其中，“皆关象占”则是吴明炫“发难”所借用的利器，并试图为《回回历》挽回局面。据史载，吴明炫在上奏“发难”的同时，还附有回回科“推算《太阴五星陵犯书》”以及“《日月交食、天象占验图像》”两部书。此外，吴明炫紧接着在另一份上书中，“又举汤若望舛谬三事：一、遗漏紫炁，一、颠倒觜参，一、颠倒罗计”[⑥]。此处的“紫炁”“觜参”“罗计”，是否如吴明炫所言。清人允禄解释说：

> 二十八宿次舍，《星经》《天官书》原系觜宿在前，参宿在后，选择家以酉日值觜宿为伏断日，星命家二十八宿分配七政，以日月火水木金土为序。觜属火，参属水，皆依古宿次舍而定者也。《新法算书》以参宿前一星为距星，参在前，觜在后，则觜宿与酉日不得相值。星命家以为水火颠倒，查宿之距星，惟人所指，与算法疏密全无关碍。又《七政》《时宪书》之罗喉，《新法算书》以中交为罗喉，星命家以为罗喉属火，计都属土，遂谓颠倒罗计。查罗喉、计都并非实有此星，亦于字义无取，于算法尤无关碍。应俱依古改正。[⑦]

此奏书虽然也说汤若望“颠倒觜参”与“颠倒罗计”，与《天官书》不合，故主张“依古改正”，但它又认为“查罗喉、计都并非实有此星，亦于字义无取，于算法尤无关碍”，因此，吴明炫“举汤若望舛谬三事”便不能成立。当然，更不幸的是吴明炫状告汤若望“推水星二八月皆伏不见”不实，而他预言水星“八月二十四日夕见”。于是，“八月，上命内大臣爱星阿及各部院大臣登观象台测验水星不见”，“议明炫罪，坐奏事诈不以实，律绞，

① 《清史稿》卷272《汤若望传》，第10020页。
② 韩琦、吴旻校注：《熙朝崇正集 熙朝定案（外三种）》，北京：中华书局，2006年，第97页。
③ 《清史稿》卷272《汤若望传》，第10021页。
④ 徐珂：《清稗类钞》第1册《时令类》，北京：中华书局，1984年，第2页。
⑤ 《清史稿》卷272《汤若望传》，第10021页。
⑥ 《清史稿》卷272《汤若望传》，第10021页。
⑦ （清）允禄等著、金志文译注：《钦定协纪辨方书》下册，北京：世界知识出版社，2010年，第1123页。

援赦得免”①。

虽然吴明炫与汤若望的“水星伏见”之争，最终以吴明炫的失败而告终。但是，在反对新法一派人物看来，这毕竟是一种测算方面的误差，客观上新法比《回回历》技术高明，这种局面一时无法改变。不过，对于中国传统的“象占”，汤若望未必就能运用娴熟，果然，与吴明炫一起反对汤若望新法的“卫道士”杨光先在康熙四年（1665）进所著《摘谬论》和《选择议》，紧紧抓住汤若望在“象占”方面的失误，并上纲上线，终于致汤若望于死地。据萧穆《故前钦天监监正杨公光先别传》载：

> 顺治十七年，（杨光先）抗疏斥西洋教之非，以西人耶稣会非中土圣人之教；且汤若望所造《时宪书》，其面上不当用上传批“依西洋新法”五字等语，具呈礼部。不准。康熙三年七月，光先叩阍进所著《摘谬论》一篇，摘汤若望新法十谬；又《选择议》一篇，摘汤若望选择荣亲王安葬日期误用《洪范》五行，下议政王等会同确议。四年三月壬寅，议政王等逐款鞫问所摘十谬，杨光先、汤若望各言已是。历法深微，难以分别。但历代旧法每日十二时分一百刻，新法改为九十六刻；又，康熙三年立春日候气先期起管，汤若望谎奏候至其时，春气已应；又，二十八宿次序分定已久，汤若望私将参、觜二宿改调前后；又，私将四余中删去紫气；又，汤若望进二百年历。夫天祐皇上历祚无疆，而汤若望止进二百年历，俱大不合。其选择荣亲王葬期，汤若望等不用正五行，反用《洪范》五行，山向年月，俱犯忌杀，事犯重大。拟钦天监正汤若望、刻漏科杜如预、五官挈壶正杨弘量、历科李祖白、春官正宋可成、秋官正宋发、冬官正朱光显、中官正刘有泰等皆凌迟处死。……自是废新法不用。②

这就是震动朝野的清初汤若望“历法案”或云“钦天监历案”，关于个中原因，学界已经讨论甚多，不赘。在此，我们仅强调一点，那就是顺治皇帝死后，康熙帝年幼，反对新法的鳌拜主政，自然是制造“历法案”的元凶。至于如何评价杨光先，那要看我们站在什么样的立场和角度，其认识结果是不同的。毋庸置疑，单从历法专业知识的角度看，他确实不是高手，但是面对西方传教士对传统儒学的冲击，杨光先所批判的不仅仅是西方的天文历法，更是其背后的整个思想体系。对此，有学者明言：“对明末的文人来说，传教士的教导，包括道德、哲学、科学和技术，都是一个统一整体的组成部分。他们共同构成中国人所谓的‘天学’或‘西学’。”③在此背景下，杨光先尽管言辞有些偏激，但其“卫道”的立场不能一概否定。诚如黄一农先生所言，杨光先是一位“性喜惊世骇俗的行动家、宣传家，他以承继儒学的道统自许，但为达目的，却往往藉不完全真实的叙事或论据，以博取支持或攻讦对手，而其行事则是执着不移，常不计个人安危，衔追不舍，绝不轻罢。”这个评价较为客观，业已得到学界的共识与认可。因为杨光先反对西学的著作《不得已》刊行

① 《清史稿》卷272《汤若望传》，第10021页。

② （清）萧穆：《故前钦天监监正杨公光先别传》，（清）杨光先等撰、陈占山校注：《不得已》附录二，合肥：黄山书社，2000年，第206—207页。

③ [法]谢和耐：《中国文化与基督教的冲撞》，于硕等译，沈阳：辽宁人民出版社，1989年，第57页。

之后，对天主教的冲击很大，于是，利类斯、南怀仁等西方传教士集中力量，分头针对《不得已》撰写了《不得已辨》和《历法不得已辨》，前者为利类斯所撰，侧重反驳《不得已》中反对天主教教理的内容；后者为南怀仁所撰，侧重反驳《不得已》中有关天文历法的内容。如前所述，仅就天文历法知识而言，杨光先存在短板，但这却是南怀仁等传教士的强项。而在康熙亲政之后，由于他对西方科学知识比较认同，这便在客观上为西方传教士对杨光先成功地实施反戈一击提供了历史机遇和政治保障。对此，《清史稿·杨光先传》记载尤详。文云：

> 是时朝廷知光先学术不胜任，复用西洋人南怀仁治理历法。南怀仁疏劾明烜造康熙八年七政民历于是年十二月置闰，应在康熙九年正月，又一岁两春分、两秋分，种种舛误，下议政王等会议。议政王等议，历法精微，难以遽定，请命大臣督同测验。八年，上遣大学士图海等二十人会监正马祜测验立春、雨水两节气及太阴火、木二星躔度，南怀仁言悉应，明煌言悉不应。议政王等疏请以康熙九年历日交南怀仁推算，上问："光先前劾汤若望，议政王大臣会议，以光先何者为是，汤若望何者为非，及新法当日议停，今日议复，其故安在？"议政王等疏言："前命大学士图海等二十人赴观象台测验，南怀仁所言悉应，吴明烜所言悉不应，问监正马祜，监副宜塔喇、胡振钺、李光显，皆言南怀仁历法上合天象。一日百刻，历代成法，今南怀仁推算九十六刻，既合天象，自康熙九年始。应按九十六刻推行。南怀仁旨罗喉，計都、月孛三九四四，推历所用，故入历。紫炁无象，推历所不用，故不入历。自康熙九年始，紫炁不必造入七政历。"又言："候气为古法，推历亦无所用，嗣后并应停止。请将光先夺官，交刑部议罪。"上命光先但夺官，免其罪。南怀仁等复呈告光先依附鳌拜，将历代所用《洪范》五行称为《灭蛮经》，致李祖白等无辜被戮，援引吴明烜诬告汤若望谋叛。下议政王等议，坐光先斩，上以光先老，贷其死，遣回籍，道卒。刑部议明烜坐奏事不实，当杖流，上命笞四十释之。①

康熙对杨光先的处理还算公正，即以其人之道还治其人之身。比如，在杨光先被"夺官"之前，康熙对他和南怀仁等传教士之间的矛盾还抱有调和的态度。如康熙七年（1668）十一月二十三日，康熙谕杨光先、南怀仁等："天文最为精微，历法关系国家要务，尔等勿怀夙仇，各执己见，以己为是，以彼为非，互相竞争。孰者为是，即当遵行，非者更改，务须实心，将天文历法评定，以成至善之法。"②通过不断学习西方历法，至康熙十五年（1676）八月，康熙已经深刻认识到西方历法优于中国传统历法的原因是："自古论历法，未尝不善，总未言及地球。北极之高度所以万变而不得其着落。自西洋人至中国，方有此说，而合历根。"③因此，从这个角度出发，康熙下令："钦天监……专司天文历法，任是职者，必当学习精熟。向者，新法、旧法是非争论，今既深知新法为是，尔衙门习学天文历法，满汉官

① 《清史稿》卷272《杨光先传》，第10023—10024页。
② 韩琦、吴旻校注：《熙朝崇正集　熙朝定案（外三种）》，第49页。
③ （清）康熙撰，陈生玺、贾乃谦注释：《庭训格言·几暇格物编》，杭州：浙江古籍出版社，2013年，第180页。

员务令加意精勤。此后习熟之人，方准升用。其未经学习者，不准升用。”[①]当然，就学术本身来说，康熙认为西洋新法也不是绝对正确，他曾总结说：“西洋法大端不误，但分刻度数之间久而不能误差。”[②]所以，他十分注意把学术问题与政治问题区分开来，因而在处理“杨光先历案”的过程中，康熙没有将学术问题政治化，这是非常开明的举措。故有学者总结说：“这次新、旧历法之争，风云变幻，前后十余年，其中混淆着学术之外的因素，包含有民族的、信仰的、政治的内容，特别是杨光先为代表的维护旧法的守旧派，曾得到鳌拜等人的支持，把这种学术之争提高到政治斗争的高度，用政治手段，企图置对方于死地。以南怀仁等为代表的新法派，也效此法，施以报复，使人惊心动魄，康熙尽悉其中隐情，他力排众议，摒弃偏见，坚持把这场斗争局限于学术范围之内。”[③]

（二）传统天文学的张力、限度与自身缺陷

杨光先与汤若望、南怀仁等西方传教士之间的天文历法矛盾，绝对不是一个孤立的现象，事实上，它反映了维系旧法与新法各自存在和延续的两种文化力量的矛盾与对抗。例如，候气说是在天人感应学说的引导下，人为将十二律与气象、历法相联系而构造出来的一种神秘学说，它是中国传统天文学的重要组成部分之一。关于候气说的演进与衰颓，黄一农等学者这样评论道：

> 中国古代有关候气过程的具体叙述，首见于东汉蔡邕的《月令章句》，但直至南北朝的信都芳以机巧假造应后，其说始渐为社会所普遍接受，并演变成中国科学史上最大的骗局之一。后世之人虽然屡测不验，然因此说透过天、地、人三才合一的理念，将度量衡的标准、乐律的元声以及地上的政事、天上的节候均漂亮地结合在一块，以致少有人敢于正面质疑此说。在测验不效且不愿放弃候气说的情形下，大家只得藉口“古法失传”，或将失败的结果比附于政事，甚至干脆假造气应。学术界质疑候气说的声浪，是直到明中叶以后才开始涌现的，这一方面当受当时音律学蓬勃发展的影响，另一方面或亦受到实学思潮滥觞的推波助澜。其中身为明宗室的朱载堉，可说是历史上批判候气说最力之人，其立论乃建立在严密的实测结果上，此是先前甚至后世其他的质疑者所难望及的。惟因候气说早已深植人心，以致朱氏的实验对社会的影响并不很大。直到康熙八年时，候气说始遭官方弃绝，其事的发生应有相当程度是受到当时南怀仁成功平反“历狱”一事的波及。候气说在理论与实验难于契合的情形下，竟然能靠少数投机者的造假以及人们对此说的憧憬，在古代中国人的知识经验中屹立达约两千年之久，可也算得上是科学史上的一大异数。[④]

至于“候气说”是不是“中国科学史上最大的骗局之一”，目前还不能定论，而要说它

---

① 《清实录·圣祖实录》卷62“康熙十五年七月”条，北京：中华书局，1985年，第13页。

② 《清实录·圣祖实录》卷248“康熙五十年十月”条，第456页。

③ 聂维林：《历法斗争案》，《江苏文史资料》第33辑《近代要案审判内幕》，南京：江苏文史资料编辑部，1989年，第177页。

④ 黄一农、张志诚：《中国传统候气说的演进与衰颓》，《清华学报》1993年第23期，第125页。

“是科学史上的一大异数”，则一点儿都不夸张。候气说为什么在中国古代那么盛行？原因比较复杂，刘道远在《中国古代十二律释名及其与天文历法的对应关系》一文中曾有分析。他在文中所讨论的主要观点是：

> 古人以为阴阳之分，万物始成，阴阳二气便成了十二律产生的依托。音律的作用，从来不是仅仅用来定音高，而是有着多方面的综合意义。它与天文、历法的对应关系，不是生造的牵附之物，而是有着内在的必然联系的。值得注意的是，作者对《后汉书·律历志》中记载的“候气”说和律学家京房的事迹，运用现代天文学和物理学方面的科学原理，如天体运行的规律、牛顿的万有引力定理等进行了研究，并做了详尽的阐述。作者试图借对“候气之谜”的解释来解答中国古代为什么“律历合一”的问题。文章指出中国古代所谓的“律”，是一个通过“候气”来验证过的综合标准，它既用于天文观测计算，又是音高和度、量、衡的标准，与中国古代社会中的哲学和科技有着密切的渊源关系，它是中华民族在人类洪荒时代征服和了解自然过程的一个工具。①

也许“候气说”自身的张力还会持续传导一段较长的历史时期，在此，不管杨光先的主观动机是什么，他当时利用传统的“候气说”来对西洋新法施加压力，其行为本身确实无可厚非。据《清史稿》本传载：

> （康熙）五年春，光先疏言：“今候气法久失传，十二月中气不应。乞准臣延访博学有心计者，与之制器测候，并饬礼部采宜阳金门山竹管、上党羊头山秬黍、河内葭莩备用。”七年，光先复疏言：“律管尺寸，载在《史记》，而用法失传。今访求能候气者，尚未能致。臣病风痹，未能董理。”下礼部，言光先职监正，不当自诿，仍令访求能候气者。②

“候气说”不成功，杨光先心里很清楚。后来杨光先有一段与康熙皇帝的对白，颇能说明问题：

> 杨光先等曰：“我等不知推算。”帝曰：“先问尔等，既称能测日影，今怎说不知？”杨光先大言曰：“臣监之历法，乃尧舜相传之法也；皇上所正之位，乃尧舜相传之位也；皇上所承之统，乃尧舜相传之统；皇上颁行之历，应用尧舜之历；皇上事事皆法尧舜，岂独于历有不然哉？今南怀仁，天主教之人也，焉有法尧舜之圣君，而法天主教之法也？南怀仁欲毁尧舜相传之仪器，以改西洋之仪器，使尧舜之仪器可毁，则尧舜以来之诗、书、礼、乐、文章、制度皆可毁矣！”③

由此可见，杨光先与南怀仁等传教士之争，绝不是简单的历法之争，实际上更是一种礼仪之争。我们赞赏和佩服杨光先的勇气与立场，却不能认同他做事的方法，因为他的精神虽然可嘉，但少了一点“借力发力”的智慧，因为他并没有意识到，那些精确性较高的

---

① 中国艺术研究院音乐研究所：《中国音乐年鉴（1989年）》，北京：文化艺术出版社，1989年，第63页。

② 《清史稿》卷272《杨光先传》，第10023页。

③ （清）黄伯禄：《正教奉褒》，韩琦、吴旻校注：《熙朝崇正集·熙朝定案》，第305页。

仪器在历法测算中所起的作用是多么重要。如众所知，西洋历法的精确性与其采用先进的观测仪器密切相关。所以汤若望非常注重天文仪器的引进和制造。例如，顺治元年（1644）六月，汤若望向多尔衮进言："臣于明崇祯二年来京，用西洋新法厘正旧历，制测量日月星晷、定时考验诸器。近遭贼毁，拟重制进呈。"①又《正教奉褒》载："崇祯七年，汤若望进呈历书星屏，其时日晷、星晷、窥筒诸仪器，俱已制成。奏闻，上命太监卢维宁、魏国征至局验试用法，旋令若望将仪器亲赍进呈，督工筑台，陈设宫廷。"②较之汤若望，后来的南怀仁更注重西洋天文仪器的制造。如《皇朝文献通考》载：

（康熙十三年正月），南怀仁以新制天体仪、黄道经纬仪、赤道经纬仪、地平经仪、地平纬仪、纪限仪告成，将制法、用法，绘图列说，名《新制灵台仪象志》，疏呈御览。《灵台仪象志》言天体象之用凡六十，黄道经纬仪之用凡十，赤道经纬仪之用与黄道经纬仪同者凡五，异者凡九，地平经仪、纬仪之用凡十八，纪限仪之用凡六。要之，天体仪乃浑天之全象，为诸仪之用所统宗，七政恒星之经纬宫次度分，与先后相连之序，相距之远近，俱于斯见焉。黄道经纬仪、赤道经纬仪、地平经仪、纬仪，所以推七政恒星之及所躔之度分也。纪限仪则旋转尽变，以对乎天，或正交，或斜交，定诸星东西南北相离之度焉。此六仪者，用各有异，而又可互用相参，故能测验精密而分秒无差也。③

与之相比，杨光先等仍沿用着元代的仪器，其差距不言而喻。另外，杨光先等所采用的数学方法亦有缺陷。例如，《畴人传·汤若望传》载："若望以四十二事表西法之异，证中术之疏，由是习于西说者，咸谓西人之学非中土之所能及。"④《畴人传·南怀仁传》又说："西人熟于几何，故所谓制仪象极为精审，盖仪象精审则测量真确，测量真确则推步密合，西法之有验于天，实仪象有以先之也。不此之求，而徒骛乎钟律卦气之说，宜为彼之所窃笑哉。"⑤从西方人的视角，汤若望看到了中法本身所存在的缺陷，而且在实际观测过程中这些缺陷也确实影响到了历法推算的精确性。于是，康熙经过反复比较终于承认了西方新法的先进性，尽管他是在"西学中源"前提下表达了对西方科学的认同，但这毕竟是一次观念的飞跃，是一个很大的历史进步。

不过，诚如有学者所言："对当时的西方科技仪器而言，内在价值中很重要的一方面，体现在思想史中的科学体系上"，然而，"由于中国古代缺乏不讲实用，专为理论的实验科学的体系，科技仪器在思想史上的这一价值几乎丧失殆尽，仅余下中国文化赋予它们（主要是天文仪器）的特殊内涵，即天文学是皇权重要组成部分"⑥。从这个角度讲，康熙"西

① 《清史稿》卷272《汤若望传》，第10019页。
② （清）黄伯禄：《正教奉褒》，《中国天主教史籍汇编》，台北：辅仁大学出版社，2003年，第478页。
③ 徐珂：《清稗类钞》第12册《灵台仪象》，北京：中华书局，2003年，第5988页。
④ （清）阮元：《畴人传》卷45《汤若望传》，本社古籍影印室：《中国古代科技行实会纂》第3册，北京：北京图书馆出版社，2006年，第301—302页。
⑤ （清）阮元：《畴人传》卷45《南怀仁传》，本社古籍影印室：《中国古代科技行实会纂》第3册，第318页。
⑥ 刘潞：《融合·清廷文化的发展轨迹》，北京：紫禁城出版社，2009年，第351页。

学中源”说在一定程度上限制了西方科学在清代的进一步发展，因为那时国人对西方科学技术的接受仍然没有突破工具层面的学习和借鉴。

第二节　黄宗羲与传统科学思想的解构

黄宗羲，字太冲，号梨洲，浙江余姚人，是明清之际著名的思想家、史学家和科学家。他深受明末东林党人思想的影响，关注社会变革，倡导民主启蒙。他“愤科举之学锢人，思所以变之”①，清兵入关后，浙中义师拥立鲁王在绍兴就监国位，黄宗羲“纠里中子弟数百人从之，号世忠营。授职方郎，寻改御史，作《监国鲁元年大统历》颁之浙东”②。后清兵将逼退海上，黄宗羲随之，“日与吴钟峦坐舟中，正襟讲学，暇则注《授时》《泰西》《回回》三历而已”③。其后，“海上倾覆，（黄宗羲）乃奉母返里门，毕力著述，而四方请业之士渐至矣”④。《清史稿》本传载：“宗羲之学，出于蕺山，闻诚意慎独之说，缜密平实。尝谓明人讲学，袭语录之糟粕，不以六经为根柢，束书而从事于游谈。故受业者必先穷经，经术所以经世。不为迂儒，必兼读史。读史不多，无以证理之变化；多而不求于心，则为俗学。故上下古今，穿穴群言，自天官、地志、九流百家之教，无不精研。所著《易学象数论》六卷，《授书随笔》一卷，《律吕新义》两卷，《孟子师说》两卷”⑤等。据统计，黄宗羲自撰专著共 64 种，存 28 种，佚 36 种。⑥其中现存科技类著作主要有：《易学象数论》《历代甲子考》《今水经》《四明山志》《授时历故》《授时历法假如》《西洋历法假如》《新推交食法》（后人整理稿本）。

由于学界沈雨梧、方祖猷、徐定宝、曹国庆、杨小明等先生都从不同角度对黄宗羲的科学成就做了细致、全面的研究，几乎到了“题无剩义”的程度。所以我们这篇专论只能在前人研究成果的基础上，主要依据上述存本，针对黄宗羲的传统科学思想略作阐释，不足之处，请方家指正。

一、从中国传统科学思想中走出来的“中国自由主义先驱”

（一）黄宗羲的科学实践及其科学思想成就概述

1. 黄宗羲的科学实践

尽管黄宗羲的史学和哲学成就远远大于他的科学成就，但在中西科学不断碰撞和交流

① 《清史稿》卷 480《黄宗羲传》，第 13103 页。
② 《清史稿》卷 480《黄宗羲传》，第 13103 页。
③ 《清史稿》卷 480《黄宗羲传》，第 13104 页。
④ 《清史稿》卷 480《黄宗羲传》，第 13104 页。
⑤ 《清史稿》卷 480《黄宗羲传》，第 13105 页。
⑥ 吴光：《天下为主——黄宗羲传》，杭州：浙江人民出版社，2008 年，第 300 页。

的历史背景下，作为一代杰出的民主启蒙思想家，黄宗羲敏锐地意识到了西方科学输入中国之后会给社会发展带来的积极意义。于是，他不仅大力提倡学习和传承“绝学”（即自然科学和技术科学），鼓励科学创新和创造发明，自己还置身其中进行科学研究。黄宗羲说：“绝学者，如历算、乐律、测望、占候、火器、水利之类是也。郡县上之于朝，政府考其果有发明，使之待诏，否则罢归。”[①]这是从国家的战略高度，奖励和重用科技人才，而西方近代资本主义社会的兴起和发展就是从开拓海外市场和振兴科学技术开始的。

（1）钻研算学与历法。农民起义军攻破北京，崇祯自缢。接着，清兵入关，明朝大势已去。黄宗羲本想依靠鲁王“监国”来反清复明，力挽狂澜，只是，为时已晚。顺治三年（1646），黄宗羲为逃避清廷追捕而隐居在四明北麓的化安山。据他在《叙陈言扬勾股述》一文中说：“余昔屏穷壑，双瀑当窗，夜半猿啼伥啸，布算簌簌，自叹真为痴绝。”[②]在当时政治环境十分紧张的背景下，黄宗羲不顾研究条件简陋，潜心钻研，对历法和算学的爱好已经到了痴迷的程度。黄宗羲精通古算，且对佛教经籍中的算法也颇精通。例如，黄宗羲在《答钱牧斋先生流变三叠问》一文中对《楞严经》“九变三叠”（图 4-1）算法做了阐释。

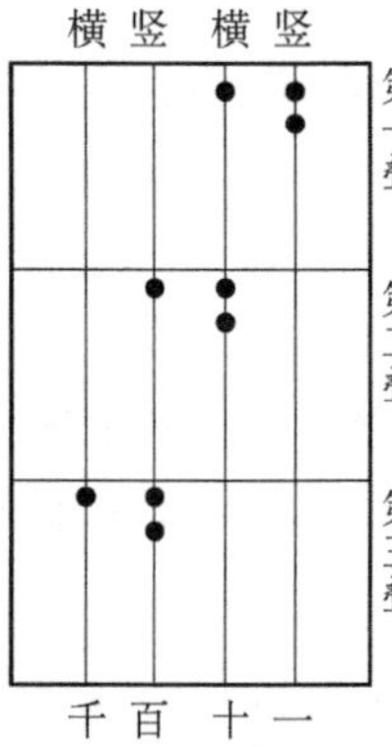

图 4-1 《楞严经》“九变三叠”示意图[③]

文中提到的钱牧斋（即钱谦益）既是一位东林党领袖，又是明末清初的文坛泰斗，同黄宗羲关系比较密切。钱氏提出的问题之一是：“长水注《楞严经》‘九变三叠’所谓‘进动算位，一横二竖，一竖二横者’，未知其义？”[④]考《楞严经》曰：“四数必明，与世相涉，三四四三，宛转十二，流变三叠，一十百千。总括始终，六根之中，各各功德，有千二百。疏云：三变之义，古今多解，今所解者，不加别法，以变其义。只将今文，过现未来，进动算位，便成千二百功德。如第一位，三世四方，宛转十二，便成一叠。算位即是一横二竖，已成过去。第二即变过去一世，以为现在。进动算位一竖二横，成百二十，为第二叠。又如变现在世，以为未来。进动算位一横二竖，成一千二百，为第三叠。能变之法，既唯

① （清）黄宗羲：《明夷待访录・取士下》，北京：中华书局，1981 年，第 19 页。

② （清）黄宗羲：《黄宗羲全集》第 10 册《吾悔集・叙陈言扬勾股述》，杭州：浙江古籍出版社，2012 年，第 38 页。

③ （清）黄宗羲：《南雷文定》前集卷 3《答钱牧斋先生流变三叠问》，北京：商务印书馆，1936 年，第 30 页。

④ （清）黄宗羲：《南雷文定》前集卷 3《答钱牧斋先生流变三叠问》，第 29 页。

三世。所变之法，亦止千二百，故无增减。”[1]对这个问题，黄宗羲回答说：“第一叠三世四方，乘之得十二。若依算家乘法，则第二叠当得一百四十四。第三叠当得二万七百三十六。今不然者，则经文流变，以第一叠为准，第二叠变一为十，变十为百，第三叠变十为百，变百为千而已。故曰变，不曰乘也。”[2]可见，《楞严经》所讲的“变”与算学乘法之“乘”是有区别的。

在历法方面，德国传教士汤若望于清初被召修订《时宪历》，顺治二年（1645）颁行。随后，汤若望即被任命为钦天监监正。在中国历法史上，《时宪历》开启了在民用历中采用“定气”注历的时代，所以这也是我国历法史上最后一次大改革，意义非比寻常。据黄百家《黄竹农家耳逆草》记载：“盖先遗献（即黄宗羲）于明末时，曾与泰西罗味韶雅谷、汤道未若望定交，得其各种抄刻本历书极备。”[3]也就是说，自明末开始，黄宗羲就大量接触和熟读了西方历法知识。除此之外，全祖望在《明司天汤若望日晷歌》“自注”中云，黄宗羲还曾经从汤若望那里得到过一件“精妙泯差参”的日晷。[4]因此，黄宗羲在《赠百岁翁陈赓卿》一诗中称赞说：“西人汤若望，历算称开僻。为吾发其凡，由此识阡陌。”[5]此处所言“识阡陌”反映了黄宗羲对西方历法知识的接受与认同，他由此开始了潜心学习西方历法的历程。

（2）注重地理考察。读万卷书行万里路，是古人治学的基本方法。黄宗羲崇尚实学，喜欢走出书斋看世界，到大自然中去感受美，开阔视野，拓宽心胸。当然，对于黄宗羲来说，更重要的是通过对故国山川的体验来更深刻地感悟世道变故，从而借景言志。如崇祯十三年（1640）黄宗羲“往来台越间，以其暇游天台、雁宕诸名胜，作《台宕纪游》”[6]，惜《台宕纪游》已佚，具体内容不得而知。但从流传下来的《夜宿雁荡灵岩》一诗中不难看出，当时黄宗羲强烈的忆故国沧桑之情，其诗云：“千峰瀑底挂残灯，雾障云封不计层。咒赞模糊昏课毕，乱敲铜钵迓归僧。”[7]这是多么的凄凉和悲愁，黄宗羲并不情愿让自己的家园沦落于异族统治之下，于是他决心撰写一部《四明山志》。而对于黄宗羲的写作动机，有学者这样分析说：

> 自来名山多有志，独四明阙如，黄氏此志为四明山第一部亦是唯一一部古代山志。黄氏编纂此志，于寄托家乡之情外，尚有爱国之因素。盖明末清初，遗民志士多注意山川形势，作军事考虑，以为反清复明之计。是书卷五黄宗羲自述海内兵起，徐石麒问浙东可以避地者，黄氏即以四明山对。如与黄氏又一著作《四明山寨记》对看，尤

---

① （清）黄宗羲撰：《南雷文定》前集卷3《答钱牧斋先生流变三叠问》，第29页。

② （清）黄宗羲撰：《南雷文定》前集卷3《答钱牧斋先生流变三叠问》，第30—31页。

③ （清）黄百家：《黄竹农家耳逆草·上王司空论明史历志》，北京：国家图书馆藏康熙刻本。

④ 参见《方豪文录》，北京：北平上智编译馆，1948年，第212页。

⑤ （清）黄宗羲：《黄宗羲全集》第11册《赠百岁翁陈赓卿》，杭州：浙江古籍出版社，2005年，第285页。

⑥ 徐定宝主编：《黄宗羲年谱》，上海：华东师范大学出版社，1995年，第57页。

⑦ （清）黄宗羲：《黄梨洲诗集》卷1《夜宿雁荡灵岩》，济南：山东画报出版社，2004年，第3页。

能见其深意。[①]

关于《四明山志》的内容，详见后论。该书的最大特色就是“宗羲家于（四明山）北七十峰之下，尝扪萝越险，寻览匝月，得以考求古迹，订正伪传”[②]。该书至今对四明山的地形、地貌研究都有一定的参考价值。

（3）生物学实践。黄宗羲在《小园记》中有一段园艺实践的描写，他说：

> 黄竹浦轩之西，有隙地，纵二寻而强，横三寻而弱，辟以为园，用树花木，不过八九株而已。因买瓦盆百余，以植草花。水仙、艾人、芳洲、洛阳、茉莉、真珠、烟蒲、石竹、辣茄、苦荬、金灯、银合、黑牛、紫燕、虎刺、蛇床、铃儿、鼓子、忘忧、含笑、庭莎、路杞，秋萝似染紫，荷包象形，康成书带，徐公剑脊。浓则牡丹、芍药，淡则春兰秋菊。药品琐碎，皆为芳草。施以人工，则桃、李、梅、杏、金松、线柏，屈其千霄之姿，下同弱卉。至于丽春、款冬、丈红、缎锦、雁来、燕麦、紫茉、秋棠、断肠、洗手、红姑、虞美，丛生砌下，递换瞬间，非盆盎之所收拾也。[③]

这种定向培育物种的园艺实践具有多种意义。第一，从“有隙地”的“辟以为园”种植八九种花木，到“买瓦盆百余，以植草花”，不但园艺环境和方式发生了变化，而且种植草木的品种有了大量增加。第二，不同的植物需要不同的土壤环境与培育方式，因为它们各自“对水的用量、新鲜空气的需求量、园丁的关注度、光影的要求都有区别”[④]，而在瓦盆中进行栽培，则有利于观察每种植物的生长特性。第三，黄宗羲种植这么丰富的植物品种，不单是为了欣赏，更是为了备急之药用。第四，在人工干预的前提下，园艺作物的审美意境千变万化，既有“屈其千霄之姿”的争奇，又有“丛生砌下，递换瞬间”的斗艳，花卉如人生，固然有被“盆盎之所收拾”之时，但是，如果你是一棵“丛生砌下”的秋棠，那么，就一定会冲破“盆盎”的束缚，而到更加广阔的天地里寻找适合自己生长的环境。

以上种种，表明黄宗羲比较崇尚躬身实践，重视实物考察，弃“内圣”而求“外王”，正是在此基础上，黄宗羲提出了“学贵履践，经世致用”[⑤]的治学主张，对浙东学派产生了十分深远的历史影响。

2. 黄宗羲的科学思想成就概述

黄宗羲的科学思想涉及天文历算、物理学、地理、生物等多个学科领域，下面分别略作阐释。

1）天文历法思想概述

黄宗羲的天文历法著作约有10多种，主要有《春秋日食历》（佚）、《授时历故》（佚，

---

① 续修四库全书总目提要编纂委员会：《续修四库全书总目提要·史部》，上海：上海古籍出版社，2014年，第340页。

② （清）纪昀总纂：《四库全书总目提要》卷76《史部三十二》，石家庄：河北人民出版社，2000年，第2021页。

③ （清）黄宗羲：《黄宗羲全集》第10册《小园记》，第129页。

④ [德]海德玛丽·施维尔默：《有钱的富有人生：福从天降的试验》，吴珺译，成都：西南交通大学出版社，2015年，第113页。

⑤ 刘生龙编著：《中国古代教育的那些事》，北京：国家行政学院出版社，2013年，第408页。

存后人增补刻本）、《大统历推法》（佚）、《授时历法假如》（存）、《西洋历法假如》（存）、《回回历法假如》（佚）、《气运算法》（佚）、《新推交食法》1卷（今2卷本是后人据原本整理之作）、《新推交食法》（原本佚，存后人整理本）、《时宪历法解》（佚）、《监国鲁元年丙戌大统历》（佚）等。

《授时历故》撰于康熙十五年（1676），共4卷，其中卷1为圭表测望，卷2为求太阳平立定三差之术，卷3为求弧矢割圆之术，卷4为求迟疾、盈缩之术。对于《授时历故》的历法成就，张培瑜的《授时历定朔日躔及历书推步》与刘操南著的《历算求索》一书都有详论，不赘。这里仅以"推冬至"为例，略作阐释。

黄宗羲考察了《授时历》推算冬至的方法，他说：

> 置所求距岁实，减一，以岁实乘之，为中积。加气应，为通积。满旬周去之，不尽，以日周约之，为日，不满为分。其日命甲子算外，即所求冬至日辰及分。如上考者，亦距辛巳岁即算，乘岁实为中积，减气应为通积，满旬周去之，不尽，以日周约之，为日，不满为分。其日命甲子算外，即所求冬至日辰及分。如上考者，亦距辛巳岁即算，乘岁实为中积，减气应为通积，满旬周去之，不尽，更置旬周，以不尽者减之。余同上。岁实。三百六十五万二千四百二十五分。上考者每百年周天消一秒，岁实长一分，下验每百年周天长一秒，岁实消一分。[①]
>
> 《授时历》岁实值为365.2425日，气应为55.0600日，故黄宗羲举例云："如万历己亥岁，距元辛巳积年三百一十九，减一，以岁实三百六十五万二千四百二十二分（于原岁实消三分）乘积年，得一十一亿六千一百四十七万零一百九十六分，为中积。加气应五十五万零六百分（即辛巳岁前冬至在己未日，以旬周计之，便为此岁气应）为通积。满旬周去之，余四十二万零零七百九十六分。从甲子起算，丙午日丑初二刻为冬至。"[②]文中"万历己亥岁（1599）"，"辛巳积年"（1281），"减一"即（1281—1），两者相减为（1599−1280＝319）。按："下验每百年岁实消一分"，则三百年应消三分，即365.2425−0.0003=365.2422，故"中积"为319×365.2422=116 512.2618。因计算方法不同，黄宗羲算得的数值虽然与今法所算得的数值略有出入，但他推算冬至的方法应是其揭秘"绝学"的重要内容之一。

《授时历法假如》刊行于康熙二十二年（1683），总1卷。该书主要是用实例来解释《授时历故》中的推算方法，所以整体内容较《授时历故》通俗易懂，简易明白。

从黄宗羲历法思想的源流看，他受邢云路《古今律历考》的影响比较大[③]，当然，由于历法是国家垄断学科，历朝一般都禁止士人习历，明朝也禁止民间私习历法，但参加科举考试的士人不在禁止的范围内。这就是黄宗羲为什么有不少天文历算著作佚失了，而有些

① 薄树人主编：《中国科学技术典籍通汇·天文卷》第2分册，郑州：大象出版社，1993年，第573页。

② （清）黄宗羲：《黄宗羲全集》第9册《授时假如》，第329页。

③ 杨小明：《黄宗羲的科学研究》，郭贵春主编：《山西大学科技史研究20年》，太原：山西科学技术出版社，2002年，第427—442页。

还能流传下来的主要原因。换言之，对科举考试有参考价值的天文历法著作就被士人保留下来了。不过，对于邢云路的《古今律历考》，黄宗羲并非一味沿袭，通过思考，他有不少新的发展。"例如，对月亮、太阳运动不均匀现象的解释，比邢云路在《古今律历考》中的解说，显得更为直观和清晰，使人易于接受与掌握。又如在'赤道与度表'等的计算方面，和以往传统的计度数相比，更加精密与准确，使人使用起来得心应手。再如在《授时历故》中所列出的'黄道约分表'，人们依靠它即能进行新的推测，充分显示了黄宗羲研究天文学的创造精神。"①

《西洋历法假如》亦作《西历假如》，它与《授时假如》合刊，名《历学假如》行于世。据考，《西历假如》的主要思想来源是《崇祯历书》和《天学会通》。②传本《西历假如》共有4节，即"日躔""月离""五纬""交食"，其中在"交食"一节中，黄宗羲明言："以上据海岱薛凤祚本，著其所查表名及数目舛错，为之更定，使人人可知，无藏头露尾之习。"③《天学会通》本来是波兰传教士穆尼阁所著《天步真原》的改写，故薛凤祚多把书中有关推算交食之法的内容转译过来，而对其来源却未加详考。于是，黄宗羲"几乎于其每一条都详述了各数（查表）的来源、推法和演算，虽不免有误，但纠误处甚多（尤将日食又与《崇祯历书》卷七十一中之同例进行比较），实为薛本之详解和订正（尤于月食一例）"④。如"求太阳实会度"条，薛凤祚注为双女宫，黄宗羲则注："当在人马宫，此必有误。今姑依薛本。"⑤又如对崇祯五年（1632）壬申三月"月食"的推算，黄宗羲就曾依据新法对薛凤祚的旧算结果做了改正，具体内容表4-1所示。

表4-1 对崇祯五年（1632）壬申三月"月食"算例

序号	名称	薛凤祚旧算	黄宗羲新算	备注
1	日月相距度	三度三十六分一二	三度二九三三	
2	太阳次引	四宫〇六度四七三八	四宫六度四八〇三	
3	太阴次引	五宫一十二度二九一九	五宫一十二度三四四六	
4	太阳次均	一度三六四五加	一度三六三六	
5	太阴次均	一度三二五五减	一度三二〇六	
6	日月次距弧	三度〇九四〇	三度〇八四二	
7	日月次距日	一十九时四六五四	一十九时一五〇五	
8	初亏	酉正三刻一十二分二九	酉正初刻三分二十九秒	均误
9	复圆	亥初二刻一十九分〇九秒	戌正三刻一〇八七	均误

经石云里等考证，"《天学会通》中的错误是确实存在的，但值得注意的是，黄宗羲并

① 黄见德：《明清之际西学东渐与中国社会》，第235页。
② 徐海松：《清初士人与西学》，北京：东方出版社，2001年，第297页。
③ （清）黄宗羲：《黄宗羲全集》第9册《西历假如》，第315页。
④ 吴光等主编：《黄梨洲三百年祭——祭文·笔谈·论述·佚著》，北京：当代中国出版社，1997年，第183—184页。
⑤ （清）黄宗羲：《黄宗羲全集》第9册《西历假如》，第315页。

没有将错误都完全纠正过来，有时反而被薛凤祚的错误所误导而产生新的错误”①。尽管如此，根据当时明末清初士人接受西方历法的程度看，黄宗羲显然是主张融汇中西历法的，所以《西历假如》的写作目的主要就是解决如何利用西方历法中的一些历表来推求历法中的一些数据，以避免繁难的计算过程。从这个层面看，《西历假如》“实际上是指导《西法新法历书》的参考工具书”。②

2）算学思想概述

关于黄宗羲的主要算学著作，已见前述。勾股学是中国传统几何学的灵魂，在农业和手工业生产、工程建筑等方面有着十分广泛的应用。然而，入明以后，士人追求八股之风气甚炽，读书做学问也越来越浮躁，以至于那些理论化程度比较高的割圆、容圆之术几乎无人问津，遂渐成绝学。对此，黄宗羲深有感触，他在《叙陈言扬〈勾股述〉》一文中说：

> 勾股之学，其精为容圆、测圆、割圆，皆周公、商高之遗术，六艺之一也。自后学者不讲，方伎家遂私之。溪流逆上，古冢书传，缘饰以为神人授受，吾儒一切冒之以理，反焉所笑。近世斡苑洛作《志乐》，律管空圈，不明算法，割裂凑补，终成乖谬。……珠失深渊，罔象得之，于是西洋改容圆为矩度，测圆为八线，割圆为三角，吾中土人让之为独绝，辟之为违天，皆不知二五之为十者也。数百年以来，精于其学者……不过数人而已。海昌陈言扬因余一言发药，退而述为勾股书，空中之数，空中之理，一一显出，真心细于发，析秋毫而数虚尘者也，不意制举人中有此奇特。……今因言扬，遂当复完前书，尽以相授，言扬引而伸之，亦使西人归我汶阳之田也。③

这一段话至少表达了这样两层意思：第一，中国传统几何算术正在被统治者削弱和被明朝士人所边缘化，黄宗羲深刻感受到了中国传统几何知识的危机，这是他产生忧虑情绪的主要原因。第二，西方几何学知识传入之后，黄宗羲发现，像西方的三角、八线、矩度等几何问题，不过是对中国传统几何学的“改进”而已，此论是否为明清之际“西学中源”说的最早表述，尚待进一步考证。

有论者认为：“与全祖望‘中学西窃’的激烈情绪不同，黄宗羲认为‘中失西得’‘中学西改’，西学与中学是一种‘二五之为十’的源出关系，因此，黄宗羲的‘西学中源说’较为平和。”④

又有论者说：“（黄宗羲）虽然承认西方历算的优越性，但他却又把它看作是从东方取去的明珠。在《叙陈言扬〈勾股述〉》中，他对陈言扬大加称赞，还要把自己的心得都传授给他，对他恢复绝学、收服西人寄予厚望。”⑤

还有论者云：黄宗羲“既断定西学来自中土，只是经过一番‘改容圆为矩度，测圆为

---

① 李亮、石云里：《薛凤祚西洋历学对黄宗羲的影响——兼论〈四库全书〉本〈天学会通〉》，马来平主编：《中西文化会通的先驱——“全国首届薛凤祚学术思想研讨会”论文集》，济南：齐鲁书社，2011年，第224页。

② 曹国庆：《旷世大儒——黄宗羲》，石家庄：河北人民出版社，2000年，第152页。

③（清）黄宗羲：《黄宗羲全集》第5册《叙陈言扬〈勾股述〉》，第37—38页。

④ 冯克诚主编：《清代前期教育思想与论著选读》中册，北京：人民武警出版社，2010年，第42页。

⑤ 贾庆军：《冲突抑或融合》，北京：海洋出版社，2009年，第72—73页。

八线，割圆为三角’的改头换面，又以为西人不过是得到失落深渊中玄珠的罔象之流，言辞中颇存鄙视。其意中所含之‘西学中源’，更多含有儒家夷夏之防的排拒之意，而其最终目标则是借西学以复兴中算，以‘使西人归我汶阳之田也’。”①

数学发展有其内在的客观规律，无论中学还是西学，都必须在这个规律的支配之下向前发展。事实证明，西方几何学对于球体几何的描述优于中国传统的平面几何，当然，球面几何的基础离不开平面几何的强有力支持。尽管黄宗羲在一定程度上还停留在儒家“夷夏之防”的观念层面来看待西方科学的进步，但就其主流意识而言，学习西方几何学是为了振兴中国传统算学而做出的一种努力，其精神应当肯定。如众所知，西方自近代科学诞生以来，数学已经成为物理、化学等各门实验科学用来解释自然界各种现象之间相互联系的重要理性工具，对此，黄宗羲提出了“借数以明理”的主张，对数学的作用做了精辟的总结和概括。他说：“邵子之自然非易道之自然也。夫乾、坤，老陨老陲也；震、坎、艮，少陨也；巽、摊、兑，少陲也：非易之自然乎？邵子以兑居老阳之位，震居少阴之位，巽居少阳之位，艮居老阴之位，勉强殊甚，犹得谓之自然乎？先师谓之死法，以其不合于理也。古人借数以明理，违理之数，将焉用之。”②毋庸置疑，黄宗羲的“借数以明理”主张与徐光启的“度数指理”思想一脉相承，也就是说，一切数学（包括象数学在内）的内容都是客观的和具体的，而非主观的和臆想的。在黄宗羲看来，邵雍的象数学固然有其合理性，如他说：“天下之数出于理，违乎理，则入于术。世人以数而入于术，则失于理。”③但是从儒家的经世致用角度看，邵雍的象数学在本质上却更倾向于心学。如邵雍说：“用天下之心，为己之心，其心无所不谋矣。”④又说：“心为太极，又曰：道为太极。”⑤如此看来，邵雍所理解的“理”其实就是“太极”。所以南宋理学家陈淳在《北溪字义》中评论说：

> 总而言之，只是浑沌一个理，亦只是一个太极；分而言之，则天地万物各具此理，亦各有一太极，又都浑沦无欠缺处。自其分而言，便成许多道理。若就万物上总论，则万物统体浑沌，又只是一个太极，人得此理具于吾心，则心为太极。所以邵子曰：“道为太极”，又曰“心为太极”。谓道为太极者，言道即太极，无二理也。谓心为太极者，只是万理总会于吾心，此心浑沌是一个理耳。只这道理流行，出而应接事物，千条万绪，各得其理之当然，则是又各一太极。就万事总言，其实依旧只是一理，是浑沌一太极也。⑥

看来，黄宗羲对邵雍象数学的把脉还是非常准确的。有鉴于此，黄宗羲更批评邵雍的

① 赵晖：《西学东渐与清代前期数学》，杭州：浙江大学出版社，2010年，第80—81页。
② （清）黄宗羲：《黄梨洲文集·书类·答忍庵宗兄书》，北京：中华书局，1959年，第444页。
③ （宋）邵雍撰、李一忻点校：《皇极经世》卷64《观物外篇下》，北京：九州出版社，2003年，第592页。
④ （宋）邵雍撰、李一忻点校：《皇极经世》卷12《观物篇六十二》，第465页。
⑤ （宋）邵雍：《皇极经世书》卷14《观物外篇下》，北京：九州出版社，2012年，第503页。
⑥ （宋）陈淳：《北溪字义》卷上《太极》，北京：中华书局，1983年，第45—46页。

象数学思想说：“康节作皇极书，死板排定，亦是纬书末流。”[①]

3）地理学思想概述

黄宗羲存世的地理学著作主要有《今水经》《四明山志》《匡庐游录》等。诚如前述，黄宗羲研究地理的主观目的很明确，就是为了反清复明的政治斗争创造条件。需要说明的是，即使抛开其政治意图不讲，黄宗羲的地理学术思想也同样引人注目，不仅其内容丰富，而且不乏可圈可点之处。

黄宗羲《今水经》共载有河流304条，与《水经注》所载1252条河流相比，内容虽然少了许多，但思想价值不可低估。例如，黄宗羲在《今水经序》中说：“古者儒、墨诸家，其所著书，大者以治天下，小者以为民用，盖未有空言无事实者也。后世流为词章之学，始修饰字句，流连光景，高文巨册，徒充汗惑之声而已，由是而读古人之书，亦不究其原委，割裂以为词章之用。作者之意如彼，读者之意如是，其传者非其所以传者也。先王体国经野，凡封内之山川，其离合向背延袤道里，莫不讲求。《水经》之作，亦《禹贡》之遗意也。郦善长注之，补其所未备，可谓有功于是书矣。然开章‘河水’二字，注以数千言，援引释氏无稽，于事实何当？已失作者之意。余越人也，以越水证之，以曹娥江为浦阳江，以姚江为大江之奇分，苕水出山阴县，具区在余姚县，沔水至余姚入海，皆错误之大者。以是而概百三十七水，能必其不似欤？……余读《水经注》，参考之以诸图志，多不相合，是书不异汲冢断简，空言而无事实，其所以作者之意，岂如是哉，乃不袭前作，条贯诸水，名之曰《今水经》，穷源按脉，庶免空言。”[②]从实用的立场出发，黄宗羲能正确指出《水经注》的错误，说明他曾对浙江水系（即越水）有过比较细致的考察。在黄宗羲看来，后世注疏《水经》者，多流于空疏不实之词章，无助于《水经》的进一步发展与完善。所以他才发愤“不袭前作，条贯诸水”而撰《今水经》。《今水经》以长江为界将全国水系分为南水与北水两大部分，编撰体例以入海的江河为干流，计有南水22条干流和北水16条干流，并附记“琼海潮候”，重复了南宋周去非《岭外代答》中的说法。黄宗羲云：“天下之潮皆一日两汛，惟琼海之潮，半月东流，半月西流，潮之大小，随长、短星，不系月之盛衰。”[③]实际上，琼州海峡潮汐既有半月潮，又有“一日两汛”的半日潮，其潮候本身十分复杂。

《四明山志》是一部拓荒之作，在黄宗羲之前还没有人为四明山作志。故《四库全书提要》评论说：“四明山旧称名胜，而岩壑幽邃，文士罕能周历，故记载多疏。宗羲家于北七十峰之下，尝扪萝越险，寻览匝月，得以考求古迹，订正伪传。乃博采诸书，辑为此志，凡九门。宗羲记诵淹通，叙述亦特详赡。”[④]从中不难窥见黄宗羲的地理探险精神，这是他的过人之处，也是《四明山志》之所长。与此形成对照，《今水经》关于东北水系的记述由于缺乏亲历这个主要环节，所以出现的错误相对就多。诚如有论者云：“梨洲于地理之学则

① （清）黄宗羲：《黄宗羲全集》第10册《答万贞一论明史历志书》，第213页。

② （清）黄宗羲：《黄梨洲文集·序类》，第381—382页。

③ （清）黄宗羲：《今水经》，北京：中华书局，1985年，第34页。

④ （清）永瑢、纪昀主编：《四库全书提要·四明山志》，《丛书集成续编》第61册《史部》，上海：上海书店出版社，1994年，第420页。

有《今水经》，证郦道元《水经注》之缺误，开后人治水经之业”，是其可贵之处，“然此书作于纷扰之明季，未能亲历考证，致言塞外诸水，颇多舛讹，亦拘于时而然也”①。对于《四明山志》的写作过程，黄宗羲曾自述：“（崇祯十五年）壬午岁，余作《四明志》，亡友陆文虎欲刻之而未果。癸丑岁尽，偶展此卷，文虎评校之朱墨如初脱手。然其间凡例不齐，词不雅驯，重为窜改，始得成书。”②可见，《四明山志》从初稿到写成直至准备刻印，整整过了30年。该《志》以整个四明山脉为考察和叙述范围，内容涉及余姚、鄞县、奉化、慈溪及上虞等浙东各县的山水人文，它“将史料融入游记中，并通过人物、胜迹、诗文贯穿，广征博引、考据精详，展示了其独具一格的编纂风格；同时，宣扬浙东文化经世致用的传统，成为山水志中的典范之作”③。

《匡庐游录》是黄宗羲在清顺治十七年（1660）游历庐山的日记体游记。从阴历八月十一日至十一月二十六日，黄宗羲将沿途所见所闻之山川风貌、山寺古迹等自然景物和人文记忆，都做了生动的记述和描写。如对庐山五老峰的描述：“五峰原出一山，断而南际始各自为峰，其相距或半里、一里。游者皆自其断处南出以临其顶，一峰既尽，则北行返于断处，西行其相距之路，又复南出以临一峰。峰峰异状，江矶海礁之变略备，望远之奇不足道也。顶上多野棠，枝干覆地而生，结实殊大，食之如蔗糖。杜鹃根老不著土，松亦不多，而特怪丑。其他草木则寒苦不能生矣。原五老所由名，庐山之峰，此为最高。”④这段记载，把庐山五老峰形成的原因、植物分布以及独特景观都做了细致的描述，尤其对五老峰的形貌、方位和间距的记载为现代庐山地质学研究提供了十分重要的第一手资料。又如对瀑布形成的原因，黄宗羲云：“堂东有瀑布，水悬三人，两地且与溪流隔绝，况乎瀑布即陵谷变迁。”⑤用“陵谷变迁”来解释瀑布形成的原因是正确的，因为地壳发生断裂错动，遂造成两侧高低落差的地势，流水一旦经过这样的断崖地带就会出现瀑布景观。

4）物理学思想概述

黄宗羲虽然没有专业的物理学著作传世，但他在各种著述中对自然界所发生的多种物理现象进行了科学描述。如在《匡庐游录》中，黄宗羲描写石钟山的发声原理说：“盖诸石之下，面虚背实，有声则浊。惟此两石，突然特出于水中，中空而下虚，故其音如洪钟。苏公之所得者，在南钟山，然尚有遗论。”⑥从发声学的原理讲，苏轼在《石钟山记》中认为山中多罅，因而水石相搏，遂有“音如洪钟”的声响，这仅仅是石钟山“音如洪钟”的必要条件，而不是其充要条件，因为造成石钟山“音如洪钟”的充要条件还需要“中空而下虚”，故“惟此两石，突然特出于水中”，生成“音如洪钟”的声响。

---

① 张高评：《黄梨洲及其史学》，北京：文津出版社，1989年，第256页。

② （清）永瑢、纪昀主编：《四库全书总目提要》卷76《史部三十二·地理类存目五》，海口：海南出版社，1999年，第411页。

③ 章洁：《史料融入游记的典范之作——解读黄宗羲的〈四明山志〉》，《名作欣赏》2017年第8期，第77页。

④ 周銮书、赵明选注：《庐山游记选》，南昌：江西人民出版社，1996年，第113页。

⑤ 周銮书、赵明选注：《庐山游记选》，第113页。

⑥ （清）黄宗羲：《黄宗羲全集》第2册《匡庐游录》，第502页。

对于自然界出现的所谓“佛光”现象，黄宗羲解释说：“予家姚江，凰山之上，每交春夏，物候勃郁，无风，下视平野，灯火匝地，闪烁往来，钟声一动，则忽然敛灭，风土谓之神灯。问之习于庐山者，圣灯之见亦多得于勃郁之时，而考朱子之见在四月，益公、廷珪皆在十月，则颇与姚江异候。盖草木水土皆有光华，非勃郁则气不聚。目光与众光高下相等，则为众光所夺，亦不可见，故须凭高视之。圣灯岩下，群山包裹如深井。其气易聚，故为游者之所常遇，昼则为野马，夜则为圣灯，同此物也。”①像民间所传之“佛光”“神灯”现象，并不神秘，而是草木水土“勃郁之时”，“其气易聚”的一种自然现象。其形成条件是：第一，“物候勃郁”，即随着气温升高，气聚蒸腾；第二，“群山包裹如深井”，周围环境相对封闭；第三，“须凭高视之”，即俯视时所产生的投影图像。用物理学原理解释，所谓的“神灯”，其实是“在雷云电场的作用下，地球表面出现的感应电荷”，因为“这些电荷在地球表面凸出而尖锐的地方比较集中，密度较大，因此附近的电场较强。当电场强大到一定程度，凸出尖锐的地方就会出现放电现象。尖端放电时，其周围往往隐隐笼罩着一层光晕，即电晕，黑夜中看得尤为明显，即‘神灯’”②。这样，黄宗羲就用“气”的物理变化机制解释了“神灯”产生的原因，从而批判了宗教的神秘主义思想。所以，有学者指出：从总体上看，黄宗羲“将‘佛光’现象揭示为一种自然现象，是人们对自然现象的一种幻觉，而非一种神秘性的‘神异’现象，这无疑是坚持了自然主义和无神论的立场。而以经验知识和逻辑分析将神秘化了的自然现象还原为不带神秘性的自然现象的方法，则具有某种科学的合理性内容。这使黄宗羲的无神论思想得以更深远地发展”③。

在《海市赋并序》中，黄宗羲云：“余登达蓬山望海，山僧四五人，皆言春夏之交，此地特多海市。各举所见，与图画传闻者绝异。盖传闻者，多言蜃气烛天，影象见于空中，岂知附丽水面，以呈谲诡言者不出云气仿佛，岂知五采历落，刻露秋毫。东坡在登州，以岁晚得见为奇，然霜晓雾后，往往遇之，亦不必拘拘于春夏也。”“此固蛟龙之所不得专，天吴蜩像之所不能作。况蜃之为物甚微，吐气更薄乎？……是乃方言之托也。”④首先，黄宗羲批判了“蜃气烛天”的“方言之托”辞，认为“海市”是“气”在水面上的一种物理变化效应。其次，指出“海市”出现的时间，不止限于“春夏之交”，而是“霜晓雾后，往往遇之”。

此外，黄宗羲在物候、生物、医学等学科领域，也都有比较精彩的记述，限于篇幅，此处就不再讨论了。

（二）黄宗羲的科学与民主“启蒙思想”概述

1. 黄宗羲的“会通归一”科学观

黄宗羲在《答万贞一论明史历志书》中说过下面一段话，他说：

---

① （清）黄宗羲：《黄宗羲全集》第2册《匡庐游录》，第487页。

② 高策、杨小明等：《科学史应用教程》，太原：山西科学技术出版社，2003年，第405页。

③ 董根洪：《中华理性之光——宋明理学无神论思想研究》，杭州：浙江人民出版社，2003年，第263页。

④ （清）黄宗羲：《黄梨洲文集・赋类》，第305—306页。

承寄《历志》，使监修总裁三先生之命，令某删定。某虽非专门，而古松流水，布算簌簌，知其崖略。今观《历志》前卷《历议》，皆本之列朝实录，崇祯朝则本之《治历缘起》，其后《三历成法》。虽无所发明，而采取简要，非志伊不能也。然崇祯《历书》，大概本之《回回历》。当时徐文定亦言西洋之法，青出于蓝，冰寒于水，未尝竟抹回回法也。顾纬法虽存，绝无论说，一时词臣历师，无能用彼之法，参入大统，会通归一。及崇祯《历书》既出，则又尽翻其说，收为己用，将原书置之不道，作者译者之苦心，能无沉屈？某故以"说"四篇，冠于其端。有明历学，亡于历官，顾士大夫有深明其说者，不特童轩、邢云路为然。有宋名臣，多不识历法，朱子与蔡季通极喜数学，乃其所言，影响之理，不可施之实用。①

中国科学尤其是天文、数学发展到明代出现了许多"断崖"式下跌现象，故黄宗羲非常重视明代的"绝学"问题。他说："世儒过视象数，以为绝学，故为所欺。"②这里所说的"绝学"就是指中断失传的科学技术，黄宗羲认为"绝学"问题的出现应是朱熹一派象数神秘主义和空疏之学长期垄断思想界所造成的一种后果。当然，黄宗羲的这种认识失之偏颇。但是，他批判的重点是其附会于《易经》的"空疏之学"。因此，针对明儒喻春山依据象数学的"先验模式"所编写的历书，黄宗羲进行了严厉的批判。黄宗羲在《答范国雯问喻春山历律》中指出：喻春山"以十二辟卦，分昼夜之长短，昼十二卦，夜十二卦"，"以为刻有长短，时无迁移也"，又以为"昼之上半、下半，夜之上半、下半，必相等也"，非常先验和主观，是"舍明明可据之天象，附会汉儒所不敢附会者，亦心劳而术拙矣"，属于"妄言"之论。③尤其是喻氏为了使天象运行秩序符合《周易》的先验象数理论，"迁就已意，以张公之帽，冒李公之首，至以春夏秋冬之月，解作星月之月，日在某宿为上弦，昏中为望，旦中为下弦，矫强不顾文理，未有甚于此者也"④。然而，振兴"绝学"却面临着一个问题，那就是如何应对西学的思想冲击？自然科学从来都不是孤立发生的，自然科学更不会也不可能不受某种哲学或宗教的思想支配。中国封建时代的传统科学主要是在经学思想的指导下产生和发展起来的。黄宗羲的弟子李邺嗣在《送万充宗授经西陵序》中曾说："黄先生教人必先通经，使学者从六艺以闻道，尝曰：'人不通经则立身不能为君子，不通经则立言不能为大家。'于是，充宗兄弟与里中诸贤共立为讲五经之集，先从黄先生所受说经诸书，各研其义，然后集讲。"⑤文中所言"使学者从六艺以闻道"确实是黄宗羲科学思想的重心，因为在黄宗羲看来，"学必原本于经术，而后不为蹈虚；必证明于史籍，尔后足以应务"⑥。像上述所言喻春山的"矫强不顾文理"，说到底是其思想有"离经叛道"之嫌疑。

自利玛窦之后，西学渐入中国，引来无数士子举手顿足，趋之若鹜。首先，西方传教

① （清）黄宗羲：《南雷文定后集》卷1《答万贞一论明史历志书》，北京：中华书局，1985年，第14页。
② （清）黄宗羲：《黄宗羲全集》第2册《易学象数论·序》，第2页。
③ （清）黄宗羲：《黄梨洲文集·书类》，第420页。
④ （清）黄宗羲：《黄梨洲文集·书类》，第421页。
⑤ 任继愈主编：《中华传世文选·清朝文征》上，长春：吉林人民出版社，1998年，第332页。
⑥ （清）全祖望撰、朱铸禹汇校集注：《全祖望集汇校集注》中册，上海：上海古籍出版社，2018年，第1061页。

士以传教为天职，只不过他们采取“利玛窦模式”，将天主教与儒教会通，混二为一。比如，利玛窦在《天主实义》（1603）中说：“吾国天主，即华言上帝，与道家所塑玄帝玉皇之像不同。彼不过一人，修居于武当山，俱亦人类耳，人恶得为天帝皇耶！吾天主乃古经书所称上帝也，《中庸》引孔子曰：‘郊社之礼，以事上帝也！’……历观古书，而知上帝与天主，特异以名也。”①可见，利玛窦主张“吾天主乃古经书所称上帝也”，只不过是一种采用移花接木的手段来宣扬天主教的教义罢了。其次，利玛窦为了取得明朝士人的支持，也的确翻译了不少西方科学著作，如利玛窦口述、徐光启笔译的《几何原本》，以及邓玉函口述、王徵笔译的《奇器图说》等。平心而论，尽管有些学科出现了“绝学”现象，但就整体而言，尤其是明朝的技术科学，在当时世界上仍然保持着一定的先进水平。诚如有学者所说：

明代的科技成就常常被人忽视，实际上明代是世界科技文化迅猛发展的前夜。明人留下了大量世界级水平的巨著，如李时珍的《本草纲目》、朱载堉《律学新说》、潘季驯《河防一览》、徐光启《农政全书》、宋应星《天工开物》、徐霞客《徐霞客游记》等。其数量之多和水准之高，在中国历史上是空前的，比起西方来也不逊色。同样在明代，西学东渐成风，熊三拔和徐光启的《泰西水法》、利玛窦和徐光启的《几何原本》、邓玉函和王徵的《奇器图说》等都是中西文化交融的丰碑。这比清代只有南怀仁的《坤舆全图》、穆尼阁与薛凤祚的《天学会通》等寥寥数种，差距明显。难怪有人假设，如果没有清人入关，中国还会落后于西方吗？②

话又说回来，利玛窦等西方传教士深谙中国传统文化的精粹，同时也精通中国传统政治文化的独特运行模式。③所以利玛窦强调，他们“偏爱儒教而非佛教，偏爱古代儒教而非当代儒教，偏爱自然的理性而非异教徒的宗教性”④。不仅如此，为了“归化”更多的明代士人，利玛窦又采取传播实学的方法，以扩大其传教的影响力。他说：“传道必须先获华人之尊重，最善之法，莫若以学术收揽人心，人心即服，信仰必定随之。”⑤

在西方传教士的西学思想关照下，黄宗羲用心于西方科学技术的学习，先后撰写了《西洋历法假如》《割圆八线解》《新推交蚀法》等阐释西方科学的专著。故钱宝琮在《浙江畴人著述记》中评论说：“清初承西学传入之后，儒学之士知实学之足尚，兼通天算者甚多，余姚黄梨洲先生实开浙人研治西洋天算之风气。”⑥而在“通悟中西三历之理”⑦的过程中，黄宗羲不可能不意识到隐藏在这些科学背后的那只强大“推手”。换言之，明清之际西方传教士与儒家士人在我国意识形态领域里相互争夺思想主导权的斗争从未停止过，正如黄新宪先生所分析的那样：“19 世纪 60 年代以前，基督教在华宣教事业与儒学之间以激烈的冲

---

① 朱维铮主编：《利玛窦中文著译集》，上海：复旦大学出版社，2001 年，第 21 页。
② 韦明铧：《风从四方来·扬州对外交往史》，南京：东南大学出版社，2014 年，第 25 页。
③ [法]谢和耐等：《明清间耶稣会士入华与中西汇通》，耿昇译，北京：东方出版社，2011 年，第 303 页。
④ [法]谢和耐等：《明清间耶稣会士入华与中西汇通》，耿昇译，第 303 页。
⑤ [意]利玛窦：《天主实义》，上海：上山湾印书馆，1935 年，第 26 页。
⑥ 中国科学院自然科学史研究所：《钱宝琮科学史论文选集》，北京：科学出版社，1983 年，第 307 页。
⑦ （清）黄百家：《黄竹农家耳逆草·上王司空论明史历志书》，北京：国家图书馆藏康熙刻本。

突为主。多数传教士在抨击释道两教的同时，对儒学也颇多非议，认为很难将孔子和耶稣混为一谈，要么孔子，要么耶稣，二者必居其一。”[①]所以黄宗羲在学习西方传教士输入的科学文化的同时，又保持着十分清新的头脑，认真将先进的西方科学知识与天主教的教义区分开来。于是，就形成了他的“会通归一”说。黄宗羲认为，天主教的“上帝”与儒家所说的“上帝”既有相同点，又有相异点。其中“相异点”是冲突之根本所在。

第一，黄宗羲认为：天主教将“上帝”人格化，违背了儒家“敬鬼神而远之”[②]的思想宗旨。他在《破邪说》中指出：“为天主之教者，抑佛而崇天是已，乃立天主之像记其事，实则以人鬼当之，并上帝而抹杀之矣！此等邪说，虽止于君子，然其所由来者，未尝非儒者开其端也。”[③]在中西科学的交流与会通方面，黄宗羲主张向西方先进的“质测”之学看齐，以彼之长，补己之短。然而，对于天主教“使人识事真主”[④]的上帝观，他则予以批判。

第二，从“上帝”回归自然之气的本体论。黄宗羲否定具有人格的“上帝”观念之后，他强调主宰自然界运动变化的“主之者”，是由元气构成的“昊天上帝”。他说：“天一而已，四时之寒暑温凉，总一气升降为之。其主宰是气者，即昊天上帝也。……今夫儒者之言天，以为理而已矣。《易》言‘天生人物’，《诗》言‘天降丧乱’，盖冥冥之中，实有以主之者不然，四时将颠倒错乱，人民、禽兽、草木，亦浑淆而不可分擘矣！古者设为郊祀之礼，岂真徒为故事，而来格、来享听其不可知乎？是必有真实不虚者存乎其间，恶得以理之一字虚言之也。”[⑤]从物质世界的内部来解释物质运动变化的理由和根据，这是黄宗羲思想的闪光处，它与天主教从物质世界的外部来解释物质运动变化的理由和根据划清了界线。

因此，黄宗羲的“会通归一”思想，“已隐约透露出面向自然的致思趋向”[⑥]。

2. 黄宗羲的民主“启蒙思想”

在西方，科学研究追求个性的自由，这是古希腊苏格拉底以来的重要思想传统。所以有学者认为：“正是由于苏格拉底，西方哲学有了第二个主题‘人’，开创了哲学自由之路，在以后的哲学中每个学派都避免不了把人、人的心灵、由人构成的社会作为一个研究的重要部分。西方文化中重视人、尊重人、人本主义、人文主义也一直成为传统。黑暗的中世纪后，文艺复兴思想家提出的复兴，便是要反抗中世纪抬高神贬低人的观点，恢复古希腊哲学中对人性的肯定，追求人生的享乐和自由个性解放。”[⑦]明清之际由于西方科学思想的输入，一些思想家开始从剧烈的社会变动中深刻反思中国传统文化中的“君民”关系，而黄宗羲便是其中的杰出代表人物之一。

《孟子·万章上》有这样一段记载：

---

① 黄新宪：《基督教教育与中国社会变迁》，福州：福建教育出版社，1996年，第730—731页。
② 《论语·雍也》，陈戍国点校：《四书五经》上册，长沙：岳麓书社，2014年，第27页。
③ （清）黄宗羲：《黄宗羲全集》第1册《破邪论》，第195页。
④ [葡]阳玛诺：《天问略自序》，徐宗泽：《明清间耶稣会士译著提要》，上海：上海书店出版社，2006年，第279页。
⑤ （清）黄宗羲：《黄宗羲全集》第1册《破邪论》，第195页。
⑥ 杨国荣：《善的历程——儒家价值体系研究》，上海：上海人民出版社，2006年，第268页。
⑦ 钱仕英：《浅谈古希腊哲学对西方自由与科学精神的贡献》，http：//www.doc88.com，2019-06-07。

《万章》曰："尧以天下与舜，有诸？"孟子曰："否。天子不能以天下与人。""然则舜有天下也，孰与之？"曰："天与之。""天与之者，谆谆然命之乎？"曰："否。天不言，以行与事示之而已矣。"曰："以行与事示之者如之何？"曰："天子能荐人于天，不能使天与之天下。……尧荐舜于天，而天受之；暴之于民，而民受之。故曰，天不言，以行与事示之而已矣。"曰："敢问荐之于天，而天受之；暴之于民，而民受之，如何？"曰："使之主祭而百神享之，是天受之；使之主事而事治，百姓安之，是民受之也。天与之，人与之，故曰天子不能以天下与人。"①

这段话历来受到学界的重视，因为它强调"民意"是天，"天意"就是"民意"。至于"主祭而百神享之"仅仅是一种形式，真正起决定作用的还是"民意"，用孟子引《尚书·泰势》的话说，即"天视自我民视，天听自我民听"②。黄宗羲在《明夷待访录·原君》中对《孟子》的"民贵君轻"思想做了进一步阐释，提出"天下为主，君为客"的著名论题。他说：

有生之初，人各自私也。人各自利也。天下有公利而莫或兴之，有公害而莫或除之。有人者出，不以一己之利为利，而使天下受其利；不以一己之害为害，而使天下释其害。……后之为人君者不然。以为天下利害之权皆出于我，我以天下之利尽归于己，以天下之害尽归于人，亦无不可。使天下之人，不敢自私，不敢自利，以我之大私为天下之大公。始而惭焉，久而安焉。视天下为莫大之产业，传之子孙，受享无穷。……此无他，古者以天下为主，君为客，凡君之所毕世而经营者，为天下也；今也以君为主，天下为客，凡天下之无地而得安宁者，为君也。是以其未得之也，荼毒天下之肝脑，离散天下之子女，以博我一人之产业，曾不惨然。③

不能代表民众利益的君主就是"屠毒天下之肝脑"的"寇贼"，尽管黄宗羲没有看到人民群众在历史上的真正作用，但是他幻想的"民主"，却是"刺激青年最有力之兴奋剂"④。因为在黄宗羲看来，"君主承担的责任之一就是为民众谋利益，就是行'仁政'，这就从理论认证体系上摧毁了以往儒学思想中君主权力的绝对性"⑤。

黄宗羲著书立说贯穿"以经术为渊源"⑥之旨，故黄宗羲在《明夷待访录·自序》中说："余常疑孟子一治一乱之言，何三代而下之有乱无治也？乃观胡翰所谓十二运者，起周敬王甲子以至于今，皆在一乱之运；向后二十年交入'大壮'，始得一治，则三代之盛犹未绝望

---

① 陈戍国点校：《四书五经》上《孟子·万章上》，第108页。

② 陈戍国点校：《四书五经》上《孟子·万章上》，第108页。

③ （清）黄宗羲撰、孙卫华校释：《明夷待访录校释》，长沙：岳麓书社，2011年，第8—9页。

④ 梁启超：《中国近三百年学术史》，芜湖：安徽师范大学出版社，2016年，第62页。

⑤ 李双龙、周雪连：《从孔子到梁启超——儒家知识分子政教态度的历史演进》，长春：东北师范大学出版社，2015年，第145页。

⑥ 中华文化通志编委会：《中华文化通志·学术》第59册《教育学志》，上海：上海人民出版社，2010年，第207页。

也。”①“大壮”是《周易》中的一卦，依此为“晋卦”和“明夷卦”。故《序卦传》云：“物不可以终遁，故受之以大壮。物不可以终壮，故受之以晋。晋者，进也。进必有所伤，故受之以明夷。夷者，伤也。”②言语中流露出对“治世”的无限期盼，然而，“治世”之下的君主权力是要受到一定程度限制的，这就是学校应担当起“议会”性质的政治角色。由于黄宗羲对东林书院讲学有着特殊的政治期待，所以在《明夷待访录·学校》中便有了下面的议论：“学校，所以养士也。然古之圣王，其意不仅此也，必使治天下之具皆出于学校，而后设学校之意始备。非谓班朝、布令、养老、恤孤、讯馘，大师旅则会将士，大狱讼则期吏民，大祭祀则享始祖，行之自辟雍也。盖使朝廷之上，闾阎之细，渐摩濡染，莫不有诗书宽大之气。天子之所是未必是，天子之所非未必非，天子亦遂不敢自为非是，而公其非是于学校。是故养士为学校之一事，而学校不仅为养士而设也。”③黄宗羲认为，学校不仅是教育机构，还是重要的监督机构、国家议政的政治场所，国家甚至应当赋予学校以决策和立法的职能。从学校的教育职能讲，要给“学官”充分的自主权，由“学官”而非政府来管理学校。对此，黄宗羲的具体改革方案是：

> 郡县学官，毋得出自选除，郡县公议，请名儒主之，自布衣至宰相之谢事者皆，可当其任，不拘已仕未仕也。……其下有五经师，兵法、历算、医、射各有师，皆听学官自择。凡邑之生童皆裹粮从学，离城烟火聚落之处士人众多者，亦置经师。民间童子十人以上，则以诸生之老而不仕者充为蒙师。故郡邑无无师之士，而士之学行成者，非主六曹之事，则主分教之务，亦无不用之人。学官以外，凡在城在野寺观庵堂，大者改为书院，经师领之；小者改为小学，蒙师领之；以分处诸生受业。其寺产即隶于学，以赡诸生之贫者。二氏之徒，分别其学行者，归之学官，其余则各还其业。太学祭酒，推择当世大儒，其重与宰相等，或宰相退处为之。……择名儒提督学政，然学官不隶属于提学，以其学行名辈相师友也。每三年，学官送其后秀于提学而考之，补博士弟子，送博士弟子于提学而考之，以解礼部。原注：更不别遣考试官。发榜所遗之士，有平日优于学行者，学官咨于提学补入之。其弟子之罢黜，学官以生平定之，而提学不与焉。学历者能算气朔，即补博士弟子，其精者同入解额，使礼部考之，官于钦天监。学医者送提学考之，补博士弟子，方许行术。④

在上述方案中，对医学、天文的资格考试，非常有必要。而“郡县学官”下设“有五经师”，且“兵法、历算、医、射亦各有师”，则体现了儒家“经世致用”的教育特点。尽管黄宗羲的科技教育理念还不完善，但在当时的历史条件下，与民生和国家安全紧密相关的“四门”学科（即兵法、历算、医、射），获得了优先发展的地位，实在是时势之所迫。

① （清）黄宗羲：《明夷待访录·自序》，第1页。
② 黄侃：《黄侃手批白文十三经》，上海：上海古籍出版社，1985年，第54页。
③ （清）黄宗羲：《明夷待访录》，第9—10页。
④ （清）黄宗羲：《明夷待访录》，第11—12页。

二、经学背景下的“黄宗羲定律”与天主教文化的“意义资源”

（一）经学背景下的“黄宗羲定律”

黄宗羲在《明夷待访录·田制三》中，对历代的赋税改革，提出了一个发人深省的历史问题，即“三害”说：“或问井田可复，既得闻命矣。若夫定税则如何而后可？曰：斯民之苦暴税久矣，有积累莫返之害，有所税非所出之害，有田土无等第之害。”①其中“有积累莫返之害”最为学界所关注，原文云：

> 三代之贡、助、彻，止税田土而已。魏晋有户、调之名，有田者出租赋，有户者出布帛，田之外复有户矣。唐初立租、庸、调之法，有田则有租，有户则有调，有身则有庸，租出谷，庸出绢，调出绘纩布麻，户之外复有丁矣。杨炎变为两税，人无丁中，以贫富为差。虽租、庸、调之名浑然不见，其实并庸、调而入于租也。相沿至宋，未尝减庸、调于租内，而复敛丁身钱米。后世安之，谓两税，租也，丁身，庸、调也，岂知其为重出之赋乎！使庸、调之名不去，何至是耶！故杨炎之利于一时者少，而害于后世者大矣。有明两税，丁口而外有力差，有银差，盖十年而一值。嘉靖末行一条鞭法，通府州县十岁中夏税、秋粮、存留、起运之额，均徭、里甲、土贡、雇（顾）募、加银之例，一条总征之，使一年而出者分为十年，及至所值之年一如余年，是银、力二差又并入于两税也。未几而里甲之值年者，杂役仍复纷然。其后又安之，谓条鞭，两税也，杂役，值年之差也。岂知其为重出之差乎？使银差、力差之名不去，何至是耶！故条鞭之利于一时者少，而害于后世者大矣。万历间，旧饷五百万，其末年加新饷九百万，崇祯间又增练饷七百三十万，倪元璐为户部，合三饷为一，是薪饷、练饷又并入于两税也。至今日以为两税固然，岂知其所以亡天下者之在斯乎！使练饷、新饷之名不改，或者顾名而思义，未可知也。此又元璐不学无术之过也。嗟乎！税额之积累至此，民之得有其生者亦无几矣。②

从上述记述中，黄宗羲总结出一条规律，即历代税赋改革，每改革一次，税就加重一次，而且一次比一次重，秦晖教授将其称为“黄宗羲定律”③。那么，如何认识和理解这个“黄宗羲定律”？学界有不同观点。李达认为：“由租税逐渐加重而造成‘积累莫返之害’，是中国传统社会长期滞留于封建阶段的一个主要原因。”④这是总的评价，进一步言之，目前学界主要有两种观点。

一种观点主张：“通观中国封建社会的农民负担，每个朝代前期都比较轻，到中期开始加重，因而进行改革，改革后一段时间比改革前轻，但不久出现反弹，然后再进行改革，又出现反弹，以至循环往复，形成了一种螺旋式发展的怪圈。从这方面来讲黄宗羲所言有

---

① （清）黄宗羲：《明夷待访录》，第 26 页。
② （清）黄宗羲：《明夷待访录》，第 26—27 页。
③ 秦晖：《“农民减负”要防止“黄宗羲定律”的陷阱》，《中国经济时报》2000 年 11 月 3 日。
④ 苏志宏：《李达思想研究》，成都：西南交通大学出版社，2015 年，第 170 页。

其合理的成分，符合历史事实。”[①]

另一种观点比较中肯，认为：“黄宗羲的这段论述，指出了历史上各朝代税制改革模式，即历代赋税改革实际上均属于并税式改革，改革之后，旧税未减，徒增新税，致使百姓的赋税负担日益加重，以致民不聊生；表达了黄宗羲对统治者加重百姓赋税负担的不满和对百姓生活的同情。就这一点而言，黄宗羲的这段论述，应该说是有一定积极意义的。但是黄宗羲的这段论述显然存在诸多偏颇之处。”[②]因为“倘若黄宗羲的说法成立，那么，明末赋税收入的总和将远远超过明末社会经济存量与增量的总和，这即使是‘敲骨吸髓’‘掘地三尺’，也是不可能做到的。在这种情况之下，明朝政权绝对不会支持到崇祯时代，岂能等到李自成驱兵入京！此外，按照黄宗羲的说法，中国历史上的赋役改革不仅不能促进社会经济的发展，反而成为民族灭绝的罪魁祸首。因为这种超过社会经济存量与增量的总和的赋税搜刮，百姓连简单的人口再生产都无法保障，更不要说人口的扩大再生产了，那么中华民族怎么会延续到明朝？这个民族岂不早就灭绝了吗？所以黄宗羲的这段说辞只是反对明朝搜刮的过激之词，而不能成为一条规律。”[③]

如果考虑科学技术给社会发展带来的经济效益，以及“生产力的发展水平和百姓的赋税承受能力相适应”等因素，黄宗羲所提出的问题确实值得重视，但历代赋税改革绝对不会导致“亡天下者之在斯”的严重社会后果，也是事实。相反，社会改革在一定程度上能促进社会经济的发展和科学技术的进步，倒是一条客观规律。以宋代为例，王安石变法与北宋科技创新的高峰值重合，不仅出现了像沈括、卫朴、李宏、苏颂等杰出科技家，而且在水利、农田基本建设等领域取得了巨大成就。如杨德泉先生考证说：“史籍关于熙宁三年至九年兴修水利田3600多万亩，以及元丰间垦田比治平间净增1260多万亩的统计并不准确；根据我们的考察，熙丰农田水利生产的总规模当在1亿亩左右。大概正是基于这种原因，王安石才自信地说：‘自秦以来，水利之功，未有及此。’这一评论当非虚语。”[④]至于其农业生产的总效果，宋代不赞同新法的陆佃如此说：“迨元丰间，年谷屡登，积粟塞上盖数千万石，而四方常平之钱不可胜计。余财羡泽，至今蒙利。”[⑤]又宋代反对新法的知枢密院事安焘在上徽宗疏中亦曾追述道：“熙宁、元丰之间，中外府库，无不充衍。小邑所积钱米，亦不减二十万。”[⑥]

另外，明代张居正的改革效果也很明显。首先，张居正起用了像戚继光、谭纶、潘季驯、张学颜等一批支持革新的官吏，正如史学家谈迁在《国榷》中所说：万历初，“江陵（即张居正）当国，号能用人，一时才臣，无不为之乐用，用必尽其才”[⑦]。在军事方面，戚继

① 谢旭人主编：《中国农村税费改革》，北京：中国财政经济出版社，2008年，第265页。

② 赵云旗：《中国当代农民社会负担研究》，中国财政学会：《第十七次全国财政理论讨论会文选》，北京：中国财政经济出版社，2008年，第1219页。

③ 赵云旗：《中国当代农民社会负担研究》，中国财政学会：《第十七次全国财政理论讨论会文选》，第1222页。

④ 杨德泉：《杨德泉文集》，西安：三秦出版社，1994年，第196页。

⑤ （宋）陆佃：《陶山集》卷11《叙论》，上海：商务印书馆，1935年。

⑥ 《宋史》卷328《安焘传》，北京：中华书局，1977年，第10568页。

⑦ （清）谈迁：《国榷》卷71，上海：上海古籍出版社，2008年。

光总结抗击倭寇的斗争实践，撰写了《纪效新书》和《练兵实纪》等军事著作，把精深的兵法理论与练兵实战相结合，形成了独特的治军思想和练兵理论，“至今仍是科学技术史中的瑰宝，对后世产生了深远的影响”[①]。在治理黄河方面，潘季驯《河防一览》“提出了‘筑堤束水，以水攻沙’的科学理论，是我国古代河流水文学的光辉成就，也是治黄和黄河大堤完善化的理论基础”[②]。

为了打击豪强地主隐漏土地现象，张居正从万历五年（1577）起到万历九年（1581）止，对全国土地进行清丈，使全国赋田总额由孝宗弘治时的四百余万顷增加到七百零一万三千九百七十六顷，被清查出来的隐漏土地达三百万顷。[③]至于赋役制度改革，张居正将田赋与丁役合并，全部依占有田亩多少征收银两，其显著特点是：

> 第一，贫苦无地的农民和佣力自给的工匠，都以无地而免差，商人亦以无田而免差，使大土地所有者增加了赋役的负担，使那些“地多之富家”由投资土地而逐渐转向工商业；第二，赋税由征收实物而改收银两，促进了当时正在发展中的商品经济；第三，使农民对于封建国家的隶属关系有所改变，农民比较容易地离开土地，为城市手工业提供更多的劳动力资源；第四，由于赋役主要是按土地征收，商人投资土地买卖的就逐渐减少，为商业资本向手工业生产方面投资创造了条件。[④]

可见，无地农民在一定程度上获得了人身解放，有利于明代“整合经济体系”的形成。所以有学者分析说：

> 明中叶，农业和手工业生产都有了显著的发展。在商业上，由于生产力水平的提高，小生产者有可能出卖更多的劳动产品，尤其是天赋和力役折银征收之后，更多的劳动产品被投入到市场，以换取所需银两，从而促进了商品经济的快速发展。在市场体系构建方面，由于此时的粮食、经济作物以及手工业产品都互为商品，从而促进了各地区间的商品流通，形成了分布于城乡的大小不等的各类市场，以市场为纽带，进一步推动了社会经济的发展（当然，随着手工业和商业的发展，城市经济也趋向繁荣）。在商业资本与货币流通方面，不仅商人集团进一步膨胀，而且明中叶后，朝野一律用银，市场上大小买卖都以银计算，这就进一步推动了工商业的发展和市场的成熟。在地理分布上，明代中后期大批市镇涌现，尤其是我国的东南地区，这就极大地沟通了城乡之间的联系，使它们初步地联成一体；同时，山区商人（如徽商）的兴起以及明政府的一些拓边政策等，也在一定程度上促进了明代社会经济的合理布局与共同发展。[⑤]

总之，据史载当时的太仓存粮高达1300多万石，国库存银约700万两，政府财政支绌

---

① 王兆春：《图说世界火器史》，北京：解放军出版社，2014年，第132页。

② 自然科学史研究所主编：《中国古代科技成就》，北京：中国青年出版社，1978年，第285页。

③ 南京大学历史系：《中国古代史》下册，1976年，第35页。

④ 南京大学历史系：《中国古代史》下册，第36页。

⑤ 李绍强、徐建青：《中国手工业经济通史·明清卷》，福州：福建人民出版社，2004年，第261页。

的情况有了比较明显的改善。[①]凡此种种都表明，中国封建社会的历代赋税改革基本上是有益于维护劳动者阶层的整体利益，所以如果我们用客观和理性的眼光去看待历代的赋税改革成果，那么，就不得不承认黄宗羲的分析本身还存在一定的瑕疵，因为只有改革才能解放生产力和发展生产力，这是具有普遍性的社会历史发展规律。

（二）"中学西源"与天主教文化的"意义资源"

与徐光启等人的"中学西源"观念略有不同，黄宗羲仍然坚守着"严夷夏之辩"的立场，他说："中国之与夷狄，内外之辩也。以中国治中国，以夷狄治夷狄，犹人不可杂于兽，兽不可以杂于人也。"[②]此处的"内外之辩"，内容比较复杂，远非一两句话就能说清楚的。不过，有一点是可以肯定的，那就是无论是清代，还是西方传教士，都必须在儒家传统政治文化的框架下来认同中国既有的治理模式。如黄宗羲《留书》的内容主要有以下几部分组成：

"文质：论世运变迁。"
"封建：论'封建'可以制夷狄。"
"卫所：论卫所冗军之害。"
"朋党：论'朋党'误国。"
"史：论'史法'与'正统'。"
"田赋：（存目无文）"
"制科：（存目无文）"
"将：（存目无文）"

其中"封建"一篇集中阐释了他的社会政治主张。在黄宗羲看来，"自三代以下，乱天下者无如夷狄也，遂以为五德沴眚之运，然以余观之，则是废封建之罪也"[③]。结论："古之有天下者，日用其精神于礼、乐、刑、政，故能致治隆平。后之有天下者，其精神日用于疆场，故其为治出于苟且。"[④]可见，黄宗羲把"致治隆平"的根本看作是"日用其精神于礼、乐、刑、政"的必然后果。这里，并没有照顾到"科学技术"在国家治理过程中的作用。也就是说，"科学技术"还没有被黄宗羲纳入其"致治隆平"的视野，更没有成为其社会政治理想的核心要素。因此，有学者对于明清之际的"夷夏观"提出了下面的看法和认识：

明代至清初西洋新知的涌入也曾呈现出蔚为大观的景象。但是这些西洋新知却并没有带来中国人观念上的变化，面对西洋新知，明代和清初之际的中国知识分子们坚持"道器分开"的原则：可以把它们纳入到"器"的范畴，欣赏它，把玩它，甚至使

① 田久川主编：《廉政卷》，济南：山东人民出版社，1992年，第118页。
② （清）黄宗羲：《黄宗羲全集》第11册《留书·史》，第12页。
③ 宁波师范学院黄宗羲研究室：《黄宗羲诗文选》，上海：华东师范大学出版社，1990年，第192页。
④ 宁波师范学院黄宗羲研究室：《黄宗羲诗文选》，第193页。

用它（如红夷大炮），但从不把它们纳入到“道”的范畴。西方的天文地知识由于严重威胁到中国人的价值体系，所以多被摒弃不用，即便是对农业生产至关重要的西洋历法也难逃厄运。或者，他们用中国传统的知识资源去解释他们，一向被冷淡的诸子之学重新找到了用武之地，“西学中源”论应运而生。通过这样的处理，仿佛中华文化依然优越，仿佛中国依然不用为西方科技的逐步领先而担忧。①

当然，黄宗羲的“西学中源”说也需要置于这样的历史大背景下来理性地去审视和理解。如前所述，黄宗羲投入大量的精力研究科学技术，还撰写了不少著述，成绩可观。问题是：这些科学技术成果还仅仅属于“器”的范畴，明清之际的思想家包括黄宗羲在内仍然看不到科学技术对于社会变革的重要性和引领时代新风尚的作用。与之相反，欧洲的科学技术正在发生巨大的变革，并促使西方封建社会开始解体。故英国思想家弗朗西斯·培根在《新工具》中指出：印刷术、火药和指南针“这三样东西已经改变了世界的面貌。第一种在文学上，第二种在战争上，第三种在航海上。由此又引起了无数的变化。这种变化如此之大，以至没有一个帝国、没有一个宗教教派、没有一个赫赫有名的人物，能比这三种发明在人类的事业中产生更大的力量和影响。”②然而，我国明清之际的思想家还没有一人能有如此远大的理想。从这个层面分析，培根发现：“人们之所以在科学方面停顿不前，还由于他们象中了蛊术一样被崇古的观念，被哲学中所谓伟大人物的权威，和被普遍同意这三点所禁制住了。”③黄宗羲的“西学中源”论不能不说与他的“崇古观念”有密切联系。

西方传教士的最终目的是向中国输入一种西方的价值观，进而在精神上征服包括中国在内的全世界。④当然，在具体传教过程中，西方传教士也会随着每个国家的国情变化而不断调适自己的传教手段和方式。例如，有学者这样评论说：

> 就根本的文化竞争而言，西方传教士在中国的成败不仅在于使多少中国人皈依基督教，而且在于是否使更加众多的中国人改变思想方式。在近代中西文化的碰撞、竞争与相互作用这一动态进程中，传教士自身也在不断地转变和调适，以寻求一种更有效的方式。有时为了实现目的，传教士也自觉不自觉地采取一些违背其基本教义和价值观念的手段，如支持使用暴力及运用与宗教颇有矛盾的“科学”作为说服的武器等。⑤

明清之际利玛窦等西方传教士尝试将天主教“儒学化”，至少在以下两个方面可以称为是一种比较积极的“意义资源”。

（1）从先秦儒家经典中寻找传教的合理性与传教的途径。如利玛窦用西方“灵魂不死”说来解释《尚书·西伯戡黎》中祖伊谏纣那段话：“祖伊在盘庚之后，而谓殷先王集崩，而

---

① 庞桂甲：《理智与情感的交响：论魏源新世界意识的形成——以魏源〈海国图志〉为中心的考察》，《山西农业大学学报（社会科学版）》2016年第9期，第673页。

② ［英］培根：《新工具》，许宝骙译，北京：商务印书馆，1984年，第114页。

③ ［英］培根：《新工具》，许宝骙译，第61页。

④ 罗志田：《权势转移——近代中国的思想与社会》，北京：北京师范大学出版社，2014年，第4页。

⑤ 罗志田：《权势转移——近代中国的思想与社会》，第4页。

能相其子孙，则以后者之灵魂为永在不灭矣。”[①]又如南怀仁强调：“惟是天主一教……以敬天爱人为宗旨，总不外克己尽性忠孝廉节诸大端。”[②]白晋更说：“易之原旨，有合于天主造化之功，且亦预示天主降生救赎之奥义。”[③]这种附会当然是利玛窦、南怀仁、白晋等别有用心，但在儒学思想势力占绝对优势的情况下，这种依附性是当时西方传教士的唯一途径。事物应两方面看，当西方传教士非要把他们的价值观生硬地塞到儒家经义里面的时候，实际上，儒家的一些基本道德理念亦随着传教士的著作渗入西方天主教的理性世界中去了。因此，朱谦之先生的《中国哲学对欧洲的影响》一书就是从这个角度入手进行历史考察的。

（2）西方传教士从形式上为了顺应明清之际经世致用的思想潮流主动展开对宋明心性之学的“批判”和“改造”。如法国传教士孙璋说：“真教之传，一切超性因性之理，原始要终之道，无不包含麋造。纵使中国古经全籍犹存，且难究极真教之精义，况乎书经秦火，仅收什一于千百乎！是知更须他国真教书籍，补其残缺也。”[④]其实，孙璋的醉翁之意不在酒，他借“补其残缺”之名，而对宋明心性之学发起猛烈攻击。因此，此书也被学界称作是一部反理学之巨著。[⑤]《性理真诠》的主要内容凡 6 卷 6 册，即首卷、2 卷上、2 卷下、3 卷上、3 卷下、4 卷续。例如：

第一，首卷第 7 篇详辩人之灵性非理。

第二，2 卷上第 4 篇总论太极，以为“太极系上主造物元质非可以上主为太极”，并有“驳《皇极经世书》论太极之谬与孔子之意大相悬殊”。

同卷第 6 篇“论阳动阴静不能为造物主”，鼓吹“气不能自动有造物主命之动”，谬论“太极阴阳俱由造物主分理”。

同卷第 7 篇“论阴阳受造并非无始自能生物”，认为“未有天地之先并无此混沌之气惟有一造物真主”。

第三，2 卷下第 4 篇“驳《西铭》万物一体之说”，主张“上主系全神超乎万物之上，决不能与万物为一体”。

由上述内容不难看出，西方传教士批判宋明理学与黄宗羲等批判宋明理学的目标完全不同。前者是为了传教，是为“造物主”摇旗呐喊；后者则主要是为了阐扬“经世致用”的实学精神。此外，天主教和儒学在终极目的上还存在出世与入世的冲突，而利玛窦也发现了这一点，所以“利玛窦进中国多年，乃至在北京，都不愿大张旗鼓地宣扬天主教神学理论，而是更多地介绍自然科学和人文科学”[⑥]。这个过程实际上就是天主教的实学化过程，

① ［意］利玛窦：《天主实义》第 4 篇，《天学初函》第 3 册，万历刻本。

② （清）黄伯禄：《正教奉褒》上册，1904 年，第 57 页。

③ 徐宗泽：《明清间耶稣会士译著提要》，上海：上海书店出版社，2006 年，第 102 页。

④ 转引自李志军：《西学东渐与明清实学》，成都：巴蜀书社，2004 年，第 164 页。当然，在科学技术方面的“西学东渐”，传教士还是起过重要作用的。对此，孙璋说：“论天文则测验有准，论医道则利益无穷，至于格物穷理、杂技曲艺之学，件件精工，虽非治经邦之弘猷，然于国治民生，未尝无小补云。”参见（清）孙璋：《性理真诠》卷 4 续，清乾隆十八年（1753）刻本，第 52 页。

⑤ 方豪：《中西交通史》下，上海：上海人民出版社，2015 年，第 841 页。

⑥ 李志军：《西学的补儒易佛与天主教的实学化》，阎纯德主编：《汉学研究》第 5 集，北京：中华书局，2000 年，第 208—209 页。

从这个意义上讲，“虽然天主教在17世纪欧洲，已经被文艺复兴运动批判的声名狼藉，丧失了中世纪原有的权威性。但是，如果希望在中国实现中世纪欧洲的天主教，那是历史的倒退，是不可取的。不过，在明清之际的中国，封建主义危机四伏，儒学价值体系频临崩溃，实学家借鉴其正反经验，吸收其有利因素，促进了实学的发展”①。

至于黄宗羲对待天主教的态度，我们不妨分成两个层面看，作为一种新的文化资源，“对于其自然科学，务实和开明的黄宗羲承认其优越性，但民族自尊自负又使他对其进行贬低，不承认其独创性”；对于天主教教义，黄宗羲“就掩饰不住轻蔑和嘲讽之态度了，在其博大精深的‘天’学面前，天主教只能算是谬言邪说了”②。

最后，再回到黄宗羲所取得的科学思想成就上来，针对某些传教士不顾历史事实的“中学西源”论，黄宗羲用“西学中源”或“中学西窃”说予以回击，诚如吴光先生所言：“虽然黄宗羲的‘中学西窃’说难以成立”，但有许多事实证明，“黄宗羲在当时已经在自然科学方面致力于会通古今、兼顾中西的学术整理工做了”③。正是在这种“会通古今、兼顾中西”过程中，黄宗羲逐步形成了他的“民主”启蒙思想。

第三节　方以智的科学启蒙思想

方以智，字密之，是一位有气节、有血性的科学家，安庆桐城（今安徽桐城市）人与薛凤祚、杜知耕、龚士燕等人不同，方以智没有被《清史稿》列入“畴人传”，而是被归入“遗逸传”，显示了他的坚贞不屈的士人气节。《明史》本传载：

> 以智，崇祯庚辰进士，授检讨。会李自成破潼关，范景文疏荐以智，召对德政殿，语中机要，上抚几称善。以忤执政意，不果用。京师陷，以智哭临殡宫，至东华门，被执，加刑毒，两髁骨见，不屈。（起义军）败，南奔，值马、阮乱政，修怨欲杀之，遂流离岭表。作自序篇，上述祖德，下表隐志。变姓名，卖药市中，桂王（即朱由榔）称号肇庆，以与推戴功，擢右中允。扈王幸梧州，擢侍讲学士，拜礼部侍郎、东阁大学士，旋罢相，固称疾，屡诏不起。……行至平乐（今关系平乐县），被执。其帅欲降之，左置官服，右白刃，惟所择。以智趋右，帅更加礼敬，始听为僧。更名弘智，字无可，别号药地。康熙十年，赴吉安，拜文信国墓，道卒。④

关于方以智“道卒”的解释主要有两种意见：一种以美国学者余英时为代表，认为方

① 李志军：《西学的补儒易佛与天主教的实学化》，阎纯德主编：《汉学研究》第5集，第208页。
② 贾庆军：《冲突抑或融合》，北京：海洋出版社，2009年，第82页。
③ 吴光：《天下为主——黄宗羲传》，杭州：浙江人民出版社，2008年，第225页。
④ 《清史稿》卷500《方以智传》，第13832—13833页。

以智投江自尽了[①]；一种以冒怀辛等为代表，认为方以智“因背上突发疽而死”[②]。我们倾向于余英时的说法。

就学术本身而言，方以智“博涉多通，自天文、舆地、礼乐、律数、声音、文字、书画、医药、技勇之属，皆能考其源流，析其旨趣。著书数十万言，惟《通雅》《物理小识》二书盛行于世”[③]。由于学界对《通雅》《物理小识》二书的研究已颇深入，下面我们拟依据前人的研究成果，对《物理小识》中的科学启蒙思想略陈管见。

一、《物理小识》与方以智的科学启蒙思想

（一）《物理小识》的成书过程及其主要科学成就

1.《物理小识》的成书过程

《物理小识》被梁启超称为“在三百年前不得谓非一奇著也”[④]，其中“颇多妙语，与今世科学暗合”[⑤]。我们知道，方以智生活在中西科学会通交融的历史时期，当时实学思潮盛行，他与朱载堉、李时珍、徐光启、薛凤祚等同发时代风气之先。其子方中通在《物理小识·编录缘起》一文中说：

> 宋赞宁禅师有《物类志》十卷，所称识昼夜牛色者也。陶九成载东坡《物类相感》数百十条，得毋东坡阅赞宁而取其近用者乎？邓潜谷先生作《物性志》，收函史上编。王虚舟先生作《物理所》，崇祯辛未，老父（即方以智）为梓之。自此每有所闻，分条别记，如《山海经》《白泽图》，张华、李石《博物志》、葛洪《抱扑子》《本草》，采摭所言，或无征，或试之不验，此贵“质测”，征其确然者耳。然不记之，则久不可识，必待其征实而后汇之，则又何日可成乎？沈存中、嵇君道、范至能诸公，随笔不倦，皆是意也。老父《通雅》残稿，自京师携归，《物理小识》原附其后。老父庚寅苗中寄回一簏，小子分而编之，生死鬼神，会于惟心，何用思议，则本约矣。象纬历律，药物同异，验其实际，则甚难也。适以远西为郯子，足以证明大禹、周公之法，而更精求其故，积变以考之。士生今日，收千世之慧，而折中会决，又乌可不自幸乎。是用类成，附《通雅》后，亦可单行。知格物大人，以为盐酱，所不废也。[⑥]

这段话主要包含两个要点：

第一，方以智的自然科学兴趣，受到《物理所》一书的启发。《物理所》是王宣的代表

① 汪军主编：《皖江文化与近世中国：京剧、近代工业和新文化的源头》，合肥：合肥工业大学出版社，2004年，第69—82页。

② 仪贞、冒怀辛：《方以智死难事迹考》，《江淮论坛》1962年第2期，第55—56页。

③ 《清史稿》卷500《方以智传》，第13833页。

④ 梁启超：《中国近三百年学术史》，天津：天津古籍出版社，2003年，第392页。

⑤ 梁启超：《中国近三百年学术史》，第172页。

⑥ 方中通：《物理小识·编录缘起》，上海：商务印书馆，1937年，第1页。

作之一，据《龙眠风雅》卷63载："王宣字化卿，号虚舟。世居江右金溪之潘方里，父客桐，家焉，因生于桐。……弱冠反金溪，补郡诸生。复来桐，益覃力稽古，博学群书，桐人士翕然向风。友事者叶文庄灿、方中丞大任、何文端如宠、刘评事胤昌、左忠毅光斗、齐山人鼎名、方司农大铉、林文学胤泸、方中丞孔炤、谢处士逸、李山人遇芳、吴水部道新也。师事者周司理岐、方处士文、方简讨以智、孙监军临、吴奉化道凝、方处士豫立也。十三经皆有疏解，尤邃易学……又有《龙马言》《物理所》《金刚解》诸书。"①可惜，《物理所》已佚。不过，方以智在《物理小识》中曾引述其文云："道无在无不在也。天有日月岁时，地有山川草木，人有五官八骸，其至虚者即至实者也，天地一物也，心一物也。唯心能通天地万物，知其原即尽其性矣。"②由此可见，王虚舟的"物理"思想是以天地万物为研究对象的，是一种广义的"物理"范畴，这一点已为方以智所继承。

第二，编撰《物理小识》的原则是"分条别记"，"贵'质测'，征其确然者"。广义的"物理学"，实际上也是一种博物学。从上述方中通《物理小识・编录缘起》的记述中，我们不难看出由《山海经》开创的"博物学"体例，对中国"大物理"科学的发展产生了深远影响。当然，方以智并非不加选择地把那些道听途说的传闻都一一记载下来，而是用实证的方法加以检验，只有确证其客观存在而非虚幻的"物理"，才会被方以智载入《物理小识》一书中。而《物理小识》"分条别记"的具体纲目如下（仅举前六卷）：

卷一，"天类"："象数理气征几论""天象原理""气论""气映差""光论""转光""声论""声异""隔声""律吕""五音七调""乐节""中声""高下定声之数""天地人声""四行五行说""水""火""木""种仁皮心之理""金""土""水火本一""藏火""金土"。

"历类"："圜体""黄赤道""九重""远近分轮细辨""三际""岁差乃星度与日周差而岁实无差""光肥影瘦之论可以破日大于地百十六余倍之疑""左右一旋说""两种定极""日月行度""宿天""日月食""五星迟留伏逆""四余""出没异""昼夜异""节气异""历元""开辟纪年""节度定纪""南极诸星图""占最高法""天地大小皆有环列应机会分野非泥说也"。

卷二，"风雷雨旸类"："风征""风行远近""南北风寒温之异""雨征""雨异""祈雨古法""雷说""雹""霜雪""天汉""冻成花鸟草木之形""虹霓""彗""黑子""已疾诸火""死性之火""贮火油与灭火法""石竹火""续火""火异""阴火潜燃""野火塔光""空中取火法""改火"。

"地类"："阳气生地脉""水患说""水忽清忽变""弱水死海""地生毛""水行洊势""水斗水立水断地涌色变之异""潮汐""水圜""沸珠泉""山下出泉""水味不同""烹水法""贮水洗水法""澄水""试井""水能驻颜""水益气已疾""治水开支河""水激成瀑法""过漩法""安水土法""地溲""水宝""已疾诸土""土化物""地游地动也""地中多空""西北与东南之土异""洛无冰""作冰法""冰透碗外""针化雪剖冰""暑极生凉法""冰异"

①（清）潘江辑、彭君华等校点：《安徽古籍丛书》第25辑《龙眠风雅全编》第6册，合肥：黄山书社，2013年，第2747—2748页。

②（明）方以智：《物理小识・总论》，《景印文渊阁四库全书》第867册，第744页。

“风土”“海市山市”“阳焰水影旱浪”“脂流”“暖谷温泉地中阳气所结分砂硫矾矾末确也”“醴泉甘露有数说本以甘而立名也”“沙异”“浑河卤地有宜”。

“占候类”：“占几”“藏智于物”“贞悔”“以数表几而像亦类之”“雨占”“南北方雨旸之异”“岁候”。

卷三，“人身类”：“鼻祖”“三隧”“二路”“十二动脉”“内经尺寸脉”“六表里脉法”“八奇经九道法”“左右分司之征”“命门中臬而肾分左右”“胆最旋动”“心用小心”“运气藏府同一交几”“亢制”“血养筋连之故”“论骨肉之概”“身内三贵之论”“身中类表”“调火”“火与元气说”“水火反因人身尤切”“阴阳互根而析征”“血气自灵”“人身营魄变化”“毛发”“魄结”“发用”“洗垢法”“缓筋法”“忍溺法”“白肌法”“射影灸影”“包络三焦”“阴阳仰伏”“骨节中有涎”“验伤法”“留尸法”“验妊”“世传老人子无影”“气感”“鼻息定时”“儿不啼不语”“止小儿夜啼法”“止儿惊法”“儿啼占”“尸忌”“救溺人法”“父子合血”“大惊离魂”“生物贵真阳”“人异”“积想出神”“人生通理”“参同契”。

卷四，“医要类”：“概几”“中风”“厥”“霍乱”“火”“痰”“咳嗽”“喘”“眼耳口喉”“消渴”“瘇胀”“膈关”“泻闭”“小溲通闭”“梦遗”“遗精洗法”“饮食伤”“暑”“湿”“瘴气”“疟”“滞下”“治神为上”“偏胜则变”“气熏法”“固济法”“升提降散须视其体”“丹汁”“伏药卵”“针灸概”“外科”“痘”“面部”“进气”“转轮”。

“畜病类”：略。

卷五，“医药类”：“医药通类约几”“何往非药”“上下分余气”“用心骨核”“草之沙者属金属降”“赤箭芝”“蓍蒿”“反时生”“黄连燥栀子酒”“参”“甘草”“黄连”“大黄”“黄精偏精”“附子”“钟乳”“雄黄”“硫”“龙脑”“巴豆”“锦地罗三七猪腰子山羊血”“吴茱萸”“延胡索”“独脚莲”“早休”“仙茅”“三白草”“山慈姑”“熊胆通利”“虎油”“耳”“乳香”“黄檗为杀物神药”“桂能制肝益脾肾”“取竹沥以旋斫者”“木鳖”“箭头草”“踯躅丹”“土鳖”“蝃蝥黄”“菟茯莲丸”“秋石”“红铅”“蟠桃饮”“嗣寿丹”“磁朱丸”“萎阳”“药蜂针”“狸骨”“点眼发汗方”“代杖”“下道”“良姜香附散”“辟温”“火眼”“乌须发”“黑发油”“癣”“消肉刺”“去指甲内垢”“酒后口气”“治鸡眼方”“治瘊子方”“治脚缝臭烂方”“去身斑”“花香不宜轻臭”“犁头刺藤”“蛇蔓草”“刀伤药”“朱砂雄黄灯”“返魂香”“灵药”“矢醴”“围疮疥瘇”“照背痈法”“继病”“服巨胜者济其润”“扶桑至宝丹”“饧能出物”“救误吞钓钩”“当归膏下法”“藤黄收膏”“冻疮皴”“取白僵蚕”“明龟胶”“椅足泥”“收药例”“末药法”。

卷六，“饮食类”：“酒曲”“酿”“烧酒”“香酒法”“赛葡萄酿”“药酿”“红曲”“酒油”“蒸露法”“饧”“糖霜”“洗面筋法”“饭”“辟谷”“咽津辟谷”“麦糕”“食松柏叶法”“行路不饥渴法”“青精”“糟茄”“女曲糍”“消面饼”“三黄糟”“三和菜”“水菜”“十香瓜豉”“包瓜”“茶”“杂饮”“沉香熟水”“醍醐酥酪抱螺”“豆腐”“加色腐”“红腐乳”“笋供”“笋油”“雪蒸饼”“蛋”“烂物法”“火体荐”“芙蓉肺”“省柴法”“炒白菜”“用椒法”“用芥”“脱栗皮”“菱”“杏仁”“煮面”“煮芋”“绿豆”“黑豆”“干山药法”“炒落花生法”“藏鲜果法”“收栗梨”“收鸡头”“藏柑”“收湘橘”“藏胡桃”“生姜”“收茄”“醋”“酱”“虾米”

“冥果”“状元红”“酵馒头”“解梅酸牙”“莼”“醒酒方”“治蛊毒”“韭汁”“辨蕈毒”“晒取瓜子法”“解松子油法”“水沫”“解荔热”“解伤茶”“炙不溢油法”“鸽丸”“形盐”“饮食通理”“饮食禁忌”“稻”“麦”“米豆”“绿豆”“番豆”“瓜”“西瓜”“结瓠法”“大葫芦法”“蔬法”“白菜”“菜”“菠薐”“莱菔”“顷刻菜法”“茄”“姜”“菌栭”“种山药”“蒟蒻”“荠”“薇蕨”“苜蓿非藜”“金丝菜”“野菜”。

“衣服类”：“锦丝类”“葛苎布”“织葛法”“装核法”“漳州纱”“花机”“蜡靴”“貂帽”“红物”“染红”“衬染”“各种污衣洗法”“洗亵衣法”“洗衣”“洗衣上黑法”“去衣垢腻法”“洗衣上油法”“洗真紫衣油污法”“洗衣上血法”“衣发白点”“夏月衣蒸”“洗旧红缨法”“纸被旧”“洗笠法”“毡衣”“洗漆巾”“洗头巾”“鞋”“裘袄”“褐”“洗丝”“单衣过寒暑法”“毡绒”“拔绒”“皮类”“丝绵”“纺车”。

以上条目的内容，不单是教给读者以方法和技能，更重要的是教给读者如何用理性思维去观察和认识宇宙万物，这是方以智《物理小识》的主要特色。例如，卷四“医要类”载“偏胜则变”现象云：“《素问》曰：‘五味入胃，各归其所喜，故久而增气，物化之常也。’气增而久，则偏胜致伤，夭之由也。故曰：用毒药者，衰其半而止药，不必尽剂也。黄连、苦参，久服反热；当归、苁蓉，单服反泄。人身以阳为主，固不可无事服寒凉，即峻补燥烈亦勿久服，视宜互制可耳。况以根情火驰之体，求服食以纵欲。噫，末世变症，岂尽药之咎哉！”[①]一部中国古代医药史，实际上就是一部服食史。服食从开始的强身健体发展到后来的延年益寿，甚至转变成为那些封建统治阶级荒淫生活服务的一种纵欲工具。可见，服食内隐着非常复杂的社会内容，确实需要深入剖析和研究。方以智看到了“服食”背后的社会原因，其理论深度不言而喻。又如，卷五“医药类”载“辟温”诸法云：“时气一行，合门相染。草绳度病人之户，屈而结之于壁，则一家不染。单徒何氏曰：‘入瘟疫家，以麻油涂鼻中，既出以纸燃取嚏，则不染，或配玉枢丹。’庞安常言：‘务成萤火丸，免疫甚验。’其方乃汉武威太守刘子南得之尹公，……愚者谓：壮气即所以壮神，此不可思议矣。……《外纪》（即《职方外纪》），哥阿岛患疫，有名医卜加得令城内外遍举大火，烧一昼夜，火息而病亦愈。盖疫为邪气所侵，火气猛烈，能荡涤诸邪，邪尽而病愈，至理也。”[②]这里，除了介绍“辟温”的方法，还解释了“大火”之所以能“辟温”的原理。虽然方以智并不懂得“邪气”其实是一种病菌，但他认为“瘟疫”具有传染性和用火烧来控制其蔓延的方法，则非常科学。[③]

2.《物理小识》的主要科学成就

方以智用“质测”一词来指代西方自然科学，推动了明清之际“质测”学派的形成，并与徐光启等人的“格致学”相呼应，遂成为当时非常重要的科学启蒙思潮之一。

1）对西方化学知识的介绍

方以智《物理小识》卷7《金石类・硇水》载：“有硇水者，剪银块投之，则旋而为水。

---

① （明）方以智：《物理小识》卷4《医药类・偏胜则变》，《景印文渊阁四库全书》第867册，第832—833页。

② （明）方以智：《物理小识》卷5《医药类・辟温》，《景印文渊阁四库全书》第867册，第850—851页。

③ 娄林主编：《拉伯雷与赫尔墨斯秘学》，北京：华夏出版社，2014年，第252页。

倾之盂中，随形而定。复取硇水法，以玻璃窑烧一长管，以炼砂，取其气。道末公为予言之。”[①]文中的“道末”系德国传教士汤若望的字，“硇水”则有几种解释：一种观点认为“硇水”即“强水”（即硝酸）[②]，另一种观点认为不能确定“硇水”即是硝酸[③]。不管怎样，这里的“硇水”是讲制取无机酸的方法[④]，该无异议。

方以智又说：“青矾厂气熏人，衣服当之易烂，栽木不茂，惟乌柏树不畏其气。”[⑤]文中的“青矾厂”是指制取绿矾的工厂，在煅烧过程中可释放三氧化硫和二氧化硫毒气。酸雾不仅具有腐蚀性，而且还污染环境，对植物生长也有伤害。至于“青矾厂”能否生产出硫酸，目前尚无法肯定。因为七水硫酸亚铁中含有结晶水，这样的物质在干馏时，除能生成氧化铁之外，还能得到硫酸和亚硫酸的混合液体。而这种液体经加热后，能得到“矾油”（即硫酸）。当然，三氧化硫和二氧化硫一旦遇到湿空气或水，就会生成硫酸或亚硫酸等酸雾。

2）对西方医药学知识的介绍

中国古代比较缺少人体解剖方面的知识，因此方以智在“身内三贵论”中特将古罗马盖伦的血液运动学说介绍到国内知识界，从而带来了对心—脑生理本质的全新认识。方以智说：

> 本血一分，出大络入心，先入右窍，次移左窍，渐至细微、半变为露，所谓生养之气也，是气能引细血周身以存原热，又此露一二分，从大洛升入脑中，又变而愈细愈精，以为动觉之气，乃令五官四体动觉得其分矣。[⑥]

把心脏分为两个室，一进一出，这是盖伦血液循环的基本前提。实际上，把“心、脑、肝”并称“身内三宝”源于亚里士多德的医学理论。亚里士多德说：“人物之胎也，百体中心最首生，其死也，心独后死。周身之血虽初成于肝，然有细分到心，练为至精之气，上行于首，分布四肢，令能知觉运动也。”[⑦]而方以智则云：“血所由成必赖食化，食先历齿刀，次历胃釜，而粗细悉归大络矣。细者可以升至肝脑成血……肝独变结之更生体性之气，故肝贵也；心则成内热与生养之气，脑生细微动觉之气，故并贵也。”[⑧]

---

① （明）方以智：《物理小识》卷7《金石类・硇水》，《景印文渊阁四库全书》第867册，第886页。

② （清）赵学敏：《本草纲目拾遗》，北京：中国中医药出版社，2007年，第6页；张子高又说：“一位化学工作者读了这段文章，可以立即指出，这里所称的强水跟徐光启所说的强水一样，毫无疑问地意味着硝酸。因为蒸馏时所出现的黑气（此黑字应作深色的意思来解，犹如墨面之墨，不应解释为黑白之黑）和对铜板所起的腐蚀作用都是硫酸和盐酸所没有或者在通常情况下所不易做到的。我们可以这样说，从十七世纪的二三十年代到十八世纪的八十年代，在这一百五六十年间，强水一词一直代表着硝酸的专名，而非三酸的公名”，参见张子高编著：《中国化学史稿（古代之部）》，北京：科学出版社，1964年，第192页；《化学发展简史》编写组编著：《化学发展简史》，北京：科学出版社，1980年，第58页亦认为：“（硇水）是一种无机强酸”；薛愚等编写：《中国药学史料》，北京：人民卫生出版社，1984年，第319页。

③ 曹元宇编著：《中国化学史话》，南京：江苏科学技术出版社，1979年，第302页。

④ 周嘉华等：《中国古代化学史略》，石家庄：河北科学技术出版社，1992年，第216页。

⑤ （明）方以智：《物理小识》卷7《金石类・矾》，《景印文渊阁四库全书》第867册，第892页。

⑥ （明）方以智：《物理小识》卷3《人身类・身内三贵之论》，《景印文渊阁四库全书》第867册，第813页。

⑦ 马伯英、高晞、洪中立：《中外医学文化交流史——中外医学跨文化传统》，上海：文汇出版社，1993年，第293页。

⑧ （明）方以智：《物理小识》卷3《人身类・身内三贵之论》，《景印文渊阁四库全书》第867册，第813页。

至于对脑和神经的生理解剖结构及其功能的认识，方以智在《物理小识》卷 3《人身类 • 血养筋连之故》条目下做了非常详细的描述。他说：

> 脑散动觉之气，厥用在筋，第脑距身远，不及引筋以达百肢，复得颈节膂髓，连脑为一，因遍及焉。脑之皮分内外层，内柔而外坚，既以保存身气，又以肇始诸筋，筋自脑出者六偶，独一偶逾颈至胸下，垂胃口之前，余悉存顶内，导气于五官，或令之动，或令之觉，又从膂髓出筋三十偶，各有细脉旁分，无肤不及。其与肤接处，稍变似肤，以肤为始，缘以引气入肤，充满周身，无不达矣。筋之体，瓤其里，皮其表，类于脑，以为脑与周身连接之要约。①

文中所说的“筋”实际上就是指人体的中枢神经系统和周围神经系统，“脑之皮分内外层，内柔而外坚”是指包绕脑与脊髓的结缔组织，大体分内外两层，最外层的膜被称作硬脑膜，密而坚固；最内层的膜被称作蜘蛛膜，结构较为疏松，硬脑膜下腔把硬脑膜与蜘蛛膜分隔开来。“筋自脑出者六偶”是指 12 对脑神经中六对，但具体指哪六对，有待考证。12 对脑神经分别是指嗅神经、视神经、动眼神经、滑车神经、三叉神经、展神经、面神经、位听神经、舌咽神经、迷走神经、副神经、舌下神经。“独一偶逾颈至胸下”的神经特点比较清楚，显然是指迷走神经。“从膂髓出筋三十偶，各有细脉旁分”，是指与脊髓相连的周围神经，共有 31 对，如果不包括 1 对尾神经，则为 30 对，即颈神经 8 对、胸神经 12 对、腰神经 5 对和骶神经 5 对。如众所知，方以智的上述西医解剖知识，直接采自汤若望的《主制群征》一书，而在方以智看来，这些内容可补《黄帝内经》之不足。所以有学者评价说：“（方以智）致力于研究西医特别是其生理学、解剖学的成果，并把它结合到中医理论中来，提出了不少发‘《内经》之未发’的见解，力图开创一条中医发展的新途径。可以说，方以智是我国中西汇通思想的最早倡导者之一。”②

在药学方面，方以智特别重视“花露”（一种药水）的制作。由于西医的“花露”水系通过锅灶法蒸炼而成，与中国传统的榨取法有所不同。因此，西方传教士一经传入蒸炼“花露”的方法之后，便很快引起方以智的关注。如《物理小识》卷 6《饮食类 • 蒸露法》云：

> 铜锅平底，墙高三寸，离底一寸，作隔花钻之，使通气。外以锡作馏盖盖之，其状如盔。其顶圩使盛冷水，其边为通槽，而以一味流出，其馏露也。作灶，以砖二层，上凿孔以安铜锅，其深寸，锅底置砂，砂在砖之上，薪火在砖之下，其花置隔上，故下不用水而花露自出。凡蔷薇、茉莉、柚花皆可蒸取之，收入磁瓶蜡封，而日中暴之，干其三之一，露乃不坏。服一切药，欲取精液，皆可以是蒸之。③

对于这段记载，范行准认为：“以智所述，盖本《泰西水法》……故中国之知蒸取药露

① （明）方以智：《物理小识》卷 3《人身类 • 血养筋连之故》，《景印文渊阁四库全书》第 867 册，第 812 页。
② 邱鸿钟主编：《医学哲学探微》，广州：广东人民出版社，2006 年，第 448 页。
③ （明）方以智：《物理小识》卷 6《饮食类》，《景印文渊阁四库全书》第 867 册，第 857 页。

法，实从西土而来，此其的据也。”①

3）对西方物理学知识的介绍

“气映差”与光的折射现象。方以智说：“空中皆气，江海水浮，射之其更，缀之算彭皆不直也。置钱于碗，远立者视之不见，注水溢碗，钱浮于水面矣。”②方以智认为，空气对光有一定的传递作用，而折射则常常使物体的映像与位置发生变异，于是，就出现“映差”现象。而方以智所举的那例折射实验，便采自汤若望的《远镜说》一书。

对西方一些先进机械的介绍，主要见于《物理小识》卷8《器用类·起重法》云：“以钢铁作蠡丝旋，旋入奭铁方基中，既成，二物牝牡相合。左旋则入，右旋则出。乃以承重物先左旋则缩之，后右旋而伸之，其渐长处实之以楔，如此屡加则起矣。”③有学者考证，方以智所介绍的起重机实传授自意大利耶稣会传教士毕方济④，这是欧洲螺旋起重机见于中国文献的最早记载⑤。

4）对西方天文学知识的介绍

根据学界的研究成果⑥，方以智的天文学思想深受利玛窦《乾坤体义》、罗雅谷《崇祯历书·历引》等著作的影响。

在地球形状方面，方以智接受了西方传入的地圆说。他在《物理小识》卷1《历类·圆体》中说：“天圆地方，言其德也。地体实圆，在天之中，喻如脬豆。脬豆者，以豆入脬，吹气鼓之，则豆正居其中央。或谓此远西之说。……相传地浮水上，天包水外，谬矣。地形如胡桃肉，凸山凹海。”⑦

经纬度知识的传入与接受。方以智在《物理小识》卷1《历类·黄赤道》中说：

以瓜蒂、瓜脐喻之，浑天与地相应，所谓北极，如瓜之蒂；所谓南极，如瓜之脐。瓜自蒂至脐以其中界周围为东西，南北一轮是赤道也，腰轮也。黄道则太阳日轮之缠路也。斜络于赤道半出赤道内，半出赤道外，约周度十二宫而平轮之。子午纵轮之（即子午线垂直于赤道），卯酉横轮之（即卯酉线与子午线垂直交叉），皆一也，约为三轮、六合、八觚之分。自蒂至脐，凡一百八十度；自赤道至蒂，凡九十度，黄道之出入赤道者，远止二十三度半，此曰纬度。七曜所经之列宿，则曰经度。每三十度为一宫，十五度交一节。⑧

文中的“蒂脐”之喻，曾引起学界的“地球”与“天球”之异论。⑨实际上，冒怀辛早

① 范行准：《明季西洋传入之医学》，上海：上海人民出版社，2012年，第219页。

② （明）方以智：《物理小识》卷1《天类·气映差》，《景印文渊阁四库全书》第867册，第754页。

③ （明）方以智：《物理小识》卷8《器用类·起重法》，《景印文渊阁四库全书》第867册，第923页。

④ 曹增友：《传教士与中国科学》，北京：宗教文化出版社，1999年，第174页。

⑤ 庞乃明：《明代中国人的欧洲观》，天津：天津人民出版社，2006年，第280页。

⑥ 付邦红等：《试析“光肥影瘦”说的理论来源》，《内蒙古师范大学学报（自然科学版）》2007年第6期，第728—733页。

⑦ （明）方以智：《物理小识》卷1《历类·圆体》，《景印文渊阁四库全书》第867册，第765页。

⑧ （明）方以智：《物理小识》卷1《历类·黄赤道》，《景印文渊阁四库全书》第867册，第766页。

⑨ 刘浩冰编著：《指南针的发明——源流·外传·影响》，贵阳：贵州科技出版社，2008年，第149—151页。

已明确指出，方以智的“蒂脐”之喻，表明他已经从西方传教士那里获得了经纬度概念，所以它“既是一个地球的模式，又是一个天球仪的缩影”①。

对于恒星动还是不动的看法，方以智从西方传教士那里接受了恒星非不动的观念。《明史·天文志》载：“恒星之行，即古岁差之度。古谓恒星千古不移，而黄道之节气每岁西退。彼则谓黄道终古不动，而恒星每岁东行。由今考之，恒星实有动移，其说不谬。”②文中的“彼则”之“彼”是指传教士，而利玛窦传来的“以七政恒星天为九重”概念中也包含恒星整体移动的思想，所以受其影响，方以智坚持认为，恒星自身经常处在不断运动变化的过程之中。他说：“二十八宿为恒星天，向以为与老天帖定，今因岁躔冬至之经星渐差，而乃知其自逡也。”③按照关增建的解释，这里的“自逡”是指由于地球自转轴进动所造成的恒星由西向东的整体视运动。④如果此解释不误的话，那么，方以智提出的恒星视向运动概念较西方为早。

五星绕日运行是穆尼阁《天步真原》中的主要思想之一，方以智虽然没有接受哥白尼的日心说⑤，但是他却明确肯定了金星和水星绕日运行的观点，他认为：“金、水绕日为小轮，乃日之余体，随日而转耳。”⑥把金星和水星看作是太阳系这个大家族的重要成员，在当时，这个认识具有非常重要的启蒙意义。

5）对西方气象学知识的介绍

“三际”学说是意大利传教士高一志在《空际格致》一书中阐释的西方气象学思想之一，高一志说：“气厚分有上中下三域：上域近火，近火常热；下域近水土，水土常为太阳所射，足以发暖，故气亦暖；中域上远于天，下远于地，则寒。”⑦这是用地球吸收太阳光的多少来划分地球的寒热变化，是一种科学的认识。而方以智把西方的“三际”学说与中国传统的阴阳学说结合起来，他认为：“三际者近地为温际，近日为热际，空中为冷际也。日光蒸地，火收地中，火必出附天而止，天火同体，水地相比也。一气升降自为阴阳，气出而冷际遏之，和则成雨，如饭蒸之馏，遇盖而水滴焉。”⑧仔细研读这段话，我们不难发现，方以智试图将“阴阳说的气象现象生成观放入三际说的框架中”，所以像“一气升降自为阴阳，气出而冷际遏之，和则成雨”，以及“夏月火气郁蒸，冲湿气而锐起升高至冷际之深处，骤冱为雹”⑨等这样的解释，无疑进一步丰富和发展了中国传统的云雨降水说。⑩

---

① 杨向奎、冒怀辛：《关于方以智和中国传统哲学思想的讨论》，《历史研究》1985年第1期，第37页；张岂之主编：《侯外庐著作与思想研究》第24卷，长春：长春出版社，2016年，第819页。

② 《明史》卷25《天文志》，北京：中华书局，1984年，第340页。

③ （明）方以智：《物理小识》卷1《历类·宿天》，《景印文渊阁四库全书》第867册，第772页。

④ 关增建：《〈物理小识〉的天文学史价值》，《郑州大学学报（哲学社会科学版）》1996年第3期，第65页。

⑤ 关增建：《〈物理小识〉的天文学史价值》，《郑州大学学报（哲学社会科学版）》1996年第3期，第66页。

⑥ （明）方以智：《物理小识》卷1《历类·五星迟留伏逆》，《景印文渊阁四库全书》第867册，第773页。

⑦ [意]高一志：《空际格致》，南京图书馆藏清朝本，第70页。

⑧ （明）方以智：《物理小识》卷1《历类·三际》，《景印文渊阁四库全书》第867册，第767页。

⑨ （明）方以智：《物理小识》卷1《历类·三际》，《景印文渊阁四库全书》第867册，第767页。

⑩ 张静：《方以智〈物理小识〉中的气象学思想》，《安庆师范学院学报（社会科学版）》2011年第3期，第5页。

地动说是对“天圆地方”观念的一种变革，据考，我国古代曾经出现了“地动说”的思想传统①，可惜没有引起人们的重视。后来方以智通过西洋地动说的启发，才去寻求中国古代地动说的历史脉络。《物理小识》云：“穆公（即穆尼阁）曰：‘地亦有游’，欲据一岁之测而定之乎？欲明其理，理则如此。”②如前所述，穆尼阁是传播哥白尼日心地动说的西方传教士。只不过由于种种原因，他采取的方式，比较隐秘罢了。如果不留心研读，它自身的思想光辉还就真的会被其故意设置的迷影遮蔽。至于方以智上面所引穆尼阁之论，有学者这样评价说：“穆尼阁不但介绍了地动说，也介绍了科学的验证地动说的方法——测定恒星周年视差。‘欲据一岁之测而定之’，即反映了这一点。也许正是如此，中国学者才未接受哥白尼的日心地动说。”③

其他像“陨石非星”“远近分轮”等问题的讨论，方以智也都不同程度地受到了西方科学知识的影响，这里就不再一一讨论了。

3. 方以智对中国古代科学技术发展的历史贡献

如众所知，方以智的中国传统科学知识修养十分深厚，同时，他的西方科学知识修养也非常深厚。据不完全统计，方以智阅读过的西方科学书籍在22种以上，如艾儒略的《职方外纪》及《性学祖述》，熊三拔的《泰西水法》及《表度说》，李之藻的《浑盖通宪图说》，阳玛诺的《天问略》，汤若望的《主制群征》及《远镜说》，穆尼阁的《天步真原》，阿格里科拉的《坤舆格致》，邓玉函的《远西奇器图说》《泰西人身说概》《人身图说》，毕方济的《灵言蠡勺》，利玛窦的《几何原本》《同文算指》《测量法义》《圜容较义》《勾股义》《测量异同》《西国记法》《坤舆万国全图》等。

当然，方以智对西方科学知识的接受，并不是完全照搬摘抄，而是通过与中国传统科学体系中的那些基本原理相结合与会通，然后形成自己的创见，从而为中国古代科学技术发展做出了巨大的历史贡献。

1）方以智在物理学方面的主要成就

第一，方以智因受西方地球学说的影响而提出了新的指南针理论，他在《物理小识》卷8《器用类·指南说》中云：“磁针指南何也？《镜源》说：‘磁阳总是指南。’愚者曰：‘蒂极、脐极定轴，子午不动，而卯酉旋转，故悬丝以蜡缀针，亦指南。’”④在学界，王振铎最先指出方以智的上述新指南针理论是受了西方地球学说的影响，并且他还把“蒂极”和“脐极”解释为地球的自转。对此，学者的态度不一，有赞同者，也有持异议者。如戴念祖认为：“‘蒂极’就是地球的南北两极，‘脐极’相当于地球的赤道，‘极轴’是地球的自转轴”。不过，“由于地球是大磁体的概念在方以智著作中未曾明言，或者传教士本身也尚不知此事，因此，方以智的解释是模棱两可，含糊不清的。难怪在其后，一些中国学者

① 吕子方：《中国科学技术史论文集》，成都：四川人民出版社，1983年，第224页。

② （明）方以智：《物理小识》卷1《历类·岁差乃星度与日周差而岁实无差》，《景印文渊阁四库全书》第867册，第769页。

③ 程曦、吴毅安编著：《从方以智到邓稼先——安庆科学文化》，合肥：合肥工业大学出版社，2011年，第78页。

④ （明）方以智：《物理小识》卷8《器用类·指南说》，《景印文渊阁四库全书》第867册，第911—912页。

还持传统的五行元气之说解释磁极性”[①]。而多数研究者认为：“方以智在这里是用天球而不是地球的旋转来解释指南针的指南原理的。”[②]相比较，我们倾向于后者的看法，当然，这个问题还有待进一步研究。

第二，对相对性原理的直观描述。方以智在《物理小识》卷2《地类·地游地动也》条目下载：“《尚书纬·考灵曜》‘地有四游，冬至地上北而西三万里，夏至地上南而东三万里，春秋二分其中矣。’《宾退录》言‘地恒动不止，如人在舟坐舟行而人不觉。’”[③]这段话有两层意思：首先，至少在汉代民间就出现了地球运动的观念，当时人们认为由于气的作用，地球一年四季分别向东、南、西、北四个方向摆动和飘动[④]，因此，太阳在正午的高度就出现了随着季节变化而变化的规律。于是，有学者认为：“这一由宣夜说而导出的地动说，较之盖天、浑天的天动地静说，在我国天文史上是一个伟大的发现。”[⑤]其次，“人在舟坐舟行而人不觉”与伽利略所提出的相对性原理非常相似。伽利略在《关于托勒密和哥白尼两大世界体系的对话》中描述说：

> 把你和一些朋友关在一条大船甲板下的主舱里，再让你们带几只苍蝇、蝴蝶和其他小飞虫。舱内放一只大水碗，其中有几条鱼。然后，挂上一个水瓶，让水一滴一滴地滴到下面的一个宽口罐里。船停着不动时，你留神观察，小虫都以等速向舱内各方向飞行，鱼向各个方向随便游动，水滴滴进下面的罐子中。你把任何东西扔给你的朋友时，只要距离相等，向这一方向不必比另一方向用更多的力。你双脚齐跳，无论向哪个方向跳过的距离都相等。当你仔细地观察这些事情后（虽然当船停止时，事情无疑一定是这样发生的），再使船以任何速度前进，只要运动是匀速的，也不忽左忽右地摆动。你将发现，所有上述现象丝毫没有变化，你也无法从其中任何一个现象来确定，船是在运动还是停着不动。[⑥]

由此可以得出如下结论：无论是船“停着不动”状态，还是船在“匀速运动”状态，船舱内的所有运动情况都完全一样。因此，坐在船舱内的人就无法根据船舱内水滴、飞虫、游动的鱼以及人的运动情况，来判断船是静止不动还是在匀速直线运动。换言之，“一切彼此作匀速直线运动的惯性系，对于描写机械运动的力学规律来说是完全等价的，并不存在任何一个比其他惯性系更为优越的惯性系。与之相应，在一个惯性系的内部所作的任何力学的实验都不能确定这一惯性系本身是在静止状态，还是在作匀速直线运动。这个原理叫做力学的相对性原理，或伽利略相对性原理”[⑦]。

---

① 戴念祖卷主编：《中国科学技术史·物理学卷》，北京：科学出版社，2001年，第414页。

② 东方暨白主编：《指南针的历史》，开封：河南大学出版社，2014年，第144—145页。

③ （明）方以智：《物理小识》卷2《地类·地游地动也》，《景印文渊阁四库全书》第867册，第794页。

④ 徐日新编著：《中国古代力学思想与实践》，上海：上海科学普及出版社，2012年，第383页。

⑤ 葛荣晋：《葛荣晋文集》第1卷，第353页。

⑥ ［意］伽利略：《关于托勒密和哥白尼两大世界体系的对话》，上海外国自然科学哲学著作编译组译，上海：上海人民出版社，1974年，第242页。

⑦ 程守洙等主编：《普通物理学》第1册，北京：高等教育出版社，1998年，第228页。

在当时，方以智虽然没有接受哥白尼的地动日心说，但是他应当对哥白尼的《天体运行论》有所了解。或许正是由于方以智看到了中国古代留下了大量地动说的史料，所以哥白尼的学说才没有引起他的重视。然而，同样的观察事实，用中国古代科学范式所得出的认识结果与用西方科学范式得出的认识结果，是不一样的。恰恰在这一点上，方以智没有突破自己。诚如有学者所言，平心而论，方以智所引述的这段话，

> 是用地的运动来解释太阳每天在正南方时高度的周年变化，比上面对天体周日运行的认识又进了一步。但终因古人对地体球形认识上的缺陷，和从未建立天体运行的几何模式，从而不能得出地球绕日运行，同时自转的真实图象。现在我们知道地球的自转形成了昼夜和天体的周日视运动；地球的公转形成了四季和天体的周年视运动。在西方日心地动说源于古希腊的天文学家阿里斯塔克（公元前270年），哥白尼用科学的方法做了证明。而《尚书纬·考灵曜》中“舟行而人不觉”的比喻，竟与哥白尼在《天体运行论》中的论述完全一样。可惜《尚书纬·考灵曜》中有关地动的思想没有人再去进行更深一步的研究探讨。到了宋代哲学家张载才从元气论的角度讨论了大地为什么会产生游动的问题[①]。

第三，“转光”与光的反射现象。方以智在《物理小识》卷1《天类·转光》条目下说：“日射地上之水，或置镜及放光石，使火照之则光入于屋梁。今术家使人见光之法，亦暗悬一镜于衣襟或袖口，列灯烛香烟于地，引人拜祝。烛照镜，光摇镜则光见于壁。或悬猫精与大金刚石，则能成五色光。”[②]这里讲到了光的反射现象，方以智通过简单的试验揭露了方术家骗人的把戏，宣传和普及了科学知识，具有积极的现实意义和学术价值。有研究者考证，同样的试验，牛顿却比方以智晚了30年[③]，仅此而言，方以智的科学研究确实值得称道。不仅如此，方以智还用光的反射原理来解释某些比较奇异的自然现象。例如，方以智在《物理小识》卷2《地类·阳焰水影旱浪》中载：

> 燕赵齐鲁之郊，春夏间野望，旷远处如江河，白水荡漾，近之则不复见。土人称为阳焰。盖真火之气，望日上腾而为湿润之水土所郁留，摇飏重蒸，故远见其动莽苍之色，得气而凝厚，故又见其一片浩然如江河之流也。……愚者曰：日中野马飞星爚然者，阳焰之端也，奇者为水影、旱浪，实则凡光生焰，焰自属阳。凡光似镜，镜能吸影，光与光吸，常见他处之影于此处。云分衢路，日射回薄，其气平者为阳焰、旱浪，其气厚者为山市海市矣。[④]

这段引文的内容比较丰富，其要义可概括为三点：一是记录了河北、山东等地曾经发生了大面积的蜃景现象，其“区域之大，时间之长都是罕见的”[⑤]。二是用光的折射和反射

① 崔石竹等：《追踪日月星辰——中国古代天文学》，北京：人民日报出版社，1995年，第117页。
② （明）方以智：《物理小识》卷1《天类·转光》，《景印文渊阁四库全书》第867册，第755页。
③ 伍素心编著：《中国摄影史话》，沈阳：辽宁美术出版社，1984年，第58页。
④ （明）方以智：《物理小识》卷2《地类·阳焰水影旱浪》，《景印文渊阁四库全书》第867册，第797页。
⑤ 徐好民：《地象概论——自然之谜新解》，北京：北京图书馆出版社，1998年，第285页。

综合解释“常见他处之影于此处”的大气现象。三是阐明人们所说的海市蜃楼其实就是现实生活中的城镇岛屿景色，在大气中不均匀层中的光学反映。至于人们日常生活所见到的阳焰、水影、旱浪等现象，其道理与海市蜃楼一样，区别只在于大气层的厚薄不同。[①]而象“凡光似镜”“云分衢路，日射回薄”这样的文字描述，已经“接近于解释蜃景的近代科学语言了”[②]。此外，在“海市山市”条目下，方以智说：“泰山之市因雾而成，或月一见，尝于雾中见城阙、旌旗、弦吹之声，最为奇。海市或以为蜃气，非也。”[③]这段话的意义在于，它“是历史上第一次将蜃景与地面人物相关连的记述，从而打破了大蚌吐气之说”[④]。

第四，“阳燧倒影”与光的色散现象。方以智《物理小识》卷8《器用类·阳燧倒影》记载了三棱镜的分光现象。他说：“凡宝石面凸则光成一条，有数棱则必有一面五色。如峨眉放光石六面也，水晶压纸三面也。烧料三面，水晶亦五色。峡日射飞泉成五色。人于回墙间向日喷水，亦成五色。故知虹霓之彩、星月之晕、五色之云，皆同此理。”[⑤]可见，方以智已经认识到，无论是人工的有棱宝石，还是自然界的“虹霓之彩”“星月之晕”等，尽管它们的质料和表现形式不同，但本质上却并无差别，都是白光的色散。所以“方以智虽然没有说出‘三棱镜’一词，但他却是在总结各种色散现象上，在更广的意义上，指出了分光现象”[⑥]。如众所知，“现代光的波动学说和光谱的应用，均衍生于光的色散现象”[⑦]，而在西欧，直到安罗尼阿·德·多米尼斯的时代，虹仍然是一个不可解的谜。后来，牛顿在1672年采用三棱镜将日光分成七色（方以智的“五色”实质上就是“七色”），人们才终于解开虹的生成原理。从这个层面讲，方以智应属世界上最早认识光色散现象的重要科学家之一。[⑧]

第五，“光肥影瘦”与光的衍射现象。方以智《物理小识》卷1《历类》说：

利玛窦曰：地周九万里，径二万八千六百六十六里零三十六丈，日径大于地一百六十五倍又八分之三，距地心一千六百零五万五千六百九十余里。木星大于地九十四倍半，距地一万二千六百七十六万九千五百八十四里余。……愚者曰：前言日轮之大，倍于离地之空，此算日离地三倍，足以破之矣。而日火煏地，未可解也。天包日圜，以中为广，光气皆以中广之处为衡，则日火所冲，如以寸火离三寸之空，而以掌当其焰煏，何如耶？斜阳则杀矣。故冬行南陆而中原寒也，皆因西学不一家，各以术取捷算，于理尚膜，讵可据乎？细考则以圭角长直线夹地于中，而取日影之尽处，故日大如此耳。不知日光常肥，地影自瘦，不可以圭角直线取也。何也？物为形碍，其影易尽，声与光常溢于物之数，声不可见矣，光可见测而测不准也。屋漏小隙，日影如盘。

① 徐鸿儒主编：《中国海洋学史》，济南：山东教育出版社，2004年，第144页。
② 戴念祖、张旭敏：《光学史》，长沙：湖南教育出版社，2001年，第326页。
③ （明）方以智：《物理小识》卷2《地类·海市山市》，《景印文渊阁四库全书》第867册，第796页。
④ 戴念祖、张旭敏：《光学史》，第325页。
⑤ （明）方以智：《物理小识》卷8《器用类·阳燧倒影》，《景印文渊阁四库全书》第867册，第910页。
⑥ 戴念祖、刘树勇：《中国物理学史·古代卷》，南宁：广西教育出版社，2006年，第359页。
⑦ 罗炽：《方以智评传》，南京：南京大学出版社，2011年，第127页。
⑧ 罗炽：《方以智评传》，第127页。

尝以纸征之，刺一小孔，使日穿照一石，适如其分也。手渐移而高，光渐大于石矣。刺四五穴，就地照之，四五各为光影也。手渐移而高，光合为一，而四五穴之影不可复得矣。光常肥而影瘦也。[①]

这段分三层意思：一是指出利玛窦《乾坤体义》里存在两个矛盾之处，按照利玛窦的测算，地球直径约为 28 666 里，太阳的直径约为 4 729 890 里，日地距离约为 16 055 690 里，故算得太阳中心到地球中心的距离约为太阳直径的 3.4 倍，此与欧洲已有的观测数据相矛盾。另外，从太阳热辐射效应分析，如果利玛窦的测算不误，那么，地球上的生命将不复存在，因为太阳的光热效应一定会把地球上的生命烤焦。事实上，地球与太阳之间的距离为 149 597 892 公里，太阳直径为 1 392 530 公里，故太阳到地球的距离约为太阳直径的 107 倍，而不是 3.4 倍。二是认识到了光的衍射现象。从“细考则以圭角长直线夹地于中”到“光可见测而测不准也”这段话最为精彩，经常被学者征引，下面是李志超针对这段话所绘制的两幅图解（图 4-2、图 4-3），非常直观。[②]

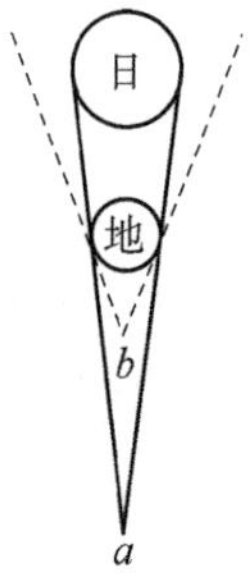

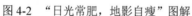

图 4-2 “日光常肥，地影自瘦”图解

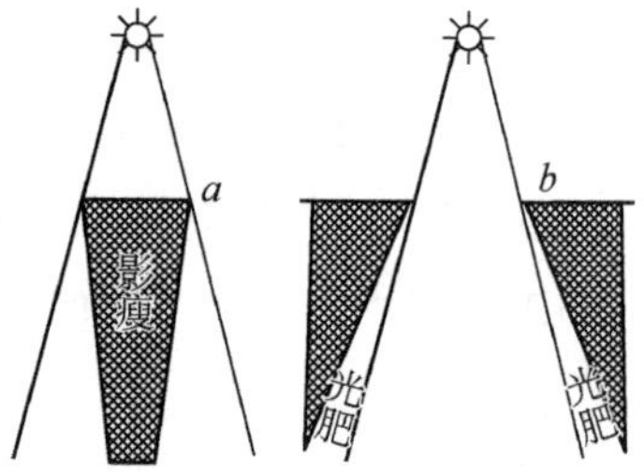

图 4-3 “光肥影瘦”图解

从天文学的视角看，方以智提出的问题是颇有价值的。他认为，人们从地球上远望太阳，所看到的太阳光体往往较太阳的本体要大，这就是他所说的“光肥”现象。而地球的光影因太阳光的侵削变得较小，这就是他所说的“影瘦”。换言之，“光肥影瘦”这一概念系指光往往溢于几何光学阴影范围内，从而使之光区扩大，阴影区缩小。这个光学现象近于现代的光衍射现象，且与西方发现光的衍射现象在时间上大体相当，的确难能可贵。[③]有学者从“光可见测而测不准也”角度认为：“（方以智）把传统的视觉局限性学说推进到了一个新的高度，具有更深刻的历史意义。在物理学上，‘测不准观念’是随着量子力学的诞生而诞生的，其立论依据是微观粒子的波粒二象性。方以智的‘测不准’观念的立论依据是光行曲线导致视觉错觉，从而造成测算结果的失真，这与量子力学‘测不准’观念在本质上完全不同。但无论如何，早在量子力学诞生之前 300 多年，方以智就对测量的可靠性问题做了分析，提出了自己的‘测不准’观念，这是很难得的，体现了他对测量本身所做

① （明）方以智：《物理小识》卷 1《历类》，《景印文渊阁四库全书》第 867 册，第 770 页。
② 李志超：《天人古义——中国科学史论纲》，郑州：大象出版社，2014 年，第 336 页。
③ 张秉伦等编著：《安徽科学技术史稿》，合肥：安徽科学技术出版社，1990 年，第 208 页。

的理性分析。他的这一思想所达到的深度是值得后人赞叹的。”[①]三是为了证明“光肥影瘦”而做的三个实验。对这三个实验，学界存在争议。如有学者认为：“方以智述其用穿着四五个针孔的板观察，离地近，孔的光是分开的，高了就重叠了”，也就是说，“由于衍射，影子较快地融合或消失。当然，这些实验是不严密的，他的解释也不合理。但这确是较早的以证明光衍射为目的的物理实验。”[②]又有学者说：“‘光肥影瘦’概念相当于今所言之衍射，尽管《物理小识》没有提到衍射条纹的存在。”[③]

然而，有学者通过模拟研究发现，方以智描述的三个实验，“所观察到的全部都是小孔成像现象，即使他观察到光影边缘的放大现象，那也是由于光的散射及半影现象造成的。他所进行的实验观察，既不具备形成衍射现象的条件，也不具备观察这种现象的条件，是不可能看到衍射现象的”[④]。方以智用实验不能证明其思想理论，恰恰反映了中国传统实验科学的不发达。不过，这并不影响其思想的正确性。诚如李志超所说：“方以智等人力图以气光说解释各色光学现象，而不采纳传统的以光行直线为基础的几何光学方法，大半皆因数理未精而不得要领。”[⑤]在欧洲，意大利科学家格里马尔迪继方以智之后也提出了光的衍射说，并精心设计了同方以智思路相似的实验，观察到了衍射条纹的存在，所以在实验成就方面超越了方以智。[⑥]

2）方以智在化学方面的主要成就

第一，对用焦炭烧炼矿石技术的记载。方以智《物理小识》卷 7《金石类・煤炭石墨一种而异类也》载：“煤则各处产之，臭者烧镕而闭之成石，再凿而入炉曰礁，可五日不绝火。煎矿煮石，殊为省力。”[⑦]文中所说“臭者”即发臭的煤，应系一种含硫烟煤，其“镕”比较准确地概括了烟煤的黏结性和可溶性。我们知道，过去人们一直采用木炭炼铁，而焦炭含碳量高，灰分和杂质少，气孔率高，高温强度大，故炼铁高炉采用焦炭代替木炭，就为现代高炉的大型化奠定了十分坚实的物质基础，所以从这个层面讲，我国是世界上最早炼焦并使用于生产的国家[⑧]，而西方最早炼制焦炭，始于 1788 年的英国，而《物理小识》中的这项记载比西方至少早 100 多年。

第二，对“纸药”原料的详细记载。方以智《物理小识》卷 8《器用类・抄纸法》说：“治楮者沤之，投黄葵之根，则释而为淖糜。酌诸槽，抄之以帘，或薄者单抄再抄，厚者至五六抄。覆诸夹墙煏干而揭之，或以石灰水浸楮后，涤其灰，伪者加竹料、草料，以粉取

---

① 关增建：《中国古代视角理论探索》，江晓原、刘晓荣主编：《文化视野中的科学史——〈上海交通大学学报〉（哲学社会科学版）科学文化栏目十年精选文集》下卷，上海：上海交通大学出版社，2013 年，第 11 页。

② 李志超：《天人古义——中国科学史论纲》，第 337 页。

③ 李志超、关增建：《〈物理小识〉的波动光学思想》，《自然辩证法通讯》1988 年第 1 期，第 29 页。

④ 王永礼、胡化凯：《方以智“光肥影瘦”说的实验研究》，《自然科学史研究》2002 年第 4 期，第 336 页。

⑤ 李志超：《天人古义——中国科学史论纲》，第 339 页。

⑥ 李志超、关增建：《〈物理小识〉的波动光学思想》，《自然辩证法通讯》1988 年第 1 期，第 29 页。

⑦ （明）方以智：《物理小识》卷 7《金石类・煤炭石墨一种而异类也》，《景印文渊阁四库全书》第 867 册，第 894 页。

⑧ 《化学发展简史》编写组编著：《化学发展简史》，北京：科学出版社，1980 年，第 58 页。

白，则沁不耐书矣。竹[纸]取笱（笋）初成竹，断之去青谓之竹丝，浸而舂之。江西抄者粗，其抄草纸按尺者，煮当子藤叶，抄而累之则番张不粘；或用榆皮。闽中抄竹纸、简纸，取榔树合围者，锯片舂碎煮水，抄帘乃可笮之而番张烤蝙也；或用大圆黄香树皮。广信用羊桃藤水，皆取其滑。”[①]这段记载简明扼要地综述了我国主要造纸区域的原料特点，尤其对“纸药”的抄纸工艺及其相互之间的差别，是一段难得的资料。[②]此外，《天工开物》对这种“纸药水汁”介绍得不够具体，而《物理小识》则具体明确了黄蜀葵、榆树皮、杨桃藤等浸出液，作为“纸药水汁”（亦即悬浮剂）加入纸浆中，补充了《天工开物》的不足。[③]

第三，“淬火”与渗氮热处理工艺。《物理小识》卷8《器用类·淬刀法》云：“山间水出而殷者曰绣水，淬刀刻玉，地溲也。一曰虎骨朴硝酱，刀成之后，火赤而屡淬之，一以酱同硝涂鋈口，煅赤淬火。”[④]文中“地溲”是一种新的淬火剂，其“形状如油如泥，色如黄金，气甚腥烈”[⑤]。其他淬火剂如“绣水”当即锈水，是一种含有铁氧化物之水。“地溲”乃石脑油之类，常被我国兄弟民族用来淬钢，而石脑油应是地下流出或汲出而未经提炼的原油。[⑥]至于“虎骨朴硝酱”中的“虎骨”含有碳，“硝”为含氮物质，这说明渗碳、渗氮或碳氮共渗等化学热处理工艺，早在古代就已被劳动人民掌握，并作为一种工艺广泛用于兵器和农具的制作。[⑦]

3）方以智在医药学方面的主要成就

第一，“身内三贵之论”与脑主记忆新说。关于“身内三贵之论”的引述，已见前述。方以智说：“人之智愚系脑之清浊，古语云沐则心覆，心覆则图反，以此推之，盖其有故，《太素》脉法亦以清浊定人灵蠢，而贵贱兼以骨应之。”[⑧]这段话应从两面看，既有积极的一面，同时又消极的一面。先说消极的一面，人的“智愚”不是先定的，而是与后天的劳动实践直接相关。其次再说积极的一面，方以智将西方的脑神经学说与中西的“心为君主之官”结合起来，形成了他自己的脑主记忆说。《物理小识》卷3《人身类·人身营魄变化》说：“至于我之灵台（即心），包括悬寓，记忆今古，安置此者，果在何处?质而稽之，有生之后，资脑髓以藏受也。髓清者文聪明易记而易忘，若印版之摹字；髓浊者，愚钝难记亦难忘，若坚石之镌文。”[⑨]在此，脑主记忆说初步纠正了传统的“心主神明心藏神”的错误

---

① （明）方以智：《物理小识》卷8《器用类·抄纸法》，《景印文渊阁四库全书》第867册，第901—902页。

② 何堂坤：《中国古代手工业工程技术史》下册，太原：山西教育出版社，2012年，第903页。

③ 《化学发展简史》编写组编著：《化学发展简史》，第58页。

④ （明）方以智：《物理小识》卷8《器用类·淬刀法》，《景印文渊阁四库全书》第867册，第917—918页。

⑤ （明）卢若腾：《岛居随录》卷下《制伏》，《丛书集成三编·文学类·劝善小说、神异小说》，台北：新文丰出版公司，1997年，第350页。

⑥ 杨宽：《中国古代冶铁技术发展史》，上海：上海人民出版社，2004年，第300页。

⑦ 何堂坤：《中国古代手工业工程技术史》下册，第854页。

⑧ （明）方以智：《物理小识》卷3《人身类·身内三贵之论》，《景印文渊阁四库全书》第867册，第813页。

⑨ （明）方以智：《物理小识》卷3《人身类·人身营魄变化》，《景印文渊阁四库全书》第867册，第818页。

观点，认为人的智力与脑有关，颇令传统中医界侧目，由此“在整个中国医学界形成了一个新知识的话语系统”①。

第二，“人骨节中有涎”与中风的病理物质基础。《物理小识》卷3《人身类·骨节中有涎》说：“人骨节中有涎，所以转动滑利。中风则涎上潮，咽喉里响，以药压下，俾归骨节可也。若吐其涎，时间快意，枯人手足，纵活亦为废人。”②文中开篇讲述的是西医知识，而方以智试图把“人骨节中有涎”与“中风则涎上潮”联系起来，认为中风后遗症（主要指肢体瘫痪和运动功能丧失）有可能是“骨节中涎”液丢失所产生的结果。当然，这种认识比较幼稚，不过，方以智努力从人体自身中去寻找中风的物质基础，其研究方向应当肯定。

第三，发明简便有效的医疗方法。《物理小识》卷5《医药类·救误吞钓钩》云：“误吞钓鱼钩者，以其钩丝穿茧口向外，更以光滑念珠穿其丝，如累累然，逼入喉中，其钩脱肉为茧所蒙，因念珠之路，相承拔之即出。”③用念珠法取钓鱼钩，已见于《肘后方》，而方以智则用“茧”来作保护，使手术更加安全。因此，“可以说是早期食道异物手术疗法的改进”④。又如，同卷“下道”条目载：“密道乃炼蜜入魄门也。老人虚闭者，宜之近，以猪胆作积筒，向魄门射之即通矣。”⑤由于“积筒”与现代医用助推器的作用相似，所以有学者将其视为现代加压灌肠法雏形。⑥

此外，“药蜂针”疗法也很有特色。方以智在《物理小识》中介绍“治疮疡”的新方法说：“取黄蜂之尾针，合硫炼，加水麝为药，置疮疡之头，以火点而炙之。先以湿纸覆疮，其易干者，即疮之顶也。”⑦将蜂螫器官制成药膏，用以药灸，这应是我国最早的蜂毒外用软膏。在药物方面，方以智收集了许多不见载于《本草纲目》的新药材，如治猪梨疮的虎油、治风的犀牛皮，以及四足鱼、虹虫、驴龙等。尤其是《物理小识》第一次记载了普洱茶的疗效：“普雨茶蒸之成团，狗西番市之，最能化物。”⑧

在心理疗法方面，方以智认为：“人信不及，反多一疑，疑则又成一病。古人验症既确，直与之药，不言其故，而且先为之说，以平其神，故效也。”⑨在临床药物治疗过程中，辅之以心理疏导，往往会收到良好效果。方以智已经明确认识到患者心理状态对疾病过程的影响，这是非常了不起的。

---

① 邹振环：《晚明汉文西学经典：编译、诠释、流传与影响》，上海：复旦大学出版社，2011年，第345页。

② （明）方以智：《物理小识》卷3《人身类·骨节中有涎》，《景印文渊阁四库全书》第867册，第820页。

③ （明）方以智：《物理小识》卷5《医药类·救误吞钓钩》，《景印文渊阁四库全书》第867册，第854页。

④ 蔡景峰：《方以智在医学上的成就》，《江苏中医》1963年第7期，第30页。

⑤ （清）方以智：《物理小识》卷5《医药类·下道》，《景印文渊阁四库全书》第867册，第850页。

⑥ 蔡景峰：《方以智在医学上的成就》，《江苏中医》1963年第7期，第30页。

⑦ （明）方以智：《物理小识》卷5《医药类·药蜂针》，《景印文渊阁四库全书》第867册，第849页。

⑧ （明）方以智：《物理小识》卷6《饮食类·茶》，《景印文渊阁四库全书》第867册，第862页。

⑨ （明）方以智：《物理小识》卷5《医药类·何往非药》，《景印文渊阁四库全书》867册，第839页。

二、方以智科学启蒙思想的哲学基础及其他

（一）方以智科学启蒙思想的哲学基础

方以智中西会通思想的显著特点就是用西学知识来诠释中国传统科学思维思想成果，他试图用中国传统哲学的思维范畴体系来包容西方自然科学的所有内容。

1.“气者天也”与“气动皆火”的气本体思想

在中国古代科学思想发展史上，王充的元气自然论提出之后，经过张载的阐释，较好地解决了物质的运动变化问题。但是物质究竟是依靠内力还是外力来运动变化，这个问题却长期没有得到很好地解决，所以朱熹才提出了“理在气先”的命题。有基于此，方以智对“气”做了既唯物又辨证的解释，相对圆满地解决了物质自身运动这个最基本的理论问题。

方以智在《物理小识》中说：“为物不二之至理，隐不可见，皆气也。”①他又说：“离气执理，与扫物尊心，皆病也。”②不仅宇宙万物皆气，而且支配宇宙万物运动变化的规律或称理，也是气，这就肯定了“理即气”之理，理不能脱离气而独立存在，因而与朱熹的理学思想划清了界限。

当然，气本身不是抽象的存在，而是有自己独特的具体形态。

第一，方以智说：“天地生万物者五气，五气定位则五味生。”③这里的“天”实际上就是地理环境，如“地气有吉凶，则此地人眼从气中窥，便分祥异”④，很显然，恶劣的地理环境一定会给当地居民带来祸患，相反，良好的地理环境则必然会给当地居民带来福气。所以方以智认为：“盖气由地起。”⑤

人类生活的宇宙空间充满气，用方以智的话说就是“空中皆气”⑥。这个气不是静止的，而是处于经常的流动过程之中。因此，“气行于天曰五运，产于地曰五材。七曜列星，其精在天，其散在地，故为山，为川，为鳞、羽、毛、介、草、木之物”⑦。可见，“一切物皆气所为也，空皆气所实也”⑧。至于气如何生成万物？方以智继承了先秦以来的气本体唯物主义思想传统，将气看作是一个由阴阳两方面所构成的矛盾统一体。他说：“气者，天也。温热者，天之阳；寒凉者，天之阴。阳则升，阴则降。味者，地也。辛甘者，地之阳；酸苦咸者，地之阴。阳则浮，阴则沉。”⑨他又说：“气自有声，空自生声，惟耳摄而通之，惟心静而知之。天以雷风为声，地以窍穴为声，皆阴阳之气相摩荡而不已。”⑩

可是，阴阳运动变化的内在动力又是什么呢？

---

① （明）方以智：《物理小识》卷1《天类·象数理气征几论》，《景印文渊阁四库全书》第867册，第751页。
② （明）方以智：《物理小识》卷1《天类·天象原理》，《景印文渊阁四库全书》第867册，第753页。
③ （明）方以智：《物理小识·总论》，《景印文渊阁四库全书》第867册，第747页。
④ （明）方以智：《物理小识》卷1《天类·天象原理》，《景印文渊阁四库全书》第867册，第752页。
⑤ （明）方以智：《物理小识》卷1《天类·天象原理》，《景印文渊阁四库全书》第867册，第752页。
⑥ （明）方以智：《物理小识》卷1《天类·气映差》，《景印文渊阁四库全书》第867册，第754页。
⑦ （明）方以智：《物理小识·总论》，《景印文渊阁四库全书》第867册，第744页。
⑧ （明）方以智：《物理小识》卷1《天类·天象原理》，《景印文渊阁四库全书》第867册，第753页。
⑨ （明）方以智：《物理小识·总论》，《景印文渊阁四库全书》第867册，第747页。
⑩ （明）方以智：《物理小识》卷1《天类·声论》，《景印文渊阁四库全书》第867册，第755页。

方以智回答说："人身之津液，草木之汁，皆水也，一气之所生也。先天一生水为真阳，而后天以形用则体阴，二生火为真阴而附物乃显则体阳。上律天时，凡运动皆火之为也，神之属也。"①在这里，方以智把"火"看作是气运动变化的根本动力。

第二，气是有结构的物质运动形态。方以智在《物理小识》中说："《易》曰：一阴一阳之谓道，非用二乎？谓是水火二行可也。谓是虚气、实形二者，可也。虚固是气，实形亦气所凝成者，直是一气而两行交济耳。又况所以为气而宰其中者乎？神不可知，且置勿论。但以气言，气凝为形，蕴发为光，窍激为声，皆气也。而未凝、未发、未激之气尚多，故概举气、形、光、声为四几焉。"②文中"四几"指的是气的四种具体结构形态，至于"四几"之间的内在关系，方以智解释说："气凝为形，发为光声，犹有未凝形之空气与之摩荡嘘吸。故形之用，止于其分，而光声之用，常溢于其余：气无空隙，互相转应也。"③也就是说，物质世界的万事万物都是上述"四几"相互之间的形态变化，其本质都是气的存在形式，或者说它们都是气的不同性质的表现形态。在方以智看来，作为气的具体物质存在形态是可变的，有生有灭的，但气之为气本身却是不可变的和不灭的。方以智说："考其实际，天地间凡有形者皆坏，惟气不坏。"④不过，这里所说的"坏"，其实是气形态的一种转化。

2."通几"与"质测"的互补性

方以智首先肯定客观世界是由物质构成的，而物质世界本身又是可以认识的。他说：

> 盈天地间皆物也，人受其中以生，生寓于身，身寓于世，所见所用无非事也，事一物也。圣人制器利用以安其生，因表理以治其心。器固物也，心一物也。深而言性命，性命一物也。通观天地，天地一物也。推而至于不可知，转以可知者摄之，以费知隐，重玄一实，是物物神神之深几也。寂感之蕴，深究其所自来，是曰通几。物有其故，实考究之，大而元会，小而草木虫蠕，类其性情，征其好恶，推其常变，是曰质测。质测即藏通几者也，有竟扫质测，而冒举通几，以显其宥密之神者，其流遗物，谁是合外内，贯一多，而神明者乎？万历年间，远西学入，详于质测而拙于言通几。然智士推之，彼之质测，犹未备也。儒者守宰理而已，圣人通神明，类万物，藏之于易，呼吸图策，端几至精，历律医占，皆可引触，学者几能研极之乎？⑤

这段话实质上是探讨哲学与自然科学的关系，方以智认为，就明朝西方传教士引入的西方自然科学知识而言，西方的"质测"（即自然科学）较之中国传统科学确有其优势，然而中国的"通几"（即易学）较之西方的哲学却有其自身的独特优势。

首先，方以智以穆尼阁为例，批评其"不善言通几"的思维缺陷。他评论穆尼阁的"九重天"（亦即西方近代天文学中的宇宙模型）概念说："月天二十七日三十一刻行一周，水天三百六十五日二十三刻行一周，金天三百六十五日二十三刻行一周，日天三百六十

① （明）方以智：《物理小识》卷1《天类·水》，《景印文渊阁四库全书》第867册，第760页。
② （明）方以智：《物理小识》卷1《天类·四行五行说》，《景印文渊阁四库全书》第867册，第759页。
③ （明）方以智：《物理小识》卷1《天类·光论》，《景印文渊阁四库全书》第867册，第755页。
④ （明）方以智：《东西均》，北京：中华书局，1962年，第107页。
⑤ （明）方以智：《物理小识·自序》，《景印文渊阁四库全书》第867册，第742页。

五日二十三刻五分行一周，火天一年五百二十一日九十三刻行一周，木天十一年三百一十三日七十刻行一周，土天二十九年一百五十五日二十五刻行一周，经行天四万九千年行一周，宗动天一日一周，所谓静天，以定算而名。所谓大造之主，则于穆不已之天乎！彼详于质测而不善言通几，往往意以语阂。”①所谓“九重天”即是以地球为中心，依此向外排列的宇宙模型，分别是月天、水天、金天、日天、火天、木天、土天、经行天和宗动天。关于“九重天”的宇宙模型，从“质测”的角度看，有其合理之处，尽管其前提是错误的。因为里面所采用的主要天文数据都是丹麦天文学家第谷长期观测的结果，但是“静止的天”是不存在的。至于宇宙运动变化的最终原因归结为上帝，更是不可取。从这个层面，方以智认为，西方的基督教神学“不善言通几”。这是因为：第一，“当时西方学者所讲的‘通几’是关于上帝存在的本体论证明，而不是从自然本身来说明自然”。第二，“西学中缺乏中国《易》学和‘期论’的精微学理”。第三，“‘通几’的方法不能局限于当时的逻辑学——形式逻辑的方法，更需要运用辩证逻辑的方法”。第四，“西方哲学的人生智慧不如中国佛学的‘∴’②的审美境界中所展示的入世与出世圆融不二的人生智慧”③。

其次，从逻辑推理到感性直观。方以智以天文学为例，认为西方天文学至少在六个方面优于中国传统天文学：

> 一曰经星度差，由于黄赤道二极不同心，星系赤道，而执黄道之部次以求合，故自洛下闳以及郭守敬诸名家，测验无符者。一曰宫分今古不同，由于黄赤交道西行，自有书契来，春分日缠角中渐西至进贤又至左执法，于是而执一定之说，遂至宝瓶等十二宫，皆差八度有奇。一曰月将之差，由于节气，二者皆太阳行度也，宁有节气已到，而月将未到者乎？一曰节气之差，由于均分平年，太阴行度之有赢缩，定朔与交气皆用之，过宫之行，岂二十四平除可尽乎？一曰推步不同，中历止于勾股割圆，而西分正弦、余弦、切线、割线等八法。二者，其类不同，粗细亦分，焉能一一符合？一曰测景不同，中历测于二至，西法独重二分。太阳本轮既殊，赤黄交极各异。且青蒙差多，焉能在在不爽。④

西方天文学之所以能取得优于中国传统天文学的成就，除其社会原因外，应用实验手段和逻辑推理恐怕是两个非常重要的因素。所以，注重逻辑推理也就成了方以智科学思想的重要组成部分。他说：“有质论，有推论，推所以通质，然不能废质，废质则遁者便之。”⑤文中的“推论”就是指逻辑学，而“推论”思维是人类独有的本质属性，用方以智的话说，就是“禽兽之声以其类，各得一声而不能通；通之者，人也，人可谓天地之所贵矣”⑥。所

① （明）方以智：《物理小识》卷1《历类·九天》，《景印文渊阁四库全书》第867册，第766页。
② 此符号表示涅槃三德，即般若、解脱和法身，三者具有统一的内在基础。
③ 许苏民：《中西哲学比较研究史》下卷，南京：南京大学出版社，2014年，第751—755页。
④ （明）方以智：《通雅》卷11《天文历测》，《景印文渊阁四库全书》第857册，第285—286页。
⑤ （明）方以智著、庞朴注释：《东西均注释》，北京：中华书局，2001年，第204页。
⑥ （明）方以智：《物理小识·总论》，《景印文渊阁四库全书》第867册，第747页。

谓“通之”的具体含义，可以分作两个层面：一是运用归纳推理“致义穷理”，二是运用演绎推理“以理推之”①。诚然，方以智反对宋明理学“慧然独悟”的“托空以愚物”②的思维方法，但这是不是说方以智就完全放弃了直觉思维方法了呢？当然不是。因为在“以费知隐”③的认识过程中，仅仅依靠逻辑推理还不能完全“通几”，因为“几”的把握除逻辑推理之外，尤其需要直觉思维。第一，“推至疑始。始作此者，自有其故，不可不知，不可不疑也”④。当然，“疑”的过程同时也是“悟”的过程，因此，方以智提出了“觉悟交通”的概念。他说：“学也者，觉悟、交通、诵习、躬效而兼言之者也，心外无物，物外无心，道以法用，法以道用，全用全体，吾人本具者也。悟从吾心。”⑤其中，“悟”就内含有直觉思维的成分。因此，有学者解释“通几”的本质说：“通几”就是“根据人类心灵思维直觉，用引触、知几的方法了解宇宙万物之所以然的道理，把握宇宙万物间的关联性，进而把握宇宙的本体。”⑥第二，方以智说：“一悟字不见《六经》，防于西乾乎？《黄帝经》云：‘神乎神，耳不闻，目不明，心开而志光，慧然独悟，若风吹云。’然不必此也。子思曰：‘吾尝深有思而莫之得也，于学则寤焉。’寤即悟也。悟者，吾心也。”⑦可见，“若风吹云”式的“慧然独悟”，方以智是不赞成的，因为任何“慧然独悟”都是长期思考的结果。从这个层面讲，“尝深有思”式的“慧然独悟”则是客观存在的。

在方以智看来，“质测”与“通几”不是相互孤立而是相互联系和相互作用的，两者不可偏废。他说：“或质测，或通几，不相坏也。”⑧“不相坏”的意识是说：一方面，“以质论藏通，不以通论坏质”⑨；另一方面，“质论即藏通几者也”⑩。可见，方以智在方法上力主中西科学的融合，这是其科学启蒙思想的一个重要特点。

（二）方以智科学启蒙思想的影响

在方以智科学启蒙思想的影响下，形成了以揭暄和方中通为代表的安庆天文学派。揭暄是方以智的弟子，精通天文，著有《璇玑遗述》等书，他试图从“质测”走向“通几”，这是因为受观测条件的局限，揭暄很难在“质测”方面有所突破，与此相反，专长于论“理”的“通几”，却是中国传统科学的优势。所以，“以西学为观照，揭暄试图重新拾起已被人遗忘的古代天学（璇玑），这正是《璇玑遗述》一名的本义”⑪。方中通字

① 王茂等：《清代哲学》，合肥：安徽人民出版社，1992年，第547—548页。
② （明）方以智：《物理小识·总论》，《景印文渊阁四库全书》第867册，第747页。
③ （明）方以智：《物理小识·自序》，《景印文渊阁四库全书》第867册，第742页。
④ （明）方以智：《通雅》卷1《疑始》序，《景印文渊阁四库全书》第857册，第61页。
⑤ （明）方以智：《通雅》卷1《疑始》，《景印文渊阁四库全书》第857册，第62页。
⑥ 子曰：《方以智之死》，《新华月报》2012年第10期，第110页。
⑦ （明）方以智：《通雅》卷1《疑始》，《景印文渊阁四库全书》第857册，第61页。
⑧ （明）方以智：《物理小识·总论》，《景印文渊阁四库全书》第867册，第745页。
⑨ （明）方以智：《方以智全书》第1册，合肥：黄山书社，2019年，第172页。
⑩ （明）方以智：《物理小识·自序》，《景印文渊阁四库全书》第867册，第742页。
⑪ 孙承晟：《揭暄〈璇玑遗述〉成书及流传考略》，《自然科学史研究》2009年第2期，第218页。

位白，通历算之学，著有《数度衍》等书，为中国研究对数第一人。[①]

王夫之是明末的大思想家，他受方以智的影响颇深，对自然科学的兴趣广泛，尤其推崇方以智倡导的“质测”之学。他说：“密翁（方以智字密之）与其公子为质测之学，诚学思兼致之功。盖格物者即物以穷理，唯质测为得之。”[②]

《四库全书·通雅》云：“惟以智崛起崇祯中，考据精核，迥出其上。风气既开，国初顾炎武、阎若璩、朱彝尊等沿波而起，始一扫悬揣之空谈。虽其中千虑一失，或所不免，而穷源溯委，词必要证，在明代考证家中可谓卓然独立者矣。”[③]梁启超亦说：“密之学风，确与明季之空疏武断相反，而为清代考证学开其先河。”[④]

此外，就其“质测通几不相坏”的方法来说，“这一提倡表明方以智在哲学方法论上避免了培根、笛卡尔各自在方法论上的片面性，将近代的‘归纳法’与‘演绎法’在方法论的意义上统一起来，为中国哲学的近代启蒙提供了完备的新工具”[⑤]。

当然，方以智思想中亦有需要摈弃的消极成分。例如，他否认事物的矛盾性，认同《华严宗》“一即一切，一切即一”[⑥]的思想主张，在此除矛盾的同一性之外，矛盾的内在差异性亦被主观地湮灭了。还有，方以智试图把西方的“质测”之学套入《周易》的象数学框架之中，尝试用“天衍之数”来引导“质测”之学，而这种生硬的“套环”式学术进路，实质上抹杀了“质测”之学的真正价值，因而无法实现实验与数学方法的结合。

第四节　王夫之与宋明道学的终结

王夫之，字而农，湖南衡阳人，是明清之际的思想巨人。据《清史稿》本传载，王夫之是非常具有血性的志士，他“引刀自刺肢体，舁往易父”[⑦]的精神，感天动地。在国难当头的时候，他挺身而出，“三劾（皇亲）王化澄”[⑧]，几陷大狱，并致其愤激咯血。明亡之后，王夫之“归衡阳之石船山，筑土室曰观生居，晨夕杜门，学者称船山先生”[⑨]。在学术上，王夫之“乃究观天人之故，推本阴阳法象之原，就《正蒙》精绎而畅衍之，与自著《思问录》二篇，皆本隐之显，原始要终，炳然如揭日月。至其扶树道教，辨上蔡、象山、姚

---

① 中国历史大辞典·科技史卷编纂委员会：《中国历史大辞典·科技史卷》，上海：上海辞书出版社，2000 年，第 158 页。

② （清）王夫之：《船山全书》第 12 册《搔首问》，长沙：岳麓书社，1992 年，第 637 页。

③ 《四库全书·通雅》提要，《景印文渊阁四库全书》第 867 册，第 1 页。

④ 梁启超：《中国近三百年学术史》，上海：上海古籍出版社，2014 年，第 153 页。

⑤ 蒋保国：《“质测”与“通几”之学的方法论意义》，郭齐勇、吴根友：《萧萐父教授八十寿辰纪念文集》，武汉：湖北教育出版社，2004 年，第 457 页。

⑥ （清）方以智著、庞朴注释：《东西均注释·道艺》，北京：中华书局，2001 年，第 179 页。

⑦ 《清史稿》卷 480《王夫之传》，第 13106 页。

⑧ 《清史稿》卷 480《王夫之传》，第 13106 页。

⑨ 《清史稿》卷 480《王夫之传》，第 13107 页。

江之误，或疑其言稍过，然议论精严，粹然皆轨于正也”[①]。在此，“轨于正”一语恰当地论定了王夫之思想的历史地位，学界一致认为王夫之“既是传统思想（尤其是宋明道学）的总结者，又是其终结者，其超前的思想也为后世打开了一个全新的局面”[②]。鉴于目前学界研究王夫之思想的成果已经非常丰富，为避免重复，本节主要对王夫之的科学思想略作阐述，不足之处敬请方家批评指正。

一、王夫之对中国传统“天人之际”问题进行哲学探讨的终结

王夫之的著作很多，其中《张子正蒙注》最能反映他作为“儒学主流文化最后一座理论高峰”[③]的自然哲学思想。王夫之在《张子正蒙注·序论》中说：

> 《周易》者，天道之显也，性之藏也，圣功之牖也，阴阳、动静、幽明、屈伸，诚有之而神行焉，礼乐之精微存焉，鬼神之化裁出焉，仁义之大用兴焉，治乱、吉凶、生死之数准焉，故夫子曰，“弥纶天下之道以崇德而广业”者也。张子之学，无非《易》也，即无非《诗》之志，《书》之事，《礼》之节，《乐》之和，《春秋》之大法也，《论》、《孟》之要归也。自朱子虑学者之骛远而忘迩，测微而遗显，其教门人也以《易》为占筮之书而不使之学，亦矫枉之过；几令伏羲、文王、周公、孔子继天立极，扶正人心之大法，下同京房、管辂、郭璞、贾耽、王遁奇禽之小技。而张子言无非《易》，立天，立地，立人，反经研几，精义存神，以纲维三才，贞生而安死，则往圣之传，非张子其孰与归！[④]

前面讲过，方以智试图用“天衍之数”来引导“质测”之学，结果窒息了“质测”之学的内在生命力，因为“质测”之学是“实学”，无论其来源还是其趋向，都具有很强的社会现实性和社会实践性。显然，象数学不能满足“质测”之学的这两个基本要求。就此而言，王夫之是超越了方以智的。象数学虽然有可能滑向“占筮”术，但两者绝不能等同，所以王夫之批评朱熹“教门人也以《易》为占筮之书而不使之学”的做法，是矫枉过正，反而有害无益，也是符合实际的。张载把《周易》的主旨总结为四句话：“为天地立心，为生民立命，为往圣继绝学，为万世开太平。”[⑤]王夫之十分推崇这四句话，认为它具有“使斯人去昏垫而履平康之坦道”[⑥]的作用。由此出发，王夫之在自然观（包括理气观、动静观、化变观、时空观、两一观、生死观等）、伦理观、社会历史观、宗教观、政治观等诸方面都进行了广泛而深刻的探讨，提出了许多新思想和新方法，难怪谭嗣同说：“五百年来学者，真通天人之故者，船山一人而已。”[⑦]

---

① 《清史稿》卷480《王夫之传》，第13107页。
② 陈华积、赵嘉璐编著：《各领风骚写青史·传记故事》，合肥：黄山书社，2016年，第61—62页。
③ 熊考核：《走近船山》，长沙：湖南人民出版社，2012年，第158页。
④ （清）王夫之：《船山全书》第12册《张子正蒙注》，长沙：岳麓书社，2011年，第12页。
⑤ （清）黄宗羲：《宋元学案》卷17《横渠学案》，北京：中华书局，1986年，第664页。
⑥ （清）王夫之：《船山全书》第12册《张子正蒙注》，第12页。
⑦ 梁启超：《清代学术概论》，上海：上海古籍出版社，2005年，第17页。

（一）王夫之“天即以气言”的自然观

“天”是中国传统思想的基本概念，历来探讨者不绝。王夫之总结说：

程子统心、性、天于一理，于以破异端妄以在人之几为心性而“未始有”为天者，则得正矣。若其精思而实得之，极深研几而显示之，则横渠之说尤为著明。盖言心言性、言天言理，俱必在气上说，若无气处，则俱无也。……气不倚于化，元只是气，故天即以气言，道即以天之化言，固不得谓离乎气而有天也。①

这样，王夫之就把程朱所说“天即理”这种主观形态的“天”，回归到张载所说的“由太虚，有天之名”这种客观形态的“天”。天的神秘面纱被揭开了，从而使之变成了一种处于不断演化过程之中的物质存在方式。所以王夫之认为：

虚空者，气之量；气弥沦无涯而希微不形，则人见虚空而不见气。凡虚空皆气也，聚则显，显则人谓有；散则隐，隐则人谓之无。神化者，气之聚散不测之妙，然而有迹可见；性命者，气之健顺有常之理，主持神化而寓于神化之中，无迹可见。若其实，则理在气中，气无非理，气在空中，空无非气，通一而无二者也。其聚而出为人物则形，散而入于太虚则不形，抑必有从来。盖阴阳者气之二体，动静者气之二几，体同而用异则相感而动，动而成象则静。动静之几，聚散、出入、形不形之从来也。《易》之为道，乾、坤而已，乾六阳以成健，坤六阴以成顺，而阴阳相摩，则生六子以生五十六卦，皆动之不容已者，或聚或散，或出或入，错综变化，要以动静夫阴阳。而阴阳一太极之实体，唯其富有充满于虚空，故变化日新，而六十四卦之吉凶大业生焉。阴阳之消长隐见不可测焉，天地人物屈伸往来之故尽于此。知此者，尽《易》之蕴矣。②

这段话的内容非常丰富，内含物质世界的多样性与统一性问题、物质世界的运动与静止问题、物质世界的结构和功能问题以及物质世界的本质和现象问题等。不管怎样，王夫之坚持“气”本体的唯物主义立场，并用“理在气中”的观点解释《周易》的象数理论。他说：“《大易》六十四卦，百九十二阴，百九十二阳，实则六阴六阳之推移，乘乎三十有二之化而已矣。六阴六阳者，气之实也。唯气乃有象，有象则有数，于是乎生吉凶而定大业。使其非气，则《易》所谓上进、下行、刚来、柔往者，果何物耶？”③肯定由气产生象数，就把象数建立在了客观的物质形态之上，从而不再给神秘主义留下地盘，这也可以看作是王夫之无神论思想的具体表现。例如，王夫之批判佛教“幻成论”的虚妄之说：“浮屠谓真空常寂之圆成实性，止一光明藏，而地水火风根尘等皆由妄现，知见妄立，执为实相。若谓太极本无阴阳，乃动静所显之影像，则性本清空，禀于太极，形有消长，生于变化，性中增形，形外有性，人不资气而生，而于气外求理，则形为妄而性为真，陷于其邪说矣。”④

---

① （清）王夫之：《船山全书》第6册《读四书大全说》，第1111页。
② （清）王夫之：《船山全书》第12册《张子正蒙注》，第24页。
③ （清）王夫之：《船山全书》第6册《读四书大全说》，第1111页。
④ （清）王夫之：《船山全书》第12册《张子正蒙注》，第25页。

即客观事物不是虚幻的“主观映像”，而是真实的存在；相反，所谓“性本清空”其实仅仅是人们的一种主观意识，它是人们对客观事物存在状态的一种颠倒的和歪曲的反映。陆王心学的主旨亦复如此，因此，王夫之批判心学的“事物伦理一从意见横生”观点说：“但见来无所从，去无所归，遂谓性本真空，天地皆缘幻立，事物伦理一从意见横生，不睹不闻之中别无理气。近世王氏之说本此，唯其见之小也。”[①]

量子力学出现以后，学界争论最多的应是意识是否能决定客观世界的问题。有学者根据量子力学的态叠加原理与坍缩，以及薛定谔猫的实验证据，得出结论说：“意识是量子力学的基础，物质世界和意识不可分开。”[②]在物理世界，讲“物质世界和意识不可分开”同陆王心学“事物伦理一从意见横生”的主张，并无本质的不同。

与《老子》主张“一生二，二生三”的宇宙结构不同，王夫之认为“阴阳者气之二体”，也就是说“气”本身固有阴阳的属性，两者不是“生成”与“被生成”的关系，而是“同体”关系，用王夫之的话说，就是“絪缊太和，合于一气，而阴阳之体具于中矣”[③]。因此，“气”与“阴阳”这两个概念具有等价性。对此，王夫之解释说：“阴阳二气充满太虚，此外更无他物，亦无间隙。天之象，地之形，皆其所范围也。散入无形而适得气之体，聚为有形而不失气之常，通乎生死犹昼夜也。昼夜者，岂阴阳或有或无哉！日出而人能见物，则谓之昼，日入而人不见物，则谓之夜；阴阳之运行，则通一无二也。在天而天以为象，在地而地以为形，在人而人以为性，性在气中，屈伸通于一，而裁成变化存焉，此不可逾之中道也。”[④]宇宙万物都是由阴阳“裁成变化”而成，这是王夫之的基本论断，也是他观察问题和分析问题的主要方法。例如，王夫之说：“日，火之精也，火内暗而外明，《离》中阴也；月，水之精也，水内明而外暗，《坎》中阳也。日月不可知，以水火、《坎》、《离》测之。”[⑤]从形式上看，这段话的思维方式是汉代的，主要是发挥《白虎通》的观点。不过，王夫之特别强调，由于观测条件的局限，当人们无法直接观测太阳这个客体的内部结构时，可以通过阴阳变化的特点去测度其内部的运动状况。目前，人们揭示夸克的内部结构，就是运用了这种“水火、《坎》、《离》测之”数学模型法。结果发现，物质最基本单元由 48 种费米子和 12 种传播相互作用的规范玻色子组成。[⑥]所以，王夫之说：“精者，阴阳有兆而相合，始聚而为精微和粹，含神以为气母者也，苟非此，则天地之间，一皆游气而无实矣。互藏其宅者，阳入阴中，阴丽阳中，《坎》、《离》其象也。太和之气，阴阳浑合，互相容保其精，得太和之纯粹，故阳非孤阳，阴非寡阴，相函而成质，乃不失其和而久安。”[⑦]这段话讲的是物质生成的原初状态，即“精微和粹”的呈现。而物质世界之所以呈现出这种“精

① （清）王夫之：《船山全书》第 12 册《张子正蒙注》，第 25 页。

② 朱清时：《量子卫星上天对每个人的生存意义》，周祝红：《追问科学》，武汉：武汉大学出版社，2019 年，第 119 页。

③ （清）王夫之：《船山全书》第 12 册《张子正蒙注》，第 46 页。

④ （清）王夫之：《船山全书》第 12 册《张子正蒙注》，第 25 页。第 26 页。

⑤ （清）王夫之：《船山全书》第 12 册《张子正蒙注》，第 52 页。

⑥ 章新友：《物理学》，北京：中国医药科技出版社，2016 年，第 335 页。

⑦ （清）王夫之：《船山全书》第 12 册《张子正蒙注》，第 54 页。

微和粹”的状态，是因为由矛盾双方既对立又统一的性质所决定。一方面，“以气化言之，阴阳各成其象，则相为对，刚柔、寒温、生杀，必相反而相为仇”；另一方面，“乃其究也，互以相成，无终相敌之理，而解散仍返于太虚”[①]。

“太虚”不是“无”，王夫之明确表示：“人之所见为太虚者，气也，非虚也。虚涵气，气充虚，无有所谓无者。”[②]

当然，就具体事物的存在方式而言，有时会于因为矛盾双方不能“互相容保其精”而出现暂时的“失和”情形。王夫之总结说：“二气所生，风雷、雨雪、飞潜、动植、灵蠢、善恶皆其所必有，故万象万物虽不得太和之妙，而必兼有阴阳以相宰制，形状诡异，性情区分，不能一也；不能一则不能久。”[③]可见，具体事物转瞬即逝，是不可能长久存在的，然而，产生宇宙万物的“太和之气”却是永恒不息的。

至此，我们回头再看物质本体与“测度”的关系。有一种观点认为：“整个物质世界的产生，实际上在意识形态形成之初，宇宙本体本来是清净本然的，一旦动了念头想去看它了，这念头就是一种测量，一下子就使这个‘清净本然’变成一种确定的状态，这样就生成为物质世界了。”[④]

实际上，这种观念比较陈旧，恩格斯的《反杜林论》和列宁的《唯物主义和经验批判主义》两书，对此已经非常透彻地分析和批判过了，这里不拟重复。众所周知，物质世界的“确定性状态”不是由人们的观念决定的，相反，在人们的观念还没有出现之前，物质世界的“确定性状态”早就客观地和自在地存在了。所谓“测量”仅仅人们对物质世界的这种“确定性状态”的一种主观反映。所以，王夫之说：“天下惟器而已矣，道者器之道，器者不可谓之道之器也。”[⑤]这就把“测量”与物质世界的关系讲得很清楚了，在这里，可以说“道者器之道”，然而，却不可以说“器者道之器”。

至于物质世界运动变化的原因，王夫之认为：“天地之寒暑、雨旸、风雷、霜露、生长、收藏，皆阴阳相感以为大用；万物之所自生，即此动几之成也。故万物之情，无一念之间、无一刻之不与物交：嗜欲之所自兴，即天理之所自出。”[⑥]他又说：“风雨、雪霜、山川、人物，象之显藏，形之成毁，屡迁而已结者，虽迟久而必归其原，条理不迷，诚信不爽，理在其中矣。”[⑦]文中的“条理不迷”实际上指的就是物质世界的“确定性”。

当然，物质世界的这种“自我产生”和“自我变化”是能够被人类的认识把握的，于是，王夫之说：“大其心非故扩之使游于荒远也。天下之物相感而可通者，吾心皆有其理，唯意欲蔽之则小尔。由其法象，推其神化，达之于万物一源之本，则所以知明处当者，条

① （清）王夫之：《船山全书》第 12 册《张子正蒙注》，第 41 页。
② （清）王夫之：《船山全书》第 12 册《张子正蒙注》，第 30 页。
③ （清）王夫之：《船山全书》第 12 册《张子正蒙注》，第 55 页。
④ 朱清时：《量子卫星上天对每个人的生存意义》，周祝红：《追问科学》，第 119 页。
⑤ （清）王夫之：《船山全书》第 1 册《周易外传》，第 1027 页。
⑥ （清）王夫之：《船山全书》第 12 册《张子正蒙注》，第 365—366 页。
⑦ （清）王夫之：《船山全书》第 12 册《张子正蒙注》，第 28 页。

理无不见矣。"[①]文中的"意欲"指的是人的感性认识，而"大其心"则指人的理性认识，在王夫之看来，人类的理性认识可以把握"万物一源之本"，"因为心是具有建构力和推理力，所以最大限度发挥其能力，就可以认识客观的事物乃至宇宙的根源性原理"[②]。

1. 阴阳与物质世界的运动变化

物质世界是阴阳矛盾运动的客观外现，没有阴阳就没有物质世界的运动变化。因此，王夫之强调"气推阴阳"的作用说："自太和一气而推之，阴阳之化自此而分，阴中有阳，阳中有阴，原本于太极之一，非阴阳判离，各自滋生其类。故独阴不生，孤阳不生，既生既成，而阴阳又各殊体。"[③]"一"是指物质世界的矛盾统一体，而"阴阳"共处于这个矛盾的统一体，相互依赖和相互作用。至于"一气"究竟如何"推出"阴阳二气来？首先，王夫之认为物质世界是一个无穷守恒的存在状态。他说："于太虚之中具有而未成乎形，气自足也，聚散变化，而其本体不为之损益。"[④]在此，"气自足"这个概念用得非常好，它含有物质永恒不灭的意思，即气"散而归于太虚，复其细缊之本体，非消灭也"[⑤]。又"聚而成形，散而归于太虚，气犹是气也"[⑥]。如果说"太和"是一个闭合的"太极"，那么，"虚空者，气之量；气弥纶无涯而希微不形"[⑦]。王夫之又说："至虚之中，阴阳之撰具焉，细缊不息，必无止机。故一物去而一物生，一事已而一事兴，一念息而一念起，以生生无穷，而尽天下之理，皆太虚之和气必动之几也。"[⑧]仔细推敲，王夫之的"太和"宇宙，可以初步理解为是一个闭合（即"至虚之中"）而无限（即"生生无穷"）的宇宙，其基本思路与爱因斯坦的宇宙模型相似。[⑨]

阴阳的属性有聚散之分，其中阳的性质表现为散，阴的性质则表现为聚。王夫之描述说："天地之化，人物之生，皆具阴阳二气。其中阳之性散，阴之性聚，阴抱阳而聚，阳不能安于聚必散，其散也阴亦与之均散而返于太虚。"[⑩]由于"阳之性散"，所以它对事物的存亡具有决定性作用。以地球为例，"美国科学家曾提出，地球是一个天然的巨大核电站，人类则生活在它厚厚的地壳上，而地球表面6440千米深的地方，一颗直径达8.05千米的由铀构成的球核正在不知疲倦地燃烧着、搅动着、反应着，并因此产生了地球磁场以及为火山和大陆板块运动提供能量"[⑪]。如果将"地核"视为"阳"，"地壳"视为"阴"，那么，地球本身就处于一种"阴抱阳而聚"的状态。

对于雨雪的形成，王夫之的认识亦与现代科学基本一致。以"雨凇"为例，现代科学

① （清）王夫之：《船山全书》第12册《张子正蒙注》，第143页。
② 王兴国主编：《船山学新论》，长沙：湖南人民出版社，2005年，第415页。
③ （清）王夫之：《船山全书》第12册《张子正蒙注》，第47页。
④ （清）王夫之：《船山全书》第12册《张子正蒙注》，第17页。
⑤ （清）王夫之：《船山全书》第12册《张子正蒙注》，第19页。
⑥ （清）王夫之：《船山全书》第12册《张子正蒙注》，第23页。
⑦ （清）王夫之：《船山全书》第12册《张子正蒙注》，第23页。
⑧ （清）王夫之：《船山全书》第12册《张子正蒙注》，第364页。
⑨ 爱因斯坦认为根据广义相对论的引力理论，宇宙闭合、有限，却没有边界。
⑩ （清）王夫之：《船山全书》第12册《张子正蒙注》，第57页。
⑪ 李丹主编：《地球总动员》，北京：北京工业大学出版社，2014年，第64页。

认为，靠近地面一层的空气温度稍低于摄氏零度，在它的上面又有温度高于摄氏零度的空气层，再往上则是温度低于摄氏零度的云层。因此，从最上面云层掉下来的雪花，经过暖气层时发生融化现象，形成雨滴。之后，雨滴继续掉落，但它们进入靠近地面的冷气层后，雨滴即迅速冷却，一旦落到地面上的物体，就会冻结成“雨凇”[①]。又如雨水的形成，是由于地面上形成的暖气团，在上升的过程中遇到冷气团的阻挡，两者相遇后就很容易形成降雨过程。用王夫之的话说，就是“雨云皆阴也，阴气迫聚于空虚而阳不得下交，阳为阴累矣。然阳不久困，持于上而使阴不升，阴势终抑而雨降，阳乃通矣。阴气缓聚而欲升，与阳不相亢，而相入以相得也，则阳因其缓而受之。以其从容渐散而升，云之所以聚而终散也。此言阴阳者二气絪缊，轻清不聚者为阳，虽含阴气亦阳也；其聚于地中与地为体者为阴，虽含阳气亦阴也。”[②]可见，王夫之把“聚于地中与地为体”的暖气团，看作是“阴”，它不仅含有水分，而且还含有尘埃。

世界万物之所以呈现出千姿百态的形色面貌，是因为世界万物内部包含着“同异”（即矛盾）或云相类与相反而相成的根据。王夫之说：

> 凡物，非相类则相反。《易》之为象，《乾》《坤》、《坎》《离》、《颐》《大过》、《中孚》《小过》之相错，余卦二十八象之相综，物象备矣。错者，同异也；综者，屈伸也。万物之成，以错综而成用。或同者，如金铄而肖水、木灰而肖土之类；或异者，如水之寒、火之热，鸟之飞、鱼之潜之类。或屈而鬼，或伸而神，或屈而小，或伸而大，或始同而终异，或始异而终同，比类相观，乃知此物所以成彼物之利。金得火而成器，木受钻而生火，惟于天下之物知之明，而合之，离之，消之，长之，乃成吾用。不然，物各自物；而非我所得用，非物矣。[③]

事物的存在以“互利”为前提，所以“此物成彼物之利”，反过来，“彼物则成此物之利”，彼此相互为利，这是王夫之科学哲学思想的一个重要创新。在王夫之看来，“物”不能“物各自物”，而是应当“为我所得用”。王夫之认为，人是自然界的一部分，他说：“人者动物，得天之最秀者也，其体愈灵，其用愈广。”[④]对于“物”来说，是“彼此为利”；同理，对于“事”而言，则是“互相资以相济”。王夫之说：

> 事之所由成，非直行速获而可以永终。始于劳者终于逸，始于难者终于易，始于博者终于约，历险阻而后易简之德业兴焉。故非异则不能同，而百虑归于一致；非同则不能异，而一理散为万事。能有者乃能无，积之厚而后散之广；能无者乃能有，不讳屈而后可允伸。故曰“尺蠖之屈以求伸，龙蛇之蛰以全身”。若不互相资以相济，事虽幸成，且不知其何以成，而居之不安，未能自得，物非其物矣。[⑤]

---

① 姜运仓主编：《地球的气候与环境》，北京：中央民族大学出版社，2006年，第20页。
② （清）王夫之：《船山全书》第12册《张子正蒙注》，第57页。
③ （清）王夫之：《船山全书》第12册《张子正蒙注》，第106页。
④ （清）王夫之：《船山全书》第12册《张子正蒙注》，第104页。
⑤ （清）王夫之：《船山全书》第12册《张子正蒙注》，第106—107页。

人们在处理人与自然、人与社会，以及人与人的复杂关系过程中，肯定没有一劳永逸的事情，而且面对各种不同的人和事，必须学会“互相资以相济”，也就是通过借助各种力量来为做成某件事情服务。这里，似乎蕴含着一种工具意识的思想力量。于是，王夫之接着说：“以同相辅，以异相治，以制器而利天下之用，以应事而利攸往之用，以俟命而利修身之用，存乎神之感而已。神者，不滞于物而善用物者也。”[①]“物”作为独立人之外的客观存在，是自然界长期演化的结果，而且“物”本身仍然处于自然演化的过程之中。王夫之说：“天下之物，皆天命所流行，太和所屈伸之化，既有形而又各成其阴阳刚柔之体，故一而异。惟其本一，故能合；惟其异，故必相须以成而有合。然则感而合者，所以化物之异而适于太和者也；非合人伦庶物之异而统于无异，则仁义不行。”[②]这里，讲明了天下之物与人都是从“一气”演化而来，“所以能‘合一’，但‘天’与‘人’又并非等同，正因为有差别才能相补而成为一体之合”[③]。

2. 人的认识与物质世界的运动变化

对于有形世界的认识，王夫之说：“形有定而运之无方，运之者得其所以然之理而尽其能然之用。惟诚则体其所以然，惟无私则尽其能然；所以然者不可以言显，能然者言所不能尽。言者，但言其有形之器而已。”[④]言语能表达“有形之器”，却无法认识“无形之理”，而“诚”（指理性认识）者可以认识“所以然之理”。由此，王夫之区分了人类认识的两种类型。他说：“太虚者，阴阳之藏，健顺之德存焉。气化者，一阴一阳，动静之几、品汇之节具焉。秉太虚和气健顺相涵之实，而合五行之秀以成乎人之秉夷，此人之所以有性也。原于天而顺乎道，凝于形气，而五常百行之理无不可知，无不可能，于此言之则谓之性。人之有性，函之于心而感物以通，象著而数陈，名立而义起，习其故而心喻之。形也，神也，物也，三者相遇而知觉乃发。故由性生知，以知知性，交涵于聚而有间之中，统于一心。由此言之，则谓之心。”[⑤]这段话包含下面四项内容：第一，指明人类意识不是从来就有的，而是自然界长期演化的产物。第二，形成“凝于形气”的五行之性，这种“性”仅仅是一种原始的感知能力。第三，在五行之性基础上，形成知觉。第四，在知觉的基础上，进一步“习其故而心喻之”，从而形成心性。

（1）对于五行之性，王夫之论述道：“盖尝论之，天以神御气，地以气成形，形成而后五行各著其体用。故在天唯有五星之象，在地乃有五行之形。五气布者，就地而言。若七曜以上之天，极于无穷之高，入于无穷之深，不特五行之所不至，且无有所谓四时者。然则四时之行，亦地天之际气应所感，非天体之固然矣。人生于天地之际，资地以成形而得天以为性，性丽于形而仁、义、礼、智著焉，斯尽人道之所必察也。若圣人存神以合天，则浑然一诚，仁、义、礼、智初无分用，又岂有恻隐、羞恶、恭敬、是非之因感而随应者。”[⑥]

---

① （清）王夫之：《船山全书》第12册《张子正蒙注》，第107页。
② （清）王夫之：《船山全书》第12册《张子正蒙注》，第365页。
③ 汤一介：《汤一介散文集》，南京：译林出版社，2015年，第365页。
④ （清）王夫之：《船山全书》第12册《张子正蒙注》，第69页。
⑤ （清）王夫之：《船山全书》第12册《张子正蒙注》，第33页。
⑥ （清）王夫之：《船山全书》第12册《张子正蒙注》，第63页。

由“得天以为性”可以推知，王夫之认为像“恻隐、羞恶、恭敬、是非之因感而随应”的五行之性，都是人类本来固有的原始感应属性，属于生理学的范畴。因此，王夫之说：“性者，生理也，日生则日成也”[①]。

（2）对于知觉的作用及其局限性，王夫之解释说：“由目辨色，色以五显，由耳审声，声以五殊，由口知味，味以五别。不然，则色、声、味固与人漠不相亲，何为其与吾相遇于一朝而皆不昧也！故五色、五声、五味者，性之显也。”[②]由于人的生理需要，人的感觉器官开始与外物相互作用，于是便产生了感性认识。然而，知觉也有其认识局限性。王夫之强调说：“形则限于其材，故耳目虽灵，而目不能听，耳不能视。且见闻之知，止于已见已闻，而穷于所以然之理。”[③]

（3）对心性作用的认识，王夫之认为：“法象中之文理，唯目能察之，而所察者止于此；因而穷之，知其动静之机，阴阳之始，屈伸聚散之通，非心思不著。”[④]物质世界的运动变化有些属于有形的运动变化，有些则属于无形的运动变化。在经验世界里，一般有形物质的运动变化，人们能够通过五官的功能而认识和了解，但是，对于那些无形物质的运动变化，五官一般就无能为力了，这就需要依靠抽象思维去认识和了解。所以王夫之说：“无形则人不得而见之，幽也。无形，非无形也，人之目力穷于微，遂见为无也。心量穷于大，耳目之力穷于小。”[⑤]

（4）对知觉与心性的关系，王夫之认为：“心涵细缊之全体而特微尔，其虚灵本一。而情识意见成乎万殊者，物之相感，有同异，有攻取，时位异而知觉殊，亦犹万物为阴阳之偶聚而不相肖也。”[⑥]这里讲的是普遍与特殊的关系，也就是说“知觉”属于特殊性的范畴，由于受不同时间、地点以及周围环境的影响，每个人对同一事物的“知觉”会有所差异，而“心性”则属于普遍性的范畴，因为它所把握的是共性的和必然性的东西。王夫之说：“有知者，挟所见以为是，而不知有其不知者在也。圣人无不知，故因时，因位，因物，无先立之成见，而动静、刚柔皆统乎中道。”[⑦]此处的“中道”就属于“心性”的范畴。

当然，“知觉”是“心性”的基础和前提，没有“知觉”，“心性”也不可能形成对客观世界的理性认识。因此，王夫之说：“心思倚耳目以知者，人为之私也；心思寓于神化者，天德也。”[⑧]正是从这个层面，王夫之强调：“理者，物之固然，事之所以然也，显著于天下，循而得之。”[⑨]如何“循而得之”？王夫之提出了“纯”“聚”“析”“约”“贯”等许多思维范畴和方法。如王夫之说：“心纯乎理，天下之至难者也；见闻之知，勇敢之行，不足以企

① （清）王夫之：《船山全书》第2册《尚书引义》，第299页。
② （清）王夫之：《尚书引义》卷6《顾命》，北京：中华书局，1976年，第171页。
③ （清）王夫之：《船山全书》第12册《张子正蒙注》，第60页。
④ （清）王夫之：《船山全书》第12册《张子正蒙注》，第29页。
⑤ （清）王夫之：《船山全书》第12册《张子正蒙注》，第28页。
⑥ （清）王夫之：《船山全书》第12册《张子正蒙注》，第43页。
⑦ （清）王夫之：《船山全书》第12册《张子正蒙注》，第184页。
⑧ （清）王夫之：《船山全书》第12册《张子正蒙注》，第71页。
⑨ （清）王夫之：《船山全书》第12册《张子正蒙注》，第194页。

及之。”[①]此处的“纯”是抽象的意思，意即用抽象思维去认识物质世界的本真，应是一件十分艰难的事情。王夫之又说：科学研究须以“简约”为目的，“心无定主，而役耳目以回惑于异端，气不辅志，而任共便以张弛，皆小人之道。而忠信以为主，博学详说以反约，斯君子之所尚”[②]。其实，简单才是宇宙的本质，诚如李政道所言：“自然界最复杂的东西。往往原理都是最简单的，研究物理的目的就是要把这些原理找出来。”[③]所以化繁为简便成为培养创造性思维的一种有效方法。

（二）王夫之的主要科学思想成就

1. 对佛道思想及宋明理学的批判

王夫之的批判精神非常强，在他面前，一切虚妄不实的说教，都会成为他批判的目标。

（1）宇宙万物不能“无生有”。王夫之说：

> 老氏以天地如橐龠，动而生风，是虚能于无生有，变幻无穷；而气不鼓动则无，是有限矣，然则孰鼓其橐龠令生气乎？有无混一者，可见谓之有，不可见遂谓之无，其实动静有时而阴阳常在，有无无异也。误解《太极图》者，谓太极本未有阴阳，因动而始生阳，静而始生阴。不知动静所生之阴阳，乃固有之蕴，为寒暑、润燥、男女之情质，其细缊充满在动静之先。动静者即此阴阳之动静，动则阴变于阳，静则阳凝于阴，一震、巽、坎、离、艮、兑之生于乾、坤也。非动而后有阳，静而后有阴，本无二气，由动静而生，如老氏之说也。[④]

在宇宙的“有无”（动静）问题上，王夫之认为“有”是无限的和绝对的，而“无”则是有限的和相对的。因此，宇宙的“有”固有动静的属性，即“太虚者，本动者也。动以入动，不息不滞”[⑤]。或云：“天地之气恒于动，而不生于静。”[⑥]在王夫之的视野里，主张“虚能于无生有”，最终必然会滑向神学的外力推动邪说。

（2）在“体用”问题上，不能以“无”来否定“体用”之“有”。王夫之说：“庄、老言虚无，言体之无也；浮屠言寂灭，言用之无也；而浮屠所云真空者，则亦销用以最于无体。”[⑦]也就是说，佛老以“用”的“无”来否定“体”之“有”，实质上是把“无”作为宇宙的本原，这样，物质世界的客观实在性就被取消了，而一旦没有客观实在性，物质世界的运动变化便都无从谈起。所以王夫之坚信：“天下之用，皆其有者也，吾从其用而知其体之有，岂待疑哉！用有以为功效，体有以为性情，体用胥有而相胥以实，故盈天下而皆持循之道。”[⑧]很显然，“用”是“有”本体的外在表现，“有”是“用”之有，“用”是“有”

---

① （清）王夫之：《船山全书》第12册《张子正蒙注》，第296页。
② （清）王夫之：《船山全书》第12册《张子正蒙注》，第278—279页。
③ 引自王通讯：《创造：开发潜能的源泉》，长春：吉林人民出版社，1993年，第33页。
④ （清）王夫之：《船山全书》第12册《张子正蒙注》，第24页。
⑤ （清）王夫之：《船山全书》第1册《周易外传》，第1044页。
⑥ （清）王夫之：《船山全书》第6册《读四书大全说》，第1074页。
⑦ （清）王夫之：《船山全书》第12册《张子正蒙注》，第362页。
⑧ （清）王夫之：《船山全书》第1册《周易外传》，第861页。

之“用”。因此，王夫之说：“盖言天下之为体者，可见，可喻，而不可以名言。如言目，则但言其司视，言耳，则但言其司听，皆用也。”[①]尽管王夫之的这个“比喻”未必恰当，但他想表达的思想是清楚的。的确，对于具体事物的存在状态来说，“体”是可见的。然而，对于抽象事物的存在状态来说，“体”却是可喻而不可见和不能用言语表达的。这里，否定人的思维具有“至上性”的特征，是错误的。因为“思维作为一种抽象的认识活动，其实现主要是在大脑中借助于对各种抽象符号的操作来进行，这些抽象的符号可以是表象化的视觉、听觉、触觉等形象，可以是某种具体动作的表象模式，可以是某些情绪记忆的主观体验，但最主要的符号就是语言”[②]。而对于思维至上性和非至上性的关系，恩格斯有一段精彩论述：“人的思维是至上的，同样又是不至上的，它的认识能力是无限的，同样又是有限的。按它的本性、使命、可能和历史的终极目的来说，是至上的和无限的；按它的个别实现情况和每次的现实来说，又是不至上的和有限的。”[③]尽管如此，王夫之批判佛道否定物质世界的客观性却具有重要的学术价值。因为“佛老唯心主义所采用的手法虽不同，其实质都是割裂体用，否认世界的物质性。王夫之的批判击中了要害。”[④]

（3）在知行问题上，不能脱离“行”而谈论“知”的先验性。王夫之说：

> 佛、老之初，皆立体而废用。用既废，则体亦无实；故其既也，体不立而一因乎用。庄生所谓“寓诸庸”，释氏所谓“行起解灭”是也。君子不废用以立体，则致曲有诚。诚立而用自行。逮其用也，左右逢原而皆其真体。故知先行后之说，非所敢信也。[⑤]

这段的意思是说，“体用”二者相互依赖，是不可断然割裂开来的。由“体用”关系推知，宋明理学所主张的“知先行后”说，与前面所讲的佛、老“销用以最于无体”观点，实质并无不同。在王夫之看来，“惮行之艰，利知之易，以托足焉，朱门后学之失，与陆、杨之徒，异尚而同归，志于君子之道者，非所敢安也。故知之非艰，行之惟艰，艰者先，先难也；非艰者后，后获也”[⑥]。把“行”提高到“优先”的地位，应是明朝“实学”思想的一个具体表现。王夫之强调：“以人之知行言之，闻见之知，不如心之所喻，心之所喻，不如身之所亲行焉。”[⑦]这里的“行”主要是指社会实践，在王夫之看来，“知之尽，实践之而已，实践之，乃心所素知，行焉皆顺”[⑧]。知识的累积不是“由知而知”的过程，而是“由行而知”，实践可以为“知识”增加新的内容，而知识通过实践可以获得向前发展的动力。所以“故知者非真知也，力行而后知之真也”[⑨]。这里的“真知”即是主观与客观的统一，

---

① （清）王夫之：《船山全书》第6册《读四书大全说》，第788页。

② 耿希峰：《通俗心理学》，北京：九州出版社，2015年，第98页。

③ 中共中央马克思恩格斯列宁斯大林著作编译局：《马克思恩格斯文集》第9卷《反杜林论》，北京：人民出版社，2009年，第92页。

④ 丁祯彦：《王夫之“体用不二”的方法论意义》，周发源等主编：《船山学刊百年文选·船山卷·哲学》，长沙：岳麓书社，2015年，第105页。

⑤ （清）王夫之：《船山全书》第12册《张子正蒙注》，第417页。

⑥ （清）王夫之：《船山全书》第2册《尚书引义》，第313页。

⑦ （清）王夫之撰、李一忻点校：《周易内传》卷5《系辞上》，北京：九州出版社，2004年，第414页。

⑧ （清）王夫之：《船山全书》第12册《张子正蒙注》，第199页。

⑨ （清）王夫之：《船山全书》第7册《四书训义》，第57页。

两者统一的基础是实践。从这个层面，王夫之认为："夫知也者，固以行为功者也；行也者，不以知为功者也。行焉，可以得知之效也；知焉，未可以得行之效也。"①即知识的效用可以通过实践来发挥，也就是说，实践可以验证"知"的正确与否；反过来，实践的效用却不能通过知识来发挥，也就是说，"知"无法证明"实践"的结果是否正确，但这并不否认"知"对于"实践"的指导作用。王夫之说："夫人不知而行，行而得，非其得也，而况行之而必不得者乎？"②

因此，"盖云知行者，致知，力行之谓也。为其致知、力行，故功可得而分。功可得而分则可立先后之序。可立先后之序，而先后又互相为成，则由知而知所行，由行而行所知，亦可云并进而有功"③。他又说："知行相资以为用，惟其各有致功，而亦各有其效，故相资以互用，则于其相互，益知其必分矣。同者不相为用，资于异者和同而起功，此定理也。不知其各有功效而相资。于是姚江王氏'知行合一'之说，得藉口以惑世。"④于是，王夫之提出了"知行"辩证运动的过程论思想。他说："以所行者听乎知，而其知也愈广大愈精微，则行之合辙者，愈高明愈博厚矣。"⑤

总之，王夫之的"知行观"正确揭示了知与行既相分又相资的辩证统一关系，从而使陆、王心学以及程朱理学的"空疏"学风为之一变，直接引导了清初实学之思想洪流，给近代以来的中国学术界带来了深远的历史影响。正如有学者所评论的那样：在上述关于知行关系的深刻阐释中，"可以说，这是王夫之对于中国古代两千余年来各家各派关于'知''行'关系辩论的最系统、最深刻的反省和总结。这里始终贯穿着行产生知、统率知、重于知的思想。这是古代'知行'学说发展的最高形态"⑥。

2. 王夫之自然科学思想概述

（1）对"黄钟之律"的阐释。王夫之说："黄钟之律九九八十一，自古传之，未有易也。闽中李文利者，窃《吕览》不经之说，为三寸九分之言，而近人亟称之，惑矣！"⑦李文利字乾遂，明福建莆田人，著有《大乐律吕元声》。对于李文利之说，明人何瑭指出："其法谓黄钟律三寸九分最短，蕤宾律九寸最长，宫音最清，羽音最浊，与古法大相反。窃谓此不过一家之言耳，究其实则非也。"⑧当然，目前音乐史学界对"黄钟之长三寸九分"说多有积极评论⑨，认为它是解决长期以来旋宫不能转调（即三分损益十二律的旋宫，不能返还

① （清）王夫之：《船山全书》第2册《尚书引义》，第314页。
② （清）王夫之：《船山全书》第7册《四书训义》，第303页。
③ （清）王夫之：《船山全书》第6册《读四书大全说》，第598页。
④ （清）王夫之：《船山全书》第4册《礼记章句》，第1256页。
⑤ （清）王夫之：《船山全书》第6册《读四书大全说》，第598页。
⑥ 赵吉惠：《中国传统文化导论》，南京：江苏教育出版社，2007年，第238页。
⑦ （清）王夫之：《船山全书》第12册《思问录外篇》，第432页。
⑧ （明）何瑭著、王永宽校点：《何瑭集》，郑州：中州古籍出版社，1999年，第269页。
⑨ 刘勇：《"安三寸九分"与律学实验》，《黄钟（武汉音乐学院学报）》1992年第2期，第53—54页；任素芬：《〈律吕正声〉核心律学理论之黄钟三寸九分说》，《潍坊学院学报》2014年第1期，第28—30页；丁慧：《〈律吕正声〉卷1"黄钟三寸九分说"的涵义》，《湖北师范大学学报（哲学社会科学版）》2017年第4期，第17—29页等。

黄钟）问题的一种理论尝试。[①]不过，依照一些学者主张“9寸为正黄之长，3寸9分为半黄之长”[②]，是否正确呢？刘勇通过各种实验，证明以3寸9分为半律黄钟是一个大错。[③]这样，再回头来看王夫之的议论，就能理解他的议论绝不仅仅是理论阐释，而是具有一定实验依据的。所以王夫之说：

> 今俗有所谓管子、刺八、琐拿、画角，长短清浊具在，文利虽喙长三尺，其能辨此哉！若洞箫之长而清，则狭故也。使黄钟之长三寸九分，则围亦三寸九分，径一寸三分，狭于诸律，清细必甚。况乎律笛者，无有旁窍，硕重不舒，固不成响，亦何从而测其清浊哉！且使黄钟之竹三寸九分，则黄钟之丝亦三十九丝，金石之制俱必极乎短小轻薄，革属腔棬必小，音之幺细，不问而知矣。[④]

管律的复杂性远远超过弦律，正如杨荫浏所言：“弦律可以从长度推知音程；算法既明，音分比例，了然在目，平均律之精密，已可见其大概；而管律则不然；非制管验声，无由证辨。”[⑤]据有学者研究，“黄钟之长三寸九分”应是以弦为据、截竹定音后度量出的半律黄钟管长。[⑥]尽管李文利是从易学角度来解释“黄钟之长三寸九分”的合理性，现在看来也不无道理，但它毕竟缺乏声学实验依据，所以王夫之的批评是正确的。

（2）对“先天”说与“后天”说的辨析。把宇宙万物分为“先天”与“后天”两个组成部分，是中国经学的重要特点之一。那么，这种划分究竟合理不合理，王夫之提出了疑问，并在其疑问的基础上做了理论辨析。他总结说：

> 《易》言“先天而天弗违，后天而奉天时”，以圣人之德业而言，非谓天之有先后也。天纯一而无间，不因物之已生、未生而有殊，何先后之有哉！先天、后天之说始于玄家，以天地生物之气为先天，以水火土谷之滋所生之气为后天，故有后天气接先天气之说。此区区养生之琐论尔，其说亦时窃《易》之卦象附会之。而邵子于《易》亦循之，而有先后天之辨，虽与魏、徐、吕、张诸黄冠之言气者不同，而以天地之自然为先天，事物之流行为后天，则抑暗用说矣。夫伏羲画卦，即为筮用，吉凶大业，皆由此出。文王亦循而用之尔，岂伏羲无所与于人谋，而文王略天道而不之体乎！邵子之学，详于言自然之运数，而略人事之调燮，其末流之弊，遂为术士射覆之资，要其源，则先天二字启之也。胡文定曰：“伏羲氏，后天者也。”一语可以破千秋之妄矣。[⑦]

“天”本来是一个统一的和不可分割的整体，没有先后之分，所谓“天有先后”完全是人的见闻之识，是为了炼养家自身需要而设定的概念。在这里，王夫之并不是要抹杀时间

① 任素芬：《〈律吕正声〉核心律学理论之黄钟三寸九分说》，《潍坊学院学报》2014年第1期，第28页

② 刘勇：《“安三寸九分”与律学实验》，《黄钟（武汉音乐学院学报）》1992年第2期，第53页。

③ 刘勇：《“安三寸九分”与律学实验》，《黄钟（武汉音乐学院学报）》1992年第2期，第54页。

④ （清）王夫之：《船山全书》第12册《思问录外篇》，第432页。

⑤ 杨荫浏：《平均律算解》，《杨荫浏音乐论文选集》，上海：上海文艺出版社，1986年，第77页。

⑥ 丁慧：《〈律吕正声〉卷一“黄钟三寸九分说”的涵义》，《湖北师范大学学报（哲学社会科学版）》2017年第4期，第18页。

⑦ （清）王夫之：《船山遗书》第6卷《思问录》，北京：北京出版社，1999年，第3785页。

的客观性，而是反对用先天之学来炫耀“玄学”之说，甚至成为“术士射覆之资”。于是，王夫之批评刘牧的先天易学思想说：“《河图》明列八卦之象，而无当于《洪范》。《洛书》顺布九畴之叙，而无肖于《易》。刘牧托陈抟之说而倒易之，其妄明甚。牧以书为图者，其意以谓河图先天之理，洛书后天之事，而玄家所云‘东三南二还成五，北一西方四共之’，正用《洛书》之象而以后天为嫌，因易之为《河图》以自旌其先天尔，狂愚不可瘳哉！”[①]对于自然界和人类社会的关系，王夫之主张采取“《洛书》—《洪范》”模式，即自然与社会的关系是一个相互补充的有机体系。众所周知，对于自然和人类社会的关系，我国古代有两个概率计算方法，其中“由《洛书》→《洪范》形成的大数，是根据宇宙万物生成变化创造的；由《河图》→《周易》形成的大数，则是根据中华民族领土的地形创造的。因此，《洛书—洪范》的模型，是乾南、坤北、离东、坎西；《河图—周易》的模型，是‘置乾于西北，退坤于东南’和‘震兑横，而六卦纵’”[②]。从历史上看，先天之说实启于《淮南子》，它“完成了从《洛书》到《洪范》的先、后天的模型”，不过，在《淮南子》的体系内，由《洛书》→《洪范》形成的大数，是可以互补的。[③]

（3）对天左旋和右旋问题的考证。我国古代观测天体，分经星（即恒星）视运动和纬星（即日月五星）视运动两种形式。在古人的观测视域内，天体以天极为旋转中心，自西向东的视运动，被称作左旋。故盖天说认为：“天旁转如推磨而左行，日月右行，随天左转，故日月实东行，而天牵之以西没。譬之于蚁行磨石之上，磨左旋而蚁右去，磨疾而蚁迟，故不得不随磨以左回焉。”[④]文中的“疾迟”是一种相对运动，也就是说，盖天说所讲的左旋和右旋问题与星体的相对运动有关。浑天说亦复如此。与宣夜说相比，盖天说和浑天说的“左旋”说和“右旋”说都不正确，然而，浑天说和盖天说却“都是根据这个天体旋转理论来解释天象，来预报日月之食，来制定历法、检验历法的准确性、很显然，中国古代历史的进步跟天体假说是有密切联系的。”“从这一个角度来说，盖天说和浑天说采用天体的错误假说而制订出日益精确的历法，比起宣夜说这种比较正确而无实用价值的学说来，似乎更有实际意义一些。人们宁要错误而有用的理论，也不要正确而无用的学说。正因为这样，比较正确的宣夜说不受人们重视，不久就‘绝无师法’，而比较有用的错误假说却得到很大发展。在生物进化中的‘用进废退’的现象，也出现在天文学和其他科学的发展进程中。”[⑤]

到宋代以后，主张左旋说的人越来越多。张载认为：“凡圜转之物，动必有机。既谓之机，则动非自外也。古今谓天左旋[⑥]，此直至粗之论尔，不考日月出没、恒星昏晓之变。愚

---

① （清）王夫之：《船山遗书》第6卷《思问录》，第3786页。

② 陆复初、程志方：《中国人精神世界的历史反思》第1册，昆明：云南人民出版社，2001年，第424页。

③ 陆复初、程志方：《中国人精神世界的历史反思》第1册，第424页。

④ 《晋书》卷11《天文志》，北京：中华书局，1987年，第279页。

⑤ 周桂钿：《秦汉思想史》，石家庄：河北人民出版社，2000年，第557页。

⑥ 关于“天左旋”的验证主要是依靠日晷，所以“直观的天左转其实可以用日影的转动来理解。面南而立，太阳从东方升起，在西方落下，早上的日影在西，正午的日影在北，晚上太阳落入西山，日影在东方消失。日影的旋转方向是从西到北到东，这就是日影的左转方向，也是天的左转方向。月亮月影的运转方向与太阳的日影旋转方向正好相反。”参见廖文修：《天坛故宫梦红楼·揭开〈红楼梦〉的奇门遁甲之迷》，北京：紫禁城出版社，2010年，第259页。

谓，在天而运者，惟七曜而已。恒星所以为昼夜者，直以地气乘机左旋于中。”[①]接着，朱熹又说：“历家言天左旋，日月星辰右行，非也。其实天左旋，日月星辰亦皆左旋。”[②]对此，王夫之一反张载的“左旋说”而力主“右旋说”。王夫之坚持认为：

> 历家之言，天左旋，日、月、五星右转，为天所运，人见其左耳。天日左行一周，日日右行一度。月日右行十三度十九分度之七。五星之行，金、水最速，岁一小周；火次之，二岁而一周；木次之，十二岁而一周，故谓之岁星；土最迟，二十八岁而始一周。而儒家之说非之，谓历家之以右转起算，从其简而逆数之耳。日阳月阴，阴之行不宜逾阳，日、月、五行皆左旋也。天日一周而过一度，天行健也。日日行一周天，不及天一度。月日行三百五十二度十九分度之十六七十五秒。不及天十三度十九分度之七。其说始于张子，而朱子韪之。夫七曜之行，或随天左行，见其不及；或迎天右转，见其所差：从下而窥之，未可辨也。张子据理而论，伸日以抑月，初无象之可据，唯阳健阴弱之理而已。[③]

显然，王夫之认为“历家之历”接近天体运行的客观实际，相反，“儒家之历”以为“天左旋”而“日月星辰右行”直接违背了儒家的思想主旨。因为按照“左旋说”的观点，日行的速度快于月行的速度，它符合儒家“乾健坤顺”的思想主旨。然而，“右旋说”则强调月行的速度实际上快于日行的速度，明显违背了儒家“乾健坤顺”的思想主旨。因此，有论者评论说：“我们知道，乾健坤顺，阳刚阴柔乃是秦、汉以来儒家的传统思想观念。张横渠、朱晦庵等以七政左旋，在相当程度上正是从这种传统思想观念出发来推论天体行度的。他们之所以反对历家之言，其中最重要的原因之一，也正是由于历家的右旋之说直接违反了儒家崇天尚阳的传统思想观念，打乱了他们所设计的那套作为封建社会秩序倒影的‘和谐’的宇宙结构模式。”[④]而王夫之批评儒家之历“伸日以抑月”的思想根源亦在这里，正是在这样的历史背景下，王夫之认为“理自天出”而“非可执人之理以强使天从之也”[⑤]。

（4）对京房“卦气说”的批判。所谓卦气说，简言之，就是用六十四卦卦爻的变化来解释一年四季气候的运动状态，它盛行于汉代，对唐宋时期的历法修订产生了重要影响。如唐代《大衍历》中包含“卦气说”的内容，甚至北宋的《应天历》及金朝的《重修大明历》等也都含有“卦气说”的内容。那么，如何评价“卦气说”的学术价值？王夫之说：

> 京房八宫六十四卦，整齐对待，一倍分明。邵子所传《先天方图》，蔡九峰所传《九九数图》皆然。要之，天地间无有如此整齐者，唯人为所作则有然耳。圜而可规，方而可矩，皆人为之巧，自然生物未有如此者也。《易》曰：“周流六虚，不可为典要。”

---

① 林乐昌：《正蒙合校集释》，北京：中华书局，2012年，第112页。

② （宋）朱熹：《朱子全书》第14册《朱子语类》，上海、合肥：上海古籍出版社、安徽教育出版社，2002年，135页。

③ （清）王夫之：《船山全书》第12册《思问录外篇》，第437—438页。

④ 刘润忠：《问学记言》，天津：天津人民出版社，2009年，第37页。

⑤ （清）王夫之：《船山全书》第12册《思问录外篇》，第438页。

可典可要，则形穷于视，声穷于听，即不能体物而不遗矣。唯圣人而后能穷神以知化。①

这段话可以分解为以下几项内容：第一，一分为二，二分为八的“一倍分明”思维模式，把事物运动的规律模型化，显得“整齐对待”，这确实是研究问题的一种数学抽象方法，属于“人为所作”的范畴。王夫之承认，为了研究问题的需要，人们先对问题进行抽象，并形成一定的数学分析模式，然后在此基础上，抓住其特有属性，从而对问题做出“假说”式的解释。第二，数学抽象方法具有“圜而可规，方而可矩”的特征，因此不是“客观事物本身”，因为它在考虑事物时，已经将“这些事物的物理属性、化学属性或者生理属性等等全部撇开，而只考虑其量的特性、形的特性”②。第三，数学抽象方法虽然对研究事物的运动状态来说是非常必要的，但是相对复杂万变的客观事物的发展过程而言，利用一种固定不变的先验图式或法则来解析宇宙万物的无穷变化，用王夫之的话说亦即“可典可要”，就难免会陷入“执理以限天”③的片面之论。第四，人的感官是有局限性的，它不能“体物而不遗”，所以认识事物贵在“穷神以知化”，诚如有学者所言：“穷神以知化”本身“蕴含着船山（即王夫之，引者注）从‘量’或者说‘客观性’的意义上来讨论问题的思想范式。”④而这种“客观性”的意义就在于“宇宙是动态的”，因此，“卦气说”恰恰违背了“宇宙是动态的”这个“自然之理”。⑤

王夫之进一步分析说：

京房卦气之说立，而后之言理数者一因之。邵子《先天圆图》，蔡九峰《九九圆图》，皆此术耳。扬雄《太玄》亦但如之。以卦气治历，且粗疏而不审，况欲推之物理乎！《参同契》亦用卦气，而精于其术者且有活子时、活冬至之说，明乎以历配合之不亲也。何诸先生之墨守之也！邵子据“数往者顺、知来者逆”之说以为卦序，乃自其圆图观之，自复起午中至坤为子半，皆左旋顺行，未尝有所谓逆也。九峰分八十一为八节，每节得十，而冬至独得十一，亦与《太玄》赘立《踦嬴》二赞，均皆无可奈何而姑为安顿也。⑥

文中的“理数”指象数学派，此派的学术特点是习惯应用数学模型来解释宇宙万物的运动变化和存在状态。王夫之明确表示，将卦气说用于制订历法，由于其主观色彩太浓，所以预测日月的运动规律往往“粗疏而不审”，天文历法如此，其他学科更是如此。可见，“卦气说不符自然生物的客观状态，是杜撰的学说，不可用以治历和治学”⑦。如前所述，卦气说在历史上尽管对我国历法的进步起过积极作用，但与西方的“质测之学”相比，切实存在“粗疏而不审”的问题。王夫之深受西方“质测之学”的感染，他认为，“远镜质测

① （清）王夫之：《船山全书》第12册《思问录外篇》，第440页。
② 张楚廷：《张楚廷教育文集》第16卷《数学文化与教育卷》，长沙：湖南人民出版社，2012年，第401页。
③ （清）王夫之：《船山全书》第12册《张子正蒙注》，第45页。
④ 陈焱：《几与时》，上海：上海人民出版社，2016年，第172页。
⑤ （清）王夫之：《船山全书》第12册《思问录外篇》，第441页。
⑥ （清）王夫之：《船山全书》第12册《思问录外篇》，第442页。
⑦ 陈蕴茜主编：《学林新篇》第4卷《〈思问录〉综论》，北京：中国青年出版社，2000年，第287页。

之法”，对于中国传统历法而言，“盖西夷之可取者”，因为它“能测知七曜远近之实”①。据此，王夫之称赞方以智的“质测之学”，而批评邵雍等人的“猜量比拟之学”。他说：“密翁（即方以智）与其公子为质测之学，诚学思兼致之实功。盖格物者，即物以穷理，惟质测为得之。若邵康节、蔡西山则立一理以穷物，非格物也。”②他又说：邵雍《皇极经世》之旨，“尽于朱子‘破作两片’之语”而“猜量比拟，非自然之理也”。

（5）对五行生克关系的论述。五行相生与相克是中国传统思维的基本特点，然而，相克是否就一定非要出现“相凌夺”的结局，王夫之持否定意见。他说：

> 五行生克之说，但言其气之变通，性之互成耳，非生者果如父母，克者果如仇敌也。克，能也，制也，效能于彼，制而成之。术家以克者为官，所克者为妻，尚不失此旨。医家泥于其说，遂将谓脾强而妨肾，肾强则妨心，心强则妨肺，肺强则妨肝，肝强则妨脾，岂人之府藏，日构怨于胸中，得势以骄而即相凌夺乎！悬坐以必争之势，而泻彼以补此，其不为元气之贼也几何哉！③

人体是一个功能复杂的自组织系统，任何一个脏器的生理特点与其他脏器的生理特点总是处在一个相互补充和相互协调的动态平衡过程之中，而非“日构怨于胸中，得势以骄而即相凌夺”。所以王夫之举例说：

> 证金克木，以刃之伐木；则水渍火焚不当坏木矣。证木克土，以树之根蚀土；则凡孳息其中者皆伤彼者乎！土致养于草树，犹乳子也，子乳于母，岂刑母邪！证土克水，以土之堙水则不流；是鲧得顺五行之性，而何云汩乱！土壅水，水必决，土劣于水明矣。证水克火，以水之熄火；乃火亦熯水矣，非水之定胜也。且火入水中而成汤，彼此相函而固不相害也。证火克金，以冶中之销铄；曾不知火炀金流，流已而固无损，固不似土蕴水渍之能蚀金也。凡为彼说，皆成戏论，非穷物理者之所当信。故曰克，能也；致能于彼而互相成也。天地之化，其消其息，不可以形迹之增损成毁测之。有息之而乃以消之者，有消之而乃以息之者，辄有故常而藏用密。是故化无恩怨，而天地不忧，乃何其以攻取之情测之。④

对于这段大论，颇为学界所关注。如刘昭民认为：“王夫之在这一段论述中，提出了类似西方‘热素说’的观点。‘火入水中而成汤，彼此相函而固不相害’，就是将‘火’（热）看成是一种可以与水相混合和相分离，而使水升温和降温的独立的质素。‘火炀金流，流已而固无损’一句，同样是将‘火’（热）看作是一种独立存在的‘热素’。‘热素说’虽然被后来的物理学家和化学家证明错误，但是在那个时代里，它也曾经被视为最先进的学术思想，对西方热学理论的建立和发展也有贡献。所以王夫之的这个观点值得中国科学史家重

---

① （清）王夫之：《船山全书》第12册《思问录外篇》，第439页。
② （清）王夫之：《船山全书》第12册《搔首问》，第637页。
③ （清）王夫之：《船山全书》第12册《思问录外篇》，第443页。
④ （清）王夫之：《船山全书》第12册《思问录外篇》，第443—444页。

视。”[①]又如徐仪明认为：“在王夫之看来，所谓‘克’，就是‘能’，这个能就是能力、能耐、长处、作用等的意思。既然五藏各有各的作用和长处，那么首先要看到五藏之间是相互依存、和谐相处的关系，否则就不能维持人的正常生理功能。在这一状态下，五藏处于正常的相生相胜关系之中，医家称之为‘平气’。即使在出现‘太过’和‘不及’的病理现象时，五藏之间也会达到‘致能于彼而互相成也’，即相辅相成、相互为用和消息共依的，决不会出现争斗构怨的局面。”[②]因此，王夫之的五行观念“是以其整体和谐思想为依据的，不论是外在的自然界还是内在的五藏，和谐是普遍性的存在方式和现实性状况”[③]。很显然，“‘和谐’既是王夫之医学同时也是其哲学的一个重要思想”[④]。

二、王夫之与近代启蒙思潮的重要思想源泉

（一）浑天说与地圆说的冲突

如前所述，王夫之的思想非常复杂，他是一个坚守中华文化立场的杰出思想家。在对待中西历法的取舍问题上，王夫之主张：“西洋历家既能测知七曜远近之实，而又窃张子左旋之说以相杂立论，盖西夷之可取者，唯远近测法一术，其他则皆剽袭中国之绪余，而无通理之可守也。”[⑤]在此学术原则的指导下，王夫之反对利玛窦的“地圆说”。王夫之述：

利玛窦地形周围九万里之说，以人北行二百五十里则见极高一度为准。其所据者，人之目力耳。目力不可以为一定之征，遗近异则高下异等。当其不见，则毫厘迥绝；及其既见，则倏尔寻丈，未可以分数量也。抑且北极之出地，从平视而望之也。平视则迎目速而度分如伸。及其渐升，至与人之眉目相值，则移目促而度分若缩。今观太阳初出之影，晷刻数丈，至于将中，则徘徊若留，非其行之迟速，道之远近，所望异也。抑望远山者见其耸拔蔽霄，及其近则失其高而若卑，失其且近而旷然远矣。盖所望之规有大小而所见以殊，何得以所见之一度为一度，地下之二百五十里为天上之一度邪？况此二百五十里之途，高下不一，升降殊观，而谓可准乎！且使果如玛窦之说，地体圆如弹丸，则人处至圆之上，无所往而不踞其绝顶，其所远望之天体，可见之分必得其三分之二，则所差之广狭莫可依据，而奈何分一半以为见分，因之以起数哉！弹丸之说既必不然，则当北极出地之际，或侈出，或缺入，俱不可知，故但以平线准之，亦弗获已之术也，而得据为一定邪！且人之行，不能一依鸟道，则求一确然之二

① 刘昭民编著：《中华物理学史》，台北：商务印书馆，1987年，第398页。
② 徐仪明：《王夫之的中医学思想及其哲学意义》，复旦大学哲学学院中国哲学教研室：《潘富恩教授八十寿辰纪念文集》，上海：上海古籍出版社，2012年，第457页。
③ 徐仪明：《王夫之的自然世界》，深圳：海天出版社，2015年，第82页。
④ 圣辉主编：《船山思想与文化创新》下册，长沙：岳麓书社，2010年，第473页。
⑤ （清）王夫之：《船山全书》第12册《思问录外篇》，第439页。

百五十里者而不可得，奚况九万里之遥哉！[①]

这段话学界争议比较大，有诟病者，也有部分肯定或赞同者，更有折中者。诟病者主要是说王夫之拒绝承认西方的地圆说，其思想已经远远落后于那个时代了。如有学者指出："利氏九万里之说固然可以指责，但王夫之咬定利氏所说仅凭人之目力为据，则是与事实不符的偏激之论。作为明清之际颇具开拓和创新意识的启蒙学者，王夫之对于像地圆说这类新异的西方科学知识，却难以理解和接受，甚至落后于同时代不少普通士人的识见，这无疑是值得思考的问题。"[②]从理论上讲，地球呈圆形，并不错。问题是王夫之认为人们的认识所呈现出来的地体，不是理论上的地体而是客观的地体。他说："天无度，人以太阳一日所行之舍为之度。天无次，人以月建之域为之次。非天所有，名因人立。名非天造，必从其实。"[③]这是王夫之考察西方科学的总原则，不独针对天体，也针对地体。至于地体究竟应是一个什么样子？王夫之有自己的看法，他说：

浑天家言天地如鸡卵，地处天中犹卵黄。黄虽重浊，白虽轻清，而白能涵黄，使不坠于一隅尔，非谓地之果肖卵而圆如弹丸也。利玛窦至中国而闻其说，执滞而不得其语外之意，遂谓地形之果为弹丸，因以其小慧附会之，而为地球之象。人不能立乎地外以全见地，则言出而无与为辨。乃就利玛窦之言质之，其云地周围尽于九万里，则非有穷大而不可测者矣，今使有至圆之山于此，绕行其六七分之一，则亦可以见其迤逦而圆矣。而自沙漠以至于交趾，自辽左以至于葱岭，盖不但九万里六七分之一也。其或平或陂，或洼或凸，其圆也安在？而每当久旱日入之后，则有赤光间育气数股自西而迄乎天中，盖西极之地，山之或高或下，地之或侈出或缺入者为之。则地之欹斜不齐，高下广衍，无一定之形，审矣。而玛窦如目击而掌玩之，规两仪为一丸，何其陋也！[④]

有些学者认为王夫之批评得有点儿可笑[⑤]，其实王夫之一以贯之的实学立场，使他在当时条件下不能放弃原则去盲目迎合利玛窦的"地圆说"。今天看来，王夫之批评"地圆说"固然有失，但我们不要离开当时的历史条件来谈论孰是孰非。正如陈美东所评论的那样："宋应星、王夫之和杨光先遇到的问题，正如西方学者在认识地球说和地球自转说的过程中遇到的难题一样，这些难题也只有在牛顿万有引力说成立以后才最终得到解决。所以，一般来讲，对地圆说之类问题的怀疑本是无可厚非的。"[⑥]而且当我们还不能理解王夫之对利玛窦地圆说的批评时，不妨仔细读一读文中王夫之对地球形状的亲自实验那一段记载。王夫之认为利玛窦的"地圆说"得自中国浑天说，显然包含着一定的民族情绪，确实失之偏颇。不过，"最初古希腊人和后来的耶稣会士提出的地圆说原本只是一种猜想，并非出于实

① （清）王夫之：《船山全书》第 12 册《思问录外篇》，第 459—460 页。
② 徐海松：《清初士人与西学》，北京：东方出版社，2001 年，第 312 页。
③ （清）王夫之：《船山全书》第 12 册《思问录外篇》，第 448 页。
④ （清）王夫之：《船山全书》第 12 册《思问录外篇》，第 458—459 页。
⑤ 谭元亨：《断裂与重构：中西思维方式演进比较》，广州：广东高等教育出版社，2007 年，第 137 页。
⑥ 陈美东：《中国古代天文学思想》，北京：中国科学技术出版社，2007 年，第 268 页。

测”[①]，也是事实。而用今天实测的结果看，王夫之主张的“浑天说”则有其合理之处。

第一，“用人造卫星观察地球表面，人们立刻会发现许多在地面上无法看到的问题。例如：地球是椭圆形的，而不是圆的。地表遭到大面积的破坏，有些地方正在变成”[②]。

第二，“你应该知道，地球的外面有一圈大气层，它紧紧地包裹着整个地球，将地球上的一切覆盖起来”[③]。

如果直观地讲，大气层像白色的“蛋清”，地球本身像黄色的“蛋黄”，悬浮在宇宙中，其实并没有错。至于地球是“圆形”还是“扁平形”，在当时两种不同的文化模式下，两者实际上是等价的，本无优劣之分。因为王夫之的知识结构“与西方天文学所属的知识结构完全不同，双方在判别标准、表达方式等方面都格格不入。故双方实际上无法进行有效的对话，只能在‘此亦一是非，彼亦一是非’的状态中各执己见而已”[④]，这是公允之论。

在明代，浑天仪仍是观测天体的主要仪器，如南京紫金山天文台留存一座结构精巧的明代浑天仪。同以前历朝所制造的浑天仪一样，这台仪器也是以“地平”观念为其设计的指导思想。也就是说，这种仪器模型是与浑天说的鸡子比喻模型相仿佛的[⑤]。回到刚才的话题，王夫之因为反对利玛窦的“地圆说”而遭到后世学者的批评较多，这也难怪，同利玛窦仅仅把地球看作是一个圆形的观念不同，王夫之则是把地球仅仅看作是“无内无外，通体一气”这个宇宙整体中的一个环节和一个部分而已。王夫之说：

> 浑天之体：天，半出地上，半入地下，地与万物在于其中，随天化之至而成。天无上无下，无晨中、昏中之定；东出非出，西没非没，人之测之有高下出没之异耳。天之体，浑然一环而已。春非始，冬非终，相禅相承者至密而无畛域。其浑然一气流动充满，则自黍米之小，放乎七曜天以上、宗动天之无穷，上不测之高，下不测之深，皆一而已。上者非清，下者非浊，物化其中，自日月、星辰、风霆、雨露，与土石、山陵、原隰、江河、草木、人兽，随运而成，有者非实，无者非虚。[⑥]

这个宇宙模型把什么问题都解决了，地球不仅在运转，而且也不会从悬空中陷下去，因为地球也是“浑然一环”中的一个有机组成部分。有学者说：“盖天说、浑天说的创意与所受的困扰，均来自常识。浑天说认为大地是球，可是仍受天在上、地在下观念的束缚，仍然坚持上下分明的观点，继盖天说陷入‘天塌’困境之后，又重蹈覆辙，陷入‘地陷’的困境。没有万有引力的概念，就不可能科学地解决这些问题。”[⑦]毫无疑问，利玛窦的“地圆说”没有能够解决“地陷”的困境，这是王夫之不接受“地圆说”的主要原因之一。因为西方传教士认为地球运动的需要一个推动者，而这个推动者就是上帝。所以，在当时，

---

① 徐仪明：《王夫之的自然世界》，深圳：海天出版社，2015 年，第 144 页。
② [日]镰田胜：《自我开发的 100 法则》，李文庚译，北京：国际文化出版公司，1998 年，第 234 页。
③ [美]希利尔：《希利尔讲世界地理·奇妙的秘密》，龚勋编译，杭州：浙江教育出版社，2016 年，第 2 页。
④ 席泽宗主编：《中国科学技术史·科学思想卷》，第 475 页。
⑤ 周济：《中西科学思想比较研究·识同辨异探源汇流》，厦门：厦门大学出版社，2010 年，第 18 页。
⑥ （清）王夫之：《船山全书》第 13 册《庄子解》，第 394—395 页。
⑦ 林德宏编著：《自然科学史概要》，北京：清华大学出版社，2010 年，第 10 页。

承认地圆说与承认上帝是第一推动者的观念是联系在一起的，我们不能把两者截然分开。王夫之说：

天地之化，无非自然。上皇因而顺之，不治而不乱；后世自勉以役其德，而自然者失矣。以为天下可自我而勉为之，而操之以为魁柄。然则天地、日月、风云，亦有主持而使然者乎？人无不可任，天无不可因，物无不可顺。至于顺物之自然，而后能使天下安于愚而各得。①

否定天地"有主持而使然"是王夫之思想的基本特点，有学者肯定"王夫之不受利玛窦用自然科学作'技巧而文之'的迷惑，以中国传统哲学的理性主义来指出天主教神学的荒谬，这不失为他的西学观中有价值的见解"②。当然，我们绝不会因为这一点而否认王夫之在对待利玛窦"地圆说"方面的不当之论。例如，他将西方科学视之为"小慧"，认为"我们所讲的是本，西人所讲的是末；我们所讲的是道，西人所讲的是艺；我们所讲的是精意，西人所讲的是粗迹"③等，都是不可取的。但是，下面的批评并不公正。如有学者认为："在利玛窦的科学理性面前，王夫之经验性的体知与猜想显然既陈旧又无力。在这一问题上，王夫之甚至远不如明末清初某些中国学者的水平。"④只要想想西方传教士在传播科学知识的过程中，诱使不少士人在接受其科学知识的同时也信仰了基督教，就会明白王夫之坚持中华文化立场的精神，在当时是多么可贵了。

当然，王夫之与利玛窦不是两个孤立的历史人物，在明清之际他们代表着中西两种文化模式如何并存的一种探索与选择。有的学者把它理解为文化冲突，并且强调："王夫之对西学所作的学理批评，在中西文化交流史上有典型的意义。"⑤然而，究竟如何评价王夫之对待西方科学的历史反应，迄今仍是一个悬而未决的问题。

（二）对各种传统学说的批评及其对西方科学成果的吸收

1. 对各种传统学说的批评

这个问题前面已经讲过，这里略作补充。

五行思维模式对气象学及历法的影响比较大，王夫之举例说：

《月令》位土于季夏，惟不达于相克者相成之义，疑火金之不相见而介绍之以土，且以四时无置土之位，弗获已而以季夏当之尔。其云律中黄钟之宫，既不可使有十三律，则虽立宫之名，犹是黄钟也。将令林钟不能全应一月，于义尤为卤莽。其说既不足以立，历家又从而易之，割每季之十八日以为土王，尤虚立疆畛而无实。五行之运，不息于两间，岂有分时乘权之理！必欲以其温凉晴雨之大较而言之，则《素问》六气

① （清）王夫之：《船山全书》第13册《庄子解》，第247页。
② 陈卫平：《论王夫之的西学观》，罗小凡、王兴国主编：《船山学论》，长沙：船山学刊社，1993年，第531页。
③ 嵇文甫：《嵇文甫文集》上册，郑州：河南人民出版社，1985年，第128页。
④ 曾振宇：《中国气论哲学研究》，济南：山东大学出版社，2001年，第345页。
⑤ 林振武：《王夫之对西方科学的认识及其历史地位》，《嘉应学院学报（哲学社会科学版）》2010年第4期，第36页。

之序以六十日当一气，为风寒燥湿阳火阴火之别，考之气应，实有可征，贤于每行七十二日之说远矣。且天地之化，以不齐而妙，亦以不齐为均。时自四也，行自五也，恶用截鹤补凫以必出于一辙哉！《易》称元亨利贞，配木火金土而水不与，则四序之应，虽遗一土，亦何嫌乎！天地非一印板，万化从此刷出，拘墟者自不知耳。①

“理一而用不齐”②是王夫之分析问题的基本思想原则，他反对用机械的和整齐划一的思维方法去解决复杂多变的事物现象。例如，《月令》为了满足五行各主一时节的思维模式，而强行分出“季夏”归于土位。与之相应，“黄钟主十一月，土在林钟、夷则之间，各有分主，不可假借，故引黄钟之清宫为土律，其管半黄钟之管，长四寸五分，则黄钟之清宫也，故季夏十八日已后土王，气至，则黄钟之宫应之也”③。四季与五行本来就不对应，而为了使两者对应起来，不惜采用“截鹤补凫”机械方法，挖疮加灸，生搬硬套，使之整齐过甚，反而失却了事物本来的真实性。因此，“截鹤补凫”的方法只能是一种见闻狭隘的表现。

对于二十四节气的位序，汉代以后定型化为：立春、雨水、惊蛰、春分、清明、谷雨、立夏、小满、芒种、夏至、小暑、大暑、立秋、处暑、白露、秋分、寒露、霜降、立冬、小雪、大雪、冬至、小寒、大寒。其中对于“雨水”和“惊蛰”的位序，王夫之提出了下面的看法。他说：

《月令》及汉历先惊蛰而后雨水，汉以后历先雨水而后惊蛰。盖古人察有恒之动于其微，著可见之动于其常也。正月蛰虫振于地中，察微者知之，待著而后喻者不知也。正月或雨雪，或雨水，虽或雨水而非其常。二月则以雨水为常。惊变者不待其变之定而纪之，不验者多矣。护蛰虫之生当于其微，而后生理得苏，效天时之和润以起田功，当待其常而后人牛不困。后人之不古若，而精意泯矣。④

对“雨水”与“惊蛰”的先后问题，竺可桢有一段考证性议论：“《大戴礼记·夏小正》已有启蛰、雨水等名称……《管子》亦有清明、大暑、小暑、始寒、大寒之语，特古历惊蛰在雨水之前，谷雨在清明之前。《左传》桓公五年启蛰而郊，注蛰夏正建寅之月。郑康成《月令注》亦曰《夏小正》正月启蛰，至汉初仍以启蛰为正月气，后因避景帝讳而改名惊蛰，故汉初惊蛰犹在雨水之前惊蛰、雨水及谷雨、清明之倒置，邢昺谓始于刘歆之三统历，顾宁人则谓始于《李梵编诉》之四分历；《淮南子》与《逸周书》均已先雨水而后惊蛰，至新、旧《唐书》，则又先惊蛰后雨水；至《宋史》始，雨水在前，惊蛰在后。”⑤至于在唐宋为何有此变化？有学者解释说：《逸周书》二十四节气安排依据的是黄河流域的物候，而《宋史》二十四节气安排依据的则是长江流域的物候。以唐朝鲍防等人所写的《状江南》组诗为例，《逸周书》记惊蛰的第三候（相当于雨水的第三候）“草木始萌”，而在《状江南》孟春中已

① （清）王夫之：《船山全书》第12册《思问录外篇》，第446—447页。

② （清）王夫之：《船山全书》第12册《思问录外篇》，第438页。

③ （宋）李昉编纂，夏剑钦、王巽斋校点：《太平御览》卷21《时序部》，石家庄：河北教育出版社，1994年，第182页。

④ （清）王夫之：《船山全书》第12册《思问录外篇》，第447—448页。

⑤ 竺可桢：《竺可桢文集》，北京：科学出版社，1979年，第141页。

是“荇叶大如钱”。因为南方的气候比黄河流域温暖，同一节气的物候不同。[①]又有学者比较分析之后说：“实际上，惊蛰原来叫启蛰，只是为了避汉景帝刘启的讳才改的。而且历史上惊蛰和雨水节气名曾长期倒置，直至《宋史》才又固定雨水在前，惊蛰在后。所以，实际上因为这两个节气雨水均不多，平均初雷均未开始，因此节气名互换也就没有什么问题。‘清明’和‘谷雨’节气也有类似情况，历史上位置也曾互换。主要是因为华北地区‘十年九春旱’，而这两个节气雨水都不多，天气也都清明，因此这两个节气名互换也没有什么问题。”[②]考《礼记・月令》孟春之月（即现在旧历岁首正月）前三候为“东风解冻，蛰虫始振，鱼上冰”，而仲春之月（即现在旧历二月）则有“始雨水”及“雷乃发声，始雷，蛰虫咸动，启户始出”[③]的候应。这里，“蛰虫始振”与“蛰虫咸动”不是一个概念，也是在不同时节里所表征的两个物候现象，所以王夫之上述之论是有一定道理的。

在对传统“天地之气”的批判过程中，王夫之提出了地球大气层的概念。他说：

> 雾之所至，土气至之。雷电之所至，金气至之。云雨之所至，木气至之。七曜之所至，水火之气至之。经星以上，苍苍而无穷极者，五行之气所不至也。因此，知凡气皆地气也，出乎地上则谓之天气，一升一降，皆天地之间以絪缊者耳。《月令》曰：“天气下降，地气上腾。”从地气之升而若见天气之降，实非此晶晶苍苍之中有气下施以交于地也。经星以上之天既无所施降于下，则附地之天亦无自体之气以与五行之气互相含吐而推荡，明矣。天主量，地主实，天主理，地主气，天主澄，地主和，故张子以清虚一大言天，亦明乎其非气也。[④]

文中云“凡气皆地气也”，此“地气”即可理解为地球大气。有学者解释说：“王夫之以气归地，则所谓‘天气’或者所谓的‘天地之气’，说到底都是大地上的阴阳五行之气，这种认识可对应于现代科学对大气层的理解：大气层中气距离地球愈近而愈深厚，愈远而愈稀薄；地球大气层包含生物呼吸所需要的氧气与植物光合作用所需要的二氧化碳，并保护生物基因免受紫外线的伤害，地球大气层的存在虽然与宇宙整体不无关联，但与地球的引力极有相关，而且，大地上的生物并不是它的简单的享用者，而是在亿万年的进化中对之不断进行化学修复，因而也是它的参赞者；而所谓的‘天气’，即风、雨、雪、霜等气象现象都集中发生在大气层距离地球最近的‘双流层’内。由此，王夫之以气归地有其特定的视域。”[⑤]所以程朱理学所说的“天气”，其实“非气”（即大气层）。对此，王夫之讲得很明白：“不于地气之外别有天气，则玄家所云先天气者无实矣。既生以后，玄之所谓后天也，则固凡为其气者，皆水、火、金、木、土、谷之气矣。未生以前，胞胎之气其先天者乎！然亦父母所资六府之气也。在己与其在父母者，则何择焉！无已，将以六府之气在吾形以

---

① 郑学檬：《点涛斋史论集——以唐五代经济史为中心》，厦门：厦门大学出版社，2016年，第338页。

② 林之光：《关注气候——中国气候及其文化影响》，北京：中国国际广播出版社，2013年，第181页。

③ 黄侃：《黄侃手批白文十三经》，上海：上海古籍出版社，1986年，第51、53页。

④（清）王夫之：《船山全书》第12册《思问录外篇》，第450页。

⑤ 陈赟：《论天道言说之正当方式——以王夫之庄子学为视域》，《武汉大学学报（人文科学版）》2014年第2期，第18—19页。

内，酝酿而成为后天之气，五行之气自行于天地之间以生化万物，未经夫人身之酝酿者为先天乎？然以实推之，彼五行之气自行而生化者，水成寒，火成炅，木成风，金成燥，土成湿，皆不可使丝毫漏入于人之形中者也。鱼在水中，水入腹则死。人在气中，气入腹则病。入股之空且为人害，况荣卫魂魄之实者乎！故以知所云先天气者无实也。栖心淡泊，神不妄动，则酝酿清微而其行不迫，以此养生，庶乎可矣。不审而谓此气之自天而来，在五行之先，亦诞也已！"[①]"五行之气"外别无"先天气"，由此，王夫之认为内丹家所言"先天气"自"天而来，在五行之先"，是十分荒谬的。在王夫之看来，"天主理，地主气"，这个原则不能混淆，否则就跑到"理在气先"的唯理论阵营中了。

至于"理"与"气"的关系，王夫之始终把"气"与"理"分为两个不同层次的问题。王夫之说："自霄以上，地气之所不至，三光之所不行，乃天之本色。天之本色，一无色也。无色、无质、无数、无象，是以谓之清也、虚也、一也、大也，为理之所自出而已。"[②]又说："天即以气言之，道即以天之化言，固不得离乎气而言天也。"故"理与气互相为体，而气外无理，理外亦不能成其气，善言理气者必不判然离析之。"[③]不管怎样，"气外无理"是王夫之哲学思想的主基调，当然，我们丝毫不排除在此之外，王夫之思想体系中还存在着这样或那样的矛盾之处。

在对待中西科学的态度上，王夫之坚守中华文化立场值得肯定，而他在坚守中华文化立场的总前提下，大胆用那个时代的价值观去自觉审视和检讨中华文化传统中那些与"实学"不符的文化现象，尤其是对宋明空疏之学的批判，无疑为清朝乾嘉学派的兴起创造了条件。

2. 对西方科学的积极认识

这个问题比较复杂。王夫之说：

> 古之为历者，皆以月平分二十九日五十三刻有奇为一朔，恒一大一小相间，而月行有迟疾，未之审焉。故日月之食恒不当乎朔望。《谷梁子》未朔、既朔、正朔之说由此而立，而汉儒遂杂以灾祥之说，用相爚乱。至祖冲之谂知其疏，乃以平分大略之朔为经朔，而随月之迟疾出入于经朔之内外为定朔。非徒为密以示察也，以非此则不足以审日月交食之贞也。西洋夷乃欲以此法求日，而制二十四气之长短，则徒为繁密而无益矣。其说大略以日行距地远近不等，迟疾亦异，自春分至秋分其行盈，自秋分至春分其行缩，而节以漏准，故冬一节不及十五日者十五刻有奇，夏一节过于十五日者七十二刻有奇。乃以之测日月之食，则疏于郭守敬之法而恒差。若以纪节之气至与否，则春夏秋冬温暑凉寒，万物之生长收藏，皆以日之晨昏为主，不在漏刻之长短也。故曰日者天之心也。则自今日日出以至于明日日出为一日，阖辟明晦之几定于斯焉。若一昼一夜之间，或长一刻，或短一刻，铢累而较之，将以何为乎！日之有昼夜，犹人

① （清）王夫之：《船山全书》第 12 册《思问录外篇》，第 450—451 页。
② （清）王夫之：《船山全书》第 12 册《思问录外篇》，第 457 页。
③ （清）王夫之：《船山全书》第 6 册《读四书大全说》，第 1115 页。

之有生死，世之有鼎革也。纪世者以一君为一世，一姓为一代足矣，倘令割周之长，补秦之短，欲使均齐而无盈缩之差，岂不徒为紊乱乎！西夷以巧密夸长，大率类此，盖亦三年而为棘端之猴也。[①]

一般学者都把这段话作为议论王夫之鄙视西方科学的重要依据之一，王夫之确实认为中国传统文化的整体思维优于西方文化的“形式逻辑思维方法”，因而他“把形式逻辑的思维方法摈斥于自己的哲学思考之外”[②]。但是，对于西方科学中的那些具体先进成果，王夫之却采取积极态度，不断吸收到他的研究著述中，这又体现了王夫之对待西方科学的另一面。从这个角度看，认为“王夫之的西学中源观带有更多的盲目排斥西学的色彩”[③]，恐怕未必符合王夫之思想的实际。

第一，吸纳几何学方法的精义。王夫之由于没有直接引用《几何原本》的内容，所以从形式上就很容易给人们造成其不懂几何学的假象。实际上，王夫之“却吸收了几何学方法之精义而创造出他的特别重视人的抽象思维能力之发挥的新致知论”，对此，我们只要把王夫之的论述“与利玛窦《译几何原本引》和徐光启《几何原本杂议》的相关论述相对照，就可以明显地看出其中的相通之处”[④]。

第二，对西方“质测之法”的肯定。陈卫平曾这样评价说：“对于当时传入中国的西方科学技术，王夫之基本上持肯定态度。他称赞‘西洋历家’的‘远镜质测之法’，认为这是‘西夷之可取者’（《思问录·外篇》）。‘质测’即实测，以自然界的实际事物为对象。王夫之肯定西学之‘质测’，一下子就抓住了西方科技里的近代因素——实证精神，表现出大思想家的锐利目光。”[⑤]

第三，对西方自然科学的关注。明清之际传入的西方自然科学，除天文、数学、解剖学、机械、水利之外，尚有物理和化学等。如王夫之在《搔首问》中说：“坊间有《博物典汇》一书，云是黄石斋先生所著，盖赝书也，其中漫无足采。……盖格物者，即物以穷理，惟质测为得之。若邵康节、蔡西山则立一理以穷物，非格物也。”[⑥]在这段话结尾，王夫之特别做了批注。他说：“按近传泰西物理、化学，正是此理。”[⑦]这表明王夫之对西方的实验科学是赞赏的，他把“格物”与“质测”联系起来，认为西方的“质测之学”与中国传统的“格物之学”在本质上是等价的。

第四，用西学知识对虹形成原因进行解释。王夫之说：“朱子谓虹霓天之淫气，不知微雨漾日光而成虹，人见之然尔，非实有虹也。言虹饮于井者，野人之说。”[⑧]对虹的成因，

① （清）王夫之：《船山全书》第12册《思问录外篇》，第449页。
② 陈卫平：《第一页与胚胎——明清之际的中西文化比较》，第160页。
③ 张玉春主编：《古文献与传统文化》，北京：华文出版社，2009年。
④ 许苏民：《中西哲学比较研究史》下卷，南京：南京大学出版社，2014年，第786—787页。
⑤ 陈卫平：《论王夫之的西学观》，罗小凡、王兴国主编：《船山学论》，长沙：船山学刊社，1993年，第529页。
⑥ （清）王夫之：《船山全书》第12册《搔首问》，第637页。
⑦ （清）王夫之：《船山全书》第12册《搔首问》，第637页。
⑧ （清）王夫之：《船山全书》第12册《张子正蒙注》，第327页。

唐宋时期已有"日照雨滴则虹成"①即雨滴分光的说法。明代方以智学习了利玛窦和徐光启传入的西方光学知识后，遂对色散问题做了科学总结。他说："凡宝石面凸，则光成一条，有数棱则必有一面五色。如峨嵋放光石，六面也；水晶压纸，三面也；烧料三面水晶，亦五色。峡日射飞泉成五色，人于回墙间向日喷水，亦成五色。故知虹霓之彩、星月之晕、五色之云，皆同此理。"②虽然分光现象是方以智首先发现的，但他确实受到了利玛窦和徐光启所传入的西方光学知识的影响。众所周知，汤若望《远镜说》（全书收于《崇祯历书》中）对于光在水中的折射现象已经做了比较详细的阐释。而方以智对王夫之的影响是客观存在的，如《宝庆府志·迁客方以智传》载："以智寓居新宁，复移居武冈之洞口：其居武冈时，与衡阳王夫之善。"③方以智和王夫之都比较重视"质测"的科学价值，而"质测"又构成王夫之"实学"思想的基础，所以王夫之对西方科学知识的学习本身，又从另一个侧面反映了他对新奇事物具有一种积极的开放心态。诚如有学者所言："王夫之的开放观开创了中国学习西方先进科学技术的先河，但他恪守古代思想文化传统的保守性又阻碍了深入全面系统学习西方思想文化制度的文明根基。用现代的眼光看，王夫之是当时站在中国哲学思想的最高点去学习西方文明的思想家。这种开放思想的学习也是在西方科学文明刺激下被动的反应，他想最终从中国古老的思想文化传统中去找出西方文明成果的成长原因。中国这艘古老的巨船从此也就在思想上开启了被动化的现代文明航程。"④

3. 简单结论

王夫之强调"五行"是对整个人类生活环境的总概括，具有极强的现实性。他说：

> 畴，事也，九事皆帝王临民之大法。五行者，非天化之止终此，亦非天之秩分五者而不相为通，特以民生所资，厚生利用，需此五者，故炎上、润下、曲直、从革、稼穑及五味，皆就人所资用者言之。五行，天产之材以善民，而善用之者君道也；五事，天命之性以明民，而善用之者君德也，皆切乎民事而言，故曰范，曰畴。汉以后儒者不察，杂引术数家言，分配支离，皆不明于《洪范》之旨；而医卜星命之流，因缘附会以生克休王之鄙说。张子决言其为资生之材以辟邪说，韪矣。⑤

这一段话明确了"五行"的性质，体现了王夫之"实学"思想的根本特点。王夫之又说："以实理为学，贞于一而通于万，则学问思辨皆逢其原，非少有得而自恃以止也。自益益人，皆唯尽其诚，而非在闻见作为之间，此存神之所以百顺也。"⑥从"贞于一而通于万"的思维方法看，"一"指的是客观事物的普遍性，"多"则指的是客观事物的特殊性，所以王夫之又说："穷天地万物之理，故富；大，非故为高远也。兼之者富，合万于一；一之者纯，一以

① （汉）郑玄注、（唐）孔颖达正义：《礼记正义》卷23《月令》，上海：上海古籍出版社，2008年，第646页。
② （明）方以智：《物理小识》卷8《器用类》，清光绪宁静堂刻本。
③ 罗正钧纂：《船山师友记》，长沙：岳麓书社，1982年，第57页。
④ 龙承海：《王夫之开放思想的借鉴意义》，《湖南日报》2009年7月28日，第11版。
⑤ （清）王夫之：《船山全书》第12册《张子正蒙注》，第329页。
⑥ （清）王夫之：《船山全书》第12册《张子正蒙注》，第379页。

贯万。”[①]而王夫之就是用这样的思维方法来处理中西科学的关系问题的，在他看来，西方的“质测之学”属于“万”的层面，与中国古代的“格物学”相对应，主要是研究具体的“器”与“形”的运动变化问题。与此相对应，中国传统的“理气之学”则属于“一”的层面，主要研究抽象的“道体”和“无形”之气的运动变化问题。因此，王夫之说：“理者，物之固然，事之所以然也。”[②]此“理”可通过“大心”来把握，这是中国传统思维的高超之处，王夫之认为西方的“质测之学”无法达到这样的思维高度。例如，王夫之说：“身，谓耳目之聪明也。形色莫非天性，故天性之知，由形色而发。智者引闻见之知以穷理而要归于尽性；愚者限于见闻而不知反诸心，据所窥测，恃为真知。徇欲者以欲为性，耽空者以空为性，皆闻见之所测也。”[③]这段讲了感性认识（即闻见之知）与理性认识（即大心之知）的关系问题，已成定论。不过，在这里王夫之还暗含着一层意思，即“据所窥测，恃为真知”，他是不赞成的。如果联系前面所引述过的“盖西夷之可取者，唯远近测法一术”，其他则“无通理之可守也”[④]，那么，王夫之表明了以下两种态度：第一，他用“远近测法一术”来批判中国古代各种缺乏实证依据的主观臆测之说或云“戏论”；第二，不能把“质测之理”当作“真知”。方以智在《物理小识·总论》中说：“天裂孛陨，息壤水平，气形光声，无逃质理。”[⑤]此处的“质理”就是指质测之理，也就是指各门具体科学的特殊规律。王夫之讲得很明白，他说：“耳与声合，目与色合，皆心所翕辟之牖也。合，故相知；乃其所以合之故，则岂耳目声色之力哉！”[⑥]又说：“言道体之无涯，以耳目心知测度之，终不能究其所至，故虽日之明，雷霆之声，为耳目可听睹，而无能穷其高远；太虚寥廓，分明可见，而心知固不能度，况其变化难知者乎！是知耳目心知之不足以尽性道，而徒累之使疑尔。心知者，缘见闻而生，其知非真知也。”[⑦]在王夫之看来，只有“大心”才能统摄万物，达于一理。他说：“天用者，升降之恒，屈伸之化，皆太虚一实之理气成乎大用也。天无体，用即其体。范围者，大心以广达之，则天之用显而天体可知矣。”[⑧]而“大心以广达之”则是西方“质测之学”所缺乏的东西，就此而言，王夫之更崇尚中国传统文化中的“大心”思维。

第五节　王锡阐会通中西的历法思想

王锡阐，字寅旭，又字肇敏、昭冥，号晓庵，又号天同一生，苏州府吴江震泽（今江苏苏州市吴江区）人。可能是明末遗民之故，《清史稿》本传及《畴人传》对王氏的生平介

---

① （清）王夫之：《船山全书》第12册《张子正蒙注》，第211页。
② （清）王夫之：《船山全书》第12册《张子正蒙注》，第195页。
③ （清）王夫之：《船山全书》第12册《张子正蒙注》，第148页。
④ （清）王夫之：《船山全书》第12册《思问录外篇》，第439页。
⑤ （明）方以智：《物理小识·总论》，《景印文渊阁四库全书》第867册，第745页。
⑥ （清）王夫之：《船山全书》第12册《张子正蒙注》，第146页。
⑦ （清）王夫之：《船山全书》第12册《张子正蒙注》，第146—147页。
⑧ （清）王夫之：《船山全书》第12册《张子正蒙注》，第154页。

绍都比较简略，与之不同，他的自传体小说《天同一生传》对其一生则记述颇详：

天同一生者，帝休氏之民也。治《诗》《易》《春秋》，明律历、象数。学无师授，自通大义，与人相见，终日缄默。若与论古今，则纵横不穷。家贫不能多得书，得亦不尽读，读亦不尽忆。间有会意，即大喜雀跃，往往尔汝古人。所为诗文，不必求工。率意而出，意尽而止。或疑其有所讽刺，然生置身物外，与人无忤也。帝休氏衰，乃隐处海曲，冬絺夏褐，日中未爨，意恒泊如。惟好适野，怅然南望，辄至悲晞，人皆咸目为狂生。①

此等"狂生"的"反常"情绪源自对"明朝"之亡的深切感伤和悲痛，他自称"帝休氏之民"，不难看出其对明朝生死相随的忠贞情怀。王济在《王晓庵先生墓志》一文中说："甲申之变，发愤欲死者再。一投河，会有救者，不死。一绝粒，勺水不入口者七日，又不死。父母强持之，不得已乃复食。"②从此，王锡阐便绝意科场而"隐处海曲"，因为对故国的怀念使他从感情上很难与清朝的统治相谐。于是，作为一名亡国遗民，王锡阐在"政治完全绝望"③之后，不得不"弃制举业，专力于古学"④。至于王锡阐的学术追求与成就，王济先生曾这样评述说：

经史子集，一一皆有根柢。排异端，斥良知，直以濂洛洙泗为己任，所交游尽笃学高蹈之士。尤嗜天文、历数家言，自西人利氏立法，自谓密于中历，人莫能窥。先生独抉其篱而搜其疵，所著有《晓庵历法》《大统历》《启蒙历说》《汉初日食辨》《圜解》《三辰仪晷》等书，而不肯出示显者。凡交食陵犯，步推无间寒暑。一生不执青蚨，年月惟书甲子。题所居曰"困亨斋"。为诗古文精核高简，书皆虫鸟。性复疏慵，脱稿旋失。晚有门人姚汝鼐稍稍集之，得古文若干篇、诗若干篇，《续唐书》则修而未竟，《明史十表》则竟而稿佚。其半音学，则有《订定字母原始》若干言。先生瘦面露齿，危冠长发，衣敝衣，履决踵，性落落无所合，皮相者莫不以为不近人情。叩之，则如决江河，滔滔谆复不倦，必开解乃已。与人交，热肺肠，利害无所避。素不入城。⑤

王锡阐终其一生虽然衣衫褴褛，贫困潦倒，但他学贯古今，博通中西，是一位能耐得住寂寞和能让痛苦发光的精神富有者。就其所取得的科学成就而言，阮元有"王氏精而核，梅氏博而大，各造其极，难可轩轻"⑥之说，不难想见他在整个清代学术发展过程中尤其是在明末清初中西会通时期，该占有多么重要的历史地位。王锡阐的主要科学著作有《晓庵遗书》9 种，即《晓庵新法》《大统历法启蒙》《历表》《历策》《历说》《日月左右旋问答》

---

① （清）王锡阐：《天同一生传》，吴曾祺：《旧小说》，上海：商务印书馆，1914 年，第 121—122 页。
② 吴江市档案局：《震泽镇志续稿》卷 5《墓域》，扬州：广陵书社，2009 年，第 110 页。
③ 梁启超：《中国近三百年学术史》，芜湖：安徽师范大学出版社，2016 年，第 16 页。
④ 吴江市档案局：《震泽镇志续稿》卷 5《墓域》，第 110 页。
⑤ 吴江市档案局：《震泽镇志续稿》卷 5《墓域》，第 110 页。
⑥ （清）阮元：《畴人传合编校注》，郑州：中州古籍出版社，2012 年，第 316 页。

《五星行度解》《推步交朔序》和《测日小记序》，以及《圜解》。目前学界对王锡阐思想的系统研究，首推陈美东、沈荣法主编的《王锡阐研究文集》一书，下面我们就依据前人的研究成果，拟对王锡阐的主要科学思想简要陈述如下。

一、《晓庵新法》与《圜解》中的西方科学思想

（一）《晓庵新法》中的西方天文学思想

明末清初，西学东渐已成江河之势，而在这个历史过程中，中西文化的冲突和碰撞不可避免。面对中华民族这个具有5000多年文明历史的泱泱大国，西方传教士采用“亲近儒学”或“补儒”的学术传教方式，输入了西方近代数学和天文学知识，为明末中国知识界带来了一股清新的思想气息，例如，三角学和几何学方法的引入，正好弥补了中国传统数学与天文学的缺憾。在这种形势下，以杨光先为代表的少数顽固保守派，主张“宁可使中夏无好历法，不可使中夏有西洋人”[①]，反对西方近代科学知识的传入。然而，以徐光启、薛凤祚等多数士人为代表，却用积极的态度，学习和借鉴西方近代科学知识，符合历史发展的大趋势，因而“西学东渐”成为当时知识界的主流思潮。

像黄宗羲、顾炎武、王锡阐等明朝遗民深感明代学风的空疏不实，给国家和民族造成了无可挽回的灾难性后果，因而倡导“经世致用”，并专注于历史、地理、军事、经济及自然科学的研究，推动了明清实学的发展。不过，鉴于中国古代历法的政治色彩比较浓厚，而治历又是关系到国运盛衰的大事，具有其他研究所不能比的大用途[②]，所以王锡阐把撰写《晓庵新法》作为自己的主要学术目标。那么，王锡阐为何要编撰《晓庵新法》这部历书呢？他在《晓庵遗书·自序》中说：

> 万历季年，西人利氏来归，颇工历算。崇祯初，命礼臣徐光启译其书，有“历指”为法原，“历表”为法数，书百余卷，数年而成，遂盛行于世。言历者莫不奉为俎豆。吾谓西历善矣，然以为测候精详可也，以为深知法意未可也。循其理而求其通可也，安其误而不辨不可也。[③]

在此，所谓“法意”主要是指天文学的基本立论[④]，在王锡阐看来，这是中国传统历法的长处，具体表现在以下五个方面：

第一，“二分者，春秋平气之中；二正者，日道南北之中也。《大统》以平气授人时，以盈缩定日躔，非法谬也。西人既用定气，则分、正为一，因讥中历节气差至二日。夫中历岁差数强，盈缩过多，恶得无差。然二日之异，乃分、正殊科，非不知日行之朓朒而致

① （清）杨光先等撰、陈占山校注：《不得已》卷下《合朔初亏时刻辩》，合肥：黄山书社，2000年，第74页。

② 马来平主编：《中西文化会通的先驱——“全国首届薛凤祚学术思想研讨会”论文集》，第308页。

③ （清）王锡阐：《晓庵遗书·自序》，薄树人主编：《中国科学技术典籍通汇·天文卷》第6分册，郑州：河南教育出版社，1993年，第433页。

④ 沈福伟：《中西文化交流史》，上海：上海人民出版社，2014年，第384页。

误也。《历指》直以怫己而讥之，不知法意一也”[①]。

这里牵涉清初天文学家与西方传教士的一场历法之争[②]，王锡阐非常理性地分析了中西历法各自的特点，同时表明了自己的鲜明立场和态度。诚如前述，杨光先为了抵制西历，在他出任钦天监监正时，恢复了明朝的《大统历》。然而，西洋新法在测算日行运动方面，确实有它的长处。所以清朝政府就试图用西洋新法来取代明朝的《大统历》，后来德国传教士汤若望将西洋新法进献朝廷，名曰《时宪历》。从二十四节气的划分方法看，《大统历》采用的是平气法，而《时宪历》采用的则是定气法。西方传教士南怀仁等把“节气差至二日”的原因归结为《大统历》所采用的平气法，肯定不符合实际。王锡阐正确地指出“二日之异”，乃是平气和定气出现的误差[③]，属于正常现象，不必夸大其词，以混淆视听。

第二，“诸家造历，必有积年日法，多寡任意，牵合由人。守敬去积年而起自辛巳，屏日法而断以万分，识诚卓也。西人命日之时以二十四，命时之分以六十，通计一日为分一千四百四十，是复用日法矣。至于刻法，彼所无也。近始每时四分之，为一日之刻九十六。彼先求度，而后日尚未觉其繁，施之中历则窒矣。反谓中历百刻不适于用，何也？且日食时差法之九十六，与日刻之九十六何与乎？而援以为据，不知法意二也”[④]。

中国传统历法将一天分为12辰、100刻的时制[⑤]，西方历法则将一天分为24小时，每小时60分。郭守敬的《授时历》“屏日法而断以万分”，其法是将一天分为100刻，1刻分为100分，这样，一天包含10 000分。分以下则：1分作为100秒，1秒作为100微。可见，郭守敬改革的目的是“对日数外的余数，不再用分数，改用逢百进位的小数”[⑥]。由于西历分一天为1440分，其本质上与中国传统历法中的“日法”无异，所以王锡阐称西历“是复用日法”，言外之意是说《授时历》的精确性高于西历。再说，中历以365 1/4度（即回归年长度）来划分，而西历则用360度来划分一周天，二者仅仅是人为的划分，难分伯仲，怎么能武断地说“中历百刻不适于用”呢？

第三，“天体浑沦，初无度分可指，昔人因一日日躔命为一度，日有疾徐，断以平行，数本顺天，不可损益。西人去周天五度有奇，敛为三百六十，不过取便割圆，岂真天道固然？而党同伐异，必曰日度为非，讵知三百六十尚非弦弧之捷径乎？不知法意三也”[⑦]。

对于天体运动，中西历法形成了各自的测验系统和理论认识，中历采用“日度”系统来测验日月五星的运动，取得了诸多领先于同时代西方世界的科学成就，这是不争的事实。但从近代天文学的发展趋势看，“西人去周天五度有奇，敛为三百六十”的计算较中

---

① （清）王锡阐：《晓庵遗书·自序》，薄树人主编：《中国科学技术典籍通汇·天文卷》第6分册，第433页。

② 陈久金：《中国少数民族天文学史》，北京：中国科学技术出版社，2013年，第624—628页。

③ 陈久金：《中国少数民族天文学史》，第627页。

④ （清）王锡阐：《晓庵遗书·自序》，薄树人主编：《中国科学技术典籍通汇·天文卷》第6分册，第433页。

⑤ 百刻时制法采用日晷或漏壶将一昼夜分为十时，一时分为十刻。“刻”为漏壶的基本记时单位，在竹或木制的箭上刻画出100等份，其高度正好等于一昼夜漏壶滴水的高度，1刻等于现在的14.1分钟。隋唐以后，百刻时制与十二时辰制配合使用。参见李颂主编：《时空与相对论》，西安：西安电子科技大学出版社，2015年，第11—12页。

⑥ 潘鼐、向英：《郭守敬》，上海：上海人民出版社，1980年，第113页。

⑦ （清）王锡阐：《晓庵遗书·自序》，薄树人主编：《中国科学技术典籍通汇·天文卷》第6分册，第433页。

历具有更明显的优势，就此而言，王锡阐的认识有其局限性。不过，这是王锡阐在坚守中华传统文化立场的前提下所出现的失误，在当时，这种“失误”是有价值的，也是很有必要的。

第四，“上古置闰，恒于岁终。盖历术疏阔，计岁以置闰也。中古法日趋密，始计月以置闰，而闰于积终。故举中气以定月，而月无中气者即为闰。《大统》专用平气，置闰必得其月，新法改用定气，致一月有两中气之时，一岁有两可闰之月，若辛丑西历者，不亦耀乎？夫月无平中气者，乃为积余之终，无定中气者，非其月也。不能虚衷深考，而以卤莽之习，侈支离之学，是以归余之后，气尚在晦；季冬中气，已入仲冬；首春中气，将归腊杪。不得已而退朔一日以塞人望，亦见其技之穷矣，不知法意四也”①。

关于西历将“定气入历”所致“一月有两中气之时”的乱象，姜涛在《历居阳而治阴——略论二十四气入历及其在清代以来的变迁》②一文中有详论，这里不多重复，仅引其简短结论如下：一是“定气入历后，有时会出现一月三气，无中置闰的成规因而遭到破坏”③。二是“无中置闰成规被打破的结果，中气作为月之主干的地位愈见削弱，而节气作为月之界限的职能相应强化”④，“与此相应的是，在称呼上的以偏概全，即以‘二十四节气’代替行之已久的‘二十四气’，也正是在清代得以流行”⑤。三是“定气入历所带来的另一显著变化，就是闰月不再像平气入历时代各个月份都有分布，而是较为集中地分布于散月至七月间，也即春末到秋初的半年，闰二月和闰八月已较少见，闰九月和闰十月则更为罕见”⑥。四是“定气入历之后，由于其计算方法的复杂、神秘，二十四气交节时刻的发布，已决定性地操控在清朝官方机构钦天监之手，民间不通西法者已很难破解其‘奥秘’。……然而历法垄断导致的结果却是清朝统治者难以预料的：太平天国的那一班根本不懂历法为何物的农民革命家干脆废除了传统的阴阳历，制定了只认二十四气且简单易行的《天历》”⑦。五是当然，“西历自罗马教皇格里高利十三世改历以后，其精度已大大提高”，不过，“即使现在通行的格里历，从民用历的角度看，也并不是什么好的历法。若要和中国的传统历法相较，恐怕并不能体现出多少先进性。首先，西历作为纯阳历，不能反映月相的变化。其次，西历的岁首及其12个月日数的安排，也没有多少科学的道理：7月和8月之所以成为大月，

① （清）王锡阐：《晓庵遗书·自序》，薄树人主编：《中国科学技术典籍通汇·天文卷》第6分册，第433—434页。

② 姜涛：《历居阳而治阴——略论二十四气入历及其在清代以来的变迁》，中国社会科学院近代史研究所：《第三届近代中国与世界国际学术研讨会论文集》第3卷《文化·思想》，北京：社会科学文献出版社，2015年，第1308—1314页。

③ 姜涛：《历居阳而治阴——略论二十四气入历及其在清代以来的变迁》，中国社会科学院近代史研究所：《第三届近代中国与世界国际学术研讨会论文集》第3卷《文化·思想》，第1309页。

④ 姜涛：《历居阳而治阴——略论二十四气入历及其在清代以来的变迁》，中国社会科学院近代史研究所：《第三届近代中国与世界国际学术研讨会论文集》第3卷《文化·思想》，第1310页。

⑤ 姜涛：《历居阳而治阴——略论二十四气入历及其在清代以来的变迁》，中国社会科学院近代史研究所：《第三届近代中国与世界国际学术研讨会论文集》第3卷《文化·思想》，第1310页。

⑥ 姜涛：《历居阳而治阴——略论二十四气入历及其在清代以来的变迁》，中国社会科学院近代史研究所：《第三届近代中国与世界国际学术研讨会论文集》第3卷《文化·思想》，第1311页。

⑦ 姜涛：《历居阳而治阴——略论二十四气入历及其在清代以来的变迁》，中国社会科学院近代史研究所：《第三届近代中国与世界国际学术研讨会论文集》第3卷《文化·思想》，第1312页。

能有31日，完全是因为罗马统治者的个人意志，而2月之被缩减为28日（闰年为29日），也只是因为它是全年的最后一个月”，虽然如此，我们却不得不承认：“西历的优点恰恰是中国传统历法所不具备的。西历的各月日期是固定的（仅四年一闰的2月多出一个29日），相比中历需不断根据太阳、月亮的实际运行推算气朔要简单、方便的多。”①

第五，“天正日躔，本起子半，后因岁差，历丑及寅。若夫合神之说，乃星命家猥言，明理者所不道。西人自命历宗，何至反为所惑，谓天正日躔定起丑初乎？况十二次舍命名，悉依星象，如随节气递迁，虽子午不妨易地，而玄枵、鸟咮，亦无定位耶。不知法意五也”②。

这里，需要介绍一下两个古代天文学概念，即十二辰与十二次。

“十二”被中国古人视为“天之大数”③，所以人们将黄道附近的一周天分为十二等分，以正北方为子，自东向西，依次为丑、寅、卯、辰、巳、午（正南）、未、申、酉、戌、亥，是谓十二辰，这是一套沿用至今的天空区划系统。同时，还有另外一套天空区划系统即十二次，沿天球赤道，从西向东，依次为星纪、元枵、娵訾、降娄、大梁、实沈、鹑首、鹑火、鹑尾、寿星、大火、析木。从理论上，这两种天空区划系统存在着一定的对应关系，只是二者的顺序方向相反。然而，由于岁差的原因，二者之间对应关系会随着“岁差”的变化而变化，故《清史稿·畴人传一》载：

> 恒星一年东行五十余秒，又黄、赤二道斜交，并非平行，于左旋至速之中，微斜牵向右。日之于天，犹经纬之于日也。日行至黄道分至节气之限，则春秋寒暑皆随之而应。七政躔于各宫，遇各宫燥湿寒温风雨，则随恒星之性而应。然则冬、夏二至，乃黄道上子、午之位也。春、秋二分，乃黄道上卯、酉之位也。惟唐、虞时冬至日躔虚中，恒星之子中，正逢黄道之子中。嗣是渐差，而东周在女，汉在斗，今在箕。黄道之子，非恒星之子也。以丑宫初度为冬至者，因周时冬至恒星已差至丑，周人即以恒星为黄道之十二次，故命丑为星纪，言诸星以此纪也。其实丑乃周时恒星之宿度，并非恒星之子中。今并不在丑，又移至寅十余度矣。④

这个问题本来已经在《授时历》中解决了。可是，由于《时宪历》引入了西方的黄道十二宫概念，上述问题就变得十分复杂了。

首先，关于“太阳过宫”问题。沈括解释说：

> 六壬天十二辰：亥曰登明，为正月将；戌曰天魁，为二月将。古人谓之“合神”，又谓之“太阳过宫”。“合神”者，正月建寅合在亥，二月建卯合在戌之类。“太阳过宫”者，正月日躔诹訾，二月日躔降娄之类，二说一也。此以《颛帝历》言之也。

① 姜涛：《历居阳而治阴——略论二十四气入历及其在清代以来的变迁》，中国社会科学院近代史研究所：《第三届近代中国与世界国际学术研讨会论文集》第3卷《文化·思想》，第1313—1314页。

② （清）王锡阐：《晓庵遗书·自序》，薄树人主编：《中国科学技术典籍通汇·天文卷》第6分册，第434页。

③ 黄侃：《黄侃手批白文十三经》，第465页。

④ 《清史稿》卷506《畴人传一》，第13971—13972页。

> 今则分为二说者，盖日度随黄道岁差。今太阳至雨水后方躔诹訾、春分后方躔降娄。若用“合神”，则须自立春日便用亥将，惊蛰便用戌将。今若用太阳则不应合神，用“合神”则不应太阳。以理推之，发课皆用月将加正时，如此则须当从“太阳过宫”。若不用太阳躔次，则当日当时日月、五星、支干、二十八宿，皆不应天行。以此决知须用太阳也。然则未是尽理，若尽理言之，并月建亦须移易。缘目今斗杓昏刻已不当月建，须当随黄道岁差。今则雨水后一日方合建寅，春分后四日方合建卯，谷雨后五日方合建辰，如此始与太阳相符，复会为一说。然须大改历法，事事厘正。①

可见，不顾岁差实际，而固守“正月建寅合在亥”之斗建与太阳的相合，显然是错误的。

其次，关于《时宪历》的“太阳过宫”问题。古巴比伦曾把太阳每年在天空中移动所经历的12个星座，称之为“黄道十二宫”，与中国古代的“十二次”异曲同工。但十二次以冬至点作为标志点，即以冬至点所对应的星宿位置作为“星纪”次的中点②，而黄道十二宫则从白羊宫起算，以春分点为起算点。如前所述，清朝《时宪历》采用西法，认为十二次随立春点西移而移动，显然是不合理的。③

此外，经王锡阐分析，西方天文学还存在着10个方面的不足。他说：

> 岁实消长，昉于《统天》郭氏用之，而未知所以常用；元氏去之，而未知所以当去。西人知以日行高卑求之，而未知以二道远近求之，得其一而遗其一，当辨者一也。岁差不齐，必缘天运缓促。今欲归之偶差，岂前此诸家皆妄作乎？黄、白异距，生交行之进退。黄、赤异距，生岁差之屈伸，其理一也。《历指》已明于月，何蔽乎日？当辨者二也。日躔盈缩最高，干运古今不同。揆之臆见，必有定数。不惟日躔，月、星亦应同理，但行迟差微，非毕生岁月所可测度。西人每诩数千年传人不乏，何以亦无定论？当辨者三也。日月去人时分远近，视径因分大小，则远近、大小宜为相似之比例。西法日则远近差多而视径差少，月则远近差少而视径差多。因数求理，难可相通。当辨者四也。日食变差，机在交分。西历名交角，日轨交分与月高交分不同；月高交于本道，与交于黄道又不同。《历指》不详其理，《历表》不着其数，岂黄道一术足穷日食之变乎？当辨者五也。中限左右，日月视差，时或一东一西；交广以南，日月视差，时或一南一北。此为视差异向与视差同向者加减迥别，《历指》岂以非所常遇，故置不讲耶？万一遇之，则学者从何立算？当辨者六也。日光射物，必有虚景，虚景者，光径与实径之所生也。暗虚恒缩，理不出此。西人不知日有光径，仅以实径求暗虚。及至步推不符天验，复酌损径分以希偶合。常辨者七也。月蚀定望，唯食甚为然，亏复四限，距望有差。日食稍离中限，即食甚已非定朔。至于亏复，相去尤远。西历乃

---

① （宋）沈括著、侯真平校点：《梦溪笔谈》卷7《象数一》，长沙：岳麓书社，1998年，第52—53页。

② 《历书》编写组：《新编实用万年历（1931—2050年）》，上海：上海科学技术出版社，2015年，第246页。

③ 杜迈之、张承宗：《叶德辉评传》，长沙：岳麓书社，1986年，第98页。

言交食必在朔望，不用朓朒，过矣。当辨者八也。岁、填、荧惑以本天为全数，日行规为岁轮；太白、辰星以日行规为全数，本天为岁轮。故测其迟速留退，而知其去地远近。考于《历指》，数不尽合。当辨者九也。荧惑用日行高卑变岁轮大小，理未悖也；用日行高卑变岁轮大小，则悖矣。太白交周不过二百余日，辰星交周不过八十余日，《历指》皆与岁周相近，法虽巧，非也。当辨者十也。①

王锡阐以上10个问题（即回归年长度的变化、岁差、月亮与行星的拱线运行、太阳和月亮的视直径、白道、日月的视差、交食的半影计算、交食时刻、五星的小轮模型、水星与金星的公转周期），都是对西方历法的批评，有理有据，因为它不是纯粹的主观之论，而是建立在坚实的测验基础之上。在此前提下，王锡阐认为："吾谓西历善矣。然以为测候精详可也，以为深知法意未可也。循其理而求通可也，安其误而不辨未可也。"②于是，他仔细比较了中、西历法各自的长处和短板，一方面，"考正古法之误，而存其是"；另一方面则"择西说之长，而去其短"③。他发现："西人能言数中之理，不能言理之所以同；儒者必称理外之数，不能明数之所以异；此两者所以毕世而不相通耳。"④在当时，中外历法充满了争议，王锡阐能够以如此冷静的思维和超常的理性态度来认识和评价中西历法的历史地位，确实难能可贵。所以正像徐光启所言"欲求超胜，必须会通"⑤，也就是说，只有综合中、西历法各自的长处，才能求我国历学的进步。为此，王锡阐以极大的勇气撰著了《晓庵新法》，从而成为"中国天文学传统最后的守望者"⑥。

《晓庵新法》总计6卷，其主要内容如下：

卷1有"勾股""割圆""变率""通率"四目，虽然里面有许多需要用符号来表达的数学公式，但王锡阐为了保守中国的传统叙述方式，还是全部采用文字来表达。例如，王锡阐在"割圆"目下描述用割圆之法求解三角函数法云：

置全圆，四分之，曰象限。日度九十一度少强，爻限九十六爻，平限九十限。⑦

席泽宗院士称："把圆周分为384等分，叫做爻限。这个分法比西洋360度的分法以及我国365 1/4度的分法都有优越之处，它的1/4等于96爻，96爻的三等分为32爻，而$32=2^5$，即可以平分下去，一直到1爻为止，这对刻度的精确度大有好处。"⑧

① （清）王锡阐：《晓庵遗书·自序》，薄树人主编：《中国科学技术典籍通汇·天文卷》第6分册，第434页。

② （清）王锡阐：《晓庵遗书·自序》，薄树人主编：《中国科学技术典籍通汇·天文卷》第6分册，第433页。

③ （清）阮元：《畴人传》卷35《王锡阐下》，本社古籍影印室：《中国古代科技行实会纂》第2册，北京：北京图书馆出版社，2006年，第592页。

④ （清）阮元：《畴人传》卷34《王锡阐上》，本社古籍影印室：《中国古代科技行实会纂》第2册，第550页。

⑤ （清）阮元：《畴人传》卷34《王锡阐上》，本社古籍影印室：《中国古代科技行实会纂》第2册，第549页。

⑥ 江晓原：《王锡阐——中国天文学传统最后的守望者》，《自然辩证法通讯》杂志社主编：《科学精英：求解斯芬克斯之谜的人们》，北京：世界图书出版公司北京公司，2015年，第495—506页。

⑦ （清）王锡阐：《晓庵新法》卷1《割圆》，北京：中华书局，1985年，第2页。

⑧ 席泽宗：《试论王锡阐的天文工作》，《古新星新表与科学史探索——席泽宗院士自选集》，西安：陕西师范大学出版社，2002年，第88页。

卷2有“法数”“黄道诸数”“日躔诸数”“月离诸数”“气朔定名”“岁星诸数”“荧惑诸数”“填星诸数”“太白诸数”“辰星诸数”“远近中准”“视径中准”“晨夕隐见”“里差”“诸应”这十五目，基本上都是依据《崇祯历书》或《西洋新法历书》给出了调整后的各种天文数据。陈美东在《中国科学技术史·天文学卷》中对王锡阐所给出的数据与《崇祯历书》做了比较，发现“修正结果的准确度有优于、也有次于《崇祯历书》者”①。

卷3有“气朔”“五星”“通率”“躔离定度”“气朔定日”“内外纬度”“经纬变度”“躔离宿度”“躔离辰次”“九服里差”“命日”这十一目。主要是以西洋方法中的小轮体系来推求日、月、五星的位置，以及计算朔、弦、望与节气出现的时刻。日本同志社大学的宫岛一彦在《王锡阐〈晓庵新法〉的太阳系模型》②一文中根据本卷相关内容讨论了王锡阐所使用的太阳系模型，指出：“在中国，虽然作历方面达到如此程度，但是没有设想过明确的几何学模型。根据从欧洲来的耶稣会士的参与研究，首次成立了它。处于那样的环境，做出这样模型的王锡阐，对天文学的深刻理解，可以说他是杰出的独创性的所有者。特别是，从把所有的旋转方向统一到左转方向等工作，就见到把全系统统一地解决的意图。”③

卷4有“昼夜永短”“五星远近”“月星光体盈亏”“视径”“月星伏见”“极交分”等六目。此卷的主要内容与《时宪历》比较一致，只是许多西方历法的计算公式（即球面天文学）都是采用文字表述，使人难以一下子就能理解其中的奥义。例如，关于晨昏蒙影（即暮曙光）问题，王锡阐解释“昏明分”说：

> 置日出入定时真刻，进退四刻，为昏明前泛时。
>
> 日出退，日入进，下皆仿此。
>
> 求其日躔赤道内外度，益北极高，为外较。
>
> 如在一象限以上者，与半周相减，余为外较，后仿此。
>
> 损北极高，为内较。两申其较弦，相从、损半，为先数。以昏明准分损外较或内较较弦。
>
> 日在赤道南，损内较，赤道北，损外较，不及损者，其自日入后至日出前，皆为朦胧分。
>
> 为次数，如先数而一，为矢，得距中度。④

王锡阐取太阳中心在地平线下 18°时为天文晨光始或昏影终，称时角 t（图 4-4）为距中度，昏明准分（即cos108°）是一个常数，等于 0.309017，详见卷2“晨夕隐见”下“昏明准分：三十分九十秒一十七微”⑤。

---

① 陈美东：《中国科学技术史·天文学卷》，第683页。
② 陈美东、沈荣法主编：《王锡阐研究文集》，石家庄：河北科学技术出版社，2000年，第64—84页。
③ 陈美东、沈荣法主编：《王锡阐研究文集》，第83页。
④ （清）王锡阐：《晓庵新法》卷4《昏明分》，第68页。
⑤ （清）王锡阐：《晓庵新法》卷2《昏明》，第36页。

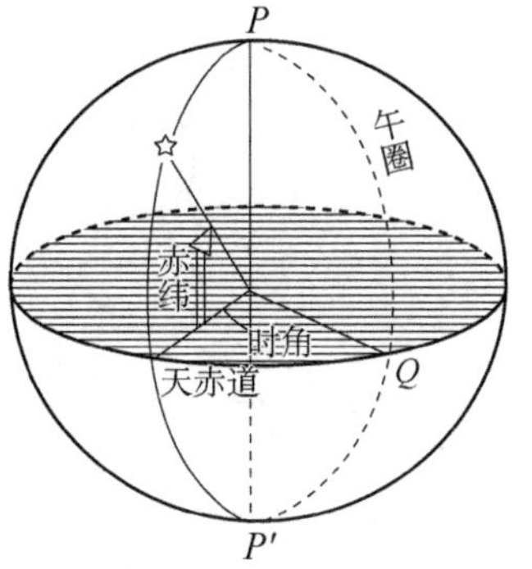

图 4-4　时角与赤角示意图[①]

故上述文字用现代数学公式表达，则为[②]

$$\cos t=\frac{\cos 108^{\circ}-\sin\phi\sin\delta_{\Theta}}{\cos\phi\cos\delta_{\Theta}}=\frac{-0.309\,017-\sin\phi\sin\delta_{\Theta}}{\cos\phi\cos\delta_{\Theta}}$$

式中，Φ 为地理纬度，δ_{Θ} 为太阳赤纬度。

卷 5 有“气差”“视差”“晨昏日月径”“月体光魄定向”“变差”这五目，其中“月体光魄定向”是王锡阐的首创。所谓“月体光魄定向”实际上就是确定日心和月心连线的方法，王锡阐说：

（泛向）月离黄道与午位黄道相减，为黄道距午度。

月离黄道强于午位黄道，为午前。午位黄道强于月离黄道，为午后。

次以午位及月离两黄道高度较弦相因，为先数。正弦相因，为次数。用次数损距午较弦，不及损者，反损之，下所得弧过象限。

为后数，如先数而一，为较弦。其弧与半周，午前相从，午后相消，为泛向。

起子中位算外，后皆同。

（次向）朔后者，以黄道高度交分，中前加泛向，中后反减半周，余加泛向，望后者，以黄道高度交分，中后减泛向，中前反减半周，余减泛向，各为次向。

（定向）.月纬度正弦，如距日定度正弦而一，为正弦，得差较分，用以损益次向。

朔后，纬南损；纬北，益望后。纬南益，纬北损。

为魄体定向，加半周，为光体定向。又损益一象限，为光魄界定向。[③]

对王锡阐创立的上述“月体光魄定向”方法（图 4-5），席泽宗先生曾用现代球面天文学方法进行过解释：

---

① 王文福：《自然地理学原理及其在测绘中的应用》，武汉：武汉大学出版社，2014 年，第 23 页。

② 席泽宗：《试论王锡阐的天文工作》，《古新星新表与科学史探索——席泽宗院士自选集》，第 88 页。

③ （清）王锡阐：《晓庵新法》卷 5《月体光魄定向》，第 79—80 页。

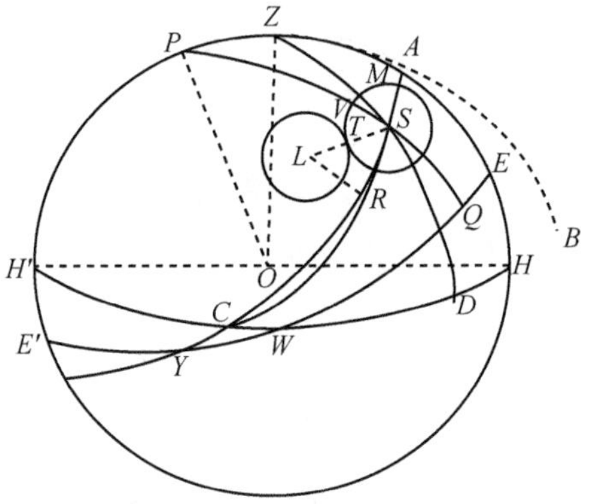

图 4-5　月体光魄定向法示意图①

同样的问题，日本学者宫岛一彦在《王锡阐〈晓庵新法〉的太阳系模型》一文中也有阐释。当然，由于王锡阐的文字表述本身比较隐晦，有些问题还需要作进一步的研究。

卷 6 有“日食”“太白食日”“凌犯”“交会辰次”这四目，其中讨论日月食的亏复方位算法与前面的“月体光魄定向”法相同，而在“凌犯”目下所讨论的“掩食浅深”“凌犯远近”“掩食凌犯方位”等算法，则系传统历法所不曾论及的问题，可谓发前人之未发。具体内容详见宁晓玉《〈五星行度解〉中的宇宙结构》一文②，兹不赘述。

（二）《圆解》中的西方数学思想

王锡阐的数学著作《圆解》抄本，为李俨先生所藏，一卷，无序，共有十二目，即“平圆第一”“平行线第二”“弧弦矢第三”“折线第四”“勾股第五”“三边形第六”“四边形第七”“圆内方形第八”“弧弦矢互易第九”“两弦相因第十”“两弧损益第十一”“多弧较弦第十二”（原抄本出现了两个“第八”）。对《圆解》的主要内容，梅荣照和李迪两位先生都曾有专论。③下面我们就依据前辈的研究成果，对王锡阐《圆解》中的西方数学思想略作阐释。

（1）对数学名词给出定义，对定理或命题给出证明，显然是受《几何原本》一书的影响。中国传统数学的特色是以算法为中心，故不擅长对原理、公式和概念等进行定义和繁难的逻辑证明。与之不同，西方数学则以《几何原本》为范式，形成了擅长对概念进行严格的定义和逻辑证明的数学传统。关于正弧、较弦等概念，《圆解》释：“任用圆周之一段曰正弧[随所用之大小未定度分]，倍之曰全弦。以当正弦之直线，其两端于全

① 席泽宗：《试论王锡阐的天文工作》，《古新星新表与科学史探索——席泽宗院士自选集》，第 89 页。

② 宁晓玉：《〈五星行度解〉中的宇宙结构》，陈美东、沈荣法主编：《王锡阐研究文集》，石家庄：河北科学技术出版社，2000 年，第 90—95 页。

③ 梅荣照：《王锡阐的数学著作——〈圆解〉》，陈美东、沈荣法主编：《王锡阐研究文集》，第 134—148 页；李迪：《对〈圆解〉的一些探讨》，陈美东、沈荣法主编：《王锡阐研究文集》，第 149—159 页。

弦之两端者曰全弦，半全弦为正弧之正弦，正弧为全弧之半，故正弦亦得全弦之半。自全弧折中之处出直线至全弦折中之处，折弧、弦之中，即弧弦最远之处，曰正矢。正弧与象限之较曰较弧，较弧之弦、矢曰较弦、较矢。”[①]如图 4-6 所示，图中弧“震界”为正弧，自震向反向截一段“弧全”使与弧“震界”等，则弧“界震全”为全弧。“界全”连线为全弦。过“界”作一条直线与“震心”平行，并与“心离”相交于“较”，“界较”为较弦。“界全”弦与“震心”线相交之处，记为正，则“界正”为正弦，即正弦函数，亦即 界正=sin∠正心界 。“较弦”即余弦函数，亦即 界较（心正）=cos∠正心界 。[②]用《圆解》中的定义云：“正弧与象限之较曰较弧，较弧之弦曰较弦。”又定义正弦情形下的“先数”和“后数”概念云：“（先数）小弧较弦因大弧正弦”及“（后数）大弧较弦因小弧正弦。”[③]

设α为大弧，β为小弧，α大于β，则有

先数$=\cos\beta\sin\alpha$

后数$=\cos\alpha\sin\beta$ 。

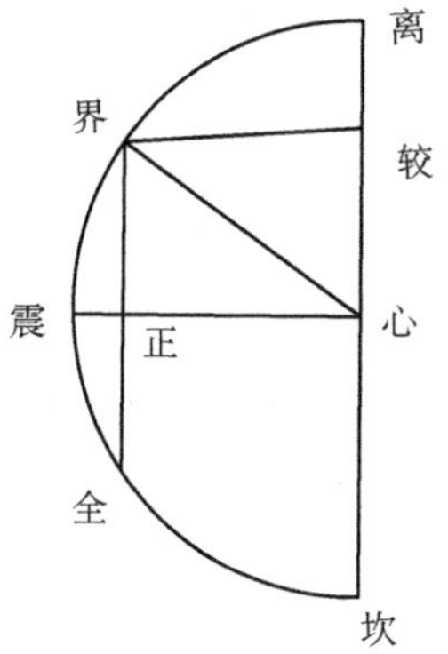

图 4-6　三角函数示意图[④]

在《圆解》里，王锡阐提出了许多重要定理和命题，且在每个定理和命题之后均有解释或证明。如王锡阐云：“以先数加（减）后数为总弧正弦（多弧正弦）。”[⑤]用现代数学式表达这条定理即

$$\sin(\alpha\pm\beta)=\sin\alpha\cos\beta\pm\cos\alpha\sin\beta$$

证明：分大小两弧俱不及象限与小弧不及象限大弧过象限两种情形。这里只介绍大小两弧俱不及象限中两角差的正弦公式证明。如图 4-7 所示：

① 李迪：《对〈圆解〉的一些探讨》，陈美东、沈荣法主编：《王锡阐研究文集》，第 151 页。
② 李迪：《对〈圆解〉的一些探讨》，陈美东、沈荣法主编：《王锡阐研究文集》，第 151—152 页。
③ 梅荣照：《王锡阐的数学著作——〈圆解〉》，陈美东、沈荣法主编：《王锡阐研究文集》，第 138 页。
④ 梅荣照：《墨经数理》，沈阳：辽宁教育出版社，2003 年，第 269 页。
⑤ 李迪：《对〈圆解〉的一些探讨》，陈美东、沈荣法主编：《王锡阐研究文集》，第 153 页。

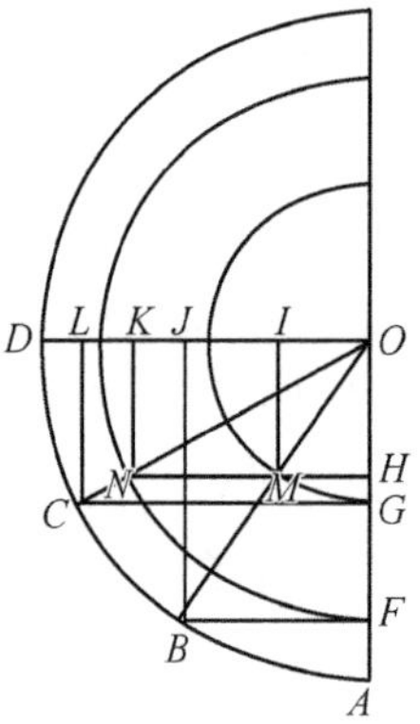

图 4-7　大小两弧俱不及象限示意图①

图 4-7 中 A 表示“尾”，B 代表“界”，C 代表“次”，D 代表象，E 代表“言”，F 代表“正”，G 代表“弦”，H 代表“小”，I 代表“少”，J 代表“较”，K 代表“泰”，L 代表“对”，M 代表“割”，N 代表“交”，O 代表“心”。

设 AB 为小弧，其正弦为 BF，余弦为 BJ；AC 为大弧，其正弦为 CG，余弦为 CL，以 BJ 和 CG 为半径作两补助圆，已证明先数 NH 为 NO（BJ）乘 CG，后数 MH 为 MO（CL）乘 BF 。过 B 作垂直于 CO 的直线和 BJP 勾股形。由于 BJP 与 ONK 勾股形相等，所以 BP 与 KO（NH）等。过 J 作平行于 BP 的直线与 CO 交于 T 。因 TJ 等于 CL 乘 JO（BF），故 TJ 与 MH 等，又 PJ 与 UT 平行，UP 与 TJ 平行，故 UP 与 TJ 等。BP 减去 UP 等于 BU，所以先数减去后数为多弧正弦，即先数 $\sin A\cos B = NH = CG\cdot NO$ ，后数 $\cos A\sin B = MH = MO\cdot BF$ ，两者相减则

$$\sin(A-B) = \sin A\cos B - \cos A\sin B$$ ②

由此可见，王锡阐上述证明的特点是：“把圆的弧、弦、矢联系在一起，利用‘先数’‘后数’两个概念，很顺利地证明了两个重要的三角公式。”③

（2）引入新概念。《圆解》一书引入的新概念主要有冲、折线、尖折、斜折、矩折等。据梅荣照先生研究，第一，对于圆的直径，王锡阐引入“冲”的概念，他说：“自圆周任取一处，直线过心至其冲曰全径。”④第二，王锡阐从《周髀算经》“折矩以为勾广三”一句话的表述中，抽取出“折”这个概念，用以取代《几何原本》里的“角”概念，如“两平行线相交相遇于一线，其折必等。尖折与尖折等，斜折与斜折等，两线内外互视之等折，两线中间函两矩折”，又如“乘圆负圆之折，视圆心之折，所函弧度，每加一倍也”等⑤，“这种避免用角概念的思想，显然是与传统数学和天文学一脉相承的”⑥。

综上所述，王锡阐《圆解》一书，从新概念的引入，到一般原理的证明，以及全书体

① 梅荣照：《王锡阐的数学著作——〈圆解〉》，陈美东、沈荣法主编：《王锡阐研究文集》，第 141 页。
② 梅荣照：《王锡阐的数学著作——〈圆解〉》，陈美东、沈荣法主编：《王锡阐研究文集》，第 140—141 页。
③ 李迪：《对〈圆解〉的一些探讨》，陈美东、沈荣法主编：《王锡阐研究文集》，第 155 页。
④ 梅荣照：《墨经数理》，第 270 页。
⑤ 梅荣照：《墨经数理》，第 270 页。
⑥ 梅荣照：《墨经数理》，第 270 页。

例的编撰，都被深深打上了《几何原本》的思想烙印。

二、对“以夷变夏”观的反思：传统科学思想的意义

“夷夏”观是中国传统文化的主要议题之一。《左传》定公十年载：

> 夏，公会齐侯于祝其，实夹谷。孔丘相。犁弥言于齐侯曰：“孔丘知礼而无勇，若使莱人以兵劫鲁侯，必得志焉。”齐侯从之。孔丘以公退，曰：“士，兵之！两君合好，而裔夷之俘以兵乱之，非齐君所以命诸侯也。裔不谋夏，夷不乱华，俘不干盟，兵不逼好。于神为不祥，于德为愆义，于人为失礼，君必不然。”齐侯闻之，遽辟之。①

这是一段非常经典的论述，反复被讨论夷夏之防的学者引用。孔子的态度很明确，一旦夷族不安分守己，入侵中原的华夏族，那么，诸夏就有充分理由对来犯之夷人予以征伐和惩戒。夷族入侵中原的华夏族不仅仅是军事的，更是思想的和文化的。这个问题在明清之际表现得尤其突出。

正如三国魏晋时期儒、释、道三教的“夷夏之辨”，最终使佛教融入中华民族的传统文化之中，成为中华优秀传统文化的一个组成部分一样，由利玛窦传来的西方科学，经过郭子章、徐光启、方以智等人的大力提倡，已经渐入人心，彻底将其排斥于中国古代科学之外，显然不是明智之举。所以，王锡阐就《崇祯历书》的性质问题提出了自己的一些看法。

《崇祯历书》比较系统地介绍了第谷的天文学体系，是中国历法的一次重大改革，在清初知识界产生了极大影响。对此，有学者评论说：

> 明末由徐光启主持，召集来华耶稣会士编成《崇祯历书》，系统介绍欧洲古典天文学。入清后康熙爱好自然科学，尤好天算，大力提倡，一时士大夫研究天文历法成为风尚，为前代所未有。清廷以耶稣会士主持钦天监，又以《西洋新法历书》的名称颁行《崇祯历书》之删改本，即所谓新法，风靡一时。这实际上是中国天文学走上世界天文学其同轨道的开端。……以异族而入主中国，又在历法这个象征封建主权的重大问题上引用更远的异族及其一整套学说方法，这在当时许多知识分子，特别是明遗民们看来，是十足的“用夷变夏”，很难容忍。②

王锡阐便是这种思想意识的主要代表之一，他在《晓庵新法》一书“自序”中明确表示：“吾谓西历善矣，然以为测候精详，可也，以为深知法意，未可也。”③又说：徐光启等人编撰《崇祯历书》“本言取西历之材质，归《大统》之型范，不谓尽堕成宪而专用西法如

---

① 黄侃：《黄侃手批白文十三经》，第445—446页。

② 江晓原：《王锡阐：中国天文学传统最后的守望者》，《自然辩证法通讯》杂志社主编：《科学精英：求解斯芬克斯之谜的人们》，第498页。

③（清）王锡阐：《晓庵新法·自序》，第1页。

今日者也”，因此，“余故兼采中西，去其疵类，参以己意，著历六篇”[①]。在王锡阐看来，徐光启等人译编《崇祯历书》，本意并不是要“专用西法”，而是一种偶然，但对这种偶然性，也绝不能等闲视之。在此情势之下，王锡阐认为他有必要站出来为中国传统科学说话，同时再为中西科学的“会通”做一些正本清源的工作。

首先，王锡阐认为“西说原本中学”。在王锡阐之前，徐光启、黄宗羲、方以智等都或多或少地都讲到了“西学中源”的问题。如黄宗羲说：“勾股之学，其精为容圆、测圆、割圆，皆周公、商高之遗术，六艺之一也。自后学者不讲，方伎家遂私之，溪流逆上，古冢书传，缘饰以为神人授受。……珠失深渊，罔象得之。于是西洋改容圆为矩度，测圆为八线，割圆为三角。吾中土人让之为独绝，辟之为违天，皆不知二五之为十者也。”[②]于是，他提出了“使西人归我汶阳之田”[③]的主张。在此基础上，王锡阐做了进一步的具体论证。他在《历说》一文中说：

> 《天问》曰：“圜则九重，孰营度之。”则七政异天之说，古必有之。近代既亡其说，西说遂为创论。余审日月之视差，察五星之顺逆，见其实然，益知西学原本中学，非臆撰也。请举其概，《五纬历指》谓日月本天以地心为心，五星本天以太阳为心，斯言是矣。唯谓星天或包日天之外，诸圜能相割相入，则未敢以为信也。盖日为列曜之宗，本天亦应最大，五星诸圜悉在其内，随之斡旋，太阳则居本天之心而绕地环行，五星各丽本圜之周而绕日环行，二法不同也。知日天与星天异法，则知日行一规，本非天周，亦无实体，诸圜不必相割相入矣。新法既云，星天以太阳为心，则本天之行即为岁行，乃复设本天仍似以地心为心，法既不定，安所取衷乎！[④]

王锡阐又举例说：

> 西历源于《九执历》，而测候稍精，但《九执》仅有成法，不言立法之故，故使西人得以掠其绪余，簧鼓天下。兹亦不必求诸隐深，举其浅显易见之粗迹，无非蹈袭剽窃之左券：即如岁、月、日、时、宫闰、月闰、最高、最卑、次轮、引数、黄道九十度限、月高二三均数、五纬中分较分之属，无一不本《九执》。[⑤]

在当时的特定历史背景下，王锡阐坚守中华传统文化立场，有其积极价值。不过，中学和西学的相互借鉴和相互吸收是一个比较复杂的历史过程，事实上，片面强调西学源于中学的观点，无论过去还是现在，都难以服人。所以有学者比较客观地分析说：王锡阐“从中法屈于西法的现实中，为找回中法的‘自尊’，做到了自圆其说。然而此说的非科学性显而易见。不难看出，王锡阐虽然声称以继承徐光启的中西会通观为己任，但是从他的学术实践来看，他与徐光启的会通思想并非处于同一个层次，其中最根本的区别在于，王锡阐

---

① （清）王锡阐：《晓庵新法・自序》，第4页。

② （清）黄宗羲：《黄宗羲全集》第10册，杭州：浙江古籍出版社，1993年，第35页。

③ （清）黄宗羲：《黄宗羲全集》第10册，第36页。

④ （清）王锡阐：《晓庵遗书・历说》，《丛书集成续编》第170册，上海：上海书店，1994年，第152—153页。

⑤ （清）王锡阐：《晓庵先生文集》卷2《答万充宗书》，清道光元年（1821）刻本。

追求的主要目标并不是徐光启的‘超胜’西方，而是要将西法全面纳入中法体系。”①

其次，主张“以人验天”。从历法的角度看，中法与西法究竟是一种什么样的关系，王锡阐提出了以下见解。他说：

夫治历者不能以天求天，而必以人验天，则其不合者固多矣。虽幸而合，久必乖焉，何也?天地终始之数、七政运行之本非上智莫穷其理，然亦只能言其大要而已。欲求精密，则必以数推之，数非理也，而因理生数，即因数可以悟理。②

陈美东先生对这段话曾做过精辟分析，他认为王锡阐揭示了造成历差的基本原因是：数差、法差和理差。③在此前提下，王锡阐比较中法和西法的异同。他说：

今西法且盛行，向之异议者，亦诎而不复争矣。然以西法有验于今可也；如谓不易之法无事求进不可也。夫历理一也，而历数则有中与西之异。西人能言数中之理，不能言理之所以同；儒者每称理外之数，不能明数之所以异，此两者所以毕世而不相通耳。④

这一段话明确了中法与西法的异同，在王锡阐看来，中法与西法的差异不在“历理”而是在“历数”上。限于当时的知识背景，王锡阐的认识未必正确，因为西方近代天文学的发展恰恰是建立在测验和数学方法的结合上。但考虑到王锡阐当时的主要目的是树立中华传统文化的自信，所以他不迷信西法的初衷值得肯定。诚如前述，王锡阐认为西法的长处是测验，而测验对于历法精确性的提高至关重要。他说：

是故验于天而法犹未善，数犹未真，理犹未阐者，吾见之矣。无验于天，而谓法之已善、数之已真、理之已阐者，吾未之见也。……其合其违，虽可预信，而分秒远近之细，必屡经实测而后可知。合则审其偶合与确合；违则求其理违与数违，不敢苟焉以自欺而已。⑤

可见，所谓实测就是用客观的天象去验证推算的结果，此即“以人验天”的本来之意。对此，王锡阐又进一步解释说：“当顺天以求合，不当为合以验天。法所以差，固必有致差之故，法所吻合，犹恐有偶合之缘。测愈久则数愈密，思愈精则理愈出。”⑥王锡阐坚信“测愈久则数愈密”，在他看来，历法所采用的相关数据都应当来自反复测验，这是王锡阐吸收西法经验和反思中法不足所取得的一个重要思想成果。他不仅这样说，而且付诸行动。在《测日小记序》中，王锡阐陈述说：

其如薄食之分秒加时之刻分之不可决之于目，断之于意乎！故非其人不能知也，

① 徐海松：《清初士人与西学》，北京：东方出版社，2001 年，第 333 页。
② （清）王锡阐：《晓庵遗书·历说》，《丛书集成续编》第 170 册，第 149 页。
③ 陈美东：《中国古代天文学思想》，北京：中国科学技术出版社，2007 年，第 616 页。
④ （清）王锡阐：《晓庵遗书·历说》，《丛书集成续编》第 170 册，第 150 页。
⑤ （清）王锡阐：《晓庵遗书·推步交朔序》，《丛书集成续编》第 170 册，第 163 页。
⑥ （清）王锡阐：《晓庵遗书·历策》，《丛书集成续编》第 170 册，第 148—149 页。

无其器不能测也。人明于理而不习于测，犹未之明也。器精于制而不善于用，犹未之精也。人习矣，器精矣，一器而使两人测之，所见必殊，则其心目不能一也。一人而用两器测之，所见必殊，则其工巧不能齐也。心目一矣，工巧齐矣，而所见犹必殊，则以所测之时瞬息必有迟早也，数者之难，诚莫能免其一也。①

对于历法而言，获得一个精确的数据是比较难的，王锡阐批评中国古代历法之粗疏的主要动因之一，就是以往历家尤其是明朝历家对测验技术大多都是忽视的态度。王锡阐在《推步交朔序》中也不隐晦中国古代历家的这一陋习，他说：

自晋唐以迄明，代代有作者而法日超于密矣，但步食或不尽验，食时或失辰刻，则其为术或者犹可商求，苟能虚衷殚思，未必不复更胜，奈何一行、守敬之徒，乃有惟德动天之谀，日度失行之解，使近世畴人草泽，咸以二语蔀其明、域其进耶？果尔，则天自天而历自历，合不足为是，失不足为非，叛官傲扰，可以无诛，安用凤鸟氏为也？每见天文家言，日月乱行，当有何事应，五星违次当主何庶征，余窃笑之，此皆推步之外，而即附以征应，则殃庆祯异，唯历师之所为矣。②

这段话把中国历法代代不能"更胜"的缘由分析得十分到位，并一针见血地道出了星占术对历法本身的危害。星占术不是科学，这是不容置疑的事实，所以西方有些学者试图为明清之际传入中国的西方星占术翻案③，正像王锡阐"余窃笑之"一样，终究是不值一驳的奇谈怪论而已。

第六节　戴震科学启蒙思想

戴震，字东原，安徽休宁人，系中国近代"科学界的先驱者"④。他秉承家学，重视实证。乾隆三十八年（1773），出任《四库馆》纂修。《清史稿》本传载："震以文学受知，出入著作之庭。馆中有奇文疑义，辄就咨访。震亦思勤修其职，晨夕披检，无间寒暑。所校《大戴礼记》《水经注》尤精核。又于《永乐大典》内得《九章》《五曹算经》七种，皆王锡阐、梅文鼎所未见。震正讹补罅以进，得旨刊行。"⑤戴震将考据方法应用于整理传统科学典籍，成就卓著。据《清史稿》载："其测算书《原象》一卷，《迎日推策记》一卷，《勾股割圆记》三卷，《历问》一卷，《古历考》二卷，《续天文略》三卷、《策算》一卷。自汉以来，畴人不知有黄极，西人人中国，始云赤道极之外，又有黄道极，是为七政。恒星右旋

① （清）王锡阐：《晓庵遗书·测日小记序》，《丛书集成续编》第170册，第171页。

② （清）王锡阐：《晓庵遗书·推步交朔序》，《丛书集成续编》第170册，第163页。

③ B.Szczesniak. Notes on the Penetration of the Copernican Theory into China from the 17th to the 19th Centuries，*Journal of the Royal Asiatic Society*，1945，p.30.

④ 梁启超：《饮冰室文集》卷40《戴东原生日二百年纪念会缘起》，《饮冰室合集》第5册，上海：中华书局，1936年，第38页。

⑤ 《清史稿》卷481《戴震传》，北京：中华书局，1977年，第13198页。

之枢，诧为《六经》所未有，震谓：‘西人所云赤极，即《周髀》之正北极也，黄极即《周髀》之北极璇玑也。《虞书》在璇玑玉衡以齐七政，盖设璇玑以拟黄道极也。黄极在柱史星东南，上弼、少弼之间，终古不随岁差而改。赤极居中，黄极环绕其外，《周髀》固已言之，不始于西人也。”[①]在中西科学相互碰撞的明清之际，戴震用经学视野来考察中国传统科学的发展脉络，主张“义理不可空凭胸臆，必求之于古经”[②]，所以《清史稿》对上述这些科学著作，给出的总体评价是：“震为学精诚解辨，每立一义，初若创获，乃参考之，果不可易。”[③]可见，重视考据是戴震学术的显著特色。而在戴震的考据面前，“盖无论何人之言，决不肯漫然置信，必求其所以然之故；常从众人所不注意处觅得间隙，既得间，则层层逼拶，直到尽头处，苟终无足以起其信者，虽圣哲父师之言不信也。此种研究精神，实近世科学赖以成立”[④]。此论甚当，戴震确实可称为清学（汉学）之翘楚。

学界研究戴震的著作比较多，要者有李开的《戴震评传》、张庆卫的《东传科学与乾嘉考据学关系研究——以戴震为中心》、张东的《〈孟子字义疏证〉发微》、戴继成的《戴震程朱理学批判研究》、王艳求的《戴震重知哲学研究》、程嫩生的《戴震诗经学研究》、徐道彬的《戴震考据学研究》等。而本文拟在前人研究成果的基础上，重点对戴震与中国传统科技思想的关系略作探讨。

一、戴震的“理学革命”及其科学考据方法

（一）戴震的“理学革命”

有学者称：“戴震是他那个时代最杰出的汉学考释家和哲学革命家。”[⑤]在明代，程朱理学被奉为正统，一时独尊。尽管王阳明的“心学”，试图用“心即理”的命题来融合程朱理学的绝对“天理”，但当明清之际西方近代科学传入中国之后，心学的思想体系又很难与西方科学的实证方法相契合。于是，如何从实证科学的角度去认识和解构宋明理学就成了一个孕育思想变革的时代课题，而戴震的《孟子字义疏证》实际上就为清代这场思想变革运动揭起了序幕。

《孟子字义疏证》的主旨是“由故训以寻义理”，按照“明义理必求古经”的思路，戴震强调：“求之古经而遗文垂绝，今古悬隔，必求之古训。古训明则古经明，古经明则贤人圣人之义理明，而我心之所同然者，乃因之而明。义理非他，存乎典章制度者也。”[⑥]在宋代，《孟子》被理学家尊奉为经书，成为科举考试的必读书。理学家讲求“性理之学”，而《孟子》又是以性立言，故《孟子》一书便成为打开宋代理学之门的一把钥匙。所以戴震紧紧抓住这个联动理学机轴的核心链条，从《孟子》这部古经内部一环扣一环地推寻奥义。

---

① 《清史稿》卷 481《戴震传》，第 13199—13200 页。
② 《清史稿》卷 481《戴震传》，第 13198 页。
③ 《清史稿》卷 481《戴震传》，第 13199 页。
④ 梁启超：《清代学术概论》，上海：上海古籍出版社，2005 年，第 29 页。
⑤ 董德福：《梁启超与胡适——两代知识分子学思历程的比较研究》，长春：吉林人民出版社，2004 年，第 40 页。
⑥ 《清史稿》卷 481《戴震传》，第 13198—13199 页。

1. 对于“理”的阐释

戴震认为，理的概念不是脱离人情的抽象存在物，更不是浑然一体的和超验的绝对理念。检索《孟子字义疏证》卷上“理”的内容，总共15条，其要义如下。

第一，“理者，察之而几微必区以别之名也。是故谓之分理，在物之质曰肌理、曰腠理、曰文理。得其分，则有条而不紊，谓之条理。”[①]戴震从《周易》《中庸》《乐记》等古经中明辨“理”之古义，此与宋代理学家所讲的“天理”差异甚大。在戴震看来，“理”的本义有两层内涵：一是客观事物本来具有的一种“特质”，通过这种特质，将一事物和其他事物区别开来，如人体的指纹辨认就属于“分理”的范畴；二是通过人类的理性认识把本来杂乱无章的认识对象，按照一定的规律和分类原则，将其条理化和层次化。

第二，“理也者，情之不爽失也。未有情不得而理得者也。……天理云者，言乎自然之分理也。自然之分理，以我之情，洁人之情，而无不得其平，是也”[②]。这段话固然有不切实际的空想成分[③]，不过，戴震的初衷是把理视为节制“人情”或云“性之欲”的重要法则。他说：“性之欲之不可无节也。节而不过则依乎天理。”又说：“天理者，节其欲而不穷人欲也。”[④]在现实生活中，人情变化非常复杂，因此，面对复杂多变的人情世故，人们总得有判别是非的标准和依据，而理就充当了这个的角色。可是，人情并没有绝对的统一性，不同的社会群体对“人情”的要求和表现也不一样，所以在阶级社会中，“得其平”的“人情”是不存在的。

第三，戴震认为：“心之所同然，始谓之理，谓之义。则未至于同然，存乎其人之意见，非理也，非义也。凡一人以为然，天下万世皆曰是不可易也，此之谓‘同然’。”[⑤]这里，把“意见”与“理义”区分开来，至关重要。同前面所讲类似，在社会科学领域，“心之所同然”比较难实现，因为不同的阶级或利益集团，各有其“心之所同然”的标准。然而，在自然科学领域，“心之所同然”却是一切科学定理或规律的基本特征。至于“意见”，由于它不具有客观性和普遍性，因而不能成为“理义”。相反，“意见”还往往遮蔽人们发现“理义”的智慧之光。戴震承认，“自非圣人，鲜能无蔽”，但他惧怕陷于“意见”而不自知，甚至“任其意见，执之为理义”，因为它会导致“孰知民受其祸之所终极也哉”[⑥]的严重后果。

第四，区分感性认识（血气）和理性认识（理义）的作用。戴震说：“味与声色在物不在我，接于我之血气，能辨之而悦之；其悦者，必其尤美者也。理义在事情之条分缕析，接于我之心知，能辨而悦之。”[⑦]“血气”只能对客观对象的外在特征进行直观地反映，所以戴震说“味与声色在物不在我”，然而，对于客观事物的内部特征却是“血气”所不能认

---

① 胡适：《戴东原的哲学》附录《孟子字义疏证·理》，上海：上海古籍出版社，2013年，第129页。
② 胡适：《戴东原的哲学》附录《孟子字义疏证·理》，第130页。
③ 谭丕谟：《宋元明清思想史纲》，武汉：崇文书局，2015年，第199页。
④ 胡适：《戴东原的哲学》附录《孟子字义疏证·理》，第138页。
⑤ 胡适：《戴东原的哲学》附录《孟子字义疏证·理》，第131页。
⑥ 胡适：《戴东原的哲学》附录《孟子字义疏证·理》，第131页。
⑦ 胡适：《戴东原的哲学》附录《孟子字义疏证·理》，第133页。

识和把握的，它需要“心智”（理性思维）去认识和把握。那么，“心智”又是如何认识和把握客观事物的本质呢？戴震否定了人类先天具有“心智”的本能，他认为人类“心智”需要在学习实践中逐渐培养和提高。戴震举例说：“如火光之照物，光小者，其照也近。所照者，不谬也。所不照，斯疑谬承之。不谬之谓得理。其光大者，其照也远，得理多而失理少。且不特远近也，光之及又有明暗，故于物有察有不察。察者，尽其实。不察，斯疑谬承之。疑谬之谓失理。失理者，限于质之昧，所谓愚也。惟学可以增益其不足而进于智。益之不已，至乎其极，如日月有明，容光必照，则圣人矣。”①这个比喻未必恰当，但说理很实在，也很生动。戴震的中心思想是说人们只有不断学习才能获得更多的“理”，才能避免认识过程中的谬误。这个思想认识是非常深刻的，因为它否定了理学家对“圣人”超人性质的肯定，认为“圣人”是不断学习的结果。

2. 对于“天道”的阐释

《天道》是《孟子字义疏证》卷中的重要内容之一，总计 4 条，其要义是：

第一，戴震云：“道，犹行也。气化流行，生生不息，是故谓之道”，又说：“言分于阴阳五行以有人物，而人物各限于所分以成其性。阴阳五行，道之实体也。血气心知，性之实体也。有实体，故可分。惟分也，故不齐。”②这里肯定了“道”不是独立存在的客观实体，而“阴阳五行”则具有本体的意义。戴震强调，“道”须依赖于“阴阳五行”而存在，这是对程朱一派“理在气先”命题的直接否定。

第二，“形而上”与“形而下”非以“道器”言之。朱熹说：“阴阳，气也，形而下者也。所以一阴一阳者，理也，形而上者也。道，即理之谓也。”对此，戴震不予认同。他说：“《易》‘形而上者谓之道，形而下者谓之器’，本非为道器言之，以道器区别其‘形而上’‘形而下’耳。形谓已成形质。形而上犹曰形以前；形而下犹曰形以后。阴阳之未成形质，是谓形而上者也，非形而下明矣。”③可见，戴震承认“形”是物质的，是“生生不息的”，实际上，这是一种物质无限性的思想。在此基础上，戴震将“道器”问题全都纳入其唯物主义的思想体系之中，不给程朱一派的先验论思想留下任何余地。

第三，指出程朱理学否定物质本原的认识论根源。戴震说：“舍圣人立言之本指而以己说为圣人所言，是诬圣。借其语以饰吾之说，以求取信，是欺学者也。诬圣欺学者，程朱之贤不为也。盖其学借阶于老、庄、释氏，是故失之。凡习于先人之言，往往受其蔽而不自觉。在老、庄、释氏，就一身分言之，有形体，有神识，而以神识为本。推而上之，以神为有天地之本。”④在戴震看来，宋儒虽然不是有意识地“诬圣欺学”，但是他们循着老、庄、释氏的逻辑思维，承认“神”的先验性和本原性。于是，戴震说：老、庄、释氏“求诸无形无迹者为实有，而视有形有迹者为幻”，而“在宋儒，以形气神识同为己之私，而理得于天。推而上之，于理气截之分明，以理当其无形无迹之实有，而视有形有迹为粗”，所

① 胡适：《戴东原的哲学》附录《孟子字义疏证・理》，第 133 页。
② 胡适：《戴东原的哲学》附录《孟子字义疏证・天道》，第 145—146 页。
③ 胡适：《戴东原的哲学》附录《孟子字义疏证・天道》，第 146 页。
④ 胡适：《戴东原的哲学》附录《孟子字义疏证・天道》，第 148 页。

以他们“及从事老、庄、释氏有年，觉彼之所指独遗夫理义而不言，是以触于形而上下之云，太极两仪之称，顿然有悟，遂创为理气之辨，不复能详审文义。其以理为气之主宰，如彼以神为气之主宰也；以理能生气，如彼以神能生气也”①。如此看来，“以理为气之主宰”论仍然无法摆脱“诬圣欺学”的嫌疑。

3. 对于“性”的阐释

“性”是《孟子字义疏证》卷中的重要内容之二，总计9条，其中第2条的篇幅比较长，体现了戴震对“性”这个概念的重视。在此，我们简单把这部分的要义阐释如下。

第一，戴震回答了何者为“性”的问题。他说：“性者，分于阴阳五行以为血气心知，品物区以别焉。”②注意文中的“分”字，戴震解释道：“气化生人生物以后，各以类滋生久矣。”③也就是说，“分”本身是一个长期演化的历史过程，同时又是一种以类为存在前提的客观规律。对此，戴震进一步解释说：“在气化曰阴阳，曰五行；而阴阳五行之成化也，杂糅万变。是以及其流形，不特品物不同，虽一类之中又复不同。凡分形气于父母，即为分于阴阳五行。人物以类滋生，皆气化之自然。”④有学者积极评价戴震所提出的“分”思想，认为：“这是他对气本论思想的一个重要立论贡献。”⑤

第二，性是指“血气心知之性”。戴震分析宋儒将性分为“气质之性”与“义理之性”的思想实质，说：“程子、朱子，其初所讲求者，老、庄、释氏也。老、庄、释氏自贵其神而外形体，显背圣人，毁訾仁义。告子未尝有神与形之别，故言‘食色性也’，而亦尚其自然，故言性无善无不善。虽未尝毁訾仁义，而以杯棬喻义，则是灾杞柳始为杯棬，其指归与老、庄、释氏不异也。”⑥在这里，学界对戴震上述言论有不同的认识，不赘。例如，日本学者批评戴震说：“戴震对告子评价，也还只能受孟子迷惑而严重地偏离了基本立足点。”⑦然而，戴震之所以批评告子，是因为他将“仁义”排出“性”的自然体系之外。所以戴震说：“告子以自然为性使之然，以义为非自然转制其自然，使之强而相从，故言仁内也，非外也；义外也，非内也。立说之指归，保其生而已矣。”⑧当然，在戴震看来，“凡有生即不隔于天地之气化。阴阳五行之运而不已，天地之气化也。人物之生生本乎是，由其分而有之不齐，是以成性各殊”⑨。人性与一般的生物特性都有共同的物质基础，这是正确的，但人性的本质除自然属性以外，还有更加重要的社会属性，这一点戴震没有看到。因此，“戴震不知道物质有各种的组织形式，人的思想是具有最高组织形式的脑所发生的作用。戴震不知道这一点，只得沿用旧说，认为气有清浊昏明等不同的性质。这样，气就似乎有伦理

① 胡适：《戴东原的哲学》附录《孟子字义疏证・天道》，第148页。

② 胡适：《戴东原的哲学》附录《孟子字义疏证・性》，第149页。

③ 胡适：《戴东原的哲学》附录《孟子字义疏证・性》，第149页。

④ 胡适：《戴东原的哲学》附录《孟子字义疏证・性》，第149页。

⑤ 葛荣晋：《葛荣晋文集》第11卷，北京：社会科学文献出版社，2014年，第420页。

⑥ 胡适：《戴东原的哲学》附录《孟子字义疏证・性》，第150页。

⑦ [日]村濑裕也：《戴震的哲学——唯物主义与道德价值》，王守华等译，济南：山东人民出版社，1996年，第176页。

⑧ [日]村濑裕也：《戴震的哲学——唯物主义与道德价值》，王守华等译，第150页。

⑨ [日]村濑裕也：《戴震的哲学——唯物主义与道德价值》，王守华等译，第150页。

的色彩。这是不妥当的。但是戴震的主要企图是以物质的原因说明人和其他动物不同，这种唯物主义的精神是应该肯定的”①。

第三，对于孟子的“性善”与荀子的“性恶”主张，戴震分析说：其一，“以礼义虽人皆可以知，可以能，圣人虽人之可积而致，然必由于学。弗学而能，乃属之性；学而后能，弗学虽可以而不能，不得属之性。此荀子立说之所以异于孟子也”②；其二，“荀子知礼义为圣人之教，而不知礼义亦出于性；知礼义为明于其必然，而不知必然乃自然之极则，适以完其自然也。就孟子之书观之，明理义之为性，举仁义礼智以言性者，以为亦出于性之自然，人皆弗学而能，学以扩充之耳。荀子之重学也，无于内而取于外。孟子之重学也，有于内而资于外。夫资于饮食能为身之营卫血气者，所资以养者之气，与其身本受之气，原于天地，非二也”③；其三，“《中庸》‘天命之谓性’，谓气禀之不齐，各限于生初，非以理为在天在人异其名也。况如其说，是孟子乃追溯人物未生未可名性之时，而曰性善。若就名性之时，已是人生以后，已堕在形气中，安得断之曰善？由是言之，将天下古今惟上圣之性不失其性之本体，自上圣而下语人之性皆失其性之本体！人之为人，含气禀气质将以何者谓之人哉？是孟子言人无有不善者，程子、朱子言人无有不恶。其视理俨如有物，以善归理，虽显遵孟子性善之云，究之孟子就人言之者，程朱乃离人而空论夫理！”④

此外，卷下还对“才”“道”“仁义礼智”“诚”“权”等理学诸范畴做了全新的阐释，因篇幅关系，这里就不一一介绍了。

从上述内容看，戴震对程朱理学的批判确实具有一定的颠覆性和革命性。诚如梁启超所言：此书“不外欲以‘情感哲学’代‘理性哲学’，就此点论之，乃与欧洲文艺复兴时代之思潮之本质绝相类”，而“文艺复兴之运动，乃采久阏窒之‘希腊的情感主义’以药之。一旦解放，文化转一新方向以进行，则蓬勃而莫能御。戴震盖却有见于此，其志愿确欲为中国文化转一新方向。其哲学之立脚点，真可称二千年一大翻案。其论尊卑顺逆一段，实以平等精神，作伦理学上一大革命。其斥宋儒之糅和儒佛，虽辞带含蓄，而意极严正，随处发挥科学家求真求是之精神，实三百年间最有价值之奇书也。”⑤又有学者说：“十分明显，戴震对于宋明理学的批判，是从字义疏证入手，因而具有前所未有的深刻性和颠覆性。表面看去，他的字义疏证只是考辨古代文化典籍，而实质上则是凭考辨以正伪，借求真以创新，由经史考据而建立新学。”⑥可见，戴震的思想不单给清初的学术界带来了震撼，更重要的是他为清初的学术生命注入了新的活力。

（二）戴震的科学考据方法

考据是戴震批判宋明理学“空疏”之学风的锐利武器，同时，传统经学亦由此而呈复

---

① 冯友兰：《三松堂全集》第10卷，郑州：河南人民出版社，2000年，第325页。
② 胡适：《戴东原的哲学》附录《孟子字义疏证·性》，第154页。
③ 胡适：《戴东原的哲学》附录《孟子字义疏证·性》，第155页。
④ 胡适：《戴东原的哲学》附录《孟子字义疏证·性》，第156页。
⑤ 梁启超：《清代学术概论》，第35页。
⑥ 白兆麟：《晞眼集》，合肥：安徽文艺出版社，2014年，第83页。

兴之势。所以清代经学家皮锡瑞评价说："惠（栋）戴（震）诸儒，为汉学大宗，已尽弃宋诠，独标汉帜矣。"[①]

1. 对《水经注》的"校勘"

将《水经》与郦道元《水经注》区分开来，是戴震对郦学研究的重大学术贡献。

《水经注》成书之后，由于没有刻本，故在社会上就靠抄本流传，一直到北宋元祐年间才由成都府学宫刊刻。可惜，北宋刻本今已不存。据考，现存于中国国家图书馆的"残宋本"则刊于南宋初期。[②]明代以后，《水经注》的各种版本，约有40余种。然而，在戴震之前，这些版本都存在着经文和注文相互杂糅的情况，"最严重的是河、济、淮、江、渭、洛、沔七大水流，经文多误入注内，注文又误为经文，令人无可卒读。几百年来，校定《水经注》的学者们都试图把混淆的经注文改正过来，事经七个多世纪，第一个真正解决这个难题的是戴震——他的《水经》一卷，把《水经注》中的经文全部离析出来了"[③]。那么，戴震究竟采用什么方法，完成了前人所不能成就的业绩呢？他在《水经郦道元注序》中说：

> 《水经》立文，首云某水所出，已下无庸重举水名；而《注》内详及所纳群川，加以采摭故实，彼此相杂，则一水之名不得不更端重举。《经》文叙次所过郡县，如云"又东过某县"之类，一语实该一县；而《注》则沿溯县西以终于东，详记所经委曲。《经》据当时县治，至善长（郦道元的字，引者注）作《注》时，县邑流移，是以多称故城，《经》无有言故城者也。凡《经》例云"过"，《注》例云"迳"。以是推之，虽《经》《注》相混，而寻求端绪，可俾归条贯。[④]

对此，戴震的学生段玉裁评论说："得此三例，迎刃分解，如庖丁之解牛，故能正千年《经》《注》之互讹，俾言地理者，有最适于用之书。《大典》本较胜于各本，又有道元自序，钩稽校勘，凡补其缺漏者二千一百二十八字，删其妄增者一千四百四十八字，正其臆改者三千七百一十五字。"[⑤]就上述成就而言，笼统地把戴震的工作称为"校勘"，并不为过。但是，严格说来，"校勘学的基本方法是依据版本或他书来校定古书"，而"《水经注》自问世到宋初刊刻之前，一直为中秘书，元祐年间刊刻流于民间而传于后世者皆为经注混淆本，因此要分离经注文是无版本可依据的。戴震可能是在对《水经注》充分研究的基础上，逐渐发现了经文与注文的不同特点，然后又反复比较分析，缅用归纳的方法总结出四大义例，最后据四大义例从混淆的经注中分离出全部经文。因此，《水经》一卷之成书，用的是考据

---

① （清）皮锡瑞著、周予同注释：《经学历史》，北京：中华书局，1989年，第313页。

② 详细内容参见李晓杰等：《〈水经注〉现存主要版本考述》，中国地理学会历史地理专业委员会《历史地理》编辑委员会：《历史地理》第31辑，上海：上海人民出版社，2015年，第1—59页。

③ 杨应芹：《郦道元与〈水经注〉》，赵华富：《首届国际徽学学术讨论会文集（1994）》，合肥：黄山书社，1996年，第267页。

④ （清）戴震：《戴东原集》卷6《水经郦道元注序》，《续修四库全书》编纂委员会：《续修四库全书》第1434册，上海：上海古籍出版社，2002年，第491页。

⑤ （清）段玉裁：《戴东原先生年谱》，（清）戴震著、赵玉新点校：《戴震文集》附录，北京：中华书局，1980年，第234页。

学的方法，而不是一般校勘学的手段”[1]。戴震曾将他的这种考据方法，称之为“十分之见”。他在《与姚姬传书》一文中总结说：“凡仆所以寻求于遗经，惧圣人之绪言暗汶于后世也。然寻求而获，有十分之见者，有未至十分之见。所谓十分之见，必征之古而靡不条贯，合诸道而不留余议，巨细毕究，本末兼察。若夫依于传闻以拟其是，择于众说以裁其优。出于空言以定其论，据于孤证以信其通，虽溯流可以知源，不目睹源泉所导，循根可以达杪，不手披枝肄所歧，皆未至十分之见也。”[2]梁启超认为：“凡科学家的态度，固当如是也。震之此论，实从甘苦阅历得来。”[3]

2.《考工记图》的考据学成就

《考工记图》是戴震对《周礼·考工记》全文的注释，分“注”和“补注”两种形式，前者是引述汉代经学家的注释，后者则是戴震本人的注释，对个别不易理解的名物如宫车、车舆、兵器、礼乐等，附以图例，全书共绘图 58 幅。所以《考工记图》是我国古代一部图文并茂、别具一格的科技考据文献。

兹以兵车（图 4-8）为例，概述如下。

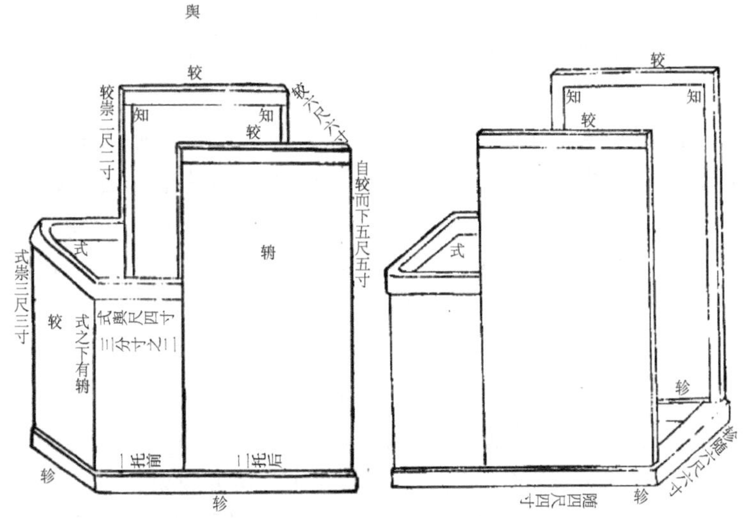

图 4-8　戴震所绘兵车示意图[4]

《考工记图》原文载：

参分车广，去一以为隧。

《注》：“兵车之隧四尺四寸。郑司农云：‘隧，谓车舆深也。’”

参分其隧，一在前，二在后，以揉其式。

① 杨应芹：《郦道元与〈水经注〉》，赵华富：《首届国际徽学学术讨论会文集（1994）》，第 268 页。

② （清）戴震：《戴东原集》卷 6《水经郦道元注序》，《续修四库全书》编纂委员会：《续修四库全书》第 1434 册《集部·别集类》，第 490 页。

③ 梁启超：《清代学术概论》，第 31 页。

④ （清）戴震研究会、徽州师范专科学校、戴震纪念馆：《戴震全集》第 2 册，北京：清华大学出版社，1992 年，第 725、726 页。

《注》："兵车之式，深尺四寸三分寸之二。"

补注：式，前车也。《记》不言式较之长。一在前，其上三面周以式，则式长九尺五寸三分寸之一也；二在后，其上为较，则左右较各长二尺九寸三分寸之一也。

以其广之半为之式崇，以其隧之半为之较崇。

《注》："兵车之式，高三尺三寸。""较，两輢上出式者。兵车自较而下，凡五尺五寸。"

六分其广，以一为之轸围。

《注》："轸，舆后横者也。兵车之轸围尺一寸。"

补注：舆下四面材合而收舆谓之轸，亦谓之收。独以为舆后横者，失其传也。辀人言轸间，则左右名轸之轸也。如轸与轐，弓长庇轸，轸方象地，则前后左右通名轸之证也。[①]

关于写作《考工记图》的缘由，戴震在《考工记图序》中说："立度辨方之文，图与《传注》相表里者也。自小学道湮，好古者靡所依据，凡《六经》中制度、礼仪，核之《传注》，既多违误，而为图者，又往往自成诘拙，异其本经，古制所以日即荒谬不闻也。旧礼图有梁、郑、阮、张、夏侯诸家之学，失传已久，惟聂崇义《三礼图》二十卷见于世，于《考工》诸器物尤疏舛。同学治古文词，有苦《考工记》难读者，余语以诸工之事，非精究少广旁要，固不能推其制以尽文之奥曲。郑氏《注》善矣，兹为图，翼赞郑学，择其正论，补其未逮。图傅某工之下，俾学士显白观之。"[②]可见，戴震的《图注》是以郑玄注为准绳，并对其注释中尚不清楚的名物再根据他考证的结果，或辨误匡正，或补充完善，增大小"补注"137条。如戴震举例说："凫氏之钟后，郑云'鼓六，钲六、舞四，其长十六。'又云：'今时钟或无钲间。'既为图观之，直知其说误也。勾股法，自铣至钲，八而去二，则自钲至舞，亦八而去二。铣为钟口，舞为钟顶。《记》曰铣、曰钲者，径也；曰铣间、曰钲间、曰鼓间者，崇也；曰修、曰广者，羡也。羡之度，举舞则钲与铣可知，而钲间因铣、钲、舞之径以得其崇。然则《记》所不言者，皆可互见。若据郑说，有难为图者矣。其他戈戟之制，后人失其形似，式崇式深，后人疏于考论，郑氏注固不爽也。"[③]具体地讲，戴震《考工记图》的考据特色，根据张庆伟先生的研究成果，其主要表现可概括如下。

第一，将本证法与旁证法结合起来，明理达义。如前引戴震对《考工记》中"六分其广，以一为之轸围"一句话的"补注"就采用了本证法，其中"'轸间'与'轸之方也，以象地也'皆取自'辀人为辀章，'庇轸'取自'轮人为盖'节。另外，戴震通晓天文、熟悉星象，星河有轸宿四星不等方，亦可悟《考工》'轸'之形制，当不仅为车后横木。戴震注重《考工记》语句的前后联系，以《考工记》自证本经之字义"[④]。至于戴震引用"旁证"法的实例，在《考工记图》中更是处处可见。如戴震对《考工记》中"所以持衡者谓之軏"

① （清）戴震研究会、徽州师范专科学校、戴震纪念馆：《戴震全集》第2册，第723—724页。

② （清）戴震研究会、徽州师范专科学校、戴震纪念馆：《戴震全集》第2册，第707页。

③ （清）戴震：《戴东原集》卷10《考工记图后序》，《续修四库全书》编纂委员会：《续修四库全书》第1434册，第528—529页。

④ 张庆伟：《戴震〈考工记图〉研究》，姜振寰：《技术史理论与传统工艺——技术史论坛》，北京：中国科学技术出版社，2012年，第91页。

一句的“补注”云：“《论语》‘大车无輗，小车无軏，其何以行之哉？’包咸注：‘輗者，辕端横木以缚轭，軏者，辕端上曲钩衡者。’其说误也。《韩非子·外储说》：‘墨子曰：吾不如为车輗者巧也，用咫尺之木，不费一朝之事，而引三十石之任。’《说文》：‘軏，车辕端持衡者。’‘輗，大车辕端持衡者。’按大车鬲以驾车，小车衡以驾马。辕端持鬲，其关键名輗；辀端持衡，其关键名軏。辀辕所以引车，必施輗軏然后行。信之在人，亦交接相持之关键，故以輗軏喻信。辀身上曲，上曲非别一物。大车之鬲即横木，横木即轭。包氏以逾丈之辀，六尺之鬲，而当咫尺之輗軏，疏矣。”①这段注释不仅对“軏”的结构和功能进行了详尽的考证，还解决了《论语》中有关“輗軏”一词的内涵。因此，有学者评价说：“戴震并不孤立地研治经典，而是融会贯通诸经所记，注一经而群经随之得解，于《考工记图》可见一斑。”②

第二，用数学、工程技术、天文、物理等方面的专业知识为《考工记》作注，极大地增强了《考工记图》的科学性和权威性。《考工记》是“春秋末齐国人记录手工业技术的官书”③，然而限于时代的原因，《考工记》中涉及的科学内容可能已经发生了变化，所以用后来更先进的科学原理重新解释先前的内容，便成为《考工记图》的一个重要特色。

如戴震《考工记图》对“椁其漆内而中诎之，以为之毂长，以其长为之围”一句话的“补注”云：

> 大车短毂，取其利也；兵车、乘车、田车畅毂，取其安也。六尺六寸之轮，毂长三尺二寸，则车行无危陧之患。围亦三尺二寸，以建三十辐，则辐间无柞狭之患。周三尺二寸者，径尺有五分寸之一弱。郑《注》用六觚之率，周三径一，约计大数尔，非圜率也。今算家圜率定于祖冲之。《隋书·律历志》曰：“古之九数，圆周率三，圆径率一，其术疏舛。宋末南徐州从事史祖冲之更开密法。以圆径一亿为一丈，圆周嬴数三丈一尺四寸一分五厘九毫二秒七忽，朒数三丈一尺四寸一分五厘九豪二秒六忽，正数在嬴、朒二限之间。”后人用径一，围三一四一五九二六五入算，本于祖氏所推也。圆之周、径求其幂，周与径相乘，四而一，得圆幂。犹方之周、径相乘，四而一，为方幂也。凡方径一，周计之必四。故方内容圆，方幂四，圆幂则为三一四一五九二六五。同径之方幂与圆幂，亦犹同径之方周与圆周，其差数适相符合。④

“周三径一”是指圆周周长与直径的比率为三比一，《周礼·考工记》以及《周髀算经》等典籍都采用了这个数据。经刘师培考证，这个数据来源于《周易》，他说：“且大衍之数，为勾股、开方、径七之法所从生”⑤，其中“径七之法，圆者径一而围三，以径一围三而计

---

① （清）戴震：《戴震全书》第5册，合肥：黄山书社，2010年，第349页。

② 张庆伟：《戴震〈考工记图〉研究》，姜振寰：《技术史理论与传统工艺——技术史论坛》，北京：中国科学技术出版社，2012年，第92页。

③ 钱慧真：《戴震〈考工记图注〉训诂研究》，朱万曙主编：《古籍研究2009卷》，合肥：安徽大学出版社，2010年，第58页。

④ （清）戴震研究会、徽州师范专科学校、戴震纪念馆：《戴震全集》第2册，北京：清华大学出版社，1992年，第713—714页。

⑤ 刘师培：《经学教科书》，北京：北京联合出版公司，2015年，第250页。

径之圆数，则圆周二十一。方者径一而围四，以径一围四而计径七之方数，则方周二十八。合二十一与二十八，共为四十九，此亦大衍之数”①。汉代以后，刘歆、张衡、刘徽、祖冲之等都曾努力求解较精确的圆周率值，结果祖冲之求得准确到 7 位数值的圆周率值，即密率 $\frac{355}{113}$，或者 3.131 592 6<π<3.141 592 7，这是当时世界上所取得的最佳圆周率数值。可见，戴震的“补注”是明智的。事实上，戴震多次应用密率来“补注”《考工记》的相关经文。例如，《考工记·轮人》云：为轮“五分其毂之长，去一以为贤，去三以为轵”。注：“郑司农云：‘贤，大穿也。轵，小穿也。’玄谓‘此大穿，径八寸十五分寸之八；小穿，径四寸十五分寸之四。大穿甚大，似误矣。大穿实五分毂长去二也。去二，则得六寸五分寸之二。凡大、小穿皆谓金也。今大、小穿金厚一寸，则大穿穿内径四寸五分寸之二，小穿穿内径二寸十五分寸之四，如是乃与薮相称也。’”补注：“以密率计之，大穿径六寸十分寸之一强，小穿径四寸四十分寸之三弱．轴径四寸五分寸之一强，大穿穿内径不得过四寸，轴之两端入毂中者，稍杀削之，其当大穿处，锯截周遭少许，则毂止不内侵。”②用祖冲之的密率计算，其结果肯定较汉代的“原注”精确。

对于周朝王城的设计，《考工记》云：“匠人营国，方九里，旁三门。国中九经九纬，经涂九轨。左祖右社，面朝后市。”历代注疏家如汉代郑玄、宋代聂崇文等都对此段经文做过研究，只是内容过于简略，不能作为后人建筑“周王城”的施工依据。而戴震补注“左祖右社，面朝后市”的内涵不仅详尽，而且还补绘了可供后人施工的图样（图 4-9）。

其中，文字补注云：

> 六尺而步，五步而雉。六十雉而里，里三百步，此记天子城方九里。其等差：公盖七里，侯伯盖五里，子男盖三里。以《春秋传》考之，郑伯之城方三百里雉，故大都三国之一为百雉，是其合乎。
>
> ……
>
> 宗庙作宫于路寝之东，社稷设坛壝于路寝之西。凡朝君臣咸之于庭，朝有门而不屋，故而雨沾衣失容，则辍朝，天子诸侯皆三门与。《礼说》曰：天子五门，皋、库、雉、应、路；诸侯三门，皋、应、路，失其传也。天子之宫有皋门，有应门，有路门。路门一曰虎门，一曰毕门，不闻天子库门、雉门也。诸侯之宫有库门，有雉门，有路门，不闻诸侯皋门、应门也。皋门天子之外门，库门诸侯之外门，应门天子之中门，雉门诸侯之中门。异其名，殊其制，辨等威也。天子三朝，诸侯三朝。天子三门，诸侯三门，其数同。君国之事，侔体合也。朝与门无虚设也，君臣日见之朝，谓之内朝，或谓之治朝，或谓之正朝；在路门外庭，《记》或谓之外朝，与路寝庭之朝，连文为外内也。断狱蔽讼，及询非常之朝，谓之外朝。在中门外庭，以燕以射。又图宗人嘉事之朝，谓之燕朝，在路寝庭。③

① 刘师培：《经学教科书》，第 250 页。

② （清）戴震研究会、徽州师范专科学校、戴震纪念馆：《戴震全集》第 2 册，第 714—715 页。

③ （清）戴震研究会、徽州师范专科学校、戴震纪念馆：《戴震全集》第 2 册，第 809—810 页。

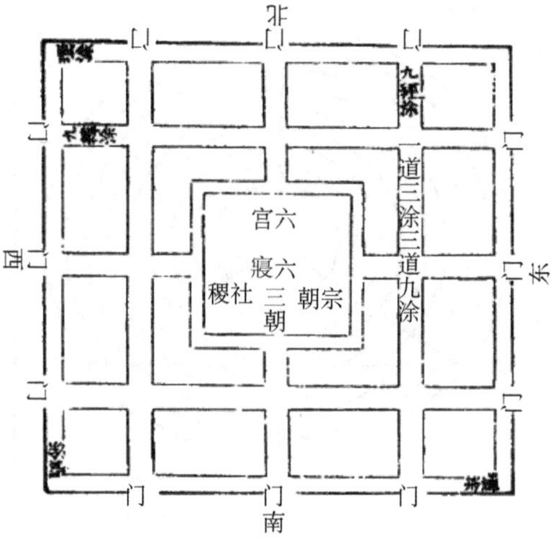

图 4-9　戴震补绘王城示意图①

其他还有关于“明堂”“宗庙”“世室”等制度的考证，既有考据文字，又绘有详图，引证源流，明辨以析，对研究先秦宗庙宫廷建筑的结构和布局具有非常重要的参考价值。

关于测量仪器，戴震在“补注”《考工记》“置臬以县，视以景”一句话的内涵时说：

> 必平中水，然后为规数重，树臬于中，视臬端景，齐规者皆识之，乃衡界午前、午后之景，则东西正。又中诎之以指臬，则南北正。“今用指南针，有偏向，所偏随地不同，不足取准。”若考北极高下，则取近极大星，测其旋而上最高去地若干度，及旋而下最低去地若干度，两数相减，得星环绕北极之径，半之，以加于最低去地之度，是为北极高度。“今冬至前后，勾陈大星，酉时在北极之上，卯时在北极之下，可据之以测极。”北极者，天枢也，先儒谓之不动处。作《记》时，纽星正当不动处，故《记》以为极星。梁祖暅测不动处距纽星一度有余。今纽星又移，北极在勾陈大星、纽星之间。②

与郑玄注相比，戴震“补注”不仅更加科学和全面，而且通过附图这种形式把相对抽象的工程技术概念形象化了，从而使《考工记》原文的内涵更加直观地体现出来。究竟如何测量北极，这是一个涉及正确使用中国传统天文观测仪器的方法问题。历来为学界所关注，只是汉代郑玄注只是文字解释，没有附图，给读者理解《考工记》原文带来不便。所以戴震在“补注”中增补了“测北极高下图”（图 4-10）和“黄赤道图”等。其中《考工记》“置臬以县，视以景”是有关立杆测影的最古记载，而戴震所绘上述诸图则是本于立杆测影的方法，并用一种连续性的视野来观测太阳的周日和周年运动。③

---

① （清）戴震研究会、徽州师范专科学校、戴震纪念馆：《戴震全集》第 2 册，第 818 页。

② （清）戴震研究会、徽州师范专科学校、戴震纪念馆：《戴震全集》第 2 册，第 805—806 页。

③ 陆思贤：《周易・天文・考古》，北京：文物出版社，2014 年，第 225 页。

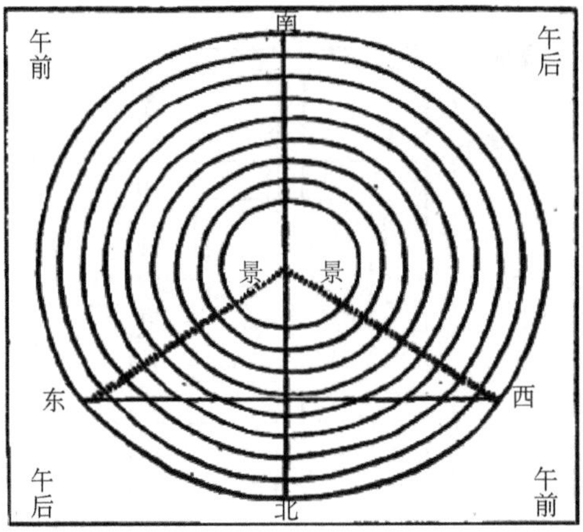

图 4-10 “为规识景”示意图①

与立杆测影相联系，戴震对《考工记》中“土圭尺有五寸，以致日以土地”一句经文的“补注”，由原注的 24 字增至 550 余字，发微阐幽，穷高极深，颇见工夫。戴震“补注”云：

> 土圭之法，详见《大司徒》职。余尝论其义曰：日南日北，犹《尧典》之度南交、度朔方也。日东日西，犹《尧典》之度嵎夷、度西也。分四方测验，然后折取其中。日南景短，日北景长，取中而得尺有五寸，以是求南北之中。日东景夕，日西景朝，时刻差移，取中加时，以是求东西之中。所谓测土深、正日景以求地中者如是。盖测土深以南北言。圣人南面而听天下，古者宫室皆南向，故南北为深，东西为广，犹之车舆以前后为深，左右为广也。表景短长，即南北远近，必测之而得，故曰测土深。正日景以东西言，自东至西，环地面各有子午卯酉，东方日中景正，西方尚在午前而为景朝。西方日中景正，东方已过午后而为景夕。《周髀》称昼夜异处，加四时相及。据其方戴天相距四分天周之一为言，地周与天周等。以率率之，去一次，周天十二次。则差一时，一日之十二时。地与天恒相应也。东西相差若干时，半之则为地中与东西所差之时，是则地中景正，而东方景夕，西方景朝也。凡差一时，于地面绳直计之，大致得六千里（道路回曲之数则过乎此矣）。必正其日中之景，以审时之相差，故曰“正日景”。合是二者，一为南北里差，一为东西里差。观《尧典》《周礼》，前古测里差极详。所云寒暑阴风之偏，及四时天地交合，阴阳风雨和会，盖实验而知，先验其偏，后求之而得其中也。测非独夏至，夏至日中景最短，以最短为度，及其渐长，皆用是度之。古人用土圭测黄赤二道，犹今之测北极高下也。寒暑进退，昼夜永短，悉因之而随地不同。土圭之法，不惟建王国用之，封国必以度地，以此知某国偏东、偏西、偏南、偏北，然后可定各地之分至启闭。其疆域广轮之实，亦于是分明不惑焉。②

这段阐释（图 4-11）已经把“土圭之法”的科学意义和政治意义讲得非常清楚了。

---

① （清）戴震：《考工记图》，北京：商务印书馆，1955 年，第 98 页。

② （清）戴震研究会、徽州师范专科学校、戴震纪念馆：《戴震全集》第 2 册，第 770—771 页。

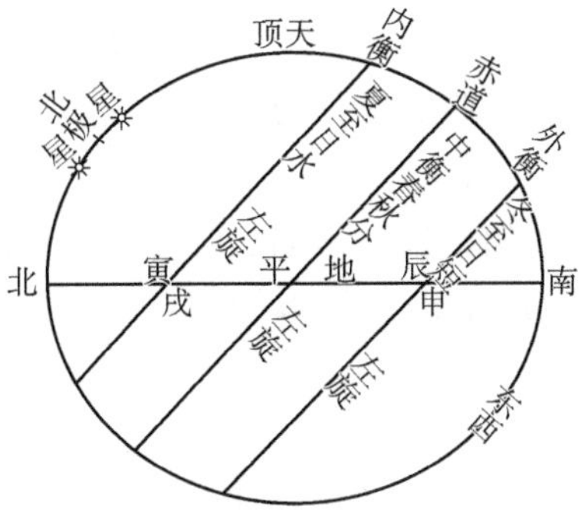

图 4-11　“测北极高下”示意图[①]

从物理学的角度看，戴震主张可根据各地日影的正斜变化来判断异地之间的时差，这是一种正确认识，只是他的计算却是错误的。[②]

3.《勾股割圆记》的考据学成就

《勾股割圆记》是戴震一生改易最多的一部数学著作[③]，与前述《考工记图》体例相仿，《五礼通考》本《勾股割圆记》总计 2417 字，由上、中、下三部分内容组成，并按照图注和托名吴思孝的补注格式构成全篇骨架，其内在精神与王锡阐的《圆解》最为相似。[④]

1）用中法概念解释西方三角学中的专业术语

西方科学与中国传统科学的关系，一直是明清之际人们讨论的重大问题之一，其中王锡阐、戴震等是“西学中源”派的代表。尽管人们对戴震的《勾股割圆记》有“颠倒今古”甚至“近于信古而愚”[⑤]之批评，但是从坚守中华优秀传统文化的立场看，他的研究工作也并非没有价值和意义。因为它“在客观上起到了弘扬古学，增强民族气节和自信心的作用，对当下的崇洋媚外、全盘西化思想也是一种教育”[⑥]。

第一，戴震云：“割圆之法，中其园而觚分之，截圆周为弧背，絙弧背之两端曰弦，值弧与弦之半曰矢。弧矢之内成相等之勾股二，半弧弦为勾，减矢于圆半径，余为股。勾股之两端曰径隅，亦谓之弦，勾股之弦得圆半径也。”[⑦]

这段话沿袭了《周髀算经》的概念和术语，我们知道，三角学的核心是三角函数（即三角八线），而戴震在介绍三角函数的基本原理时，用中国古代的“觚”代替了“角”的概念，“径隅”则指三角形的斜边。因此，所谓“割圆之法”的本质就是解决圆内接多边形与圆弧之间的数学关系，而勾股割圆则是“指直角三角形与圆面（即过圆直径的圆内接直角

① （清）戴震：《考工记图》，第 100 页。

② 张秉伦、胡化凯：《徽州科技》，合肥：安徽人民出版社，2005 年，第 179 页。

③ 沈雨梧：《清代科学家》，北京：光明日报出版社，2010 年，第 72—73 页。

④ 李开：《戴震评传》，南京：南京大学出版社，1992 年，第 182 页。

⑤ 钱宝琮：《戴震算学天文著作考》，中国科学院自然科学史研究所：《钱宝琮科学史论文选集》，第 153 页。

⑥ 徐道彬：《皖派学术与传承》，合肥：黄山书社，2012 年，第 185 页。

⑦ （清）戴震：《勾股割圆记》，《续修四库全书》编纂委员会：《续修四库全书》第 1434 册《集部·别集类》，第 498 页。

三角形）的同一性关系的处理”[①]。由此可见，戴震的研究目标很明确，他是想把三角函数的各种关系都纳入中国传统几何学的解释范畴之内，以期彰显中国传统几何学相对于西方三角学的优势。

第二，戴震云：“弧背外之勾，谓之矩分；弦谓之径引数；股得圆半径也。次弧背外之股，谓之次矩分；弦谓之次引数；勾得圆半径也。次弧背外之股，谓之次矩分；弦谓之次引数；勾得圆半径也。半弧弦谓之内矩分，次弧弦之半以为股，谓之次内矩分。”[②]

这里的“矩分”“次矩分”等都是戴震独创的术语，并与西方的三角八线相对应。其中：矩分，对应于三角学中的正切；次矩分，对应于三角学中的余切。径引数，对应于三角学中的正割；次引数，对应于三角学中的余割。内矩分，对应于三角学中的正弦；次内矩分，对应于三角学中的余弦。如图 4-12 所示：

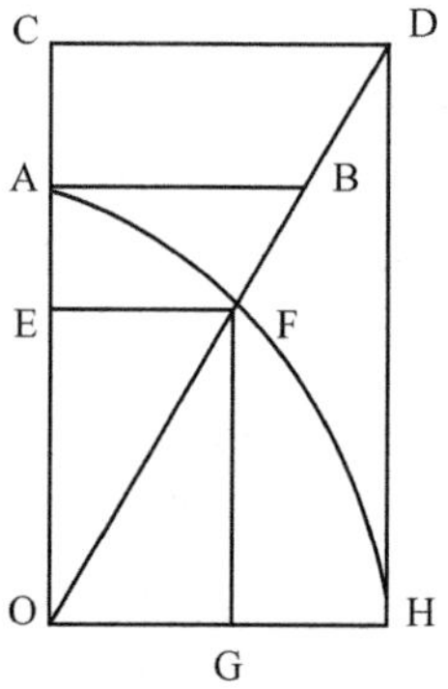

图 4-12　戴震三角八线示意图

图中 AB 为矩分，OB 为径引数，HD 为次矩分，OD 为次引数，EF 为内矩分，GF 为内矩分，设半径 OF 等于 1，$\angle HOF=\alpha$ ，则

$$次内矩分=\frac{HF}{OF}=\sin\alpha$$

$$内矩分=\frac{AF}{OF}=\cos\alpha$$

$$次矩分=\frac{HD}{OF}=\tan\alpha$$

$$矩分=\frac{AB}{OF}=\cot\alpha$$

$$次引数=\frac{OD}{OF}=\sec\alpha$$

$$径引数=\frac{OB}{OC}=\csc\alpha$$

① 李开：《戴震评传》第 209 页。

② （清）戴震：《勾股割圜记》，《续修四库全书》编纂委员会：《续修四库全书》第 1434 册《集部·别集类》，第 498 页。

用上述名词来表达三角学的基本概念，确实具有一定特色，但同时亦给读者带来诸多不便，所以有学者将其称为“变象的三角法”[①]。在《勾股割圆记》中，诸如此类的例子还有很多，我们在此就不一一列举了。

前已述及，对于戴震这种“变易旧名”的做法，学界一直都存在着不同认识。如焦循说：“梅书撰非一时，繁复无次叙；戴书务为简奥，变易旧名，恒不易了。”[②]其他如李善兰、凌廷堪、钱宝琮等也各有辨析，不赘。与之相反，段玉裁等则高度称赞了戴震《勾股割圆记》的学术价值，认为：“先生于性与天道了然贯彻，故吐辞为经。如《勾股割圆记》三篇，《原善》三篇，《释天》四篇，《法象论》一篇，皆经也。”[③]戴震试图将传统天文学、数学经典纳入经学的范畴之内，从而提升其学术地位，宋代的王应麟就曾有过这样的大胆尝试，只不过两者的路径略有不同。如王应麟的《六经天文编》是从经学内部来为天文数学的“经学”地位寻找理论根据的，而戴震则是从“西学中源”的角度来明晰中国传统数学本身应当具有的经学特质，这种特质就成为其树立“西学注我”[④]自信心的重要基础。如段玉裁在《戴震年谱》中说：“《勾股割圆记》以西法为之注，亦先生所自为，假名吴君思孝。”[⑤]从这个角度看，李开的以下评价是比较客观的。他说：“明清之际，我国传统的研究因西学的传入而趋于中断，戴震崛起于日趋衰落的中法数学之坛，把传统数学的研究推向一个新的或许是最后一个高峰，这是数学史上弘扬民族文化的盛事。”[⑥]

2）讨论勾股割圆术的实际应用问题

关于这个问题，李开的《戴震评传》已有专门论述，故这里仅以《勾股割圆记》上篇所讲到的两个方法略作阐释。

第一，戴震云：“方圆相函之体，用截圆之周径而函勾股和、较之率，四分圆周之一如之。规方之四隅而函圆之周，凡四觚如之。因方以为勾股，函圆之半周，凡三觚如之。”[⑦]

“方圆相函”是中国古人的传统观念，它在律学、工程测量、仪器制造、土木建筑等方面都有着广泛应用。戴震之所以重视“勾股割圆”术，并花费如此巨大的精力去研究它，里面蕴含着比较深刻的三角学原理固然是一个主要因素，但在明晰科学原理的基础上使之应用价值更加巨大，才是他的真实初衷。对此，李开曾说：“戴震十分讲究技术应用，基础理论和技术之间没有鸿沟，虽然它们的前提都挂上解经服务，但科学和技术实际上都成了

---

① 陈展云：《戴东原的天算学》，《戴东原二百年生日纪念论文集》，北京：北京晨报社，1924年，第63页。

② （清）焦循：《释弧·自序》，《续修四库全书》编纂委员会：《续修四库全书·子部·天文算法类》第1045册，第377页。

③ （清）戴震：《戴东原集》附《戴东原年谱》，上海：商务印书馆，1929年，第20页。

④ 《安徽文化史》编纂工作委员会：《安徽文化史》中，南京：南京大学出版社，2000年，第1545页。

⑤ （清）戴震：《戴东原集》附录《戴东原年谱》，第20页。

⑥ 李开：《戴震评传》，南京：南京大学出版社，2011年，第222页。

⑦ （清）戴震：《勾股割圆记》，《续修四库全书》编纂委员会：《续修四库全书·集部·别集类》第1434册，第498页。

独立研究的对象。”[①]结合本段论述，戴震认为，不论是正方形还是任意四边形，以其四个端点画圆截弧，所有弧长之和等于 360°。与之不同，不管是直角三角形，还是锐角三角形抑或是钝角三角形，以其三个端点画圆截弧，所有弧长之和等于 180°。因此，“规方之四隅而函圆之周，凡四觚如之”，即是说圆内接四边形的内角和总是等于一个圆周；“方以为勾股，函圆之半周，凡三觚如之”，即是说圆内接三边形的内角和总是等于一个圆周的二分之一。毫无疑问，戴震的结论是正确的。

第二，用中法解释并证明西法。如戴震用西名述三角学中的正弦定理云：“今名两边夹一角求余角余边，用梅氏切线分外角法。”[②]然而，戴震却没有采用简便的西法来证明此定理，而是果断采用相对复杂的中法来解释并加以证明。他说：

> 知两距及一觚规限，所知之两距旁于所知之觚，其觚曰本觚，规限曰本觚（应为“弧”）。减本弧于圆半周，余为所求两觚规限之和，半之为两弧之半和。以所知两距之较，乘两弧之半和矩分，两距之和除之，得两弧之半较矩分。以半和、半较相加，得对大距之觚规限；若相减，则得对小距之觚规限。既知三觚、两距，则如前第十四术，得对本觚之距。[③]

据李开研究，戴震的上述证明，既有正确的地方，也有错误之处。如图 4-13 所示

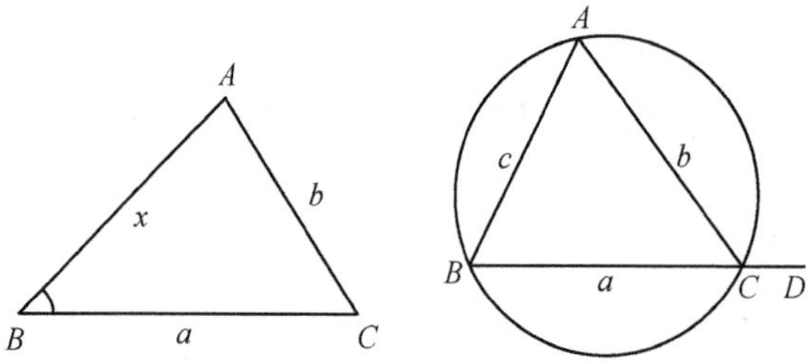

图 4-13　三角学中的正弦定理图

“知两距及一觚规限”，即余弦定理的应用（已知两边 a，b 和一个对角 $\angle C$，求未知边 x 或 c）。

“减本弧于圆半周，余为所求两觚规限之和，半之为两弧之半和”，用公式表达为：

$$c^2 = a^2 + b^2 - 2ab\cos c 。$$

“两距之较”，即 $b - a$。

“两弧之半和矩分”，此处的矩分是指正切函数，即 $\tan\dfrac{B+C}{2}$。

“两弧之半较矩分”，即 $\tan\dfrac{B-C}{2}$。

按照戴震的推导，则

---

① 李开：《戴震评传》，第 211—212 页。

② （清）戴震研究会、徽州师范专科学校、戴震纪念馆：《戴震全集》第 2 册，第 608 页。

③ （清）戴震研究会、徽州师范专科学校、戴震纪念馆：《戴震全集》第 2 册，第 608 页。

$$\frac{(b-a)\tan\dfrac{B+A}{2}}{b+a}=\tan\frac{B-A}{2}\text{。}$$

李开用三角函数正切半角公式证明此式是正确的。[①]

可是，自“以半和、半较相加”以下的证明，却不能成立。所以李开评价说：“戴震的勾股术与三角学相比较，同样正确，有同等的功效，有同样的应用价值，只是没有形成系统配套的代数式构成的计算体系，仅限于这一点，或许可以说，戴震割圆术较之三角学还缺少点儿什么：那就是爱因斯坦所说的逻辑的简单性和数学的简单性原则。”[②]诚如前述，戴震之所以研究割圆术，是因为他高度重视勾股术的实用。在戴震看来，“源于实用的勾股，其原理不管多么复杂，当即还之实用”[③]，这种数学应用思想至今都有十分重要的现实意义。总之，“戴震的《勾股割圜记》，以特有的方式系统推演了平面三角形和球面三角形的勾股原理，大大发展了自《周髀》以来的勾股弦求法，戴震的传统勾股学以其个人的努力达到了同时代的平面三角和球面三角函数学的水平，是一个了不起的奇迹”[④]。

二、戴震渗透在实证科学中的理性主义精神

诚如李开所言：“戴震注释名物求其精密的思想在《勾股割圜记》注释中有全面系统的发挥。”[⑤]又说：“实际上戴震托名他人以西学注中学，以近代科学注传统科学，涉及两个学术系统间的沟通问题。戴震的注释学有广袤的视角和近代理性科学的高度，尽管他注释的对象是古代科学技术。”[⑥]据此，我们拟从两个方面对戴震的理性主义精神稍作阐释。

（一）戴震的科学归纳法和演绎法

从特殊到一般的归纳方法，是认识的一次飞跃。例如，英国地质学家同时也是“近代地质之父”赫顿在《关于地球的理论·地球上陆地的构成·从分解和复原中看到的规律的考察》的讲演中提出了“均变论”（亦有学者认为是“火成论”）思想，他认为：“我们处在当今的自然界状态中，必须参考过去的记录。而在参考过去的记录时，我们除了依赖由科学归纳的理性确立的自然规律外，再没有其他的东西。”[⑦]此即赫顿所建立的理性主义原则，当然也是他的科学研究方法。至于戴震的科学研究方法，受近代西方科学方法的影响比较深，故有学者认为：“戴震经学研究中所使用的‘义例’归纳法、版本校勘中所使用的‘大

① 李开：《戴震评传》，第 220 页。
② 李开：《戴震评传》，第 218 页。
③ 李开：《戴震评传》，第 217 页。
④ 李开：《戴震评传》，第 222 页。
⑤ 李开：《戴震语文学研究》，南京：江苏古籍出版社，1998 年，第 17 页。
⑥ 李开：《戴震语文学研究》，第 17 页。
⑦ ［日］小林英夫：《地质学发展史》，刘兴义、刘肇生译，北京：地质出版社，1983 年，第 62 页。

胆假设，小心求证’的假说演绎法以及《孟子字义疏证》公理演绎法的叙述方式无一不受东传科学的影响。”①

1.《诗经》“注疏”中的“义例归纳法”

关于戴震在《水经注疏》中所创立的“义例”归纳法，学界讨论得比较多，我们在这里就不再重复了。下面仅以《诗经注》为例，试对戴震“义例归纳法”的主要特点简要述之。

1）对《毛诗补传》中“义例归纳法”的认识

《毛诗补传》是戴震研究《诗经》的重要著作之一，也是其30岁之前的作品。对这部著作的特点，戴震在《毛诗补传序》中说：“余私谓，《诗》之词不可知矣，得其志则可以通乎其词。作《诗》者之志愈不可知矣，断之以‘思无邪’之一言，则可以通乎其志。”②“思无邪”是孔子删诗的标准，也是戴震注疏《诗经》的原则。例如，在注释《诗经》“十月之交，朔月辛卯，日有食之”的内涵时，戴震所用的考证方法如下：

> 《毛传》：“之交，日月之交会。月臣道。日君道。”郑《笺》：“周之十月，夏之八月也。”震按：交者，月道交于黄道也。月以黄道为中，其南至，则在黄道南不满六度，步算家谓之阳历。其北至，则在黄道北不满六度，谓之阴历。其自北而南，其交为正交。自南而北，其交为中交。斜穿黄道而过，是谓交。交乃有食。以步算之法上推，幽王六年乙丑建酉之月，辛卯朔，辰时日食。《诗》据周正十月，非夏正，以为夏十月、周十二月建亥者，失之。凡日食，月揜日也。日左旋一周而成昼夜。当准之为中数。月左旋迟于日，一昼夜平行不及日十二度有奇，今步算家度已下分秒微，皆六十迭析，是为十一分二十六秒四十一微奇。渐差至十四日，不啻四分日之三。……月在日之下，人又在月之下。三者相准，则有日食。故日食恒在朔。日月正相对，而地在中央，三者相准，则有月食。故月食恒在望。月食由于地影，其理前人未知也。日食则主于人目，盖月卑日高，相去尚远，人自地视之，其食分之浅深，及亏复之时刻，随南北东西而移。故视会与实会不同。步算家立三差求之蒿下差也，东西差也，南北差也。前人之为术疏，有当食不食、不当食而食之说，占家之妄也。然则日月之行有常度，终古不变。而圣人以为天变而畏何也？曰：日月之主乎明者常也，其有所掩之者，则为变也。君道比于日，故以日引喻尤切，宜常明而不宜有蔽者也。圣人恐惧修省，无时不然。所谓日食修德，月食修刑，又其次矣。古人鉴白圭之玷而慎言，岂以玉之玷为灾异乎？此诗借日食以警王，欲王自知其掩蔽尔。知其为一时所掩蔽而丑之，则修德而复乎常明之体矣。③

这段考论的主要逻辑方法是：首先，提出问题，问题在《毛传》和《郑笺》中已经给出，而问题的焦点是探讨“之交”的本义和引申义。其次，戴震基于他对天文历法的深厚知识素养，并根据郭守敬《授时历》的研究成果，以“思无邪”为法则，探讨了日月食生

① 张庆伟：《东传科学与乾嘉考据学关系研究：以戴震为中心》，山东大学2013年博士学位论文，第2页。

② （清）戴震研究会、徽州师范专科学校、戴震纪念馆：《戴震全集》第2册，第1106页。

③ （清）戴震：《戴震全书》第1册，合肥：黄山书社，2010年，第383—384页。

成的原因。最后，在批判“占家之妄”的前提下，得出“此诗借日食以警王，欲王自知其掩蔽尔”的结论。

又如，对《卷耳》“嗟我怀人，置彼周行”一句的注疏，也很有代表性。戴震按：“行，犹路也。周行，周道一也。”①那么，这个结论可靠吗？为此，戴震运用完全归纳法（亦称“枚举法”）来证明上面的结论。他说：“《诗》中‘周行’凡三见：‘置彼周行’、‘行彼周行’，皆谓道路也，‘示我周行’，示以道义，亦犹示以道路也。行为行列，特字意旁通。”②由于完全归纳法是把问题发生的所有情况都一一列举出来，所以它得出的结论是完全正确的。

2）对《杲溪诗经补注》中“义例归纳法”的认识

《杲溪诗经补注》是戴震中晚年的治诗作品，也是更能体现其“义例归纳法”的一部力作。戴震在《毛诗补传序》中说：“今就全诗，考其字义名物于各章之下，不以作《诗》之意衍其说。盖字义名物，前人或失之者，可以详核而知，古籍具在，有明证也。作诗之意，前人既失其传者，非论其世，知其人，固难以臆见定也。”③此法在《杲溪诗经补注》中有较好的应用和体现。下面我们以“参差荇菜，左右芼之”一句话的注疏为例，略述管见。

原文：

> 《毛传》曰：“芼，择也。”
>
> 《集传》曰：“芼，熟而荐之也。”
>
> 震按：《尔雅》：“芼，搴也。”郭《注》云：谓拔取菜。盖因采之芼之，相次比，宜其不远。《毛诗》则以三章之次，先求次取，次宜为择，故不从《尔雅》。《集传》以“采”已兼“择”，故用董氏说为熟荐，不从《毛诗》。董氏说见吕伯恭《读诗记》。三说皆缘辞生训，于字之偏旁不能明也。许叔重《说文解字》亦引此诗而云“艸覆蔓”，又于诗之前后失次。大致说《经》者，就《经》傅合而不可通于字；说字者，就字傅合而不可通于《经》，举此一字知训诂之失传久矣。考之《礼》，羹、醢、菹、芼凡四物。肉谓之醢，菜谓之菹；肉谓之羹，菜谓之芼。菹、醢生为之，是为豆实，芼则湇烹之。《礼》注：湇，肉汁也。故菹、芼有别。芼之言用为铏芼也。④

又说：

> 芼与羹相从实诸铏，《仪礼》“铏芼：牛藿、羊苦、豕薇。”《昏义》：“牲用鱼，芼之以苹藻。”《内则》：“‘雉兔皆有芼。’是也。”⑤

如何解释“芼”字的含义？象《毛传》《尔雅》和《集传》的解释都属于“缘辞生训”，即过度强调“芼”字的上下语境，而忽视了“芼”本身的字义与其字形之间的内在联系。至于《说文解字》对“芼”的解释，则是过度强调“芼”字本身的结构及其字义，而忽视

① （清）戴震：《戴震全书》第1册，第156页。
② （清）戴震：《戴震全书》第1册，第157页。
③ （清）戴震：《戴震全集》第2册，第1106页。
④ （清）戴震：《戴震全集》第2册，第1115页。
⑤ （清）戴震：《戴震全书》第2册，第6页。

它与其他经书的关系。在戴震看来，由于《诗经》是一部儒家经典，它与其他经书必然存在一致性的问题。因此，有学者认为："戴震主张对于字义的确定，不仅要结合考察该字所在的经文内容，研究其语言环境，并且还要考察它在群经中的运用及字书中的说解。"①这样才能避免犯"说《经》者，就《经》傅合而不可通于字"和"说字者，就字傅合而不可通于《经》"的错误，于是，戴震从《周礼》《仪礼》《礼记》中把有关"芼"字经文实例一一寻找出来，然后把这些经文的内涵贯穿起来，"芼"字的意义就不言而喻了。结论是："'芼'是以荇菜和羹所用的，即在采到荇菜后，用肉汁煮熟而享用之，只有到这一步，采荇菜才能说是真正达到了目的。"②

2. 戴震的假说演绎法

假说当然是没有证实的理论，它是构成"确证理论中的最有影响的研究纲领之一"③。在科学研究中，"假说"只是一种暂时的理论形态，因为它需要用实证材料来检验，一经检验是正确的，它就由暂时的理论转变为一种科学真理；否则，就被抛弃。戴震在他的考据过程中，经常运用假说演绎法，收到了较好的学术效果。例如，在注释《尚书·尧典》"光被四表，格于上下"一句话的内涵时，戴震认为前贤的解释都不得要领，于是，他提出了"'光'，当从古本作'横'"的假说。他在《尚书义考》注疏中云：

> "光"，当从古本作"横"，《尔雅》《说文》并作"桄"。《尔雅》："桄，充也。格，至也。"孔《传》曰："光，充也。既有四德，又信能让，故其名闻，充溢四表，至于天地。"孔氏颖达曰："界外之畔为表。"案：《汉书·王莽传》"昔唐尧横被四表"，《后汉书·冯异传》"横被四表，昭格上下"，又班固《西都赋》"横被六合"，王子渊《圣主得贤臣颂》"化溢四表，横被无穷"。《尔雅·释言》曰："桄，颎，充也。"《释文》："桄，孙作光，古黄反。"许氏《说文解字》"桄"字下云"充也"。盖古字"桄"与"横"通用，遂讹而为"光"。《乐记》："钟声铿，铿以立号，号以立横，横以立武。"郑康成注云："横，充也。谓气作充满也。"《释文》："横，古旷反。"《孔子闲居篇》："夫民之父母乎，必达于礼乐之原，以致五至而行三无，以横于天下。"郑注云："横，充也。"《疏》不知其义出《尔雅》。史言尧之德"横被四表"，正如《记》所称"横于天下"、"横乎四海"也。东晋所出之孔《传》云"光，充也"，应是袭汉人旧解经之文义，"横四表"、"格上下"对举，充盛所及曰"横"，贯通所至曰格。四表有人民，故言"被"。上下谓天地，故言"于"。《诗·周颂·噫嘻》篇郑《笺》举"光被四表，格于上下"二语，《疏》引《注》云："言尧德光耀及四海之外，至于天地。所谓大人与天地合其德，与日月齐其明。"此所谓注，或马、郑、王之注，然以"光"为光耀，则汉时相传之本亦自不一。蔡氏沈云："光，显也"，又以"被四表，格上下"对言之，失古人属

---

① 郭全芝主编：《清代〈诗经〉新疏研究》，合肥：安徽大学出版社，2010年，第70页。

② 赵玉琦：《戴震〈诗经〉研究方法探微——以〈关雎〉为例》，吴兆路等主编：《中国学研究》第16辑，济南：济南出版社，2013年，第179页。

③ 任晓明、陈晓平：《决策、博弈与认知：归纳逻辑的理论与应用》，北京：北京师范大学出版社，2014年，第172页。

辞之意。[1]

在这段考证中，"'光'，当从古本作'横'"不是通过归纳法得出的结论，而是戴震在《与王内翰凤喈书》(1755)中提出来的一种假说。他说："《尧典》古本必有作'横被四表'者，横被，广被也，正如《记》所云'横于天下''横乎四海'是也。'横四表''格上下'对举，溥遍所及曰横，贯通所至曰格。四表言被，以德加民物也；上下言于，以德及天地言也。……'横'转写为'桄'，脱误为'光'。"[2]等戴震提出这个假说之后，钱大昕、姚鼐、洪榜、段玉裁等又先后找到了很多的佐证材料。考前引《尚书义考》成书于乾隆二十七年(1762)壬午孟冬或稍后，实际上，当时戴震对自己的推断只有十分之九的把握，所以直到他死后20年，人们才从《前汉书·王莽传》中找出"横被四表"的实例，因而证明南宋蔡忱训"光，显也"之解是错误的。[3]

3.《孟子字义疏证》所用之公理演绎法

戴震与《几何原本》有没有关系？学界有两种认识：以王茂为代表，认为戴震"以观念为前提，用几何学的推理方法及演绎法，来构成自己的体系"[4]；与此不同，以王世光为代表，认为："戴震以考据学中的归纳法来建构其哲学，这与《几何原本》没有方法论上的关联。"[5]孰是孰非，目前尚难定论。撇开戴震与《几何原本》之间的关系不论，戴震作《孟子字义疏证》确实构成了一个具有逻辑特点的范畴体系，仅从这个层面讲，《孟子字义疏证》应是"一部比较自觉地运用形式逻辑的公理演绎方法写成的哲学著作"[6]。

《孟子字义疏证》需要推论的"公理"是"人道本于性，而性原于天道"[7]。

为了论证这个命题，戴震从分析"天道"这个概念入手，循序渐进，累累交承。

首先，明晰"天道"的概念，"天道"即天地之道，即指"气化流行，生生不息"[8]的运动状态。然而，由于自然界的物质形态比较复杂，各地的生态环境也不同，因此，"天道"就不能抽象地去理解，而是需要"举其实体实事"[9]来具体地认识和把握。何谓"实体实事"？戴震解释说："阴阳五行，道之实体也。"[10]那么，"实体"又具有什么样的功能呢？戴震回答说："有实体，故可分；惟分也，故不齐。"[11]这里，戴震实际上提出了世界的统一性和多样性问题。"实体"具有统一性，"分"是指事物的矛盾运动，"不齐"就是指万事万物的差异。而人物本身则是这个"分"的产物，所以戴震说："言分于阴阳五行以有人物，而人物

---

① (清)戴震：《尚书义考》第1卷，《聚学轩丛书》第3集，扬州：江苏广陵古籍刻印社，1982年，第15—17页。
② (清)戴震：《戴震全集》第5册，第2236页。
③ 曹聚仁：《中国学术思想史随笔》，北京：生活·读书·新知三联书店，2012年，第53页。
④ 王茂：《戴震哲学思想研究》，合肥：安徽人民出版社，第15页。
⑤ 王世光：《戴震哲学与〈几何原本〉关系考辨》，《史学月刊》2002年第7期，第37页。
⑥ 萧萐父、许叔民：《明清启蒙学术流变》，沈阳：辽宁教育出版社，1995年，第664页。
⑦ (清)戴震：《戴震全集》第1册，第194页。
⑧ (清)戴震：《戴震全集》第1册，第194页。
⑨ (清)戴震：《戴震全集》第1册，第194页。
⑩ (清)戴震：《孟子字义疏证》，北京：中华书局，1961年，第21页。
⑪ (清)戴震：《孟子字义疏证》，第21页。

各限于所分以成其性。”①

其次，辨析“人道”的概念，“人道，人伦日用身之所行皆是也”②。又《中庸》揭示了“天道”的一个重要特性，那就是“道也者，不可须臾离也”③。戴震利用“天道”的这个特点论述了“人伦日用，咸道之实事”④的重要性，一方面，“言日用事为，皆由性起，无非本于天道然也”⑤；另一方面，“道者，居处、饮食、言动，自身而周于身之所亲，无不该焉也”⑥。在这里，“周之所亲”是指人类的一切感性活动，包括感知、注意、记忆、识别、问题解决、语言处理等一般认知过程。在此基础上，戴震进一步用“饮食”和“知味”之喻隐约地触摸到了认识与真理的关系问题，用他的话说，就是“物”与“则”（即规律）的关系问题。他说：“饮食，喻人伦日用；知味，喻行之无失。”⑦又说：“人伦日用，其物也；曰仁、曰义、曰礼，其则也。”⑧所以“就人伦日用，举凡出于身者求其不易之则，斯仁至义尽而合于天”⑨。此“天”所指就是“道”，因为戴震强调说：“专以人伦日用，举凡出于身者谓之道。”⑩又说：“《中庸》曰：‘大哉圣人之道！洋洋乎发育万物，峻极于天。优优大哉！礼义三百，威仪三千，待其人而后行。’极言乎道之大如是，岂出人伦日用之外哉！”⑪

综上，戴震的论证逻辑很清晰，如图 4-14 所示：

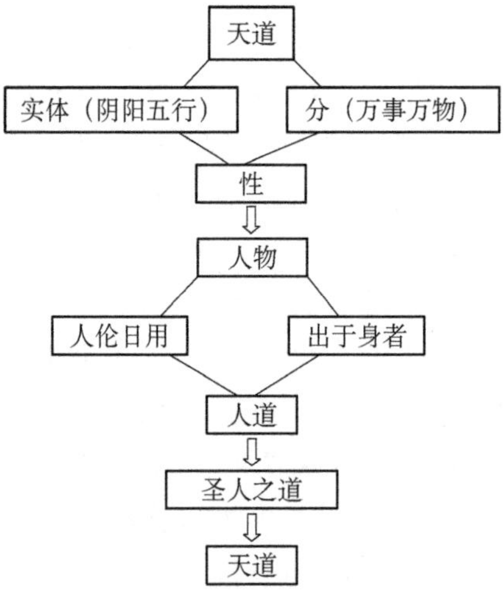

图 4-14　戴震的“天道”逻辑体系

① （清）戴震：《孟子字义疏证》，第 21 页。
② （清）戴震：《戴震全集》第 1 册，第 194 页。
③ （清）戴震：《戴震全集》第 1 册，第 195 页。
④ （清）戴震：《戴震全集》第 1 册，第 194 页。
⑤ （清）戴震：《戴震全集》第 1 册，第 194 页。
⑥ （清）戴震：《戴震全集》第 1 册，第 196 页。
⑦ （清）戴震：《戴震全集》第 1 册，第 197 页。
⑧ （清）戴震：《戴震全集》第 1 册，第 197 页。
⑨ （清）戴震：《戴震全集》第 1 册，第 197 页。
⑩ （清）戴震：《戴震全集》第 1 册，第 197 页。
⑪ （清）戴震：《戴震全集》第 1 册，第 198 页。

戴震“天道”的立论前提是“实体实事”，而“实体实事，罔非自然，而归于必然，天地、人物、事为之理得矣”[①]。这个“理”是“归于必然”之理，它不是先验的，也不是本原性的，这一点跟程朱理学划清了界线。戴震又说：“善，其必然也；性，其自然也。归于必然，适完其必然，此之谓自然之极致，天地人物之道于是乎尽。”[②]可见，对“道”这个概念的语义分析，确实具有“公理演绎”的特点。如在“道”论中，戴震所言“举其实体实事而道自见”[③]即是一条公理，所以无论是天道还是人道，只要它们以“实体实事”的面目呈现自身，就都统属于道的范畴。因此，从这个逻辑前提出发，戴震便把那些像神秘主义的先验论、虚无论等一类哲学主张，统统抛到了“道”这个传统思想体系之外。

（二）戴震的理性主义精神

理性主义精神的实质就是怀疑和批判，戴震从小就具备了这种做学问的素质。据《戴东原先生年谱》记载，戴震10岁时曾与其老师有一段对话：

> （世）授《大学章句》，至“右经一章”以下，问塾师：“此何以知为孔子之言而曾子述之？又何以知为曾子之意而门人记之？”师应之曰：“此朱文公所说。”即问：“朱文公何时人？”曰：“宋朝人。”“孔子、曾子何时人？”曰：“周朝人。”“周朝、宋朝相去几何时矣？”曰：“几二千年矣。”“然则朱文公何以知然？”师无以应，曰：“此非常儿也。”[④]

这种质疑精神遂成为戴震后来“独标汉帜”[⑤]的一种强大学术动力。

1.“通训诂以明义理”及其对宋学的批判

戴震认为“明义理”不能凭空臆想，而是应当从分析字义入手。他说：

> 经之至者，道也，所以明道者其词也；所以成词者，未有能外小学文字者也。由文字以通乎语言，由语言以通乎圣贤之心志，譬之适堂坛之必循其阶，而不可以躐等。[⑥]

也就是说，考证和分析字义是通经的基本功。遵循这条治经路径，戴震从文字学的角度对《尚书》《诗经》《周礼》《左传》《孟子》《尔雅》等儒家经典都做了严谨考证。

1）对朱熹《诗集传》的批判

朱熹《诗集传》是研究《诗经》的一部重要著作，对明清诗经学的发展影响较大。然而，戴震在对《诗经》字义的考证过程中发现了《诗集传》的很多错误。以《杲溪诗经补注》为例，戴震批驳朱熹《诗集传》的错误多达31条。要者有：

“参差荇菜，左右芼之”条。

---

① （清）戴震：《戴震全集》第1册，第163页。

② （清）戴震：《孟子字义疏证》，第44页。

③ （清）戴震：《戴震全集》第1册，第194页。

④ （清）段玉裁：《戴东原先生年谱》，（清）戴震：《戴震全集》第6册，第3390页。

⑤ （清）皮锡瑞：《经学历史》，吴仰湘：《皮锡瑞全集》第6册，北京：中华书局，2015年，第89页。

⑥ （清）戴震：《古经解钩沉序》，《续修四库全书》编纂委员会：《续修四库全书》第1434册，第525页。

《诗集传》曰："芼，熟而荐之也。"戴震对朱熹注的批判已见前述，不赘。

"摽有梅，其实七兮。求我庶士，迨其吉兮"条。

《诗集传》曰："吉，吉日也。"

震按："我者代辞。"《郑笺》是也。毛、郑皆以此诗"专为女子年二十当嫁者而言"，为说本《周礼》；又皆以梅之落喻年衰，郑则兼"取梅落见已过春而至夏"，似迂曲难通。《集传》以为女子"贞信自守，惧其嫁不及时，而有强暴之辱"。岂化行之世，女宜有此惧邪？亦非也。古者嫁娶之期，说歧而未定。其以少长论者，或主于男三十、女二十；或目此为期尽之法。据《诗》《礼》证之，男子二十冠而字，女子许嫁笄而字。男子二十曰弱冠，三十曰壮，有室。女子十有五年而笄，二十而嫁，有故，二十三年而嫁。盖冠而后有室，笄而可以嫁。[①]

"参差荇菜，左右流之。窈窕淑女，寤寐以求"条。

《诗集传》曰："或左或右，言无方也。流，顺水之流而取之也。"

震按：参，《说文》引《诗》作槮，"木长貌"。此诗卒章曰"左右芼之"，明言为芼，非为菹也。菹与醢相从，实诸豆。《周礼》"七菹，韭菹、菁菹、辰菹、葵菹、芹菹、落菹、笋菹"是也。芼与羹相从，实诸铏。……芼之而犹曰左右，不必为无方，则左右者，盖至近之辞。流之，言在流水之次，有洁濯之美，可以当求取耳。直以求取训流则非也。[②]

以上三条比较有代表性，戴震以"传其信，不传其疑"[③]为宗旨，对先儒注经之历史提出了自己的看法。他说："先儒之学如汉郑氏、宋程子、张子、朱子、其为书至详博，然犹得失中判。其得者，取义远，资理闳，书不刻尽言，言不克尽意。学者深思自得，渐近其区。不深思自得，斯草薉于畦，而茅塞其陆。其失者，即目未睹渊泉所导，手未披枝肄所歧者也，而为说转易晓。学者浅涉而坚信之，用自满其量之能容受，不复求远者闳者。"[④]因此，戴震在《杲溪诗经补注》中对朱熹《诗集传》部分注疏的批判，并不是站在"宋学"的对立面故意向朱熹发难，而是以"得失中判"这样的历史态度来客观评价朱熹的《诗集传》。诚如有学者所言：戴震的"《杲溪诗经补注》是把'毛诗'、'郑笺'和'朱传'并列而参以自己的发明，并无汉、宋学的门户之见"[⑤]，此论甚为确当和公允。

2）《屈原赋注》对朱熹部分注释的批判

自从1936年刊布《屈原赋注初稿》以来，学界已形成两派意见：否定派，以许子滨为代表，认为《屈原赋注初稿》系伪书[⑥]；肯定派，以许承尧、陈忠发等为代表[⑦]，主张系戴

---

① （清）戴震：《戴震全集》第2册，第1139—1140页。

② （清）戴震：《戴震全集》第2册，第1114页。

③ （清）戴震：《戴东原集》卷9《与姚孝廉姬传书》，《续修四库全书》编纂委员会：《续修四库全书》第1434册，集部·别集类，第522页。

④ （清）戴震：《戴东原集》卷9《与姚孝廉姬传书》，《续修四库全书》编纂委员会：《续修四库全书》第1434册，集部·别集类，第521页。

⑤ 龙念主编：《朱子学研究：2008年卷》，合肥：安徽大学出版社，2008年，第91页。

⑥ 许子滨：《戴震〈屈原赋注〉成书考——兼论〈安徽丛书〉本〈屈原赋注初稿三卷〉为伪书考》，程章灿主编：《古典文献研究》第16辑，南京：凤凰出版社，2013年，第309—334页。

⑦ 陆忠发：《戴震朴学研究》，北京：中国文联出版社，2001年，第136—140页。

震本人的作品。我们倾向于后者的观点。在《屈原赋注》中，戴震对朱熹《楚辞集注》的某些观点进行了拨正。例如：

《天问》："出自汤谷，次于蒙汜，自明至晦，所行几里？"

朱熹《集注》：

此问一日之间，日行几里乎？答之曰：汤谷、蒙汜，固无其所，然日月出水，乃升于天，及其西下，又入于水，故其出入，似有处所，而所行里数，历家以为周天赤道一百七万四千里，日一昼夜而一周，春秋二分，昼夜各行其半，而夏长冬短，一进一退，又各以其什之一焉。①

戴震注：

汤谷，即《虞书》之旸谷。蒙汜，亦曰蒙谷，即《虞书》之昧谷。《尔雅》之大蒙。此就中土宾日饯日之地言之，日所行里数，不考信于《六艺》，故以为疑。《淮南·天文训》、王充《论衡》所言里数，说皆谬诞。《集注》以赤道言，其里数不真，则宋时测法疏尔。②

又《天问》：

夜光何德，死则又育？厥利维何，而顾兔在腹。

朱熹《集注》：

月光常满，但自人所立处视之，有偏有正，故见其光有盈有亏，非既死而复生也。若顾菟在腹之问，则世俗桂树、蛙、兔之传，其惑久矣。或者以为日月在天，如两镜相照，而地居其中，四旁皆空水也。故月中微黑之处，乃镜中大地之影。略有形似，而非真有是物也。斯言有理，是破千古之惑。③

戴震注：

夜光，月也。德，常德也。死，即所谓死魄也。育，生也，即所谓生明生魄也。月之行，下于日，其体浑圆，常以半圆受日光。日月正相对为望，人目在地视之，其光全，侧对则视之若阙。至于同行为晦，人目在地视之，无光，光常在向日之半也。谓之死，谓之生者，特据人目所见云然。此言由死而育、叠为循环，何取于是以为月之常德乎?设难疑之也。月中有黑影，今步算家谓之月驳，乃其坳突处不受日光尔。《灵宪》之言非是。《集注》地影之说，亦谬。④

戴震《音义》又注：

---

① （宋）朱熹集注：《楚辞集注》，上海：上海古籍出版社，1979年，第52页。

② （清）戴震：《戴震全书》第3册，第583页。

③ （宋）朱熹集注：《楚辞集注》，第53页。

④ （清）戴震：《戴震全书》第3册，第583页。

月中黑影，今步算家谓之月驳，言月体有坳突处。昔人所谓兔蟾诸，以其形似耳。或云地影，非也。月食于暗虚，乃地影。①

上述两例戴震根据近代天文学知识对朱熹注都做了否定，显示了他的求真务实精神。其中“月驳”是西法术语，关于月球上为什么会出现黑影的问题，最近天文学的解释是：

肉眼所看到的月面上的暗淡黑斑叫月海，是广阔的平原。目前已经确定的月海有22个。最大的是风暴洋，面积500万平方千米。多数月海呈圆形、椭圆形，且四周多为山脉封闭住，不过也有月海是连成一片的。月海的地势一般较低，类似地球上的盆地，月海比月球平均水准面低1—2千米，个别最低的海如雨海的东南部甚至比周围低6000米。月面的返照率（一种量度反射太 阳光本领的物理量）也比较低，因而看起来现得较黑。②

由此可见，朱熹没有把“月驳”和“暗虚”区别开来，所以戴震的评论是符合月球的实际地形特点的。

3）《孟子私淑录》对朱熹学说的批判

《孟子私淑录》是1942年才刊布的戴震中晚期著作之一，与他早期的著作相比，此期著作的显著特点之一就是开始对宋代理学进行批判。他认为：“夫所谓理义，苟可以舍经而空凭胸臆，将人人凿空得之，奚有于经学之云乎哉！”③在《孟子私淑录》一书里，戴震就很好地贯彻了他的上述思想。

例如，有人问：

《易》曰：“形而上者谓之道，形而下者谓之器。”程子云：“惟此语截得上下最分明，元来只此是道，要在人默而识之。”后儒言道，多得之此。朱子云：“阴阳，气也，形而下者也；所以一阴一阳者，理也，形而上者也，道即理之谓也。”朱子此言，以道之称惟理足以当之。今但曰“气化流行，生生不息”，非程朱所目为形而下者欤？

戴震回答说：

气化之于品物，则形而上下之分也。形乃品物之谓，非气化之谓。《易》又有之：“立天之道，曰阴与阳。”直举阴阳，不闻辨别所以阴阳而始可当道之称，岂圣人立言皆辞不备哉？一阴一阳，流行不已，夫是之谓道而已。古人言辞，“之谓”、“谓之”有异：凡曰“之谓”，以上所称解下，如《中庸》“天命之谓性，率性之谓道，修道之谓教”，此为性、道、教言之。若曰：性也者，天命之谓也；道也者，率性之谓也；教也者，修道之谓也。《易》“一阴一阳之谓道”，则为天道言之，若曰，道也者，一阴一阳之谓也。凡曰“谓之”者，以下所称之名辨上之实，如《中庸》“自诚明谓之性，自明诚谓之教”，此非为性教言之，以性教区别“自诚明”“自明诚”二者耳。《易》“形而

① （清）戴震：《戴震全书》第3册，第757页。

② 李林主编：《名师点拨·语文》，南京：东南大学出版社，2009年，第197—198页。

③ （清）戴震：《戴震全集》第6册，第3448页。

上者谓之道，形而下者谓之器”，本非为道器言之，以道器区别其形而上形而下耳。形，谓已成形质，形而上犹曰形以前，形而下犹曰形以后。如“千载而上”，“千载而下”。《诗》“下武维周。”郑《笺》云：“下，犹后也。”阴阳之未成形质，是谓形而上者也，非形而下明矣。器言乎一成而不变，道言乎体物而不可遗。不徒阴阳非形而下，如五行水火木金土，有质可见，固形而下也，器也；其五行之气，人物成禀受于此，则形而上者也。……即物之不离阴阳五行以成形质也。由人物溯而上之，至是止矣。《六经》、孔、孟之书，不闻理气之辨；而宋儒创言之，遂以阴阳属形而下，实失道之名义也。[①]

从上述引文中不难看出，戴震论证的考据方法紧紧抓住分析字义这个根本，从辨析“之谓”和“谓之”的不同入手，对“形而上”与“形而下”的概念做了令人信服的阐释。特别是宋儒把“理”和“气”一分为二，认为“理”属于形而上的范畴，而“气”则属于形而下的范畴，更是难以成立。因为在戴震看来，“形，谓已成形质，形而上犹曰形以前，形而下犹曰形以后”，所以“阴阳之未成形质，是谓形而上者也，非形而下明矣”。正如有学者所言：“也许，我们并不一定要同意对‘形而上’与‘形而下’的具体解释，但由上述的语言分析可以看到，戴震试图把哲学思考建立在明白无误的语言分析的基础之上。在引进语言分析之后，他展示出了中国传统哲学从未有过的概念自身的明晰性。”[②]尽管学界对戴震的“之谓”和“谓之”的分析还有各种不同的认识，如有学者认为戴震观点中隐含着“歧义和混乱”[③]，但我们必须承认，“这里体现的，是一种拒斥形而上学的立场，它不仅展示了一种本体论的观点，而且具有某种价值观的意义。就后者而言，对形而上学的排拒，即意味着将注重之点由超验的领域转向具体的对象，这种思路与近代具有科学主义倾向的实证论颇有相通之处。”[④]

再比如，有人问：

宋儒之言形而上下，言道器，言太极、两仪，今据孔子赞《易》本文疏通证明之，洵于文义未协。其见于理气之辨也，求之《六经》中无其文，故借太极、两仪、形而上下之语以饰其说，以取信学者欤？

戴震回答说：

舍圣人立言之本指，而以己说为圣人所言，是诬圣也；借其语以饰吾之说，以求取信，是欺学者也。诬圣欺学者，程、朱之贤不为也。盖见于阴阳气化，无非有迹可寻，遂以与品物流形同归之粗，而空言夫理，似超迹象以为其精，是以触于形而上下之云，太极两仪之称，恍然觉寤理气之辨如是，不复详审文义。学者转相传述，于是《易》之本指，其一区别阴阳之于品物，其一言作《易》之推原天道是生卦画者，皆置

① （清）戴震：《戴震全集》第1册，第34—35页。
② 吴根友、孙邦金：《戴震乾嘉学术与中国文化》中，福州：福建教育出版社，2015年，第333—334页。
③ 陈赟：《回归真实的存在》，桂林：广西师范大学出版社，2015年，第60页。
④ 杨国荣：《向道而思》，北京：东方出版社，2015年，第341页。

不察矣。①

戴震批判程朱理学的前提是“诬圣欺学者，程、朱之贤不为也”，因此，戴震对程朱理学的批判是有理说理，肯定其正确的认识，纠正其错误的认识。如众所知，太极图是朱熹理学的理论根基，而太极图的实质就是主张理在气先，理为气的主宰，“太极”（亦即理）才是宇宙万物的本原。对此，戴震无情地揭露了宋儒妄解古籍的谬误，“发狂打破宋儒家中太极图”②，认为气在理先，亦即“阴阳气化”构成宇宙间一切事物运动变化的根源。所以许叔民先生评价说：“戴震‘发狂打破宋儒家中《太极图》’，推导宋儒‘无极而太极’、‘无极中有个至极之理’的荒诞无稽的谬论，将‘形而上’之‘道’还原为‘形之前’的一阴一阳的气化流行，将‘形而下’解释为‘形以后’的万物生长和人类生活。而无论是‘形之前’，还是‘形之后’，无论是‘天道’还是‘人道’，统统都是物质世界的自然演化过程。根本不存在所谓‘无极而太极’，也根本不存在派生物质世界的‘天理’。这不是取消哲学上的本体论问题，而是给‘什么是世界的本源’的本体论问题以合乎客观实际的唯物主义的解释：本体就是自然存在的物质，道就是物质世界的自然演化和人类的社会生活。”③

2. 戴震理性主义精神的主要价值

建立在怀疑和批判精神之上的科学归纳法，是戴震考据学的灵魂，没有这种科学的归纳法，戴震的考据学成就就无从谈起。因此，陈垣先生称赞说：“考证贵能疑，疑而后能致其思，思而后能得其理。”④

对于《诗经》的解读，戴震主张采用“赋、比、兴”三者相统一的方法来深入挖掘诗句中的应有之义。例如，他认为：“即使像《樛木》这样的表面看起来内容简单、因而多被看成只运用了兴、赋手法的诗，其实也有喻义，解读者也须注意发掘其隐含的意义。”⑤同时，理解《诗经》还需要援礼入《诗》，这既需要勇气，更需要才识。仅此而言，有学者充分肯定了戴震的《诗》学成就。认为：“以礼说《诗》一直是郑玄的强项，但汉后少有人继，宋儒说《诗》虽好异说，但竟逞胸臆，多无依凭，明儒解《诗》，墨守朱子，少有新意，清初陈启源戮力申汉稽古，但礼学不济，未成入室。从这个意义上说，戴震援礼入诗，重回郑笺，而在具体的细节上又敢于驳斥毛、郑，是入郑氏之室而操郑氏之戈，真正窥到汉儒解《诗》门径。至于乾嘉以降，《诗》学走向以经解经、以子解经甚至以史解经，我们说其风昉于戴氏亦不为过。”⑥

对于《周礼·考工记》的研究，戴震主要是从经义整体去解释《考工记》中每个字的音、形、义及其联系，所以“戴氏诠释术语、词语往往从古代科学文化的角度明其所以然，即使个别对象的诠释或有可商补之处，但总是系联着上下文或经书整体，故戴的诠释对理

① （清）戴震：《戴震全集》第1册，第36页。

② （清）段玉裁：《经韵楼集》卷7《答程易田丈书》，上海点石斋本。

③ 许苏民：《戴震与中国文化》，贵阳：贵州人民出版社，2000年，第180页。

④ 陈垣：《通鉴胡注表微·考证篇第六》，沈阳：辽宁教育出版社，1997年，第76页。

⑤ 郭全芝主编：《清代〈诗经〉新疏研究》，合肥：安徽大学出版社，2010年，第75页。

⑥ 赵玉琦：《戴震〈诗经〉研究方法初探——以〈关雎〉为例》，吴兆路、[日]甲斐胜二、[韩]林俊相主编：《中国学研究》第16辑，济南：济南出版社，2013年，第175—179页。

解文献极有帮助”[①]。

回到戴震对程朱理学的批判这个主题，有学者坦言：“戴震的理欲一元观实为对宋明理学之最彻底的清算，可说是理性主义和人文主义在空凿而混浊的思想界投进的一股清泉。”[②]如果把戴震与欧洲近代的笛卡儿相比较，我们会发现：“戴震对宋明理学的否定比笛卡尔对经院哲学的批判，来得更决绝些。不过，笛卡尔比较幸运的是，从他起开出了一个象征新哲学的‘笛卡尔学派’，带出来一连串的把理性主义逐步深化的卓越的思想家。戴震的哲学却似乎到此刹了车。原因是中国当时思想界还没有成熟到那个程度，没有文艺复兴那种浩浩荡荡的强劲的冲击波。”[③]

当然，戴震的考据学也不是没有问题。例如，在《勾股割圆记》中，戴震因“不肯与当代算家通用者雷同”[④]，于是他创造了许多令读者费解的新名词，引起不少算学家的不满。尽管如此，但从乾嘉时期清代学风大变“汉学是对宋学的反动”[⑤]这个历史眼光看，诚如梁启超在《清代学术概论》一书中所说：“苟无戴震，则清学（亦即汉学，引者注）能否卓然自树立，盖未可知也。”[⑥]这绝不是溢美之词。

本章小结

《时宪历》能够在清朝颁行，汤若望功不可没。不独《时宪历》，还有火炮技术、天文仪器以及协助徐光启绘制《见界总星图》等。其中《见界总星图》被潘鼐看作是“引进西方天文学所绘制的第一幅星图”[⑦]，“它是近代恒星天文学理论和实践结合的产物”[⑧]，“它使突出于世界天文学史的中国古星图，在欧洲科学革命时期，发生了根本性的变化，成为一份具有划时代意义的杰出星图”[⑨]。

如何评价黄宗羲等清初士大夫秉持的“西学中源”说，以往学界主要关注其“保守性”，而忽视了它本身所具有的“开放性”和“革命性”这个内在特征。《中国历史上的科举、考据与科学——访美国普林斯顿大学艾尔曼教授》一文点出了“西学中源”是当时唯一可行的一种迂回改革方式，却没有展开作详细论述，但它对于国人的“西学中源”研究无疑是点睛之笔。

---

① 李开：《戴震语文学研究》，南京：江苏古籍出版社，1998年，第18页。
② 陈乐民：《读书与沉思》，北京：生活·读书·新知三联书店，2014年，第521页。
③ 陈乐民：《读书与沉思》，第521页。
④ （清）戴震：《戴震全书》第7册“附录”，合肥：黄山书社，1997年，第630页。
⑤ 张昭军：《晚清民初的理学与经学》，北京：商务印书馆，2007年，第258页。
⑥ 梁启超：《清代学术概论》，长沙：岳麓书社，2010年，第33页。
⑦ 潘鼐：《梵蒂冈藏徐光启〈见界总星图〉考证》，《文物》1991年第1期，第73页。
⑧ 潘鼐：《梵蒂冈藏徐光启〈见界总星图〉考证》，《文物》1991年第1期，第73页。
⑨ 潘鼐：《梵蒂冈藏徐光启〈见界总星图〉考证》，《文物》1991年第1期，第73页。

黄宗羲有“中国思想启蒙之父”[①]之称，在宗教层面，他反对天主教，视其为邪教；在科学技术方面，他却极力学习和吸收西方的历算知识。在黄宗羲看来，既然西方的科学源自中国，那么，只要不断挖掘西方科学知识的精髓，就能实现中国科学知识体系的重构，并以此来达到返璞归真的目的。

与清初反对宋学的学术取向不同，王锡阐却推崇宋学，“内行洁修砥节”[②]，喜欢独立见解，尤其在天文学领域则无师自通，他以“西学中源”为立论之根基，对西方天文学理论上的缺点和错误给予分析和批判，尝试用引力解释行星运动的物理机制，开一代思想之新风。因此，梁启超曾赞誉说：“研习其法（指西法，引者注）而唤起一种自觉心，求中国历算学之独立者，则自王寅旭、梅定九始。”[③]

方以智作为明清之际的一位思想巨擘，他的《通雅》和《物理小识》“代表了一种思想和方法的转向，意义不可轻视”[④]。王夫之则“终结了中古独断哲学，对以往儒学各家进行深刻的批判，开创出古代朴素唯物主义哲学的巅峰”[⑤]，尽管他的思想中也充满了各种思想矛盾，但考虑到当时的特殊时代要求和复杂文化背景，王夫之确实彰显了一种民族大义精神，诚如章太炎所言：“当清之季，卓然能兴起顽懦，以成光复之绩者，独赖而农一家而已。”[⑥]

在清初的科学思想家中，戴震与西学的关系最为复杂，王茂在20世纪80年代曾说：“明清间中西文化交流史的研究，是个薄弱环节，许多问题仍在若明若暗之中，弄清戴震与西学的关系，将俟诸异日。”[⑦]时至今日，应当承认学界已发表了大量成果，尤其是讨论戴震与西学关系的论著与日俱增，学界一致认为，戴震与西学关系密切，但诚如王国维在比较戴震与其师江永的思想异同时所说：戴震的“象数之学根于西法，与江氏同；而不肯公言等韵、西法，与江氏异。”[⑧]徐道彬又说：

> 为人熟知的《孟子字义疏证》一书，正是按照西学《几何原本》的体例撰写的。他不取传统的“疏证”体例，而遵循《几何原本》中的定义、公理、证明、演绎等逻辑程序展开。这种逻辑方法虽然在17、18世纪风行欧洲，但在中国哲学史上运用这种方法，戴震却是第一人。它不仅给人以耳目一新，而且标志着戴震在思维方式上已经突破传统而迈入近代。[⑨]

---

① 林晓丹：《中国哲学史》，北京：煤炭工业出版社，2016年，第344页。

② （清）潘耒：《〈晓庵遗书〉序》，吴江区档案局，吴江区地方志办公室：《苏州历史文化名村溪港》，苏州：古吴轩出版社，2018年，第162页。

③ 梁启超：《中国近三百年学术史》，北京：东方出版社，1996年，第173页。

④ 楚默：《楚默全集·思想的年轮》下册，上海：上海书店出版社，2014年，第188页。

⑤ 李舒尧：《王夫之人性论探析》，《宝鸡文理学院学报（社会科学版）》2017年第5期，第51页。

⑥ 章太炎：《重刊〈船山遗书〉序》，《船山全书》第16册，长沙：岳麓书社，1996年，第441页。

⑦ 王茂：《戴震哲学思想研究》，合肥：安徽人民出版社，1980年，第132页。

⑧ 王国维：《王国维自述》，合肥：安徽文艺出版社，2014年，第116页。

⑨ 徐道彬：《论戴震与西学》，《自然科学史研究》2010年第2期，第139—140页。

结　　语

从明中叶以降，西学东渐已成历史发展的大趋势，不可阻挡。在这种历史发展的客观背景下，明清之际的士大夫对此产生了种种不同的刺激反应，有顽抗不顺从者，有完全顺从者，更有折中者。当然，除极少数逆历史潮流而动的食古不化者外，大多数士大夫还是能够审时度势，顺应历史发展的潮流。不过，面对西学的冲击，究竟如何处理经学和数术（或称自然科学）之间的关系，人们站在不同角度做出了不同回答。

一、维护经学的独尊，继续弱化自然科学的影响力

早在汉代，数术即为《七略》中的一略，其内容包括天文、历谱、五行、蓍龟、杂占、刑法这6类。具体讲来，则“天文包括现代意义上的天文学和占星术；历谱包括历法、声律、宗谱等；五行研究金、木、水、火、土的交互感应，还包括吉日的选择之类的知识；蓍龟就是用蓍草和龟甲进行占卜；杂占包括梦兆等其他卜算和仪式；刑法包括对地形和面相之类形状的研究”[①]。在明清之际，由于西方科学知识的输入，传统数术之学逐渐出现式微之势。对此，有学者分析说：整体看来，“元明以后，术数向两个方向发展，一是更加附庸于易学，以穷理知命为主；二是流于陋俗，以符箓神占为主。明中叶以后，西方科学知识逐渐传入中国，给以占卜为特征的各种方术以致命打击。原来依附于术数的天文、历法、地理和物理化学知识都随着时代的发展而与术数相分离，而术数占卜本身的无理性也越益被世人所认识。至清末和民国，术数作为专门的‘究天人之际’的学术知识系统，已不复存在，其所余者，大致是里巷陋港的打卦算命的骗钱之术”[②]。我们知道，中国传统科学技术没有自身独立发展的地位，它始终附属于儒家经学。那么，在西方科学知识逐渐取代中国传统“数术”的地位而愈益彰显出其独立发展的历史趋势时，传统经学将如何应答，这是明清之际科学技术发展的一个重要问题。

朱元璋重视经学，明洪武三年开设科举，以专经业儒，其《科举条例》明确规定考试《五经》。洪武十四年（1381），明朝“颁《九经》于北方学校”[③]，其《九经》为《周易》《尚书》《诗经》《春秋》《礼记》《仪礼》《周礼》《论语》《孟子》。毋庸置疑，明清科举制对于稳定封建专制官僚体制的运行，起到了重要作用。但它在一定程度上却窒息了科学技术的生命力。诚如明人宋濂所指摘的那样：多数士子“以摘经拟题为志，其所最切者，唯四

---

① 胡翌霖：《过时的智慧——科学通史十五讲》，上海：上海教育出版社，2016年，第88页。

② 宋会群：《中国术数文化史》，开封：河南大学出版社，1999年，第272—273页。

③ （清）谈迁：《国榷》卷7《太祖洪武十四年》，北京：中华书局，1958年，第600页。

子一经之笺，是钻是窥，余则漫不加省”①。

西方科学技术输入中国，固然为中国科学技术的发展注入了新的活力，但是我们也不能不看到在西方科学技术输入中国的同时，西方基督教的价值观也一起传了进来。例如，徐光启在《泰西水法序》中说：“余尝谓其教（即基督教）必可以补儒易佛，而其绪余更有一种格物穷理之学，凡世间世外，万事万物之理，叩之无不河悬响答，丝分理解；退而思之，穷年累月，愈见其说之必然而不可易也。格物穷理之中，又复旁出一种象数之学。象数之学，大者为历法，为律吕，至其他有形有质之物，有度有数之事，无不赖以为用，用之无不尽巧极妙者。”②这段话有三层意思：第一层意思是认可基督教的传入，理由是“必可以补儒易佛”，而“补儒”说也就成为徐光启等明儒接受西方科学知识的主要观念支撑。第二层意思是“格物穷理之学”仅仅是基督教的“绪余”，所谓“绪余”有学者解释为“残余”③，故人们在讨论《庄子》内外篇的价值时，有论者云：“《内篇》为作者要旨所在，《外篇》其绪余也。”④这是学界普遍的看法。从这个实例中，我们不难体会出徐氏上述言语的个中之义。第三层意思是“象数之学”的价值只是因为其“赖以为用”，亦即被视为一种生活工具。可见，从“补儒易佛”，到“绪余”，再到“复旁出”，其相应价值呈递减趋势。

在经学与科学的关系问题上，谙熟中国传统文化的利玛窦有一段很经典的论述。他在《译几何原本引》一文中说：“夫儒者之学，亟致其知，致其知，当由明达物理耳。物理渺隐，人才顽昏，不因既明累推其未明，吾知奚至哉！吾西陬国虽扁小，而其庠校所业格物穷理之法，视诸列邦为独备焉，故审究物理之书，极繁富也。彼土立论宗旨，惟尚理之所据，弗取人之所意。盖曰：‘理之审，乃令我知；若夫人之意，又令我意耳。’知之谓，谓无疑焉，而意犹兼疑也。然虚理、隐理之论，虽据有真指，而释疑不尽者，尚可以他理驳焉；能引人以是之，而不能使人信其无或非也。独实理者、明理者，剖散心疑，能强人不得不是之，不复有理以疵之，其所致之知，且深且固，则无有若几何家者矣。”⑤在学界，《译几何原本引》被称为“改变中国的划时代文献”⑥，其影响力自不待言。问题是利玛窦为了传播欧式几何，不得不以经学为掩护。因此，有学者解释说：“利玛窦选择‘格物致知’来指称科学，显然是经过考虑的。儒家文化的传统价值观强调以修身养性为本，而把科学看作是‘雕虫小技’，进行科学研究是微不足道的‘末务’”⑦，有基于此，他才“用拥有至高地位的经学词‘格致’作为包裹西方科技的外衣”，旨在“使得一向将科技视为末流小道

① （明）宋濂：《故礼部侍郎曾公神道碑》，任继愈主编：《中华传世文选·明文衡》，长春：吉林人民出版社，1998年，第670页。

② （明）徐光启：《泰西水法序》，朱维铮、李天纲主编：《徐光启全集》第5册，上海：上海古籍出版社，2010年，第290页。

③ （清）顾炎武：《生当常怀四海心——顾炎武励志文选》，北京：中华工商联合出版社，2015年，第77页。

④ （清）王起孙著、王迎建点校：《瓯北七律浅注》卷3，苏州：苏州大学出版社，2015年，第246页。

⑤ [意]利玛窦：《几何原本》，上海：上海古籍出版社，2011年，第6页。

⑥ 龚鹏程等编著：《国史镜原——改变中国的划时代文献》下册，台北：时报文化出版股份有限公司，1987年，第172—175页。

⑦ 陈卫平：《第一页与胚胎——明清之际的中西文化比较》，桂林：广西师范大学出版社，2015年，第95页。

的士大夫们开始对其重视起来”[①]。然而，实际效果怎样呢？不管利玛窦的主观愿望是什么，他的上述策略却在客观上强化了经学的主导地位，并成为明朝科举制合理性的一个注脚。于是，下面的结果便在意料之中了。有学者分析道：

明清两代的科举制，这是社会文化导向的重要机制，也是一切知识分子欲取功名利禄的必由之路。而考试的科目内容又无一涉及科学知识，无非在孔孟书中寻章摘句，写篇八股文章，所谓代圣贤立言，进行说教。舍此，即与功名利禄无缘。故天下学子，皆钻孔孟之道，远离科学技术。即便是科学巨著，也会受到冷落。如明代宋应星所著《天工开物》，集我国古代农业和手工业生产技术之大成，具有重大的科学价值。但由于不是孔孟之道，所以这部书也就被淹没长达几个世纪之久，不为当权者所重视，直到近代才被重新发现。可见，在封建社会，由于文化导向不以科学技术为重，环境如此，故近代科学也就难以成长。[②]

二、试图把科学技术从经学桎梏中解放出来

如果科学技术没有自己的独立性，那么，它的繁荣发展就是不现实的。

一方面，“‘经学’是一门笼统的学科，单就‘五经’而言，就已经包含了人文科学及某些自然科学，‘经学’本身也并不排斥自然科学。……相反，儒学中的理性主义及其思辨方法，对自然科学也具有启发作用；但是，‘经学’以它自成一统的体系，凌驾于一切知识之上，无形中又排斥了自然科学的独立”[③]。

另一方面，西方科学知识的输入，为中国传统科学技术的相对独立发展提供了历史契机。我们知道，西方近代科学始自16世纪，17世纪即进入繁荣发展时期。西方近代科学技术的繁荣固然需要诸多社会条件，但有一条非常关键，那就是以科学为中心的理性原则，而理性成为其文化的内核。对此，恩格斯曾指出：近代以来的西方学者“不承认任何外界的权威，不管这种权威是什么样的。宗教、自然观、社会、国家制度，一切都受到了最无情的批判；一切都必须在理性的法庭面前为自己的存在作辩护或者放弃存在的权利。思维着的知性成了衡量一切的唯一尺度”[④]。与之不同，程朱理学也讲“理”，明清的士大夫也都有“理性”观念，只是这种“理性”是以经学为中心的。所以在这种知识背景下，科学技术的发展就非常需要权威的力量，最典型的史例即康熙与《律历渊源》的编撰。雍正皇帝在《律历渊源》序中云：

我皇考圣祖仁皇帝，生知好学，天纵多能，万几之暇，留心律历算法，积数十年博考繁赜，搜抉奥微，参伍错综，一以贯之。爰指授庄亲王等率同词臣，于大内蒙养

① 王晓凤：《晚清科学小说译介与近代科学文化》，北京：国防工业出版社，2015年，第174页。
② 余明光：《东方文化的奥秘》，北京：中国文史出版社，2013年，第341页。
③ 霍雅娟编著：《中国文化概论》，赤峰：内蒙古科学技术出版社，2007年，第63—64页。
④ 中共中央马克思恩格斯列宁斯大林著作编译局：《马克思恩格斯选集》第3卷，北京：人民出版社，1995年，第355页。

斋编纂，每日进呈，亲加改正，汇辑成书，总一百卷，名为《律历渊源》。凡为三部，区其编次。一曰《历象考成》，其编有二：上编曰《揆天察地》，论本体之象，以明理也；下编曰《明时正度》，密致用之术，列立成表，以著法也。一曰《律吕正义》，其编有三：上编曰《正律审音》，所以定尺考度，求律本也；下编曰《和声定乐》，所以因律制器，审八音也；续编曰《协均度曲》，所以穷五声二变，相和相应之源也。一曰《数理精蕴》，其编有二：上编曰《立纲明体》，所以解周髀，探河洛，阐几何，明比例；下编曰《分条致用》，以线面体括九章，极于借衰、割圜、求体，变化于比例，规比例数，借根方诸法，盖表数备矣。①

关于皇帝参与编撰科学技术文献的史例，人们可以从多个角度去作诠释。在这里我们想说明的是，所有参与编撰《律历渊源》的知识精英，都必须受制于皇帝一人，在整个科研过程中并没有他们个人的自由意志，其“每日进呈，亲加改正”就颇能说明问题，不赘。与此不同，英国却呈现出另外一番科学研究情景。据研究者称：

无独有偶，17世纪的英国也有一个学术群体。1660年，十二位英国的科学家组织了皇家学会（Royal Society）。皇家学会标举的工作是“数理实验之学”。这一批学者彼此切磋，推动了学术界发展实证科学。第一任会长是天文学家瑞恩（Christopher Wren，1632—1723），后来担任过会长职务的学者包括：牛顿、赫胥黎、波义耳等人，都是科学发展史上的重要人物。皇家学会的会籍，须由三位会士推荐，经全体会士投票，始得成为新会士。这一个学术团体，结集了学术界的精英，对于西方近代科学发展，发挥了重要的推进之功。②

与蒙养斋算学馆相比，英国皇家学会（全名“伦敦皇家自然知识促进学会”）没有皇权的介入，它不对政府的任何部门负正式责任，纯粹是一个学术研究机构，所以它接纳的是创新思维，而非被权力制约的尊经思维。当然，康熙皇帝所成立的蒙养斋算学馆还算是一个比较开放的研究团体，它允许外国学者参与其中，如白晋、张诚、苏霖等。所以有学者述康熙成立蒙养斋算学馆的背景云：

一直到1704年，康熙都对西方推算非常相信。但是到了1711年，因为夏至日影观测的原因，康熙发现观测结果，钦天监的测算跟实际不符，他就询问新来的传教士。他从那时候开始觉得西洋人在他面前保留了一些新的知识，没有告诉他，所以他非常非常不高兴。后来他想培养一批自己的人来独立地做一些事情，在1713年建立蒙养斋算学馆，让他的第三个儿子张罗，负责相关的工作。从全国各地召集了72位年轻的学者，而且他们经过考试，个别也通过走后门的办法，进入蒙养斋算学馆。他们都是带薪俸的。这种情况下，包括很有名的桐城派方苞，也进了这个机构。除了算学馆人员之外，还有耶稣会士在宫廷里面为皇帝工作。当然，除了耶稣会以外还有一些其他教

① （清）胤禛著、魏鉴勋注释：《雍正诗文注解》，沈阳：辽宁古籍出版社，1996年，第232页。
② 许倬云：《万古江河——中国历史文化的转折与开展》，上海：上海文艺出版社，2006年，

会的传教士。[①]

因此，蒙养斋算学馆的科研目标必须与康熙的治国理念相一致。诚如前述，西方传教士在输入西方科学知识的同时，其宗教观念也必然相伴而行。这时，两种宗教观念之间发生这样或那样的冲突就不可避免了。

第一，有学者议论，康熙学习西方科学的主要目的是用来治国，治国里面当然包括治水、河工、测天量地。又康熙作为儒家文化熏陶下的国王，借鉴了西学，达到了自己的目的。而且他重用清代非常有名的理学大臣李光地，不光是编一些程朱理学的东西，也进行一些科学的编纂活动。但康熙学了西方科学之后，在短时间里并不想让汉人知道，并在相当一段时间内垄断了西方知识，这就导致了西学在宫廷里面传播相当不及时，影响了清朝科学的广泛传播与发展。[②]

第二，又有学者认为，由于康熙的介入，“明末传入的欧几里得《几何原本》的地位，逐渐为巴蒂系统的《几何原本》所替代。它与前者的最大区别，就是忽略或极大简化了公理体系的作用，而增加了立体求积、绘图、测量等实用内容。这与康熙的个人兴趣及治国需求是一致的”[③]。

第三，礼仪之争与中西文化冲突。科学发展绝对不是一个孤立现象，康熙对待西方科学的态度也随着中西两种文化之间矛盾冲突的演变而发生变化。诚如有学者所言：“天主教尽管在中国内地广为传播，但它的宗教思想和神学文化，从根本上与中国的泛神论信仰和传统文化相矛盾，不时发生冲突和挑战。万历四十四年（1616）南京教案发生，同年万历皇帝颁布驱逐耶稣会教士的命令。尤其是康熙礼仪之争之后，清廷教禁更严，雍正登基采纳了闽浙总督满宝的建议，‘将各省（传教的）西洋人除送京效力外，余俱安插澳门，天主教堂改为公所。’这时，澳门便成为耶稣会教士的流放所。”[④]如众所知，“礼仪之争”导致基督教在清朝被禁长达百年之久，在此期间，西方科学技术传播受到了极大影响。问题是：清廷禁教也有其正当性，因为“此次中西‘礼仪之争’的本质是天主教神权和中国君权之间的权力争夺战”，而“西方对中国‘礼制’的冲击会动摇中国原有的政治秩序。并且此时的中西文化交流并未给中国带来近代化的主要元素”[⑤]。

因此，鉴于以上原因，明清科学技术的发展受到掣肘的因素很多，在短时间内难于摆脱权力的约束，而像英国皇家学会那样“其成员约定把神学和政治排除在他们的讨论范围之外”[⑥]，因而成为世界上第一个真正意义上的科学团体。与之相较，蒙养斋算学馆的性质

---

① 马来平主编：《儒学促进科学发展的可能性与现实性——以“儒学的人文资源与科学”为中心》，济南：山东人民出版社，2016年，第34页。

② 韩琦：《知识与权力——康熙帝与欧洲科学在宫廷的传播》，马来平主编：《儒学促进科学发展的可能性与现实性——以“儒学的人文资源与科学”为中心》，第35页。

③ 马来平主编：《儒学促进科学发展的可能性与现实性——以“儒学的人文资源与科学”为中心》，第143—144页。

④ 邓开颂、吴志良、陆晓敏主编：《粤澳关系史》，北京：中国书店，1999年，第135—136页。

⑤ 张雅婧：《形式与本质：康乾时期中西礼仪之争中的文化冲突与权势较量》，辽宁师范大学2009年硕士学位论文。

⑥ 陈吉明：《科学技术简史》，成都：西南交通大学出版社，2013年，第196页。

就大不相同了，详细内容可参见韩琦《17、18世纪欧洲与中国的科学关系——以英国皇家学会和在华耶稣会士的交流为例》一文，兹不赘论。

总之，明清之际的科学发展比较特殊，其中西科学交流的过程也较为曲折复杂。在传统经学思维模式下，西方科学技术尽管表现出比中国传统科学更合理的学科优势，但多数学者还是坚信“西学中源”，即中国科学技术从源头上较西方科学技术为先发。毫无疑问，这种“先发”思维在一定程度上局限了明清学者的知识视野和科学创造能力，所以明清之际中国科学技术的总体状况不容乐观，尤其是此时没有在宋元科技成就的基础上更进一步，取得更多引领西方科学技术发展的优势，甚至越来越落后，这是一个值得令后人深刻反思的历史教训。

主要参考文献

一、引用史料

（春秋）管仲：《管子》，哈尔滨：北方文艺出版社，2013 年。

（春秋）孙武：《孙子兵法》，北京：中国纺织出版社，2015 年。

（战国）荀况：《荀子全译》，贵阳：贵州人民出版社，1995 年。

（汉）戴圣：《礼记・月令》，哈尔滨：北方文艺出版社，2013 年。

（汉）司马迁：《史记》，北京：中华书局，1985 年。

（汉）王充著，陈蒲清点校：《论衡》，长沙：岳麓书社，2006 年。

（汉）张仲景：《伤寒论》，北京：中国医药科技出版社，2013 年。

（汉）郑玄注、（唐）孔颖达正义：《礼记正义》，上海：上海古籍出版社，2008 年。

（后晋）刘昫等：《旧唐书》，北京：中华书局，1975 年。

（隋）巢元方撰集：《诸病源候论》，北京：北京科学技术出版社，2016 年。

（唐）房玄龄等：《晋书》，北京：中华书局，1987 年。

（唐）魏征等：《隋书》，北京：中华书局，1987 年。

（宋）曾公亮：《武经总要》，海口：海南国际新闻出版中心，1995 年。

（宋）陈淳：《北溪字义》，北京：中华书局，1983 年。

（宋）李昉：《太平御览》，台北：商务印书馆，1997 年。

（宋）李昉编纂，夏剑钦、王巽斋校点：《太平御览》，石家庄：河北教育出版社，1994 年。

（宋）李石撰、李之亮点校：《续博物志》，成都：巴蜀书社，1991 年。

（宋）李焘：《续资治通鉴长编》，北京：中华书局，2004 年。

（宋）陆佃：《陶山集》，上海：商务印书馆，1935 年。

（宋）欧阳修：《新唐书》，北京：中华书局，1987 年。

（宋）邵雍撰、李一忻点校：《皇极经世》，北京：九州出版社，2003 年。

（宋）沈括著、侯真平校点：《梦溪笔谈》，长沙：岳麓书社，1998 年。

（宋）魏了翁等：《学医随笔・活法机要・医经溯洄集・云岐子保命集论类要合集》，太原：山西科学技术出版社，2013 年。

（宋）周密著，高心露、高虎子校点：《齐东野语》，济南：齐鲁书社，2007 年。

（宋）周去非：《岭外代答》，上海：上海远东出版社，1996 年。

（宋）朱肱、（宋）庞安时：《朱肱、庞安时医学全书》，北京：中国中医药出版社，

2015年。

（宋）朱熹：《朱子全书》，上海、合肥：上海古籍出版社、安徽教育出版社，2002年。

（明）陈子龙等：《明经世文编》，北京：中华书局，1962年。

（明）陈子龙等主编：《明经世文编》，上海：上海书店出版社，2019年。

（明）董斯张：《广博物志》，扬州：江苏广陵古籍刻印社，1990年。

（明）方以智：《通雅》，北京：中国书店，1990年。

（明）方以智：《物理小识》，上海：商务印书馆，1937年。

（明）何瑭著、王永宽校点：《何瑭集》，郑州：中州古籍出版社，1999年。

（明）何宗彦等：《明神宗实录》，台北："中央研究院"历史语言研究所，1962年。

（明）皇甫中：《明医指掌》，北京：中国中医药出版社，2006年。

（明）焦勖述、汤若望授：《火攻挈要》，北京：中华书局，1985年。

（明）解缙等：《明太祖实录》，上海：上海古籍出版社，1983年。

（明）李时珍：《本草纲目》，太原：山西科学技术出版社，2014年。

（明）李之藻编、黄曙辉点校：《天学初函》，上海：上海交通大学出版社，2013年。

（明）李之藻编辑、吴相湘主编：《天学初函》，台北：学生书局，1965年。

（明）刘宗周著、吴光点校：《刘宗周全集》，杭州：浙江古籍出版社，2012年。

（明）茅元仪：《石民四十集》，国家图书馆善本部藏崇祯刻本。

（明）丘浚：《丘浚集》，海口：海南出版社，2006年。

（明）沈德符：《万历野获编》，北京：中华书局，1959年。

（明）沈潅：《破邪集》，郑安德：《明末清初耶稣会思想文献汇编》第5册，内部资料，2003年。

（明）宋应星：《天工开物》，上海：商务印书馆，1933年。

（明）万民英原著：《图解星学大成》，北京：华龄出版社，2009年。

（明）王夫之：《船山全书》，长沙：岳麓书社，2011年。

（明）王应遴：《王应遴杂集》，日本国立公文图书馆藏本。

（明）吴有性原著、张成博、李晓梅、唐迎雪点校：《瘟疫论》，天津：天津科学技术出版社，2003年。

（明）谢肇淛：《五杂组》，上海：上海书店出版社，2001年。

（明）邢云路：《古今律历考》，《景印文渊阁四库全书》第787册，台北：商务印书馆，1986年。

（明）邢云路：《古今律历考》，北京：中华书局，1985年。

（明）熊明遇：《绿雪楼集·素草》，四库禁毁书丛刊编纂委员会：《四库禁毁书丛刊·集部》第185册，北京：北京出版社，1997年。

（明）熊明遇著、徐光台校释：《函宇通校释 格致草 附则草》，上海：上海交通大学出版社，2014年。

（明）熊人霖：《鹤台先生熊山文选》卷12《先府君宫保公神道碑铭》，清顺治十六年

（1659）刊本。

（明）徐光启：《徐光启集》，上海：上海古籍出版社，1984 年。

（明）徐光启：《徐光启手迹》，北京：中华书局，1962 年。

（明）徐光启著、徐宗泽增补：《增订徐文定公集》，上海：徐家汇天主堂藏书楼，1933 年。

（明）徐光启编、潘鼐汇编：《崇祯历书》，上海：上海古籍出版社，2009 年。

（明）徐光启撰、石声汉校注：《农政全书》，上海：上海古籍出版社，1979 年。

（明）徐溥、刘健等纂修：《大明会典》，台北：文海出版社，1988 年。

（明）徐溥等修：《明会典》，《四库全书・史部》第 618 册，上海：上海古籍出版社，1987 年。

（明）于慎行：《谷山笔麈》，北京：中华书局，1984 年。

（明）俞大猷著，廖渊泉、张吉昌点校：《正气堂全集・洗海近事》，福州：福建人民出版社，2007 年。

（明）张瀚：《松窗梦语》卷 3《东倭记》，上海：上海古籍出版社，1986 年。

（明）张景岳：《类经》，太原：山西科学技术出版社，2013 年。

（明）郑若曾撰、李致忠点校：《筹海图编》，北京：中华书局，2007 年。

（明）朱载堉：《圣寿万年历》，《景印文渊阁四库全书》第 786 册，台北：商务印书馆，1986 年。

（清）陈梦雷编纂：《古今图书集成》，北京、成都：中华书局、巴蜀书社，1985 年。

（清）戴天章：《广瘟疫论》，北京：中国中医药出版社，2009 年。

（清）戴震：《戴震全集》，北京：清华大学出版社，1992 年。

（清）戴震：《戴震全集》，北京：清华大学出版社，1997 年。

（清）戴震：《戴震全书》，合肥：黄山书社，2010 年。

（清）戴震著、赵玉新点校：《戴震文集》，北京：中华书局，1980 年。

（清）戴震著、何文光整理：《孟子字义疏证》，北京：中华书局，1961 年。

（清）高学山注，黄仰模、田黎点校：《高注金匮要略》，北京：中医古籍出版社，2013 年。

（清）顾炎武：《山东考古录》，北京：中华书局，1985 年。

（清）顾炎武：《天下郡国利病书》，上海：上海科学技术文献出版社，2002 年。

（清）顾炎武著、陈垣校注：《日知录》，合肥：安徽大学出版社，2007 年。

（清）顾炎武撰、华东师范大学古籍研究所整理：《顾炎武全集》，上海：上海古籍出版社，2011 年。

（清）顾炎武撰、刘永翔校点：《顾炎武全集》，上海：上海古籍出版社，2012 年。

（清）顾祖禹撰，贺次君、施和金点校：《读史方舆纪要》，北京：中华书局，2005 年。

（清）黄宗羲：《黄宗羲全集》，杭州：浙江古籍出版社，1993 年。

（清）黄宗羲：《黄宗羲全集》，杭州：浙江古籍出版社，2012 年。

（清）黄宗羲：《今水经》，北京：中华书局，1985 年。

（清）黄宗羲：《明夷待访录》，北京：中华书局，1981年。

（清）黄宗羲：《南雷文定后集》，北京：中华书局，1985年。

（清）黄宗羲等：《宋元学案》，北京：中华书局，2009年。

（清）黄宗羲撰、孙卫华校释：《明夷待访录校释》，长沙：岳麓书社，2011年。

（清）江永：《古韵标准》，上海：商务印书馆，1936年。

（清）蒋廷锡：《钦定古今图书集成·历法典》，台北：鼎文书局，1976年。

（清）梁启超：《梁启超全集》，北京：北京出版社，1999年。

（清）梁启超：《中国近三百年学术史》，北京：东方出版社，1996年。

（清）梁启超：《中国近三百年学术史》，北京：研究出版社，2021年。

（清）龙文彬：《明会要》，北京：中华书局，1956年。

（清）梅文鼎：《勿庵历算书记》，《景印文渊阁四库全书》第795册，台北：商务印书馆，1986年。

（清）梅文鼎：《勿庵历算书目》，北京：中华书局，1985年。

（清）皮锡瑞著、周予同注释：《经学历史》，北京：中华书局，1989年。

（清）阮元等撰，彭卫国、王原华点校：《畴人传汇编》，扬州：广陵书社，2009年。

（清）阮元：《畴人传》，北京：中华书局，1991年。

（清）谈迁：《国榷》，北京：中华书局，1958年。

（清）谈迁著，罗仲辉、胡明校点校：《枣林杂俎》，北京：中华书局，2006年。

（清）王夫之：《船山全书》，长沙：岳麓书社，1992年。

（清）王夫之撰、李一忻点校：《周易内传》，北京：九州出版社，2004年。

（清）王清任著、陕西省中医研究院注释：《医林改错注释》，北京：人民卫生出版社，1976年。

（清）王士雄：《温热经纬》，北京：中国医药科技出版社，2011年。

（清）王锡阐：《晓庵新法》，北京：中华书局，1985年。

（清）王先谦：《东华录》，北京：中国言实出版社，1999年。

（清）吴瑭著、宋咏梅校注：《温病条辨》，北京：中国盲文出版社，2013年。

（清）薛凤祚：《历学会通》，《山东文献集成》第2辑，济南：山东大学出版社，2011年。

（清）薛凤祚：《两河清汇》卷8《河防永赖》，《景印文渊阁四库全书》第579册，台北：商务印书馆，1986年。

（清）佚名：《南窑笔记》，熊寥、熊微编注：《中国陶瓷古籍集成》，上海：上海文化出版社，2006年。

（清）永瑢等：《四库全书总目》，北京：中华书局，2003年。

（清）查继佐：《罪惟录》，杭州：浙江古籍出版社，1986年。

（清）张廷玉等：《明史》，北京：中华书局，1984年。

（清）张志聪（隐庵）著，宏利、吕凌校注：《黄帝内经素问集注》，北京：中国医药科技出版社，2014年。

（清）赵学敏：《本草纲目拾遗》，北京：中国中医药出版社，2007 年。
[德]邓玉函著，董杰、秦涛校释：《〈大测〉校释 附〈割圆八线表〉》，上海：上海交通大学出版社，2014 年。
[德]海德玛丽·施维尔默：《有钱的富有人生：福从天降的试验》，吴珺译，成都：西南交通大学出版社，2015 年。
[古希腊]亚理斯多德：《诗学》，罗念生译，上海：上海人民出版社，2006 年。
[意]利玛窦：《几何原本》，上海：上海古籍出版社，2011 年。
[意]利玛窦、[比]金尼阁：《利玛窦中国札记》，何高济、王遵仲、李申译，北京：中华书局，2001 年。
[意]利玛窦：《利玛窦中文著译集》，上海：复旦大学出版社，2001 年。
薄树人主编：《中国科学技术典籍通汇·天文卷》第 6 分册，郑州：河南教育出版社，1993 年。
本社古籍影印室：《中国古代科技行实会纂》，北京：北京图书馆出版社，2006 年。
陈成国点校：《四书五经》上《孟子·万章上》，长沙：岳麓书社，2014 年。
郭书春主编：《中国科学技术典籍通汇·数学卷》，郑州：河南教育出版社，1993 年。
何丙郁、赵令扬：《明实录中之天文资料》，香港：香港大学中文系，1981 年。
华南农学院农业历史遗产研究室：《三种稀见古农书合刊》，1978 年。
黄侃：《黄侃手批白文十三经》，上海：上海古籍出版社，1986 年。
上海古籍出版社：《唐五代笔记小说大观》，上海：上海古籍出版社，2000 年。
阎中英等主编：《四库全书子部精要》，天津、北京：天津古籍出版社、中国世界语出版社，1998 年。
赵尔巽主编：《清史稿》，北京：中华书局，1987 年。
郑鹤声、郑一钧：《郑和下西洋资料汇编（增编本）》，北京：海洋出版社，2005 年。

二、研究论著

白尚恕：《白尚恕文集·中国数学史研究》，北京：北京师范大学出版社，2008 年。
蔡铁权、陈丽华：《渐摄与融构 中西文化交流中的中国近现代科学教育之滥觞与演进》，杭州：浙江大学出版社，2010 年。
曹国庆：《旷世大儒——黄宗羲》，石家庄：河北人民出版社，2000 年。
曹聚仁：《中国学术思想史随笔》，北京：生活·读书·新知三联书店，2012 年。
曹增友：《传教士与中国科学》，北京：宗教文化出版社，1999 年。
曾振宇：《中国气论哲学研究》，济南：山东大学出版社，2001 年。
畅洪升主编：《吴鞠通传世名方》，北京：中国医药科技出版社，2013 年。
陈道章：《中国古代化学史》，福州：福建科学技术出版社，2000 年。
陈冬梅：《回族古籍文献研究》，银川：宁夏人民出版社，2015 年。
陈吉明：《科学技术简史》，成都：西南交通大学出版社，2013 年。

陈久金：《中国少数民族天文学史》，北京：中国科学技术出版社，2013 年。
陈久金：《中国古代天文学家》，北京：中国科学技术出版社，2013 年。
陈美东、沈荣法主编：《王锡阐研究文集》，石家庄：河北科学技术出版社，2000 年。
陈美东：《古历新探》，沈阳：辽宁教育出版社，1995 年。
陈美东：《中国古代天文学思想》，北京：中国科学技术出版社，2007 年。
陈万求：《中国传统科技伦理思想研究》，长沙：湖南大学出版社，2008 年。
陈卫平：《第一页与胚胎——明清之际的中西文化比较》，桂林：广西师范大学出版社，2015 年。
陈义海：《明清之际：异质文化交流的一种范式》，南京：江苏教育出版社，2007 年。
程守洙等主编：《普通物理学》，北京：高等教育出版社，1998 年。
程昭寰主编：《医学心鉴——程昭寰教授从医五十周年医学论文集（1959—2009）》，北京：中医古籍出版社，2010 年。
楚默：《楚默全集・思想的年轮》，上海：上海书店出版社，2014 年。
崔石竹等：《追踪日月星辰——中国古代天文学》，北京：人民日报出版社，1995 年。
戴念祖、老亮：《力学史》，长沙：湖南教育出版社，2001 年。
戴念祖：《天潢真人朱载堉》，郑州：大象出版社，2008 年。
戴念祖：《中国力学史》，石家庄：河北教育出版社，1988 年。
戴念祖主编：《中国科学技术典籍通汇・物理卷》，开封：河南教育出版社，1995 年。
戴念祖主编：《中国科学技术史・物理学卷》，北京：科学出版社，2001 年。
邓大学：《中医学》上，合肥：安徽科学技术出版社，1989 年。
邓开颂、吴志良、陆晓敏主编：《粤澳关系史》，北京：中国书店，1999 年。
邓可卉：《比较视野下的中国天文学史》，上海：上海人民出版社，2011 年。
邓拓：《中国救荒史》，武汉：武汉大学出版社，2012 年。
邓铁涛主编：《中国防疫史》，南宁：广西科学技术出版社，2006 年。
董根洪：《中华理性之光——宋明理学无神论思想研究》，杭州：浙江人民出版社，2003 年。
都贻杰编著：《遗落的中国古代器具文明》，北京：中国社会出版社，2007 年。
杜迈之、张承宗：《叶德辉评传》，长沙：岳麓书社，1986 年。
杜升云主编：《中国古代天文学的转轨与近代天文学》，北京：中国科学技术出版社，2013 年。
杜石然：《数学・历史・社会》，沈阳：辽宁教育出版社，2003 年。
杜石然主编：《第三届国际中国科学史讨论会论文集》，北京：科学出版社，1990 年。
藩吉星：《天工开物校注及研究》，成都：巴蜀书社，1989 年。
范行准：《明季西洋传入之医学》，上海：上海人民出版社，2012 年。
方豪：《李之藻研究》，北京：海豚出版社，2016 年。
方豪：《中西交通史》，上海：上海人民出版社，2015 年。

冯立升：《中国古代测量学史》，呼和浩特：内蒙古大学出版社，1995 年。
冯天瑜：《中国文化生成史》上，武汉：武汉大学出版社，2013 年。
冯天瑜：《中华元典精神》，上海：上海人民出版社，2014 年。
冯友兰：《三松堂全集》，郑州：河南人民出版社，2000 年。
冯昭仁：《周易的历程——从数字卦到易卦从决疑到医理》，北京：华龄出版社，2013 年。
复旦大学历史系、出版博物馆：《历史上的中国出版与东亚文化交流》，上海：百家出版社，2009 年。
高奇等编著：《走进中国科技殿堂》，济南：山东大学出版社，2008 年。
高庆华等编著：《中国自然灾害综合研究的进展》，北京：气象出版社，2009 年。
葛荣晋：《葛荣晋文集》，北京：社会科学文献出版社，2014 年。
葛荣晋：《中国哲学范畴通论》，北京：首都师范大学出版社，2001 年。
葛兆光：《中国思想史》，上海：复旦大学出版社，2001 年。
龚鹏程等编著：《国史镜原——改变中国的划时代文献》下，台北：时报文化出版企业股份有限公司，1987 年。
龚泽琪、王孝贵主编：《中国军事财政史》，北京：海朝出版社，2002 年。
谷瑞斌、薄法平：《当代哲学的新思考》，北京：线装书局，2014 年。
郭齐勇、吴根友：《萧萐父教授八十寿辰纪念文集》，武汉：湖北教育出版社，2004 年。
郭启庶：《数学教学优因工程》，海口：海南出版社，2006 年。
郭全芝主编：《清代〈诗经〉新疏研究》，合肥：安徽大学出版社，2010 年。
何堂坤：《中国古代手工业工程技术史》，太原：山西教育出版社，2012 年。
洪光住编著：《中国酿酒科技发展史》，北京：中国轻工业出版社，2001 年。
侯树平：《中医治法学》，北京：中国中医药出版社，2015 年。
胡道静：《农书、农史论集》，北京：农业出版社，1985 年。
胡红一主编：《中外医学发展史》，西安：第四军医大学出版社，2006 年。
胡寄窗：《中国经济思想史简编》，上海：立信会计出版社，1997 年。
胡适：《戴东原的哲学》，上海：上海古籍出版社，2013 年。
胡翌霖：《过时的智慧——科学通史十五讲》，上海：上海教育出版社，2016 年。
黄见德：《明清之际西学东渐与中国社会》，福州：福建人民出版社，2014 年。
黄克武：《近代中国的思潮人物》，北京：九州出版社，2016 年。
黄山天体物理学术会议文集编辑组：《黄山天体物理学术会议论文集》，北京：科学出版社，1981 年。
黄时鉴、龚缨晏：《利玛窦世界地图研究》，上海：上海古籍出版社，2004 年。
霍雅娟编著：《中国文化概论》，赤峰：内蒙古科学技术出版社，2007 年。
纪念利玛窦来华四百周年中西文化交流国际会议秘书处：《纪念利玛宝来华四百周年中西文化交流国际学术会议论文集》，台北：辅仁大学出版社，1983 年。
贾庆军、陈君静：《无心插柳柳成荫——明清浙东学术与“近代早期”思想启蒙》，北京：光明日报出版社，2012年。

贾庆军：《冲突抑或融合》，北京：海洋出版社，2009年。

江西省轻工业厅陶瓷研究所：《景德镇陶瓷史稿》，北京：生活·读书·新知三联书店，1959年。

江晓原、刘晓荣主编：《文化视野中的科学史——〈上海交通大学学报〉（哲学社会科学版）科学文化栏目十年精选文集》下卷，上海：上海交通大学出版社，2013年。

姜彬：《姜彬文集》，上海：上海社会科学院出版社，2007年。

姜飞：《经验与真理——中国文学真实观念的历史和结构》，成都：巴蜀书社，2010年。

姜振寰：《技术史理论与传统工艺——技术史论坛》，北京：中国科学技术出版社，2012年。

蒋栋元：《利玛窦与中西文化交流》，徐州：中国矿业大学出版社，2008年。

蒋广学：《中国学术思想史纲要》，南京：南京大学出版社，2014年。

解恩泽等主编：《文科学生的自然科学素养》，济南：山东教育出版社，1991年。

金观涛：《在历史的表象背后 对中国封建社会超稳定结构的探索》，成都：四川人民出版社，1984年。

金国平、吴志良：《早期澳门史论》，广州：广东人民出版社，2007年。

金秋鹏：《中国古代的造船和航海》，北京：中国青年出版社，1985年。

金秋鹏主编：《中国科学技术史·人物卷》，北京：科学出版社，1998年。

金文兵：《高一志与明末西学东传研究》，厦门：厦门大学出版社，2015年。

孔国平：《中国学术思想史——中国数学思想史》，南京：南京大学出版社，2015年。

蓝勇主编：《重庆古旧地图研究》上，重庆：西南师范大学出版社，2013年。

黎玉琴主编：《言犹未尽利玛窦》，广州：世界图书出版广东有限公司，2014年。

李迪、郭世荣：《清代著名天文数学家梅文鼎》，上海：上海科学技术文献出版社，1988年。

李迪主编：《中国少数民族科技史研究》，呼和浩特：内蒙古人民出版社，1990年。

李国豪、张孟闻、曹天钦主编：《中国科技史探索》，香港：中华书局，1986年。

李国强、李放主编：《江西科学技术史》，北京：海洋出版社，2007年。

李开：《戴震评传》，南京：南京大学出版社，2011年。

李亮：《古历兴衰——授时历与大统历》，郑州：中州古籍出版社，2016年。

李申：《周易之河说解》，北京：知识出版社，1992年。

李双龙、周雪连：《从孔子到梁启超——儒家知识分子政教态度的历史演进》，长春：东北师范大学出版社，2015年。

李锡胤：《数理统计入门》，哈尔滨：黑龙江大学出版社，2013年。

李向玉、李长森主编：《明清时期的中国与西班牙国际学术研讨会论文集》，澳门：澳门理工学院中西文化研究所，2009年。

李俨、杜石然：《中国古代数学简史》，北京：中华书局，1963年。

李兆华主编：《中国数学史基础》，天津：天津教育出版社，2010 年。
李志超：《天人古义——中国科学史论纲》，郑州：大象出版社，2014 年。
李致重：《中西医比较》，太原：山西科学技术出版社，2019 年。
梁二平：《谁在世界的中央——古代中国的天下观》，广州：花城出版社，2010 年。
梁二平：《中国古代海洋地图举要》，北京：海洋出版社，2011 年。
梁永勉主编：《中国农业科学技术史稿》，北京：农业出版社，1989 年。
廖元锡、毕和平主编：《自然科学概论》，武汉：华中师范大学出版社，2014 年。
林东岱、李文林、虞言林主编：《数学与数学机械化》，济南：山东教育出版社，2001 年。
林乐昌：《正蒙合校集释》，北京：中华书局，2012 年。
林之光：《关注气候——中国气候及其文化影响》，北京：中国国际广播出版社，2013 年。
凌业勤：《中国古代传统铸造技术》，北京：科学技术文献出版社，1987 年。
刘德润：《中国文化十六讲》，上海：上海世界图书出版公司，2019 年。
刘钝等：《科史薪传——庆祝杜石然先生从事科学史研究四十周年学术论文集》，沈阳：辽宁教育出版社，1997 年。
刘剑锋等：《刘氏气色形态罐诊罐疗》，北京：中国医药科技出版社，2012 年。
刘兰燕主编：《中医辨证治要》，北京：金盾出版社，2008 年。
刘乐贤：《马王堆天文书考释》，广州：中山大学出版社，2004 年。
刘潞：《融合·清廷文化的发展轨迹》，北京：紫禁城出版社，2009 年。
刘淼：《明代盐业经济研究》，汕头：汕头大学出版社，1996 年。
刘鹏飞、徐乃楠：《数学与文化》，北京：清华大学出版社，2015 年。
刘润忠：《问学记言》，天津：天津人民出版社，2009 年。
刘师培：《经学教科书》，北京：北京联合出版公司，2015 年。
刘仙洲编著：《中国机械工程发明史》，北京：科学出版社，1962 年。
刘向东、袁德金编著：《中国古代作战思想》，沈阳：白山出版社，2012 年。
刘永平主编：《张衡研究》，北京：西苑出版社，1999 年。
刘云彩：《中国古代冶金史话》，天津：天津教育出版社，1991 年。
娄林主编：《拉伯雷与赫尔墨斯秘学》，北京：华夏出版社，2014 年。
卢祥之主编：《历代名医临证经验精华》，北京：科学技术文献出版社，1990 年。
陆付耳、刘沛霖主编：《基础中医学》，北京：科学出版社，2003 年。
陆复初、程志方：《中国人精神世界的历史反思》，昆明：云南人民出版社，2001 年。
陆静波：《郑和七下西洋》，苏州：古吴轩出版社，2005 年。
陆思贤：《周易·天文·考古》，北京：文物出版社，2014 年。
栾调甫：《墨子研究论文集》，北京：人民出版社，1957 年。
罗炽：《方以智评传》，南京：南京大学出版社，2011 年。
罗桂环等主编：《中国环境保护史稿》，北京：中国环境科学出版社，1995 年。
罗志田：《权势转移——近代中国的思想与社会》，北京：北京师范大学出版社，2014 年。

骆祖英编著：《数学史教学导论》，杭州：浙江教育出版社，1996 年。

吕凌峰、李亮：《明朝科技》，南京：南京出版社，2015 年。

吕子方：《中国科学技术史论文集》，成都：四川人民出版社，1983 年。

马伯英：《中国医学文化史》，上海：上海人民出版社，2010 年。

马来平主编：《儒学促进科学发展的可能性与现实性——以“儒学的人文资源与科学”为中心》，济南：山东人民出版社，2016 年。

马来平主编：《中西文化会通的先驱——“全国首届薛凤祚学术思想研讨会”论文集》，济南：齐鲁书社，2011 年。

梅荣照：《墨经数理》，沈阳：辽宁教育出版社，2003 年。

梅荣照主编：《明清数学史论文集》，南京：江苏教育出版社，1990 年。

孟庆云：《中医百话》，北京：人民卫生出版社，2008 年。

苗明三主编：《中医乾坤》，郑州：河南科学技术出版社，2013 年。

南炳文、何孝荣：《明代文化研究》，北京：人民出版社，2005 年。

潘吉星：《宋应星评传》，南京：南京大学出版社，1990 年。

潘吉星：《中国造纸技术史稿》，北京：文物出版社，1997 年。

潘鼐、向英：《郭守敬》，上海：上海人民出版社，1980 年。

潘伟：《中国传统农器古今图谱》，桂林：广西师范大学出版社，2015 年。

庞乃明：《明代中国人的欧洲观》，天津：天津人民出版社，2006 年。

钱宝琮：《中国数学史》，北京：科学出版社，1964 年。

钱超尘、温长路主编：《王清任研究集成》，北京：中国古籍出版社，2002 年。

邱春林：《会通中西——王征的设计思想》，北京：北京时代华文书局，2015 年。

邱春林：《设计与文化》，重庆：重庆大学出版社，2009 年。

邱鸿钟主编：《医学哲学探微》，广州：广东人民出版社，2006 年。

曲安京：《中国数理天文学》，北京：科学出版社，2008 年。

曲安京主编：《中国古代科学技术史纲·数学卷》，沈阳：辽宁教育出版社，2000 年。

任继学：《任继学经验集》，北京：人民卫生出版社，2000 年。

任应秋主编：《中医各家学说》，上海：上海科学技术出版社，1986 年。

沈定平：《“伟大相遇”与“对等较量”》，北京：商务印书馆，2015 年。

沈雨梧：《清代科学家》，北京：光明日报出版社，2010 年。

宋会群：《中国术数文化史》，开封：河南大学出版社，1999 年。

宋军令等：《黄河文明与西风东渐：明清时期黄河文明对西方文化的吸收与融合研究》，北京：科学出版社，2008 年。

宋黎明：《神父的新装 利玛窦在中国 1582—1610》，南京：南京大学出版社，2011 年。

苏志宏：《李达思想研究》，成都：西南交通大学出版社，2015 年。

孙尚扬：《利玛窦与徐光启》，北京：中国国际广播出版社，2009 年。

孙尚扬主编：《明末天主教与儒学的互动——一种思想史的视角》，北京：宗教文化出版社，2013 年。
孙宗文：《中国建筑与哲学》，南京：江苏科学技术出版社，2000 年。
谭元亨：《断裂与重构：中西思维方式演进比较》，广州：广东高等教育出版社，2007 年。
汤开建：《明代澳门史论稿》，哈尔滨：黑龙江教育出版社，2012 年。
万辅彬主编：《究天人之际　通古今之变——第 11 届中国科学技术史国际学术研讨会论文集》，南宁：广西民族出版社，2009 年。
万友生：《热病学》，重庆：重庆出版社，1990 年。
汪中：《述学内外篇》，上海：天益书局，1914 年。
汪子春、罗桂环、程宝绰：《中国古代生物学史略》，石家庄：河北科学技术出版社，1992 年。
王朝闻主编：《中国美术史》，济南：齐鲁书社；济南：明天出版社，2000 年。
王根元、刘昭民、王昶：《中国古代矿物知识》，北京：化学工业出版社，2011 年。
王黎明：《犬图腾族的源流与变迁》，哈尔滨：黑龙江人民出版社，2012 年。
王茂等：《清代哲学》，合肥：安徽人民出版社，1992 年。
王培华：《元明北京建都与粮食供应 略论元明人们的认识和实践》，北京：文津出版社，2005 年。
王守昌：《西方政治哲学》，北京：中国言实出版社，2014 年。
王通讯：《创造：开发潜能的源泉》，长春：吉林人民出版社，1993 年。
王文楚：《史地丛稿》，上海：上海人民出版社，2014 年。
王文轩编著：《中国历代水利名人传略》，贵阳：贵州科技出版社，1993 年。
王献忠：《中国民俗文化与现代文明》，北京：中国书店，1991 年。
王晓凤：《晚清科学小说译介与近代科学文化》，北京：国防工业出版社，2015 年。
王欣、窦迎春主编：《伤寒论易考易错题精析与避错》，北京：中国医药科技出版社，2015 年。
王玉哲：《中华民族早期源流》，天津：天津古籍出版社，2010 年。
王元林、孟昭锋：《自然灾害与历代中国政府应对研究》，广州：暨南大学出版社，2012 年。
王兆春：《图说世界火器史》，北京：解放军出版社，2014 年。
王兆春：《中国军事科技通史》，北京：解放军出版社，2010 年。
王兆春：《中国科学技术史·军事技术卷》，北京：科学出版社，1998 年。
王重民：《徐光启》，上海：上海人民出版社，1981 年。
韦政通：《中国思想史》，上海：上海书店出版社，2003 年。
闻一多：《闻一多全集》，武汉：湖北人民出版社，2004 年。
吴根友、孙邦金：《戴震乾嘉学术与中国文化》，福州：福建教育出版社，2015 年。
吴光：《天下为主——黄宗羲传》，杭州：浙江人民出版社，2008 年。
吴守贤、全和钧主编：《中国古代天体测量学及天文仪器》，北京：中国科学技术出版社，2013 年。
吴廷玉主编：《中国元素与工业设计》，杭州：浙江大学出版社，2012 年。
吴文俊主编：《中国数学史大系》，北京：北京师范大学出版社，2000 年。
席泽宗、吴德铎主编：《徐光启研究论文集》，上海：学林出版社，1986 年。
席泽宗：《古新星新表与科学史探索——席泽宗院士自选集》，西安：陕西师范大学出版社，2002 年。
席泽宗主编：《中国科学技术史·科学思想卷》，北京：科学出版社，2001 年。
萧萐父、许苏民：《王夫之评传》上，南京：南京大学出版社，2011 年。
辛冠洁等：《日本学者论中国哲学史》，北京：中华书局，1989 年。
徐道彬：《皖派学术与传承》，合肥：黄山书社，2012 年。
徐海荣主编：《中国饮食史》，杭州：杭州出版社，2014 年。
徐海松：《清初士人与西学》，北京：东方出版社，2001 年。
徐鸿儒主编：《中国海洋学史》，济南：山东教育出版社，2004 年。
徐济群：《艾滋病乙型肝炎中西医治疗研究》，上海：上海中医药大学出版社，1994 年。
徐庆儒主编：《中国历代后勤史简编本》，北京：金盾出版社，1996 年。
徐日新编著：《中国古代力学思想与实践》，上海：上海科学普及出版社，2012 年。
徐晓望：《明清东南山区社会经济转型——以闽浙赣边为中心》，北京：中国文史出版社，2014 年。
徐新照：《中国兵器科学思想探索》，北京：军事谊文出版社，2003 年。
徐仪明：《王夫之的自然世界》，深圳：海天出版社，2015 年。
徐振韬、蒋窈窕：《五星聚合与夏商周年代研究》，北京：世界图书出版公司北京公司，2006 年。
徐宗泽：《明清间耶稣会士译著提要》，上海：上海书店出版社，2006 年。
许海燕、包丽丽：《利玛窦在中国》，北京：中国戏剧出版社，2006 年。
许会林编著：《中国火药火器史话》，北京：科学普及出版社，1986 年。
许苏民：《中西哲学比较研究史》，南京：南京大学出版社，2014 年。
许倬云：《万古江河——中国历史文化的转折与开展》，上海：上海文艺出版社，2006 年。
严冰编：《吴鞠通研究集成》，北京：中医古籍出版社，2012 年。
阎勤民：《孙子兵法制胜原理》，郑州：中州古籍出版社，1992 年。
颜德馨编著：《活血化瘀疗法临床实践》，昆明：云南人民出版社，1980 年。
杨德泉：《杨德泉文集》，西安：三秦出版社，1994 年。
杨宽：《中国古代冶铁技术发展史》，上海：上海人民出版社，2014 年。
杨明：《极简黄河史》，桂林：漓江出版社，2016 年。
杨维增编著：《宋应星思想研究及诗文注译》，广州：中山大学出版社，1987 年。
杨小明、张怡：《中国科技十二讲》，重庆：重庆出版社，2008 年。
杨荫浏：《杨荫浏音乐论文选集》，上海：上海文艺出版社，1986 年。

杨泽忠：《明末清初西方画法几何在中国的传播》，济南：山东教育出版社，2015 年。
尹淑媛、陈麟书编著：《生物科学发展史》，成都：成都科技大学出版社，1989 年。
尹晓冬：《16—17 世纪明末清初西方火器技术向中国的转移》，济南：山东教育出版社，2014 年。
游修龄编著：《中国稻作史》，北京：中国农业出版社，1995 年。
于建福：《四书解读》，南京：江苏教育出版社，2011 年。
余良明：《中国古代车文化》，福州：福建教育出版社，2015 年。
余明光：《东方文化的奥秘》，北京：中国文史出版社，2013 年。
余明侠：《徐州煤矿史》，南京：江苏古籍出版社，1991 年。
余也非：《中国古代经济史》，重庆：重庆出版社，1991 年。
俞为洁：《中国食料史》，上海：上海古籍出版社，2011 年。
岳冬辉编著：《温病论治探微》，合肥：安徽科学技术出版社，2014 年。
张秉伦等编著：《安徽科学技术史稿》，合肥：安徽科学技术出版社，1990 年。
张策：《机械工程史》，北京：清华大学出版社，2015 年。
张超中主编：《中医哲学的时代使命》，北京：中国中医药出版社，2009 年。
张春辉编著：《中国古代农业机械发明史》，北京：清华大学出版社，1998 年。
张大可、丁德科主编：《史记论著集成》，北京：商务印书馆，2015 年。
张大萍、甄橙主编：《中外医学史纲要》，北京：中国协和医科大学出版社，2013 年。
张法坤编著：《神奇的宇宙——寻找开启天文世界的敲门砖》，北京：现代出版社，2013 年。
张芳：《中国古代灌溉工程技术史》，太原：山西教育出版社，2009 年。
张高评：《黄梨洲及其史学》，北京：文津出版社，1989 年。
张剑编著：《世界科学中心的转移与同时代的中国》，上海：上海科学技术出版社，2014 年。
张京春、蒋跃绒编著：《中国中医科学院著名中医药专家学术经验传承实录·陈可冀》，北京：中国医药科技出版社，2014 年。
张俊庭主编：《中国中医药最新研创大全》，北京：中医古籍出版社，1996 年。
张敏杰：《一百项中国古代科技成就》，南昌：江西教育出版社，2013 年。
张岂之主编：《侯外庐著作与思想研究》，长春：长春出版社，2016 年。
张士友等主编：《薛凤祚研究》，北京：中国戏剧出版社，2010 年。
张舜徽：《清人笔记条辨》，沈阳：辽宁教育出版社，2001 年。
张西平：《游走于中西之间——张西平学术自选集》，郑州：大象出版社，2019 年。
张锡勤、柴文华主编：《中国伦理道德变迁史稿》下，北京：人民出版社，2008 年。
张祥龙：《西方哲学笔记》，北京：北京大学出版社，2005 年。
张子高：《中国化学史稿》，北京：科学出版社，1964 年。
章太炎：《章太炎国学讲义》，重庆：重庆出版社，2015 年。

章新友：《物理学》，北京：中国医药科技出版社，2016年。

赵翰生：《大众纺织技术史》，济南：山东科学技术出版社，2015年。

赵晖：《西学东渐与清代前期数学》，杭州：浙江大学出版社，2010年。

郑学檬：《点涛斋史论集——以唐五代经济史为中心》，厦门：厦门大学出版社，2016年。

郑一钧：《论郑和下西洋》，北京：海洋出版社，2005年。

中国科学院中国自然科学史研究室：《徐光启纪念论文集——纪念徐光启诞生四百周年》，北京：中华书局，1963年。

中国科学院自然科学史研究所：《钱宝琮科学史论文选集》，北京：科学出版社，1983年。

中国科学院自然科学史研究所：《中国古代科技成就》，北京：中国青年出版社，1978年。

中国社会科学院近代史研究所：《第三届近代中国与世界国际学术研讨会论文集》，北京：社会科学文献出版社，2015年。

中华文化通志编委会：《中华文化通志》，上海：上海人民出版社，2010年。

钟东、钟易翚：《葛洪》，广州：广东人民出版社，2009年。

钟虎编著：《从观象到射电望远镜》，上海：上海科学普及出版社，2014年。

周桂钿：《秦汉思想史》，石家庄：河北人民出版社，2000年。

周桂钿：《中国传统哲学》，北京：北京师范大学出版社，2000年。

周亨祥、周淑萍：《中国古代军事思想发展史》，深圳：海天出版社，2013年。

周济：《中西科学思想比较研究•识同辨异探源汇流》，厦门：厦门大学出版社，2010年。

周可真：《顾炎武哲学思想研究》，北京：当代中国出版社，1999年。

周匡明主编：《中国蚕业史话》，上海：上海科学技术出版社，2009年。

周晓陆：《步天歌研究》，北京：中国书店，2004年。

周昕：《中国农具通史》，济南：山东科学技术出版社，2010年。

朱玲玲：《地图史话》，北京：中国大百科全书出版社，2003年。

朱新轩、陈敬全：《上海科学技术发展简史》，上海：上海社会科学院出版社，1999年。

竺可桢：《竺可桢文集》，北京：科学出版社，1979年。

竺可桢：《竺可桢全集》，上海：上海科技教育出版社，2004年。

宗全和主编：《中医方剂通释》，石家庄：河北科学技术出版社，1995年。

邹振环：《晚明汉文西学经典 编译、诠释、流传与影响》，上海：复旦大学出版社，2011年。

[德]魏特：《汤若望传》，杨丙辰译，北京：知识产权出版社，2015年。

[法]谢和耐等：《明清间耶稣会士入华与中西汇通》，耿昇译，北京：东方出版社，2011年。

[法]谢和耐：《中国文化与基督教的冲撞》，于硕等译，沈阳：辽宁人民出版社，1989年。

[法]谢和耐：《中国与基督教——中西文化的首次撞击》，耿昇译，北京：商务印书馆，

2013 年。

[荷]爱德华·扬·戴克斯特豪斯：《世界图景的机械化》，张卜天译，北京：商务印书馆，2015 年。

[荷]安国风：《欧几里得在中国：汉译〈几何原本〉的源流与影响》，纪志刚、郑诚、郑方磊译，南京：江苏人民出版社，2008 年。

[美]富路特：《明代名人传》，北京：北京时代华文书局，2015 年。

[美]黄仁宇：《万历十五年》，北京：九州出版社，2015 年。

[美]M. 克莱因：《数学：确定性的丧失》，李宏魁译，长沙：湖南科学技术出版社，2007 年。

[美]史景迁：《利玛窦的记忆宫殿》，章可译，桂林：广西师范大学出版社，2015 年。

[美]希利尔：《希利尔讲世界地理·奇妙的秘密》龚勋编译，杭州：浙江教育出版社，2016 年。

[美]伊沛霞、姚平主编：《当代西方汉学研究集萃》，上海：上海古籍出版社，2012 年。

[美]余英时：《朱熹的历史世界：宋代士大夫政治文化的研究》，北京：生活·读书·新知三联书店，2004 年。

[美]竹林：《信仰间对话——从宗教解释学到宗教经验》，王志成、王蓉、朱彩虹译，北京：宗教文化出版社，2009 年。

[葡]何大化：《远方亚洲》，里斯本：东方基金会，2001 年。

[日]村濑裕也：《戴震的哲学——唯物主义与道德价值》，王守华等译，济南：山东人民出版社，1996 年。

[日]薮内清等：《天工开物研究论文集》，章熊、吴杰译，北京：商务印书馆，1959 年。

[日]小林英夫：《地质学发展史》，刘兴义、刘肇生译，北京：地质出版社，1983 年。

[意]伽利略：《关于托勒密和哥白尼两大世界体系的对话》，上海外国自然科学哲学著作编译组译，上海：上海人民出版社，1974 年。

[意]利类思：《超性学要自序》，徐宗泽：《明清间耶稣会士译著提要》，北京：中华书局，1989 年。

[英]G. F. 赫德逊：《欧洲与中国》，王遵仲译，北京：中华书局，1995 年。

[英]玛丽·道布森：《疾病图文史·影响世界历史的 7000 年》，苏静静译，北京：金城出版社，2016 年。

[英]培根：《新工具》，许宝骙译，北京：商务印书馆，1984 年。